特高压直流输电技术

研究成果专辑

(2006年)

主　编　刘振亚
副主编　舒印彪

中国电力出版社
www.cepp.com.cn

内 容 提 要

本书是国家电网公司继《特高压直流输电技术研究成果专辑（2005 年）》之后，对 2006 年特高压直流示范工程建设情况和特高压直流输电技术研究成果的全面回顾和总结，是参与特高压输电技术研究、特高压直流示范工程建设的全体人员的劳动和智慧的结晶。

本书共分 4 章，第 1 章对 2006 年特高压直流工作进行了简要介绍，回顾了特高压直流示范工程的论证与决策过程，概括了特高压直流示范工程的系统研究、成套与工程设计、功能规范书和设备规范、关键技术研究和专题研究的主要过程，对主要研究成果进行了简要阐述；第 2 章重点介绍了特高压直流示范工程功能规范，并对换流阀、换流变压器、平波电抗器、直流场设备、控制保护等主要设备技术规范进行了介绍；第 3 章介绍了换流站设计的初步成果，对特高压换流站的系统接入条件、换流站平面布置、阀厅设计、交直流场设计、站用电源、水源和送端三个换流站共用接地极等设计方案分别进行了介绍；第 4 章介绍了特高压直流关键技术研究和专题研究的成果，并简要介绍了特高压直流的技术标准编制情况和特高压直流基地的规划设计情况。

本书可供从事特高压直流输电设计、研究、工程建设方面的技术人员使用，也可供高等院校相关专业师生参考。

图书在版编目（CIP）数据

特高压直流输电技术研究成果专辑. 2006 年 / 刘振亚主编. —北京：中国电力出版社，2008

ISBN 978-7-5083-7801-5

Ⅰ. 特… Ⅱ. 刘… Ⅲ. 高电压–直流–输电技术–研究 Ⅳ. TM726.1

中国版本图书馆 CIP 数据核字（2008）第 133189 号

中国电力出版社出版、发行

（北京三里河路 6 号 100044 http://www.cepp.com.cn）

北京盛通印刷股份有限公司印刷

各地新华书店经售

*

2008 年 9 月第一版　　2008 年 9 月北京第一次印刷

880 毫米×1230 毫米　16 开本　41.5 印张　802 千字

印数 0001—3000 册　　定价 **150.00** 元

编写人员名单

主　　编　刘振亚

副 主 编　舒印彪

编委会成员　刘本粹　于　刚　孙　昕　张启平　赵庆波　张　贺　刘泽洪　丁　扬　张文亮　陈维江　常　浩

编写组组长　孙　昕　刘泽洪　丁　扬

编写组副组长　高理迎　王怡萍　余　军

编写组成员　郭贤珊　卢理成　赵大平　黄　勇　丁一工　马为民　陶　瑜　郑　劲　石　岩　胡文华　王代荣　曾　静　袁智勇　申卫华　陈　东　史大军　黎　岚　王海林　徐昌云　卢敬军　钟　山　朱　青　李亚曦　周德才　吴怡敏　徐小丽　丁晓飞　聂　伟　王黎彦　钟伟华　曾连生　李亚男　杨一鸣　张　民　孙中明　张庆宝　潭海龙　刘　熙　钟伟华　魏德军　曹燕明　刘宝宏　杨志栋　马玉龙　周　静　李光范　周沛洪　范建斌　王　帅　乔振宇

前　言

建设特高压电网，实施“一特三大”发展战略，是保证国家能源安全的必然要求，是建设资源节约型、环境友好型社会和创新型国家的重要举措，是落实科学发展观的具体体现，具有重大而深远的历史意义。特高压输电具备超远距离、超大容量、低损耗的送电能力，能够提高资源的开发和利用效率，缓解环保压力，节约宝贵的土地资源，具有显著的经济效益和社会效益，符合我国国情和国家能源发展战略，得到了党和国家领导人及政府主管部门的高度重视和支持。2005 年 2 月，国家发改委下发了《关于开展百万伏级交流、±800kV 级直流输电技术前期研究工作的通知》（发改办能源〔2005〕282 号）。经过一年多的研究论证，2006 年 8 月 9 日，特高压交流试验示范工程正式获得核准，标志着我国特高压工程正式进入了实施阶段，±800kV 级直流输电技术前期研究也取得了巨大进展。

2006 年，国家电网公司组织各相关单位就±800kV 特高压直流输电的关键技术研究、系统成套设计、功能规范书和设备技术规范书编制，换流站设计、输电线路路径方案选择等重大问题开展了卓有成效的工作，取得了丰硕成果。国家电网公司组织各方力量，全面开展并完成了向家坝—上海±800kV 特高压直流示范工程的前期工作，并向国家发改委上报了特高压直流换流站设备采购方案，为项目核准奠定了坚实的基础。国家电网公司、中国机械行业联合会、中国电机工程学会联合在北京成功举办了 2006 特高压输电技术国际会议，进一步加强国际合作和技术交流，使发展特高压输电技术在国内外形成了广泛共识，极大地推动了特高压输电技术的发展。2006 年特高压直流输电技术标准编制取得了初步成果，制定并发布了 7 项企业标准，特高压直流试验基地完成了规划设计，并开工建设。

为及时总结特高压输电技术研究工作取得的成果，国家电网公司计划组织相关科研、设计、咨询和高等院校等单位编写《特高压交流输电技术研究成果专辑》和《特高压直流输电技术成果专辑》，按照年度出版。本书是国家电网公司继《特高压直流输电技术研究成果专辑（2005 年）》之后，对 2006 年特高压直流示范工程建设情况和特高压直流输电技术研究成果的全面回顾和总结，凝聚着各级领导和工作人员的汗水，是参与特高压输电技术研究、特高压直流示范工程建设的全体人员的劳动和智慧的结晶。

本书第 1 章首先对 2006 年特高压直流工作进行了简要介绍，回顾了特高压直流示范工程的论证与决策过程，概括了特高压直流示范工程的系统研究、成套与工程设计、功能规范书和设备规范、关键技术研究和专题研究的主要过程，对主要研究成果进行简要阐述；第 2 章重点介绍特高压直流示范工程功能规范，并对换流阀、换流变压器、平波电抗器、直流场设备、控制保护等主要设备技术规范进行了介绍；第 3 章介绍了换流站设计的初步成果，对特高压换流站的系统接入条件、换流站平面布置、阀厅设计、交直流场设计、站用电源、水源和送端三个换流站共用接地极等设计方案分别进行了介绍；第 4 章介绍了特高压直流关键技术研究和专题研究的成果，并简要介绍了特高压直流的技术标准编制情况和特高压直流基地的规划设计情况。本书从便于读者使用的角度出发，在相关章节按课题和设备组织内容，每个课题和设备的内容相对独立。

一年来，特高压输电技术研究的参与者付出了辛勤的劳动，换来了累累硕果，承担研究任务的单位全力以赴，克服重重困难，圆满完成了既定的研究任务，在此表示衷心感谢，并藉此向为本书编辑出版提供支持和帮助的单位和个人致谢！

国家电网公司

2007 年 9 月

目　录

前言

第 1 章　概论 ···1

第 1 节　2006 年特高压直流工作回顾···2

第 2 节　特高压直流示范工程的论证与决策···3

第 3 节　2006 年特高压直流主要研究成果概要···7

第 2 章　特高压直流示范工程功能规范和设备技术规范 ···22

第 1 节　功能规范···23

第 2 节　晶闸管换流阀技术规范···136

第 3 节　换流变压器技术规范···154

第 4 节　干式平波电抗器技术规范···176

第 5 节　直流场技术规范···181

第 6 节　交流滤波器技术规范···235

第 7 节　直流滤波器技术规范···249

第 8 节　直流控制保护系统技术规范···257

第 3 章　特高压直流示范工程工程设计 ···310

第 1 节　换流站接入系统研究···311

第 2 节　换流站平面布置研究及设计···332

第 3 节　换流站交流系统平面布置设计···355

第 4 节　阀厅设计···361

第 5 节　换流站直流场设计···396

第 6 节　送端三个换流站共用接地极研究及设计···411

第 7 节　换流站站用电、水源设计 ······ 430

第 4 章　特高压直流示范工程关键技术及专题研究 ······ 443
第 1 节　构建“强直强交”电网的必要性 ······ 444
第 2 节　特高压直流标准化研究 ······ 449
第 3 节　特高压直流试验基地规划及设计方案 ······ 456
第 4 节　换流站噪声控制研究 ······ 463
第 5 节　直流系统主回路参数 ······ 469
第 6 节　特高压直流孤岛运行方式研究 ······ 484
第 7 节　换流站无功配置优化和交流滤波器设计研究 ······ 492
第 8 节　复龙换流站无功补偿研究 ······ 522
第 9 节　华东侧换流站无功补偿研究 ······ 536
第 10 节　过电压及绝缘配合研究 ······ 545
第 11 节　换流站现场污秽测量及仿真预测研究 ······ 556
第 12 节　户外直流场和直流绝缘子选型研究 ······ 562
第 13 节　直流滤波器研究 ······ 570
第 14 节　PLC/RI 滤波器方案的优化 ······ 587
第 15 节　直流控制保护系统研究 ······ 592
第 16 节　特高压直流控制策略实时数字仿真（RTDS）研究 ······ 633
第 17 节　直流系统可靠性指标和提高可靠性措施的研究 ······ 646

2006

特高压直流输电技术研究成果专辑

第1章 概论

第1节 2006年特高压直流工作回顾

2006年是"十一五"的开局之年，是特高压直流示范工程由技术研究全面转向工程建设的关键一年。按照特高压电网的发展规划和示范工程的建设需要，国家电网公司坚持以集团化运作抓工程推进、集约化协调抓工程组织、精益化管理创精品工程、标准化建设构技术管理体系，同时坚持"科研为先导、设计为龙头、设备为关键、建设为基础"的方针，遵循建立"两个体系"、坚持"两个三结合"、实现"两个创新"的原则，严密组织、精心策划，严格要求、科学管理，精心设计、精心施工，真抓实干、勇于创新，抓实、抓细、抓好特高压直流示范工程建设的全过程管理。2006年，国家电网公司组织各相关单位就特高压直流输电的关键技术研究、系统成套设计、功能规范书和设备技术规范书编制，换流站设计、输电线路路径方案选择等重大问题开展了卓有成效的工作。发布了特高压直流系统功能规范和设备技术规范，启动了换流站设计工作，换流站预初步设计通过审查，向国家发改委上报了特高压直流换流站设备采购方案；完成了换流站工程建设的设计和监理招标，工程形象进度良好。

发展特高压输电技术、建设特高压试验示范工程，将开创世界电网发展新纪元，具有重大的社会影响和深远的历史意义。我国的特高压输电发展规划在国内外引起了高度关注。根据国务院关于发展特高压输电技术的指示精神，国家电网公司组织各方力量，对特高压直流输电技术进行了深入研究和系统论证，全面完成了向家坝—上海±800kV特高压直流示范工程的前期工作。为了进一步加强国际合作和技术交流，推动特高压输电技术的发展，国家电网公司、中国机械行业联合会、中国电机工程学会联合在北京举办了2006特高压输电技术国际会议，会议取得了巨大成功，发展特高压输电技术在国内外形成了广泛共识。

2006年，针对向家坝—上海±800kV特高压直流示范工程的具体要求，国家电网公司重点组织开展了示范工程的系统研究、成套和工程设计，制定了示范工程的主要技术方案和技术指标，确定了换流站交直流系统主接线和主要设备技术参数，正式发布了示范工程的功能规范书和设备技术规范书，具备了工程系统成套设计和设备招标条件。积极开展关键技术研究和工程专题研究，确定了特高压直流示范工程建设的一系列重大技术原则。2006年特高压直流输电技术标准编制取得了初步成果，制定并发布了七项企业标准，特高压直流试验基地完成了规划设计，并开工建设。

经过2005年以来的技术研究和项目可行性研究论证，基本确定了特高压直流示范工程技术方案和建设规模，在此基础上完成了换流站工程设计和建设监理招标工作，确定了换流站工程设计和建设监理单位，目前各单位已经按照工程进度要求开展相应工作，换流站预初步设计方案已通过审查。通过招标，两端换流站均由两家单位承担设计和建设监理工作，既可以有效保证工程质量，又扩大了今后特高压工程设计和监理服务队伍。

通过集团化运作，发挥公司系统资源优势，国家电网公司委托四川省电力公司、湖南省电力公司、江苏省电力公司、浙江省电力公司和上海市电力公司开展向家坝—上海±800kV 特高压直流示范工程建设用地有关工作，与四川省电力公司和上海市电力公司达成征地委托协议，正式启动工程征地准备工作。

按照可行性研究结论，向家坝—上海±800kV 特高压直流示范工程线路长度约 2000km，通过大北、大南方案的比选研究，确定了采用大北路径方案，缩短了线路长度约 100km。计划 2007 年完成特高压直流示范工程输电线路的路径方案的评审工作，并开展输电线路大跨越和一般线路设计工作。

第 2 节　特高压直流示范工程的论证与决策

建设特高压直流示范工程，将西部洁净水电送往东部负荷中心，是发挥西部资源优势和东部经济优势，推动经济社会和谐发展、科学发展的具体实践，是提升我国电力工业技术水平，增强装备制造业核心竞争力，建设资源节约型、环境友好型社会和创新型国家的重要举措。

向家坝—上海±800kV 特高压直流示范工程的决策经历了系统、广泛、深入的论证过程，履行了规范的核准程序。

1　深入研究，广泛讨论

向家坝—上海±800kV 特高压直流示范工程是金沙江水电开发外送的重要组成部分。该工程经历了长期、系统的研究论证，并在国内外开展了广泛、深入的讨论，达成了广泛的共识，充分体现了科学态度和民主精神。

金沙江流域水电外送输电系统的规划论证工作始于 1996 年，随着电网技术发展，先后提出交流 500、1150kV 和直流±500、±600、±750、±800kV 等多个输电方案，开展了四轮规划论证工作，深入分析了电力市场、输电技术、站址、线路路径、工程造价等问题，经多方案综合比较，最终确定采用 3 回±800kV 输电方案，将西南水电直送长三角电力负荷中心。

按照《国家发改委办公厅关于开展百万伏级交流、±800 千伏级直流输电技术前期研究工作的通知》（发改办能源〔2005〕282 号）的要求，国家电网公司组织有关设计、科研单位开展了溪洛渡、向家坝水电站采用±800kV 特高压直流外送方案的可研设计。各设计、科研单位团结协作，历时近一年，先后完成了电力系统、选站选线、换流站设计、线路设计、投资估算、经济评价、环境影响评价、水土保持方案等专题报告，取得国土资源部、国家环保总局、水利部等部门的批复文件，以及中国电力工程顾问集团公司的评审咨询意见。

2004 年以来，国家电网公司组织国内权威的专业机构、高等院校等进行联合攻关。参加研究的单位包括国务院发展研究中心、中国国际工程咨询公司、中国机械工业联合会、中国电机工程学会、中国电力科学研究院、国网武汉高压研究院、国网北京电力建设研究院、北京网联直流工程技术有限公司、清华大学、华北电力大学等。据不完全统计，2000 多人直接参与和承担了研究咨询工作，其中，院士 30 多人，教授及教授级高工 300 多人，高级工程师及博士 800 多人，工程师等专业技术人员超过 1000 人。经各单位共同努力，完成专题研究 32 项，成功解决了电压等级和输送容量的选择、过电压及绝缘配合、外绝缘及电晕特性、各种空气间隙确定及绝缘子选型、主设备规范、电磁环境以及各种设计规定等问题。

国家发改委在建设特高压直流输电示范工程的问题上，保持了科学、严谨的态度，民主、求实的作风，多次组织召开专家座谈会，多方征询意见。在积极听取各界不同观点的基础上，综合分析，保证决策的科学性、民主性。

国家电网公司在组织论证过程中，建立了顾问咨询机制，成立了由 9 名院士和 4 名资深专家组成的顾问小组，并邀请其他资深电力专家和设备制造专家，参与相关项目的验收和评审，保证了各项研究工作的质量。

研究论证期间，国家电网公司、中国机械联合会、中国电机工程学会等单位多次召开研讨会，组织国内行业专家座谈，集思广益，有效地推动了技术研究和工程论证工作。

中国工程院组织 32 位院士及 11 名相关专家组成"特高压咨询课题组"，提出了《关于我国特高压输电研究与工程建设的咨询意见》。认为±800kV 直流输电在技术上没有不可逾越的困难。咨询意见还明确指出，特高压输电技术在我国有广阔的工程应用前景，应该加快特高压输电研究和工程应用的步伐。

特高压直流输电技术及向家坝—上海±800kV 特高压直流示范工程的论证过程中，国内外学术界、有关企业开展了多层次的国际交流，充分借鉴国际经验，在国际国内取得了广泛共识。

2005 年国家电网公司先后组织开展了 9 次大规模的国际技术交流活动，2005～2006 年度，中国电机工程学会连续举办两届“特高压技术国际研讨会”，在特高压技术的基础理论、关键技术、工程应用等方面进行了充分的国际交流。

2006 年 11 月 28～29 日，2006 特高压输电技术国际会议在北京顺利召开。来自世界 19 个国家和地区的电力企业、科研院所、高等院校、电力设备制造业及相关行业的 350 多位代表参加了会议。大会充分肯定了我国在特高压领域所做的努力和取得的成绩，大会指出：特高压输电技术是世界输电技术发展的重要方向，当前已进入工程应用阶段；中国±800kV 特高压直流试验示范工程，不仅对于中国，而且对于世界许多国家和地区都具有重要意义。

2　特高压直流工程建设方案技术可行，安全可靠，经济合理

金沙江流域水力资源富集，约占全国可开发水能资源的 1/5。东部地区经济发达，人口密集，用电负荷大，而资源贫乏，接受外来电力的空间大，面临环保问题突出，是消纳我国西南水电最重要的市场。

经反复论证，溪洛渡、向家坝水电送往华东地区，可以促进西部地区将资源优势转化为经济优势，有效保障沿海经济发达地区的可持续发展，减少全国南北能源交叉输送，促进全国资源优化配置，减轻环境压力。

溪洛渡、向家坝水电站装机容量为 1860 万 kW，与东部地区的距离约 2000km，采用特高压直流输电技术是远距离、大容量送电的客观要求。

早在 1994 年，国际大电网会议（CIGRE）第 38 工作组就发布了“特高压技术”报告，对当时几个国家特高压输电技术的研究水平进行了总结，指出特高压输电没有不可逾越的技术障碍。

通过近年的工程研究和实践，解决了送出方案研究、电磁环境影响、交直流输电等价距离、交直流相互作用、主接线与布置、过电压及绝缘配合和大件运输等问题，研制出了特高压换流变压器、平波电抗器、6 英寸晶闸管、特高压复合绝缘子、特高压直流穿墙套管等设备。所有这些实践表明，特高压输电技术是完全可行的。

±800kV 特高压直流输电示范工程是目前世界上输送容量最大、送电距离最远、技术最先进的高压直流输电系统。工程采用的电触发 6 英寸晶闸管换流阀、800kV 大容量换流变压器、800kV 直流平波电抗器等设备的研制属世界首次，代表了世界高压直流输电技术的最高水平。建设该工程，将取得一大批国际领先的科技成果，在国际高压直流输电领域占据领先地位。特高压直流示范工程还是国内设备自主创新的重要依托工程，通过该工程，可极大提升国内电工装备行业的国际竞争力。

直流系统送电至受端，需通过交流电网向负荷供电，其稳定性很大程度上取决于

受端交流电网的强度。通过研究表明，2011 年底向家坝—上海特高压直流系统双极投产时，受端系统已足够坚强，当特高压直流系统单极跳闸或双极跳闸时，受端系统电压和频率均可以控制在允许水平内；同时，受端系统对直流系统运行影响不大，交流系统发生扰动时，不会引起直流系统停运，电网可以安全稳定运行。

我国电网的规划设计及运行控制是严格按照《电力系统安全稳定导则》的相关规定执行的。向家坝—上海±800kV 特高压直流工程经过严格计算分析和详细深入的论证，系统网架结构符合《电力系统安全稳定导则》的要求。在系统发生大扰动时，不会影响系统的正常稳定运行；发生严重故障时，也可以保证系统稳定运行；即使是在发生战争或者自然灾害等可能导致大面积停电的情况下，也可以依靠预防大面积停电的第三道防线，将损失降到最低。

向家坝—上海±800kV 特高压直流示范工程与同容量±500kV 直流输电工程相比，工程造价降低了 8%，节省投资约 16 亿元。

向家坝水电站全部机组投运后，每年向华东地区输送约 250 亿 kWh 水电，每年可节约燃煤超过 1000 万 t。根据国家统计局 2005 年发布的上海地区单位 GDP 电耗指标（1007.2kWh/万元）估算，该工程输送电量每年可产生 GDP 约 2500 亿元。此外，该工程即使在前述较低电价水平条件下，仍可以在 13 年内（含建设期）收回投资，并实现国有资产的保值增值。

环境容量空间是我国电力工业发展面临的首要环境问题。向家坝—上海±800kV 特高压直流示范工程将 640 万 kW 清洁水电输送到人口密集、环境压力大的经济发达地区，可以替代 6 台百万级的超大规模火电机组，从而有效降低该地区的燃煤排放，缓解地区环境压力。±800kV、640 万 kW 直流输电方案与±600kV 级方案相比，向家坝、溪洛渡水电外送输电线路从 5 回减少到 3 回，节约两条输电走廊，节省约 1/4 的土地资源。采用特高压直流，大大提高单位走廊的输送能力，减少通道、山口和跨越点资源的占用，节约宝贵的土地资源，是通过技术进步显著降低工程投资和资源消耗的典范。

因此，向家坝—上海±800kV 特高压直流示范工程具有良好的经济和社会效益。

3 项目决策规范

在向家坝—上海±800kV 特高压直流示范工程前期工作中，按国家有关规定要求，国家电网公司委托具有资质且设计经验丰富的咨询研究单位开展了规划设计和可行性研究工作，完成了电力系统、选站选线、换流站设计、线路设计、经济评价等报告，并经过了独立的中介机构组织的专家评审，保证了方案的科学性和合理性。

在向家坝—上海±800kV 特高压直流示范工程技术设计文件基础上，国家电网公司委托权威研究单位开展了工程环境影响评价、水土保持等方案研究，并向有关部门提交了专题报告，取得了国土资源部、国家环保总局、水利部等部门的批复文件。依照国家有关规定要求，国家电网公司合法获得了全部支撑文件，工程具备申请国家有关部门核准要求。

国家发改委在向家坝—上海±800kV 特高压直流示范工程的核准过程中，认真核实申报材料，以大量、翔实的专业研究论证成果为依据，全面听取各方意见，综合分析，谨慎决策，于 2007 年 4 月正式核准该工程。该工程核准过程完全符合我国基本建设项目核准制的工作程序。

第 3 节　2006 年特高压直流主要研究成果概要

向家坝—上海±800kV 特高压直流示范工程是金沙江流域向家坝、溪洛渡水电站的配套送出工程，电压等级最高、输送容量最大、送电距离最远，是引领世界直流输电技术发展的创新工程，承担着验证特高压直流输电技术的优越性，为后续工程建设提供技术储备的重要功能。

工程新建±800kV 换流站两座，起点四川复龙换流站，落点上海奉贤换流站。采用双极、每极 2 个 12 脉动换流器串联接线，电压配置为“400kV＋400kV”。采用 6 英寸晶闸管换流阀，每换流器容量达 175 万 kW。送端复龙换流站装设 28 台容量为 321MVA 的换流变压器，本期 500kV 出线 9 回，远期 10 回；受端奉贤换流站装设 28 台容量为 297MVA 的换流变压器，本期 500kV 出线 3 回，远期 4 回。新建±800kV 直流输电线路 1 回，途经四川、重庆、湖南、湖北、安徽、浙江、江苏、上海八省市，全长约 2000km。工程额定输送功率 640 万 kW，最大连续输送功率 700 万 kW，动态投资约 180 亿元。

向家坝—上海±800kV 特高压直流示范工程系统复杂、技术水平高、设备研制难度大。为实现安全可靠、自主创新、经济合理、环境友好、国际一流优质精品工程的建设目标，国家电网公司积极稳妥地推进了工程建设的各项准备工作，系统深入地开展相关研究工作。2006 年重点开展了系统研究、成套设计、工程设计、关键技术与工程专题研究以及与设备招标紧密相关的重大技术方案的分析对比和研究等工作。主要完成了以下研究：

（1）交流系统和直流系统的边界条件设计和优化。确定了送端孤岛运行条件、无功交换和电压波动条件、频率控制条件等。

（2）提升输送容量研究。通过改善冷却设计等较小代价的挖潜措施，把最大连续输送容量提升到700万kW水平。

（3）站用电源方案比较。确定了具有高可靠性和经济性的站内主力电源方案，可有效避免常规工程中出现的站用电问题导致双极闭锁事故。

（4）户外/户外直流场方案比较。通过采用自行研制的污秽测量站，精确测定站区污秽水平，使户外直流场成为可行方案，可节约投资0.8亿元。

（5）直流支柱绝缘子选型比较。推荐采用瓷涂RTV方案，技术成熟，可靠性高，节约设备造价。

（6）直流滤波器的优化研究。基于多次现场实地试验和测量，优化设计后的直流滤波器可以节约一半的投资，节约费用0.5亿元。

（7）换流变的噪声治理研究。研究提出8种治理措施，最后选定一种效果好、维护方便、工程实施简单的方案。

（8）换流站的优化布置设计。通过精细策划施工工序，减少约18亩占地，减少了GIS管线长度，节约了大量的混凝土工程量。

（9）共用接地极的研究。通过测量深层土壤电阻率，推荐送端采用共享接地极，为本工程节约0.5亿元费用。

（10）优化直流输电线路路径，采用“大北方案”，减少约100km线路，可节约1.8亿元投资，同时运行费用也将显著降低。

为了最大限度地引入竞争，确保工程的安全可靠、经济合理，先按照两种技术体系分别开展了系统研究和成套设计工作、换流站的初步平面布置设计等。目的是在直流设备合同谈判的过程中，基本完成系统研究和成套设计工作；在合同签订之时，即可获得最终的征地红线图，为工程尽快开工建设做好准备。

1 特高压直流示范工程功能规范和设备技术规范编制

1.1 规范书编制支持课题研究

为配合特高压直流示范工程功能规范和设备技术规范的编制工作，国家电网公司共下达了7项支撑功能规范和设备技术规范编制的关键研究课题。

（1）±800kV直流系统工程规程规范框架研究。

（2）±800kV直流系统用主设备规范研究。

（3）±800kV直流工程无功控制方案的研究。

（4）±800kV直流系统成套设计的研究。

（5）±800kV直流工程主回路接线方式与运行方式的研究。

（6）±800kV直流系统用主设备试验规范研究。

（7）±800kV 直流系统谐波标准研究。

目前 7 项研究任务已经完成，其主要结果已经应用到规范书中。

1.2　特高压直流示范工程规范书的编制

2006 年 4 月 20～21 日，国家电网公司组织有关单位和专家，在北京召开了向家坝—上海±800kV 特高压直流示范工程功能规范书编制原则讨论会。会议对 7 项支撑功能规范书的编制原则和一些具体技术问题进行了详细的讨论。

2006 年 5 月 30 日，国家电网公司发布了特高压直流系统功能规范和设备技术规范，包括换流阀、换流变压器等十二种设备的技术参数及技术规范，形成了±800kV 级直流输电系统换流变压器、油浸式平波电抗器、干式平波电抗器、穿墙套管等四个国家电网公司企业标准的初稿。通过对特高压直流输电系统进行概念设计，对过电压与绝缘配合、外绝缘设计、换流变压器、换流阀、滤波器等设备参数进行计算研究，初步确定了针对金沙江电力外送的±800kV 级直流输电系统功能规范和主设备技术规范，在遵循特高压直流工作组关于原绝缘配合不变的原则下，提出了新的更高绝缘裕度要求。特高压直流输电系统功能规范和设备技术规范的发布有力地推动了各个厂家的设备研发进程。

2006 年 7 月 14 日，国家电网公司组织召开了编制向家坝—上海±800kV 特高压直流示范工程换流站设备招标采购文件商务部分的工作会议，启动了特高压直流示范工程换流站主设备招标采购商务文件的编制工作。商务标书编制以设备采购为中心，完善商务标书和采购范围接口，保证商务文件与技术的吻合，吸取了三峡、灵宝、贵广 2 回等常规直流工程建设的先进经验，在考虑国内设备制造技术现状的情况下兼顾外方技术支持。

2006 年 7 月 28 日，国家电网公司组织相关单位和专家召开了特高压干式平波电抗器技术研讨会，参加单位有各个平波电抗器制造厂家和中国电力科学研究院、国网武汉高压研究院、湖北省电力试验研究院和华东电力试验研究院等单位的专家。会议确定在新的采购规范中，干式平波电抗器的要求和参数修改为针对 75mH 电抗器；极线和中性线 75mH 线圈将采用同样的设计，在组合时其接线方式和位置可任意互换；会议还讨论研究了平波电抗器支撑绝缘子选型、支撑结构以及风速、温升等问题。

2006 年 9 月 20 日、26 日，国家电网公司组织中外设备制造厂家及有关单位专家审查了各个设备厂家就规范书提出的特高压直流换流站设计及设备建议方案。会议主要就国内换流阀、换流变压器、平波电抗器的制造厂家的制造设计方案，以及 ABB 公司、SIEMENS 公司的换流站设计及设备制造研发的情况进行了审查。会议对系统单线图、绝缘配合、换流站布置、控制保护分层的问题，以及穿墙套管、变压器套管、直流避雷器、直流分压器、旁路开关等关键设备的开发情况进行了充分讨论；会议还研究讨论了换流变技术方案、换流阀技术方案以及关于直流系统设计的专题，这些专题主要包括换流站最小短路电流、最高直流运行电压、换流阀短路电流、直流线路电阻、换流站无功配置方案、换流变分接头档位数、直流系统的响应时间等，并对各厂家就规范书提出的问题进行了回答。

国内外设备制造厂家在阀的设计方面做了大量深入而细致的研究工作，其研究结论可供下一步设计参考。

SIEMENS 公司推出了全新的直流控制系统，新系统基于 WinTDC 的控制保护解决方案，该系统具有高冗余、高可靠性，以及适用于工业控制领域的成熟经验等特点。

2006 年 10 月 19 日，国家电网公司组织召开特高压直流技术交流会，就规范书的内容召集编制单位及外方专家继续就系统研究及换流站设计问题进行讨论，主要包括：响应时间、12 脉动换流器中点加装 TV、一个极中的换流变压器分接头协调控制还是独立控制、直流场中性母线的接线方式、晶闸管阀的暂态电流、换流站污秽水平、绝缘水平、感性无功补偿问题、换流阀选型和阀厅布置方式、直流场采用户内场、户外场的布置方式、换流站的布置，以及关于换流变压器、干式平波电抗器、直流断路器等主要设备的技术问题。还对换流阀、控制保护等进行了专题讨论。ABB 专家就直流系统响应时间、TA 及 TV 的测量准确度、双换流器中点 TV、换流阀大角度运行、中性母线的布置、交流母线分段、换流阀暂态电流、换流站污秽水平、绝缘子伞型、支柱绝缘子型式、三次谐波滤波器、换流阀型式及阀厅设计、共用接地极、换流变直流偏磁、干式平波电抗器、金属回转转换开关、控制保护分层、双 12 脉冲换流器投退等问题进行了回应。

2006 年 11 月 4～5 日，在成都召开的特高压直流示范工程换流站预初步设计审查会上，对规范书内容进行了进一步的确定。西南电力设计院、中南电力设计院、华东电力设计院、西北电力设计院、东北电力设计院、华北电力设计院与北京网联直流工程技术有限公司（简称网联公司）结合预初步设计的结论，重点就换流站设计及供货范围的接口进行了讨论。

网联公司结合预初步设计审查结论及规范书讨论会的意见对工程功能规范书、设备技术规范以及各个标包的接口规定进行了修订，确保了规范书与工程设计的吻合。鉴于以往工程中执行监造合同时向关键部件延伸时厂家配合不积极，导致监造效果欠佳，2007 年 2 月组织编写了直流设备监造大纲，监造内容覆盖了换流变套管和绝缘结构件等关键的分包供货项目，并纳入招标文件附件，作为保证设备质量的措施之一。

2007 年 2 月 10 日设备国产化方案获得国家发改委的批复后，再次组织对招标文件进行了符合性检查，确认两项重要任务在招标文件中有正确的体现。

1.3 特高压直流示范工程规范书审查

2006 年 12 月 5～6 日，国家电网公司在北京主持召开了向家坝—上海±800kV 特高压直流示范工程规范书公司级审查会。此前网联公司结合历次规范书的审查结果以及直流工作组会议对规范书的讨论内容，完成了对向家坝—上海±800kV 特高压直流示范工程功能规范书及设备技术规范的修订。会议分系统、电气、换流站、控制保护四个小组对关键技术问题、功能规范书及主设备技术规范进行了深入细致的讨论。会议强调技术标书和商务标书需要保持一致性，对系统、电气、换流站、控制保护提出了明确的修订意见。网联公司根据此次会议的精神对其编制的功能规范书及设备技术规范做了最终的修订。与此同时，向家坝—上海±800kV 特高压直流换流站主设备招标采购文件的商务部分也由中国电力技术进出口公司编制完成。

2006 年 12 月 22 日，特高压直流换流站主设备招标采购文件通过国家电网公司招标工作组审查。2006 年 12 月 26 日在特高压试验示范工程建设领导小组第十次专题会议上，国家电网公司就设备招标采购策划方案进行专题汇报。2007 年 3 月 22 日召开专门会议，邀请国家发改委、商务部和中机联等相关部门和有关专家，对招标采购文件进行了审查。

1.4　特高压直流示范工程规范书主要内容

1.4.1　直流系统电气主接线

±800kV 特高压直流系统采用双极，每极 2 个 12 脉动换流阀组串联，设置旁路开关，电压按“400kV＋400kV”考虑。换流变压器采用单相双绕组型式。

明确了每极每端采用双 400kV 直流电压的 12 脉动换流器串联的直流主接线以及避雷器的配置原则。

1.4.2　交流场电气主接线

向家坝—上海±800kV 特高压直流示范工程按照标称 6400MW 输送容量设计，两站分别需要配置 3080Mvar 和 3900Mvar 无功设备，两站都按照四大组滤波器配置。另外站内还配置了 2 台站用变压器，复龙换流站另配一组高压电抗器。

送受端交流配电设备均采用 GIS 设备，采用一个半断路器主接线，交流滤波器大组作为一个元件接入一个半断路器配电串中，复龙换流站共九串半，奉贤换流站共六串半。

1.4.3　直流系统额定值

（1）额定直流电压。直流系统额定电压±800kV，考虑各种设备公差和控制误差后，直流电压最高不超过 816kV，最低不低于 784kV。

（2）直流系统过负荷要求。额定功率 6400MW，根据特高压工作组的成果，并参考以往±500kV 直流输电工程中外方的投标文件，规范书规定了特高压直流示范工程至少应具有如下的过负荷能力：连续过负荷能力为额定功率的 1.125 倍（投入备用冷却）；2h 过负荷能力为额定功率的 1.1 倍（不投入备用冷却）；3s 过负荷能力为额定功率的 1.4 倍（不投入备用冷却），对 5s 和 10s 的暂时过负荷能力未作明确规定。

（3）降压运行。直流系统应能在 70%～100%的直流电压下连续运行，但在单极金属回路的接线方式下，允许完整单极降压运行的最低电压为 70%～75%额定直流电压。

1.4.4 直流系统动态响应要求

直流系统 DPS 时间按以下标准执行：

（1）电流阶跃响应。当直流功率输送水平处于最小功率至额定功率之间时，直流极电流对电流指令的阶跃增加或者阶跃降低的响应应满足如下要求：当电流指令的变化量不超过直流电流余裕时，响应时间不得大于 90ms（考虑到电流控制回路的误差，允许电流指令的最大变化比直流电流余裕小额定电流的 2%）；当电流指令变化量超过直流电流余裕时，响应时间不得大于 110ms。

（2）直流功率指令响应。当直流系统在最小功率到额定功率之间的任意功率水平下运行时，直流功率控制器对功率指令阶跃增加或降低的响应必须使得 90%的直流功率变化能在整定值变化后 150ms 内达到，这个时间还应包括电流指令的往返确认时间。

（3）交流系统故障后响应。在整流侧和逆变侧的交流系统发生故障时，直流系统的输送功率从故障切除瞬间起分别应在 120ms 和 140ms 内恢复到故障前的 90%。

1.4.5 换流站无功配置方案

（1）无功分组投切的暂态及稳态电压波动。复龙换流站和奉贤换流站无功分组投切引起的动态电压变化分别按不大于 2.0%和 1.5%，稳态电压变化不大于 1.0%考虑。

（2）无功分组容量及补偿方案。送端换流站无功小组容量 220Mvar，共 14 个小组，分为 4 个大组，每大组 3 或 4 个小组；受端换流站每小组容量为 260Mvar，共 15 组，分为 4 个大组，每大组 3 或 4 个小组。

（3）小方式无功平衡及感性无功补偿配置方案。送端复龙换流站按装设 180Mvar 可投切高抗配置感性无功。受端奉贤换流站通过在附近的 500kV 变电站安装 300Mvar 低压电抗器使交流系统具备一定的无功吸收能力，在换流站内不考虑装设高压电抗器等感性无功补偿设备。

1.4.6 绝缘配合

（1）绝缘水平。依据对向家坝—上海±800kV 直流输电工程的绝缘配合的研究，并考虑到 ABB、SIEMENS 等制造商的绝缘配合方案，基本确定了绝缘配合的方案和各点的绝缘水平，且在换流阀、换流变压器、平波电抗器的设备采购技术规范中给出了具体的规定。绝缘配合方面，高端保护水平已确定为 1600/1800kV，根据以往工程的经验，并针对特高压工程的特点，绝缘裕度见表 1。

表 1　　　　　　　　　　　　　　绝　缘　裕　度

项目	油绝缘（线侧）	油绝缘（阀侧）	空气绝缘	单个阀
陡波	25%	25%	25%	15%
雷击	25%	20%	20%	10%
操作	20%	15%	15%	10%

（2）设备绝缘试验水平。由绝缘配合方案，设备绝缘试验水平均已确定。例如，换流变压器阀侧套管直流试验电压应比相应绕组的试验电压提高 15%；对于交流耐压试验，套管试验电压应比相应绕组试验电压提高 10%；对于冲击试验，套管试验电压应比相应绕组试验电压提高 5%。

1.4.7　直流场外绝缘

户外直流场不接受纯瓷外绝缘，可采用合成套管和绝缘子，或瓷质套管和绝缘子加涂 RTV。爬电比距应以换流站在正常运行条件下对地的最高直流运行电压计算。直流设备的爬电比距应不小于下面的值：

（1）阀厅，包括阀的外绝缘和套管：14mm/kV。

（2）户内直流开关场设备所有绝缘：25mm/kV。

（3）户外支柱绝缘子：45mm/kV。

若采用深棱型绝缘子，最小伞距应不小于 95mm，伞距与伞伸出长度的比值不小于 1。若采用大小伞型绝缘子，伞间距与伞伸出的比值不小于 0.9，不推荐采用伞下加棱的方案。所设计的直流场设备外绝缘应按照有关规定，通过人工污秽试验和大雨试验，并在功能规范书规定的换流站址自然污秽水平下不发生闪络。

1.4.8　换流变压器

（1）换流变压器短路阻抗为（18.0±0.9）%。

（2）换流变压器采用 ODAF 或 OFAF 的冷却方式均可。

（3）工厂试验中换流变压器的可听噪声水平目标值为 75dB（A），同时现场将采取全封闭安装方式，完全消除变压器本体产生的噪声。

（4）换流变压器有载分接开关的分接级数按照不超过目前有载调压开关的最大能力、结合控制保护设计策略来确定。

1.4.9　换流阀

（1）晶闸管换流阀采用 6 英寸阀片。

（2）换流阀最大短路电流按最小不低于 46kA 考虑。

（3）换流阀结构按双重阀考虑。

（4）换流阀冷却水的处理采用反渗透的方法。

（5）原则上要求承包商采用低噪声的设计，但不作定量要求。

1.4.10 平波电抗器

（1）平波电抗器为干式，若采用户内直流场，应安装在户内。

（2）干式平波电抗器的线圈均应并联避雷器。

（3）干式平波电抗器由多线圈串联组成时，各项试验可以线圈为单位进行。

（4）干式平波电抗器线圈的股间绝缘材料的耐热等级应为H级，匝间绝缘材料的耐热等级应为F级或更高，最热点温度不得超过140℃。

1.4.11 直流控制保护系统

（1）控制系统在功能划分上，分为双极控制、极控制、12脉动换流器控制，但在控制系统的物理结构安排上，根据国内外厂家的设备研制情况，可以将双极和极控功能在同一个硬件中实现，也可分别实现，因此在规范书中不对采用二层或三层结构做具体的规定。

（2）12脉动阀组的投退策略方面，不同厂家有不同的12脉动阀组投退策略的实现方式，该部分目前只提功能要求，具体的实现方法在成套设计阶段优化确定。

2 特高压直流示范工程设计

2.1 换流站平面布置优化研究

国家电网公司组织开展了换流站设计技术的现场调研和设计技术研讨会，现场调查了宜都、政平和华新换流站的设计、施工质量和政平换流站户内直流场运行情况，重点讨论换流站土建和电气安装施工工艺、现场平面布置和换流站降噪措施。确定了特高压换流站土建和电气安装施工工艺标准和开展换流站平面布置优化方案的研究工作。

目前国内设计院通过和外方开展联合设计，按照换流变安装场地内单台换流变安装就位的施工组织方式，完成了换流区和交流滤波器布置优化研究，研究成果如下：

（1）若备用变压器布置在直流场，则换流变压器组装场地占地面积由预初步设计阶段的86m^2优化到77m^2，场地优化后占地减小4860m^2，约7.3亩。

（2）若备用变压器布置在交流场，则换流变压器组装场地占地面积由预初步设计阶段的86m^2优化到75m^2，场地优化后占地减小5940m^2，约8.9亩。

奉贤换流站交流滤波器按4大组，15小组配置，小组容量260Mvar。预初步设计阶段该区域占地约81.8亩。对各小组布置进行优化，优化后的占地尺寸约70.9亩，减小占地约10.9亩。

通过布置优化，奉贤换流站围墙内占地可从原来的262.3亩减少到244.1亩或242.5亩。同时减少了交流500kV GIS母线长度，节省了大量场地、道路、电缆沟等的建设费用。

2.2 换流站阀厅设计研究

阀厅是换流站成套设计、工程设计的关键接口区，技术复杂，接口繁多，部分核心技术一直为外方掌控。开展阀厅设计的关键技术研究，对形成具有自主知识产权的专有技术，推动国内金具、管母和导线等领域的新产品的开发，实现阀厅设计、建设的国产化具有重要的意义。

根据系统研究成果，特高压换流站阀桥接线采用每极 2 个 12 脉动阀组串联的接线和“400kV＋400kV”电压分配方案，每个 12 脉动阀组安装在一个阀厅内，每极设高、低端 2 个阀厅，全站共设置 4 个阀厅。800kV 阀塔布置于高端阀厅内，400kV 阀塔布置于低端阀厅内。阀塔布置考虑采用悬吊式二重阀布置，每个阀厅内悬吊 6 个阀塔，高、低端阀厅采用面对面布置。

阀厅设计依据国内外特高压阀厅试验研究的最新结论，以特（超）高压直流系统的绝缘配合理论、高电压试验理论、长间隙放电理论、典型形状电极放电特性的相关理论、IEC 和 GB 标准、ABB 公司和 SIEMENS 公司的计算方法和经验公式为理论依据进行计算和试验。分别对采用 ABB 和 SIEMENS 两种不同技术路线的换流阀、换流变压器的不同组合方案进行了设计研究。

2.3 直流场设计研究

特高压直流示范工程换流站推荐采用户外直流场，特高压换流站直流场主接线采用典型双极直流接线，每个 12 脉动阀组设置旁路回路。直流场布置按极分开，对称布置。在每极两个阀厅之间布置 800kV 设备，包括直流旁路开关回路设备、800kV 干式平波电抗器、直流极线高压设备，直流滤波器，每组 12 脉动阀组的 1 台旁路断路器、3 台旁路隔离开关在布置上形成回字形，放在平波电抗器和阀厅之间，紧靠阀厅安装，通过穿墙套管与阀厅设备连接。直流滤波器的高压电容器采用悬吊式安装，中性母线设备及接地极引出线设备布置在两极低压阀厅之间。站内设有直流极线引线塔。

2.4 送端换流站共用接地极研究

金沙江送端的三个特高压换流站地理位置比较集中，地质条件恶劣，按照常规直流工程采用单独的接地极设计方案将无法满足三个换流站的建设要求，为此国家电网公司组织开展了三个换流站共用接地极的技术研究工作。研究认为共用接地极最大入地电流 8040A 的技术方案可行，目前正在进行接地极设计参数的优化工作，该项技术的应用节省了送端三个换流站建设总投资，改变了直流工程的设计思路，可作为今后我国直流工程设计技术的参考与借鉴。

2006 年 3 月 16 日组织召开接地极技术研讨会，接地极科研项目承担单位国网武汉高压研究院、中国电力科学研究院、华北电力大学介绍了接地极研究的进展，布置各研究单位进行金沙江送端三个换流站共用接地极的研究，布置了垂直、深井接地极的研究要求。

2006年7月18日组织国网武汉高压研究院、中国电力科学研究院、华北电力大学、中南电力设计院、西北电力设计院和网联公司等单位对金沙江送端三个换流站共用接地极技术方案进行了研讨，布置了三个换流站备选接地极址土壤深层电阻率测量和共用接地极设计研究等专题。

2006年8月30日，组织国网武汉高压研究院、中国电力科学研究院、华北电力大学、中南电力设计院等单位对西南电力设计院的深层电阻率测量结果进行了审查，提出了共用接地极设计原则，要求各单位根据深层土壤测量结果和共用接地极设计原则进行向家坝送端三个换流站共用接地极的预初步设计研究。

2006年11月3～4日，在成都的预初步设计审查中，接地极组明确三个换流站共用东阳极址或共用东阳和共乐互连的接地极。

2006年11月18日，组织国网武汉高压研究院、中国电力科学研究院、华北电力大学对中南电力设计院的共用接地极设计方案进行了审查，根据土壤接地极测量结果的研究和三个备选极址的现场调研，各单位一直同意双河极址不适宜作为特高压直流换流站备选极址，三个换流站只能共用东阳和共乐极址。

3 特高压直流关键技术和专题研究

3.1 特高压直流技术标准的编制

为积极总结特高压直流输电技术的研究成果，指导后续特高压直流工程建设，奠定我国在高压直流输电技术领域的领先地位，国家电网公司开展了特高压直流技术标准的编制工作。

2005年10月，组织开展特高压直流企业标准的编写工作。

2006年1月3～10日，组织了特高压直流企业标准稿的专家审查工作。

2006年3月6日，向科技部提交了要求组织公司级企业标准审查的报告。

2006年4月5日，基建部、科技部组织公司级特高压直流8个企业标准审查。

2006年9月25日，7个特高压直流企业标准颁布并正式实施。

已颁布和实施的特高压直流标准如下：

Q/GDW 144—2006《±800kV特高压直流换流站过电压保护和绝缘配合导则》

Q/GDW 145—2006《±800kV直流架空输电线路电磁环境控制值》

Q/GDW 146—2006《高压直流换流站无功补偿与配置技术导则》

Q/GDW 147—2006《高压直流输电用±800kV级换流变压器通用技术规范》

Q/GDW 148—2006《高压直流输电用±800kV级油浸式平波电抗器通用技术规范》

Q/GDW 149—2006《高压直流输电统用±800kV 干式平波电抗器通用技术规范》

Q/GDW 150—2006《高压直流输电用±800kV 级穿墙套管通用技术规范》

3.2 特高压直流试验基地规划设计

特高压直流输电技术是世界输电技术领域的制高点，国内外都没有可供借鉴的技术标准和规范，也没有成熟的经验。特高压直流示范工程建设不仅需要进行大量的前期研究，投入运行之后还将出现新的技术问题，需要进行深入研究和总结。同时，随着±800kV 直流工程的投入，特高压直流输电技术的不断完善，国产化设备质量的提高以及更经济合理的设计规范、技术标准的建立等都需要进行大量的试验研究。因此，建设一个世界一流水平的特高压直流试验研究基地是既是发展特高压输电的必然要求，也是我国特高压试验技术达到国际一流水平的标志，是创建自主知识产权的重要体现。

2006 年，国家电网公司根据特高压直流示范工程建设和特高压直流输电技术发展的需要，开展了特高压试验基地的规划、设计工作，确定了特高压试验基地直流冲击试验场、直流试验线段和电晕笼、试验大厅、污秽及环境试验室、电磁环境试验室、设备试验室、长期带电试验场、换流阀运行试验室的设计方案。

3.3 “强直强交”电网的必要性

特高压交流与特高压直流在电网中的作用相辅相成、互为补充。特高压交流输电的发展除了可应用于大电源基地的外送外，主要将定位于高一级电压电网的建设；而特高压直流输电将定位于我国西部大电源基地的远距离、大容量外送，并将依托于坚强的交流输电网发挥作用。

仿真试验和计算分析的结果表明：西南水电采用特高压交直流并列运行的输电方案在技术上是可行的，能够满足《电力系统安全稳定导则》的要求。

因此，在西部电源基地外送中采用 1000kV 特高压交流与±800kV 级直流相互配合，形成“强直强交”并列输电结构，可以减少对送端发电机组和电网的冲击，可为西电东送提供多样化的选择，将有助于改善我国的电网结构，提高输电系统的安全可靠性。

3.4 系统研究与成套设计

为了加快特高压直流示范工程建设，2005 年初，国家电网公司开始启动示范工程系统研究和成套设计，并通过直流工作组，组织国内外相关专家，对系统研究和成套设计成果进行研讨，确定了一系列重大技术方案和设计原则。2007 年 1 月 11 日启动了中外联合成套设计工作，在 1～3 月间组织召开了两轮有 ABB 公司和 SIEMENS 公司参加的设计联络会。通过提前开展成套设计，提前锁定各个技术体系的主要技术方案和设备参数。这样，尽管主设备是通过国内厂家分散采购，但在投标方案中已经可以体现成套设计结果和技术路线。

通过近两年的研究，特高压直流示范工程在交直流系统、设备配置、主设备技术参数等方面取得了重要成果，研究成果已经应用于向家坝—上海±800kV 特高压直流示范工程之中。

2005 年召开了 3 次直流工作组会议，确定了换流器的接线方式为“400kV＋400kV”，初步确定了换流变压器及其套管，穿墙套管和直流极线的绝缘水平和绝缘裕度参数以及线路参数和旁路开关的选型，对过电压与绝缘配合、站址条件、大件运输等问题进行了交流和探讨。

2006 年 3 月第四次工作组会议对 6 英寸晶闸管的技术参数、直流可靠性指标、短路电流水平、过负荷能力、响应时间、外绝缘方案、直流滤波器及直流谐波标准等问题进行了充分讨论并基本取得了一致意见。

2006 年 9 月第五次工作组会议就有关第一版功能规范书和主设备技术参数的问题、换流站设计、设备试验要求、设备研制情况中的相关问题进行了讨论。

2006 年 11 月第六次工作组会议对直流主接线、绝缘子伞形、绝缘材料、旁路开关布置、阀厅设计、直流场设计、换流站布置、噪声抑制措施、直流控制保护设计、共用接地极等问题进行了深入细致的讨论并形成了一致意见。

系统研究和成套设计中，注重在确保系统性能前提下的主设备相互可替代性。如 ABB 公司习惯于采用调节换流变分接头来满足降压运行要求；而 SIEMENS 公司则是通过增大控制角来满足降压运行要求。成套设计明确在 80%降压运行时候必须采用分接头，在 70%～80%之间降压运行可以采用增大控制角的方式。从而使两种换流变压器可以替代使用，增加了满足技术统一性条件下的市场竞争性。

3.5 交直流系统配合的研究

坚强的交流系统是特高压直流示范工程安全可靠运行的基础。国家电网公司在工程建设技术方案中高度重视交直流系统的协调研究，按照规划送端三个换流站建成后将组成送端电网，并在第一回向家坝—上海±800kV 特高压直流示范工程中配套建设三条 500kV 线路与四川电网构成紧密联系，在上海侧奉贤站同样采用 3 回 500kV 交流线路与上海电网相连。

根据预初步设计的评审意见，向家坝复龙换流站通过 3 回 $4\times400\text{mm}^2$ 的 500kV 线路接入四川电网泸州变电站。上海奉贤换流站本期通过 3 回 500kV、4km 线路接入邻近的南汇变电站，其中两回出线导线截面为 $4\times720\text{mm}^2$，一回为 $6\times630\text{mm}^2$ 截面导线，另外预留 1 回备用。并保留奉贤换流站远景两点接入三林变电站和南汇变电站的可能性。

向家坝的交流系统容性无功提供能力按 1000Mvar 考虑，受端交流系统不具备容性无功提供能力。送、受端交流系统的感性无功提供能力分别为 0Mvar 和 300Mvar，并依据该条件进行换流站无功设备配置。

另外考虑建设初期送端换流站与外部失去联系时，在直流系统正常运行方式以外研究孤岛运行方式，满足极端系统条件下特高压直流仍能运行的需要。成套设计将具体落实孤岛方式实现方案。

3.6　换流变压器降噪措施专题研究

两端换流站产生的可听噪声在场界外不大于 50dB。上海侧换流站附近由于有民房，应在保留的民房处增加噪声控制的敏感点，敏感点处噪声水平要求不大于 45dB。

2006 年 10 月 12～13 日，组织对华新换流站 Box-in（变压器包起来，直流套管高于顶盖）方案进行现场调查，并对政平和华新换流站噪声治理方案得失进行总结，整理特高压换流变的噪声治理思路。

2006 年 11 月 3 日，委托华东电力设计院对换流变压器的噪声进行专题研究，希望通过研究确定合适的换流变压器噪声防治方案。

2006 年 12 月 6 日，组织网联公司、华东电力设计院和相关专家就特高压直流换流变压器降噪措施进行专题研讨，将特高压换流站换流变现场布置确定为高、低端面对面布置，并提出了最新的 House-in（变压器包起来，直流套管低于顶盖，可以从下面抽出）换流变压器降噪方案。13 日西安西电变压器有限责任公司、保定天威保变电气股份有限公司、华东电力设计院和西南电力设计院、网联公司和特邀专家就 House-in 方案的实施方案进行详细研讨，认为 House-in 方案具有很好的可行性和可靠性。

2007 年 2 月 10 日，组织运行公司、网联公司、华东电力设计院、西南电力设计院、中南电力设计院和西北电力设计院进行换流变压器噪声防治研究成果进行讨论，结合 ABB 公司的技术方案，提出了冷却容量核算、冷却风扇和风向选择等设备制造技术问题，明确了后期换流变压器噪声防治技术研究方向。

通过研究共提出了 8 种治理技术方案，其中两个方案获得了专家的好评。通过和厂家共同进行研究和讨论后，最终确定了在冷却器、油枕和箱体之间安装夹层的方案。该方案具有噪声防治效果好、便于换流变压器检修的突出优点，有望成为人口密集地区换流变压器的标准设计。

3.7　换流站站址污秽观测专题研究

国家电网公司在向家坝复龙和上海奉贤换流站站址建设了现场污秽水平监测试验站，通过现场污秽实测和仿真计算，准确摸清了现场污秽水平，为直流场设计方案的确定提供技术依据。

2006 年 1 月 15 日，两套直流带电污秽测量装置在向家坝—上海送、受端备选站址附近投入运行。2006 年 10 月，进行了第一次取样，其测量数据已应用在特高压直流的规范书设备外绝缘规范中。2007 年 2 月，进行了第二次取样，根据取样结果，国内专家、ABB 公司和 SIEMENS 公司均认为换流站直流设备可采用户外布置的设计方案。

根据实测和污秽预测结果，换流站采用户外场设计方案可以减少建设投资 0.8 亿元。

3.8 控制保护技术研究

2006 年 12 月 12 日，在北京组织召开了提高控制保护系统可靠性的会议。会议认为采取以下几个方面的措施可以提高控制保护系统可靠性：

（1）采用实时操作系统作为控制保护系统的平台。

（2）为了降低主机的负荷率，采用高性能、低损耗的双核 CPU 和 DSP，同时将风扇散热改为铝板散热。

（3）为了减少由于硬件造成的故障，需提高硬件的集成度和性能。

（4）为了防止信息阻塞，建议将 LAN（局域）网分为实时 LAN 网和非实时 LAN 网。极控系统与双极系统和阀控系统之间采用实时 LAN 网，其他站 LAN 网采用非实时 LAN 网。

2006 年 12 月 15 日，在南京组织召开了“特高压直流控制保护配置方案及系统结构的优化研究”中间成果审查会，南京自动化研究院就该课题的研究成果进行了汇报，同时就如何提高控制保护的可靠性方面从控制的分层结构、控制策略、保护的配置原则、系统软件功能分布等几个方面展开了讨论。同时达成一致意见：目前的系统难以满足特高压直流输电可靠性要求；应当避免采用 Windows 操作系统；在后续研究中重点进行实时操作系统的研究。

目前±800kV 直流输电控制保护技术及试验研究取得阶段成果，南瑞研制完成了±800kV 直流控制保护试验用样机，并在 RTDS 上和动模系统上进行了试验研究，建成了±800kV 直流输电系统 RTDS 数字仿真模型，完成±800kV 直流动模系统建模及验证工作并形成了动模试验方案；完成了±800kV 直流控制策略和直流保护原理及配置的初步研究，提出了完整的特高压直流保护分区和配置方案以及主要的故障处理策略。项目中间研究成果在 2007 年 3 月 12 日通过了评审。

3.9 提高系统可靠性的措施研究

特高压直流示范工程是金沙江水电送出的工程，受端直接伸入到上海环网，系统可靠性指标反映工程建设的成败。根据我国现有直流系统的运行经验，并结合特高压直流系统的技术特点，特高压直流系统合理的可靠性指标见表 2。

表 2　　特高压直流系统合理的可靠性指标

项　目	单换流器强迫停运率	单极强迫停运率	双极强迫停运率	强迫能量不可用率
推荐值	2 次/换流器・年	2 次/极・年	0.05 次/年	0.5%

近些年我国常规直流工程不同程度暴露出一些技术问题，为此国家电网公司组织相关设计单位研究制订了一系列提高运行可靠性的技术措施：

（1）站用电配置。各换流站配置 2 台 500kV/10kV 站用变压器作为主供电源，各换流器组单独配置一套 400V 站用电源系统。

（2）站用水源。西南电力设计院提出了云天化和横江供水方案，目前正在进行与三站共用水源方案的比选工作；奉贤换流站采用两路自来水供水方案。

（3）中性点双极设备配置。ABB 公司按照提高双极可用率的思路提出双极中性点采用一倍半接线的方案，该方案将较典型配置方案大幅增加设备投资，经过比选后维持典型接线方案，为了提高中性点可靠性，提出加强接地极设计下达接地极线路带电检修研究课题。

（4）换流变压器本体保护误动研究。鉴于常规工程换流变压器本体保护误动对系统可靠性的影响，目前正在与设计单位和设备制造厂家共同研究防止误动的技术措施，基本思路是研究动作接点三取二的实现方式。

除上述重要修改外，组织建设、运行单位对三峡直流工程进行认真总结，提出了 300 多项改进项目。

2006

特高压直流输电技术研究成果专辑

第2章

特高压直流示范工程功能规范和设备技术规范

第1节 功 能 规 范

直流工程功能规范书是对整个工程的设计条件、性能指标、设备主要技术参数、换流站整体布置、各个部分相互间的配合及接口提出具体要求的规范性技术文件。直流工程功能规范书为指导工程成套设计及系统研究、站设计、阀厅设计、系统调试及验收，也为设备招标和采购提供了基础和标准，是工程前期最重要的技术规范性文件之一。

向家坝—上海±800kV特高压直流输电示范工程的技术规范书是在前期开展广泛的咨询研究所取得的大量成果以及可行性研究的主要结论的基础上编写的。为了确保首个特高压直流工程在系统性能上达到最优，本次规范书的编制历经多次评审，几易其稿，同时还充分吸收了来自国内直流工程设计单位、运行单位、有关设备厂家和多位该领域内知名专家的合理意见和建议，根据历次评审的意见经反复修订后正式发布。

1 技术定义和标准

1.1 概述

本技术规范阐述了向家坝—上海±800kV、6400MW特高压直流输电工程复龙换流站和奉贤换流站的技术要求。

承包商的工作包括对所需的换流站设备，通信系统，进、出换流站的交流输电线保护，换流站交流开关场的保护，以及运行人员控制与交流开关场的接口进行研究、设计、制造、试验、运输以及安装和调试的监督。

本规范的规定和参数随着研究的深入可能发生变化，如有更改，以最终版本为准。

1.2 技术术语及定义汇编

本技术规范应用下列技术术语和定义：

双极线路（或HVDC输电线路） 指架设在相同的输电线路构架上的两极直流输电线路。本工程为从复龙换流站到奉贤换流站的直流输电线路。

双极 指两个换流器极，它们的一端连至各自的极线，另一端连接在公共地极线上。

晶闸管级 指由单个晶闸管元件（或两个或多个并联的晶闸管元件）以及附属的控制、均压、保护和监视元件共同组成，构成阀中的一个电压级。晶闸管级中可能包括一部分阀电抗器。

晶闸管组件　指机械上可更换的最小阀单元，包括多个晶闸管级以及对应的阻尼、均压元件和触发保护电子设备。“晶闸管组件”中可能包含一部分分布式阀电抗器。

电抗器组件　指机械上可更换的最小阀电抗器单元，与晶闸管组件串联连接。

阀组件　指阀中电气上可重复的最小单元，由多个晶闸管级、触发和保护电路、均压部件、阀电抗器和其他阀附属元件组成。阀通常由多个阀组件构成，每一个阀组件与完整阀呈现相同的电气特性，但只具有完整阀的一部分电压承受能力。每一阀组件又可包括多个可拆分和可更换的晶闸管组件和电抗器组件。

阀组　指一个12脉动换流器单元，用于将交流功率转换成直流功率或者相反。

阀　是由多个阀组件以及附属外部设备组成，构成6脉动格拉兹（Gratzs）换流桥中的一个桥臂。

多重阀单元　指安装在单个支承结构上的多个阀的组合件。包括安装在阀结构上的其他元件，例如（但不限于）电抗器和避雷器，这些元件可以看作阀的一部分。

阀支承结构　指阀的一部分，在机械上对阀起支承作用（或阀体吊装在其上），在电气上使包含多个阀组件的阀体带电部分与地之间绝缘。阀支承结构中可能包含光纤系统以及冷却空气通道或液体冷却介质管道，这些附属设备也可能是在阀支承结构或悬吊系统的外部。

冗裕度　指阀中总的晶闸管级数与按规定的各种试验电压确定的最小晶闸管级数之差。

晶闸管冗裕度系数（f_r）为

$$f_r=\frac{N_t}{N_t-N_r}$$

式中　N_t——阀中总的晶闸管级数；

N_r——冗裕度中所定义的阀冗裕度。

电容器元件　指单个使用由铝箔和绝缘纸和（或）塑料薄膜绕制的部件。

电容器单元　指一个或多个电容器元件以串联和并联的方式组装于单个金属外壳中，并有内部均压和放电电阻及带套管引出端子的组装体（如果需要可内置熔断器）。

电容器机架　指钢制框架、按要求用于支撑一台或多台串联电容器组及所需的互联的母线和绝缘子。

串联电容器组　指在任一同电压等级别下并联成一组的电容器单元，若需要的话，包括外部熔断器。

电容器组合机架（电容器塔）　指由一个或多个电容器机架组成，并靠一套支座绝缘子支撑，其中包括内机架绝缘子和机架与机架之间引线。

电容器分组　指由一个或多个电容器组合机架，其中包括三相并联电容器；或一个交流滤波器电容器臂的三相电容器；或一个直流滤波器臂的电容器。

换流站交流母线 指换流站中与换流变压器和交流滤波器连接的交流母线。

换流器极 指一个或多个阀组，及其相关的极设备，这些设备一端与极线相连，另一端与接地极线相连。

换流站 指包含户内、户外高压直流设备，交流开关场及所有相关的构架和母线组成的区域。

换流器 指完成将交流电流转换为直流电流，或反之的全部设备。

直流功率传输能力 指整流站可用的直流传输功率水平，它取决于运行阀组的额定直流电压和有效最大持续电流的极限。

直流功率传输（水平）或（直流负载） 定义为通过双极线路从整流站到逆变站所输送的直流功率（直流电压乘以直流电流），其值在换流站换流器的极与极线连接处测量。根据需要，本术语可用于两端换流站中的任何一个站的直流功率。本工程中，通常指的是从复龙换流站流向奉贤换流站的功率。

直流线路损耗 指复龙换流站和奉贤换流站之间极线路上的直流功率损耗。损耗为在整流站与极线连接处所测得的直流功率和逆变站与极线连接处所测得的直流功率之差。

有效短路比 定义在换流站母线处的交流系统三相短路水平（MVA）与直流输送功率水平（MW）之比。交流系统的短路水平是基于发电机的次暂态电抗，并计入所连接的无功补偿和谐波滤波器设备的影响，交流母线电压是按直流系统闭锁时其值为1p.u.计入。

高压直流回路 指换流器直流侧的互联系统，它包括直流开关装置和过电压保护装置、双极线路、地极线和接地极。

直流远动系统 指位于换流站内、通过OPGW或其他通信系统在两换流站之间传送两站直流系统的控制、保护和监视信号的信号处理设备。其设备包括与OPGW或其他系统的接口及全部的信号调节电路，编码和误码检测电路，以及其他有关的电路。

极线 指直流输电线路的单导线或导线束。

正常运行条件：

（1）对于交流系统，此术语用于以下运行条件：交流系统运行在规定的正常连续运行电压范围内，在规定的电压不平衡范围内和在正常频率变化的范围内，并且所联入的交流网络结构是由运行人员按计划安排，其短路容量维持在与直流传输功率相适应的范围内，并连接有合适的无功补偿和电压控制装置，无故障存在。

（2）对于直流系统，此术语用于以下运行条件：HVDC系统运行在规定的直流电压下，直流功率输送值从最小到额定功率范围内。直流远动系统以及通信系统投运，每极换流器与相对应的极线连接，阀的触发角度处于正常值，高压直流回路中正在运行的任何设备不存在故障，环境条件在规定的范围内。

无功补偿和谐波滤波设备　指在换流站交流母线上所提供的必要的无功补偿、谐波滤波和电压控制的设备。设备包括交流谐波滤波器，并联电容器，同步调相机，并联电抗器，晶闸管控制的电抗器，连同所需的分组交流断路器、隔离开关、冷却系统、站用电源、保护和控制，以及高压母线网络、绝缘子和引线。

1.3　标准及质量保证

1.3.1　标准

承包商在其设计中按照下列优先顺序执行有关标准：

（1）在本文中特别注明的标准。

（2）DL 标准。

（3）GB 标准。

（4）ISO 标准。

（5）IEC 标准。

（6）CIGRE 的建议及导则。

（7）ANSI 标准。

对于规范书中各处所引用的标准，承包商应当使用合同生效时的相应标准的最新版本，不能用另外标准代替。除非获得业主许可，方可用另一标准代替。

如果所引用的标准不合适或者未引用合适的标准，或者不能得到上面列举的标准，承包商可选择适用的标准，并且在制造商着手进行工作前需得到业主的许可。

业主与承包商在解释某标准有不同意见时，业主的解释应是最终的解释。

1.3.2　质量保证

1.3.2.1　概述

承包商应具有质量保证体系，并用客观的证据说明在执行合同过程中所采取的保证质量要求的措施将确保完成的工作（包括分包商的工作）符合规范书的要求。

应提供 ISO 9000 系列或等同的质量保证体系。

承包商未得到业主对质量保证体系的认可之前，将不得开始或进行任何工作。

质量保证体系的执行应覆盖合同的所有工作，包括合同的管理、系统研究、设计、制造、运输、建设、安装、试验和现场调试。

1.3.2.2　质量保证体系

对于整个合同，要求采用 ISO 9000 系列或等同的质量保证体系。当工作需要分开做以适合合同的执行和分包时，承包商应根据 ISO 9000 的 8.2 条款选择自己的质量保证类型。承包商应提交所选质量保证类型的文件和向业主说明选择的理由。所选择的质量保证类型应提交业主审批。

1.3.2.3 业主审批（权）

业主对承包商的质量保证体系任何方面的认可，不能作为承包商不承担自己工作质量责任的理由。

在随后的制造、安装、试验或调试阶段或在保证期中，如果发现业主的任何认可不满足合同的要求，业主仍有权给予否定，从而使业主的整个工作或部分工作不受到损害。

2 站址及环境条件

2.1 站址位置

四川送端复龙站址位于宜宾县城西南 15km，站址西北距横江镇约 7km；站址北 8km 为向家坝电站；站址东北 8km 为内昆铁路水富站。站址西侧 7km 处有横江—凤仪乡村公路，东侧 11km 处有四川—云南（S206）公路通过。

上海受端奉贤站址位于上海奉贤区境内，具体位置在奉贤区与南汇区两区交界处的横桥村。站址西侧约 280m 为 A30 上海郊环高速公路，北侧约 600m 为 A2 高速公路，站址西侧紧靠大泐港，站址北邻浦南运河约 130m。

2.2 运输条件

业主将安排从接货港到换流站的运输。重型设备的运输条件如下：

复龙换流站：

接货港：上海港。

入境后的运输方式：水运驳船加公路拖车。

运距：上海—长江—宜宾—金沙江—安边镇小岸坝码头（暂定）—公路—横江镇—公路—站址。其中，长江水路运输距离 2813km，金沙江水路运输距离 30km，公路运输距离约 42km。

奉贤换流站：

接货港：上海港。

入境后的运输方式：水运驳船加公路拖车。

运距：上海—黄浦江—大冶河—大冶河 23 号码头—公路—站址。

所有设备的最大单件运输尺寸的限制条件：长度≤13.0m，宽度≤4.5m，高度≤5.0m，运输限制尺寸如图 1 所示。

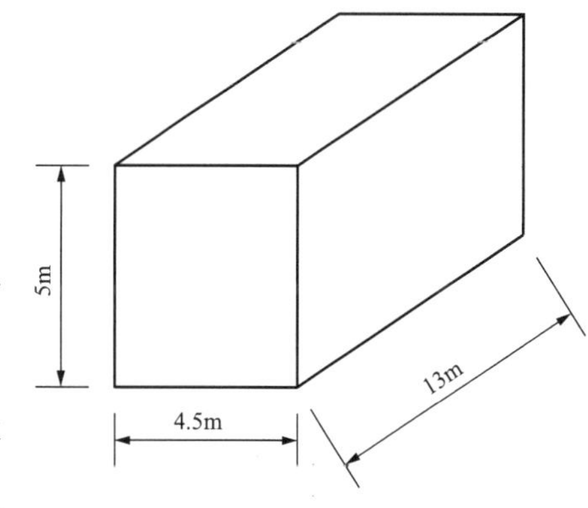

图 1 大件本体运输限制尺寸

最大运输质量：≤400t。

2.3 站址的地理环境

复龙换流站站址位于丘陵地带。

奉贤换流站站址位于平原沉积区。

2.4 环境条件

2.4.1 气象数据（见表1）

表1 换流站环境气象数据

项目		复龙换流站	奉贤换流站
气温（℃）	极端最高气温	40.3	38.7
	极端最低气温	−3.7	−10.1
	年均气温	18	15.7
	最热月份的月平均气温	27	27.5
气压（HPa）	多年平均气压	972.8	1015.8
相对湿度	平均相对湿度（%）	81	82
	最小相对湿度（%）	11	15
风向、风速（m/s）	多年平均风速	1.1	3.3
	最大风速（10min）		20
	50年一遇离地面10m高的10min平均最大风速	24.5	29.7
	100年一遇离地面10m高的10min平均最大风速	27.4	31
	经常性风向	NW、NNW	SSE、NW
降水量（mm）	年降雨量	998.2	1089.3
	24h最大降雨量	315.3	379.8
其他	累年最大积雪深度（cm）	2	20
	多年平均日照强度（kW/m^2）	0.9	
	多年平均日照百分率（%）	25	
	冬季采暖（℃）	4	−2
	冬季空调（℃）	2	−4
	夏季通风（℃）	30	32
	夏季空调（℃）	33.2	34
	100年一遇洪涝水位	不影响	4.20m
	设计覆冰	5mm	5mm

2.4.2 雷暴天数（见表2）

表 2　　换流站雷暴天数统计表

项　　目	复龙换流站	奉贤换流站
平均雷暴天数（d/y）	36.9	25.8
最大雷暴天数（d/y）	55	51

2.4.3 大气污秽（见表 3）

表 3　　换流站自然积污水平（*ESDD*，暂定）　　mg/cm^2

设　　备	复龙换流站	奉贤换流站
交流标准悬式绝缘子	0.05	0.05
交流支柱绝缘子	0.03	0.03
直流支柱绝缘子	0.064	0.064

2.4.4 地震（见表 4）

表 4　　换 流 站 地 震 条 件

项　　目	复龙换流站	奉贤换流站
地震烈度（度）	地震基本烈度 7 级，动峰值加速度 0.1*g*	地震基本烈度 7 级，动峰值加速度 0.1*g*

2.4.5 海拔高度（见表 5）

表 5　　换 流 站 海 拔 高 程

项　　目	复龙换流站	奉贤换流站
海拔高度（黄海高程，m）	536	3.4～4.2（吴淞高程）

2.4.6 水文地质数据（见表 6）

表 6　　换流站水文地质数据

项　　目		复龙换流站	奉贤换流站
地下水深度（m）		0.8～4.0	0.2～0.4
对混凝土的腐蚀性		无	无
站区土壤电阻率（Ω•m）	0～10m	15	15
	10～200m	100	100

3 交流系统条件及数据

3.1 交流系统数据和等值

3.1.1 系统概况

金沙江一期工程位于四川省境内，包括金沙江流域三个梯级电站的开发，是我国比三峡电站更大的水电工程。工程 2005 年开始大坝建设，将按照从下游至上游的顺序依次建设向家坝左岸电站、向家坝右岸电站、溪洛渡左岸电站和溪洛渡右岸电站。金沙江电站总装机 26 台，容量达到 18600MW，计划于 2012 年首台机组发电，2017 年全部建成。

金沙江梯级电站的装机进度安排见表 7。

表 7　　向家坝和溪洛渡水电站机组装机进度安排

年份			2012 年	2013 年	2014 年	2015 年	2016 年	2017 年
向家坝	当年新增	台	2	3	2	1		
		万 kW	150	225	150	75		
	达到	台	2	5	7	8		
		万 kW	150	375	525	600		
溪洛渡	当年新增	台			4	4	6	4
		万 kW			280	280	420	280
	达到	台			4	8	14	18
		万 kW			280	560	980	1260
合计		万 kW	150	375	805	1160	1580	1860

首个投产的向家坝电站每台机组额定功率为 750MW，左岸及右岸电站各 4 台，总装机容量为 6000MW，平均年发电量约 293.38 亿 kWh。金沙江区域电网采用 500kV 交流线路与四川电网相联，同时采用 3 回±800kV 特高压直流输电向华中四省及华东送电，共 3 回双极直流线路，即向家坝—上海直流工程、溪洛渡左岸—湖南株洲直流工程、溪洛渡右岸—浙西直流工程，每回直流的输送能力为 6400MW。因此，金沙江至华中四省的直流输送能力为 6400MW，至华东的直流送电能力共计 12800MW。另外，根据我国电网的“十一五规划”，到 2015 年将初步建成 1000kV 交流特高压电网，实现川渝与华中、华北、华东及西北电网部分的同步联系，金沙江与受端上海电网间为特高压交流与特高压直流并列运行。

根据表 7 的机组投产计划，金沙江一期工程的三个±800kV 直流输电工程的投产进度安排分别为：向家坝—上海直流工程计划于 2011 年投产单极，2012 年投双极；溪洛渡左岸—株洲直流工程计划于 2014 年投产单极，2015 年投双极；溪洛渡右岸—浙西直流工程计划于 2015 年投产单极，2016 年投双极。

向家坝—上海特高压直流输电工程额定容量为 6400MW，送电距离约（1935±60）km，直流导线截面采用 ACSR-6×720mm^2。送端金沙江电网的复龙换流站通常为整流站运行，华东电网的奉贤换流站通常为逆变站运行。

送端复龙换流站位于四川省宜宾地区，换流站出线规模：500kV 交流出线 9 回，±800kV 直流 1 回。换流站本期将通过各 2 回 500kV 线路与向家坝左岸电站、右岸电站联系，线路长度分别为 15km 和 12km；通过 2 回 500kV 线路与拟建设的溪洛渡左岸换流站联系，线路长度 22km（溪洛渡左岸换流站与溪洛渡右岸换流站之间也将通过长度为 22km 的 500kV 双回线相联，溪洛渡左岸电站和右岸电站分别以 3 回大截面导线接入对应的换流站，线路长度分别为 82km 和 105km）；另外，整个金沙江区域电网还通过 3 回复龙换流站至泸州变电站 500kV 线路一点接入泸州变电站，线路长度 101km；溪洛渡右岸电站出两回 500kV 线路至云南昭通，仅作为枯水期送电用。

受端奉贤换流站位于上海市南汇区与奉贤区的交界处，换流站出线规模：交流出线远景 4 回，至南汇变电站 2 回，至三林变电站 2 回；本期交流出线 3 回至南汇变电站，±800kV 直流 1 回。换流站本期通过 3 回 500kV、4km 的交流线路接入南汇变电站，线路采用同杆架设，导线截面 2 回为 $4\times720\text{mm}^2$，1 回为 $4\times630\text{mm}^2$，远期保留 2 点接入南汇变电站和三林变电站的可能性，另预留 1 回备用。新建南汇变电站，交流出线本期 6 回，预留 2 回备用。南汇变电站通过 2 回 500kV 线路接入漕泾变电站，线路长度 48km；2 回 500kV 线路接入顾路变电站，线路长度 35km；另出 2 回线接入三林变电站，线路长度 24km。

3.1.2 交流系统数据

3.1.2.1 四川与上海电力系统

图 2 和图 3 所示分别为 2015 年四川省部分电网和 2012 年上海 500kV 电网地理接线图。

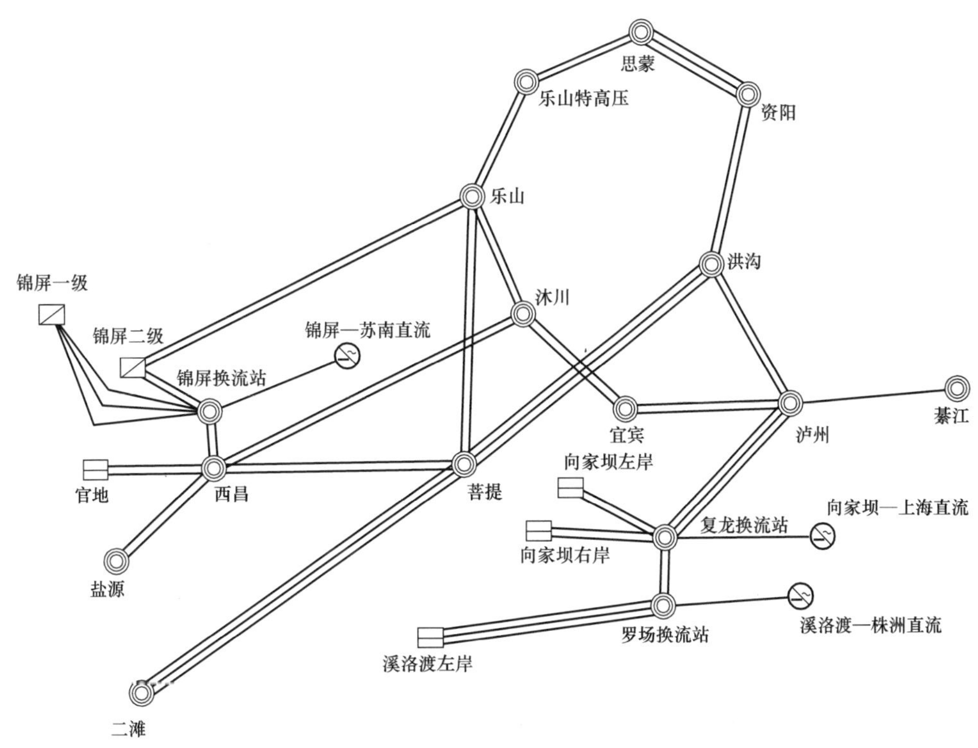

图 2 送端金沙江区域电网地理接线图（2015 年）

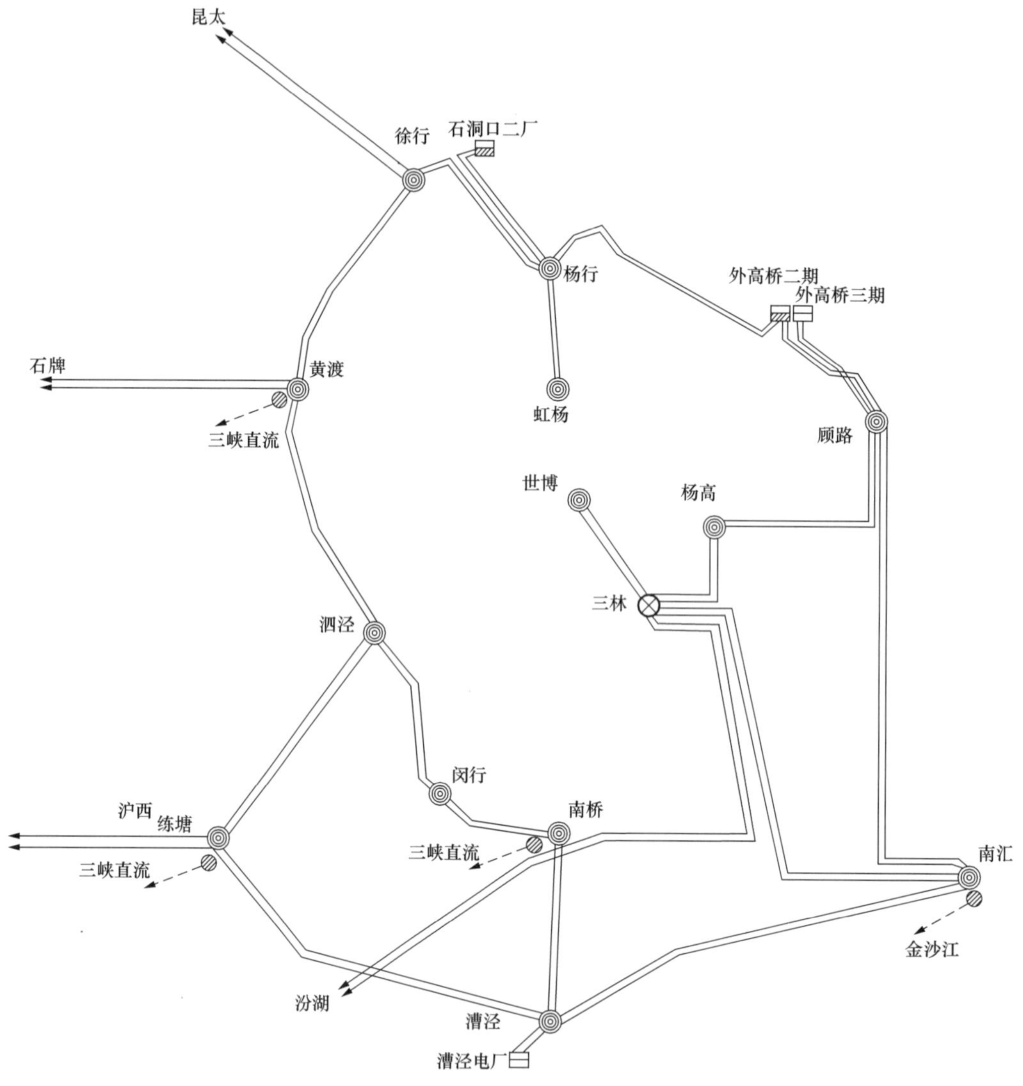

图 3　受端上海电网地理接线图（2012 年）

3.1.2.2　换流站交流母线稳态电压变化范围

复龙换流站交流母线正常运行电压推荐为 530kV，正常连续运行电压为 500～550kV，极端连续运行电压为 475～550kV。

奉贤换流站交流母线正常运行电压推荐为 515kV，正常连续运行电压为 490～525kV，极端连续运行电压为 475～550kV。

3.1.2.3　正常及扰动后的频率变化

复龙换流站母线频率的正常波动为（50±0.2）Hz，事故后频率为 49.5～51.0Hz，故障清除后波动范围为（50±0.5）Hz。当系统发生大扰动时，系统频率迅速升至 51.0Hz 或迅速降至 49.5Hz，采取一系列措施后，系统频率在 10min 内恢复至 49.5～50.5Hz，40min 内恢复至（50±0.2）Hz。奉贤换流站母线频率正常波动为（50±0.1）Hz，事故后频率为 49.0～50.5Hz，故障清除后为 49.5～50.4Hz。当系统发生大扰动时，系统频率迅速升至 50.5Hz 或迅速降至 49.0Hz，采取一系列措施后，系统频率在 10min 内恢复至 49.5～50.4Hz 范围内，40min 内恢复至（50±0.1）Hz。

3.1.2.4 负序电压

两端 500kV 交流系统背景负序工频电压为正序工频电压的 1%，此负序电压可表示为戴维宁等效电压源。换流站交流母线上实际负序电压为交流系统背景负序工频电压同直流引起的负序工频电压的向量和，后者是换流器产生的负序电流在交流系统阻抗上引起的负序工频电压降。交流系统背景负序工频电压相对正序工频电压的相角应选取适当的值，以使在换流站交流母线上的负序工频电压幅值最大。

3.1.2.5 背景谐波

两端交流系统背景谐波电压幅值见表 8。谐波电压可表示为戴维南等效电压源。换流站交流母线上的谐波电压为交流系统背景谐波电压加上由换流器产生的谐波电压，后者是换流器产生谐波电流在交流系统阻抗上产生谐波电压降。3 次谐波电压必须取为正序，其他各次谐波电压可取正序、负序或正负序组合，但算术和应等于表 8 中的各次谐波电压值。交流系统背景谐波电压相对于正序工频电压的相角应选取适当的值，以使在换流站交流母线上的谐波电压幅值最大。

表 8 背景谐波电压幅值

谐波次数	相对于工频电压幅值（%）		谐波次数	相对于工频电压幅值（%）	
	向家坝侧	上海侧		向家坝侧	上海侧
2	0.12	0.20	14	0.05	0.03
3	1.40	0.9	15	0.06	0.03
4	0.14	0.03	16	0.02	0.02
5	1.3	1.5	17	0.03	0.10
6	0.1	0.02	18	0.01	0.02
7	0.7	0.5	19	0.01	0.1
8	0.1	0.02	20	/	0.02
9	0.1	0.1	21	0.03	0.02
10	0.05	0.03	22	0.01	0.02
11	0.7	0.70	23	0.1	0.3
12	0.05	0.04	24	/	0.01
13	0.5	0.7	25	0.1	0.2

3.1.2.6 短路电流水平

表 9 给出了供换流站设计用的换流站 500kV 交流母线短路电流水平（基准电压为 525kV）。

表9　500kV交流母线短路电流水平

短路电流	复龙换流站	奉贤换流站
最大三相短路电流	63kA（rms） （57288MVA）	63kA（rms） （57288MVA）
最大单相短路电流	63kA（rms） （57288MVA）	63kA（rms） （57288MVA）
最小三相短路电流	11.7kA（rms，对应直流功率3200MW）（10639MVA）① 18.1kA（rms，对应直流功率6400MW）（16458MVA）②	26kA（rms） （23642MVA）

注　35kV及10kV系统的最大短路电流按25kA考虑。
① 2012年丰水期大负荷方式，向家坝开1台机组，复龙换流站至泸州1回线退出运行。
② 2013年丰水期大负荷方式，向家坝开4台机组，复龙换流站至泸州1回线退出运行。

3.1.2.7　正常和后备（保护）清除故障时间（见表10）

表10　清除故障时间

项　　目	电压等级（500kV）
正常清除时间	100ms
后备清除时间	600ms

3.1.2.8　单相重合闸时序（见表11）

表11　单相重合闸时序

项　　目	电压等级（500kV）
故障开始	0ms
切除故障相	100ms
故障相重合	1100ms
重合不成功跳三相	1200ms

3.1.3　系统等值

本节给出的交流系统等值网络和等值要求用于投标确定主设备的定值，仅供承包商进行系统研究时用来表示交流系统。每种等值系统仅用于指定的研究项目。在使用这些等值网络时所采用的初始条件至少应包括本节给定的初始条件。

承包商中标后要根据业主提供的全网数据重新建立AC/DC仿真模拟等值系统，进行AC/DC仿真模拟研究。承包商所建立的等值系统，包括等值范围和运行方式，需提交业主认可。

3.1.3.1　用于AC/DC仿真模拟研究的等值

本节给出用于AC/DC仿真模拟研究等值系统，如图4所示。

至2015年向家坝电站8台机组、溪洛渡电站8台机组建成投运；向家坝—上海直流线路双极运行，溪洛渡左岸—株洲直流线路双极运行；接入对应换流站的500kV交流线路全部建成投运。至2018年，溪洛渡电站机组、配套交流工程及溪洛渡右岸—浙西直流线路双极运行。

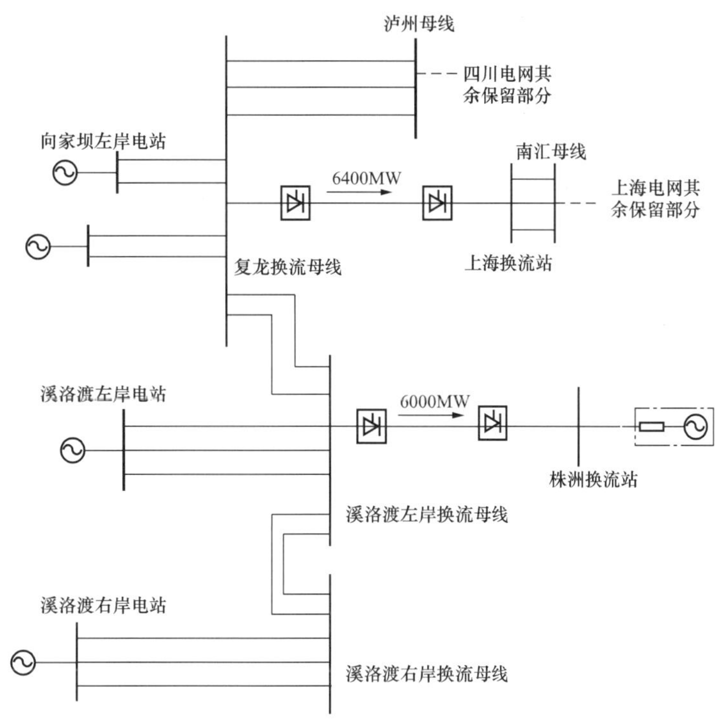

图4　用于AC/DC仿真研究的等值系统示意图（2015年丰水期大负荷方式）

等值系统所需考虑的运行方式包括：

方式一：2012年丰水期大负荷方式下，向家坝—上海直流为金沙江向华东送电3200MW。金沙江侧仅向家坝右岸电站有1台机组，向家坝左岸及溪洛渡机组均未投产，四川电网经泸州向复龙换流站转送功率2450MW。送端泸州—复龙换流站1回线退出运行，上海电网为正常接线。

方式二：2015年丰水期大负荷方式下，向家坝—上海直流为金沙江向华东送电6400MW，溪洛渡—株洲直流为金沙江向湖南送电6400MW。向家坝电站开8台机组，溪洛渡电站开8台机组，交流系统正常接线；受端上海电网为丰水期正常开机及接线方式。

方式三：2015年枯水期大负荷方式下，向家坝—上海直流为金沙江向华东送电5600MW，溪洛渡—株洲直流为金沙江向湖南送电2400MW。向家坝电站开5台机组，溪洛渡电站开6台机组，复龙换流站—泸州1回线、复龙换流站—溪洛渡左岸换流站1回线、溪洛渡左岸电站—溪洛渡左岸换流站1回线、溪洛渡右岸电站—溪洛渡右岸换流站1回线退出运行；受端上海电网的外高桥电厂、漕泾电厂减少开机，南汇变电站至漕泾变电站1回线退出运行。

根据2010年及2015年系统规划，包括川渝、华中、华东、华北及西北电网的一部分在内的跨区域电网已经通过交流 1000kV 特高压实现了全国同步联网。枯水期，四川及上海电力系统某些 500kV 交流输电线路停运。三种运行方式的描述见表 12。

表 12　　AC/DC 仿真模拟研究应考虑的运行方式

方　式	向家坝、溪洛渡电站开机方式	网络结构变化情况	向家坝—上海直流输送功率
方式一（2012 年丰水期大负荷方式）	向家坝右岸电站开机 1 台，总出力 750MW，向家坝左岸电站及溪洛渡左岸电站无机组	复龙换流站至泸州 1 回线退出运行，受端电网正常接线	向家坝—上海 3200MW，溪洛渡左—株洲直流未投产
方式二（2015 年丰水期大负荷方式）	向家坝右岸电站开机 4 台，左岸电站开机 4 台，总出力 6000MW；溪洛渡电站开机 8 台，总出力 5600MW	送、受端电网正常接线	向家坝—上海 6400MW，溪洛渡左—株洲 6400MW
方式三（2015 年枯水期大负荷方式）	向家坝右岸电站开机 2 台，左岸电站开机 3 台，总出力 3750MW；溪洛渡电站开机 6 台，总出力 4200MW；上海电网外高桥、漕泾电厂减少开机	复龙换流站至泸州 1 回线、复龙换流站至溪洛渡左岸换流站 1 回线、溪洛渡左岸电站至溪洛渡左岸换流站 1 回线退出运行、溪洛渡右岸电站至溪洛渡右岸换流站 1 回线退出运行；南汇变电站至漕泾变电站 1 回线检修	向家坝—上海 5600MW，溪洛渡左—株洲 2400MW

注　等值网接线如图 4 所示，每个方式具体包含的元件随水平年及运行方式变化。

等值系统保留了向家坝—上海直流换流站内的设备。送端系统除保留了金沙江区域电网全部线路、发电机组连同其励磁系统和升压变压器外，还保留了以泸州变电站为核心的辐射线路、所在的环网线路及负荷、乐山 1000kV 母线及 1000kV 与 500kV 之间的自耦变压器等；华东系统保留了奉贤换流站、南汇变电站所在的环网线路及相邻变电站、负荷，漕泾电厂、外高桥电厂的发电机组连同其励磁系统和升压变压器、上海西特高压 1000kV 母线及 1000kV 与 500kV 之间的自耦变压器等。

本节所有等值系统都是交流网络的静态等值，因此不能正确地再现实际交流系统的动态摇摆模式。

等值系统主要由以下部分组成，每个方式具体包含的母线及元件随水平年及运行方式不同而变化。等值方案提出的保留范围如下：

（1）交流系统等值时保留的母线（含等值母线）。

1）向家坝左岸电站 500kV 母线。

2）向家坝右岸电站 500kV 母线。

3）复龙换流站 500kV 母线。

4）溪洛渡左岸电站 500kV 母线。

5）溪洛渡右岸电站 500kV 母线。

6）溪洛渡左换流站 500kV 母线。

7）溪洛渡右换流站 500kV 母线。

8）泸州变电站 500kV 母线。

9）宜宾变电站 500kV 母线。

10）洪沟变电站 500kV 母线。

11）綦江变电站 500kV 母线。

12）沐川变电站 500kV 母线。

13）乐山变电站 500kV 母线。

14）乐山特高压 1000kV 母线。

15）乐山特高压 500kV 母线。

16）奉贤换流站 500kV 母线。

17）南汇变电站 500kV 母线。

18）漕泾变电站 500kV 母线。

19）南桥变电站 500kV 母线。

20）上海西特高压 1000kV 母线。

21）上海西特高压 500kV 母线。

22）三林变电站 500kV 母线。

23）顾路变电站 500kV 母线。

24）外高桥二期电厂 500kV 母线。

25）漕泾电厂 500kV 母线。

26）湖南（株洲换流站）等值 500kV 母线

（2）金沙江区域向家坝左岸、向家坝右岸、溪洛渡左岸、溪洛渡右岸电站的发电机组及其升压变压器，乐山特高压联络变压器，保留母线之间直接连接的 500kV 线路等；上海电网漕泾燃机、外高桥电厂的发电机组及其升压变压器、上海西特高压联络变压器，保留母线之间直接连接的 500kV 线路等。

发电机组、线路和变压器参数分别见表 13～表 15。通过对输电线路、变压器、发电机组和等值电压源运行条件的适当修改，等值系统还可用于本节所述的运行方式以外的其他功率传输及运行方式进行模拟研究。

表 13　　　　发 电 机 参 数

发电机参数	单　位	向家坝机组	溪洛渡机组
发电机编号		1～8	1～9
额定容量	MVA	834	777.8
额定功率	MW	750	700
最大出力	MW	750	700

续表

发电机参数	单 位	向家坝机组	溪洛渡机组
额定电压	kV	20	20
电机类型		Hydro	Hydro
X''_d（d 轴次暂态电抗）	p.u.	0.2159	0.2159
X''_q（q 轴次暂态电抗）	p.u.	0.2915	0.2915
T''_d（d 轴次暂态时间常数）	s	0.04	0.04
T''_q（q 轴次暂态时间常数）	s	0.06	0.06
E_{MWS}（发电机动能）	MW・s	3462	3462
X'_d（直轴暂态电抗）	p.u.	0.38	0.38
X'_q（交轴暂态电抗）	p.u.	0.6478	0.647
X_d（直轴暂态电抗）	p.u.	1.08	1.08
X_q（交轴暂态电抗）	p.u.	0.6478	0.6478
T'_{d0}（直轴暂态开路时间常数）	s	7.8	7.8
T'_{q0}（交轴暂态开路时间常数）	s	1.5	1.5
X_L（定子漏抗）	p.u.	0.162	0.162
$SG1.0$（电机饱和系数）	p.u.	0.1	0.1
$SG1.2$（电机饱和系数）	p.u.	0.4	0.4

注 1. 本表提供的所有参数均按照 BPA 暂态稳定程序输入数据文件定义。

2. 表中阻抗基准值 U_n 为额定电压，S_n 为额定容量。

表 14　　500kV 线路正序参数

节点名 1	节点名 1 对应电压基准值（kV）	节点名 2	节点名 2 对应电压基准值（kV）	回数	导线型号	线路长度（km）	电阻（p.u.）	电抗（p.u.）	B/2 电纳（p.u.）	高抗容量	
										线路首端	线路末端
XjbzuoG	525	XJBYH	525	2	LGJ-4*630	15	0.00015	0.0015	0.0885		
XjbyouG	525	XJBYH	525	2	LGJ-4*630	12	0.00012	0.0012	0.0708		
XldzuoG	525	XLDZH	525	3	LGJ-4*720	82	0.00037	0.0085	0.51321		
XldyouG	525	XLDYH	525	3	LGJ-4*720	105	0.00043	0.0105	0.5899		
XJBYH	525	XLDZH	525	2	LGJ-4*400	22	0.00020	0.0022	0.1224		
XLDZH	525	XLDYH	525	2	LGJ-4*400	22	0.00020	0.0022	0.1224		
XJBYH	525	LuzhouG	525	3	LGJ-4*400	101	0.0007	0.0101	0.5748		86
LuzhouG	525	QijiaG	525	1	LGJ-4*400	155	0.0011	0.0157	0.8519		137
LuzhouG	525	YibinG	525	2	LGJ-4*400	85	0.0006	0.0085	0.4837		
LuzhouG	525	HongouG	525	2	LGJ-4*400	66	0.0005	0.0067	0.3627		
YibinG	525	MuchuanG	525	2	LGJ-4*400	85	0.0006	0.0085	0.4837		
MuchuanG	525	LeshG	525	2	LGJ-4*400	75	0.0005	0.0075	0.4268		
LeshG	525	LeshUh	525	2	LGJ-4*720	30	0	0.0030	0.11		
NanhW	525	NanhG	525	2	LGJ-4*720	4.5	0.00002	0.00044	0.03257		
NanhW	525	NanhG	525	1	LGJ-4*630	4	0.00002	0.00044	0.03257		

续表

节点名1	节点名1对应电压基准值（kV）	节点名2	节点名2对应电压基准值（kV）	回数	导线型号	线路长度（km）	电阻（p.u.）	电抗（p.u.）	B/2电纳（p.u.）	高抗容量	
										线路首端	线路末端
NanhG	525	GuluG	525	2	LGJ-4*630	35	0.00016	0.0035	0.26059		
NanhG	525	CaojinBG	525	2	LGJ-4*630	48	0.00022	0.00481	0.35831		
NanhG	525	SanlinG	525	2	LGJ-4*630	24	0.00018	0.00241	0.15886		
SanlinG	525	NanqG	525	2	LGJ-4*500	28	0.00021	0.00278	0.1833		
CaojinBG	525	NanqG	525	2	LGJ-4*500	23	0.00017	0.000232	0.15275		
CaojinBG	525	CaojinG	525	2	LGJ-4*500	41	0.00022	0.00406	0.22505		
CaojinBG	525	ShxUM	525	2	LGJ-4*500	52.5	0.00024	0.00525	0.39088		
GuluG	525	WaigqG	525	2	LGJ-4*500	8	0.00004	0.00079	0.05863		

注 1. 线路参数为单回、全线长度参数。
2. 交流系统参数基准值 U_n 为525kV，S_n 为100MVA。
3. 高抗容量基于 U_n 为525kV。
4. 表中节点名对应节点见表16。

表15　　等值系统变压器参数

节点名1	节点名1对应电压基准值（kV）	节点名2	节点名2对应电压基准值（kV）	漏抗（p.u.）	节点名1分接头初始位置	节点名2分接头初始位置	备注
XjbzuoS	20	XjbzuoG	525	0.0042	20	550	开机4台
XjbyouS	20	XjbyouG	525	0.0042	20	550	开机4台
XldzuoS	20	XldzuoG	525	0.002	20	538	开机9台
XldyouS	20	XldyouG	525	0.002	20	538	开机9台
LeshUZ	1050	LeshUH	1050	0.00274	1050	1050	
LeshUZ	1050	LeshUM	525	0.00026	1050	525	
LeshUZ	1050	LeshUD	110	0.0171	1050	110	
ShxUZ	1000	ShxUH	1000	0.00243	1050	1050	
ShxUZ	1000	ShxUM	525	0.00023	1050	512	
ShxUZ	1000	ShxUD	66	0.0057	1050	110	
CaojinS	24	CaojinG	525	0.00641	20	525	开机6台
WaigqS	24	WaigqG	525	0.00648	24	525	开机2台

表16　　节 点 对 照 表

表14中的节点名	相应的节点	表14中的节点名	相应的节点
XjbzuoG	向家坝左岸电站500kV母线	XldyouG	溪洛渡右岸电站500kV母线
XjbyouG	向家坝右岸电站500kV母线	XLDYH	溪洛渡右换流站500kV母线
XJBYH	复龙换流站500kV母线	XjbzuoS	向家坝左岸电站20kV母线
XldzuoG	溪洛渡左岸电站500kV母线	XjbyouS	向家坝右岸电站20kV母线
XLDZH	溪洛渡左换流站500kV母线	XldzuoS	溪洛渡左岸电站20kV母线

续表

表 14 中的节点名	相应的节点	表 14 中的节点名	相应的节点
LuzhouG	泸州变电站 500kV 母线	GuluG	顾路变电站 500kV 母线
YibinG	宜宾变电站 500kV 母线	WaigQ	外高桥电厂 500kV 母线
HongouG	洪沟变电站 500kV 母线	SanlinG	三林变电站 500kV 母线
QijiaG	綦江变电站 500kV 母线	CaojinBG	漕泾变电站 500kV 母线
MuchuG	沐川变电站 500kV 母线	CaojinG	漕泾电厂 500kV 母线
LeshanG	乐山变电站 500kV 母线	WaigqS	外高桥电厂低压母线
LeshUH	乐山特高压 1000kV 母线	CaojingS	漕泾电厂低压母线
LeshUM	乐山特高压 500kV 母线	XZHD1、XZHD2	溪洛渡左岸换流站直流母线
LeshUZ	乐山特高压中性母线	ZZHD1、ZZHD2	株洲换流站直流母线
LeshUD	乐山特高压低压母线	ZZHW	株洲换流站 500kV 交流母线
XJBD1、XJBD2	复龙换流站直流母线	ShxUH	上海西特高压 1000kV 母线
NAHD1、NAHD2	奉贤换流站直流母线	ShxUM	上海西特高压 500kV 母线
NanhW	奉贤换流站 500kV 母线	ShxUZ	上海西特高压中性母线
NanhG	南汇变电站 500kV 母线	ShxUD	上海西特高压低压母线

本节的静态等值系统和模型可用于如下几方面的研究：① 对直流控制和保护的功能进行评价；② 对直流系统在不同控制模式下的 AC/DC 系统性能进行评价；③ 对直流侧发生故障（如换流站闭锁、极闭锁、直流线路故障、阀侧绕组故障等）时的直流系统性能进行评价；④ 验证直流系统的响应是否符合规定的响应；⑤ 验证无功补偿大组和小组投切时直流系统的暂态响应；⑥ 研究扰动时直流系统和当地发电机组之间的相互作用；⑦ 对实际现场控制系统的子系统进行试验；⑧ 对交流系统发生严重故障并引起交流母线电压下降及发生畸变时的直流系统性能进行评价。

上述等值系统不具有以下几方面的用途：① 交流滤波器的研究；② 绝缘配合研究的唯一手段；③ 工频电压研究；④ 交流系统静态电压调节原则的验证。

中标后，承包商使用业主提供的全网数据重新进行 AC/DC 系统仿真研究所用的等值，除必须保留的交流系统和向家坝—上海直流系统外，还应保留其他相关的直流系统。直流线路、发电机组及其励磁系统和升压变压器，以及保留的交流输电线及负荷，均应在承包商的仿真模拟中直接模拟。等值系统中应使用电阻、电抗和电容元件组成静态等值电路表示被等值的系统，等值电路的谐波阻抗应以等值前全系统 100%的发电机次暂态电抗和 100%的变压器漏抗为基础计算得到。等值系统的正序阻抗应能正确地表示所选定的运行方式下系统的工频阻抗；等值系统的谐波阻抗应能正确地表示从指定的 500kV 母线观察到的系统谐波阻抗，包括幅值和相位，其频率范围为 50～500Hz。

3.1.3.2 用于无功投切和工频过电压研究的等值系统

采用数字稳定计算程序进行无功投切和工频过电压研究的等值系统如图 5～图 8

所示。图 5 和图 6 分别用于向家坝、上海两换流站的无功投切研究；图 7 和图 8 用于向家坝、上海两换流站的工频过电压研究，直流运行工况包括正向、反向输送功率。

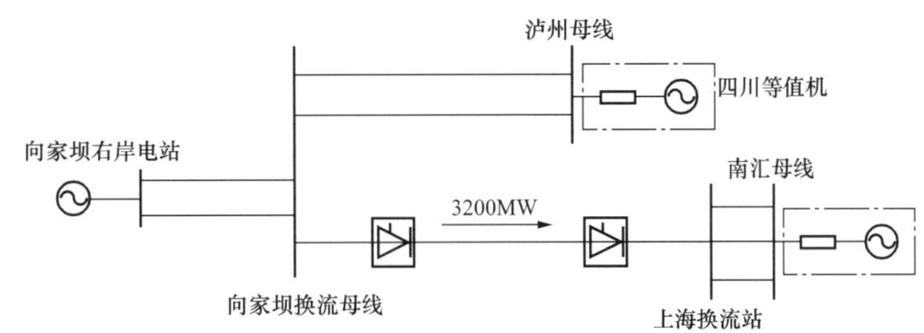

图 5　用于复龙换流站无功投切研究的等值系统

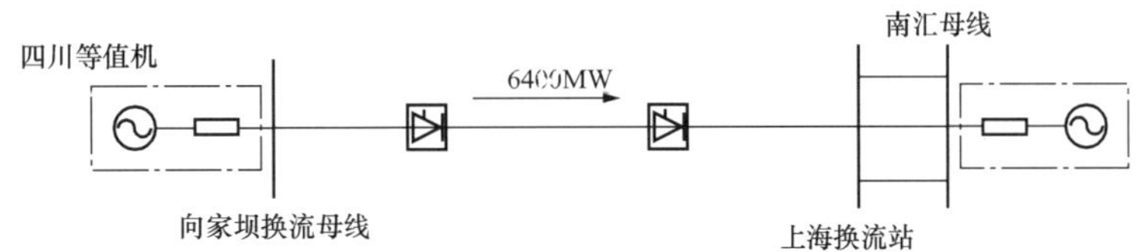

图 6　用于奉贤换流站无功投切研究的等值系统

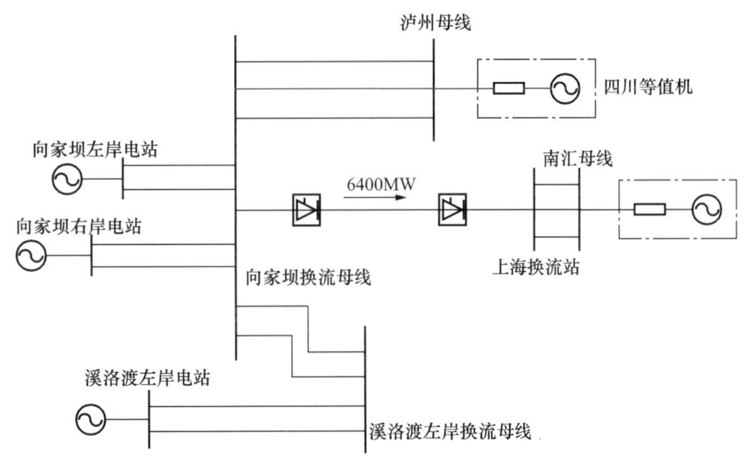

图 7　用于两端换流站工频过电压研究的等值系统（直流正送）

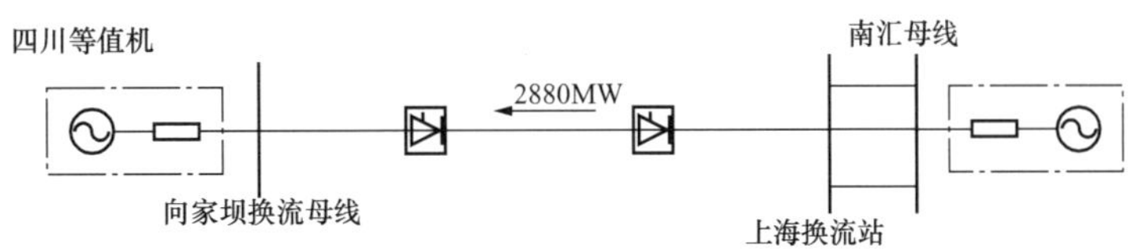

图 8　用于两端换流站工频过电压研究的等值系统（直流反送）

各等值系统表示的运行方式如下：

（1）用于复龙换流站侧无功投切研究的等值系统（见图 5）。系统运行方式为 2012 年丰水期大负荷方式，向家坝右岸电站开 1 台机组，向家坝—上海直流单极投产，直流输送功率 3200MW，功率方向为金沙江送电上海。等值系统可用于研究直流系统输送不同直流功率时的情况，包括从最小到最大单极额定功率时换流站投切无功所产生的交流母线电压的变化。

（2）用于奉贤换流站无功投切研究的等值系统（见图 6）。运行方式为 2013 年丰水期大负荷方式，向家坝左岸及右岸电站满发，总出力 3750MW；向家坝—上海直流向华东送电 6400MW。等值系统可用于研究直流系统输送不同直流功率时，包括从最小输送功率到 2h 过负荷能力时，换流站投切无功所产生的交流母线的电压变化。

（3）用于向家坝、上海两换流站交流母线工频过电压研究的等值系统，直流系统从金沙江至上海正向输送功率（见图 7）。等值系统保留了向家坝左岸及右岸电站、溪洛渡电站发电机组和升压变压器、向家坝左岸及向家坝右岸电站到复龙换流站的各 2 回线路，复龙换流站到溪洛渡左岸换流站的 2 回线路、到泸州的 2 回线路；受端奉贤换流站到南汇变电站的 3 回线路。送端金沙江区域电网和华东上海电网的其余部分全部被等值，等值母线分别为泸州和南汇变电站母线。向家坝侧必须考虑使复龙换流站交流母线上电压变化和过电压最大的所有运行方式，这可以通过调节向家坝电站、溪洛渡电站和泸州电站等效电压源的电压值以改变复龙换流站交流母线上的运行电压进行研究。研究中，复龙换流站交流母线上的电压必须保持在 3.1.2.2 节规定的极端连续运行电压范围内，向家坝左岸、右岸及溪洛渡电站和泸州母线电压也必须保持在极端连续运行电压范围内。上海侧必须考虑使奉贤换流站交流母线上电压变化和过电压最大的所有运行方式，这可以通过调节南汇变电站等效电压源的电压值以改变奉贤换流站交流母线上的运行电压进行研究。研究中，奉贤换流站交流母线上的电压必须保持在 3.1.2.2 节规定的极端连续运行电压范围内，南汇变电站母线电压也必须保持在极端连续运行电压范围内。表 17 中所述运行方式必须予以考虑。等值系统可用于计算向家坝向上海送电时，输电功率为最小功率至 2h 过负荷能力时，复龙换流站和奉贤换流站交流母线的工频过电压。

表 17　　　　运 行 方 式

向家坝机组台数		溪洛渡电站机组台数	直流输送功率（MW）	
右岸	左岸		最　小	最　大
1	0	0	直流单极最小输送能力	3200
2	0	0	1500	4700
3	1	0	3000	6200
4	2	1	5200	2h 过负荷能力

（4）用于向家坝、上海两换流站交流母线工频过电压研究的等值系统，直流从上海向四川金沙江反向输送功率（见图 8）。运行方式为向家坝电站无开机，华东电网通过向家坝—上海直流向四川电网倒送 2880MW 功率，等值系统如图 8 所示。等

值系统仅用于研究直流系统从上海至金沙江反向输送直流功率的工频过电压校核，包括从最小到最大反送功率时，两换流站交流母线上工频过电压情况。向家坝侧必须考虑使复龙换流站交流母线上电压变化和过电压最大的所有运行方式，这可以通过调节四川等效电压源的电压值以改变复龙换流站交流母线上的运行电压进行研究。研究中，复龙换流站交流母线上的电压必须保持在3.1.2.2节规定的极端连续运行电压范围内。上海侧必须考虑使奉贤换流站交流母线上电压变化和过电压最大的所有运行方式，可以通过调节南汇变电站等效电压源的电压值以改变奉贤换流站交流母线上的运行电压进行研究。研究中，奉贤换流站交流母线上的电压必须保持在3.1.2.2节规定的极端连续运行电压范围内，南汇变电站母线电压也必须保持在极端连续运行电压范围内。等值系统可用于研究直流系统从上海至金沙江反向输送不同的直流功率的情况，包括从最小到最大反送功率时，两换流站交流母线上工频过电压情况。

承包商应使用用于无功投切的等值系统来计算滤波器分组或电容器分组在投切瞬间换流站交流母线的电压变化。

用于工频过电压研究的等值系统应用于验证与直流系统设计方案相关联的由甩负荷引起的最大过电压值，并且应满足4.5.6节中所给出的过电压限制值。

本节提出的各个等值网络模型中不包括向家坝和上海两换流站的高压直流设备，承包商在使用数字仿真程序进行研究时，必须对这些设备元件直接模拟。

本节的静态等值模型不适用于确定过电压控制设备的热容量，这是由于静态等值不能再现整个系统的动态摇摆过程，使用等值模型计算0.2s或更长过程得到的电压值比使用全系统稳定计算模型得到的结果高得多。

图5～图8所示的运行方式只是一些可能的基本方式，戴维南等效电压源仅表示在指明的功率传输水平下换流站母线典型的电压水平和换流站与交流系统间典型的无功交换。承包商应研究所有可能的运行工况，包括在换流站交流母线不同的电压水平下直流输送不同的功率。换流站交流母线电压可通过调整电压源的电压来得到。

3.1.3.3 用于AC/DC系统电磁暂态特性研究的等值系统

等值系统表示2013年丰水期大负荷方式的网络在潮流相对较重时的运行条件，考虑的运行方式为丰水期，四川金沙江及上海电网某些500kV输电线路停运，如图9所示。2013年，送端向家坝右岸电站开4台机组，出力为750MW。向家坝—上海直流输送功率6400MW；溪洛渡左岸—株洲直流未投运，复龙换流站—泸州1回线退出运行。受端上海电网漕泾电厂开2台390MW机组，外高桥电厂开1台900MW机组。南汇变电站—漕泾1回线退出运行；用于EMTP研究的等值处理过程和假定条件与

3.1.3.1 节一致。

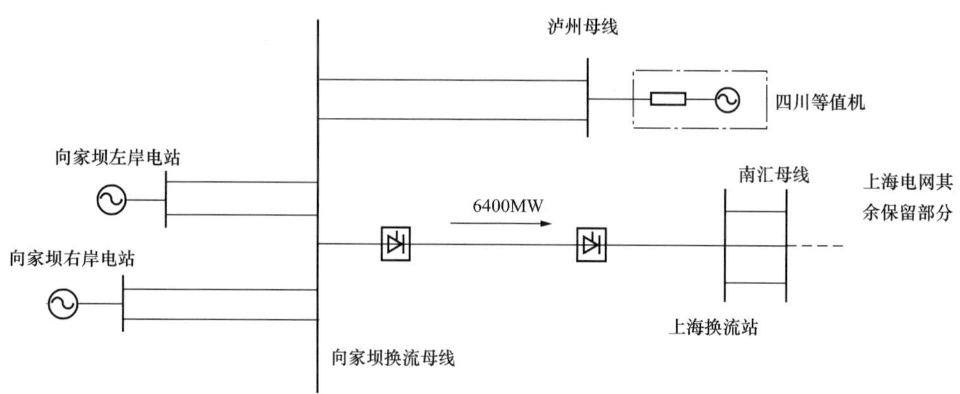

图 9 用于 AC/DC 系统 EMTP 研究的等值系统示意图

等值系统主要由以下部分组成：

（1）交流系统等值时保留的母线。

1）向家坝右岸电站 500kV 母线。

2）复龙换流站 500kV 母线。

3）泸州变电站 500kV 母线。

4）奉贤换流站 500kV 母线。

5）南汇变电站 500kV 母线。

6）顾路变电站 500kV 母线。

7）漕泾变电站 500kV 母线。

8）三林变电站 500kV 母线。

9）漕泾电厂 500kV 母线。

10）外高桥电厂 500kV 母线。

（2）向家坝左岸及右岸电站、漕泾电厂、外高桥二期电厂的发电机组及其升压变压器。

本节的等值系统可用于如下研究：① 交流侧和直流侧操作过电压和铁磁谐振等现象的研究；② 由交流系统不对称故障引起的直流侧瞬态过电压研究。

本节提出的等值网络不具有以下几方面的用途：① 交流滤波器的研究；② 绝缘配合研究的唯一手段；③ 暂时过电压研究；④ 交流系统静态电压调节原则的验证。

3.1.3.4 用于交流滤波器性能计算的等值阻抗

复龙换流站和奉贤换流站交流母线处的交流系统谐波阻抗扇形图如图 10～图 11 所示，结合交流滤波器性能计算的要求参见 4.6 节。

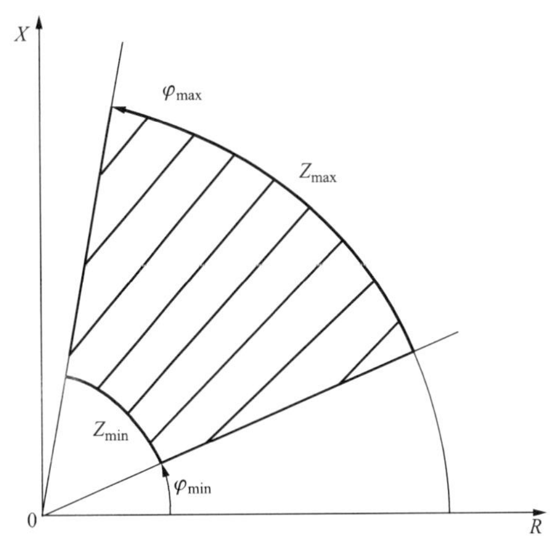

图10　向家坝换流母线系统谐波阻抗扇型图

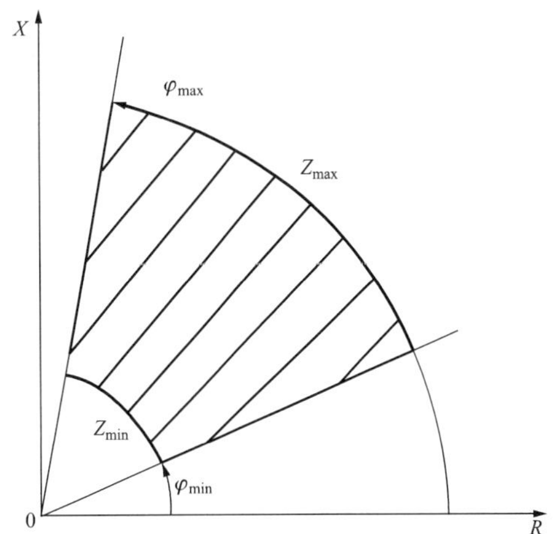

图11　上海换流母线低次系统谐波阻抗扇型图

送、受端相关电气参数见表18～表24。

表18　　　　金沙江机组F型励磁系统参数（暂用）

F型励磁系统参数	向家坝机组	溪洛渡机组
励磁系统类型	FJ	FJ
电压调节器增益 K_A	30	30
电压调节器滞后时间常数 t_A（s）	0.04	0.04
电压调节器滞后时间常数 t_C（s）	0.01	0.01
电压调节器滞后时间常数 t_B（s）	0.01	0.01
电压调节器最大输出 VR_{max}（p.u.）	5	5
电压调节器最小输出 VR_{min}（p.u.）	−5	−5
励磁机最大输出电压 EFD_{max}（p.u.）	6.05	6.05
励磁机最小输出电压 EFD_{min}（p.u.）	−4.84	−4.84
励磁控制系统稳定器增益 K_F	0.01	0.01
励磁控制系统时间常数 t_F（s）	0.7	0.7
换相电抗的整流器负载因子 K_c	0.1	0.1

注　1. 本表提供的所有参数均按照BPA暂态稳定程序输入数据文件定义，详见BPA暂态稳定程序使用手册相关部分。
2. 表中阻抗基准值 U_n 为额定电压，S_n 为额定容量。

表19　　　　E型励磁系统参数

E型励磁系统参数	外高桥机组	漕泾机组
励磁系统类型	EK	EG
调压器输入的滤波器时间 t_R（s）	0	0.02
调压器增益 K_A	60	250
调压器放大器时间常数 t_A（s）	0.04	0.02
调压器放大器时间常数 t_{A1}（s）	0	0
$VR_{minMULT}$（VR_{max} 乘子，以确定 VR_{min}）	−1.0	−6
与自励磁有关的时间常数 K_E（s）	1.0	/

续表

E型励磁系统参数	外高桥机组	漕泾机组
励磁机时间常数 t_E（s）	0.35	/
75%最大励磁电压时励磁机饱和系数 $S_{E.75max}$	0.01	/
最大励磁电压时励磁机饱和系数 S_{Emax}	0.07	/
最小励磁电压 EFD_{min}	0	0
最大励磁电压 EFD_{max}	5.49	4
调压器稳定回路增益 K_F	0.05	0.161
调压器稳定回路时间常数 t_F	0.7	0.94

注 1. 本表提供的所有参数均按照BPA暂态稳定程序输入数据文件定义，详见BPA暂态稳定程序使用手册相关部分。
2. 表中阻抗基准值 U_n 为额定电压，S_n 为额定容量。

表20　　溪洛渡左岸—株洲直流系统基本参数

直流系统		节点名	电压（kV）	桥数（6脉动）	平波电抗器（mH）	额定触发/熄弧角（°）	阀压降（V）	桥电流额定（A）
溪洛渡左岸—株洲	整流侧	XZHD	347	8	300（每极每端）	15	100	4000
	逆变侧	ZHZD	347	8	300（每极每端）	18	100	4000

表21　　换流站无功补偿容量

换　流　站	节　点　名	电压基准值（kV）	无功补偿容量（Mvar）
溪洛渡左岸换流站	XLDZH	525	16×200
株洲换流站	ZZHW	525	15×250

表22　　换流变压器参数

换流站	节点名1	节点名1对应电压基准值（kV）	节点名2	节点名2对应电压基准值（kV）	变压器容量（MVA）	漏抗（p.u.）	节点名1分接头初始位置	节点名2分接头初始位置
溪洛渡左岸换流站	XLDZH	525	XZHD	347	3600	0.0042	525	347
株洲换流站	ZZHW	525	ZZHD	347	3600	0.0042	525	347

表23　　向家坝换流母线谐波阻抗参数

次数	分区	最小阻抗幅值 Z_{min}（Ω）	最大阻抗幅值 Z_{max}（Ω）	最小阻抗角度 φ_{min}（°）	最大阻抗角度 φ_{max}（°）
1	1	5.46	27.20	84.69	87.86
2	1	12.74	24.11	79.85	86.64
2	2	41.95	68.39	75.62	85.06
3	1	21.15	29.33	35.54	86.60
3	2	21.15	118.47	35.54	82.58
3	3	21.15	143.36	35.54	78.71
3	4	21.15	198.91	35.54	45.78

续表

次数	分区	最小阻抗幅值 Z_{min}（Ω）	最大阻抗幅值 Z_{max}（Ω）	最小阻抗角度 φ_{min}（°）	最大阻抗角度 φ_{max}（°）
4	1	7.18	45.24	–83.63	84.49
4	2	45.24	149.10	–81.01	–32.78
4	3	45.24	307.32	–32.78	60.74
5	1	0.91	22.70	–86.43	86.17
5	2	20.80	282.02	–48.60	43.05
5	3	53.24	89.49	76.71	84.11
6	1	0.30	90.53	–85.38	87.90
6	2	90.53	467.63	–81.45	75.16
6	3	455.72	899.70	6.27	13.32
7	1	2.64	61.44	–84.38	86.58
7	2	61.44	335.80	–73.68	0.44
7	3	85.04	204.41	78.26	88.15
8	1	8.24	37.95	–82.81	87.59
8	2	37.95	110.30	–75.70	76.20
8	3	110.30	444.80	–30.92	68.34
9	1	0.83	42.09	–85.98	88.59
9	2	42.09	59.25	–83.90	–71.43
9	3	42.09	160.23	–8.08	68.12
10	1	1.10	41.39	–87.47	87.81
10	2	41.39	138.22	63.04	85.47
10	3	138.22	450.23	5.47	70.75
11	1	2.11	37.87	–87.24	86.47
11	2	37.87	267.20	31.94	87.56
11	3	37.87	419.66	–10.60	34.74
12	1	0.48	57.55	–85.05	87.37
12	2	57.55	720.76	–39.77	87.64
13	1	1.12	1449.81	–82.90	88.35
13	2	1449.81	3557.68	–82.90	81.88
13	3	3557.68	9623.79	–38.27	60.64
14	1	8.34	122.77	65.42	88.21
14	2	179.16	889.57	–85.75	–83.53
14	3	122.77	564.21	–20.68	79.42
15	1	15.34	101.57	–83.41	87.00
15	2	101.57	299.53	–85.65	75.22
15	3	299.53	679.07	–55.67	–16.24
16	1	14.91	54.69	–55.58	84.86
16	2	54.69	346.68	–66.54	18.86
16	3	54.69	90.07	18.86	77.89

续表

次数	分区	最小阻抗幅值 Z_{min}（Ω）	最大阻抗幅值 Z_{max}（Ω）	最小阻抗角度 φ_{min}（°）	最大阻抗角度 φ_{max}（°）
17	1	23.79	148.31	–88.08	85.33
17	2	148.31	544.44	–88.08	48.44
17	3	544.44	980.22	–62.56	–14.98
18	1	31.87	93.13	–87.08	85.33
18	2	93.13	252.07	–88.37	77.43
18	3	252.07	544.44	–80.64	55.84
19	1	29.86	112.17	–87.86	84.62
19	2	112.17	236.08	–87.86	75.44
19	3	236.08	625.35	–81.54	71.24
20	1	10.56	182.65	–88.98	84.62
20	2	182.65	354.48	–74.47	76.22
20	3	354.48	759.90	–53.55	65.30
21	1	11.09	126.01	–86.64	77.28
21	2	126.01	300.00	–76.46	73.86
21	3	300.00	550.44	–35.79	60.66
22	1	4.18	72.36	–85.59	84.84
22	2	72.36	147.23	–77.33	66.88
22	3	147.23	312.02	–59.13	53.12
23	1	6.42	135.53	–77.39	87.34
23	2	135.53	312.12	–77.39	71.02
23	3	312.12	910.51	–67.17	58.87
24	1	5.70	238.23	–83.63	87.09
24	2	238.23	485.78	–77.39	75.52
24	3	485.78	910.51	–51.55	56.80
25	1	2.85	154.84	–84.99	85.22
25	2	154.84	357.43	–60.43	79.36
25	3	357.43	765.92	–42.27	62.89
26～30	1	2.21	184.83	–87.44	84.90
26～30	2	184.83	538.53	–79.66	80.62
26～30	3	538.53	1221.22	–53.50	55.15
31～35	1	1.83	216.88	–86.68	88.51
31～35	2	216.88	582.63	–71.84	83.57
31～35	3	582.63	1965.82	–57.20	66.32
36～40	1	8.65	646.34	–89.02	87.73
36～40	2	646.34	1419.79	–85.49	84.67
36～40	3	1419.79	4000.63	–73.14	70.35
41～45	1	4.53	298.44	–89.02	81.66

续表

次数	分区	最小阻抗幅值 Z_{min}（Ω）	最大阻抗幅值 Z_{max}（Ω）	最小阻抗角度 φ_{min}（°）	最大阻抗角度 φ_{max}（°）
41～45	2	298.44	849.30	−84.64	76.36
41～45	3	849.30	1638.65	−53.78	49.22
46～50	1	14.31	189.42	−88.99	77.23
46～50	2	189.42	430.80	−86.01	66.60
46～50	3	430.80	995.02	−71.56	41.55

注 基准电压为 525kV，基准容量为 100MVA，工频下 X/R=11。

表 24 奉贤换流站谐波阻抗参数

次数	分区	最小阻抗幅值 Z_{min}（Ω）	最大阻抗幅值 Z_{max}（Ω）	最小阻抗角度 φ_{min}（°）	最大阻抗角度 φ_{max}（°）
1	1	6.37	11.27	69.99	80.73
2	1	10.90	20.62	44.76	70.30
3	1	9.36	14.15	23.25	71.24
3	2	14.15	23.89	23.25	64.39
4	1	10.65	20.71	33.66	85.51
5	1	13.31	35.31	23.20	87.15
6	1	13.94	40.35	39.01	86.58
7	1	15.08	44.00	35.10	83.98
8	1	24.26	65.33	57.65	84.01
9	1	33.54	58.98	62.91	83.81
9	2	58.98	74.73	62.91	76.62
10	1	42.20	80.68	57.44	83.55
10	2	80.68	94.96	57.44	63.76
11	1	55.01	78.85	20.38	82.25
11	2	78.85	119.45	20.38	77.32
12	1	68.51	101.22	−5.60	78.40
12	2	101.22	191.46	−5.60	71.32
13	1	61.25	139.57	−24.44	70.81
13	2	139.57	323.19	−15.39	56.02
14	1	31.84	270.26	−61.72	62.73
15	1	19.10	176.03	−70.33	64.73
16	1	8.35	121.09	−70.46	71.41
16	2	121.09	215.86	13.69	47.57
17	1	5.73	269.12	−43.05	71.98
18	1	15.35	166.45	−42.79	77.69
18	2	166.45	519.88	−42.79	65.67
19	1	32.93	188.00	−67.03	77.74
19	2	188.00	519.88	−63.89	50.20

续表

次数	分区	最小阻抗幅值 Z_{min} (Ω)	最大阻抗幅值 Z_{max} (Ω)	最小阻抗角度 φ_{min} (°)	最大阻抗角度 φ_{max} (°)
20	1	20.28	136.71	−75.48	76.63
20	2	136.71	355.34	−71.74	60.62
21	1	14.36	126.30	−77.76	71.23
21	2	126.30	334.56	−62.47	51.89
22	1	7.77	71.93	−78.29	68.45
22	2	71.93	237.35	−71.16	60.63
23	1	8.42	55.18	−77.89	79.12
23	2	55.18	195.86	−51.29	44.58
24	1	9.74	38.69	−76.02	83.67
24	2	38.69	130.85	−50.34	66.95
25	1	3.41	52.59	−69.28	85.85
25	2	52.59	191.93	−9.52	67.44
26～30	1	3.41	196.08	−66.38	87.60
26～30	2	196.08	451.57	−61.07	61.16
31～35	1	23.75	186.11	−79.25	87.42
31～35	2	186.11	424.95	−71.60	84.01
31～35	3	424.95	983.49	−51.21	66.31
36～40	1	14.88	277.85	−79.54	86.91
36～40	2	277.85	780.68	−70.92	82.54
36～40	3	780.68	1571.85	−42.96	70.92
41～45	1	7.52	505.14	−83.10	86.46
41～45	2	505.14	971.98	−77.55	78.77
41～45	3	971.98	2499.05	−66.76	65.39
46～50	1	3.67	647.48	−85.73	78.98
46～50	2	647.48	1003.42	−76.33	76.50
46～50	3	1003.42	2539.90	−68.88	65.39

注　基准电压为 525kV，基准容量为 100MVA，工频下 X/R=7。

3.1.4 相关交流系统

3.1.4.1 复龙换流站

（1）复龙换流站交流侧单线图。复龙换流站交流侧电气主接线采用一个半断路器接线方式，交流侧单线图如图 12 所示。

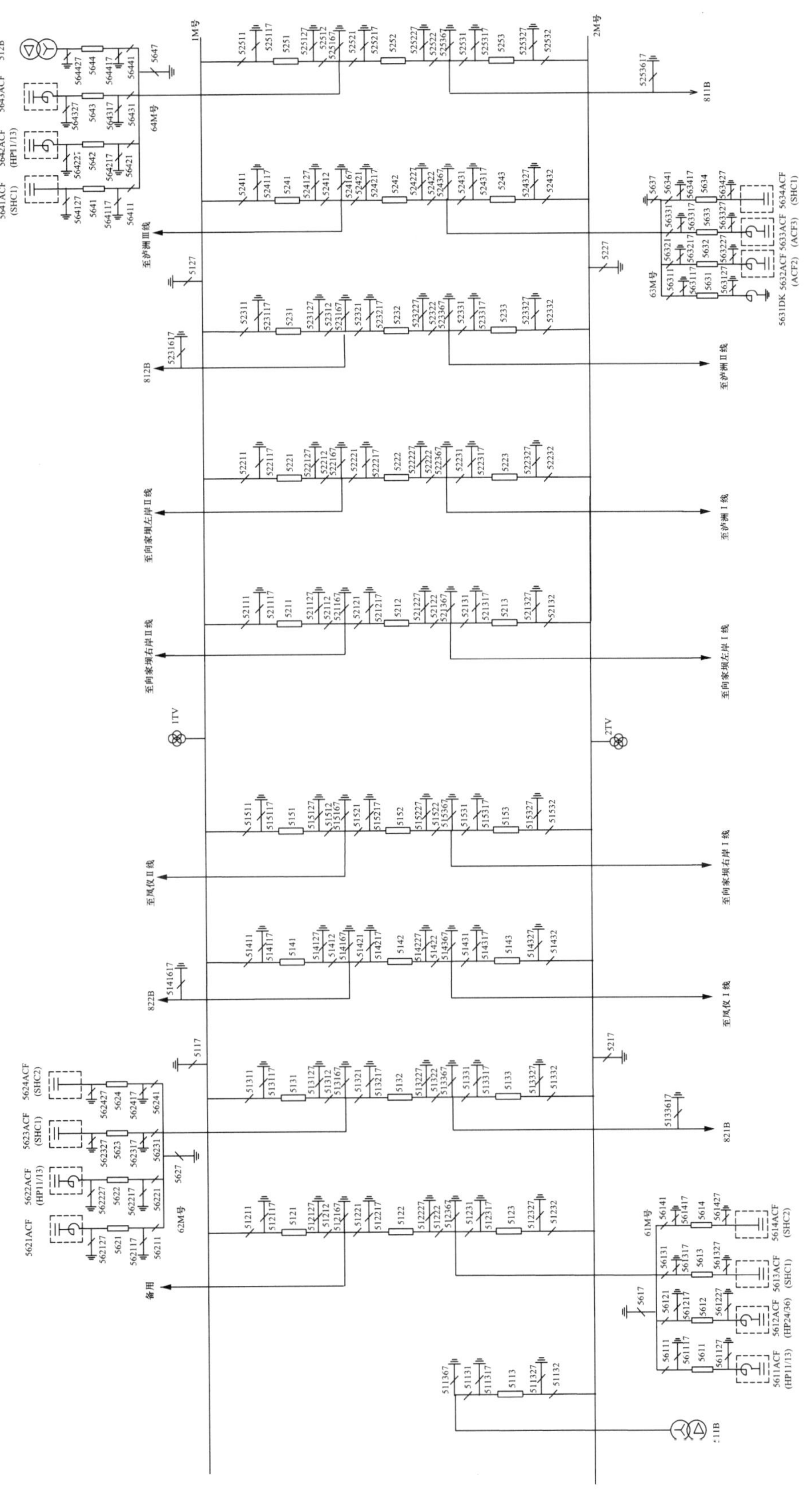

图12 复龙换流站交流场接线图

（2）供货合同外设备数据。

1）避雷器。500kV 系统避雷器特性见表 25。

表 25　　500kV 系统避雷器特性（复龙换流站）

参　数	500kV 交流母线侧	500kV 交流线路侧
额定电压（kV，rms）	420	444
持续运行电压（kV，rms）	≥318	≥324
8/20 μs（20kA）标称电流下雷电波残压（kV，peak）	≤1011	≤1063
陡波残压（kV，peak）	≤1096	≤1159
2kA 标称电流下操作波残压（kV，peak）	≤832	≤882

2）断路器。交流开关场中由业主提供的断路器定值见表 26。

表 26　　断路器定值（复龙换流站）

参　数	500kV 交流系统
最高电压（kV）	550
遮断容量（kA）	63
开断时间（周波）	2.5

3）500kV 高压线路并联电抗器。本期在复龙换流站—泸州线路泸州侧装设 90Mvar 高压电抗器 3 组。向家坝、溪洛渡左岸及右岸换流站内各装设 1 组 180Mvar 可投切高压电抗器。

3.1.4.2　奉贤换流站

（1）单线图。奉贤换流站 500kV 交流侧单线图如图 13 所示。

（2）供货合同外设备数据。

1）避雷器。500kV 系统避雷器特性见表 27。

表 27　　500kV 系统避雷器特性（奉贤换流站）

参　数	500kV 交流母线侧	500kV 交流线路侧
额定电压（kV，rms）	420	444
持续运行电压（kV，rms）	≥318	≥324
8/20μs（20kA）标称电流下雷电波残压（kV，peak）	≤1011	≤1063
陡波残压（kV，peak）	≤1096	≤1159
2kA 标称电流下操作波残压（kV，peak）	≤832	≤882

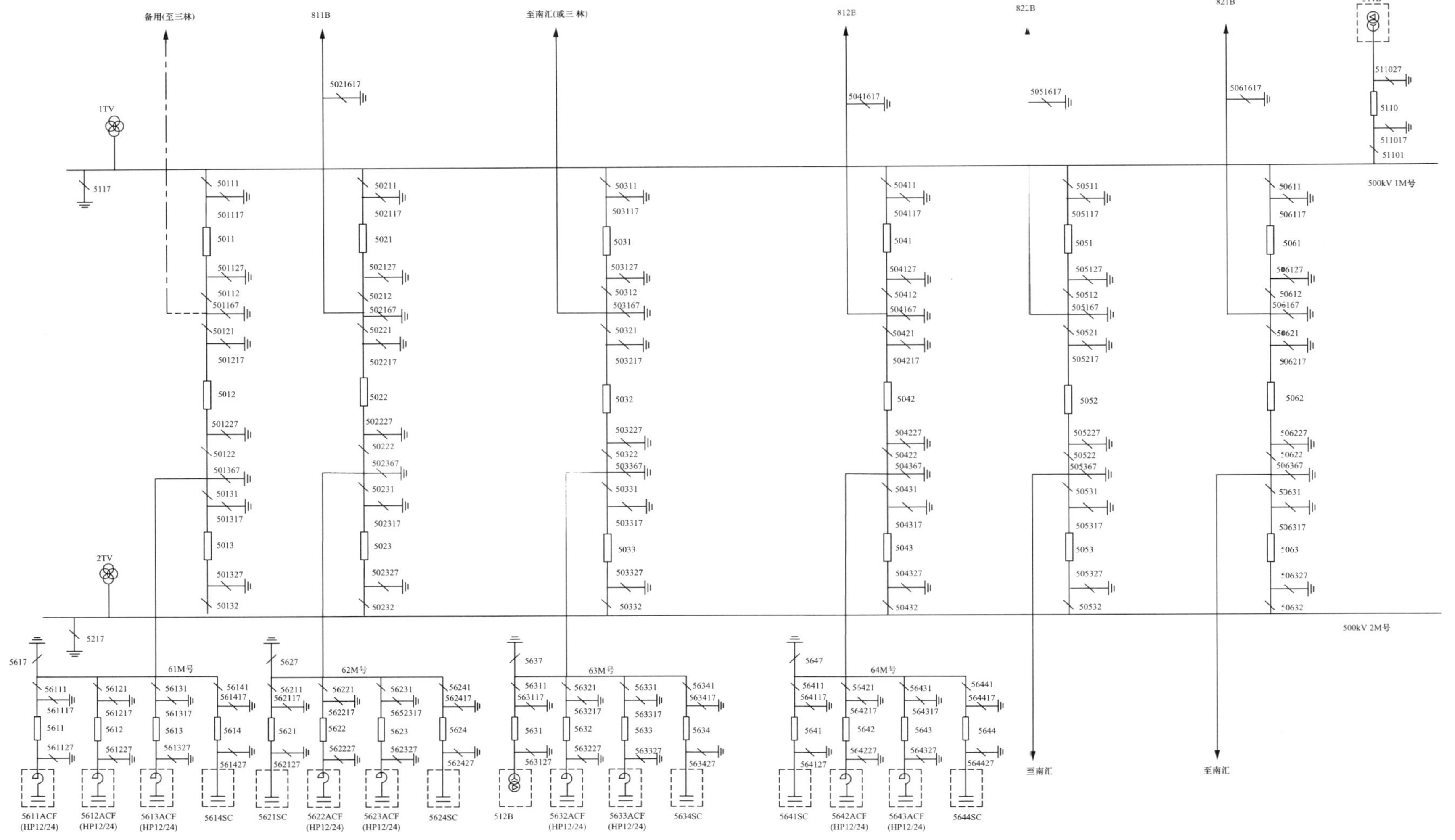

图13 奉贤换流站交流场接线图

2）断路器。交流开关场中由业主提供的断路器定值见表 28。

表 28　断路器定值（奉贤换流站）

参　数	500kV 交流系统
最高电压（kV）	550
遮断容量（kA）	63
开断时间（周波）	2.5

3.1.4.3　承包商研究所需交流系统数据

考虑可能的系统变化后的最新的交流系统全网数据，包括用于潮流和稳定研究的数据，在合同生效之后的第一次设计联络会期间用光盘或软盘提供给承包商。数据包括正序和零序网络阻抗、发电机组参数（包括调速系统、励磁系统的动态模拟数据）、PSS 及其他业主要求模拟的设备。数据采用 BPA 数据格式提供。

3.2　直流输电线路和接地极

3.2.1　直流输电线路

3.2.1.1　概况

起讫点：复龙换流站至奉贤换流站。

电压等级：±800kV。

回路数：单回。

额定电流：4000A。

线路长度：（1935±60）km。

3.2.1.2　输电线路数据

（1）导线及地线数据。

1）直流输电线路极导线结构数据见表 29。重冰地区选择 AACSR—720/50。

表 29　极导线结构数据表

导　线　型　号		AACSR—720/50
符合标准		ASTM　B232-81
结构（根数/直径）	铝	45 根/4.53mm
	钢	7 根/3.02mm
截面积（mm^2）	铝	725.3
	钢	50.14
	总　计	775.44
外径（mm）		36.2
单重（kg/km）		2397.7
计算拉断力（N）		170514
20℃直流电阻（Ω/km）		0.03984
每极导线分裂根数（根）		6
子导线分裂间距（mm）		450

2）直流输电线路上使用两根地线，为铝包钢绞线，其结构数据见表 30。重冰地区选择 GJ—210。

表 30　地线结构数据表

地 线 型 号	LBGJ—185—20AC
符合标准	GB 1200—1988《镀锌钢绞线》
结构（根数/直径）	19 根/3.5mm
截面积（mm^2）	182.8
外径（mm）	
单重（kg/km）	1221.5
计算拉断力（N）	208940

（2）杆塔尺寸数据。典型的线路杆塔尺寸如图 14 所示。

1）在平原地区：a=17m，b=21m，h=6.5m。

2）在丘陵地区：a=17m，b=21m，h=6.5m。

3）在山区：a=17m，b=21m，h=6.5m。

4）保护角：0°～10°。

5）导线平均高度（平均温度 15℃时）：0～28m。

6）地线平均高度：0～46m。

7）铁塔接地电阻：平地为 5Ω，丘陵为 15Ω，山区为 25Ω。

（3）直流输电线路沿线大地电导率。直流线路沿线大地电阻率为 180Ω·m。

3.2.2　接地极

3.2.2.1　极址位置

送端复龙换流站接地极按共用接地极设计，接地极不仅要满足本期复龙换流站的正常运行，还要满足远期向家坝、溪洛渡左岸和溪洛渡右岸三个换流站的正常运行。推荐的共用接地极为共乐和东阳站址，具体的共用接地极方案为：

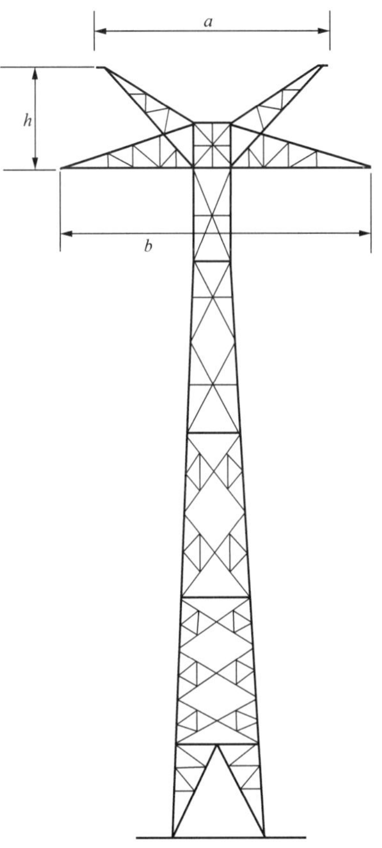

图 14　直流线路典型杆塔尺寸图

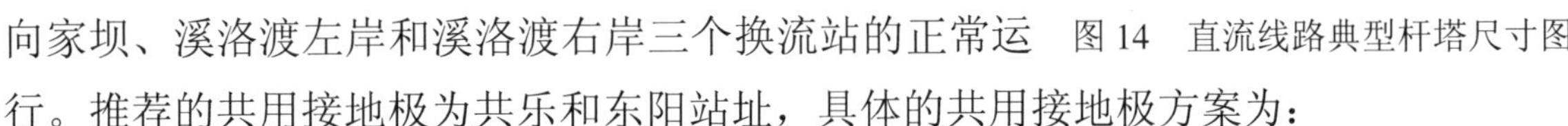

（1）共用 1 个极址：共乐方案。

（2）共用 2 个极址：共乐和东阳方案。

共乐极址位于兴文县共乐镇大沙坝村，距复龙换流站直线距离为 72km；东阳极址位于兴文县西北方向约 13km 处，距复龙换流站直线距离为 75km。复龙换流站至接地极线路长度约 85km。

受端接地极极址为泖湾极址，泖湾极址位于上海和浙江的交界处。奉贤换流站至接地极的接地极线路约 95km。

3.2.2.2　土壤参数

送端接地极址：土壤电阻率为 100Ω·m，土壤热容率为 1.1×10^6J/（m^3·K），土壤热导率为 1.0W/（m·K）。

受端接地极址：土壤电阻率为 20Ω·m，土壤热容率为 2.49×10^6J/（m^3·K），土壤热导率为 1.67W/（m·K）。

3.2.2.3　接地极参数

送端接地极的接地电阻为 0.217Ω。受端接地极的接地电阻为 0.026Ω。

3.2.3　接地极线路

3.2.3.1　概况

复龙换流站到接地极线路采用 2×4×LGJ—400/35 导线，匹配的地线为 GJ—80，地线全线架设。

奉贤换流站到接地极线路采用 2×4×LGJ—400/35 导线，匹配的地线为 GJ—80，地线全线架设。

3.2.3.2　导线数据（见表 31）

表 31　　LGJ—400/35 导线特性参数

项　目		单　位	规　格
			LGJ—400/35
结构（股数/直径）	铝		48 股/3.22mm
	钢		7 股/2.50mm
截面积	铝	mm^2	390.88
	钢		34.36
	总计		425.24
外径		mm	26.82
直流电阻（20℃）		Ω/km	0.07389
计算拉断力		N	103900
综合弹性系数		N/mm^2	65000
综合线膨胀系数		1/℃	20.5×10^{-6}
计算质量		kg/km	1349

3.2.3.3　杆塔数据

两种典型的接地极线路杆塔尺寸如图 15 所示。

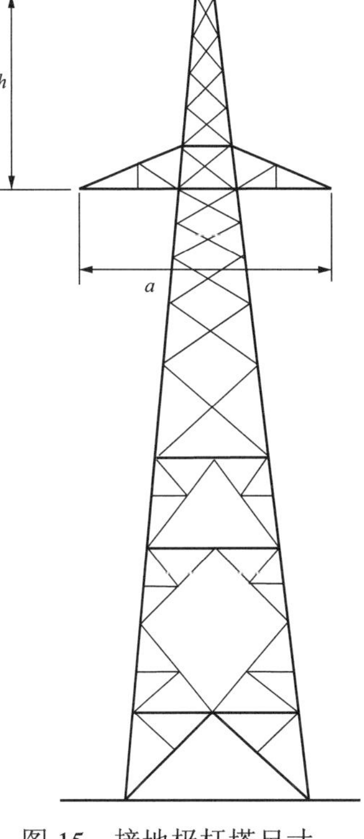

图15 接地极杆塔尺寸

（1）对于G1型塔：a=3.5m，h=4m。

（2）对于G2型塔：a=4m，h=5m。

（3）导线最小对地距离（70℃时）：6m。

（4）导线平均对地距离：12m。

（5）地线平均对地距离：20m。

（6）铁塔接地电阻：平地为5Ω，丘陵为15Ω，山区为25Ω。

3.2.3.4 绝缘配合

（1）悬垂与耐张串均采用三片160kN直流绝缘子。

（2）采用与绝缘子并联的熄弧间隙保护绝缘子。

（3）接地极线路全线架设避雷线。

4 直流系统性能要求

向家坝—上海特高压直流输电系统包括2个完整单极，每个完整单极每端由2个电压相等的12脉动换流器串联组成，采用单相双绕组换流变压器。每个完整单极中任何一个12脉动换流器退出运行，都不影响剩余换流器构成不完整单极运行。

4.1 额定值

承包商应按照本节的额定值要求，设计、制造其供货范围内的所有设备。

4.1.1 连续运行额定值

向家坝—上海±800kV特高压直流输电系统在从复龙换流站向奉贤换流站输送功率时，在复龙换流站直流平波电抗器的直流线路侧，应具有下述连续运行额定值：① 完整双极连续运行的额定功率为6400MW；② 完整单极连续运行的额定功率为3200MW。

复龙换流站直流极线平波电抗器线路侧的正常运行直流电压为±800kV。除降压和过负荷运行方式外，其他所有运行方式下，考虑设备公差和控制误差，最高连续运行电压绝对值不得超过816kV，最低连续运行电压绝对值不得低于784kV。正常运行直流电流为4000A。

由于输送功率在直流线路上会产生损耗，奉贤换流站的额定功率将低于复龙换流站的额定功率。在计算奉贤换流站的额定功率和直流电压时，每极直流线路的电阻为13.75Ω。

在计算两端换流站换流变压器的有载调压开关范围时，要求考虑到每极直流线路电阻变化范围为11～17Ω。

上述额定值和所有性能指标在下述条件下应能得到保证：① 两端换流站交流母线电压处于规定的正常电压变化范围内；② 两端交流系统频率处于正常频率变化范围内；③ 在给定的所有环境温度条件下；④ 所有备用设备退出运行。

在给定的极端频率变化范围内，不允许直流系统的输送能力下降。对于所给定的交流母线电压极端连续运行范围和交流系统的极端频率偏差范围，直流系统应能安全起动并能连续运行。对于电压和频率超出正常运行范围的情况，允许直流系统其他性能有所下降。

当交流母线电压低于给定的正常最低连续运行电压但不低于极端最低连续运行电压时，采用以额定功率为基准值的标幺值表示，直流双极或单极运行方式的输送能力应不小于两端交流母线实际运行电压与正常最低连续运行电压的最小比值。

对于单极金属回路运行接线方式，由于存在金属返回线路上的电压降，逆变侧换流站的直流电压允许低于双极运行时的正常电压。

在任何运行方式下，允许的最小直流电流应不大于400A。承包商应提出满足连续运行要求的最小直流电流。

4.1.2 过负荷

在下列情况下，直流系统应具有一定的过负荷能力：① 环境温度低于最高设计温度；② 投入备用冷却设备。

过负荷运行时，不允许加速损失任何设备的寿命。

4.1.2.1 连续过负荷

在最大环境温度时：

（1）直流系统在最小功率至4.1.1节所规定的连续运行之间的任意功率水平连续运行后，投入备用冷却时应至少具备1.05p.u.的连续过负荷能力。

（2）承包商应给出主设备在备用冷却设备投运和不投运两种情况下所能达到的最大连续过负荷能力，并表示为环境温度的函数。

（3）应标明限制直流系统连续过负荷能力的设备。

4.1.2.2 2h过负荷

在最大环境温度时：

（1）直流系统在最小功率至连续过负荷之间的任意功率水平连续运行后，不投入备用冷却时应至少具备1.1p.u.的2h过负荷能力。

（2）承包商应给出直流系统在备用冷却设备投运和不投运的情况下所能达到的最大2h过负荷能力，并表示为环境温度的函数。

（3）应标明限制直流系统2h过负荷能力的设备。

4.1.2.3 暂时过负荷

在最大环境温度时：

（1）直流系统在最小功率至 2h 过负荷之间的任意功率水平运行后，不投入备用冷却时至少应具备 1.4p.u.的 3s 暂时过负荷能力。

（2）承包商应给出设备在备用冷却设备投运和不投运的情况下所能达到的最大暂时过负荷能力，并表示为环境温度的函数。

（3）应标明限制直流系统暂时过负荷能力的设备。

4.1.3 降压运行

（1）当直流系统从复龙换流站向奉贤换流站输送功率时，如果两端交流母线电压处于给定的正常连续运行范围内，任何一个完整极都应能至少以正常运行直流电流连续运行在 70%～100%的正常运行电压下；如果完整单极金属回路 70%降压运行要求额外增加设备投资，允许降压运行的电压水平提高，但不得高于正常运行电压的 75%。

（2）由于每一个完整极每端包括 2 个串联的 12 脉动换流器，其中一个换流器退出运行后，整个直流系统的降压运行水平可达到 50%直流电压的水平，因此对单换流器运行不再提出降压运行要求。

（3）直流系统每一完整极都应能在另一极退出运行时，以正常电压运行或降压运行。

（4）应给出所有环境温度条件下，备用冷却设备投运或退出运行时从复龙换流站向奉贤换流站的降压运行输送能力。

（5）应标明限制直流系统输送能力的设备。

4.1.4 功率倒送运行

（1）在不需要额外增加设备投资的条件下，直流系统应能从奉贤换流站向复龙换流站输送功率，即功率倒送运行。

（2）应给出在从奉贤换流站向复龙换流站输送功率的运行方式下，备用冷却设备投运和不投运时的连续运行负荷能力、连续过负荷能力、2h 过负荷能力、暂时过负荷能力以及降压运行时的输送能力，并表示为环境温度的函数。

（3）应标明限制直流系统输送能力的设备。

4.2 直流系统运行方式

4.2.1 运行接线方式

向家坝—上海±800kV 特高压直流输电系统的设计应满足下列运行接线方式的要求：

（1）完整双极运行方式：每站每极 2 个 12 脉动换流器均串联投入的运行方式。

（2）不完整双极运行方式：双极中有一个完整单极或二个均为不完整极。

（3）完整单极大地回路运行方式：一极停运，2 个 12 脉动换流器串联运行的另一极经由大地返回的运行方式。

（4）不完整单极大地回路运行方式：一极停运，1 个 12 脉动换流器运行的另一极经由大地返回的运行方式。

（5）完整单极金属回路运行方式：一极停运，2 个 12 脉动换流器串联运行的另一极经由金属回路返回的运行方式。

（6）不完整单极金属回路运行方式：一极停运，1 个 12 脉动换流器运行的另一极经由金属回路返回的运行方式。

4.2.2 运行控制模式

向家坝—上海±800kV 特高压直流输电系统应提供下列运行控制模式：① 双极功率控制；② 极功率独立控制；③ 同步极电流控制；④ 应急极电流控制；⑤ 降压运行控制；⑥ 极功率返转控制；⑦ 极线路空载加压试验控制；⑧ 附加控制。在直流功率的两个传输方向下，直流系统应能以上述所有运行接线方式和运行控制模式运行。

4.3 电气主接线

4.3.1 直流侧电气主接线

对复龙换流站和奉贤换流站，直流侧电气主接线分别如图 16 和图 17 所示。为了提高直流系统的可靠性，承包商可以进一步优化更改直流侧电气主接线，但是应给出明确的直流侧主接线方案和更改的充分理由。

直流侧电气主接线应满足各种运行方式的要求，至少具有以下功能：

（1）为检修而对换流站内直流系统的一个 12 脉动换流器或者一极进行隔离及接地。

（2）为检修而对直流线路一极进行隔离及接地。

（3）在金属回路运行方式下，为检修而对直流系统一端或两端接地极及其引线进行隔离及接地。

（4）在双极电流平衡运行方式下，为检修而对直流系统一端或两端接地极及其引线进行隔离及接地。为此，承包商应提供双极平衡运行所需的所有一次设备、控制、保护和测量设备，并进行相应的研究和设计，使直流系统利用一端或两端换流站接地网作临时接地点。承包商应确保所设计的运行接线方式不对任何设备产生任何危害，也不危及人身安全。

（5）为检修而切除故障极或故障 12 脉动换流器而不影响保留极或保留 12 脉动换流器的功率；检修结束后试验和重新投入，或计划投入任何一个极或 12 脉动换流器不应中断或降低直流输送功率。

（6）两个极中的任何一极单极运行，从大地回路切换到金属回路或从金属回路切换到大地回路，不应中断或降低直流输送功率。从切换开始到完成的时间应不大于 60s。

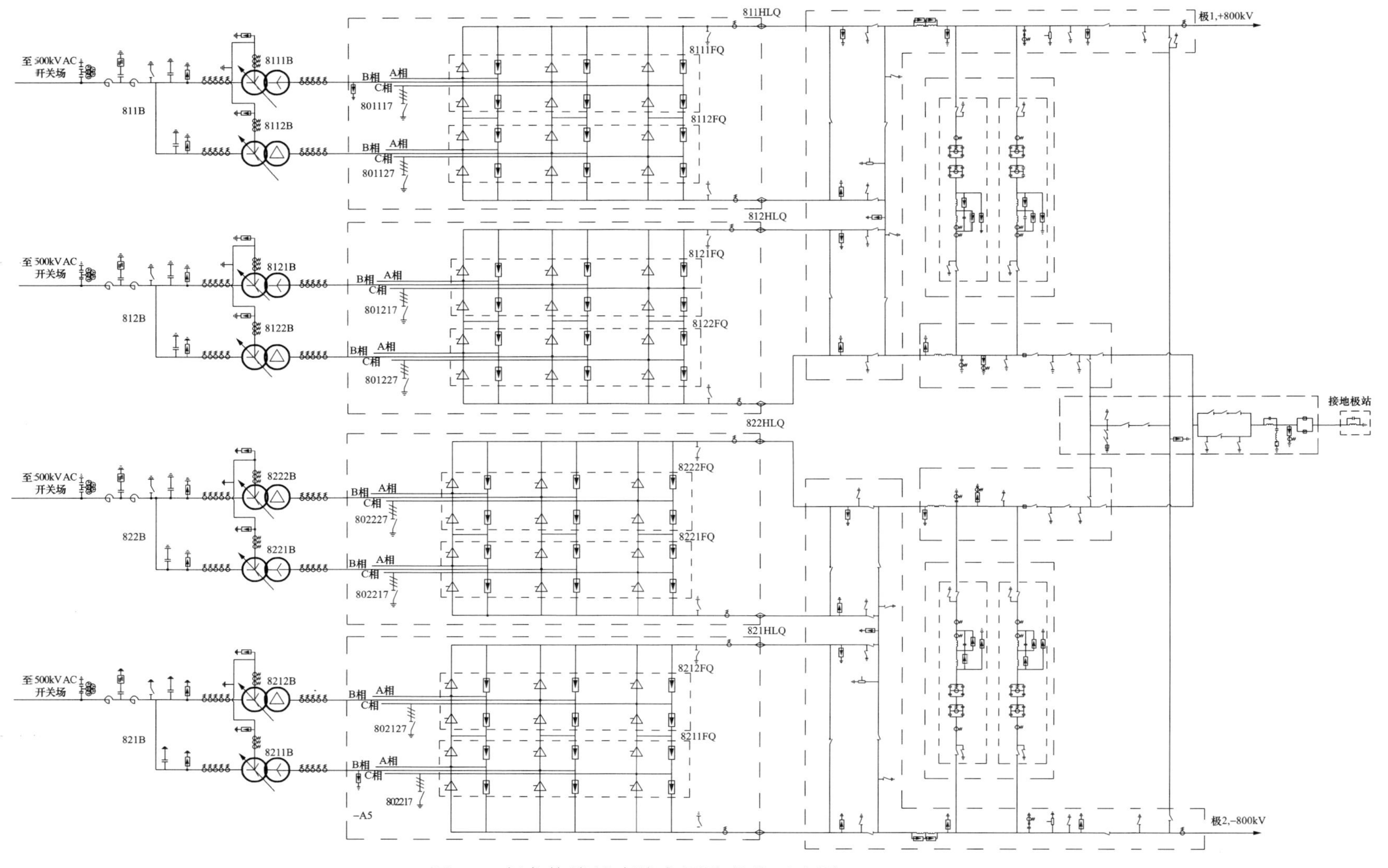

图16　复龙换流站直流主回路单线示意图

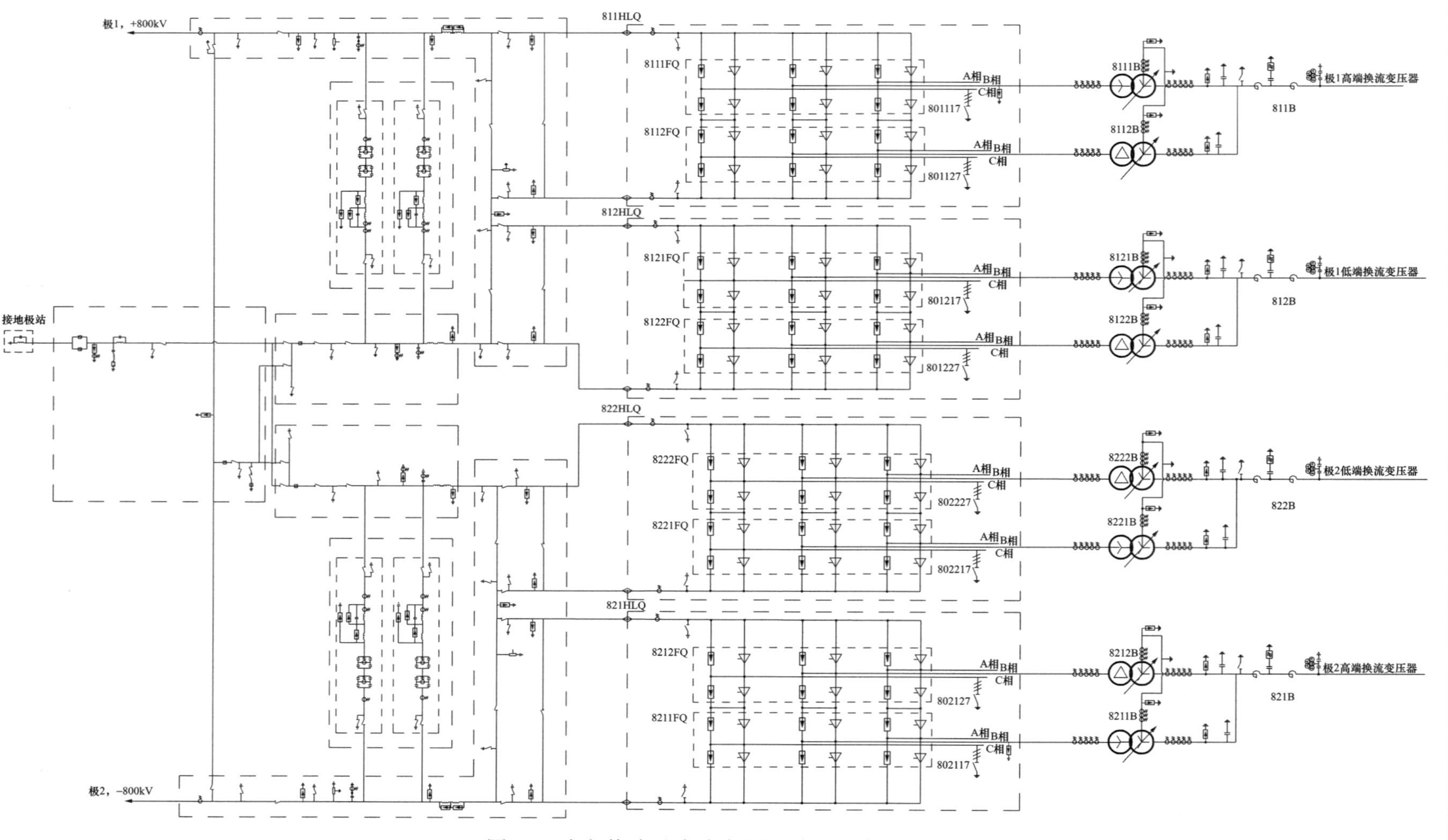

图17　奉贤换流站直流主回路单线示意图

（7）为了检修而对任何直流滤波器组进行连接、断开及接地，不应中断或降低直流输送功率。

4.3.2 交流侧电气主接线

复龙换流站500kV交流开关场电气主接线如图12所示，奉贤换流站500kV交流开关场电气主接线如图13所示。图中指明了站内进出线回路的配置，并表示了连接到其他变电站的交流出线，包括规划中要增加的出线回路。

4.3.2.1 复龙换流站

复龙换流站500kV交流开关场采用一个半断路器方案。主接线应提供下述进线间隔：

（1）换流变压器进线4回，每极接2回。

（2）交流滤波器进线4回，每一大组接1回。

4.3.2.2 奉贤换流站

奉贤换流站500kV交流开关场采用一个半断路器方案。主接线应提供下述进线间隔：

（1）换流变压器进线4回，每极接2回。

（2）交流滤波器进线4回，每一大组接1回。

4.4 动态性能要求

4.4.1 直流系统响应

4.4.1.1 总则

承包商应采用业主认可的合适的手段，向业主证明交直流系统的性能。承包商中标后应根据业主提供的全网潮流和稳定数据进行等值，经业主认可后用来进行证明本节中所规定的响应要求。对于采用数字稳定计算程序进行的研究，必须采用详细的交流系统模型进行。

应在假定交流滤波器与交流系统存在低次（如2、3、4次或5次）谐波谐振的条件下研究某些工况，论证直流控制系统在稳态条件下正常运行和在交流系统故障后成功恢复的能力。谐振条件可通过对等值交流系统阻抗进行适当修改后达到。

所设计的直流控制系统，在两种功率传输方向下皆应满足本规范规定的性能要求。

应针对主备通信系统上的最大通信延时设计直流系统的控制设备，以满足本规范规定的性能要求。

对于响应的研究和验证，在整定值变化或其他扰动之前投入的无功补偿容量，应与由无功控制器所决定的无功投入量一致。应确定所有验证方案、验证条件，并经业主审查认可。

应对一些控制和保护功能，如低压限流、换相失败保护和在交流电压扰动期间改善换相的功能等进行优化，以满足规定的响应特性。应调整两站的控制特性，在直流电流和直流电压响应之间达到最佳协调，以满足规定的响应要求。

动态性能响应应满足向家坝—上海直流输电系统送端交流系统孤岛稳定运行的要求。

4.4.1.2　基本响应要求

（1）阶跃响应定义。直流系统所有要求的响应时间的确定均按照以下定义进行，图18所示为整定值阶跃增加时系统响应的定义，图19所示为整定值阶跃下降时系统

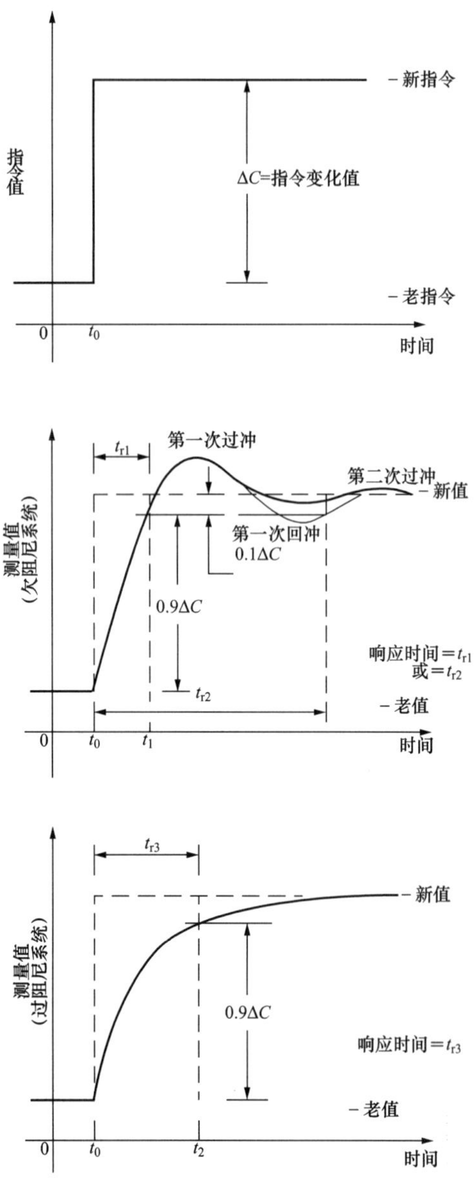

图18　阶跃响应定义（阶跃上升）

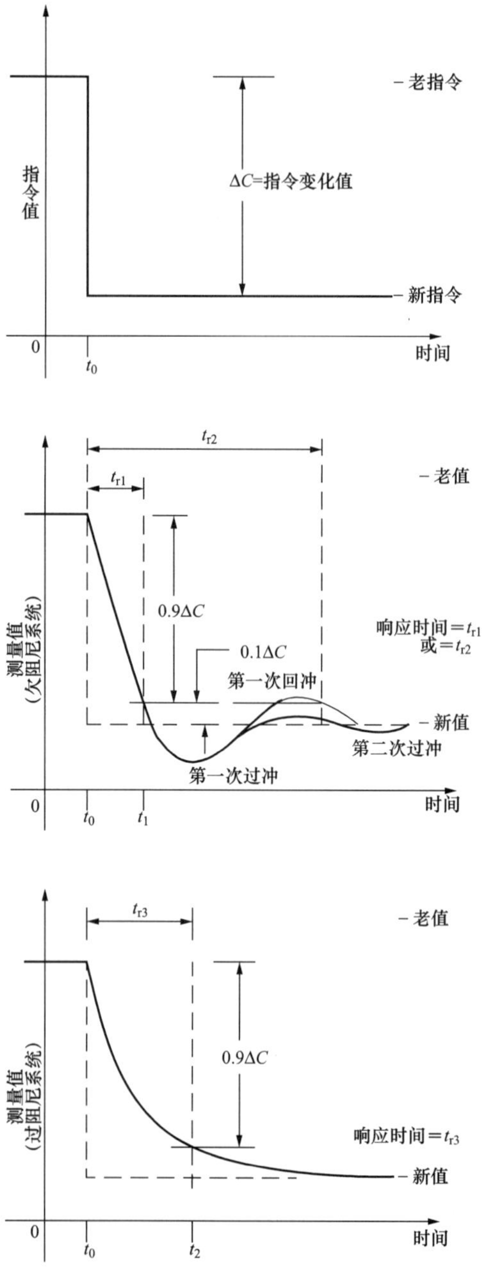

图19　阶跃响应定义（阶跃下降）

响应的定义。如果测量值在第一次过调之后能保持在以新的整定值为中线，误差为整定值变化量的±10%范围之内，则可将响应时间 t_{r1} 定义为从整定值变化时刻始到测量值达整定值变化量的90%时的所需时间。采用 t_{r1} 应满足的条件为：第一次过调量不得超过整定值变化量的30%，第二次过调后测量值将最终稳定到新的整定值，误差不超过±2%。如果测量值在第一次过调之后再次超出整定值变化量的±10%，则定义响应时间 t_{r2} 为：从整定值变化时刻始到测量值进入且保持在以新的整定值为中线，误差为整定值变化量的±10%时的所需时间。对于过阻尼系统，响应时间 t_{r3} 定义为：从整定值变化时刻始到测量值达到整定值变化量的90%所需的时间。测量值应在4倍 t_{r3} 的时间内稳定到新的整定值，误差不超过±2%。

（2）直流电流控制器响应。当直流功率输送水平处于最小功率至额定功率之间时，直流极电流对电流指令的阶跃增加或者阶跃降低的响应应满足如下要求：① 当电流指令的变化量不超过直流电流余裕时，响应时间不得大于90ms（考虑到电流控制回路的误差，允许电流指令的最大变化比直流电流余裕小额定电流的2%）；② 当电流指令变化量超过直流电流余裕时，响应时间不得大于 110ms。通过对整流侧电流控制器注入阶跃信号，产生电流阶跃指令。所有的控制参数（α、γ、直流电压）在阶跃之前应处于其标称额定值。电流阶跃信号应加在开环控制的特定注入点，以使电流控制器不要求从逆变站返回的电流指令变化确认信号。为了在整个动态过程中不失去电流余裕，电流指令应先增加，后降低。计算响应时间时不包括容许的通信延迟。电流阶跃响应应在逆变器所有的正常控制模式下验证。在阶跃之前，逆变器应稳定地处于某一正常控制模式。在一个极以额定功率运行（完整单极或者不完整单极）或完全停运条件下，应验证另一极（运行于完整单极或者不完整单极）在下述条件下的直流电流阶跃响应：① 电流指令从0.92p.u. 跃变到1.0p.u.；② 在①的跃变动态过程结束后，电流指令立即从1.0p.u.阶跃回0.92p.u.；③ 对于同样的方式和条件，应对电流指令为0.5p.u.的阶跃进行电流阶跃响应验证（即用0.5p.u.取代①和②中的0.92p.u.）。具有上述响应的直流控制系统还需证明能够有效地满足经暂态稳定研究后可能会提出的大信号（大于0.1p.u.）调制要求。

（3）直流功率控制器响应。如果系统研究表明有必要，应对功率控制器进行调整，使得直流系统在交流系统暂态扰动期间具有恒定电流控制特性（这种扰动持续时间一般小于10s）。在交流系统瞬时扰动引起直流电压变化时，直流功率控制器的响应应使因电压变化引起的功率变化值的90%能在电压变化起始点后1s内恢复。当直流系统在最小功率到额定功率之间的任意功率水平下运行时，直流功率控制器对功率指令阶跃增加或降低的响应必须使得90%的直流功率变化能在整定值变化后150ms内达到，这个时间还应包括电流指令的往返确认时间。功率控制器的阶跃响应特性必须是可调整的。对于整流站和逆变站交流母线单相和三相金属接地故障，应验证功率控制器对于由此引起的直流电压变化的响应。在一个极以额定功率运行（完整单极或者不完整单极）或完全停运条件下，应验证另一极（运行于完整单极或者不完整单极）在下述条件下的直流功率阶跃响应：① 功率整定值从 1.0p.u.跃变到 0.9p.u.；② 在①的跃变引起的动态过程结束后立即施加从 0.9p.u.到 1.0p.u.的功率阶跃；③ 功率整定值从 0.9p.u.跃变到 1.0p.u.；④ 在③的跃变引起的动态过程结束后，立即施加从 1.0p.u.到 0.9p.u.的功率阶跃。在阶跃施加之前，极运行在正常控制模式，所有的参数（α、γ、直流电压）都处于标称额定值。应在逆变器所有其他正常控制模式下验证功率控制器的响应特性。

（4）熄弧角控制器响应。为了使逆变器消耗的无功功率尽可能少，同时又尽量减少换相失败的几率，达到安全、经济运行的目的，应为逆变器配置熄弧角控制器。应提出熄弧角控制器对整定值阶跃变化的响应特性和在无功分组切除时熄弧角控制器的响应特性。熄弧角控制器的响应特性应与直流电流控制器及直流功率控制器的响应特性相配合，当逆变器处于熄弧角控制之下时，直流电流控制器及直流功率控制器的阶跃响应特性应能满足规范要求。

（5）直流电压控制器响应。为了控制直流电压，应提供逆变侧电压控制器。应对此控制器进行调整，使其最好地兼顾对直流电压整定值变化的快速响应特性和良好的换相特性，使换相失败的风险降到最低。直流电压控制器应具有适当的响应时间，以满足规定的直流电流控制和直流功率控制的阶跃响应特性的要求。应验证电压控制器对整定值阶跃变化的响应特性，以及在无功分组投切和大组切除时该控制器对被测控制参数阶跃变化的响应特性。

4.4.1.3　交流系统故障后响应

在整流侧和逆变侧的交流系统发生故障时，直流系统的输送功率从故障切除瞬间起分别应在 120ms 和 140ms 内恢复到故障前的 90%。恢复期间不允许有换相失败或直流电流和直流电压的持续振荡，直流系统实际的恢复时间应方便可调。在通信系统停运时应达到上述同样的响应时间。

整流侧和逆变侧交流系统故障后直流系统的响应性能应在下列情况下进行验证，并应满足规定的要求：对于单相接地短路故障，导致换流站交流母线故障相电压降至故障前电压的 90%、70%、40%、20%和 0，故障由正常主保护或后备保护清除。

（1）对于三相接地短路故障，导致换流站交流母线电压降至故障前电压的 90%，70%，40%，20%和 0，故障由主保护切除。

（2）在表 32 中所列 500kV 交流线路两端分别发生单相接地短路故障时，故障相单相切除，重合闸不成功，切三相。

（3）在表 32 中所列 500kV 交流线路两端分别发生单相接地短路故障时，故障相单相切除，重合闸成功。

（4）在表 32 中所列 500kV 交流线路两端分别发生三相接地短路故障时，切三相。

表 32　　500kV 交 流 线 路

位　　置	线　　　路
向家坝侧	向家坝左岸电站至复龙换流站 复龙换流站至泸州 复龙换流站至溪洛渡左岸换流站 溪洛渡左岸电站至溪洛渡左岸换流站
上海侧	南汇变电站至奉贤换流站 南汇变电站至顾路 南汇变电站至漕泾 南汇变电站至三林变电站

故障前，直流双极运行，双极输送额定功率。直流控制器的响应速度应方便可调。

4.4.1.4　直流线路故障响应

直流线路故障保护系统应能检测到故障，并通过其控制作用使故障极的极线电流过零，等待一段时间用于空气去游离，然后自动去恢复该极的输送功率。直流通信系统完全停运不应对这种直流线路故障保护时序有任何影响。

不计去游离时间，从故障开始到该极的输送功率恢复到故障前输送功率的 90%所需的时间不得超过 120ms。对于直流电压下降到正常直流电压的 80%及以下的所有直流线路故障，都应满足这一响应时间要求。

在直流线路故障期间和去游离期间，为了减少对直流输送功率的影响，非故障极将迅速增加输送功率至最大可能的输送水平。故障极恢复后，直流两极的输送功率应重新恢复到故障前的值。直流通信系统完全停运不能影响输送功率从故障极向非故障极的转移。非故障极补偿故障极所损失的全部或部分输送功率的响应特性需满足 4.4.1.5 节所规定的要求。故障极恢复后，直流双极输送功率应能以可调整的速度平稳地恢复到故障前的功率整定值。

应在故障前直流单极（完整单极和不完整单极）和双极（完整双极和不完整双极）每个换流器输送额定功率的条件下，验证直流线路极故障清除和恢复特性。直流线路故障地点应考虑一极线路端部和正中点，验证应包括功率从故障极向非故障极转移的功能，以及将双极功率恢复至故障前水平的功能。

4.4.1.5　损失一个单 12 脉动换流器或单极的响应

所提供的直流系统的设计应能满足：① 在直流完整极的一个 12 脉动换流器闭锁时，由于换流器故障损失的功率全部或一部分转移到另一极和本极运行的换流器；② 在直流单极闭锁或线路故障时，故障极损失的功率全部或一部分转移到非故障极。

为了补偿故障换流器或者故障极的功率损失，使直流输送功率的减少降低到最小，在必要的情况下，非故障极和非故障换流器的输送功率将达到它的暂时或 2h 过负荷能力，过负荷幅度和回降时间应方便调整。

当一个 12 脉动换流器闭锁需要增加健全极和本极剩余换流器的功率输送水平时，要求增加的输送功率的 90%应在故障换流器闭锁后的 110ms 内达到。当一极闭锁需要增加健全极的功率输送水平时，要求增加的输送功率的 90%应在故障极闭锁后的 110ms 内达到。

对于一个 12 脉动换流器闭锁时所要求健全极和本极剩余换流器的响应，应验证下述方式：

（1）完整双极运行方式输送 0.75p.u.额定功率，任一极中一个换流器发生永久闭锁。

（2）完整双极运行方式输送 1.0p.u.额定功率，任一极中一个换流器发生永久闭锁。

（3）不完整双极运行方式输送 0.5p.u.额定功率，完整单极中任一换流器发生永久闭锁。

（4）不完整双极运行方式输送 0.75p.u.额定功率，完整单极中任一换流器发生永久闭锁。

（5）完整单极大地回路运行方式输送 0.25p.u.额定功率，本极任一换流器发生永久闭锁。

（6）完整单极大地回路运行方式输送 0.5p.u.额定功率，本极任一换流器发生永久闭锁。

（7）完整单极金属回路运行方式输送 0.25p.u.额定功率，本极任一换流器发生永久闭锁。

（8）完整单极金属回路运行方式输送 0.5p.u.额定功率，本极任一换流器发生永久闭锁。

以上各种运行方式损失一个换流器后，健全极和本极剩余换流器的响应应能在不同输送方向下实现，直流通信系统完全停运不能对输送功率从故障换流器向非故障换流器或极的转移产生任何影响。

对于单极闭锁时所要求的健全极响应，应验证下述方式：

（1）完整双极运行方式输送 0.5p.u.额定功率，一极发生永久闭锁。

（2）完整双极运行方式输送 0.5p.u.额定功率，一极发生直流线路故障，再启动成功。

（3）完整双极运行方式输送 1.0p.u.额定功率，一极发生永久闭锁。

（4）完整双极运行方式输送 1.0p.u.额定功率，一极发生直流线路故障，再启动成功。

（5）不完整双极运行方式输送 0.25p.u.额定功率，完整单极发生永久闭锁。

（6）不完整双极运行方式输送 0.25p.u.额定功率，一极发生直流线路故障，再启动成功。

（7）不完整双极运行方式输送 0.5p.u.额定功率，非完整单极发生永久闭锁。

（8）不完整双极运行方式输送 0.5p.u.额定功率，一极发生直流线路故障，再启动成功。

（9）不完整双极运行方式输送 0.75p.u.额定功率，一极发生永久闭锁。

（10）不完整双极运行方式输送 0.75p.u.额定功率，一极发生直流线路故障，再启动成功。

双极运行损失一个极后，健全极的响应应能在不同输送方向下实现，直流通信系统完全停运不能对输送功率从故障极向非故障极的转移产生任何影响。

4.4.1.6　直流系统响应性能的验证

在工程设计完成前，承包商应利用直流模拟器和计算机软件对直流系统及其所有控制保护功能的动态特性进行详细的研究。研究的手段、模型系统和其他相关要求参见“一次系统研究”，研究项目参见“控制和保护系统研究”。承包商应向业主演示直流系统的响应特性，并提交研究报告，经业主审查并通过。

如果在设计阶段利用数字稳定计算程序对直流系统动态性能及其对交直流系统动态性能的影响进行研究和验证，应采用发电机的完整模型，包括励磁系统和原动机调速器模型。应向业主证明，其控制和保护设备的设计能够满足本规范书对运行性能和设备的要求，并通过业主审查。本节所定义的性能要求，应在通信系统投运和通信系统不投运时分别进行性能研究；如果在通信系统不投运时直流系统响应性能降低，应给出这种条件下性能降低的程度。

除非通过具体的研究证明功率传输方向对性能没有影响，否则，应对双向功率传输情况进行研究。

在进行上述动态性能研究和验证时，应采用经业主同意的全系统数据和等值系统，以及真实的直流线路参数、接地极和接地极线路参数。在初始阶段，可利用交流等值系统。

所有影响动态性能的相关控制和保护功能，包括通信系统的延时，都应在直流系统模拟过程中得到充分验证，无功补偿应与 4.5 节中规定的一般性能要求和运行原则相一致。在动态性能研究开始之前，将其直流系统模拟的详细模型描述提交业主，并经业主认可。

动态性能验证应包括但不限于下列各方面：

（1）直流系统控制器对功率和电流整定值阶跃变化的响应特性，包括 4.1.2 节所规定的要求。

（2）直流系统对整流侧和逆变侧交流系统的各种故障的响应性能，包括 4.1.3 节中所规定的要求。应验证直流系统在故障期间和故障切除后的性能，两站所有相关的控制和保护功能的运行和动作情况都应得到反映。

（3）直流系统在各种保护，包括直流线路保护和站内保护动作时和动作后的性能。应选择适当的故障方式，以便清楚地验证保护的配合、暂态电流和暂态电压特性、清除故障的控制动作和由保护动作所启动的故障隔离控制顺序。

（4）直流系统接线方式和运行方式下的直流系统稳态运行特性，包括换流变压器有载调压开关控制和直流控制模式切换时的性能。

（5）单换流器投入和退出的顺序控制。

（6）极起动和闭锁顺序控制。

（7）附加控制性能。

（8）直流控制系统在交流滤波器与交流系统阻抗之间存在低次谐振条件下的性能。

（9）在假定逆变侧短路电流水平下降至有效短路比为 2.5 时，直流控制系统的性能。

（10）交流滤波器和并联电容器投切时直流控制系统性能的验证（包括 4.5.4 节中所规定的所有投切方式）。

对于所有运行方式，直流输送功率为最小值到额定值之间的任意值，所规定的性能要求都应得到满足。除了交流滤波器和交流系统之间的低次谐振将按照 4.1 节中所描述的方法模拟外，在进行性能研究和验证时应采用业主提供的全系统数据而得出并经业主同意的交流等值系统。

可以对规定的响应时间进行一定程度的调整，以便对直流系统总体性能和可靠性提出优化设计的建议。

4.4.2　换流器在交流系统故障期间的运行

无论以整流模式还是以逆变模式运行，当交流系统故障导致换流站交流母线电压降低到下列幅值，并持续对应时段时，所有可控硅级触发电路中的储能装置应具有足够的能量持续向晶闸管元件提供触发脉冲，使可控硅阀可以安全导通。

（1）交流系统单相对地故障，故障相电压降至 0，持续时间至少为 0.7s。

（2）交流系统三相对地短路故障，电压降至正常电压的 30%，持续时间至少为 0.7s。

（3）交流系统三相对地金属短路故障，电压降至 0，持续时间至少为 0.2s。紧接着这类故障的清除及换相电压的恢复，阀触发电路中应有足够的储能以安全触发晶闸管元件。不允许因储能电路需要充电而造成恢复的任何延缓。

应给出其储能系统在上述条件下所能持续的时间，并附带令人信服的理由。

在交流系统故障使得换流站交流母线上所测量到的三相平均整流电压值大于正常电压的30%，但小于极端最低连续运行电压并持续长达1s的时段内，直流系统应能连续稳定运行。这种条件下，所能运行的最大直流电流由交流电压条件和可控硅阀的热应力极限决定。应给出直流电压分别降至40%、60%和80%时所能达到的最大直流电流，并附带令人信服的理由。

在发生严重的交流系统故障，使得换流站交流母线三相平均整流电压测量值为正常值的30%或低于30%时，如果可能，应通过继续触发阀组维持直流电流以某一幅值运行，从而改善高压直流系统的恢复性能。如果为了保护高压直流设备而必须闭锁阀组并投旁通对，则阀组应能在换流站交流母线三相整流电压恢复到正常值的40%之后的20ms内解锁。

在交流系统故障期间，维持换流器的触发或在故障清除瞬间恢复换流器的触发应能降低交流系统恢复过电压的幅值，并能改善系统稳定性；控制系统的作用应能保证特高压直流系统的恢复，并且按照4.1.1.3节所要求的时间恢复直流系统的输送功率。

直流通信系统的完全停运不应对直流系统在上述交流系统故障期间的性能和故障后的恢复特性产生任何影响。

4.4.3 直流回路的谐振

所设计的直流平波电抗器和直流滤波器应确保直流侧主回路不发生基波和2次谐波谐振。对于所有运行接线方式和控制模式，主要的串联谐振频率离开基波频率和二次谐波频率的距离不能小于15Hz。按照直流控制系统稳定性的相关规定，对直流回路所产生的谐振，控制系统应能提供正阻尼。

4.4.4 直流附加控制

控制保护系统设计时应留有接口，以便向业主将来可能提供的电力系统安全稳定控制系统送出并接受信息和指令。并且控制和保护系统设计中应准备一些附加控制的功能块，如直流功率回降、功率回降、交流系统电压控制和频率调制以及根据研究可能需要的控制功能，如次同步谐振抑制等。

4.5 无功补偿和电压控制

4.5.1 总则

承包商应为两端换流站提供所需的无功补偿设备和无功补偿设备的控制装置，包括交流滤波器和并联电容器，连同所需的断路器、保护和控制设备，构成一个完整的无功补偿系统。为了协调每站无功补偿设备的控制，应设计和提供控制所需的测量和接口设备。如果需要，应提供并联电抗器以满足无功平衡要求。

（1）换流站所规定的正常稳态运行电压和极端稳态运行电压范围；

（2）交流系统频率处于正常频率和事故频率变化范围及其对应时段；

（3）环境温度处于规定的环境温度变化范围。

如图12所示，复龙换流站的无功补偿设备将按大组接到业主的500kV交流开关场进线间隔中；如图13所示，奉贤换流站的无功补偿设备将按大组接到业主的500kV交流开关场进线间隔中。两端换流站无功补偿设备的接线形式应由业主确认，无功补偿设备分组方式应考虑满足投切影响、无功交换、电压控制、滤波性能和设备布置等要求。

（无功）大组，指接到一个进线回路上的所有交流滤波器、并联电容器和并联电抗器组。一个（无功）分组，指本身具有断路器的最小可投切的交流滤波器组或并联电容器组，并联电抗器组。所有无功分组都应有能力在切除后的5min之内再次投入，并且应提供所有必需的放电装置。分组布置上应有足够的净空距离并提供护栏，以保证大组中的各分组带电运行时，能对每一个分组及其断路器进行检修。

投切，仅指涉及断路器的合闸和分闸操作。对于无功控制，所有的投切操作应采用断路器进行，而不是断路器和隔离开关的组合操作，隔离开关仅用于隔离操作。

双重投切，是指两个分组接近同时投切。

在其他分组带电运行的情况下，用于投切的所有断路器应有能力不受限制地切除或投入对应分组。

在任何温度、频率或交流母线电压条件下，只要阀组能够连续运行，任何交流滤波器分组和并联电容器分组的投运应不受限制。即使当特高压直流输电系统完全关闭，在控制和保护系统中也不应有任何妨碍交流滤波器或并联电容器分组投运的情况。

在任何直流输送方向和输送水平下，除了按照规定为了满足滤波器性能要求而必须投入的最小交流滤波器组合以外，业主应能投入任意可能的无功补偿分组到换流站交流母线上。另外，为了进行无功控制，应能利用直流换流设备的无功吸收能力。

在交流和直流系统故障后，业主应能优化利用无功补偿设备来改善交流系统的稳定性能，具体做法是通过保持特高压直流换流器运行，按照需要部分地切除或快速投入交流滤波器、并联电容器或并联电抗器等无功补偿设备。特高压直流换流器全部停运情况下，业主仍能利用相关无功设备来控制交流系统的电压。无功控制需考虑多回直流间的相互配合。

在直流系统功率稳态调节期间以及在交流和直流系统故障后，应提供换流站无功平衡及电压控制的优化控制策略。

每一换流站所有电容器分组应具有同样的额定容量。如果在一个站需要2个或多个并联电抗器，它们应有同样的额定容量。

为了决定无功供给设备和无功吸收设备的容量，在计算由交流滤波器和电容器分组产生的无功功率时应假定电容器介质温度为25℃，并假定所有电容器元件都是完好的。

4.5.2 无功功率的提供和吸收要求

4.5.2.1 换流器无功消耗计算

为了确定无功补偿设备的容量，需采用下列公式计算12脉动换流器所需要的无功功率

$$Q_{\mathrm{d}} = 2\chi I_{\mathrm{d}} U_{\mathrm{dio}} \tag{1}$$

其中，χ定义为

$$\chi = \frac{1}{4} \cdot \frac{2u + \sin 2\alpha - \sin 2(\alpha + u)}{\cos\alpha - \cos(\alpha + u)} \tag{2}$$

式中 Q_{d}——12脉动换流器消耗的无功功率，Mvar；

u——换相重叠角，rad；

I_{d}——直流运行电流，kA；

α——整流器触发角，rad；

U_{dio}——换流器理想空载电压，kV。

当换流站以逆变方式运行时，用逆变站熄弧角γ（rad）代替α。

4.5.2.2 无功功率供给设备容量要求

两端换流站应配备足够的容性无功补偿设备，以满足按下列公式确定的交直流系统的无功要求

$$Q_{\mathrm{total}} \geqslant \frac{Q_{\mathrm{ac}} + Q_{\mathrm{dc}}}{(k_1)^2} + NQ_{\mathrm{sb}} \tag{3}$$

式中 Q_{total}——换流站正常电压（复龙换流站为525kV，奉贤换流站为515kV）下交流滤波器和并联电容器所提供的总无功功率，Mvar；

Q_{sb}——在复龙换流站为525kV，奉贤换流站为515kV的换流站正常电压下，由最大的交流滤波器分组或并联电容器分组所提供的无功功率，Mvar；

Q_{ac}——在决定无功供给设备容量时所假设的交流系统无功功率需求，负值表示交流系统提供的无功，Mvar；

Q_{dc}——在决定无功供给设备时所假设的直流换流设备的无功功率需求，Mvar；

N——备用无功补偿设备组数，取为1；

k_1——电压修正系数，取为1。

在计算上述运行方式的Q_{dc}时，应考虑下述因素：

（1）两端换流站交流母线电压在正常连续运行电压范围之内，复龙换流站直流电

压在 4.1.1 节所规定的直流正常连续运行电压范围之内的一切运行条件的组合。

（2）测量系统和控制系统，包括换流变压器有载调压开关控制的误差和死区。

（3）对应有载调压开关位置的最大可能的换相电抗，包括制造公差。

（4）每极直流线路电阻在 4.1 节所规定的范围内取值，使奉贤换流站 Q_{dc} 最大。

当直流正向输送功率时，两端换流站的无功提供设备应在下列条件下满足式（3）：

（1）对于复龙换流站，假定 P=6400MW，Q_{ac}=−1000Mvar（即交流系统可以向换流站提供 1000Mvar 的无功）。

（2）对于奉贤换流站，假设 P=（6400MW−直流线路的功率损耗），Q_{ac}=0。

4.5.2.3 无功吸收设备容量要求

当直流运行在小功率时产生过剩无功，应按照下列公式计算，为两端换流站提供足够的无功吸收设备，以满足交流系统和直流系统的要求

$$Q_r \geqslant Q_{fmin} - \frac{Q_{ac} + Q_{dc}}{(k_2)^2} \tag{4}$$

式中 Q_r——换流站正常电压（复龙换流站为 525kV，奉贤换流站为 515kV）下，换流站并联电抗器吸收的总无功功率，Mvar；

Q_{ac}——在计算无功吸收设备时，允许从换流站流进交流系统的最大无功功率，Mvar；

Q_{dc}——计算无功吸收设备时，假定的直流系统无功功率需求，Mvar；

Q_{fmin}——在复龙换流站为 525kV，奉贤换流站为 515kV 的换流站正常电压下，由各站必须的交流滤波器组产生的无功功率，即为满足滤波性能要求所必须投入的最小交流滤波器组合的容量，Mvar；

k_2——电压修正系数，取为 1。

在计算上述运行方式的 Q_{dc} 时，应考虑下述因素，使 Q_{dc} 最小：

（1）两端换流站交流母线电压在正常连续运行电压范围之内，复龙换流站直流电压在 4.1.1 节所规定的直流正常连续运行电压范围之内的一切运行条件的组合。

（2）测量系统和控制系统，包括换流变压器有载调压开关控制的误差和死区。

（3）对应有载调压开关位置的最小可能的换相电抗，包括制造公差。

（4）每极直流线路电阻在直流系统额定值所规定的范围内取值，使奉贤换流站 Q_{dc} 最小。

当直流正向输送功率时，两端换流站的无功吸收设备应在下列条件下满足式（4）：

（1）对于复龙换流站，双极运行，假定 P=640MW，Q_{ac}=0。

（2）对于奉贤换流站，双极运行，假定 P=（640MW−直流线路的功率损耗），Q_{ac}=300Mvar。

（3）Q_{fmin}是为满足滤波性能要求所必须投入的最小交流滤波器组合的容量。

直流降压运行要求，应能使直流换流器具有一定的固有无功能力。承包商应给出增加吸收无功的固有能力，并提供以这种方式运行所必需的一切控制手段。

在考虑本规范书所规定的所有无功吸收条件后，换流设备的无功吸收能力应是直流输送功率的连续平滑函数。

4.5.3　最大大组容量和分组容量

在向家坝和奉贤换流站，当交流母线电压都为525kV和515kV时，大组中所有的电容器分组和交流滤波器分组都投入，而所有的电抗器分组都不投入，所产生的总无功功率不得超过1100Mvar。

复龙换流站最大无功分组容量在电压为525kV时不大于220Mvar，奉贤换流站最大无功分组容量当电压为515kV时不大于260Mvar。

4.5.4　投切要求

本节规定的投切要求应能在下述条件下实现：

（1）投切前功率输送水平处于最小功率到2h过负荷范围内，输送方向任意。

（2）投切前两端交流系统频率处于稳态变化范围内。

（3）投切前两端换流站交流母线电压处于正常连续运行范围内。

（4）两端换流站交流母线短路水平处于规定的范围内。

4.5.4.1　分组投切

当分组容量满足4.5.3节中的要求时，交流滤波器分组或并联电容器分组或并联电抗器分组投切，复龙换流站和奉贤换流站交流母线电压的工频分量的动态变化最大值分别不得超过0.02p.u.和0.015p.u.。此处的动态电压变化是指直流控制响应之后，换流变压器有载调压开关控制动作之前的电压变化。

任何分组的投切都不应引起换相失败。任何分组的投切都不应改变直流控制模式或直流输送水平。这一要求在直流控制响应后，换流变压器有载调压开关动作之前应能得到满足。

为了达到规定的投切要求，允许直流换流器的控制预计分组投切操作，并自动地增大或减小触发角和熄弧角，作为投切顺序的一部分。触发角或熄弧角的增大或减小应不造成换相失败，直流电压和直流电流的最大动态变化不允许超过0.05p.u。不允许直流输送功率或运行状态发生任何稳态变化。

4.5.4.2　切除大组

切除整个大组，即所有连在这个大组中的电容器分组和滤波器分组都被同时切除，可以当作一种非正常方式。大组切除不应用作无功功率控制，只能作为一种保护功能。应提供所有必要的措施，如报警等，以最大限度地降低误动切除无功补偿大组设备的可能性。

无论是误动还是由于保护动作，大组切除，都不应引起直流换流器、单极或双极闭锁。可以采取降低直流输送功率的办法，但不允许阶跃降低功率。直流功率只能以不大于 100MW/min 的速率下降。设备应有足够的额定容量并配备所有必需的控制功能，以避免设备过负荷。

假定大组切除前双极运行在连续额定功率下，应给出系统在大组切除后能够延迟进行功率调整的时间和允许的最小调整速度。大组切除后如果需要降低直流输送功率，则该事件所引起的输送能力变化将计入 4.13 节所述的可靠性和可用率监视和评价之中。大组切除后应能以最快的速度将故障设备隔离，并重新投入大组中其他设备以恢复直流系统的正常输送能力。

4.5.5 稳态调节要求

无功补偿设备分组的额定容量和直流换流器无功吸收能力的选择，应考虑稳态调节要求。“稳态”是指在所有控制，包括换流变压器有载调压开关控制都响应之后的运行状态。

直流系统应有能力调节两端换流站与交流系统的无功交换，使其能够满足 4.5.2.2 节和 4.5.2.3 节所规定的无功功率供给和吸收要求。当调节无功交换时，在所有的稳态运行方式下，实际无功交换与计划交换的偏差：对复龙换流站不应超过±150Mvar，对奉贤换流站不应超过±170Mvar。

在 4.5.2 节中所规定的无功供给和无功吸收设备的能力全部用尽之前，在规定的任何运行方式下，对于最小功率到额定功率之间的任意直流输送功率水平，不允许超过上述最大无功偏差。在计算无功供给设备和无功吸收设备容量时，不允许考虑上述允许偏差。

允许采用分组投切和分组投切结合直流换流器控制达到下述稳态调节要求：

（1）投切操作引起的两端换流站交流母线电压的稳态变化不得大于 1%，也不得大于换流变压器有载调压开关每级电压的 75%。

（2）在直流负荷的一个周期内，即直流输送水平从最小功率直到 6400MW，然后回到最小功率，任何电容器分组或滤波器分组最多只能投入和切除一次。同一类型的滤波器要遵循先入先出的原则。

（3）不允许无功分组设备的双重投切。

（4）在设计范围内，应充分利用换流器的无功调节能力，以减少功率循环中无功设备的投切次数。

（5）整流站的直流电压，包括所有的误差和死区，应保持在 4.1.1 节所规定的限制范围内。

为了确定直流换流设备的控制要求，应使用下列条件：

（1）奉贤换流站，允许 500kV 交流母线电压随邻近母线电压变化，假定交流母线的静态特性为 dQ/de＝26000Mvar/1.0 标幺值电压变化。

（2）复龙换流站，允许 500kV 交流母线电压随邻近母线电压变化，可假定换流站交流母线的静态电压特性为 dQ/de＝22000Mvar/1.0 标幺值电压变化。

4.5.6 暂时过电压控制

如果交流系统允许，应通过重新启动直流系统并尽快将直流输送功率恢复到故障前的水平，使暂时过电压的影响减到最小；或者如果由于交流系统的限制，直流系统功率输送水平不能恢复或只能部分恢复，则应通过切除并联电容器和交流滤波器，使暂时过电压的影响减到最小。应保证换流站的无功补偿设备在可能引起近区发电机自励磁的网络结构条件下，不继续连接在电网中。

无功补偿和控制装置应设计为，在任何双向功率输送水平下，全部或部分直流功率中断引起的换流站交流母线工频过电压大于 1.3 倍 $550\sqrt{3}$kV 的时间不得超过 5 周波，电压幅值的变化也不得超过扰动前电压的 30%。

在直流功率中断后 500ms 内，工频过电压应减至 1.15 倍 $550/\sqrt{3}$kV 或更低，并且在 2s 以内进一步降到故障前电压的 105%以内或者是所有电容性分组都被切除后所能达到的电压水平。

除了下面的情况之外，应在不切除并联电容器和不动用其他无功控制设备的条件下满足上述暂时过电压限制要求。

（1）由于延迟清除交流系统故障或其他原因而延迟恢复直流系统。在这种情况下，如果必须将工频过电压降低至 1.2p.u.（$550/\sqrt{3}$kV）以下，并且允许在交流系统故障清除后直流系统只恢复部分功率，那么，可以采用过电压保护或其他保护切除并联电容器组和其他无功设备。

（2）直流系统的恢复失败。对于这种情况，如果必要可以切除所有的或部分的无功设备，以满足规定的工频过电压要求。

（3）所有接在换流站母线上的交流线路都退出，或网络结构的其他急剧变化造成类似情况，这时应立即切除所有的无功设备，并关闭直流系统。

（4）当直流输送的功率超过某一预先整定的值时直流系统两个极线路同时故障。在这种情况下，因为直流双极线路故障通常是永久故障，应将所有的无功设备立即切除。

如果利用切除无功补偿设备来降低过电压，应提供所有必要的检测和控制设备，来操作无功补偿设备并区分暂时的直流系统闭锁和永久性的直流系统闭锁。

为了控制暂时过电压而采用的投切是通过同时切分组开关和大组开关来实现的，

开关应有能力按本节的要求执行所有的投切操作。应对大组开关和分组开关的故障电流遮断能力和暂时过电压下切除电容器的能力进行优化，确定开关的投切功能和后备保护要求，并经业主认可。

故障前换流站交流母线电压在正常连续运行范围，并在给定的交流系统等值条件下，两端换流站正向或反向送电双极运行模式下的输送功率为 640MW 到 2h 过负荷能力时，单极金属回路或大地回路运行模式下，输送功率为 640MW 到 2h 过负荷能力时，均应达到上述所有暂时过电压的要求。

4.6 交流谐波滤波器

4.6.1 总则

承包商应提供复龙换流站和奉贤换流站所需的交流谐波滤波器以及相关的控制保护设备，使两站 500kV 交流母线上的谐波电压和交流线路中的谐波电流降低至一定水平，不对邻近的通信设备产生有害的干扰，也不对接在交流系统上的各项设备产生有害的影响。

交流滤波器的设计应按照 4.5 节中规定考虑无功功率的要求。对同样类型的主要用于滤除特征谐波的滤波器分组，每大组中应至少有 1 个，但是对用于非特征谐波的滤波器分组不提出相应要求。在稳态和短时的频率变化范围内，如果滤波器失谐或分组间谐振，或滤波器分组与交流系统之间发生谐振，交流滤波器不应过负荷，要求保持连续运行。为了简化维修和备品备件的储备，交流谐波滤波器的设计应尽可能采用相同的、互换性强的元件。交流滤波器只能由电容器、电抗器和电阻等无源元件构成，不允许采用有源部件。不采用季节性调谐。业主将以性能的计算值为基础判断能否接受交流滤波器设计。交流滤波器的设计必须完全遵循本规范，包括对无功、过电压和投切的要求。

交流滤波器性能和额定值的计算应以元件参数、失谐和谐波电流的值为基础。如果元件的制造公差或实际产生的谐波电流超出设计限值，应采取必要的措施提供满足本规范要求的交流滤波器；或者按照业主的意见处理，并论证竣工后的交流滤波器也能满足本规范的要求。

4.6.2 性能的定义

交流谐波滤波器将限制换流站交流母线上的电压畸变，并限制流进交流系统的谐波电流。滤波性能用各次谐波电压畸变率（D_n），总的谐波电压畸变率（D_{eff}）和电话谐波波形系数（*THFF*）等术语定义。

各次谐波电压畸变率定义为

$$D_n = \frac{E_n}{E_{\mathrm{ph}}} \times 100\%$$

总的谐波电压畸变率定义为

$$D_{\text{eff}}=\sqrt{\sum_{n=2}^{n=50}\left(\frac{E_n}{E_{\text{ph}}}\right)^2}\times 100\%$$

电话谐波波形系数定义为：

$$THFF=\sqrt{\sum_{n=1}^{n=50}\left(\frac{E_n}{E_{\text{ph}}}K_nP_n\right)^2}\times 100\%$$

$$K_n=\frac{n\times 50}{800}$$

$$p_n=\frac{n\text{次谐波噪声评价系数}}{1000}$$

式中 E_n——由直流换流器谐波电流产生的 n 次谐波相对地电压均方根值；

E_{ph}——相对地工频电压均方根值；

n——谐波次数。

4.6.3 性能要求

应计算复龙换流站和奉贤换流站 500kV 母线交流滤波器的性能。

在交流谐波滤波器性能计算中，对换流器产生的交流侧谐波电流、滤波器失谐和交流系统谐波阻抗规定如下。

4.6.3.1 换流器产生的谐波电流的计算

换流器交流侧的特征谐波和非特征谐波电流是直流输送功率和直流运行电压的函数，要考虑两个输送方向的双极运行方式（含两个完整单极运行方式、一个不完整单极运行方式和两个不完整单极运行方式）、单极金属回路运行方式（含完整单极运行方式和不完整单极运行方式）和单极大地回路运行方式（含完整单极运行方式和不完整单极运行方式），直流电压应考虑从各种运行方式的最低降压值到正常连续运行电压的整个范围，直流输送功率要考虑从最小功率到所要求的过负荷功率。在考虑所有功率水平和电压水平组合方式时，电流的最大间隔为标称额定电流的 10%，电压的最大间隔为正常电压的 5%。

在计算中，应考虑交流系统基波电压处于极端连续运行电压范围。对于直流输送功率和运行电压水平不受交流电压水平限制的运行方式，应假设复龙换流站交流母线电压为 530kV，奉贤换流站交流母线电压为 515kV。

应计及直流侧谐波电流和流过换流变压器阀侧绕组的直流电流，还应计及直流接地极电流引起的换流变压器网侧接地绕组的直流电流对谐波电流的影响。

在计算特征谐波时，对所考虑的直流功率输送方式下的特定谐波次数，触发角、换相电抗和直流电流均在容许稳态范围内取值，使换流器产生的谐波电流最大。

每个 12 脉动换流器的非特征谐波电流计算应计及桥内相与相之间和 12 脉动阀组内 6 脉动桥间触发角的偏差、换相电抗和换相电压的偏差、负序电压和背景谐波，以及由换流器产生的工频负序电压和谐波电压等最不利的状态同时发生的情况。换流器所产生的工频负序电压分量应以给定的交流系统最小短路水平为条件计算，并考虑对应运行工况所投入的无功补偿设备。换流器产生的谐波电压应采用对应工况所计算出的最大单次谐波畸变。

非特征谐波电流可采用统计方法计算，计算方法和假设条件需提交业主认可。计算各次谐波电压畸变时，应在给定滤波器投入组合所对应的直流输送功率范围内，取换流器所产生的各次谐波电流的最大计算值。计算总的电压畸变和 *THFF* 时，可采用与给定的直流传输功率水平相对应的一组谐波电流，或整个传输功率范围内的最大谐波电流。如果采用相对应的一组谐波电流，则应取产生最大的电压总谐波畸变和 *THFF* 的一组谐波电流。

4.6.3.2　交流滤波器失谐

所有的滤波器，包括调谐滤波器和高通滤波器都应考虑失谐，并假定导致最大电压畸变的失谐条件。应假定以下所有容许误差同时发生对失谐的影响：

（1）正常持续工频频率变化。

（2）环温条件和由于负荷变化所导致的元件温升变化。

（3）设计产生的可能的最大初始失谐。

（4）在发生第二级警报之前，电容器单元或元件的损坏达到最大可能的程度，或者在计划检修开始时，电容器单元或元件的损坏程度达到最大预期值的 95%。

（5）由于元件老化引起的失谐。

4.6.3.3　交流系统谐波阻抗

连接到换流站的 500kV 交流系统谐波阻抗应是下述之一：① 开路；② 在直线、圆形或扇形所组成的阻抗图内的任何阻抗。

用于性能计算的最小直流输送功率应为单极 320MW。计算出的交流滤波器性能指标应在下述条件下满足性能要求：

（1）直流系统运行电压为正常运行电压，输送功率为最小功率至 2h 过负荷功率之间的任意功率，所有交流滤波器分组投运或可用于投运。

（2）从最小功率到连续过负荷功率间的任意直流输送功率，正常直流电压，有一个滤波器分组不可用。在这种情况下，如果不可用的交流滤波器分组包含有低次非特征谐波滤波器，则可以不满足该非特征谐波的单次谐波畸变要求。应给出该次谐波的最大计算值，并以这次谐波的最大允许畸变值计算相应情况下的 D_{eff} 和 *THFF*。

（3）在 70%～100%的直流降压运行范围内，考虑从最小功率到对应降压幅度下的最大直流输送功率水平，所有的滤波器分组都可用。

每一功率输送水平下实际投入的滤波器组合应按稳态条件下无功平衡要求确定。交流滤波器设计应假定投入的无功补偿设备由无功投切控制逻辑确定，按换流站与交流系统间没有无功交换来整定无功控制。

交流滤波器的滤波性能应满足：

（1）单次谐波畸变率 D_n。在系统谐波阻抗包络线内取使各次谐波畸变最大的阻抗点计算时，向家坝、奉贤换流站交流母线 3 次和 5 次谐波畸变率应不超过 1.25%，其他各奇次谐波的畸变率 D_n 应不超过 1.0%，偶次谐波的畸变率 D_n 应不超过 0.5%。

（2）总的谐波畸变率 D_{eff}。对于两个导致最高总畸变的谐波次数，其交流系统谐波阻抗取自给定的谐波阻抗包络线内的值；对于其他谐波分量，交流系统谐波阻抗考虑为开路。向家坝侧和上海侧换流站交流母线总的谐波畸变率计算值均不应大于 1.75%。

（3）电话谐波波形系数 *THFF*。对于两个导致电话谐波波形系数最高的谐波次数，交流系统谐波阻抗采用给定的谐波阻抗包络线内的值；对其余各次谐波分量，系统谐波阻抗考虑为开路。计算得到的电话谐波波形系数 *THFF* 应不大于 1.0%。

4.6.4 定值要求

确定电容器、电抗器和电阻器的额定值时，应考虑基波和 2～50 次的所有谐波的作用。

在规定的环境条件和交流系统条件下，直流系统以本节中规定的所有运行方式正向或反向输送功率直至下面的功率限值时，交流滤波器应有足够的额定容量：

（1）直流系统以正常电压运行时，输送功率从最小功率到 2h 过负荷功率，任意一个交流滤波器分组停运。

（2）直流系统在 70%正常运行电压到正常连续运行电压之间的任意电压水平运行时，输送功率从最小功率到对应电压水平的最大允许功率，任意一个交流滤波器分组停运。

（3）直流系统以正常电压运行，输送功率从最小功率至该运行方式所对应的额定功率之间的任意输送水平，任意一个滤波器大组退出运行。

（4）直流系统以正常电压运行，输送功率从最小功率至额定功率，任意 2 个交流滤波器分组退出运行。

计算出的交流滤波器的额定值应在交流滤波器或滤波器元件保护装置整定值的基础上留有裕度。必须充分考虑短期运行条件、暂态运行条件以及降压运行方式。另外，上面给出的用于性能计算的谐波电流、滤波器失谐和系统谐波阻抗的规定应作以下修改。

4.6.4.1 谐波电流

换流器谐波电流的计算按照 4.6.3 节中描述的方法进行，另外还需考虑：

（1）交流系统的工频电压值在换流器可运行的范围内选值，并考虑对应的持续时间，以使各个元件达到最高的额定值。

（2）工频负序电压为正序电压的 2%。

（3）换流器所产生的任一单次谐波电流，应为与某种滤波器组合对应的换流器功率和电压范围内的最大值。

（4）应按规定的背景谐波计算流进每一个滤波器元件的谐波电流，其值应使滤波器元件的额定值达到最大。计算这一谐波电流时，可假定在交流系统的谐波阻抗之后加一个戴维南电压源来表示交流系统。在谐波阻抗包络线内选取每个频率下的交流系统谐波阻抗值，并使流过各个滤波器元件的谐波电流计算值最大。计算得到的由于背景谐波所产生的谐波电流和电压，应根据下式加到由换流器产生的谐波电流在滤波器上引起的电流和电压上。

$$I_n = \sqrt{I_{n1}^2 + I_{n2}^2 + kI_{n1}I_{n2}}$$

$$U_n = \sqrt{U_{n1}^2 + U_{n2}^2 + kU_{n1}U_{n2}}$$

式中　I_n ——滤波器的谐波电流；

U_n——滤波器的谐波电压；

$I_{n1}, I_{n2}, U_{n1}, U_{n2}$——由直流换流器和交流系统背景谐波所产生的谐波分量；

n——谐波次数。

n=3 时 k=1.62，n=5 时 k=1.28，n=7 时 k=0.72，n=9 时 k=0，n 为偶数时 k=0，n≥10 时 k 不用考虑。

考虑到交流系统内有其他谐波电流源，在计算流进每一个滤波器元件的 10～50 次的谐波电流时，应在换流器产生的谐波电流的基础上增加 10%。

4.6.4.2 交流滤波器的失谐

元件额定容量计算时选用的失谐状态，应使得每个元件的额定容量达到最大。失谐状态除应满足 4.6.3 节的要求外还应包括：

（1）在非正常频率期间，频率变化达到极端值，并且在滤波器第二级报警之前，电容器单元或元件的损坏达到可能的最大程度。

（2）在正常持续频率变化范围内，电容器单元或元件的损坏达到滤波器即将被切除的最大程度。

对于任一元件，滤波器失谐应在第（1）条或第（2）条规定的限值之内，并取使元件额定容量最大者。

4.6.4.3 交流系统谐波阻抗

选择的每次谐波的谐波阻抗，应使交流滤波器每一元件额定容量达到最大，交流系统谐波阻抗应假定为：

（1）无论谐波阻抗为容性或感性，其电抗绝对值与电阻值之比 *X/R* 在向家坝侧为17，上海侧为7，按此比例取任意阻抗值。

（2）谐波阻抗包络线内的任意值。

对于所有特征谐波，应采用第（1）条或第（2）条所规定范围内的任意阻抗，使计算出的滤波器各元件的额定值达到最大；对于非特征谐波，应采用第（2）条所规定的谐波阻抗。

4.7 直流谐波滤波器

4.7.1 总则

由于特高压直流换流器在直流侧产生谐波电压，导致谐波电流流过特高压直流双极线路和接地极线路。承包商应为复龙换流站和奉贤换流站提供直流谐波滤波器、中性点电容器和（或）接地极线路滤波器以限制谐波电流的干扰作用，保证特高压直流换流站的正常运行。还应提供滤波器投切和隔离所需的开关，以及相关的所有控制和保护设备。

直流谐波滤波器应为无源滤波器，可采用双调谐或三调谐滤波器。直流滤波器性能和定值的计算将以所确定的元件参数、失谐条件和谐波电压和电流值为基础。如果在本规范书所规定的条件下，实际制造的设备参数、换流器所产生的实际谐波电压或者由此导致的谐波电流计算结果超出设计限制，应在不增加任何附加费用的条件下，采取一切必要的措施以满足规范要求，或按照业主的意见处理，并论证所制造的滤波器也能够满足规范要求。

在所有规定的运行方式下，用于投切直流滤波器支路的开关应有能力投入或切除直流滤波器支路而不影响所连接极的功率输送。直流滤波器的季节性调谐是不允许的。直流滤波器设计中应采用尽可能多的相同且可以互换的元件，以简化维护和备品备件的储备，尤其是调谐支路电感元件。直流滤波器支路的投运不应因环温或设备温度、交流系统频率、初始的失谐或在规定的换流器运行范围内的直流电压而受到限制。在换流站阀组能持续运行的任意运行条件下，直流滤波器元件都不应由于失谐、直流滤波器内谐振、直流滤波器臂和特高压直流回路、接地极线路之间发生谐振而过负荷。

4.7.2 性能的定义

直流滤波器、中性点电容器或滤波器设计中对滤波性能的考核应以等效干扰电流的计算值为基础。等效干扰电流的定义如下：线路上所有频率的谐波电流对邻近平行或交叉的通信线路所产生的综合干扰作用与某单个频率的谐波电流所产生的干扰作用相同，这个单频率谐波电流就称作等效干扰电流。计算等效干扰电流时不仅应考虑直接流过直流极导线和接地极线路的谐波电流，而且还应考虑感应到直流线路和接地极线路地线中的谐波电流。

互阻抗算法中，可以采用删除地线后的线路结构进行计算；但在等效干扰电流的计算中，必须以某种方法考虑地线中的谐波电流。

等效干扰电流是所有谐波频率，从 1～50 次（即 50～2500Hz）的噪声加权残余电流，按照下面的公式进行计算

$$I_{eq}(x)=\sqrt{I_{eJ}(x)^2+I_{eH}(x)^2}\quad(\text{mA})$$

式中　$I_{eq}(x)$——沿输电线走廊的任何点，噪声加权至 800Hz 时的等效干扰电流，mA；

$I_{eJ}(x)$——复龙换流站换流器谐波电压源产生的 RSS 等效干扰电流分量幅值，mA；

$I_{eH}(x)$——奉贤换流站换流器谐波电压源产生的 RSS 等效干扰电流分量幅值，mA；

x——沿线路走廊的相对位置。

由复龙换流站换流器或奉贤换流站换流器的谐波电压所产生的沿线各点的等效干扰电流可按下式计算

$$I_e(x)=\sqrt{\sum_{n=1}^{n=50}[I_r(n,x)\bullet P(n)\bullet H_f]^2}$$

式中　$I_r(n,x)$——在沿线路走廊位置 x 的 n 次谐波残余电流的均方根值，mA；

$P(n)$——n 次谐波的噪声加权系数；

n——谐波次数；

H_f——耦合系数，表示典型明线耦合阻抗对频率的标幺化关系，见表 33。

表 33　　典型明线网络的耦合系数

频率（Hz）	耦合系数（H_f）	频率（Hz）	耦合系数（H_f）
40～500	0.70	4000	2.55
600	0.80	3600	2.88
800	1.00	4200	2.95
1200	1.30	4800	2.98
1800	1.75	5000	3.00
2400	2.15		

注　对于其他频率，H_f 的值将采取线性插值方法求取，并由业主提供。

由于受直流线路干扰影响的主要是通信明线，因而采用 H_f 来代表耦合阻抗与频率

的关系。

由复龙换流站换流器或奉贤换流站换流器的谐波电压所产生的沿线任意点的残余电流定义为

$$I_{\mathrm{r}}(n,x)=\sum_{i=1}^{n_{\mathrm{c}}}I_{\mathrm{p}}(n,i,x)$$

式中 $I_{\mathrm{p}}(n,i,x)$——在位置 x 流过导体 i 的 n 次谐波电流均方根矢量值，mA；

i——导体编号；

n_{c}——线路走廊中导体总数量，包括所采用的地线、接地极线路和接地极线路的地线。

4.7.3 性能要求

对于直流滤波器的计算，应采用工程实际的直流线路和接地极线路的结构、尺寸和导线参数。计算中采用的土壤电阻率是频率的函数，具体频率下的数值应进行线性插值求得。从换流器直流侧朝网侧看的内阻抗，包括杂散电容，应包括在谐波电流的计算中。应考虑影响直流平波电抗器电感值的所有因素，包括电流幅值和频率，并且在整个电感变化范围内取产生最大等效干扰电流的参数。

有关换流器谐波电动势和直流滤波器失谐量的计算如下所述。一般原则是采用连续稳态运行期间较特殊的，但实际可能发生的最严重的组合情况，以计算等效干扰电流的最大值。

4.7.3.1 谐波电压

按照定义，在等效干扰电流的计算中应考虑所有 1～50 次的谐波电流，等效干扰电流的计算应以每端换流器谐波电压源的“最严重组”为基础。这一“最严重组”定义为，在任意特定的运行方式下产生的一组谐波电动势，其引起持续时间大于 10min 的最大的等效干扰电流。

需要考虑的特定运行方式为：

（1）运行接线方式，即 4.2.1 节中规定的所有的运行接线方式。

（2）运行方式，即正常直流运行电压和任一完整极降压运行。

（3）对应运行方式的运行范围内的任意直流电压水平。

（4）换相电抗在保证范围内取任意值。

（5）触发角为上述运行方式下可能范围内的任意值，包括与无功功率控制以及按照 4.5.4 节的要求在交流滤波器分组和无功补偿分组的投切相对应的触发角。

（6）换流站交流母线电压处于正常范围内的任意水平。

（7）直流电流处于对应运行方式的正常范围内的任意水平。

必须注意到，在线路沿线某一点产生最严重等效干扰电流的一组谐波电动势，不一定在线路沿线所有其他点同样产生最严重的等效干扰电流。

特别指出，对于双极运行，当考虑等效干扰电流时，由两个极产生的谐波电压之间的相角差比幅值差更为重要，至少重要性相等。

除上述影响特征谐波电动势的因素外，在非特征谐波电压的计算中，要考虑换相电抗的相间不平衡和触发角的不对称。

在计算直流侧谐波电压时，应计及交流母线电压的工频负序分量，并假定交流系统原有的负序分量和直流系统产生的负序分量算术相加。对于直流滤波性能和定值的计算，应假定交流系统原有的负序工频电压分别为正序电压的1%和2%。直流系统产生的负序电压分量，应以交流系统最小短路水平为条件计算。

在计算直流侧谐波电压时，要计及交流母线电压原有畸变和直流系统产生的畸变的加权和。交流系统的原有畸变应假定为背景谐波的值；直流系统所产生的畸变应假定为4.6.3节规定的单次谐波电压的最大容许畸变；换流站交流母线电压中总的谐波畸变，应为上述两个分量以4.6.4节规定的公式的加权和。

允许采用统计方法计算换流器非特征谐波电动势。应论证，任意单个谐波电压超出用于等效干扰电流计算值的概率不超过1%；但是，能够等同地影响所有阀组的因素不采取统计分布方法（例如负序电压和交流系统谐波畸变，另外，形成12脉动阀组的6脉动桥之间的换相电抗和触发角差值，在所有换流器中有等同的影响）。

在特征谐波的计算中，不允许采用统计方法，必须计算可持续10min以上的最严重运行方式的特征谐波电压。在所有谐波电压的计算中，必须考虑阀中直流电流的纹波和从并联交流系统感应到直流极线中的50Hz电流。在计算谐波电压时，还应考虑由于四种原因引起的流过换流变压器500kV交流接地绕组的直流电流的影响。计算谐波电压和所产生的谐波电流，尤其是3的倍数次谐波，如3、6次和9次等谐波时，应考虑换流设备的杂散电容。

考虑到对以每一主回路条件及对应的各相、各桥的换相电抗差值和触发角误差的所有可能组合进行校验，在实际上是很困难的。因此对于某一特定的运行方式，可以选出单个谐波频率下的最大谐波电压值，用由多个运行方式下选出的最大单个谐波所组成的谐波电压最大值组，来计算等效干扰电流。这种方法既可以用于特征谐波，也可以用于非特征谐波或用于任意谐波的组合，但是，所采用的谐波电压应是在那个特定的谐波频率下能使等效干扰电流最大的值。

4.7.3.2　直流滤波器的失谐

直流滤波器的滤波性能在滤波器臂失谐的情况下仍应满足规范要求。失谐程度由下列条件的极限值所决定，并假定这些因素同时作用：

（1）正常交流系统频率变化范围。

（2）环境温度变化以及在各种负荷条件下的元件温升变化。

（3）电容器和电抗器可能的最大初始失谐。

（4）在电容器单元或元件损坏程度达到需要在 2h 内将滤波器臂退出运行的水平时，电容器单元或元件损坏达到可能的最大程度，或者在计划检修开始时，电容器单元或元件损坏程度达到最大预期值的 95%。

（5）由于老化引起的元件参数变化。

应考虑平波电抗器电感和双极线路阻抗的变化，并且假设导致最大等效干扰电流且包括失谐的参数变化的最严重组合。为了尽量减少电容器单元或元件损坏的影响，只要考虑了全范围的失谐，允许滤波器采用预偏调。

4.7.3.3 直流滤波器性能要求

对于任意输送方向，从最小功率到额定直流功率的任意直流输送功率，所设计的直流滤波器应满足在沿直流线路走廊的任意位置和两端接地极引线走廊的任意点，在所有直流滤波器投运情况下，双极运行时等效干扰电流值不得超过 3000mA，单极运行时等效干扰电流值不得超过 6000mA 的性能要求。

对于所有其他实际可能的运行方式，应计算最大等值干扰电流并将计算条件和结果以报告的形式提交给业主。需要考虑的运行方式包括但不限于：

（1）完整双极运行，两站中的一个站任意一个直流滤波器臂退出运行。

（2）完整单极金属回路运行方式，任意一端一台滤波器退出运行。

（3）完整单极大地回路运行方式，任意一端一台滤波器退出运行。

（4）不完整单极大地回路运行，输送功率从最小功率到该 12 脉动阀组的 2h 过负荷功率，该极所有的直流滤波器投运。

4.7.4 定值要求

电容器、电抗器和电阻器的额定值中应考虑直流和从基波到 50 次谐波的作用。

计算直流滤波器元件额定值时应做如下假设：每极的谐波电压的每次谐波分量分别在特定的运行方式达到其最大值，由两端谐波电压引起的滤波器元件的电流应按每次谐波分量算术相加。

在选择直流滤波器元件的额定值时，应考虑任意一个换流站任一极中的任意一个直流滤波器臂退出运行，直流双极能运行在最小功率直至 2h 过负荷功率范围内的任何传输功率。对于所有其他运行模式，当一台直流滤波器臂退出，且直流换流设备运行在对应方式的最小功率到固有的最大功率之间的任一功率水平时，直流滤波器元件也应有足够的额定值。

应留有适当的裕度以适应因直流滤波器臂之间谐振可能引起的电流放大。

在计算直流滤波器元件额定值时，要考虑直流线路和接地极线路长度±10%的误差。在谐波电压和直流滤波器失谐的计算中，应考虑交流系统电压和频率变化随持续时间的函数关系。另外，在直流滤波器失谐的计算中，应考虑允许直流滤波器保持运行的最大电容器单元或元件的损坏程度。

除了上面规定的要求以外，对于任何情况，只要直流换流器能保持连续运行，所有直流滤波器元件应有能力保持连续运行，不发生过负荷问题。

4.8 直流偏磁电流

由于触发角不平衡，直流线路流过工频电流，在换流站交流母线上出现正序 2 次谐波电压，以及在单极大地返回运行期间，由于电流注入接地极，引起换流站地电位相对远方地电位升高，都将在换流变压器绕组中产生直流电流。

应计算各种原因引起的流过换流变压器绕组的总的直流电流，确定主设备及控制保护功能的相应特性，使得直流系统能在任何规定的运行方式下不受限制地连续运行，且不影响设备寿命或降低本规范书中所规定的性能要求。

计算时，应考虑：

（1）按照设计和制造能力，触发角的不平衡达到最大可能的程度。

（2）换流站交流母线正序 2 次谐波电压等于工频电压的 1%。

（3）由于直流线路中流过工频电流而在换流变压器绕组中产生的直流电流。应采用本工程的直流线路数据，并假定每极直流线路对地模式的纵向感应电动势为 4000V（rms），计算直流线路的工频电流分量和在换流变压器绕组中产生的直流电流。

（4）接地极电流引起换流站处相对远方的地电位差，在两站换流变压器中性回路产生的总的直流电流分别为：向家坝侧 10A，上海侧 6A。如果希望通过在中性回路中安装设备将总的直流电流降至该电流以下，则应采用业主提供的数据，形成一个详细的大地和接地极电网络模型，经业主认可后用以计算残存的直流电流分量。

用于换流变压器设计的直流偏磁电流分量应为根据上述 4 种原因所计算出的直流电流总和的 1.2 倍。

应提出换流变压器设计研究报告，应向业主证明，其变压器能够长期承受上述直流偏磁分量，还应计及相应的发热、损耗和噪声等影响并使业主满意。

4.9 过电压与绝缘配合

4.9.1 概述

在进行绝缘配合时应满足 GB 311.1—1997《高压输变电设备的绝缘配合》、DL/T 620—1997《交流电气装置的过电压保护和绝缘配合》和 IEC 60071—5《高压直流换流站绝缘配合》中的有关规定。

承包商应对换流站内设备提出所有必要的保护措施（装置）。保护装置包括：无间隙金属氧化物避雷器、特殊控制功能和其他形式的保护，例如在换流变压器回路的断路器上加合闸电阻，在晶闸管阀内装正向过电压保护触发装置等。

避雷器的配置和保护水平应按下列原则选择。交流侧的过电压应尽可能由装在交流侧的避雷器保护，直流侧的过电压应由装在换流变压器直流侧的避雷器组加以限制。

换流设备的关键部件应由与该部件紧密相连的避雷器直接保护。

承包商应提交一份绝缘配合的详细设计报告，阐述所有设备绝缘的耐压水平，以及对所有波形，包括可能出现在换流站不同部位的陡波过电压的避雷器保护水平和能量释放要求。

应保证换流站的绝缘配合的合理性，所有设备有承受稳态运行电压、暂时和瞬态过电压的能力，包括承受由于发生严重故障或设备的误操作而可能引起的超过规定倍数的工频过电压的能力。

在因交流系统故障而允许换流器闭锁的情况下，换流阀组应能够在因闭锁产生的过电压情况下解除闭锁。换流阀的任何保护不能以任何方式影响交流和直流系统的恢复。

交流系统故障期间换流器一般不应闭锁，但要考虑因控制系统误动作导致的闭锁和随后的恢复失败。

换流设备应有能力承受由于交流系统和交流滤波器之间相互影响所引起的所有谐振过电压。

直流系统的任何运行方式都不应由于避雷器的制约而受到任何限制。

4.9.2 暂时过电压的要求

给定地点的暂时过电压在相对较长的时间内衰减较慢，在这段时间内，电压值超过最大持续运行电压。起源于换流变压器交流侧的暂时过电压可能持续几个周波到几百个周波，由一个工频过电压分量以及可能由于饱和现象引起的谐波电压叠加而成。

两端换流站的直流换流设备应设计成能够承受交流系统最高运行电压 1.3 倍（基准值为 $550/\sqrt{3}$ kV）的工频电压，再叠加整个直流功率输送中断时出现的任何振荡电压而不受损坏。

换流阀应设计成能够承受部分甩负荷或其他原因在复龙换流站和奉贤换流站引起的幅值为故障前交流系统运行电压 1.3 倍的工频过电压而不损坏。在部分甩负荷期间，阀应保持导通，过电压一直持续。这种过电压可能是由于双极中的一个极闭锁而引起的。

4.9.3 过电压的确定

应进行详细的研究，以确定可能出现的最大过电压，说明所选择的设备的绝缘水平，避雷器额定值、保护水平、放电电流、放电能力以及预计的放电次数等都是合理的。

确定绝缘耐受水平，避雷器配置、保护水平以及能量额定值的依据包括 4.9.2 节中给出的暂时过电压和下述过电压，但不受此限制。

4.9.3.1　交流侧的操作过电压和暂时过电压

对交流侧操作和故障引起的操作和暂时过电压应考虑：

（1）换流变压器、降压变压器、交流滤波器、并联电容器、交流线路或其他设备等的单一操作或任意组合操作所引起的过电压。

（2）由于换流站交流母线或与换流站临近的交流母线发生故障及故障清除所引起的过电压，如三相短路、三相短路接地、相间短路、两相短路接地或单相短路接地等故障，及断路器操作清除上述故障时产生的过电压。

（3）在（1）和（2）的断路器操作期间，由于变压器饱和所引起的铁磁谐振过电压。

（4）换流站按规定的功率水平运行直至 2h 过负荷额定值时，输送功率的突然降低或甩负荷所引起的过电压。

（5）由于切除部分交流网络引起交流系统短路水平降低至极端最小值，直流输送功率突然降低（单极或双极闭锁）所引起的过电压。

（6）当交流滤波器组遭受相当于保护滤波器组的避雷器操作波保护水平的过电压时，交流滤波器母线发生闪络或短路，由此而产生的过电压。

（7）在运行中因交流断路器的误动作迫使换流站，尤其作为逆变器运行时，从交流系统解列所引起的过电压。

4.9.3.2　直流侧的操作过电压和暂时过电压

直流侧的故障和操作，以及通过换流变压器由交流侧感应过来的过电压所引起的直流侧操作过电压和直流侧暂时过电压应考虑：

（1）直流系统谐振所产生的过电压，例如，由于换流器的不正常运行，导致工频或 2 次谐波电压对直流线路充电。

（2）在单极大地回路和单极金属回路运行期间，失去返回回路。

（3）在交流侧工频过电压期间，特别是运行在最大可能的触发角和熄弧角时，出现的换相过电压。

（4）阀的触发系统故障，包括引起一个导通的阀或一个导通的 6 脉动的阀组中的电流中断。

（5）在旁通对未导通的情况下，闭锁换流器中所有的阀。

（6）在直流一极线路上发生接地故障，引起健全极上的操作冲击。

（7）直流线路末端开路时全电压起动。

（8）逆变站持续的换相失败和阀的误触发。

（9）在阀厅内和直流滤波器母线上发生接地故障和短路。

（10）从交流侧的暂时过电压、操作过电压和雷电过电压感应过来的过电压。

（11）在单极金属回线运行期间，由于极线路对地故障，在中性母线上引起的过电压。

（12）直流开关操作引起的过电压，例如，单极大地回路运行方式向金属回路方式转换，换流器旁通开关的分（合）闸、投切直流滤波器等。

4.9.3.3 雷电和陡波前冲击

对雷击引起的过电压和由于交直流系统故障引起的陡波前冲击应考虑：

（1）在直流线路（包括直流单极金属回路）、接地极线路或连接在换流站的任何交流线路上发生绕击和反击所引起的雷电冲击。

（2）当屏蔽失效时，换流站直接雷击所引起的雷电冲击。

（3）换流阀厅发生闪络或故障，或换流变阀侧绕组对地闪络所引起的陡波前冲击。

4.9.4 避雷器性能要求

4.9.4.1 总则

（1）在任何严重的运行电压以及暂时过电压和（或）瞬态过电压期间，包括闪络引起的额定值较低的避雷器放电、导致避雷器负载大于正常放电负载的情况，避雷器应有能力释放连接点的能量而不损坏。

（2）对每个位置的避雷器，承包商应确定并说明用于避雷器配合的伏安特性（*IR*放电特性）。

（3）当采用多柱避雷器，或在单一瓷套内多柱避雷器并联连接时，要考虑避雷器之间放电电流分配的不均匀性，并应留有足够裕度。

（4）对于串联连接的避雷器，要考虑它们之间电压分配的不均匀性。当计算串联连接的避雷器最大保护水平时，应采用避雷器最大偏差特性；决定特定位置的避雷器最大能量要求时，应采用其最小偏差特性；与其并联连接的其他避雷器应采用最大偏差特性。

4.9.4.2 交流避雷器

承包商应保证，由业主提供的保护两个换流站承包商供货范围外的500kV设备的避雷器是足够的。确定上述要求时，必须考虑直流系统以及与承包商提供的避雷器的配合，以及对这些避雷器放电能力所带来的影响。

交流滤波器母线上的避雷器应有能力释放交流滤波电容器和并联电容器的能量，并限制滤波电容器上的过电压，使保护滤波电抗或电阻的避雷器能够释放相应的能量。在交流滤波器遭受到500kV母线最大操作过电压期间，滤波器母线上发生接地故障，滤波电抗器或电阻器上的避雷器应能释放该电压所对应的能量，且在放电之后仍应能在最大持续运行电压下保持连续运行。

交流滤波器的正常操作不应使保护滤波器电抗或电阻的避雷器动作。

4.9.4.3　直流避雷器

安装在阀或阀组或换流变压器阀侧绕组的对地的避雷器，在另一极线故障的同时本极换流变压器高压端阀侧绕组对地闪络时，应有能力释放由直流极线和相关的端部设备所造成的最大放电负载。

中性母线避雷器应有能力释放各种运行方式下的能量，包括金属回路运行方式下在不接地站发生换流变压器高压端阀侧绕组相对地故障时的能量，而不损坏。对于非自清除故障，过电压持续的时间应由保护限制，在设计时所采用的保护时间应不小于实际运行中可能出现的最长的保护动作时间。

在单极运行期间，中性母线避雷器应能承受中断接地极线路或金属返回线的直流电流所产生的能量，而不导致避雷器损坏。

考虑到从放电的避雷器转移到突然导通的阀的最大电流，应按照晶闸管阀的涌流能力，限制直流侧避雷器的放电电流。

4.9.5　绝缘水平

除以下的说明或在本规范书中另有说明，所有设备都应按照规定的有关标准进行绝缘耐压试验。

在绝缘配合中应适当考虑避雷器与所保护的设备之间距离的影响。

500kV 交流设备要求的最低绝缘水平见表 34。

表 34　**500kV 交流设备要求的最低绝缘水平**　kV

项　目		数　值
线　端	*BIL*	1550
	BSL	1175
	工频试验电压（1min）	680
中性点（固定接地）	*BIL*	185
	工频试验电压（1min）	95
换流变压器线端套管	*BIL*	1675
	BSL	1175
	工频试验电压（1min）	740

各项 500kV 交流设备的绝缘配合裕度为：

（1）油浸电气设备相对地基本操作冲击耐压水平比避雷器操作过电压保护水平至少高 15%。

（2）断路器同极断口间的基本操作冲击耐压水平（*BSL*）应不小于 1.15 倍的线路避雷器操作过电压保护水平加电网最高运行相电压峰值。

（3）换流变压器基本雷电冲击耐压水平（*BIL*）比变压器避雷器 20kA 雷电波配合

电压至少高 40%。其他高压电器、电流互感器、单独试验的套管和母线支柱绝缘子的基本雷电冲击耐压水平（*BIL*）比站内线路避雷器 20kA 雷电波配合电压至少高 40%。采用 40%绝缘裕度时可不考虑避雷器与所保护设备间距离的修正。

（4）换流变压器及电流互感器的截波耐压水平，应取相应设备全波雷电冲击耐压水平的 1.1 倍。

（5）断路器和隔离开关同极断口间的 *BIL*，应不小于相应设备的 *BIL* 与 0.7 倍的电网最高运行相电压峰值之和。

直流换流设备的绝缘配合保护裕度为：

（1）油浸式设备的裕度对于操作冲击、雷电冲击和陡波冲击应分别不小于 15%、20%和 25%。

（2）对于空气间隙、空气或干式绝缘设备，除了晶闸管阀以外，绝缘裕度取值与油浸式设备的相同。

（3）晶闸管阀的裕度，雷电冲击和操作冲击分别不小于 10%，陡波冲击不小于 15%。

4.9.6 电气净距

4.9.6.1 交流开关场

交流设备在安排和布置时，最小电气净距应符合表 35 的规定和图 20 的说明。

表 35　　交流开关场的安全净距　　mm

适 用 范 围	图示	净空标注	500kV 最小净距
带电部分至接地部分之间 网状遮拦向上延伸线距地 2.5m 处与遮拦上方带电部分之间	图 20（a） 图 20（b）	A_1	3800
不同相的带电部分之间 断路器和隔离开关的断口两侧引线带电部分之间	图 20（a） 和（c） 图 20（c）	A_2	4300
设备运输时，其外廓至无遮拦带电部分之间 交叉的不同时停电检修的无遮拦带电部分之间 栅状遮拦至绝缘体和带电部分之间 带电作业时的带电部分至接地部分之间	图 20（c） 和（d） 图 20（e） 图 20（e） 图 20（b）	B_1	4550
网状遮拦至带电部分之间	图 20（b）	B_2	3900
无遮拦裸导体至建筑物、构筑物顶部之间 无遮拦裸导体至地面之间	图 20（f） 图 20（c）	C	7500
平行的不同时停电检修的无遮拦带电部分之间 带电部分与建筑物、构筑物的边沿部分之间	图 20（e） 图 20（f）	D	5800
绝缘子底部对地距离	图 20（c）	E	2500

注　表中净空标注如图 20 所示。

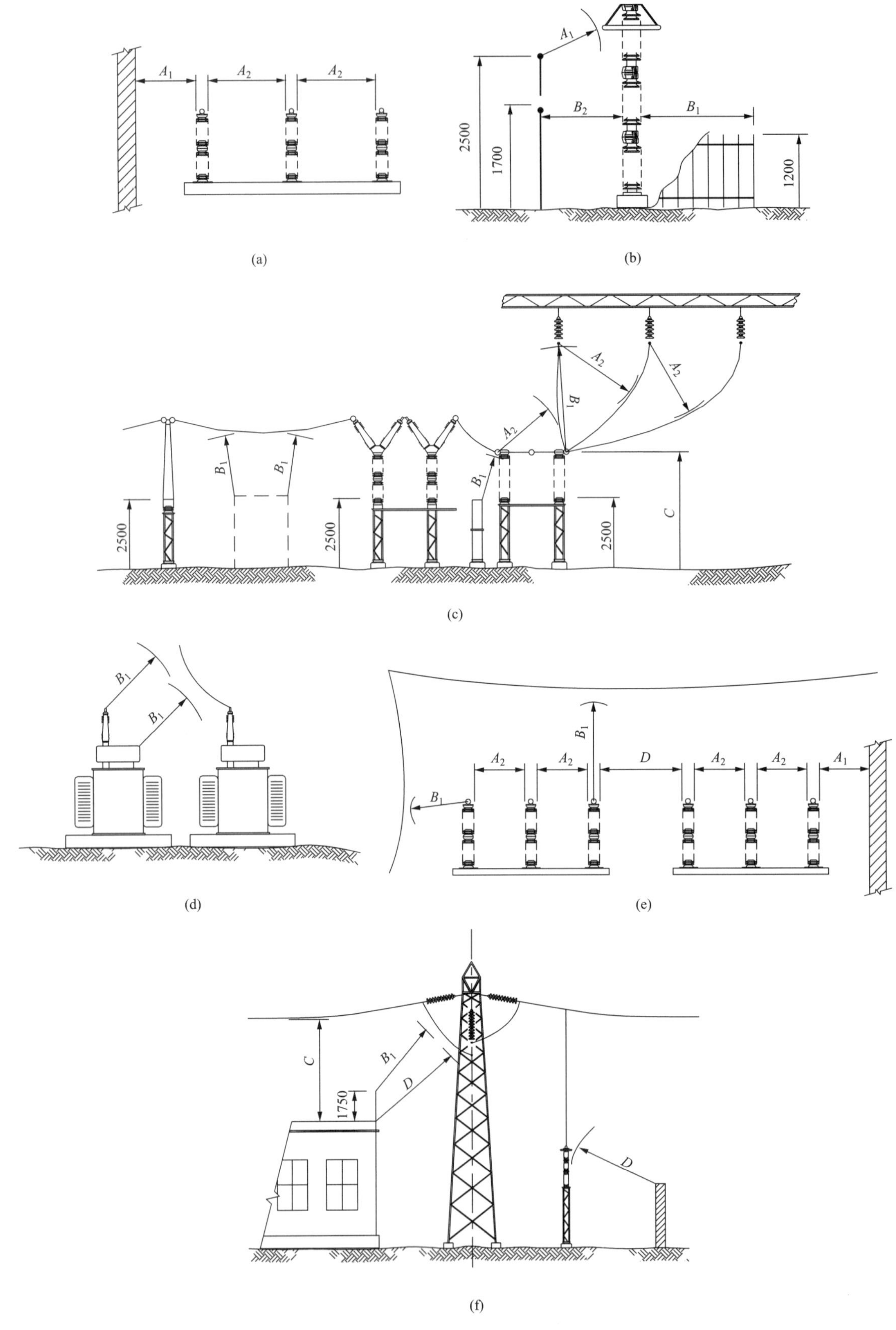

图 20 交流开关场电气安全净距校验图

使用软母线时，带电部分至接地部分及不同相的带电部分之间的最小电气净距，应根据下列3种条件进行检验，并采用其中最大数值：

（1）外过电压和风偏。

（2）内过电压和风偏。

（3）最大工作电压下短路摇摆和风偏。

不同条件下的安全净距和计算风速见表36。

表36 不同条件下的计算风速和安全净距 mm

条 件	校 验 条 件	计算风速（m/s）	电气净距	500kV净距
外过电压	外过电压和风偏	10	A_1 A_2	3200 3600
内过电压	内过电压和风偏	最大设计风速的50%	A_1 A_2	3500 4300
最大工作电压	最大工作电压下短路和风偏	10	A_1 A_2	1600 2400
	最大工作电压和风偏	最大设计风速	A_1 A_2	1600 2400

注 电气净距如图20所示。

4.9.6.2 直流开关场

直流开关场内的净空距离应按照IEC 60071的标准决定。对于站内设备，应采用合适的电极形状。

为了在大雨中能够耐受运行电压，户外套管和支柱的闪距至少为12.3mm/kV直流电压（包括瓷质和合成），其中闪距是指从金属套管帽到安装地点的接地底座之间测出的最短距离。

用于最小净空距离计算的临界冲击闪络电压（50%闪络水平）应为

$$U_{50}=\frac{U_{\mathrm{SIWL}}}{1-2\sigma}$$

式中 U_{50}——相应冲击电压波形下的50%的闪络电压，kV；

U_{SIWL}——设备相应的冲击波耐受水平；

σ——IEC 60071规定的标准方差。

对非标准大气条件的大气修正系数，应按照IEC 60060—1的标准。

最小净空距离至少等于用下面的公式计算得到的值：

对于操作冲击，$U_{50}=k\times500\times d^{0.6}$

对于雷电冲击，$U_{50}=k\times540\times d$

式中 d——净空距离，m；

k——表示电极形状特性的间隙系数，k的选择要以试验结果和公认的数据为基础。

承包商应在直流系统绝缘配合研究的基础上提供一份报告，描述确定户外最低净空距离要求的原理和方法，并经业主认可。这份报告应包括直流极对地、构架和另一极之间的户外最小电气净距的计算结果。

4.9.7　换流站设备外绝缘

4.9.7.1　交流开关场

所有户外交流设备的爬电比距以设备最高运行线电压有效值（mm/kV）计算应不小于 25.0mm/kV。

4.9.7.2　阀厅和直流场

户外直流场、户内直流场都是可以接受的。

800kV 户外直流场不接受纯瓷外绝缘，可采用合成套管和绝缘子，或瓷质套管和绝缘子加涂 RTV。

户内直流场和 400kV 户外直流场可以采用纯瓷外绝缘，绝缘子伞形采用深棱型。

爬电比距应以换流站在正常运行条件下对地的最高直流运行电压计算（800kV 直流场的最高运行电压 816kV，400kV 直流场的最高运行电压 408kV）。

直流设备的爬电比距应不小于下面的值：

（1）阀厅，包括阀的外绝缘和套管，不小于 14mm/kV。

（2）户内直流开关场设备所有绝缘，不小于 25mm/kV。

（3）瓷质支柱绝缘子、站设备绝缘和套管最小爬电比距见表 37。

（4）非瓷户外支柱绝缘子、套管的爬电比距应不小于 45mm/kV。

表 37　　瓷质直流设备最小爬电比距　　mm/kV

设　备	规定的爬电比距	
	复龙换流站	奉贤换流站
支柱绝缘子	54	54
垂直套管（d=400mm）	57	57
垂直套管（d=500mm）	59	59
垂直套管（d=600mm）	61	61
穿墙套管	60	60

注　1. 套管的平均直径 d 见 IEC 60815 中 5.3 节的规定。
2. 垂直套管的平均直径 $d \leqslant 400$mm 时，采用表中 400mm 的爬电比距。
3. 对平均直径 $d>400$mm 的垂直套管，采用表中爬电比距的线性插值。

如果采用深棱型绝缘子，最小伞距应不小于 95mm，伞间距与伞伸出的比值不小于 1。

如果采用大小伞型绝缘子，伞间距与伞伸出的比值不小于 0.9。当垂直安装时，建议伞形关键参数（见图 21）选择如下：

（1）大伞间距 $S \geqslant 65$mm。

（2）大、小伞伸出差 $P-P_1$ 应当大于交流瓷绝缘子采用的距离，应尽量采用更大的伞伸出差，比如 20mm。

（3）上倾角 $\alpha > 10°$，下倾角 $\beta > 3°$。不宜采用过小的下倾角，以防止雨水回流；或过大的下倾角，以防止伞下积污。不建议采用伞下加棱的方案。

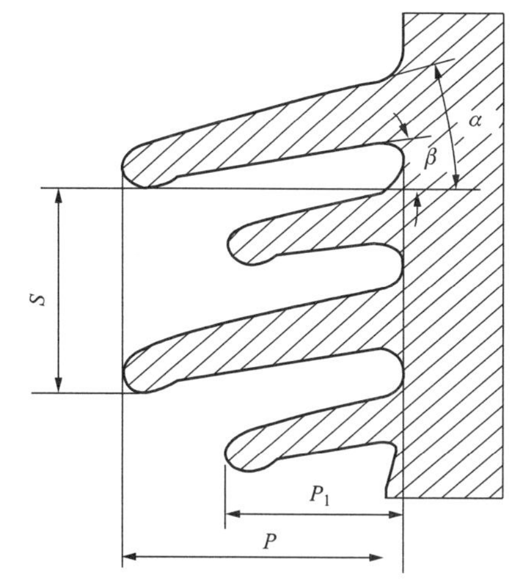

图 21　大、小伞型绝缘子伞形的关键参数

承包商应建议直流开关场内设备最终的爬电比距和伞形，并经业主认可。所设计的设备应按照规定通过人工污秽试验和大雨试验，并承受换流站址自然污秽水平而不发生闪络。

4.9.8 闪络限制

从第 2 个极通过验收的日期开始，在三年的时间内，业主将监测由承包商提供的直流设备发生的闪络。如果在三年的监测期内，两站所有的绝缘子、站设备和套管发生 1 次以上的闪络，承包商应研究和提出防止闪络的补救措施，报经业主同意后实施，所发生的一切费用由承包商承担。

4.10 通信系统干扰

承包商应提供必要的设备，确保不因干扰影响而发生系统误动作、损坏或危及任何设备，保障系统和人身的安全。

4.10.1 无线电干扰

当直流系统以从最小功率到 2h 过负荷额定值之间的任意功率运行时，由换流站产生的电磁辐射所引起的无线电干扰水平（*RIL*）在以下规定的位置和轮廓线处不得超过 100μV/m。

在阀厅外面不另设屏蔽的条件下，在 0.5～20MHz 以内的所有频率上 *RIL* 应满足这一指标。

业主将按照承包商准备的方法并且在承包商调试工程师的指导下，在下列位置和轮廓线处进行 *RIL* 测量和无线电信号强度的测量。测量频率应在 0.5～20MHz，测量装置分别设定为平均和准峰值模式。如果出现低重复率型的噪声，则可能需要将检测装置设定为峰值方式进行附加测量。

测量方法和测量设备应分别满足 IEEE430 标准和 ANSIC63.2 标准。测量程序应提交业主审查认可。

业主将在距两端换流站内或临近的向换流变压器供电的交流开关场内任何带电元

件的 450m 周边上进行选点测量；同时还将从上述 450m 周边与距交、直流线路最近一相（极）导线 150m 线的平行线的交点开始，至离换流站 5km 处距同一相（极）导线 40m 的直线段上进行选点测量。测量点的选择应由承包商和业主共同拟定。周边外直线段上的测量点，应尽可能选择两档中间导线离地最近处。

如果在特定的频率下测量到的噪声电平处于 100μV/m 限值的 3dB 以内，甚至超过 100μV/m，则应在该频率下增加扫描 2 次，无线电干扰水平（*RIL*）应该选取所测频率下多次测量值的平均值。

应先在交流开关场和交流输电线路带电，而高压直流系统不带电的条件下进行测量，以便为每一个选定的测量点建立一个参考读数。然后应在同样位置，在交流开关场和交流输电线路带电，且直流系统以业主和承包商按照本规范的标准共同确定的功率输送水平运行的条件下，进行第 2 次测量，以便确定干扰水平是否符合本规范的要求。

在测量开始前，应向业主提交测量程序，以便业主审查认可。全部测量完成后，应向业主提交一份最终报告。

4.10.2 电视干扰

由“间隙类”或“缺陷”放电产生的电视干扰水平（*TVIL*），在 4.10.2 规定的地点或轮廓线处，应不超过 10μV/m。

当按照承包商准备的程序完成安装并投入运行时，业主将在承包商调试工程师的指导下对电视干扰水平进行测量。测量方法按照 IEEE430 标准，测量的频率范围为 20～1000MHz。业主将采用符合 ANSI63.2 标准的仪器，在离地面 6m 或 6m 以上的高度进行测量。

测量之前，应将测量方法提交业主审查，并且在所有测量完成后，向业主提交最终测量报告。

4.10.3 对电力载波通信和通信明线的干扰

4.10.3.1 概述

承包商应采用噪声抑制技术和滤波器装置等必要的预防措施，防止换流站对交流输电网内的电力线载波（PLC）系统产生有害干扰，并防止对电信部门使用的明线载波和邻近交流线路、高压直流线路，以及接地极线路的其他载波系统产生有害干扰。

4.10.3.2 干扰研究

在详细设计期间，应根据业主在此期间提供的最终数据进行详细的载频干扰研究，以决定介入损耗特性和必要的载频滤波器和（或）其他抑制措施的详细设计方案。应将干扰研究的计算结果提交业主，其中应包括但不限于下列条款：

（1）预计的换流阀交流侧和直流侧载频噪声水平。

（2）各输电线之间的载频耦合损耗特性。

（3）换流站设备，例如换流变压器、平波电抗器和中性母线冲击电容器的载波频率介入损耗特性。

（4）为满足干扰限值所需的载频滤波器和其他措施的载频介入损耗特性及其详细的设计。

（5）沿直流输电线路和每条交流输电线路的载波频率噪声电流传播分布，复龙换流站和奉贤换流站 800kV 直流母线及两站 500kV 交流母线上的载波频率噪声电平。

（6）检验载频滤波器性能的试验方法、手段和程序。

为了进行分析和计算，本规范中提供的初步资料见表 38。

表 38　　初 步 资 料

项　　目	说　　明
3.2 节	直流输电线路数据

业主可能改变为载波干扰详细研究所提供的最终数据。

4.10.3.3　干扰限值（见表 39）

表 39　　干 扰 限 值

地　　点	限　　值
向家坝、上海 500kV 交流母线	30kHz 为 0dBm，线性减小到 50kHz 时为−10dBm 和 100kHz 时为−20dBm，并且保持在−20dBm 直到 500kHz
直流双极线路端部	30kHz 为 10dBm，线性减小到 50kHz 时为 5dBm 和 100kHz 时为 0dBm，并且保持在 0dBm 直到 500kHz
接地极线路端点	30kHz 为 10dBm，线性减小到 50kHz 时为 5dBm 和 100kHz 时为 0dBm，并且保持在 0dBm 直到 500kHz

规定的电平测量方法为：标准频带宽度为 3kHz，通过适当的耦合回路将一 75Ω电阻负荷跨接在输电线上，并在感兴趣的载波频率处将传递功率调谐到最大。如果预先将测试方法和结果分析的详细建议提交业主并经业主认可，可直接对线路导体上的噪声电压进行测量。除上面所述之外，承包商应负责限制 500kV 交流母线上频率范围为 5～30kHz 内的干扰水平。承包商还应研究如何抑制该频率范围内可能出现的任何干扰，并负责提供必要的设备。

上述初步提出的限值，应能将现有电力载波和明线载波的载频干扰限制在可以接受的水平之内。在承包商所做的干扰研究结果的基础上，业主可能对限制水平进行进一步确认和修改。如果业主要求，承包商应提供备选的多个设计方案，供业主进行经济和技术评估。

在保质期内，对于已确认的由于换流站运行所导致的载波频率干扰问题，承包商应提供相应的工程服务，并进行必要的研究以优化抑制措施。

4.10.3.4 试验

承包商应在每个换流站对由于换流器的运行而在载波频谱内产生的噪声水平进行测量，相应的试验程序应由承包商提出并经业主认可。

4.10.4 对通信和控制系统的干扰

承包商应采取必要的抑制噪声、屏蔽或滤波等预防措施，以防止换流站对安装在各站的所有通信和控制系统产生有害影响。应考虑表 40 所列的设备，但不限于这些设备。

表 40　控制保护系统供货

设备		参考规范
直流控制和保护		/
站监控		/
业主供货的	电话交换机	/
	交流场保护	/
	PLC	/

4.10.4.1 设计标准

为了使业主确定换流站建筑物内的屏蔽需要，承包商应在合同生效后的 6 个月内向业主提交有关计算结果，包括但不限于以下方面：

（1）在所关心的频谱范围内，估计阀厅内来自换流阀的辐射和传导的噪声水平。

（2）为了降低承包商提供的控制系统和其他设备对于干扰的敏感性，作为供货范围的一部分，承包商应提供噪声干扰抑制措施，并说明其性能。

（3）在换流站建筑物内的各个区域，上述通信和控制系统的噪声水平应控制在所规定的干扰标准允许的范围内。

（4）承包商为了将（1）的噪声水平降低到（3）的噪声水平而需在阀厅和换流站建筑物其他部位采用的屏蔽设备及其预计的介入损耗特性。

如果承包商规定的屏蔽设备由业主安装，并且满足承包商的规范要求，承包商应保证对通信和控制系统的影响不超过规定的干扰水平。

4.10.4.2 干扰限值

承包商应以下列条件为基础，设计噪声抑制措施：

（1）对于微波通信系统中的任一话音通道，微波无线电系统中的话音时隙或群通道时隙，信噪比的下降不高于 1.5dB。

（2）微波通信系统的任何电路上，测量不到数据电路的误码率和电话电路信号的劣化。

（3）对数字逻辑和模拟测量电子设备没有干扰。

4.10.5 试验

承包商应在每个换流站对由于换流器的运行而产生的有关频谱的实际噪声水平、信噪比的衰减和通信设备中的比特误码率和对控制系统的干扰进行测量，相应的试验程序由承包商提供，并经业主同意。

4.10.6 对导航台的干扰

承包商应提供所有必要的设备，以防止高压直流换流站和高压直流双极线路对临近的航空导航台的有害噪声干扰。现有的和规划中的航空导航台已详细列于表41中。导航台的整个规定范围内应免受有害噪声的干扰。

表41 靠近向家坝至上海高压直流系统的现有和规划的航空导航台（NDB）的详细信息

名　称	配　合	频率（kHz）	发信功率（W）	范围（km）
*				

* 具体情况将由业主在合同签订后提供。

4.11 可听噪声

承包商应对设备进行合理设计和布置，提供低噪声的设备，使由换流站设备产生的可听噪声在任何较长时间连续运行条件下，包括换流变压器中性点流过最大直流电流情况下，不高于下列水平：

（1）换流站围墙外，不高于50dB（A）。

（2）机械设备间，不高于70dB（A）。

（3）控制室，不高于50dB（A）。

（4）继电器室，不高于50dB（A）。

对于持续时间小于1min，在任意1h内不多于2次的短期可听噪声，各测量点的允许噪声水平可在上述限制值之外再附加20dB（A）。

承包商应在合同生效之日起6个月内，向业主提交一份有关可听噪声的设计报告，说明在预计的设备可听噪声基础上的计算结果，并向业主证明换流站和换流站建筑物区域内的整个可听噪声水平能够达到规范要求。设计中所假定的设备噪声水平，应尽可能根据换流设备噪声水平的实际测量值设定。

由承包商提供的各分项设备的可听噪声水平应由换流站总体可听噪声设计和相关设备规范中所要求的噪声水平决定，并取两者中要求较严格的。

如果验收时承包商所提供设备的噪声水平超过了规定限制，导致换流站建筑物内外可听噪声水平超标，承包商应采取必要措施降低噪声，以满足规定的可听噪声要求，所需费用由承包商承担。

4.12 保证损耗

承包商应保证其供货范围内换流站设备总的固定损耗和可变损耗。

4.12.1 损耗计算的基础

承包商保证的损耗应是直流双极额定功率运行期间的计算损耗，并建立在元件试验和任何其他可能需要的试验基础上。元件试验应按照规范书规定进行，其他试验应与规定的条件一致。保证损耗中可变损耗应按连续运行额定输送功率条件计算。

承包商还应给出传输额定功率的75%、50%、25%和10%负荷水平下的损耗。

承包商所保证的损耗和给出的损耗应包括其提供的设备在每一种负荷水平下需要投运部分的运行损耗，包括所需无功配置的损耗在内。

除了规范书中特别要求的试验外，承包商应完成损耗计算所需的所有附加设备试验。

有关交流和直流滤波器、并联电容器和冲击电容器的损耗，包括在保证损耗的计算之内。

换流站的损耗应按照IEC 1803，Ed.1 1997—04—30《高压直流输电换流站功率损耗的确定》的标准进行计算。

4.12.2 损耗计算的条件

在损耗计算中假定下列运行条件：

（1）除换流变压器和平波电抗器的损耗应按最热月份的月平均气温计算之外，两端换流站的其他所有设备的损耗应按最大干球温度计算。

（2）复龙换流站和奉贤换流站的换流母线电压均恒定为530kV和515kV，频率均恒定为50Hz。

（3）假定在各个输送水平所有必要的设备和辅助设备都投入运行，在额定功率下所有必需的无功补偿设备都投入运行。

（4）直流系统控制模式应是恒定功率控制，输送功率从复龙换流站流向奉贤换流站。

为了损耗评价需要计算受端的情况，直流输电线路电阻可取 2×13.75Ω，不计运行温度的影响。

4.12.3 固定损耗和可变损耗

固定损耗和可变损耗定义如下：

（1）固定损耗。与功率输送水平无关的损耗，功率输送水平为10%～100%的连续额定功率。

（2）可变损耗。与功率输送水平有关的损耗，功率输送水平为10%～100%的连续额定功率。

4.12.4 损耗评价

按合同规定的条件和条款来评价保证损耗。

4.12.5 文件编制

（1）初始文件。应提供损耗计算报告的内容包括：将在合同期间采用的方法和计划编写的文件，以保证做足够的试验和收集足够的数据，完成规定的损耗计算；为了获取计算所必需的数据，应将所要进行的试验和测量程序分项并形成文件。

（2）设计文件。应提供损耗计算报告的内容包括：保证损耗的设计值和在各个输送功率水平下损耗的设计值；供货范围内的设备在不同直流负荷下的损耗详细分类表，按设备型号对损耗的分类和分组应得到业主的同意。

（3）最终文件。按照4.12.1节的规定，并且在直流换流设备计划投运的日期或其他双方同意的日期之前，应提交使业主满意的报告，内容包括：类似于设计文件中所描述的表格，表明所列的每一参数的实际测量值和最终设计值。对于按照热和电的运行条件，包括所有频谱分量计算所得的损耗，要讨论适用的公式和所推荐的方法。计算中所采用的试验结果应前后参照。

4.13 可用率和可靠性

4.13.1 定义

规范书中的可用率和可靠性术语参照CIGRE《高压直流输电系统运行性能报告格式》中所采用的定义，现说明如下。

可用率：指能量的可用率。

不可用率：除了术语“周期小时”（period hours）由“暴露小时”（exposure hours）取代外，不可用率指能量不可用率。

可靠性：指设备无故障运行的能力，用高压直流系统的强迫停运率（forced outage rates）来评价。

强迫停运率：一年的暴露期发生强迫停运的次数。根据在报告期中的暴露小时内，由承包商提供的设备引起强迫停运的事件数来计算强迫停运率，即

$$FOR = \frac{\text{报告周期内强迫停运事件数}}{EH / PH}$$

暴露小时（EH）：指不出现承包商供货范围内的设备故障，高压直流系统能够运行的最大小时数。也是报告周期内，减去由于外部设备的不可用（诸如输电线路及因承包商供货范围以外的设备故障引起的停运）所减少的运行时间所得到的小时数，代

数上表示为

$$EH=PH-D$$

式中　PH——在报告周期内的日历小时数；

D——外部设备的不可用和非承包商提供的设备所导致的停运，使得高压直流系统不能投运的小时数之和。

4.13.2　设计准则

高压直流系统的设计目标是达到高水平的可用率和可靠性。在换流站的设计中要特别注意避免由于设备故障、误动作或运行人员的错误引起的双极强迫停运。按照规范书 4.13.8 节的规定，承包商应进行一次彻底的设计检查，证明所采用的方法能使双极强迫停运的风险达到最小。承包商应注意影响高压直流系统性能的相关因素，包括但不限于子系统和系统的试验、保护继电器的配合、合适的继电器整定、备品备件以及设计的冗余度。

换流站设计的基础是在正常平衡的双极运行条件下，承包商提供的设备单一故障不引起设备强迫停运而导致直流输送功率的减小大于一个极的额定功率。否则，应证明事件的预期发生频率是可接受的，并且同最近建成的其他双极系统可比。

高压直流系统的设计应能防止由于设备故障、误动作或运行人员错误而引起的错误的功率反转。

换流站的设计应允许一极维修而另一极运行。每极的计划检修每年不应多于一次。换流站设计应保证不因维修而引起全站停电。

直接与直流系统输送功率相关的控制和保护设计应满足：元件的常规故障不应引起直流系统容量的减小大于一个极的额定容量。

换流站辅助系统和相关的控制和保护系统设计应满足：单个元件故障不引起直流输送功率减小。例如：在一次设备冷却系统中的一部分设备发生故障，温升的增高应不损坏一次设备；所有冷却系统中的冷却泵、冷却风扇和热交换器，应留有足够的备用容量，不允许冷却系统中任何单一设备损失时减小高压直流系统功率输送容量。为了满足这些要求，必要时应将冷却泵、冷却风扇和热交换器双重化。

在控制回路的设计中应遵循下列原则：

（1）用最简单的设计实现所需要的功能。

（2）采用的元件应已被证明是可靠，并尽量采用以往设计中用过的电路。承包商应向业主提供有关材料规范、元件可靠性和适用性证据，所有元件应经受时间考验或经受了合适的加速老化试验。

（3）利用预老练过的元件。预烧期或其他保证可靠性的类似方法应用于阀、控制和保护设备的所有电子元件。

（4）采用的电路在元件较大的误差范围内应有能力运行，以使特定用途的元部件具有较好的可替代性。

（5）利用设计经验并采用冲击保护，滤波和接口缓冲器，以保证消除敏感元件和电路因外部电缆和接线感应的电压和电流引起的损坏和干扰。

（6）采用某些元件故障后仍能正常工作的设计和自检设计。

（7）除了（1）～（6）以外，通过双重化或三重化，采用备用元件、设备、控制电缆和回路等措施，同时在任何需要的地方利用自动转换装置满足规范的要求。

（8）提供能在元件故障时转换到简单运行模式的设计。

（9）如经过谨慎考虑可采用不联锁功能，以便设备可以遥控恢复。

（10）提供报警、故障指示、监视和试验设备。

（11）提供清楚、易读的图纸和足够详细的前后参照手册，以助于设备的修理、运行和维修。

（12）设备的设计，应尽可能使得站内设备的保养、维修和运行不需要特别的运行和维修环境、试验设备、特殊工具或复杂操作顺序。

（13）采用模块结构，便于快速更换有元件或组件故障的模块。

（14）在可行的地方，将备用控制电缆和电路在物理上分开。

只有高质量的元件才能用在设备中。在设计的电压、电流和功率运行水平下，电子元件和集成电路应具有高的可靠性。

4.13.3 一般要求

对于换流站的可用率和可靠性，承包商应遵照以下要求：

（1）承包商设计换流站并且提供换流站内的设备。承包商供货范围内的设备发生故障时高压直流系统强迫能量不可用率和计划能量不可用率及强迫停运率不得超过规定的设计目标值。

（2）对于强迫停运率和不可用率的计算，不包括承包商职责范围之外的停运和输送能力降低的影响，诸如：

1）错误使用，运行人员操作错误或其他违反承包商运行和维修指南的人为因素。

2）环境条件或外部交流系统条件超出规范书中给定的设计准则。

3）超出承包商控制的外部原因，包括非承包商供货范围的诸如滑坡、下沉、洪水以及火灾等因素。

（3）在评价高压直流系统设计的可靠性和可用率以及该系统的实际性能时，按照合同，应考虑承包商职责范围内的任何设备的故障或误动作所引起的直流系统输送能力的降低，包括但不限于下列故障而引起的停运：

1）因电干扰或不正确的整定引起的控制和保护系统误动作。

2）启动一个阀组失败。

3）完成操作顺序失败。

4）交流系统故障或直流系统故障后在 4.4 节规定的时间内恢复失败，而此时承包商供货范围外的系统条件不妨碍恢复。

5）直流系统运行时，额定输送容量或固有过负荷容量的任何减小。

（4）虽然按照合同承包商职责范围以外的设备故障引起的直流系统停运和输送容量的减小，不包括在可靠性和可用率的评价中，但承包商设计的换流站在通信故障和双极线路、接地极线路、交流系统及按照合同与承包商供货范围有接口关系的设备故障期间及其以后，按照规范书的规定必须具备应有的功能。

4.13.4 可靠性和可用率要求

以承包商必须遵循的备件清单为基础，一年内强迫能量不可用率和计划能量不可用率及包括两端换流站的强迫停运率的设计目标值如下：

强迫能量不可用率（*FEU*）≤0.5%

计划能量不可用率（*SEU*）≤1%

换流器平均强迫停运率≤2 次/年

单极强迫停运率（每极）≤2 次/年

双极强迫停运率≤0.05 次/年

4.13.5 计划检修停运

由业主进行预防性维护和检修引起的计划停运应包括在可用率的评价中，并且应建立在以下基础上：

（1）在极的两端，检修应同时进行。计划检修停运的间隔，按照承包商的规定并经业主批准。

（2）检修应按照承包商的检修指南进行。在可用率和可靠性监测期间，对所有的计划检修工作，承包商应得到何时进行检修和是否选择见证人的建议。计划检修停运期间，承包商应提出技术建议，业主在计划检修前的至少 30 天，给承包商初步通知，在计划检修停运日期前的至少 10 天通知承包商。

（3）维护和检修应由足够数量的有资格（按承包商的维修培训计划进行培训）的工作人员完成。计划检修停运的持续时间应建立在实际的倒班工作制基础上。

4.13.6 停运时间

用于设计评价和实际高压直流系统性能评价的任何停运持续时间，应依据下述原则确定：

（1）无论任何原因，当直流输送能力低于其额定值时，停运开始。

（2）当直流输送能力返回到额定值时，停运结束。

（3）用于设备维护和修理的实际工作时间应包括在停运持续时间内，含确定停运原因所需的时间及投切和清除所需时间。业主工作该做而没做的时间和由于强迫停运召集维修人员的时间及等待修理设备的时间不包括在内，但因承包商的疏忽所造成的除外。

（4）需要用备用的换流变压器或干式平波电抗器更换故障设备的停运时间不包括在内。

4.13.7 可靠性和可用率要求的实现

为了实现强迫能量不可用率、计划能量不可用率、单极和双极强迫停运率的要求，业主将评价直流换流站的性能。当完成了双极验收试验和接收该项目进入商业运行时，开始进行可用率和可靠性评价，按下列规定评价持续时间为3年。

为了确定可用率和可靠性要求是否满足，在整个可用率和可靠性监视期间，监视直流换流站的可用率和可靠性。

在可用率和可靠性监视期间，业主将向承包商提供可信的强迫停运和计划停运次数，及其持续时间的运行记录。上述强迫停运和计划停运是指因承包商提供的设备故障和每次停运所导致的输送能力的减少。停运分为强迫停运和计划停运，在可靠性和可用率监视期间，每一年的强迫能量不可用率、计划能量不可用率和强迫停运率的计算，将按照4.13.1节的定义和公式进行。

如果在任意12个月期间内不可用率或强迫停运率超出了设计目标值，承包商应仔细分析原因并采取适当的补救措施以改进性能。补充的修改措施应提交业主批准，应及时执行该措施使业主满意且不需业主另加费用。

在3年可用率和可靠性监视期内，如果2种不可用率的任何一个计算的年平均不可用率或强迫停运率超出设计目标值，对于那些超标的参数，其可用率和可靠性监视期将延长1年。如果在第4年年底，不考虑最高不可用率或强迫停运率这一年（任何连续12个月），3年平均不可用率或强迫停运率等于或小于设计目标值，则这种情况的可用率和可靠性要求应可以接受。

若在最好的3年期间，平均不可用率或强迫停运率仍超过设计目标值，承包商应在业主的指导下做进一步的工作，修改设计不足和设备缺陷，努力使超标参数达到设计目标值的要求。补充的修改措施应提交业主批准，应及时执行该措施使业主满意，但不需业主另加费用。

4.13.8 可靠性和可用率计算

承包商应按要求提交详细的计算报告。该报告应证明其设计满足规定的不可用率和强迫停运率的设计目标值，应包括承包商关于可靠性和可用率的计算过程、计算中的元件故障率数据以及元件故障率数据来源的说明。承包商在任何时候对其系统设计进行修改时，若对可用率和可靠性的计算有重要影响，则应修正这份报告。

所有提交给业主的有关直流系统及其子系统的不可用率和强迫停运率的计算应采用给定的停运、不可用率和强迫停运率的定义。

修理、维护和元件更换的停运时间基于：所有的备品备件都可用；遵守所有承包商推荐的维修计划，以正常 1 个星期 5 天，40h 为基准，维修人员能够立即进行维修工作；为了计算，假定非正常工作时间内，维修人员在 1h 内能够开始工作。

对于 12 个月的暴露期，100%的输送功率，假定设备利用时间为 100%，直流线路、接地极和接地极线路为 100%的时间可用。

4.13.9 可靠性报告

承包商应提供含有符合 CIGRE 规定的可靠性软件的计算机，以便现场工作人员跟踪直流系统的可靠性。该软件应能制作满足 CIGRE 要求的可靠性报告，反映每端及直流输电线路的停运信息，并要求其能够为整个直流系统（包括两端换流站和直流输电线路）提供有关可靠性的报告。承包商应利用报告的文字阐述、停运记录和软件的使用等对业主的现场工作人员进行培训。

4.14 保证故障率

4.14.1 晶闸管级

应保证投标文件中规定的晶闸管年故障率。晶闸管的保证年故障率包括由触发系统以及与晶闸管有关的辅助元件故障引起的损坏。

晶闸管的保证故障率应不大于用于计算备用晶闸管数量的故障率，晶闸管故障应由业主监视。在第二极开始商业运行 6 个月之后，开始计算为期一年的两站晶闸管阀组的保证故障率，计算中不包括由运行和维修错误以及其他与系统无关的事故引起的损坏。

4.14.2 控制保护系统硬件

应保证投标文件中规定的控制和保护系统硬件的年故障率。控制和保护系统硬件保证年故障率包括电源板在内任一元器件及有关的辅助元件误动作引起的故障。

控制和保护系统的硬件故障应由业主监视。在第二极商业运行开始 6 个月后，开始计算为期一年的控制和保护系统硬件的保证故障率，计算中不包括由运行和维修错误以及其他与系统无关的事故引起的故障。

4.14.3 电容器

应保证投标文件中说明的交流和直流滤波器电容器以及并联电容器单元最大的年故障率。

在第二极商业运行开始 6 个月后，基于电容器单元或元件故障的实际水平，开始计算为期一年的投运电容器单元的年故障率。

上述保证值适用于提供的每一种型号的电容器，此处型号是指电容器单元的容量和电压、电流以及额定容量（kvar）。

5 设备和子系统

5.1 总则

换流站设备除应满足第 2 节站址及环境条件中的环境要求和相关章节的要求外，还必须满足如下要求。

（1）设计基本风速：31m/s。

（2）地震强度动峰值加速度为 0.2*g*。

（3）爬电比距。交流开关场（按设备最高运行线电压计算）为 25.0mm/kV，阀厅（按最高直流运行电压计算）为 14mm/kV。

（4）短路水平：63kA（有效值）。

5.2 晶闸管阀及相关设备

换流阀应为空气绝缘、水冷却的户内式晶闸管换流阀。

换流阀采用 6 英寸电触发型晶闸管元件。

阀应设计成故障容许型，其额定值应满足系统提出的所有性能要求。

换流阀应采用悬吊式结构。应采用组件式设计，部件要可以更换。触发系统如果采用光纤，其布置应便于光纤的拆卸和更换，同时还应避免安装时对光纤造成的机械损伤。

各种塑料构件应避免因电晕放电而导致的老化。应尽可能使用抗电晕放电的材料。在容易受电晕放电的影响而产生老化的各种塑料构件附近，承包商必须保证不会有此类电晕放电发生。

阀内的非金属材料应是阻燃的，并具有自熄灭性能。阀内应采用无油化设计。

冷却系统的设计应保证在运行时无漏水，在维修时漏水量最小。阀的结构设计应能保证泄漏出的液体自动沿沟槽流出，全部流至一个检测器并报警。必须配备完善的漏水监视和保护措施，能及时测量冷却系统的故障，并报警。当有灾难性的泄漏时，必须自动断开换流器电源以防止阀的损坏。

阀的触发系统设计，应保证阀触发电路中储能装置的能量设计在 4.4.2 节所规定的交流系统故障引起换流站交流母线电压降低期间能在整流模式或逆变模式运行时，持续向晶闸管元件提供触发脉冲，晶闸管可以安全导通。

主回路中的每一个晶闸管元件都必须单独试验并编号，承包商应提供合理的手段以分辨阀中各个已编号的晶闸管元件。

每个阀中必须按规定适量增加晶闸管级，作为两次计划检修之间 12 个月的运行周期中损坏元件的备用。晶闸管级的损坏是指阀中晶闸管元件或相关元件的损坏导致该晶闸管级短路，在功能上减少了阀中晶闸管级的有效数量。

冗余度的确定应保证：

（1）在两次计划检修之间的 12 个月运行周期内，如果在此运行周期开始时没有损坏的晶闸管元件，并且在运行期间内不进行任何晶闸管元件更换，冗余晶闸管级全部损坏的阀不超过 1 个。

（2）各阀中的冗余晶闸管级数应不小于 12 个月运行周期内损坏的晶闸管级数的期望值的 2.5 倍，也不应少于每阀晶闸管级总数的 3%。

换流阀应能承受正常运行电压以及各种过电压。可以采用晶闸管串联的方式使换流阀获得足够的电压承受能力。

设计中应充分考虑操作冲击条件下沿晶闸管串的电压不均匀分布。设计还应考虑过电压保护水平的分散性以及阀内其他非线性因素对阀的耐压能力的影响。

在所有冗余晶闸管级数都损坏的条件下，单阀和多重阀的绝缘应具有以下安全系数：① 对于操作冲击电压，超过避雷器保护水平的 10%；② 对于雷电冲击电压，超过避雷器保护水平的 10%；③ 对于陡波头冲击电压，超过避雷器保护水平的 15%。

换流阀应具有承担额定电流、过负荷电流及各种暂态冲击电流的能力。主回路中不能采用晶闸管元件并联的设计。

应按本规范书的工程条件和 IEC 60700 最新版标准中的规定，编制试验方案，对晶闸管阀进行试验。应根据自身的设计特点增加试验项目。

5.3　换流变压器

换流变压器的型式应为单相、双绕组。满足 4.8 节中系统研究对换流变压器提出的偏磁电流的要求。

短路阻抗偏差见表 42。

表 42　　短路阻抗偏差

项　目	所有分接	相　间
偏　差	±5%	±2%

在规定的环温和各种负荷情况下，温升不能超出表 43 的规定。

表 43　　换流变压器温升规定

条　件	项　目			
4.1.1 节中规定的连续运行工况	绕组平均温升	绕组热点温升	顶部油温升	油箱外部热点温升
	55K	68K	50K	75K

对于4.1.2节中规定的短期过负荷工况绕组热点温度不超过120℃。

绝缘水平（试验电压）：阀侧绕组的绝缘水平按4.9节所述原则选定。外施直流电压试验、极性反转试验、外施工频电压试验的电压水平计算方法均按IEC 61378—2中的规定，但系数应分别由1.5、1.25、1.5改为1.7、1.5、1.7。

网侧绕组绝缘水平（试验电压）见表44。

表44　网侧绕组绝缘水平

位　置	*BIL*（峰值，kV）		*SIL*（峰值，kV）	交流长时外施试验电压（有效值，1min，kV）
	全波	截波		
网侧线端	1550	1705	1175	680
网侧中性点	185	—	—	95
阀侧线端	1800	1980	1600	913

注　本表“阀侧线端”的绕组绝缘水平针对整流侧YY1提出，其他换流变压器的绕组绝缘水平可参照此确定。

换流变压器应采用干式套管直接伸入阀厅，阀厅墙壁上的开口应按保证承受3h火灾的要求进行密封。阀侧套管应单独进行外施直流电压、极性反转两项试验，试验电压应比相应绕组的试验电压提高15%；对于其他试验，套管试验电压应比相应绕组试验电压提高10%。套管应安装在与实际使用的绝缘结构设计相同的模型上进行试验。

5.4　平波电抗器

平波电抗器的型式应为干式。

平波电抗器电感值应能满足在最大直流电流到最小直流电流之间平波电抗器的总体性能的要求。

绝缘水平的确定原则按4.9节的要求。端对端间的绝缘水平按不考虑装设与平波电抗器并联的避雷器设计。

在规定的环温和各种负荷情况下，温升不能超出表45的规定。

表45　平波电抗器温升

条　件	项　目	
4.1.1规定的连续运行工况	最大连续电流下的线圈平均温升	最大连续电流下的线圈热点温升
户外布置	80K	100K
户内布置	允许的温升值应保证绝对平均温度与户外一致	允许的温升值应保证绝对热点温度与户外一致

对于4.1.2节规定的短期过负荷工况热点温度不超过120℃。

套管的额定电压应为最大连续直流电压和各次谐波电压（有效值）的算术和。套管的额定电流应与本体相匹配。套管应在与实际相符的模型上单独试验，试验电压比本体提高 15%。

平波电抗器应采用干式套管直接伸入阀厅，阀厅墙壁上的开口应按保证承受 3h 火灾的要求进行密封。

对额定电流和额定电压以内的所有运行工况，平波电抗器的噪声不能超过 70dB（A），为降低噪声，当必要时承包商应对平波电抗器进行封装。

5.5 测量装置

5.5.1 直流电压测量装置

直流电压的测量采用阻容并联式，分压器的电阻应具有足够的热稳定性，以保证在 2.2 节规定的环境温度范围内测量精度变化不应超过 0.5%。用于控制系统的直流电压测量信号在测量装置安装就地完成模/数转换，采用数字信号输出。

直流测量装置的输出信号应满足控制保护系统对其的技术要求。

5.5.2 直流电流测量装置

任何用于保护的直流电流测量系统，当被测电流低于 2h 过负荷电流时，测量误差应不大于该测量装置额定电流的±2%；当被测电流达到额定电流的 300%时，测量误差不能超过测量装置额定电流的±10%。

任何用于控制的直流电流测量系统，当被测电流在最小保证值和 2h 过负荷运行电流之间时，测量误差应不大于额定电流的±0.75%；在被测电流达到额定电流的 300%时，测量误差应不大于额定电流的±10%。

直流电流测量系统应具有足够好的暂态响应和频率响应特性，以确保在最大误差情况下的测量值仍满足直流输电系统控制和保护提出的精度要求。

在所有的运行条件下，所设计的测量装置不应有饱和现象发生。

测量装置的输出信号应具有足够的幅值，以确保当原边电流在额定电流的 1%至 300%之间变化时，所测信号是可用的，暂态时输出信号瞬时值可能达到额定电流的 600%。

不采用充油式户内式直流测量装置。

用于控制系统的直流电流测量信号在测量装置安装就地完成模/数转换，采用数字信号输出。

5.5.3 电容式电压互感器

每一单相电压互感器应有 3 个二次绕组。1 号和 2 号二次绕组：100V/$\sqrt{3}$；3 号二次绕组：100V。三组二次绕组圈同时加载条件下，各二次绕组的额定负载和精度级见表 46。

表46　　各二次绕组额定负载和精度级

二次绕组	额定负载（VA）	精度级
1号	200	0.2/3P
2号	200	1/3P
3号	100	1/3P

精度等级：表计为0.2，保护为3P

5.5.4 交流电流互感器

电流互感器要满足IEC 60044—1和GB/T 17443—1998标准，并要达到本技术规范特别指定的性能指标。

电流互感器铁心等级要符合CAN3—C13—M83第8部分的要求。

电流互感器应是低电抗型的，所有系数都要求有低电抗特性。铁心应满足下述要求：设备保护用TA等级为TPY，母线保护用TA等级为5P20，测量用TA等级为0.2。

5.6 交流滤波器装置、并联电容器和并联电抗器

5.6.1 总则

交流滤波器和并联电容器以及并联电抗器应符合4.5节和4.6节所规定的性能要求和额定容量要求。

交流滤波器应设计为无源滤波器。

滤波器、电抗器元件的机电设计应能保证在3.1节规定的系统电压和频率范围内运行。

所有交流滤波电容器和交流并联电容器都应为内熔丝型式。如果能证明无熔丝电容器具有更优的性能，则可以采用。

交流滤波器电容器分组和台架设计中决定最大并联台数时要考虑每台电容器的容许爆破能量。

5.6.2 电容器

5.6.2.1 交流滤波器组和并联电容器组的额定值

（1）电压额定值。交流滤波器电容器或交流并联电容器的额定电压（有效值）应按工频电压有效值和各次谐波电压有效值的算术和，与本节第（3）条中所规定的输出容量的额定值和电容器在工频下的容抗所计算出的结果，选取其中的较大值。额定电压的确定应基于连续运行负荷水平或者由暂时负荷水平导出的等效值，并选其中较严重的条件。电容器分组的额定电压等于构成电容器分组的电容器单元的额定电压与分组内电容器单元串联数的乘积。

（2）电流额定值。交流滤波器电容器或并联电容器的额定电流（有效值）应按工

频电流（有效值）和各次谐波电流（有效值）的均方根值选取，与额定电压和工频下电容器分组的容抗所计算出的额定电流有效值，取其中的较大值。额定电流应基于连续运行负荷水平，或者由暂时负荷水平导出的等效值，并取二者中较严重的条件。电容器分组的额定电流等于构成电容器分组的电容器单元的额定电流与分组内电容器单元的并联数的乘积。

（3）输出额定值。交流滤波器电容器或交流并联电容器的输出额定值应为基波频率下所产生的输出和各次谐波频率下所产生的输出的算术和，或者取由电容器分组的额定电压值以及在基波频率下的容性电抗所计算出的输出值，取上述二者中的较大值。输出额定值的选取应基于连续运行负荷或由暂时负荷水平导出的等效值，选其中较严重的条件。电容器分组的输出额定值等于构成分组的电容器单元的额定输出乘以分组内串联单元数，再乘以分组内并联单元数。

5.6.2.2　交流滤波器和并联电容器单元的额定值

电容器单元的额定电压（U_n）等于加在单个电容器内部元件上的最大电压乘以串联元件个数。

电容器单元的额定电流（I_n）等于通过单个电容器内部元件上的最大电流乘以并联元件支路数。

电容器单元的额定输出（Q_n）等于单个电容器内部元件的最大输出乘以一串内的元件个数，再乘以电容器单元内的并联元件支路数。

电容器单元的额定爆破能量（E_n）等于电容器内部发生短路时电容器所承受的不导致箱壳开裂或爆炸的最大能量。

5.6.3　滤波器电抗器和高压并联电抗器

用于交流滤波器臂中的电抗器不能带有任何活动部分，其结构应根据 IEC 60289 的最新版本的规定进行设计，绝缘等级应为 B 级干式。

交流滤波器电抗器在相应的负载条件和相应的环境温度下应不超过下列热点温升：

（1）交流滤波器电抗器连续额定负载，热点温升不应超过 70K。

（2）交流滤波器电抗器不经常短时过载，热点温升不应超过 90K。

滤波器电抗器的额定电压（有效值）应为跨电抗器的基波电压（有效值）和各次谐波电压（有效值）的算术和。滤波器电抗器的额定电流（有效值）应为基波电流和各次谐波电流的均方根值。

应通过计算给出交流滤波器电抗器在连续额定负载下热点温度随环境温度变化的函数关系，且最高不超过 110℃，短时过负载下热点温度随环境温度变化的函数关系，且最高不超过 130℃。

高压并联电抗器应根据 IEC 60289 和本节的规定进行设计。在决定并联电抗器的设计和额定值时，应充分考虑谐波电压畸变的存在以及在并联电抗器同一母线上接有交流滤波器和并联电容器等因素，其中额定电压应为交流系统电压。绝缘等级应为 B 级（干式），自然对流空冷。

高压并联电抗器在相应的负荷条件和相应的环境温度下应不超过下列热点温升：

（1）高压并联电抗器在最大正常系统电压下连续额定负载，热点温升不应超过 75K。

（2）高压并联电抗器在系统极端最大电压下连续额定负载，热点温升不应超过 90K。

5.6.4 滤波器电阻器

用于交流滤波器臂上的电阻器的电感值应可以忽略不计，电阻器可能是电抗器的一部分也可能分离安装。

电阻器的结构应有足够的强度以便在运行和安装中不发生损坏或损失使用寿命。

电阻器的额定（有效值）电流应为基波和各次谐波电流均方根值。

5.7 避雷器

避雷器的性能参数和试验应符合本下述文件最新版本中的有关条款。

大电网会议（CIGRE）33/14—05 工作组报告《高压直流输电换流站用无间隙金属氧化物避雷器应用导则》

GB 11032—2000《交流无间隙金属氧化物避雷器》

IEC 60099—4 第 4 部分《交流系统无间隙金属氧化物避雷器》

IEC 60099—5《避雷器选择和应用推荐》

当采用多支避雷器并联或同一套管中有多柱并联连接的避雷器单元时，应确定最大电流分配系数，以控制产品制造时的质量。还应提供参考电压数据及运行中允许的偏差，表明当参考电压达到何数值后该支避雷器应退出运行，供运行部门维护时采用。对于多柱串联的避雷器，应通过试验或计算提供电压分布的不均匀度。

避雷器应带有下述附属设备：用于记录避雷器冲击放电次数的计数器、必要的压力释放装置。

5.8 绝缘子

所有绝缘体都应符合使用的 IEC 168、IEC 305、IEC 233、IEC 383、IEC 120 的最新版本标准及本规范第 4.9 节规定的要求。

除非在技术规范中作了特殊说明，否则所有绝缘子应由陶瓷制成。

每个绝缘子应根据在站中的特殊位置和相应的基本冲击水平（*BIL*）来协调。能承受的操作过电压水平（湿或干，正或负）至少要为相应设备 *BIL* 的 83%。操作过电压闪络水平（50%闪络电压）应在能承受的最小操作过电压的两个标准偏差以上。

5.9 套管

所有套管都应符合 IEC 137 标准的最新版本及本规范第 4.9 节规定的要求。

额定电流和绝缘水平相同的套管对所有提供的变压器应具有互换性。

套管设计应保证运行时任何部分都不出现异常的机械或电应力，同时还应使外表面的电场分布均匀。应提供能容纳导线膨胀和散热的措施。所有套管都应满足环境条件的要求，并有坚实的机械结构以便能安全承受运输、安装和运行中的振动。在运行期间，绝缘介质不应老化。套管的设计应便于现场更换。

当接头套管和变压器分别供货时，变压器接头的端子应捆住（不是焊），以防各股线分开。

考虑到户外高度，套管应放置成使变压器基座和陶瓷底部之间至少有 2.5m 高的垂直空间。

套管的绝缘介质应测量出来，校正到 20℃时的值并刻在每个套管的铭牌上。

穿墙套管应采用干式套管，阀厅墙壁上的开口应按保证承受 3h 火灾的要求进行密封。

5.10 断路器

所有断路器都应符合 IEC 62271—100 和 GB 1984—2003《高压交流断路器》的最新版本的要求。

断路器应为六氟化硫（SF_6）绝缘，短路电流遮断能力为 63kA。

对于滤波器组断路器，还应满足下列要求：

（1）具有选相合闸功能。

（2）在任何可能的暂时过电压情况下应能投切滤波器组。

（3）电气寿命至少 5000 次，机械寿命 10000 次。

5.11 隔离开关和接地刀闸

所有隔离开关和接地刀闸应符合 IEC 62271—102 和 GB 1985—2004《高压交流隔离开关和接地开关》标准，用于交流场隔离开关及接地刀闸。多极开关应用采适用的单极组件通过合适的联动装置连接构成，以便各极能同时动作。操作机构应配备全套底座、操作机构、辅助开关以及所有为了正确连到构架上所需的其他器件。同类型的开关应具有相同的结构。在同一型号的所有开关之间，对应的部件应能互换。

5.12 控制保护系统

5.12.1 总的要求

特高压直流换流站的二次系统由换流站控制系统（包括运行人员控制、交直流站控、直流控制）、直流保护（包括直流换流器保护、极保护、双极保护、换流变压器保护、直流滤波器保护、交流滤波器保护）、远动通信设备、主时钟系统、直流线路故障定位、交流保护、换流站暂态故障录波系统、保护故障录波信息管理子站、电能量计量系统等子系统组成。本规范适用于换流站控制系统和直流保护。

换流站控制系统和直流保护的基本要求如下：

（1）向家坝和上海两端换流站控制系统和直流保护分别采购，两端换流站控制系统应协调控制，不能因为由于采用不同厂家供货的产品而对直流控制保护系统的功能和性能产生任何影响。

（2）两端换流站均按有人值班设计，每站交直流系统设统一的控制值班室（运行人员控制室）。换流站联网运行方式由国家电网公司国调中心直接调度管理。

（3）控制系统与直流保护应相对独立。控制保护设备原则上独立配置，当极控和极保护采用统一设计时，控制和保护应采用不同主机。直流滤波器保护、换流变压器保护可独立配置，也可根据承包商的工程与设备制造经验与直流保护统一、合理、优化配置。交流滤波器保护应独立配置保护主机。

（4）特高压、直流控制、交/直流站控系统按双重化冗余结构配置，即从采样单元、传送数据总线、主设备到控制出口按完全双重化原则配置。运行人员控制系统中的服务器、站LAN网等按双重化冗余结构配置，其余设备要考虑足够的串行冗余度、并确保任何单一设备故障不影响直流系统的正常运行。

（5）直流系统的保护按双重化或多重化原则冗余配置，每一重的测量回路、电源回路、出口跳闸回路及通信接口回路均按完全独立的原则设计。

（6）换流站控制系统的就地测控单元应按间隔（串）设计并配置设备。当该间隔一次设备检修时，其就地控制单元应能退出运行并断电，该就地控制单元的断电应不对换流站的运行设备和二次系统产生任何影响。

（7）除运行人员工作站和远方调度中心外，设备控制层也应设置人机控制操作界面。

（8）原则上，直流保护和其他交流保护统一组网并接入到保护及故障录波信息管理子站；并通过该子站向运行人员控制系统及远方调度中心传送信息，当直流控制与换流器、极、双极保护统一设计实现时，允许换流器、极、双极保护通过站LAN网与运行人员控制系统及保护故障录波信息管理子站进行通信。通过保护故障录波信息管理子站，直流保护的相关信息可以传送至远方调度中心。

（9）在直流控制系统中设置典型的直流调制附加控制软件，并预留软硬件接口，以供将来的系统安全自动装置接入使用。

（10）系统设计应具有足够高的RAM指标，即高度的可靠性、可用率和可维护性，具有足够的冗余度和100%的系统自检能力，以保证整个直流系统的正常和安全运行。

（11）允许直流站控系统不单独配制主机，其功能和接口可灵活集成于直流极控系统主机中。

（12）控制保护系统必须具有有效的防死机和防病毒侵入和扩散的措施。应采用安全的操作系统。硬件上应配置防火墙等有效的网络隔离装置；软件上应采用完善的防、查、杀病毒的程序，严格禁止病毒在控制保护系统网络上的传播和扩散。

（13）控制保护系统应具有完善的防止计算机死机的应对措施。在正常运行情况时，控制系统（直流极控、站控、交流站控）不允许两套都同时处于有效或备用状态。投入运行后，应避免出现运行人员对某一操作对象失去所有操作界面（包括运行人员工作站和后备控制面板）的情况。一年内同一设备出现两次上述情况，供货厂家应无偿更换控制主机。

（14）本特高压直流输电系统每极将由两个12脉动换流器串联而成，对于此种接线方式，为提高直流系统的可靠性和可用率，直流控制保护除满足本章各节对各子系统的具体要求外，还应满足以下要求：

1）控制保护以每个12脉动换流器为基本单元进行配置，各12脉动换流器的控制功能的实现和保护配置要保持最大程度的独立，以利于可以单独退出一个12脉动换流器而不影响其他设备的正常运行；同时各12脉动换流器控制和保护系统间的物理连接应尽可能简单。

2）控制保护系统单一元件的故障不能导致直流系统中任何12脉动换流器退出运行。

3）控制系统应提供完善的自检功能，以确保在直流双极、极、12脉动阀组控制主机异常时自动切换到健全系统。同时，承包商还应提供控制系统的手动切换按钮，该手动切换按钮应具备完善的联锁功能。

4）控制保护设备的布置应能同时满足高、低压12脉动换流器阀厅分立或联合布置时控制保护设备布置的需要。

5）控制保护系统要适应特高压直流工程送端多个换流站共用一个或多个接地极的运行方式，承包商应向业主提出相关的详细设计方案供确认。

6）控制保护系统应能适应向家坝可能出现的孤岛运行方式。

7）控制保护系统应具有适应远方集中控制功能的扩展接口。

5.12.2 系统整体结构

换流站控制系统和直流保护的配置结构方案之一如图22所示，承包商也可在不影响控制系统功能和性能的前提下，将双极控制功能下放至极控制主机，并取消双极控制主机。

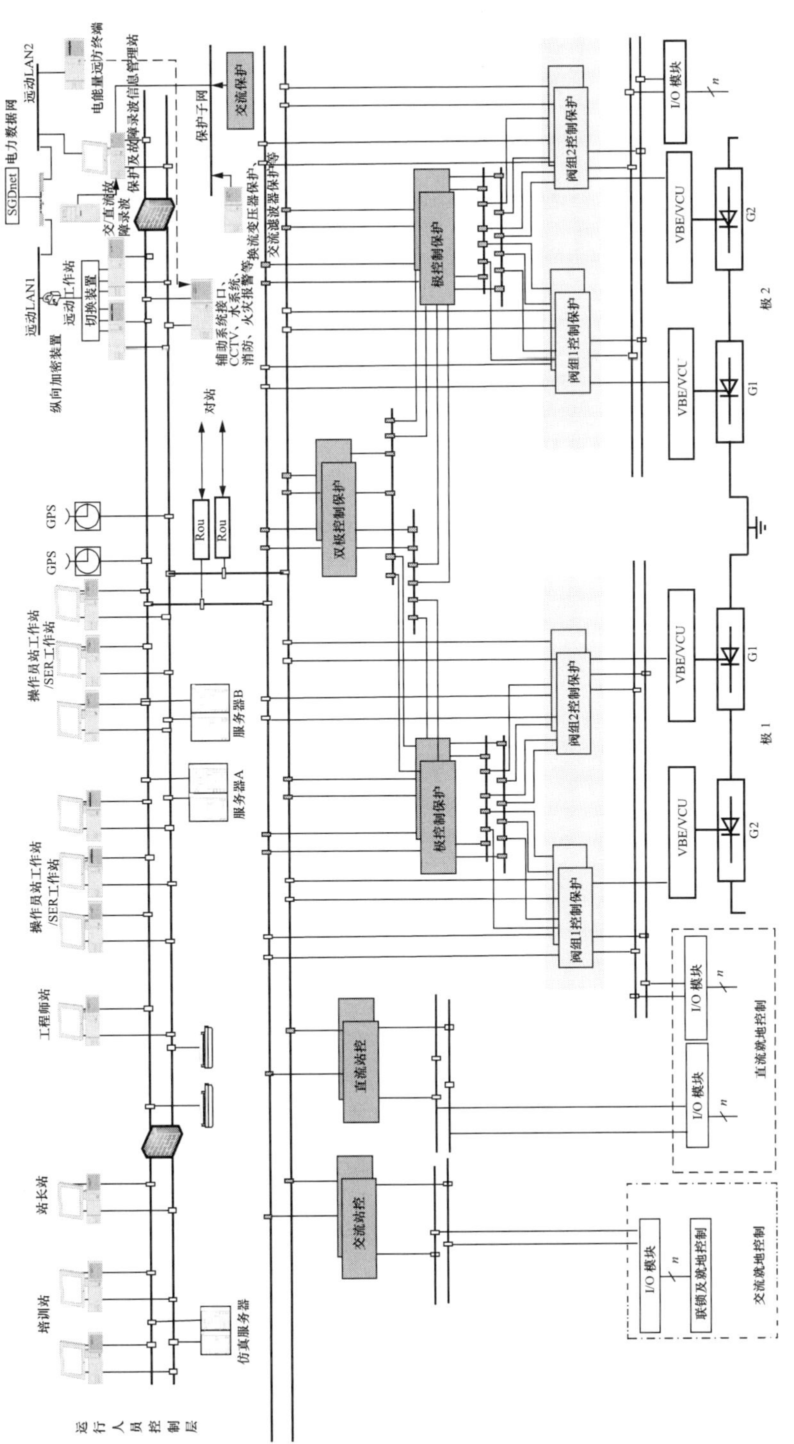

图22 换流站控制系统和直流保护配置结构图

6 研究要求

6.1 概述

承包商应完成本章所规定的研究以及进行直流系统设计所必需的所有其他研究，并提交研究报告。承包商应根据合同的要求完成研究，并在研究的深度和广度方面以及研究成果的质量方面使业主满意。

业主有权检查和参与所有的研究项目，有权得到为完全理解研究的目的和研究过程，验证研究结果所必需的一切数据。

对于每项研究，承包商应在规定时间内向业主提交规定份数的研究报告，研究报告应包括但不限于下述内容：

（1）研究目的。

（2）初始条件、数据和假设。

（3）研究中所采用的法规、标准和准则。

（4）对研究中所采用的手段和方法的描述。

（5）以往同类性质的研究经验和关键参数。

（6）研究中用于模拟直流系统和其他设备的计算模型及参数。

（7）研究结果的总结。

（8）结论。

在研究开始之前，应将（1）～（5）项提交业主审查和评价。

6.2 一次系统研究

6.2.1 合同签定后承包商必须进行的系统研究

在合同生效后，相关设备制造开始之前，承包商应完成所有必需的研究，以确认设备的额定值和其他性能能够满足合同规定的要求。

研究项目可包括：

（1）直流系统主接线研究。

（2）直流输电系统各种运行方式研究。

（3）直流系统降压运行水平和分接头选择优化的研究。

（4）换流变压器短路阻抗优化研究。

（5）直流系统主回路参数研究。

（6）无功功率补偿和平衡研究。

（7）交流滤波器优化配置研究。

（8）暂时过电压和铁磁谐振过电压研究。

（9）过电压和绝缘配合研究。

（10）暂态电流要求研究。

（11）短路电流及次同步振荡研究。

（12）换流变压器直流偏磁影响因素的研究。

（13）平行架设线路对特高压直流的影响研究。

（14）多回直流输电系统运行方式优化及协调控制功能研究。

（15）系统稳定及附加控制功能研究。

（16）交流系统的等值研究。

（17）可靠性和可用率的研究。

（18）损耗计算研究。

（19）交流断路器和直流高速开关研究。

（20）平波电抗器型式选择和参数研究。

（21）外绝缘及绝缘子选型研究。

（22）电磁干扰研究。

（23）直流谐波规范及滤波器型式研究。

（24）直流 PLC/RI 滤波器优化配置研究。

（25）交流滤波器性能和定值研究。

（26）直流滤波器性能和定值研究。

（27）换流站平面布置研究。

（28）噪声控制研究。

（29）阀厅设计原则研究。

（30）直流开关场设计原则研究。

（31）户内直流场与户外直流场比较研究。

（32）孤岛运行方式的研究。

（33）多回直流共用接地极的研究。

承包商可以提出其他系统研究项目清单供业主选择，业主有权检查和参与所有选定的研究项目，有权得到为完全理解研究结果所必需的一切数据。

6.2.2 数字模型

6.2.2.1 一般要求

承包商应提供适合在业主的数字稳定程序和电磁暂态程序中模拟直流系统的完整的数字模型。

承包商应对上述数字模型进行确认，所提供的模型应适合从最小功率至暂态过负荷水平。承包商应在合同生效后 3 个月内提交初步模型，最终模型应在直流模拟研究结束后 1 个月内提交。

6.2.2.2　数字稳定程序模型

所提供的数字模型应能满足在有多回直流运行的条件下对本工程已经明确的各种运行方式模拟稳态和系统故障情况。

所提供的数字模型应能满足模拟下述控制功能的要求：

（1）换流器的全部电压、电流外特性，包括电压相关电流限制特性（VDCOL）。

（2）定功率控制和定电流控制。

（3）定电压控制、定熄弧角控制和定触发角控制。

（4）所有附加控制功能，包括调制幅值小于和大于电流裕度的调制控制。

（5）换流变压器有载调压开关对直流电压、换流器理想空载电势、触发角和熄弧角的控制。

（6）承包商和业主的仿真系统所特有的其他控制功能。

数字模型的性能应通过直流模拟进行验证，并应在下述几个方面与直流模拟结果相一致：

（1）两端交流系统故障的正常清除或延迟清除。

1）换流站交流母线三相故障。

2）交流系统中远离换流站交流母线的三相故障。

3）交流系统中靠近换流站交流母线的单相故障。

4）交流系统中远离换流站交流母线的单相故障。

（2）直流瞬时和永久故障。

1）直流控制系统故障。

2）换流器故障，包括换相失败。

3）极故障，包括平波电抗器阀侧直流开关场故障、平波电抗器线路侧和其他任何位置的直流线路故障。

数字模型应适用于从 0.0Hz（稳态）到较高的频率（阶跃）范围。如果在不同条件下采用两种不同的模型，则：

（1）第一种模型 0～0.1Hz 的范围内有效。

（2）第二种模型应从 0.1Hz 到较高的频率（阶跃）范围内有效。

数字模型的对应软件应包括：

（1）传输函数方框图（描述控制性能）和参数。

（2）每一传输函数方框图的输入和输出变量表（描述控制性能）及其标幺化系数。

（3）全部控制功能的流程图和逻辑框图。

稳定数据格式应适用下述某一程序，业主倾向于采用 BPA 稳定程序。

（1）BPA 稳定程序。

（2）美国 EPRI 稳定程序。

（3）NEPLAN（SIMPOW）。

（4）PSS/E。

（5）NETOMAC。

6.2.2.3　电磁暂态程序模型

承包商应向业主提供主回路设备和直流控制保护系统的全部参数，包括对方框图以及功能块和参数设置的详细描述，使业主能够利用电磁暂态程序，如 EMTP 和 EMTDC，对交直流系统进行各种电磁暂态研究。控制保护系统框图与本工程中实际采用的应完全一致。

6.2.2.4　实时模拟器

承包商应向业主提供主回路设备和直流控制保护系统的全部参数，包括方框图以及功能块和参数设置的详细描述，使得业主能够利用全数字式实时仿真器，如 RTDS，对交直流系统进行各种电磁暂态研究。控制保护系统框图与本工程中实际采用的应完全一致。

6.2.3　研究手段要求

承包商应采用成熟的研究手段进行本直流工程的系统研究工作。如果承包商所采用的程序是业主熟知的，已经被广泛应用且检验（包括在中国的应用检验），则业主将接受上述研究手段。如果承包商采用专门的研究手段，包括专用的计算机程序，则应向业主提交相关的材料以便业主进行审查并认可，所提交的材料应包括但不限于：

（1）软件、手段的描述。

（2）数学模型。

（3）与现场实测结果或业主熟知的其他程序计算结果的比较。

（4）应用实例。

6.2.4　数据和建模

在合同生效后，承包商应利用本规范书所提供的条件、资料和业主提交的完整交流系统数据对系统进行研究。

对于能采用全网模型系统进行研究的项目，应采用全网模型。对于采用全网模型有困难或没有必要采用全网模型进行研究的项目，可以采用等值模型系统，等值后的系统应充分校核，以保障与全网模型具有类似的强度和阻尼。

6.2.5　研究项目要求

在本节中规定了系统研究项目的一些基本要求，但不受此限。

6.2.5.1　直流系统主接线研究

根据直流主接线形式，从技术经济、性能等方面对直流系统中性线的具体接线、开关及测量设备的配置进行比较研究。

6.2.5.2 直流系统运行方式研究

承包商根据直流系统主接线方案的研究成果，应明确所有的直流系统运行方式，并研究运行方式变化对主设备的影响和要求，以及运行方式之间切换的操作及性能要求，并提交研究报告。

6.2.5.3 直流系统降压运行水平和分接头优化的研究

承包商应确定基于绝缘问题和无功控制要求的直流系统降压运行水平，降压运行依靠换流变压器分接头和增加点火角和熄弧角的手段实现。

由于绝缘问题需要降低直流运行电压。在恶劣的天气条件下或严重污秽的情况下，线路或其他主设备的绝缘水平下降，直流架空线路如果仍在正常直流电压水平下运行，则会产生绝缘故障。为了在绝缘水平降低的情况下，减少直流系统的停运，提高系统的可靠性和可用率，可以采用降压方式运行。

由于无功功率控制需要降低直流电压。当直流输电工程被利用来进行无功功率控制时，需要加大触发角以增加换流器消耗的无功功率，此时直流电压也将相应降低。

承包商应根据换流变压器制造能力、换流阀大角度运行能力和降压运行水平等的要求，确定换流变压器分接头的调节范围和档距。

6.2.5.4 换流变压器短路阻抗优化的研究

承包商应根据交直流系统的运行方式和系统条件、换流站的无功补偿容量、6 英寸换流阀参数，计及换流阀绝缘水平、换流器产生谐波的水平进行优化选择，提出合适的换流变压器短路阻抗。

应提交优化研究的报告，包括具体的参数比较过程和结论以及最终推荐的阻抗值。

6.2.5.5 直流系统主回路参数研究

承包商应确定直流主回路设备参数，演示直流系统稳态运行性能，并提供研究报告。研究报告中应包括直流系统参数、主回路和换流变压器额定值的计算及结果，确定换流变压器有载调压开关范围的计算结果，以及在各种运行模式下需投入的无功补偿容量随直流电流变化的规律。需提供描述直流主回路接线的报告。

在研究中应考虑直流线路和接地极引线在所有运行方式和环境条件下的电阻变化，应计及厂家所提供的设备最大制造公差、测量误差、控制误差和死区。

6.2.5.6 无功补偿和无功平衡研究

通过承包商的研究，应能证明所提供的无功供给设备和无功吸收设备能够满足在规范书规定的系统条件下，以满足输送功率范围内的任一功率水平运行时系统的无功需要。

承包商应给出给定无功交换范围内的最佳无功投切方式和控制方式，并通过模拟等手段证明这些控制和投切手段的正确性和合理性。

6.2.5.7 交流滤波器优化配置研究

通过承包商的研究，应对两端交流滤波器进行优化配置，保证交流滤波器配置方案在产品设计和制造上都能满足基本性能和安全运行的要求。

承包商应提出优化方案在无功平衡、滤波性能、设备定值考核方面的分析结论，对交流滤波器配置进行比选，以满足功能规范书中确定的标准要求。

研究报告中还应说明两端交流滤波器配置对换流站布置的影响。

6.2.5.8 暂时过电压和铁磁谐振过电压的研究

承包商应利用全系统模型进行暂时过电压研究，用以确定最大暂时过电压工频分量，并确定为消除这种过电压的不良影响，包括发电机的自励磁，而必须采用的设备、采取的控制措施，以及相关设备的额定值。

承包商还需利用经过验证认可的等值系统进行暂时过电压研究，包括铁磁谐振过电压研究。研究中应包括但不限于换流变压器的饱和特性。

6.2.5.9 过电压和绝缘配合研究

通过过电压和绝缘配合研究，承包商应确定两端换流站所有直流设备的过电压水平，并按本规范书的要求选择所提供设备的绝缘水平。通过研究确定避雷器的参数和耗能要求。

通过研究，承包商应向业主证明：业主所提供的设备实际承受的过电压水平不高于给定绝缘水平所对应的容许过电压水平，业主所提供的避雷器的实际能量耗散要求不高于其额定值。

此研究还需计算设备接地端子周围的电场强度，并评估运行人员的人身安全性。

在过电压保护和绝缘配合研究中，应考虑运行条件的最不利组合，包括设备投入情况和保护动作时间。

过电压研究可采用经业主同意的等值系统进行。

6.2.5.10 暂态电流要求研究

通过暂态电流研究，承包商应确定各种交直流设备的暂态电流要求，并照此制造或采购设备。

通过研究，承包商应确保实际流过业主所提供设备的暂态电流不超过这些设备的最大容许电流。

暂态电流计算可采用经业主同意的等值系统进行。

6.2.5.11 短路电流及次同步谐振研究

承包商需通过运行方式的选择和短路电流的计算，采用机组相关系数法初步确定直流系统是否会引发发电机组机械、机电或其他自然频率的谐振或组合振荡。如果研究表明这种可能性存在，则承包商应进一步开展电磁暂态研究，以明确在直流控制保护设计和系统安全稳定装置研究中采取的解决措施。

次同步谐振研究应针对直流正向或反向输送功率两种情况进行。

重点进行研究机组所需的轴系惯性和刚性常数将由业主在合同生效后提供。承包商进行研究所需的其他数据也由业主提供。

次同步谐振研究应包括采用特征值分析和（或）频域分析方法进行的研究，以寻找潜在的次同步谐振问题，并确定直流系统所引起的阻尼是否应该加强或降低。如果为抑制次同步谐振问题而需采用直流附加控制，需以时域研究方法验证这种控制的性能。

6.2.5.12　换流变压器直流偏磁问题的研究

承包商应计算换流变压器绕组中流过的直流电流分量，以研究报告形式向业主报告换流变压器设计中所选择的直流偏磁值，经业主认可后方可在设计中采用。

承包商在换流变压器设计中，应对换流变压器有关直流偏磁问题进行专门研究，并向业主提交研究报告，证明其对损耗和可听噪声的影响程度不会超过承包商所保证的水平，正常运行应力和直流电流分量所产生的附加效应引起的发热不会使发热点温度超过承包商所保证的值。

6.2.5.13　平行架设线路对特高压直流影响的研究

承包商应对交直流输电线路相互平行架设或共用走廊情况下，交流线路对平行运行直流线路的电感应和磁感应及引起的直流偏磁进行研究，提出降低交直流线路相互影响的措施。

应提交具体的报告，考虑在直流系统各种运行方式下，交直流相互影响的情况和参数，并提出降低交直流线路相互影响的措施。

6.2.5.14　多回直流输电系统运行方式优化及协调控制功能研究

承包商应采用合同生效后业主所提供的全系统潮流稳定数据进行系统补充研究，特别是进行两端系统数回直流或交直流之间运行方式的优化研究，并提供研究报告。

承包商应进行研究，提出多回直流协调控制功能和相关措施要求。

承包商应进行研究，确定在同一区域内的所有换流器控制系统中需进行协调设计的方面。

6.2.5.15　系统稳定及附加控制功能研究

承包商应采用合同生效后业主所提供的全系统潮流稳定数据进行系统补充研究，特别是进行多回直流或交直流之间相互稳定影响的研究，并提供研究报告。

承包商应进行研究，确定多回直流落点同一交流电网对交直流系统性能的影响并提出解决措施。

承包商应进行研究，明确交流故障恢复期间不同直流系统之间相互的影响关系，确定几个换流站交互换相失败的可能性并提出解决方案。

承包商应进行研究，明确提出满足动态电压支撑要求的措施，确定几个直流系统同时甩负荷时的暂时过电压，并分析不同换流站无功控制之间的相互影响以及引起无功补偿设备频繁投切的可能性。

承包商应进行研究，确定能有效改善全系统运行性能的附加控制功能。应在研究报告中提出为实现这些功能所需的信号和通信通道要求，包括交流系统故障切除后直流系统恢复策略的研究。

6.2.5.16 交流系统的等值研究

承包商应采用合同生效后业主所提供的全系统潮流稳定数据进行两端交流系统等值研究，提供所需的等值网络图及等值系统数据。

承包商应选择合适的系统运行方式，同时确定系统等值化简的原则和合理的等值系统的规模，等值结果需充分校核并经业主同意。

承包商对两端电力系统进行合理的等值化简，提出具有适当规模并保留原始复杂网主要物理特性的简化网络结构及参数，供特高压直流工程两端换流站动态仿真模拟、控制系统优化、电磁暂态研究、交流侧谐波研究、保护定值研究等课题作为前提条件和技术参考依据。

系统等值研究应参考经以往直流工程采用过的等值方法和等值工具，等值结果能保证后续研究课题的正常开展。

6.2.5.17 可用率和可靠性研究

承包商应进行可用率和可靠性研究，应向业主证明工程成套设计能够满足本规范书所规定的可靠性、可用率和可维护性要求。

承包商应为系统可靠性计算时所采用元部件的可靠性指标提供支持材料，包括损坏率保证、同等设备的运行业绩统计和承包商的其他保证指标。

6.2.5.18 损耗研究

承包商应计算各种运行方式和输送功率水平下的系统损耗，以便向业主证明设备成套后工程整体能够达到投标书中的各项保证值。

承包商在损耗计算中所假定的元件参数必需具有支持材料或保证。

6.2.5.19 交流断路器和直流高速开关要求研究

承包商应通过研究确定对两端换流站所有500kV交流断路器，包括业主的断路器的要求，还需确定承包商提供的所有直流侧高速开关（如MRTB）的要求。其中，针对不同的交流滤波器组合，承包商应研究交流断路器的开断电容电流的能力，及断口恢复电压等；当利用金属氧化物避雷器作为电流转换的消能元件时，直流侧高速开关应重点研究业主的要求，如并联接入的避雷器吸收的总能量及分流控制指标（包括避雷器多柱和多芯间的分流）等。

6.2.5.20　平波电抗器型式选择和参数研究

承包商应通过研究确定两端换流站所有平波电抗器，包括业主的平波电抗器要求。承包商应研究平波电抗器的型式，对主要参数进行研究，确定承包商提供的平波电抗器的性能符合要求。其中，承包商应针对平波电抗器的不同型式和户内、外布置，进行技术经济比较；应研究业主对平波电抗器的主要技术参数的要求，如电感量、绝缘水平等。

6.2.5.21　外绝缘及绝缘子选型研究

承包商应通过研究确定两端换流站设备的外绝缘问题和绝缘子型式，包括业主的要求。其中，承包商应针对设备的不同特点、环境条件和户内、外布置情况，进行技术经济比较，确定设备的外绝缘爬电距离和绝缘子的型式、材料、结构等，同时，应研究绝缘子的试验，检验其性能是否符合业主的要求。此外，承包商应研究确定设备的外绝缘和绝缘子能满足工程的实际需要，且留有适当的裕度。

6.2.5.22　电磁干扰研究

承包商应通过电磁干扰研究确定换流站的无线电干扰（RI）、电视干扰（TVI）和对电力线载波（PLC）的干扰，以及通过耦合效应对平行的 1000kV 特高压交流线路及其他载波通信系统的干扰。研究内容还需包括两端换流站交流侧 PLC 滤波器的设计。

6.2.5.23　直流谐波规范及滤波器型式研究

研究向家坝—上海直流输电工程直流侧谐波水平，推荐等效干扰电流限制值，在此基础上分析计算了直流滤波器的型式，并给出直流滤波器配置的推荐方案。

6.2.5.24　直流 PLC/RI 滤波器优化配置研究

承包商应通过对特高压换流站直流侧 PLC/RI 滤波器配置的计算研究，确定特高压换流站取消或者优化直流 PLC/RI 滤波器配置的可能性。以及取消或者优化 PLC/RI 滤波器配置之后对换流站及周围电网电力线载波通信和通信明线的干扰水平是否能满足相关标准要求。

通过研究，承包商应确定两端换流站直流侧 PLC/RI 滤波器的配置及设计方案。

6.2.5.25　交流滤波器性能和额定值研究

应进行交流侧谐波和交流滤波器研究，以证明所提供的滤波器设计正确，能够满足各种运行方式下的滤波性能要求。

通过研究，应确定滤波器各元部件的额定值要求，并照此编制设备采购规范书。

在进行滤波器性能和额定值研究时，需考虑所有可能的运行方式和滤波器投切组合方式。

应确定背景谐波对滤波性能和滤波器额定值的影响。

对于所有实际可能的运行方式，应计算换流站流入系统的各次谐波电流并将计算条件和结果以报告的形式提交给业主。需要考虑的运行方式包括但不限于：

（1）双极运行，两站中一个站的任意一个直流滤波器臂退出运行。

（2）单极金属回路运行方式，所有直流滤波器投运。

（3）单极金属回路运行方式，任意一端一台滤波器退出运行。

（4）单极大地回路运行方式，输送功率达到该极的2h过负荷功率，该极所有的直流滤波器投运。

（5）双极运行，一极降压或双极降压，所有直流滤波器投运。

（6）双极全压运行，直到2h过负荷能力，所有直流滤波器投运。

6.2.5.26 直流滤波器性能和额定值研究

承包商应进行直流侧谐波和直流滤波器研究，以证明所提供的直流滤波器设计正确，能够满足各种运行方式下的滤波性能要求。

通过研究，应确定直流滤波器各元部件的额定值要求，并照此编制设备采购规范书。

6.2.5.27 换流站平面布置研究

承包商应在系统主接线方式、绝缘配合和设备选型的结果的基础上对两端换流站进行总平面布置设计研究，研究目标主要为以下几方面：

（1）换流站总平面布置原则。

（2）直流开关场的布置。

（3）阀厅和换流变压器的布置。

（4）500kV交流开关场和交流滤波器的布置。

（5）主控制楼和换流建筑物的布置。

（6）提出总平面布置初步方案图。

6.2.5.28 换流站噪声控制研究

承包商应对两端换流站从设备本体设计、抑制噪声传播等方面进行降噪的方法研究，并针对特高压换流站噪声水平进行计算预测，比较特高压换流站采用不同降噪措施后的降噪水平。

6.2.5.29 阀厅设计原则研究

承包商应通过研究向业主提出±800kV特高压换流站阀厅的大小以及阀厅的结构形式，包括高压阀厅和低压阀厅。为换流站总平面布置和投资估算提供依据。研究中应考虑下述因素：阀厅密闭性、微正压运行、防电磁干扰、防排烟、消防系统、采暖、通风和空调等要求。

6.2.5.30　直流开关场设计原则研究

承包商应结合换流站直流主接线、主设备选择和绝缘配合研究的结论，进行户内或者户外直流开关场的研究，并提出可行的布置方案。

研究的内容还应包括对户内、外直流开关场运行环境的要求，包括温度、湿度等要求。提出户内直流开关场暖通和消防系统设计原则，并且提出与直流线路的连接方式和与换流建筑物的连接方案。

6.2.5.31　户内直流场与户外直流场比较研究

承包商应结合外绝缘研究，进行户内直流场与户外直流场的比较研究，提出推荐的直流场方案。

研究的内容应包括采用不同的直流场方案时旁路开关、平波电抗器的布置、运行、检修灵活性、外绝缘方案、材料、造价等的影响。

6.2.5.32　共用接地极研究

承包商应对送端共用接地极的方案进行研究，对共用 1 个或 2 个接地极的方案进行比较，提出接地极共用方案。研究的内容还应包括共用接地极对直流系统控制保护的要求及可能的对直流运行方式的限制。

6.2.5.33　孤岛运行方式的研究

承包商应对送端孤岛运行方式进行研究，提出孤岛运行时直流系统运行方式及性能、功能可能的限制及能够达到的指标。研究的内容还包括为实现孤岛运行对控制保护系统提出的功能要求等。

6.3　控制和保护系统研究

承包商应完成确定控制保护设备性能所需的所有系统研究，控制保护系统软、硬件的设计研究、开发研究、关键技术研究、调试和验收试验研究等，并向业主提交研究报告。承包商的研究报告至少应包括以下研究结果。

6.3.1　动态性能研究

高压直流控制保护系统动态性能研究至少应包含如下内容：

（1）直流控制系统参数优化。

（2）经研究证明所提供的设备满足 UHVDC 系统的动态响应规范要求。

（3）HVDC 系统的故障暂态特性研究。

（4）设备投切对系统的扰动和对设备产生的不正常应力及其保护措施研究。

（5）控制保护系统各参数整定的原则和依据的研究。

（6）直流系统动态过程中发生故障时的暂态现象和保护措施的研究（如运行定值变化过程中发生故障）。

（7）HVDC 系统附加控制要求的研究。

6.3.2 控制系统分层专题报告

承包商应提供说明控制系统的层次结构的报告，此报告应至少包括以下各项：

（1）依据 IEC 60633：1998 对直流控制系统分层结构的定义，承包商根据本工程特点对直流控制系统的分层。

（2）配置在各控制层次上的功能和设备的清单及说明。

（3）每种控制功能的清单及设计原则说明。

（4）提供将双极停运率降到最低，以确保发生单重设备故障时不会引起多于一个极遭受扰动的设计特点的研究报告。

（5）各控制层之间的信息交换方法，重点是使装置之间隔离，并防止故障在不同控制层次之间传播的特性的研究。

（6）便于维修而不降低装置可用率的特性研究。

6.3.3 控制系统的双重化专题报告

承包商应提供说明控制系统双重化结构的报告，此报告应包括以下各项：

（1）描述控制系统的双重化结构。

（2）描述输入输出回路的冗余。

（3）控制设备内部的冗余范围。

（4）每个子系统输出选择的逻辑。

（5）控制系统自检的自检覆盖率及达到该目标的措施。

（6）控制系统的可靠性，以及对控制系统故障引起的直流系统不可用率的分析。

6.3.4 控制策略的仿真研究

针对特高压控制策略的仿真研究承包商应首先应建立以下仿真模型：

（1）建立特高压直流输电系统的电磁暂态仿真计算模型。该模型能够同时对交流系统和直流系统进行电磁暂态计算，便于研究特高压直流输电系统的电磁暂态现象及其控制保护功能、性能要求。

（2）建立特高压直流输电系统的实时数字仿真计算模型。该模型能够同时对交流系统和直流系统进行实时数字仿真，便于研究特高压直流输电系统的机电暂态现象及其控制保护功能、性能要求。

在以上模型基础上，承包商应提供说明控制策略的仿真研究报告，此报告应包括以下各项内容：

（1）针对特高压直流输电工程的采用双 12 脉动换流器串联的具体特点，通过仿真研究，提出一种针对双 12 脉动换流器串联的±800kV 特高压直流输电系统的快速闭环控制策略，并进行控制参数的优化。

（2）在基本控制策略基础上，通过仿真研究提出无功控制策略，以适应多回馈入的特高压直流系统运行的需要。

（3）在基本控制策略基础上，通过仿真研究提出特高压直流系统换流变抽头控制策略。

（4）针对特高压直流输电工程的采用双 12 脉动换流器串联的具体特点，通过仿真研究，提出经过离线和实时仿真验证的顺序控制的流程。

6.3.5　直流电流和功率的控制模式和特性研究

在合同的工程设计阶段，承包商应提供说明系统运行模式和控制特性的报告，并经业主认可。

该报告应对如下问题进行描述：

（1）静态直流电压、直流电流控制特性。

（2）所有的控制模式和特性，包括对可能的运行限制的描述。

（3）适应双向传送功率应具有的设计特点，以及功率反转的控制特性。

（4）低压限流功能（VDCOL）。

（5）对接地极的电流限制和监测功能，应说明死区可调的接地极电流限制器的死区调整范围，并演示其控制效果。

（6）通信中断时的运行特征。

（7）当一极停运，另一极运行时，停运极的两端都进行线路开路试验的实现方式。

（8）过负荷控制的特性，过负荷限制的瓶颈设备，以及过负荷控制作为连续功能的特点。

6.3.6　直流远动通信要求专题报告

承包商应该从控制保护的角度提出对远动通信要求的研究报告。该报告至少应包括每个控制保护功能所需的信号表、每个信号的传输速度，以及远动通信和控制保护系统的接口。

承包商应提交说明通信系统接口要求的报告。该报告至少应包括：基于所供换流设备的性能和电力系统网络结构的沿线转换噪声和传播特性的性能研究；传输线路之间耦合干扰的特性指数；对两端换流站的交流 PLC 系统和相邻的 HVDC 系统的冲击，以及对向家坝和奉贤换流站的 PLC/RI 的特性研究。

6.3.7　换流变分接头控制研究

承包商应提供说明换流变分接头控制方案的报告，供业主认可。

6.3.8　附加控制研究

承包商应就如何实现各种附加控制要求提供报告，供业主认可。报告至少应包括以下内容：

（1）对各种附加控制的设计及其控制特性。

（2）各种附加控制功能的系统仿真结果。

6.3.9 无功控制研究

在完成最后的无功控制设计之前，承包商应提供无功控制研究报告供业主认可。该报告应包含原理框图、所有无功控制功能的逻辑流程图，并强调以下各点：

（1）换流站运行在稳态及暂态期间的无功控制原理。

（2）参量的控制准则。

（3）无功分组投切和换流变分接头调整的准则。

（4）与可能的晶闸管换流器无功控制能力的协调配合。

（5）运行人员的操作，包括控制和监视特征。

（6）设备描述，重点是可靠性、可用率和维护特性。

（7）信号的有效性检查。

（8）交流电压控制与无功控制的切换和控制特性。

如果承包商的设计中包括使用晶闸管换流器增加无功吸收量以满足吸收无功的特殊要求，则承包商应在报告中对以下提高无功吸收能力的特性进行描述：

（1）说明所提供的控制特性及其与决定直流电压、直流电流的直流系统控制之间的协调配合。

（2）直流仿真系统研究，用于展示在整个直流电流运行范围内的特性。

（3）在较大的点火角下运行对换流站损耗的影响。

（4）最大点火角限制。

（5）此控制与变压器分接头控制之间的相互影响。

（6）对滤波性能的影响。

（7）无功功率投切控制之间的配合。

6.3.10 直流系统保护研究

在合同的工程设计阶段，承包商应提供一研究报告供业主认可。该报告应对其所提供的所有设备的保护系统进行详细的描述。报告应描述所有保护，包括主、备保护和保护的多重化的原理及其相互之间的配合。应详细研究所有区域和设备的保护。对每一个保护的研究报告都应包括如下的内容：

（1）保护的目的。

（2）保护原理，保护实现的原理图，包括输入信号的采集位置。

（3）直流控制、直流保护，以及交流保护对故障的策略，详细描述直流保护之间，直流保护与直流控制、交流保护之间的配合方法。

（4）测量点及测量装置配置图，描述保护范围重叠区的配合，对消除保护死区的措施进行说明。

（5）测量信号所需的精度。

（6）保护动作的结果，例如对直流控制或顺序控制的启动及其结果等。

（7）保护的多重化，并应说明作为后备保护的保护动作范围。

（8）保护定值的详细计算，并应同时说明确定这些定值的依据，即说明这些定值如何限制故障工况，或其符合何种标准。

（9）对远动通信中断时所适用的保护进行描述。

6.3.11　直流保护系统的冗余专题报告

承包商应提供有关直流保护系统冗余配置的报告，此报告应包括以下各项：

（1）直流保护系统配置原则、系统配置原理图和结构说明、可靠性分析以及对保护系统故障引起的直流系统不可用率的分析。

（2）描述输入输出回路的冗余。

（3）保护设备内部的冗余范围。

（4）每个子系统输出选择的原理及逻辑图。

（5）子系统故障自检的自检覆盖率及达到该目标的措施。

6.3.12　顺序控制和联锁

报告应对所有顺序控制细节进行描述，应包括顺序流程图，并显示所有的联锁和允许操作各个设备的前提条件。

6.3.13　交流系统保护的接口

复龙换流站和奉贤换流站内的交流保护（站用电源系统保护除外）与保护故障录波信息管理子站由业主供货。承包商供货的其他设备与业主供货的交流保护之间的接口应由承包商在研究报告中作详细的说明。这些承包商供货的设备包括站 LAN、GPS 主时钟、直流控制保护等。

承包商供货的设备应保证与业主供货的交流保护系统正确接口，保证站内控制与保护协调统一。承包商供货的控制保护系统与业主供货的交流保护系统的接口要求见规范书。承包商应在其提供的研究报告中对这些接口设计作详细描述并且应经业主确认。

6.3.14　硬件设计

承包商在设计阶段应向业主提供硬件设计报告，说明控制和保护系统的柜子、控制硬件及软件、电源设备及端子、电缆敷设以及柜子间的通信联系等情况。承包商也可以把标准设备的小册子编入其报告之中。在承包商提供的标准文献中说明备选设备的地方，承包商应清楚地标出可为本工程提供的备选设备。

报告中应重点描述：为满足本 UHVDC 工程 35 年寿命，二次系统应具备的要求和设计中考虑的措施。报告还应包括对电子设备故障率的分析。承包商还应提出对业主所应具备的设备备用量的建议，以防将来可能出现的某些器件的供应短缺。

承包商应研究、开发和提供用于检查直流控制和保护系统主要模块功能和性能的装置。

6.3.15 站控及监视系统研究

在合同的工程设计阶段，承包商应提供站控及监视系统研究报告供业主认可，该报告应包括：

（1）换流站运行人员控制功能的详细描述及其实现方案。

（2）所有各类测量信号的精度及其在传输到控制保护系统或 SCADA 系统主机的整个通路中的累计误差。

（3）换流站内所有各类模拟、数字信号的传输路径、速率及其通信规约。

（4）换流站监控系统与站内各相关子系统及装置之间、与对端换流站之间的通信接口及其详细配置方案。

6.3.16 直流保护定值的专题报告

在合同的工程设计阶段，承包商应提供有关直流保护定值设置的专题报告供业主认可，此报告应包括以下各项：

（1）描述所有直流保护，包括多重化保护的主、备保护之间以及和其他交流保护之间相互的区域、定值的配合。

（2）描述所有保护定值的详细计算，并说明考虑的因素，采用的各种裕度系数以及确定这些系数的依据。

（3）对每种保护，应提供推荐的定值范围以及确定这些定值的依据。

（4）对每种保护，应说明本保护及其后备保护的保护动作范围。

（5）说明各保护定值如何限制故障工况，或符合何种标准。

6.3.17 与远方调度（监视中心）的通信研究

承包商在设计阶段应向业主提供一份报告，至少应包括以下内容：远动工作站的结构、型式及所采用的硬件设备及规约；远动工作站的功能及性能描述；承包商在换流站站监控系统中所采用的规约的详细描述，及在远动工作站中实现业主要求的规约的转换方案。

6.3.18 断路器保护研究

在合同的工程设计阶段，承包商应提供有关单断路器保护的研究报告供业主认可，该报告应对其提供的单断路器保护设备进行详细的描述。报告应描述保护的原理及与直流控制保护、交流保护系统之间的配合，以及与对侧变电站线路保护之间的配合，并对由承包商供货的、安装在对侧变电站的单断路器保护装置进行研究。研究报告应包括如下内容：

（1）保护的目的，并针对换流站及与其相关的变电所的接线方式，详细描述所有可能存在的单断路器状态。

（2）保护原理，保护实现的原理图，包括输入信号的采集位置。

（3）保护对故障的策略，详细描述保护与直流控制和保护、交流保护之间的配合。

（4）保护动作的结果，例如对直流控制或顺序控制的启动及其结果等。

（5）保护的多重化。

（6）保护定值，并应同时说明确定这些定值的依据，即说明这些定值如何限制故障工况，或是符合何种标准。

（7）对通信中断情况下保护的描述。

（8）详细描述由承包商供货的，安装在对侧变电站的单断路器保护装置的逻辑。

6.3.19 控制保护系统接口的研究

承包商在设计阶段应向业主提供控制保护接口报告，至少应包括以下内容：

（1）承包商供货的控制保护系统与业主供货的直流暂态故障录波系统的接口。

（2）承包商供货的控制保护系统与业主供货的交流保护系统的接口。

（3）承包商供货的控制保护系统与业主供货的保护故障录波信息管理子站的接口。

（4）承包商供货的控制保护系统与业主供货的远动 LAN 网的接口。

（5）承包商供货的控制保护系统与业主供货的站间通信接口设备的接口。

（6）承包商供货的控制保护系统与业主供货的电能量计量系统的接口。

（7）承包商供货的控制保护系统与业主供货的直流线路故障定位系统的接口。

（8）其他必需的接口。

6.3.20 调试研究

承包商应进行一切必需的研究，以确定系统调试的内容、方法和其他必需的信息。对于调试中所发现的问题，应通过研究解决。

如果承包商要求，业主可以提供一切必要的附加数据和信息。在研究进行之前，承包商应将采用的等值系统提交业主审查认可。

第 2 节 晶闸管换流阀技术规范

承包商所提供的换流阀应为空气绝缘、水冷却的户内式二重晶闸管换流阀，外绝缘爬距不小于 14mm/kV（按对地最高直流电压计算）。换流阀必须结构合理、运行可靠、维修方便。换流阀应满足环境条件和使用条件的相关章节要求。

换流阀不仅应具有承受正常运行电压和电流的能力，而且还应具有承受由于阀的触发系统误动或站内各部分故障或交流系统故障造成的冲击电压和电流的能力。

换流阀必须设计成故障容许型。在两次计划检修之间的运行周期内，阀元部件的故障或损坏不会造成更多晶闸管级的损坏，阀仍具有令人满意的运行能力。

换流阀应采用低噪声元件，以降低阀在运行时的噪声水平。

1　技术参数和性能要求

1.1　设备的主要参数

换流阀参数（以向家坝—上海工程参数为基础配置）见表 1～表 9，避雷器配置图如图 1 所示，表中数据仅供本阶段设计时参考，成套设计时最终确定。买卖双方确认规范书且签订合同后，承包商应承诺业主根据成套设计对换流阀的本体及其附件的技术参数的合理调整，承担相应技术、商务风险。

表 1　　电 流 额 定 值　　A

序号	项　　目	复龙侧	奉贤侧
1	额定直流电流 I_{dn}	4000	4000
2	最小持续运行直流电流	338	338
3	额定功率时最大持续运行直流电流	4062	4062
4	1.05 倍过负荷功率时最大电流（最大室外设备环温，50℃阀厅温度，投入备用冷却）	4292	4292
5	1.1 倍 2h 过负荷功率时最大电流（最大室外设备环温，50℃阀厅温度，投入备用冷却）	4525	4525
6	1.4 倍 3s 过负荷功率时最大电流（最大室外设备环温，50℃阀厅温度）	6000	6000

表 2　　电 压 额 定 值

项　　目		单位	复龙侧	奉贤侧
额定直流电压，极对中性点 U_{drn}		kV	800	800
最大持续直流电压		kV	816	816
中性母线上最大持续直流电压		kV	85	15
空载直流电压	额定空载直流电压 U_{dion}	kV	230	217.6
	最大空载直流电压 $U_{dioabsmax}$	kV	237.6	227
	最小空载直流电压 U_{diomin}	kV	207.7	194.2
暂时过电压甩负荷系数		p.u.	1.4	1.4

表 3　控　制　角　(°)

	项　　目	
整流运行时的触发角α	额定值α_n	15
	额定功率时的最小值	15–2.5
	额定功率时的最大值	15＋2.5
	最小值	5
	4000A，70%降压运行最大值	30
逆变运行时的熄弧角γ	额定值γ_n	17/18
	额定功率时的最小值	17/（18）–1
	额定功率时的最大值	17/（18）＋1
	最小值	
	4000A，70%降压运行最大值	45

注　常规运行方式下功率输送方向为复龙侧（整流运行）到奉贤侧（逆变运行）。

表 4　电 感 压 降 dx

项　　目	复龙侧	奉贤侧
正常状态时	9.2%	9.2%，8.55%
最小值（–5%）	8.75%	8.75%，8.13%
最大值（＋5%）	9.65%	9.65%，8.97%

表 5　晶闸管阀的暂态电流

5.1	在以下系统短路容量下，阀的短路水平	单位	最大值	最小值
		MVA	57288	57288
5.1.1	阀短路电流峰值（α_{min}=5° el，f=49.8Hz）			
	单个短路电流峰值，带后续闭锁	kA	46	46
5.1.2	带后续闭锁的恢复时间	ms	2	2
5.1.3	带后续闭锁的断态电压峰值	kV	407.2	360.6

表 6　避 雷 器 限 值

项　　目	复龙侧	奉贤侧
用于避雷器计算的换相过冲	17%	17%

表 7　绝　缘　水　平

7.1	跨阀			
	$SIWL_{crest}$	kV	456	426
	$LIWL_{crest}$	kV	456	426

续表

7.2	上 12 脉动桥直流母线对地绝缘水平			
	$SIWL_{crest}$	kV	1600	1600
	$LIWL_{crest}$	kV	1800	1800
7.3	上 12 脉动桥阀与换流变压器副方 Y 绕组相连的高压端对地绝缘水平			
	$SIWL_{crest}$	kV	1600	1600
	$LIWL_{crest}$	kV	1800	1800
7.4	上 12 脉动桥阀中点母线对地绝缘水平			
	$SIWL_{crest}$	kV	1300	1300
	$LIWL_{crest}$	kV	1500	1500
7.5	上 12 脉动桥阀与换流变压器副方 D 绕组相连的高压端对地绝缘水平			
	$SIWL_{crest}$	kV	1300	1300
	$LIWL_{crest}$	kV	1500	1500
7.6	下 12 脉动桥直流母线对地绝缘水平			
	$SIWL_{crest}$	kV	950	950
	$LIWL_{crest}$	kV	1175	1175
7.7	下 12 脉动桥阀与换流变压器副方 Y 绕组相连的高压端对地绝缘水平			
	$SIWL_{crest}$	kV	950	950
	$LIWL_{crest}$	kV	1175	1175
7.8	下 12 脉动桥阀中点母线对地绝缘水平			
	$SIWL_{crest}$	kV	550	550
	$LIWL_{crest}$	kV	750	750
7.9	下 12 脉动桥阀与换流变压器副方 D 绕组相连的高压端对地绝缘水平			
	$SIWL_{crest}$	kV	550	550
	$LIWL_{crest}$	kV	750	750
7.10	中性母线对地绝缘水平			
	$SIWL_{crest}$	kV	550	550
	$LIWL_{crest}$	kV	550	550

表 8　　　　整流站避雷器

避雷器	*PCOV*	*CCOV*	U_{ref}	*LIPL*	*SIPL*
V1	296.5	253.4	211.6rms	386/1	415/7
V2/V3	296.5	253.4	211.6rms	396/1	415/3
M1	331.5	288.4	370	528.5/1	515.3/0.5
CB11	499	475	555	769/1	721/0.2
CB12	436	415	486	673/1	658/0.4
T	945	905	1051	1428/0.5	1390/0.2
E11	120	120	327.3	468/1	/
E12	120	120	296.5	403/1	438/10

表9 逆变站避雷器

避雷器	*PCOV*	*CCOV*	U_{ref}	*LIPL*	*SIPL*
V1	278.1	237.7	197.1rms	360/1	387/7
V2/V3	278.1	237.7	197.1rms	369/1	387/3
M1	313.1	273	350.4	501/1	489/0.5
CB11	466	444	520	720/1	670/0.2
CB12	400	381	447	619/1	600/0.4
T	876	838	974	1323/0.5	1339/0.2
E11	70	70	150	220/1	/
E12	70	70	146.3	200/1	216/10

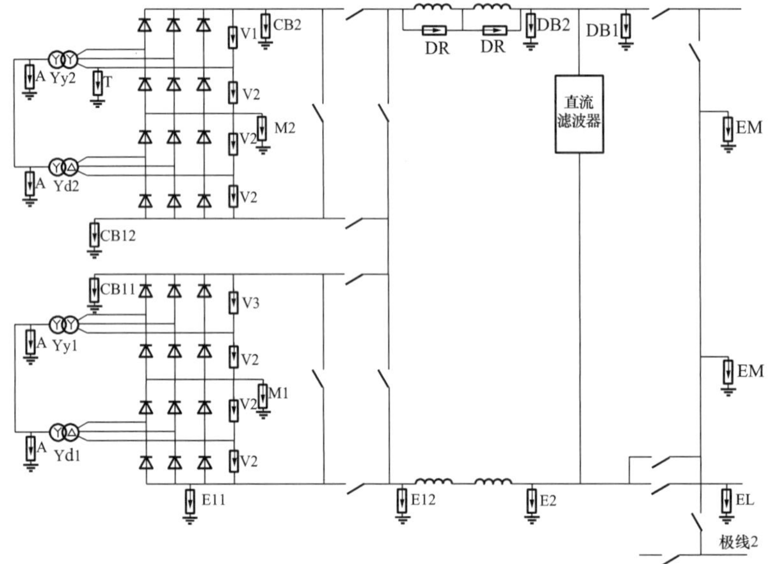

图1 避雷器配置方案

1.2 晶闸管元件

换流阀采用6英寸晶闸管元件。换流阀所采用的晶闸管元件应是商业产品或即将投入商业运行的产品，其各种特性应已得到完全证实。承包商与晶闸管元件承包商在投标时应提供详细的供货时间表，并有多种采购渠道供备选。

每只晶闸管元件都应具有独立承担额定电流、过负荷电流及各种暂态冲击电流的能力。主回路中不能采用晶闸管元件并联的设计。主回路中的每一个晶闸管元件都必须单独试验并编号，承包商应提供合理的手段以分辨阀中各个已编号的晶闸管元件。

1.3 冗余度

每个阀中必须按规定适量增加晶闸管级，作为两次计划检修之间12个月的运行周期中损坏元件的备用。晶闸管级的损坏是指阀中晶闸管元件或相关元件的损坏导致该晶闸管级短路，在功能上减少了阀中晶闸管级的有效数量。

冗余度的确定应保证：

（1）在两次计划检修之间的12个月运行周期内，如果在此运行周期开始时没有损坏的晶闸管元件，并且在运行期间内不进行任何晶闸管元件更换，冗余晶闸管级全部损坏的阀不超过1个。

（2）各阀中的冗余晶闸管级数应不小于12个月运行周期内损坏的晶闸管级数的期望值的2.5倍，也不应少于每阀晶闸管级总数的3%。

晶闸管损坏级数的期望值应在晶闸管元件和相关部件的损坏率估计值的基础上，按独立随机损坏模型进行计算。晶闸管元件及相关元部件的损坏率估计值应根据同类应用条件下同类设备的运行经验选取。

1.4 机械性能

换流阀的机械结构必须合理、简单、坚固、便于检修。换流阀应采用悬吊式结构。应采用组件式设计，部件要可以更换。触发系统如果采用光纤，其布置应便于光纤的拆卸和更换，同时还应避免安装时对光纤造成的机械损伤。

换流阀应能够承受规定的烈度地震的应力，检修人员到阀体上工作时所产生的应力，以及由于各种故障或控制和保护系统动作或误动作产生的电动力。

阀塔应能承受在接线端子上水平横向和纵向3000N，垂直方向5000N的拉力要求，并且应能至少承受50N·m扭矩，静态安全系数不小于2.5，动态安全系数不小于1.67。

各种塑料构件应避免因电晕放电而导致的老化。应尽可能使用抗电晕放电的材料。在容易受电晕放电的影响而产生老化的各种塑料构件附近，承包商必须保证不会有此类电晕放电发生。

换流阀的结构应能保证泄漏出的冷却液体自动沿沟槽流出，离开带电部件，流至一个检测器并报警，而不会造成任何元部件的损坏。

1.5 电气性能

1.5.1 电压耐受能力

换流阀应能承受正常运行电压以及各种过电压。可以采用晶闸管串联的方式使换流阀获得足够的电压承受能力。

设计中应充分考虑操作冲击条件下沿晶闸管串的电压不均匀分布。设计还应考虑过电压保护水平的分散性以及阀内其他非线性因素对阀的耐压能力的影响。

在所有冗余晶闸管级数都损坏的条件下，单阀和多重阀的绝缘应具有以下安全系数：

（1）对于操作冲击电压，超过避雷器保护水平的10%。

（2）对于雷电冲击电压，超过避雷器保护水平的10%。

（3）对于陡波头冲击电压，超过避雷器保护水平的15%。

在最大设计结温条件下，当逆变侧换流阀处在换相后的恢复期时，晶闸管应能耐受相当于保护触发电压水平的正向暂态电压峰值。

1.5.2　电流耐受能力

换流阀应具有承担额定电流、过负荷电流及各种暂态冲击电流的能力。主回路中不能采用晶闸管元件并联的设计。

对于由故障引起的暂态过电流，换流阀应具有如下的承受能力：

（1）带后续闭锁的短路电流承受能力。对于运行中的任何故障所造成的最大短路电流，换流阀应具备承受一个完全偏置的不对称电流波的能力，并在此之后立即出现的最大工频过电压作用下，换流阀应保持完全的闭锁能力，以避免换流阀的损坏或其特性的永久改变。计算过电压所采用的交流系统短路水平与计算过电流时所采用的交流系统短路水平相同。故障前应假定所有的冗裕晶闸管级都已损坏，并且晶闸管结温为最大设计值。

（2）不带后续闭锁的短路电流承受能力。对于运行中的任何故障所造成的最大短路电流，若在过电流之后不要求换流阀闭锁任何正向电压，或闭锁失败，则换流阀应具有承受 3 个完全不对称的电流波的能力。故障前换流阀的状态与第（1）条中所规定的相同。换流阀应能承受两次短路电流冲击之间出现的反向交流恢复电压，其幅值与最大短路电流同时出现的最大暂时工频过电压相同。

（3）附加短路电流的承受能力。当一个单阀中所有晶闸管元件全部短路时，其他两个单阀将向故障阀注入故障电流，在最恶劣的组合下，故障阀中流过的电流可能大于第（1）条中所描述的最大单波过电流水平。此时该故障阀内的电抗器和引线应能承受这种过电流产生的电动力。

1.5.3　交流系统故障下的运行能力

在交流系统故障使得在换流站交流母线所测量到的三相平均整流电压值大于正常电压的 30%，但小于极端最低连续运行电压并持续长达 1s 的时段，直流系统应能连续稳定运行，在这种条件下所能运行的最大直流电流由交流电压条件和晶闸管阀的热应力极限决定。承包商应给出直流电压分别降至 40%、60%和 80%时所能达到的最大直流电流，并向业主提供详细的计算分析报告。

在发生严重的交流系统故障，使得换流站交流母线三相平均整流电压测量值为正常值的 30%或低于 30%时，如果可能，应通过继续触发阀组维持直流电流以某一幅值运行，从而改善高压直流系统的恢复性能。如果为了保护高压直流设备而必须闭锁阀组并投旁通对，则阀组应能在换流站交流母线三相整流电压恢复到正常值的 40%之后的 20ms 内解锁。

1.6　触发系统

换流阀可采用光电转换式触发系统。高、低压电路间采用光隔离。在一次系统正常或故障条件下，触发系统都应能按照本规范的规定正确触发晶闸管。

无论以整流模式还是以逆变模式运行，当交流系统故障引起换流站交流母线电压降低到下列幅值并持续对应时段，紧接着这类故障的清除及换相电压的恢复时，所有晶闸管级触发电路中的储能装置应具有足够的能量持续向晶闸管元件提供触发脉冲，使得换流阀可以安全导通。不允许因储能电路需要充电而造成恢复的任何延缓。

（1）交流系统单相对地故障，故障相电压降至0，持续时间至少为0.7s。

（2）交流系统三相对地短路故障，电压降至正常电压的30%，持续时间至少为0.7s。

（3）当交流系统三相对地金属短路故障，电压降至0，持续时间至少为0.2s。

承包商应给出其储能系统在上述条件下所能持续的时间，并向业主提供详细的设计报告。

1.7 控制、监视及保护

换流阀的控制、监视及保护必须满足直流控制保护系统的要求，必须功能正确、完备，可靠性高。

1.7.1 控制系统

换流阀的控制系统应保证换流阀在一次系统正常或故障条件下正确工作。在任何情况下都不能因为控制系统的工作不当而造换流阀的损坏。控制系统应完全双重化，并应具有完善的自检功能。

在交流系统故障期间，换流阀的控制系统应能维持换流阀的触发，或在故障清除瞬间保证直流系统的恢复，并在所规定的时间内恢复直流系统的输送功率，以降低交流系统的恢复过电压并改善系统稳定性。

当直流通信系统（如果有）完全停运时，控制系统也应能对换流阀实施有效的控制，不能因为控制不当而对直流系统在上述交流系统故障期间的性能和故障后的恢复特性产生任何影响。

1.7.2 晶闸管监视系统

承包商应提供晶闸管监视系统，在换流站控制室内进行远方监视，以便确认每一晶闸管级的状态，并正确指示任何晶闸管或其他相关电子设备的异常或损坏。在所有的冗裕晶闸管级全部损坏后，监视设备应发出警报。如果有更多的晶闸管级损坏，从而导致运行中的晶闸管换流阀面临更严重的损坏时，应向监视系统或其他保护系统发出信息使换流器闭锁。

1.7.3 保护系统

阀内每一晶闸管级都应具有保护触发系统，对晶闸管级进行过电压保护触发。设计中应允许晶闸管级在保护触发连续动作的条件下运行。在最大甩负荷工频过电压，例如交流系统故障后的甩负荷工频过电压下，阀的保护触发不能因逆变换相暂态过冲而动作，且不能影响此后直流系统的恢复。此外，在正常控制过程中的触发角快速变化不应引起保护触发动作。

如果必要，承包商还应为每级晶闸管配备其他保护系统，保证晶闸管在各种运行工况下，特别在电流过零后的恢复期内不受损坏。

1.8 避雷器

避雷器是换流阀中过电压的主要保护装置。

承包商应根据本规范的技术要求正确选择避雷器。换流阀的各种运行工况不会导致避雷器的加速老化或其他损伤，同时避雷器应在各种过电压条件下有效保护换流阀。承包商应优化避雷器参数，使换流阀的技术、经济综合指标最佳。

避雷器应带有用于记录避雷器冲击放电次数的计数器。计数器的动作信号应通过光纤传至事件顺序记录器。

1.9 防火

晶闸管阀在设计、制造、安装上应能消除任何原因导致的火灾，及火在阀内蔓延的可能性。

阀内的非金属材料应是阻燃的，并具有自熄灭性能，垂直件的材料应符合 UL94 V-O 材料标准，水平件的材料应符合 UL94 HB 材料标准。所有的塑料中应添加足够分量的阻燃剂，如三氢化铝（ATH），但不应降低材料的其他必备的物理特性，如机械强度和电气绝缘特性。由于卤化溴燃烧后产生的物质具有高度的腐蚀性和毒性，不允许采用这种物质作为填充物。

承包商应提供阀内所有塑料部件（如阀元件支持件、冷却介质管、导线、光导纤维铠装、光导纤维管道、维护平台）的完整的可燃性清单。这一清单中应包括材料的重量，热特性（燃点和明火燃点温度）、燃烧特性和按照美国材料和试验协会（ASTM）的 E135—90 标准进行的圆锥热量器试验方法或其他的等值方法进行的各种材料燃烧特性试验的结果。试品应与实际的换流阀部件相同，试品的摆向（水平和垂直）必须反映部件在换流阀内的实际摆向，而用于试验的热量应与极大火灾，如由多重阀单元（MVU）闪络的巨大能量导致的火灾等效。试验结果应包含点燃时间、比热值、特定的熄灭区域和燃烧有效发热。换流阀内应采用无油化设计。

晶闸管电子设备单元设计要合理，不存在产生过热和电弧的隐患。应使用安全可靠的、难燃的元部件，元件参数的选择要保留充分的裕度。各元器件之间的连接要牢固、可靠，以防产生过热和电弧。电子设备单元中不允许有高压部件。

载流回路的设计要考虑足够的安全系数。每个电气联接应牢固、可靠，避免产生过热和电弧。在相邻的材料之间和光纤通道的节间应设置阻燃的防火板，或采用其他措施，阻止火灾在相邻塑料材料之间以及光纤通道的节间横向或纵向蔓延。阀内所采用的防火隔板布置要合理，避免由于隔板设置不当导致阀内元件过热。冷却系统应安全可靠，避免因漏水、冷却水中含杂质以及冷却系统腐蚀等原因导致的电弧和火灾。

1.10　检修要求

如果需要换流阀停运更换其元件或组件，从停运到重新启动，全部检修工作应能在 2h 内完成，其中不包括倒闸操作，但包括确认故障元件或组件以及更换完成后元件或组件检测所必需的时间。

承包商应为换流阀提供一套完整的检修工具。承包商还应为换流站提供一套完整的换流阀功能测试设备，在现场对换流阀进行功能性试验。为清扫、更换元件或组件而停电检修的周期至少应为 12 个月。承包商必须按当地的安全标准为两端换流站提供具有自行驶能力的用于换流阀检修的升降机。

1.11　铭牌

铭牌应包括以下内容：标准代号、制造厂名、出厂序号、制造年份、额定频率、额定电流、电压等级、总质量、损耗、晶闸管元件个数、晶闸管元件的主要参数。

2　试验

承包商应按本规范以及 IEC 60700—1 中有关章节的规定，对本工程的晶闸管换流阀进行试验，并提供完整的试验报告。要求进行的试验应完全包括但不局限于本节中所规定的试验项目。

型式试验既可在一个完整的阀上进行，也可在阀组件上进行。如果在阀组件上进行，被试验的阀组件数不能少于一个单阀中的总组件数。必须在相同的阀或阀组件上进行全部型式试验。换流阀的运行特性试验必须在绝缘试验之后进行。

在确定空气绝缘设备的试验电压时，应考虑本工程所在地的相对空气密度、阀厅的温升效应及大气压力的变化，并选用对应的修正系数。

除非周期性触发试验外，在其他所有绝缘试验中，冗余的晶闸管级应短接。承包商应向业主提交冗余晶闸管的短接方案，经业主同意后方可实施。运行性能试验中冗余的晶闸管不须短接，但应按规定的比例系数提高相应的试验电压。

如果在设计中为两站选用的阀有重大的区别，对两种阀设计都应进行全部项目的型式试验。否则承包商须向业主证明通过一次型式试验能证明两种设计的性能，并得到业主认可。

如果本规范的要求与 IEC 60700—1 的要求发生冲突，应以本规范书为准。

2.1　型式试验

2.1.1　型式试验项目

换流阀的型式试验应包括，但不限于：

（1）多重阀的绝缘型式试验。包括直流耐压试验、操作冲击波耐压试验、雷电冲击波耐压试验、陡波头冲击波耐压试验。

（2）阀的悬吊和支承结构的绝缘型式试验。包括直流耐压试验、交流耐压试验、操作冲击波耐压试验、雷电冲击波耐压试验、陡波头冲击波耐压试验。对阀的支承结构的试验可以对支承结构、冷却液体管道及光通道分别进行。任何冷却液体管道和光通道，如果与多重阀中带有极电位的部件在机械上相连，则应以多重阀电压耐受水平对其进行试验。

（3）阀的绝缘型式试验。包括直流耐压试验、交流耐压试验、操作冲击波耐压试验、雷电冲击波耐压试验、陡波头冲击波耐压试验、湿态操作冲击波耐压试验、湿态直流耐压试验、非周期触发试验。

（4）阀的运行特性型式试验。包括最大运行负载试验、保护触发连续动作试验、阀损耗试验、直流电流断续试验、最小交流电压试验、暂时低电压试验、短路电流试验、晶闸管元件恢复期正向暂态电压试验、电磁干扰试验。

2.1.2 型式试验回路

所选定的试验电路应保证能在与实际情况等效的最不利的条件下对阀的性能进行全面而准确的试验，并能简明扼要地表明阀的各种能力。所有试验电路和试验程序都应提交业主批准。

2.1.3 多重阀、阀或阀组件的元部件劣化检验

在每一项型式试验之前和之后，都要对被试的多重阀、阀、阀组件以及晶闸管级进行检验，以确认晶闸管元件和晶闸管级的辅助电路中的元部件以及试品中的其他任何元部件是否在试验中发生劣化。

对每一晶闸管级至少应进行的检验包括耐受电压检验(检查是否短路)、触发检验。

在阀的绝缘型式试验以及运行特性型式试验后，除上述一般性检查外还对晶闸管级至少进行的检验包括触发和监视检验、过电压保护触发检验、正向恢复保护检验、额定反向阻断电压和正向及反向操作冲击波耐受电压检验、均压回路阻抗检验。

如果在上述试验中发现晶闸管元件或其相关元部件的特性发生改变，所测得的参数不能超过设计允许公差，否则视为不合格。

2.1.4 型式试验判据

2.1.4.1 关于晶闸管级的判据

（1）在2.1节中任何一项型式试验后，如果短路的晶闸管级数大于1，则未通过型式试验。

（2）任何一项型式试验后，如果有1级晶闸管短路，允许修复损坏的晶闸管级，重新进行该项试验。

（3）在重复进行某项型式试验时，如果在相同的位置上再次发生晶闸管级短路，

则未通过型式试验；如果发生短路的晶闸管级的位置不同，同时数量不超过第（1）条的规定，则需修复损坏的晶闸管级，重新进行该项试验。

（4）所有型式试验完成后，如果累积的短路晶闸管级数大于一个完整阀中晶闸管级数的 3%，则未通过型式试验。

（5）应按 2.2.3 节的要求，对阀或阀组件进行检查。如果试验中或试验后发现有损坏的晶闸管级或附件，在下一项试验前允件更换。

（6）由于检查导致的短路晶闸管级也应按上述规定纳入判据中。

（7）除短路的晶闸管级外，在型式试验以及随后进行的检查中出现参数改变但尚未短路的晶闸管级数不能超过一个完整阀中全部晶闸管级数的 3%。

（8）当按上述百分比确定最大允许的短路晶闸管级数或参数改变但尚未短路的晶闸管级数时，小数点后数字的处理按 IEC 60700—1 执行。

所有试验中发生短路或其他故障的晶闸管的分布必须是完全随机的，不能有任何迹象显示，发生短路或其他故障的晶闸管的位置与设计不合理有任何联系。

2.1.4.2 关于整体阀的型式试验判据

在试验中阀的外部闪络、阀冷却系统的损坏，以及触发脉冲传输和分配系统的任何绝缘材料的击穿都是不允许的。任何元件、导体及其接头的温度，附近物体的表面温度都不能超过设计允许值。

2.1.5 绝缘试验

2.1.5.1 阀的悬吊和支承结构的绝缘试验

阀的悬吊和支承结构的绝缘试验除应完全满足 IEC 60700—1 中第 6 款的要求外，还应满足以下要求：

（1）对阀的悬吊和支承结构必须进行陡波头冲击耐压试验，试验电压峰值为由绝缘配合确定的阀的悬吊和支承结构的陡波头冲击波耐压水平的保证值，波头陡度由绝缘配合确定，但不能小于 1200kV/μs。

（2）对于操作冲击耐压试验、雷电冲击耐压试验和陡波头冲击耐压试验，所施冲击电压的次数应至少为每种极性 5 次。

（3）试验中应设置阀外杂散电容，以便模拟它们对受试阀支撑结构的电压分布所产生的最不利的影响。

2.1.5.2 多重阀的绝缘试验

多重阀的绝缘试验除应完全满足 IEC 60700—1 中第 7 款的要求外，还应满足以下要求：

（1）如果在多重阀中安装有阀避雷器，在试验中应仅装设阀避雷器外套。多重阀中可以不安装全部的阀组件，但需包含均压电路或补偿电容以确保试验中电压的适当分布。

（2）多重阀中应包含所有冷却设备和控制设备，连接被试模块和处于地电位的元件，试验中的冷却介质参数（电导率、流量、温度）应与运行时相同。

（3）多重阀应进行操作冲击耐压试验、雷电冲击耐压试验和陡波头冲击耐压试验。

（4）多重阀的陡波头耐压试验，试验电压峰值为由绝缘配合确定的阀的多重阀的陡波头冲击波耐压水平的保证值，波头陡度由绝缘配合确定，但不能小于1200kV/μs。

（5）对于操作冲击耐压试验、雷电冲击耐压试验和陡波头冲击耐压试验，所施冲击电压的次数应至少为每种极性5次。

（6）试验中应设置阀外杂散电容，以便模拟它们对受试阀支撑结构的电压分布所产生的最不利的影响。

2.1.5.3 单阀的绝缘试验

（1）试验目的。阀的绝缘试验旨在检验所设计的阀在各种过电压下（直流、交流工频、操作冲击波、雷电冲击波和陡波头冲击波过电压以及非周期触发）的特性。通过这些试验必须表明：

1）阀具有足够的绝缘水平，能够耐受所规定的各种过电压。

2）阀内部的各种过电压保护功能正确。

3）在正常情况下不产生局部放电，在高的过电压情况下，局部放电强度应在所规定的范围内。

4）内部阻尼均压回路的额定容量足够大。

5）在各种过电压（包括过电压保护动作的情况）下，阀内任何部件，包括晶闸管级和饱和电抗器等，实际承受的电压不超过其电压耐受能力。

6）各种电子回路具有足够的抗干扰能力，功能正确。

7）阀能在规定的过电压下触发而不发生损坏。

8）当电流从与阀并联的阀避雷器上向阀转换时，阀应具有足够的通流能力。

（2）试品及试验回路。应完全满足IEC 60700—1中第8.2款的要求，同时还应满足下述要求：

1）受试阀应包括与处于地电位的元部件相连接的冷却设备和控制设备。

2）应对完整的阀进行试验，包括阀运行所必需的附属设备（如阀电抗器）以正确模拟阀的实际运行条件。

3）试验中不包括阀避雷器。当阀避雷器通常安装在阀上时，试验时只需安装避雷器外套。

4）如果用调整冲击电压波头陡度的方法来反映阀的实际运行条件，应考虑阀避雷器对波形的影响，特别是波尾对电抗器的影响，以及由此产生的对晶闸管元件上的影响。

5）试验中应附加阀电路的杂散电容，并围绕阀支承结构合理设置接地屏蔽，以模拟附近建筑物中的钢结构，接地网和其他任何结构物的影响，这些结构主要影响受试结构对地的杂散电容。

6）安装在受试阀内的阀组件由业主选定。

（3）试验要求。阀的绝缘试验除应满足 IEC 60700—1 中第 8.3 款的要求外，还应满足以下要求：

1）在操作冲击耐压试验、雷电冲击耐压试验和陡波头冲击耐压试验时，当电压水平等于或大于试验电压幅值的 50%时，应在沿阀 4 个或更多个中间测点测量加于晶闸管元件上的电压，以确定阀的内部电压分布。测点应由业主选定。承包商应向业主阐明这一电压分布与全值试验电压下所期望的电压分布是相同的。

2）对于操作冲击耐压试验和雷电冲击耐压试验，安全系数取 1.10，对于陡波头冲击耐压试验安全系数取 1.15。

3）操作冲击耐压试验、雷电冲击耐压试验和陡波头冲击耐压试验时，试验前应演示阀的触发功能，即触发电路可正确触发各晶闸管元件。试验结束后应立即再次演示触发功能。

4）对于不同的冲击波形和幅值，承包商不但应演示阀的正向过电压保护水平，而且还应通过试验证明，在承包商所保证的最低保护触发动作电压水平以下，阀不会触发。试验的方法为，对于各种冲击波形的试验电压，再加三次冲击试验电压，其幅值可略低于规定的保护触发动作电压。

5）对于操作冲击耐压试验、雷电冲击耐压试验和陡波头冲击耐压试验，所施冲击电压的次数应至少为每种极性 5 次。

6）阀的雷电冲击试验和陡波头冲击试验时晶闸管元件的结温和阀电子电路的温度应为短期过负荷运行方式的最高运行温度。如果对经过负荷试验预热的阀组件进行计及电压不均匀分布因素的补充试验，则对整阀的试验可在室温下进行。

7）阀的陡波头冲击试验电压波头陡度由绝缘配合决定，但不小于 1200kV/μs。

8）阀应进行湿态操作冲击电压耐受试验。具体要求如下：操作冲击电压耐受试验应在阀结构顶部的一个组件发生冷却液体泄漏的情况下重复进行。泄漏量至少应为每小时 15l，在施加冲击波试验电压时和在此之前至少 1h 内泄漏量应保持恒定，液体的电导率应比引发电导率报警定值高 5%。也应进行与第（4）条相同的试验验证。

9）阀应进行湿态直流耐压试验。具体要求如下：直流耐压试验应在阀结构顶部的一个组件发生冷却液体泄漏的情况下重复进行，泄漏量、泄漏持续时间和泄漏物电导率应与阀的湿态操作冲击电压耐受试验中所规定的条件相同。将 IEC 60700—1 第 8.3.1 款中阀的直流耐压试验中 3h 试验改为 30min。

2.1.6　运行特性试验

2.1.6.1　试验目的

该试验是为了验证所设计的换流阀在所规定的正常运行条件和过负荷运行条件，以及非正常运行条件和故障暂态运行条件下的运行性能，通过这些试验应证明：

（1）在所规定的各种试验条件下，阀的各项功能完善，不发生换相失败，具有正确的电压和电流波形，所有的阀内部电路运行功能正确。

（2）处于最恶劣的环境温度和运行条件下，仍能提供足够的冷却，没有元部件产生过热现象。

（3）阀损耗未超过所规定的极限。

（4）阀具有正确的保护，能避免阀关断期间暂态冲击电压的损坏以及开通期间暂态冲击电流的损坏。

（5）计及温度的变化、晶闸管元件内储存电荷以及各种可能的电压波形的影响，阀仍能保持其过电压保护性能。

（6）在最严重的、重复出现的各种条件下，开通和关断时的电压、电流和温度不超过晶闸管元件和阀内其他电路元件的承受能力。

（7）对于多个周期的故障电流，阀仍具有足够的热耐受能力。

（8）在故障电流和恢复期过电压同时出现的最严重情况下，阀仍具有足够的故障抑制能力。

2.1.6.2　试品及试验回路

除满足 IEC 60700—1 中第 9.2 款的要求外，还应满足下述要求：

（1）被试的阀或阀组件应当装配完整，带有与实际运行中完全相同的阀电抗器。

（2）如果试验对阀组件进行，每次试验中串联的晶闸管级数不得少于 3 级。试验中应考虑与晶闸管级数或组件相关的附加安全系数。用于这种试验的阀组件由业主选择。

（3）试验既可以在背靠背试验回路上进行也可在合成回路上进行。不管选用何种试验方法，承包商都应证明其试验装置能够达到各项试验的目的。

（4）承包商应向业主证明，合成试验回路应产生的重复和非重复应力与实际运行条件等值，并得到业主认可。

（5）为了获得与实际运行中相当的电压波形或电压值，应在试验电路中适当地模拟与阀相关的总的杂散电容的影响以及对换相阻抗产生影响的一些阻抗，如滤波器和无功补偿设备的影响。

（6）试验时的冷却条件，即晶闸管元件和其他元部件的温度梯度，冷却介质的温度和流量应与完整阀中最恶劣的冷却条件完全相同。如果阀内的不同阀组件的冷却介质的温度不同，应采用最高的温度。

2.1.6.3　最大运行负载试验

根据 IEC 60700—1 的要求，进行最大连续运行负载试验和最大暂时运行负载试验。在冷却管出口的冷却介质温度稳定在过负荷运行的最高温度后，要求：

（1）在 1.05 倍的最大连续运行电流水平和 1.1 倍额定电压下，以连续运行可能出现的最大角度，持续运行 30min。

（2）在 1.05 倍的最大持续工作电流和 1.1 倍额定电压下，按触发角略小于 90° 运行，试验时间至少为阀在这种触发角下所允许的运行时间的两倍。在业主同意的情况下可以在阀或阀组件的两端适当并联避雷器。

（3）在 1.05 倍的最大持续工作电流和最大甩负荷工频过电压下，按触发角略小于 90° 运行，试验时间为 2s。在业主同意的情况下可以在阀或阀组件的两端适当并联避雷器。

试验时要做到：

（1）测量电压、电流和触发角。

（2）对大角度运行时晶闸管的开通和关断过程的所有相关量进行测量和录波，如开通时的电压下降和电流上升以及关断时的恢复过程等，特别应测量换相过冲。

（3）测量冷却介质流量和温度。

（4）测量晶闸管壳体、电阻壳体、阀电抗器绕组等元部件的热点温度。

表面温度的测量应对每种元件中的至少 12 个元件进行，具体元件应由业主选择。每一阀组件中至少包含一个受测元件。如果某种元件的数量少于 12（如阀电抗器），则测量应对存在的最多元件数进行。

通过以上试验证明：

（1）换流阀或阀组件能够在最恶劣的运行条件下正确运行，不引起晶闸管元件和其他附属元部件的损坏或劣化，并检查冷却介质的温升。

（2）换流阀或阀组件最关键的发热元部件的温升不超过规定的极限范围，并且没有任何元件或材料将经受过高的温度。

（3）换流阀或阀组件在周期性的开通和关断引起的电流和电压冲击下的性能。

2.1.6.4　保护触发连续动作试验

证明换流阀或阀组件具有承受由于某些晶闸管级保护触发连续动作所产生的更严重的电压和电流冲击的能力。

（1）工厂试验。试验方法和条件与最大连续运行负载试验相同，但试验中应将一个晶闸管级的正常触发电路的触发功能闭锁，使该晶闸管级的保护触发连续动作。如果采用背靠背试验回路进行试验，这种能力应通过采用模拟的电压和电流波形对 3 个晶闸管元件样品通过 8h 的试验来证实。

（2）调试试验。在直流系统调试时，当直流系统运行在最大连续负荷电流和额定电压以及在此工况下由控制系统所决定的稳态触发角（对整流运行和逆变运行同时进行）时，将一个晶闸管级的正常触发电路的触发功能闭锁，进行 24h 试验。试验时应如上述工厂试验一样对元部件的表面温度、电压和电流进行监视和记录。

2.1.6.5　阀的损耗试验

当冷却管出口的冷却介质温度已稳定在对应额定电流、额定电压和额定触发角的正常运行条件的最高温度时开始测量各个单独阀组件的损耗，并根据所测阀组件中最大的损耗计算出一个阀的总损耗。可以采用电气的和（或）热量表的方法来确定损耗大小。

另一种确定阀损耗的办法是将试验结果与基于可证实的元件试验数据的计算结果结合，这种方法必须经业主同意。晶闸管元件的损耗应包含与晶闸管元件各种运行状态相关的所有损耗，如通态损耗、开通损耗、关断损耗、闭态泄漏损耗、阀阻尼和均压电路损耗、阀电抗器损耗以及阀内导体损耗都应包括在内。

换流阀的损耗应计入整个换流站损耗保证值中。

2.1.6.6　直流电流断续试验

证明在正常触发条件和过电压保护触发条件下，阀的触发系统功能正确，另外阀对于直流断续电流有足够的耐受能力。在冷却管出口的冷却介质温度稳定在过负荷运行的最高温度后，在 1.1 倍最大稳态电压下进行试验。

对于采用 6 脉动桥或 3 脉动换相组的背靠背试验，开始时将直流电流调整至正常额定电流，然后逐渐降至产生断续的直流电流水平。对于在一个完整阀或阀组件上所进行的合成试验，应调整断续电流脉冲的数量、波形和幅值，以正确模拟运行中所出现的断续电流。

断续电流或模拟断续电流的持续时间至少为实际运行中该种现象持续时间的 2 倍或 2min。然后将试验电路的运行条件调节至试验开始时的状态，并持续正常运行至少 5min（即不存在换相失败、误触发、阀阻尼电阻器过热、换相过冲过高、某些晶闸管级损坏、保护触发功能或任何晶闸管级其他控制功能出错等）。

试验中应将一个晶闸管级的正常触发电路功能闭锁后，以断续电流水平进行至少 15s 的断续电流试验。在试验中应监视该晶闸管级的关键发热部件的温度，由于试验是在较少的阀组件上进行的，所以在该处所施加的应力要比常规时更大。承包商应提出采用模拟条件对晶闸管级元部件进行的补充试验，并征得业主同意。

2.1.6.7　最小交流电压试验

根据 IEC 60700—1 的要求进行最小交流电压试验，以验证换流阀在最小稳态（暂态）触发角和最小稳态（暂态）熄弧角下能正确触发，不发生换相失败。

2.1.6.8 暂时低电压试验

当冷却管出口的冷却介质温度稳定在过负荷运行的最高温度后，在换流变压器阀侧电压为最底运行电压（30%额定值）的 95%时，换流阀以最不利的电流水平，按最小暂态触发角运行至少 1min。晶闸管元件和所有辅助电路工作正常。

暂时低电压试验是为了证明，以正常交流电压运行时，在交流系统故障引起的暂时低电压期间，晶闸管元件和所有辅助电路能够正常工作。试验时间应不短于交流系统清除故障的恢复时间。

2.1.6.9 短路电流试验

根据 IEC 60700—1 的要求进行：① 带后续闭锁的一个周波的短路电流试验；② 不带后续闭锁的三个周波的短路电流试验。

2.1.6.10 晶闸管恢复期的正向暂态电压试验

根据 IEC 60700—1 的要求进行该项试验。进行试验的暂态脉冲电压的正向峰值略小于阀的正向保护触发电压门值。暂态电压脉冲应在电流熄灭后的关键恢复期内的 1500μs 时间段内的 5 个时刻施加。通过施加波头分别为 1μs、10μs 和 100μs 的暂态过电压，证实阀的保护触发功能对暂态电压 dU/dt 的灵敏度。

2.1.6.11 电磁兼容试验

根据 IEC 60700—1 的要求进行该项试验。

2.2 例行试验

承包商应进行下述各项试验：

（1）外观检查。检查阀的外观是否完好无损。

（2）连接检验。检查所有主电流回路的连接是否正确。

（3）均压电路检验。检测均压电路的元件参数并由此确保电压在串联连接的晶闸管元件串上的正确分布。

（4）辅助设备检验。检查每一阀组件中的每一个晶闸管级的辅助设备以及整阀的辅助设备功能是否正常。

（5）触发监视以及“信号返回”功能的检验。检查当点火脉冲加到晶闸管级上时晶闸管级是否能正确开通并检查触发电路在失去交流电源电压至少 1s 后是否能够根据控制器所发触发信号而发出点火脉冲。

（6）耐受电压检验（冲击波和工频）。检查晶闸管级能否耐受对应于全阀所规定的最大过电压的电压水平。在试验时应进行局部放电测量以检验晶闸管级的装配是否正确，绝缘是否完好。

（7）压力试验。检验冷却水管是否有漏水现象。

（8）单个阀元部件试验。阀中每一个元部件都要进行严格的试验、检查和质量评定。对于像晶闸管元件这样的元部件，因具有国际电工技术委员会（IEC）所推荐的试验程序或者国际上其他可接受的标准，应根据这些试验程序或标准进行试验并出具试验报告。

2.3 抽样试验

（1）阀的抽样试验。承包商应根据其制造水平和质量保证体系，确定抽样试品的百分比（不能为零），并提交业主审定。抽样试验应该包括，但不局限于下述项目：

1）最大暂时运行负载试验。

2）保护触发连续动作试验，试验时间 30min。

3）直流电流断续试验，试验中应将一个晶闸管级的正常触发电路功能闭锁，试验进行至少 15s。

4）最小交流电压试验。

5）暂时低电压试验。

6）短路电流试验。

7）晶闸管恢复期的正向暂态电压试验，所施加的冲击电压的波头时间 1μs。

（2）晶闸管的抽样试验。晶闸管阀的阀片抽样试验由承包商进行，抽样比例为 1%，业主有权查阅抽样档案。

2.4 长期老化试验

对于采用液体冷却的阀，因阀结构内具有塑料或橡胶管道，承包商应进行适当的老化试验或者向业主提供可以接受的报告以证明该种材料所制成的构件在阀内的环境下具有超过 35 年的寿命。通过试验应估计温度、弯曲或变形所产生的应力和电场的影响以及这些因素的综合影响。应向业主提供有关曲线，详细地描述 35 年运行寿命期限内的劣化程度并由此判断此种材料的劣化特征，是否是线性的、指数型的或者是可以预计的。

2.5 现场试验

承包商应按照 GB 50150—1991《电气装置安装工程电气设备交接试验标准》、IEC 60700—1，以及本规范的要求，组织编制详细的现场试验方案，提交业主审查。审查通过后，承包商应配合业主的技术人员和运行人员进行现场试验。

第 3 节 换流变压器技术规范

换流变压器应根据直流输电系统中的最新的应用经验，并参考现已在工业中应用的最新的改进进行设计。换流变压器除应满足环境条件和使用条件的相关章节要求外，还应在规定的使用条件下按本规范所提出的各项设计要求正常运行。

1　设计要求

1.1　设备的主要参数

双方确认规范书且签订合同后，承包商应承诺业主根据成套设计对换流变压器的本体及其附件的技术参数的合理调整，承担相应技术、商务风险。

1.1.1　复龙换流站

（1）型式为单相，双绕组，有载调压，油浸式。

（2）冷却方式为 OFAF 或 ODAF。

（3）网侧中性点接地方式为直接接地。

（4）调压方式为安装在网侧中性点的有载调压。调压分接范围+23/–5，每级电压 1.25%。

（5）当绕组平均温升不大于 55K 时，容量应满足表 1 的规定。

表 1　设备的容量（复龙）　MVA

名　称	网侧绕组	阀侧绕组			
		Y1	△1	Y2	△2
额定容量	321.12	321.12	321.12	321.12	321.12

（6）电流额定值应满足表 2 的规定。

表 2　电流额定值（复龙）　A

名　称	网侧绕组	阀侧绕组			
		Y1	△1	Y2	△2
额定连续电流（主分接）	1049	3266	1886	3266	1886
最大连续电流（1.05 倍直流额定功率，投备用冷却，–5 分接）	1201	3504	$3504/\sqrt{3}$	3504	$3504/\sqrt{3}$
2 小时过负荷电流（1.1 倍直流额定功率，不投备用冷却，–5 分接）	1301	3695	$3695/\sqrt{3}$	3695	$3695/\sqrt{3}$

（7）设备最高稳态电压，应满足表 3 的规定。

表 3　设备最高稳态电压（复龙）　kV

名　称	网侧绕组	阀侧绕组			
		Y1	△1	Y2	△2
最高稳态电压	$550/\sqrt{3}$	$177.72/\sqrt{3}$	177.72	$177.72/\sqrt{3}$	177.72

（8）额定电压应满足表 4 的规定。

表 4　额 定 电 压（复龙）　kV

名　　称	网侧绕组	阀　侧　绕　组			
		Y1	△1	Y2	△2
额定电压	$530/\sqrt{3}$	$170.3/\sqrt{3}$	170.3	$170.3/\sqrt{3}$	170.3

（9）额定频率为 50Hz。

（10）网侧与阀侧之间（YN/yn0，YN/d11）阻抗电压及允许变化范围：

1）在额定分接（主分接）时为（18.0±0.9）%。

2）在最小分接（–5 分接）时为（18.0±0.9）%。

3）在最大分接（+23 分接）时为（18.0±0.9）%。

4）最大相间阻抗偏差 2%（阻抗差值±0.36%）。

（11）直流偏磁电流折算到每台变压器网侧不小于 10A。

（12）绝缘水平和试验电压应满足表 5 的规定。如果承包商认为阀绕组的端对地 *BIL* 与端对端 *BIL* 不同，则由承包商论证其绝缘设计的可靠性，提出试验接线方案，由业主批准。

表 5　绝缘水平和试验电压（复龙）

名　　称		网侧绕组（kV）	阀侧绕组（kV 或 kV，DC）			
			Y1	△1	Y2	△2
雷电全波 LI	端 1	1550	1800	1550	1300	1175
	端 2	185	1800	1550	1300	1175
雷电截波 LIC（型试）	端 1	1705	1980	1705	1430	1293
	端 2	—	1980	1705	1430	1293
操作波 SI	端 1	1175	—	—	—	—
	端 2	—	—	—	—	—
	端 1+端 2	—	1600	1300	1175	1050
交流短时外施（中性点）	端 1+端 2	95	—	—	—	—
交流短时感应	端 1	680	—	—	—	—
交流长时感应+局部放电①	端 1（U1）	550②	177	306	177	306
	端 1（U2）	476③	153	265	153	265
交流长时外施+局部放电①	端 1+端 2	—	912	695	479	262
直流长时外施+局部放电①	端 1+端 2	—	1258	952	646	341
直流极性反转+局部放电①	端 1+端 2	—	970	715	460	205

① 局部放电量见第 2 节“试验”；

② $U_1=(1.7\times U_{max})/\sqrt{3}$，$U_{max}$ 为设备最高工作电压；

③ $U_1=(1.50\times U_{max})/\sqrt{3}$，$U_{max}$ 为设备最高工作电压。

1.1.2　奉贤换流站

（1）型式为单相，双绕组，油浸式。

（2）冷却方式为 OFAF 或 ODAF。

（3）网侧中性点接地方式为直接接地。

（4）调压方式及分接范围。安装在网侧中性点的有载调压。调压范围为＋24/–4，每级电压为 1.25%。

（5）当绕组平均温升不大于 55K 时，容量应满足表 6 的规定。

表 6　　设 备 容 量（奉 贤）　　MVA

名　称	网侧绕组	阀侧绕组			
		Y1	△1	Y2	△2
额定容量	303.79	303.79	303.79	303.79	303.79

（6）电流额定值满足表 7 的规定。

表 7　　电 流 额 定 值（奉 贤）　　A

名　称	网侧绕组	阀侧绕组			
		Y1	△1	Y2	△2
额定连续电流（主分接）	1022	3266	1886	3266	1886
最大连续电流（1.05 倍直流额定功率，投备用冷却，–4 分接）	1154	3504	$3504/\sqrt{3}$	3504	$3504/\sqrt{3}$
2 小时过负荷电流(1.1 倍直流额定功率，不投备用冷却，–4 分接)	1227	3695	$3695/\sqrt{3}$	3695	$3695/\sqrt{3}$

（7）设备最高稳态电压满足表 8 的规定。

表 8　　设备最高稳态电压（奉贤）　　kV

名　称	网侧绕组	阀侧绕组			
		Y1	△1	Y2	△2
最高稳态电压	$550/\sqrt{3}$	$168.09/\sqrt{3}$	168.09	$168.09/\sqrt{3}$	168.09

（8）额定电压满足表 9 的规定。

表 9　　额 定 电 压（奉 贤）　　kV

名　称	网侧绕组	阀侧绕组			
		Y1	△1	Y2	△2
额定电压	$515/\sqrt{3}$	$161.11/\sqrt{3}$	161.11	$161.11/\sqrt{3}$	161.11

（9）额定频率为 50Hz。

（10）网侧与阀侧之间（YN/yn0，YN/d11）阻抗电压及允许变化范围：

1）在额定分接（主分接）时为（18.0±0.9）%。

2）在最小分接（–4 分接）时为（18.0±0.9）%。

3）在最大分接（+24 分接）时为（18.0±0.9）%。

4）最大相间阻抗偏差 2%（阻抗差值±2%×18%=±0.36%）。

若系统成套设计对换流变压器的阻抗电压在 16.7%～18%的范围内进行优化，承包商应适应调整要求。

（11）直流偏磁电流折算到每台变压器网侧不小于 10A。

（12）绝缘水平和试验电压满足表 10 的规定。如果承包商认为阀绕组的端对地 *BIL* 与端对端 *BIL* 不同，则由承包商论证其绝缘设计的可靠性，提出试验接线方案，由业主批准。

表 10　　绝缘水平和试验电压（奉贤）

名　称		网侧绕组（kV）	阀侧绕组（kV 或 kV，DC）			
			Y1	△1	Y2	△2
雷电全波 LI	端 1	1550	1800	1550	1300	1175
	端 2	185	1800	1550	1300	1175
雷电截波 LIC（型试）	端 1	1705	1980	1705	1430	1293
	端 2	—	1980	1705	1430	1293
操作波 SI	端 1	1175	—	—	—	—
	端 2	—	—	—	—	—
	端 1+端 2	—	1600	1300	1175	1050
交流短时外施（中性点）	端 1+端 2	95	—	—	—	—
交流短时感应	端 1	680	—	—	—	—
交流长时感应+局部放电	端 1（U_1）	550	172	298	172	298
	端 1（U_2）	476	149	258	149	258
交流长时外施+局部放电	端 1+端 2	—	912	695	479	262
直流长时外施+局部放电	端 1+端 2	—	1258	952	646	341
直流极性反转+局部放电	端 1+端 2	—	970	715	460	205

1.2　性能要求

（1）额定容量时的温升限值满足表 11 的规定。除要考虑日照、地面和建筑物反射外，还要考虑由于噪声治理的需要而引起的局部环境温度的升高。承包商应提供在表 11 中规定的温度限值下，投或不投备用冷却器时的长期运行负载能力（以额定电流为基值的标幺值）与环境温度的曲线，以及短时过负载能力与过载时间和环境温度的曲线。在投标书中，承包商应提供一份初步的温升设计值的计算报告（绕组热点温升应通过损耗—温度场方法计算）。承包商考虑到噪声治理需要若换流变压器采用 Box-in 等降噪方案时，Box-in 或其他密闭空间内部的温度由厂家自行规定。所提供的环境温度数据指换流站的环境温度。

表 11　额定容量时的温升限值

顶部油温升	绕组平均温升	绕组热点温升	油箱、铁心及结构件温升	短时过负荷绕组热点温度
50K	55K	68K	75K	120℃

（2）过激磁能力。在系统最高电压为 550kV 和规定的频率下，且阀侧为最高稳态电压时，换流变压器应能正常运行。换流变压器空载时在 110%的额定电压下应能连续运行。承包商应提供 100%、105%、110%情况下激磁电流的各次谐波分量，并按 50%～115%额定电压下空载电流测试结果提供励磁特性曲线。同时，还应提供额定电压下设计磁通密度（T）。

（3）套管。

1）套管型式（见表 12）。网侧套管使用瓷质、油浸式套管，加装油位计；阀侧套管使用干式或充 SF_6 的套管，若为充 SF_6 的套管，应加装压力表。同时，抽压分头及接地末屏应由小套管引出。

表 12　换流变压器套管型式

网侧绕组	阀　侧　绕　组			
	Y1	△1	Y2	△2
油纸套管	干式或充 SF_6	干式或充 SF_6	干式或充 SF_6	干式或充 SF_6

2）电流额定值。复龙换流站用换流变压器的电流额定值见表 2；奉贤换流站用换流变压器的电流额定值见表 7。

3）$\tan\delta$，电容量的测量电压（kV）。两端换流站的测量电压见表 13 和表 14。

表 13　复龙换流站侧测量电压　　kV

项　　目	网侧绕组	阀　侧　绕　组			
		Y1	△1	Y2	△2
$0.5U_r/\sqrt{3}$	159	306	233	306	233
$1.05U_r/\sqrt{3}$	333	643	490	643	490
$1.5U_r/\sqrt{3}$	476	918	699	918	699

注　U_r 为设备最高电压，U_r=550kV；阀侧Y绕组 U_r=1060kV；阀侧△绕组 U_r=807kV。

表 14 奉贤换流站侧测量电压 kV

项目	网侧绕组	阀侧绕组			
		Y1	△1	Y2	△2
$0.5U_r/\sqrt{3}$	159	306	233	306	233
$1.05U_r/\sqrt{3}$	333	643	490	643	490
$1.5U_r/\sqrt{3}$	476	918	699	918	699

注 U_r为设备最高电压，U_r=550kV；阀侧Y绕组 U_r=1060kV；阀侧△绕组 U_r=807kV。

4）试验电压。套管的试验电压分为网侧套管绝缘水平和阀侧套管绝缘水平。网侧套管绝缘水平见表 15。换流变压器阀侧套管绝缘水平比换流变压器绕组绝缘水平得到的系数，均按如下系数适当提高（中性点套管除外）：直流电压 1.15；直流极性反转 1.15；外施交流电压 1.10；雷电冲击 1.05；操作冲击 1.05。换流变压器阀侧套管不进行工频 1min 短时耐受试验，使用外施交流长时耐受试验代替。阀侧绕组的套管电容抽头交流 1min 耐受试验电压均为 2.0kV。

表 15 换流变压器网侧套管绝缘水平

项目		网侧绕组（kV）
电冲击耐受	线端套管全波	1675
	线端套管截波（型式）	1705
	中性点套管全波	250
操作冲击耐受	线端套管	1175
工频 1min 短时耐受	线端套管	740
	中性点套管	95
套管电容抽头交流 1min 耐受		2.0

5）套管最小爬电比距。网侧（按设备最高运行电压计算）为 25.0mm/kV，阀厅侧（按最高直流运行电压计算）为 14.0mm/kV。

6）爬电系数、外形系数、直径系数以及表示伞裙形状的参数，均应符合 IEC 60815 之规定。

7）套管的试验和其他的性能要求应符合 IEC 60137 规定。

8）网侧套管 500kV 出线端子应按防电晕要求进行设计。

（4）有载调压开关。

1）电流额定值。复龙换流站见表 2，并满足 GB 1094 对负载的要求；奉贤换流站见表 7，并满足 GB 1094 对负载的要求；

2）调节范围。复龙换流站＋23/−5，每级电压 1.25%；奉贤换流站＋24/−4，每级电压 1.25%。

3）电流变化率见表 16 和表 17 所示。

表 16　　复龙换流站电流变化率　　A/ms

α（°）	10	15	17	20	30	40	50	60	70	80	85	90
dI/dt	1046	1155	1206	1288	1588	1889	2160	2382	2541	2628	2644	2638

表 17　　奉贤换流站电流变化率　　A/ms

α（°）	10	15	17	20	30	40	50	60	70	80	85	90
dI/dt	1046	1155	1206	1288	1588	1889	2160	2382	2541	2628	2644	2638

4）寿命要求。机械寿命大于 80 万次，电气寿命大于 20 万次，检修、换油周期大于 10 万次。

5）有载分接开关触头。有载分接开关长期载流的触头，应能够承受换流变压器外部短路电流，持续 2s，且触头不熔焊、烧伤、无机械变形，保证可继续运行。

6）有载分接开关应符合国标的有关规定。

（5）套管电流互感器（见表 18、表 19）应符合 GB 1208—2006《电流互感器》、GB 1684—1997《保护用电流互感器暂态性技术要求》现行标准的规定。对 TPY 型电流互感器：

1）最大峰值瞬时误差不应超过 10%；

2）假定 100%的直流分量偏移；

3）剩磁不应超过 10%的拐点电压对应的磁密。

表 18　　复龙换流站换流变压器套管电流互感器

<table>
<tr><td rowspan="2">装设位置</td><td rowspan="2">网侧套管</td><td rowspan="2">中性点套管</td><td colspan="8">阀侧套管</td></tr>
<tr><td colspan="2">Y1 套管</td><td colspan="2">△1 套管</td><td colspan="2">Y2 套管</td><td colspan="2">△2 套管</td></tr>
<tr><td>数量（组）</td><td>1</td><td>1</td><td colspan="2">1</td><td colspan="2">1</td><td colspan="2">1</td><td colspan="2">1</td></tr>
<tr><td rowspan="2">二次线圈数量（个）</td><td></td><td></td><td>与阀相连套管</td><td>连中性点套管</td><td>首端套管</td><td>尾端套管</td><td>与阀相连套管</td><td>连中性点套管</td><td>首端套管</td><td>尾端套管</td></tr>
<tr><td>5</td><td>3</td><td>5</td><td>4</td><td>5</td><td>4</td><td>5</td><td>4</td><td>5</td><td>4</td></tr>
<tr><td>准确级（从变压器看向中性点）</td><td>TPY×5</td><td>TPY×3</td><td>TPY×5</td><td>0.2×2/TPY×2</td><td>TPY×5</td><td>0.2×2/TPY×2</td><td>TPY×5</td><td>0.2×2/TPY×2</td><td>TPY×5</td><td>0.2×2/TPY×2</td></tr>
<tr><td>电流比</td><td>2000/1</td><td>3000/1</td><td colspan="2">4000/1</td><td colspan="2">3000/1</td><td colspan="2">4000/1</td><td colspan="2">3000/1</td></tr>
<tr><td>二次容量（VA）</td><td>10</td><td>10</td><td colspan="2">10</td><td colspan="2">10</td><td colspan="2">10</td><td colspan="2">10</td></tr>
</table>

表 19　　奉贤换流站换流变压器套管电流互感器

<table>
<tr><td rowspan="2">装设位置</td><td rowspan="2">网侧套管</td><td rowspan="2">中性点套管</td><td colspan="8">阀 侧 套 管</td></tr>
<tr><td colspan="2">Y1 套管</td><td colspan="2">△1 套管</td><td colspan="2">Y2 套管</td><td colspan="2">△2 套管</td></tr>
<tr><td>数量（组）</td><td>1</td><td>1</td><td colspan="2">1</td><td colspan="2">1</td><td colspan="2">1</td><td colspan="2">1</td></tr>
<tr><td rowspan="2">线圈数量（个）</td><td></td><td></td><td>与阀相连套管</td><td>连中性点套管</td><td>首端套管</td><td>尾端套管</td><td>与阀相连套管</td><td>连中性点套管</td><td>首端套管</td><td>尾端套管</td></tr>
<tr><td>5</td><td>3</td><td>5</td><td>4</td><td>5</td><td>4</td><td>5</td><td>4</td><td>5</td><td>4</td></tr>
<tr><td>准确级（从变压器看向中性点）</td><td>TPY×5</td><td>TPY×3</td><td>TPY×5</td><td>0.2×2/TPY×2</td><td>TPY×5</td><td>0.2×2/TPY×2</td><td>TPY×5</td><td>0.2×2/TPY×2</td><td>TPY×5</td><td>0.2×2/TPY×2</td></tr>
<tr><td>电流比</td><td>2000/1</td><td>3000/1</td><td colspan="2">4000/1</td><td colspan="2">3000/1</td><td colspan="2">4000/1</td><td colspan="2">3000/1</td></tr>
<tr><td>二次容量（VA）</td><td>10</td><td>10</td><td colspan="2">10</td><td colspan="2">10</td><td colspan="2">10</td><td colspan="2">10</td></tr>
</table>

（6）阀侧套管分压器（见表 20、表 21）。

表 20　　复龙换流站换流变压器阀侧套管末屏电压分压器

装设位置	阀侧Y1 套管	阀侧△1 套管	阀侧Y2 套管	阀侧△2 套管
数量	1	1	1	1
准确级	3	3	3	3
分压比	170.3kV/110V	170.3kV/110V	170.3kV/110V	170.3kV/110V
二次容量（VA）	5	5	5	5

表 21　　奉贤换流站换流变压器阀侧套管末屏电压分压器

装设位置	阀侧Y1 套管	阀侧△1 套管	阀侧Y2 套管	阀侧△2 套管
数量	1	1	1	1
准确级	3	3	3	3
分压比	160.11kV/110V	160.11kV/110V	160.11kV/110V	160.11kV/110V
二次容量（VA）	5	5	5	5

（7）就地控制（控制箱）系统。就地控制系统与换流变压器配套供货，功能包括换流变压器冷却器就地自动控制、变压器有载开关分接头就地（三相同步）控制、换流变压器就地控制与远方控制的接口及用于变压器和变压器本体保护的监视测量信号的输出。换流变压器本体保护中，用于跳闸的保护均应至少提供 3 个输出接点。换流变压器就地控制系统输入、输出信号包括但不限于表 22 的内容。换流变压器就地控制系统，开关量应采用无源接点，模拟量采用 4～20mA 模拟量形式。换流变压器就地控制系统应包括如下功能：

表 22 换流变压器就地控制系统的输出、输入信号

<table>
<tr><th colspan="3">换流变压器就地控制系统的输出、输入信号</th><th>备注</th></tr>
<tr><td rowspan="27">输出信号</td><td rowspan="15">开关量</td><td>绕组温度高跳闸</td><td rowspan="31">信号按相给出</td></tr>
<tr><td>油温高跳闸</td></tr>
<tr><td>换流变压器重瓦斯</td></tr>
<tr><td>调压开关重瓦斯</td></tr>
<tr><td>压力释放</td></tr>
<tr><td>冷却器全停</td></tr>
<tr><td>绕组温度高报警</td></tr>
<tr><td>油温高报警</td></tr>
<tr><td>换流变压器轻瓦斯</td></tr>
<tr><td>调压开关轻瓦斯</td></tr>
<tr><td>冷却器故障</td></tr>
<tr><td>电源故障</td></tr>
<tr><td>油位高报警</td></tr>
<tr><td>油位低报警</td></tr>
<tr><td>就地控制回路其他报警</td></tr>
<tr><td rowspan="8">模拟量</td><td>换流变压器绕组温度</td></tr>
<tr><td>换流变压器油箱底层油温</td></tr>
<tr><td>换流变压器油箱顶层油温</td></tr>
<tr><td>变压器油气体监测</td></tr>
<tr><td>换流变网侧套管 TA 电流</td></tr>
<tr><td>阀侧Y套管 TA 电流</td></tr>
<tr><td>阀侧△套管 TA 电流</td></tr>
<tr><td>中性点套管 TA 电流</td></tr>
<tr><td rowspan="4">分接头位置</td><td>调压开关分接头状态信号（形式为开关量或模拟量或 ASII 码或串口）</td></tr>
<tr><td>分接头已调到最高位置</td></tr>
<tr><td>分接头已调到最低位置</td></tr>
<tr><td>分接头调节中</td></tr>
<tr><td rowspan="4">输入信号</td><td rowspan="2">分接头</td><td>分接头上调</td></tr>
<tr><td>分接头下调</td></tr>
<tr><td rowspan="2">冷却器</td><td>投冷却器（按组）</td></tr>
<tr><td>切冷却器（按组）</td></tr>
</table>

1）应满足上述信号要求。对表 22 中所列的信号，应能可靠地送出或接收。需要说明的是，除特殊规定，所有开关量、模拟量输出信号均应双套配置，以满足控制保护系统要求。包括配置相应的温度传感器、气体继电器、压力释放装置等，包括但不限于如下设备：

a. 温度检测器。应为电阻型，提供油温、油温高报警、油温高跳闸信号。

b. 绕组温度指示器。用来指示绕组热点温度同时也用于冷却装置控制，提供绕组温度、绕组温度高报警、绕组温度高跳闸信号。

c. 油位指示器。观察油位的指示器，指示器应具有最低油位和最高油位报警接点。

d. 压力释放装置。在油箱压力释放装置上应供给指示释放的接点，当接点闭合将

传送释放信号。

e. 气体继电器。能够在变压器运行中以轻、重瓦斯的报警和跳闸信号反应变压器内部故障。

f. 分接头调压开关气体继电器。能够在变压器运行中以轻、重瓦斯的报警和跳闸信号反映变压器调压开关内部故障。

2）冷却器的控制，包括但不限于如下功能：可手动启动，包括就地控制及与远方控制的接口；也可自动启动，利用绕组温度指示装置的接点来启动控制装置，使风扇电动机运转和停止。每台风扇电动机均应由各自的热过负荷装置保护以防止过负荷和单相运行。油泵和风扇电动机的任何故障均应提供故障指示。用于每组冷却器电源引线的二台主回路开关应有热过电流跳闸元件，提供过电流和过负荷保护并且还具有反相和断相故障检测能力。

3）换流变压器分接头的就地控制及与远方控制的接口，包括与极控自动调节和站控的手动调节之间的接口，应提供就地和远方控制选择开关或相应的功能。

（8）冷却装置。

1）换流变压器投入或退出运行时，工作冷却器均可通过控制开关投入与停止运行。

2）换流变压器满载运行时，当全部冷却器退出运行后，允许继续运行时间至少20min。当油面温度不超过75℃时，换流变压器允许继续运行1h。

3）承包商应提供在不同环境温度下，投入不同数量的冷却器时，换流变压器允许满负载运行时间及持续运行的负载系数。冷却器应根据运行中的换流变压器顶层油温或绕组热点温度情况自动投入或切除，一般应有一台冷却器为备用，当工作中或冷却器故障时，备用冷却器能自动投入运行。在换流变压器运行中，冷却器的投切应能实现“先进先出”的功能，即冷却器能逐台轮流自动投切。

4）承包商应提供冷却器台数（包括备用）及布置方式。

5）承包商应提供冷却装置的电源总功率。

6）当冷却系统电源发生故障或电压降低时，应自动投入备用电源。

7）当需要时，备用冷却装置也可投入运行，即全部冷却装置（包括备用）投入运行。

8）冷却器应挂于换流变压器本体之上，或采用独立的冷却器组（采用换流变压器Box-in等降噪方案时）。

9）承包商应考虑在台风、地震等恶劣的气象条件时冷却器的机械强度。

（9）噪声水平。工频额定电压下不大于75dB（A）（工厂试验）。承包商应提供换流变额定功率运行时（含谐波）噪声水平［dB（A）］与加上直流偏磁时噪声水平［dB（A）］。谐波数据由其他报告给出。承包商还应配合业主作降噪设计，并考虑降噪措施对换流变压器温升的影响。

（10）变压器承受短路能力。当换流变压器任意端发生出口短路时，能保持动、热稳定而无损坏。承包商应提供短路时绕组动、热稳定的计算结果，热稳定的短路持续时间不得少于 2s。

（11）换流变损耗的保证值。承包商应在投标文件中分别针对有载调压分接开关的主分接和极端分接，向业主提出换流变损耗的保证值。变压器总损耗的保证值应包括额定电压下的空载损耗［其中包括 2.1 节第（4）条的测量结果和由直流偏磁产生的附加空载损耗］和折算到参考温度为 80℃时的总负载损耗。同时，承包商应提供一份报告来说明由直流偏磁产生的附加损耗。

（12）换流变压器的寿命。换流变压器在规定的使用条件和负载条件下运行，并按使用说明书进行安装和维护，预期寿命应不少于 30 年。

（13）换流变压器油。换流变压器油应符合 GB 2536—1990《变压器油》或 IEC 60296 的规定添加抗氧化剂，且不含其他任何添加剂的低含硫环烷基油。承包商所提供变压器油应与厂内试验用油相同，并经过滤合格的新油，其击穿电压不小于 70kV，tanδ（90℃）不大于 0.5%，含水量不大于 10mg/l，大于 5μm 的颗粒不多于 2000 个/100ml，且不应含有 PCB 成分，油量除供应铭牌数量外，再加 1%的备用油。同一换流站内的换流变压器应采用牌号和规格相同的变压器油。

（14）互换性。所有相同设计、相同额定值的换流变压器的电气性能应完全相同，具有互换性，且可以并列运行。承包商应按工程要求，提供安装质量和安装尺寸。

（15）消防。承包商提供的产品（包含冷却器风扇电动机、潜油泵、控制箱及端子箱等）应满足水喷雾灭火的要求。

（16）抗地震能力。承包商应提供抗地震能力的论证报告。

1.3　结构要求

（1）铁心和绕组。铁心应采用高质量、低损耗的晶粒取向冷轧硅钢片，用先进方法叠装和紧固，使换流变压器铁心不致因运输和运行的振动而松动。全部绕组应用铜导线，优先采用半硬铜导线；绕组绝缘应良好，使用场强应严格控制，确保绕组在运行中不发生局部放电，有良好的冲击电压波分布；应对绕组漏磁通进行控制，避免在绕组和其他金属构件上产生局部过热，绕组内部应有较均匀的油流分布，油路通畅，避免绕组局部过热。承包商应提供磁场、电场、热场分布图。绕组应适度加固，引线应充分紧固，器身形成坚固的整体，使其具有足够耐受短路的强度。在运输时和在运行中不发生相对位移。换流变压器应能承受运输中的冲撞，当冲撞加速度不大于 3g 时，应无任何松动、变形和损坏。

（2）有载分接开关。有载分接开关应是高速转换电阻式，且应有机械的和电的限位装置。有载分接开关的切换装置应装于与换流变压器主油箱分开的独立的油箱里，其中的切换开关可单独吊出检修。有载分接开关油箱应有单独的储油柜、呼吸器、压力释放装置和压力继电器等。有载分接开关的驱动电机及其附件应装于耐全天候的柜内。有载分接开关应能远距离操作，也可在换流变压器旁就地手动操作。应备有累计切换次数的动作记录器和分接位置指示器。控制电路应有计算机接口。有载分接开关的油箱应能经受 0.05MPa 压力的油压试验，历时 1h 无渗漏现象。有载调压分接开关的切换开关油箱，应装有带电滤油装置以及进油阀和放油阀，以便在换流变压器运行中进行在线油处理。

（3）储油柜。

1）储油柜应具有与大气隔离的油室。油室中的油量可由构成气室的胶囊的膨胀或收缩来调节。气室通过吸湿型呼吸器与大气相通。

2）储油柜与换流变压器油箱之间的联管应畅通。套管升高座等处积集气体应通过带坡度的集气总管引向气体继电器，同时，气体继电器应优化设计，以保证正确动作。

3）储油柜应有放气塞、排气管、排污管和进油管及吊攀。

4）储油柜容积应保证在最高环境温度允许过载状态下油不溢出，在最低环境温度未投入运行时观察油位计，应有油位指示。油位指示应方便运行人员观察。

（4）油箱。

1）换流变压器油箱的顶部不应形成积水，油箱内部不应有窝气死角。

2）换流变压器应能在其主轴线或短轴线方向在平面上滑动或在管子上滚动，油箱上应有用于拖动的构件。换流变压器底座与基础的固定方法，应经业主认可。

3）所有法兰的密封面应平整，密封垫应有合适的限位，杜绝渗漏。

4）油箱上应设有温度计座、接地板、吊攀和千斤顶支架等。

5）油箱上应装有梯子，梯子下部有一个可以锁住踏板的挡板，梯子位置应便于在换流变压器带电时从气体继电器中采集气样。

6）换流变压器油箱应装有下列阀门：进油阀与排油阀（在油箱上部和下部应成对角线布置）、油样阀（油样阀的结构和位置应便于取样）。油箱的下部箱壁上应装有油样阀门。油箱上部装滤油阀门，底部应装有能将油排尽的排油装置。

7）换流变压器应装有带报警接点的压力释放装置，每台换流变压器至少 3 个，直接安装在油箱两端。

8）油温测量装置。① 应装有供玻璃温度计用的管座，所有设置在油箱顶盖的管座应伸入油内不少于 110mm；② 换流变压器需装设户外式信号温度计，温度计引线应用支架固定，信号温度计的安装位置应便于观察；③ 换流变压器应装有远距离测温用的测温元件，并应有送出该信号的功能；④ 当换流变压器采用集中冷却结构时，应在靠油箱进出油口总管路处，安装测量油温用的玻璃温度计管座。

9）变压器油箱的机械强度应承受真空 13.3Pa 和正压 0.1MPa 的机械强度试验，油箱不得有损伤和永久变形。冷却装置的机械强度不可小于油箱强度。

10）密封要求：整台变压器应能承受储油柜的油面上施加 0.03MPa 静压力，至少持续 24h，应无渗漏及损伤。

（5）冷却装置。

1）冷却系统电动机的电源电压采用三相交流 380/220V，控制电源电压为直流 220V。

2）冷却装置应采用低噪声、向内吸风式的风扇的油泵，运行中油泵发生故障时应接通报警接点报警。

3）冷却装置进出油管应装有蝶阀（对 ODAF 冷却方式的换流变压器），应在靠近油泵的管路上装设油流继电器。

4）风扇电动机和油泵电动机三相均应装有过载、短路和断相保护。

5）换流变压器的冷却装置应按负载和顶层油温情况，自动逐台投切相应数量的整机和风扇，且该装置可在换流变压器旁就地手动操作，也可在控制室中遥控。当切除故障冷却装置时，备用冷却装置应自动投入运行。

6）冷却装置应有使两组相互备用的供电电源彼此切换的装置。当冷却装置电源发生故障或电压降低时，应自动投入备用电源。

7）当投入备用电源、备用冷却装置，切除冷却器和损坏电动机时，均应发出信号，并提供接口。

8）承包商应优化换流变压器冷却器的位置，以进一步提高冷却效率。

9）换流变压器冷却器的设计要考虑灰尘导致的冷却功能降低，必要时考虑加装冷却器自动清洗装置。

10）承包商设计换流变压器时，应设置备用冷却器，当运行温度超过规定值时，备用冷却装置也可投入运行，即全部冷却装置（包括备用）投入运行。

11）承包商应合理考虑油流速度，以避免油流静电影响内部绝缘结构，产生放电。

12）当冷却器电动机故障率大于 5%时，承包商必须全部更换所有的冷却器电动机。

（6）套管。电容式套管应有末屏，阀侧套管应具有电压抽头装置。套管设计应保证插入阀厅的结构，并提供相应的封堵材料。阀厅墙壁上的开口应按保证承受 3h 火灾的要求进行密封。套管应不漏渗，对油浸式套管应有易于从地面检查油位的油位指示器，取油阀应安装在便于采取油样的位置。如果阀侧套管伸入阀厅，应采用干式或充 SF_6 套管。如采用充 SF_6 套管，则应装设压力表，压力表的报警信号应用硬接点方式上传，压力值应能方便就地检查。套管颜色：瓷的为棕色，非瓷的为灰色。每个套管应有一个可变换方向的平板式接线端子，以便于安装与电网的联结线。端子板应能承受表 23 中对应的受力要求，端子板的接触面应镀锡。静态安全系数不小于 2.5，动态安全系数不小于 1.67，至少承受扭矩 400N・m。

表 23　　套管应力要求　　N

位　置	水平纵向	水平横向	垂直方向
网侧	3000	2000	2000
阀侧	3000	3000	2000
中性点	2000	2000	1500

（7）套管电流互感器。

1）所有的电流互感器的变比应在换流变压器铭牌中列出。

2）电流互感器的二次引线应经金属屏蔽管道引到换流变压器控制柜的端子板上，引线应采用截面不小于 $6mm^2$ 的耐油、耐热的软线。

（8）换流变压器套管、储油柜、油箱和冷却器等布置应符合业主的要求。

（9）铁心、夹件、接线装置应与油箱绝缘，通过装在油箱顶部的套管引出，并在油箱下部与油箱连接接地。油箱应有 2 个接地处，应有明显接地符号。接地极板应满足接地热稳定电流要求，并配有与接地线连接用的接地螺栓，螺栓的直径不小于 12mm。

（10）控制柜和端子箱。

1）控制柜和端子箱应设计合理，防护等级为 IP55。

2）控制柜和端子箱的安装高度应便于在地面上进行就地操作和维护。

3）控制箱内的端子排应为阻燃、防潮型，控制柜应有足够的接线端子以便连接控制、保护、报警信号和电流互感器等的内部引线，并应留有 15%的备用端子。所有外部接线端子包括备用端子均应为线夹式。控制跳闸的接线端子之间及与其他端子间均应留有一个空端子，或采用其他隔离措施，以免因短接而引起误跳闸。

4）控制柜内应有可开闭的照明设施，并应有适当容量的交流 220V 的加热器，以防止柜内发生水气凝结。控制柜外可有防雨电源插座（单相，10A，220V，AC）。

5）冷却系统控制箱应随换流变压器成套供货，控制箱应为户外式。控制箱应采用双回路电源供电。

6）换流变压器本体到控制箱之间的电缆由承包商提供。

（11）每个换流站至少提供一个安装变压器用的带滚轮车架，换流站如果采用面对面布置，应考虑使换流变压器转换方向且提供专用工具。

（12）压力释放阀、气体继电器、油位指示计、油温表等表面应有防雨罩，应考虑对顶部接线盒密封盖的设计，采用防进水措施，防止内部接点受潮故障。

（13）应配备气体在线监测装置，该装置的监测值应能在主控室内看到，当出现异常时能给出报警信号。

（14）承包商还应为每一换流站提供一套完整的变压器油过滤设备，油循环速度不小于 12000l/h。该设备应具有良好的性能，满足业主的要求。

（15）承包商应对每一台换流变压器提供升高座，升高座的长度及高度需要和阀厅或防火墙的厚度相配合，详细设计时由设计院向换流变压器厂就阀厅和防火墙的厚度提供资料，换流变压器厂应保证其升高座的长度及高度满足阀厅总体设计要求。

（16）承包商负责为变压器本体上的电缆提供不锈钢槽盒。

（17）换流变辅助电源接口。业主为每组换流变提供两套辅助电源，换流变厂家负责电源引接及分配。

（18）换流变压器噪声抑制。为满足换流站对噪声的要求，承包商应根据有关研究提交换流变压器降噪的最优方案，供业主确定。与换流变降噪方案有关的材料均由业主提供，降噪结构在换流变上的支撑、固定连接件均由承包商提供，降噪结构的具体位置应由业主、承包商、相关设计院在设计联络会上确定。采用 box-in 等降噪方案时，承包商应合理调整换流变的继电器、表计、冷却器等附件的结构、位置，应符合业主有关“性能特点、方便检查、方便检修”的要求，以有利于工作人员的安装、检修、维护工作。例如，将继电器、表计置于换流变压器侧面，冷却器布置于换流变端部、尾部；优化冷却器等附件与油箱的联结方式、联结点的机械强度、冷却器与周围屏障的距离等。

1.4　涂漆和防锈

换流变压器油箱、储油柜、冷却装置及连管等的外表面均应涂漆，其颜色应依照业主的要求。换流变压器油箱内表面，铁心上、下夹件等均应涂以浅色漆，并与换流变压器油有良好的相容性，用漆由承包商决定。漆层厚度应符合有关标准。所有需要涂漆的表面在涂漆前应进行彻底的表面处理。换流变压器出厂时，外表面油漆一新，并供给业主适当数量的原用漆，用于安装现场补漆。

1.5　换流变压器附件

除常规附件外，承包商还应提供如下附件：

（1）复龙换流站（包 1）：

1）有载调压开关在线滤油机：24＋4（备用台）。

2）换流变压器气体在线绝缘监测装置：24＋4（备用台）。

（2）奉贤换流站（包 2）：

1）有载调压开关在线滤油机：24＋4（备用台）。

2）换流变压器气体在线绝缘监测装置：24+4（备用台）。

1.6 换流变压器大件运输限制条件

（1）运输限制尺寸（$L\times W\times H$）：13000mm×4500mm×5000mm。

（2）运输限制质量：400t。

1.7 铭牌

铭牌应包括以下内容：换流变压器种类、标准代号、制造厂名、出厂序号、制造年份、相数、额定容量（kVA 或 MVA）、额定频率、各绕组额定电压和分接范围、各绕组额定电流、接线原理图、以百分数表示的短路阻抗实测值、冷却方式、总重、绝缘油重、运输重、器身重、负载损耗、空载损耗、空载电流、套管电流互感器。

2 试验

应在每一台装配完整的换流变压器上进行试验。每种主要附件，如套管、有载调压分接开关应按有关规定在装配之前有单独进行的完整的试验报告。

承包商应按照本规范书以及 IEC 60076、IEC 61378—2 的规定对换流变压器进行试验。承包商应向业主提交一份完整的试验大纲和监造试验计划，并征得业主同意。

所有试验均应考虑现场设备实际情况，必要时予以模拟。

绝缘强度试验的顺序应为：① 长时交流感应加压和局部放电测量；② 雷电冲击试验；③ 操作冲击试验；④ 直流耐压试验；⑤ 直流电压极性反转试验；⑥ 外施工频交流电压试验；⑦ 短时交流感应电压试验；⑧ 长时交流感应电压及局部放电测量（紧接第⑦项试验后进行）。

除特别说明外，所有采用直流电压的试验应在 20±5℃的温度下进行。试验中应按以下要求进行油样分析：

（1）任何功率试验或电压试验前都应取油样。

（2）绝缘试验前应取一次油样。

（3）绝缘试验后应再次取一次油样。

（4）长时间空载试验、油流带电试验、温升或负载电流试验都应按有关的要求在试验期间取油样。

应向业主提交每台变压器的油样试验结果，经业主同意后方能启运。如果对油样试验的结果有质疑，应进行追加试验，并研究原因。建议每次提取双份油样，如果业主对第一次油样试验的结果有疑问，可再次试验验证。

2.1 例行试验

应在每一台装配完整的换流变压器上进行试验。每种主要附件，如套管、有载调压分接开关等在装配之前应有单独进行的完整的试验报告［套管的绝缘介损（$\tan\delta$）

值应小于0.6%（20℃）]。当试验测量的数据需校正到参考温度值时，通常其参考温度取75℃，但所有损耗和阻抗试验结果应校正到80℃。

（1）绕组直流电阻测量。

（2）极性测量。

（3）在每一分接位置的变比测量。

（4）空载损耗和空载电流测量。在90%、100%、110%和115%额定电压下进行测量，如果可能还应在120%额定电压下测量。读数时应记下所有电压的波形系数。该试验应在换流变有载调压分接开关主分接位置上进行。

（5）工频下的阻抗电压、短路阻抗和负载损耗的测量。按照IEC 60076—1的要求，在额定频率和70%～100%额定电流下测量阻抗电压（每一分接）、短路阻抗和负载损耗（主分接和最大、最小分接）。

（6）谐波损耗试验。试验应按照IEC 61378—2第10.3节的要求，试验应针对主分接、最大、最小分接进行。

（7）绝缘电阻测量。测量绕组的R15″、R60″、R600″绝缘电阻，计算吸收比和极化指数。测量铁心和夹件的绝缘电阻。

（8）绕组绝缘介质损耗及电容测量。变压器全部组装好且充好油之后，应测量各绕组对地、各绕组之间的绝缘介损及电容。这些参数值连同试验时的油温一起，应载入试验报告之中。

（9）油样试验。应根据IEC 60567的要求进行，包括测量室温和100 ℃下的介损和电阻率，以及绝缘强度测试、水分测量、油中溶气分析（色谱试验）和悬浮颗粒物测量。

（10）阀侧绕组绝缘试验。应按IEC 61378—2、IEC 60076—3的规定进行外施电压试验、极性反转试验及局部放电测量，特殊要求除外。在整个试验过程中应用示波器同步测量和记录局部放电的电信号和声信号。承包商应向业主证明并使业主满意，所使用的传感器能正确分辨变压器箱体内的放电与变压器箱体外的背景放电及噪声。

1）外施直流电压试验及局部放电测量。按IEC 61378—2中10.4.4条的规定，在所规定的正极性电压下依次对每个阀侧绕组进行试验。在1min内升至试验电压幅值，并保持120min。不进行试验的绕组应该短接，并与变压器箱体一起接地。试验电压应按1.1节规定选取。在整个试验期间应测量和记录局部放电。如果在最后30min内超过2000pC的放电脉冲不超过30个，在最后10min内超过2000pC的放电脉冲不超过10个，那么该变压器认为合格。最后30min以外的放电脉冲用于提供信息。

2）极性反转试验及局部放电测量。首先施加负极性电压90min，然后在1min内将电压反转至正极性，保持90min。再一次在1min内将电压反转为负极性，保持45min。

在整个试验期间测量和记录局部放电。试验期间的任何 10min 内放电量超过 2000pC 的放电脉冲数不超过 10 个，否则认为变压器未通过该项试验。反转完成后的 1min 内大于 500pC 的放电脉冲也应测量和记录，但仅用于提供信息。试验电压应按 1.1 节规定选取。

3）外施工频电压试验及局部放电测量。对短接的阀侧绕组进行试验。网侧绕组短接并与变压器箱体一起接地。试验在 50Hz 下进行，试验时间为 1h。试验过程中应作局部放电测量，最大允许局部放电脉冲为 300pC。试验电压应按 1.1 节规定选取。

（11）包括中性点在内的所有端子的雷电冲击试验。雷电冲击全波试验按 IEC 60076—3 规定进行。试验电压应按 1.1 节规定选取。

（12）操作冲击试验。试验按 IEC 60076—3 规定进行。试验时应在换流变压器网侧绕组上直接施加负极性的操作冲击波试验电压。应在短接的阀侧绕组端子和地之间直接施加操作冲击波试验电压，加压时网侧绕组端子应接地。操作冲击波试验电压幅值应为受试端子的 SIL 水平，应按 1.1 节规定选取。

（13）长时感应电压试验及局部放电测量。长时感应电压试验及局部放电测量按 IEC 60076—3 中规定进行感应电压试验。长时感应电压试验电压幅值：试验电压应基于最高设备电压 U_m，试验电压依次为施加 1.1 倍的最高工作相电压 5min，1.5 倍最高工作相电压 5min，施加由计算所得一定时间的 1.7 倍的最高工作相电压，1.5 倍最高工作相电压 60min，1.1 倍最高工作相电压 5min。最大的局部放电量在 60min 试验期间不超过 300pC。试验时绕组中性点端子接地，有载调压分接开关置于额定分接位置。建议试验前在网侧绕组上施加 1.1 倍的最高工作相电压 1h，以消除前面直流试验的剩余电荷。

$$最高工作相电压=U_m/\sqrt{3}$$

$$1.7倍最高工作相电压的施加时间=6000/(试验发电机频率\times 2)$$

（14）温升试验。除另有规定，试验应按照 IEC 76—2 和 IEC 61378—2 的有关规定进行。

1）顶层油温测量。按换流运行全部总损耗对短路的变压器加压（注入电流）。油温建立后试验持续 12h，保持油温不变（每小时变化不超过 1℃），测量油温。

2）绕组温升测量。上述 12h 试验后，继续对变压器施加与换流运行总负载损耗相应的额定频率（50Hz）的等效正弦波电流，并持续 1h，期间测量变压器油和外部冷却介质的温度，在试验结束时测量绕组平均温度。

3）在温升试验前、后以及试验中每隔 4h 应进行油中溶气分析试验，气体色谱分析仪应达到表 24 所列最小检测值。在温升试验中，使用热像仪对油箱表面温度进行测量。

表 24　　气体色谱分析最小可检测值　　$\times 10^{-6}$

气　体	CO	CO_2	H_2	CH_4	C_2H_6	C_2H_4	C_2H_2
最小可检测值	5	10	2	0.1	0.1	0.1	0.1

（15）1h 励磁测量。在完成全部绝缘试验之后，变压器还应进行 1h 的励磁测量。其试验条件与原先的空载损耗和励磁电流测量一样。变压器在 110%额定电压下保持运行 1h，在此前后在 110%和 100%额定电压下测量并记录励磁损耗。最后一次测到的励磁损耗结果应用来评价其损耗保证值。如果这次在额定电压下测到的励磁损耗值超过了早先测到的励磁损耗值的 4%以上，那么承包商应与业主协商，对试验结果进行评定，得到业主的认可后方可发运。

（16）长时间空载试验。在额定数目的冷却泵开启条件下，在换流变压器上施加 12h 的 1.1 倍的额定电压。试验前后油中气体应无变化，且无乙炔。

（17）频率响应试验和杂散电容测量。在额定分接位置，频率为 50～500kHz 范围下分别测试端子对端子以及端子对地的阻抗和传递函数。测量阀侧绕组对地杂散电容，测量方案由承包商提供，业主批准。

（18）有载调压开关动作试验。在换流变压器完成装配后，有载分接开关承受如下的操作试验：

1）换流变压器不励磁，分接开关完成 10 个操作循环（1 个操作循环指从分接范围的一端到另一端，并返回到原始位置）。

2）换流变压器不励磁，在 85%的额定操作电压下完成 1 个操作循环。

3）换流变压器在额定频率和额定电压下，完成 1 个操作循环。

4）负载电流下的有载分接开关动作试验。

5）温升试验后，保持试验电流，操作有载分接开关完成 10 个操作循环，取油样分析、测量换流变压器绕组直流电阻。

（19）辅助导线的绝缘试验。

（20）所有附件和保护装置的功能试验。

（21）风扇及油泵的功率测量。按照 IEC 的规定进行风扇及油泵的功率测量。

（22）油箱压力试验。油箱、散热器以及构成变压器所需的其他部件都应进行机械强度试验。试验时油箱中压力不小于 0.1MPa，从油箱顶上加压，在室温下保持 12h。密封试验应在温升试验完成后开始。如果发现哪儿有渗漏，则应在止漏后重新开始试验。密封试验应在完全组装好的变压器上进行。

（23）油箱真空度试验。油箱中的真空残压应为 13.3Pa 绝对气压或更低，然后应关断通往抽真空装置的阀门。大约 10min 之后，测量油箱中的真空残压，且应基本维持不变。

（24）油流带电试验（冷却方式 ODAF）。启动全部油泵运行 4h，其间连续测量中性点和铁心对地的泄漏电流，并监视有无放电信号。然后在不停油泵的情况下做局部放电试验，试验电压为$1.5U_m/\sqrt{3}$，维持 30min，其间连续观察测量局部放电量，与油泵不运转时的试验相比，内部放电量应无明显变化，同时油中应无乙炔。

（25）附件（电流互感器等）试验。按照相应的 IEC 标准进行，并提供试验报告。

2.2　型式试验

对开展型式试验的换流变压器，除本节中的全部试验项目外还包括以下试验：

（1）雷电冲击截波试验。雷电冲击截波试验按照 IEC 60076—3 中第 13 和 14 条规定进行。截波试验的截波过零系数应在 0.2～0.3。各端子的试验电压应符合 1.1 节的要求。如果阀绕组的端对地绝缘水平（试验电压）与端对端不同，则由承包商提出试验接线方案，由业主批准。每一接受试验的端子的套管应装设到位，如果套管需要更换，该套管应单独试验。

（2）噪声水平测量。噪声水平试验应按 GB/T 1094.10—2003《电力变压器第 10 部分：声级测定》的规定进行。试验时额定冷却设备投入运行，变压器应在一次侧主抽头上施加额定值的正弦电压。

（3）油流带电试验（冷却方式 OFAF）。试验方法和要求按照 2.1 节第（24）条的规定。

（4）无线电干扰水平测量。现场供货的端部屏蔽条件下，按 CISPR 特别委员会规定进行测量。

2.3　现场试验

（1）测量绕组连同套管的直流电阻。换流变压器绕组电阻相间互差应小于均值的 2%。在相同的温度下，其结果与工厂试验所测值相比，偏差不应超过±2%。

（2）检查所有分接头的电压比。主分接电压比时的偏差应不超过±0.5%，在其他分接电压比的偏差应在阻抗电压值（%）的 1/10 内，但不超过±1%（均与出厂试验值相比）。

（3）检查换流变压器的引出线极性应与设计要求、铭牌及标记相符。

（4）绕组连同套管的绝缘电阻测量，吸收比或极化指数的测量。绕组绝缘电阻值应不低于出厂值的 70%（测试条件相近），吸收比（R60″/R15″）不能小于 1.3 或极化指数（R600″/R60″）不小于 1.5。

（5）测量铁心对地绝缘电阻。用不低于 2500V 的绝缘电阻表测量，持续时间为 1min，应不小于 500MΩ。

（6）测量绕组连同套管的 $\tan\delta$ 和电容量。实测 $\tan\delta$ 值不应大于出厂试验值的 130%

（测试条件相近）。

（7）直流泄漏电流测量。参照 GB 50150—2006《电气装置安装工程　电气设备交接试验标准》、DL/T 596—1996《电力设备预防性试验规程》等的规定，应在绕组连同套管的绝缘电阻、介质损耗因数（tanδ）和电容量测量等试验合格后进行。试验在绕组端部进行，试验电压应根据绕组电压选定，试验中应读取 1min 时的泄漏电流值。一般规定，泄漏电流值不应大于 30μA［（20±5）℃］。

（8）低压空载电流测量。在 380V 电压下测量变压器空载电流。

（9）绝缘油试验。换流变压器油应符合 GB 2536 标准和本规范书的要求，在现场进行击穿电压、tanδ、含水量等的测量及油中气体色谱分析。

（10）密封试验。换流变压器装配完后，在储油柜油面以上施加 0.03MPa 压力，至少持续 24h，不应有渗漏。

（11）套管试验。测量电容型套管的 tanδ 及电容量，实测值应和工厂测量结果相近，其差值应在±10%范围内。还应测量套管末屏对地绝缘电阻。

（12）套管型电流互感器试验。测量直流电阻、绝缘电阻、电流比，校验励磁特性和极性。

（13）有载分接开关检查与试验。

1）取出切换开关，检查切换触头。

2）测量限流电阻的阻值，其结果与铭牌值的偏差在±10%范围内。

3）检查切换装置的动作顺序，在切换过程中，应无开路现象；电气和机械限位动作正确；在操作电源电压为额定电压及 85%额定电压时，全过程的切换中应可靠动作。

4）换流变压器不励磁，操作 10 个循环。

5）注入有载分接开关油箱中的油应符合规定。

（14）绕组连同套管的局部放电测量。测量方法和试验程序应符合下述规定：试验电压应基于最高设备电压 U_m，试验电压依次为施加 1.1 倍的最高工作相电压 5min，1.5 倍最高工作相电压 60min，1.1 倍最高工作相电压 5min。在 60min 试验期间，最大的局部放电量不超过 300pC，应与出厂试验的局部放电水平基本一致。试验时绕组中性点端子接地，有载调压分接开关置于额定分接位置。建议试验前在网侧绕组上施加 1.1 倍的最高工作相电压 1h，以消除前面直流试验的剩余电荷。

$$最高工作相电压 = U_m / \sqrt{3}$$

（15）油箱箱壳表面的温度分布试验。采用红外测温仪等设备测量油箱箱壳表面的温度分布，检查有无过热点及其分布。

（16）冷却器的运行试验。冷却器持续工作 24h，应无渗漏油和吸入空气。

（17）油泵试验。油泵开动后应无异常声响和明显振动。

（18）控制和辅助设备回路接线检查及工频耐压试验或绝缘电阻测量。冷却器油泵和风扇电动机、有载分接开关的电动机传动、信号电路等进行 2000V、1min 工频耐压试验，或用 2500V 绝缘电阻表测量绝缘电阻。

（19）辅助装置的检查。根据产品使用说明书，对温度计、气体继电器、压力释放装置、油位指示器等进行检查。

（20）冲击合闸试验。在额定电压下进行 5 次冲击合闸试验，每次间隔时间不少于 10min，应无异常现象。

（21）频率响应试验。

（22）噪声测定。换流变压器投运后，在额定电压、额定频率及所有冷却器开启情况下，测量离换流变压器 2m 处的噪声水平，并测量敏感地点的实际噪声水平。

第 4 节　干式平波电抗器技术规范

干式平波电抗器应满足环境条件和使用条件的相关章节要求。其支柱绝缘子由其他厂家供货。

1　设计要求

1.1　设备的主要参数

干式平波电抗器由多线圈串联组成时，各项试验均应以单个线圈为单位进行。对串联后线圈适用的参数，将特别注明。

（1）型式：空心，户外型或者户内型，自然冷却。

（2）额定电感：75mH+5%。

（3）电流额定值。最高环境温度时的电流额定值满足表 1 的规定。

表 1　　电 流 额 定 值

项　　目	数　值
输送额定功率时的直流电流（A，dc）	4000
最大连续直流电流（A，dc）	4292
1.1 倍（2h）过负荷直流电流（A，dc）	4525
1.4 倍（3s）过负荷直流电流（A，dc）	5909
暂态故障电流（波形见图 1，kA，peak）	40

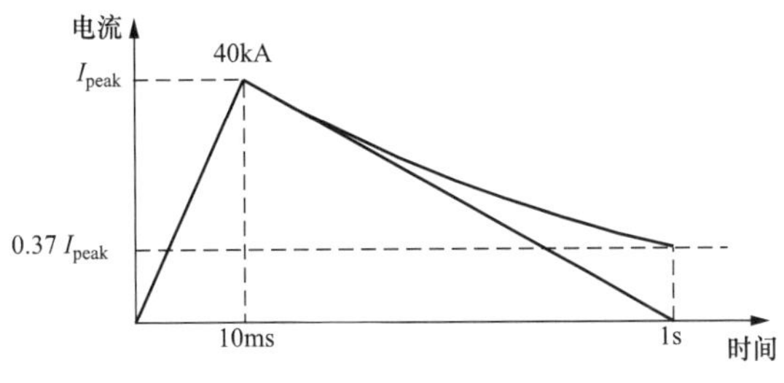

图 1　暂态故障电流

（4）电压额定值。电压额定值满足表 2 的规定。

表 2　　　　　　　　　　　　**电 压 额 定 值**　　　　　　　　　　　　kV

项　　目		数　值
额定直流电压，对地 U_{dn}	极线	800
	中性线	120
最高连续直流电压，对地 U_{dmax}	极线	816
	中性线	123

（5）绝缘水平和试验电压。绝缘水平和试验电压满足表 3 的规定，对 2 台 75mH 的设备串联后适用。

表 3　　　　　　　　　　　　**绝缘水平和试验电压**　　　　　　　　　　　　kV

项　　目		绝　缘　水　平	
		极　线	中性线
操作冲击耐受水平（峰值）	端子间	1675	1675
	端对地	1600	550
雷电冲击耐受水平（峰值）	端子间	2100	2100
	端对地	1950	550
雷电冲击截波耐受水平（峰值，端子间）		2310	2310
直流耐受（120min，对地）		1236	185

1.2　性能要求

（1）在最大连续电流下的稳态温升限值。

1）当户外使用时，在最大连续电流并加上谐波等效电流后的热点温升应不超过 100K，平均温升应不超过 80K。

2）当户内使用时，在最大连续电流并加上谐波等效电流下的绝对平均温度与绝对热点温度应与户外使用时保持一致，在此条件下确定平均温升和热点温升。

3）除考虑日照、地面和建筑物反射外，还要考虑由于噪声治理的需要而引起的局部环境温度的升高。

（2）噪声水平。平波电抗器投运后，在垂直投影 5m 远，距地面 2m 高的地方进行噪声测量，测量的噪声（声压级）水平应不大于 70dB（A）。为降低噪声，当必要时承包商应对平波电抗器进行隔音封装。

（3）平波电抗器的寿命。平波电抗器在规定的使用条件和负载条件下运行，并按使用说明书进行安装和维护，预期寿命应不少于 30 年。

（4）承包商应提供平波电抗器与附近物体之间电气净距的资料。

（5）电抗器应有足够的机械强度和绝缘强度，装配件的结构应该防爆。

（6）承包商应提供平波电抗器抗地震能力的论证报告。

（7）绝缘的耐热等级。股间绝缘的耐热等级最低应为 H 级，匝绝缘的耐热等级最低为 F 级。

（8）干式平波电抗器线圈不同封包的电流密度应尽可能均匀分布。

1.3　结构要求

（1）一般结构要求。所有金属部件材料应经处理，以避免由于大气条件的影响而造成生锈、腐蚀和损伤，铁件应经防腐处理。

（2）线圈。全部线圈应用铝导线，绕组应有良好的冲击电压波分布；应严格控制使用场强，确保绕组内不发生局部放电；线圈应适度加固，引线应充分紧固，器身形成坚固整体，使其具有足够耐受短路的强度。高压端和低压端的线圈应采用相同结构，并可以互换。

（3）布置。承包商应提供两个电抗器的串联安装方案，确保两个电抗器之间无相互影响。

1.4　过负荷要求

最高环境温度下的过负荷能力见表 4，其余环境温度下的过负荷功率、电流及持续时间由承包商提供。

表 4　　　　最高温度下的过负荷能力

最高户外温度	最高户内温度	过负荷时间	过负荷能力	
			功率	电流（A）
复龙 40.3℃ 奉贤 38.7℃	50℃	3s	1.4p.u.	5909
		2h	1.10p.u.	4525
		连续运行	1.05p.u.	4292

1.5　户外绝缘防护能力

如布置在户外，线圈表面的绝缘材料应耐气候性、抗紫外线、耐电蚀老化并具有憎水性。绝缘表面的爬电距离应保证在业主提供的最大盐密值下表面无放电。支架的设计应能防止漏电流集中而导致的漏电起痕。

1.6　特殊要求

（1）所有的金属件、法兰、螺母和螺栓应采用防磁材料。

（2）应尽量降低电抗器金属支架的温度，并提供金属件的温升值。

（3）干式平波电抗器的单个线圈均应并联避雷器运行。避雷器由平波电抗器承包商统一供货，建议该避雷器安装在电抗器本体上。

1.7　铭牌

铭牌用耐腐蚀材料制成，字样和符号应清晰。铭牌应包括的内容：型式、使用方式（户内、户外）、冷却方式、线圈平均温升限值（户内、户外）、线圈热点温升限值（户内、户外）、输送额定功率时的直流电流、最高连续直流电压、最大连续直流电流、额定电感量、暂态故障电流、额定绝缘水平（雷电冲击电压和操作冲击电压）、最高海拔高度、总质量、运输质量、总损耗、制造单位、制造时间、出厂编号、联结图等。

1.8　端子

承包商应供给连接母线用的全部紧固件（螺栓和螺母等）、端子，紧固零件应有可靠的防锈镀层，并采用防磁材料。

在规定的最高环境温度下，平波电抗器绕组端子的温度不应超过 IEC 60943 的有关规定。

1.9　运输限制

运输尺寸：长度≤13.0m，宽度≤4.5m，高度≤5.0m；运输质量：≤400t。

2　试验

承包商应向业主提交一份完整的试验大纲和监造试验计划，并征得业主同意。

2.1　例行试验

（1）根据 IEC 60289，在室温下测量绕组直流电阻，并换算到 80℃。

（2）根据 IEC 60289，在室温下，频率为 50～2500Hz 的范围内，用伏安法或电桥法测量平波电抗器的电感值和损耗电阻，然后换算到额定持续运行电流时的等效值（温度修正到 80℃）。电感值误差应为 0～＋5%。

（3）杂散电容与高频阻抗测量。应采用成熟的方法测量平波电抗器两端之间的杂散电容，除此之外，还应按 IEC 60289 的规定在 30kHz～1MHz 的频率范围内测量平波电抗器端子间的高频阻抗。

（4）雷电冲击全波试验（端子间）。此试验用来考核端子间的绝缘强度，可以先通过计算或者模拟试验得到两台 75mH 平波电抗器的冲击电压分配系数，然后将 75mH 的平波电抗器放在绝缘平台上单独试验。依次对平波电抗器的每个端子施加雷电冲击波，另一端子直接接地。雷电冲击试验电压为表 3 所规定的端子间电压值。雷电冲击电压的波形要求为 1.2/50μs 的负极性标准雷电冲击波，如果由于较低的电感而不能得到这种波形，经业主同意后可采用非标准波形。冲击试验至少进行 4 次，且试验顺序应为：60%，100%（3 次）。试验过程中，要求绝缘无击穿和表面闪络；同时，应记录电压和电流瞬变波形图，并根据这些波形图判断绝缘是否合格。

（5）负载试验。负载试验要求在 1.1 倍的过负荷电流（4525A，不包括谐波等效电流）下进行 2h。试验过程中要进行红外测温和成像，其图谱与温升试验的图谱相比不应有明显的变化，运行时平波电抗器外表面红外成像图谱与负载试验和温升试验图谱相比也不应有明显的变化。试验前后应测量线圈的电阻，电阻值应没有明显的变化。

（6）外观检查。线圈本体绝缘固化完成后，应对线圈本体的绝缘进行检查，应保证包封绝缘基本无裂缝等缺陷。

2.2 型式试验

型式试验包括以下各项试验。

（1）雷电冲击截波试验（端子间）。试验时，将平波电抗器放在绝缘平台上，依次对平波电抗器的每个端子施加雷电冲击截波，另一端子直接接地。截波电压的波形应为负极性，冲击试验至少进行 3 次，且试验顺序应为：50%，100%（2 次）。试验过程中，绝缘应无击穿、无闪络；同时，应记录电压和电流瞬变波形图，并根据这些波形图判断绝缘耐压试验是否合格。试验时，应注意截波冲击试验装置尽量靠近试品，以减少端子和试验连线的阻抗，保证截波电压波形。建议截波试验前后各增加一次同极性半电压的冲击全波试验，对比前后两次全波冲击的电流波形，以帮助判断截波冲击是否造成内部绝缘损坏。

（2）暂态故障电流试验。暂态故障电流试验的电流不得小于额定暂态故障电流（额定暂态故障电流用最大电流峰值/时间表示，电流峰值不得小于 5 倍额定电流），且持续时间不少于 200ms。

（3）温升试验。温升试验时应预埋热电偶测量热点温升，并按最高环境温度进行校正，校正后的温升值应不超过限值。试验过程中应进行红外成像并保留图谱来检测可能出现的过热和温度异常点。试验完成后还应测试产品的热时间常数，根据此实测值来计算产品的短时过载特性。根据 IEC 60289 和 IEC 60076—2 进行温升试验，所采用的试验电流 I_T 应是计及平波电抗器实际运行时的谐波电流的等值试验电流。不必计及那些不直接影响绕组温升的损耗（例如纵向和辐向支架中的损耗）。试验中不允许出现设备变形和裂缝，也不允许材料劣化或变色。试验时间应为平波电抗器温度升至稳态温度（1h 内测得绕组温升变化不大于 2K）的时间加 0.5h。在试验前和试验后应测量平波电抗器电阻。

$$I_T = \sqrt{\frac{RI_{dn}^2 + \sum P_H}{R}}$$

式中　R——绕组的直流电阻；

I_{dn}——额定直流电流；

P_H——计算得到的总谐波损耗。

（4）匝间绝缘试验（参考 IEEE Std C57.16—1996）。由充电的电容器通过球隙反复对电抗器进行放电，在电抗器绕组上获得指数衰减的正弦过电压来进行匝间绝缘试验。每次起始放电峰值根据谐波电压和 IEEE std C57.16 的规定确定，振荡频率一般约为 100kHz，试验时间 1min，试验次数不少于 7200 次。通过比较试验电压下的电压波形与最后一次较低电压下的电压波形（振荡频率或衰减情况是否相同）来判断匝间绝缘是否完好。

（5）声级测定。由承包商提出试验方法，报业主审定。

（6）承包商应按 CISPR 特别委员会规定进行无线电干扰电压试验。

（7）抗震性能试验。在业主规定的 0.20g 动峰值水平加速度的地震条件下，承包商应按 IEC 60721—2—6 的规定，用计算的方法验证其抗震能力，并提供计算报告。

2.3　现场试验

（1）测量绕组的直流电阻。将测量结果换算到 80℃时，与工厂试验所测值相比，偏差不应超过±2%。

（2）电感量测量。电感量的实测值与出厂值比较，变化不应大于±2%。

（3）声级测量。依照 1.2 节第（2）条的要求进行测量。

第5节　直流场技术规范

设备一　直流断路器

±800kV 直流特高压输电工程，额定直流电流 4000A，额定传送功率 6400MW。直流断路器是±800kV 直流输电工程换流站直流场上的重要设备，主要用于进行直流输电系统各种运行方式的转换、接地系统转换等。±800kV 直流系统每极由 2 个 12 脉动换流器串联组成，为提高系统运行的能量可利用率，±800kV 系统比常规±500kV 多一种直流断路器类型，即 12 脉动换流器旁路开关，其他直流断路器类型与±500kV

系统相同，组成结构完全一样，但具体参数有所不同，直流断路器需要转换的直流电流更大，电流转换过程中避雷器所要吸收的能量更高。

目前国内外均没有关于直流断路器的标准。

1　数量

本规范涉及±800kV 直流输电系统下列直流断路器：

（1）金属回线转换开关（MRTB）：1 台，有源型，整流侧。

（2）大地回线转换开关（GRTS）：1 台，无源型，整流侧。

（3）中性母线开关（NBS）：4 台，无源型，整流侧、逆变侧各 2 台。

（4）中性母线接地开关（NBGS）：2 台，无源型，整流侧、逆变侧各 1 台。

（5）12 脉动换流器旁路开关：8 台，整流侧、逆变侧各 4 台。

2　设计要求

2.1　一般要求

2.1.1　功能描述

由于转换电流大小不同，直流断路器的组成结构也不相同。

MRTB 由于转换电流较大，在转换过程中需要 100～150kV 的反向电压，因此需要一个特殊的转换回路（有源辅助回路）。MRTB 由三个并联支路组成，第一路为一个 SF_6 断路器，第二路由一台电抗器、一台电容器以及一台单极合闸开关串联组成，第三路由一个避雷器组成。电容器需要通过充电装置预充电。

而 GRTS 要转换的电流较低，在转换过程中所需的反向电压也较低（小于 50kV），因此，使用无源辅助回路。无源辅助回路也由三个并联支路组成，第一路为一个 SF_6 断路器，第二路由一台电抗器和一台电容器串联组成，第三路为一个避雷器。

在没有冷却的条件下，MRTB 和 GRTS 应可以进行两次连续的转换。

对于 NBS 和 NBGS，在直流控制系统中增加一些功能，可将 NBS 和 NBGS 转换时的直流电流限制在 2500A 以下，因此它们在转换过程中所需的反向电压也相对较低，在 20～50kV 范围内，所以采用与上述 GRTS 相同的辅助回路。

NBGS 有一项特殊作用，当由于接地极开路而导致直流中性母线的电压无法控制地上升时，NBGS 必须能够迅速合闸，提供临时站内接地，将中性母线的电压稳定在零电位。因此，NBGS 由一个转换断路器和一个高速隔离开关串联组成。通常情况下，转换断路器闭合而高速隔离开关打开。当由于接地极开路需要把中性母线连接到换流站的站内接地网时，高速隔离开关闭合；当接地引线或接地极故障清除后，需要将站内临时接地切换到正常的接地极接地时，转换断路器打开，然后高速隔离开关打开，转换断路器再闭合。

无源型直流断路器，适用于开断中等幅值的直流电流。在 SF_6 断路器断口触点分开时，电弧电压在 SF_6 断路器与 *LC* 支路构成的环路中激起振荡电流，当振荡电流反向峰值等于直流电流时，流过 SF_6 断路器的电流过零，断口处的电弧熄灭。

而有源型直流断路器适用于开断较大幅值的直流电流。在 SF_6 断路器断口触点分开时的适当时刻，投入预先充电的转换电容器，预先充电的转换电容器在 SF_6 断路器与 *LC* 支路构成的环路中激起振荡电流，当振荡电流反向峰值等于直流电流时，流过 SF_6 断路器的电流过零，断口处的电弧熄灭。

当电弧熄灭后，无源型断路器和有源型断路器的工作过程基本一样。电弧熄灭后，流过 SF_6 断路器断口的直流电流被转移到 *LC* 支路，并在很短的时间内将电容器充电到避雷器的动作电压水平，此电压称为转换电压，其大小由跨接在断路器两端的避雷器的伏安特性决定。接着避雷器动作，*LC* 支路中的电流又被转移到避雷器中，随后流过避雷器的电流渐渐减小，直至为零。

不同类型的直流断路器以及它们的辅助回路和元件见表 1。

表 1　　直流断路器组成元件

项　目	MRTB	GRTS	NBS	NBGS
辅助回路类型	有源	无源	无源	无源
SF_6 断路器	有	有	有	有
电抗器	有	有	有	有
转换电容器	有	有	有	有
避雷器	有	有	有	有
充电单元	有	无	无	无
单极合闸开关	有	无	无	无
绝缘平台	有	有	有	有
SF_6 断路器作为高速隔离开关	无	无	无	有

2.1.2　电气设计要求

（1）NBS 中的 SF_6 断路器的操作循环为 C-O-C，即在打开状态时，在不给操作机构充电的情况下可以完成合—分—合的操作，这样就可以保证在转换失败或者电动机失去供电的情况下，仍能合闸。

（2）MRTB、GRTS 和 NBGS 中的 SF_6 断路器的操作循环为 O-C。

（3）NBGS 的高速隔离开关的操作循环为 C-O。

（4）MRTB 中的单极合闸开关用来投入或断开预先充电的转换电容器。

（5）在有源直流断路器中，转换电容器需要承受规定的持续电压，而在无源直流断路器中，转换电容器无需承受持续电压。

电容器的等效交流额定电压可按下面公式计算

$$U_{\mathrm{R}} = U_{\mathrm{SIWL}} / 4.3 \times S$$

式中 U_{R}——电容器交流额定电压，$\mathrm{kV_{rms}}$；

U_{SIWL}——操作冲击耐受水平；

S——串联的电容器单元数量。

电容器承包商应决定电容器是否需要使用内熔丝，每个电容器单元应包含符合 IEC 60871—1 标准的内部放电电阻。

（6）避雷器。直流断路器中的避雷器由多个避雷器单元构成，每个避雷器单元由带有基座、基座接线端子、顶部接线端子的完整外壳组成。带电部件，即电阻片，排列成多个并联的柱，封装在瓷套中。

1）动作负载要求。在经过至少 250μs 的时间后，避雷器电流达到规定的峰值，随后电流降到零。电流近似线性减小，电流减小过程中叠加有振荡电流。电阻阀片的冷却需要一定的时间，在这段时间内进行连续操作会导致阀片温度升高，这会对电阻片产生更高的应力。用于直流断路器中的避雷器应设计为能在最大环境温度下进行 3 次连续操作，每次操作间隔 1min，其温升不会损害避雷器的电阻片。

2）避雷器电流分配。能量的分配与电流的分配相对应。由于产品的公差，避雷器不同柱中的电流可能有所不同。因此，避雷器允许的能量消耗由决定性电流下放电电压最低的柱决定。避雷器不同柱间平均电流的最大允许偏差，由承包商和采购方协商确定。对于不同的避雷器，偏差的取值也有所不同，在任何型式试验和例行试验中都不得超出。在例行试验中，当验证避雷器总能量吸收能力时，放电能量随着避雷器设计最大电流偏差和实际电流偏差测量值的比值的增大而增加。当并联柱数较少时，可以对所有柱的电流同时测量。在这种情况下，电流分配可能只有很小的差别。而当避雷器由很多柱并联时，必须以避雷器单元为基础进行试验，即对一个避雷器单元包含的并联柱进行试验。然后根据避雷器单元之间的最大允许偏差进行匹配。当避雷器由并联柱数为中等数量时，避雷器单元之间的匹配可以省略。可以同时测量所有并联柱，进行整组匹配。

3）放电电压特性。通过例行试验验证避雷器放电电压特性。例行试验中，取 0.5～10kA 范围内的一个电流进行每个阀片 8/20μs 的放电电压测试。制造商应提供产品在 8/20μs 电流下的放电特性曲线图，以及上升沿时间 250μs 的冲击电流下的放电特性曲线图。从这些特性曲线图中确定在例行试验中使用的电流幅值下每柱 8/20μs 放电电压与规定的最大避雷器电流下每柱 250μs 上升时间内的放电电压比值。在进行试验之前，承包商应制定例行放电电压试验通过的标准。制定标准时应满足规定的最大电流下避雷器残压极限。为了在例行试验中提供参考，应测量每个避雷器单元的参考电压。电抗器采用干式绝缘，空心，空气自冷却型。最小电感值及暂态电流要求在技术数据表中给出。充电装置应能持续运行，以保证转换电容器始终被充电到高电位，输出电压在 5～20kV dc 可变，并且被自动监控和调节。12 脉动桥旁路开关在电流过零时开断，不需要辅助回路，可以由交流超高压 SF_6 断路器改装而成。

2.1.3 机械设计要求

2.1.3.1 SF_6 断路器

操作机构应具有坚固的结构，其最大再充电时间为 15s。为了保证运行人员安全，操作机构应避免使用可能导致直流断路器误动的外部装置。

操作机构应具有就地、远程选择开关，可对断路器的分闸和合闸进行远程和就地控制。按钮或其他就地操作装置应安装在操作机构的控制箱中。断路器操作机构应具有两组分闸线圈和两组合闸线圈。

线圈的安装应尽量减小一个线圈影响另一个线圈操作的可能性。即使在控制电路开路的情况下，断路器的每个动作一旦开始，都必须能够彻底完成。当相应的操作完成时，分闸电路或合闸电路必须立即断开。

操作机构必须有一个可靠的计数器，用来记录断路器每一次分闸和合闸操作。完整的操作机构包含选择开关、控制继电器、辅助开关、终端模块、控制线路模块及恒温控制加热器，这些设备都安装在防风雨的铝壳中，铝壳的防护等级不低于 IP55（根据 IEC 60529）。当操作机构同时收到合闸和分闸的命令时，应执行合闸命令。应提供相应设备以保障轴承的润滑。

2.1.3.2 高速隔离开关（仅用于 NBGS）

使用 SF_6 断路器作为高速隔离开关，为了确保内部具有较大的爬电比距，SF_6 断路器结构应尽可能简单，对于电流开断不做特别要求。对操作机构的机械设计要求与 2.1.3.1 节中的要求相同。

2.1.3.3 单极合闸开关（仅用于 MRTB）

使用一台 SF_6 断路器作为单极合闸开关，断路器结构应尽可能简单，对电流开断不做特别要求。对操作机构的机械设计要求与 2.1.3.1 节的要求相同。

2.1.3.4 转换电容器

电容器由串联和（或）并联的电容器单元组成，电容器单元安装在支撑钢构架上。

2.1.3.5 避雷器

根据要求的最大能量，避雷器由多柱并联组成，电阻片柱应放置在合适的外壳中。在设计时应使每个外壳的底部端子与钢制平台直接连接。如果使用瓷套，应提供配套的压力释放装置。

2.1.3.6　电抗器

电抗器为户外型，应包括安装在绝缘平台上的支撑绝缘子。

2.1.3.7　充电装置（仅用于 MRTB）

充电装置安装在支撑绝缘子上，应包含电力电子整流元件和输出接线端子保护装置。所有设备都应安装在一个外壳中，外壳防护等级应不低于 IP55（根据 IEC 60529）。

2.1.3.8　绝缘平台

绝缘平台对地绝缘，安装在支撑绝缘上，支撑绝缘子安装在钢构架上。电容器、电抗器、避雷器安装在绝缘平台上。电容器、避雷器、SF_6 断流器与绝缘平台有电气连接，电抗器与绝缘平台绝缘。对于有源型直流断路器，单极合闸开关和充电装置安装在绝缘平台之外。

2.1.3.9　操作机构

直流断路器的正常操作为分—合—分操作，不需对操作机构进行再充电。在反向操作时，断路器的动作为合—分—合，不需要对操作机构进行再充电。对于初始时处于合闸状态的断路器，操作机构进行分—合—分操作，最后一个分闸操作会被联锁，就是说只有当其处于允许重合状态时断路器才允许打开。MRTB、GRTS、NBGS 使用进行正常操作（分—合—分）的操作机构。NBS 使用能够进行反向操作（合—分—合）的操作机构。

2.2　无线电干扰设计要求

在额定电压下直流断路器外部无电晕。

2.3　绝缘子要求

应采用棕色釉面瓷或灰色复合绝缘子。绝缘子的爬电距离由系统研究确定的电压决定。对于非瓷绝缘子，其爬电比距应不小于 45mm/kV。

2.4　EMC 要求

直流断路器二次系统设计应符合 IEC 60694 标准第 6.9 节要求。同时在规定电磁环境下，二次系统不能发生错误动作。

3　铭牌

（1）SF_6 断路器铭牌应包含的内容依据 IEC 62271 以及 IEC 60694 第 5.10 节的要求。

（2）转换电容器铭牌依据 IEC 60871—1 第 25 与 26 项的相关条款。

（3）电抗器铭牌依据 IEC 60289 第 30 项。

（4）充电装置铭牌至少包含以下内容：输入频率、额定功率、输入电压、输出电

压、输出电流、绝缘水平。

（5）避雷器铭牌至少包含以下内容：额定放电电流、额定残压电流、制造厂、型号及编号、生产日期、串联个数。

4　环境条件

直流场采用户内还是户外还未最终确定，所以直流断路器使用环境待定。

5　质量保证

承包商应达到 ISO 9001 质量认证体系标准。应提交一个检查与试验计划，内容至少要包含本规范提到的所有型式试验与例行试验。

6　型式试验

需要在直流断路器的各个组成设备进行下面各项的型式试验。

6.1　断流器、高速隔离开关、单极合闸开关及旁路开关

6.1.1　机械寿命试验

试验方法参照 IEC 62271—100 第 6.101.2 条。机械寿命试验应由 2000 次操作循环组成。除了装有过电流脱扣器的断流器外，试验应在主回路中既无电压又无电流的条件下进行。试验中，允许按照制造厂的说明书进行润滑，但不允许进行机械调整或其他类型的维修。在 2000 次循环操作前后，在操动机构以及辅助控制回路的额定电源电压、最低电源电压及最高电源电压时，分别进行 5 次合—分操作循环。

6.1.2　温升试验

试验方法参照 IEC 62271—100 第 6.101.2 条。试验电流为额定直流电流或等价的交流电流。高速隔离开关和单极合闸开关不进行此项试验。试验应该在户内进行，除受试开关装置本身发热引起的气流除外，不应有其他的空气流动，实际上，当气流速度不超过 0.5m/s 时，就认为满足试验的要求。进行温升时间时，通流时间应足够长以使温升达到稳定，如果在 1h 内温升的增加不超过 1K，就认为温度达到了稳定的状态。

6.1.3　干试雷电耐受试验

试验方法参照 IEC 62271—100 第 6.2.6.2 条。仅在干状态下进行雷电冲击耐受试验。试验应该按 IEC 60060—1 用标准雷电冲击波 1.2/50μs，分别在两种极性下进行，并作如下补充：

（1）试验中试品应处于分闸位置，对于断流器和旁路，在一个端子施加雷电冲击耐受电压，另一个端子施加一个极性相反的电压，电压大小等于转换电流过程中断流器断口间出现的最大设计恢复电压，也可使用一个等效交流电压代替。

（2）对于高速隔离开关、单极合闸开关，分闸状态时，一个端子接地，另一个端子施加雷电冲击电压；合闸状态时，端子对地施加雷电冲击电压。

6.1.4　辅助与控制回路试验

试验方法参照 IEC 60694 第 6.2.10 条。断流器的辅助与控制回路应该承受操作冲击电压试验以及短时工频耐受电压试验，每个试验包括：

（1）电压加在连在一起的辅助和控制回路与开关装置的底座之间。

（2）如果可行，电压加在辅助和控制回路的每一部分（这部分在正常使用中与其他部分绝缘）与连接在一起并和底架相连的其他部分之间。

冲击电压耐受试验的峰值应为 5kV。辅助和控制回路应耐受该试验而不出现永久的损坏。试验后，应能正常工作。工频耐压试验应该按 IEC 61180—1 进行。试验电压应该为 2000V，电压持续 1min。如果在每次试验中都未发生破坏性放电，则认为通过了试验。

6.1.5　湿试操作过电压耐受试验

试验方法参照 IEC 62271—100 第 6.2.7.2 条。单极合闸开关不进行此项试验。断流器应该承受操作冲击电压，试验应用标准操作冲击波 250/2500μs 在两种极性下进行。试验中试品应处于分闸位置，对于断流器和旁路开关，当处于分闸状态时，在一个端子施加操作冲击耐受电压，另一个端子施加一个极性相反的电压，电压大小等于转换电流过程中断流器断口间出现的最大设计恢复电压。也可使用一个等效同步交流电压代替。对于高速隔离开关，分闸状态时，一个端子接地，另一个端子施加操作冲击电压；合闸状态时，端子对地施加操作冲击电压。

6.1.6　短时过电流、峰值过电流耐受试验

试验方法参照 IEC 62271—100 第 6.6 条。断流器应安装在它自身的支架上，并且装上操动机构，尽量使试验具有代表性。试品应处于合闸位置并装上清洁的新触头。每次试验前，断流器要做一次空载操作，并测量主回路电阻。

断流器应该能承载其额定峰值耐受电流及其额定短时耐受电流，不得引起任何部件的机械损伤或触头分离。

6.1.7　瓷绝缘子机械试验

施加的负荷应使该绝缘子瓷件下端受到的弯矩等于规定机械负荷时的弯矩，负荷应在四个相互垂直的方向上施加。详细的试验步骤由承包商提交。

6.1.8　瓷绝缘子温度循环试验

试验时，试品的表面温度应接近于试验环境温度。先将试品完全浸入热水中，在热水中停留 *t*min，再将其取出，并在 30s 的时间内（如大型试品达不到此要求，亦应尽可能快地）完全浸入冷水中，保持相同时间。冷水与热水的温差为 50K。从热到冷

的过程算作一次循环，循环 3 次。停留时间 t 与被试瓷绝缘子的厚度和杆径有关，详见 IEC 62155 第 7.3 条。

6.1.9　复合绝缘子内部压力试验

分别施加 2 倍及 4 倍最大内部压力，持续 5min，记录复合绝缘子的形变，更详细的试验方法参照 IEC 61462 第 8.4.1 条。

6.1.10　复合绝缘子抗弯试验

试验方法参照 IEC 61462 第 8.4.2 条。抗弯试验可分为以下 3 个阶段进行：

第一阶段：在 *MML* 下的试验。弯曲负荷应在 30s 内从零平稳地增加到 *MML*。当达到 *MML* 时，应至少持续 30s。在此期间内测量偏移。将弯曲负荷完全地卸去并记录残余偏移。

第二阶段：在 1.5×*MML* 下的试验。弯曲负荷应在 30s 内从零平稳地增加到 1.5×*MML*，并在此负荷下持续至少 60s，在此期间内测量偏移，然后将负荷平稳地卸去并记录残余偏移，如在负荷施加前和施加后，绝缘子的残余应变在最大应变的±5%以内（可逆的弹性阶段），就表明没有出现损伤。当负荷卸除到零以后应检查端部附件是否开裂或破坏。

第三阶段：在 2.5×*MML* 下的试验。在第二阶段完成后，应再施加弯曲负荷。该负荷应在 90s 内从零平稳地增加到 2.5×*MML*，并在该值下持续至少 60s，然后负荷应平稳地卸除。在负荷施加以后允许残余应变大于最大应变的±5%（不可逆的塑性阶段），但应确定没有出现可见的损伤。

MML 为最大机械负荷（maximum mechanical load），数值±5%是一个建议值，以后可能会被修改。

6.2　转换电容器

（1）运行试验，该试验目的是验证在实际应力作用下的性能。承包商应该通过一个模拟运行情况的试验或参考其他绝缘和短路试验检验电容器是否能够满足实际运行的要求。

（2）热稳定性试验。试验方法参照 IEC 60871—1 第 13 条，电容器两端施加下述的其中一种电压：① 可以产生 1.2 倍运行时最高损耗的工频交流电压；② $1.2U_{dc}$ 直流电压，U_{dc} 是最大持续直流电压。持续时间为 48h，在最后 6h 内，应测量外壳接近顶部处的温度至少 4 次。在此 6h 内温度的增加应不大于 1℃。如果观察到较大的变化，则试验应继续进行直到在以后的 6h 内连续的 4 次测量满足上述要求为止。

（3）短路放电试验。试验方法参照 IEC 60871—1 第 17 条。对电容器用直流电压充电，然后通过尽可能靠近电容器放置的间隙放电。电容器应在 10min 内承受 5 次这样的放电。试验前后测得的电容值之差不能超过 2%。电容器的直流充电电压为

$$U_{\text{charge}}=\frac{U_{\text{SIWL}}}{S}$$

式中 U_{SIWL}——端子间操作冲击绝缘水平；

S——电容器单元串联数。

（4）端子对外壳雷电冲击试验等。试验方法参照 IEC 60871—1 第 18.2.2 条。在连接在一起的端子与外壳之间施加 15 次正极性冲击之后，接着再施加 15 次负极性冲击。如果满足下列要求，则认为电容器通过了试验：① 未发生击穿；② 在每一极性下未发生多于两次的外部闪络；③ 波形出现不规则性，或与在降低了的试验电压下记录的波形无显著差异。

6.3 避雷器

应抽取 3 个比例单元进行避雷器型式试验。对残压试验，比例单元由一个未封装的阀片组成；而对于能量释放试验，因为用于直流断路器的避雷器没有持续运行电压，可对 2 个以上未封装的阀片串联组成的单柱的比例单元进行。

6.3.1 残压试验

应对每一只试品施加 1 次波前时间不小于 250μs 的电流冲击，以此来确定在最大规定电流下的残压。试验电流等于规定电流除以实际并联柱数，备用并联柱除外。应测量每一只试品在 8/20μs 电流下的残压，试验电流在 0.5～10kA 范围内选取适当的电流值。使用这些测量结果，通过下述方法计算得到整只避雷器的特性，即整只避雷器的放电电流等于测量得的电流乘以避雷器的并联柱数。

整只避雷器在 250μs 电流下的额定残压为

$$U_{250\text{n}}=U_{8\text{r}}\cdot\frac{U_{250}}{U_{8\text{m}}}$$

式中 $U_{8\text{r}}$——例行试验中在此电流幅值下测得的整只避雷器的额定残压；

U_{250}——在 250μs 电流下测得的比例单元试品的残压；

$U_{8\text{m}}$——例行试验中在此电流幅值下测得的比例单元试品的残压。

整只避雷器的残压应该在规定的范围内。

6.3.2 能量释放试验

本试验目的是验证避雷器的能量释放能力。在能量释放试验之前，应该完成雷电冲击电流（8/20μs）残压试验。本试验按照等效输电线路放电试验进行。在验证整只避雷器的能量耐受能力的时候，试品注入能量应以设计最大偏差电流与避雷器比例单元实测电流值之比进行增大。

放电时间应就试验能力尽可能长，但不能超过设备规范中规定的转换时间。如果在要求的电流下一次电流冲击不足以释放总能量，则试验应选用更大的电流以满足这一要求。

对于 MRTB，能量释放试验应该以 3 次冲击为一组进行。每组中各次能量冲击间隔时间不能超过 60s，每组之间时间间隔应该足够长以使试品冷却到环温。试验应进行 200 次。为了缩短试验时间，允许采用试验能量增大 20%而试验次数减少一半的试验方式。

对于 NBS，应该对比例单元施加 7 次能量冲击，每次施加的能量都应等于技术参数中规定的值。7 次冲击应该单独进行，允许试品温度在两次冲击之间冷却到室温。

所有试品完成能量释放试验之后需要再进行雷电冲击残压试验。能量释放试验后所测残压与能量释放试验前所测残压水平的差异不能超过±5%。

6.4 充电装置

以下仅列出对充电装置必须做的试验项目，如果需要，供货上可再增加试验项目并提交详细试验步骤说明。

（1）对地雷电冲击试验。

（2）端子对地干试直流耐压试验，带极性反转和局部放电测量。

（3）60min 端子对地干试直流耐压试验，带局部放电测量。

7　例行试验

对直流断路器的各个组成设备进行下列例行试验。

7.1 断流器、高速隔离开关、单极合闸开关、旁路开关

此 4 种设备属同一类型，进行相同的例行试验，包含以下 6 个试验项目：

（1）控制回路和辅助回路的耐压试验。参照标准 IEC 60694 第 7.2 条。进行工频耐压试验，试验电压 1kV，持续时间 1min。

（2）主回路电阻测量。参照标准 IEC 60694 第 7.3 条。对于例行试验，主回路电阻的测量，应该尽可能在与相应的型式试验相似的条件（周围空气温度和测量部位）下进行。测得的电阻值不应大于 1.2*R*（*R* 为型式试验中的温升试验前测得的电阻值）。

（3）机械操作试验。参照标准 IEC 62271—100 第 7.101 条。在下列条件下分别进行 5 次分、合闸操作：

1）操动机构以及辅助和控制回路的最高电源电压。

2）操动机构以及辅助和控制回路的最低电源电压。

3）操动机构以及辅助和控制回路的额定电源电压。

（4）触头压力试验。用于检测触头接触情况，由承包商提交合适的试验方法以及详细的试验步骤。

（5）电阻器、加热器和线圈的检查，由承包商提交合适的试验方法以及详细的试

验步骤。

（6）控制和二次绕组接线检查，由承包商提交合适的试验方法以及详细的试验步骤。

7.2　转换电容器

（1）电容值测量。试验方法参照 IEC 60871—1 第 7 条。电容应在 0.9～1.1 倍额定电压下进行测量。如果承包商和业主商定了适当的校正系数，也可以在其他电压下测量。最终的电容测量应在下述（2）和（3）两项耐压试验之后进行。测得电容和额定电容之差应不超过技术规范中规定的最大偏差。

（2）端子间耐压试验。试验方法参照 IEC 60871—1 第 9.2 条。

（3）端子对外壳的交流耐压试验。试验方法参照 IEC 60871—1 第 10 条。每个电容器单元的额定雷电冲击耐受电压应为

$$U_{\mathrm{LI}} = U_{\mathrm{LIWL}} \cdot \frac{n}{S}$$

式中　U_{LI}——每个单元的额定雷电冲击耐受电压；

U_{LIWL}——电容器组额定雷电冲击耐受电压；

S——电容器组中串联单元数；

n——相对于外壳连接电位的串联单元数。

（4）短路试验。两端电压充到 $1.7 \times U_{\mathrm{R}}$，电容器应能承受一次这样的放电，$U_{\mathrm{R}}$ 定义见 2.1.2 节，在试验后 5min 内，应对单元进行一次端子间耐压试验。

（5）内部放电设备试验。试验方法参照 IEC 60871—1 第 11 条。每一电容器单元应备有从 $\sqrt{2}U_{\mathrm{R}}$ 的初始峰值电压放电到 75V 或更低电压的放电器件。电容器单元的放电时间应小于 10min。

（6）密封性试验。试验方法参照 IEC 60871—1 第 11 条。电容器单元应进行能有效地检测出其外壳和套管上任何渗漏的试验，试验程序由制造厂确定，制造厂应说明所使用的试验方法。如果制造厂没有规定试验程序，则试验应按下述程序进行，即，将未通电的电容器单元通体加热到一定的温度，历时至少 2h，不应发生渗漏。

7.3　避雷器

7.3.1　能量耐受试验

本试验的目的是确保在组装避雷器时不使用能量释放能力不合格的电阻片。本试验要求所有电阻片都要进行 3 个序列的大电流冲击，在各序列之间允许冷却到室温。每个序列由 3～4 个连续方波脉冲组成，每个方波宽度为 2～6ms。在前两个序列中，以给电阻片注入 1.65 倍额定能量来选电流。在最后一个序列中降低电流，使注入电阻片的能量为 1.25 倍额定能量。

电阻片能够被接受的标准是在试验中电流幅值不增加。承包商也可以提出不同于上述方式的其他试验程序来证明在生产中没有使用能量性能不合格的电阻片。这个试验程序需要得到业主的认可。

7.3.2 例行残压试验

在例行残压试验中采用8/20μs冲击电流波形。对于在避雷器上使用的每一个电阻片，都要测量其残压，电流在0.5～10kA范围内选取。测得的避雷器每一柱各电阻片的残压之后就是可得到整个避雷器的额定残压。整个避雷器的残压应该在规定范围内。

7.3.3 电阻片单元试验

要进行均流试验、并联柱同步试验、组匹配试验。

（1）均流试验。所有均流试验中每一柱的试验电流应该在100～1000A范围内。对于多柱式避雷器，在例行试验中，均流偏差β应该在工程规定的误差范围内。

（2）并联柱同步试验。每个电阻片单元都应进行柱间均流试验，试验时同时测量通过各柱的电流，电流偏差应该在工程规定范围内。

（3）组匹配试验。一个组里的各柱同时进行均流试验。这一组中电流最大的柱和最小的柱分别和下一组一起进行试验，每次试验应至少有4个柱并联。工程规定的均流标准适用于所有进行试验的组。

7.3.4 避雷器单元试验

避雷器单元定义为一个组装好的避雷器部件。进行参考电压试验，内部局部放电试验，并联避雷器单元之间的均流试验。

7.4 电抗器

（1）绕组电阻测量。试验方法参照IEC 60076—1第10.2条。测量前，电抗器应静置于恒定的环境温度下至少3h。测量时，应记录绕组温度及绕组间电阻，绕组的温度应与绕组电阻同时测量。测量应使用直流电流。测量中应注意将自感效应的影响降到最小程度。

（2）电感值测量。试验方法参照IEC 60076—1第25.1.2条。测量可用适当电流或用电桥法。

（3）感应过电压耐受试验。感应过电压试验应该用雷电冲击试验替代。

7.5 充电装置

对于充电装置，至少要包含以下试验项目，如果需要增加试验项目，由承包商提供试验方法和详细的试验步骤：① 功能试验；② 端对端操作电压耐受试验；③ 端子对地干试直流耐压试验；④ 端子对地干试直流耐压试验（进行了型式试验的不再做直流耐压试验）；⑤ 端对端交流耐压（带局部放电测量）；⑥ 端对地交流耐压（带局部放电测量）。

8 技术参数

8.1 SF_6 断路器

两个换流站的 SF_6 断路器的技术参数见表 2 和表 3。

表 2　　向家坝侧直流断路器中 SF_6 断路器技术参数

序号	参数		单位	MRTB	GRTS	NBS	NBGS
1	额定电流（dc）		A	4735	4735	4735	—
2	最大运行过电流		见表 6				
3	额定电压（dc）		kV	80	80	80	80
4	最大额定电压（dc）		kV	80	80	80	80
5	爬电比距对应的基准电压（dc）		kV	80	80	80	80
6	合闸状态的电流强度	峰值耐受电流（peak）	kA	50	50	50	50
		短时耐受电流（1s，peak）	kA	20	20	20	20
7	最大转换电流（dc）		A	4050	844	2560	2560
8	在第 7 项规定的最大转换电流下打开主触头时的最大转换电压（peak）		kV	125	52	52	22
9	转换成功的最大燃弧时间		ms	20	20	20	20
10	转换失败时燃弧电流对时间的积分		A·s	1035	162	908	792
11	绝缘水平	断路器分闸，断口一端施加相反极性的第 12 项规定的电压，另一端施加雷电冲击耐受水平，干试（crest）	kV	180	77	77	32
		对地 *LIWL*，干试（crest）	kV	450	450	450	450
		断路器分闸，一端施加相反极性的第 12 项规定的电压，另一端施加 *SIWL* 值，湿试（crest）	kV	173	74	74	30
		对地 *SIWL* 值，湿试（crest）	kV	351	351	351	351
12	电流转换到电容器和避雷器器后断路器恢复电压（peak）		kV	144	62	62	25
13	上述第 12 项中恢复电压的上升率（最大值）		V/μs	280	213	84.1	85.3
14	标称合闸时间		ms	50	50	50	50
15	转换失败的标称重合闸（从闭合位置进行分—合操作）时间		ms	267	197	190	165
16	操作循环			O-C	O-C	C-O-C	O-C

表 3　　上海侧直流断路器中 SF_6 断路器技术参数

序号	参数	单位	NBS	NBGS
1	额定电流（dc）	A	4735	—
2	最大运行过电流	见表 6		—
3	额定电压（dc）	kV	50	50
4	额定最大电压（dc）	kV	50	50
5	爬电比距基础电压（rms）	kV	50	50

续表

<table>
<tr><th>序号</th><th colspan="2">参　数</th><th>单位</th><th>NBS</th><th>NBGS</th></tr>
<tr><td rowspan="2">6</td><td rowspan="2">合闸位置的电流强度</td><td>峰值耐受电流（peak）</td><td>kA</td><td>50</td><td>50</td></tr>
<tr><td>短时耐受电流（1s，rms）</td><td>kA</td><td>20</td><td>20</td></tr>
<tr><td>7</td><td colspan="2">转换电流：关键设计值（dc）</td><td>A</td><td>2560</td><td>2560</td></tr>
<tr><td>8</td><td colspan="2">在第 7 项规定的转换电流下打开主触头情况下的最大转换电压（peak）</td><td>kV</td><td>52</td><td>22</td></tr>
<tr><td>9</td><td colspan="2">转换成功的最大电弧时间</td><td>ms</td><td>20</td><td>20</td></tr>
<tr><td>10</td><td colspan="2">转换失败时电弧电流对时间的积分</td><td>AS</td><td>908</td><td>792</td></tr>
<tr><td rowspan="4">11</td><td rowspan="4">绝缘水平</td><td>一个接线端子施加第 12 项规定的电压，另一个端子施加反极性电压时通过打开的断路器的 LIWL（crest）</td><td>kV</td><td>77</td><td>32</td></tr>
<tr><td>干试条件下，对地 LIWL 值（crest）</td><td>kV</td><td>124</td><td>124</td></tr>
<tr><td>湿试条件下一个接线端子施加第 12 项规定的电压，另一个端子施加反极性电压时通过打开的断路器的 LIWL 值（crest）</td><td>kV</td><td>74</td><td>30</td></tr>
<tr><td>潮湿条件下对地 SIWL 值（crest）</td><td>kV</td><td>95</td><td>95</td></tr>
<tr><td>12</td><td colspan="2">电流转换到电容和避雷器器支路后断路器的恢复电压（peak）</td><td>kV</td><td>62</td><td>25</td></tr>
<tr><td>13</td><td colspan="2">第 12 项中恢复电压的上升率（最大）</td><td>V/μs</td><td>107.8</td><td>124.5</td></tr>
<tr><td>14</td><td colspan="2">标称合闸时间</td><td>ms</td><td>50</td><td>50</td></tr>
<tr><td>15</td><td colspan="2">转换失败时的标称重合闸（从闭合位置进行分—合操作）时间</td><td>ms</td><td>190</td><td>165</td></tr>
<tr><td>16</td><td colspan="2">操作循环</td><td></td><td>C-O-C</td><td>O-C</td></tr>
</table>

8.2 NBGS 高速隔离开关

NBGS 高速隔离开关技术参数见表 4。

表 4　　NBGS 高速隔离开关技术参数

<table>
<tr><th>序号</th><th colspan="2">参　数</th><th>单位</th><th>向家坝侧</th><th>上海侧</th></tr>
<tr><td>1</td><td colspan="2">额定电流（dc）</td><td>A</td><td>—</td><td>—</td></tr>
<tr><td>2</td><td colspan="2">额定电压（dc）</td><td>kV</td><td>80</td><td>50</td></tr>
<tr><td>3</td><td colspan="2">额定最大电压（dc）</td><td>kV</td><td>80</td><td>50</td></tr>
<tr><td>4</td><td colspan="2">爬电比距基础电压（rms）</td><td>kV</td><td>80</td><td>50</td></tr>
<tr><td rowspan="3">5</td><td rowspan="3">合闸位置的电流作用</td><td>峰值耐受电流（peak）</td><td>kA</td><td>28</td><td>28</td></tr>
<tr><td>短时耐受电流（1s，rms）</td><td>kV</td><td>11.2</td><td>11.2</td></tr>
<tr><td>暂态（3s，dc）</td><td>A</td><td>6488</td><td>6488</td></tr>
</table>

续表

序号	参　　数		单位	向家坝侧	上海侧
6	绝缘等级	一个接线端子接地时，分闸状态的另一个接线端子上 *LIWL* 的值（crest）	kV	448	124
		干试条件下对地 *LIWL* 值（crest）	kV	448	124
		一个接线端子接地时，分闸状态的另一个接线端子上 *SIWL* 的值（crest）	kV	351	95
		湿试条件下对地 *SIWL* 值（crest）	kV	351	95
7	最小直流电压耐受能力（dc）		kV	120	75
8	正常关断时间		ms	<40	<40
9	操作循环			C-O	C-O

8.3　MRTB 辅助回路单极合闸开关

MRTB 辅助回路单极合闸开关技术参数见表 5。MRTB、GRTS、NBS 最大运行过电流见表 6。

表 5　　　　单极合闸开关技术参数

序号	参　　数		单位	数值
1	额定电流（dc）		A	—
2	额定电压（dc）		kV	50
3	闭合时电流强度	峰值耐受电流（peak）	kA	10
		短时耐受电流（1s，peak）	kA	4
4	绝缘等级	端子间 *LIWL* 值（crest）	kV	40
		对地 *LIWL* 值（crest）	kV	448
5	标称合闸时间		ms	<40
6	闭合时间变化		ms	<2
7	操作循环			C-O

表 6　　　　MRTB、GRTS、NBS 最大运行过电流

户外环境温度	阀厅最高温度	过负荷时间	不带冗余冷却		带冗余冷却	
			功率（p.u.）	电流（A）	功率（p.u.）	电流（A）
最高环境温度	50℃	3s	1.40	5970	1.50	6488
		5s	1.33	5618	1.50	6488
		10s	1.24	5178	1.41	6021
		2h	1.10	4517	1.13	4657
		持续	1.00	4062	1.05	4288
34℃	44℃	3s	1.45	6226	1.50	6488
		5s	1.38	5868	1.50	6488
		10s	1.33	5618	1.41	6021

续表

户外环境温度	阀厅最高温度	过负荷时间	不带冗余冷却		带冗余冷却	
			功率（p.u.）	电流（A）	功率（p.u.）	电流（A）
34℃	44℃	2h	1.15	4750	1.19	4936
		持续	1.06	4334	1.10	4517
20℃	40℃	3s	1.50	6488	1.50	6488
		5s	1.50	6488	1.50	6488
		10s	1.41	6021	1.41	6021
		2h	1.27	5323	1.31	5519
		持续	1.15	4750	1.16	4797

8.4 辅助回路避雷器

向家坝侧、上海侧 NBS 的避雷器取相同参数，两站 NBGS 的避雷器也取相同参数，见表 7。

表 7　　　　避雷器技术参数

序号	参数		单位	MRTB	GRTS	NBS	NBGS
1	一次转换吸收能量		kJ	36341	2032	1612	630
	两次转换吸收能量		kJ	72682	4064	—	—
2	转换时间见相应图形			图 1	图 2	图 3	图 4
3	转换过程中电流峰值（peak）		kA	4.47	0.83	3.167	3
4	避雷器上的持续电压（dc）		V	0	0	0	0
5	规定的电流下的放电电压	额定值（peak）	kV	120	50	50	20
		允许变化值（peak）	kV	115～125	50～50.3	50～50.3	19～20
6	涌流上升时间		μs	240	700	210	290
7	两次转换间隔最小时间		s	60	60	—	—
8	避雷器冷却前可进行的最大操作数		—	2	2	1	1
9	压力释放能力（rms）		kA	4	4	4	4
10	瓷绝缘等级						
	LIWL（peak）		kV	180	77	77	32

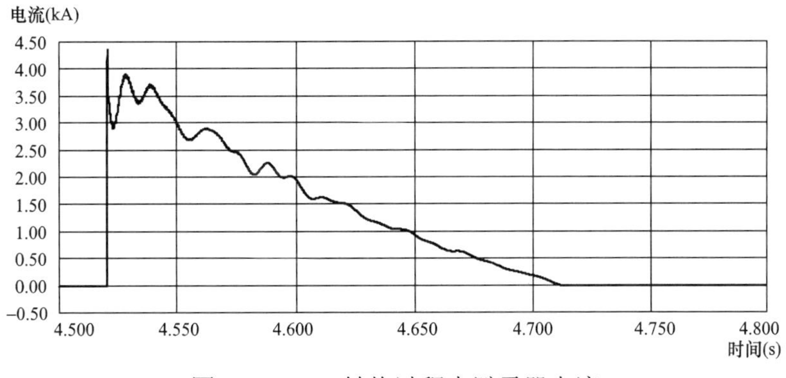

图 1　MRTB 转换过程中避雷器电流

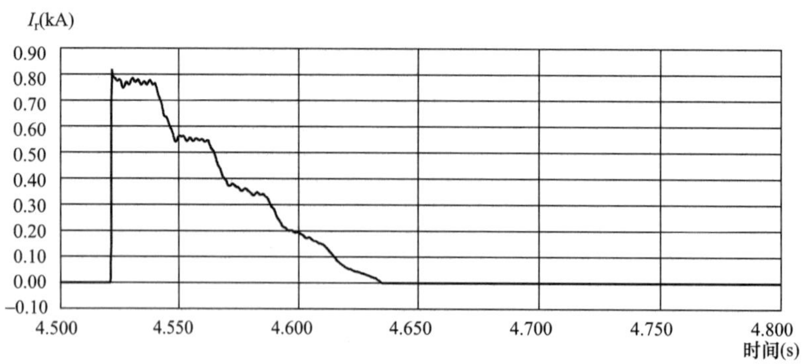

图 2 GRTS 转换过程中避雷器电流

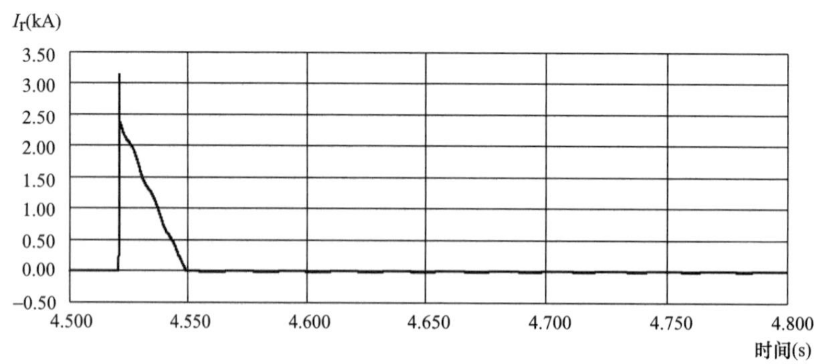

图 3 NBS 转换过程中避雷器电流

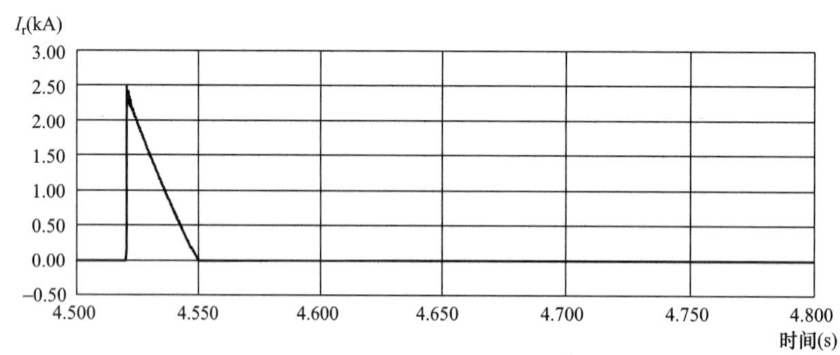

图 4 NBGS 转换过程中避雷器电流

8.5 MRTB 有源辅助电路充电装置

MRTB 有源辅助电路充电装置技术参数见表 8。

表 8 充电装置技术参数

序号	参数		单位	数值
1	输出电压（dc）		kV	5～20[①]
2	输出电流	额定电流值	mA	10
		衰减时间常数	s	10
3	转换时的最大电压（peak）		kV	125.2
4	最大充电时间		s	35
5	绝缘等级	端子之间 *LIWL*（peak）	kV	180
		端子对地 *LIWL*（peak）	kV	448

续表

序号	参　数		单　位	数　值
6	平台与地间爬电比距对应的电压（peak）		kV	50
7	有效的辅助电源	电压（相–地）（rms）	V	230
		电压变化	%	+10/–15
		频率	Hz	50
8	控制继电器和接收器电压②（dc）		V	110

① 输出电压应控制在 5～20kV（dc）范围内。
② 接收器应与地和信号输出隔离。

8.6 辅助回路电抗器

辅助回路电抗器技术参数见表 9。

表 9　　电抗器技术参数

序号	参　数		单位	MRTB	GRTS	NBS	NBGS
1	额定电感值		μH	60	60	60	60
2	电感容差		%	+20/–0	+20/–0	+20/–0	+20/–0
3	暂态电流（10ms，peak）		kA	12.8	0.844	2.56	2.56
4	绝缘等级	电抗器 *LIWL*（peak）	kV	34	34	34	34
		端子与绝缘平台之间的 *LIWL*（peak）	kV	180	77	80	34
5	接线端子与绝缘平台之间爬电比距对应的基本电压		kV	20	20	20	20

8.7 转换电容器

转换电容器技术参数见表 10。

表 10　　转换电容器技术参数

序号	参　数		单位	MRTB	GRTS	NBS	NBGS
1	额定电容值		μH	18	22	22	22
2	电容值容差		%	±3	±3	±3	±3
3	峰值充电电流（peak）		A	12.8	0.844	2.49	2.56
4	运行时最大直流电压：接线端子间持续电压（dc）		kV	20①	—	—	—
5	放电电阻		MΩ	≥4	≥4	≥4	≥4
6	转换时最大电压②：接线端子间（300ms，peak）		kV	125.2	53.3	53.3	23.3
7	绝缘等级	接线端子间 *LIWL*（crest）	kV	180	77	80	34
		接线端子间 *SIWL*（crest）	kV	173	74	76	32
8	爬电比距对应的基本电压（dc）		kV	20	—	—	—

① 持续预充电到规定值；
② 超过 300ms，电容器会通过自身的内部电阻器放电。

8.8　安装在钢架上的绝缘平台

安装在钢架上的绝缘平台的技术参数见表 11。

表 11　　**绝缘平台技术参数**

序号	参　　数	单位	向家坝	上海
1	绝缘水平：平台与地之间绝缘支柱的 *LIWL*，干试（peak）	kV	448	124
2	最小直流电压耐受能力：平台对地，持续（dc）	kV	80	50
3	操作冲击耐受能力：平台对地，湿试（rms）	kV	351	92
4	爬电比距对应的基础电压：平台对地（rms）	kV	80	50

8.9　直流开关组成示意图（见图 5～图 7）

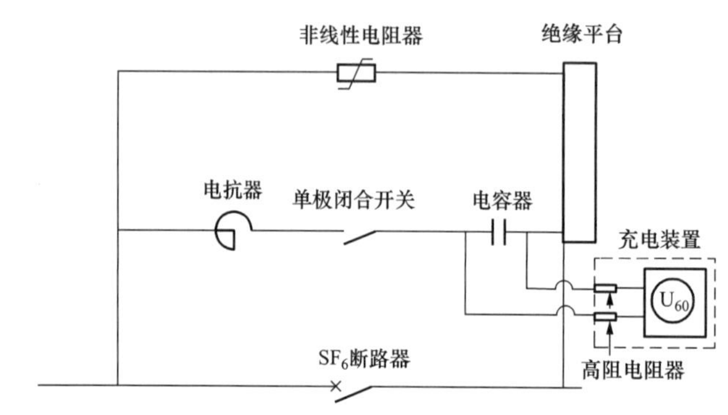

图 5　有源型直流开关

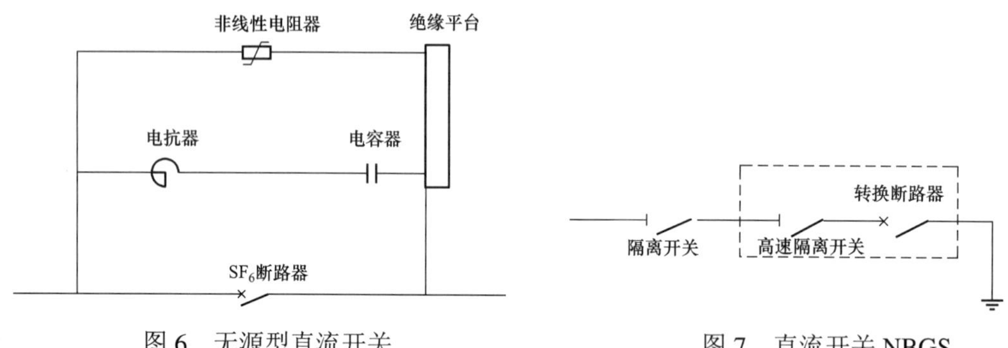

图 6　无源型直流开关

图 7　直流开关 NBGS

8.10　12 脉动桥旁路开关技术参数

12 脉动桥旁路开关技术参数见表 12。

表 12　　**12 脉动旁路开关技术参数**

序号	项　目　名　称		上 12 脉动桥旁路开关	下 12 脉动桥旁路开关
1	额定电流	A	4735	4735
2	额定电压（dc）	kV	816	472
3	最大开断电流	A	300	300

续表

序号	项目名称			上 12 脉动桥旁路开关	下 12 脉动桥旁路开关
4	恢复电压		kV	80	80
5	恢复电压上升率		V/μs	800	800
6	绝缘水平	雷电耐受电压（打开状态）	kV	1800	900
		操作耐受电压（打开状态）	kV	1600	850
		雷电耐受电压（关合状态）	kV	1800	450
		操作耐受电压（关合状态）	kV	550	—
		额定合闸时间	ms	<40	<40

设备二　直流隔离开关

直流隔离开关与接地开关是±800kV 换流站直流场上的重要设备，用于设备检修时的隔离与接地以及配合直流断路器进行各种运行方式的转换。

在可能的情况下尽量采用相同的设计，同类型的开关，其部件应能够相互更换。

1　阀厅基本接线及布置

本规范适用于直流场上户外安装的隔离开关与接地开关。按电压等级不同分为 3 种类型：

（1）极线隔离开关与接地开关。为了增加系统的安全运行，提高系统的能量可利用率，±800kV 双 12 脉动串联的特高压直流工程比常规±500kV 直流工程增加另一种类型直流断路器，即 12 脉动桥旁路开关，同时也需要增加相应的阀侧隔离开关配合旁路开关的操作。为减少设备类型，平波电抗器阀侧隔离开关和线路侧隔离开关应用同一种类型。

（2）双 12 脉动桥中点隔离开关与接地开关。

（3）中性母线隔离开关与接地开关。隔离开关与接地开关具体数量待系统单线图最终确定后给出。

2　标准

对于电压等级 500kV 以下的隔离开关，如果没有特别说明，隔离开关与接地开关的设计与试验应该遵循高压交流隔离开关的标准 IEC 60129。

对于 800kV 直流隔离开关，国内外均没有现成的标准，如果用到，可参考高压交流隔离开关的标准 IEC 60129。

3 设计要求

3.1 一般要求

隔离开关和接地开关应由单相高压交流隔离开关和接地开关进行适当的改型而成。除非有特殊规定，500kV 及以下电压等级的接地开关一般应安装在相应的隔离开关上，而 800kV 直流隔离开关与接地开关应分开，分别安装。

隔离开关的合闸位置，在承受规定的峰值耐受电流和额定短时耐受电流时，应不引起：① 任何零部件的机械损伤；② 触头分离；③ 可能损耗绝缘的温升，该温升是承受额定峰值耐受电流和额定短时耐受电流加上长期通过额定电流得到的最高温升后的温升。

接地开关应提供两个可靠的与接地网连接的端子。端子应能承受运行中的各种综合应力。

3.2 无线电干扰设计要求

在最大直流电压下外部无电晕，并依据无线电干扰试验标准进行确定。

3.3 触头要求

隔离开关应使用铜触头，所有触头表面都应镀银，且镀银厚度不小于 20μm。触头接触应该牢靠，保证正常运行时触头温度不超过规定值。

3.4 金属部件要求

金属部件进行材料选择和结构设计时应保证金属可能受到的腐蚀最小。载流部件应为铜或铝合金材料，非载流部件应为防腐材料。尽可能减少不同材料的混合使用。

3.5 操作机构要求

隔离开关和接地开关都应有电动操作机构和手动操作机构。

3.6 绝缘子要求

800kV 绝缘子可使用非瓷绝缘子，中性母线以及双 12 脉动桥重点隔离开关与接地开关的支柱绝缘子选用棕色釉面瓷绝缘子或非瓷绝缘子。绝缘子的爬电距离应不小于技术数据中规定的爬电距离，还要保证足够的机械性能。

3.7 EMC 设计要求

隔离开关和接地开关操动机构应符合 IEC 60694 标准中关于电磁兼容的要求；同时，在规定的电磁环境中，操动机构不应出现误动作。

4 铭牌

铭牌上标明的内容应遵循 IEC 60129 第 5.9 条。

5 环境条件

向家坝—上海±800kV 直流输电工程整流和逆变换流站户外环境条件见表 1。

表 1 特高压换流站环境条件

站址	地 震 条 件	污秽等级	百年一遇最大风速（m/s）	海拔高度（m）	最高温度（℃）
向家坝	7 级，地面加速度 0.1g	II～III 级	27.4	536	40.3
上海	7 级，地面加速度 0.1g	II～III 级	31	3.4～4.2（吴淞标高）	38.7

由于±800kV 直流系统绝缘水平高，是否采用户内直流场布置正在研究与讨论之中，所以直流隔离开关的使用条件待进一步研究确定后给出。

6 型式试验

绝缘试验应在安装于支承构架上的完整的开关上进行，支承构架的高度应保证受试开关中所有绝缘子最低点对地距离不小于 3000mm，除非开关处于设备带电时不允许进入的区域。

6.1 雷电冲击电压试验

试验电压见技术数据，在隔离开关处于合闸位置或接地开关处于分闸位置时，进行对地雷电冲击试验，在隔离开关处于分闸位置时，进行端子间的雷电冲击试验，具体试验方法参照 IEC 60129 第 6.1.6.1 条。

6.2 操作冲击电压试验

试验参照 IEC 60129 第 6.1.6.2 条进行。对 *SIWL* 大于 750kV 的隔离开关和接地开关进行此项试验。对于户外安装的隔离开关和接地开关，应进行湿式操作冲击电压试验，试验电压为标准操作冲击波 250/2500μs，以两种极性分别进行。

6.3 辅助回路和控制回路试验

试验参照 IEC 60129 第 6.1.10 条进行。隔离开关的辅助和控制回路应该承受冲击电压试验以及短时工频耐受电压试验，每个试验包括：

（1）电压加在连在一起的辅助、控制回路与开关装置的底座之间。

（2）如果可行，电压加在辅助、控制回路的每一部分（这部分在正常使用中与其他部分绝缘）与连接在一起并和底架相连的其他部分之间。

6.4 温升试验

试验参照 IEC 60129 第 6.3 条进行。仅隔离开关进行此项试验，接地开关不进行温升试验。进行此项试验，电流应为 2h 过负荷运行时的直流电流，或者相应的工频交流电流，其有效值等于 2h 过负荷运行时的直流电流。

6.5 主回路电阻测量

试验参照 IEC 60129 第 6.4 条进行。仅隔离开关进行此项试验，试验电流可取 50A 到额定电流之间任选，在温升试验前后，测得的主回路电阻值的差值不应超过 20%。

6.6 短时耐受电流和峰值耐受电流试验

试验参照 IEC 60694（2001—5）第 6.6 条进行。

6.7 机械寿命试验

试验参照 IEC 60694 中的表 3 以及 4.4.3 项的第 6 条进行，共 2000 次循环操作，试验过程中，试品允许按制造厂的规定进行润滑，但不得作任何调整。在每个分、合闸操作中都应达到相应的位置，试验后不经调整，其机械特性应符合产品技术条件的规定。

6.8 机械操作试验

接线端子施加额定机械负荷时，进行隔离开关分合操作，试验参照 IEC 60129 第 6.102.4 条进行。

6.9 无线电干扰试验

试验参照 IEC 60129 第 6.2 条进行。对额定电压大于 200kV 的每一类隔离开关及接地开关都要进行无线电干扰试验，按下列条件进行试验：

（1）开关主触头断开，将试验电压分别加于开关的两端，对端及支架接地。

（2）开关主触头闭合，将试验电压加于开关的某一端，支架接地。

6.10 湿式直流耐压试验

如果采用户外直流场，则要对极线隔离开关与接地开关以及双 12 脉动桥中点隔离开关与接地开关进行湿式直流耐压试验，试验应在 IEC 60060—1 第 9.1 条规定的人工淋雨条件下，施加正、负极性的直流试验电压 U_t，持续时间 60min。

$$U_t = 1.5U_d$$

式中 U_d——额定直流运行电压。

该项试验还应满足下列条件：

（1）开关主触头断开，将试验电压分别加于开关的两端，对端及支架接地。

（2）开关主触头闭合，将试验电压加于开关的某一端，支架接地。

6.11 严重冰冻条件下的操作

对于户外安装的隔离开关与接地开关，如果供需双方认为需要，则要进行此项试验，户内安装的不进行此项试验。试验方法参照 IEC 60129 第 6.103 条，要求覆冰厚度不小于 10mm。在试验全部完成并且恢复正常环境温度后，应检查触头接触状况，比如测量接触电阻。

6.12 接触区试验

试验参照 IEC 60129 第 6.102.2 条进行。隔离开关和接地开关的额定机械负荷应根据 IEC 60129 中的表 III，且同时施加下面两种负荷的一种：

（1）风力：所有圆柱表面 800N/m^2，其他表面 1300N/m^2。

（2）覆冰 10mm。

对于 800kV 隔离开关，除进行上述的型式试验项目外，还要进行一些不同于 500kV 隔离开关的特殊试验，要和制造厂家协商之后共同确定。

7 型式试验

（1）辅助回路和控制回路绝缘强度试验。根据 IEC 60129 第 7.2 条进行。仅进行工频耐压试验，试验电压为 1kV，持续时间 1min。

（2）主回路电阻测量。根据 IEC 60129 第 7.3 条进行。应该尽可能在与相应的型式试验相似的条件（周围空气温度和测量部位）下进行。测得的电阻不应该超过 1.2R_u，此处 R_u 指的是温升试验前测得的电阻。

（3）机械操作试验。根据 IEC 60129 第 7.101 条进行，可以只在操作机构上进行。试验在主回路上无电压和无电流流过的情况下进行，目的是验证当其操动机构通电时隔离开关或接地开关能正常地分闸和合闸。在每次操作循环中，应到达合闸位置和分闸位置，并且有规定的指示和信号。整个试验期间，不应进行调整且应操作无误。

（4）电动机保护继电器试验。对保护继电器进行功能测试。

8 技术参数

隔离开关与接地开关技术参数，见表 2～表 4。

表 2　极线隔离开关与接地开关技术参数

编号	项　目	单位	隔离开关	接地开关
1	额定电压	kV	816	816
2	直流电流			
2.1	20℃环境温度时			
	10s	A	6021①	—
	2h	A	5470	—
	连续	A	4797	—
2.2	最高环境温度时			
	10s	A	6021	—
	2h	A	4576	—
	连续	A	4288	—
2.3	短时耐受电流，1s	kA	20	20

续表

编号	项　　目	单位	隔离开关	接地开关
2.4	峰值耐受电流	kA	50	50
3	试验电压			
3.1	直流耐压，1h			
	端对地	kV	1220	1220
	端子之间	kV	1220	—
3.2	无线电干扰试验电压	kV	635	635
4	绝缘水平			
4.1	雷电冲击耐受电压			
	端对地	kV	1900	1900
	端子之间	kV	—	—
4.2	操作冲击耐受电压			
	端对地	kV	1600	1600
	端子之间	kV	—	—
5	辅助节点			
	动合	个	5	5
	动断	个	5	5

① 过负荷倍数按系统运行要求及设备能力综合确定，目前还未最终确定，此表中过负荷倍数均按三广工程取值，同时加上测量偏差和控制偏差 62A。

表 3　　双 12 脉动桥中点隔离开关与接地开关技术参数

编号	项　　目	单位	隔离开关	接地开关
1	额定电压	kV	472	472
2	直流电流			
2.1	20℃环境温度时			
	10s	A	6021	—
	2h	A	5470	—
	连续	A	4797	—
2.2	最高环境温度时			
	10s	A	6021	—
	2h	A	4576	—
	连续	A	4288	—
2.3	短时耐受电流，1s	kA	20	20
2.4	峰值耐受电流	kA	50	50
3	试验电压			
3.1	直流耐压，1h			
	端对地	kV	726	726
	端子之间	kV	726	—
3.2	无线电干扰试验电压	kV	377	377

续表

编号	项　　目	单位	隔离开关	接地开关
4	绝缘水平			
4.1	雷电冲击耐受电压			
	端对地	kV	1175	1175
	端子之间	kV	—	—
4.2	操作冲击耐受电压			
	端对地	kV	850	850
	端子之间	kV	—	—
5	辅助节点			
	动合	个	5	5
	动断	个	5	5

表 4　　中性母线隔离开关与接地开关技术参数

编号	项　　目	单位	隔离开关	接地开关
1	额定电压	kV	100	100
2	直流电流			
2.1	20℃环境温度			
	10s	A	6021	—
	2h	A	5470	—
	持续	A	4797	—
2.2	最高环境温度时			
	10s	A	6021	—
	2h	A	4576	—
	持续	A	4288	—
2.3	短时耐受电流，1s	kA	20	20
2.4	峰值耐受电流	kA	50	50
3	试验电压			
	直流耐压，1h	kV	—	—
	端对地	kV	150	150
	端子之间	kV	150	—
4	绝缘水平：雷电冲击耐受电压			
	端对地	kV	450	450
	端子之间	kV	—	—
5	辅助节点		—	—
	动合	个	5	5
	动断	个	5	5

设备三　直流测量设备

1　设备运行环境

交流系统运行额定电压整流侧 530kV，逆变侧 515kV，稳态最高运行电压 550kV，稳态最低运行电压 500kV。额定频率 50±0.2Hz。

直流系统双极额定输送功率 6400MW，额定运行电压±800kV，最高运行电压 816kV（1.02p.u.），额定运行电流 4000A。

站址气象条件按照实际工程条件。

2　设备要求

2.1　直流电压分压器

对于与控制保护系统信号输入端相连的测量装置，当被测电压在零和最大稳态直流电压之间变化时，整个电压测量系统的精度应为额定直流电压的 1%。测量装置的量程应满足测量直流电压 1.5p.u 的要求，且测量精度应在±10%额定直流电压的范围内。

直流电压测量装置必须具有良好的暂态响应和频率响应特性，确保最大公差时的测量精度仍满足高压直流输电系统控制保护的精度要求。

直流电压测量系统的输出信号应具有良好的品质，对于两种极性的 0.1～1.5p.u 的直流电压，应确保输出信号的可用性，并满足精度要求。

测量装置原边的高压接线应与输出信号隔离，如果输出信号不能与原边高压侧的接线完全隔离，应装设保护装置，以便在测量装置故障时将可能的输出信号限制在 2kV 之内。所有低电平信号应与高电平信号分开布线。

对于必须安装在户外开关场的电压测量设备，应能确保瓷质外套的放电不会对输出信号产生干扰。应对所提供的每台电压测量装置提供所有必需的辅助电源设备和其他相关设备，这些设备应安装在辅助控制柜中。测量装置的副边电路应配备充分的非熔丝类保护，测量装置应能承受 1min 短路故障而不损坏。户内式低压测量装置不应采用油浸式。直流测量装置的外部瓷套应当是一个整体，不允许分节。

2.2　直流电流互感器

任何用于保护的直流电流测量系统，当被测电流低于 2h 过负荷电流时，测量误差应不大于该测量装置额定电流的±2%；当被测电流达到额定电流的 300%时，测量误差不能超过测量装置额定电流的±10%。所谓额定电流是指直流系统在额定电流下运行时，测量装置所在位置所对应的电流。

任何用于控制的直流电流测量系统，当被测电流在最小保证值和2h过负荷运行电流之间时，测量误差应不大于额定电流的±0.75%，在被测电流达到额定电流的300%时，测量误差应不大于额定电流的±10%。所有用于同一功能的多个直流电流测量系统，如用于极差动保护、极间电流平衡控制等的测量装置，在被测电流为额定电流的150%及以下时，应具有等于或优于±1%的配合精度；当被测电流为连续过负荷电流的150%～300%时，测量系统的精度应能保证设备正确动作。

直流电流测量系统应具有足够好的暂态响应和频率响应特性，以确保在最大误差情况下的测量值仍满足直流输电系统控制和保护的精度要求。在所有的运行条件下，所设计的测量装置不应出现饱和现象。

测量装置的输出信号应具有足够的幅值，以确保当原边电流在额定电流的1%～300%变化时，所测信号是可用的，暂态时输出信号瞬时值可能达到额定电流的600%。

承包商所提供的用于测量接地极和接地极引线小电流的测量装置应能满足本节所规定的精度要求。承包商应确定这些电流测量装置的最大测量范围，并提出相应的设备设计规范。承包商应确保对测量装置内任何低电平信号的屏蔽，以使其免受其他高压电路的影响。所有低电平信号都必须与高压信号分开布线。承包商应保证在制造厂内对带有负载的直流电流测量系统的输出进行精确校准。在最初安装时，应具有足够的输出缓冲区，以适应追加输出信号的要求。在现场应采用尽可能简单的方法对测量装置进行校准，以保证在设备带电的情况下也可进行。用于校准测量装置的设备应具有足够的灵敏度，以便设定所必需的精度。

副边电路应具备适当的保护，但不能使用熔丝。在1min短路的情况下不允许损坏测量装置。在外套上应为二次出线端接25mm或更粗的导管。

自立式户外充油直流电流测量装置应安装在瓷质绝缘套中，其顶端应装设储油容器，并配备油面高度显示装置。不允许采用充油式户内式直流电流测量装置。

3　设备参数

3.1　直流电压分压器参数

对于±800kV等级换流站直流场，电压分压器主要安装在下列位置：极母线（户外场）、中性母线（阀厅内）、每组12脉动换流器旁路开关（阀厅内）。

参考主回路以及绝缘配合研究结果，初选电压分压器主要参数见表1。

表 1　　电压分压器主要参数

安装位置	单位	极母线	中性线	旁路开关	
				高压侧	中性线侧
标称直流电压（dc）	kV	±800	±80	±800	±400
测量范围（dc）	kV	±1200	±120	±1200	±600
测量系统的阶跃响应，10%～90%	μs	≤250	≤250	≤250	≤250
雷电冲击耐受电压（对地）	kV	1950	450	1800	1175
操作冲击耐受电压（对地）	kV	1600	325	1600	950
额定输出信号水平	V	5	5	5	5
输出系统精度	%	0.2	0.2	0.2	0.2

3.2　直流电流互感器参数

极母线和中性母线电流互感器可采用光纤式，初选主要参数见表 2。

表 2　　电流互感器主要参数

安装位置		单位	极母线（阀厅内和户外）	中性线（阀厅内和户外）	两组 12 脉动换流器之间	
					高压侧换流器处	中性线侧换流器处
额定直流电流 I_{dn}（dc）		A	4000	4000	4000	4000
稳态直流测量界限（dc）		A	12000	12000	12000	12000
暂态测量界限		kA	24	24	24	24
雷电冲击耐受水平（对地）（crest）		kV	1950	450	1800	1175
操作冲击耐受水平（对地）（crest）		kV	1600	325	1600	950
测量精度	0～134% I_{dn}	%	0.5	0.5	0.5	0.5
	134%～300% I_{dn}	%	1.5	1.5	1.5	1.5
	300%～600% I_{dn}	%	10	10	10	10

4　试验项目和验收标准

4.1　直流电压测量装置型式试验

（1）电容量和介质损耗角的测量。绝缘试验前、后测量，测量结果不应有明显变化。

（2）高压电阻的测量。绝缘试验前后，电阻值测量结果的偏差≤±1%。

（3）绝缘试验。应对装配完整的分压器单元进行绝缘冲击试验。

（4）对于额定电压大于 200kV 的分压器，应根据 IEC 60076 进行下述绝缘结构的试验：

1）户外式分压器的湿态直流耐压试验（试验电压为 1.5U_{dmax}）。

2）干态直流耐压试验及局部放电测量（试验电压为 1.25U_{dmax}）。

3）户外电压分压器的人工污秽试验。

4）无线电干扰电压试验（试验电压为 1.1U_{dmax}）。

5）极性反转试验及局部放电测量（试验电压为 1.25U_{dmax}）。

（5）直流电压分压比试验。在直流电压测量装置量程内，对加于电压测量装置高压端的从零到量程所允许的最大电压，进行高压端和低压端之间的直流电压变比的测量。测量应在两种极性下进行。对于每一种极性的电压，应在至少 5 个大约等距的电压水平上进行测量。测量温度应从−25℃到 75℃。

（6）暂态响应试验。将阶跃电压加到直流电压测量装置的高电压端，在输出端观察响应特性。

（7）频率响应试验。该试验是为了演示直流电压测量装置的交流特性。对频率为 50～1200Hz 的试验电压，测量电压测量装置高压端与连有直流控制保护设备的直流电压测量系统的输出端之间的交流变比，包括幅值和相位移。测量应对 50Hz 及上述频率范围内的所有偶次谐波进行。

4.2　直流电压测量装置例行试验

（1）干态直流耐压及局部放电试验测量。试验电压为 1.5U_{dmax}（kV），所允许的最大局部放电强度为 10pC。

（2）直流电压比率试验。应在额定电压和 0.1 标幺额定电压下测量直流电压比率。

（3）绝缘试验：

1）雷电冲击和操作冲击试验，试验电压按设备参数表选择。

2）以 3.0kV 工频试验电压对低压侧电路的绝缘进行 1min 耐压试验。

（4）频率响应。应在 50Hz 交流电压下测量直流电压测量装置的变比。

（5）电压限幅检查。检查放电间隙和过电压限制元件。

（6）漏油试验。充油设备应进行内部加压试验，所加试验压力为 35kPa，持续时间为 24h。在此期间应无明显的漏油。

（7）电容值和介损测量。应在 50Hz 的电压下测量装配完整的分压器的电容值和介损（tanδ）。

$$\text{第 1 级电压}=50\% U_{dc}/\sqrt{2}\ \text{（有效值，kV）}$$

$$\text{第 2 级电压}=U_{dc}/\sqrt{2}\ \text{（有效值，kV）}$$

$$\text{第 3 级电压}=150\% U_{dc}/\sqrt{2}\ \text{（有效值，kV）}$$

式中　U_{dc}——测量设备的额定直流电压。

（8）应在负极性的直流电压下测量输出信号电压保护装置的保护水平。

（9）分压器低压臂电阻测量。

4.3 直流电流测量装置型式试验

（1）在设计的额定负载下，在直流电流测量系统的全量程内进行测量精度的校验，精度要求参考设备参数表。

（2）阶跃响应试验。包括 0.1～1p.u.电流阶跃，1～0p.u.电流阶跃，0.5～0.25p.u.电流阶跃和 0.5～0.75p.u.电流阶跃。

（3）频率响应试验。对频率为 1200Hz 及以下的正弦输入信号进行交流变比（幅值）和相位移的测量。这种试验可以仅在 50Hz 及 1200Hz 以下的所有偶次谐波频率下进行。最大允许幅值比偏差（300Hz 以下 $300A_{rms}$，300～1200Hz 为 $100A_{rms}$）小于 0.5%。最大允许相位移（300Hz 以下 $300A_{rms}$，300～1200Hz $100A_{rms}$）为 500μs。

（4）测量电子电路的干热试验应根据 IEC 68.2.2 号标准中的试验要求进行。试验时间为 4h。

（5）对于光电式直流电流测量装置，应对其光连接部分进行如下试验：

1）按 IEC 44—1 的要求，原边的冲击试验应包括雷电冲击试验、操作冲击试验（电压水平参考参数表格）。

2）绝缘试验。包括户外测量装置上的湿态直流电压试验（试验电压为 $1.5U_{dmax}$）、干态直流电压试验和局部放电测量（试验电压为 $1.5U_{dmax}$）、最高电压等级户外直流电流互感器的污秽试验、无线电干扰电压试验（试验电压为 $1.1U_{dmax}$）、光纤的传输损耗测量。

（6）对于套管型零磁通或其他型式的磁绕组直流电流互感器应进行如下试验：带铁心和绕组的电子测量装置输入端的暂态抗干扰特性试验，横向和纵向的抗冲击能力（SWC）应满足 IEC 801—4 中有关的标准。

（7）对于自立式零磁通或其他型式的磁绕组直流电流互感器应进行如下试验：

1）介损和电容测量。绝缘试验前后的介损和电容不应有明显的变化。

2）带铁心和绕组的电子测量装置输入端的暂态抗干扰特性试验。其横向和纵向的抗冲击能力（SWC）应满足 IEC 801—4 中有关的标准。

3）进行 IEC 44—1 标准中所规定的短期电流试验，或根据 IEC 44—1 号标准所规定的条件通过计算证明测量装置具备所需性能。

4）进行 IEC 44—1 标准所规定的温升试验，试验电流应为 50Hz 交流电流，其有效值与最大连续直流电流相等。

5）根据 IEC 44—1 标准对原边绕组进行下述冲击试验：雷电冲击波试验。

（8）绝缘试验，包括户外测量装置上的湿态直流电压试验（$1.5U_{dmax}$）、干态直流电压试验和局部放电测量（1.5U_{dmax}）、最高电压等级户外直流电流互感器的污秽试验、无线电干扰电压试验（1.1U_{dmax}）。

4.4 直流电流测量装置例行试验

（1）对于所有型式的直流电流测量装置应进行下述试验，试验要求参考设备参数表：

1）对于最大连续直流电流及以下电流水平进行直流电流测量精度试验。

2）在 0～1p.u.以及 1～0p.u.的阶跃输入电流时的暂态响应。

3）应在 50Hz 下进行频率响应试验，即测量变比和相位移。

（2）对光电式直流电流测量装置，必须对光连接部分作以下试验：

1）干态直流耐压试验和局部放电测量（1.5U_{dmax}，局部放电水平小于 10pC）。

2）雷电冲击和操作冲击试验。

（3）对于套管型零磁通或其他型式的磁绕组直流电流互感器：

1）根据 IEC 44—1 标准的规定，在一次侧和二次侧绕组之间及二次侧绕组上进行试验。

2）根据 IEC 44—1 标准的规定，进行匝间绝缘试验。

（4）对于自立式零磁通或其他型式的磁绕组直流电流互感器：

1）根据 IEC 44—1 标准的规定，在一次侧和二次侧绕组之间及二次侧绕组上进行试验。

2）根据 IEC 44—1 标准的规定，进行匝间绝缘试验。

3）进行干态直流耐压试验及局部放电测量（1.5U_{dmax}，局部放电水平小于 10pC）。

4）根据 IEC 137 标准的规定采用 50Hz 交流电压进行介损试验，应用 IEC 137 号标准的规定作为通过试验的判据。

5）漏油试验。充油设备应进行内部加压试验，所加油压应为 35kPa，加压时间为 24h，在加压期间不允许出现明显的漏油现象。

6）雷电冲击和操作冲击试验。

设备四　直流绝缘子

按电压等级分，存在三种类型的绝缘子：±800kV 母线支柱绝缘子、±400kV 母线支柱绝缘子、中性母线支柱绝缘子。

1　绝缘子设计

1.1　一般要求

本技术规范针对瓷支柱绝缘子、复合支柱绝缘子和RTV涂料支柱绝缘子等户内、户外直流支柱绝缘子设备给出了通用的或特殊的设计和试验要求。瓷支柱绝缘子、复合支柱绝缘子和RTV涂料绝缘子的设计应符合GB 8287.1、GB/T 19443—2004、IEC 62231、IEC 61462和DL/T 627—2004等相关标准的最新版本及工程招标书有关规定的要求。

1.2　绝缘子选型

1.2.1　户外直流场方案

若采用直流户外场方案，±800kV支柱绝缘子的选择有三种可能：① 采用瓷芯复合绝缘子，伞套为硅橡胶外绝缘材料，芯棒为高强度瓷质材料；复合伞套的伞形采用大、小伞，伞下光滑无棱；② 采用纯复合绝缘子；③ 采用瓷质绝缘子喷涂RTV憎水性涂料。

三种绝缘子的最小爬距和伞形参数：① 非瓷支柱绝缘子爬距：45mm/kV；② 纯瓷支柱绝缘子爬距：54mm/kV。

如果采用深棱型绝缘子，最小伞距应不小于95mm，伞距与伞伸出的比值应不小于1。如果采用大小伞型绝缘子，伞间距与伞伸出的比值不小于0.9。当垂直安装时，建议伞形关键参数（见图1）选择如下：

（1）大伞间距S≥65mm。

（2）大、小伞伸出差$P-P_1$应当大于交流瓷绝缘子采用的距离，应尽量采用更大的伞伸出差，比如20mm。

（3）上倾角$\alpha>10°$，下倾角$\beta>3°$。不宜采用过小的下倾角，以防止雨水回流；或过大的下倾角，以防止伞下积污。不建议采用伞下加棱的方案。

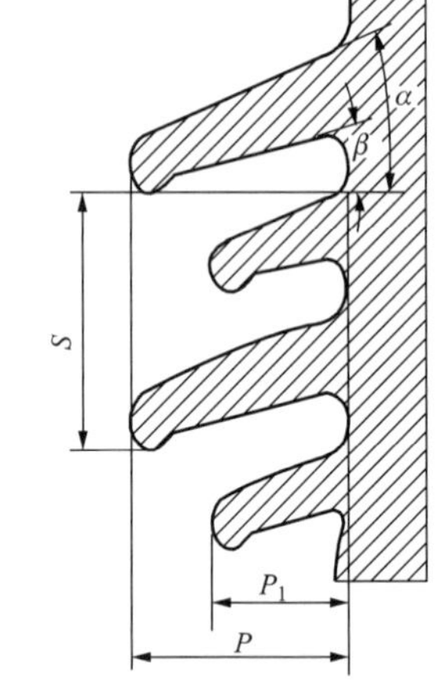

图1　大小伞型绝缘子伞形的关键参数

户外非瓷支柱绝缘子的高度不低于10m。户内400kV支柱绝缘子和中性母线支柱绝缘子，采用纯瓷质材料即可。

1.2.2　户内直流场方案

户内直流场的800kV支柱绝缘子、400kV支柱绝缘子和中性母线支柱绝缘子均采用纯瓷质材料即可。伞裙采用大小伞，伞下深棱，最小伞距应不小于95mm，伞距与伞伸出的比值应不小于1。爬距应不小于25mm/kV。

1.3　绝缘子材料

1.3.1 瓷材料

如果要求绝缘子由瓷制成，瓷材料应当具有良好的电气和机械性能，品质均匀，无分层、气隙或其他缺陷，同时还应结实，能防止潮气侵入。瓷的釉面应无缺陷，如气泡或烧伤等。设计中应保证温度变化时所有绝缘子的任何部分都不产生过应力。

承包商使用的绝缘子应具有伞裙，在污染和大雨条件下能有效地防止污闪和雨闪，并便于人工清洗。

瓷的颜色应是棕色，符合 ANSI Z55.1 标准。绝缘子瓷件材料应符合 GB 8411.1 的规定。绝缘子的金属附件应符合 JB5889 或 JB5891 的规定。绝缘子的水泥胶合剂应符合 JB 4307 的规定。瓷件和附件与水泥胶合剂接触部分表面均匀涂敷的沥青清漆或沥青缓冲层，应符合 ZB 51029 或 GB/T 494 的规定。

1.3.2 复合材料

复合绝缘子的伞裙采用硫化硅橡胶，应具有良好的憎水性和憎水迁移性，优良的耐污性能和抗老化性能。伞裙的颜色应是灰色，符合 ANSI Z55 标准。

复合绝缘子的设计上应考虑界面间的紧密连接，不允许出现气隙；应当保证伞套和芯棒的黏结强度；复合绝缘子的上端金属部件与芯棒间不应有位移。

复合材料的绝缘子金具设计采用压接式结构，有效地保证压接质量。在靠近硅橡胶护套、伞裙部分，应当考虑：① 端部密封，确保金具端部良好的密封性能；② 牺牲电极，防止金具处电解腐蚀；③ 局部电场控制，适当的弧度、光滑的镀锌层，尽量降低金具表面的场强。

绝缘子用伞套应使用不低于 GB 6553 所规定的 TMA 4.5 级、最大电蚀深度不超过 2.5mm 的绝缘材料。绝缘子的外绝缘件（复合伞裙），其憎水性和耐老化性能应符合 DL/T 810—2002 中 5.6 节和附录 A 的规定。绝缘子的复合伞裙与瓷件的黏接强度应不低于复合伞裙的抗撕强度。

1.3.3 RTV 材料及其施涂

RTV 涂料采用室温硫化硅橡胶。施涂 RTV 涂料应均匀地涂覆在绝缘子的瓷件上，以使绝缘件获得较好的耐污性能。RTV 使用前，对于双组分涂料，应先将两种组分按要求混合均匀，单组分可直接使用。

任何类型的 RTV 涂料，都要完全覆盖绝缘子表面。施涂前，要先将绝缘子表面清扫干净，不能残余浮灰、水分和油脂，尤其在绝缘子表面不能残留水分。涂料施涂时，还应注意现场现用现配，以免造成浪费。施涂采用空气喷涂法。

1.4 表面处理

绝缘子表面单个缺陷（如缺胶、杂质、凸起等）不应超过 $25mm^2$，深度不大于 1mm，凸起表面和合缝应清理平整，凸起表面不应超过 0.8mm，总缺陷面积应不超过绝缘子总表面的0.2%，芯部与端部附件不应有明显的歪斜，并建立“标样”进行对照检查。

1.5 设备端子的要求

设备端子应遵照IEC 60—518、GB 5273—1985中的相关部分的规定。

（1）在长期运行且无需维护的情况下具有良好的性能。

（2）能安全、可靠持续导电。

（3）接触电阻应小到足以保证触头间不产生过热。

（4）能够耐受各种机械荷载。

（5）具有足够的防腐能力。

1.6 铭牌

每个绝缘子应当标注出制造者的名称或商标以及制造年份。另外，为便于识别，还应当标出型号和编号。标志应清晰且不易擦去。

2 试验要求

2.1 型式试验

2.1.1 户内直流场瓷质支柱绝缘子

（1）雷电冲击干耐受电压试验。承包商应根据GB 8287.1的规定，对直流支柱绝缘子进行雷电冲击干耐受电压试验。

（2）操作冲击干耐受电压试验。承包商应根据GB 8287.1的规定，对直流支柱绝缘子进行操作冲击干耐受电压试验。中性母线直流支柱绝缘子不进行此项试验。

（3）直流干耐受电压试验。依据GB/T 19443—2004进行。

（4）机械破坏负荷试验。承包商应根据GB 8287.1规定，对支柱绝缘子进行机械破坏负荷试验。

（5）无线电干扰电压试验。由承包商与制造商协商，对规定直流电压下的支柱绝缘子进行无线电干扰性试验。试验按照JB/T 3567—1999进行。实验时，对试品施加比规定的试验电压高10%的电压，并至少维持5min。然后将电压逐级降低到规定的30%，再逐级升高到首次施加的电压值，最后再逐级降低到规定试验电压的30%。在每一级均应进行无线电干扰测量，并将第二次降压过程所测得的无线电干扰水平与施加电压绘制成曲线，该曲线即为无线电干扰特性曲线。测量到的无线电干扰电压水平（μV）。如果从无线电干扰特性曲线读取的在规定试验电压下的无线电干扰水平未超过试品的允许值，则认为该试品通过本实验。中性母线直流支柱绝缘子不进行此项试验。

（6）负荷下的偏转度试验。该试验为用户与制造厂协议项目。可按GB 8287.1规定进行。完整的支柱绝缘子安装在刚性支架上，在试品自由端施加弯曲负荷，在机械破坏负荷的20%、50%和70%等各点上测量各负荷点下的偏移程度。

2.1.2 户外直流场复合支柱绝缘子

（1）雷电冲击干耐受电压试验。根据 IEC 62231 的规定，对直流支柱绝缘子进行雷电冲击干耐受电压试验。

（2）操作冲击湿耐受电压试验。承包商应根据 GB 8287.1 的规定，对直流支柱绝缘子进行操作冲击湿耐受电压试验。中性母线直流支柱绝缘子不进行此项试验。

（3）直流湿耐受电压试验。依据 GB/T 19443—2004 标准进行。

（4）装配后的绝缘子芯体试验。依据 IEC 62231 第 8.3 条的规定，对装配完成后的绝缘子芯体进行下列项目试验：

1）最大设计弯曲负荷试验。

2）最大扭转负荷试验。

3）额定拉伸负荷试验。

（5）机械负荷试验。承包商应根据 IEC 62231 第 9.3 条的规定，对复合支柱绝缘子进行下列机械负荷试验：

1）破坏负荷试验。

2）额定拉伸负荷试验。

3）压弯组合耐受负荷试验。

（6）端部附件连接区及界面试验。按照 IEC 62231 第 8.3 条的规定，对复合直流支柱绝缘子端部连接区及界面进行下述试验项目：

1）电压及温度检查试验。

2）热机预应力试验。

3）水浸渍预应力试验。

4）验证试验。

5）干工频电压试验。

（7）尺寸检查。按照 IEC 62231 第 9.1 条进行复合支柱绝缘子尺寸的检查。

（8）伞套材料试验。按照 IEC 62231 第 8.4 条进行。

（9）芯体材料试验。按照 IEC 62231 第 8.5 条进行。

（10）无线电干扰电压试验。中性母线直流支柱绝缘子不进行此项试验。由承包商与制造商协商，对规定直流电压下的支柱绝缘子进行无线电干扰性试验。试验按照 JB/T 3567—1999 进行。

（11）人工污秽试验。试验应遵守 IEC 1245《直流系统中使用的高压绝缘子的人工污秽试验》。合成绝缘子的特殊试验步骤应由承包商提出并经业主审定同意。试验应采用固体污层法，不溶性材料用高岭土，其附着密度应不小于附盐密度的 5 倍。污物应按 IEC 1245 的要求，均匀地分布到整个绝缘表面上。试验中使用的电源应满足

IEC 1245 对试验回路的要求。此试验应使用负极性电压，试验电压值应比被试设备在正常运行方式下的最高直流运行电压高 10%。试验所用盐密度（*SDD*）应为 0.04mg/cm^2。如果在试品上连续三次试验都没有发生闪络（每次试验持续时间为 1h），则受试设备被认为是满足试验要求的。若三次试验中发生了 1 次闪络，那就应进行第 4 次试验。如果在第 4 次试验中没有再发生闪络，则此设备也被认为是满足试验要求的。如果此设备未能通过上述试验，业主可以选择同型号的第 2 个设备进行试验。如果此设备也没通过试验，则此种设备不能接受。在这种情况下，承包商应重新设计，以满足规范要求。

（12）污秽下的人工淋雨试验。该试验可检验污秽状态下垂直套管的耐大雨闪络能力。试验一般在系统最高工作电压下进行，均匀涂污后憎水性迁移 4 天。污秽下的人工淋雨试验应在业主指定的户外设备绝缘子和套管上进行，其爬电比距应符合功能规范书的规定。被试设备绝缘子及套管应是完整的，具有全部内部元件。但当仅作伞形校验时，可以只取单节进行试验。污秽下的人工淋雨试验条件见表 1。试验应按 IEC 61245 的固体层法，将污秽均匀分布到试品的整个绝缘子表面，不溶性材料使用高岭土。试验中使用的电源应满足 IEC 61245 对试验回路的要求。每一设备都应在实际运行时所处的倾斜角度下进行试验。此试验首先施加直流负极性预测电压，试验电压值应比被试设备在正常运行方式下的最高直流运行电压高 10%，然后开始均匀淋雨。根据 IEC 61425 第 4.9 节规定的试验判据，如果在试品上连续三次试验都没有发生闪络（每次试验持续时间为 30min），则受试设备被认为是满足试验要求的。若 3 次试验中发生了 1 次闪络，那就应进行第 4 次试验。如果在第 4 次试验中没有再发生闪络，则此设备也被认为是满足试验要求的。

表 1　　人工淋雨试验条件

试验盐密度（mg/cm^2）		灰密度（mg/cm^2）	降雨量（mm/min）	雨水电导率（20℃，μs/cm）
向家坝	0.03	0.5	3～5	500
上海	0.03	0.5	3～5	500

（13）负荷下的偏转度试验。该试验为用户与制造厂协议项目。可按 GB 8287.1—1994 的规定进行。

（14）机械强度—时间试验。按照 JB/T 5892—1991 进行。

2.1.3　户外直流场 RTV 涂料绝缘子

RTV 涂料绝缘子除了进行前述瓷绝缘子的所有试验项目外，还应依据 DL/T 627—2004《电力系统用常温固化硫化硅橡胶防污闪技术条件》规定进行下述各项试验内容。

（1）外观检查。试验按照 GB 1721—1979 进行。通过目测观察涂料有无分层、挥发、变稀、胶化、返粗及严重沉降现象。对于存放时间较长的涂料也需要检查沉积结块程度。若沉降层较软，刮刀容易插入，则沉降层容易被搅起重新分散开来，其他性能检查若合格，涂料可以继续使用。

（2）表面干燥时间试验。按照 GB/T 6753.2《涂料表面干燥试验》进行。表面干燥的确定：以手指轻触涂膜表面，如感到有些发黏，但无涂料黏在手指上，即认为表面干燥；或用直径为 125～250μm 的玻璃微珠落球法测定表面干燥。当涂料表面的小玻璃球能用刷子轻轻刷离，而不损伤涂料表面时，即为表面干燥。

（3）憎水性试验。按照 DL/T 864—2003《标称电压高于 1000V 交流架空线路用复合绝缘子使用导则》进行试验。涂料的憎水性试验包括涂料洁净表面的憎水性试验和染污后的憎水迁移性试验。

1）洁净表面的憎水性。将涂料均匀地涂覆或喷涂在 50～100cm^2 的玻璃或瓷片上，待涂料完全固化后测定其表面的憎水性。试验时要保证涂料固化后的厚度为 0.3～0.5mm，憎水性的测定采用静态接触角法或喷水分级法。

2）染污后的憎水迁移特性。将密度为 2mg/cm^2 的硅藻土浆均匀涂抹在涂料表面，待干燥后开始计时，按照上述的憎水性测定方法每隔 2h 测定硅藻土表面的憎水性，记录硅藻土表面具有憎水性时所需时间，即为憎水性迁移时间。

（4）体积电阻率试验。按照 GB/T 1692《硫化橡胶绝缘电阻率测定》测定涂料的体积电阻率。

（5）相对介电常数和介损正切值试验。按照 GB 1409—1978《固体绝缘材料在工频、音频、高频下相对介电常数和介质损耗因数的试验方法》，测定涂料的介电常数、介质损耗角正切等参数。

（6）击穿电压试验。按照 GB 1409—1978，用变压器油作浸渍剂，测定涂料的击穿电压。

（7）介电强度试验。按照 DL/T 810—2002《±500kV 直流棒形悬式复合绝缘子 技术条件》规定进行直流介电强度试验。

（8）耐漏电起痕及电蚀损性试验。按照 GB 6553—1986《评定在严酷环境条件下使用的电气绝缘材料耐漏电起痕和耐电损蚀损试验方法》进行。

（9）附着力试验。依据 GB 1720—1989《漆膜附着力的测定方法》，测定涂膜对底材表面的物理和化学的总结合力——附着力。

（10）耐磨性试验。采用漆膜耐磨仪，在一定的负载下经规定的磨转次数后，求出涂料的失重。参照 GB 1689《硫化胶耐磨性能的测定》执行。

（11）耐腐蚀性试验。按照 GB/T 1739《绝缘漆漆膜耐油性测定法》和 GB/T 1763《漆膜耐化学试剂性测定法》，分别进行涂料耐油性能和耐化学试剂性能的测定。

（12）直流干、湿耐受电压试验。在同样条件下，做有、无 RTV 涂料绝缘子在淋雨及干燥状态下的直流耐压试验。试验方法参照 GB/T 19443—2004《标称电压高于1000V 的架空线路用绝缘子——直流系统用瓷或玻璃绝缘子元件——定义、试验方法和验收准则》进行。

（13）工频闪络电压对比试验。在同样条件下，做有、无 RTV 涂料绝缘子在淋雨及干燥状态下的工频闪络试验。试验参照 GB 775.2—2003《绝缘子试验方法，第2部分 电气试验方法》执行。

（14）耐污闪试验。考核 RTV 涂料绝缘子的耐污闪能力，应进行两方面的工作：

1）人工污闪试验。通过人工污闪试验，在同样的条件下比较有、无涂料绝缘子的污闪电压，以及达到饱和受潮状态所需的时间。试验参照 DL/T 859—2003《高压交流用复合绝缘子人工污秽试验方法》执行。污闪试验要在涂料表面的憎水性完全迁移到污秽表面后进行。

2）自然污秽试验。将自然污秽 RTV 涂料绝缘子自运行现场取回，在实验室人工受潮，达到饱和受潮状态后测污闪电压，做完污闪试验后再测定其盐密和灰密，以此方法确定 RTV 涂料的自然积污能力。

（15）阻燃性试验。按照 GB/T 13488—1992《橡胶燃烧性能测定，垂直燃烧法》执行。

（16）固体含量试验。试验执行 GB 1725—1989《涂料固体含量测定法》，将涂料试样在规定温度下烘至恒重，计算残余质量占总质量的百分数。

（17）剪切强度试验。按照 GB/T 13936《硫化橡胶与金属粘结剪切强度测定法》执行。

（18）抗撕裂强度试验。按照 GB/T 529《硫化橡胶或热塑性橡胶撕裂强度的测定》执行。

（19）离子迁移试验。按照 GB/T 19443—2004《标称电压高于 1000V 的架空线路用绝缘子——直流系统用瓷或玻璃绝缘子元件——定义、试验方法和验收准则》进行试验。

2.2 例行试验

承包商应根据相关标准的规定，对直流绝缘子进行例行试验。

2.2.1 户内直流场瓷质支柱绝缘子

（1）外观检查。按照 GB 8287.1 的规定进行。

（2）高度检查。按照 GB 8287.1 的规定进行。

（3）超声波探伤试验。按照 GB 8287.1 的规定进行。

（4）逐个弯曲试验。试验依据 GB 8287.1 的规定进行。

2.2.2 户外直流场复合支柱绝缘子

（1）绝缘子标志确认。依据 IEC 62231 第 11.1 条的规定。每个绝缘子应注明制造厂的名称或商标，以及制造年份；此外，每个绝缘子应标明规定机械负荷。这些商标应清晰而持久。

（2）外观检查。依据 IEC 62231 第 11.2 条的规定。

（3）拉伸负荷试验。依据 IEC 62231 第 11.3 条的规定进行。每一个绝缘子应在环温下耐受 10s 以上的 50%规定拉伸负荷（*STL*）。如果绝缘子的 *STL* 值没有给出，至少假定一个 10kN 的 *STL* 试验水平。对复合绝缘子，芯棒不应从端部连接区滑脱。

2.2.3 户外直流场 RTV 涂料绝缘子

（1）外观检查。按照 GB 1721—1979 进行 RTV 涂料绝缘子逐个外观检查。

（2）附着力试验。按照 GB 1720—1989 进行逐个 RTV 涂料绝缘子附着力试验。

（3）超声波探伤试验。按照 GB 8287.1 的规定进行。

（4）逐个弯曲试验。试验依据 GB 8287.1 的规定进行。

（5）高度检查。按照 GB 8287.1 的规定进行。

2.3 抽样试验

2.3.1 户内直流场瓷质支柱绝缘子

（1）尺寸检查。依据 GB 8287.1 的规定进行。

（2）镀锌层试验。按照 GB 8287.1 规定可锻铸铁和钢附件的镀锌试验。

（3）温度循环试验。按照 GB 8287.1 进行试验。

（4）机械破坏负荷试验。依据 GB 8287.1 进行。

（5）孔隙性试验。依据 GB 8287.1 进行。

2.3.2 户外直流场复合支柱绝缘子

（1）尺寸检查。依照 IEC 62231 第 10.2 条进行。

（2）镀锌试验。依照 IEC 62231 第 10.3 条进行。

（3）额定机械负荷试验。依照 IEC 62231 第 10.4 条进行。

（4）界面检查。按照 IEC 61462 第 9.5 条进行。

2.3.3 户外直流场 RTV 涂料绝缘子

（1）表面干燥时间试验。依据 GB/T 6753.2 进行试验。

（2）憎水性试验。参照 DL/T 810—2002 的表 3 项 2 进行。

（3）介电强度试验。按照 DL/T 810—2002 的表 3 项 2 进行。

（4）阻燃性试验。按照 GB/T 13488—1992 对 RTV 涂料阻燃性能进行试验。

（5）尺寸检查。依据 GB 8287.1 进行。

（6）镀锌层试验。按照 GB 8287.1 规定可锻铸铁和钢附件的镀锌试验。

（7）温度循环试验。按照 GB 8287.1 进行试验。

（8）机械破坏负荷试验。依据 GB 8287.1 进行。

（9）孔隙性试验。依据 GB 8287.1 进行。

3　技术参数

3.1　电气参数（见表 2～表 6）

表 2　　直流极线平抗阀侧绝缘子参数

序号	项　　目	数　　据
1	额定运行电压（kV）	800
2	最大连续运行电压（kV）	816
3	直流耐受电压（kV）	1224
4	雷电冲击波耐受水平（kV）	1800
5	操作冲击波耐受水平（kV）	1600
6	极性反转耐受电压（kV）	1020
7	最小爬电比距（mm/kV）	户外非瓷绝缘子：45 户内绝缘子：25

表 3　　直流极线平抗线路侧绝缘子参数

序号	项　　目	数　　据
1	额定运行电压（kV）	800
2	最大连续运行电压（kV）	816
3	直流耐受电压（kV）	1224
4	雷电冲击波耐受水平（kV）	1900
5	操作冲击波耐受水平（kV）	1600
6	极性反转耐受电压（kV）	1020
7	最小爬电比距（mm/kV）	户外非瓷绝缘子：45 户内绝缘子：25

表 4　　双 12 脉动桥中点母线上绝缘子参数

序号	项　　目	数　　据
1	最大连续运行电压（kV）	472
3	直流耐受电压（kV）	708
4	雷电冲击波耐受水平（kV）	—
5	操作冲击波耐受水平（kV）	950
6	极性反转耐受电压（kV）	590
7	最小爬电比距（mm/kV）	户外瓷绝缘子：54 户内绝缘子：25

表 5　　中性母线平抗阀侧绝缘子参数

序号	项　　目	数　　据
1	最大连续运行电压（kV）	120
3	直流耐受电压（kV）	180
4	雷电冲击波耐受水平（kV）	450
5	操作冲击波耐受水平（kV）	325
6	极性反转耐受电压（kV）	150
7	最小爬电比距（mm/kV）	户外瓷绝缘子：54 户内绝缘子：25

表 6　　中性母线平抗线路侧绝缘子参数

序号	项　　目	数　　据
1	额定电压（kV）	80
3	雷电冲击波耐受水平（kV）	350
4	操作冲击波耐受水平（kV）	320
5	极性反转耐受电压（kV）	100
6	最小爬电比距（mm/kV）	户外瓷绝缘子：54 户内绝缘子：25

3.2　机械性能参数（见表 7）

表 7　　机 械 性 能 参 数

绝缘子类型	最大运行直流电压（kV）	额定弯曲负荷（kN）
800kV 支柱绝缘子	816	12.5
400kV 支柱绝缘子	472	8
中性母线支柱绝缘子	120	8

设备五　直 流 套 管

1　直流套管设计

1.1　一般要求

所涉及套管应符合 IEC 62199 和 IEC 61462 的最新版本及相应工程标书有关规定的要求。承包商应解决套管内外绝缘的配合问题，避免因污秽或淋雨引起的电压不均匀分布而导致径向应力增加。应避免不均匀湿闪。换流站无水冲洗装置。干式无油套管应附气体压力监视装置。阀厅内如果装有接地开关和阀侧套管相连时，阀侧套管的末端设计应考虑和阀厅接地开关的配合。中性母线穿墙套管的设计应考虑附设电流互感器的要求。套管应具有伞裙，在污染和大雨的条件下能有效地防止污闪和雨闪，并便于人工清洗。

1.2　套管材料、伞形

对户外±800kV 和±400kV 穿墙套管采用复合材料，伞形采用大、小伞或等径伞，伞下光滑无棱结构。对户外中性母线穿墙套管和户内穿墙套管，伞形采用大、小伞或等径伞。

1.3　套管材料

套管选用复合材料，外绝缘采用硫化硅橡胶伞裙，内绝缘件由玻璃纤维增强树脂套筒制成。应具有良好的憎水性和憎水迁移性，优良的耐污性能和抗老化性能。设计上应考虑界面间的紧密连接，不允许出现气隙；应当保证伞套和套筒的黏结强度；复合套管的上端金属部件与套筒间不应有位移。伞裙的颜色应是灰色，符合 ANSI Z55。

1.4　外套设计

绝缘子外套设计依据 IEC 61462。

1.5　EMC 设计

穿墙套管的二次系统将满足 IEC 60694 第 6.9.1～6.9.7 条，在主回路设备通用要求中规定的 EMC 环境中，二次系统应能正常工作。

1.6　无线电干扰设计

极母线套管在最大直流电压下外部应无电晕。无线电干扰的设计依据 800kV 直流工程标书中相关要求进行效验。

1.7　端子

（1）在长期运行且无需维护的情况下具有良好的性能。

（2）能安全、可靠持续导电。

（3）接触电阻应小到足以保证触头间不产生过热。

（4）能够耐受各种机械荷载。

（5）具有足够的防腐能力。

设备端子应遵照 IEC 60—518、GB 5273—1985 中相关部分的规定。

1.8　焊接要求

所有焊接应符合 ISO 6213、美国焊接协会（AWS）标准或美国机械工程师协会标准（ASME）。如果能提供其他标准的完整资料，提供业主并经业主同意，也可接受。

1.9　铭牌

套管铭牌应提供以下信息：

（1）厂名、型号、生产年份、套管编号。

（2）额定持续直流电压。

（3）额定峰值电压。

（4）额定持续直流电流（需要时）。

（5）额定持续交流电流（需要时）。

（6）雷电冲击干耐受电压。

（7）操作冲击干或湿耐受电压。

（8）工频干或湿耐受电压。

（9）介损因数（需要时）。

（10）绝缘气体类型和最小压力（需要时）。

1.10　技术要求

套管设计应保证运行时任何部分都不出现异常的机械或电应力，同时还应使外表面的电场分布均匀。应提供能容纳导线膨胀和散热的措施。所有套管都应满足环境条件的要求，并有足够的机械强度以便能承受运输、安装和运行中的振动。在运行期间，绝缘介质不应老化。套管的设计应便于现场更换。应测量套管的绝缘介质损耗，结果应校正到 20℃时的值，并标示在每个套管的铭牌上。

伞套表面单个缺陷（如缺胶、杂质、凸起等）不应超过 $25mm^2$，深度不大于 1mm，凸起表面和合缝应清理平整，凸起表面不应超过 0.8mm，总缺陷面积应不超过绝缘子总表面的 0.2%。芯部与端部附件不应有明显的歪斜，并建立“标样”进行对照检查。

2　试验要求

2.1　型式试验

（1）工频干耐受电压试验。承包商应根据 IEC 62199 第 8.1 条的规定进行。

（2）雷电冲击干耐受电压试验。承包商应根据 IEC 62199 第 8.2 条的规定进行。

（3）操作波冲击湿耐受电压试验。承包商应根据 IEC 62199 第 8.2 条的规定，对电压规格等于或高于 300kV 的套管进行湿态操作冲击波耐压试验。

（4）直流极性反转试验与局部放电测量。本试验依据 IEC 62199 第 9.5 条进行。

（5）热稳定性试验。承包商应根据 IEC 60137 第 8.4 条的规定，对套管的热稳定性进行试验。

（6）温升试验。承包商应根据 IEC 62199 第 8.4 条的规定，进行温升试验。

（7）短期热耐受能力试验。承包商应针对运行中各种特殊情况下所能出现的最大电流，按照 IEC 60137 第 8.6 条的规定进行短期热耐受能力试验。

（8）悬臂负荷耐受试验。承包商应根据 IEC 62199 第 8.5 条的规定，进行悬臂负荷试验。

（9）充气、气体绝缘和浸气的套管内压力试验。承包商应根据 IEC 62199 第 8.7 条的规定，对充气、气体绝缘和浸气的套管进行内压力试验。

（10）充液体、充混合物和液体绝缘套管的密封试验。试验按照 IEC 62199 第 8.6 条进行。

（11）无线电干扰电压试验。中性母线套管不进行此项试验。承包商应根据工程标书规定，按照标准 JB/T 3567—1999 中规定的方法进行无线电干扰电压（RIV）试验。对于穿墙套管，“规定的无线电干扰电压（RIV）的试验电压”应以有效值给出，其峰值与受试套管在高压直流输电系统正常运行时所承受的电压峰值相同。

（12）均匀淋雨直流电压试验。根据 IEC 62199 第 10.2 条进行试验。

（13）尺寸检查。承包商应根据 IEC 62199 第 8.8 条的规定，进行套管尺寸检查。

2.2 例行试验

（1）外观和尺寸检查。按照 IEC 62199 第 9.11 条的规定，进行外观检查和尺寸检验。

（2）雷电冲击干耐受电压试验。承包商应根据 IEC 62199 第 9.2 条的规定进行。

（3）工频干耐受电压试验。根据 IEC 62199 第 9.3 条的规定进行。

（4）直流干耐压试验及局部放电量测量。承包商应根据 IEC 62199 第 9.4 条的规定进行干态直流耐受电压试验，并进行局部放电量测量。

（5）极性反转试验及局部放电量测量。承包商应根据 IEC 62199 第 9.5 条的规定，进行极性反转试验，并进行局部放电量测量。

（6）电介质损耗系数及电容值测量。根据 IEC 62199 第 9.1 条进行试验。

（7）抽头绝缘试验。承包商应根据 IEC 62199 第 9.6 条的规定，对套管抽头进行绝缘试验。

（8）充气、气体绝缘和浸气套管的内压力试验。根据 IEC 62199 第 9.7 条进行试验。

（9）充液体、充混合物和液体绝缘套管的密封试验。根据 IEC 62199 第 9.8 条进行试验。

（10）充气、气体绝缘和浸气套管的密封试验。根据 IEC 62199 第 9.9 条进行试验。

（11）对法兰和其他固定装置的密封试验。根据 IEC 62199 第 9.10 条进行试验。

2.3 特殊试验

由用户与制造商确定特殊试验的可行性、试验方案。

（1）不均匀淋雨直流电压试验。参照 IEC 62199 第 10.3 条进行试验。试验仅对户外穿墙套管进行。

（2）伞套材料耐漏电起痕和蚀损试验。参照 IEC 62199 第 10.4 条进行试验。

（3）套管材料试验。参照 IEC 61462 第 10.6 条进行试验。

（4）人工污秽试验。参照《向家坝—上海±800kV 特高压直流输电工程功能规范书》第 5.1.6.4 条执行。

（5）污秽下的人工淋雨试验。参照《向家坝—上海±800kV 特高压直流输电工程功能规范书》第 5.1.6.4 条执行。

3　电气参数（见表 1～表 4）

表 1　800kV 极母线套管参数

序号	项　　目	推　　荐	备　注
1	套管类型	干式	
2	额定电流（A，dc）	4000	
3	短时耐受电流（kA），1s	20	
4	峰值耐受电流（kA）	50	
5	额定运行电压（kV，dc）	800	
6	最大连续运行电压（kV，dc）	816	
7	直流耐受电压（kV，dc）	1224	
8	极性反转耐受电压（kV，dc）	−1020/＋1020/−1020（90/90/45min）	
9	工频耐受电压（kV）	865	
10	雷电冲击耐受水平（kV，peak）	1800	
11	操作冲击耐受水平（kV，peak）	1600	
12	最小爬电比距（mm/kV）	户外复合：45 户内：25	

表 2　双 12 脉动桥中点母线套管参数

序号	项　　目	推　　荐	备　注
1	套管类型	干式	
2	额定电流（A，dc）	4000	
3	短时耐受电流（kA）	20	
4	峰值耐受电流（kA）	50	
5	额定运行电压（kV，dc）	400	
6	最大连续运行电压（kV，dc）	472	
7	直流耐受电压（kV，dc）	708	
8	极性反转耐受电压（kV，dc）	−590/＋590/−590（90/90/45min）	
9	工频耐受电压（kV）	500	
10	雷电冲击耐受水平（kV，peak）	—	
11	操作冲击耐受水平（kV，peak）	950	
12	最小爬电比距（mm/kV）	户外复合：45 户内：25	

表 3 中性母线套管参数

序号	项目	推荐	备注
1	套管类型	干式	
2	额定电流（A，dc）	4000	
3	短时耐受电流（kA）	20	
4	峰值耐受电流（kA）	50	
5	最大连续运行电压（kV，dc）	120	
6	直流耐受电压（kV，dc）	180	
7	极性反转耐受电压（kV，dc）	−150/＋150/−150 （90/90/45min）	
8	工频耐受电压（kV）	127	
9	雷电冲击耐受水平（kV，peak）	450	
10	操作冲击耐受水平（kV，peak）	320	
11	最小爬电比距（mm/kV）	户外：45 户内：25	

表 4 直流系统的过负荷参数表

户外环境最高温度（℃）	阀厅最高温度（℃）	过负荷时间	不带冗余冷却		带冗余冷却	
			功率（p.u.）	电流（A）	功率（p.u.）	电流（A）
向家坝：40.3 上海：38.7	50	3s	1.40	5970	1.50	6488
		5s	1.33	5618	1.50	6488
		10s	1.24	5178	1.41	6021
		2h	1.10	4517	1.13	4657
		持续	1.00	4062	1.05	4288
34	44	3s	1.45	6226	1.50	6488
		5s	1.38	5868	1.50	6488
		10s	1.33	5618	1.41	6021
		2h	1.15	4750	1.19	4936
		持续	1.06	4334	1.10	4517
20	40	3s	1.50	6488	1.50	6488
		5s	1.50	6488	1.50	6488
		10s	1.41	6021	1.41	6021
		2h	1.27	5323	1.31	5519
		持续	1.15	4750	1.16	4797

设备六 避雷器

1 避雷器的布置及作用

1.1 避雷器的布置

±800kV 级直流换流站避雷器保护布置方案如图 1 所示。

1.2 避雷器的作用

1.2.1 阀避雷器（V1、V2、V3）

用于保护阀免受过电压的损坏。该避雷器加上晶闸管的正向保护触发构成阀的过电压保护。阀避雷器还决定换流变压器阀侧所需的相间绝缘水平。换流变压器阀侧绕组及换流器内各点所需的对地绝缘水平取决于阀避雷器和其他串联避雷器的保护水平。

1.2.2 6 脉动避雷器（M1、M2）

用于保护 12 脉动换流器中下部 6 脉动换流器免受过电压的损坏，阀避雷器和 6 脉动避雷器一起决定上部 6 脉动换流器对应换流变压器阀侧绕组所需的对地绝缘水平，该点的保护水平为这两个避雷器保护水平之和。

1.2.3 中性母线避雷器（E1、E2、E11、E12、EL 和 EM）

用于保护中性母线和与它连接的设备免受过电压的损坏。通常要安装不止一只避雷器。当双极对称运行时，中性母线的运行电压接近于零。但在单极或单极金属回线方式下，其运行电压就不可忽视。发生接地故障时，该避雷器会受到很大的能量冲击。

1.2.4 直流母线避雷器（DB1）、直流线路避雷器（DB2）

用于保护与直流极线相连接的直流开关场上的设备免受过电压的损坏。由于距离效应，通常不止安装一只避雷器。线路入口处那一只称为直流线路避雷器 DB2。

1.2.5 中点直流母线避雷器（CB11、CB12）、换流器直流母线避雷器（CB2）

CB2 用于保护平波电抗器换流器侧高压直流母线上连接的设备免受过电压的损坏。同时用于有效降低高压直流母线上连接设备的保护水平。

CB11、CB12 用于保护下 12 脉动换流器免受过电压的损坏，并用于降低中点直流母线处的保护水平，阀避雷器和中点直流母线避雷器一起决定上 12 脉动换流器对应换流变压器阀侧绕组所需的对地绝缘水平，该点的保护水平为这两个避雷器保护水平之和。

1.2.6 换流变压器阀侧的避雷器（T）

用于保护上 12 脉动单元Y换流变压器阀侧上连接的设备免受过电压的损坏，并用于降低该换流变压器阀侧的保护水平。

在确定±800kV 级直流系统换流站设备的绝缘水平时，降低 CB1、CB2、DB1、DB2 和 T 避雷器的保护水平是降低特高压直流设备绝缘水平、减小空气间隙的十分有效的措施。

1.2.7　直流滤波器避雷器（FD）

用于保护直流滤波器的电抗器和电阻器免受过电压的损坏。该避雷器还可保护低压直流电容器，这取决于使用的滤波器的类型。

1.2.8　平波电抗器避雷器（DR）

用于保护平波电抗器免受过电压的损坏。在某些工程中，因为换流器直流母线避雷器（CB）和直流母线避雷器（DB）已为该电抗器提供了充分的保护，可不安装该避雷器。

1.2.9　交流母线避雷器（A）

安装于靠近交流网络进线终端和靠近换流变压器处，用于保护交流母线和换流变压器免受过电压的损坏，在某种程度上还起断路器操作引起的暂态过电压保护作用。如果换流变压器有连接无功补偿或滤波装置的第三绕组，则在它的端子上通常也要安装避雷器。

交流母线避雷器需要与交流网络中已有的避雷器相配合，它的保护水平常常选得比已有的避雷器低。这样可以使已有的避雷器不致因为换流站大容量电容器组的存在而承受过重的应力，同时可降低阀避雷器的应力，使高压直流换流站得到最佳的保护。

1.2.10　交流滤波器避雷器（FA）

用于保护交流滤波器的电抗器和电阻器免受过电压的损坏。

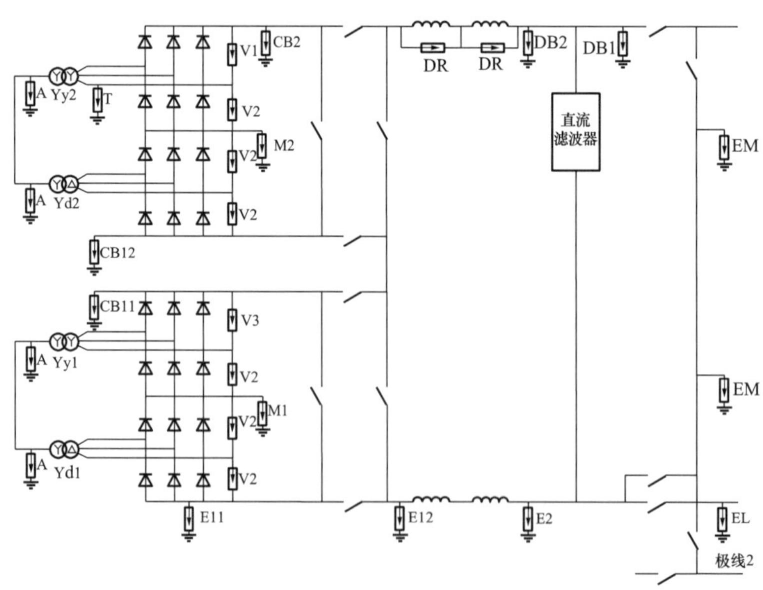

图 1　±800kV 换流站的避雷器配置方案

2　避雷器运行条件

2.1　正常运行条件

符合本技术规范的避雷器在下述正常运行条件下应能正常运行。

（1）环境温度不高于＋45℃，不低于–40℃。

（2）太阳光的辐射。太阳最大照射（1.1kW/m^2）的影响已通过在型式试验中把试品预热的方法予以考虑，如果在避雷器附近有其他热源，避雷器的使用需经供需双方协商。

（3）海拔不超过 1000m。

（4）长期施加在避雷器端子间的电压应不超过避雷器的持续运行电压。

（5）地震烈度 7 度及以下地区，设计按 8 度考虑。

（6）最大风速不超过 35m/s。

2.2　异常运行条件

异常运行条件见 GB　11032 附录 A 的规定。在异常运行条件下，本技术规范的使用需经供需双方协商。

3　技术要求

在规定的环境温度范围内避雷器应具有长期承受安装处各种电压的能力，而不影响设计寿命，同时也不允许任何运行性能劣化的现象发生。在避雷器的设计寿命内，避雷器应对其所保护的设备提供可靠的保护，使设备免受雷击或操作过电压，以及由站内或站外故障，及其他系统扰动所产生的过电压的损坏。避雷器的设计应保证所有带电部分不产生电晕放电。避雷器外套的绝缘水平应该不低于该避雷器所保护的设备的绝缘水平。

所有避雷器及其外套应具有足够的机械强度，以满足有关地震烈度和避雷器内部故障所产生的内部压力的要求。户外型避雷器的外壳应满足各种气象条件要求，并应设计为密封防水型，以防止水进入避雷器内部，同时应能够耐受规定的污秽水平。所有户外型避雷器都必须按规定的最大风速的要求设计。

当采用多支避雷器并联或同一套管中有多柱并联连接的避雷器单元时，应确定最大电流分配系数，以控制产品制造质量；还应提供参考电压数据及运行中允许的偏差，表明当参考电压达到何数值后该支避雷器应退出运行，供运行部门维护采用。对于多柱串联的避雷器，应通过试验或计算提供电压分布的不均匀度。避雷器应装设放电次数计数器。计数器的动作信号应通过光纤传至事件顺序记录器。

4　设备附件

避雷器应带有下述附属设备：

（1）用于记录避雷器冲击放电次数的计数器。计数器应密封安装在能耐受各种气象条件的外壳内，并根据 IEC 529 进行设计，计数器数据应易于读取。还应提供引起计数器计数的避雷器动作特性曲线。

（2）绝缘基座。用于安装放电计数器。

（3）泄漏电流在线测量装置。用于监视避雷器泄漏电流，泄漏电流数据应易于读取。

（4）压力释放装置。以安全释放因避雷器故障而产生的内部压力。

（5）必要的防电晕均压环。

5 避雷器试验

所有避雷器都应根据下述要求，以及 IEC 60099—4 的有关条款和大电网会议工作组（CIGREWG）33/14—05 的应用导则中的有关条款进行试验。

试验电路应准确模拟避雷器连接处的实际电力回路配置，尤其是对能量耗散和避雷器电压上升速度有明显影响的部分，包括直流滤波器和直流输电线路等设备，以准确反映各个避雷器的能量释放和保护能力。

对于各种型式和各种额定电压的避雷器，应选择一台（或按比例选择的一节）进行相关的动作负载试验，以证明该避雷器的电流释放能力和承受运行中可能出现的最高暂态、暂时和稳态电压的能力。这些电压将对所选的避雷器产生最严重的负载应力。

对避雷器还应进行型式试验，或提供有关的试验报告，以表明实际的电压波形（包括暂态过冲、谐波、交直流混合电压，电压过零点以及可能出现的极性反转）对避雷器有功损耗的影响。对按比例选取的一节避雷器进行试验时，上述试验结果或文件将作为选择等值交流和直流试验电压的依据。

对于多柱并联的避雷器，同一套管中各柱和（或）并联连接的避雷器单元之间的电流分配情况应通过型式试验和例行试验获得。型式试验的电流取决于决定避雷器能量的过电压。在决定避雷器的通流能力时应考虑避雷器柱间的最大电流不均匀分布。

5.1 型式试验

（1）残压试验。验证避雷器的保护水平和在下列冲击电流波形下的最大和最小的残压特性：

1）陡波头冲击电流。

2）雷电冲击波电流。

3）操作冲击波电流。

（2）动作负载试验。验证避雷器在运行寿命内对可能出现的各种情况具有足够的承受能力。这些试验应包括下述内容：

1）能量承受试验。

2）短时大电流试验。

3）加速老化试验。

4）热稳定验证。

5）按比例选择的避雷器节的热性能验证。

（3）无线电干扰电压（RIV）试验。应根据 IEC 270 标准，当试验电压为避雷器安装处最大运行电压的 1.05 倍时，最大的外部无线电干扰电压（RIV）极限为 2500μV。

（4）局部放电试验。当试验电压为避雷器安装处最大运行电压的 1.05 倍时，局部放电量不超过 10pC。

（5）压力释放试验。应针对高电流和低电流分别进行。高电流试验可根据避雷器安装处的最大短路电流计算结果进行选择。

（6）绝缘试验。根据 IEC 60 和 IEC 137 中的有关条款对避雷器外套（瓷套和端盖）进行下述试验：

1）雷电冲击耐压试验。

2）对户外式避雷器进行湿操作冲击耐压试验。

3）对户外式避雷器进行（如果适当）湿直流电压或交流电压耐受试验。

（7）避雷器悬臂强度试验。

（8）人工污秽试验。应对各种装配完整的避雷器进行试验。通过这一试验还验证避雷器柱的温升不超过操作负载试验以及避雷器寿命特性所要求的温升值。

（9）避雷器气体泄漏密封检验。验证避雷器密封的完整性。

（10）多柱并联避雷器之间的电流分配试验。通过这一试验证明避雷器瓷套中多柱避雷器之间的电流分配符合规定的要求。

5.2　例行试验

（1）当避雷器流过的电流为参考电流时其参考电压的测量。

（2）在 1～20kA 范围内的某一适当的雷电冲击电流下的残压试验。

（3）局部放电试验。

（4）避雷器气体泄漏密封检验。

（5）一个套管或多个套管中的多柱避雷器之间的电流分配试验。

5.3　抽样试验

承包商必须进行抽样试验及监视，以验证：

（1）分批生产的避雷器阀片具有长期的性能稳定性。

（2）有制造缺陷的避雷器阀片不会组装进避雷器节中。

（3）合格的避雷器阀片具有足够的能量吸收能力。

6　避雷器参数

6.1　系统条件

特高压直流系统双极额定输送功率 6400MW，额定运行电压±800kV，额定运行电流 4000A。换流站采用每极双 12 脉动换流阀、"400kV＋400kV"接线方案。系统条件见表 1。

表 1　系　统　条　件

项　　目	整流侧	逆变侧
交流系统运行额定电压	530kV	515kV
稳态最高运行电压	550kV	525kV
稳态最低运行电压	500kV	490kV
U_{dion}	227.37kV	211.96kV
$U_{dioabsmax}$	237kV	221kV
U_{dmax}	824kV	
换相过冲	17%	

6.2　避雷器基本技术参数（见表 2）

表 2　整流站避雷器参数

避雷器	*PCOV*	*CCOV*	U_{ref}	*LIPL*	*SIPL*
V1	290.3	248.1	205.8rms	376/1	405/7
V2/V3	290.3	248.1	205.8rms	386/1	405/3
M1	325	283.1	361.9	518/1	505/0.5
M2	737.3	695.1	870.1	1244/1	1213/0.5
CB11	486.3	463	543	753/1	721/0.2
CB12	457	415	512.1	684/1	669/0.4
CB2	898.3	875	1001	1369/0.5	1339/0.2
T	934.4	895	1039.5	1422/0.5	1390/0.2
E11	120	120	327.3	468/1	/
E12	120	120	296.5	403/1	438/10
E2	73	73	254.1	386/10	363/5
EL	11	11	296.5	501/10	/
EM	73	73	308	530/20	/
DB1	824	824	1030	1621/20	1361/2
DB2	824	824	1030	1535/10	1361/2
A	318	318	/	949/20	778/10
A′	/	/	/	/	267

表 3　　逆变站避雷器参数

避雷器	*PCOV*	*CCOV*	U_{ref}	*LIPL*	*SIPL*
V1	270.7	231.3	194.2rms	354/1	382/7
V2/V3	270.7	231.3	194.2rms	364/1	382/3
M1	305.7	266.3	342.7	490/1	478/0.5
M2	717.7	678.3	850.9	1217/1	1187/0.5
CB11	453.3	431.7	504.4	699/1	670/0.2
CB12	457	415	512.1	684/1	669/0.4
CB2	865.3	843.7	962.5	1316/0.5	1287/0.2
T	900.4	836.7	1001	1369/0.5	1339/0.2
E11	70	70	150	220/1	/
E12	70	70	146.3	200/1	216/10
E2	30	30	50.1	75/10	72/5
EL	11	11	57.8	100/10	/
EM	11	11	73.2	130/20	/
DB1	824	824	1030	1621/20	1361/2
DB2	824	824	1030	1535/10	1361/2
A	318	318	/	949/20	778/10
A′	/	/	/	/	251

第 6 节　交流滤波器技术规范

1　概述

交流母线上的谐波电压和交流线路中的谐波电流降低至一定水平，不对邻近的通信设备产生有害的干扰，也不对接在交流系统上的各项设备产生有害的影响。交流滤波器的设计应按照有关规定考虑无功功率的要求。

双调谐交流滤波器通常由电容器、电阻器及电抗器组成，结构如图 1 所示。

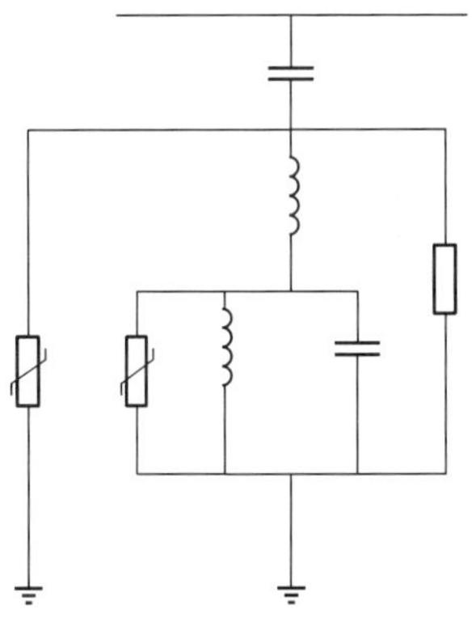

图 1　双调谐交流滤波器结构

2　电容器

2.1　技术参数和性能要求

2.1.1　电容器组

在电容器组的设计中，至少应考虑以下因素：① 在运行、安装和维护期间的机械负荷。② 外部或内部故障对电容器组的电动力。③ 风荷。④ 抗震要求。⑤ 由于温度和负载变化引起的膨胀和收缩的影响。高压电容器装置放置在最高 9m 的一个或两个支架上。

2.1.2　测量不平衡电流的光纤电流互感器

对于交流滤波器高压电容器，每一相的电容器组按 H 形布置，在两电容器串间接近中间电位处连接不平衡保护的电流互感器。电流互感器应为电磁式，变比为 1:1A，容量 5VA，精度等级 0.2。电流互感器应满足 GB 1208。测量不平衡电流的电流互感器由电容器组承包商设计并提供。

2.1.3　电容器台架

供应的电容器台架应完整，包括所有的电容器单元、绝缘子和连接件，以及电容器台架内的熔丝和熔丝杆（如果需要），并且便于安装在电容器支架内。电容器台架采用镀锌钢，镀锌后不允许再钻孔。设计中应包括降低噪声的改进办法。

每个电容器台架应清楚的标明：① 全部装配好的电容器台架的质量；② 标明该电容器台架是哪个支架的一部分；③ 标明该电容器台架是哪相的一部分；④ 标明该电容器台架是哪组的一部分；⑤ 最大和最小的备用电容器元件；⑥ 适当的警告标志。

所有的结构部件都应相互有电气连接，保证维护期间电容器台架可靠接地。并且在维护期间，电容器台架应留有足够的接地点，且不少于 2 个。电容器台架的部件不允许作负荷电流母线用。

2.1.4　电容器支架

每个电容器支架都应带有绝缘子，并且便于安装在基础上。电容器支架不允许产生可听见的振动。支架上所有的支撑结构部件都应采用镀锌钢或铝合金，并且在电气上与站内接地网的接地端子相连。

2.1.5　电容器单元

应设计为全膜、油浸式电容器单元，采用双套管引线，户外安装。高压电容器装置的电容器单元内的元件应采用内部熔丝保护。电容器单元电容量的容许偏差为 ±2%。电容器单元应采用不锈钢外壳。设计中应考虑在电容器单元的寿命期内因预期的环境温度变化和负荷条件，包括短期和暂态负荷条件的变化所引起的膨胀和收缩。

电容器单元应当用螺丝和螺母紧固在电容器台架上。每个电容器单元的安装应便于从台架上拆卸和更换而不需拆除其他部件或台架的任何部分。每个电容器单元都应带有吊孔或类似装置以便将它吊装到台架上或吊离台架。当电容器单元较重时，应提供专门的搬运工具。

电容器套管间的联结应采用相同的材料，能在 1.37 倍额定电流下长期运行。电容器单元中所使用的液体电介质不应对环境造成危害，不受生化影响而产生劣化，并且应无毒和无腐蚀性，不能采用含有多氯联苯（PCB）类的液体。在注入液体电介质之前，电容器元件应在外壳内进行抽真空干燥处理，电容器单元浸渍后应在浸渍剂容器移走后立即密封。

2.1.6 可听噪声

设计中应考虑每个电容器单元和整个电容器组进行声级水平的计算，该计算应基于所附的技术参数中给出的电流或电压。也可以采用类似的电容器组在运行中现场实测到的声级水平的计算结果代替上面的计算值。计算步骤必须按照国际大电网会议的技术报告《高压直流输电换流站可听噪音》（No.202 WG14.26，2002 年 4 月）规定的方法来进行计算。采用降噪措施，例如可在电容器单元与台架之间加垫子。

2.1.7 机械设计

整个电容器组的机械设计，包括支架、连接件、支撑绝缘子，以及用来固定底座的转接板。应通过计算来校验电容器组的机械力。

2.1.8 放电电阻

依照 IEC 60871—1 第 21 条的规定，每个电容器单元都应提供内放电电阻。该放电电阻应有足够的热容量，并能使电容器上的剩余电压在 10min 内自 $\sqrt{2}U_{\text{n}}$ 降至 50V 以下。

2.1.9 熔丝

熔丝的设计应保证任一电容器元件都能在故障时安全地断开，而不影响相邻熔丝的正常运行。

2.1.10 不平衡保护

在电容器单元和电容器组的设计中应考虑安装不平衡保护。电容器不平衡保护的设计中应考虑由于元件故障造成的电容量变化和由于温度造成的电容量变化，而负荷等因素导致的电容量变化可以不计。对于交流滤波器高压电容器，不平衡保护的报警和跳闸整定分三个保护水平，标准如下：

（1）报警保护水平。承受最高电压的电容器元件仍可以安全运行，并且故障不继续扩大。

（3）报警和延迟 2h 跳闸保护水平。承受最高电压的电容器元件可以安全运行 2h，在此期间内故障不继续扩大。

（3）立即跳闸保护水平。避免电容器元件发生群爆。

（4）不平衡保护还应保护运行中的电容器不发生由于外部绝缘损坏而导致的电容器外壳破裂。

2.1.11 绝缘子

瓷绝缘子应优先采用棕色釉面瓷。绝缘子的最低额定电压应为 15kV。电容器台架内部和台架之间的绝缘子，其低频湿态耐受电压额定值不应低于绝缘子实际电压的 3 倍。绝缘子的最小爬电距离应根据所附技术数据中的爬电距离进行计算。

2.1.12　套管

电容器单元套管为灰色，爬电比距不小于 31.0mm/kV。电容器单元套管采用滚压套管。

2.1.13　端子

高压电容器装置的高压端子应和表 1 中 C3 型的规定一致，低压端子应和 C2 型的规定一致。

表 1　　高压端子规格

型　式	直　径	长　度
C1	30mm	140mm
C2	60mm	140mm
C3	100mm	140mm

低压电容器装置的外部连接端子应和表 2 中的规定一致。

表 2　　外部连接端子规格

型　式	孔的数量	端子厚度	单侧连接最大电流	双侧连接最大电流
F1	4	20～30mm	2000A	2500A

接线端子允许受力应不小于下列数值：

（1）水平纵向分量：3000N。

（2）垂直分量：2000N。

（3）水平横向分量：2000N。

（4）静态安全系数：2.5；动态安全系数：1.67。

（5）除满足上述拉力外，端子尚应能耐受 400N・m 的弯矩而不变形。

2.1.14　RIV 设计

电容器组在最大连续电压下应不产生外部电晕。

2.1.15　保证故障率

投入运行的电容器单元的年故障率根据下列条件计算：

（1）对每个电容器单元，$MTBF > 4.4 \times 10^6$h，相当于年故障率＜0.2%。

（2）故障率评价应基于商业运行第二年电容器故障的实际水平。应分别对每个业主提供给本工程的全部数量的交流电容器进行故障率计算。

（3）电容器单元电容量偏差超过例行试验报告中给出的值 6%以上的电容器单元，应视为故障单元。有渗、漏油的电容器单元也应视为故障单元。

（4）不包括电容量测量的计划维护时间每三相组每年不超过 8h。承包商应在维护和维修手册中给出所需的人力、仪器和相关设备。

（5）对单相组，用备用单元更换故障电容器单元的最长时间（包括电容量测量时间，但不包括移动和重新安装该组或该单元的声音吸收设备的时间），不应超过 4h。对每个单元，更换额外部件的时间不应超过 0.5h。承包商应在维护和维修手册中给出所需的人力、仪器和相关设备。

2.2　试验

2.2.1　试验总则

应按下述以及 IEC 60871 和 DL/T 840—2003《高压并联电容器使用技术条件》中有关章节的规定，对电容器进行试验。耐压试验中任何一个元件损坏，都将视为整台电容器未通过该试验；在其他试验中，如果任何一项参数不满足设计要求，都将视为整台电容器未通过该试验。例行试验中任何一台电容器不满足试验要求，业主将有权拒收该台电容器；型式试验中任何一台电容器不满足试验要求，业主将有权拒收这种设计的全部电容器。

2.2.2　例行试验

每台电容器出厂前必须进行例行试验，其试验项目如下：

（1）外观检查。

1）目测检查电容器是否漏油、外壳变形。用量具按 IEC 60871 的要求检验有关的尺寸。

2）检查套管瓷表面有否损伤、金属件外表面是否有损伤和腐蚀。

（2）密封性试验。参照 IEC 60871—1 第 12 条执行。电容器单元的密封性能，应足以保证在其各个部分均达到电介质允许最高运行温度后至少经历 2h 而不出现渗漏。电容的测量参照 IEC 60871—1 第 7 条执行。承包商应提出每台电容器能接受的公差水平，以满足规定绝缘温度下整组电容器的公差要求。

（3）极间耐压试验。参照 IEC 60871—1 第 9 条执行。试验电压为 $2.15U_n$ 工频交流，或 $4.3U_n$ 直流。加压时间为 10s。加压部位为电容器两引出套管之间。

（4）单台电容器局部放电试验。参照 DL/T 840—2003 执行。

（5）极对壳工频耐压试验。参照 IEC 60871—1，第 10 条执行。试验电压为电容器的工频电压耐受值。加压时间为 10s。加压部位为电容器两引出套管短路后对外壳之间。

（6）损耗角正切值测量。参照 IEC 60871—1 第 8 条执行。

（7）放电试验。参照 IEC 60871—4 第 5.1.1 条执行。

（8）内部放电器件检验。参照 IEC 60871—1 第 11 条执行。本检验应在电压试验后进行。

（9）支柱绝缘子工频耐受电压试验。试验方法按 GB 311.3—1983 的要求进行。试验电压为根据设备的绝缘水平，参照 GB 311.1—1997 的规定而定。加压时间为 1min。电压波形为 50Hz 的正弦电压。加压部位为支柱绝缘子带电端与接地端之间。

（10）批量抽样试验。批量抽样试验至少应在每批中每种类型的一台电容器单元上进行。一批是指同时注油的全部产品。当一批产品中某种电容器的数量超过 50 台时，抽样率应不低于 2%。如果任何一台电容器未通过任何一项试验，业主将有权拒收该批中的全部电容器。

1）极间耐压试验。按照 IEC 60871—1 第 9 条进行。试验后电容值变化应小于额定电容值的 2%，或者对应电容器单元的特定设计中单个电容器元件损坏所能引起的电容值变化。

2）高温下电容器介损的测量。试验应在额定电压下进行，电容器单元的温度为下述型式试验所定义的热稳定性试验中电容器单元的最高内部热点温度。

3）浸渍试验。承包商提出试验建议并对用于同一次浸渍处理的浸渍液进行试验，以验证受试浸渍液具有规定用途所需的理化和电气特性。

2.2.3　型式试验

按照 GB/T 11024 和 DL/T 840—2003 对每种型式的电容器进行型式试验，请有关单位监督试验并在试验报告上签字确认。

型式试验应包括例行试验的全部项目，并应增加下列试验项目：

（1）热稳定性试验。

1）基本试验。参照 IEC 60871—1 第 13 条执行。附加试验（仅对高压电容器装置的电容器单元进行）在基本试验后立即进行。试验中将被试电容器中部分元件隔离至即将引起不平衡保护动作的水平，然后施加这种条件下单台电容器可能承受的最大 50Hz 交流电压 2h，在 2h 后测量电容器单元的最高热点温度和套管接头处的温度。内部最高热点温度按下述方法确定。如果试验不成功，例如元件损坏等，试验将在另外三台电容器上重复进行。如果这三台电容器均通过上述试验，则认为这种电容器通过该试验。

2）最高内部热点温度测量。该试验将确定最大内部热点温度上升到高于环境温度时与外壳温度的关系。试验中电容器将按 IEC 60871—1 的要求布置，所施加的负载应使电容器最大热点温度达到承包商设计允许的持续时间超过 15min 的最大值，80℃。

（2）高温损耗角正切值测量。参照 IEC 60871—1 第 14 条执行。此项试验在热稳定试验结束时进行。

（3）极对壳工频耐压试验。参照 IEC 60871—1 第 15 条执行。试验电压为电容器的工频电压耐受值。加压时间为 1min。加压部位为电容器两引出套管短路后对外壳之间。

（4）雷电冲击耐压试验。参照 IEC 60871—1 第 16 条执行。试验电压 $U_T=U_{LI}N/S$，其中：U_{LI} 为电容器组的雷电冲击耐受水平，S 为电容器组中串联组数量，N 为每层中从台架电位开始的串联电容器单元数。加压次数为正、负极性各 15 次。电压波形为标准雷电冲击波 1.2～5/50μs。加压部位为电容器两引出套管短路后对外壳之间。试验时根据仪表的指示、放电声音观察或复测电容等方法来检验电容器是否损坏。

（5）短路放电试验。参照 IEC 60871—1 第 17 条执行。以直流电将电容器充电至 U_p/S，其中 U_p 为该电容器的保护避雷器的冲击波保护水平，S 为每组中电容器单元串联数。然后通过近距离的间隙放电。此项试验在 10min 中做完 5 次。接着在 5min 中做电容器极间工频耐压一次：试验电压为 $2.15U_n$，加压时间为 10s。在放电试验之前和耐压试验之后测量电容，两次测量值之差应小于电容器内部元件一只元件击穿或一根内部熔丝熔断的电容量变化值。

（6）熔丝的隔离试验。参照 IEC 60871—4 第 5.3 条执行。

（7）电容的频率和温度特性测量。在工频和额定频率下测量电容量，测量时介质的平均温度应至少覆盖最低环境温度到最高环境温度。在最小环境温度下施加电容器组的最低电压，不包括谐波，在最高环境温度下施加最高电压。应在上述温度范围内选择足够多的温度测量点，以得到电容随温度的变化曲线，以及运行中可能出现的最大、最小电容值。

（8）耐久试验。参照 IEC 60871—2 执行。

（9）外壳爆破能量试验。试验按 DL/T 604—1996 的要求进行。选 2～3 台电容器进行试验，用双通道高速示波器实测注入故障电容器内部引起爆破的能量。电容器外壳所能承受的爆破能量：50kvar 及以下电容器应不小于 4kW·s，100kvar 电容器应不小于 8kW·s，200kvar 及以上电容器应不小于 15kW·s。

（10）套管受力试验。试验按 DL/T 604—1996《高压并联电容器装置订货技术条件》的要求进行。试验方法：① 在瓷套顶部加与瓷套垂直的静止拉力 1min，重复 5 次；② 在瓷套顶部导电杆加扭力矩。引出端子的套管及导电杆的机械强度：

1）200kvar 以下的电容器套管应能承受 400N 水平拉力。

2）200kvar 以上的电容器套管应能承受 500N 水平拉力。

3）电容器的导电杆能承受的扭矩应符合表 3 的数据。

表 3 导电杆承受的扭矩

接线头螺纹	螺母扳手的扭矩（N·m）	
	最 大 值	最 小 值
M10	10	5.0
M12	15	7.5
M16	30	15.0
M20	52	26.0

（11）抗震试验。试验按 DL/T 604—1996 的要求在振动台上进行。水平加速度 0.3g。垂直加速度为水平加速度的 65%（如果需要）。电容器应能承受所规定的地震烈度的地震的作用而不损伤。

（12）支柱绝缘子工频耐受电压试验。试验按 GB/T 16927《高电压试验技术》的要求进行。试验电压根据设备的绝缘水平，参照 GB 311.1—1997《高压输变电设备的绝缘配合》的规定而定。加压时间为 1min。电压波形为 50～500Hz 的正弦电压。加压部位为支柱绝缘子带电端与接地端之间。

（13）支柱绝缘子雷电冲击电压试验。试验按 GB/T 16927《高电压试验技术》的要求进行。试验电压根据设备的绝缘水平，参照 GB 311.1—1997 的规定而定。加压次数为 3 次。电压波形为负极性标准雷电冲击波 1.2/50μs。加压部位为支柱绝缘子带电端与接地端之间。如承包商提供的该支柱绝缘子的型式试验报告能符合本工程的要求，则可免去此项试验。

2.2.4 现场试验

（1）外观检查。

（2）绝缘电阻测量。试验按 DL/T 604—1996 第 3.3 条进行。用 2500V 绝缘电阻表测量。两出线端短接后接绝缘电阻表的一端，另一端对电容器外壳。测量值应大于 5000MΩ。

（3）电容测量。试验按 DL/T 604—1996 第 3.3 条进行。采用电压、电流表法或电桥法。试验电压为工频 0.15U_n。

（4）不平衡电流校正。

（5）交流耐压试验。试验按 DL/T 604—1996 第 3.3 条进行。试验电压：电容器极间与电容器极对外壳分别为其例行试验电压值的 75%，正弦交流。加压时间为电容器极间 10s。电容器极对外壳 1min。

（6）损耗角正切值测量。

（7）耐压后复测电容值。

（8）支柱绝缘子试验。试验按照 GB 50150—1991 第十六章的规定进行。试验项目：测量绝缘电阻、交流耐压试验（干）。试验电压及加压时间同出厂试验。

（9）整组滤波器投切试验。试验按照 DL/T 604—1996 第 5.10 的规定进行。试验按每一组交流滤波器（或是补偿电容器）为单位进行。试验在实际交流系统电源下进行。每一组各投切操作 5 次。测量过电压及涌流。

3　电抗器

3.1　技术参数和性能要求

3.1.1　一般要求

电抗器采用单相、干式、户外安装的空心设计。导线应为连续绕制，无换位、无接头。电抗器线圈绝缘等级应为 F 级。

电抗器应当采用耐风雨的人造树脂和纤维玻璃进行包装。电抗器的设计应当便于升降，以进行电抗器的安装和更换。电抗器应能在不损坏和减少寿命的前提下承受运行中的机械应力。这些负荷包括电抗器外部故障时的电磁应力，风、雪、冰荷以及由于环境温度和负荷变化引起的热胀冷缩所产生的应力。绝缘子和支撑结构的高度应满足其与电抗器基础之间的电气净距。

3.1.2　冷却

电抗器采用空气自然对流的方式进行冷却。

3.1.3　绝缘子

电抗器应当安装绝缘子以满足绝缘配合的要求。绝缘子应为棕色，釉面瓷。绝缘子应在电抗器低压端的额定连续运行电压下进行设计和型式试验。

3.1.4　端子

为降低涡流，端子厚度应降至最小 10mm 或 3/8 英寸。机械端子负荷：水平纵向分量应不小于 2000N，垂直分量应不小于 1000N，水平横向分量应不小于 1000N。除满足上述拉力外，端子尚应能耐受 400N·m 的弯矩而不变形。

3.1.5　可听噪声

电抗器的设计应尽可能避开主要声音频率上可能出现的机械谐振。声级水平的计算，应在运行的类似电抗器现场测量的基础上进行。噪声水平不大于 50dB（A），以有资质单位试验数据为准，测量点在距电抗器外围 1.5m 处任何位置。验证其设计满足可听噪声的要求。如果根据声级水平计算，认为整个换流站的噪声水平过高，可以加装降低噪声的设备以减少噪声。

3.1.6　涌流性能

电抗器的设计应当能承受涌流产生的机械和热应力。

3.1.7　温升

热点和温升的最大值在温升试验中给出。

3.1.8 损耗

每个电抗器的损耗应在温升试验中的参考温度和额定电感值下进行计算，计算应基于测量的结果。

3.2 试验要求

3.2.1 例行试验

每台电抗器出厂前必须进行例行试验，其试验项目如下：

（1）外观检查。

1）电抗器外露的金属部分应有良好的防腐蚀层，符合户外防腐电工产品的涂漆标准，并应符合相应技术文件的要求。

2）户外安装的干式空心电抗器应采用耐气候、防紫外线的绝缘材料，并应符合相应技术文件的要求。

3）支柱绝缘子的质量应符合该产品标准的质量要求。支柱绝缘子的爬距及带电部分对地间的电气距离应符合 GB 311.1—1997 的要求。

（2）绕组电阻。在直流电流下测量。可用电桥法或电流电压法进行。可参照 GB 1094.1—1996《电力变压器　第一部分　总则》中的第 8.2.1 款。测定时的温度应取放于线圈表面的几个温度计（至少 3 个）读数的平均值。绕组的电阻和温度应同时记录，然后再换算到标准温度下的电阻值。用温度计测量的线圈温度应近似等于其周围的介质温度。

（3）电感的测量。干式空心电抗器测量电感时，可以在额定电流下用电压电流法测，也可以在降低电压和电流的情况下用电桥法测量。单台电抗器电感量的容许偏差为±2%。同一组电抗器三相之间电感量的容许偏差为 2%。

（4）损耗的测量。施加以电抗器的额定电流，在工频下测量。由于电抗器的功率因数很低，用常规的瓦特计法测量损耗将产生可观的误差，因此应使用电桥法。调谐电抗器的总损耗由工频和调谐频率下的损耗相加而成。工频损耗在工频额定电流下测量，规定的各次较高的谐波频率成分引起的损耗可由在相应的频率下计算或测量得到。总损耗应折算至参考温度（如 75℃）。电抗器的总损耗值应符合表 4 中的规定值，其偏差不大于＋15%，或不得超过产品技术条件的保证值。

表 4　　电抗器损耗值

电抗器额定容量（kvar）	损耗值（W/var）
100 及以下	0.030
101～300	0.024

续表

电抗器额定容量（kvar）	损耗值（W/var）
301～500	0.020
501～1000	0.016
1000 以上	0.012

（5）额定短时电流下的耐压试验。试验通常按 GB 1094.3 第 11.1 条规定进行。试验电压为 I_{kn}（额定短时电流，即短时电流的均方根值）流过电抗器时在电抗器两端的电压的两倍，或者是（U_n+U_a），即额定工频电压与额定调谐频率电压之和的两倍，取其中较高的一个值。

（6）交流耐压试验。试验通常按 GB 1094.3 第 10 条规定进行。

（7）声级测量。按照 GB 1094.10 规定的方法进行测量。测量点在距电抗器外围 1.5m 处任何位置，电抗器的声压级水平不超过 50dB（A）。

（8）品质因数的测量。测量应在滤波器调谐频率下进行。在参考温度下测得的或校正到参考温度的品质因数应不小于产品技术条件保证值。如果经过了温度校正，其校正过程应予以说明。

（9）支柱绝缘子工频耐受电压试验（干）。试验方法按 GB 311.1—1997 的要求进行。试验电压根据设备的绝缘水平，参照 GB 311.1—1997 的规定而定。加压时间为 1min。电压波形为 50～500Hz 的正弦电压。加压部位为支柱绝缘子带电端与接地端之间。

3.2.2　型式试验

型式试验应包括例行试验的全部项目，并应增加下列试验项目：

（1）温升试验。温升试验方法按照 GB 6450—1986《干式电力变压器》的要求进行。温升试验电流值为电抗器最大工作电流，暂定 $1.35I_n$，I_n 为电抗器的额定电流值（A）。干式空心电抗器的平均温升不应超过 80K 限值，最热点温度不超过 90K。对于铁心、金属部件和与其相邻的材料的温升限值应取在任何情况下，不会出现使它们受到损害的温度。

（2）绝缘试验。

1）绕组雷电冲击电压试验（干）。试验方法按 GB 7449—1987《电力变压器和电抗器的雷电冲击试验导则》的要求进行。试验电压根据设备的绝缘水平，参照 GB 311.1—1997 的规定而定。加压次数为 3 次。电压波形为负极性标准雷电冲击波 1.2/50μs。加压部位为电抗器绕组一端加压另一端接地，两端子交替进行，各 3 次。

2）支柱绝缘子工频耐受电压试验（湿）。试验方法按 GB 311.1—1997 的要求进行。

试验电压根据设备的绝缘水平，参照 GB 311.1—1997 的规定而定。加压时间为 1min。电压波形为 50Hz 的正弦电压。加压部位为支柱绝缘子带电端与接地端之间。

3）支柱绝缘子雷电冲击电压试验（湿）。试验方法按 GB 311.1—1997 的要求进行。试验电压根据设备的绝缘水平，参照 GB 311.1—1997 的规定而定。加压次数为 3 次。电压波形为负极性标准雷电冲击波 1.2/50μs。加压部位为支柱绝缘子带电端与接地端之间。

（3）短时电流试验。试验目的在于检验电抗器在通过额定短时电流时的机械耐受强度。试验方法按照 GB 1094.5—1985 的规定进行。短时电流的第一个波的波峰值应为其均方根值的 $1.8\sqrt{2}$ 倍。电抗器承受本试验的能力根据 GB 1094.5—1985 第 2.2 条的规定。

（4）抗地震试验。

3.2.3 现场试验

现场试验包括外观检查、绕组电阻测量、绝缘电阻测量、交流耐压试验、声级测量。

4 电阻器

4.1 技术参数和性能要求

4.1.1 一般要求

电阻器采用单相、干式、户外安装的设计。电阻器外罩应采用抗腐蚀材料。电阻器钢框架至少应为镀锌钢。侧面、顶棚、防鸟保护的盖板以及电阻器排气网应采用不锈钢，至少应为 AISI316 或等效的钢材。

对于立方体模块电阻器，每个电阻器的两个相对的面板应装有活叶，以便查看内部情况。对于管状型设计的电阻器，也应采取必要措施，以便查看。

电阻器和（或）电阻器模块应配备起吊眼，以便安装及替换。电阻器模块内部的实际电阻器金属支架不允许电位悬浮。

电阻值在 50～3000Hz 频率范围内应不受频率影响。如果达不到，则电阻值应在额定频率下有效。标称电阻值定义为在标称电流及环境温度为 25℃下的电阻值。设计时应考虑的电阻值误差应包括制造公差及从最小环温下的最小电阻电流到最大环温下的最大电流范围内的温度变化。

对于中点与外罩相连的电阻器，应采取必要措施，以便测量套管与外罩之间的电阻值。对于管状设计的电阻器及串联的电阻器段，应采取必要措施，以便测量每一段的电阻值。

4.1.2 电阻模块

如果电阻器为模块设计，每个模块的电阻值应从整个电阻器的阻值推导出来。电阻器模块应屏蔽起来，以防止外部直径12mm或更大的物体进入屏蔽网。电阻器应保护起来免受水花影响。保护角度定义为：水花以竖直方向到最大60°夹角方向下落时都不能有足以引起危害的水量进入外罩。另外，在任何运行方式下，从任何方向进入的雨水都不能造成有害的影响。

4.1.3 绝缘子和套管

电阻器应安装在绝缘子上，绝缘子为棕色的瓷绝缘子。绝缘子应设计合理，并按照所在位置处所承受的电压，采用合理的耐受电压进行型式试验。依照最大运行电压，绝缘子及套管的最小爬距不应小于25mm/kV。

4.1.4 端子

为降低涡流，端子厚度应降至最小10mm或3/8英寸。机械端子负荷：水平纵向分量应不小于2000N，垂直分量应不小于1000N，水平横向分量应不小于1000N。除满足上述拉力外，端子尚应能耐受400N·m的弯矩而不变形。承包商应保证在端子承受以上拉力或弯矩时对设备本体和基础都没有影响。

4.1.5 冷却

电阻器为空气绝缘，空气自然对流冷却。

4.1.6 短路电流性能

应通过计算来效验电阻器在经受技术参数中给出的暂态和短时电流时能够承受的机械及热应力。

4.2 试验要求

4.2.1 例行试验

每台电阻器出厂前必须进行例行试验，其试验项目如下：

（1）外观检查。

1）目测电阻器外观是否有明显划痕。

2）门关闭是否灵活，铭牌上的参数是否正确，紧固件是否松动。

3）检查套管瓷、绝缘子表面是否有损伤，支柱绝缘子的质量应符合该产品标准的质量要求。支柱绝缘子的爬距及带电部分对地间的电气距离应符合GB 311.1—1997的要求。

（2）直流电阻测量。根据试品电阻值的大小，选取合适的测试设备进行测量，测试设备为：① 双臂电桥，准确度0.5级；② 单臂电桥，准确度0.5级；③ 快速直流电阻检测仪，准确度0.5级；④ 温度计。将所测数据按下式换算为20℃标准值

$$R_{20}=\frac{R_{\mathrm{x}}}{H\alpha_{20}(t-t_{\mathrm{R20}})}$$

式中　　t ——测试时的环境温度；

R_x，R_{20}——分别为电阻测试值和 20℃下的标准值，Ω；

t_{R20} ——导体材料 20℃时的电阻温度系数，铜为 0.00393，镍为 0.0061，铝为 0.0041，钨为 0.005。

（3）工频电阻测量。对试品施加工频额定电流，测量试品的电流和电压，计算出电阻值。将测试数据换算成 20℃环境下的标准电阻值。测试结果应符合产品技术条件。

（4）工频耐压试验。试验电压见表 5。测试电压施加于试品接线端子及与之绝缘的外壳（油浸式）、支架（干式）的接地点之间。加压时间 1min。试验期间试品应无闪络、无放电、泄漏电流无明显增大。

表 5　　　　　　　　　　　试　验　电　压

系统标称电压（有效值，kV）	1min 工频耐受电压（有效值，kV）	
	湿　试	干　试
1	5	5
3	18	25
6	23	30
10	30	42
15	40	55
20	50	65
35	80	95
66	160	160

4.2.2　型式试验

型式试验应包括例行试验的全部项目，并应增加下列试验项目：

（1）温升试验。对干式电阻器用热电偶测量，用热电偶直接黏贴于电阻器表面，测量热电偶电压，然后查表换算到温度值，热电偶应均匀分布，测电不少于 5 点。对油浸式电阻器用直流电阻法测量，在温升稳定后断开电源，立即测量电阻的直流电阻。与常温下的直流电阻值相比计算，得到温升数值。试验应有足够的时间使温度上升达到稳定值为止，但不超过 8h。当温度变化不超过 1℃/h，即认为达到稳定值。在记取所测稳定温升值的同时，记下周围环境温度。为了缩短试验时间，如果设备允许，开始试验时可以加大电流，待试品温度上升后，在降到规定的试验电流值。

（2）绝缘电阻测试。试验采用 2500V 绝缘电阻表，试验电压施加于电阻器引线端子与外壳（油浸式）或支架（干式）的接地端之间。试验电压持续 1min。

（3）冲击耐压试验。试验方法按 GB 311.1—1997 的要求进行。试验电压根据设备的绝缘水平，参照 GB 311.1—1997 的规定而定。加压次数为 15 次。电压波形为负极性标准雷电冲击波 1.2/50μs。加压部位为电阻片一端加压另一端接地，两端子交替进行，各 15 次。

（4）老炼试验。在额定电流下进行老炼试验，定时测量电阻值直到电阻值基本稳定，以确定老炼前后电阻值变化的百分值。如无合适的试验电源，试验可在专门的试样上进行。

（5）热负荷试验。施加额定电流，直到温升稳定，但通流时间不小于 1h，试验中测量箱体及帽子的温度，观察电阻片的表现。试验后检查电阻片的状况，应无龟裂和变形，颜色应无明显变化。

4.2.3　现场试验

现场试验包括外观检查、工频电阻值测量、工频耐压试验。

第 7 节　直流滤波器技术规范

1　总则

由于特高压直流换流器在直流侧产生谐波电压，导致谐波电流流过特高压直流双极线路和接地极线路。应为向家坝换流站和奉贤换流站提供直流谐波滤波器、中性点电容器和（或）接地极线路滤波器以限制谐波电流的干扰作用，保证特高压直流换流站的正常运行。还应提供滤波器投切和隔离所需的开关，以及相关的所有控制和保护设备。

直流谐波滤波器应为无源滤波器，由可分别投切的滤波器支路组成，每极每端的滤波器组数应大于 1。在所有规定的运行方式下，用于投切滤波器支路的开关应有能力投入或切除直流滤波器支路而不影响所连接极的功率输送。直流滤波器的季节性调谐是不允许的。

直流滤波器设计中应采用尽可能多的相同且可以互换的元件，以简化维护和备品备件的储备，尤其是调谐支路电感元件。直流滤波器支路的投运不应因环温或设备温度、交流系统频率、初始的失谐或在规定的换流器运行范围内的直流电压而受到限制。直流滤波器、中性点电容器或滤波器设计中对滤波性能的考核应以等效干扰电流的计算值为基础。

直流滤波器应满足直流滤波器性能要求和定值要求。直流滤波器性能要求对于任意输送功率方向、从最小直流输送功率到额定输送功率，直流线路走廊的任意位置和两端接地极引线走廊的任意点，等效干扰电流不得超过 2200mA。直流滤波器定值要求滤波器的电容器、电抗器和电阻器的额定值应考虑直流和从基波到 50 次谐波的应力。在规定的直流运行方式和规定的直流系统输送功率条件下，任意一个换流站任意一极中的任意一个直流滤波器退出运行，直流滤波器元件应有足够的容量。滤波器电容器和滤波器电抗器的可听噪声水平应低于业主规定的噪声水平。

2　气象条件

根据实际工程现场条件进行编写。

3　电容器

3.1　一般要求

所有电容器的设计、额定值的选取及试验都应按 IEC 60871 的规定进行，另有规定的条款除外。对多台户外直流电容器串联支路，其整体设计和电容器单元额定值的选择应充分考虑现场污秽、单个电容器单元温升及其他原因造成的电压分布不均匀，并在试验时加以验证。所有直流滤波器电容器都应为内熔丝型式。如能证明无熔丝电容器具有更优的性能，经业主批准后方可采用。

3.2　设计要求

3.2.1　电容器的额定值

3.2.1.1　直流滤波器电容器支路的额定值

（1）电压额定值。直流滤波电容器支路的额定电压应为最大连续直流电压与从 1 到 50 次谐波电压峰值的算术和，同时考虑由于电容器套管受污染情况不同、单个电容器单元温升的差异，以及其他原因引起的电压不均匀分布。额定电压的确定应基于连续运行负荷水平，或者基于暂时负荷等值水平，并选其中较严重的条件。直流滤波器支路的额定电压等于构成该支路的电容器的额定电压与电容器串联数的乘积。

$$U_R=\sqrt{2}\sum_{n=1}^{n=50}U_n+kU_{dc}$$

式中　U_{dc}——最大连续直流电压；

U_n——第 n 次谐波值（rms）；

n——谐波次数，n=1～50；

k——电压分布不均匀系数，$k\geqslant1.3$。

（2）电流额定值。直流滤波器电容器支路的电流额定值（I_R）应按从 1 到 50 次各谐波电流有效值的算术和考虑。额定电流应基于连续运行负荷水平，或者暂时负荷水平，取二者中较严重的条件。直流滤波器电容器支路的额定值应该等于单个电容器单元的额定电流乘以并联电容器台数。

$$I_R=\sum_{1}^{50}I_n$$

（3）谐波输出额定值。直流滤波器电容器支路的谐波输出额定值等于工频输出和各次谐波输出的算术和。谐波输出的额定值应按连续负荷或暂时负荷来考虑，取其中较大的。总谐波输出的额定值等于单个电容器谐波输出额定值与电容器串联台数和电容器并联台数三者的乘积。

3.2.1.2　直流滤波电容器单元的额定值。电容器单元的额定电压（U_n）为加在单个电容器内部元件上的最大等值电压与电容器单元内串联元件个数之积。电容器单元的额定电流（I_n）为通过单个电容器内部元件的最大等值电流与电容器单元内的并联元件支路数的乘积。电容器单元的谐波额定输出容量（Q_n）为单个电容器内部元件的最大等值谐波输出容量与电容器单元内一个串联支路的元件数和并联支路数三者的乘积。当电容器运行于额定谐波输出和最大连续工作电压时，电容器单元的损耗定义为全部单个电容器损耗的算术和。

3.2.2　电容器支架

每一电容器支架都应带有绝缘子。电容器支架不允许产生可听振动。支架上所有支承结构部件都应在电气上与站内接地网相连，并采用镀锌钢结构。

3.2.3　电容器台架

电容器台架及全部附属设备，包括电容器单元、绝缘子以及连接线和接头。电容器台架应带有吊孔以便于吊装到电容器支架上。台架应为镀锌钢结构或抗腐蚀铝结构。

不允许在台架镀锌后再钻孔。每一电容器台架都应明确标明该台架在装配完毕后的总质量，台架所在的分组和分相，以及为该台架备用的电容器单元的最大和最小电容值。此外应在台架上贴适当的警示牌。

滤波器的电容器应有一定的机械强度，使之能在运行及安装时经受一定的机械负载而不至于损坏。该负载包括电容器分组内外故障产生的电磁力，风力以及由于环境温度、负载变化和地震影响所产生的伸缩力。台架的所有结构件在电气上应相互连接以确保检修时能有效接地。台架上应带有适当的接地引线接头。

3.2.4　绝缘子

台架与母线的绝缘子以及电容器支架中各电容器台架与地绝缘的绝缘子都应为针帽型或棒形绝缘子。绝缘子的最低额定电压应为 15kV。每一电容器支架上的电容器台架内的绝缘子以及台架之间的绝缘子，其低频湿耐受电压额定值不低于运行中绝缘子上实际电压的 3 倍。

3.2.5　电容器单元

所提供的电容器单元应具有不锈钢外壳。设计中应考虑在电容器单元的寿命期内因预期的环境温度变化和负荷条件，包括短期和暂态负荷条件的变化所引起的膨胀和收缩。承包商应提供一种判据用来判别电容器单元箱体的正常膨胀和由电容器损坏造成的膨胀。

接线端子的设计要保证在连接或连接拆除时不引起套管连接的松动而导致的不良的电气连接。每一电容器单元的安装应便于从台架上拆卸和更换，操作时无需拆除其他部件或拆卸台架的任何一部分。直流滤波电容器套管间的连接应采用相同的材料，并在每个单元的外壳上涂灰白色油漆。每一电容器单元都应带有吊孔或类似装置用以方便地将它吊装到台架上或吊离台架。

电容器单元中所使用的液体电介质对于环境而言应安全可靠，且不因生化影响而产生劣化。电容器单元中不应含有有毒的液体［如聚氯联苯（PCB）类］。在注入液体电介质之前电容器元件应在外壳内进行抽真空干燥处理。电容器单元浸渍完毕后立即密封。

电容器单元的额定电流、额定电压、额定输出容量值以及电容值应根据电容器分组的对应额定值导出，并在电容器单元的铭牌上标出。实测出的电容值应以适当的偏差形式在铭牌上标出。偏差相对额定值而言，应以每级 0.5%的形式给出。如果用于滤波器，则因匹配要求而采用更小的级差。

3.3 电容器试验

3.3.1 试验总则

电容器试验包括型式试验、批量生产的抽样试验、例行试验以及为整个电容器支架和电容器分组所进行的试验。试验应规定电容器允许误差值、功率因数、电介质损耗和额定电压的标称值和允许偏差。试验按本节和 IEC 60871—1 最新版本的规定进行。

例行试验应针对每一电容器单元进行。批量生产的抽样试验应对同一次浸渍的同一批电容器单元产品，每一规格中至少一只电容器单元进行。如果单批产品中给定规格的电容器单元数超过 50，则至少应对 2%的电容器单元进行抽样试验。

型式试验应对电容器单元的每种型式中的至少 2 个电容器单元进行，并符合下述条件：

（1）如果电容器单元由不同制造厂家生产，则应对于每一厂家的产品进行型式试验。

（2）如果在制造过程中对电容器单元作了任何设计修改，业主保留要求对新设计的电容器单元重新进行型式试验的权利。

（3）如任一电容器单元不能满足任何一种试验的要求，业主有理由拒绝接受这一电容器单元以及这一批产品中的全部电容器单元或该种型式或规格的所有电容器单元。

3.3.2 直流滤波器电容器试验

直流滤波电容器试验一般应根据 IEC 60871—1 标准进行，并考虑对 IEC 60871—1 标准作下述修改和补充。对于各项试验给出下述定义：

（1）“电容器单元的额定电压（直流）”定义为

$$U_{R}=\frac{U_{r,br}}{S}$$

式中　$U_{r,br}$——3.2.1 节中规定的直流滤波器电容器支路的电压额定值；

S——电容器支路内串联的电容器单元数。

（2）“额定谐波频率”为滤波器臂具有最低阻抗时的频率。

（3）“最高热点温度”定义为，当直流滤波器在超过 15min 的期间内承受所规定的额定工况下所能产生的最大直流电压和最大谐波电流时，在具有最大损耗的电容器单元内的任何位置所可能产生的最高温度。

（4）例行试验。例行试验中应包括下述例行试验：

1）外观检查。电容器金属件外露表面应具有良好的防腐蚀层。套管、端子无明显渗漏。

2）电容值测量。在 25℃下测量电容器单元在额定谐波频率下的电容值。该项试验可采用低压设备进行。

3）端子间的直流耐压试验。对电容器单元进行 10s 的直流耐压试验。所加直流试验电压不应低于电容器直流额定电压的 2.6 倍。试验前后都应在相同的电介质温度下测量电容值，电容值的变化应小于一个元件或一个内熔丝动作所引起的电容量的变化。

4）端子与外壳间的交流耐压试验。根据 IEC 60871—1 的规定进行。试验电压应为在 IEC 60871—1 中给出的，与对应受试电容器组的额定雷电冲击波耐压水平最接近的高一级的试验电压水平。

5）电容器单元的介损值测量。电容器单元应在温度为 25℃、频率为 50Hz 下测量介损值。测量结果将根据型式试验和批量抽样试验结果进行修正，从而得到额定谐波频率下的介损值。

6）电容器单元上的电压衰减试验应在电容器加到额定电压时开始放电，电容器断电后测量衰减电压，电容器断电后 5min 内电容器上的电压应从额定值降到 50V 以下。

7）短路放电试验。电容器在试验前应充电至 1.5 倍额定电压。

8）电容器单元泄漏试验。在电容器单元密封后对所有单元进行泄漏试验。试验时电容器单元应加热至不低于最高热点温度并保持在该温度下至少 8h。

9）交流局部放电试验。热平衡后，在电容器的端子间施加相当于 1.075 倍直流额定电压值的交流电压（有效值）1s，然后将电压降到相当于 0.75 倍直流额定电压值的交流电压（有效值）并保持 10min，测量局放量。

（5）批量生产的抽样试验。抽样试验应包括下述项目：

1）应进行 10s 的电介质耐压试验。试验时电容器单元的温度为最高热点温度，所加直流试验电压应不小于电容器直流额定电压的 2 倍。

2）根据规定进行浸渍试验。

（6）型式试验。型式试验应包括但不局限于下述项目：

1）端子与外壳间的耐压试验。端子与外壳间的耐压试验应根据 IEC 60871—1 第 15 条的要求进行。试验电压的峰值应是 U_{BIL}/S。

2）雷电冲击波耐压试验。应对外壳和相互连接在一起的电容器端子进行，试验电压应为

$$U_T = \frac{1.1U_{BIL}}{S}$$

式中 U_{BIL}——电容器组的雷电冲击波耐压水平；

S——电容器组内串联连接的电容器单元数。

3）短路放电试验。参照 IEC 60871—1 第 17 条进行，试验电压为 $\sqrt{2}\times 2.5U_{r.br}$。

4）在最低环境温度到最高热点温度的电容器单元平均介质温度范围内测量电容器单元在 50Hz 和额定谐波频率下的电容值，应对足够多的温度点进行测量以便画出电容值与温度的关系曲线。在额定谐波频率下进行的测量可以采用低压设备进行。

5）介损测量。在最低环境温度到最高热点温度之间测量电容器单元在 50Hz 下的介损值。

6）温升试验。针对环境温度的最高热点温升试验应以经业主同意的适当方法进行。

（7）热稳定性试验。应根据 IEC 60871—1 第 13 条的规定进行电容器单元的热稳定性试验。

1）可以采用同一个电容器单元或两个不同的电容器单元进行下述两项试验：① 50Hz 交流电压，对其幅值应进行适当调节以便产生在运行条件下所能遇到的 1.44 倍的最大损耗；② 在幅值为 1.2 倍电容器单元直流额定电压下试验（应调节环境温度使外壳达到平均温度，即不低于上述试验）。

2）如果以上两个试验是在同一个电容器单元上进行，每个试验的时间为 24h，第一个试验完成 15min 后进行第二个试验。如果采用两个不同的电容器进行上述试验，试验时间为 48h。温度情况和热稳定要求应符合 IEC 60871—1 第 13 条的规定。

（8）电容器单元的电压极性反转试验。首先在电容器单元上施加等于其直流额定电压 1.1 倍的直流试验电压并持续 2h，然后突然改变电压极性并保持相同的幅值 2h，2h 后再进行一次电压极性反转。所有的电压极性反转都必须在 10ms 内完成，除非承包商能向业主证明电容器在实际运行中不可能在 10ms 内发生电压极性反转，在这种

情况下，试验中的反转时间不应超过实际运行中最短的反转时间。电容器单元应能成功地承受 3 次电压极性反转。

（9）电容器单元泄漏试验。对于无熔丝电容器单元，在额定直流电压和额定谐波电流的运行情况下，任何电容器元件的损坏都不应引起电容器单元外壳的破裂或泄漏。试验持续时间和其他细节应由承包商提出并经业主审定同意。

（10）局部放电试验。对电容器加 2 倍的直流额定电压 1s，然后降到 1.5 倍直流额定电压 60min，测量局放值。

（11）内熔丝开断试验。按 IEC 60871—4 的要求进行。

3.3.3　浸渍剂试验

对用于同一次浸渍处理的浸渍液进行试验以验证受试浸渍液具有规定用途所需的理化和电气特性。局部放电测量的试验应针对经浸渍处理的电容器单元进行，以验证浸渍的完整性。

4　滤波器电抗器

4.1　一般要求

用于直流滤波器臂中的电抗器不能带有任何活动部分，其结构应根据 IEC 60289 的最新版本的规定进行设计，绝缘等级应为 B 级干式。

直流滤波器电抗器在相应的负荷条件和相应的环境温度下其热点温升应满足：① 直流滤波器电抗器连续额定负载时≤70K；② 直流滤波器电抗器短时过负载≤90K。

承包商应通过计算给出直流滤波器电抗器在连续额定负载下热点温度随环境温度变化的函数关系，且最高不超过 110℃，短时过负载下热点温度随环境温度变化的函数关系，且最高不超过 130℃。承包商可以建议一个温度等级较高的绝缘。绝缘应可靠，热点温升与 B 级绝缘相比应有较大的安全裕度。

电抗器应具有足够的机械强度以便在运行中和安装中承受本规范中所规定的机械应力而不损坏或损失寿命。电抗器应带有吊孔以便于电抗器的快速安装和更换。如果需要应配有无载调节抽头以便于滤波器臂的初始调谐。空气冷却、空气绝缘的电抗器应适合户外安装，采用的安装方式应使得相间或滤波器臂之间的相互耦合不会对滤波器性能产生不利影响。安装时应充分注意防止任何磁导材料或导体材料形成的闭合回路因位于电抗器磁场内而发生过热现象。

滤波器电抗器的额定电压（有效值）应为跨电抗器的基波电压（有效值）和各次谐波电压（有效值）的算术和。滤波器电抗器的额定电流（有效值）应为基波电流和各次谐波电流的均方根值。

4.2　直流滤波器电抗器的试验

直流滤波器电抗器进行试验一般按 IEC 60289 最新版本的适当条款进行。电抗器应根据相关标准进行例行试验和型式试验，另外还应根据下述定义进行如下试验：

（1）额定电压应取计算的 50Hz 电压和所有谐波电压的算术和的峰值，计算时应考虑在交流母线电压、直流负荷和滤波器失谐的最不利情况下，电抗器上产生的超过 30min 的最大电压。

（2）所有受试参数的接受极限的限制应比计算电抗器额定值时所采用的假设更严格。

（3）对于每一电抗器应在合适的环境温度下测量所有抽头在 50Hz 和额定谐波频率下的电感值。额定谐波频率下的电感值应修正到在 25℃环境温度下，电抗器运行在上述所定义的额定电流时的值，并作为该电抗器在额定抽头下的电感值。

（4）对于每一电抗器应在合适的环境温度下测量 50Hz 和额定谐波频率下的电阻值。在额定谐波频率下的电阻值应修正到 25℃环境温度下，电抗器运行在上述所定义的额定电流时的值，作为该电抗器在额定抽头下的电阻值。

（5）对于每种电抗器应在一台电抗器上测量其额定抽头的电感值和电阻值随频率的变化情况，频率范围为从直流到 2000Hz。

（6）如果电抗器为强迫冷却方式，所有试验都必须在一台风扇停运的情况下进行。

5　滤波器电阻器

5.1　一般要求

用于直流滤波器臂上的电阻器的电感值应可以忽略不计，电阻器可能是电抗器的一部分也可能分离安装。电阻器上应具有吊孔以便于快速安装和更换，同时应提供不被鸟类损害的保护措施。电阻器的结构应有足够的强度以便在运行和安装中承受所规定的机械应力而不发生损坏或损失使用寿命。电阻器的额定（有效值）电流应为基波和各次谐波电流的均方根。

5.2　直流滤波器电阻器的试验

直流滤波器电阻器试验应包括例行试验和型式试验。试验中应考虑到当直流滤波器上所加直流电压最大时，由于直流滤波器电容均压电阻所产生的流过电阻器的直流电流分量。

（1）例行试验至少应包括以下试验：

1）在 50Hz 和额定频率下测量电阻值。

2）对所有绝缘结构进行 50Hz 耐压试验。

3）额定电流下进行热运行试验。

（2）型式试验至少应包括：

1）雷电冲击波耐压试验。

2）电感值的测量。

3）在所有运行温度范围内测量对应 50Hz 频率下的电阻值。

4）热稳定和温升试验。

第 8 节 直流控制保护系统技术规范

1 直流控制

直流控制功能应包括直流双极控制、直流极控制、换流单元控制要求的所有功能。一个 12 脉动换流器简称一个换流单元。

1.1 总则

承包商应为特高压直流输电工程提供完整的直流控制系统，并负责系统设备的安装监督、调试和试运行。该系统应采用先进的标准的微处理器和数字信号处理器，并具有成功的 HVDC 或工业应用经验。

对于所有基于计算机的系统，承包商应为每站提供基于本工程实际的控制系统软件以及相应软件开发系统，用于业主将来对控制系统功能的拓展；承包商还应提供用于软件功能调试的开发系统，以便为调试业主开发新的控制功能提供一个仿真环境。开发系统应包括相应的软硬件设备。

承包商应完成用于优化控制系统参数的所有研究。承包商应提交有关报告，阐明各种控制的原理以及为优化各参数所进行的分析、计算和仿真研究。控制系统及其全部功能的设计、参数整定和执行过程都应得到业主的认可。

承包商应确保该控制系统的性能满足要求；即使在验收试验后，如发现直流控制系统存在任何设计错误、遗漏，或不完善时，承包商应无偿为业主提供补充设计、修改和再试验。该情况下承包商所进行的任何修改和补充工作，都应得到业主的认可。承包商（包括软件开发商）应具有 ISO 9000 系列资格认证。

1.2 结构配置要求

1.2.1 分层

直流控制系统至少应按 12 脉动换流单元配置主机。特高压直流控制系统应满足 IEC 60633—1998 对直流控制系统分层配置的原则，即直流控制系统功能上分为：

AC/DC 系统层、区域层、双极控制层、极控制层和换流单元控制层。应根据特高压直流工程的特点来合理规划直流控制系统的物理装置分层结构。

在物理装置分层结构的规划设计上，控制系统应以 12 脉动换流单元（以下简称换流单元）作为最基本的控制对象，并遵循以下原则和要求：

（1）对每个串联的 12 脉动换流阀采用在物理上相互独立的换流阀控制单元，即换流阀控制层采用相互独立并独立于双极/极控制的装置实现。在双极控制层功能失去时，极功率传输不应受到任何影响，极控制层仍然具有接收新的功率指令的功能。与换流阀有关的功能尽可能下放至换流阀控制层，极控制层和换流阀层之间、两个换流阀之间的耦合尽量降低，控制功能保持最大限度的独立，避免某一部分的故障影响整个系统的运行。控制系统应提供完善的自检功能，以确保在直流双极/极/12 脉动阀组控制主机异常时自动切换到健全系统。同时，承包商还应提供控制系统的手动切换按钮，该手动切换按钮应具备完善的联锁功能。承包商在投标时应提交控制保护功能在各硬件分层中的详细配置说明，并经业主确认。

（2）极与双极控制在硬件上的设计由承包商根据自身设备的特点进行优化。

（3）控制系统还应保证任何一极/换流单元的电路故障及测量装置故障，不会通过换流单元间信号交换接口、与其他控制层次的信号交换接口，以及装置电源而影响到另一极或本极另一换流单元。当一个极/换流单元的装置检修（含退出运行、检修和再投入三个阶段）时，不会对仍在运行的另一极或本极另一换流单元的运行方式产生任何限制，也不会导致另一极或本极另一换流单元任何控制模式或功能的失效，更不会引起另一极或本极另一换流单元的停运。

1.2.2 冗余

特高压直流输电的控制至少应完全双重化。双重化的范围应从测量二次线圈开始包括完整的测量回路、信号输入、输出回路、通信回路、主机，以及所有相关的直流控制装置。双极、极和换流单元层以及阀冷却系统都要按双重化的原则配置控制装置。如果直流控制系统按多重化配置，其原则同双重化。

在双重化的控制系统中，从有效系统到并列的热备用系统之间运行状态的转换可以手动实现。当检测出有效系统故障时，这种状态转换应该是自动的。如果一个系统有严重故障或已经被人工切换到维修状态，则不能再自动转换到有效状态。系统状态的转换不能影响直流系统的正常运行，不应使传输的直流功率受到扰动或使其产生任何变化。控制系统的双重化应保证直流系统的调试、试验、运行有高度的灵活性，应该把由控制系统引起的直流系统的不可用率降到最低。

承包商所设计的控制系统应保证当一个系统出现故障时，不会通过信号交换接口，以及装置的电源等将故障传播到另一个系统。

承包商应综合考虑系统运行的各种工况，定义各种控制设备状态和故障等级，对系统的切换逻辑进行优化设计，既应考虑能有效的将故障系统切换下来，避免引起直流系统的扰动，也应考虑尽可能地减少直流系统的停运率。

承包商定义控制设备故障等级时应区分轻微故障、严重故障和紧急故障。其中，轻微故障是指不会对正常功率输送产生危害的故障，因此轻微故障不会引起任何控制功能的不可用；发生严重故障的系统在另一系统可用的情况下应退出运行并切换到另一系统，若另一系统不可用，则该系统还可以继续维持直流系统的运行；发生紧急故障的系统在另一系统可用的情况下应退出运行并切换到另一系统，若另一系统不可用时，则该系统直接退出运行。

允许承包商根据所提供的控制系统的特性对设备故障等级进行其他合理的定义，但是所定义的故障等级中应至少包括轻微故障和严重故障两种等级。不允许承包商将所有的设备故障类型均视为同一等级的故障。

承包商在投标文件中应对所定义的设备状态、故障等级以及所采用的系统切换逻辑进行详细的描述，供业主评价。

1.3 功能要求

1.3.1 运行接线方式

特高压直流工程要求在两个功率传输方向上有表 1 所列基本运行接线方式。

表 1　运行接线方式

<table>
<tr><th>项　目</th><th colspan="2">内　容</th></tr>
<tr><td rowspan="3">双极运行</td><td colspan="2">完整双极（1 种）</td></tr>
<tr><td colspan="2">3/4 双极（8 种）</td></tr>
<tr><td colspan="2">1/2 双极（16 种）</td></tr>
<tr><td rowspan="4">单极运行</td><td rowspan="2">完整单极</td><td>大地回线（2 种）</td></tr>
<tr><td>金属回线（2 种）</td></tr>
<tr><td rowspan="2">1/2 单极</td><td>大地回线（8 种）</td></tr>
<tr><td>金属回线（8 种）</td></tr>
<tr><td rowspan="6">OLT 试验</td><td rowspan="2">单换流单元 OLT
（同极另一换流单元不运行）</td><td>不带线路（4 种）</td></tr>
<tr><td>带线路（4 种）</td></tr>
<tr><td rowspan="2">单极 OLT</td><td>不带线路（2 种）</td></tr>
<tr><td>带线路（2 种）</td></tr>
<tr><td rowspan="2">一极 OLT，另一极运行</td><td>不带线路（2 种）</td></tr>
<tr><td>不带线路（2 种）</td></tr>
</table>

单极不完整运行时，又可分为对称运行方式和交叉运行方式。

承包商提供的直流控制系统应能实现对上述所有的运行方式进行完整的控制，并满足功能要求。同时，直流控制系统还应提供上述各运行方式间必要转换的顺序控制功能，并提供不同运行条件（如有站间通信和无站间通信条件下）上述运行方式间转换所必需的站间协调控制功能。

承包商提供的直流控制系统应在运行人员控制层提供良好的人机界面，供操作人员能方便地选择运行方式，执行在该运行方式下的启、停顺序控制等命令和运行方式间转换的顺序控制命令。

1.3.2　运行控制模式

承包商应提供必要的控制系统特性及相关运行界面，以实现各种运行方式下的基本运行控制模式。

1.3.2.1　双极功率控制

双极功率控制是该直流输电系统的主要控制模式。控制系统应当使整流端的直流功率等于远方调度中心调度人员或主控站运行人员整定的功率值。除线路开路试验方式外，这一控制模式对各种运行接线方式的每个单极都应适用。

如果两个极都处于双极功率控制状态，双极功率控制功能应该为每个极分配相同的电流参考值，以使接地极的电流最小。如果两个极的运行电压相等，则每个极的传输功率是相等的。当单极传输的功率不超过额定传输功率时，如果一极处于降压运行状态而另外一极是全压运行，则两个极的传输功率比与两个极的电压比应一致。只有在单极大地回线方式运行时，或由于受设备条件的限制，亦或由于其他原因，不可能使极线电流达到平衡，才允许接地极电流增大。

在双极功率控制模式下，如果其中一个极被选为独立控制模式（极功率独立控制或同步极电流控制），或者是处于应急电流控制模式，则该极的传输功率可以独立改变，整定的双极传输功率由处于双极功率控制状态的另一极来维持。在这种情况下，接地电流允许不平衡，双极功率控制极的功率参考值等于双极功率参考值和独立运行极实际传输功率的差值。双极功率控制应具有以下两种控制方式：手动控制和自动控制。

1.3.2.1.1　手动控制

期望的双极功率定值及功率升降速率，通过主控站运行人员控制系统的键盘或鼠标输入。当执行改变功率命令时，双极输送的直流功率应当线性变化至预定的双极功率定值。直流功率的变化率，应能在每分钟 1～999MW 可调。功率升降速率以及升降过程均应有显示，还应具有终止双极功率升降功能。一旦执行此功能，功率的升降过程应立即被终止，功率的定值停留在执行此功能的时刻所达到的数值上。为验证直流系统阶跃响应的需要，当执行改变功率命令时，双极输送的直流功率也应可以按阶跃的方式变化到设定值，阶跃量可以人为设置。

1.3.2.1.2　自动控制

当选择这种运行控制方式时，双极功率定值及功率变化率按预先编好的直流传输功率日（或周或月）负荷曲线自动变化。该曲线至少应可以定义 1024 个功率/时间数值点。运行人员应能自由地从手动控制方式切换到自动控制方式，反之亦然。在手动控制和自动控制之间切换时，不应引起直流功率的突然变化。直流功率应当平滑地从切换时刻的实际功率变化到所进入的控制方式下的功率定值，而功率变化速度则取决于手动控制方式所整定的数值。

如果由于某极设备退出运行，降压运行或其他原因使得该极的输电能力下降，导致实际的直流双极传输功率减少，双极功率控制应当增大另一极的电流，自动而快速地把直流传输功率恢复到尽可能接近双极功率控制设定的参考值的水平，另一极的电流的增加受设备过负荷能力限制。

由完整双极运行方式下转为 3/4 运行方式后，损失的功率首先在剩余的 3 个换流单元之间平均分配补偿，但要受到各换流单元过负荷能力的限制。由于传输能力的损失引起的在两个极之间的功率重新分配仅限于双极功率控制极。如果一个极是独立运行，另一极是双极功率控制运行，则双极功率控制极应该补偿独立运行极的功率损失。独立运行极不补偿双极功率控制极的功率损失。

当流过极的电流或功率超过设备的连续过负荷能力时，功率控制应当向系统运行人员发出报警信号，并在使用规定的过负荷能力之后，自动地把直流功率降低到安全水平。输入的双极功率指令可人为地选择是否被功率调制功能作用，功率调制作用对双极功率指令的增加或减少应被控制系统自动调整并反映到最终执行的功率指令上。所有功率指令的调制信号及其对有效功率指令的影响，应和有效双极功率指令一起，自动用换流站暂态故障录波器或类似设备予以监视。为此，承包商应对所有的功率调制信号提供适当的信号缓冲器。

承包商的设计应保证因暂态期间或功率控制器暂时不能正常工作时，功率控制模式应能自动平稳的过渡到适合的控制模式，如电流控制模式，且这一过程应保证实测直流电流的扰动小于 1%，暂态过程结束允许返回到原来的功率控制或功率控制器恢复正常后，系统应可以手动或自动地返回到功率控制方式运行，这一过程同样应保证实测直流电流的扰动小于 1%。无论是手动还是自动从一种控制模式转换到另一种控制模式，系统应向运行人员给出提示信号。在某些情况下，如在暂态期间，只要同步极电流控制模式在起作用，调制信号就应能起作用。

在双极功率控制和极功率独立控制中，极电流指令的计算不应受到在暂态过程中直流电压突然变化的影响。双极功率控制模式下允许一个单极处于非双极功率控制的独立运行模式，独立运行的极可以独立进行启停、功率或电流参考值的重新设置等操作。

1.3.2.2　极功率独立控制

极功率独立控制应能把本极直流功率控制为由远方调度中心调度人员或主控站运行人员整定的功率值。该控制模式应按每个极单独实现。在这种控制模式下，该极的传输功率保持在按极设置的功率参考值，不受双极功率控制的影响。

极功率独立控制应具备以下功能：

（1）可以设置一个新的极功率整定值和极功率变化速率，然后执行功率变化指令增减极传输功率，功率将按设定的速率平稳地变化到新的极功率参考值。

（2）极功率整定值只可以手动调整，不需要类似双极功率控制的自动功能。

（3）所有的调制控制功能，在该模式下仍应有效。

（4）损失一个换流单元时，仍在运行的该极另一换流单元自动补偿功率损失，但应受到过负荷能力的限制。

1.3.2.3　同步电流控制

同步极电流控制模式应该在每个极单独实现。在同步极电流控制模式下，直流控制系统应把直流电流指令保持在整定值上。逆变侧和整流侧之间的电流指令配合关系，经由各极的直流远动通信系统自动保持。

此控制模式应具有以下功能要求：

（1）应可以设定一个新的定值，然后通过启动一个类似控制功率变化的斜率发生器来改变电流指令，或者以可调整的步长增加或减小电流指令。此步长的大小，应在运行人员控制和监视系统的控制点上选择。

（2）同步电流参考值只可以手动调整，不需要类似双极功率控制的自动功能。所有的调制控制功能，在该模式下仍应有效。

1.3.2.4　应急极电流控制

控制系统应当具有一种应急极电流控制模式，以便当本站和对站间用于交换电流参考值指令的通道发生故障，在较长时间内站间的电流参考值不能协调的情况下，还允许直流系统继续运行。这一控制模式在直流远动通信通道失效时应自动取代原有的控制模式。但是，如果两个极都处于双极功率控制模式下，则只有两极通信都失去时才应投入应急极电流控制。

应急极电流控制模式应按极分别设置。当切换到应急极电流控制时要给出报警信号。通信故障期间也应能进行功率的升降，逆变侧的极电流参考值要跟踪实际的直流电流值。远动通信恢复以后，控制系统应自动恢复到直流远动通信故障前的运行模式或极功率独立控制模式，并给出信号，运行人员应能对这两种恢复状态进行选择。在切换到这一运行模式或从这一运行模式切换回来的过程中，测量到的直流功率及直流电流应当没有变化。当一极处于应急极电流控制模式之下时，不应降低另外一极的控制性能。

1.3.3　基本控制原则和功能

特高压直流输电的控制应满足特高压直流所有的运行方式。特高压直流输电的控制应包括各种基本的控制器和限制器等，以实现所要求的各种直流系统运行控制模式和控制功能，并具备把直流功率、直流电流、直流电压及换流器点火角等被控信号保持在直流主回路设备所能承受的稳定极限之内所需的一切特性。控制系统还应该把直流系统运行时的暂态过电流及过电压都限制在一次设备能承受的极限范围内，并保证在交流或直流线路故障后，在规定的时间内平稳地恢复送电。

控制的原则应该是电流裕度控制。正常情况下，整流侧控制直流电流，逆变侧控制直流电压。逆变侧也应配备电流控制和电流裕度补偿功能，以便当直流电压由整流器决定时，保持稳定的直流输送功率。允许承包商根据经验实现这一原则，优化两个换流站及相互之间的协调控制策略，诸如直流定电流控制、直流定电压控制、定熄弧角控制及换相裕度控制等。

逆变器额定熄弧角的选取既要满足运行的经济性，同时又要使得由于正常的控制动作或按计划投切交流滤波器或并联电容器分组所引起的换相失败几率很小，及在交流系统或直流系统受到扰动期间换相失败的几率很小。在可以保证特高压直流系统能够稳定的、正常的运行的前提下，如果能够证明其性能得到改善，或能带来其他优点，承包商也可以提出另外的控制原则。整流器和逆变器控制模式之间的转换应是平稳的，应尽量减小这种转换对直流功率传输的扰动。

承包商应提供换流变压器分接头的自动控制功能。此分接头自动控制与阀组点火角控制器一起，不管应用的是哪种点火控制原理，都应把点火角、直流电压及阀侧绕组电压维持在预定的设备极限和性能限制范围之内。

控制系统应具有使整流站和逆变站的电流指令保持同步的功能，不管电流指令如何变化，电流裕度始终能得到保持。推荐使用的方式是，在指令变化之前，先比较各换流站的电流指令。电流裕度信号应在换流器额定电流的 5%～50%范围内可调，以便适应将来某些小信号调制的要求。电流裕度的额定值通常为换流器额定电流的 10%。应配备自动电流裕度补偿或具有同样效果的替代功能，以便当直流系统的电流控制转移到逆变站时，弥补与裕度定值相等的电流下降。自动补偿电路应在 0.5s 之内完成对电流下降的补偿。此外还应能切除此功能。

原则上，在正常运行情况下，对换流器的控制应使其消耗的无功功率尽可能的小。但是，如果对总的性能有利，或者作为总的无功功率控制对策的一部分，也允许增大阀组的无功功率消耗量。如果要采用增大无功功率吸收量这样的运行方式，承包商在工程设计阶段应提交一份说明增大无功功率吸收控制的设计报告，供业主认可。

承包商应保证当整流站交流母线电压下降 2.25%或逆变侧交流母线电压上升 2.25%时，不引起控制模式的改变，整流器应保持定电流控制，逆变器应保持定电压控制。上述百分比是以交流母线额定电压为基准的。

1.3.3.1 主控站

承包商应在双极控制层上提供允许运行人员通过人机界面在两个换流站之间选择直流系统运行主控站的功能。主控站是承担直流输电系统操作控制任务的换流站。运行人员的指令，如直流功率定值、直流电流定值、调整速率、极的启停、降压运行选择等，只能被主控站接受。在同一个时间内，另外一个换流站不能实现这些功能，处于从站状态。两个换流站在双极或极控制层次上，应配置用于双极功率分配及电流指令计算的控制装置，且两站应相同。如果该功能配置在极控制层次的装置上，则两站所有极控制层次上的装置都应完全相同，包括所有冗余的控制装置。

当双极控制功能下放到极控层时，应确保双极公共区设备和全站无功控制操作的唯一性。应针对不同的潮流方向，考虑到各换流单元电流指令应统一或一致和同步更新的需要，以及方便实现极电流指令限制及调制功能的需要，结合控制系统分层结构的特点，选择合理的电流指令计算方案和电流指令的站间同步方案和换流单元间同步方案。电流指令计算结果若从换流单元控制装置计算得出，应避免该换流单元故障导致另一换流单元失去同步电流指令。承包商应就这种安排的合理性向业主做出说明。在正常运行或故障恢复期间（换流器本身故障除外），同一极两换流单元的控制系统的控制趋势应协调一致，不应出现相反的控制效果。

1.3.3.2 极功率传输方向控制

直流控制系统的设计应能保证其具备直流功率的正送和反送所需要的全部功能。应具有以下控制特性，其原则对两个功率传输方向都同样适用。直流功率控制应当总是以整流站测到的直流功率作为控制参量。影响直流功率指令的调制回路的信号定标，也应以整流站功率为基准。

直流电压控制应当总是以整流端的直流电压作为控制参量，并将此参数控制到整流运行的换流站电压水平上。这一控制应同时使用换流变分接头控制及闭环控制器这两种直流电压控制手段。

承包商配置的其他控制和保护功能应保证不管功率传输方向如何，其控制保护功能都是正确的。应配备选择极功率传输方向的运行人员控制功能。除线路开路试验，以及其他试验状态外，任何运行方式下运行中的两个极的功率传送方向均应相同，准备投运的极的功率设定方向必须和已运行的极的功率方向保持一致，否则该极不能投入运行。

功率传送方向控制的设计应当避免在运行中意外的功率传送方向变换的可能性。一次回路故障不应招致任何一极产生意外的功率传送方向的变换。当改变功率传送方向时，需要对某些控制参数进行调整以达到规定的性能时，承包商应配备自动改变这些参数的功能。功率传送方向的转换不应导致极直流电压急剧反转。直流电压应平滑地降至零，然后再向反极性方向平滑地上升。

1.3.3.3 直流全压/降压运行控制

直流输电系统的各极都应能运行在极降压运行方式下，以便在直流线路绝缘子受到污秽，不能经受全压的情况下，该极还能继续运行。承包商应按以下准则设计直流降压运行方式：若单极按完整方式运行时（即两个换流单元同时运行时），单极两换流单元应保持降压水平的一致。直流降压的定值应在额定直流电压的 100%～70%可调。在金属回线时，应根据系统计算结果，适当提高最低降压水平，如 75%。当运行人员在运行中启动或复位直流降压运行功能时，直流电压应该在承包商设定的适合时间内平稳变化到新的整定值。降压到 70%时，应在事先设定的时间间隔后，如 30min，自动升高到 80%，此时间间隔应可由运行人员改变。在降低或升高直流电压的过程中，在任何时刻都应当可以终止升降过程。在这种情况下，直流电压定值应当就是终止升降时刻的电压值。

单换流单元运行时，不考虑降压运行方式。分接头控制调整换流变分接头的结果，应使换流器分接头达到与降压运行相对应的最小值。在这种运行方式下，此数值以上的固有负荷能力也应可供使用。控制系统不应当把功率传输能力限制到主回路设备固有能力以下。在此运行方式下，所有的调制信号都应能起作用。应采用以下方法使直流降压运行：

（1）该极不带电情况下的手动方式。

（2）该极带电情况下的手动方式。应当配备一种从全压运行平稳地转换成降压运行的功能。在此运行方式转换期间，通过同时调整直流电压和直流电流，尽可能减小对输送的直流功率的扰动。

（3）在该极带电又无通信的情况下在直流电压控制端的手动方式。

（4）由直流线路故障恢复顺序的自动启动。

应采用以下方法使直流恢复全压运行：

（1）该极不带电情况下的手动方式。

（2）在该极带电又无通信情况下在直流电压控制端的手动方式。

（3）该极带电情况下的手动方式。应当配备一种从降压运行平稳地转换到额定电压运行的功能。在此运行方式转换期间，通过同时调整直流电压和直流电流，尽可能减小对传输的直流功率的扰动，保持直流功率不变。

若第一种降压运行方式仍不能满足绝缘要求，可考虑采用第二种降压运行方式，即退出高压端的换流器的降压方式。

1.3.3.4 线路开路试验

承包商应提供用以测试各极线耐受电压能力的功能，且其直流电压应可调。在完成极线维修工作之后，重新开始传输直流功率之前，要应用此功能。在本站直流极线开关闭合、对站直流极线开关断开的情况下，运行人员应能安全的解锁对应的换流极，并可把线路电压调到 0～1.0 倍额定电压之间的任一数值，以测试本端换流站设备以及与之相连的极线。这种设施只应设置为本地控制功能。在这一试验模式下，应闭锁所有断线类保护及能够闭锁换流极的直流欠电压保护，并提供保证试验期间设备安全的保护措施。当一极停运一极运行时，停运极的两端都应允许进行线路开路试验。

线路开路试验应有以下运行方式：单换流单元不带线路的开路试验、单换流单元带线路的开路试验、单极两换流单元串联不带线路的开路试验、单极两换流单元串联带线路的开路试验。

线路开路试验应有两种方式供选择：① 手动方式，在这一方式下，运行人员手动启动，把直流电压调整到运行人员预定的任一电压水平，然后手动降压，停机；② 自动方式，在这一方式下，运行人员只要启动线路开路试验程序，此程序就自动地解锁对应的换流极，把直流电压升至预定值（最大限制值为 1.0p.u.）后，保持一段时间，再把电压降下来，最后闭锁该换流极。预定值、电压改变速度和保持时间可以人为设定。

在升/降压的过程中，运行人员应可以终止升/降压过程。在这种情况下电压应保持在终止时刻的值，可以根据需要再次增加或减小电压。在电压没有变化到零的情况下应可以随时闭锁该极。

进行空载加压试验时，本站应定义为整流站，另外需要满足的条件是试验极未与对站直流极相连。

1.3.3.5 换流变压器分接头控制

承包商应提供用于自动控制换流变分接头的控制装置，并按选定的控制方案调整逆变侧及整流侧换流变压器分接头的位置。整流站或逆变站分接头控制可有以下控制方案：① 分接头控制维持触发角或熄弧角在预期范围之内；② 分接头控制维持对应换流变压器阀侧的交流空载电压（U_{dio}）为恒定值；③ 分接头控制维持整流侧直流电压为恒定值。

工程所选的控制方案应经业主同意。无论选择上述哪种方案，都不应增加附加的设备额定值，但设备可以运行在其固有额定值以内。当上述控制方案都不是承包商所使用的方法，则承包商应说明在自己提出的控制方案中对直流功率和电流的限制，并经业主同意。

每极串联的 2 个 12 脉动换流单元的换流变压器分接头采用非同步独立控制，正常运行功况下，应通过控制逻辑保证高端换流单元分接头和低端换流单元分接头只允许 1 档的差距。当换流变压器交流侧断电时，其分接头位置应能自动调整到变压器重新充电之前的预定位置上。

承包商应配置手动控制换流变压器分接头的功能。运行人员应可以对单个换流变压器的分接头进行手动控制，而不管该极其他变压器是否正在按自动模式还是手动模式运行，也可以对 6 脉动组和 12 脉动阀组的换流变压器的分接头同时进行手动控制。手动控制应通过人机界面向运行人员作出提示。当一个 12 脉冲阀组换流变压器的分接头位置不一致时或当一极两换流单元的挡位相差两档时，应该报警，同时应禁止分接头的自动移动。

如果承包商的设计包括对一个 12 脉冲阀组的各变压器的分接头进行单独调整，以达到更精确的控制的目的，则每一台变压器都应配置相应的报警设施，以便在分接头机构接到移动命令却没能动作时，经过一段时滞之后发出报警。此时滞应该是可以调整的。当出现此报警信号后，应禁止分接头机构的任何自动动作。

1.3.3.6 无功功率控制

承包商应为每一个换流站设计并配置双重化的无功功率控制器。承包商应负责设计并提供与无功功率控制有关的一切设备，包括测量传感器，与直流控制、换流变压器分接头控制、运行人员控制、交流断路器控制，以及远动通信系统的接口。

为保证足够的滤波器投入以满足规定的滤波效果，无功功率控制器应调整投入的无功补偿设备数目以满足以下的目标之一：① 控制换流站和交流系统的无功功率交换，提供一个运行人员的控制功能，以便运行人员控制换流站与交流系统的无功交换限制范围；② 把换流站交流母线电压控制在无功补偿设备允许的容量之内，提供一个运行人员控制功能，以便运行人员控制交流母线电压的限制范围。

特高压直流系统的整流站和逆变站都要具备无功交换控制和交流母线电压控制模式。各站的无功功率控制器应有两种控制方式，即自动和手动。在自动控制方式下，各站的无功功率/交流母线电压控制器应能控制该站全部发出无功或吸收无功的设备。这些控制器应能控制交流滤波器的投切、并联电容器及并联电抗器的投切，换流变压器分接头的调节，必要时还可以控制直流系统吸收的无功，这些控制作用应相互协调，以保证在任何给定的直流系统输送功率水平下，对任何直流系统运行方式，按最优的无功补偿设备组合。此时，运行人员的作用仅限于调整定值及死区。在手动运行方式下，无功控制器的所有输出都将失去作用，交流母线电压或无功功率的控制将由换流站运行人员进行。为了便于维护，应该可以选择单独的交流滤波器组、滤波器小组和无功补偿组使之不受无功自动控制装置的控制，而仅由手动投切操作。

承包商应负责协调设计工作，业主提供需要增加的信息。整定值设定范围将由业主与承包商在设计研究阶段共同决定。应能在各控制点改变无功控制的整定值、限制值以及控制方式。应提供所有在线监视无功功率潮流所需的二次设备。

无论是在手动控制方式还是在自动控制方式，无功功率控制器都应向运行人员显示有关信息，使运行人员能进行需要的控制操作。向运行人员提供的信息应包括但不限于各无功组的隔离刀闸及断路器状态、变压器无功功率、显示预选的将要操作的元件、下一步要投切的负荷功率的大小，以及任何与直流换流器配合所必需的信息。

无功功率控制的所有输入数据，都应经过有效性和合理性检查，以便把由于错误信号引起的不正确控制响应几率减到最小。如果可能的话，模拟量数据应从独立的几个信号源取得。如果信号数据与其平均值有显著的不同，则无效信号应被舍弃。当无功功率控制器停运（断开方式）时应向运行人员提供足够的信息及表计指示，以便手动控制。无功功率控制器应保证各大组间无功设备中小组无功设备投切数量的均衡性，以保证大组无功设备因故障退出交流系统后，失去的无功补偿量尽可能的小。为了尽量减少换流站无功分组投切操作次数或变压器分接头动作次数，允许承包商运用高压直流换流器的无功功率控制能力，只要这种能力的应用在另一换流站引起的额外无功功率摆动很小，而且也不会另外增加另一换流站的交流滤波器/无功分组的投切操作就行。应提供一个控制点用于投入或解除利用直流换流器固有能力进行无功控制的功能。

无功功率控制器应采取必要的方式保证所有可用的小组滤波器的投切频率尽可能相等。即使直流系统停运，无功功率控制器也应继续工作。无功功率控制器的所有功能特性和在不同工况下的动作逻辑方案都应在直流动态模拟装置或直流数字仿真装置上得到验证，以保证其性能良好，并在此装置安装之前查明可能出现的问题。业主应能参加关于此装置的数字计算研究或模拟试验。在装置的设计与制造及软件开发之前，承包商应把无功功率控制器的设计方案提交给业主审查批准。此概念设计应体现上述所有特性。

另外，对电气距离较近换流站的无功控制模块，有可能在将来集成到国家调动中心或远方集中控制中心由其远方统一控制，并参与交流系统的无功控制。承包商应提供这一功能要求的接口设备及实现方案。

1.3.3.7　过负荷控制

直流控制应监视任何过负荷的大小和时间。通过运行人员手动、调制作用，或当一极退出运行而将其功率转移到继续运行的极上等途径都能动用过负荷能力。此功能的设计应使得一次回路在各种运行工况下的全部过负荷能力都能被利用。此过负荷功能的设计不应限制对一次回路设备的过负荷能力的使用。过负荷控制应该是一个连续的功能，应当是基于考虑了热稳定限制和环境温度的换流设备的过负荷能力。应该指出过负荷限制的瓶颈设备，其容量的计算应该考虑到诸如阀的结温、绕组热点温度等限制条件。如果限制条件不能直接测得，如绕组热点温度，则应该根据负载、环境温度和其他已有的测量值进行计算。承包商应证明这种计算能精确反映设备内部的实际情况，并保证设备过负荷容量的应用时不会对设备构成损害。

如果所用的过负荷容量小于设备的最大过负荷能力，则允许过负荷时间大于按最大过负荷能力运行所允许的时间。承包商应配置一种报警功能，用来指示已经达到了短期过负荷能力极限。如果运行人员在适当的时间之内对此报警信号没有做出反应，则应自动降低功率，把直流输送的功率恢复到安全极限之内。

1.3.3.8　直流电压调节

应把在每极测到的整流端对地直流电压控制规定的额定值或降压参考值上。此直流系统是按双向传送直流功率设计的。控制电路应考虑这一因素。当逆变站控制直流系统电压时，阀组点火角控制或者变压器分接头控制应根据在逆变端测量到的直流电压、该极直流电流以及直流线路电阻，计算整流端直流电压。测量到的整流端直流电压应经由通信系统传送到逆变端用于计算直流极线电压降。

1.3.3.9　最小电流限制

控制系统应保证正常运行时换流器直流电流不低于最小直流电流值。

1.3.3.10　低压限流

应配备根据直流电压下降程度对直流电流指令进行限制的特性，以便在交流系统或直流系统暂态扰动期间改善直流系统的性能，保护直流系统设备。低压限流环节的电压和电流定值应可调，且两个站的斜率函数或时间常数应能独立调整，以便控制限制电流时的速率以及返回时的速率。两个换流站的低压限流环节之间，电流指令限制特性应相互配合，以便保持电流裕度。如果研究表明这样的控制动作对系统的性能有利，则承包商设计的控制系统和低压限流特性应能在交流系统故障期间达到降低直流电流的目的。低压限流环节的时间常数及其特性应与整个直流输电系统以及直流控制系统的时间常数和特性相匹配，不应引起任何功率、电流和电压的不稳定。

1.3.3.11　不平衡电流限制和监视

双极功率控制器应该保持两个极的电流差值不超过 40A。该限制只适用于两个极都处于双极功率控制的稳态运行状态。承包商应提供一个死区范围可调的在线地电流平衡控制器，把不平衡电流控制到该死区范围内。当两个极处于双极功率控制且不平衡电流超过死区范围时该调节器通过调整双极各自的电流参考值指令的方式减小接地极不平衡电流。如果实现该功能需要精度较高的测量设备，则应特别说明。

该控制器还应具有对双极电流的允许差值进行偏置设置的可能（控制地电流的方向），以确保接地设备的安全。承包商应配置一种进行接地极的安时消耗累计和显示的功能。每个接地极作为正极运行和作为负极运行应分别计算和显示安时消耗，该消耗可在运行人员工作站上显示，并提供适当的记录媒介和记录手段以便在控制系统停运之后再启动时能连续累计该值。

1.3.3.12　功率反转控制

承包商应为直流输电提供功率反转控制。该控制由运行人员启动。无论是单极运行还是双极运行，无论是处于双极功率控制、极功率独立控制还是同步极电流控制，也无论是一极还是两个极处于降压运行状态下，都应允许启动功率反转功能。

1.3.3.13　两端换流站控制系统的协调控制

承包商应提供实现与对站控制系统（有可能为不同厂家的设备）协调控制的模块，该模块应满足直流系统对稳态和暂态以及故障时两站间协调控制的功能要求和性能要求。承包商除应满足业主对站间控制系统的协调控制的要求外，还应与对站承包商沟通，并满足对站承包商对该模块提出的合理要求。承包商也可向对站承包商提出本站对对站协调控制模块的合理要求。两端换流站控制系统和直流保护设备的承包商应分别在投标文件中提供详细的接口，包括接口信号内容、形式和数量以及采用的规约，具体实施办法和要求由业主在联合设计阶段协调确定。

1.3.3.14　单断路器跳闸功能

承包商应提供用于监视换流站的单断路器运行方式的功能。当任何一种保护动作或任何其他原因引起单断路器运行方式下的单断路器跳开时，应立即发出相应闭锁的命令。如果换流站为单断路器方式时，该功能应禁止相关断路器的手动跳闸。

监视应综合考虑换流站一极在单换流单元运行方式下，该换流单元的下述运行状态，并正确地实施闭锁：① 换流变压器间隔中有一个断路器处于断开状态，母线保护动作跳开另一个断路器；② 一个半断路器的换流变压器馈线间隔中间断路器失灵保护动作；③ 一个半断路器接线母线保护启动后，换流变压器馈线间隔中母线侧断路器失灵保护动作；④ 逆变站两条进线中的一条处于维修状态时发生单馈线跳闸，此工况尤其重要；⑤ 靠近换流变压器侧的母线退出运行时，任何原因导致的变压器馈线断路器跳闸；⑥ 其他工况导致的变压器单断路器馈线的断路器跳开。

单断路器跳闸功能的逻辑设计上还应考虑通过500kV线路与换流站连接的相关变电站及其线路保护以及通信接口装置的情况，具体实现逻辑及保护要求将在联合设计中讨论确定。该功能应为双重化配置以达到必要的冗余。各重配置都应能启动对双重化的每重 UHVDC 控制系统的闭锁。

1.3.4　附加控制要求

除了基本控制模式和基本控制方式外，承包商还应设计并提供附加的调制控制，以提高整个交流/直流联合系统的性能。承包商应提供适当的控制点，供运行人员投入或解除指定的调制功能。承包商在设计如下所述附加控制功能时，应考虑对侧交流母线的频率，以满足交流系统稳定的需要。

1.3.4.1　功率回降

对于整流侧交流系统损失发电功率或逆变侧交流系统甩负荷的事故，可能要求自动降低直流输送功率。承包商应设计并提供一种功率回降控制系统，此系统包括以下特征：

（1）至少应配备 5 个功率回降级别，每个功率级别的数值将在设计研究阶段决定。

（2）此装置应能接收业主提供的外部信号，或者可能是从控制系统中提取的信号，去启动任何一个回降级别。

（3）功率回降功能应作用于功率指令或电流指令，其降低功率的速率，应由承包商研究决定。

（4）无论在单极运行还是在双极运行，均应能使用功率回降功能。

（5）单极运行时，无论是极功率独立控制还是同步极电流控制，均应能使用功率回降功能。

（6）双极运行时，对于所有双极功率控制、极功率独立控制还是同步极电流控制的组合，都应能使用功率回降功能，原则如下：

1）双极均为双极功率控制模式。在这种情况下，减小的功率应当在两极间均分。

2）一极是同步极电流控制或是极功率独立控制，一极是双极功率控制。在这种情况下，减小的功率在任何可能的范围内应由运行于双极功率控制的那一极负责，而不调整另一极的功率。

3）双极都是同步极电流控制或都是极功率独立控制。在这种情况下，减小的功率在两极间分配，应使不平衡地电流不高于功率回降前的水平。

（7）在应急极电流控制时，整流站应该能用一个安全的速率降低电流参考值（保持电流裕度），从而完成功率回降功能。

1.3.4.2　功率提升

涉及逆变侧损失发电功率或整流侧甩负荷故障时，有可能要求迅速增大直流系统的功率，以便改善交流系统性能。功率提升功能的设计应具有以下特性：

（1）应至少配备 5 个功率提升级别，最高的一级应为直流输电系统的短时过负荷定值。

（2）此装置应能接收业主提供的外部信号，或者可能是从控制系统中提取的信号，去启动任何一个提升级别。

（3）功率提升功能应作用于功率指令或电流指令，并应使传输功率增加到所选择的提升水平或增加一个所选择的增量。其增长速率应由承包商研究决定。

（4）无论在单极运行还是在双极运行，均应能使用功率提升功能。

（5）单极运行时，无论该极处于双极功率控制、极功率独立控制还是同步极电流控制，均应能使用功率提升功能。

（6）双极运行时，对于所有双极功率控制、极功率独立控制还是同步极电流控制的组合，都应能使用功率提升功能，原则如下：

1）双极均为双极功率控制模式。在这种情况下，增加的功率应当在两极间均分。

2）一极是同步极电流控制、极功率独立控制或应急极电流控制，一极是双极功率控制。在这种情况下，增加的功率在任何可能的范围内应由运行于双极功率控制的那一极负责，而不调整另一极的功率。

3）双极都是同步极电流控制或都是极功率独立控制。在这种情况下，增加的功率在两极间分配，应使不平衡地电流不高于功率提升前的水平。

（7）在两极都按应急极电流控制方式运行时，也应能使用功率提升功能。如果是整流侧收到功率提升信号，整流站就按提升功率水平的要求，增大其电流指令。但是，在这种情况下，提升后电流的最大值，不应超过该极的额定连续电流。如果需要在这种情况下继续运行，则逆变器应配备电流裕度跟踪功能，以便更新逆变器电流指令，使电流裕度与同步极电流控制模式下所具有的正常电流裕度一致。

1.3.4.3　阻尼次同步振荡

如果在系统研究中认为有必要，承包商应在直流控制系统中配置阻尼控制功能，以保证直流控制系统对直流输电系统与交流系统中的任何同步发电机之间，可能发生的次同步振荡都产生正阻尼。在整流站和逆变站都应配置这种阻尼控制功能。

对于交流系统中业主已提供参数的任何发电机，不管它位于直流系统的哪一端，在次同步频率范围内的任何透平——发电机轴的扭矩振荡模式上，直流控制系统都不应与之发生有害的相互作用。承包商应负责保证达到这一要求。

对于任何交流输电系统结构，如果从次同步振荡观点来看，其运行状况是可以接受的，则对这些系统中的任何扭矩振荡模式，直流控制系统都不应使其不稳定。但对交流系统的不稳定或边界稳定的共振情况，则不要求提供稳定控制。承包商也应负责保证达到这一要求。

1.3.4.4　异常交流电压和频率控制

承包商应提供有关控制功能，通过调整直流功率，点火角，以及投切滤波器组，帮助交流系统从以下状态恢复正常：① 交流系统频率偏移，高于或低于额定频率一定值；② 交流系统电压降低到0.9p.u.以下。控制器的特性和死区由承包商与业主经共同研究后决定。该控制功能应能被投入或被闭锁。

1.3.4.5　交流系统故障后直流系统的恢复控制

承包商应提供交流系统故障切除后直流系统正确恢复的控制功能，以满足交流系统故障后响应的要求。直流功率恢复的时间和速率应可调。

1.3.4.6　附加调制信号

直流控制系统的设计应允许将来增加除上文所明确的那些调制信号之外的其他调制信号，以适应交流系统的变化以及与多重故障相关的运行方式。交直流联合系统的运行可能产生低频谐振，承包商应设计并提供连续的调制功能来抑制网络中的谐振。该调制功能应对所有的振荡模式进行正阻尼，即使在两站间失去通信联系的情况下也应尽量发挥作用。该调制功能应限制在不破坏电流裕度的水平上。

控制系统还应包括对于功率摇摆稳定控制、交直流低次谐波振荡阻尼控制，以及频率控制等三项功能，承包商的控制系统中应具有采用典型调制控制数字模型的完整软件模块，具备必要的模拟量和数字量输入端口以及控制系统其他部分参数的输入途径。控制装置的设计应能接收业主送来的大信号调制指令，且易于根据需要选择电流调制或功率调制。其输入电路允许根据需要选择进行直流耦合或交流耦合。对每一调制信号的输入，应设置手动接入或切除的功能。控制器的输出应处于关闭状态，但是必须命名并指定到其他主控制器（如功率、电流控制器）的输入口，以便在今后不对直流控制主要软件进行修改的条件下启用这些备用的控制功能。

承包商应在其控制柜内至少留有但不限于供以上三个附加调制功能需要的硬件接口设备。可以假定，每一附加调制信号所需空间，在使用如承包商提供的同类硬件时，应和频率调制控制所占的空间相同。在高压直流远动系统中，承包商也应为这些调制信号预留足够的信道容量。

承包商应提供各种经过缓冲隔离的直流系统参量信号，供业主使用，如直流功率、直流电压、直流电流、换流器点火角、交流母线电压、理想空载直流电压（U_{dio}）以及交流频率等。承包商还应提供如单极停运及双极停运这样的逻辑信号，供业主在切机或切负荷方案中使用。这些信号应以继电器的干接点提供，适合用于直流125V、100mA的负荷。承包商应说明这些信号的有关特性。

1.3.5　直流远动系统

直流远动系统是指为每一个极的控制保护系统提供与对站的信息传输和处理的系统。承包商所提供的直流远动系统应包括得以实现站间通信和信号处理全部功能的硬件和软件，以接收来自直流控制系统的信号，或者将信号送至控制系统，完成信号的并联—串联/串联—并联的转换，以及信号的编码和解码，并保证信号不出错。该远动系统将与业主提供的两换流站之间的 OPGW 通信系统相联。直流远动系统与 OPGW 通信系统之间的接口应在通信系统的复接器设备上，承包商应提供直流远动系统连接至通信系统的设备。

两端换流站控制系统应正确接口、协调控制，不能因为由于采用不同厂家供货的产品而对直流控制保护系统的功能和性能产生任何影响。两端换流站控制系统和直流保护设备的承包商应分别在投标文件中提供详细的接口，包括接口信号内容、形式和数量以及采用的规约，由业主在联合设计阶段协调确定。

1.3.5.1　站间通道数量要求

按直流系统配置站间通信的要求，为两站间配置 12 个 2M 通道（4 个控制通道、6 个保护通道、1 个站 LAN 的广域网通道、1 个故障定位通道）。

1.3.5.2　系统结构和冗余

直流远动系统在设备的层次结构中属于极水平一级，它所使用的电源应与极控和保护设备的电源相同。每极的直流远动系统应与极控制系统一样采用冗余配置。直流远动系统设备的供货也要符合信号通道多重化的要求，这些设备包括与 OPGW 通信系统的接口部分，都应为冗余结构。与各换流器、极相关联的每个信号或每组信号都将经过处理，并经两个/多个独立的通道进行传输。

此外，应能采用手动方式将与各换流器、极相关联的数据通道中的一个通道切换到备用通道上去。承包商应提供必要的运行人员控制点，以实施通道的切换。

在各个换流站，每一个换流器、极的直流远动系统设备都应与另一极的远动系统设备在电气及物理结构上分开，因此每个直流远动系统的运行都是独立的。为双极所共用的信号的数量应减至最少。所必需的任何双极信号将通过各个换流器极有关的直流远动系统进行传送。

承包商应将直流远动设备布置在控制设备室内，邻近直流控制、保护设备柜，以便相互交换信息；承包商也可将直流远动系统功能集成到直流控制、保护柜中。

1.3.5.3　远动信号

远动信号应包括为满足控制保护功能及相关状态监视功能要传输的模拟信号和数字信号。承包商应保证，直流远动系统信号速度与为满足直流系统响应要求所必需的信号速度相比较，应超出一个合适的比例。承包商在确定信号速度的要求时，还应当将通信系统传输信号的时延包括在内。

基于信号响应的要求和极设备隔离的要求，承包商应确定用于传输直流远动信号所需双重通道的数量和容量。在验收期间，承包商应对通信系统的确切时延进行测量。承包商应保证高压直流远动系统不对控制保护设备、运行人员控制和监视设备产生电气干扰。

1.3.5.4　误码检测

应具备误码检测功能，能在系统的接收端自动地对信息中的单位、多位和字句误码进行检测和计数。该功能应监视每个独立的信号通道，并用来进行性能监测和维修。承包商应提交所建议的误码检测方法供业主审查批准。

该功能应能对接收到的信息与误码信息进行计算，以监测到实际的残余误码率，并将此误码率与一个可在适当范围内进行调整的误码率基准值做出比较。自动的误码检测和计算功能应能对所有的通道进行监测。应提供以数字形式的就地盘显示，以便能选定某一独立通道用于显示。在该盘上，应有一个供用户自动记录的输出口，输出内容包括以数字形式表示的误码率和通道标志。每隔一定的采样间隔，只要监测到的误码率超过了运行人员预先设定的误码率基准值，该误码率应被输出并记录。输出的确切形式应由承包商提出，并经业主批准。

1.3.5.5　报警与监控

承包商应提供有关的输出接点，使直流远动系统和通信通道的状态得到监视。承包商应对每一个信号通道，根据适当的信息障碍判据，在接收端给出通道故障的显示，还应给出直流远动系统的参数显示，以及主通信通道和备用通信通道中会影响和导致数据传送错误的故障信号的显示。承包商应对故障显示判据提出建议，供业主审查批准。

承包商应将报警信号送至运行人员控制和换流站监视系统，当发生如下事件时给出该设备（未被闭锁时）的实际状态的显示：

（1）各独立通道故障。

（2）信号全部丢失，即传输信号的两个通道均有故障。

（3）信息位错误率和字错误率超过基准值。

（4）设备故障，如失去电源、失去备用等。

1.4　性能要求

1.4.1　直流控制系统的稳定性

交流系统电压及频率变化范围内，直流控制系统都应具有维持稳定地传送直流功率的能力，以及使换流器保持稳定运行的能力。在控制系统的设计中，应防止任何原因引起的静态不稳定，包括由于交流电压波形畸变引起的不稳定（例如由于铁心饱和引起的不稳定）。控制系统在任何条件下，都不应在交流系统中激发振荡，也不应对振荡提供负的阻尼。

1.4.2　控制系统精度

直流控制系统的设计应能达到稳定、无漂移的运行要求，并能在全部稳态运行范围内，把被测直流功率值的误差保持在功率指令值的±1%之内，把被测直流电流值的误差保持在电流指令值的±0.5%范围之内。

承包商所选择的测量系统的误差应与以上精度要求相匹配。承包商应提供一份包括所有测量信号精度，以及各信号在测量、数据处理、控制响应等环节误差分配的表格，供业主认可。承包商用于阀同步电压测量的设备必须满足控制系统精度的要求，并且有良好的抗干扰性能；承包商应将其性能指标及抗干扰措施提交业主认可。

1.4.3 换流器的触发精度

应当尽可能地减小直流系统产生的特征谐波及非特征谐波。为此要求阀组点火控制的设计在各种控制模式下，都能把点火脉冲的不平衡度保持在±0.02 电气角度之内。此不平衡度是指在交流电压平衡且对称，直流系统处于稳态运行的条件下，同一个阀的相邻点火时刻之间的不平衡度，以及同一个阀组中各阀的点火时刻之间的不平衡度。

1.4.4 通信故障时的性能要求

在通信系统故障而使得控制系统所需的实时站间通信信号不能更新的情况发生时，承包商应保证其控制系统不应对直流系统传送的功率产生扰动。直流系统应能按照通信故障前执行的功率指令继续运行。如果在功率升降过程中或电流指令变化过程中失去站间通信信号更新功能，控制系统也应能防止直流系统因失去电流裕度而崩溃。

承包商应设计使控制系统在无通信情况下可正常运行的特殊功能，这些功能包括但不限于：

（1）逆变侧的电流裕度应能跟随实际电流从而允许整流侧在无站间通信的情况下调整电流参考值。

（2）在站间无通信的情况下，允许运行人员在直流电压控制端调整电压，使之全压运行或降压运行。

1.4.5 自诊断

直流控制系统、直流保护系统、运行人员控制和监视系统、承包商供货的交流保护都应具备有效的自诊断功能，自诊断覆盖率应达到 100%，即自诊断功能应能覆盖从测量二次线圈开始包括完整的测量回路，信号输入、输出回路、通信回路，主机和所有相关设备，应能检测出上述设备发生的任何故障，对各种故障应定位到最小可更换元件并有相应的响应和措施。不允许自诊断功能对控制系统内的任一故障只有报警，无法定位到具体的故障发生位置。

1.4.6 抗干扰性能

控制保护设备应具有完备的、良好的抗干扰性能。系统应配置电源的抗干扰、信号输入/输出的抗干扰、系统屏柜的抗干扰以及测试和维护的抗干扰措施。设备安装于无电磁屏蔽房间内，设备自身应满足抗电磁场干扰及静电影响的要求。在雷击过电压及操作过电压发生及一次设备出现短路故障时，承包商的设备均不应误动作。控制保护设备，包括处于高电位的阀点火控制电路部分，都应满足相关的抗干扰性能的国际标准以及下述国家标准的抗干扰要求，并应满足 DL/T 713—2000《500kV 变电所保护和控制设备抗扰度要求》的抗干扰要求，抗干扰性能应达到其中 A 级标准。

抗干扰应满足的国家标准包括：

GB/T 4365—1995《电磁兼容术语》

GB/T 17626.1—1998《电磁兼容　试验和测量技术　抗扰度试验总论》

GB/T 17626.2—1998《电磁兼容　试验和测量技术　静电放电抗扰度试验》

GB/T 17626.3—1998《电磁兼容　试验和测量技术　射频电磁场辐射抗扰度试验》

GB/T 17626.4—1998《电磁兼容　试验和测量技术　电快速瞬变脉冲群抗扰度试验》

GB/T 17626.5—1998《电磁兼容　试验和测量技术　浪涌（冲击）抗扰度试验》

GB/T 17626.6—1998《电磁兼容　试验和测量技术　射频场感应的传导骚扰抗扰度》

GB/T 17626.8—1998《电磁兼容　试验和测量技术　工频磁场抗扰度试验》

GB/T 17626.9—1998《电磁兼容　试验和测量技术　脉冲磁场抗扰度试验》

GB/T 17626.10—1998《电磁兼容　试验和测量技术　阻尼振荡磁场抗扰度试验》

GB/T 17626.11—1998《电磁兼容　试验和测量技术　电压暂降、短时中断和电压变化抗扰度试验》

GB/T 17626.12—1998《电磁兼容　试验和测量技术　振荡波抗扰度试验》

直流控制系统应能但不限于抵抗来自诸如以下干扰源的干扰：

（1）由于在换流站内发生接地故障而流过母线及接地网的异常大的且不平衡的工频电流。

（2）辐射频率（高达数十万赫兹）的电压及电流瞬变过程，这种瞬变过程是由操作交流开关场或直流开关场中的隔离刀闸或断路器，包括投切大的容性及感性负荷而产生的。

（3）由于阀厅换流器中的晶闸管元件的开通与关断引起的暂态过程。

（4）辐射频率（高达兆赫兹范围）的电压及电流瞬变过程，这种瞬变过程是由与感性负荷相连的接点或继电器开闭所引起的。

（5）来自多路传输通信设备及微波通信设备的辐射信号。

（6）来自发射机功率高达 5W 的步话机的辐射信号。这种步话机用于站内话音通信。

（7）来自汽车或飞机上的无线电辐射信号，其输出功率高达 100W、工作在特高频（VHF）或超高频（UHF）频带范围内。这种无线电是在换流站控制楼外面使用的。

（8）由于电源的投切和电源之间的转换引起的干扰。

承包商应对有敏感电路的装置或板卡采取有效的抗干扰措施。另外，承包商还应配置必要的隔离滤波，适当的信号地线，对所有信号线进行屏蔽。所有设备信号线都应满足规范书说明的冲击耐压试验要求。应避免采用分散的屏蔽室对这些设备进行电磁干扰隔离。

承包商所提供的带电可插拔器件在插拔过程中不应对控制保护系统的正常运行产生干扰，并且不影响系统安全性。如果该器件在带电插拔过程中干扰了控制保护系统和整个直流系统的安全运行，承包商应对业主给予相应赔偿，并无偿为业主提供补充设计、修改和再试验。

1.4.7　控制系统参数的可调整性

承包商应保证所有直流系统控制环节的特性及响应配合良好，使得系统在所有运行工况下，直流系统的所有极、换流器运行特性一致且性能都符合要求。承包商设计的控制系统的某些参数应具有一定的调整范围，以业主根据工程投产前调试试验的情况调整控制环节的特性和响应，对控制系统进行最后优化。对于每一增益，投产调试中最后定下来的增益整定位置，应处于整定范围的 20%～80%。为得到这样的结果，承包商可能需要修改其控制电路。控制环节增益、超前函数及滞后函数，应尽可能彼此独立地分别调整且使用经过校准的简单设备就应能很容易地完成这些调整。如果控制装置是以处理器为基础构成的，那么通过改变处理器的控制程序的参数，就应能完成调整功能。应当避免在前面板上进行调整，以便尽可能减少误碰而发生误调整的危险。承包商还应提供一种安全措施，以防止由软件实现的功能被随意修改。

1.4.8　控制设备辅助电源的设计要求

直流系统控制和保护的辅助电源设计应遵照换流站辅助电源系统所规定的要求。对每一控制柜，在每一层次上（包括主机系统）都应多路供电。对双极、极以及换流单元各层次的设备的供电应分开，且彼此独立。对一极的极和换流单元层次的设备的供电应与另一极分开。

在每一控制柜中，各自的供电线路都应配备隔离开关及熔丝。在配置有馈电支路的地点，从支路起直达控制柜电源的熔丝应适当配合，以便保护屏柜中的配线。备用辅助电源馈电应彼此完全隔离，并应向控制柜供给独立的电源。任何控制柜的电源发生单一的偶然性故障，都不应导致丧失直流输送功率的能力或降低实际输送的直流功率。应保证各电源模块在 5 年之内的输出纹波不超过 2%。

1.4.9　可扩展性

承包商应给出直流控制软件系统中各程序段和主要功能的执行时间。为方便地在控制系统中扩展新的功能，以适应将来交流系统的发展和变化，控制系统应具备如下特性：

（1）控制系统的 CPU 占空比应该在 50%以下。

（2）应用软件应采用模块化的结构设计，支持用户软件扩充和增加新的控制功能。

（3）控制系统应预留 15%的开关量、模拟量输入、输出端口。

（4）硬件结构应该是开放的，要为增加新的电路留有足够的余地。

1.4.10 可靠性和可维护性

承包商所提供的控制系统的可靠性应满足直流系统的可靠性和可用率。承包商应提供用于测试所有控制系统所需的试验开关、监视装置以及其他有关设备。对这些设备的要求是能够安全地、综合地并高效地进行测试，且无需解除联锁或断开连线，也不增加其他设备运行的危险性。在考虑这些设备的质量和数量时，应以检修直流控制系统所需停运时间尽可能短为原则。

应有可能在双重化的一套控制装置上进行检修或改变参数时，同一极的另一套仍旧不受干扰地继续运行。应该有一个简单的模拟装置用于测试控制系统的功能，并应放入控制柜中，以利于对这些电路、软件及参数进行测试而无需把器件从柜中拔出来。

应有防止系统主机死机的功能，应该从提高 CPU 性能以及系统软件和应用软件的合理优化方面，来确保主机及系统的可靠运行。对此，承包商应充分考虑并提出相应的防范措施，并经业主认可。

1.4.11 直流远动信号的可靠性

承包商在设计高压直流远动系统时，应保证信号的可靠性，即要使信号的残余误码率低于 10～12。通信系统的回路质量应能达到这个可靠性水平。此外，每个信号都应各自满足这个可靠性水平，而不是在与冗余信号通道上所传输的信号比较后再达到这个水平。

承包商应通过一个综合的手段来达到所规定的可靠性水平，这些手段包括下列内容：

（1）使用能够降低信号误码率的元件和制造工艺。

（2）使用可达到此要求的可靠性高的编码。

（3）采用信息位误差的检验和校正技术。

（4）在控制系统内进行补充检查，以保证任何信号的合理性。

（5）使用高采样率，使错误的信息在很短的时间周期内不能产生任何有效的影响。

1.4.12 直流远动系统的备用容量

承包商应至少为各种类型的远动信号提供 25%的备用信号传输容量，如事件信号、模拟信号和控制信号等。

2 运行人员控制和交直流站控系统

2.1 一般要求

向家坝和上海两换流站的运行人员控制和交直流站控系统应涵盖交流开关场（含备用间隔）、直流开关场、换流站控制楼和阀厅、就地继电器室、通信系统、直流线路、换流站站用电源系统和其他辅助系统等处的全部与运行人员控制和交直流站控系统有关的软、硬件系统，以及与远方调度中心和其他监视点的通信接口等。

现阶段，承包商应按换流站最终规模提供硬件系统，在将来业主对交流开关场进行扩建时，承包商应负责对软件免费进行修正。应采用安全的操作系统，远动工作站和站服务器推荐采用 Linux 操作系统。网络连接应考虑硬件防火墙等有效的网络隔离装置。交流站用电源系统的控制应采用独立主机、不允许与其他子系统共用主机。远动工作站信息的接收和传送应遵循“直采直送”的原则，远动信息不能取自服务器。远动工作站应预留与运行管理单位监控中心的接口。整个系统应具有较强的开放式结构，网络通信规约应采用标准的国际通用协议，以便与其他系统的连接和数据传输。

2.2 配置要求

承包商所提供的系统应由站级网络和分布在就地继电器室的数据采集和控制单元构成。承包商可在其基础上提出监控系统详细的建议书、硬件分项清单、软件分项清单。如果能提供比参考配置图更优、满足本标书要求（功能和性能）的方案，且技术先进、成熟，价格合理，业主可以接受。

换流站内的交流、直流系统应合建一个控制室。换流站内交、直流控制合建一个运行人员控制和交直流站控系统（含站内交流开关场、直流开关场、换流站控制楼和阀厅、就地继电器室、通信系统、直流线路、换流站站用电源系统和其他辅助系统）。

在每侧换流站内，运行人员监控系统（运行人员控制和交直流站控的总称）至少应包括但不限于如下部分。

2.2.1 运行人员控制系统

运行人员控制系统的人机接口为计算机工作站（含视频显示器、键盘和鼠标），其设备至少应包括：

（1）运行人员控制系统的人机界面（MMI）。包括：

1）运行人员工作站（至少 4 台）。应提供数量够用的运行人员工作站，供运行人员监视和控制直流系统的运行，运行人员工作站应能实现完整的直流系统控制功能。

2）工程师工作站（至少 1 台）。应提供站工程师工作站，完成与站工程师有关的各项系统设计、修正和维护功能。

3）站长工作站（至少 1 台）。应提供站长工作站放置在换流站的站长办公室，主要用于监视全站所有系统和设备的运行参数和状态，但不具有任何的控制操作功能。

4）培训工作站及仿真模拟装置（至少 1 套）。应提供一台培训工作站，用于实现运行人员培训功能。

5）冷却设备室工作站（至少 2 台）。应提供数量够用的冷却设备室工作站，用于实现监视各换流单元冷却系统的工作状态。冷却设备室工作站与运行人员工作站具有相同的监视功能，但没有控制功能。

6）远动工作站 GWS（双重化配置）。在站内各控制屏柜上还应配置有适当的人机接口和控制操作界面，作为运行人员工作站（OWS）和工程师人员工作站（EWS）的后备。

（2）与站主时钟系统的接口。由系统服务器作为网络时间服务器，双重化的服务器系统应与双重化的主时钟系统接口，对站内无 GPS 接口的 I/O 设备实现对时。

（3）顺序事件记录装置。应提供顺序事件记录装置实现以下功能：能够采集全站所有预先定义好的事件，并将这些事件汇总为一个统一的文档——顺序事件记录 SER、并存储在系统数据库中，OWS 从数据库中获取 SER 并在线刷新和显示。

（4）系统服务器。应提供在硬件上采用了独立冗余的系统服务器，保证连续、准确地记录特高压直流系统中所有设备的运行参数和运行状态（包括历史记录和实时记录），以供运行人员实时监测和故障后/历史分析使用。

（5）站级局域网 LAN。应提供站级局域网 LAN 将服务器、各运行人员工作站与所有相关的站级二次系统如站控、极控、远动系统、规约转换系统等连接在一起，实现人机对话和所有运行人员监控功能。站 LAN 网应设计为完全冗余的双重化系统，网络设计应充分考虑了整个系统的可扩展性能。

（6）硬件防火墙。应配置安全的硬件防火墙保证实时控制系统与培训系统、保护故障信息管理子站的隔离。硬件防火墙应保证应用数据的单向传送。

（7）网络打印机。应提供网络打印机系统，包括黑白激光打印机和彩色激光打印机，能够为站级 LAN 网上的所有 MMI 使用。

上述为基本配置要求，承包商应根据设计进行补充和完善，以提供必要的、足够的人机接口满足系统的运行监控要求。上述系统的所有人机界面工作站都应有中、英文可选的人机对话功能。

2.2.2　交直流站控主机及其分布式 I/O 设备

承包商提供的交直流站控主机及其分布式 I/O 设备应包括：

（1）直流站控主机及其分布式 I/O 接口。负责实现直流场开关/隔离开关/接地开关的控制、联锁和直流场模拟量和开关量的监视以及与直流站级/双极控制和监视有关的功能。

（2）交流站控主机及其分布式 I/O 设备。负责实现交流场各间隔的开关/隔离开关/

接地开关的控制、联锁和交流场各间隔模拟量和开关量的监视以及与直流站级/双极控制和监视有关的功能。

（3）双重化配置的辅助系统以及站用电源系统监控主机及其 I/O 接口。负责包括水冷控制、站用电控制等辅助系统的控制监视功能。

直流场、交流场、阀厅及所有辅助系统的全部状态和报警信息均应进入监控系统主机。

分布式 I/O 设备设计应按间隔设计，其设计和结构应得到业主的认可。位于继电器室内的分布式就地控制系统至少应包括模/数转换、数/模转换、数据采集处理、输入和输出、模拟显示、就地控制、就地报警、自动同步功能和联锁控制。分布式 I/O 接口应包括与交、直流一次设备间的接口，以及与换流站各个辅助系统之间的接口。所有的现场 I/O 与站控系统主机之间的数据传输和信号交换，原则上均应使用现场总线来完成。

2.2.3　在线谐波监视

承包商应提供在线谐波监测所需的所有软/硬件二次系统，其分析、显示和输出功能应包括在换流站监控系统功能中。

2.2.4　运行人员培训系统

承包商应为两端换流站各提供 1 套用于运行人员和维修人员培训的装置。培训装置的人机界面应与控制室内运行人员真实操作系统相同，即培训系统应具有与实际系统相同的数据库、画面、处理程序和操作控制方法。

培训系统应包括一整套软、硬件工作站系统，以模拟实现特高压直流系统所有可能需要的运行人员操作。培训模拟软件应包括各种操作的教材，并显示操作后的结果，还应包括一旦操作错误后可能产生的后果。培训系统必须包括对运行人员进行事故处理和事故后系统恢复、维护人员对系统或设备进行维修的培训功能。培训系统应包括该特高压直流工程主设备和控制保护通信系统的基本设计资料，各系统或仪器的自检和试验操作资料，以供学习和查阅。培训系统应能与换流站监控系统接口，在培训系统工作站上，可收到实时工作数据和系统状态信息，但培训系统上的任何操作不允许对特高压直流系统产生任何作用和影响。

2.3　功能要求

2.3.1　顺序控制

2.3.1.1　概述

顺序控制是指对换流站内一组电动开关、刀闸的开、合操作，和换流阀的解锁、闭锁所提供的自动执行功能。顺序控制应至少包括但不限于以下功能：

（1）顺序控制应具有自动执行和按步执行两种功能。按步执行时，每执行一步，应按照运行人员的选择，决定是继续下一步的操作还是停止顺序控制的执行。

（2）应提供自动执行和按步执行的相互转换功能，且不应限制相互转换的次数。

（3）在顺序控制执行过程中，如果由于设备原因造成顺序控制无法执行下去，顺序控制操作应停止在该设备处，待运行人员手动操作该设备后，由运行人员决定该顺序操作是按自动执行或按步执行的方式来继续执行还是退回到该顺序操作的起始点。

（4）在顺序控制执行过程中，运行人员应能够中止或暂停该顺序控制的执行。在暂停状态下，应能由运行人员决定该顺序操作是按自动执行或按步执行的方式来继续执行还是退回到该顺序操作的起始点。

（5）至少在换流站站控极和远方调度中心提供顺序控制功能。对于极的启停顺序控制，应能在极控柜上执行。

（6）换流站之间的自动顺序的协调配合，应经由高压直流远动系统以极为基础进行配置。

（7）对于顺序控制程序，由于阀组和极的运行状态完全由它决定，承包商应设置一种功能，用来防止它在发生故障时，比如辅助电源瞬时丢失时，错误地发出改变状态的命令。

在工程设计阶段、承包商应提供研究报告说明每种顺序控制的步骤和开关、刀闸的最终位置并经业主认可。

2.3.1.2 换流单元交流侧充电/断电

承包商应提供适当的控制顺序，以便运行人员进行把换流单元连接到交流母线上或从交流母线上切除的操作。运行人员应能在每一换流站分别对每一换流单元进行投切操作。

设计的顺序控制应能控制与换流单元进线相关的所有断路器。对于与换流单元进线相关的每一断路器，当运行人员发出合上或断开此断路器的命令时，都应有信号指示。如有必要，承包商应将此信号纳入其充电、断电顺序，并应发出允许合闸、断开信号，使运行人员发出的命令能去操作断路器。

2.3.1.3 换流极的连接、隔离

顺序控制应根据运行人员发出的命令，完成换流极与直流极线、极中性母线的连接或隔离。运行人员应能对各站中的各极分别进行操作。允许承包商把连接、隔离顺序用于其保护功能。承包商应根据其保护系统的需要，使两换流站的连接、隔离顺序之间实现某种同步。

应具有隔离高压直流设备发生故障的换流极而不停运另一换流极的能力。在故障极已被闭锁的情况下，以及（或）在该极的低压高速开关的阀组侧存在接地故障的情况下也应具有此功能。此外，承包商应提供以下顺序控制用于协助极的停运维护和恢

复运行：

（1）隔离和接地顺序。在检查并确认换流极已经断电后，该顺序应为首先打开该极直流线路刀闸、极中性母线刀闸和换流变交流侧刀闸，再闭合极、阀厅和换流变交流侧的接地刀闸。

（2）解除接地顺序。在检查确认所有的检修钥匙正确返回之后，该顺序应打开所有直流极、阀厅和换流变交流侧的接地刀闸。

2.3.1.4 极、双极的启动

换流极的启动顺序控制应包括为实现以下运行方式下的换流极的解锁。

（1）单极正常启动：单极1/2投入（对称或交叉）、单极完整投入。

（2）双极正常启动：双极1/2投入（对称或交叉）、3/4投入（对称或交叉）、双极完整投入。

如果选定单极启动，运行人员应能在每一换流站对各换流极分别进行启动操作。此外，如果选定双极启动，承包商应提供同时进行双极启动的顺序控制。

当两个极都处于充电和允许启动状态，双极启动顺序启动两个极，每个极从最小的功率/电流参考值开始以预先设定的速率增加功率/电流至其整定值。如果两个极中任一应投入运行的换流单元处于不允许启动状态而选定了双极启动顺序，则即使发出了启动指令，也不能启动任何一个极。

顺序控制逻辑应包括使各站换流极的启动同步的功能。在允许直流启动之前，两站都应完成该极的连接顺序操作。如果某一站的运行人员启动顺序控制在1min内没有成功，而某一流站的换流极已启动，则应停运已启动的换流单元。承包商应保证换流极投入运行时，对交流系统以及对运行中的另一极的扰动都很小。在通信系统退出运行，但话音通信还能用的情况下，运行人员应能启动直流系统。

2.3.1.5 极/双极的停运

换流极的停运顺序控制应包括为退出以下运行方式下的换流极的闭锁。

（1）单极正常退出：单极1/2运行（对称或交叉）时的单极停运、单极完整运行时的单极停运。

（2）双极正常退出：双极1/2运行时的双极停运、双极3/4运行时的双极停运、双极完整运行时的双极停运。

如果选定单极停运，运行人员应能在每一个换流站对各换流极分别进行停运操作。此外，如果选定双极停运，承包商应提供退出上述双极运行方式下同时进行双极启停的顺序控制。

极或双极的停运顺序应使极或双极的功率/电流以预先设定的速率减小到直流功率或电流的最小限制值，然后再闭锁换流极。允许承包商把停运控制顺序用于保护启动的阀组停运操作。承包商应保证某一极退出运行时，对交流系统以及对运行中的另一极的扰动都很小。

在通信系统退出运行，但话音通信还能用的情况下，运行人员应能停运直流系统。当本站的换流极被保护所停运时，顺序控制应自动将对端换流站相应的换流极也停运。当通信系统退出运行时，承包商应提供后备的停运控制方式将换流极停运。

2.3.1.6 从已带电的直流系统中投入换流单元

承包商应提供在以下运行方式过渡过程中的顺序控制：① 某一极已在1/2运行方式下，该极另一换流单元投入代替已投入的换流单元；② 某一极已在1/2运行方式下，本站和对站投入另一换流单元，过渡到该极完整的运行方式。

实现上述运行方式的过渡和换流单元的带电投入应保证投入过程中：直流系统电流波形只允许产生平滑的、轻微的扰动；直流电压和直流功率应能平滑地升至新的整定值；配合换流单元投入的旁路高速开关、隔离开关的关断和拉开条件应满足其设备耐受能力。承包商应提出可行的、优化的、经过仿真试验验证的解决方案保证上述顺序控制满足要求。

2.3.1.7 从已带电的直流系统中退出换流单元

承包商应提供在以下运行方式过渡过程中的顺序控制：① 某一极已在完整的运行方式下，退出本站和对站一换流单元（对称或交叉），过渡到1/2运行方式；② 某一极已在1/2运行方式下，本站和对站退出一换流单元被另一换流单元代替。

实现上述运行方式的过渡和换流单元的带电投入应保证退出过程中：直流系统电流波形只允许产生平滑的、轻微的扰动；直流电压和直流功率应能平滑地降至新的整定值；配合换流单元投入的旁路高速开关、隔离开关的关断和拉开条件应满足其设备耐受能力。承包商应提出可行的、优化的、经过仿真试验验证的解决方案保证上述顺序控制满足要求。

2.3.1.8 12脉动换流单元投退模式

12脉动换流单元的投退分为自动和手动两种模式，其中：

（1）自动控制模式为两站12脉动换流单元的投退具有一一对应的关系，即对站退出上12脉动换流单元，则本站也应退出上12脉动换流单元，无法确认时，本站优先退出下12脉动换流单元。

（2）手动控制模式为可以由运行人员确定优先退出或优先投入的12脉动换流单元，在需要投退时，按运行人员设定的优先级自动投退。

在上述所有的条件下，站内顺控联锁必须有效。

2.3.1.9 金属回线/大地回线转换

承包商应提供一种由运行人员启动的且需要站间配合的顺序控制，用以进行从单极大地回线运行到单极金属回线运行的转换。还应提供从单极金属回线运行转换到单极大地回线运行的顺序控制。

此顺序逻辑应与换流极连接/隔离顺序相配合，以便在向金属回线的转换顺序已经开始，而故障的换流极此时尚未被隔离的情况下，把此隔离操作作为金属回线转换顺序的一部分。当转换回大地回线方式运行时，作为此顺序控制的一部分，故障的换流极不应被连接到直流极线及中性母线上。在从最小电流至额定过负荷电流的过程中，不管直流换流极的运行电流多大，都应可以进行大地回线方式与金属回线方式之间的转换。

2.3.1.10　直流滤波器投切

运行人员应能在每一换流站对各极的每一直流滤波器分支分别进行连接或隔离。一旦直流滤波器投切控制顺序被启动，它就应执行所要求的控制动作，且实现安全操作，将直流滤波器断开并接地的倒闸操作顺序不应使直流电流流入换流站接地网中，并应有时间限制，以避免可能的损坏或破坏性的突然放电电流。当直流滤波器中发生故障，需要切除此滤波器时，此滤波器应被自动切除。

2.3.1.11　线路开路试验

承包商应为每一极配置一个在自动模式下顺序地自动执行下列动作的顺序控制：

（1）解锁换流极。

（2）按一定的斜率把直流电压升至某预定的电压水平。

（3）维持一段预定的时间。

（4）以一定的斜率将直流电压降至零。

（5）闭锁换流单元。

2.3.1.12　功率反转

承包商应该为直流输电的功率方向反转提供自动顺序控制。当启动时应完成如下动作：

（1）按运行人员指定的速率把每个极的功率或电流降到最小值。

（2）当两个极的功率或电流降到最小值时，反转每个极的功率方向。

（3）按一定的速度反转直流电压，避免由于直流电压的阶跃反转而增加油浸纸绝缘装置的应力。承包商应该优化直流电压的变化速率和时间，以避免晶闸管阀在大角度运行时，绝缘承受过大的应力。

（4）把功率或电流增加到功率反转方向上的设定值。

不论双极启停顺序是否被选定，功率反转顺序可以作用于所有运行的极。不论是单极运行还是双极运行，也不论是处于双极功率控制、极功率独立控制还是同步极电流控制，都应允许启动功率反转顺序。

运行人员应该能够在升降过程中的任何一点停止该顺序控制，直流系统以停止时刻的功率继续运行。如果运行人员在直流电压反转的过程中停止反转顺序，则电压的反转继续进行，但是功率应保持在反转方向上的最小值。当 1 个极或 2 个极都处于降压运行状态时，都应允许启动功率反转顺序。

2.3.2　联锁控制

2.3.2.1　联锁范围

换流站联锁系统范围包括，但不限于以下几个部分：

（1）直流开关场（如果采用，则还应包括有源直流滤波器）。

（2）换流变压器、换流单元及阀厅。

（3）交流开关场（包括交流滤波器场）。

（4）站用电系统（含 35kV、10kV、400V、UPS 和直流蓄电池系统等）。

2.3.2.2　设计原则

为了保证交直流系统的安全、换流站设备的安全，以及人身安全，承包商应提供换流站的联锁系统。联锁系统的设计应满足以下要求：

（1）不带负荷闭合隔离开关。

（2）不带负荷拉开隔离开关。

（3）接地刀闸合闸时，不闭合隔离开关。

（4）当母线或设备带电时，不操作接地刀闸。

（5）人员不误入带电间隔。

联锁系统的功能应在最低的控制层次完成，以保证即使设备处于继电器室内的就地控制或设备就地控制时，联锁也能有效地执行。承包商应提交联锁系统设计报告，并经业主同意后最终确定。

2.3.2.3　功能要求

（1）运行人员控制联锁。这种联锁应保证执行运行操作的唯一性，它包括控制位置的选择、主控站的选择等功能。对于操作、控制、保护的优先级或互锁，承包商都应有全面和严格的联锁设计。

（2）检修钥匙联锁。检修联锁的原理应是：允许出入某一区域进行检修的钥匙，一般情况下是卡住的，只有当这一区域中的设备都已退出运行，完全被隔离并已接地后，此钥匙才能被拔出。一旦由于设备再投入运行而完成相反的步骤之后，此钥匙应不能再被拔出。对于阀厅的联锁，还应设有一把主钥匙，该钥匙不受联锁的控制，以备紧急情况下进入阀厅使用。

（3）设备联锁。设备联锁适合于顺序控制和单步操作时可单独操作的设备。在执行操作时，设备联锁应保证设备不遭受过应力，确保人身及设备的安全。联锁系统应禁止任何可能引起不安全运行的顺序控制或单个设备操作的执行。

交、直流开关场，换流变压器及阀厅内全部隔离开关和接地刀闸的操作均应有电气联锁。对于阀厅门和交流滤波器场围栏门也应配置联锁功能。联锁应设置在最低控制层（设备就地控制）。运行人员在任一控制层对设备进行操作时，联锁系统均应起作用。当高压设备为手动操作时，电气联锁应指电磁锁联锁系统。站用电系统的联锁可以是机械联锁，或电气联锁。联锁应设置在设备就地控制层。站用电高、低压母线均要求配备自投装置。

承包商应提供一切必要的联锁，以保证任何设备和开关装置在进行投切操作时，包括保护起动的自动顺序操作和单个装置的投切操作，均不遭受过应力。承包商提供的联锁系统应考虑当监控系统瘫痪或输出不正确时，在设备就地进行的操作也能符合联锁要求的措施。此措施应由承包商提供方案，并应经业主认可。

在直流系统正常顺序控制的动态过程中，联锁系统应避免除保护（自动或手动）外的其他操作或顺序控制的可能性。当顺序控制失败而中止时，或系统处于非正常状态时，联锁系统应中止顺序控制，避免启动后续的顺序步骤，以使运行人员能在顺序控制未完成的情况下，还能进行其他的运行操作。当设备运行不正常时，联锁系统应停止顺序操作，必要时还应能启动有关保护，以防止设备或开关装置的损坏。

2.3.2.4　系统同期功能

向家坝换流站和上海换流站均应配置同期功能，允许所有线路及主变压器进线实现同步联网。站内应设手动准同期功能和捕捉同期功能。同期操作可在换流站监控系统进行，也可在开关场继电器室进行。承包商应提供闭锁措施，保证在任何时间只可允许唯一的地点进行同期操作。

同期检测应包括电压幅值、电压相角及频率检测，只有当这三者相同时才能实现联网操作，站内同期应为单相同期。站内所有 500kV 断路器均为同期点（交流滤波器分组断路器除外）。对于 500kV，由于一个半断路器接线的特点，除母线上设有电压互感器外，每个引出元件（线路或变压器）还有专用的电压互感器，亦即在每一串上将有 4 个 TV 电压供同期系统使用。

综合考虑一个半断路器接线的各种运行方式，每串上断路器的同期比较电压 U_1、U_2 的取得应是“近区电压优先”，较远处的电压作后备。

一个半断路器接线完整串的接线如图 1 所示。

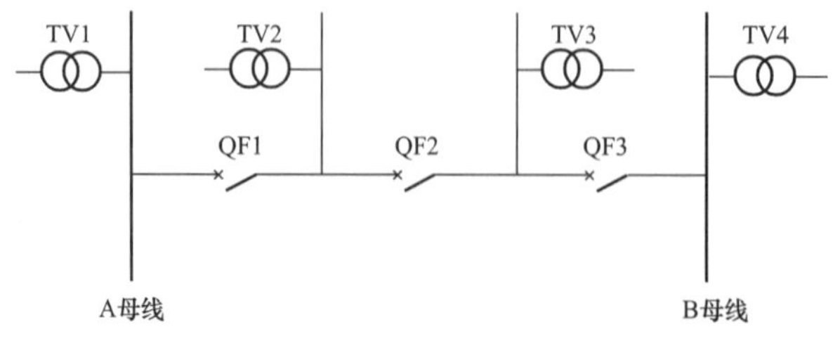

图 1　断路器接线

当 QF1 断路器准备同期时，两个同期比较电压应是：

（1）U_1：取 A 母线 TV1 电压。

（2）U_2：① 取 TV2 电压；② 当 TV2 断开时，接线应自动改接取 TV3 电压（当 QF2 已处合闸位置时）；③ 当 TV2、TV3 全断开时，接线应自动改接取 TV4 电压（当 QF2 及 QF3 均已处合闸位置时）。

当 TV2 断路器准备同期时，两个同期比较电压应是：

（1）U_1：① 取 TV2 电压；② 当 TV2 断开时，接线应自动改接取 TV1 电压（当 QF1 已处合闸位置时）。

（2）U_2：① 取 TV3 电压；② 当 TV3 断开时，接线应自动改接取 TV4 电压（当 QF3 已处合闸位置时）。

当 QF3 断路器准备同期时，情况类似于 QF1。

为保证安全可靠地进行同期，同期系统应有以下闭锁措施：

（1）为防止可能出现两个安装单元的断路器同时进行同期操作的情况，在接线中应设计自动闭锁回路，确保同一时刻只允许有一个安装单元进行同期操作。

（2）各同期点间应相互闭锁，每次只允许一个同期点操作。

（3）应具有对电压回路的监测功能，以保证同期的可靠和准确。

承包商应为交流系统配置手动和自动同期功能。同期功能配置在开关场的继电器室内。

2.4　性能要求

2.4.1　基本要求

换流站监控系统用于运行控制、数据监控和数据处理。它应是一个分散型的综合自动化系统，由分散于现场的、以微机为基础的过程监测单元、过程控制单元、图文操作站，以及主计算机系统组成；而该系统的通信网络应将多个过程的监控、操作站，以及主机系统互连在一起，构成局部网络，形成信息共享、资源优化配置、功能分布的系统。

换流站监控系统应是集换流站测量、监视报警、控制和管理功能为一体的系统，必须能实现但不限于下述的功能要求：实时监测；实时数据采集、处理及输出；实时控制及远动；实时联锁控制；同时，它应具有顺序事件记录、趋势分析、中央报警、交/直流系统的谐波分析的功能；它还可以开具操作票，并提供操作指导及错误操作的警告，具有完善地防止运行人员误操作的功能；具有进行实时工况显示和离线培训功能；能完成数据、资料和报告的黑白和彩色打印，以及存入光盘等功能。

监控系统应是软硬件实现模块化设计的分布式的计算机网络系统，且层次结构清楚。监控系统应具有开放性，可升级和兼容性，以便于今后的完善或设备的更换。具有先进的、性能良好的网络通信性能，其网络范围要能覆盖换流站内的全部 AC/DC 开关场、主控楼，以及所有其他必要的设备和管理区域。具有足够数量和容量的软、硬件系统，并应具有足够和合理的冗余度，包括 CPU 在运行全部运行人员控制和监控系统软件并包括通信时间时，平均每分钟的空闲时间应不少于 60%；安装的存储器全部可用容量的裕度应不小于 50%。具有高清晰度的图文人机界面和先进的视屏技术；图面应能对全系统的运行工况进行实时显示，具有选择、局部放大和画面嵌套功能；画面应以带有时间标记和完整数据的单线图、表计、表格、曲线、波形、报告等形式显示；报警或保护动作时应自动弹出相关的画面；为了同时监视几个重要的画面，应具有多显示屏幕功能。人机界面应同时具有中文显示功能，运行人员应能进行中文和英文的选择。承包商应提出实现汉化功能的方案，提出运行人员工作站各显示画面的结构、设计、内容和画面安排，并得到业主的同意。

换流站监控系统应能自动或手动打印输出中央报警信号、事件顺序记录信号，以及趋势记录。应能实现报表自动生成和打印的功能，还应满足如下性能要求：

（1）控制系统状态的变化至人机界面显示之间的时间延迟应不长于 2s。

（2）自运行人员键入到控制系统执行命令的输出之间的时间延迟应不长于 2s。

（3）自然发生的事件或报警输入在屏幕上显示的时延：单个事件应不长于 2s；对于大量的报警信息，显示所有报警信息中的 10%的时延应不长于 5s；显示屏的更新，包括所有动态数据的更新时延应不长于 1s。

（4）运行人员操作的可视信息应在鼠标或键盘操作后 0.5s 内显示。

（5）人机画面调用时间小于 2s（85%画面），小于 5s（全部画面）。

（6）要保证满足与远动 LAN 网、直流通信系统、交流保护和交流稳定控制、直流控制保护系统、直流故障录波系统、电能量计量系统、直流线路故障定位系统、保护故障录波信息管理子站、站主钟系统、每个就地测量控制系统，以及其他所有必需的设备进行接口的要求。网上任何单元故障，以及在网上任何单元上的操作均不得对监控系统的正常运行产生扰动。

（7）应具有用户能用于维修和开发的软、硬件开发系统，并应对 CPU 的处理速度留有冗余度，留有允许用户加入数据处理程序的裕度。承包商应注明所设计软件各程序段的周期。

（8）具有系统自诊断和联网试验的功能。备用系统或挂网单元的自诊断试验应不影响各系统或其他装置的正常和安全运行。

（9）高可靠性。系统要求有完全的双重化。承包商要注明其系统的可用率及平均无故障时间。承包商应保证不会因为运行人员的错误操作和站监控系统本身的故障而危及特高压直流系统和设备的安全，并应保证监控系统能及时和准确地对监控系统本身的故障进行定位和描述，并给以及时的报警提示。承包商必须确保其系统能在功能、网络结构、系统结构等具有高度可靠性、良好的抗干扰性和容错性能。

（10）要有高度良好的可维护性，及可靠的备品备件来源及供应能力。站内二次及其相关系统所使用的功能相同的设备或元部件，应采用同种型号，以减少备品备件的种类，增加互为备用性。承包商应保证在工程保证期内无偿地提供所需的备品备件，并保证在设备的寿命期内具有提供备品备件的能力。承包商应确定并提出监控系统中设备的检修间隔。计算机及其外部设备（如显示器、打印机等）应选用市场上的通用产品，操作系统应便于升级换代。

（11）换流站监控的软件系统应具有先进且适用的数据库功能。

（12）应使用先进的计算机硬件设备和软件系统提高直流控制用主机的抗干扰能力和数据处理能力，以保证任何非外部因素的直流系统控制用主机死机事件发生。

（13）应有防止系统主机死机的功能，应该从提高 CPU 的性能以及系统软件和应用软件的合理优化等方面，来确保主机及系统的可靠运行。对此，承包商应充分考虑并提出相应的防范措施，并经业主认可。

（14）必须满足相应产品的有关国际标准，以及本规范中所提标准要求，其中还包括 IEC 255—22 的抗电磁干扰标准。相关系统和设备应满足如下指标：

1）站系统服务器 CPU 负载率。系统正常时，小于 30%；系统故障时，小于 50%。

2）站 LAN 网负载率。系统正常时，小于 10%；系统故障时，小于 30%。

3）系统服务器、远动工作站。*MTBF*＞40000h，使用寿命大于 10 年。

4）年可用率大于 99.9%。

2.4.2 就地控制/监视

系统和设备的就地监控系统按面向间隔原则配置，至少应包括但不限于：

（1）交流采样单元。

（2）传感器。

（3）输入、输出单元。

（4）遥控、就地控制和联锁控制执行单元及开关，以及就地控制的手动输入。

（5）自检、显示，以及复归等自动化设备。

（6）系统同期设备。

（7）承包商应提出对换流站就地系统建筑物，包括交流保护的继电器室的安排和设计要求，并得到业主的同意。

2.4.3 信号测量要求

承包商应根据运行人员控制和换流站监控系统的要求，在合理的位置设置满足要求的测量设备。监控系统采用交流采样方式，模拟量测量值（U、I）综合误差应不大于 0.2%，计算值（P、Q 等）综合误差应不大于 0.5%；采样速率应大于等于 64 点/周波。系统 A/D 转换精度应不低于 15 位，事件顺序记录分辨率不应大于 1ms。无论是 SOE 数字量，还是非 SOE 数字量，其信号正确动作率不应大于 99.9%，SOE 分辨率小于等于 2ms。遥信量正确动作率 100%，遥控执行成功率大于 99.9%，远动通道切换时间不大于 10s。

监控系统采样速率和输入/输出数据的速率应满足实时控制保护和监测的要求。应保证在任何工况下的测量都具有上述精度。承包商应给出其各类测量信号从测量设备二次线圈输入到控制保护或监控系统主机整个通路上的累计传输误差，并应经业主认可。

2.4.4　硬件要求

系统应采用通用的硬件设备，以及符合国际标准的网络设备。监控系统的计算机装置必须选用性能优良、符合工业标准的通用产品（优先考虑工作站）。计算机装置的硬件配置必须满足整个系统的功能要求和性能指标要求，应和换流站最终规划的容量相适应，且至少留有 10%的裕度。屏柜结构和布置应满足国内运行习惯，就地系统屏柜按面向间隔原则配置，承包商的屏柜结构和布置方案应得到业主认可。

2.4.5　软件要求

监控系统的软件应由系统软件、支持软件、应用软件和过程处理软件组成。监控系统的软件应具有可靠性、兼容性、可移植性和可扩性。监控系统的软件应采用模块式结构，以便于修改和维护。

系统软件包括操作系统、数据库、过程监控软件、远方调度网络通信软件、网络通信协议和各种工具软件等。各应用软件应采用模块式连接方式，当某一应用软件工作不正常或退出运行，不能影响系统的其他功能。

2.4.6　电源部件要求

运行人员控制和站监控系统，包括相关的分系统中，应具有独立的内部电源部件；所有内部电源部件应直接从换流站站用电源系统，或站蓄电池系统，或站 UPS 系统供电，并能完全匹配。

对于服务器和交、直流站控主机，承包商提供的系统内部电源必须完全双重化，任何单一电源的失去不应影响全系统的正常运行。承包商提出的电源双重化结构方案，需经业主认可。承包商应对各电源的投、切限制条件和操作规程提出要求。承包商应保证各电源具有足够的容量和良好的抗干扰性。承包商应对电源的抗干扰措施和保证的精度作出说明。

承包商应提出换流站二次系统电源的结构设计及性能指标，并得到业主的同意。

2.4.7　可靠性和安全性要求

承包商应对所供货的系统的可靠性进行计算分析，提出其可靠性指标，同时提出为满足特高压直流系统15年寿命要求，二次系统所具备的性能和可靠性措施。承包商要确保站监控系统网络的安全性和保密性，确保阻止外界非法信号和指令的侵入。对此，承包商应提出防范措施，并经业主认可。

3 直流保护

3.1 总则

承包商应为向家坝和上海换流站提供完整的直流保护系统（包括承包商提供的换流变压器和交流滤波器设备的保护），以对其按合同所供货的所有设备进行全面的保护。该保护系统的供货范围应包括研究、设计、制造、装配、试验、安装指导和监督、现场验收调试及试运行。

直流保护系统应采用先进的、标准的微处理器和数字信号处理器，并具有成功的HVDC或工业应用经验。对于所有基于计算机的系统，承包商应为每站提供保护系统软件的开发系统，用于业主将来对保护系统功能的拓展；还应提供用于软件功能调试的仿真系统，用于调试业主所开发的保护功能。开发系统和仿真系统应包括相应的软、硬件设备。

直流保护应保证直流系统的安全运行。承包商必须根据业主所规定的最终主接线，以及合同签订后承包商所进行的并经业主确认的系统动态研究的最终结果，对直流保护进行完整的、正确的和准确的设计和配置。保护定值的设定必须与设备设计中所承受的应力相匹配。

承包商必须综合考虑交、直流系统运行及其设备应力的所有方面，结合直流控制，对直流保护进行最优设计，使系统在成本与系统故障暂态性能上达到最佳平衡。

承包商应完成用于确定和优化保护整定值的所有研究。承包商应提交有关报告，阐明保护的原则以及为确定整定值所进行的分析、计算和仿真研究。承包商应确保该保护系统的性能满足要求。保护系统及其全部功能的概念设计、整定值和执行过程都应得到业主的认可。承包商应对保护的设计原则、确定保护整定值及研究的理论和计算进行论证说明。

如果在直流验收试验中，或者在运行保证期内，发现直流保护系统存在任何设计错误、遗漏，或不完善时，承包商应无偿地为业主进行补充设计、供货和安装或者修正，以及对其提供的保护再进行试验和验收。该情况下承包商所进行的任何修改和补充工作，都应得到业主的认可和批准。承包商（包括软件开发商）应通过ISO 9000资格认证。

3.2 设计原则

承包商提供的保护配置至少应满足（但不限于）如下原则和要求。

3.2.1　保护范围及分区

直流保护的范围至少应覆盖（但不限于）两端换流站的换流变压器网侧与交流开关场相连的交流断路器之间的区域，以及交流滤波器及其引线上的所有设备。直流保护必须对保护区域的所有相关的直流设备进行保护。相邻保护区域之间应重叠，不存在保护死区。双极中性线和接地极引线是两个极的公共部分，其保护不允许有死区，以保证对双极利用率的影响减至最小。

承包商应至少（但不限于）向如下区域提供保护，并应根据设备的设计和系统性能要求对其所提供的保护方案进行必要的考虑，保证满足各保护区保护的要求。

（1）阀厅区保护。阀厅区指从换流变压器阀侧套管至高压/低压 12 脉动换流器阀厅直流侧的直流穿墙套管之间的区域。

（2）12 脉动桥联母区保护。12 脉动桥联母区域指从高压 12 脉动桥低压直流穿墙套管至低压 12 脉动桥高压直流穿墙套管间的区域。

（3）旁路开关区保护。主要用于保护旁路开关及其相邻的区域。

（4）直流开关场高压区保护。直流开关场高压区域指从高压 12 脉动桥高压直流穿墙套管至直流出线上的直流电流互感器，不包括直流滤波器设备。

（5）极中性母线区保护。用于保护从极低压 12 脉动桥低压直流穿墙套管至极中性线的电流互感器之间的区域。

（6）双极区保护。用于保护从两个单极中性线的电流互感器至接地极之间的导线和所有设备。

（7）直流线路区保护。直流线路区是指两换流站直流出线上的直流电流互感器之间的直流导线和所有设备。

（8）直流滤波器保护。应包括直流滤波器高、低压侧之间的所有设备的保护。

（9）换流变压器区保护。换流变压器区应包括从换流变压器网侧相连的交流断路器至换流变压器阀侧穿墙套管之间的导线及所有设备。

（10）交流滤波器和并联电容器保护。交流滤波器区应包括交流滤波器及其引线上的所有设备。

3.2.2　保护系统冗余

保护至少应双重化配置，以保证其可靠性；应既能防止拒动，又能防止误动。承包商必须保证在运行中的任何工况下其所保护的每一台设备或区域都能得到正确保护，任意单一元件故障不能导致该保护系统误动作。保护的防误动措施应当在每一重保护的设计中完成，不允许采用两重保护系统之间的切换来实现。保护出口均应独立启动跳闸及直流控制。

每重保护都应具有完整的保护功能，并能独立地对所保护设备或区域进行全面、正确的保护。各重保护之间在物理上和电气上应完全独立，即有各自独立的电源回路、测量互感器的二次线圈、信号输入/输出回路、跳闸回路、通信回路、主机，以及二次线圈与主机之间的所有相关通道、装置和接口。任意一重保护因故障、检修或其他原因而完全退出时，不应影响其他各重保护，并对整个直流系统的正常运行没有影响。其他各重保护应正确动作，且不失去准确性和灵敏度。

3.2.3 基本设计原则

直流保护及其相关设备的配置应保证换流站中所有直流换流设备、区域或与直流相关的设备都得到功能全面的保护。保护应既能用于整流运行，也能用于逆变运行。直流保护的设计必须将双极停运率减至最小。两个极的直流保护应当完全独立，输入回路测量装置也应相应独立。

每极中性母线和双极共用中性母线均应独立配置具有各自测量装置和输入回路的接地保护。单 12 脉动桥故障时，保护应能与控制相配合退出故障桥，不影响非故障桥的继续运行，避免单极停运。保护系统中任何单一元件的故障都不能导致直流系统中任何 12 脉动单元退出运行。保护要以每个 12 脉动换流桥为基本单元进行配置，各 12 脉动桥的控制功能和保护配置要保持最大程度的独立，以利于可以单独退出单个 12 脉动换流桥而不影响其他设备的正常运行；同时各 12 脉动桥的控制和保护系统间的物理连接不要过于复杂。

要对保护硬件配置的具体结构结合设备研制情况进行优化。承包商应在每重保护中为每一个设备或保护区域尽可能地配置多种不同原理的保护。承包商应提供对系统扰动最小，或对设备产生应力（包括在换流阀闭锁、解锁，直流系统启、停、紧急停运等动态过程中对设备产生的应力）最小的保护方式。承包商对所配置的保护必须有各自准确的保护算法和跳闸、报警判据，在软、硬件设计中有足够的灵活性，以优化交、直流系统所要求的所有保护功能定值。保护定值的选取应满足在所有运行状态下所有直流保护之间的正确配合。如果在 HVDC 系统验收调试期间对某些控制保护参数及定值进行了优化，则应对保护定值和控制功能进行检查和必要的修正。

保护应能区别不同的故障状态，应合理安排警告、报警、设备切除、再启动、停运等不同的保护等级；并能根据故障的不同程度和发展趋势，分段执行动作。所有保护的警告、报警、跳闸等信号应分别传送给站监控系统以及保护故障录波信息管理子站。

在所有运行条件和运行方式下，直流控制、直流保护及交流保护之间必须正确地协调配合。直流保护与直流控制的功能和参数应正确地协调配合。在需要的前提下，保护应首先借助直流控制系统的能力去抑制故障的发展，改善直流系统的暂态性能，减少直流系统的停运。交流保护与直流保护应正确地协调配合，使故障的清除及故障清除后的恢复得到最优的处理。

所有保护装置都应配置自检功能。站工程师应能在系统运行过程中对未投运的备用系统的任何保护功能进行自检试验，并能对保护的参数进行优化修正。承包商所提供的自检功能应保证优化后的参数仍能满足所有相关的正确匹配，并且不影响整个系统的运行。如果不满足，自检功能应能指出关键问题所在。

以处理器为基础构成的控制保护装置应当避免在前面板上进行调整，以便尽可能减少误碰而发生误调整的危险。承包商应提供一种安全方法，以防止由软件实现的功能在无意中被改变。直流保护系统应配置内置的暂态故障录波功能，用以记录故障前后保护程序流程中各状态量的情况，以便于保护工程师分析事故。录波信息内容将在联合设计时最终确定。

3.2.4　测量点及测量装置

承包商要根据保护原理、判据、保护区域等提出合理的测量点，并正确地提出足够的、满足各保护区要求及保护性能要求的测量装置的配置要求。相关测量设备的精度和动态测量范围应与保护功能及整定值相匹配。电流互感器应具有足够的二次绕组数量、容量和精度，以满足保护的需要。

3.2.5　接口要求

为保证直流保护与直流控制、交流保护等之间的协调配合，直流保护系统应至少配备（但不限于）下述接口：

（1）与直流控制的接口。

（2）与交流保护的接口。

（3）与站 LAN 网接口。应直接与站 LAN 网接口，通过站 LAN 网与业主供货的保护故障录波信息管理子站交换信息，并通过保护故障录波信息管理子站实现直流保护与远方调度/监视中心的通信。

（4）与站控系统的接口。

（5）与其他系统保护装置的接口。

（6）承包商认为必要的其他接口。

上述接口的连接方式及要求等将在联合设计阶段由业主确定。

3.2.6　动作出口要求

每一个保护跳闸出口应分为两路，供给同一断路器的两个跳闸线圈。所有断路器的跳、合闸线圈都应分别配置跳、合闸回路的监视回路。对于每个有跳闸锁定要求的保护，其跳闸信号及显示和标志都应要求手动复归。承包商应保证其保护继电器的动作电压在任何恶劣环境下不会导致保护误动或拒动。

3.2.7　辅助电源

每个极的保护系统应配置独立的电源。对每一重保护（包括主机和 I/O 系统）都应多路供电，各自的供电线路都应配备开关及熔丝。在配置有馈电支路的地点，从支路起直达各重保护的电源的熔丝应适当配合，以便保护机柜中的配线。

备用辅助电源馈电回路应彼此完全隔离，并应向各重保护供给独立的电源。任一重保护或其中保护功能的电源发生单一故障，都不应导致丧失直流输送功率的能力或降低实际输送的直流功率，或使任何元件失去全部保护。应保证各电源模块在 5 年之内的输出纹波不超过 2%。

3.3　功能要求

承包商应根据本规范的设计原则和要求合理划分保护区域，为每个保护区域提供完整的、足够的保护功能，并保证其所提供的功能在所有可能的运行条件下都能检测到所保护设备或区域的故障，并准确无误地执行保护功能。在每一重保护中，承包商应至少（但不限于）向如下区域及其所有相关的设备提供保护，并应根据设备的设计和系统性能要求对其所提供的保护方案进行必要的考虑，保证满足各保护区保护的要求。

3.3.1　阀厅区保护

承包商向阀厅区域提供的保护至少应包括（但不限于）如下方面：

（1）晶闸管阀故障的保护（在阀本体保护和阀控中实现）。晶闸管阀故障包括晶闸管元件、阀阻尼均压回路、触发部件、阀基电子设备以及阀的冷却系统等的故障，承包商应至少（但不限于）对上述故障进行保护。承包商应提供的保护方案至少包括（但不限于）以下各项：

1）晶闸管元件异常的监测保护。当某阀失效的晶闸管元件数量超过冗余数量时，若该阀在解锁状态，应停运此阀组，并采取相应措施，防止晶闸管阀雪崩损坏；若阀在闭锁状态，不应解锁此阀组。晶闸管元件异常报警信号应指明异常元件位置，并上送站监控系统。

2）晶闸管元件过电压保护。

3）阀阻尼回路过应力保护。

4）换流阀点火系统的监测保护。

5）晶闸管结温的监视和保护。承包商应给出晶闸管允许的结温范围，并在结温达到最大允许值时给出报警显示。承包商应确定在这种情形下是否提供限制传输功率的控制功能，以避免晶闸管在高结温下运行。

6）承包商还应根据阀的设计和系统性能要求确定是否提供对大的点火角和运行时间进行限制的保护措施。

（2）换流桥故障的保护。承包商应提供的保护功能至少包括但不限于如下各项：

1）换流器（包括整流和逆变）桥臂短路、6 脉动或 12 脉动换流桥短路的保护。为防止阀短路保护误动，应为此保护增加启动功能。保护的启动功能应与保护功能在硬件上独立配置。

2）阀组过电流保护。

3）换相失败保护（除了换相失败保护外，承包商还应提供快速的控制功能，以尽可能减少换相失败发生的几率）。

4）阀导通不正常保护（包括换流器或其一部分误触发或不触发故障的保护）。

（3）交流侧故障的保护。承包商应至少但不限于对如下方面进行保护：

1）换流变压器阀侧绕组过电压保护。此保护功能作为换流变调压分接头控制的补充保护，应限制分接头的不正常移动，防止可能发生在阀上的过电压。

2）换流变压器阀侧至阀厅内交流连线的接地或相间短路故障的保护。对于换流变压器阀侧的交流连线上发生的接地或相间故障，承包商应根据换流器闭锁、开通的不同状态，采用相应的保护原理和动作。应装设一种保护，用于在阀闭锁状态下对交流连线进行保护。一旦发生故障，禁止阀解锁。

（4）阀厅内接地故障的保护。承包商应针对该保护区域内接地故障提供保护功能。

3.3.2 12 脉动桥连母区保护

承包商应为 12 脉动桥连接母线的开路或接地故障提供 12 脉动桥连接母线保护。

3.3.3 旁路开关区保护

承包商应为旁路开关提供保护。对于旁路开关位于阀厅内和阀厅外这两种不同的设计都提供足够的保护。应根据运行方式确定保护投退原则以及保护的原理和判据。

3.3.4 直流开关场高压区保护

承包商向直流开关场高压区提供的保护至少应包括但不限于极母线故障的保护。高压极母线故障至少包括但不限于保护区内极母线接地故障和极设备故障、闪络或接地故障。承包商应确定其提供的保护在所有运行条件下都能检测到该保护区内的接地故障，并执行必要的清除故障的保护功能。此保护还应能正确地区分站内直流场故障、直流线路故障和直流滤波器故障。承包商应提供的保护方案至少包括但不限于直流过电压保护、直流过电流保护以及持续的直流欠电压保护。

3.3.5 极中性母线区保护

承包商向极中性母线区配置的保护应准确定位本极中性母线的故障，不会影响另外一极的正常运行。

3.3.6 双极区保护

承包商向双极区提供的保护应至少包括但不限于如下方面：

（1）中性母线开路或接地故障的保护。承包商应为中性母线的开路或接地故障提供保护。在金属回线方式下，双极中性母线接地保护区应扩大到当作金属回线导体的那一极直流出线上的直流电流互感器。双极中性母线接地故障保护的保护区应包括站内的中性母线接地刀闸，在金属回线运行时，该刀闸接地，为此应在该接地刀闸与接地点之间配置一只直流电流互感器。承包商应在极的层次上提供足够的保护，以保证在单/双极—大地回线运行情况下，当双极中性母线与接地极之间的连接——接地极引线出现开路时，换流设备免受过应力。此保护也能应用于金属返回运行时金属回线开路的故障下保护中性母线设备。如果接地极连线开路时极被启动（联锁失败），仍应对上述设备提供保护。

（2）站内接地网保护。在双极平衡运行中，由于接地极故障而采用站内接地网做临时接地，承包商还应提出确保系统安全的、与过流原理不同的其他保护方案，供业主认可后采用。为了保护换流站内接地网不流入过量的直流电流，承包商应设置相关的过电流保护，并应考虑相应的测量装置。此保护应监测流入站接地网的电流，如果此电流超过了允许值，则应停运双极。只有在接地极开路而直流系统按双极平衡方式运行时才投入站内接地网保护。上述保护应与相应的控制功能和设备的承受能力合理、准确、协调地配合。

（3）接地极引线接地故障的保护。承包商应提供一种保护系统，保证能检测到接地极引线故障。此保护应基于阻抗测量原理或者承包商建议的其他原理。其工作原理应使得当特高压直流输电系统以任何允许的运行方式运行时，都不会引起此保护误动作。

（4）接地极引线开路保护。接地极引线开路故障的检测应基于对中性母线过电压的检测。其保护的输出应为：如果运行在双极平衡方式下，则应合上站内接地刀闸；如果单极运行时，则应停运直流系统。

（5）接地极引线过负荷的保护。当两条并联的接地极引线中任何一条导线开路导致另一条导线中的电流达到某一数值，并且持续时间超过预定值，保护应发出报警信号。如果该导线中的电流超过上述数值的时间持续到下一个时间定值，应使该极电流自动下降到一个安全值，并发出保护告警信号。此电流门槛值和时间持续值应可以整定。

（6）接地极引线的横差电流监视。承包商应提供对两条并联接地极引线导线电流的横差电流监视的功能。正常情况下，两条并联导线中的电流应当相等。但是，如果这两条导线之一发生了金属性接地故障，在单极运行时就可能观察到基于故障点的位置及故障点的阻抗大小的、足够大的差流。单极运行时，一条导线开路也会引起差流。当此差流超过预定值时就应报警。承包商应对此保护的精度以及可保护的范围给予说明。

3.3.7 直流线路区保护

承包商应为每一极线提供直流线路故障保护所需的全部装置，直流保护中再启动功能应可以由运行人员在运行人员工作站上方便地投退，以满足线路带电作业等需求。承包商向直流线路区提供的保护至少应包括（但不限于）如下方面：

（1）直流输电线路的金属性短路高阻接地故障或开路故障时的保护。保护应能检测到两换流站之间极线上任何一点发生的金属接地、高阻接地或断线故障。此保护装置应采用波前测量技术检测换流极所连极线上的故障。承包商应为每极分别配置多重化高速保护，并且应另外配置一些保护以检测上述高速保护测不到的持续性故障。承包商在保护原理的设计上应考虑双极同时故障的可能性，并为其提供安全可靠的保护。在直流场范围内发生接地故障（包括直流滤波器接地故障）时，直流线路保护装置不应动作；同样，直流线路发生故障时，直流场内有关的保护也不应误动。另一极极线上发生故障时，本极线的直流线路保护装置不应动作。在由于交流系统扰动引起的直流欠电压情况下，直流线路保护装置或者相关的直流欠电压保护都不应动作。这些扰动包括延时清除的换流母线单相金属对地短路故障，以及按正常时序清除的换流母线金属性三相对地短路故障。此外，不管在与哪个换流站相连的交流系统中发生上述交流故障，且不论两换流站之间的通信系统是否退出运行，上述保护都应当适用。应允许零次、一或两次全压再启动，其去游离时间应能在100～500ms独立地进行整定（其离散变化最大为10ms）。全压再启动的次数应由业主的工程师事先选定。如果全压再启动次数已达到整定次数，但因故障仍存在而未能成功，直流线路保护应能实现按预先设置的降压参考值进行降压再启动。保护还应能进行预先设置，允许在第一次故障后或者全压再启动不成功时立即进行降压再启动。承包商设计的每次再启动（包括降压再启动）的去游离时间应具有灵活性，即不同次数的再启动自动按照预置的不同的去游离时间控制，以期促进再启动的成功。对于通过控制作用清除不了的持续故障，保护应将故障极线隔离。在直流线路开路情况下，若运行人员意外地启动相应的阀组，为了避免此种情况下设备遭受直流过电压，承包商应配置适当的保护。此保护也应对直流线路在运行中发生的开路故障进行保护。

（2）金属回线导体故障（含开路、接地故障）的保护。金属回线运行方式下，应设有保护来尽可能地保护作为金属回线导体的直流线路。此保护应包括接地站侧的线路电流互感器之间的横差保护、两换流站之间的纵差保护，以及承包商提供的新型保护。金属返回线开路故障的检测应基于对中性母线过电压的检测，保护的输出应为停运直流系统。

（3）碰线保护。承包商应提供直流输电线路与其他交流输电线路发生碰接故障的保护。对于直流线路与其他交流线路之间发生的碰线故障，直流线路保护应能正确响应。在这种情况下，直流线路保护应能识别发生了碰线故障，并应在两换流站将受影响的换流极停运并隔离。这种保护必须确保直流换流阀、直流线路和开关场设备不受损坏，并保证不启动直流线路故障后的再启动保护程序。

（4）直流谐波保护。承包商应设置直流电压或电流产生异常谐波的保护，以作为直流线路感应 50Hz、100Hz 的保护，以及换相失败或交流系统扰动的后备保护。对于某端换流站的故障（如丢失脉冲、换相失败等）在直流线路上引起的谐波，只能该端保护动作，对端保护不应动作。

3.3.8 直流滤波器保护

承包商应为直流滤波器的每一部分提供足够的保护系统。对于直流滤波器的电容器、电抗器及电阻器等部件，承包商应根据所供元件的类型配置必要的保护。这些保护应能保护所有元件免遭由于谐波电流超标或者由于过电压而产生的过应力。承包商应提供对直流滤波器状态的监视保护，即应对电容器不平衡电流、滤波器失谐状态以及可能产生的谐振等进行保护监视，并通过上述检测和监视至少提供但不限于如下保护方案。

（1）差动保护。承包商应为直流滤波器配置差动保护，监测直流滤波器保护区域的接地故障。

（2）过负荷保护。承包商应为直流滤波配置过负荷保护，监测直流滤波器的过负荷，避免直流滤波器过应力。

（3）电容器不平衡保护（或者承包商提出相当的或更有效的其他保护方式经业主认可）。对于内熔丝电容器，通常应配置三段电容器元件故障保护。对于无熔丝电容器，应配置对三段电容器单元故障的保护。第一段动作应发出报警信号，且滤波器支路仍应继续运行。此滤波器支路在检修之前至少还能连续再运行两个星期。第二段动作应发出其自己的报警信号，并在延迟 2h 后发出切除此滤波器支路的跳闸信号。如果电容值改变以后电容器还继续运行，并且不损坏任何一个设备，也就不必发出跳闸信号。此外，还应提供直流滤波器失谐的报警信号。第三段动作应立即切除滤波器支路。其选择的跳闸整定值应能避免许多电容器单元雪崩损坏，不得比发出第二段报警信号时损坏的电容器还少。在使用无熔丝或内熔丝电容器的情况下，应提供适当设备，用以在不带电，并且电容器单元未断开的情况下对电容器组或其任何部分的故障电容器进行检测和定位。使用内熔丝电容器的滤波器支路可以考虑在年底检修时重新调谐，以便允许偶然的元件失效而无需更换电容器单元。

3.3.9 换流变压器区保护

换流变压器保护应单独设置，其各重保护应分别接用独立的蓄电池组、电流互感器二次绕组和控制电缆。交流、直流电源也应彼此独立。保护屏的跳闸出口回路应分别交叉连接至两台断路器的两组跳闸线圈及两组直流控制系统。每一保护屏上的保护出口同时启动两组跳圈及双重化的直流控制系统。

保护出口应有足够的接点以满足下列要求：① 两台双跳闸线圈断路器的跳闸；② 至双重直流控制系统中闭锁有关的12脉动换流桥；③ 启动500kV断路器失灵保护；④ 闭锁重合闸。

承包商应为每个保护屏柜的保护跳闸出口配置明显可见的硬压板，便于检修人员确认保护投退状态。承包商应为换流变压器电量保护和非电量（本体）保护提供相对独立的保护出口。保护动作输出触点还应包括用于显示保护动作的信号触点和用于现场信号、远动信号、事件记录及启动暂态故障记录的触点。换流变压器保护应能上站LAN网，并通过站LAN网与站监控系统和保护故障录波信息管理子站交换信息。

跳闸出口与事故告警接点应带有自保持，在直流110V，1A的电感回路（T=5ms）的情况下，每一个接点的开断容量应不小于50W（跳闸触点）或30W（告警触点），除启动断路器失灵的触点外，一旦继电器励磁，即使后来保护的直流电源消失，跳闸及告警触点的状态也应自保持。

在励磁涌流以及外部故障电流所产生的稳态和暂态谐波分量以及直流电流分量的影响下，保护装置不应误动。在暂态过程中，所有的保护继电器应快速动作而不受TA饱和的影响，甚至在最严重的外部故障情况下，保护仍能正确工作而不误动。保护应适用于TPY型电流互感器和电容式电压互感器，即使在仪用互感器处于暂态过程，保护仍应可靠地工作。承包商向换流变压器提供的保护应至少包括（但不限于）如下方面：

（1）差动保护。每台换流变压器的每重保护都应配置换流引线差动保护、换流变压器差动保护、换流引线和换流变压器差动保护。差动保护应提供防止谐波误动的制动方案，以及防止外部故障误动的制动绕组（每侧），有带负荷抽头调节的可调节比例制动。应为每一个TA回路提供一个单独的制动绕组，不应使用TA“和电流”的制动绕组。如果承包商采用数字保护，则允许采用软件来实现此功能。差动继电器的电流整定可在0.1～1A范围内可调。差动保护的动作时间应在大于等于1.5倍电流整定值（I_{set}）时小于20ms。除了带制动特性的主差动单元外，应含有高定值并且不带制动限制的瞬时差动单元，瞬时差动单元的动作电流为8～20倍额定电流（I_N）。二次电流在0.1～2.0A范围内能保持平衡。为了在电流的幅值及相角上匹配，应有辅助TA。辅助TA的热稳定电流为连续2A，相对额定电流的饱和电流倍数不小于20。

（2）换流变压器绕组保护。承包商应为每个换流变压器提供线圈内部接地短路、匝间短路的保护。

（3）过电流保护。三相过电流保护（每相一个电流元件）安装在 500kV 交流侧，当变压器发生故障、过流保护动作时，跳交流系统侧开关，并闭锁相应 12 脉动换流器。电流元件的整定范围为 0.5～1.5A，时间元件的整定范围为 0.1～10s。变压器饱和保护尽可能采用直流 TA。

（4）换流引线过电压保护。承包商应为换流引线提供过电压保护。

（5）过励磁保护。保护应能在变压器过电压期间防止变压器过励磁，并通过测量电压和频率不间断地监视过励磁。保护应有两个过励磁整定值：第一个整定值用来启动报警；第二个定值应与换流变压器的过励磁特性曲线相配合，用于跳闸。保护还应配有试验插件，用于试验及监视电压、电流。

（6）饱和保护。变压器饱和保护应能保护变压器由于下列情况引起的饱和：过励磁，点火角不平衡使变压器中直流电流饱和，大地回线运行方式下直流电流在变压器中的分流。保护应有两级：第一级给出告警信号，第二级仅在饱和严重乃至危及变压器时给出跳闸信号。

（7）零序电流保护。此保护装在换流变交流系统侧星形接线中性点处，作为变压器及 500kV 交流侧引线单相接地故障的后备保护。保护动作后跳交流侧开关并闭锁相应 12 脉动换流器。保护具有二次谐波制动特性，制动比为基波的 20%～50%，并且可以调节。电流元件整定范围为 0.1～1A，时间元件整定范围为 0.1～10s。

（8）阀侧中性点偏移保护（零序电压）。中性点偏移保护由过电压继电器与时间元件构成。过电压继电器在阀闭锁时检测换流变压器阀侧线圈的三相电压。保护应在零序电压超过整定值时禁止阀组解锁并报警。一旦阀解锁，该保护即退出。

（9）热过负荷保护。热过负荷保护动作后发告警信号。电流继电器整定范围 0.3～1.5A，时间元件整定范围 1～10s。

（10）变压器本体保护。下列保护应由变压器制造厂商提供，但所有必要的与这些元件相连的信号指示器、跳闸继电器、告警继电器以及安装这些继电器的屏均应由承包商提供。保护至少应包括但不限于：① 重瓦斯（包括调压部分）；② 轻瓦斯（包括调压部分）；③ 压力释放；④ 油位低；⑤ 油温高；⑥ 绕组温度高；⑦ 油流继电器；⑧ 冷却系统交流电源故障；⑨ 冷却系统故障（含风扇、泵等故障）；⑩ 备用冷却系统投运（报警）；⑪ 有载调压开关动作；⑫ 有载调压开关重瓦斯；⑬ 有载调压开关轻瓦斯；⑭ 有载调压开关压力释放；⑮ 有载调压开关油位低；⑯ 抽头位置不一致（报警）；⑰ 抽头变比时延指示；⑱ 有载调压开关交流或直流电源故障。重瓦斯、压力释放、有载调压保护均应无延时动作，油温高、绕组温度高等保护应带时延动作，此两类保护均应启动独立的由承包商提供的出口继电器，跳开变压器的所有断路器及闭锁相应 12 脉动换流器，但不启动断路器失灵保护。其他保护仅由承包商提供的接口继电器发告警信号，但不跳闸。承包商必须充分考虑换流变压器有载调压开关不到位的情况，并提供相应的保护措施，避免造成设备损坏和不必要的直流系统停运。

（11）单断路器跳闸功能。承包商应提供用于监视换流站的单断路器运行方式的功能。当任何一种保护动作或任何原因引起单断路器运行方式下的单断路器跳开时，应立即发出相应 12 脉动换流器闭锁的命令。如果换流站为单断路器方式时，该功能应禁止相关断路器的手动跳闸。在变压器只有一个单断路器电源供电时，监视应足以识别下述运行状态并正确地闭锁换流器：① 在换流变压器间隔中有一个断路器处于断开状态，母线保护动作跳开另一个断路器；② 一个半断路器的换流变压器馈线间隔中间断路器失灵保护动作；③ 一个半断路器接线母线保护启动后，换流变压器馈线间隔中母线侧断路器失灵保护动作；④ 逆变站两条进线中的一条处于维修状态时发生单馈线跳闸，此工况尤其重要；⑤ 靠近换流变压器侧的母线退出运行时，任何原因导致的变压器馈线断路器跳闸；⑥ 其他工况导致的变压器单断路器馈线的断路器跳开。单断路器跳闸功能的逻辑设计还应考虑通过 500kV 线路与换流站连接的相关变电所及其线路保护以及通信接口装置的情况，具体实现逻辑及保护要求将在联合设计中讨论确定。该功能应为双重化配置以达到必要的冗余。各重配置都应能启动对双重化的每重 HVDC 控制系统的闭锁。

3.3.10 交流滤波器和并联电容器保护

3.3.10.1 概述

交流滤波器保护应单独设置。各交流滤波器或并联电容器分组的每一部件都应得到保护，使其不被过电流、过电压、过负荷所损坏。承包商应当为失去电容器或电容器元件以及接地等故障提供保护。当交流系统频率变化时，不应发出切除滤波器或并联电容器的信号，但当电容器元件故障报警第二段动作时本规范所允许的情况除外。承包商还应为交流滤波器的电抗器及电阻器配置所有必需的保护，这些保护应适应所供元件的类型。在交流滤波器分组中，由过电流、接地故障及电容器元件故障所引起的保护跳闸只应跳开此分组的断路器。过电压保护动作则应跳开整组以及各分组的断路器。

承包商应为每个保护屏柜的保护出口配置明显可见的硬压板，便于检修人员确认保护投退状态。交流滤波器保护应通过站 LAN 网与站监控系统和保护故障录波信息管理子站交换信息。由设备故障引起的保护跳闸应要求在保护盘上手动复归此保护继电器。各保护跳闸应分别报警。

3.3.10.2 交流滤波器大组及分组保护

承包商应为每个交流滤波器大组和分组配置保护，提供的保护方案至少包括但不限于如下方面。

（1）滤波器大组保护。

1）滤波器母线差动保护。保护范围包括大组母线和交流滤波器分组之间的范围，保护用于大组母线和滤波器分组连线之间的故障。

2）滤波器母线过电压保护。该保护功能用于避免对交流滤波器组、并联电容器组造成损坏的严重的交流持续过电压。

（2）滤波器/电容器分组保护。

1）滤波器差动保护。保护用于检测交流滤波器分组、并联电容器组的内部接地和相间短路故障。

2）过电流保护。保护滤波器分组或并联电容器组，防止过电流的损坏。

3）零序电流保护。保护交流滤波器小组，使其免受短路故障的损坏。

4）滤波器失谐监视。检测滤波器元件早期的细小变化。

5）断路器失灵保护。各滤波器分组的保护柜都应配置该分组断路器的失灵保护。失灵保护应有电流继电器判别断路器的失灵，并具有短延时（0.1～1.0s 可整定，级差 0.01s），失灵保护动作应跳闸相应的 500kV 串上的两个断路器。

6）高通滤波器低压电容器不平衡保护。当高通（HP3）滤波器低压电容器为 H 桥结构时，应配置不平衡保护，避免由于元件故障造成电容器雪崩损坏。

7）多调谐滤波器内电抗器支路过负荷保护。保护小组内的电抗器免受热损坏。

8）电阻支路谐波过负荷保护。保护小组内的电阻避免受热损坏。

9）高通滤波器低压电容器保护。保护低压端的电容器。

10）电容器不平衡保护。对于电容器不平衡电流监视和保护，承包商应配置失去内、外熔丝电容器元件的保护。此保护的整定值应基于这样一种假定，即假定所有的故障都发生在一只电容器中的同一组并联元件上；此定值的选择应使得电容器介质所承受的应力不会超过根据第 6.6.2 节所给出的降低额定曲线所设计的额定值。三段电容器元件故障检测应按以下规定配置：

第一段：第一段检测动作只发出警告信号。第一段定值的选择应使得在任何运行条件下，只要频率的变化在其连续运行范围之内，承受应力最高的电容元件上的电压应力都不应超过所设计的连续额定应力。承受最高应力的电容器元件上的电压应力在短时频率偏移的情况下不应超过所设计的额定应力乘以允许的减小定额系数。第一段报警的情况下，滤波器或电容器分组还应能继续运行。

第二段：第二段检测动作应立即报警，并经过 2h 的时延后跳开分组。第二段定值的选择应当使得在所有运行条件下，假设频率在正常连续变化范围内变化，承受最高应力的电容元件上的电压应力不应超过设计的额定连续应力乘以坚持运行 2h 所允许的减少定额系数。承包商应对过负荷各元件故障保护进行协调，使得从第二段动作至第二段发出跳闸信号之间的2h时间内，如果又发生过负荷，在这种情况下，承受最高应力的电容器元件上的电压应力也不超过设计定额。如果在这2h期间，滤波器或电容器分组上的过负荷已超过了假设频率在正常连续变化范围内、在任何直流运行条件下所承担的负荷，在这种情况下，也允许切除此滤波器或电容器分组。如果故障的元件数小于启动第一段报警所需要的数目的两倍，则不应产生第二段报警信号。如果由于电容器堆的另一部分的电容元件故障而使不平衡条件消失了，则第二段报警及跳闸的定时不应被复位。

第三段：第三段动作应立即切除该分组。其定值的选择应能避免电容元件雪崩损坏，但不应比启动第二段报警所需故障元件数还少。另外，承受最高应力的电容器元件上的电压应力，不应超过假定频率在正常连续变化范围内所设计的连续额定应力的两倍。可以考虑在年度检修时对使用内熔丝电容器的滤波支路进行重新调谐，以便容许元件的随机性失效而不需要更换电容器。对于内熔丝电容器，应配备有关试验设备，在电容器元件不带电且不断开的情况下寻找电容器中的故障元件。对于电容器元件故障类型，承包商可以提出替代的定值选择方法，但这样的建议必须伴有支持理论及计算，且必须经业主批准。

11）交流滤波器组和并联电容器引线保护。用于交流滤波器大组退出运行时保护大组滤波器引线。在大组滤波器退出运行时启动该保护功能。

3.3.10.3 交流系统故障相关的保护

承包商应至少但不限于对下述方面进行保护：① 交流系统功率振荡或次同步振荡并且直流控制不足以抑制的情况下对直流系统产生的扰动；② 交流系统故障，包括换流站远端交流系统短路故障、换流母线故障等，对直流系统产生的扰动；③ 交流系统持续的扰动对直流系统产生的扰动；④ 换流站内交流母线电压的欠电压和过电压。

承包商提供的保护应能对换流站内交流母线电压的欠电压和过电压进行监测，当直流控制不能抑制系统恶化时，应启动相应的分段保护和补救措施，力图将母线电压维持在正常范围内。当过电压发生时，首先应切除并联电容器分支，必要时还可一组一组地切除交流滤波器，直至交流电压恢复到正常范围内；当欠电压发生时，首先应切除当时所连接的所有并联电抗器。如果这不可能，或是仍不能将电压恢复到所要求的范围内，则应降低直流功率，直至电压恢复到正常范围内。当为了减轻过电压现象已将所有交流滤波器切除时，或者当欠电压已持续一个很长的时间时，可能需要将直流停运。但上述这些保护不应一开始就直接采取停运和闭锁直流的动作。承包商应区别不同的故障工况，在必要时考虑立即停运直流系统。

3.3.10.4 辅助设备保护

承包商应为其所提供的所有辅助设备配置监视和保护装置。当失去备用时保护应报警。当辅助设备的功能失效，致使它所服务的设备可能遭受过应力时，保护应发出跳闸信号。承包商应至少但不限于对下述内容提供保护或监视信号：

（1）换流变压器消防。

（2）控制楼火警。

（3）阀冷却水的电导率。

（4）晶闸管监视系统。

（5）阀冷却设备。

（6）阀厅空调系统。

（7）变压器及电抗器的冷却设备。

（8）开关的空气压缩系统。

（9）断路器内 SF_6 压力监视。

（10）换流变压器干式套管压力监视（如果有）。

（11）站用电系统。

（12）蓄电池及其充电系统。

（13）不停电电源系统（UPS）。

3.3.10.5　其他保护

承包商应充分考虑各种直流系统故障和不正常状态，并提供相应的保护功能，以避免其对整个系统造成破坏。这些故障或干扰至少包括但不限于：直流甩负荷对直流系统产生的扰动、直流控制系统误动对直流系统产生的扰动、直流系统或设备在动态过程中发生故障。

承包商应给出控制和保护柜中的最大允许温度，应对带有微处理器的屏柜进行温度监视，当超过最大值时应报警显示。承包商应提供为保证所有设备都能得到完善的保护所必需的其他保护。

3.4　性能要求

承包商应提供高可靠性、便于维修的保护设备。其性能应严格满足但不限于规范书的要求。装置的技术性能在运行中所有可能遇到的情况下都应满足保护的速动性、可靠性、灵敏性和选择性的要求。

3.4.1　速动性、可靠性和选择性

承包商应保证其所供给的所有设备受到全面的保护而免受过应力。保护系统应保证故障设备在最短时间内退出运行；运行不正常的设备应迅速退出运行，所受应力在最短时间内降至最低；设备故障或不正常状态对系统及其他设备的影响最小。换流站间的通信系统可以被用来执行由故障启动的保护操作顺序和优化故障清除后的恢复过

程，即使得故障持续时间最短，故障清除后系统恢复时间最短。

承包商向任何设备或保护区域提供的保护功能及配置必须具有高度的安全性、可靠性和选择性，并且保证：在所有可能的运行工况下，保护准确、及时地动作；保护动作只切除故障区域；不发生拒动和误动；不发生由保护装置本身故障而导致的不必要的系统停运。如果保护联锁控制失效，保护系统应将设备遭受过应力的危险程度减至最小。承包商应保证在两站失去通信时，故障情况下保护仍能使对系统的扰动减至最小，并使设备免受过应力，保证系统安全运行。当某一极断电并隔离后，停运设备区的保护系统不应向已断电的极或可能在运行的另一极发出没有必要的跳闸或操作顺序信号。承包商应特别注意所设置的交、直流系统保护监测信号在系统中可能发生的谐振，应避免由于保护监测量值谐振而引起的保护误动，或区内故障区外保护动作的错误。

3.4.2　系统自诊断

直流保护应具备有效的自诊断功能，承包商应保证其提供的保护系统的自诊断覆盖率达到 100%，即自检应能覆盖从测量二次线圈开始包括完整的测量回路，信号输入、输出回路，通信回路，主机和所有相关的直流控制保护系统设备，不应有监测不到的保护系统的自身故障或不正常状态。所有自诊断的警告、报警、切除等信号应分别传送给站监控系统和直流保护故障录波主分析站，并应指明发出信号的模块（最小可更换元件）及其确切位置或编号。

3.4.3　系统抗干扰

直流系统的保护电路（包括处于高电位的阀点火保护电路部分）都应符合相关的抗干扰性能的国际标准，DL/T 713—2000《500kV 变电所保护和控制设备抗扰度要求》抗干扰要求。直流控制保护系统应能但不限于抵抗自 7.2.4.6 节所述干扰源的干扰。

承包商所提供的带电可插拔器件在插拔过程中不应引起控制保护系统的误动或拒动，并且不应影响系统安全性。如果此种器件在带电插拔过程中干扰了控制保护系统和整个直流系统的安全运行，承包商应对业主给予相应赔偿，并无偿为业主提供补充设计、供货、安装或修改，以及再试验和验收，并经业主认可。

3.4.4　系统扩展考虑

承包商应使扩展新保护功能的程序和硬件要求与其提供的保护系统一致。承包商应提供足够的空间和处理器容量，以便今后业主在不对硬件和软件作大的变动的情况下，进行直流保护系统功能的扩展。

承包商应给出直流保护软件系统中各程序段和主要功能的时间周期。为了方便地在直流保护中扩展新的功能，以适应将来交流系统的发展和变化，保护装置应具备如下特性：

（1）系统的 CPU 占空比应该在 50%以下。

（2）应用软件应采用模块化的结构，支持用户软件扩充和增加新的功能。

（3）保护系统应预留 15%的开关量、模拟量输入、输出端口。

（4）硬件结构应该是开放的，应为增加新的电路留有足够的余地。

3.4.5 系统维修考虑

承包商应提供用于测试所有保护系统所需的试验装置、监视装置以及其他有关设备。这些设备应能安全地、综合地并高效地进行测试，且无需解除联锁或断开连线，也无影响其他设备运行的危险。在考虑这些设备的质量和数量时，应以检修直流控制和保护系统所需停运时间尽可能短为原则。

应有可能在多重化的一重保护装置上进行检修或改变参数，而同一极的其他重保护仍旧继续运行，并且不应对该极的传输功率产生任何扰动。应该配置一个简单的模拟装置用于测试直流保护系统的功能，此模拟装置应与直流保护系统在硬件上进行集成，以便对这些电路、软件及参数进行测试时无需从柜中拔出器件。

第3章 特高压直流示范工程工程设计

第1节　换流站接入系统研究

课题一　复龙换流站接入系统研究

“金沙江一期送电华中、华东±800kV直流输电工程”可行性研究工作于2005年10月已圆满结束。根据金沙江一期输变电工程的特点和输电系统规划设计研究成果，为做到送端系统统筹规划、统一考虑、协调发展，送端交流网架、送端换流站大量的系统论证研究工作主要从以下四个方面进行了详细研究：① 送端换流站站址总体方案论证；② 送端交流网架方案论证；③ 送端换流站接入系统设计；④ 溪洛渡、向家坝电站机组机电参数配合研究。

通过以上四个方面的研究论证，取得了以下主要工作成果：

（1）从送端网架方案整体优化出发，统筹规划，统一优化比选，通过对各站址组合方案进行综合技术经济比较，提出技术上和经济上占较大优势的最优组合站址方案。

（2）通过对金沙江一期向家坝、溪洛渡电站群送出网络进行了多方案的技术经济论证，提出了送端交流网架的推荐方案。

（3）根据换流站接入系统推荐方案，对送端3个换流站开展了接入系统设计工作，提出了送端交流系统对直流送出工程的要求和换流站的主要技术参数。

（4）根据金沙江一期工程可研阶段的推荐方案，在可研工作基础上对溪洛渡、向家坝水电站的机电参数进行了详细的研究，结合机组设备的制造要求，提出了系统对水电站水轮发电机组设备的基本参数要求。

金沙江特高压直流可行性研究的系统论证工作的开展，为直流系统接入交流系统边界条件的确定奠定了基础，为直流输电系统功能规范书和设备规范书的编制提供了技术依据。

1　复龙换流站接入系统方案

根据复龙换流站的地理位置和在系统中的作用，并结合金沙江一期电站的地理位置和四川电网情况等因素，为避免潮流迂回、提高系统稳定水平、简化电网结构，经过多方案比较，复龙换流站接入系统方案推荐如下：

复龙换流站出2回500kV线路接至向家坝左岸电站，导线截面为4×720mm²，每回线路长度约15km；出2回500kV线路接至向家坝右岸电站，导线截面为4×720mm²，每回线路长度约12km；出3回500kV线路与四川主网泸州变电站相连，导线截面为4×400mm²，每回线路长度约101km；出2回500kV线路与溪洛渡左换流站相连，导线截面为4×720mm²，每回线路长度约22.7km。

复龙换流站接入系统方案如图1所示。

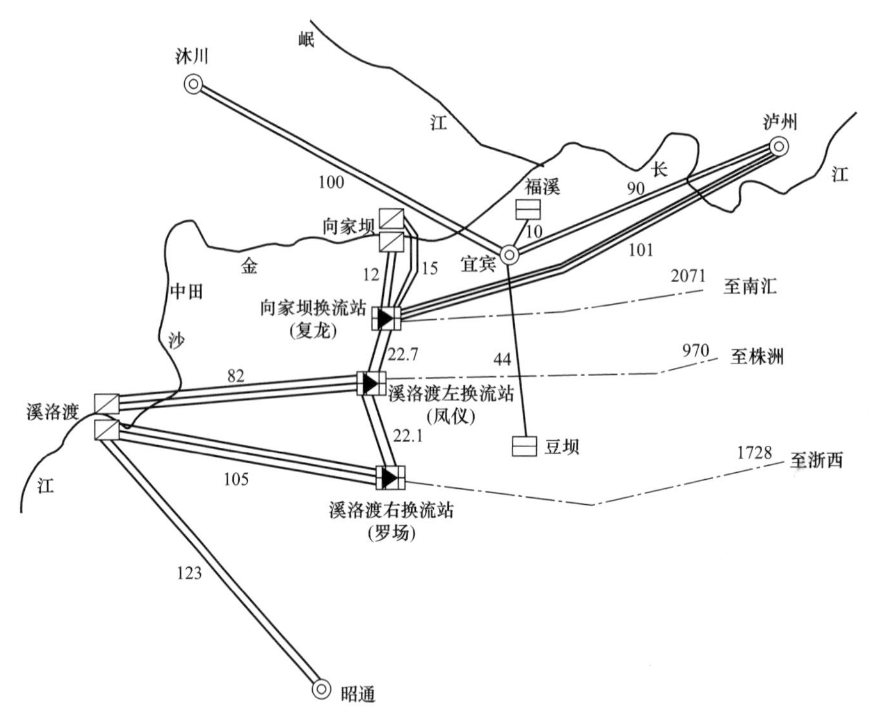

图1 复龙换流站接入系统方案图

复龙换流站具体出线规模为：

本期：500kV交流出线9回：至泸州变电站3回、至向家坝左岸电站2回、至向家坝右岸电站2回、至溪洛渡左换流站2回；±800kV直流出线1回；接地极出线1回。

规划：500kV交流出线10回：至泸州变电站3回、至向家坝左岸电站2回、至向家坝右岸电站2回、至溪洛渡左换流站2回、备用1回；±800kV直流出线1回；接地极出线1回。

2 直流额定运行方式及额定值

2.1 阀组接线

向家坝—上海±800kV特高压直流输电工程额定输送容量为6400MW，直流额定电压±800kV，线路长度约2071km。整流站与逆变站阀组接线推荐采用双极、每极两个 12 脉动阀组串联，高、低压端 12 脉动阀组电压均为±400kV。

2.2　直流运行方式

向家坝—上海±800kV 特高压直流工程考虑的主要运行方式有：① 完整双极运行方式；② 1/2 双极运行方式；③ 完整单极大地回路运行方式；④ 1/2 单极大地回路运行方式；⑤ 完整单极金属回路运行方式；⑥ 1/2 单极金属回路运行方式；⑦ 一极完整、另一极 1/2 的双极运行方式。

2.3　直流过负荷能力

2.3.1　直流长期过负荷能力

向家坝—上海±800kV 特高压直流工程单极长期停运时，若考虑通过交流电网转送停运极 3200MW 功率至华东受端电网，沿途川渝、华中四省及华东电网受入断面的交流线路的有功潮流均小于相应线路的热稳极限输送容量。因此，川渝电网对复龙换流站的长期过负荷能力没有特殊要求。

结合国内外在建或已建直流输电工程长期过负荷能力的设计要求，以及拟开发的 6 英寸阀片的研制情况，建议复龙换流站投入备用冷却设备时，至少应具备 1.05p.u. 长期过负荷能力。

2.3.2　短时（2h）过负荷能力

川渝电网的潮流计算表明，在不考虑复龙换流站过负荷能力的情况下，对于任意一回交流线路故障或任意一回直流单极闭锁（包括复龙换流站直流单极闭锁），各交流线路的输送功率均不超其热稳定极限。

因此，川渝电网对复龙换流站的短期过负荷能力没有特殊要求，建议复龙换流站在不投入备用冷却设备时，至少应具备 1.1p.u.短时（2h）过负荷能力。

2.3.3　暂时过负荷能力

向家坝—上海±800kV 特高压直流工程 1.0～1.5 倍不同的暂态过负荷能力对川电外送稳定极限能力有一定的作用。计算结果表明，复龙换流站暂态过负荷能力为 1.4～1.5 倍时，川电外送的稳定极限能力均可提高约 500MW。

因此建议复龙换流站的暂时过负荷能力在不投入备用冷却设备时，按额定容量 1.4～1.5 倍考虑（具体数值需结合 6 英寸阀片的研发情况确定）。

2.4　直流功率倒送能力

根据向家坝—上海特高压直流工程的建设性质（送电工程），系统对该工程的直流功率倒送能力无特殊要求，以不增加设备额外投资为原则，利用直流设备本身具有的能力。

2.5　直流运行电压

正常运行方式下复龙换流站的直流电压为±800kV，定义在线路端极母线与中性点之间。直流（运行）电压在各种运行方式下考虑各种设备公差后不应高于 816kV 或低于 784kV（直流电压测量误差ΔU_{dmeas}按 0.75%考虑），降压运行方式除外。

如果交流网侧母线电压处于正常连续运行范围内，任何一个完整极都应能至少以正常运行直流电流连续运行在 70%～100%的运行电压下，如果完整单极金属回路 70%降压运行需要额外增加投资，降压水平按不高于 75%考虑。

2.6 直流工程可靠性指标

强迫电能不可用率：不大于 0.5%。

计划电能不可用率：不大于 1%。

每个单极中每个换流器平均强迫停运率：不大于 2 次/年。

单极强迫停运率（每极）：不大于 2 次/年。

双极强迫停运率：不大于 0.05 次/年。

2.7 功率传输能力

系统从复龙至奉贤（正常运行方式）应有如下额定传输能力：

6400MW，双极。

3200MW，单极金属返回。

3200MW，单极大地返回。

额定输送功率（P_N）应为 6400MW（双极）或 3200MW（单极），定义在正常直流电压及正常稳态交流电压范围内复龙换流站整流站的直流线路端。

向家坝—上海±800kV 特高压直流工程对反向输送功率能力没有特殊要求。

2.8 直流系统额定值

直流系统额定容量：6400MW。

直流额定电压：±800kV。

直流额定电流：4000A。

最小直流电流：不小于 400A。

直流线路长度：约 2071km。

直流线路导线型号：ACSR–6×720mm^2。

整流侧额定触发角：α_N=15°。

逆变侧额定熄弧角：γ_N=17°。

3 送端换流站运行条件

3.1 系统潮流计算及分析

金沙江一期送端电网在 2012、2013、2015 和 2017 年各水平年的正常方式、检修方式、特殊运行方式下的潮流计算表明，复龙换流站、溪洛渡左换流站、溪洛渡右换流站 500kV 交流母线的电压水平分别为 523.6～544.2kV、520.7～546.4kV、514.6～

548.1kV。

因此，从金沙江一期送端 3 个换流站换流变压器统一设计角度考虑，并且留有一定的裕度，建议复龙换流站 500kV 交流母线正常运行电压水平考虑为 500～550kV，事故后的电压水平考虑为 475～550kV。

3.2　系统稳定计算及分析

通过向家坝—上海特高压直流工程投产后的 2015 年丰大运行方式下稳定计算，系统仅在金沙江一期直流工程发生双极闭锁时需切除送端金沙江一期水电站 4～5 台机组才能保持系统的稳定；川渝电网主要 500kV 交流线路及特高压交流线路发生三相故障、金沙江一期送端电网 500kV 交流线路发生三相故障以及金沙江一期直流工程发生直流单极闭锁故障时，系统均能保持稳定。在川渝主网的交流线路发生三相故障、金沙江一期送端电网的交流线路发生三相故障和直流单、双极闭锁故障时，复龙换流站的频率正偏差为 0.0558～0.5896Hz，负偏差为–0.0109～–0.3266Hz。考虑适当裕度，建议复龙换流站正常频率波动范围为（50±0.2）Hz，事故后的频率范围为 49.5～51Hz。

3.3　短路电流水平

复龙换流站投产初期（2012 年左右）和远期（2025 年左右）500kV 交流母线的短路电流计算结果见表 1。

表 1　复龙换流站 500kV 交流母线短路水平　kA

短路电流	复龙换流站	备　注
最大三相短路电流	58.6	
最大单相短路电流	62.4	
最小三相短路电流	18.1	2013 年丰大方式，向左、右各开 2 台机，直流双极送电 6400MW，复龙换流站—泸州为 2 线
	13.9	2013 年枯小方式，向左、右各开 1 台机，直流双极送电 640MW，复龙换流站—泸州为 2 线

注　计算时考虑向家坝电站 1/3 升压变压器中性点经小电抗器接地。

复龙换流站 35kV 及 10kV 系统的最大短路电流按 25kA 考虑。

3.4　工频过电压及潜供电流计算

工频过电压计算结果表明，复龙换流站近区 500kV 交流线路在发生单相接地三相跳开和无故障三相跳开故障时，各线路的母线侧或线路侧的工频过电压水平均满足系统运行规程要求。

潜供电流计算结果表明，复龙换流站近区 500kV 交流线路发生单相瞬时接地故障时，故障点无电流间歇时间均小于 0.806s，虽不能满足快速单相重合闸的要求，但经校验，换流站近区交流 500kV 线路在发生单相瞬时、单相永久故障时，不必采用快速重合闸就能够保持系统的暂态稳定，因此不需要采取措施来限制潜供电流。

3.5 交流系统提供和吸收容性无功能力

3.5.1 交流系统提供无功能力

（1）向家坝电站距离 3 个换流站均较近，具有较好地提供无功支持的能力。溪洛渡左、右岸距离换流站有 82～105km，电站送出线路潮流重，无功损耗较大，电站提供给溪洛渡左、右换流站的无功支持能力相对较差。为了减少溪洛渡左、右换流站的无功配置容量，节省投资，减少占地，应将 3 个换流站作为一个整体来考虑系统对换流站的总无功支持能力。

（2）为充分发挥金沙江一期特高压直流输电线路的作用，提高其经济效益，亦为满足四川丰期水电季节性电能外送，减少四川电网丰期水电弃水，溪洛渡、向家坝电站应考虑参与系统丰期调峰。因此在进行换流站参数设计时应以丰期调峰运行方式作为主要控制方式之一来确定换流站的无功配置。

（3）金沙江一期送端交流系统正常接线方式、*N*–1 接线方式及调峰运行方式下的无功平衡计算结果表明，金沙江一期送端交流系统提供给复龙换流站、溪洛渡左换流站和溪洛渡右换流站 3 个换流站的总容性无功能力可以达到 2300Mvar。

（4）考虑到复龙换流站距离电站最近，最有条件接受交流系统提供的容性无功，因此在不影响溪洛渡左、右两个换流站的无功配置的前提下，送端交流系统提供给复龙换流站的容性无功能力可增加到 1000Mvar 左右。

3.5.2 交流系统吸收无功能力

金沙江一期送端交流系统 500kV 线路总长度达 1008km，充电功率共约 1174Mvar。由于枯小方式下，机组出力减少，无功损耗远远小于线路充电功率，会造成无功过剩，需通过电站机组进相和加装高压并联电抗器等无功调节手段加以限制。

枯小方式下金沙江一期送端交流系统的无功平衡表明，送端交流系统对复龙换流站的无功吸收能力为 0。

4 送端换流站无功配置方案

4.1 容性无功配置

（1）无功消耗计算。换流站的无功消耗与直流输送功率、直流电压、直流电流、换相角及换相电抗等因素有关。为了给实际运行留有一定的裕度，需考虑交流母线电压和换流变压器抽头的位置，使得触发角α为 17.5°，同时还要考虑换流变压器阻抗 U_k（%）的设备公差（按±5%考虑）、直流电压测量误差（按±0.75%考虑）、直流电流的测量误差（按±0.3%考虑），以及触发角的控制误差（按±0.2°考虑）等因素，按换流站最大可能的无功消耗来进行设计。

考虑各种设备公差、测量误差等因素，复龙换流站在直流额定功率运行时的最大无功消耗为 3834Mvar［换流变压器 U_k（%）=18］。

（2）换流站容性无功分组容量。根据复龙换流站初期过渡方式和正常方式、N–1 故障方式下各种稳态和暂态电压波动计算结果分析，为满足系统暂态电压变化率、稳态电压波动的要求，复龙换流站最大无功分组容量不应超过 220Mvar。

（3）复龙换流站无功补偿及推荐分组方案：根据换流站需要配置的无功总量以及分组、大组容量的要求，复龙换流站无功补偿考虑按 3080Mvar 左右配置，分 4 个大组、共 14 小组，每小组无功补偿容量暂按 220Mvar 左右考虑。

4.2 感性无功配置

为保证金沙江一期直流工程具有更好地运行灵活性和系统性能，满足直流小方式下（$0.1P_N$、640MW）的感性无功平衡，同时避免增大换流站触发角可能带来的谐波问题，推荐在金沙江一期送端向家坝、溪洛渡左和溪洛渡右 3 个换流站均配置 180Mvar 的感性无功补偿装置。

为了保证站用电的供电质量，提高复龙换流站的可靠性，建议复龙换流站的 180Mvar 感性无功补偿装置以可投切的高压并联电抗器的型式装设在换流站的 500kV 母线。

5 交流系统谐波阻抗

系统谐波阻抗计算是交流系统等值研究的一个组成部分，主要为换流站交流滤波器的设计提供必要的计算条件。

进行系统谐波阻抗扫描时，考虑了复龙换流站在投产后的 2013、2015 和 2017 年等年份丰大、丰小、枯大、枯小运行方式下正常接线和 N–1 接线方式。各次谐波（次数为 N）阻抗的频率扫描范围为（50N–20）Hz～（50N＋20）Hz，频率扫描步长均为 5Hz。通过计算，复龙换流站在交直流并列运行方式下的谐波阻抗计算结果见表 2。

表 2　　复龙换流站交直流并列运行方式下谐波阻抗计算结果

谐波次数	最大阻抗幅值 Z_{max}（p.u.）	最小阻抗幅值 Z_{min}（p.u.）	最大阻抗角 φ_{max}（°）	最小阻抗角 φ_{min}（°）
2 次	0.0168	0.0031	88.7526	65.0971
3 次	0.0323	0.0055	87.6848	65.9605
4 次	0.2650	0.0077	87.9876	30.8698
5 次	0.2150	0.0108	87.4210	–80.7306
6 次	0.2110	0.0077	85.6558	–84.6974
7 次	0.1125	0.0006	80.4802	–86.3687
8 次	0.1348	0.0006	84.2806	–86.2487

续表

谐波次数	最大阻抗幅值 Z_{max}（p.u.）	最小阻抗幅值 Z_{min}（p.u.）	最大阻抗角 φ_{max}（°）	最小阻抗角 φ_{min}（°）
9次	0.1766	0.0002	86.9385	−86.2518
10次	0.2545	0.0002	87.6875	−87.7574
11次	0.1843	0.0001	86.4569	−87.5644
12次	0.1046	0.0006	85.6095	−86.5776
13次	0.1074	0.0002	85.5029	−86.4294
13次以上	0.5629	0.0002	88.2658	−88.5782

课题二　奉贤换流站接入系统研究

1　特高压直流工程换流站落点要求

特高压直流工程输送功率为6400MW，具有输电功率大、电力集中的特点，因此要求直流落点具备以下特点：① 需要距负荷中心较近，能够迅速将电力消化；② 落点与负荷中心间有充足的电网联系，能够将电力分散出去；③ 需要有较强的电网结构，具备足够短路比，使特高压直流能较好地运行。

2　上海电网及直流落点概述

上海电网是华东电网的重要组成部分，处于华东电网的受端位置，是华东地区乃至全国负荷密度最高的负荷中心。

上海电网是一个纯火电系统，最高电压为500kV，目前除石洞口二厂、外高桥电厂二期接入500kV电网外，其余电厂均接入220kV及以下电网。2005年底，上海500kV电网已建成徐行—杨行—外高桥二厂—顾路—杨高—南桥—泗泾—黄渡—徐行双环网，同时通过黄渡—石牌、南桥—王店的双回500kV线路分别与江苏、浙江电网相连，太仓环保电厂通过双回500kV线路接入徐行变电站，另通过葛洲坝—南桥的±500kV直流输电工程与华中电网相联。

2007年，为满足上海受电要求，将形成三个通道（昆太—徐行、石牌—黄渡、嘉善—南桥）受电，内部电网将加强外高桥—顾路断面的输电能力。

2008年结合沪西特高压站和外高桥三期送出工程形成上海东外半环，线路采用大截面导线，对上海南部电网进行结构调整，即新建漕泾—南桥线路后，将嘉善—南桥—三林线路从南桥变脱出，以增强上海受电能力，彻底解决南桥500kV的短路电流问题。

至 2015 年前后，上海电网将通过沪西、沪北两个 1000kV 特高压站与江苏和浙江相连，形成从外省经过两个特高压通道受电的情况。初步考虑断开上海与外省间的交流 500kV 输电通道。

浦东片为上海电网负荷最重的地区，也是上海电网的受端。至 2010 年该地区负荷达 6580MW，至 2015 年将达到 8060MW。因此本直流落点奉贤，将直接满足该地区负荷的需求。

奉贤换流站落点在上海的东南侧，换流站出线三回线直接接入 500kV 南汇变电站。500kV 南汇变电站位于上海电网东南侧外半环的末端，北连 500kV 顾路变电站，西连 500kV 漕泾变电站，并通过漕泾变电站与特高压 1000kV 沪西变电站相联。同时与内环网上的三林变电站相联。在接受了向家坝电站的电力后，将以南汇变电站为中心向上海北部、西部、市中心供电。

根据对华东电网 2015、2020 年高峰、低谷等运行方式下的潮流计算结果，当向家坝至华东直流落点上海奉贤工程建成投产并达到设计输送能力后，华东主网及上海 500kV 环网中的线路潮流输送合理，分布均匀，能满足正常及 *N*–1 方式运行要求。即向家坝至华东直流落点上海南部地区奉贤，能保证金沙江直流电力的顺利消化，电网运行灵活性和远景适应性均较好。

3　奉贤换流站接入系统方案

奉贤换流站本期按照一点接入方案考虑，出线 3 回至规划的 500kV 南汇变电站；并预留今后改为两点接入上海电网的可能性，即 2 回至南汇变电站、2 回至三林变电站。换流站在采用一点接入方案下，其中两回出线导线截面为 $4\times720mm^2$，另一回因有可能方案要过渡至二点接入方案，则考虑与至三林的 500kV 线路相配，采用 $6\times630mm^2$ 截面导线。

4　运行电压

从对本直流工程投产后的潮流计算结果看，在保证发电机组运行在较合理的功率因数，正常运行方式下可将奉贤换流站的 500kV 母线电压基本控制在 510～525kV，考虑不影响换流设备的制造及投资条件下适当增加裕度，建议奉贤换流站 500kV 母线的正常连续运行电压为 490～525kV，换流站交流侧 500kV 母线正常运行电压取 515kV。

根据稳定计算，奉贤换流站周围发生直流或交流系统故障，当故障清除后，换流站的电压恢复情况较好，基本能达到 479kV（0.913p.u.）以上。考虑到电压范围的适当增加不会对换流设备的制造增加困难，设备投资也不会有很多变化，同时参照三沪直流工程，考虑适当裕度并考虑华东电网的运行习惯，建议奉贤换流站 500kV 母线极端运行电压取 475～550kV。

5　系统频率

根据系统实际运行情况，奉贤换流站母线频率正常波动为（50±0.1）Hz，当系统发生事故后频率范围暂定为 49～50.5Hz，故障清除平稳后波动范围为（50±0.2）Hz。

6　短路电流

上海电网是华东的受端电网，由于其负荷密集，电网结构较为紧密，同时由于需从区外受入较多电力，电网与区外的联系也较强，整体看短路电流水平较高。换流站的短路电流水平，一方面受附近电厂的装机容量有所影响，另一方面与其网络接线方式有很大的关系。由于上海电网“十二五”期间将受进较多的区外电力，因此电网自身装机很少。

6.1　小方式短路电流

小方式下的短路电流计算考虑了一般弱方式和极端弱方式两种情况。虽然金沙江—华东第一回直流在 2012 年投产，但是在向家坝水电站建设初期，由于装机不足，电力将无法满送，因此考虑 2015 年为计算水平年。

小方式短路计算选择设计水平年 12 个月中最大负荷最小的一个月安排开机，再考虑水电、抽水蓄能电站、燃气轮机停运下的方式进行计算。

一般弱方式下的短路水平计算是在上述方式下，考虑系统中对短路水平影响较大的某一元件退出运行时计算所得的短路电流。极端弱方式下短路电流水平，则是在一般弱方式下再考虑系统中对短路水平影响较大的某一元件退出运行此时计算所得的短路电流。

2015 年小方式华东电网短路电流计算结果见表 1。

表 1　2015 年奉贤换流站小方式下短路电流水平

网络结构	三相短路电流（kA）	短路比
换流站—南汇 N–1	38.0	5.5
南汇—顾路 N–1	32.8	4.7
南汇—三林 N–1	38.3	5.5
南汇—漕泾 N–1	34.3	5.0
南汇—顾路 N–1，南汇—漕泾 N–1	28.4	4.1

由于本工程投产年在 2012 年，在刚投产时电网的短路电流水平可能还略低于上述

的短路电流水平，如果考虑 2012 年的情况，上海电网的结构基本与 2015 年相当，本地装机也基本相同，因此短路电流水平也基本相似。如果考虑较为极端的情况在 2012 年不考虑漕泾燃机投产的情况，此时在南汇—顾路 *N*–1，南汇—漕泾 *N*–1 的情况下，奉贤换流站的三相短路电流约为 26kA。

6.2 远景短路电流

远景最大短路电流计算水平年选择 2020 年。

2020 年上海奉贤换流站 500kV 母线、南汇变电站 500kV 母线、漕泾变电站 500kV 母线短路电流见表 2。

表 2　　2020 年换流站短路电流计算结果

母　　线	三相短路电流（kA）
换流站 500kV 母线	47
南汇 500kV 母线	47.3
漕泾 500kV 母线	51.4

从表 2 可见，换流站 500kV 交流母线最大短路水平宜按 63kA 考虑。

7 背景谐波

需由专门机构对现有系统背景谐波进行实测分析工作，并进一步推算确定下阶段在直流系统研究中所选用的奉贤换流站 500kV 母线系统背景谐波电压幅值。

8 负序电压

奉贤换流站母线交流系统背景负序工频电压为正序工频电压的 1%。

9 谐波阻抗

奉贤换流站母线交流系统谐波阻抗的扫描计算，需考虑系统的正常运行方式以及部分 *N*–1 运行方式，同时还应考虑换流站附近机组开机发生变化的运行方式。此计算需在下一步工作中进行专题研究，在该研究计算中需要考虑的系统条件如下：

（1）水平年。需要考虑本工程投产年 2012 年，以及考虑直流工程达额定输送功率后 2015 年。

（2）运行方式。在进行交流系统谐波阻抗扫描时需要考虑丰大、丰小、枯大、枯小的系统运行方式，另外还需考虑下面的系统接线方式：

1）正常运行方式；

2）换流站—南汇变电站线路 *N*–1；

3）南汇变电站出线或降压变压器 N–1；

4）在3）的基础上再考虑南汇变电站出线 N–1；

5）南汇—漕泾、漕泾—沪西线路 N–1；

6）对于漕泾燃机电厂考虑开机1～4台390MW（或1～2台1000MW）机组的方式；

7）对于外高桥电厂二期、三期分别考虑开机1～2台900MW机组的方式。

10 工频过电压及潜供电流

由于上海500kV双环网中的线路长度均不超过50km，奉贤换流站与南汇变电站3回500kV交流线路更短，每回仅2km，且系统较强，因此无需采取措施，送电线路的工频过电压就能满足《交流电气装置的过电压保护和绝缘配合》中的有关工频过电压的规定的技术要求，即线路断路器的换流站侧小于1.3p.u.。在直流发生双极闭锁时，换流站的工频过电压值仅为1.029p.u.。潜供电流在重合闸前能自动熄灭。需要注意的是奉贤换流站—南汇变电站3回线中有同杆双回线路，要结合潮流的输送确定线路两侧接地开关的要求。

课题三 苏南换流站接入系统研究

1 特高压直流工程换流站落点要求

特高压直流工程输送功率为6400MW，具有输电功率大、电力集中的特点，因此要求直流落点具备以下特点：① 需要距负荷中心较近，能够迅速将电力消化；② 落点与负荷中心间有充足的电网联系，能够将电力分散出去；③ 需要有较强的电网结构，具备足够短路比，使特高压直流能较好地运行。

江苏电网是华东电网的重要组成部分，包括南京、镇江、常州、无锡、苏州、扬州、泰州、南通、淮阴、宿迁、盐城、徐州和连云港共13个省辖市。

2006年全省全社会最高用电负荷42060MW，用电量为2570亿kWh，分别比上年增长17.39%，17.19%。2006年统调电厂89座，总装机容量47600MW。2006年底江苏电网共有500kV变电站20座（包括三堡变电站）、开关站1座，变压器35台，变电容量27250MVA。500kV直流输电系统换流变压器容量12×297.5MVA（龙政直流）。

2005年底，江苏500kV电网基本形成“三纵三横”的电网结构。2007～2010年，随着苏北新增装机和苏南一批大型电厂建成接入 500kV 电网，江苏电网将得到进一步加强。至 2010 年，江苏 500kV 网架将构建与国家特高压电网相衔接的“四纵四横”的 500kV 江苏主网架，四纵为：三堡—江北—东善桥（大胜关跨越）、双泗—龙潭（三江口跨越）、淮阴—江都—常北、泰兴—斗山（江阴跨越）；四横为：三堡—双泗—上河—盐城、东善桥—龙潭—上党—武北—江阴东—张家港—昆太、溧水—武南—斗山—常熟南—石牌、溧水—锡西南—梅里—苏州西—车坊。至 2020 年，江苏 500kV 的目标网架为“六纵四横”。

苏州电网位于江苏苏南电网东部，近年来苏州地区用电需求一直保持着超常规的强劲增长，电力电量屡创新高。2006 年苏州市全社会最高负荷为 10860MW，网供最高负荷为 10128MW，分别比 2005 年增长了 20%和 23%。根据预测该地区至 2010 年地区负荷达 13500MW，至 2015 年将达到 21090MW。因此本直流落点苏州（吴江），可直接在该地区消纳。

苏南换流站落点在苏州南部的吴江，推荐站址（下亩圩站址）位于现有的 500kV 吴江变电站的西南侧，站址的周围拥有吴江变电站、车坊变电站、苏州西变电站和规划中吴江二变电站等 500kV 变电站。换流站在接受了锦屏电站的电力后，除约 25%～50%电力可在吴江地区直接消纳，其余的送入苏州电网的中心。

根据对华东电网 2015、2020 年高峰、低谷等运行方式下的潮流计算结果，当锦屏至华东直流落点江苏苏南工程建成投产并达到设计输送能力后，华东主网及江苏苏南 500kV 电网中的线路潮流输送合理，分布均匀，能满足正常及 N–1 方式运行要求。即锦屏至华东直流落点江苏苏南地区吴江，能保证锦屏直流电力的顺利消化，电网运行灵活性和远景适应性均较好。

2　苏南换流站接入系统方案

苏南换流站接入系统方案考虑：出线 6 回，至其中 4 回为规划中苏州西变电站至吴江变电站的 2 回 500kV 线路（4×630mm^2）开断接入，其余 2 回为规划中吴江变电站至吴江一变电站的 2 回 500kV 线路中 1 回线路开断接入。现有的车坊变电站至吴江变电站的 2 回 500kV 线路（4×400mm^2），是否需要改造扩容有待进一步分析。

3　运行电压

从对本直流工程投产后的潮流计算结果看，在保证发电机组运行在较合理的功率因数，正常运行方式下可将锦屏换流站的 500kV 母线电压基本控制在 505～520kV，考虑不影响换流设备的制造及投资条件下适当增加裕度，建议锦屏换流站 500kV 母线的正常连续运行电压为 490～525kV，换流站交流侧 500kV 母线正常运行电压取

510kV。

根据稳定计算，锦屏换流站周围发生直流或交流系统故障，当故障清除后，换流站的电压恢复情况较好，基本能达到 490kV（0.93p.u.）以上。

考虑到电压范围的适当增加不会对换流设备的制造增加困难，设备投资也不会有很多变化，同时参照三沪直流工程，考虑适当裕度并考虑华东电网的运行习惯，建议苏南换流站 500kV 母线极端运行电压取 475～550kV。

4　系统频率

根据系统实际运行情况，锦屏换流站母线频率正常波动为（50±0.1）Hz，当系统发生事故后频率范围暂定为（49～50.5）Hz，故障清除平稳后波动范围为（50±0.2）Hz。

5　短路电流

苏南电网是华东的受端电网，同时又是华东电网西电东送的电力通道，电网内的网架结构、电网与区外的联系均较强，整体看短路电流水平较高。

5.1　小方式短路电流

小方式下的短路电流计算考虑了一般弱方式和极端弱方式两种情况。虽然锦屏—华东直流在 2013～2014 年投产，但是在锦屏水电站建设初期，由于装机不足，电力将无法满送，因此考虑 2015 年为计算水平年。

小方式短路计算选择设计水平年 12 个月中最大负荷最小的 1 个月安排开机，再考虑水电、抽水蓄能电站、燃气轮机停运下的方式进行计算。

一般弱方式下的短路水平计算是在上述方式下，考虑系统中对短路水平影响较大的某一元件退出运行时计算所得的短路电流。极端弱方式下短路电流水平，则是在一般弱方式下再考虑系统中对短路水平影响较大的某一元件退出运行此时计算所得的短路电流。

2015 年小方式华东电网短路电流计算结果见表 1。

表 1　　2015 年锦屏换流站小方式下短路电流水平

网 络 结 构	三相短路电流（kA）	短路比
正常运行方式	37.5	5.5
吴江一变电站—车坊变电站线路 N–1	34.7	5.0
苏南换流站—苏州西变电站线路 N–1	36.5	5.3
苏南换流站—苏州西变电站线路 N–1 和车纺变电站—吴江一变电站线路 N–1	31	4.3

5.2 远景短路电流

远景最大短路电流计算水平年选择 2020 年。

2020 年苏南换流站、车坊变电站、苏州西变电站、吴江变电站 500kV 短路电流见表 2。

表 2　　2020 年换流站短路电流计算结果

方　　案	短路电流（kA）	方　　案	短路电流（kA）
苏南直流站	42	苏州西变电站	46
车坊变电站	50	吴江变电站	36

从表 2 中可见，苏南换流站 500kV 交流母线最大短路水平未超过 50kA，但考虑到电网、电源发展的不确定性，苏南换流站 500kV 交流开关的额定开断能力可按 63kA 考虑。

6 背景谐波

需由专门机构对现有系统背景谐波进行实测分析工作，并进一步推算确定下阶段在直流系统研究中所选用的苏南换流站 500kV 母线系统背景谐波电压幅值。

7 负序电压

苏南换流站母线交流系统背景负序工频电压为正序工频电压的 1%。

8 谐波阻抗

苏南换流站母线交流系统谐波阻抗的扫描计算，需考虑系统的正常运行方式以及部分 *N*–1 运行方式，同时还应考虑换流站附近机组开机发生变化的运行方式。此计算需在下一步工作中进行专题研究，在该研究计算中需要考虑的系统条件如下：

（1）水平年。需要考虑本工程投产年 2013～2014 年，以及考虑直流工程满发后 2015 年。

（2）运行方式。在进行交流系统谐波阻抗扫描时需要考虑丰大、丰小、枯大、枯小的系统运行方式，另外还需考虑下面的系统接线方式：

1）正常运行方式；

2）换流站—吴江变电站线路 *N*–1；

3）换流站—苏州西变电站线路 *N*–1；

4）吴江变电站—车坊变电站线路 *N*–1 或降压变压器 *N*–1，或该 2 种条件同时考虑；

5）换流站—苏州西变电站线路 *N*–1、吴江变电站—车坊变电站线路 *N*–1；

6）对于华能太仓电厂考虑开机 1～2 台 600MW 机组的方式；

7）对于常熟二期分别考虑开机 1～3 台 600MW 机组的方式。

9 工频过电压及潜供电流

由于苏南换流站周围 500kV 电网中的线路长度均不超过 50km，苏南换流站至苏州西变电站、苏南换流站至吴江变电站和苏南换流站至吴江二变电站的 500kV 交流线路，分别约为 40km、1km、20～30km，且系统较强。因此无需采取措施，送电线路的工频过电压就能满足《交流电气装置的过电压保护和绝缘配合》中的有关工频过电压的规定的技术要求。需要注意的是苏南换流站至苏州西变电站、苏南换流站至吴江变电站线路是同杆双回线路，下一步要结合潮流的输送情况确定换流站出线两侧接地开关的要求。

课题四 浙西换流站接入系统研究

1 特高压直流工程换流站落点要求

特高压直流工程输送功率为 6400MW，具有输电功率大、电力集中的特点，因此要求直流落点具备以下特点：① 需要距负荷中心较近，能够迅速将电力消化；② 落点与负荷中心间有充足的电网联系，能够将电力分散出去；③ 需要有较强的电网结构，具备足够短路比，使特高压直流能较好的运行。

2 浙江电网及直流落点概述

浙江电网是华东电网的重要组成部分，其供电范围包括杭州、嘉兴、湖州、宁波、绍兴、金华、衢州、丽水、台州、温州和舟山共 11 个地区。

目前浙江电网的最高电压等级为 500kV，通过王店—南桥双回、瓶窑—武南双回、瓶窑—繁昌以及双龙—福州双回共 7 回 500kV 输电线分别与上海市、江苏省、安徽省和福建省相连；浙南、浙北有两个 500kV 通道，浙南地区已成环网结构。

“十一五”期间，浙南电网建设的重点为加快沿海电厂的开发，加强沿海 500kV 外送负荷中心的主通道，建设临海至义乌的两回 500kV 线路，同时为提高丽水、温州地区的供电可靠性，建设双龙—丽水—瓯海的第二回 500kV 线路，使浙南电网完善成双回环网结构，并由“口”字形发展为“日”字形，另外浙江宁波地区还将增加北仑港—观城—绍北，乌沙山（或宁海二期）—嵊县两个送出通道。

2015 年，浙江中部和南部 500kV 电网结构将进一步加强，电网运行的灵活性显著提高。同时，在华东电网特高压双环网主网架形成的基础上，到 2015 年浙江电网境内将建成浙北、金华及温州 3 个特高压站，并通过浙北—芜湖 2 回，浙北—上海西 2 回，金华—南昌 1 回及温州—福州 2 回共 7 回 1000kV 特高压线路与外电网相连。

浙江西部金华地区负荷大，电源缺乏，大量电力需从外区受入。根据负荷预测，2010 及 2015 年金华地区最高供电负荷分别为 3379、4684MW；“十一五”、“十二五”期间的负荷增长率分别为 8.9%、6.75%。因此，浙西直流站建成投运后，溪洛渡水电站送电 6400MW 中的 15%～35%电力可在金华地区直接消纳。浙西换流站落点在浙南电网西部负荷中心的金华地区，该换流站北连 500kV 双龙变电站，南连 500kV 丽水变电站和福建电网 500kV 宁德变电站。浙江电网在接受了溪洛渡电站的电力后，还将有部分电力向福建电网输送。

根据对华东电网 2015、2020 年高峰和低谷等运行方式下的潮流计算结果分析，当溪洛渡至华东直流落点浙西换流站工程建成投产并达到设计输送能力后，华东主网及浙江、福建 500kV 电网中的线路潮流输送合理，分布均匀，能满足正常及 N–1 方式运行要求。即溪洛渡至华东直流落点浙江西部金华地区，能保证溪洛渡水电在华东电网的顺利消化，电网运行灵活性和远景适应性均较好。

3　浙西换流站接入系统方案

根据浙江 500kV 电网规划以及地区电网中各 500kV 变电站实际状况，并结合浙西换流站的选址情况（在金华地区的武义县王宅镇，位于现有的福金线与金温线之间），经详细论证分析推荐换流站的接入系统方案为：将双龙—丽水双回线与双龙—宁德双回线均双回开断接入换流站。形成换流站—双龙 4 回线，换流站—丽水 2 回线，换流站—宁德 2 回线。其交流出线的导线截面与现有的金温线与福金线导线截面选择一致。现有的金温线导线截面为 $4\times400\text{mm}^2$，福金线其中一回线导线截面为 $4\times300\text{mm}^2$，另一回导线截面为 $4\times400\text{mm}^2$。

4　运行电压

从对本直流工程投产后的潮流计算结果看，在保证发电机组运行在较合理的功率因数，正常运行方式下可将浙西换流站的 500kV 母线电压基本控制在 507～514kV 之间，因此换流站交流侧 500kV 母线额定电压可按 510kV 选取。另外根据各方式的潮流计算结果以及华东电网运行习惯，考虑不影响换流设备的制造及投资条件下适当增加裕度，建议浙西换流站 500kV 母线的正常连续运行电压为 490～525kV。根据稳定计算，浙西换流站周围发生直流或交流系统故障清除后，换流站的电压恢复情况较好，基本能达到 488kV（0.931p.u.）以上，考虑到电压范围的适当增加不会对换流设备的制造增加困难，设备投资也不会有很多变化，同时参照三沪直流工程，考虑适当裕度，建议浙西换流站 500kV 母线事故后电压取 475～550kV。

5　系统频率

根据系统实际运行情况，浙西换流站母线频率正常波动为（50±0.1）Hz，当系统发生事故后频率范围暂定为 49～50.5Hz，故障清除平稳后波动范围为（50±0.2）Hz。

6　短路电流

浙江西部地区负荷较大，装机很少，是浙江电网的主要受电区，电网与区外的联系较强，整体看短路电流水平较高。换流站的短路电流水平，一方面受附近电厂的装机容量有所影响，另一方面与其网络接线方式有很大的关系。

6.1　小方式短路电流

小方式下的短路电流计算考虑了一般弱方式和极端弱方式两种情况。虽然金沙江—浙西第一回直流在 2013 年投产，因此考虑 2013 年为计算水平年。

小方式短路计算选择设计水平年 12 个月中最大负荷最小的一个月安排开机，再考虑水电、抽水蓄能电站、燃气轮机停运下的方式进行计算。

一般弱方式下的短路水平计算是在上述方式下，考虑系统中对短路水平影响较大的某一元件退出运行时计算所得的短路电流。极端弱方式下短路电流水平，则是在一般弱方式下再考虑系统中对短路水平影响较大的某一元件退出运行此时计算所得的短路电流。

2013 年小方式浙西换流站短路电流计算结果见表 1。

表 1　　2013 年小方式浙西换流站短路电流计算结果

网　络　结　构	三相短路电流（kA）	短路比
换流站—丽水 N–1	36.6	4.95
换流站—双龙 N–1	38.1	5.15
双龙—义乌 N–1	34.9	4.72
换流站—丽水 N–1，双龙—义乌 N–1	32.6	4.41

2013 年浙西换流站投产初期，在一般弱方式下（线路 N–1）500kV 母线的短路电流水平均大于 25kA，系统短路比也大于 3.5。即使考虑 2013 年浙西换流站至丽水变电站 1 回线及双龙—义乌 1 回线均退出运行的情况下，浙西换流站三相短路电流也有

32.6kA，短路比为 4.41。

因此，从上述计算结果可知，即使考虑系统较为恶劣的运行工况下，浙西换流站的最小短路比也达到 4.41，说明当容量达 6400MW 的直流送入时浙江电网是一个中等强度系统。

6.2 远景短路电流

远景最大短路电流计算水平年选择 2020 年。

2020 年浙西换流站 500kV 母线短路电流见表 2。

表 2　　2020 年换流站短路电流计算结果

母　线	换流站 500kV 母线	双龙 500kV 母线	义乌 500kV 母线	丽水 500kV 母线
短路电流（kA）	36.5	36.8	47	31.5

从表 2 中可见，浙西换流站 500kV 交流母线最大短路水平虽小于 50kA，但为给电网的发展留出裕度，宜按 63kA 考虑。

7　背景谐波

需由专门机构对现有系统背景谐波进行实测分析工作，并进一步推算确定下阶段在直流系统研究中所选用的浙西换流站 500kV 母线系统背景谐波电压幅值。

8　负序电压

浙西换流站母线交流系统背景负序工频电压为正序工频电压的 1%。

9　谐波阻抗

浙西换流站母线交流系统谐波阻抗的扫描计算，需考虑系统的正常运行方式以及部分 *N*–1 运行方式，同时还应考虑换流站附近机组开机发生变化的运行方式。此计算需在下一步工作中进行专题研究，在该研究计算中需要考虑的系统条件如下：

（1）水平年。需要考虑本工程投产年 2013 年，以及考虑直流工程满发后 2015 年。

（2）运行方式。在进行交流系统谐波阻抗扫描时需要考虑丰大、丰小、枯大、枯小的系统运行方式，另外还需考虑下面的系统接线方式：

1）正常运行方式；

2）换流站—双龙变电站线路 *N*–1；

3）双龙变电站出线或降压变压器 *N*–1；

4）在 3）的基础上再考虑双龙变电站出线 *N*–1；

5）在 3）的基础上再考虑换流站—宁德变线路考虑 N–1；

6）对于三门核电考虑开机 1～2 台 1000MW、玉环电厂开机 3～4 台机组的方式。

10 工频过电压及潜供电流

根据现有的高压电抗器配置，双龙—宁德 I 回线（导线截面 4×300mm^2）：宁德侧装有一组 120Mvar 的高压电抗器，其中性点小电抗为 250Ω；双龙侧装有一组 150Mvar 的高压电抗器，其中性点小电抗为 450Ω。

双龙—宁德 II 回线（导线截面 4×400mm^2）：宁德侧装有一组 180Mvar 的高压电抗器，其中性点小电抗为 250Ω；双龙侧装有一组 180Mvar 的高压电抗器，其中性点小电抗为 450Ω。

将换流站开断接入双龙—宁德线路后，换流站—宁德线路的长度与双龙—宁德线路相比有所改变，因此两侧的高压电抗器及中性点小电抗配置需进行校核重新配置。

2015 年浙西换流站开断接入双龙—宁德线路后，相关工频过电压计算结果见表 3。从计算结果来看，宁德—换流站 I 回线路在只有宁德侧有高压电抗器的情况下，工频过电压不会超过规定值；而宁德—换流站 II 回在只有宁德侧有高压电抗器的情况下，工频过电压则将超过规定值，线路侧工频过电压达 1.43；若考虑将该线路双龙侧的一组 180Mvar 的高压电抗器搬至换流站侧，则宁德～换流站 II 回换流站线路侧出现的最高工频过电压可降至 1.33，在规定值以内。

换流站—宁德线路潜供电流计算结果见表 4 和表 5。为将其线路的潜供电流限制在 20A 以下，换流站—宁德 I 、II 回线的高压电抗器及中性点小电抗配置暂考虑如下：换流站—宁德 I 回：宁德侧高压电抗器不变，容量 120Mvar，额定电压 550kV，中性点小电抗需更换，初选阻值为 800Ω，换流站侧暂不装高压电抗器；换流站—宁德 II 回：将原双龙—宁德 II 线双龙侧的高压电抗器及中性点小电抗搬至换流站侧，高压电抗器容量 180Mvar，额定电压 525kV，中性点小电抗为 450Ω；宁德侧高压电抗器不变，容量 180Mvar，额定电压 550kV，中性点小电抗初步计算需退出运行。另经初步计算，在以上高压电抗器及中性点配置方案下，两回线均不会发生谐振。下一步应结合线路的具体长度进行校核计算来最终确定相关电抗参数。

表 3　　　　工频过电压计算结果

运行工况	故障线路	故障类型	相对 550kV 倍数（线路侧）（p.u.）	相对 550kV 倍数（母线侧）（p.u.）
1. 双龙—义乌 I 回线停运	换流站—丽水	换流站侧单相接地三相跳开关	1.26	0.92

续表

运行工况	故障线路	故障类型	相对 550kV 倍数（线路侧）（p.u.）	相对 550kV 倍数（母线侧）（p.u.）
2. 双龙—义乌Ⅰ回线停运	换流站—宁德Ⅰ线（换流站侧无高压电抗器，保留宁德 120Mvar 高压电抗器）	换流站侧单相接地三相跳开关	1.36	0.95
3. 双龙—义乌Ⅰ回线停运	换流站—宁德Ⅱ线（换流站侧无高压电抗器，保留宁德 180Mvar 高压电抗器）	换流站侧单相接地三相跳开关	1.43	0.95
4. 双龙—义乌Ⅰ回线停运	换流站—宁德Ⅱ线（双龙侧的一组 180Mvar 高压电抗器搬至换流站侧，保留宁德 180Mvar 高压电抗器）	换流站侧单相接地三相跳开关	1.33	0.95
5. 换流站—宁德Ⅱ线停运	换流站—宁德Ⅰ线（双龙侧的一组 150Mvar 高压电抗器搬至换流站侧，宁德侧无高压电抗器）	宁德侧单相接地三相跳开关	1.25	0.93

表 4　　浙西换流站潜供电流计算计算结果（换流站—宁德Ⅰ回线）

<table>
<tr><th>运　行　工　况</th><th colspan="2">中性点小电抗（Ω）</th><th>潜供电流有效值（A）</th></tr>
<tr><td rowspan="8">保留宁德侧 120Mvar 高压电抗器，换流站侧不加高压电抗器</td><td>换流站侧</td><td></td><td rowspan="2">28</td></tr>
<tr><td>宁德侧</td><td>250</td></tr>
<tr><td>换流站侧</td><td></td><td rowspan="2">23</td></tr>
<tr><td>宁德侧</td><td>450</td></tr>
<tr><td>换流站侧</td><td></td><td rowspan="2">20.1</td></tr>
<tr><td>宁德侧</td><td>600</td></tr>
<tr><td>换流站侧</td><td></td><td rowspan="2">17.1</td></tr>
<tr><td>宁德侧</td><td>800</td></tr>
<tr><td rowspan="6">将双龙侧的一组 150Mvar 高压电抗器搬至换流站侧，保留宁德侧 120Mvar 高压电抗器</td><td>换流站侧</td><td>450</td><td rowspan="2">3.6</td></tr>
<tr><td>宁德侧</td><td>250</td></tr>
<tr><td>换流站侧</td><td></td><td rowspan="2">28</td></tr>
<tr><td>宁德侧</td><td>250</td></tr>
<tr><td>换流站侧</td><td>450</td><td>13.2</td></tr>
<tr><td>宁德侧</td><td></td><td></td></tr>
</table>

表 5　　浙西换流站潜供电流计算结果（换流站—宁德Ⅱ回线）

运行工况	中性点小电抗（Ω）		潜供电流有效值（A）
将双龙侧的一组 180Mvar 高压电抗器搬至换流站侧，保留宁德侧 180Mvar 高压电抗器	换流站侧		20.1
	宁德侧	250	
	换流站侧	450	6.1
	宁德侧		

第 2 节　换流站平面布置研究及设计

1　换流站平面布置方案介绍

1.1　概述

特高压直流换流站总平面布置总体布局上体现“直流开关场—阀厅、换流变压器—交流配电装置”的流线型布置特点，并结合站址地形、交直流出线方向以及配电装置型式等条件进线综合设计，尽可能做到工艺流程畅顺，技术先进，运行、施工、维护、检修、扩建方便、经济优化等。

1.2　复龙换流站总平面布置介绍

综合考虑换流站各功能区布置和站址外围条件，复龙换流站总平面布置如下：

阀厅采用两重阀阀厅，分别按两极各一个高低压阀厅设置，四个阀厅采用“一”字形布置，设 1 个主控楼和 1 个辅控楼，分别布置在高、低压阀厅之间。主控楼及辅控楼的主要出入口朝向直流场方向，运行人员从直流场方向进入主控楼及辅控楼。每个阀厅的阀冷却设备分别配置三座冷却塔，布置在主控楼、辅控楼的西北面外，紧靠换流变压器防火墙。每个阀厅设置一套空调系统，两台空调机组。空调机组靠近阀厅的东南侧布置。

本站配置 28 台换流变压器和 9 台平波电抗器，其中换流变压器备用 4 台，平波电抗器备用 1 台。24 台换流变压器一字排开布置在阀厅的西北面。

500kV 配电装置采用 GIS 布置，500kV 配电装置母线方向为北偏东 43°，500kV 向西北方向出线。

三台备用换流变压器布置在 500kV 配电装置与换流变压器的搬运轨道之间，另外一台备用换流变压器布置在换流变压器安装、搬运轨道的端头。在 500kV 配电装置与换流变压器的搬运轨道之间还布置有一个事故油池和两个泡沫消防设备间。

交流滤波器布置在 500kV 配电装置的两端。

阀厅的东南侧布置直流场地，直流出线向东南方向。平波电抗器采用干式，不需要设置专用安装及搬运轨道。

站前区布置在南侧，西北面靠近滤波器。站前区内主要布置综合楼、污水处理装置、综合水泵房、工业/消防水池等建构筑物。综合楼是全站主要的标志性建筑之一，布置于进站大门的西侧，其他建筑物布置于综合楼的背后。进站大门采用带监控设备的不锈钢电动伸缩门，不设警卫传达室。进站大门与站内换流变压器运输通道相对应，大门入口向南与进站道路站外改建段相接。

1.3　奉贤换流站总平面布置介绍

综合考虑换流站各功能区布置和站址外围条件，奉贤换流站总平面布置如下：

500kV 交流配电装置采用户内 GIS，布置在站区东侧，本期及远景出线向东出线后折向北；换流变压器和阀厅、控制楼布置在站区中部；500kV 直流场布置在站区西侧，向西出线；4 大组交流滤波器一字集中布置在站区的北侧，通过 GIS 管道引接进串；生产辅助区，包括综合楼、备品备件库、综合泵房、消防泵房、车库等布置于站区东南角；方案中考虑设置两台站用变压器，其中一台布置在交流滤波器场地内，作为一个单元接入交流滤波器大组母线，另一台接入 500kV GIS 母线，通过 GIS 管道布置于 GIS 室与站前区之间；进站道路从南面进站；结合本站站址北侧紧邻浦南运河的特点和大件运输条件，在站区东北面设置一条大件运输道路，换流变压器等大件即可从浦南运河上下船后直接运至站内；继电保护室采用下放布置。

直流滤波器高压电容器采用双塔布置，采用支撑式布置。每极设高、低端阀厅各 1 个，全站共有 4 个阀厅、1 个控制楼和 2 个辅助设备楼，高、低端阀厅采用面对面布置方式，两个低端阀厅背靠背紧挨布置；阀塔采用悬吊式二重阀，每个阀厅内悬吊有 6 个二重阀塔；换流变压器采用单相双绕组型式，与阀厅紧靠布置，阀侧套管直接插入阀厅；主控制楼布置在低端阀厅侧面朝向 500kV 交流场，2 个辅助设备楼分别布置在高端阀厅的侧面。

通过合理布局，换流站占地均位于奉贤区内，无跨区征地等政策性复杂因素。

该方案布置方较为方正，占地较小，换流站内分区明确，布局合理。围墙内占地约 17.2ha。

2　换流站平面布置专题研究

根据不同的地点和设计方案，换流站的布置也各自不同。以下将分课题介绍换流站平面布置方案。

课题一　复龙换流站平面布置研究

1　概述

换流站换流变压器及阀厅布置型式直接影响到总平面的布置及格局，±800kV 特高压直流输电工程又是全新的领域，国内外均没有设计和运行经验可以借鉴，本报告根据近期与厂家的技术交流资料为依据，借鉴国内外±600kV 级以下的阀厅设计经验，根据阀组接线推荐方案、站址情况、噪声控制等方面对换流变压器及阀厅布置进行专题研究，重点从阀塔型式选择，阀厅过电压水平、净距计算、阀厅尺寸、电气布置等各方面详细阐述，报告初步提出±800kV 特高压换流站阀厅的大小以及阀厅的结构型式，包括高压阀厅和低压阀厅，为换流站总平面布置和投资估算提供依据，在通过多方案技术经济比较基础上，推荐对本换流站技术经济较合理的方案。

12 脉动换流单元的换流变压器均采用 Yy、Yd 接线，它们之间形成 30° 相位差。

2　阀厅及换流变压器布置的基础数据

2.1　阀组接线及其电压分配

本工程推荐采用双极、每极 2 组 12 脉动换流阀组串联接线方案，串联阀组电压分配为±400+400kV，每站共 4 组 12 脉动换流阀组。

2.2　换流变压器的台数及接线组别

本工程换流变压器推荐采用单相双绕组换流变压器，全站 24+4（备用）换流变压器。

2.3　阀厅内布置的主要电气设备

阀厅内布置的主要设备为阀塔、阀避雷器、阀桥避雷器（高压阀桥安装，低压阀桥安装 200kV 母线对地避雷器）、换流变压器阀侧套管接地开关、极母线（或 400kV 母线）和±400kV 母线（中性母线）电流测量装置、电压分压器、换流变压器阀侧避雷器（仅仅高端 Y0y 换流变压器阀侧安装、换流变压器阀侧套管、极母线、±400kV 母线、中性母线穿墙套管等设备。

2.4　阀厅内各位置处的过电压水平及空气净距的确定

换流站直流空气净距的选取决定于避雷器参数选择及其在换流站的配置，根据避雷器的配置决定其绝缘水平、阀厅的空气净距的计算结果，考虑一定的裕度后，本工程 800、400kV 阀厅内各关键位置的空气净距工程选用值结果见表 1。

表 1 阀厅内空气净距工程选用值一览表

位置		空气净距（mm）	
		计算值	设计取值
±800kV 阀厅内空气净距			
1	单阀两端	750	800
2	Yy 变压器阀侧相对地	7110	7500
3	Yy 变压器阀侧相对相	1176	2000
4	Yd 变压器阀侧相对地	4720	4800
5	Yd 变压器阀侧，相对相	1176	2000
6	中性极母线对地	399	800
7	高压极母线对地	7191	7500
8	Yy 变压器阀侧相至 Yd 变压器阀侧相	2597	2700
9	平波电抗器极母线对双 12 脉动桥间母线，相对相	2327	2400
±400kV 阀厅内空气净距			
1	单阀两端	750	800
2	Yy 变压器阀侧，相对地	3115	3500
3	Yy 变压器阀侧，相对相	1176	2000
4	Yd 变压器阀侧，相对地	2292	2400
5	Yd 变压器阀侧，相对相	1176	2000
6	中性极母线，对地	399	800
7	高压极母线，对地	2048	2500
8	Yy 变压器阀侧相至 Yd 变压器阀侧相	2597	2700
9	平波电抗器极母线对双 12 脉动桥间母线，相对相	1698	1800

3 换流变压器及阀厅布置方案研究

换流变压器布置、阀厅布置密不可分，两者间应相互协调配合才能达到真正意义上的优化，其优化过程如下：

（1）晶闸管阀元件电气特性研究以确定阀塔的安装尺寸。

（2）阀塔型式研究以确定阀厅的基本尺寸。

（3）阀厅的布置方案研究。

（4）换流变压器的布置方案研究。

3.1 阀厅尺寸的选择

3.1.1 阀的元件数量的初步选择

晶闸管数量的确定由阀的正、反向操作冲击电压，晶闸管元件的正向和反向非重复耐压，并考虑操作波的裕度和电压不均匀分布系数，以及冗余后得到。

晶闸管的冗余度，必须在计划检修周期的 12 个月运行中，阀的冗余量不能用完，假定在周期开始没有损坏的晶闸管，且在连续工作中不更换任何在这周期中损坏的晶闸管，每个阀的冗余度不应小于预计在 12 个月的工作周期中晶闸管级损坏数目的 2.5 倍，也不应小于阀中晶闸管总数的 3%。晶闸管阀避雷器的参数见表 2。

表 2　　晶闸管阀避雷器保护水平

避雷器型号	MCOV/CCOV（kV）	SIPL/配合电流（kV/kA）	LIPL/配合电流（kV/kA）
V2/V1	245	423/4（1）	423/1

晶闸管数量公式如下

$$n_{\min}=\frac{SIPL\times k_{\mathrm{d}}\times k_{\mathrm{im}}}{U_{\mathrm{dsm}}}$$

式中 $SIPL$——阀避雷器操作保护水平（kV）；

k_{d}——操作冲击电压分布不均压系数；

k_{im}——绝缘裕量；

U_{dsm}——反向非重复耐压（操作波）。

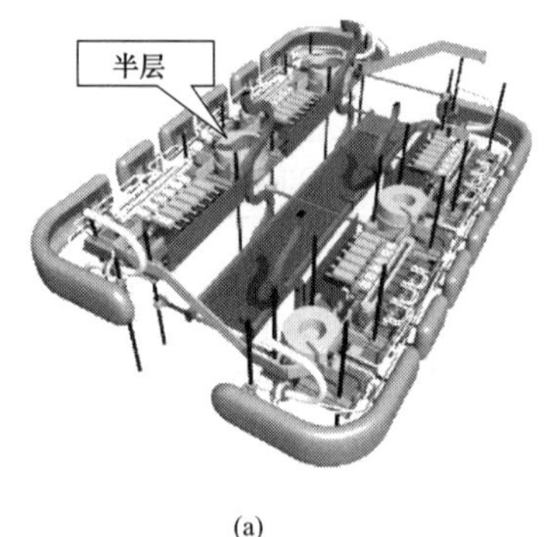

(a)

(b)

图 1　晶闸管阀层外形图

（a）ABB 阀阀层外形图；（b）SIEMENS 阀层外形图

图 1 为 ABB 和 SIMENS 的晶闸管模件的排列外形图，从图中可以看出，ABB 为九个晶闸管（最大数量）及其均压阻尼回路和一个阀电抗器管构成一个组件（ABB 近期工程采用，国内三常、三广以及三沪直流工程一个模件由 6 个晶闸管构成，且 ABB 准备在 6in 阀中采用此模件方案），两个组件组成一个半层，半层间为便于连接有一定高差，两个半层构成一个阀层。而 SIEMENS 为 15 个晶闸管（最大数量）及其均压阻尼回路和一个阀电抗器构成一个组件（国内天广、贵广Ⅰ、Ⅱ回工程中由 13 个构成），

2 个组件构成一个阀层。

3.1.2　换流阀结构特征及布置

目前，换流阀的结构有两种：一种为二重阀；另一种为四重阀。在工程实践中，两种阀塔结构均有广泛应用，均是可接受的方案。

二重阀的结构特征为：12 脉冲阀组由两个 6 脉冲阀组串联而成，一个 6 脉冲阀组每相由两个换流阀臂串联。电气布置上 12 脉冲阀组分为两个 6 脉冲阀组独立布置，一个 6 脉冲阀组每相两个阀臂紧密串联布置在一个阀塔上，称为二重阀。12 个脉冲阀组共 6 个二重阀。两个 6 脉冲阀组有相对独立性，可以实现当一个阀臂故障时，通过切换仍能维持另 1 个 6 脉冲阀组运行。二重阀高度低，可降低阀厅高度，但阀厅占地面积较大，阀厅体积也较大。二重阀塔尺寸见表 3。

表 3　　厂家提供的二重阀塔尺寸表

项　　目	SIEMENS	西整厂（采用 ETT 模式）
二重阀塔尺寸 （长×宽×高）（m）	8.3×6.8×4.8 （包括避雷器及均压环）	7.8×5.1×3.28 （包括避雷器及均压环）

四重阀的结构特征为：12 脉冲阀组每相由四个换流阀臂串联。电气布置上一个 12 脉冲阀组每相四个阀臂紧密串联布置在一个阀塔上，称为四重阀。12 脉冲阀组共三个四重阀。四重阀高度相对二重阀的而言高度较高，但阀厅占地面积较小，阀厅体积也较小。

ABB 提供的四重阀塔尺寸见表 4。

表 4　　ABB 提供的阀塔尺寸表

四重阀塔尺寸 （长×宽×高）（m）	高压阀厅	8.1×12.38×3.15（包括避雷器及均压环）
	低压阀厅	8.1×11.9×3.15（包括避雷器及均压环）

3.1.3　换流阀塔的安装方式选择

阀塔安装方式有支撑式和悬吊式两种。

一般说来，阀塔支撑式安装不适宜安装在地震活动区或抗震要求高的场合，因为需要增添更多支柱型绝缘构件，势必使支撑结构复杂化，阀整体重量增加，支撑式安装阀塔的低压端在底侧。

目前直流输电工程多采用悬吊式，如已运行的葛上工程、天广工程、三常工程均采用悬吊式而且运行良好，本工程亦推荐采用悬吊式。悬吊式阀机械结构采用链式连接，悬吊部分组成一个水平方向可任意摆动的柔性结构，抗地震性能比支撑式好。由于阀内各层电位不同，所以层间悬吊件选用绝缘材料制成，它除了具有足够的机械强度外，并设计有足够的长度的和特殊外形，以保证层间的空气绝缘距离和爬电距离。

3.1.4　阀厅尺寸的确定

阀厅内除晶闸管阀塔外，还布置有避雷器、接地开关、直流电流互感器、直流电压分压器、管母、支持绝缘子，悬垂绝缘子等诸多设备及导体。各设备导体之间以及设备导体对地的距离都应保证在安全范围以内，因此需要对阀厅内的诸多关键点作安全净距计算。

ABB 和 SIEMENS 推荐的阀厅尺寸以及通过计算得到本工程推荐的阀厅大小见表 5。

表 5　　阀厅尺寸一览表　　m

类　型	电压（kV）	二重阀	四重阀
ABB 推荐阀厅	800	/	46.3（长）×31.8（宽）×23.6（高）
	400	/	35.4（长）×26.6（宽）×16.6（高）
SIEMENS 推荐阀厅	800	84（长）×32（宽）×25（高）	/
	400	56（长）×22（宽）×16（高）	/
一字型阀厅	800	78（高）×31（宽）×23（高）	/
	400	56×21（宽）×15.5（高）	/
面对面阀厅	800	79（长）×31（宽）×23（高）	48.0（长）×31.8（宽）×23.6（高）
	400	57（长）×21（宽）×15.5（高）	35.4（长）×26.6（宽）×16.6（高）

3.2　换流变压器电气布置方案

阀厅电气布置主要由换流变压器布置、阀塔结构型式确定。

3.2.1　换流变压器型式

本工程推荐采用 400+400kV 阀组电压组合方案，高端 12 脉动阀组换流变压器及低端 12 脉动阀组换流变压器均采用单相双绕组变压器，如图 2 所示。

图 2　双绕组换流变压器外形图

3.2.2　换流变压器布置方式

根据国内外工程的实际运行业绩和经验，换流变压器按紧邻阀厅布置，换流变压器套管插入阀厅的布置方式。

每极 12 台单相双绕组换流变压器的接线方案，考虑全站 24 台换流变压器一字排列布置在阀厅的一侧，中间用防火墙隔开，每个阀厅对应的换流变压器直流侧的 12 支套管一起插入阀厅，在阀厅内部完成 Y、D 连接。

根据布局不同，换流变压器和单个阀厅布局可分为五种方案：

（1）重阀塔，换流变压器按 Y 接线组和 D 接线组排列，即 YA、YB、YC、DC、DB、DA 排列，换流变压器网侧设专用换流母线。

（2）2 重阀塔，换流变压器按同相位紧靠布局，即 YA、DA、YB、DB、YC、DC 排列，同相换流变压器网侧就近连接。

（3）4 重阀塔，换流变压器按同相位紧靠布局，即 YA、DA、YB、DB、YC、DC 排列，同相换流变压器网侧就近连接。

（4）4 重阀塔，换流变压器按 Y 接线组和 D 接线组排列，即 YA、YB、YC、DC、DB、DA 排列，换流变压器网侧设专用换流母线。

（5）4 重阀塔，换流变压器按 Y 接线组和 D 接线组布置在阀厅的两侧，换流变压器网侧设专用换流母线。

相比较而言，方案 1 和 5 阀厅内的连接相对简单清晰，本工程选择这两种换流变压器的方案进行布置。

3.3　阀厅及换流变压器布置方案

本工程换流变压器及阀厅布置方案考虑 3 种组合方案如下：

方案一：选用二重阀，高、低压阀厅一字排列布置，全站 24 台换流变压器呈“一”字形排列布置在阀厅的一侧；

方案二：选用二重阀，高、低压阀厅面对面布置，每个阀厅前 6 台换流变压器一字排列布置在阀厅的一侧；

方案三：选用四重阀，高、低压阀厅面对面布置，每个阀厅 6 台换流变压器分别布置在阀厅的两侧；

根据三种组合方案，下面重点论述三种方案的阀厅布置。

3.3.1　“一”字形二重阀布置方案

悬吊式二重阀一个极的阀厅内电气设备平面布置见图 3。

从图 3 中可以看出，阀厅内 12 脉冲阀组的 6 个二重阀塔采用悬吊安装方式布置，在阀厅内“一”字形排开，6 台单相双绕组换流变压器套管直接插入阀厅，在阀厅内通过母线完成 Yd 接线的连接。

3.3.2　“面对面”二重阀厅内电气设备布置

“面对面”二重阀厅内电气设备布置示意图如图 4 所示。

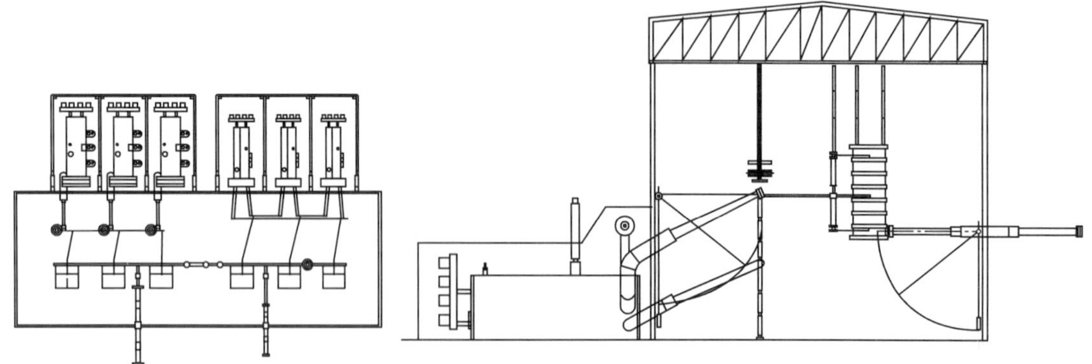

图 3 “一”字形二重阀厅内电气设备布置示意图

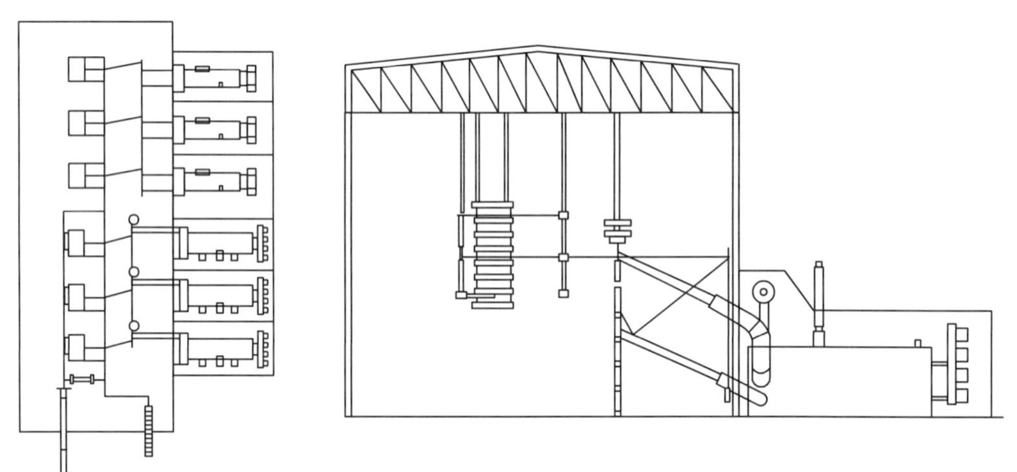

图 4 “面对面”二重阀厅内电气设备布置示意图

从图 4 可以看出，与“一”字形的阀厅布置比较而言有以下几点不同：

（1）阀厅内部 800kV 与 400kV 管母线布置在阀塔的两侧；600kV 管母线布置在换流变压器入阀厅侧的梁顶部。

（2）穿墙套管出墙位置不同。

（3）旁路断路器落地布置在两个穿墙套管之间。

（4）12 脉冲阀桥间的避雷器采用悬吊方式布置在阀厅梁下方。

（5）接地开关侧墙布置在换流变压器套管下方。

其余的设备布置型式与“一”字形的阀厅布置相同。

3.3.3 “悬吊式”四重阀阀厅内电气设备布置

“悬吊式”四重阀一个极的阀厅内电气设备平面布置见图 5。

从图 5 可看出，换流站每极 12 脉冲阀组共 3 个 4 重阀塔。3 个 4 重阀塔采用悬吊方式布置并在阀厅内一次排开，每极 6 台换流变压器套管在阀厅两侧直接插入阀厅，在阀厅内部通过管形母线完成 YD 连接，通过管形母线与每台换流变压器套管实现电气连接。布置上有以下特点：

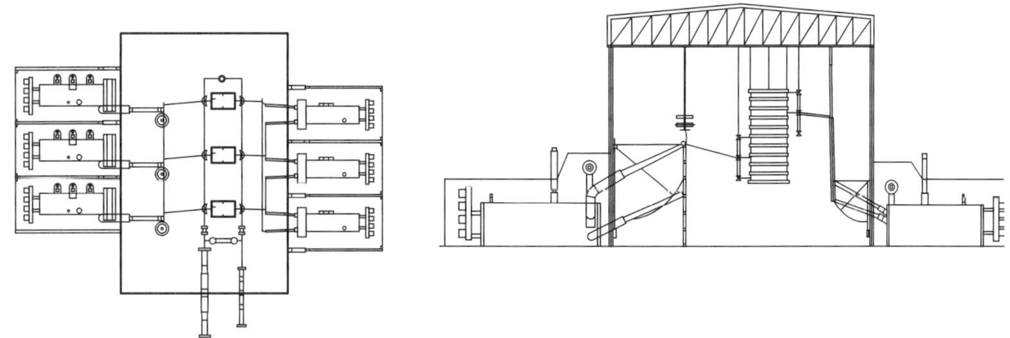

图 5　“悬吊式”四重阀厅内电气设备布置示意图

（1）阀厅内部 800kV 与 400kV 管母线布置在阀塔的两侧。

（2）穿墙套管出墙位置与换流变压器套管方向垂直。

（3）旁路断路器落地布置在两个穿墙套管之间。

（4）极 TA 及中性线 TA 采用悬吊方式。

（5）12 脉冲阀桥间的避雷器采用悬吊方式布置在阀厅梁下方。

（6）接地开关侧墙布置在穿墙套管下。

经过以上分析，“一”字形阀厅布置与背靠背的阀厅布置相似，四重阀阀厅相对二重阀而言，电气接线简单，布置清晰明了。

4　技术经济比较

技术经济比较见表 6 和表 7。

表 6　　阀厅及换流变压器区域技术比较表

项目 \ 方案		方案一	方案二	方案三
		“一”字形二重阀厅布置	“面对面”二重阀厅布置	“面对面”四重阀厅布置
阀厅尺寸（m）	800kV	79×31×23	78×31×23	48×31.8×23.6
	400kV	56×21×15.5	57×21×15.5	35.4×26.6×16.6
800kV 阀厅体积（m^3）		56327	55614	36023.04
400kV 阀厅体积（m^3）		18228	18553.5	15631.22
旁路开关		布置在阀厅内	布置在阀厅内	布置在阀厅内
轨道长度（m）		1510	1504	2200
总平面占地面积（hm^2）		15.97	16.41	18.01
巡视走道		仅在阀厅一侧	仅在阀厅一侧	环阀厅一周
换流变压器运输		换流变压器不需要换向	换流变压器需要换向	换流变压器需要换向

续表

项目 \ 方案	方案一	方案二	方案三
	"一"字形二重阀厅布置	"面对面"二重阀厅布置	"面对面"四重阀厅布置
换流变压器引线	从配电装置引三相线至阀厅，Yy及Yd相邻的换流变压器A相共用引线，铁塔上挂两回线作为为其余四台B、C相的转换引线，共5个铁塔	采用构架形式，每6台换流变压器在阀厅区域采用两个构架，作为6台换流变压器的引线，共8个构架	采用构架形式，采用构架形式，每3台换流变压器在阀厅区域采用两个构架，作为3台换流变压器的引线，共33个构架，同时还需要一排构架作为转换母线
换流变压器引线投资	铁塔采用角钢形式，干字塔型	构架采用角钢形式，8个构架	构架采用角钢形式，33个构架
噪声方面	距围墙270m以内均要求拆迁，拆迁面积13556m^2（87户）	距围墙270m以内均要求拆迁，拆迁面积13650m^2（85户）	距围墙270m以内均要求拆迁，拆迁面积16703m^2（90户）
GIS分支母线	比方案二多140m	最短	比方案二多520m
轨道长度	与方案二相当	与方案一相当	比方案一多700m
布置尺寸（$L\times W$）	340×81	324×103	414×99m
方案优点	（1）配合电气总平面占地尺寸最小； （2）换流变压器引线构架费用低； （3）换流变压器检修更换不需要转向； （4）阀厅的尺寸较背靠背小，投资省； （5）巡视方便，有利于运行维护	（1）换流变压器引线构架费用较高； （2）换流变压器检修更换不需要转向； （3）噪声效果在未处理之前对周边影响稍小	（1）阀厅内部接线简单，清晰； （2）换流变压器检修更换需要转向； （3）阀厅土建费用低
方案缺点	（1）阀厅体量大，投资高； （2）阀厅内部接线与四重阀比较而言稍显复杂； （3）阀冷塔布置在换流变压器网侧连接母线下方，估计水雾会降低上方绝缘子串耐压水平，需要增加绝缘子片数	（1）投资最高； （2）备用换流变压器更换需要转向，安全性差； （3）到阀厅的巡视不方便； （4）其余缺点同方案一	（1）换流变压器进线需要设置复杂的连接母线及构架； （2）到阀厅的巡视不方便； （3）备用换流变压器更换需要转向，安全性差； （4）纵向尺寸大，场地利用率相对较差

表7　　阀厅及换流变压器区域经济比较表

项目 \ 方案		方案一	方案二	方案三
		"一"字形二重阀厅布置	"面对面"二重阀厅布置	"面对面"四重阀厅布置
阀厅尺寸（m）	800kV	78×31×23	79×31×23	48×31.8×23.6
	400kV	56×21×15.5	57×21×15.5	35.4×26.6×16.6
阀厅土建费用（万元）		+990	+1040	0
暖通费用（万元）		+180	+160	0

续表

项目＼方案	方案一	方案二	方案三
	“一”字形二重阀厅布置	“面对面”二重阀厅布置	“面对面”四重阀厅布置
征地费用（万元）	0	+92.4	+534.6
轨道费用（万元）	2.3	0	+264.5
地基处理费用（万元）	0	+21	+175
进站道路费用	4.8	+1.2	0
进站道路广场费用	0	+17.67	+96.17
站区护坡费用	0	+2.78	+19.96
土石方费用（万元）	0	+46.28	+404.5
换流变压器交流引线构架投资（万元）	0	+158	+561
拆迁费用（万元）	0	+4.7	+26.65
GIS 分支母线（万元）	+306	0	+780
其他费用（如电缆沟，电缆，电缆防火，道路，接地等）（万元）	0	+80	+120
总投资差（万元）	0	+140.93	1499.28

注　表中比较的为价差。

总体上，方案一布置整齐美观、连线简单，换流变压器更换备用相时不需要转向，与目前我国已经运行的±500kV 换流站布置格局和习惯一致，并且结合阀厅布置格局，由于四个阀厅相连布置，运行时对阀厅的巡视，不需要通过户外即可完成，利于运行维护。其主要缺点是，为了阀冷塔与主控楼和辅助楼内阀冷却设备连接管道尽量短，将阀冷塔布置在换流变压器网侧连接母线下方，估计水雾会降低上方绝缘子串耐压水平，设计时将采取增加其绝缘子片数解决。

综上所述，方案一作为推荐方案。

5　结论

本工程根据电气主接线方案、站址情况，噪声控制等方面阀厅布置进行专题研究，重点从阀塔型式选择，阀厅过电压水平、净距计算、阀厅尺寸、电气布置等各方面作了详细阐述。本专题报告初步提出±800kV 特高压换流站阀厅的大小以及阀厅的结构型式，包括高压阀厅和低压阀厅。在多方案比较基础上，推荐换流变压器及阀厅“一”字形布置方案作为本工程的推荐方案。

课题二　奉贤换流站平面布置研究

1　概述

换流站总平面布置的科学性与合理性，直接关系到工程投资、设备与人员安全、运行维护等许多工程关键要素，是换流站设计的主要内容。换流站总平面布置的效果也对换流站选址起到指导性的作用，为特高压直流输电工程顺利实施提供技术支持。

2　±800kV 奉贤换流站建设规模

直流系统额定输送功率 6400MW，额定电压±800kV，额定电流 4000A。

全站共 28 台双绕组换流变压器，其中备用变压器 4 台。

全站共 8 台干式平波电抗器，单台电抗器电感值按 75mH 考虑，采用“分置于极母线与中性母线”安装方式；全站备用 1 台。

直流滤波器暂按每极 2 组考虑。

500kV 交流出线本期 3 回，远景 4 回，采用户内 GIS 配电装置。

交流滤波器和高压并联电容器总容量约 3900Mvar，分 4～5 大组，15 小组。

全站共需三回独立站用电源，其中二回考虑在站内设置站用 500kV/35kV 降压变压器。

3　±800kV 奉贤换流站电气总平面布置

换流站总平面布置规划涉及到多个区域的布置与优化。换流站总平面总体布置呈现“直流场—阀厅、换流变压器—交流场”的顺流型布局特点。

3.1　阀厅与换流变压器布置

3.1.1　阀厅布置

根据系统研究初步结果和可研评审意见，本换流站阀桥接线采用每极两个 12 脉动阀组串联的接线型式和（400＋400）kV 电压分配方案，每个 12 脉动阀组安装在一个阀厅内，每极设高、低端两个阀厅，全站共 4 个阀厅。

阀塔采用悬吊式、二重阀布置，每个阀厅内悬吊 6 个二重阀。

阀厅大小与阀塔、换流变压器型式与外形尺寸、空气间隙要求等因素密切相关，初步研究，二重阀塔方案对应的各阀厅的尺寸见表 1 和表 2。

表 1　　推荐的 **800kV** 高端阀厅尺寸

项　　目	长（m）	宽（m）	高（m）
电气净空尺寸	75	27	24
设计裕度	2	2	0.5
建筑轴线尺寸	79	31	28.5

表 2　　推荐的 **400kV** 低端阀厅尺寸

项　　目	长（m）	宽（m）	高（m）
电气净空尺寸	53	18.5	14.5
设计裕度	2	0.5	0.5
建筑轴线尺寸	57	21	18.6

3.1.2　换流变压器布置

（1）换流变压器与阀厅的连接。根据设备选择结果，换流变压器采用单相双绕组型式。每个阀组对应的 6 台换流变压器采用紧靠阀厅的布置方式以减小占地。根据布局不同，换流变压器和单个阀厅布局主要包含以下三种方案：

1）方案一：二重阀塔，换流变压器一字排开布置于阀厅同一侧，紧挨阀厅布置，如图 1 所示。

2）方案二：四重阀塔，换流变压器一字排开布置于阀厅同一侧，紧挨阀厅布置，如图 2 所示。

3）方案三：四重阀塔，换流变压器按型式分别布置于阀厅两侧，紧挨阀厅布置，如图 3 所示。

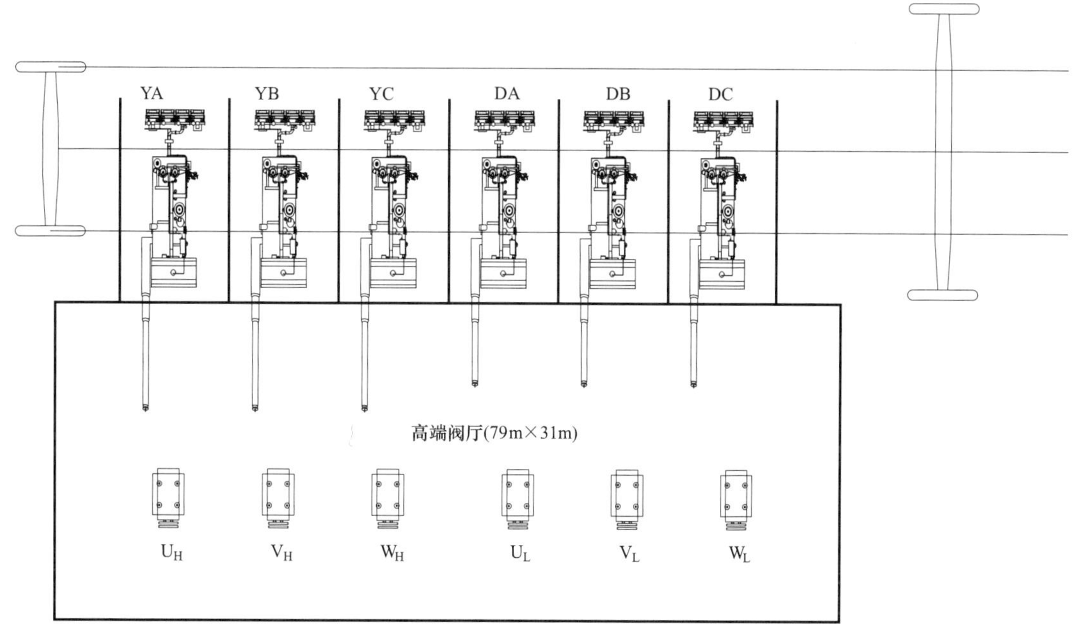

图 1　换流变压器与阀厅布置方案一

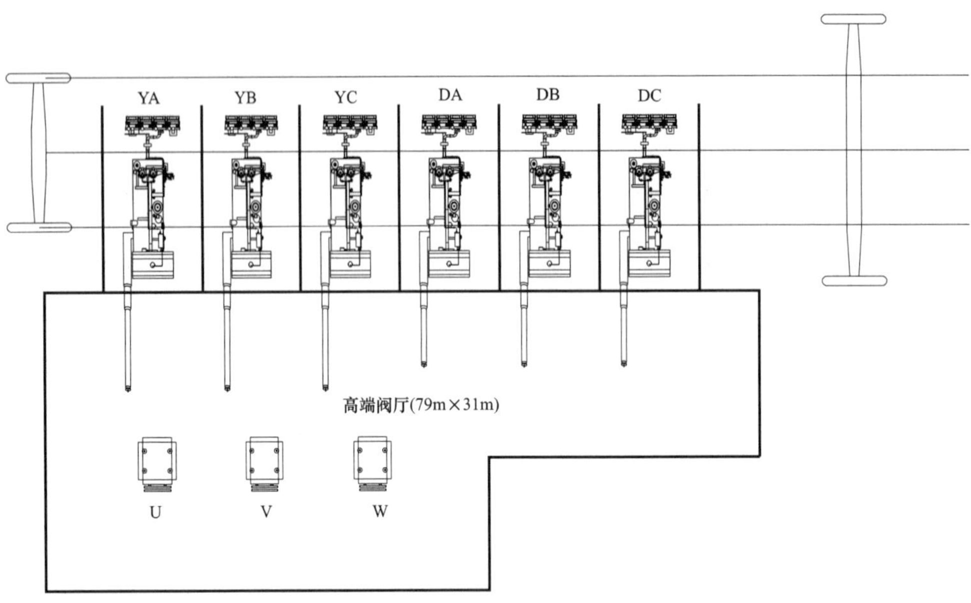

图2　换流变压器与阀厅布置方案二

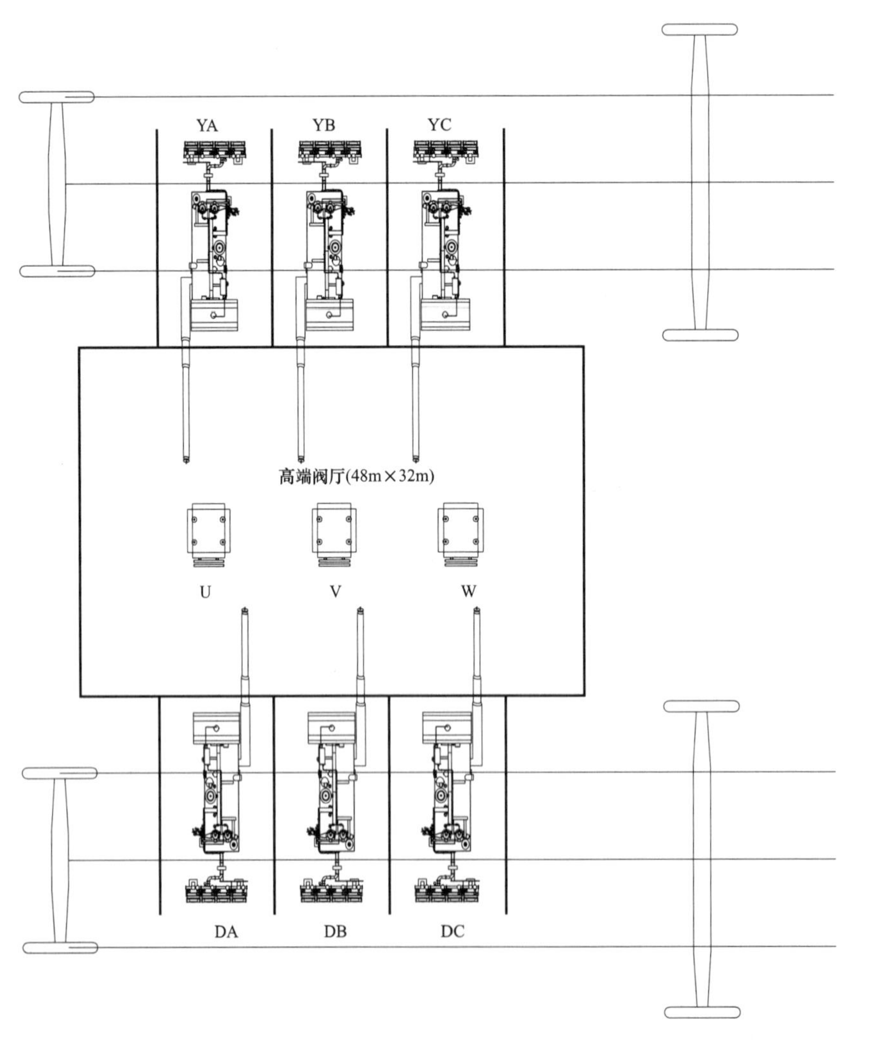

图3　换流变压器与阀厅布置方案三

相比较而言，方案一和方案三阀厅内的连接相对简单，方案二阀厅内接线复杂；对换流变压器汇流接线而言，方案一和方案二相同，均相对简单，方案三则需设置专门的汇流区域，接线相对复杂。

（2）换流变压器组装场地的确定。换流变压器组装场地的确定与阀厅间的布置方式有密切关系，并需要综合考虑换流变压器的运输、卸货、组装等占地需要。对下节中论述的三种阀厅布置型式，换流变压器组装场地要求及其确定原则简述如下：

1）阀厅间布置型式方案一（图 1）：阀厅面对面布置，组装场地内工作换流变压器多达 12 台，为保证工程施工进度，组装场地应考虑满足高、低端 2 台换流变压器背靠背同时组装，并应留有其他换流变压器的运输通道。

2）阀厅间布置型式方案二（图 2）：阀厅“一”字形布置，24 台换流变压器一列式布置，组装时相互影响小，换流变压器组装场地仅需满足高端换流变压器组装要求，同时留有其他换流变压器的运输通道即可。

3）阀厅间布置型式方案三（图 3）：阀厅间工作换流变压器仅 6 台，数量较少，故组装场地仅考虑一台换流变压器组装时留有其他换流变压器的运输距离。

换流变压器组装场地的确定过程详细论述如下（以方案一为例）：类似以往±500kV 直流工程的设计，换流变压器通过平板车运至组装基础附近，就地卸货在组装基础位置。由于组装场地内换流变压器多达 12 台，考虑到换流变压器试验、运输、组装工期和阀厅施工工期的不确定性，组装场地的大小应满足高、低端阀厅的换流变压器同时组装时中间能再通过大件运输平板车的要求，从而获得最大的灵活性，任意一台换流变压器的组装均不会影响其他换流变压器的组装。

此时换流变压器组装场地尺寸的确定如下：根据厂家提供的资料，高端换流变压器（BOX–IN 型）本体长度约为 25m（包括套管，不包括冷却器，下同），防火墙长度约需 20m；低端换流变压器（BOX–IN 型）本体长度约为 16m，防火墙长度约需 17m；按照方案一的设计原则，则换流变压器组装场地尺寸最终确定为 16＋17＋25＋20＋6=84（m），考虑一定的裕度，取 86m，可满足换流变压器的组装、维修需要。

3.1.3 阀厅间的布置关系

阀厅间的布置，我国已有±500kV 换流站大多采用“一”字形布置方式。±800kV 奉贤换流站全站共有 4 个阀厅，较为合理的阀厅布置型式主要有以下 3 种：

（1）方案一：高、低端阀厅面对面布置，换流变压器“一”字形紧靠阀厅布置。该布置方案对应于双重阀、单相双绕组换流变压器设备。

（2）方案二：高、低端阀厅、换流变压器“一”字形布置型式。该布置方案对应于双重阀、单相双绕组换流变压器设备。

（3）方案三：高、低端阀厅面对面布置，换流变压器背靠背紧靠阀厅布置。该布置方案对应于四重阀、单相双绕组换流变压器设备。

在下面将对三种方案进行综合比较。通过比较分析认为：三种阀厅布置方式各有优缺点，其中方案一在降低噪声、简化接线、节约占地等方面较有优势，推荐采用方案一的阀厅、换流变压器布置方式。

3.2 交流滤波器布置

根据系统研究初步结论，奉贤换流站共需无功容量 3900Mvar，分为 4～5 大组、15 小组，小组容量约 260Mvar。

与常规直流工程相比较，奉贤换流站交流滤波器布置无特殊要求，仅小组容量略有增加。交流滤波器大组母线推荐采用悬吊式管母线，4 大组交流滤波器采用“一”字形布置方式集中布置于站区北侧。500kV 交流滤波器场地与其他配电装置区域经环行道路分隔，实现分区；500kV 设备间设相间道路，滤波器小组围栏前后设置检修、搬运及巡视道路。

交流滤波器/电容器组高压电容器采用双塔结构，参考以往常规直流工程，围栏内尺寸按 36m×28m 考虑。

3.3 交流 500kV 配电装置

本站 500kV 交流配电装置接线采用一个半断路器接线方式，断路器一列式、户内 GIS 方案。奉贤换流站交流出线远景 4 回，本期交流建设规模为 3 回交流出线，4 回换流变压器进线，4 回交流滤波器进线（推荐方案），组成 5 个完整串和 1 个不完整串。考虑 GIS 的特殊性，500kV 交流开关场按远景规模一次建成，共 6 个完整串。

交流 500kV 户内 GIS 配电装置布置于站区东侧，为东西向 Z 形布置。本期南汇 3 回出线高架向东出线后转向北。交流滤波器大组和换流变压器引线均通过 GIL 在适当位置引接。

3.4 直流场布置

直流开关场的布置有户内和户外两种。其型式的选择主要取决于换流站站址区域的污秽状况和直流设备的制造能力。根据现场实际了解，奉贤换流站站址位于 A30 和 A2 两条高速公路的交界位置，站址位置灰尘较大，对直流设备运行有很大影响，污秽较为严重。对于大爬距设备，直流设备生产厂家现有生产能力有限，采用户外布置设备制造难度大。户内直流场虽然可解决设备外绝缘，降低设备制造难度，但建筑投资较大，运行费用较高。

3.4.1 户外直流开关场

户外直流开关场采用典型的低式管母布置方式，基本上按极对称布置。直流中性点设备布置在直流场的中央，直流极线和直流中性线设备间布置有直流滤波器组，滤波器四周使用围栏，高压电容器暂按双塔结构，安装方式推荐悬吊式安装。平波电抗器按干式绝缘考虑，2 台串接于极母线上，2 台串接于中性母线上，推荐采用支撑式安装。户外开关场与阀厅的连接由户外穿墙套管完成。直流场两侧设有直流极线引线塔，与站外直流线路相连。中央设有接地极线塔，将接地极线路引出站外。

3.4.2 户内直流开关场

直流场基本按极对称布置。为减小户内直流开关场体积，仅考虑将 800kV 直流设备布置于户内，主要有极线隔离开关、接地开关、极线避雷器、平波电抗器、800kV 高端旁通开关及直流滤波器高压电容器塔等，设专门的直流滤波电容器室（每极共 2 个），与其他直流设备间不设专门的防火墙，而采用直接引线接入方式。

户内场紧靠阀厅布置，与站外直流线路通过 800kV 户内—户外直流套管连接，与阀厅通过户内穿墙套管（800kV 和 400kV 各 1 只）连接，与低压 12 脉动的旁通回路、直流滤波器的低压电容器塔通过中压 400kV 户内—户外套管连接。

整个直流场布置占地约 306m×153.5m（道路中心间尺寸），其中户内直流开关场约 130m×35m（建筑轴线尺寸）。

3.5 电气总平面布置

综合考虑换流站各功能区布置和站址外围条件，奉贤换流站共产生 4 个较为合理的总平面布置方案，分别简述如下。

3.5.1 方案一

方案一详见图 4。

500kV 交流配电装置采用户内 GIS，布置在站区东侧，向东出线；换流变压器和阀厅、控制楼布置在站区中部；500kV 直流场布置在站区西侧，向西出线。本方案采用 4 大组交流滤波器方案，集中布置在站区北侧，通过 GIL 引接进串；生产辅助区布置于站区南侧；方案中考虑设置两台站用变压器，其中一台站用变压器作为一个小组单元接入交流滤波器大组母线，另一台从 GIS 母线 T 接布置于 GIS 室南面的空地上；进站道路从南侧进站，并在站区东北面设置一条大件运输道路，换流变压器等大件即可从浦南运河上下船后直接运至站内；继电保护采用下放布置。

直流高压设备采用户内布置方式。高、低端阀厅采用面对面布置方式，两个低端阀厅背靠背紧挨布置；主控制楼布置在低端阀厅侧面朝向 500kV 交流场，两个辅助设备楼分别布置在高端阀厅的侧面。

通过合理布局，换流站占地均位于奉贤区内，无跨区征地等政策性复杂因素。

该方案布置较为方正，占地较小，换流站内分区明确，布局合理。围墙内占地约 17.2ha。

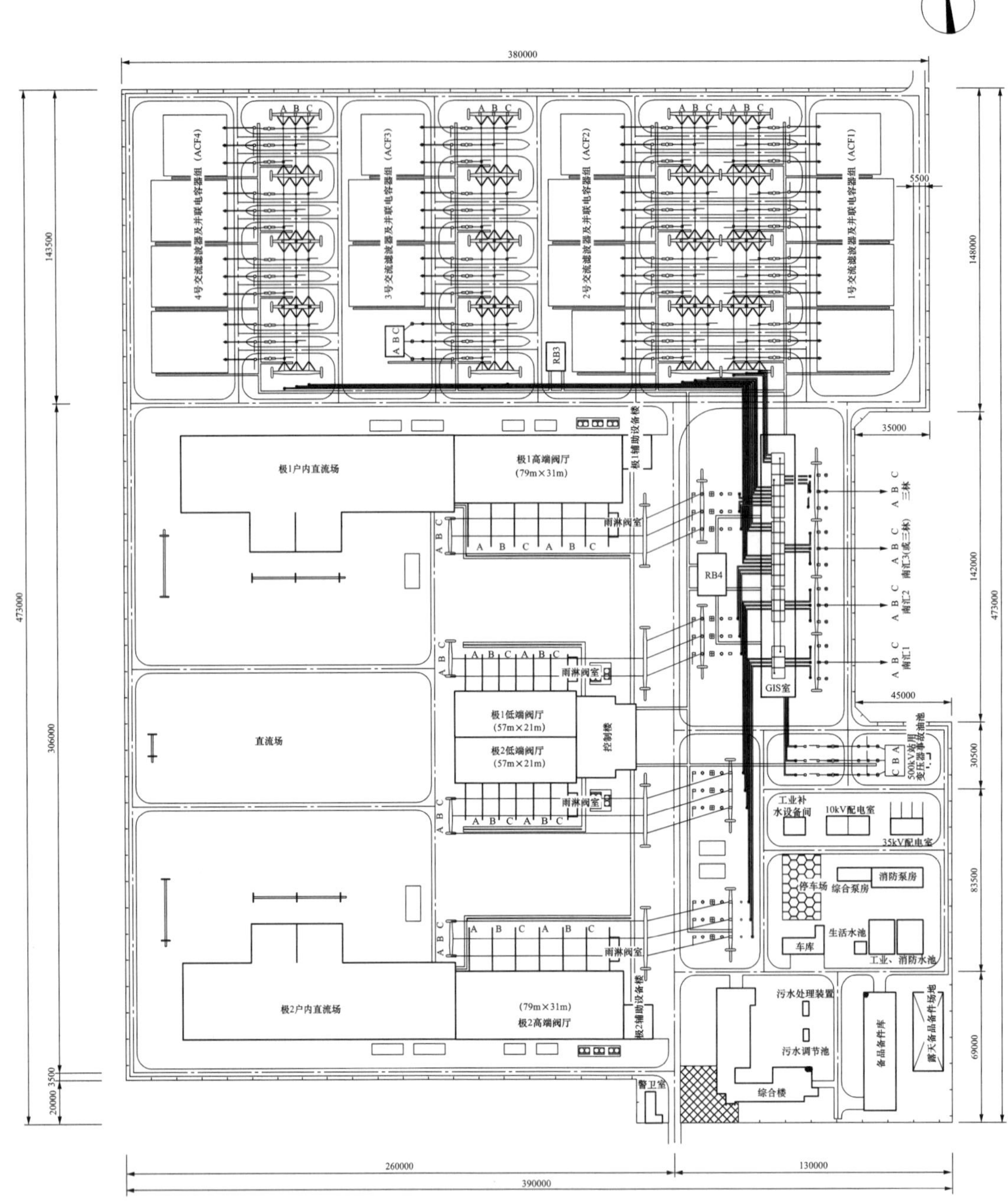

图4 奉贤换流站电气总平面布置图（方案一）

注：该布置方案围墙内占地约171809m²。

3.5.2 方案二

方案二详见图5。

该方案各功能区布置方式与方案一基本相同。不同的是，该方案直流场采用户外布置方式和5大组交流滤波器方案，其中4大组交流滤波器集中布置于站区北面，第五组布置在GIS室南面的适当位置。站内设置1台500kV站用变压器直接进串，布置于GIS室前的空地上。

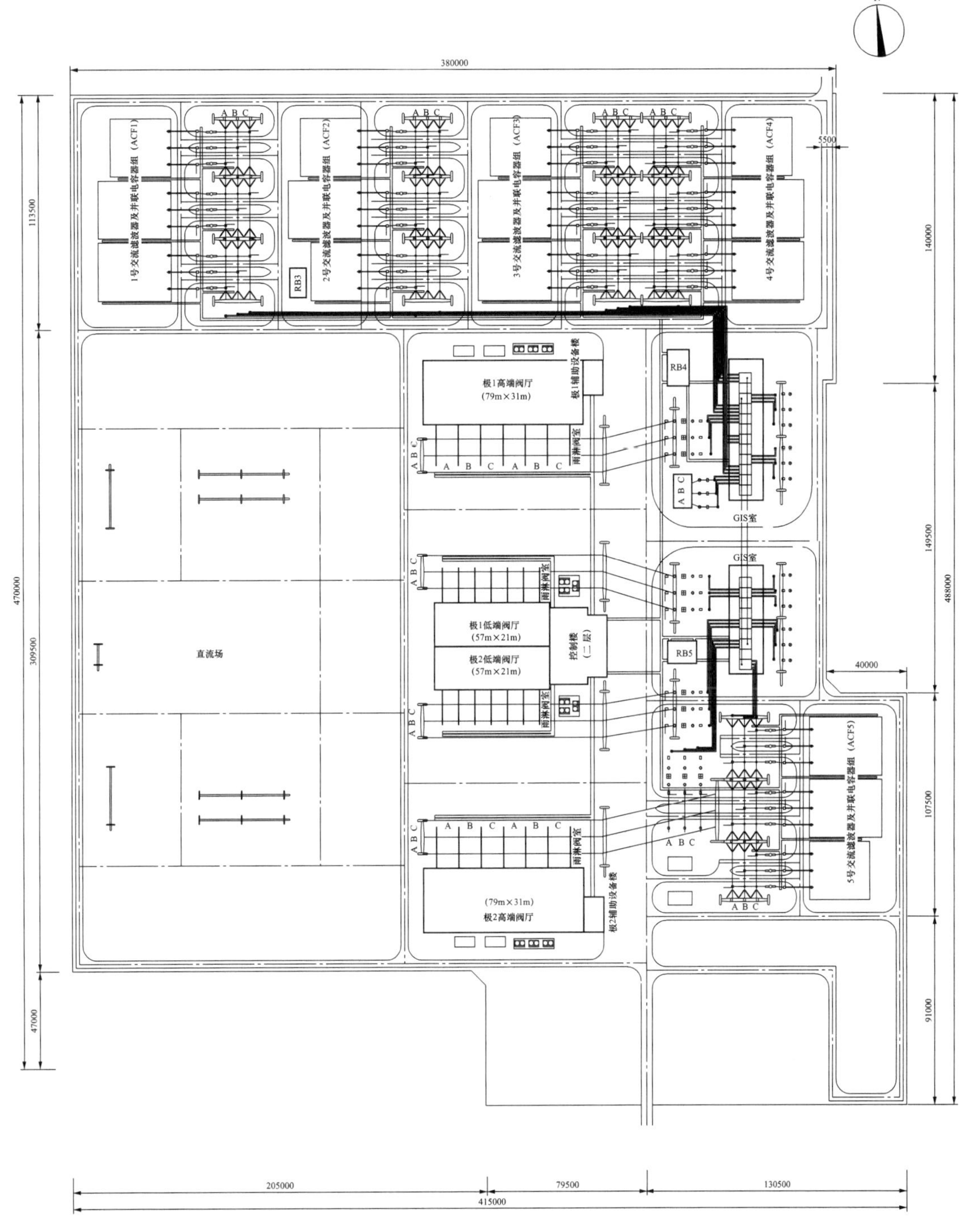

图 5 奉贤换流站电气总平面布置图（方案二）

注：该布置方案围墙内占地约 178397m²。

由于采用户外直流场，直流场占地较方案一大，导致全站占地增加，围墙内占地约 17.84ha。

该方案东西方向较长，换流站占地跨越奉贤区与南汇区区界线，需在两区办理征地等相关手续，工作量大大增加。

3.5.3 方案三

方案三详见图6。

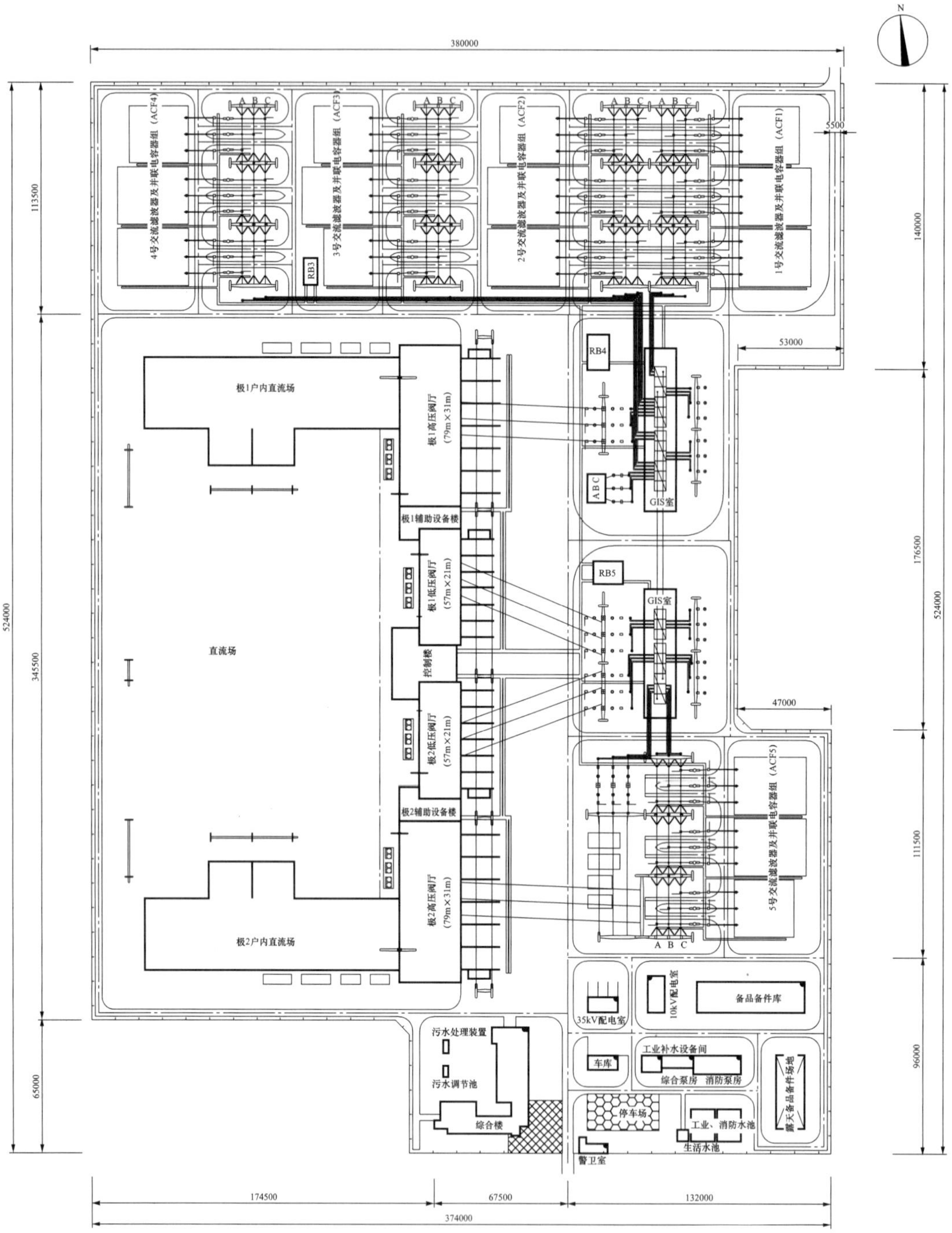

图6 奉贤换流站电气总平面布置图（方案三）

注：该布置方案围墙内占地约 178040m^2。

该方案各功能区布置与方案一基本相同，不同的是，该方案采用5大组交流滤波器方案，其中4大组交流滤波器集中布置于站区北面，第五组布置在GIS室南面的适当位置。且阀厅采用“一”字形布置方式，控制楼和辅助设备楼布置在每极的高、低端阀厅间。

由于该方案采用阀厅“一”字形布置方式，南北方向尺寸较大，交流 PLC 区域布置空地较多，对减小换流站占地不利，同时换流变压器汇流母线跨度较大，跨线较多，接线复杂。

围墙内占地面积约 171809m^2。

3.5.4　方案四

方案四详见图 7。

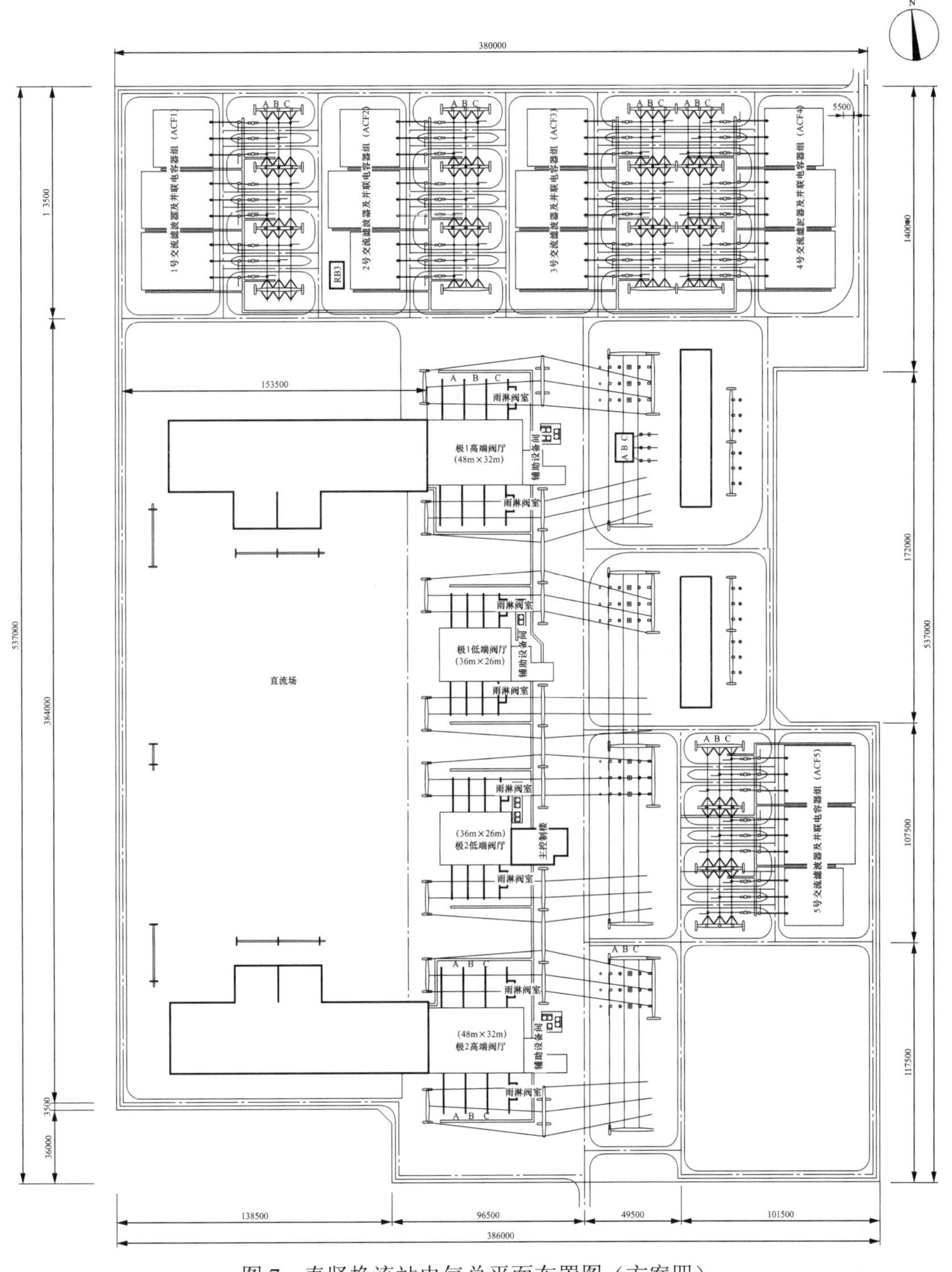

图 7　奉贤换流站电气总平面布置图（方案四）

注：该布置方案围墙内占地约 192475m^2。

该方案各功能区布置与方案三基本相同。与前 3 个方案不同的是，该方案采用四重阀，全站 4 个阀厅采用面对面分散布置。

该方案换流站占地基本位于奉贤区内，无跨区征地等政策性复杂因素，但该方案南北向长，占地呈长条形，围墙内占地较其他 3 个方案大大增加，约 192475m^2。

各总平面布置方案布置特点比较如表 3 所示。

表 3　　各总平面布置方案布置特点

序号	比较内容	方案一	方案二	方案三	方案四
1	是否满足系统接线要求	满足	满足	满足	满足
2	对系统可靠性的影响	小	小	小	小
3	本期建设规模	6 个完整串	7 个完整串	7 个完整串	7 个完整串
4	扩建时的方便性	方便	方便	方便	方便
5	进站道路	南侧进站	南侧进站	南侧进站	南侧进站
6	围墙内占地	171809m^2，约 257.7 亩	178397m^2，约 267.6 亩	178040m^2，约 267.1 亩	192475m^2，约 288.7 亩
7	直流进线	西面	西面	西面	西面
8	交流出线	本期出线往东，远景出线往东	本期出线往东，远景出线往东	本期出线往东，远景出线往东	本期出线往东，远景出线往东
9	与上海市规划的协调性	出线走廊符合规划要求，站址位于奉贤区内	出线走廊符合规划要求，站址位置跨南汇、奉贤 2 个区。	出线走廊符合规划要求，站址位于奉贤区内	出线走廊符合规划要求，站址位于奉贤区内
10	对周围居民的影响	小	较大	小	小
11	可能产生的噪声干扰	小	小	小	小

3.6　总平面布置方案评价

（1）4 个总平面布置方案均满足系统主接线的要求。

（2）4 个总平面布置方案的交直流进出线走廊均满足城市规划的要求。

（3）经过优化设计后的方案一围墙内占地最小，约 17.2ha，方案四占地最大，超过 19ha。

（4）方案一、三、四占地全部在奉贤区境内，方案二占地跨奉贤、南汇 2 个区，站址征地等有关手续繁多，工程外部条件相对复杂。

（5）各方案 500kV 交流滤波器布置集中，对站外居民影响小，噪声治理相对集中。

综上所述，奉贤换流站总平面布置推荐方案一。

第 3 节　换流站交流系统平面布置设计

1　概述

特高压直流输电换流站 500kV 交流系统除了包括常规 500kV 交流场设备以外，还包括交流滤波器场设备，占地规模较大，交流配电装置选型和优化布置对电气总平面布置及占地面积的影响至关重要。随着国土资源日益减少，节约建设用地已经成为工程设计重要的指导思想，换流站交流系统平面布置优化设计也日益成为工程设计的重要课题。

2　500kV 交流配电装置选型

国内 500kV 交流配电装置多采用 3/2 断路器接线方式，设备主要有三种类型：SF_6 瓷柱式断路器、罐式断路器、SF_6 全封闭组合电器（GIS）。SF_6 全封闭组合电器在技术上存在诸多优势，电气性能多方面明显优于常规敞开式配电装置。

GIS 设备与常规敞开式设备的技术比较见表 1。

表 1　　GIS 设备与常规敞开式设备的技术比较

序号	项目	全封闭组合电器　（GIS）	常规敞开式配电设备
1	安全可靠性	（1）将带电部分全部密封于惰性气体 SF_6 中，使其与盐雾、积尘、积雪等外部影响隔离，解决了隔离/接地开关的运行可靠性难题，大大提高了运行的可靠性。 （2）具有优良的抗地震能力。 （3）采用新型全 SF_6 密封三工位隔离/接地开关，使用新型触指将隔离开关与接地开关结构合二为一，变直动操作为转动操作，共用一个操动机构	（1）与 GIS 相比可靠性低，隔离开关非计划停电时间的绝对数很高，导电回路过热是主要问题之一。 （2）隔离开关导电回路的过热现象主要出现在动静触头的接触部位，其直接原因是暴露在大气中的触头受到沙尘、雨雪、潮气、盐雾及腐蚀性气体的侵蚀，致使接触表面积灰、积垢、锈蚀、生成化合物薄膜，导致接触表面电阻增大，温升过高
2	运行维护和检修测试	（1）不需要定期清扫绝缘子，维护工作量大大减少。 （2）断路器触头在 SF_6 气体中没有氧化问题，可长期连续使用，检修周期长达 15～20 年。 （3）发生故障时，故障点不如常规设备明显，且处理事故耗费时间长。 （4）检修测试，对运行维护人员素质要求高，需要专门培训。 （5）SF_6 为不燃烧气体，没有火灾危险	（1）使用高构架，耐张绝缘子串多，需要高空作业，维护工作量大、费时多。 （2）设备检修周期较 GIS 短。 （3）发生故障时故障点明显，易于处理。 （4）部分设备有发生火灾与爆炸的危险

续表

序号	项目	全封闭组合电器 （GIS）	常规敞开式配电设备
3	施工	由厂家现场组装，施工安装工作量减少，建设周期短	施工周期长
4	扩建灵活性	GIS 扩建不如常规敞开式灵活，受法兰盘、导体管径和环氧树脂制支持绝缘子尺寸的限制，接口问题比较复杂，必须采用同一厂家的产品或按接口尺寸向别的厂家作特殊订货	扩建方便灵活
5	环境保护	GIS 设备的导电部分均为外壳所屏蔽，外壳接地良好，因此其导电体所产生的辐射、电磁干扰等均被外壳屏蔽了。断路器开断过程中产生的噪声也被外壳屏蔽。所以采用 GIS 可使运行人员不受电磁场对人体的影响，GIS 设备也不会对通信、无线电产生干扰。对周围环境的影响小	有电晕，无线电干扰和静电感应问题，但能限制在规定值内

按照 DL/T 5218—2005《220kV～500kV 变电所设计技术规程》7.3 节的规定，330～500kV 配电装置应采用屋外中型布置。在大气污秽地区、场地受限制地区，在系统地理位置重要及环境破坏严重的情况下，经技术经济论证，也可采用 SF_6 全封闭组合电器。向家坝—上海特高压直流示范工程在外部环境上不满足上述选用 GIS 的条件，但根据国家电网建运［2006］486 号文的规定，“当经济比较与节约用地有矛盾时，经济比较应服从节约用地”。因此，500kV 交流场设备（不包含交流滤波器场）考虑采用 GIS 方案，完整串和不完整串均一次建成；交流滤波器场设备考虑常规敞开式设备方案。

常规设备包括瓷柱式及罐式断路器两种方案，两者相比较而言，罐式断路器设备投资高，节约占地面积不大，技术经济性较差。因此，交流滤波器场常规敞开式设备按瓷柱式断路器方案考虑。

3 500kV 交流配电装置布置

3.1 GIS 配电装置布置方案

3.1.1 GIS 配电装置排列方式

500kV 交流配电装置的接线按 3/2 断路器接线考虑，由于 GIS 配电装置可以方便地实现同一串内正反两个方向出线，回路配串时不仅可以充分实现同名回路接入不同串、电源线与负荷线配在一串，还可以充分考虑将换流变压器与滤波器配在一串、同名回路接入不同的母线，从而大大提高了配电装置的可靠性与合理性。

500kV GIS 3/2 断路器接线的排列方式一般有两种，分别为异名相排列和同名相排列，如图 1 所示。

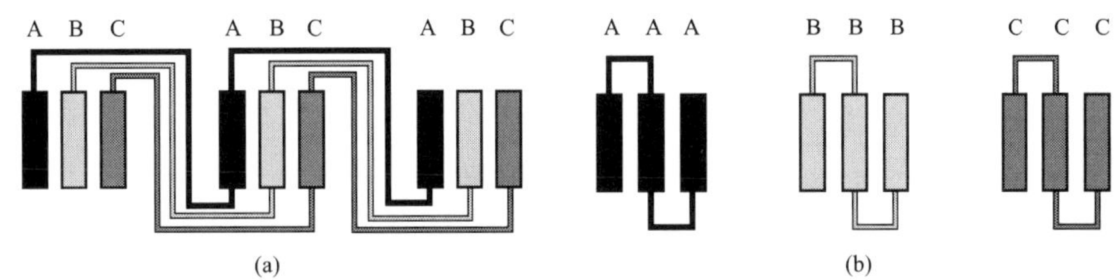

图 1　GIS 排列型式

（a）异名相排列方式；（b）同名相排列方式

断路器按同名相排列，母线管的长度比异名相排列时少，但每相均需要配电动操动机构，蓄电池容量加大。根据对国内外主要厂家的咨询结果，目前基本上都是采用异名相排列。现阶段考虑 GIS 设备采用异名相排列。

3.1.2　GIS 布置方案构架尺寸校核

500kV 交流场采用 GIS 设备，母线及设备引线均采用 SF_6 封闭母管，省略了常规配电装置必须的大量引接跨线及构架，串内配电装置间隔宽度已不受站内跨线、跳线风偏控制，每回间隔宽度可小于 15m。

GIS 出线配电装置间隔宽度将由线路阻波器、其他出线设备及出线第一档线风偏决定。GIS 封闭母线价格昂贵，在 GIS 出线配电装置设计中尽可能减小构架宽度，不但有利于进一步节约占地，而且也能减小 GIS 母线长度，取得显著的经济效益。由于 GIS 设备结构尺寸的影响，配电装置间隔的纵向尺寸已经大大降低。因此，布置优化时重点考虑优化配电装置横向尺寸的问题。

500kV 配电装置仅有换流变压器进线跨接引线，没有跨线跳线，而通信方案按不装设阻波器考虑。因此，只需要对各种工况下导线风偏、短路摇摆进行校验。出线第一档线风偏，由线路专业根据终端塔位置及塔头尺寸校验，出线构架宽度 26m 可以满足非特殊条件出线风偏要求。出线构架的高度由设备的高度与对出线跳线校核值确定，经过计算 24.0m 可以满足要求。

3.1.3　GIS 户外设备布置方案

若 500kV 交流配电装置采用户外 GIS 型式，则母线采用分相高式布置，配电装置完整串 Z 形布置。

结合 500kV 配电装置接线的配串，可考虑以下两个方案：

方案一：500kV 配电装置采用“一”字形布置。换流变压器引线利用出线构架作为一端挂点，另一端为换流变压器构架，500kV 配电装置占地大大简化。

方案二：500kV 配电装置采用“一”字形布置，借鉴国家电网公司典型设计的高低构架方案，为了减少 GIS 管道的长度，采用了一组高低构架，即出线考虑采用 2 排出线构架，分别为北侧靠近围墙处的 24m 高、26m 宽的出线构架和 500kV 配电装置南侧的 37m 高、26m 宽的出线构架。

方案比较见表 2。

表 2　　GIS 方 案 比 较

项　目	布置尺寸（$L \times W$）（m）	占地面积（m^2）
方案一	304.0×77.0	23408
方案二	278.0×77.0	21406

通过上述比较可以看出，采用局部高低构架可以减少 500kV 交流配电装置部分的占地面积。但结合电气总平面布置来看，500kV 场地与阀厅换流变压器区域紧密联系，节约局部的占地并没有节约总占地面积；并且方案二采用了 1 个高构架，投资高于常规构架，从施工及运行方面均不方便。因此，推荐常规“一”字形布置型式。另外，为了今后施工安装及运行维护方便，在靠近换流变压器出线套管侧增加 1 条 3m 宽的道路。

3.1.4　户内 GIS 设备布置方案

户内 GIS 布置方案和户外 GIS 布置方案基本上相同，出线构架也可以采用上述户外的两种方案，出线构架采用“一”字形布置。与户外方案不同的是多一个 GIS 室，减少 1 条检修道路。

3.1.5　GIS 户内户外方案的技术经济比较

GIS 户内户外方案技术经济比较（复龙换流站）如表 3 所示。根据方案比较的结果，户外 GIS 方案总体投资比户内 GIS 设备投资节约 395 万元。500kV GIS 户外方案为典型设计方案，但由于受外界环境的影响，在安装及运行维护方面较户内 GIS 方案差。由于放在户外，设备外壳油漆及密封垫对环境方面要求高于户内，设备长期日晒雨淋，将对设备本身有一定程度的影响。国家电网公司荆州换流站采用的 GIS 户外方案，根据调研的情况，户外 GIS 方案也增加了设备故障率和日常维护工作量。

因此，采用户内 GIS 将带来更高的可靠性，更少的维护工作量，更长的运行寿命，更方便的运行维护，且安装维护均不受环境条件的影响，经济效益和社会效益都非常显著，500kV 交流开关场推荐采用户内 GIS 方案。

表 3　　户内及户外 GIS 设备方案的技术经济比较　　万元

类别	项　目	户外全封闭组合电器（GIS）	户内全封闭组合电器（GIS）
经济比较	设备本体费用	＋1850 （说明：户外 GIS 价格与户内的 GIS 价差按照 5%考虑，大多数厂家均认为 5%比较合适）	0

续表

类别	项　目	户外全封闭组合电器（GIS）	户内全封闭组合电器（GIS）
经济比较	土建费用（包括结构，建筑，照明等）	0	+2200
	道路费用	+5	0
	暖通费用	0	+20
	行车	0	+25
	价差	0	+395
技术比较	主要优缺点	（1）可靠性高，安全性好； （2）受外部环境的影响比户内方案大； （3）维护检修方便； （4）安装周期较户内方案长； （5）进出线配串灵活、方便； （6）不容易检查出故障点； （7）对周围环境影响小； （8）设备寿命长	（1）可靠性比户外布置更高，安全性好； （2）杜绝了对外部的不利影响； （3）检修维护较户外方案方便，不受外部环境影响； （4）安装周期不受外部环境影响，时间短； （5）进出线配串灵活、方便； （6）不容易检查出故障点； （7）对周围环境影响小； （8）设备寿命较户外长

3.2 交流滤波器设备布置方案

3.2.1 交流滤波器大组的布置方式

500kV 交流滤波器场的常规敞开式设备采用瓷柱式断路器，三列式布置，悬吊式管型母线配单柱垂直开启式母线隔离开关。

与配电装置的间隔宽度一致，滤波器的间隔宽度取 28～30m。

由于站址北侧和西侧均较空旷，距离居民区较远，西侧为直流进线方向，为减少滤波器组中电容器、电抗器等设备产生的噪声对站内运行人员和站外居民的影响，4 大组交流滤波器集中布置于站区北侧，滤波器各大组间采用“一”字形布置方式，每个大组中的各小组并列布置在母线同一侧。

500kV 交流滤波器场地与交流 500kV 配电装置及直流开关场之间经环行道路分隔，以实现分区；500kV 设备间设相间道路；滤波器小组围栏前后设置检修、搬运及巡视道路，在相邻的滤波器小组间设置了一条 2m 宽的巡视小道（兼作电缆沟）。

按照无功配置容量，复龙换流站共设置 4 大组 14 小组交流滤波器，奉贤换流站配置 4 大组 15 小组交流滤波器。复龙换流站交流滤波器大组按“2+2”的背靠背布置方式，即每两大组滤波器背靠背布置，每个大组中的各小组并列布置在母线同一侧，形成一个交流滤波器场区域；全站共两个交流滤波器场区域，分别布置在 GIS 场地的西北侧和东南侧。奉贤换流站 4 大组交流滤波器均背靠背集中布置在同一个交流滤波器场区域，位于 GIS 场地的北侧。

3.2.2　交流滤波器小组围栏内尺寸

向—上直流工程交流滤波器的单组容量约为 220～260Mvar，电容器单元按国内供货考虑，双塔布置，与三沪工程相比仅容量有所增加，适当增加电容器塔的层数即可。故目前推荐围栏长度按 36m 考虑。

3.3　其他 500kV 交流设备布置方案

复龙和奉贤换流站内均设置 2 台 500kV 站用变压器，考虑分别引接至交流滤波器悬吊式管型母线和 500kV 交流配电装置 GIS 母线；引接至 GIS 母线的站用变考虑采用 GIS 进线设备。复龙换流站内另设置 1 台 500kV 并联电抗器，考虑引接至交流滤波器悬吊式管型母线。

4　结论

根据不同方案的技术经济比较得到以下的结论：

（1）GIS 设备方案比常规敞开式设备方案投资高，但能够大大提高设备可靠性，获得更好的安全性能；维护更方便，且不受环境影响；检修周期长、安装周期短、有利于环境保护；进出线配串方便，运行方式灵活，对世界首批特高压换流站而言，选用性能良好的 GIS 设备，对于提高换流站乃至整个金沙江一期输电系统的安全可靠性都有重要意义。

（2）按照国网公司[486]文的精神，在节约用地与经济比较相矛盾时，要优先选用占地少的方案，符合我国正在构建和谐社会、建设社会主义新农村的国策。基于上述原则，尽管 GIS 方案投资高，但由于能够大量节省占地面积，且省下的占地主要为基本农田，故 500kV 交流场推荐采用 GIS 设备方案；交流滤波器场占地主要受围栏内设备布置尺寸影响，500kV 交流滤波器场依据常规工程经验采用敞开式设备方案。

（3）GIS 户外方案总体投资比 GIS 户内方案投资节省约数百万元；户外 GIS 方案为国家电网公司典型设计方案，但由于受外界环境的影响，在安装及运行维护方面较户内 GIS 方案差，对设备寿命也有影响。由于放在户外，设备外壳油漆及密封垫圈对环境方面要求高。且设备长期日晒雨淋，将对设备本身的质量有一定程度的影响。因此，在充分征求业主的意见之后，推荐采用户内 GIS 方案。

（4）常规敞开式设备中，罐式断路器设备比瓷柱式断路器设备投资高，节约占地面积不大，技术经济性较差。因此，交流滤波器场常规敞开式设备按瓷柱式断路器方案考虑。

第4节 阀 厅 设 计

阀厅是直流成套设计、工程设计、厂家设备、施工安装等多接口、多界面、多层次及多阶段的配合焦点，技术复杂，接口繁多，部分核心技术一直为外方掌控。目前特高压直流换流站阀厅中的主设备（如换流阀、换流变压器等）已逐步通过技术引进实现了关键技术国产化。针对特高压直流换流站阀厅设计的关键技术研究，随着特高压直流工程的逐步推进，日显迫切。特高压阀厅设计的关键技术研究对推进新技术的开发，新产品的应用，提高电网建设水平，建设坚强的国家电网具有重要的推动作用；对掌握阀厅设计的关键工艺，形成具有自主知识产权的专有技术，推动国内金具、管母和导线等领域的新产品的开发，实现阀厅建设的国产化，具有重要的技术支撑作用。

1 国内外阀厅设计的研究概况

高压直流输电科技含量高，经历了50多年的发展，形成了以ABB、SIEMENS和Areva这三家公司技术路线为主体的竞争局面。阀厅作为直流换流站的核心，相应的阀厅关键技术也就集中在这三家。

目前国内已建直流换流站的最高直流电压为±500kV，世界范围内的最高直流电压为±600kV（南美，依泰普工程）。几家外国公司都是依据计算和各自的工程经验来处理工程问题，没有提供更详细的研究资料和完整的设计流程（或没有对外公开）。向家坝—上海±800kV直流输电工程是我国也是世界上电压等级最高、输送容量最大的直流工程。其阀厅的工艺复杂程度、设计技术难度和组织管理难度都很大。

在我国已建及在建的直流工程中，绝大部分工程的阀厅设计都是由外方技术负责，特别是±500kV直流换流站的阀厅主体工艺设计由外方掌控。造成这种局面的主要原因有两方面：其一是由于阀厅设计的关键技术（如阀厅金具形状及空气净距的配合关系、阀厅电磁干扰及屏蔽要求以及阀厅环境要求等）还没有完全掌握；其二是由于各种的原因，国内金具、导线、管母制造厂一直没有进行过阀厅配套产品的研究和开发，因而也没有相应的工程经验和业绩，无法制造相应的金具、导线等阀厅配套产品。正因如此，即使是在电压低、容量小的灵宝和高岭背靠背阀厅设计中，由于缺少配套的金具和导线，阀厅自主设计也非常困难。

2 阀厅设计的理论依据

阀厅设计主要以特（超）高压直流系统的绝缘配合理论、高电压试验理论、长间隙放电理论、典型形状电极放电特性的相关理论、IEC/GB 标准和 ABB/SIEMENS 公司的计算方法和经验公式为理论依据进行计算和试验，这些理论在以前的直流输电工程中得到了成功应用，技术原理成熟可行。但针对±800kV 的特高压直流工程，世界各国都没有成熟经验，一方面需要理论计算，另一方面也需要大量的试验数据支撑，并需要通过工程实践的检验。

3 阀厅和换流变压器布置方案的研究

3.1 阀厅布置

根据系统研究初步结果和可研评审意见，特高压换流站阀桥接线采用每极 2 组 12 脉动阀组串联的接线型式和（400+400）kV 电压分配方案，每个 12 脉动阀组安装在一个阀厅内，每极设高、低端两个阀厅，全站共设置 4 个阀厅。800kV 阀塔布置于高端阀厅内，400kV 阀塔布置于低端阀厅内。阀塔布置考虑采用悬吊式二重阀或四重阀布置，每个阀厅内悬吊 6 个或 3 个阀塔。

换流阀在结构形式上主要有二重阀和四重阀两种，在安装方式有支撑式和悬吊式两种。阀塔型式的选择与阀厅结构设计和阀厅空间尺寸的确定有密切关系。在常规 500kV 直流换流站中，两重阀和四重阀均有工程应用，针对双绕组换流变压器，其各自布置特点可简述如下：

（1）双重阀的布置：每个阀厅内悬挂了 6 个阀塔。该布置的换流变压器与阀塔连接清晰、方便，降低了整个阀厅的高度，但同时增大了阀厅的面积。

（2）四重阀的布置：每个阀厅内悬挂了 3 个阀塔。四重阀的采用增加了阀厅的高度，但减小了阀厅面积。同时将双绕组换流变压器布置于阀厅一侧时换流变压器与阀塔的连接复杂，故仅考虑将换流变压器按联结组别分组布置于阀厅两侧。

综合比较，双重阀使整个阀厅布置清晰、美观，电气连接简单、安全可靠，功能分区明确，而且阀厅的高度大大降低，设计的施工难度大大降低，与换流站总平面布置适应性较好。四重阀布置与二重阀布置相比其清晰性和美观性相对较差，尤其是对总平面布置影响较大，换流站围墙内占地大大增加，而且阀厅高度也大大增加，设计和施工难度都很大，经济性较差。

所以，结合双绕组换流变压器的布置，最终确定采用悬吊式双重阀方案。

3.2 换流变压器布置

根据《±800kV 换流站主设备选择研究》专题论证结果，800kV 换流变压器和 400kV 换流变压器均采用双绕组变压器，全站工作换流变压器 24 台，按型式不同备用 4 台。

阀厅与阀厅之间的布置，目前我国已有±500kV 换流站大多采用“一”字形布置方式，在两个阀厅间布置一个主控制楼。±800kV 特高压换流站全站共有4个阀厅，其相对位置可有多种布置型式，但适合两重阀布置较为合理的布置型式有以下2种。

3.2.1 方案一

方案一为高、低端阀厅面对面布置，换流变压器“一”字形紧靠阀厅布置，如图1所示。

该布置方案对应于二重阀、单相双绕组换流变设备。每极的高端阀厅和低端阀厅面对面布置，2个低端阀厅相邻背靠背布置；每个阀厅对应的2组（6台）换流变压器与阀厅紧靠一字排列，阀侧套管直接插入阀厅。高、低端阀厅间设置换流变压器运输和组装场地；2 组不同接线型式的换流变压器汇流通过架设在换流变压器上空的高跨导线实现，减少了汇流母线占地。

紧靠2个高端阀厅各设1个辅助设备间，楼内设置高端阀厅阀内冷设备间和400V低压配电室，有效减小相关管道、导线长度，功能分区明确。

紧靠2个低端阀厅设1个2层主控楼，楼内设置低端阀厅阀内冷设备间、400V低压配电室、控制室、通信机房、UPS电源和蓄电池室等。

阀厅空调外机和阀外冷设备可布置于阀厅周围的空地上或者控制楼顶部。

高、低端备用换流变压器布置于直流场空地内。

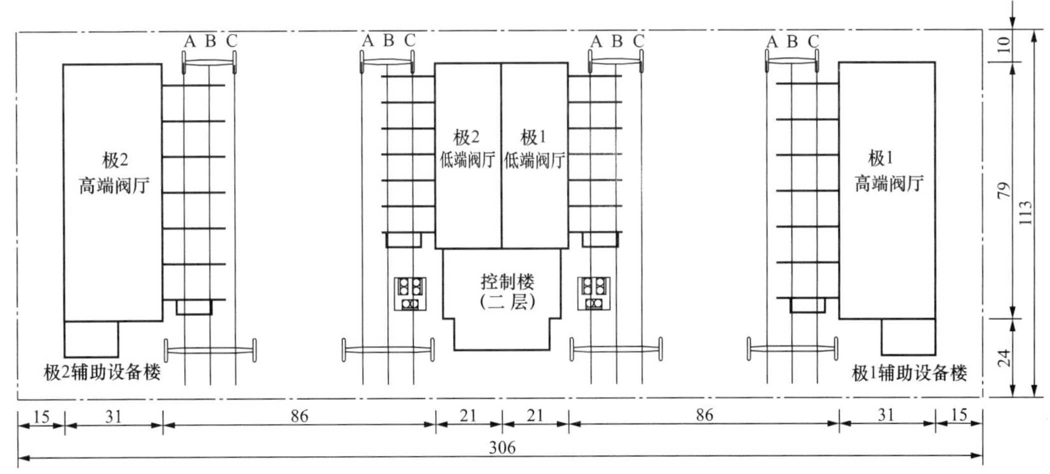

图1 方案一：高、低端阀厅面对面布置，换流变压器“一”字形紧靠阀厅布置（单位：m）

该布置的主要特点有：

（1）面对面布置的高低端阀厅对换流变压器噪声的传播有很好的阻挡和吸收作用，有利于换流站围墙位置的噪声控制。

（2）减小了阀厅、换流变压器区域和直流场的横向尺寸。该区域的大致布置尺寸为306m×113m。

（3）换流变压器进串更加顺畅，汇流母线至交流GIS进线的角度适宜。

（4）换流变压器的汇流在换流变压器防火墙上空完成后经过交流PLC设备直接进串，连接线短，布置紧凑；换流变压器组装场地上没有“一”字形布置时的高跨线，布置更加美观、清晰。

（5）辅助设备按阀厅分区布置，单元体系清晰，功能分区明确。

（6）直流穿墙套管从阀厅同侧引出，每个阀厅的低压阀塔远离穿墙套管且阀塔出线与穿墙套管方向垂直，阀塔出线需要在阀厅内转90°后再引接到穿墙套管上，阀厅内接线较为复杂。

（7）换流变压器组装场地考虑同一极的高、低端换流变压器可同时背靠背安装检修，运行检修非常灵活。

3.2.2 方案二

方案二为高、低端阀厅、换流变压器“一”字形布置型式，如图2所示。

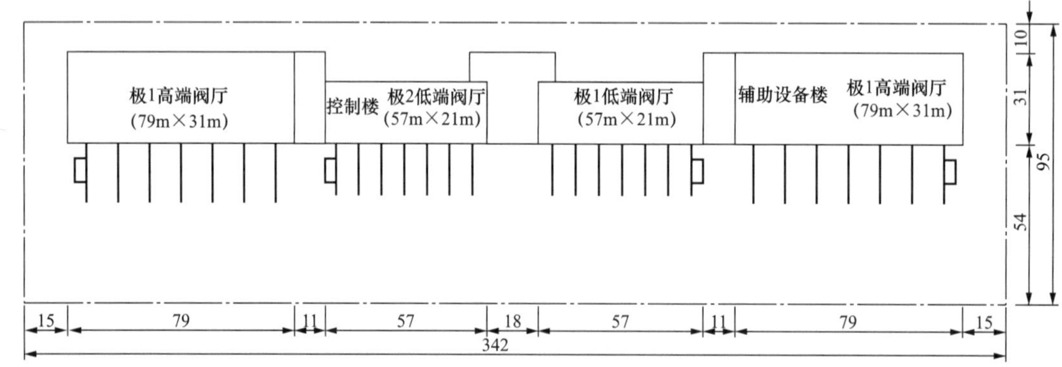

图2 方案二：高、低端阀厅、换流变压器“一”字形布置示意图

该布置方案对应于双重阀、单相双绕组换流变压器设备。

每极的高端阀厅和低端阀厅采用常规布置方式，全站24台工作换流变压器和4个阀厅紧靠着一字排列布置。高、低端阀厅及换流变压器前设置换流变压器运输和组装场地，宽度约54m。

在换流变压器组装场地和交流GIS配电装置间设置换流变压器汇流母线和交流PLC区域，组装场地上空布置有较密集的换流变压器引出跨线，汇流母线出线角度较大，接线较为复杂。

每个极的高、低端阀厅间设置1个主控楼和2个辅助设备间。每个辅助设备间内设高、低端阀厅内冷设备间、400V低压配电屏室，高、低端阀厅控制保护室，极电子设备间等。阀控设备按极分区布置，单元体系清晰。

阀厅空调和阀外冷设备布置于阀厅与直流场之间的空地上。

该布置的主要特点有：

（1）阀厅、换流变压器采用“一”字形布置，阀厅对换流变压器噪声有明显的阻挡作用，直流场噪声小，基本不受换流变压器的影响。但24台换流变压器一字排开面向交流场，其噪声向交流场及其两侧传播，噪声覆盖范围广，影响较大。

（2）直流场的横向尺寸大。阀厅、换流变压器区域的大致布置尺寸为342m×95m，则直流场环行路之间的距离为342m。

（3）换流变压器进串引线（尤其是低端换流变压器）角度较大，汇流母线跨度大（超过60m），接线较为复杂。

（4）辅助设备按极分区布置，单元体系清晰。

（5）直流穿墙套管从阀厅长度方向出线，与已有直流工程类似，布置较为成熟，接线相对简单。

（6）备用换流变压器在更换时无需转向，十分便利。

3.2.3 方案三

方案三为高、低端阀厅面对面布置，换流变压器背靠背紧靠阀厅布置，如图3所示。该布置方案对应于四重阀、单相双绕组换流变压器设备。

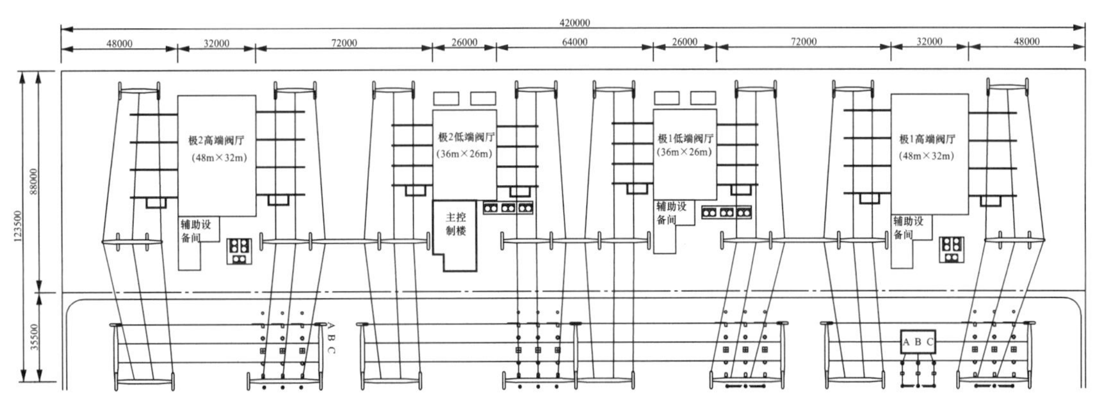

图3 方案三：阀厅、换流变压器“面对面”布置

全站4个阀厅采用面对面分散式布置方式。由于采用四重阀，阀厅面积较小，高压阀厅约48m×32m，低压阀厅约36m×26m（建筑轴线尺寸）即可满足四重阀布置要求。高、低端阀厅间设置换流变压器运输和组装场地。高、低端阀厅间设置换流变压器运输和组装场地，宽度约72m。每6台换流变压器的汇流通过架设在换流变压器上空的高跨导线连接至交流场，增设专门的汇流母线场地，从而增加了占地。为减小相关管线长度，全站需设置1个控制楼和3个辅助设备间，各阀厅对应的暖通、水工、极控等设备布置于各阀厅前面的控制楼或辅助楼内，按阀组分区，单元体系清晰。

各方案布置特点对比详见表1。

表1　　阀厅3种布置型式优缺点对比表

序号	比较内容	阀厅间布置型式		
		方案一	方案二	方案三
1	布置方式	每极的高、低端阀厅面对面布置，2个低端阀厅背靠背布置；每个阀厅对应的6台换流变压器“一”字形紧靠阀厅布置	全站4个阀厅“一”字形排开布置；24台换流变压器“一”字形排开布置在阀厅的同一侧，紧靠阀厅布置	全站4个阀厅面对面分散布置；每个阀厅对应的6台换流变压器分成2组布置于阀厅两侧
2	主控楼设置	设置1个主控楼和2个辅助设备间	设置1个主控楼和2个辅助设备间	设置2个主控楼（1主1辅）和2个辅助设备间
3	适用性	适用于双重阀、单相双绕组换流变压器	适用于双重阀、单相双绕组换流变压器	适用于四重阀、单相双绕组换流变压器
4	汇流母线设置	组装场地上空无跨线，布置美观。换流变压器汇流接线简单	换流变压器组装场地上空有多跨汇流线，换流变压器汇流接线较复杂	组装场地上空无跨线，布置美观。换流变压器汇流接线相对复杂
5	阀厅内接线	阀厅内接线简单，部分线路需绕阀厅走线	阀厅内接线简单，接线布置方式成熟	阀厅内接线简单
6	控制保护	按阀厅分区布置	按阀厅分区布置	按阀厅分区布置
7	备用变压器更换	换流变压器本体有时需转向	换流变压器本体不需转向	换流变压器本体有时需转向
8	占地	约306m×113m（34578m²）	约342m×95m（32490m²）	约420m×88m（36960m²）
9	噪声	直流场噪声较大	换流变压器噪声对直流场基本无影响	直流场噪声较大
10	与直流场的配合	直流场横向尺寸306m	阀厅区域横向尺寸342m，导致直流场占地增加	阀厅区域横向尺寸420m，导致直流场占地增加
11	换流变压器组装	允许换流变压器背靠背组装并留有其他换流变压器运输距离。全站24台换流变压器可同时组装	换流变压器组装相互影响小，全站24台换流变压器可同时组装	仅考虑1台换流变压器组装时其他换流变压器可运输通过，不允许背靠背布置的换流变压器同时组装
12	全站围墙内占地（ha）	17.2（户内直流场）	17.8（户内直流场）	19.2（户内直流场）

以上三个方案，在换流变压器组装、检修方面虽有差别，但均能满足要求。方案一布置整齐美观，汇流连线简单，占地小，但换流变压器更换备用相时部分需转向。方案二布置与我国目前已运行的±500kV换流站布置格局和习惯一致，阀厅内接线简单，但换流变压器组装场地上方引线较多，影响视觉效果。方案三为四重阀方案，阀厅区域占地较小，接线清晰，但需增加专门的汇流区域，综合占地较大。

综上所述，三种阀厅布置方式各有优缺点，其中方案一在降低噪声、简化接线、节约占地等方面较有优势，推荐采用方案一的阀厅、换流变压器布置方式。

阀厅间的两个不同布置方式各有优缺点，其中方案一在降低噪声、简化接线、节约占地等方面较有明显优势，最终采用方案一的阀厅、换流变压器布置方式。

4　阀厅内金具和母线研究

在阀厅设计中，除了换流阀、换流变压器、接地开关、平波电抗器等主设备的布置外，母线及其电力金具作为连接各电气设备的桥梁和纽带，是整个直流系统的正常稳定运行不可缺少的，正确合理的选择母线和电力金具具有重要的意义。

4.1　阀厅母线金具选型的依据计算条件

4.1.1　导线选型具体规定

（1）导体应根据具体情况，按下列技术条件进行选择或校验：

1）电流。

2）电晕。当选择的导体为裸导体时，可不校验。

3）动稳定或机械强度。

4）热稳定。

5）允许电压降。

6）经济电流密度。

（2）导体应按下列使用环境条件校验：

1）环境温度。

2）日照。

3）风速。

4）污秽。

5）海拔高度。

当在屋内使用时，可不校验第2)、3）和4)。

在按回路正常工作电流选择导体截面时，导体的长期允许载流量，应按所在地区的海拔及环境温度进行修正。

110kV及以上导体的电晕临界电压应大于导体安装处的最高工作电压。单根导线和分裂导线的电晕临界电压可按下式计算

$$U_0 = 84 m_1 m_2 K \delta^{\frac{2}{3}} \frac{n r_0}{K_0}\left(1+\frac{0.301}{\sqrt{r_0\delta}}\right)\lg\frac{a_{\mathrm{jj}}}{r_{\mathrm{d}}} z$$

$$\delta = \frac{2.895p}{273+t}\times 10^{-3}$$

$$K_0 = 1+\frac{r_0}{d}2(n-1)\sin\frac{\pi}{n}$$

式中 U_0——电晕临界电压（线电压有效值），kV；

K——三相导线水平排列时，考虑中间导线电容比平均电容大的不均匀系数，一般取 0.96；

K_0——次导线电场强度附加影响系数；

n——分裂导线根数，对单根导线 n=1；

d——分裂间距，cm；

m_1——导线表面粗糙系数，一般取 0.9；

m_2——天气系数，晴天取 1.0，雨天取 0.85；

r_0——导线半径，cm；

r_d——分裂导线等效半径，单根导线 $r_d=r_0$，双分裂导线 $r_d=\sqrt{r_0 d}$，三分裂导线 $r_d=\sqrt[3]{r_0 d^2}$，四分裂导线 $r_d=\sqrt[4]{r_0\sqrt{2}d^3}$，cm；

a_{jj}——导线相间几何均距，三相导线水平排列时 $a_{jj}=1.26a$；

a——相间距离，cm；

δ——相对空气密度；

p——大气压力，Pa；

t——空气温度，$t=25-0.005H$，℃；

H——海拔高度，m。

验算短路热稳定时，导体的最高允许温度，对硬铝及铝镁（锰）合金可取 200℃，硬铜可取 300℃，短路前的导体温度应采用额定负荷下的工作温度。

裸导体的热稳定可用下式验算

$$S \geqslant \frac{\sqrt{Q_d}}{C}$$

$$C=\sqrt{K\ln\frac{\tau+t_2}{\tau+t_1}\times 10^{-4}}$$

式中 S——裸导线的载流截面，mm^2；

Q_d——短路电流的热效应，A^2S；

K——常数，WS/（Ω·cm^4）；

τ——常数，℃；

t_1——导体短路前的发热温度，℃；

t_2——短路时导体最高允许温度，℃。

4.1.2 金具选型的基本要求

电力金具均应按现行有关标准及规定程序批准的图纸制造，破坏荷重应不小于标称值，电气接触性能应符合下列规定：

（1）导线接续处两端点之间的电阻，应不大于同样长度导线的电阻。

（2）导线接续处的温升应不大于被接续导线的温升。

（3）承受电气负荷的所有金具，其载流量应不小于被安装导线的载流量。

金具对导线的握力，与导线计算拉断力之比的百分值应满足标准中规定的要求。

4.2 三沪直流工程的母线及金具选型经验

4.2.1 换流站换流变压器和套管参数

换流变压器和套管的主要参数包括：换流变压器电流额定值、套管电流额定值、连续运行时阀侧Y绕组最大谐波电流值，如表2、表3和表4所示。

表2　换流变压器电流额定值

名称	网侧绕组	阀侧绕组			
		Y1	D1	Y2	D2
额定连续电流（主分接，不投备用冷却）（A）	982	2449	1414	2449	1414
最大连续电流（1.0倍直流额定功率，不投备用冷却，−5分接）（A）	1063	2486	1436	2486	1436
最大连续电流（1.05倍直流额定功率，不投备用冷却，−5分接）（A）	1122	2625	1516	2625	1516

表3　套管电流额定值

名称	网侧绕组	阀侧绕组			
		Y1	D1	Y2	D2
高压端额定电流（A）	2500	3800	2400	3800	2400
高压端连续电流（1.0倍直流额定功率，不投备用冷却）（A）	1063	2486	1436	2486	1436
高压端连续电流（1.05倍直流额定功率，不投备用冷却）（A）	1122	2625	1516	2625	1516

表4　连续运行时阀侧Y绕组最大谐波电流值

谐波次数	频率（Hz）	在1.0p.u.功率电流（A）	在1.05p.u.功率电流（A）
1	50	2329	2496
5	250	419	443
7	350	267	280
11	550	118	118
13	650	75	75
17	850	24	25
19	950	23	27
23	1150	22	23

续表

谐波次数	频率（Hz）	在 1.0p.u.功率电流（A）	在 1.05p.u.功率电流（A）
25	1250	20	22
29	1450	17	17
31	1550	14	14
35	1750	8	9
37	1850	8	9
41	2050	7	8
43	2150	7	7
47	2350	6	6
49	2450	6	6

4.2.2 换流阀参数

（1）换流阀型式。宜都换流站站内晶闸管换流阀型式为 5 英寸，户内式，完整双极，每极由 2 个 6 脉动换流桥组成。

（2）换流阀电流额定值如表 5 所示。

表 5　　换流阀电流额定值

名　　称	电流（A）
额定直流电流（I_{dN}）（A）	3000
1.05 倍过负荷功率时最大电流（A）	3168
1.05 倍过负荷功率时最大电流（最大环温、含误差）（A）	3213

4.2.3 三沪工程阀厅母线选型结果

根据阀厅内主设备的参数及换流站的环境，按照母线和电力金具选型的标准，三沪直流阀厅内母线选型如表 6 所示。

表 6　　三沪直流阀厅内母线选型

主设备	连　接　点	型　式	参数（mm）
换流阀	高压六脉动阀间	铝管母	D=250/236
	高低压阀之间	铝管母	D=160/140
	低压六脉动阀间	铝管母	D=160/140
换流变压器	高压侧中性点	铝管母	D=250/236
	高压侧套管至换流阀	铝管母	D=250/236
	低压侧连接	铝管母	D=160/140
	低压侧套管至换流阀	铝管母	D=160/140
平波电抗器	套管至换流阀	铝管母	D=250/236

续表

主设备	连　接　点	型　式	参数（mm）
中性母线	中性母线	铝管母	*D*=160/140
	中性母线至穿墙套管	铝线	*D*=39.4（×4）
	中性母线至DCVT/避雷器	铝线	*D*=23.6
	中性母线至换流阀	铝线	*D*=39.4（×4）
接地刀闸	电缆接线头	镀锡铜	120/*D*=14
	夹板	铜	120/120
	引线	铜	120

4.3　特高压阀厅内金具选型

4.3.1　特高压阀厅电气设备的基础数据

4.3.1.1　复龙侧换流变压器

（1）复龙换流站的换流变压器型式为单相，双绕组，油浸式。

（2）换流变压器电流额定值见表7。

表7　换流变压器电流额定值

名　称	网侧绕组	阀侧绕组			
		Y1	D1	Y2	D2
额定连续电流（主分接）（不投备用冷却）（A）	1049	3266	1886	3266	1886
最大连续电流（1.1倍直流额定功率，不投备用冷却，–5分接）（A）	1259	3672	2120	3672	2120
最大连续电流（1.125倍直流额定功率，不投备用冷却，–5分接）（A）	1291	3767	2175	3767	2175
最大连续电流（1.2倍直流额定功率，不投备用冷却，–6分接）（A）	1391	4058	2343	4058	2343

（3）高端阀厅套管电流额定值见表8。

表8　高端阀厅套管电流额定值

名　称	网侧绕组	阀侧绕组			
		Y1	D1	Y2	D2
额定连续电流（主分接）（不投备用冷却）（A）	1049	3266	1886	3266	1886
高压端连续电流(1.125倍直流额定功率，不投备用冷却，–5分接）（A）	1291	3767	2175	3767	2175
高压端连续电流（1.2倍直流额定功率，不投备用冷却，–6分接）（A）	1391	4058	2343	4058	2343

（4）低端阀厅套管电流额定值见表9。

表 9　　低端阀厅套管电流额定值

名　称	网侧绕组	阀侧绕组			
		Y1	D1	Y2	D2
额定连续电流（主分接）（A）（不投备用冷却）	1049	3266	1886	3266	1886
高压端连续电流（A）（1.125 倍直流额定功率，不投备用冷却，–5 分接）	1291	3767	2175	3767	2175
高压端连续电流（A）（1.2 倍直流额定功率，不投备用冷却，–6 分接）	1391	4058	2343	4058	2343

（5）连续运行时阀侧 Y 绕组最大谐波电流值见表 10。

表 10　　连续运行时阀侧 Y 绕组最大谐波电流值

谐波次数	频率（Hz）	I_d=4000A 1.00p.u.（A）	I_d =4226A 1.05p.u.（A）	I_d=4455A 1.10p.u.（A）	I_d=4571A 1.125p.u.（A）	I_d=4688A 1.15p.u.（A）	I_d=4924A 1.20p.u.（A）
1	50	3118.8	3295.1	3473.9	3564.3	3655.1	3839.5
5	250	542.2	569.5	596.7	610.3	609.9	650.9
7	350	336	350.7	365	372	361.6	392.5
11	550	132.1	134.5	136.2	136.9	119.2	138
13	650	76.2	75.6	74.5	73.7	58.4	70.8
17	850	20.6	20.7	21.4	22	30.6	25
19	950	21.6	24.2	27	28.6	36.7	33.6
23	1150	28.4	30.4	32.3	33.2	32.3	35.6
25	1250	26.6	27.7	28.6	28.9	24.4	29.5
29	1450	16.6	16	15.1	14.6	8.7	12.7
31	1550	10.7	9.7	8.6	8	7.7	6.7
35	1750	5.4	6.3	7.6	8.3	12.5	10.7
37	1850	7.4	8.7	10	10.7	12.5	12.5
41	2050	9.6	10.2	10.6	10.7	7.8	10.7
43	2150	9	9.1	9	8.8	4.8	7.9
47	2350	5.4	4.8	4	3.6	4.4	2.8
49	2450	3.4	2.8	2.5	2.6	5.8	3.7

4.3.1.2　奉贤侧换流变压器

（1）奉贤换流站的换流变压器型式为单相，双绕组，有载调压，油浸式。

（2）换流变压器电流额定值见表 11。

表 11　　换流变压器电流额定值

名　称	网侧绕组	阀侧绕组			
		Y1	D1	Y2	D2
额定连续电流（主分接）（A）（不投备用冷却）	1049	3266	1886	3266	1886
最大连续电流（A）（1.1 倍直流额定功率，不投备用冷却，-5 分接）	1259	3672	2120	3672	2120
最大连续电流（A）（1.125 倍直流额定功率，不投备用冷却，-5 分接）	1291	3767	2175	3767	2175
最大连续电流（A）（1.2 倍直流额定功率，不投备用冷却，-6 分接）	1391	4058	2343	4058	2343

（3）高端阀厅套管电流额定值见表 12。

表 12　　高端阀厅套管电流额定值

名　称	网侧绕组	阀侧绕组			
		Y1	D1	Y2	D2
额定连续电流（主分接）（A）（不投备用冷却）	1049	3266	1886	3266	1886
高压端连续电流（A）（1.125 倍直流额定功率，不投备用冷却，-5 分接）	1291	3767	2175	3767	2175
高压端连续电流（A）（1.2 倍直流额定功率，不投备用冷却，-6 分接）	1391	4058	2343	4058	2343

（4）低端阀厅套管电流额定值见表 13。

表 13　　低端阀厅套管电流额定值

名　称	网侧绕组	阀侧绕组			
		Y1	D1	Y2	D2
额定连续电流（主分接）（A）（不投备用冷却）	1049	3266	1886	3266	1886
高压端连续电流（A）（1.125 倍直流额定功率，不投备用冷却，-5 分接）	1291	3767	2175	3767	2175
高压端连续电流（A）（1.2 倍直流额定功率，不投备用冷却，-6 分接）	1391	4058	2343	4058	2343

（5）连续运行时阀侧 Y 绕组最大谐波电流值见表 14。

表 14　连续运行时阀侧 Y 绕组最大谐波电流值

谐波次数	频率（Hz）	I_d=4000A 1.00p.u.（A）	I_d=4226A 1.05p.u.（A）	I_d=4455A 1.10p.u.（A）	I_d=4571A 1.125p.u.（A）	I_d=4688A 1.15p.u.（A）	I_d=4924A 1.20p.u.（A）
1	50	3118.8	3295.1	3473.9	3564.3	3655.1	3839.5
5	250	542.2	569.5	596.7	610.3	609.9	650.9
7	350	336	350.7	365	372	361.6	392.5
11	550	132.1	134.5	136.2	136.9	119.2	138
13	650	76.2	75.6	74.5	73.7	58.4	70.8
17	850	20.6	20.7	21.4	22	30.6	25
19	950	21.6	24.2	27	28.6	36.7	33.6
23	1150	28.4	30.4	32.3	33.2	32.3	35.6
25	1250	26.6	27.7	28.6	28.9	24.4	29.5
29	1450	16.6	16	15.1	14.6	8.7	12.7
31	1550	10.7	9.7	8.6	8	7.7	6.7
35	1750	5.4	6.3	7.6	8.3	12.5	10.7
37	1850	7.4	8.7	10	10.7	12.5	12.5
41	2050	9.6	10.2	10.6	10.7	7.8	10.7
43	2150	9	9.1	9	8.8	4.8	7.9
47	2350	5.4	4.8	4	3.6	4.4	2.8
49	2450	3.4	2.8	2.5	2.6	5.8	3.7

4.3.1.3　换流阀参数

（1）换流阀型式。两侧换流站站内晶闸管换流阀型式皆为 6in，户内式，完整双极，每极由 2 个独立的 12 脉动换流桥组成。

（2）电流额定值见表 15。

表 15　电流额定值

名　称	复龙站	奉贤站
额定直流电流（I_{dN}）（A）	4000	4000
最小持续运行直流电流（A）	338	338
额定功率时最大持续运行直流电流（A）	4062	4062
1.05 倍连续过负荷功率时最大电流（最大环温、投入备用冷却、含误差）（A）	4265	4265
1.125 倍 2h 过负荷功率时最大电流（最大环温、投入备用冷却、含误差）（A）	4614	4614
1.4 倍 3s 过负荷功率时最大电流（最大环温、投入备用冷却、含误差）（A）	5742	5742

4.3.2 阀厅母线及金具的选择

根据阀厅内主设备的参数及换流站的环境，按照母线和电力金具选型的标准，特高压阀厅内母线选型如下：

（1）高端阀厅母线选型见表16。

表16 高端阀厅母线选型

主设备名称	连 接 点	型 式	参数（mm）
换流阀	高压6脉动阀间	铝镁硅系（6063）	*D*=350/330
	高低压阀之间	铝镁硅系（6063）	*D*=250/230
	低压六脉动阀间	铝镁硅系（6063）	*D*=250/230
换流变压器	高压侧中性点	铝镁硅系（6063）	*D*=350/330
	高压侧套管至换流阀	铝镁硅系（6063）	*D*=350/230
	低压侧连接	铝镁硅系（6063）	*D*=250/230
	低压侧套管至换流阀	铝镁硅系（6063）	*D*=250/230
直流高压套管	套管至换流阀	铝镁硅系（6063）	*D*=350/230
直流低压套管	套管至换流阀	铝镁硅系（6063）	*D*=250/230
导线	大电流回路连接导线	铝导线（6×LJ–800）	*D*=39.4（×6）

（2）低端阀厅母线选型见表17。

表17 低端阀厅母线选型

主设备名称	连 接 点	型 式	参数（mm）
换流阀	高压6脉动阀间	铝镁硅系（6063）	*D*=250/230
	高低压阀之间	铝镁硅系（6063）	*D*=170/154
	低压6脉动阀间	铝镁硅系（6063）	*D*=170/154
换流变压器	高压侧中性点	铝镁硅系（6063）	*D*=250/230
	高压侧套管至换流阀	铝镁硅系（6063）	*D*=250/230
	低压侧连接	铝镁硅系（6063）	*D*=170/154
	低压侧套管至换流阀	铝镁硅系（6063）	*D*=170/154
直流高压套管	套管至换流阀	铝镁硅系（6063）	*D*=170/154
直流低压套管	套管至换流阀	铝镁硅系（6063）	*D*=170/154
导线	大电流回路连接导线	铝导线（6×LJ–800）	*D*=39.4（×6）

5 阀厅内空气净距的研究

目前，对于直流换流站的安全净距计算主要有三种方法。

（1）ABB在国内三常、三广和三沪直流工程中采用的计算方法，主要是基于IEC的推荐公式结合ABB相应的试验曲线计算。

（2）根据美国电科院（EPRI）于1985年出版的“HVDC Converter Station for Voltages

Above 600kV”（EL–3892）报告中提供的操作过电压下的空气间隙计算公式计算，该方法主要根据不同的间隙距离采取不同的经验公式进行计算。

（3）采用 IEC 提供的方法，根据站址条件，对电压进行空气密度、湿度、温度和海拔进行修正，然后根据相应的 IEC 操作冲击和雷电冲击的净距公式进行计算。

三种方法中的（1）和（2）都需要大量的试验曲线和经验公式进行计算，在±800kV 工程尚未进行大量试验和运行经验的前提下，主要依据绝缘配合的研究结论和采用 IEC 提供的公式和方法进行计算，计算中采用了较为严格的修正系数以留有较大的安全裕度。

5.1　阀厅环境条件

阀厅环境条件见表 18。

表 18　　　　阀 厅 环 境 条 件

		复　龙　侧	上　海　侧
设备环境		全封闭户内，微正压，带通风和空调	
海拔高度（m）		536m	3.4～4.2m
温度（℃）	最高气温	+60	+60
	最低气温	+5	+5
湿度	最大湿度	60%RH	60%RH
	最小湿度	暂按 5%RH	暂按 5%RH

5.2　计算方法

换流站直流侧空气间隙主要考虑直流、交流、雷电和操作冲击合成电压的作用。由于换流站的设备带电导体多为固定电极，因此空气间隙主要由雷电和操作冲击所决定。设计空气间隙时需要各种换流站典型雷电波、操作波放电电压特性曲线。为了较准确地计算直流侧空气间隙，不仅需要架空软导线、管型硬母线与构架之间的放电特性曲线，而且需要带电电气设备（均压环）与构架之间、管型母线与阀厅钢柱之间的放电特性曲线。

对于雷电冲击而言，国外大量的试验数据表明，其放电电压与间隙长度成线性关系，而对于操作冲击而言，放电电压与间隙长度为非线性关系，且国外美、日、意等国家进行了大量冲击电压试验，所提供的棒—板间隙临界放电电压与间隙长度资料可以看出，随着电压等级的提高，放电电压呈现非线性饱和趋势，在 1600kV 左右为非常明显的拐点位置。

一般情况下，由于操作冲击下间隙的饱和特性，所以阀厅内的操作电压下要求的空气间隙远大于由雷电冲击决定的间隙距离，所以取操作冲击计算值作为该点的最小间隙距离。

通过以上分析可知，在确定阀厅空气间隙时，同换流站的绝缘配合密切相关。因此，首先需要明确换流站的避雷器配置和绝缘配合，确定各点 LIWL 和 SIWL，然后据此和环境条件进行计算。

假定在站址规定的阀厅气象条件下的 50%冲击放电电压为 U_{50}（通过 SIWL 和 LIWL 计算得到），将此电压修正到标准大气条件下得到标准大气条件的50%放电电压，然后根据标准气象条件下的净距公式计算要求的最小安全净距。其中 k_a 是海拔修正系数，k_t 是大气修正系数（$k_t=k_1k_2$，其中 k_1 是大气密度修正系数，k_2 是大气湿度修正系数），详见式（10）～式（14）。

计算中默认的标准气象条件如下：

温度＝20℃；

大气压力＝101.3kPa；

绝对湿度＝11g/m^3；

海拔高度＝0m。

5.2.1 大气密度修正系数 k_1

空气密度对间隙的击穿电压有较大的影响，主要原因是空气密度变化时，分子间的平均距离发生变化，直接影响到电子的平均自由行程，从而间接影响间隙气体的电离过程，改变间隙的击穿电压。

当海拔高度增加时，空气压力下降，密度减小，所以电子的碰撞电离过程中的平均自由行程变大，在运动过程中可以积累更大的能量，在间隙距离较大的情况下，气体的电离过程变得更加剧烈，所以间隙的击穿电压下降。

当温度增加时，电子的自由行程增加，积累的动能也增加，更容易造成气体电离。另外，温度增加，气体分子本身的热动能也增加，所以导致气体的热电离增加，这也会导致击穿电压的下降。所以，在其他条件一定时，温度越高，气隙的击穿电压越低。

定义空气的相对密度δ

$$\delta=\frac{b}{b_0}\times\frac{273+t_0}{273+t} \tag{1}$$

式中 b——空气压力；

t——空气温度。

空气压力 b 按照下面公式计算

$$b=101.3\mathrm{e}^{-\frac{H}{7990}}\text{（kPa）} \tag{2}$$

式中 H——海拔高度，m。

空气密度对击穿电压的影响，可以通过大气密度修正系数 k_1 来表示，定义为

$$k_1 = \delta^m \tag{3}$$

式中　m——通过后面介绍的方法求取。

5.2.2　湿度修正系数 k_2

湿度对击穿电压的影响比较复杂。实验表明，均匀电场中空气的放电电压随湿度的增加而增加，但程度极微。例如，间隙距离为 1cm，在一个大气压下，湿度从 9.62g/m^3 增加到 24.0g/m^3 时，放电电压大约仅增加 2%。

但在极不均匀电场中，空气的湿度对提高间隙击穿电压的效应就很明显。原因可能是水分子容易吸收电子而形成负离子，电子形成负离子后自由行程大减，在电场中发生碰撞电离的能力也大大减弱。随着湿度的增加，电子被水分子吸引而成为负离子的比例增加，负离子的质量较大，直径也较大，所以大大消弱了电子碰撞电离能力，从而消弱了间隙的电离过程，提高间隙的击穿电压。另外，在极不均匀电场中，平均场强较低，电子运动速度较慢，很容易被水分子俘获成为负离子。基于以上原因，湿度的增加会导致击穿电压的增加。

湿度修正系数定义为

$$k_2 = k^w \tag{4}$$

式中　w——通过后面介绍的方法求取；

　　　k——取决于电压的类型。

实际计算时，k 可以作为 h/δ 的函数，这里 h 是绝对湿度，δ 是相对空气密度，如式（1）所示。k 与 h/δ 的关系如图 4 所示。

在 $1 \leqslant h/\delta < 15$ 的范围内，可以做如下近似：

冲击电压，系数 $k = 1 + 0.01\left(\dfrac{h}{\delta} - 11\right)$，$1 \leqslant h/\delta < 15$　（5）

交流电压，系数 $k = 1 + 0.012\left(\dfrac{h}{\delta} - 11\right)$，$1 \leqslant h/\delta < 15$　（6）

直流电压，系数 $k = 1 + 0.014\left(\dfrac{h}{\delta} - 11\right)$，$1 \leqslant h/\delta < 13$　（7）

工程实际中，一般只给出相对湿度，所以通过相对湿度和环境温度换算得到绝对湿度。根据相关公式，绝对湿度 h 与环境温度 t 和相对湿度 RH 的关系如图 5 所示。颜色表示绝对湿度的大小。

需要说明的是，当绝对湿度很大时，气隙中的水蒸气分子浓度很大，放电机理可能已发生改变，气隙的击穿模型不再适用，击穿电压与绝对湿度的关系不是很明确。另外，当绝对湿度过大时，h/δ 已经超出（1，15）的范围，k 的取值将发生较大误差。

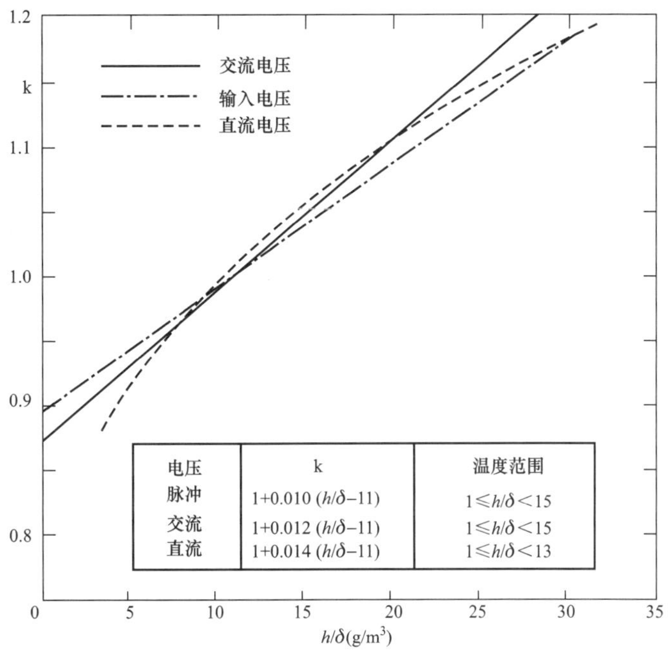

图4 k 与 h/δ 的关系

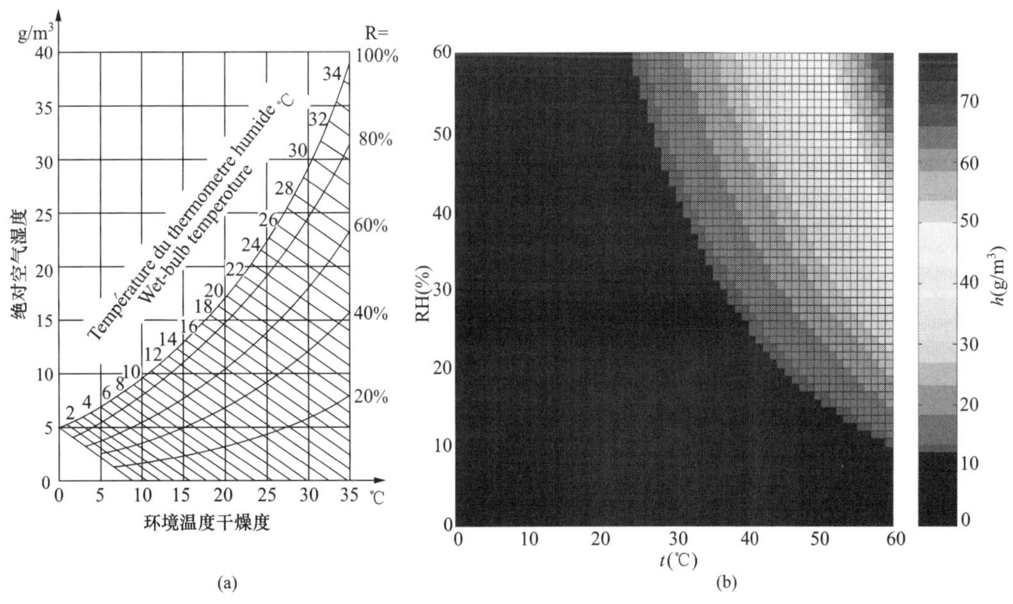

图5 绝对湿度和温度与相对湿度的关系

（a）关系图；（b）三维图

5.2.3 海拔修正系数 k_a

海拔高度增加，空气压力下降，也会导致气体的击穿电压降低，所以定义海拔修正系数 k_a，用来考虑到海拔变化后，U_{50} 电压的变化情况。k_a 主要与海拔高度有关，同时和施加电压的类型也有一定关系。所以 k_a 定义为

$$k_a = e^{n \cdot \frac{H}{8150}} \tag{8}$$

式中 H——海拔高度。

式（8）中 n 的取值原则如下：

对于雷电冲击电压，$n=1$；

对于工频耐受电压，$n=1$；

对于操作冲击电压，n 按照下图6选取（即IEC 71–1的图9，相—相和相—地电压按照不同的曲线）。

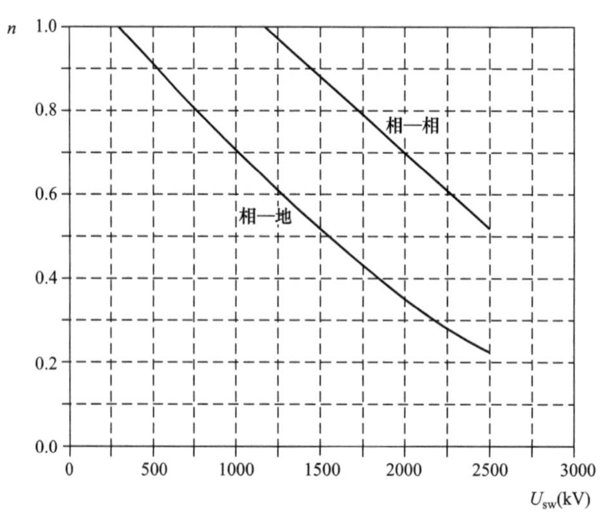

图6 n 与操作冲击电压的关系曲线

5.2.4 m 和 w 的计算

定义参数

$$g=\frac{U_{50}}{500L\delta k} \tag{9}$$

式中 U_{50}——实际大气环境下的50%击穿电压；

L——要求的最小放电距离，m；

δ——相对空气密度，$\delta=\frac{b}{b_0}\times\frac{273+t_0}{273+t}$；

k——如图4所示。

w 和 m 与 g 的关系如图7所示。

5.2.5 空气间隙的计算公式

间隙的耐受电压和50%放电电压可通过下式得到

$$U_{50}=\frac{U_w}{1-2\sigma} \tag{10}$$

对雷电冲击，σ=0.03；对操作冲击，σ=0.06。

U_w 为实际大气环境下空气间隙要求的耐受电压SIWL或者LIWL，由绝缘配合决定。

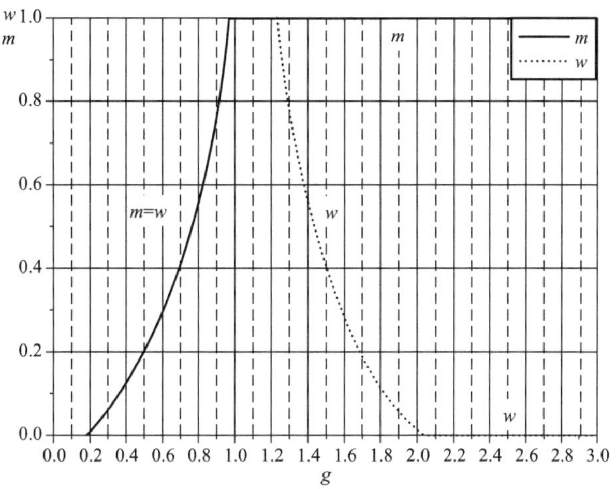

图 7 m 和 w 与参数 g 的关系曲线

所以，修正到标准大气条件下的 50%放电电压 $U_{50\text{-corr}}$ 为

$$U_{50\text{-corr}}=\frac{K_{\mathrm{a}}U_{50}}{K_{\mathrm{t}}}=\frac{K_{\mathrm{a}}U_{50}}{k_1k_2}=\frac{K_{\mathrm{a}}U_{\mathrm{w}}}{k_1k_2\,(1-2\sigma)} \tag{11}$$

根据修正后的 $U_{50\text{-corr}}$ 及经验公式计算所需的空气净距。

5.2.5.1 基于 LIWL 的空气净距计算

雷电冲击电压和空气间隙的经验公式为

$$U_{50\text{-corr}}=540Kd \tag{12}$$

式中 $U_{50\text{-corr}}$——修正到标准大气条件下的 50%雷电冲击放电电压；

K——电极形状系数，不同的系数代表着不同的电极形状，形状系数越大表明电场越均匀，K=1.15 为导体—平板，K=1.3 为导体—支撑结构或棒—棒，K=1.4 为导体—导体。

在更保守的情况下，可以不考虑电极形状的影响，取 K=1，这样将获得更大的空气净距值，留有更大的安全裕度。

根据式（12），雷电冲击下要求的空气净距为

$$d=\frac{U_{50\text{-corr}}}{540K} \tag{13}$$

5.2.5.2 基 SIWL 的空气净距计算

操作冲击下空气净距与 50%操作冲击放电电压的关系为

$$d=0.6\sqrt{\frac{U_{50\text{-corr}}}{500K}} \tag{14}$$

式中 $U_{50\text{-corr}}$——修正到标准大气条件下的 50%操作冲击闪络电压；

K——电极形状系数，取值同雷电冲击。

5.2.6 空气间隙的确定

根据雷电冲击 LIWL 和操作冲击 SIWL（由绝缘配合研究决定）以及电极形状系数 K 得到的空气净距，取两者中的较大者作为最小空气净距要求值。为了考虑最不利的电极形状，可以选择较小电极系数时的净距值作为计算结果。

5.3 向家坝—上海工程阀厅空气净距计算

绝缘配合研究结论得到的各点的操作耐受电压计算空气净距以此绝缘配合结论为基础进行。因为操作冲击电压要求的空气净距比雷电冲击要求的空气净距大很多，所以表 19 只给出了操作冲击决定的空气净距值。

西门子推荐以 t=20℃和相对湿度 RH=5%作为最坏的空气净距条件。所以表 19 计算时采用的环境条件为 t=20℃和 RH=5%。

因为在空气密度修正时已经考虑了海拔修正，所以在空净距比较紧张的情况时，可以不单独进行海拔修正。表 19 分别给出了有无海拔修正时的空气净距计算值。

表 19　不同电极系数（K）的空气净距计算值

位　置	海拔修正	SIWL（kV）	操作冲击决定的空气净距（mm）					是否为关键空气净距
			K=1	K=1.15	K=1.2	K=1.3	K=1.4	
+800kV 对+400kV 或-800kV 对-400kV	①	950	4356	3594	3406	3103	2872	控制相邻 Yy 阀塔和 Yd 阀塔之间的净距
	②		3969	3312	3152	2896	2702	
+800kV 对高端阀组 6 脉动中性点或-800kV 对高端阀组 6 脉动中性点	①	550	1888	1628	1567	1395	1233	
	②		1754	1535	1428	1250	993	
+400kV 对高端阀组 6 脉动中性点或-400kV 对高端阀组 6 脉动中性点	①	550	1888	1628	1567	1395	1233	
	②		1754	1535	1428	1250	993	
+400kV 对直流中性母线或 -400kV 对直流中性母线	①	950	4356	3594	3406	3103	2872	控制相邻 Yy 阀塔和 Yd 阀塔之间的净距
	②		3969	3312	3152	2896	2702	
+400kV 对低端阀组 6 脉动中性点或-400kV 对低端阀组 6 脉动中性点	①	550	1888	1628	1567	1395	1233	
	②		1754	1535	1428	1250	993	
直流中性母线对低端阀组 6 脉动中性点	①	550	1888	1628	1567	1395	1233	
	②		1754	1535	1428	1250	993	
平抗阀侧+800kV 或-800kV 对地	①	1600	9520	7720	7257	6488	5887	控制 800kV 管母和金具与地面和阀厅顶部净距
	②		9067	7368	6934	6215	5658	

续表

位　置	海拔修正	SIWL（kV）	操作冲击决定的空气净距（mm）					是否为关键空气净距
			K=1	K=1.15	K=1.2	K=1.3	K=1.4	
高端阀组 6 脉动中性点对地	①	1300	6893	5621	5299	4771	4364	
	②		6504	5326	5030	4548	4180	
＋400kV 或–400kV 对地	①	950	4244	3512	3332	3042	2823	控制 400kV 管母和金具与地面和阀厅顶部净距
	②		3969	3312	3152	2896	2702	
低端阀组 6 脉动中性点对地	①	550	1872	1617	1557	1378	1218	
	②		1754	1535	1428	1250	993	
平波电抗器阀侧直流中性母线对地	①	550	1872	1617	1557	1378	1218	
	②		1754	1535	1428	1250	993	
高端 Yy—A/B/C 对地	①	1600	9520	7720	7257	6488	5887	控制 Yy 换流变压器 A/B/C 套管端部均压球及引线与地面和阀厅顶部尺寸
	②		9067	7368	6934	6215	5658	
高端 Yy—x/y/z 对地	①	1600	9520	7720	7257	6488	5887	控制 Yy 换流变压器 x/y/z 套管端部均压球及引线与地面和阀厅顶部尺寸
	②		9067	7368	6934	6215	5658	
高端 Yd 相对地	①	1300	6893	5621	5299	4771	4364	
	②		6504	5326	5030	4548	4180	
低端 Yy—A/B/C 对地	①	1175	5892	4823	4555	4118	3784	控制 Yy 换流变压器 A/B/C 套管端部均压球及引线与地面和阀厅顶部尺寸
	②		5540	4559	4315	3921	3621	
低端 Yy—x/y/z 对地	①	1175	5892	4823	4555	4118	3784	
	②		5540	4559	4315	3921	3621	
低端 Yd 相对地	①	1050	4951	4074	3857	3504	3236	Yd 变压器的套管端部均压球和金具与地面和阀厅顶部净距
	②		4640	3845	3649	3335	3098	
高端 Yy 阀侧相间	①	750	3012	2528	2411	2223	2067	控制 Yy 换流变压器阀侧套管均压球及引线相间净距
	②		2764	2353	2254	2096	1853	
高端 Yy 阀侧相对中性点	①	450	1413	1225	1141	998	784	
	②		1324	1097	1022	800	678	

续表

位 置	海拔修正	SIWL (kV)	操作冲击决定的空气净距（mm）					是否为关键空气净距
			K=1	K=1.15	K=1.2	K=1.3	K=1.4	
高端 Yd 阀侧相间	①	750	3012	2528	2411	2223	2067	控制 Yd 换流变压器阀侧套管均压球及引线相间净距
	②		2764	2353	2254	2096	1853	
高端 Yy 中性点对 800kV 母线	①	450	1413	1225	1141	998	784	
	②		1324	1097	1022	800	678	
高端 Yy 与 Yd 阀侧引线间	①	1050	5103	4188	3960	3588	3306	控制两个相邻的 Yy 和 Yd 换流变压器端部均压球及引线净距
	②		4640	3845	3649	3335	3098	
低端 Yy 阀侧相间	①	750	3012	2528	2411	2223	2067	控制 Yy 换流变压器阀侧套管均压球及引线相间净距
	②		2764	2353	2254	2096	1853	
低端 Yy 阀侧相对中性点	①	450	1413	1225	1141	998	784	
	②		1324	1097	1022	800	678	
低端 Yd 阀侧相间	①	750	3012	2528	2411	2223	2067	控制 Yd 换流变压器阀侧套管均压球及引线相间净距
	②		2764	2353	2254	2096	1853	
低端 Yy 中性点对 400kV 母线	①	450	1413	1225	1141	998	784	
	②		1324	1097	1022	800	678	
低端 Yy 与 Yd 阀侧引线间	①	1050	5103	4188	3960	3588	3306	控制两个相邻的 Yy 和 Yd 换流变压器端部均压球及引线净距
	②		4640	3845	3649	3335	3098	
高端 Yy—A/B/C 对＋800kV 或–800kV	①	550	1888	1628	1567	1395	1233	
	②		1754	1535	1428	1250	993	
高端 Yy—A/B/C 对高端阀组 6 脉动中性点	①	550	1888	1628	1567	1395	1233	
	②		1754	1535	1428	1250	993	
高端 Yd 对高端阀组 6 脉动中性点	①	550	1888	1628	1567	1395	1233	
	②		1754	1535	1428	1250	993	
高端 Yd 对＋400kV 或–400kV	①	550	1888	1628	1567	1395	1233	
	②		1754	1535	1428	1250	993	
低端 Yy—A/B/C 对＋400kV 或–400kV	①	550	1888	1628	1567	1395	1233	
	②		1754	1535	1428	1250	993	
低端 Yy—A/B/C 对低端阀组 6 脉动中性点	①	550	1888	1628	1567	1395	1233	
	②		1754	1535	1428	1250	993	

续表

位　置	海拔修正	SIWL（kV）	操作冲击决定的空气净距（mm）					是否为关键空气净距
			K=1	K=1.15	K=1.2	K=1.3	K=1.4	
低端 Yd 对低端阀组 6 脉动中性点	①	550	1888	1628	1567	1395	1233	
	②		1754	1535	1428	1250	993	
低端 Yd 对直流中性母线	①	550	1888	1628	1567	1395	1233	
	②		1754	1535	1428	1250	993	
高端 Yy—A/B/C 对＋400kV 或–400kV	①	1050	5103	4188	3960	3588	3306	控制 Yy 换流变压器阀侧 A/B/C 套管均压球及引线与 400kV 管母和金具的净距
	②		4640	3845	3649	3335	3098	
高端 Yy—x/y/z 对＋400kV 或–400kV	①	1050	5103	4188	3960	3588	3306	控制 Yy 换流变压器阀侧 x/y/z 套管均压球及引线与 400kV 管母和金具的净距
	②		4640	3845	3649	3335	3098	
低端 Yy—A/B/C 对直流中性母线	①	1050	5103	4188	3960	3588	3306	控制 Yy 换流变压器阀侧 A/B/C 套管均压球及引线与 400kV 管母和金具的净距
	②		4640	3845	3649	3335	3098	
低端 Yy—x/y/z 对直流中性母线	①	1050	5103	4188	3960	3588	3306	控制 Yy 换流变压器阀侧 x/y/z 套管均压球及引线与 400kV 管母和金具的净距
	②		4640	3845	3649	3335	3098	
上下 12 脉动桥之间	①	950	4356	3594	3406	3103	2872	
	②		3969	3312	3152	2896	2702	

计算条件：海拔高度 H=536m，t=20℃，相对湿度 RH=5%；① 考虑海拔修正；② 不考虑海拔修正。

6　阀厅布置图

保守起见，本工程选用的电极系数 K=1.15，对应极不均匀电场的电极布置。根据此电极形状系数得到的空气净距，并根据 ABB 和 SIEMENS 给出的阀塔参数、换流变压器和套管等尺寸，进行了阀厅的初步设计。其中根据 ABB 的阀设计的阀厅可以同时适用于 ABB 和 SIEMENS 的换流变压器，只是换流变压器区域的面积不同而已，所以只给出了 ABB 的阀与两种换流变压器组合的阀厅布置设计图，如图 8～图 17 所示。这两种组合（ABB 的阀分别与 ABB 和 SIEMENS 的换流变压器组合）的阀厅和换流变压器区域的尺寸如表 20 所示。

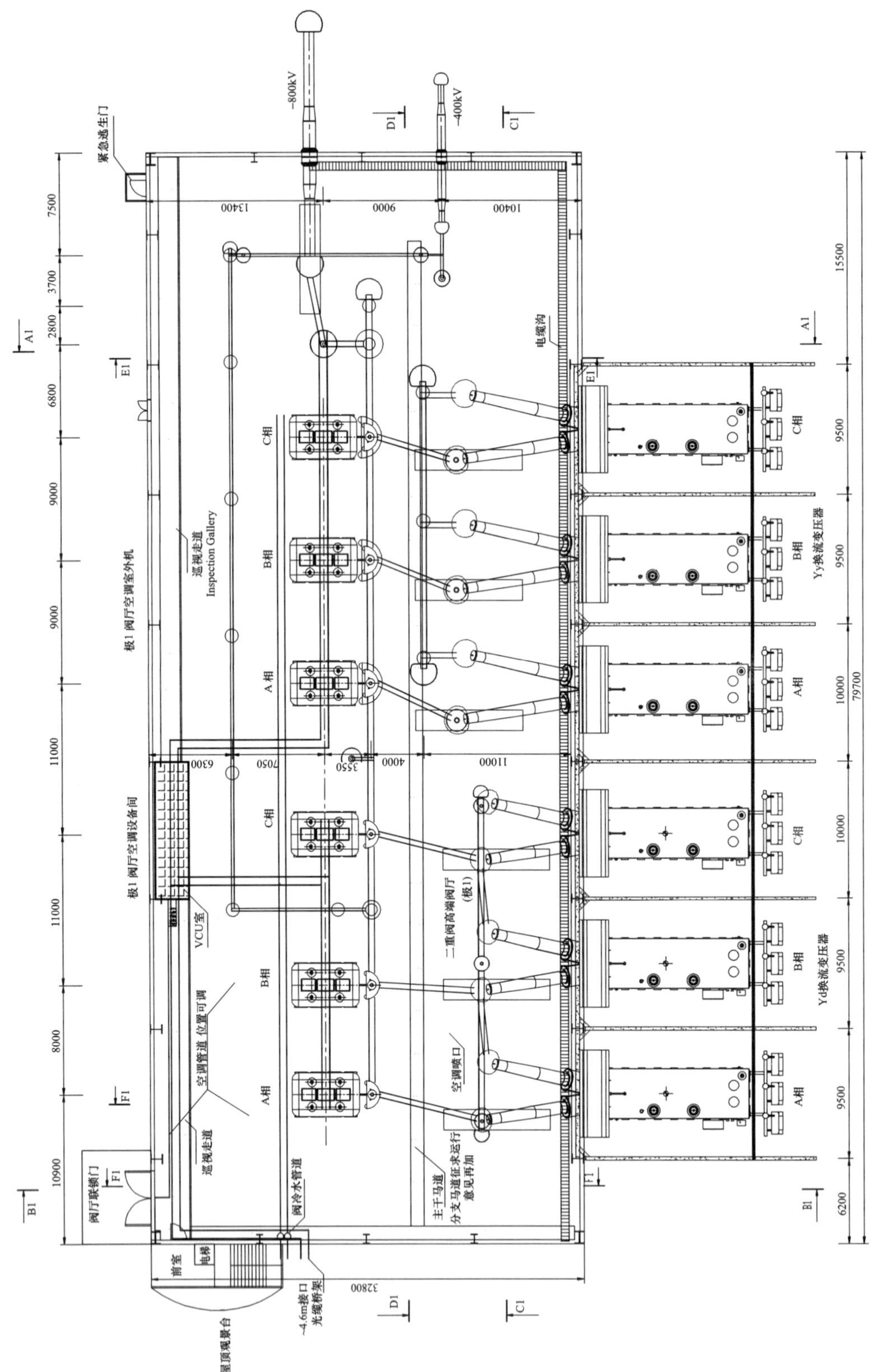

图8 ABB阀+ABB换流变压器高端阀厅俯视图

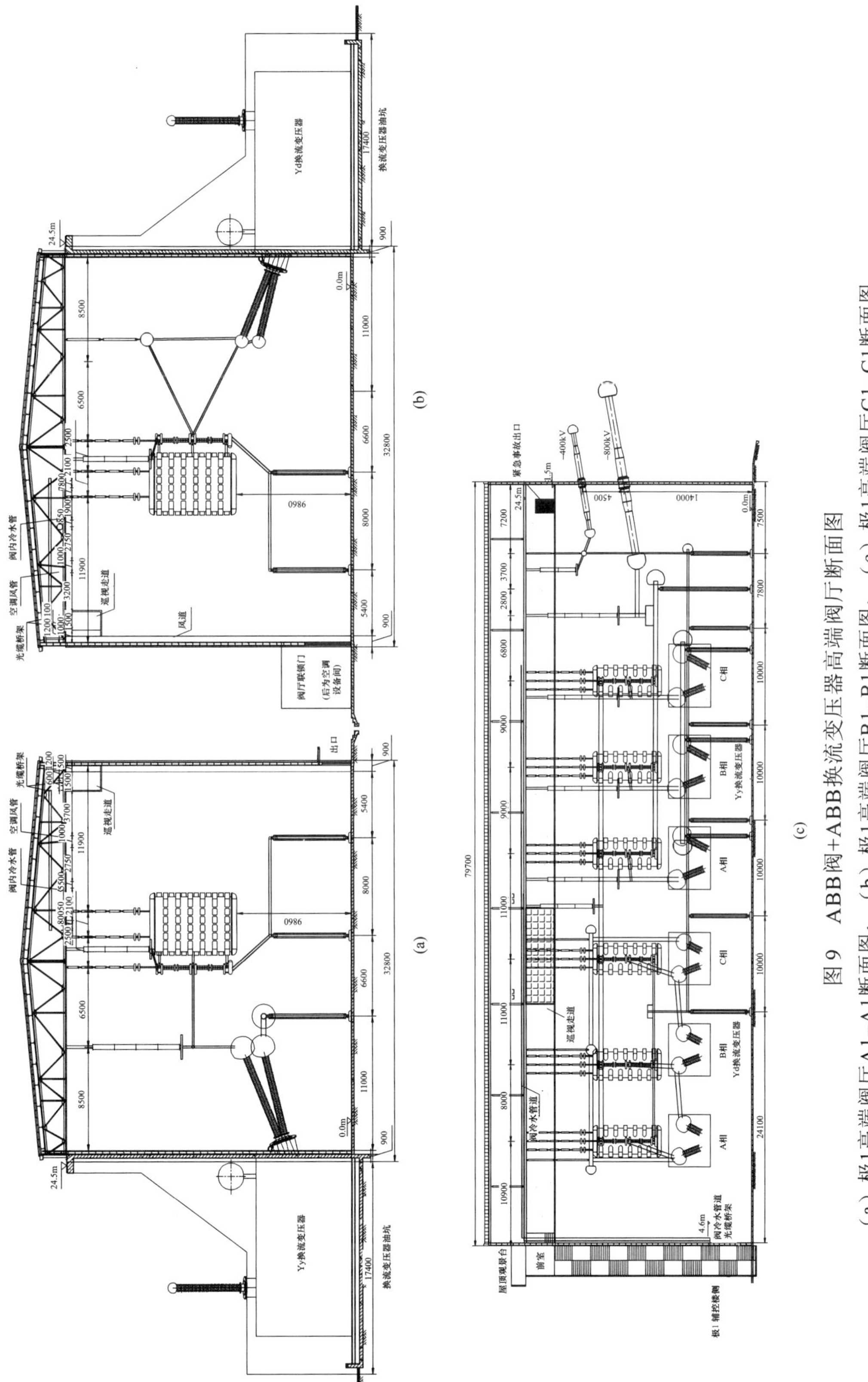

图9 ABB阀+ABB换流变压器高端阀厅断面图

(a) 极1高端阀厅A1-A1断面图；(b) 极1高端阀厅B1-B1断面图；(c) 极1高端阀厅C1-C1断面图

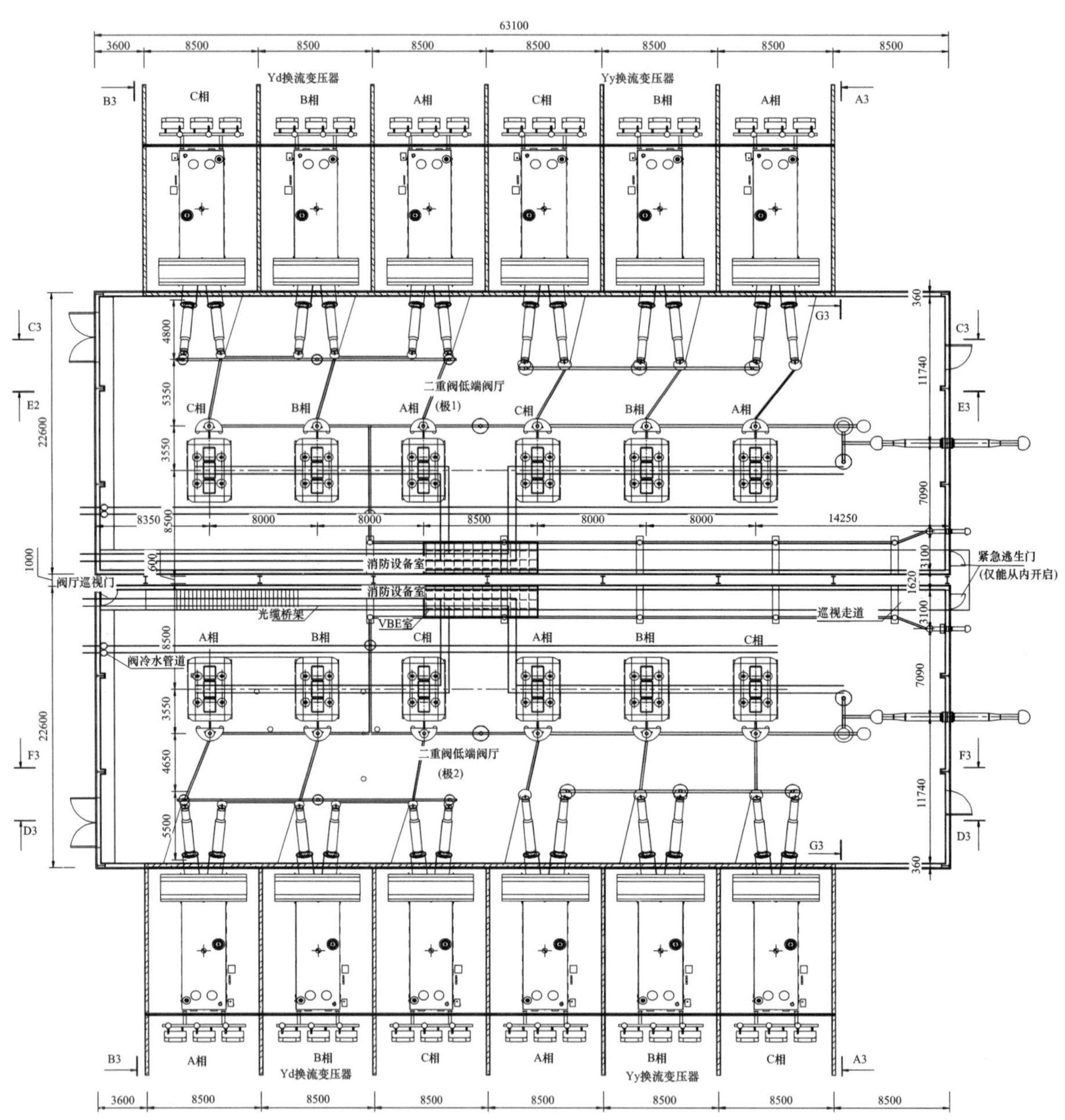

图 10　ABB 阀＋ABB 换流变压器低端阀厅俯视图

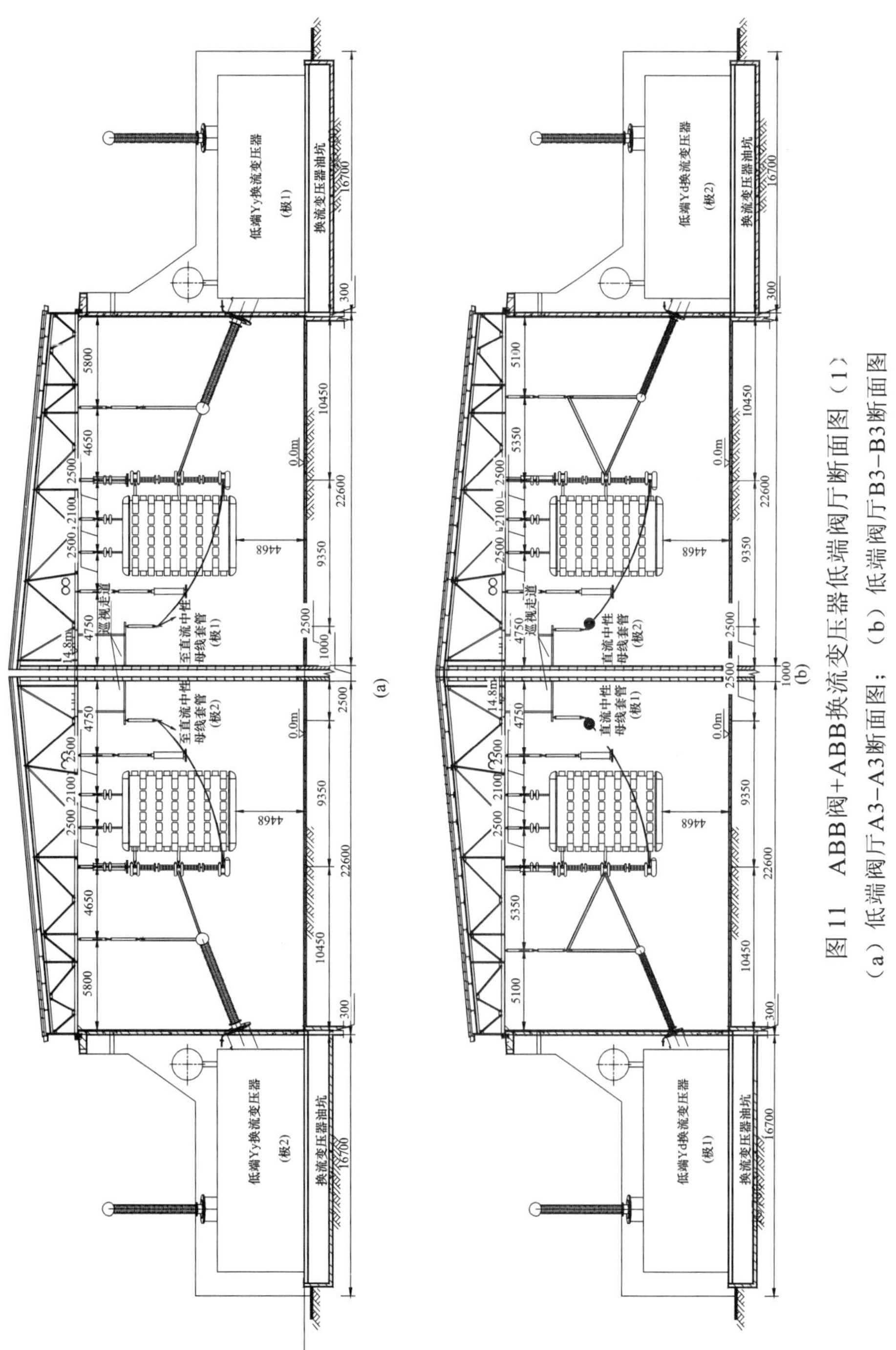

图11 ABB阀+ABB换流变压器低端阀厅断面图（1）

（a）低端阀厅A3-A3断面图；（b）低端阀厅B3-B3断面图

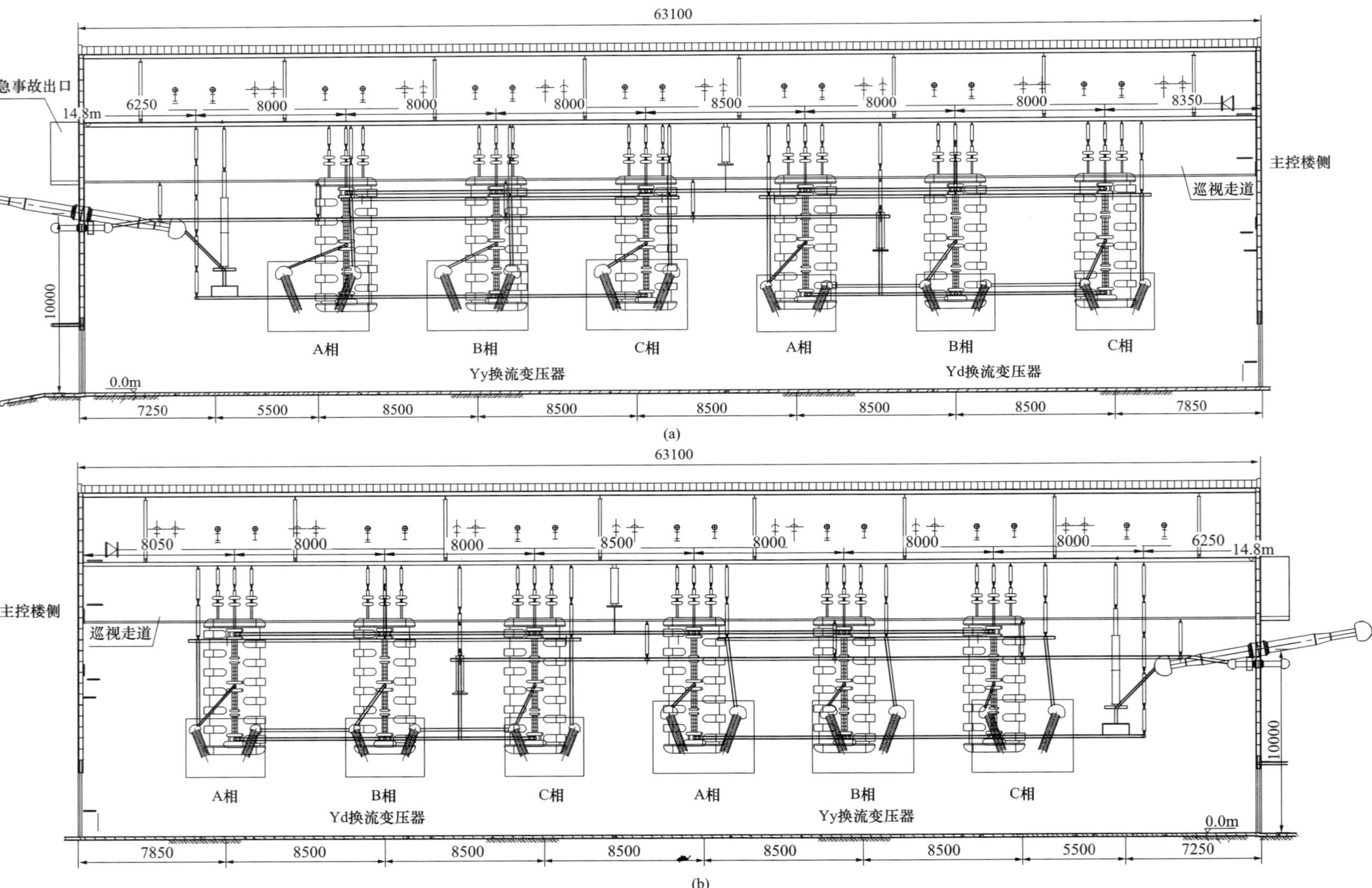

图12 ABB阀+ABB换流变压器低端阀厅断面图（2）

（a）极1低端阀厅C3-C3断面图；（b）极2低端阀厅D3-D3断面图

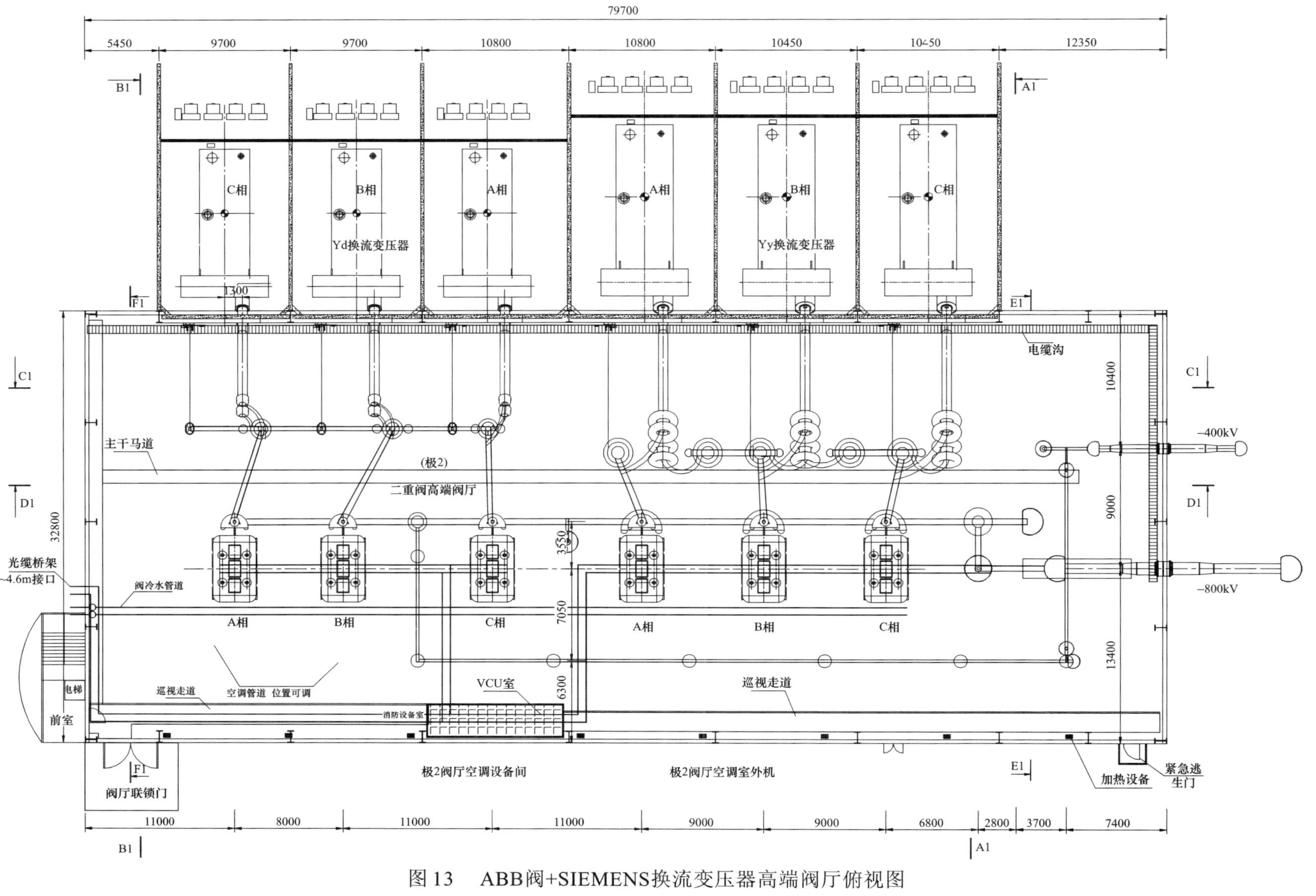

图13 ABB阀+SIEMENS换流变压器高端阀厅俯视图

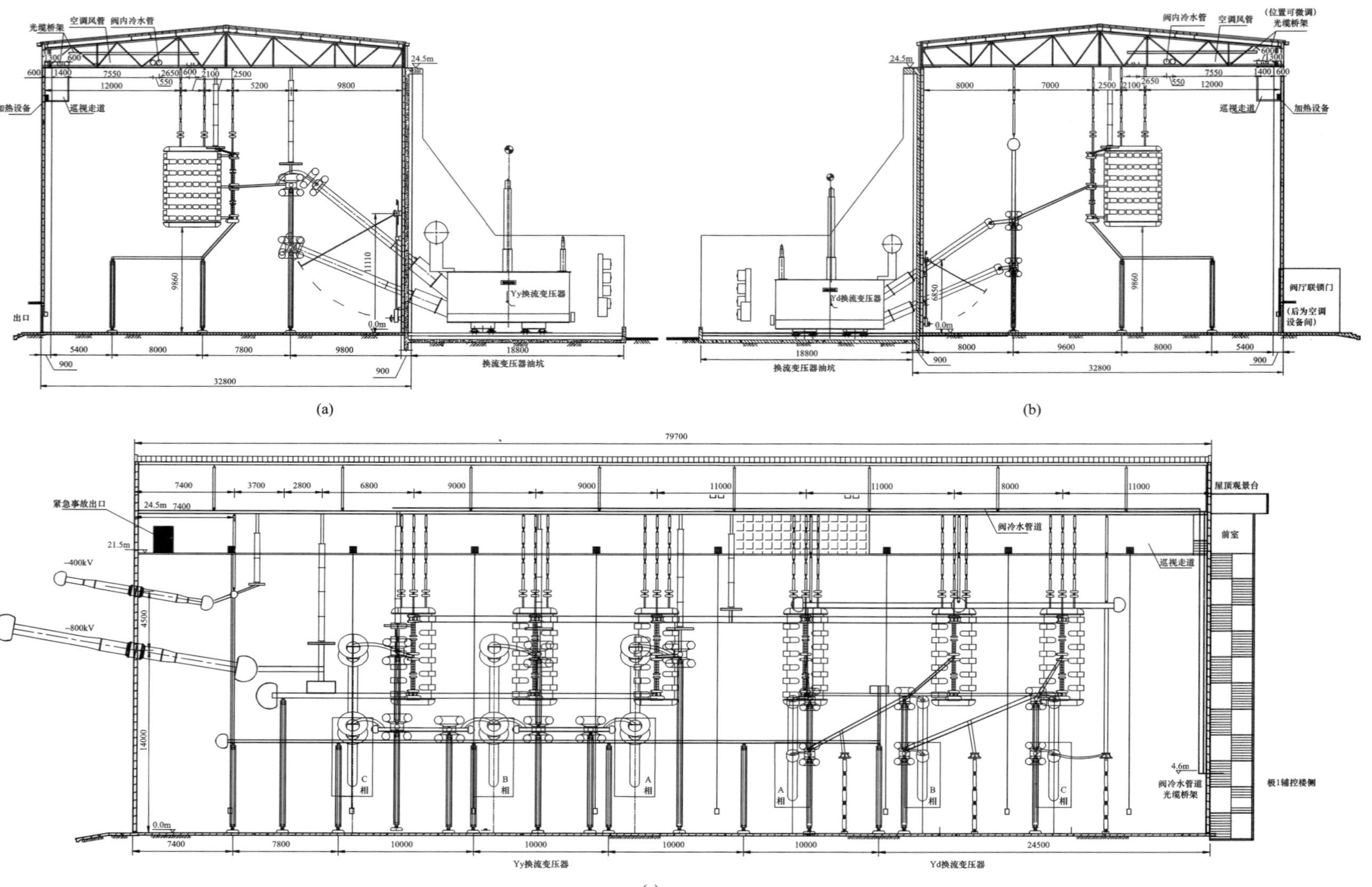

图14 ABB阀+SIEMENS换流变压器高端阀厅断面图

（a）极2高端阀厅A1–A1断面图；（b）极2高端阀厅B1–B1断面图；（c）极2高端阀厅C1–C1断面图

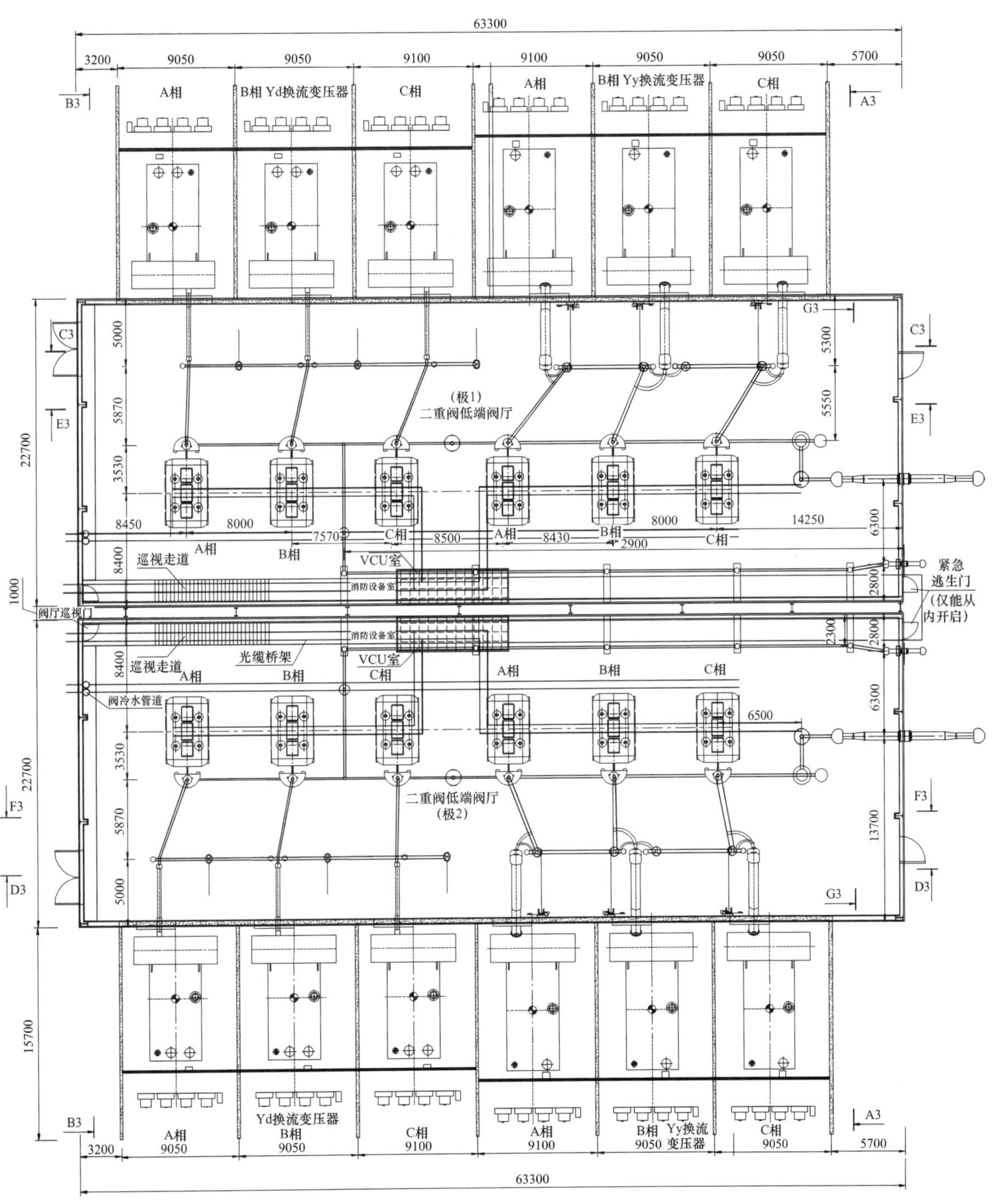

图 15　ABB 阀＋SIEMENS 换流变压器低端阀厅俯视图

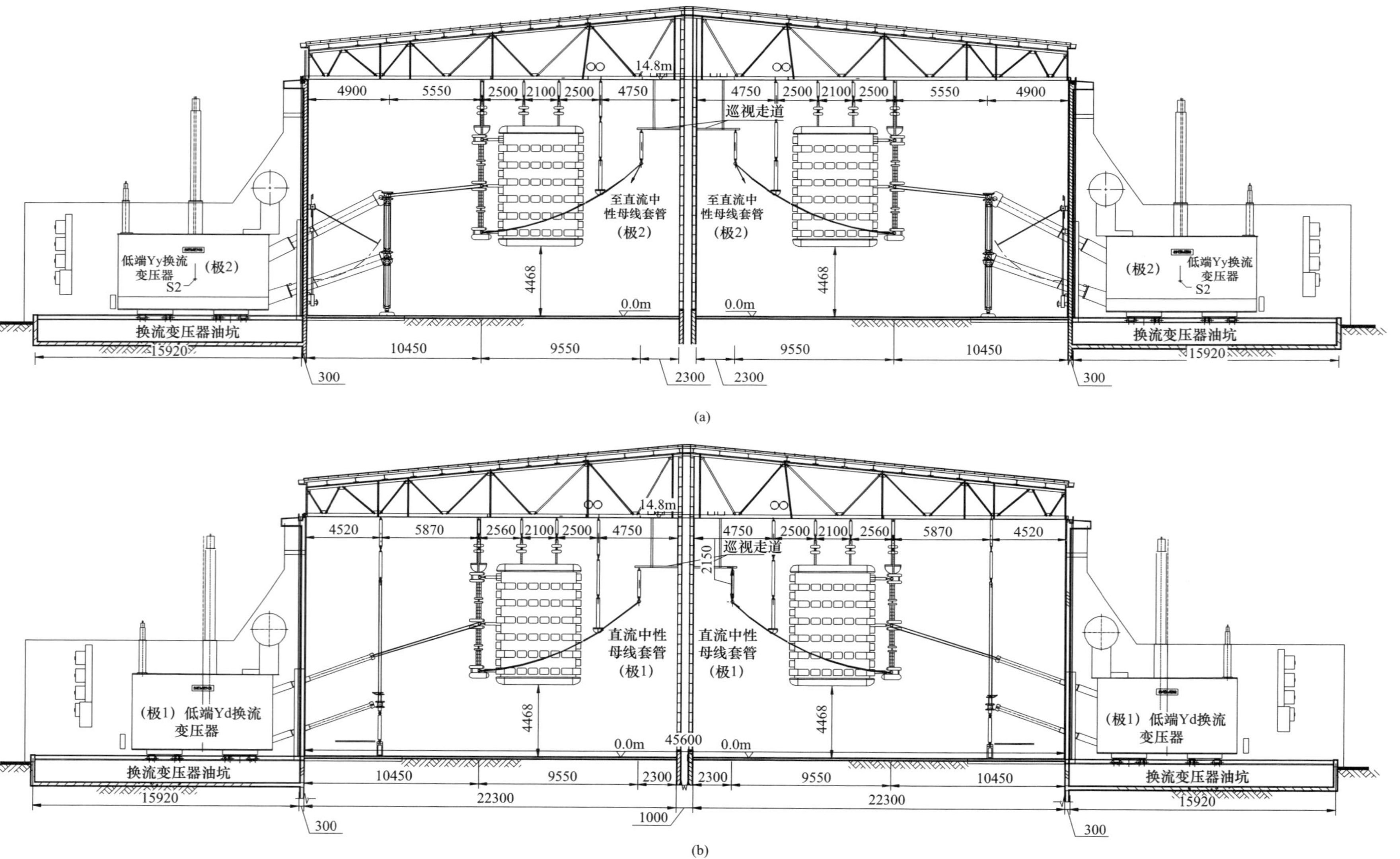

图16 ABB阀+SIEMENS换流变压器高端阀厅断面图（1）

（a）低端阀厅A3-A3断面图；（b）低端阀厅B3-B3断面图

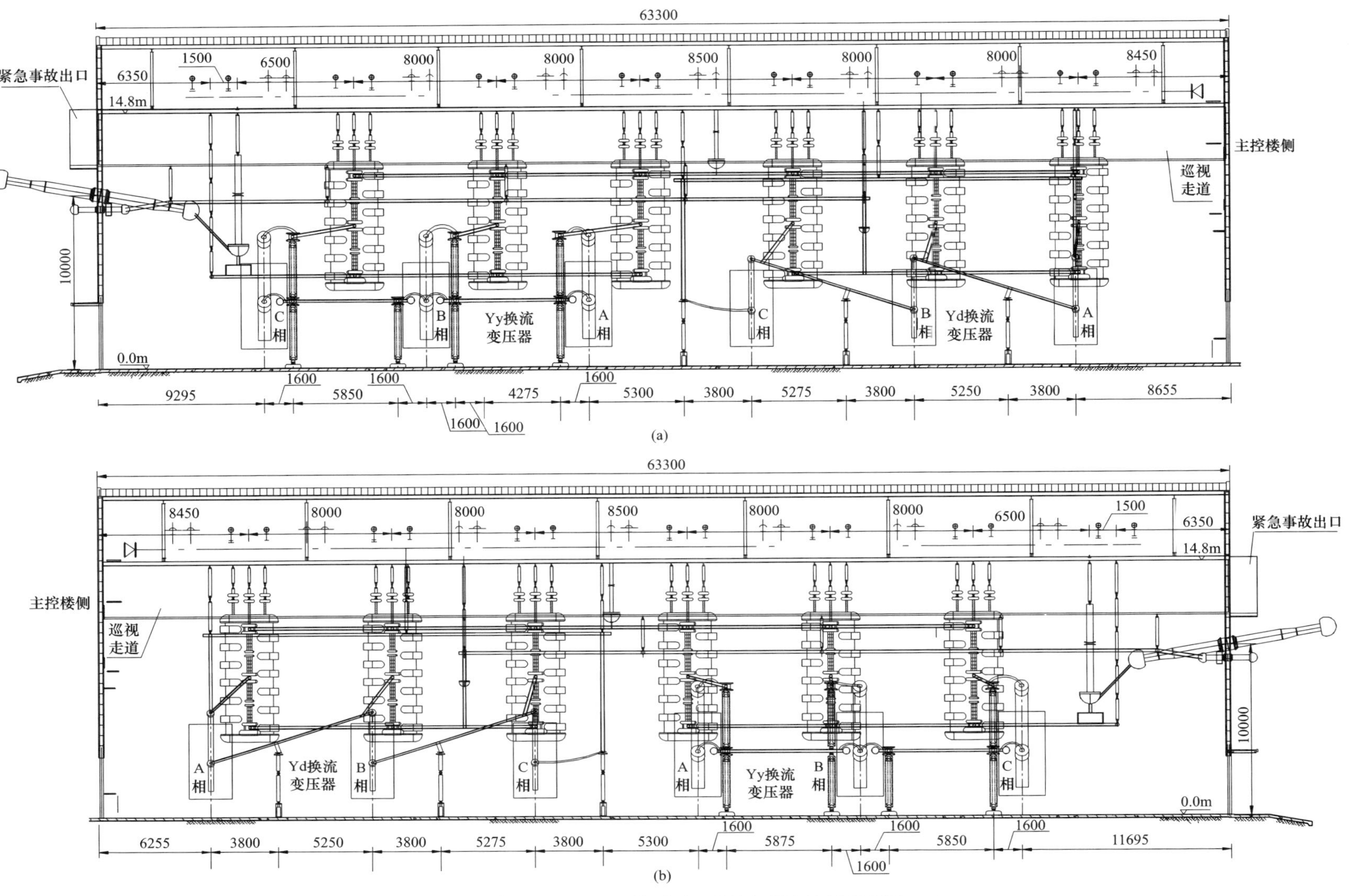

图17 ABB阀+SIEMENS换流变压器高端阀厅断面图（2）

（a）极1低端阀厅C3–C3断面图；（b）极2低端阀厅D3–D3断面图

表 20　初步设计的阀厅和换流变压器区域尺寸（ABB 的阀配 SIEMENS 的换流变压器和 ABB 的换流变压器）

组合形式	阀厅长度（m）	宽度（m）	高度（屋脊）（m）	换流变压器区域宽度（m）	换流变压器区域长度（m）
ABB 换流变压器高端阀厅	79.7	32.8	28.4	17.7	58
ABB 换流变压器低端阀厅	63.1	22.6（两阀厅间隔 1m）	19.3	17	51
SIEMENS 换流变压器高端阀厅	79.7	32.8	28.4	19.2	61.9
SIEMENS 换流变压器低端阀厅	63.1	22.6（两阀厅间隔 1m）	19.3	16.1	54.4

第 5 节　换流站直流场设计

1　±800kV 换流站直流侧接线及设备配置方案设计研究

根据特高压直流输电工程每极阀组采用 2 个 12 脉动换流单元串联接线的特点，直流开关场的主接线运行方式要求更加灵活、可靠，在故障状态下，应尽量减少输送容量的损失以及对系统的冲击，以满足系统调度运行方式灵活的需要，与常规±500kV 直流输电工程相比，特高压直流输电工程直流开关场接线针对每极阀组由 2 个 12 脉动换流单元串联的特点，应能实现以下 7 种基本运行方式：

（1）双极对称运行（±800kV）。

（2）双极对称运行（±400kV）。

（3）双极不对称运行（一极 800kV，另一极 400kV）。

（4）单极大地回路运行（800kV）。

（5）单极大地回路运行（400kV）。

（6）单极金属回路运行（800kV）。

（7）单极金属回路运行（400kV）。

为满足直流主接线的基本运行、检修要求，直流开关场按极对称设置有平波电抗器、旁路回路、直流无源滤波器、直流电压测量装置、直流电流测量装置、直流 PLC 滤波装置、直流隔离开关、中性母线高速开关（NBS）、高速接地开关（NBGS）中性点设备及过电压保护设备等。

直流滤波器接在直流极线与中性母线之间，其主要作用为减少直流侧谐波，降低直流架空线路对相邻通讯线路的影响。初步研究表明，特高压直流输电工程采用每极二组无源直流滤波器，12/24、12/36 次各一组。每组直流滤波器两侧配有隔离开关，该隔离开关靠滤波器侧带接地刀闸，其作用为在直流滤波器退出运行时与极线及中性线隔离。

直流PLC串接在直流极线上，以滤除该频段的电流分量，从而减少直流线路对相邻线路产生的干扰。

直流极母线上配有两侧带接地刀闸的隔离开关，其作用是在换流站内一个极设备或一极中性母线退出运行进行检修时与直流极线进行隔离。

对旁路断路器配有3组旁路隔离开关，共同组成旁路开关回路，以实现对任一故障阀组进行隔离及对旁路断路器的检修接地。

直流极线和中性母线都装设了直流电压测量装置和直流电流测量装置，向控制保护及测量提供输入。

为减少高频杂散电流在极线—大地回路及极线　金属回路的影响，在中性线侧还装设了冲击电容器（C1）。

直流部分测量装置包括直流极线、中性线、直流滤波器组设置各种电流互感器及电压互感器，向控制保护及测量提供输入。

过电压保护装置由阀组避雷器、直流侧避雷器及中性母线电容器组成。

与常规高压直流输电工程相比，特高压直流输电工程中每极阀组采用2个12脉动换流单元串联接线，为实现直流场接线的各种运行方式，对特高压直流开关场设备的配置，重点考虑了以下几方面的问题：

1.1　12脉动阀组旁路开关回路的设置

特高压直流输电工程中为满足直流场主接线的要求，每个12脉动阀组均并联一个旁路开关回路。旁路开关回路由旁路断路器、旁路隔离开关以及之间的2组隔离开关组成。单极接线示意见图1。

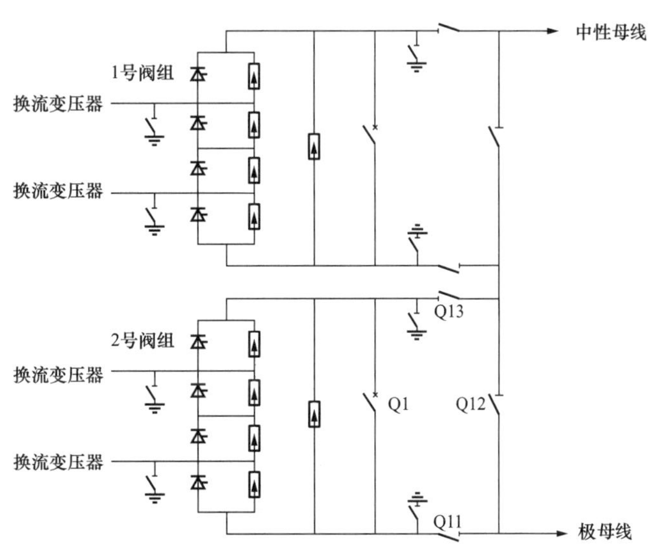

图1　阀组旁路回路示意图

研究表明，有旁路开关回路时，当一个12脉动阀组（包括换流变压器）故障或检修，利用旁路开关回路将其旁路和隔离后，另一个12脉动阀组仍可运行，以减少输送容量的损失以及对系统的冲击，大大提高了能量可用率，这也是采用每极2个12脉动阀组串联接线的主要优点之一。

1.2 平波电抗器设置的研究

研究表明，特高压直流输电工程中，每极按装设电感量为300mH的平波电抗器考虑。根据过电压的估算结果，若电感量为300mH的平波电抗器都装设在直流极线上，过电压水平较高，设备绝缘水平难以满足要求。因此，特高压直流输电工程中推荐将平波电抗器分别串接在极母线和中性母线上，将平波电抗器电感量均分。

1.3 直流场避雷器配置方案

为了降低±800kV主设备的保护水平和绝缘等级，使之经济合理、设备制造可行，必须对以往±500kV过电压保护接线进行改进，即多安装避雷器并将平波电抗器按电感平分原则分别装于极母线和中性母线上；否则，±800kV主设备的绝缘水平很可能超出设备的制造能力。另外，每极阀组接线为400kV+400kV，与通常±500kV直流工程不同。因此，±800kV特高压直流输电工程应该采用先进的避雷器配置方案，来相应降低主设备的绝缘水平，使工程建设费用处在合理水平。

特高压直流输电工程避雷器配置基本方案见图2。

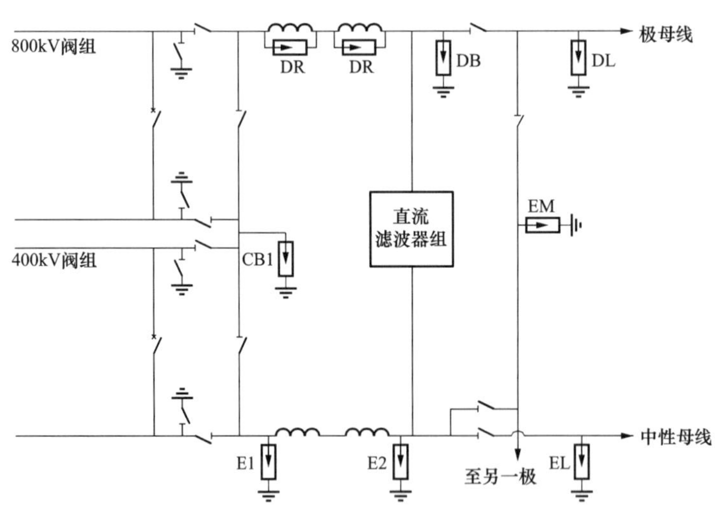

图2 特高压换流站直流场避雷器配置图

DR—平波电抗器避雷器；DB、DL—直流极线避雷器；CB1—2组12脉动阀组间避雷器；

E1、E2—中性母线低能避雷器；EM、EL——中性母线高能避雷器

1.4 直流场主接线

综合上述对±800kV换流站直流侧接线及设备配置方案的各项研究，推荐的直流场主接线形式如图3所示。

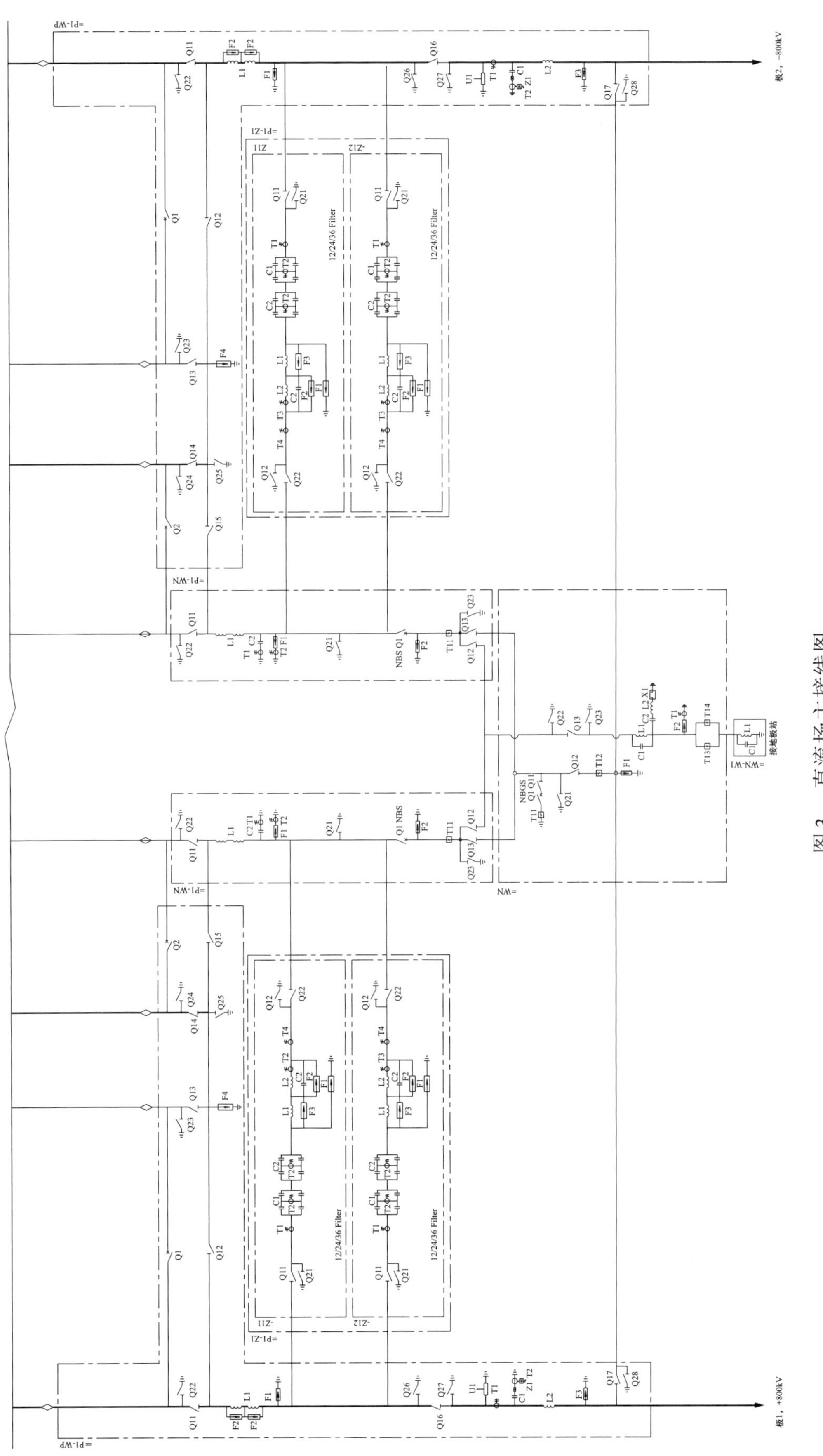

图3 直流场主接线图

2 平波电抗器布置方式设计研究

平波电抗器是高压直流换流站中的重要设备之一，主要有干式和油浸式两种型式，在超高压直流输电工程中均有应用并均有成功运行经验，根据2006年特高压直流输电技术研究成果，在特高压的应用环境下，干式平波电抗器具有投资较省、研发周期短、运行时的冗余度较高、运行费用低等优点， 因此特高压直流输电工程推荐采用干式平波电抗器。

干式和油浸式平波电抗器在布置上有很大的不同，油浸式平波电抗器安装在地面，而干式平波电抗器需要支柱绝缘子支撑或采用悬式绝缘子悬吊，而且，特高压直流输电工程电压等级高、输送容量大，使得平波电抗器体积较大，重量较重，因此，需要对干式平波电抗器采用支撑布置或悬吊布置进行对比研究，以确定采用支撑还是悬吊布置方案，另外，当特高压直流输电直流场采用户内场时，干式平波电抗器可采用置于户内或户外方案，也需要进行对比研究，提出推荐方案。重点在以下三个方面进行了研究。

2.1 直流场采用户内直流场时，平波电抗器采用支撑布置及悬吊布置的技术经济比较

技术比较表明：在抗震性能上，悬吊及支撑均能满足要求，采用支撑安装时不必采用减震床等其他辅助措施，总体来讲采用悬吊式安装更有利于抗震；在对户内场建筑及结构的影响方面，采用悬吊式安装时，由于户内场跨度大，同时平抗的重量大，为满足钢结构悬挂点受力强度的要求，户内场整体柱网设计需加强，需要额外增加柱子考虑到电气距离的要求，此时需要增加房屋的长度约 4m/极，从而增加建筑面积 $140m^2$/极，建筑体积 $3990m^3$/极。而且，为了满足荷载要求，结构需要加强，增加用钢量 160t。采用支撑安装时，仅需考虑平波电抗器基础即可，对户内场结构无影响；在对平波电抗器本体结构设计的影响方面，经向制造厂咨询，认为平波电抗器采用悬吊安装方式时，由于平波电抗器的重量大，即使采用 8 点或更多点悬吊，对平波电抗器的结构影响也是很大，为满足强度需要，需对平波电抗器的整体结构设计进行较多调整，对设备本体的影响存在不确定因素。而平波电抗器采用支撑安装为常规成熟设计，重点需解决的是对地绝缘的问题，对平波电抗器本体结构设计无影响；在户内场占地面积方面，采用悬吊安装由于户内场结构设计的要求，户内场占地面积比支撑安装方式大。

经济比较表明：采用悬吊布置方案土建（含建筑）共需增加投资 239 万元，同时，采用悬吊布置方案可节约绝缘子费用 512 万元，综合各项费用，采用支撑布置方案增加投资 273 万元。

研究结论：技术上，当采用户内场时，平波电抗器采用支撑式方案技术上较优。经济方面，支撑式方案与悬吊式相比增加的投资所占比例较小。在支撑布置也能满足

抗震要求的情况下，当采用户内直流场时，推荐采用平波电抗器支撑布置方案。

2.2　直流场采用户外直流场时，平波电抗器采用支撑布置及悬吊布置的技术经济比较

技术比较表明：在抗震性能上，悬吊及支撑均能满足要求，采用支撑安装时不必采用减震床等其他辅助措施，总体来讲采用悬吊式安装更有利于抗震；在对户外场土建结构的影响方面，采用悬吊式安装时，每台需设置一单孔门形构架，构架跨度约 23.5m，构架高度约 27.0m。考虑悬吊荷重较大，构架采用钢管格构式，采用支撑安装时，仅需考虑平波电抗器基础即可，不需要额外的构架；在对平波电抗器本体结构设计的影响方面，经向制造厂咨询，认为平波电抗器采用悬吊安装方式时，由于平波电抗器的重量大，即使采用 8 点或更多点悬吊，对平波电抗器的结构影响也是很大，为满足强度需要，需对平波电抗器的整体结构设计进行较多调整，对设备本体的影响存在不确定因素。而平波电抗器采用支撑安装为常规成熟设计，重点需解决的是对地绝缘的问题，对平波电抗器本体结构设计无影响；在户外场占地面积方面，采用悬吊安装由于需要增加构架，户外场占地面积比支撑安装方式大。

经济比较表明：综合各项费用，采用支撑式方案相比悬吊式增加投资 400 万元。

研究结论：技术上，当采用户外场时，平波电抗器采用支撑式方案技术上较优。经济方面，支撑式方案与悬吊式相比增加的投资所占比例较小。在支撑布置也能满足抗震要求的情况下，当采用户外直流场时，推荐采用平波电抗器支撑布置方案。

2.3　直流场采用户内直流场时，平波电抗器置于户内及户外的技术经济比较

直流场采用户内直流场时，干式平波电抗器的布置位置有两个方案可供选择：① 平波电抗器布置在户内；② 平波电抗器布置在户外，通过 800kV 穿墙套管与极线连接。

技术比较表明：在抗震性能上，平波电抗器布置在户内时，由于污秽环境较好，支柱绝缘子高度较低，因此其抗震性能较好；在使用寿命上，平波电抗器布置在户内时，由于运行环境的改善，平波电抗器较布置于户外寿命长；布置于户外时，在复杂的外界气候条件下，产品绝缘材料的抗龟裂、抗老化、抗紫外线及耐污秽的性能需要提高；在穿墙套管方面，布置于户外时，需要增加与干式平波电抗器配套的穿墙套管，从而增加了不均匀湿闪的概率，增加了一个可能的故障点；在户内场建筑及结构方面，平波电抗器布置于户外时，减少建筑面积 1050m^2，减少户内场建筑体量约 29924m^3，减少钢结构工程量约 70t；在空调方面，平波电抗器布置于户外时，每极可减少户内场空调制冷量约 600kW，从而可节约空调一次性投资及运行费用；在运行维护工作量方面，平波电抗器布置于户内时，由于运行环境较户外大大改善，与布置于户外相比，可减少运行维护工作量；在直流场总占地面积方面，平波电抗器布置于户外时，需增加直流场总占地面积约 4605m^2。

经济比较表明：平波电抗器置于户外时一次性投资比置于户内增加 2230 万元，运

行费用减少 96.4 万元/年。按此计算，平波电抗器置于户外时增加的一次性投资可供布置于户内时 23 年的运行费用，因此，在经济上可以认为两者基本相当。

研究结论：当采用户内直流场时，平波电抗器置于户内具有技术优势，而经济上两者基本相当，因此，推荐采用户内场时平抗置于户内方案。

3 直流场支柱绝缘子选型研究

在直流换流站中，直流支柱绝缘子主要用于支撑直流设备及母线，而直流设备的外绝缘主要取决于工作电压下绝缘子的污秽特性，因此，直流支柱绝缘子首先要满足站址实际污秽条件，站址实际污秽条件可用爬电比距要求值表示。另外，直流支柱绝缘子要承受静荷载和动荷载，因此，直流支柱绝缘子还需满足机械性能要求。±800kV 直流支柱绝缘子相对±500kV 直流支柱绝缘子而言，在同等污秽条件即爬电比距下，直流设备的爬距相对较高，从而使得支柱绝缘子较长，生产成本增加，生产难度增大。结合各制造厂的实际情况，支柱绝缘子不能过长，否则不能保证机械强度，但从防污的角度，为满足运行要求又必须有足够长的爬距。

本研究首先对国内±500kV 直流换流站直流支柱绝缘子自然污秽盐密取值及爬电比距取值进行了调研，龙泉换流站、三广直流输电工程两端换流站、三沪直流输电工程两端换流站直流场深棱型支柱绝缘子自然污秽盐密值均取 0.07mg/cm^2，支柱绝缘子爬电比距均取 54mm/kV；天—广直流输电广州北郊换流站规范书中对该站规定的直流设备预计自然污秽盐密为 0.06mg/cm^2，支柱绝缘子爬电比距为 40mm/kV；葛上直流输电换流站支柱绝缘子爬电比距最大 50mm/kV；政平换流站直流场深棱型支柱绝缘子自然污秽盐密值取 0.13mg/cm^2，若采用户外场，则爬电比距要求为 75mm/kV。政平换流站是国内目前自然污秽盐密值取值最高的换流站，也是国内目前唯一采用户内场的换流站。目前，国内换流站直流场支柱绝缘子均尚未采用复合绝缘子，而是采用纯瓷支柱绝缘子或纯瓷支柱绝缘子在现场涂刷 RTV，以上所列举的爬电比距要求值均是在没有涂刷 RTV 的情况下。事实上，葛上直流输电换流站支柱绝缘子在没有涂刷 RTV 之前曾发生闪络，但在涂刷 RTV 后再没有发生过闪络现象，因此，纯瓷支柱绝缘子在涂刷 RTV 后其耐污秽能力大大提高，爬电比距要求值可以适当降低。

结合葛上直流输电换流站运行经验，当特高压直流输电换流站污秽情况与葛上两端换流站相当时，特高压直流输电换流站采用纯瓷支柱绝缘子并涂刷 RTV，其爬电比距要求值取为 50mm/kV 即可满足要求，此时支柱绝缘子机械强度也能满足要求。为留有适当裕度起见，爬电比距可取为与龙泉换流站、三广直流输电工程两端换流站、三沪直流输电工程两端换流站一致，即取为 54mm/kV。

经过分析，当特高压直流输电换流站污秽情况与葛上、三广、三沪直流输电换流站相当时，特高压直流输电换流站直流支柱绝缘子采用纯瓷支柱绝缘子涂刷 RTV 及复合支柱绝缘子均可以满足爬电距离及机械强度要求，两种型式支柱绝缘子高度基本相当，两种型式均可采用，考虑到纯瓷支柱绝缘子涂刷 RTV 有成熟的运行经验，因此，特高压直流输电换流站推荐采用纯瓷支柱绝缘子涂刷 RTV。采用复合支柱绝缘子时不推荐采用在瓷绝缘子上加装硅橡胶增爬裙的技术以及空芯复合支柱绝缘子，原因是：采用在瓷绝缘子上加装硅橡胶增爬裙的技术不稳定，现场操作难度大，由于是现场组装，界面质量没有保证，长期性能及寿命有限，特高压直流输电工程对设备的安全性及稳定性要求很高，因此对瓷外套绝缘子采用此项措施以增大爬电距离的方式不推荐使用。空芯复合绝缘子的支撑结构采用环氧树脂玻璃钢材料，为保证内绝缘水平，玻璃钢筒内部需要充填物质，目前主要有两类：充泡沫或充气体（氮气或 SF_6 气体），两种型式均存在与玻璃钢筒内壁的有效结合问题且运行维护工作量大。

4　直流场型式比较及选择研究

直流场型式有户外及户内两种，直流场型式选择主要是解决直流场设备的外绝缘，各制造厂均把爬距和机械强度的要求作为±800kV 直流场设备的研究重点之一。从制造角度而言，支柱绝缘子不能够过长，否则不能保证机械强度，但从防污秽的角度而言，为满足运行要求又必须有足够长的爬距。而支柱绝缘子不仅要承受外绝缘的压力，还要承受很大的机械弯矩或扭矩，特别是隔离开关支柱绝缘子必须要有很高的机械抗弯及抗扭要求。特高压直流输电工程±800kV 直流场设备能否采用户外布置，取决于爬电比距要求及制造厂研发制造情况。根据功能规范书对于 800kV 级支柱绝缘子爬电比距的要求，800kV 级支柱绝缘子高度约为 10.5m，目前，直流场设备潜在供应商均对户外场设备进行了研发，所研发的直流场设备满足特高压直流输电工程目前对爬距及机械性能的要求，也就是说，特高压直流输电工程换流站采用户外直流场是可行的。在这种情况下，特高压直流输电工程换流站直流场型式选择取决于户内场和户外场的技术经济比较结果。

技术比较：与户外直流场相比，户内直流场各有其优缺点，其优点为：① 直流场设备外绝缘比较容易解决；② 设备高度及重量减小，有利于支架及基础设计，抗震性能提高；③ 户内直流场提供的良好运行环境，可以减少设备的维护和污秽的清扫次数。同时也将降低以往工程中发生的高压电容元件损坏率。其缺点为：① 需要额外的辅助建筑物、消防及暖通设备及高压穿墙套管；② 增加了站用电负荷；③ 不能利用自然雨水的冲刷作用，可能需要定期对户内直流场设备进行冲洗。表 1 为户内直流场与户外直流场的技术比较表。

表1 特高压直流输电工程换流站采用户内直流场与户外直流场的技术比较表

	户内直流场	户外直流场
设备爬距要求	较小	大
制造水平	现有制造能力可满足要求	需重新开发研制
可供选择的制造商范围	较广	较窄
设备高度	较低	较高
设备重量	较小，有利于支架及基础设计	设备重量大，不利于支架及基础设计
支柱绝缘子型式	可采用纯瓷绝缘子	800kV 级需选用瓷绝缘子涂刷 RTV 或复合绝缘子
抗震性能	好	一般
运行环境	良好	一般
设备维护量	可能需要定期对户内直流场设备进行冲洗	若采用瓷绝缘子涂刷 RTV，需要定期涂刷 RTV
运行业绩	±800kV 级尚无运行业绩 ±500kV 级国内为政平换流站，运行情况良好	±800kV 级尚无运行业绩，国内其他高压直流换流站运行情况良好
电气设备	增加了 2 只高压穿墙套管，2 只低压穿墙套管	不需额外的高压穿墙套管
辅助建筑物	需设置建筑物	不需建筑物
辅助设备	需要设置消防、暖通设备	不需要设置消防、暖通设备
站用电负荷	由于需要设置消防、暖通设备，增加了站用电负荷约 312kW	不需增加站用电负荷
自然雨水冲刷作用	不能利用	能有效利用

经济比较：由上所述，采用户内直流场时，推荐平波电抗器采用支撑安装布置于户内方案，±800kV 户内直流场与户外直流场相比，增加了如下设备及设施的投资：① 2只 800kV 直流穿墙套管；② 2 只低压穿墙套管；③ 暖通设备；④ 消防设备；⑤ 建筑物。节省了如下设备及设施的投资：① 户外直流场用于悬吊直流滤波器的 T 形构架；② 电气设备的投资。因为户内直流场可以采用较低爬电距离的设备，降低了设备的开发费用和试验费用。

需要说明的是，由于设备的投资和其爬距要求紧密相关，因此不同爬距要求的经济比较结果将有所不同，而由于各个工程的爬距要求不尽一致，不同工程采用户内直流场和户外直流场的经济比较结果不会相同。当时政平换流站采用户内直流场和户外直流场的经济比较结果为：户内直流场比户外直流场投资约多 2000 万元人民币（该数值没有计及户内直流场与户外直流场由于电气设备爬距不同的投资差值）。

表 2 为特高压直流输电工程户内直流场与户外直流场的经济比较表。需要说明的是：表 2 没有计及户内直流场与户外直流场由于电气设备爬距不同的一次性投资差值。

表 2　特高压直流输电工程换流站采用户内直流场与户外直流场的经济比较表　万元

	户内直流场	户外直流场	备 注
穿墙套管差值	950	0	
电动单轨吊差值	900	0	
电气设备爬距不同的投资差值		0	需要制造厂提供
土建费用差值	3760	0	
暖通费用差值	1000	0	
消防费用差值	200	0	
总计	6810	0	
暖通费用差值	1000	0	
消防费用差值	230	0	
总计	7060	0	

从运行维护费用看，经计算，本工程采用户内直流场运行费用比采用户外直流场多 96 万元/年。

根据以上技术经济比较结果，结合以往工程采用户内直流场和户外直流场的经济比较结果，可以得出如下结论：

（1）户内直流场及户外直流场各有其优缺点；

（2）直流支柱绝缘子有效盐密预测值有一临界值，当站址支柱绝缘子有效盐密预测值大于该临界值时，采用户内直流场比户外直流场经济；而当站址支柱绝缘子自然污秽盐密预测值小于该临界值时，采用户外直流场比户内直流场经济。

特高压直流输电工程户内直流场与户外直流场相比，一次性投资增加 6810 万元（不包含由于电气设备爬距不同的投资差值），运行维护费用增加约为 96 万元/年；本工程按 SIEMENS 设计思路设计户内场，与户外直流场相比，一次性投资增加 7060 万元（不包含由于电气设备爬距不同的投资差值），运行维护费用增加约为 96 万元/年。

比较结论：综上所述，目前，直流场设备潜在供应商均对户外场设备进行了研发，所研发的直流场设备满足本工程爬距要求及机械性能要求。采用户内场虽然可以减小设备爬距、减少电气设备的投资，但相应增加了土建投资及暖通设备运行维护费用，鉴于制造厂所研发的直流场设备已满足本工程需要，而且制造厂均表示：采用户内场需要增加穿墙套管，综合比较后认为采用户内场及户外场电气设备投资相当，而采用户内场需要增加较多的土建投资及运行维护费用。经综合比较，特高压直流输电工程户外及户内直流场方案均可采用，当制造厂研发的直流场设备能满足具体工程爬距要求及机械性能要求的情况下，优先选用户外直流场。

5　直流场布置优化研究

根据直流场型式比较及选择研究的结论，直流场设计依据站址的污秽预测情况可采用户内直流场和户外直流场两种方案。因此，以下对户内直流场及户外直流场两个方案的布置进行了优化研究。

5.1　户内直流场配电装置布置优化研究

为避免建筑物过于庞大而增加投资，特高压换流站工程采用部分户内直流场方案，即将高压容易发生污闪部分如直流极线设备、直流滤波器中高压滤波器塔布置在户内；将直流滤波器中低压部分的设备及中性母线设备布置在户外。

由于特高压换流站直流场设计为国内首个工程，首先应对直流场的设备布置进行研究：

5.1.1　特高压换流站直流场户内部分尺寸的确定

直流场户内部分尺寸由户内场内电气布置以及户内场内暖通、消防等设备布置决定，其中户内场内电气设备布置是影响户内场尺寸的最重要因素。直流换流站户内场电气布置取决于主设备尺寸和各种安全净距要求，首先应对户内场内的各种安全净距进行计算。

（1）户内场内各种空气净距计算。研究表明，直流侧空气间隙值初步按表 3 取值。

表 3　　户内直流场最小空气间隙值　　mm

序号	间隙特征	导体对平面	导体对设备支架或平行导体	导体对导体
1	极母线对地	7069	5762	5093
2	中性母线对地	219	178	158
3	极母线对极母线	17659	14395	12722
4	极母线对中性母线	9460	7711	6815
5	中性线对中性线	697	568	502

（2）户内场高度。户内场高度主要取决于设备间连接导体对地距离、隔离开关高度和隔离开关打开后对地安全净距。其中直流滤波器室高度由直流滤波器安装高度决定。研究表明，户内场高度可取为 27m。

（3）户内场宽度。户内场宽度主要取决于设备外形、布置型式、对地安全净距、运行维护检修通道宽度等因素。研究表明，户内场宽度取为 35m。

（4）户内场纵向尺寸。户内场纵向尺寸同样取决于设备外形、布置型式、对地安全净距、运行维护检修通道宽度等因素。研究表明，户内场纵向尺寸取为 130m。

（5）户内场布置尺寸的确定。综上所述，可初步确定户内场尺寸见表 4（平波电抗器采用支撑方案）。

表4 户内直流场尺寸 m

户内场	长	宽	高
800kV户内场	130	35	27

5.1.2 直流场户内部分布置方案

研究直流场户内部分的布置方案时，重点考虑了以下三个方面的因素：

（1）平波电抗器采用支撑布置及悬吊布置的研究。经过技术经济比较，当采用户内场时，平波电抗器采用支撑式方案具有运行、检修、维护较方便；户内场总占地面积小，户内场钢结构体系受力较均衡，耗钢量少；平波电抗器之间接线较方便，平波电抗器避雷器安装简单等优点。经济方面，支撑式方案投资增加不多，与悬吊式相比基本相当。因此，在支撑布置也能满足抗震要求的情况下，当采用户内直流场时，推荐采用平波电抗器支撑布置方案。

（2）采用户内场时平波电抗器置于户内及户外的研究。经过技术经济比较，当采用户内场时，平波电抗器置于户内具有抗震性能好、耐污秽性能强、产品绝缘材料的抗龟裂、抗老化、抗紫外线性能好、不需要配套穿墙套管、维护工作量小等优点。经济方面，虽然平波电抗器置于户内增加了空调设备运行费用，但同时节省了一次性投资约2060万元，节省的一次性投资可供平波电抗器置于户内时空调设备运行32年的运行费用。平波电抗器置于户内具有技术优势，而经济上两者基本相当，因此，推荐采用户内场时平波电抗器置于户内方案。

（3）直流滤波器高压电容器塔布置型式的研究。经过技术经济比较，技术上，为满足检修要求，单塔户内方案及双塔户内方案均需要在直流滤波器上方局部设置单轨吊，两种方案电容器塔的安装、接线、运行、检修、维护的便利性是基本一致的，双塔方案略优。经济上，单塔方案及双塔全户内方案可节省4支400kV穿墙套管，采用单塔方案户内场建筑体量最小。具体采用何种方案需详细论证后确定。

5.1.3 户内直流场布置方案

在设计户内直流场方案时，采取了以下优化措施：① 适当降低部分电气设备的支架高度；② 由于直流场内直流滤波器的高压电容器充油量非常的少，拟取消直流滤波器室及高压电容器室与其他设备之间设置的防火墙，采用在周围加围栏的设计方案；③ 在户内直流场内适当地方设置投光灯以满足巡视及检修的需要，投光灯的设置高度应便于维护、检修；④ 取消电缆桥架。

综合考虑前述的直流主接线方案及直流场户内部分的研究分析，特高压换流站户内直流场配电装置设计方案如下：直流场主接线采用典型双极直流接线，每个12脉动阀组设置旁路回路。直流场布置按极分开基本上对称布置，每极直流设备布置又分为户内和户外两部分。户内主要布置直流极线高压设备，包括直流滤波器的高压电容器及极线高压电容器，每极两组直流滤波器的高压电容器采用支撑式安装，全户内布置方案。800kV 平波电抗器采用支撑式安装方式。±800kV 直流 PLC 电容器，采用框架式结构，通过多节串联瓷柱绝缘，放在户外。中性母线设备和直流滤波器低压部分的设备均布置在户外，两极户内场建筑物之间，便于连线，同户内设备的连接通过穿墙套管引接。800kV 直流旁路开关回路设备区与阀厅的连接由穿墙套管完成。站内设有直流极线引线塔，极线在±800kV 直流 PLC 电容器后通过水平布置的穿墙套管接入户内。设备间连线主要采用管型母线，T 接时采用分裂软导线。中性母线设备和直流滤波器低压部分的设备均布置在户外，两极户内场建筑物之间，便于连线，同户内设备的连接通过穿墙套管引接。极线出线构架高度为 26m，接地极线路出线构架高度为 12m，中性母线回路母线高度为 5.5m。

5.2　户外直流配电装置布置优化研究

户外直流配电装置就是将整个直流场的设备全部布置在户外。

5.2.1　特高压换流站户外直流场尺寸的确定

直流换流站户外场电气布置取决于主设备尺寸和各种安全净距要求。因此首先应对户外场内的各种安全净距进行计算。

（1）户外场内各种空气净距计算。直流侧空气间隙值初步按表 5 取值。

表 5　户外直流场最小空气间隙值　mm

序号	间隙特征	导体对平面	导体对设备支架或平行导体	导体对导体
1	极母线对地	7012	5716	5052
2	中性母线对地	217	177	156
3	极母线对极母线	17518	14280	12621
4	极母线对中性母线	9384	7650	6761
5	中性线对中性线	691	563	498

（2）户外场纵向尺寸。决定户内场纵向尺寸的设备主要为平波电抗器和隔离开关及接地开关的设置。研究表明，户外场纵向尺寸取为 160m。

（3）户外场布置尺寸的确定。综上所述，可初步确定户外场尺寸见表 6。

表 6　户外直流场尺寸　m

户　外　场	长	宽
800kV 户外场	160	320

5.2.2　对户外场的设计布置，重点考虑了以下两方面的因素：

（1）平波电抗器的安装方式。根据前述采用户内场方案时的平波电抗器采用悬吊式或支撑式方案的技术经济比较可知，平波电抗器采用支撑式方案具有运行、检修、维护较方便，平波电抗器之间接线较方便，平波电抗器避雷器安装简单、平波电抗器本体结构设计成熟等优点。更重要的是，与户内场方案不同的是，平波电抗器放在户内时，基本不受风力的影响，当平波电抗器采用户外悬吊式安装时，由于短路电流的作用电抗器间连线将受到非常大的电动力，再加上风力的作用，电抗器在风力和磁场力的综合作用下，不可避免的要出现一定程度的偏移，甚至在引线摆动时形成旋转，电抗器端子板将受到很大的拉力，电抗器端子板难以承受。综合上述因素，当采用户外直流场时，推荐采用平波电抗器支撑布置方案。

（2）直流滤波器的布置及安装方式。根据前述分析及比较，直流滤波器推荐采用双塔布置、悬吊式安装方式，根据目前设备供货商提供的初步直流滤波电容器组的资料，经估算，高压塔的高度约为 25m，低压塔的高度约为 21m。

5.2.3　户外直流场布置方案

对户外直流场进行了以下优化设计：① 在满足户外直流场安全净距的基础上，适当减少设备间间距以节约占地；② 每个独立的设备区域之间设置环型道路便于运行维护检修，如旁路、极线设备与直流滤波器设备之间等。

综合考虑前述的直流主接线方案及户外直流场设备选型及布置的推荐方案，特高压换流站户外直流场配电装置方案设计如下：直流场主接线采用典型双极直流接线，每个 12 脉动阀组设置旁路回路，中性母线回路接线采用 1 个半断路器接线。直流场布置按极分开基本上对称布置。在每极两个阀厅之间布置 800kV 设备，包括直流旁路开关回路设备、800kV 干式平波电抗器、直流极线高压设备，直流滤波器、±800kV 直流 PLC 电容器等，每组 12 脉动阀组的 1 台旁路断路器、3 台旁路隔离开关在布置上形成回字形，放在平波电抗器和阀厅之间，紧靠阀厅安装，通过穿墙套管与阀厅设备连接。其中每极两组直流滤波器的高压电容器采用悬吊式安装，±800kV 直流 PLC 电容器采用框架式结构，通过多节串联瓷柱绝缘，立柱式安装。中性母线设备及接地极引出线设备布置在两极低压阀厅之间。站内设有直流极线引线塔，极线在±800kV 直流 PLC 电容器后通过水平布置的穿墙套管接入户内。设备间连线主要采用管型母线，T 接时采用分裂软导线。极线出线构架高度为 26m，接地极线路出线构架高度为 12m，中性母线及金属回路母线高度为 5.5m。

6　户内直流场结构设计研究

特高压直流输电工程户内直流场为单层工业厂房，其结构形式可采用钢筋混凝土框排架结构或钢排架结构。当采用钢筋混凝土框排架结构时，钢筋混凝土框架柱作为户内直流场主承重结构，横向通过钢屋架或钢桁架与钢筋混凝土柱顶铰接形成排架结构，纵向通过多层混凝土框架梁与柱形成框架，加气混凝土砌块或烧结普通砖做填充墙，基础采用柱下钢筋混凝土独立基础；当采用钢排架结构时，户内直流场的承重结构为钢排架承重体系，屋架采用钢屋架或钢桁架，钢柱采用热轧或焊接 H 型钢，墙（屋）面维护结构采用带保温复合压型钢板，基础采用钢筋混凝土独立基础。

钢筋混凝土结构具有结构型式单一、刚度分布均匀、结构整体受力合理，以及降低工程造价等优点，但是其缺点是结构自重大，施工周期稍长。钢结构具有强度高、重量轻、抗震性能好等优点，同时钢结构构件都是工厂制作，现场安装，施工工期短，质量容易得到保证。为与换流建筑物结构形式相统一，推荐户内直流场采用钢排架结构形式，钢柱与基础采用法兰螺栓连接。

以往外商设计的±500kV 换流站户内直流场采用钢与钢筋混凝土板式防火墙混合承重结构体系，外维护结构较大面积采用了钢筋混凝土防火墙，少量的 H 型钢柱，焊接 H 型钢钢屋架，复合压型钢板屋面；户内两极直流滤波器高压电容器之间及四面也设有防火墙，外墙内侧做屏蔽。

特高压直流换流站户内直流场与高压阀厅毗邻布置。如相邻高压阀厅已设有防火墙，户内直流场结构则相对独立，建议采用钢排架承重体系，墙（屋）面维护结构采用带保温复合压型钢板，这时户内直流场结构形式为一种真正意义上的钢结构，体现了其结构受力均匀、施工速度快、漂亮美观的特点。户内直流场主要解决污秽问题，其内并无需要屏蔽保护的设备，可取消外墙内侧屏蔽做法，进一步简化设计和施工，降低工程造价。另外由于直流场内直流滤波器高压电容器充油量非常少，着火概率较小，可以取消直流滤波器高压电容器四周的防火墙，在外墙处仍采用普通的外维护结构，室内处改用钢围栅围护。

7　户内直流场空调系统选择、送风方式优化研究

目前，国内已投运或正在建设的±500kV 换流站，阀厅及户内直流场的空调系统多采用风冷螺杆式（热泵）冷水机组＋组合式空气处理机组＋风管送回风的空调系统，这种空调系统存在的问题是控制系统复杂，使用不方便。新工程要优化控制系统，减少控制信号线及动力电缆数量，简化施工，使运行控制更方便、稳定。在空调设备选取时考虑电气设备的发热量，主要是平波电抗器的发热量，避免夏天户内直流场温度偏高。

以往工程空调维护工作量大，更换过滤器频繁。工程优化需要考虑把新风口设置在一定高度的洁净地方，防止地面灰尘被吸入户内直流场，增加初效过滤器，防止户外灰尘通过孔洞的缝隙渗透到室内，减少更换过滤器的工作量。

户内直流场送风系统采用上送下回的方式，由于直流场建筑高度较高，冷空气很难送到下部。优化送风方式，采用下送上回的送风方式，冷空气在下部送入，加热后在顶部排出，这样符合置换通风原理，通风换气效率高。

8　户内直流场消防方式优化研究

国内目前唯一的户内直流场每极均设有固定式消防系统，其中火灾探测报警部分采用离子感烟探头和 VESDA（空气抽样检测系统），造价较高。灭火措施有室内消火栓、手提及推车式灭火器，每间滤波器室均设置一套手动开式水喷淋灭火装置。

根据调研，由于直流场内直流滤波器的高压电容器充油量非常少，根据国内现行消防规范，可不设固定的水消防装置，仅在悬吊式滤波器组下方设置防油品流散的挡油坎。故可以取消户内直流场的水喷淋灭火装置，仅设置火灾探测报警系统、室内消火栓、灭火器等消防措施。这样在不降低运行安全性的情况下节约了工程投资。

第 6 节　送端三个换流站共用接地极研究及设计

1　概述

金沙江送端换流站接地极是金沙江一期——华中、华东±800kV 直流输电工程送端换流站的重要组成部分，在金沙江外送直流输电系统单极大地回线运行方式中发挥着极其重要的作用。

由于送端三个换流站地处西南地区，极址资源十分匮乏，无法实现常规“一站一极”运行方式，结合前期工作成果，金沙江一期直流外送工程将采用三回直流输电系统共用接地极的方式。

目前，±500kV 直流输电工程接地极设计已具备成熟的技术，国内外已投运的大量高压直流输电工程也提供了丰富的建设和运行经验。对于三回±800kV、6400MW 的直流输电工程共用接地极设计，国内外均无建设和运行经验，经过专题研究，取得了一定成果。

2　主要设计条件

2.1　接地极运行条件

根据规划，金沙江一期每个直流系统的额定电流为 4000A，最大过负荷电流为

4400A，最大暂态电流为 6000A，不平衡电流为 40A。由于各个直流系统建设周期不同和多换流站（长时间）持续地同时出现同极性单极大地回线方式运行的可能性极小，因此共用接地极设计原则与“一站一极”有所区别，应结合各种运行工况的概率确定接地极运行条件：

（1）最大持续额定电流。接地极额定入地电流及其持续时间影响接地极温升，因此共用接地极的额定入地电流应取最大的一个直流系统以单极大地回线方式运行时的电流与其他双极系统正常运行时的不平衡电流之和。对金沙江一期工程，其额定电流是 4080A，持续运行时间为 6 个月。

（2）最大暂态电流。考虑额定入地电流最大的一个直流系统以单极大地回线方式运行，其他直流系统双极正常运行。金沙江一期工程最大暂态电流是 6080A，即一个换流站的暂态电流和另两换流站的不平衡电流之和，最大暂态电流持续运行时间 3s。

（3）最大允许电流。此电流直接影响接地极的电极尺寸，应合理取值。三个直流系统同时出现同极性单极大地回线方式运行的几率非常小，可以不考虑。相对而言，两个直流系统同时出现同极性单极大地回线方式运行的可能性较大，且电流大于一个换流站的最大暂态电流，故计算跨步电压时应考虑此电流。因此，计算金沙江一期工程共用接地极最大跨步电压时，最大允许电流可取 8040A。出现该种情况时，宜尽快切除，考虑到转换运行方式需要时间，建议持续运行时间不超过 20min。

（4）不平衡电流。受控制系统和设备的影响，共用接地极在运行时会出现不平衡电流，一般取额定入地电流的 1%左右。本接地极不平衡电流为三个直流系统不平衡电流之和，即 120A。

（5）设计寿命。电极的设计寿命取决于接地极以正极运行的累计安时数。因此共用接地极的设计寿命应是各个直流输电系统分别以正极运行的安时数之和，本次设计取为 90MAh。

2.2　土壤参数

接地极设计相关的大地（土壤）物理参数主要有大地（土壤）电阻率、土壤热导率、土壤热容率、地质构造、地下常年水位及地温等。

2.2.1　土壤热导率及热容率

土壤热导率参数预测土壤对大地电流产生热容量的散热能力，土壤热容率参数主要反映积累热容量的速率，土壤热导率、土壤热容率对接地极本身的运行性能，特别是热稳定和温升起着很重要的作用。经测定，共用接地极设计的土壤热容率为 $1.1\text{J}\cdot\text{m}^{-3}\cdot\text{K}^{-1}\times10^{6}$，土壤热导率为 $1.0\text{W}\cdot\text{m}\cdot\text{K}^{-1}$。

2.2.2　土壤温度

接地极周围土壤最高温度不得超过水的沸点，设计取 90℃为接地极土壤最大允许温度。根据对极址周围气温情况的收集，接地极设计土壤最高环境温度确定为 25℃。

2.3 电气性能要求

2.3.1 地面最大允许跨步电压

极址地面跨步电压是接地极设计的一个重要控制条件，极址地面最大跨步电压计算用下式表达

$$E_k=5+0.03\rho_s$$

式中 E_k——地面最大允许跨步电压，V/m；

ρ_s——表层土壤电阻率，Ω·m。

经计算后，最大允许跨步电压控制值为 5.75V/m。

2.3.2 接触电动势

DL/T 5224—2005《高压直流输电大地返回系统设计技术规定》定义接触电动势为地面上离导电金属物件等水平距离 1m 处，与沿金属物件离地面垂直距离为 1.8m 处两点间电位差。接触电动势设计允许值推荐按跨步电压设计允许值进行计算。

2.3.3 转移电动势

人站在接地极附近地面触摸远方引入的接地导体，或人站在远处接触极址附近引出的接地导体，能承受的接触电动势为转移电动势。转移电动势设计允许值推荐采用不大于 60V 的要求，超过此值应采取防范措施。

2.3.4 接地电阻

根据系统要求接地极在额定电流情况下，单极运行时间为 6 个月，正常运行时接地极发热不均匀，为保证接地极的安全运行，设计应适当留有裕度。按接地极设计的发热条件可计算出满足热稳定要求的接地电阻，接地电阻按满足热稳定要求考虑。

2.3.5 电流密度

额定电流下，接地极表面任意点电流密度不大于 0.5A/m^2，以保证不发生电渗透。

2.4 设计条件综述

综上所述，共用接地极设计主要技术参数为：

接地极线路持续电流，　4080A；

一站单极运行时最大暂态电流（3s），　6080A；

两站同时单极运行时最大允许电流（20min），　8040A；

双极不平衡电流，　120A；

一极强迫停运，出现正极运行的概率，　70%；

一极强迫停运年时间比，　0.75%；

一极计划停运，出现正极运行的概率，　50%；

一极计划停运年时间比，　1.5%；

单极投运期的极性，　　负极；

最大设计温升，　　60K；

最高设计温度，　　90℃；

土壤热容率计算值，　　$1.1 \mathrm{J} \cdot \mathrm{m}^{-3} \cdot \mathrm{K}^{-1} \times 106$；

土壤热导率计算值，　　$1.0 \mathrm{W} \cdot \mathrm{m}^{-1} \cdot \mathrm{K}^{-1}$；

地面最大允许跨步电压，　　$5+0.03\rho_s$（V/m）。

3　极址条件

3.1　选址原则

接地极极址选择是直流输电系统接地极设计中一项十分重要极其复杂的工作，目的在于切实保证接地极安全运行、对环境无影响（或尽可能小的影响）并具有良好的技术经济性能等。极址选择主要考虑以下因素：

（1）离开换流站应有足够的距离，但不宜过远，一般在 8～50km 范围内比较合适。

（2）有宽阔而且导电性能良好的大地散流区，特别是在极址附近，土壤电阻率最好在 100Ω・m 以下。

（3）土壤有足够的水分，具有热容率高、导电性能好等优点。

（4）附近无复杂和重要的地下金属设施，没有或尽可能少地存在以接地方式运行的电气设备。

（5）极址地面平坦，便于电极布置。

（6）接地极线路走线方便。

3.2　极址概况

金沙江一期换流站均选址于四川南部宜宾县和高县境内，站址附近绝大部分地区高山耸峙、丘陵连绵、沟壑纵横，接地极极址资源十分匮乏，适合接地极埋设的区域极少。经过多次初选和补选，最终选取兴文县共乐镇大沙坝村的共乐极址和兴文县东阳乡的东阳极址为三个换流站的共用接地极极址。

3.2.1　共乐极址概况

共乐极址位于兴文县共乐镇大沙坝村，距复龙换流站直线距离约为 72km，距溪洛渡左岸换流站直线距离约为 80km，距溪洛渡右岸换流站直线距离约为 54km。

共乐极址地处浅——中切割低山区，场地位于平坦开阔的山间冲沟中，为一片水稻田。西南向至东北向约 500m，东南向至西北向约 800m，极址四面均有密集民房，该极址与四周低山相对高差约 300m，南侧有 3 个中型盐矿，另有小型芒硝矿、石膏矿。

共乐极址地基岩土层分布：上部主要为可塑—软塑状态黏性土，厚度一般<10m，为第四系全新统冲积洪积层；下伏基岩为三叠系紫红色及杂色砂页岩、灰岩等。

3.2.2 东阳极址概况

东阳极址位于兴文县西北方向约 13km，紧靠共乐—东阳—五星公路和原东阳乡政府所在地，距复龙换流站直线距离约为 75km，距溪洛渡左岸换流站直线距离约为 86km，距溪洛渡右岸换流站直线距离约为 62km。

东阳极址地处浅—中切割低山区，场地位于平坦开阔的山间冲沟中，为一片水稻田，可用地范围呈东西展布，东西约 900m，南北约 400～600m，极址四面有较多民房。该极址与四周低山相对高差 300m 左右，地质以泥岩和灰岩为主，与共乐极址同属一个地质带。

4 电极材料

4.1 馈电体材料

共用接地极为三回大容量（单回 6400MW）直流共用系统，入地电流特别大（单回 4000A），正极运行安时数特别长（90MAh），入地电流对馈电材料腐蚀比较严重；同时考虑可靠性要求特别高、枢纽地位特别重要，推荐采用抗腐蚀强的高硅铸铁为馈电材料。

4.2 馈电体填充材料

馈电体周围填充具有导电性的活性材料，增加电极的表面积，降低电极与土壤交界面处的电流密度和接地电阻，馈电体电流通过活性材料注入大地，大大降低对馈电体的腐蚀作用。

填充材料推荐采用常规的具有大量工程经验的石油锻烧焦炭粉末。

5 电极布置

5.1 电极埋设方式

根据极址地形条件，推荐采用水平埋设的浅埋型陆地接地极。

5.2 电极埋设深度

结合极址的地质条件和浅层土壤电阻率，接地极埋深定为 3.5～4m。

5.3 电极布置方案

根据共乐、东阳两极址的地形条件，为了尽量减少房屋拆迁以及对正常耕种的影响，电极布置可采用两种布置方案：方案一为共乐、东阳两个极址并联连接的联合运行布置，方案二为共乐极址独立运行的紧凑型布置方案。

5.3.1 联合运行电极布置（方案一）

5.3.1.1 电极布置

共用接地极运行时的电流非常大，需要的散流区域也很大。根据选址情况，目前可利用的两个极址均无法满足常规双环电极布置要求。为了满足接地极运行所需要的散流区域，可采取将两个极址并联，有效增加散流区域，满足接地极运行要求。

两极址联合运行方案设计原理为：

（1）共乐、东阳两极址相距 4.75km，通过架空导线并联，运行时各极址的入地电流根据极址接地电阻值分配。

（2）导流系统按三个独立系统设计，保证运行的可靠性。

（3）各个极址入地电流计算值考虑 15%的裕度。

1）共乐极址电极布置。共乐极址接地电阻计算值为 0.242Ω，东阳极址接地电阻计算值为 0.152Ω，接地极线路电阻值为 0.03Ω，两个极址约按 43:57 分配电流。根据计算，采用水平双圆环电极布置型式即可满足要求：外环半径 300m（周长 1884m），内环半径 210m（周长 1319m），布置如图 1 所示。通过 ETTG 接地极计算程序演算后，各项技术指标如表 1 所示。

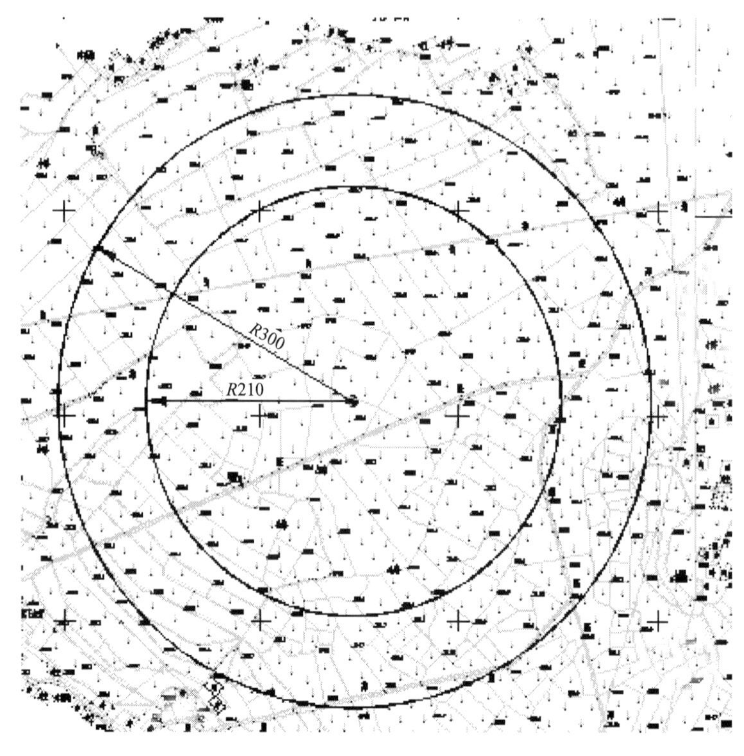

图 1　共乐极址电极布置

表 1　　接地极主要技术指标

	极址电性分层	图 1	电 极 形 状	双圆环形
电极概况	大地等值电阻率（Ω·m）	240.8	电极处电阻率（Ω·m）	60.0
	电极处热容率［J/（K·m^3）］	1100000	电极处热导率［W/（K·m）］	1.000
	电极长度（m）		平均埋深（m）	–3.5
	馈电棒材料	高硅铸铁（FeSi）	馈电棒直径（mm）	ϕ50
	活性填充物	石油焦炭碎屑	焦炭断面（m×m）	外环 0.8×0.8，内环 0.5×0.5

续表

<table>
<tr><td rowspan="10">主要技术指标</td><td>地面最高电位升（V）</td><td colspan="6">487.4</td></tr>
<tr><td>接地电阻（Ω）</td><td colspan="2">长期运行（≤）</td><td>0.169</td><td colspan="2">计算值</td><td>0.242</td></tr>
<tr><td>跨步电压（V/m）</td><td colspan="2">控制值（≤）</td><td>5.75</td><td colspan="2">计算最大值</td><td>5.26</td></tr>
<tr><td>焦炭表面场强（V/m）</td><td colspan="2">控制值（≤）</td><td>30.0</td><td colspan="2">计算最大值</td><td>17.7</td></tr>
<tr><td>电流不均系数</td><td colspan="2">期望值</td><td>0.0</td><td colspan="2">计算最大值</td><td>0.2982</td></tr>
<tr><td>接地极温度（℃）</td><td colspan="2">稳态值（≤）</td><td>152.9</td><td colspan="2">计算最大值</td><td>89.4</td></tr>
<tr><td>线电流密度（A/m）</td><td>控制值</td><td>1.070</td><td>极大值</td><td>0.944</td><td>平均值</td><td>0.632</td></tr>
<tr><td>面电流密度（A/m^2）</td><td>控制值</td><td>0.266</td><td>极大值</td><td>0.295</td><td>平均值</td><td>0.234</td></tr>
<tr><td>热时间常数（d）</td><td>控制值</td><td>180.0</td><td>极小值</td><td>299.7</td><td>平均值</td><td>478.2</td></tr>
<tr><td>电极寿命（$\times 10^6$Ah）</td><td>控制值</td><td>39.5</td><td>极小值</td><td>129.1</td><td>平均值</td><td>257.0</td></tr>
</table>

注　计算跨步电压时，入地电流为 3970A，其他入地电流为 2015A。
　　计算结果表明，共乐极址完全满足各项技术经济指标的运行要求。

2）东阳极址电极布置。根据东阳极址地形情况，若采用双圆环电极布置，将会有一定的房屋拆迁量。所以，为了尽量少拆迁，电极可布置成双跑道形：外环周长 2610m，内环周长 2150m，布置如图 2 所示。通过 ETTG 接地极计算程序演算后，各项技术指标如表 2 所示。

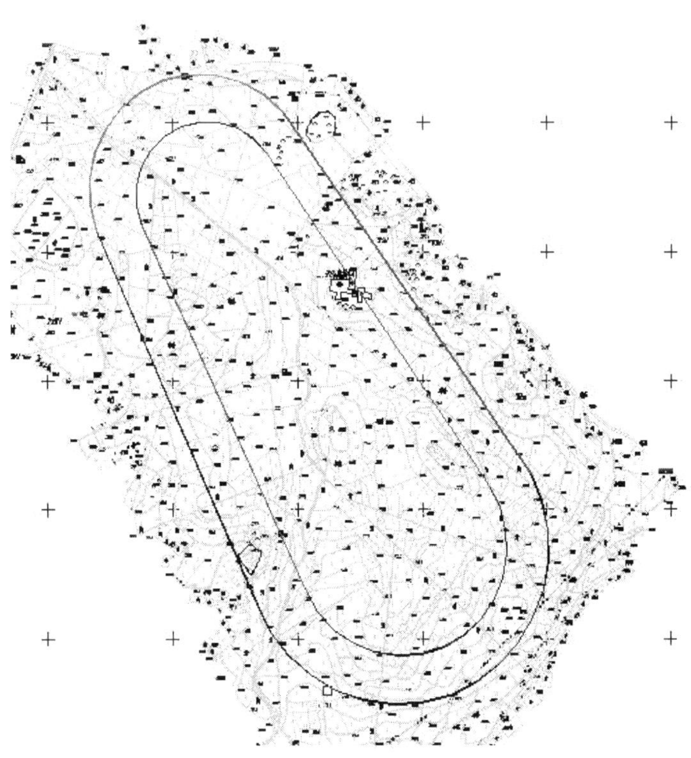

图 2　东阳极址电极布置

表 2 接地极主要技术指标

<table>
<tr><td rowspan="6">电极概况</td><td>极址电性分层</td><td colspan="2">图 2</td><td colspan="3">电 极 形 状</td><td colspan="2">双跑道形</td></tr>
<tr><td>大地等值电阻率（Ω·m）</td><td colspan="2">195.3</td><td colspan="3">电极处电阻率（Ω·m）</td><td colspan="2">21.0</td></tr>
<tr><td>电极处热容率［J/（K·m^3）］</td><td colspan="2">1100000</td><td colspan="3">电极处热导率［W/（K·m）］</td><td colspan="2">1.000</td></tr>
<tr><td>电极长度（m）</td><td colspan="2"></td><td colspan="3">平均埋深（m）</td><td colspan="2">−3.5</td></tr>
<tr><td>馈电棒材料</td><td colspan="2">高硅铸铁（FeSi）</td><td colspan="3">馈电棒直径（mm）</td><td colspan="2">ϕ50</td></tr>
<tr><td>活性填充物</td><td colspan="2">石油焦炭碎屑</td><td colspan="3">焦炭断面（m×m）</td><td colspan="2">外环 0.8×0.8，
内环 0.5×0.5</td></tr>
<tr><td rowspan="10">主要技术指标</td><td>地面最高电位升（V）</td><td colspan="7">406.3</td></tr>
<tr><td>接地电阻（Ω）</td><td colspan="2">长期运行（≤）</td><td>0.174</td><td colspan="3">计算值</td><td>0.152</td></tr>
<tr><td>跨步电压（V/m）</td><td colspan="2">控制值（≤）</td><td>5.63</td><td colspan="3">计算最大值</td><td>5.10</td></tr>
<tr><td>焦炭表面场强（V/m）</td><td colspan="2">控制值（≤）</td><td>10.5</td><td colspan="3">计算最大值</td><td>5.4</td></tr>
<tr><td>电流不均系数</td><td colspan="2">期望值</td><td>0.0</td><td colspan="3">计算最大值</td><td>0.1819</td></tr>
<tr><td>接地极温度（℃）</td><td colspan="2">稳态值（≤）</td><td>75.4</td><td colspan="3">计算最大值</td><td>47.3</td></tr>
<tr><td>线电流密度（A/m）</td><td>控制值</td><td>1.336</td><td>极大值</td><td>0.786</td><td colspan="2">平均值</td><td>0.572</td></tr>
<tr><td>面电流密度（A/m^2）</td><td>控制值</td><td>0.450</td><td>极大值</td><td>0.259</td><td colspan="2">平均值</td><td>0.214</td></tr>
<tr><td>热时间常数（天）</td><td>控制值</td><td>180.0</td><td>极小值</td><td>411.8</td><td colspan="2">平均值</td><td>601.8</td></tr>
<tr><td>电极寿命（×10^{6}Ah）</td><td>控制值</td><td>52.3</td><td>极小值</td><td>206.1</td><td colspan="2">平均值</td><td>377.9</td></tr>
</table>

注 计算跨步电压时， 入地电流为 5280A，其他入地电流为 2680A。计算结果表明，东阳极址完全满足各项技术经济指标的运行要求。

5.3.1.2 线路连接方式

共乐、东阳两极址联合运行方案中，从换流站中性点出线至接地极极址的接地极线路连接主要有下列两种方式：

（1）三个换流站接地极线路独立引至接地极的“汇集一点”连接方式，如图 3 所示。

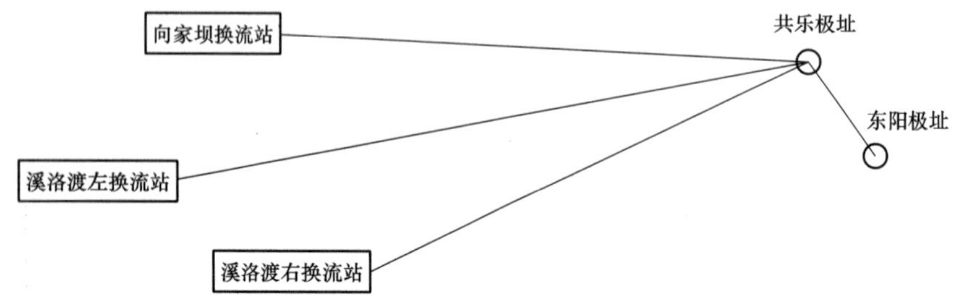

图 3 三个换流站接地极线路“汇集一点”连接方式

（2）三个换流站接地极线路在距离自己较近位置与接地极连接的“就近连接”方式，如图 4 所示。

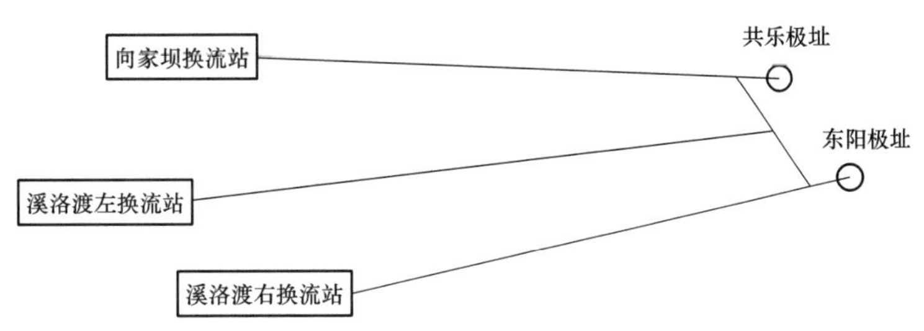

图 4　三个换流站接地极线路“就近连接”连接方式

根据国家电网公司《特高压直流输变电工程关键技术研究报告——多个直流系统接地极兼容性技术的研究》报告结论，就近连接方式对每个接地极的设计都应该按照最危险的两站发生同极故障的概率考虑，即就近连接方式中每一个接地极都要按照比汇集一点方式接地极更高的入地电流进行设计，将大大增加接地极本体的造价，因此在多站共两极中，推荐采用汇集一点的接地极线路连接方式。

结合三个换流站至共乐、东阳极址的接地极线路路径和上述报告结论，推荐采用三个换流站接地极线路先独立接至共乐极址，再通过架空导线接至东阳极址的联合运行方式。

5.3.2　紧凑型电极布置（方案二）

5.3.2.1　常规多圆环电极布置型式

目前已投运的接地极工程大多采用水平双圆环电极布置，入地电流沿环体均匀散流。

（1）水平双圆环电极布置。对于共乐极址，由于地形限制，若不考虑房屋拆迁，其电极布置最大半径约为 320m。所以，根据地形条件，双圆环电极布置半径分别为 312、218m，布置如图 5 所示。通过 ETTG 接地极计算程序演算后，极址地面最大跨步电压为 10.13V/m，电极温度为 247.1℃，严重超过控制值，无法满足运行要求。经计算，双圆环电极布置半径分别达到 450、300m 才能满足运行要求，将有大量房屋拆迁。

（2）水平多圆环电极布置。为了满足运行要求，考虑在可利用区域内采取增加电极环数量以增大散流区的多圆环布置型式。以下为各种电极布置型式在相同输入条件下经演算后的技术参数对照表 3 所示。

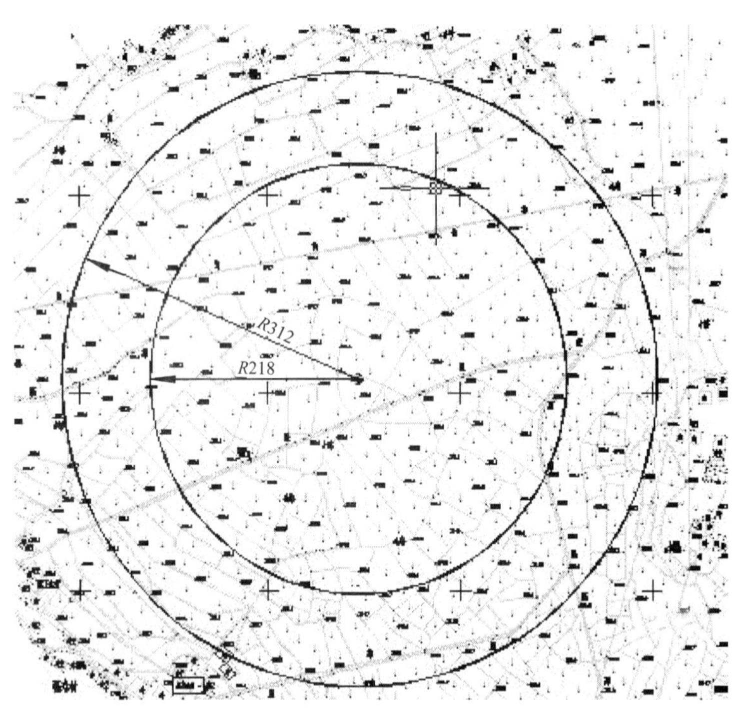

图5 共乐极址水平双圆环电极布置

表3 技术参数对照表

电极型式	圆环半径（m）	最高电位升（V）	接地电阻（Ω）	最高温升（℃）	最大跨步电压（V）
三圆环	320/290/260	927.4	0.227	104.6	8.06
四圆环	320/290/260/230	916.7	0.225	100．6	7.91
五圆环	320/290/260/230/200	909.6	0.223	98.3	7.82
六圆环	320/290/260/230/200/170	904.9	0.222	97.0	7.76
七圆环	320/290/260/230/200/170/140	902.0	0.221	96.2	7.73

经比较，随着极环数量增加，接地极运行的各项技术参数有一定改善，但是，极环增加到一定数量后各项技术参数的改善程度并不明显。所以，结合工程实际情况（投资、施工）以及相关课题研究结果，推荐采用水平五圆环电极布置。

5.3.2.2 五圆环电极布置方案优化

（1）常规五圆环电极布置。在共乐极址均匀布置五个圆环形电极，各环半径分别为310、280、250、220、190m，如图6所示。通过ETTG接地极计算程序演算后，有如下特点：

1）最大跨步电压（8.13V/m）不满足最大控制值（≤5.75V/m）要求，且主要是外环跨步电压过高。

2）电流密度分布不均衡，电流主要分布于外环，导致外环跨步电压过高。

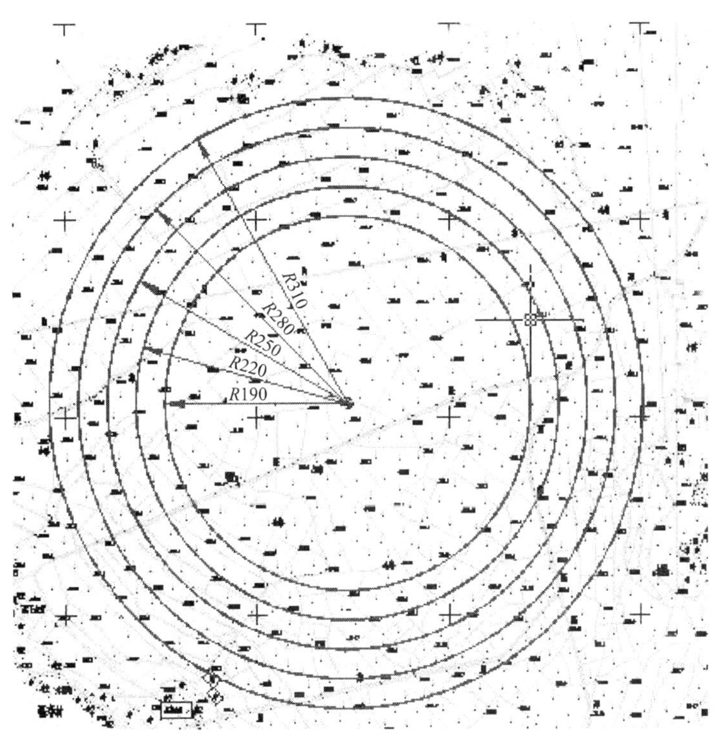

图 6　共乐极址水平五圆环电极均匀布置

3）外环接地极温度超过 100℃，不满足接地极运行的温度要求。

4）若满足接地极正常运行，外环电极半径要达到 400m。

（2）加装均流装置的五圆环电极布置。为了在共乐极址有限的可利用地形上满足接地极运行，可以在极环上加装均流装置，强迫极环电流分配来控制地面上的跨步电压，从而克服常规方案中极环屏蔽效应导致的电流自然分配，使极环上的跨步电压满足运行要求。

根据常规五环电极布置方案的计算结果，外环电流密度过大，电流主要集中于外环，导致外环跨步电压、电极温度过高，其他电极电流密度分布比较小，跨步电压也较低。所以，可以通过在相应电极上串连电阻，强迫电流分布，使各个极环上分布的电流尽量平衡以调整整个接地极的跨步电压、电极温度等。

加装限流装置，通过 ETTG 接地极计算程序演算后，有如下特点：

1）最大跨步电压（5.95V/m）基本满足最大控制值（≤5.75V/m）要求，各个电极环跨步电压分布比较均匀。

2）经均流装置强迫电流分布后，电流分布较均衡。

3）电极极环温升比较平均，温升完全满足运行要求。

在相关电极环上加装均流装置的紧凑型方案，可有效改善接地极运行的技术指标，满足运行要求。

（3）五圆环电极优化布置。为了使接地极运行的技术指标更加优化，通过总结以往研究成果和计算方法，可采用五个电极环不均匀布置并加装限流装置的新型电极布置型式。

五个电极环不均匀布置的各环半径分别为315、285、245、220、180m，电极布置如图7所示。

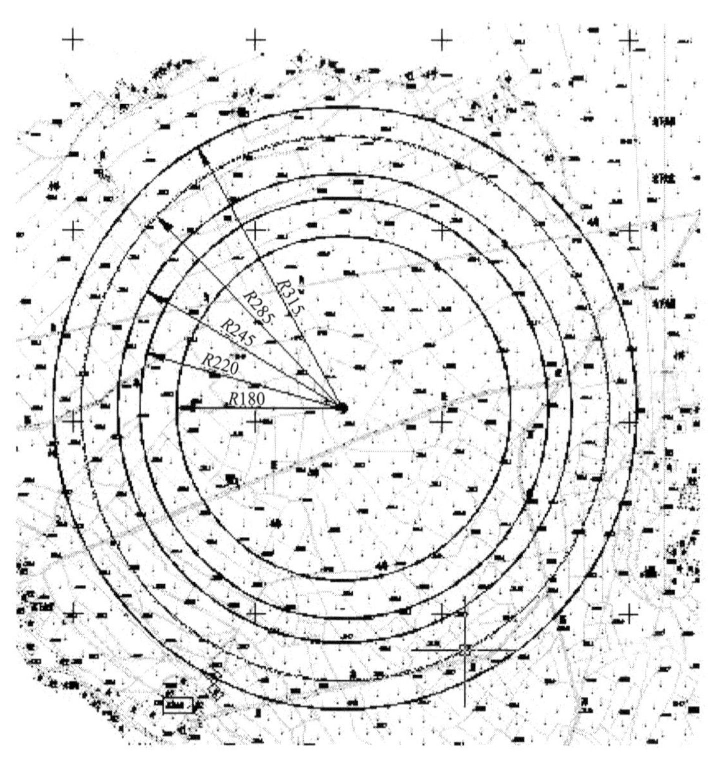

图7　共乐极址水平五圆环电极优化布置

通过ETTG接地极计算程序演算后，各项技术指标如表4、表5、表6所示。

表4　　　　**主要技术经济指标**

<table>
<tr><td rowspan="6">电极概况</td><td>极址电性分层</td><td>图6</td><td colspan="2">电 极 形 状</td><td>同心五圆环</td></tr>
<tr><td>大地等值电阻率（Ω·m）</td><td>223.9</td><td colspan="2">电极处电阻率（Ω·m）</td><td>25.0</td></tr>
<tr><td>电极处热容率［J/（K·m^3）］</td><td>1100000</td><td colspan="2">电极处热导率［W/（K·m）］</td><td>1.000</td></tr>
<tr><td>电极长度（m）</td><td>7697</td><td colspan="2">最小埋深（m）</td><td>−4.0</td></tr>
<tr><td>馈电棒材料</td><td>高硅铸铁（FeSi）</td><td colspan="2">馈电棒直径（mm）</td><td>ϕ50</td></tr>
<tr><td>活性填充物</td><td>石油焦炭碎屑</td><td colspan="2">焦炭断面（m×m）</td><td>0.8×0.8</td></tr>
<tr><td rowspan="5">主要技术指标</td><td>地面最高电位升（V）</td><td>1038.5</td><td colspan="2">接触电势（V）</td><td>136.7</td></tr>
<tr><td>接地电阻（Ω）</td><td>长期运行　（≤）</td><td>0.12</td><td>计算值（按连续运行6个月热稳定要求）</td><td>0.254</td></tr>
<tr><td>跨步电压（V/m）</td><td>控制值（≤）</td><td>5.75</td><td>计算最大值</td><td>5.70</td></tr>
<tr><td>焦炭表面场强（V/m）</td><td>控制值（≤）</td><td>12.5</td><td>计算最大值</td><td>10.4</td></tr>
<tr><td>电流不均系数</td><td>期望值</td><td>0.0</td><td>计算最大值</td><td>0.6357</td></tr>
</table>

续表

主要技术指标	接地极温度（℃）	稳态值（≤）		298.9	计算最大值		85.4
	线电流密度（A/m）	控制值	1.600	极大值	1.335	平均值	0.530
	面电流密度（A/m^2）	控制值	0.430	极大值	0.417	平均值	0.166
	热时间常数（d）	控制值	180.0	极小值	858.7	平均值	5444.3
	电极寿命（$\times10^6$Ah）	控制值	68.7	极小值	184.8	平均值	620.5

注　计算跨步电压时，入地电流为8040A，其他入地电流为4080A。

表5　　技术参数明细表

序号	极环半径（m）	线流密度（A/m）	跨步电压（V/m）	最高温升（℃）	热时间常数（天）
R_1	180.0	0.201	−5.70	31.4	37696.6
R_2	200.0	0.576	−5.00	41.3	4605.7
R_3	245.0	1.335	5.48	85.4	858.7
R_4	285.0	0.379	5.60	34.9	10674.9
R_5	315.0	0.200	5.58	31.4	38311.9

表6　　接地极阻抗、电压、电位特性

序号	半径（m）	自电阻（Ω）	互电阻（Ω）	串电阻（Ω）	电流（A）	电位（V）
R_1	180.0	0.0200	0.2295	0.10	599.5	1017.9
R_2	220.0	0.0585	0.1964	0.00	666.1	1040.0
R_3	245.0	0.1405	0.1140	0.00	816.0	1038.3
R_4	285.0	0.0408	0.1801	0.20	949.2	901.3
R_5	315.0	0.0219	0.1741	0.60	1049.1	799.4

计算结果表明：

1）最大跨步电压（5.70V/m）满足最大控制值（≤5.75V/m）要求，且各个电极环跨步电压分布比较均匀。

2）通过均流装置强迫电流分布后，电流分布较均衡。

3）各个电极环温升比较平均，且温升完全满足运行要求。

4）通过调整极环布置的半径，并在相关电极环上加装均流装置强迫电流均匀分布的方案，可大大改善接地极运行的各项主要技术经济指标，从理论上讲完全可以满足接地极运行要求。

5.3.3　增大输送容量运行的电极布置

根据系统要求，对直流系统增大输送容量运行时（输送容量分别为7000、7200MW）的接地极运行进行论证。

当直流系统增大输送容量时，为满足接地极运行要求，需要相应增大散流面积，即电极极环需增大。本文仅以联合运行电极布置方案经 ETTG 程序计算后与 6400MW 进行比较，当输送容量分别增加至 7000、7200MW 时，原共乐电极极环布置可满足增大输送容量运行要求，仅东阳电极极环需相应增大，总的极环长度分别增加 10%、15%，工程量分别增加 10%、15%，工程造价也相应增加 10%、15%。

5.3.4 技术经济比较

5.3.4.1 技术参数比较

两个方案主要技术参数比较见表 7 所示。

表 7 主要技术参数比较

技术参数 \ 方案		联合运行方案（方案一）	紧凑型方案（方案二）
FeSi 馈电棒量（m）		7400	8700
焦炭量（t）		5800	7800
10kV 电缆量（m）		68600	85200
房屋拆迁量（m^2）		2500	4450
土方量（m^3）		136000	160500
征地	永久征地（m^2）	2300	2000
	临时征地（m^2）	157445	191300

5.3.4.2 经济参数比较

两方案主要经济参数比较见表 8。

表 8 主要经济参数比较 万元

序号	费用名称	建筑工程费	设备购置费	安装工程费	场地征用费	其他费用	合计
联合运行方案	静态投资	1153	6	4467	553	1385	7564
	动态投资	1153	6	4467	—	2150	7776
紧凑型方案	静态投资	1270	306	4921	682	1660	8838
	动态投资	1270	306	4921	—	2589	9086

5.3.5 结论

通过以上论述，两个布置方案在技术、造价方面各有优缺点：

（1）联合运行方案：

1）两个极址联合运行，有成功的工程设计、建设、运行经验。

2）两个极址联合运行，入地电流根据接地电阻分配，较独立极址入地电流小，跨步电压、接地极温升等主要技术参数更优。

3）工程造价较紧凑型方案较低。

4）接地极为两个极址，占地面积较大，不便于运行管理。

5）接地极线路连接方式较复杂。

（2）紧凑型方案：

1）共乐极址独立运行，接地极占地面积小，便于运行管理。

2）接地极线路连接简单、线路长度较短。

3）本方案存在技术新、均流装置尚处在研究阶段等技术难点。

4）电极为同心五个圆环布置，导流系统连接比较复杂。

5）相对联合运行方案，工程造价较高。

由前文分析可知，两个方案技术上均可行，其中，方案一联合运行方案经济上更具优势。

6　电极接续

馈电棒的接续采用弧光焊或放热焊均可满足要求，考虑到共用接地极的重要性及安全稳定运行要求，推荐采用放热焊接。

7　导流系统设计

7.1　设计原则

为了获得比较均匀的电流分布特性，保证导流系统安全运行，导流线布置遵循以下原则：

（1）导流线布置应与电极形状相配合。对于对称型的接地极，导流线布置应是对称结构。

（2）适当增加导流线分支数目，至少应考虑一个分支回路停运（损坏或检修）时不影响其他分支回路的安全运行，提高系统的可靠性。

（3）导流电缆应有足够的载流量，绝缘外套化学特性应具有较好的热特性。

（4）导流电缆应尽量避免接在接地极电流密度大的地方，防止土壤发热而导致电缆热变形，损坏电缆。

（5）连接点要牢固可靠。

7.2　导流线布置、连接

共用接地极为三回直流共用系统，为提高系统运行的可靠性、稳定性，三回接地极导流系统按各自独立的原则设计，即每回接地极线路通过各自的导流系统接至电极：

（1）接地极线路故障定位检测装置、均流装置（若包含）设置于引流处，形成小型配电装置，便于运行维护，布置及断面如图 8 所示。

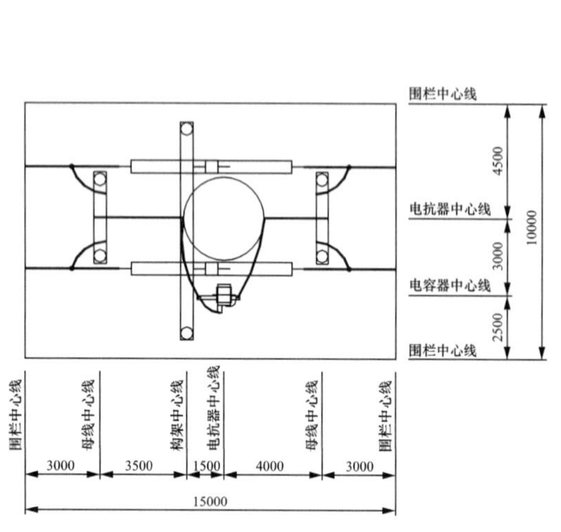

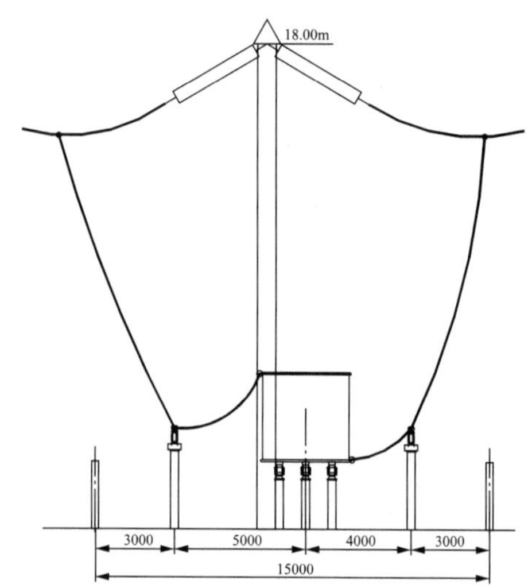

图 8 导流线布置

（2）接地极线路自中心进线构架引下后，依次经管型母线、线路故障定位装置后采用直埋电缆分四路引流至各电极环，以减少占地，不影响当地农民耕作。

（3）若 1/4 的电极退出运行，导流系统必须正常运行，故埋地电缆采用单芯 10kV XLPE-500 的铜电缆。

（4）引流电缆采用直埋敷设方式，中心进线构架至电极外环开挖四条电缆沟，上方用混凝土预制板覆盖，防止耕种造成的破坏，各极环内侧 2m 处开挖电缆沟用于电缆与电极体连接。

（5）各极环内侧引流电缆每间隔 20m 破口，与高硅铸铁的引流导线集中焊接，并用环氧树脂包扎密封。

8 运行监测系统

为了确保电极运行安全可靠，必须经常对电极运行情况进行检查，以便发现问题及时进行维修和处理。电极运行是否正常可以通过检测电极温升、土壤湿度、电流分布和地面跨步电压等方法来确定。

推荐采用常规的在极环上方设置检测并进行现场监测的方式。

9 水装置

电极附近大量的电能将全部转换为热能，使极址土壤温度升高、水分汽化、土壤电阻率增大、热导率和热容率下降，导致电极温度进一步升高。

影响电极温升的主要土壤参数是电阻率、热导率和热容率，这些参数均与土壤湿度紧密相关。因此，电极运行中为了满足设计要求，土壤参数值不超过设计取值允许范围，采取必要的手段使土壤保持潮湿是十分重要的。

从实用上讲，有两种人工注水的方法，一是使用渗水井，将地面水引入电极；二是采用专门的注水管道。

根据极址地形条件，考虑在适当的位置（如在电极与水沟交叉处）设置渗水井，利用水沟将地面水引入电极。

10　对周围环境的影响

共用接地极入地电流数值大、持续时间长，极址附近大地电位升高可能导致地下金属管道、铠装电缆产生电腐蚀，可能使直流电流流过具有接地系统的电气设施，影响电气设施的正常运行。

10.1　极址电位升

共乐、东阳两极址的土壤电阻率如表 9 和表 10 所示。当共乐、东阳两极址联合运行方式采用 ETTG 程序演算后，两极址地电位升分布见表 11。

表 9　　共乐极址土壤电阻率

层厚（m）	电阻率（Ω·m）	层厚（m）	电阻率（Ω·m）
2.30	24.50	1542.39	239.10
10.40	60.50	1784.12	147.44
117.90	790.00	3167.15	315.58
346.84	267.72	4141.54	165.87
590.83	174.55	4627.43	213.03
659.98	280.93	5394.49	140.46
944.72	144.11	38510.62	127.44

表 10　　东阳极址土壤电阻率

层厚（m）	电阻率（Ω·m）	层厚（m）	电阻率（Ω·m）
4.20	20.90	3696.33	550.00
28.30	772.00	5604.42	300.00
215.30	132.00	8441.83	220.00
799.80	215.00	12635.27	462.05
1418.46	335.92	33993.98	1557.66
2026.71	237.82	48397.62	182.54

表 11　　极址附近电位升

离极址中心距离（m）	极址附近电位升（V）	
	共乐极址	东阳极址
0.1	401.5	319.8
100	414.1	336.8
200	479.2	391.3
300	472.5	338.2

续表

离极址中心距离（m）	极址附近电位升（V）	
	共乐极址	东阳极址
400	298.4	259.6
500	215.1	218.9
600	151.5	184.2
700	122.3	165.6
800	101.9	150.8
900	82.9	135.0
1000	72.7	125.2
1500	44.9	91.9
2000	32.7	72.8
4000	14.4	36.5
5000	11.8	30.6
6000	10.0	26.5
10000	5.85	16.65
20000	2.75	8.94
30000	1.71	6.11
40000	1.22	4.63
50000	0.94	3.70

由表中数据可看出，地电位升对环境的影响不大。

10.2 对电力设施的影响

由于地电位升高，当位于该电流场的变压器中性点接地时，入地电流有可能从某些变电站的变压器中性点流入（出），经架空线路，至其他变电站的变压器中性点流出（入）。该直流电流如果超过一定数值，可能导致变压器铁心磁饱和，从而影响变压器安全运行。

为了评估入地电流对电力系统的影响，收集《川渝电网 2020 年地理接线图》（500kV 及以上部分）、《泸州 220kV 电网 2010 年地理接线图》、《宜宾 220kV 电网 2010 年地理接线图》，在电力系统网络图的基础上，确定电力系统网络的主要原始参数，绘出电力系统零序等值阻抗图，通过 ETTG 程序演算，分析在共乐极址注入一个换流站的额定入地电流（4080A）时，四川南部宜宾、泸州电网及相关电网受影响的程度。

考虑复龙换流站单极大地回线运行，当 500kV 和 220kV 变压器的接地电阻分别取 0.2Ω 和 0.3Ω 时，以入地电流 4080A 为计算条件，地电流对变压器的影响如表 12 所示。

表 12　　地电流对变压器的影响

变电站名称	电位升（V）	地网节点	母线节点	变压器（类型）（MVA）	电压（kV）	允许电流（A/三相）	通过电流（A/三相）
宜宾	1.71	9	10	750×2（P）	500	2.60	1.313 （50.5%）
泸州	1.43	1	2	750×2（P）	500	2.60	0.927 （35.7%）

续表

变电站名称	电位升（V）	地网节点	母线节点	变压器（类型）（MVA）	电压（kV）	允许电流（A/三相）	通过电流（A/三相）
溪洛渡左换流站	1.10	5	6	3852×2（P）	500	13.34	0.036（0.3%）
溪洛渡右换流站	1.44	3	4	3852×2（P）	500	13.34	0.724（5.4%）
复龙换流站	1.22	7	8	3852×1（P）	500	13.34	0.215（1.6%）
珙县电厂	2.00	17	18	600×2（P）	500	2.08	0.360（17.3%）
洪沟	0.89	51	52	750×2（P）	500	2.60	0.328（12.6%）
沐川	0.27	65	66	750×2（P）	500	2.60	0.968（37.3%）
普提	0.14	53	54	750×2（P）	500	2.60	0.387（14.9%）
福溪电厂	1.19	63	64	600×2（P）	500	2.08	0.003（0.1%）
綦江	0.24	71	72	750×2（P）	500	2.60	0.283（10.9%）
西彭	0.26	73	74	1000×3（P）	500	3.46	0.077（2.2%）
永川	0.30	75	76	750×3（P）	500	2.60	0.187（7.2%）
内江	0.30	79	80	750×2（P）	500	2.60	0.317（12.2%）
资阳	0.20	81	82	750×1（P）	500	2.60	0.707（27.2%）
溪洛渡右电站	0.57	5	6	963×8（P）	500	3.34	0.009（0.3%）
溪洛渡左电站	0.58	55	56	963×8（P）	500	3.34	0.224（6.7%）
向家坝左电站	1.15	63	64	963×8（P）	500	3.34	0.005（0.1%）
向家坝右电站	1.13	61	62	963×8（P）	500	3.34	0.017（0.5%）
宜宾	1.71	9	70	750×2（P）	220	5.90	0.884（15.0%）
泸州	1.43	1	68	750×2（P）	220	5.90	0.601（10.2%）
合江	1.06	45	46	150×2	220	2.76	0.094（3.4%）
况场	1.35	35	36	200×2	220	3.67	0.047（1.3%）
林庄	1.02	37	38	150×2	220	2.76	0.171（6.2%）
杨桥	1.16	39	40	150×2	220	2.76	0.040（1.4%）
纳溪	1.76	41	42	200×2	220	3.67	0.466（12.7%）
震东	1.71	43	44	150×2	220	2.76	0.068（2.5%）
城南	1.45	11	12	150×2	220	2.76	0.061（2.2%）
黄桷庄电厂	1.33	13	14	200×2	220	3.67	0.060（1.6%）
豆坝	1.16	15	16	150×2	220	2.76	0.093（3.4%）
黄桷庄电厂二期	2.98	19	20	300×3（P）	220	2.36	0.449（19.0%）
金沙江南	1.68	21	22	150×2	220	2.76	0.013（0.5%）
筠连	1.39	23	24	120×2	220	2.20	0.643（29.2%）
龙头	4.73	25	26	120×2	220	2.20	1.511（68.5%）
长江南	1.85	27	28	150×2	220	2.76	0.031（1.1%）
白沙	1.41	29	30	120×2	220	2.20	0.191（8.7%）
孜岩	1.18	31	32	150×2	220	2.76	0.224（8.1%）
屏山	0.95	33	34	150×2	220	2.76	0.234（8.5%）
泸州电厂	1.40	47	48	300×2	220	5.51	0.085（1.5%）
合江	1.14	83	84	150×2	220	2.76	0.000（0.0%）
和平	1.83	85	86	300×2	220	5.51	0.305（5.5%）

上述计算结果表明：当入地电流为 4080A 时，进入交流系统的直流电流较小，入地电流对电力系统的影响均未超过典型变压器允许值。当入地电流为最大值 8040A 时，地电流可能会对宜宾、龙头等少数变电站的变压器产生一定的影响，影响程度可以通过现场实测进行评估，从而采取相应的解决方案。

10.3 对天然气管道的影响

共乐极址附近东北方向约 500m 处有江安—兴文—叙永—古蔺干线天然气管道，目前管道只有防雷保护，无阴极保护。由于两接地点距极址较远，经计算，入地电流对该段管线影响极小；若保护层有破损，会产生腐蚀，则管道需要采取防腐措施（如更换高强度塑料管道或更改管道路径等）。

第 7 节 换流站站用电、水源设计

课题一 换流站站用电设计

站用电系统作为换流站的辅助系统，是保证换流站安全可靠运行的重要保证。随着我国多个±500kV 双极 3000MVA 大容量直流工程的投运，换流站站用电可靠性影响直流系统运行的问题充分暴露，各相关单位更加重视了换流站站用电系统可靠性问题。与目前±500kV 换流站相比，±800kV 换流站生产系统（包括交流开关场、直流开关场及交直流滤波器等）和辅助生产系统（包括冷却系统和空调系统等）更为复杂，站用电所需容量更大。因此，站用电系统的合理设计显得尤为重要。

1 站用电源引接方案

我国目前已建及在建的高压±500kV 直流输电工程的站用电引接主要有以下几种方式：

（1）从站外引接 3 回可靠电源。

（2）如采用交、直流合并建设，则从站外引接 1～2 回可靠电源，从站内交流 500kV 变压器第三绕组侧引接 2～1 回。

（3）从站外引接 1～2 回可靠电源，设置 2～1 台 500kV 降压站用变压器从站内 500kV 配电装置引接。

根据DL/T 5223—2005《高压直流换流站设计技术规定》：考虑到换流站的重要性及站用变压器轮换检修的要求，站用电源宜按两至三回电源设置。鉴于±800kV特高压换流站的重要性，以及上述规范要求，本工程考虑设置三回独立电源以确保站用电可靠性，其中的1～2回考虑从站内引接。

1.1 换流站内引接方案

目前±800kV换流站站用电源从站内引接有以下5个可能引接位置：

位置1：从500kV交流配电装置串内引接，站用电回路作为一个单元接入500kV一个半断路器接线的串中。

位置2：从500kV交流配电装置母线引接，设置单独的站用电回路。

位置3：从交流500kV滤波器母线引接，站用电回路作为一个小组接入500kV交流滤波器母线。

位置4：从换流变压器第三绕组引接。本工程双极输送容量为6400MW，配置Y—Y型和Y—D型换流变压器各12台（每极各6台），若换流变压器采用单相三绕组，将增加换流变压器制造难度，减低换流变压器可靠性。

位置5：若装设500kV线路/母线高压电抗器，还可以采用抽能高压电抗器，从抽能绕组引接。

按照2006年11月预初步设计审查结论，复龙和奉贤换流站站内分别配置两台500kV站用变压器，根据系统接线方式研究结果和站内主接线方案，一台500kV站用变压器从交流母线引接、另一台500kV站用变压器从交流滤波器母线引接。

1.2 外接站用电源引接方案

1.2.1 复龙换流站外电源选择

根据宜宾电网规划，截止到2010年前，复龙换流站站址附近有可能为换流站提供站用电源的有500kV变电站1座（宜宾500kV变电站），220kV变电站2座（城南220kV变电站、白庙220kV变电站）、110kV变电站3座（普安110kV变电站，建中110kV变电站，高县110kV变电站），1座水电站（张窝水电站），1座火电厂（豆坝电厂）。

宜宾500kV变电站位于换流站东北方向约22km处，是整个宜宾电网构架的中心点。其电源来源为：一回500kV线路与普提（西昌）500kV变电站连接；一回500kV线路与洪沟（自贡）500kV变电站连接。主变压器容量为2×1000MVA，500kV配电装置采用一个半断路器接线，220kV配电装置采用双母线单分段接线，35kV配电装置采用单母线接线，电源可靠性高。该站预计2007年投产，规划中并未预留35kV出线回路，且无扩建可能，若要从该站引接电源只能由220kV配电装置引接。而220kV线路造价较高，22公里线路及相应间隔费用接近2000万，因此不推荐从宜宾500kV变电站220kV母线引接站用电源。

宜宾主城区的城南220kV变电站位于换流站东北方向，距换流站约为25km，拟于2007年投运。该站为宜宾220kV城区双环网的一部分，通过两回220kV线路与黄桷庄电厂连接，另通过两回220kV线路与宜宾500kV变电站相连。该站主变压器初期容量为1×150MVA，规划容量2×150MVA（预计2009年建成），220kV及110kV均采用双母线接线，电源可靠性高，我院已取得当地供电部门的用电协议，该站可为复龙换流站提供一回110kV站用电电源。

高县境内的白庙220kV变电站位于换流站东南方向约25km，拟于2010投运。该站为大宜宾220kV环网的一部分，通过两回220kV线路与500kV宜宾变连接，通过一回220kV线路与筠连220kV变电站相连。该站主变压器容量为1×120MVA，规划容量2×120MVA，220kV及110kV配电装置采用双母线接线，电源可靠性高，我院已取得当地供电部门的用电协议，该站可为复龙换流站提供一回110kV站用电电源。

宜宾县境内的普安110kV变电站，站址位于宜宾县打鱼村，距离换流站约14km。站内现有主变压器2台，主变压器容量为1×40MVA+1×31.5MVA；110kV接线为单母线分段接线，出线5回，其中2回电源线、3回出线。电源来自豆坝电厂和张窝水电站，进线电源可靠；出线分别至建中（按规划将改接至城南220kV变电站）、云天化、向家坝水电站施工变压器；35kV电气接线为单母线分段接线，共规划出线6回，已有出线3回，35kV I段上的间隔全部建成，35kV II段上只建设了变压器进线回路，未建设出线间隔设备。目前35kV负荷不足10000kVA，可以满足出1回电源至复龙换流站站用电源20000kVA的负荷要求。现已取得当地供电部门的用电协议，该站可为复龙换流站提供一回35kV站用电电源。

高县境内的建中110kV变电站，位于换流站东北方向约12km。该站主变压器容量今年将更换为1×40MVA，110kV采用内桥接线，供电可靠性一般。2回110kV出线分别引至普安110kV变电站和高县110kV变电站，没有引接电源的可能。

高县境内的高县110kV变电站，位于换流站东南方向约25km处。该站主变压器容量2×40MVA，110kV配电装置采用单母线分段接线供电可靠性一般。根据当地供电部门的意见，因该站与白庙220kV变电站毗邻，其电源来至白庙220kV变电站，建议直接从白庙220kV变电站110kV母线引接电源更为可靠。

张窝水电站位于换流站西侧约7km处，装机容量为5.4万kW，110kV采用单母线分段接线。由于该电站属于径流式水电站，受季节影响较大，枯水期间的发电量难以满足换流站站用电源的要求，因此不推荐从该站引接站用电电源。

翠屏区豆坝电厂位于换流站东北方向约12km处，总装机容量300MW，220kV及

110kV 均采用双母线接线，电源可靠性高，但考虑到豆坝电厂 2015 年前存在搬迁改造的问题，故不建议从豆坝电厂引接换流站站用电源。

综上所述，复龙换流站的站用电外接电源点有三处可以引接，分别为：

（1）110kV 普安变电站 35kV 母线段引接。

（2）220kV 城南变电站 110kV 母线段引接。

（3）220kV 白庙变电站 110kV 母线段引接。

目前已取得当地供电部门的用电许可协议。

1.2.2　奉贤换流站外接电源方案

奉贤换流站外接电源，通过与上海电力公司的搜资了解，本站具有引接 2 回站外电源的条件，站外引接的电源 1 回从附近的拟建奉城 220kV 变电站的 35kV 配电装置引接，距本站大约 10km 左右。220kV 奉城变电站已列入上海电力公司建设计划，计划 2010 年投运。另 1 回站外电源从附近 35kV 变电站引接，距本站大约 9.5km，站外电源均以架空线路引入。

2　站用电系统接线

2.1　35kV 及 10kV 电源系统接线

考虑到站内 500kV 站用变直接降压至 400V，站外 35kV 电源经 35/0.4kV 站用变直接降压至 400V 时，对低压设备的选择带来困难（主要为额定电流和抗短路电流能力不能满足要求），故站用电系统考虑设置设 35/10kV 及 10kV/0.4kV 两级降压。35kV 及 10kV 电源系统接线方案如下：

35kV 系统不设置母线，10kV 母线采用单母线接线方式，设置 2 个工作段和 1 个备用段，即两路站内电源经 500/35kV 和 35/10kV 两级降压，10kV 出线分别接入 1、2 号工作母线段，站外电源经 35/10kV 降压至 10kV，接入 0 号备用母线段。3 段 10kV 间设置分段开关，当工作母线段失去电源时可自动投切至备用段供电。全站共设置 1 个 35kV 配电室和 1 个 10kV 配电室。

为保证每个 12 脉冲换流阀组站用负荷供电的相对独立性和可靠性，400V 站用电系统采用与每个阀厅相对应的接线方式；同时，将公用负荷单独设立工作段，这样按负荷性质分类供电，互不影响，可靠性高。从 10kV1、2 号工作母线上各接 5 台 10/0.4kV 低压站用变，10 台低压站用变压器进线两两交叉，互为备用。每台工作变带 1 段 400V 低压工作段，共设置 10 台 10/0.4kV 变压器和 10 段 400V 母线。其中 8 个低压工作段每 2 个工作段对应每个 12 脉动阀组负荷；2 个工作段对应公用负荷，互为备用。站用电接线示意图如图 1 所示。

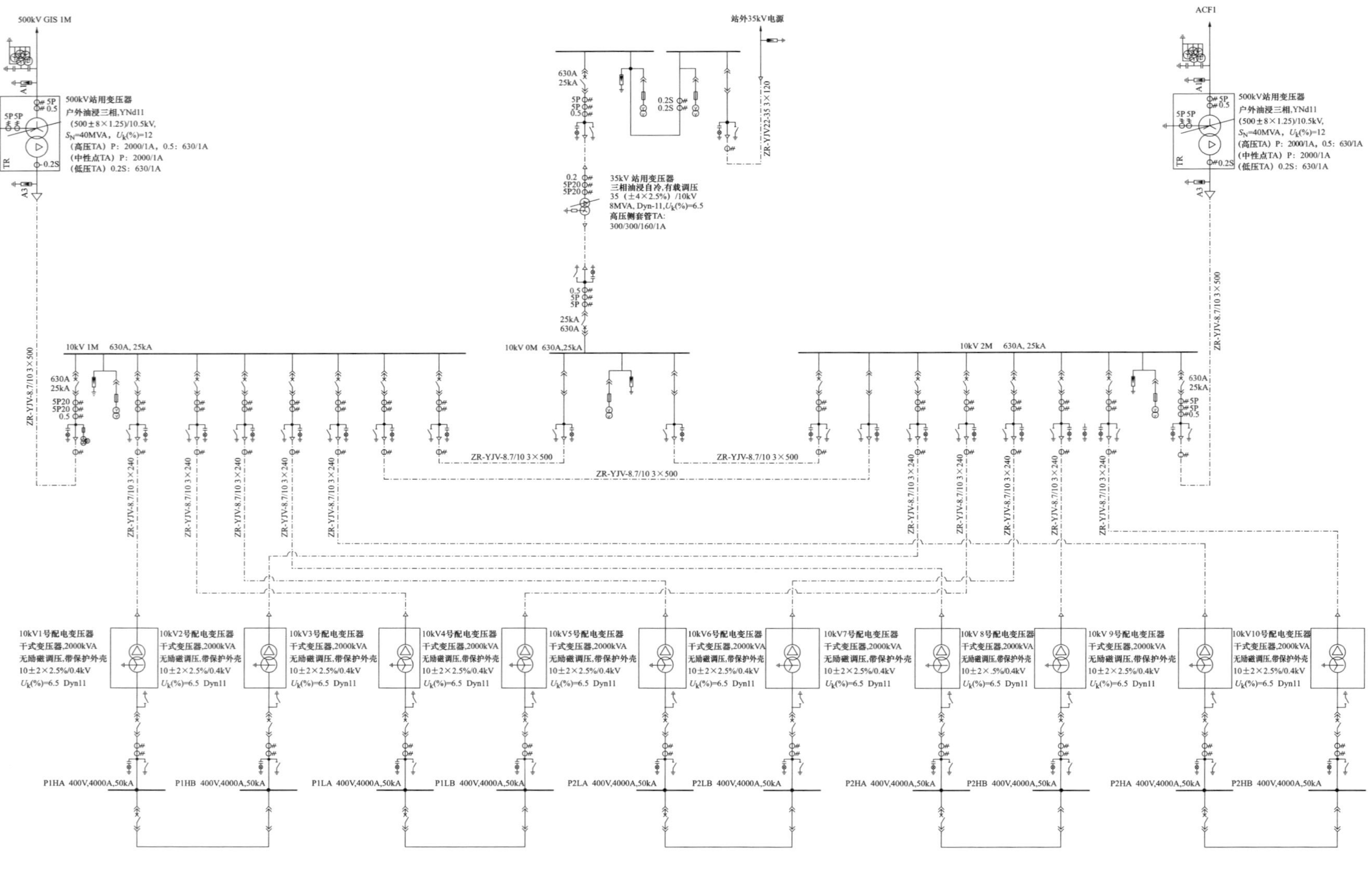

图1　站用电系统接线示意图

2.2　400V 系统

2.2.1　换流站负荷分析

根据换流站阀组的运行方式，换流站的站用电系统按阀组配置的原则设计，以保证各种运行方式下站用电的可靠性及灵性活。换流站按负荷按阀组分类，大致有两类：

第一类为各极阀组的辅助设备电源，这些负荷一般采用双套配置，一用一备。主要有换流变压器冷却装置、阀厅冷水机组、阀冷却设备等。

第二类是公用负荷，不按极划分，如继电器室负荷、消防水泵、场地照明等。

目前阶段站用电负荷无法得到准确数值，根据以往直流工程进行初步估算，按阀组划分初步估算的负荷如下（按户外直流场考虑）：

（1）极 1、2 高端阀组负荷各约为 1372kVA。

（2）极 1、2 低端阀组负荷各约为 1152kVA。

（3）公用负荷约为 1348kVA。

（4）整个换流站的总负荷约为 6396kVA，35kV 站用变压器容量选择 10000kVA。

2.2.2　400V 系统接线方案

站用 400V 系统采用动力中心（PC）—电动机控制中心（MCC）（交流分屏）接线形式。每个 12 脉动阀组设置一个动力中心（PC），动力中心（PC）采用单母线分段接线，双套的辅助设备分接在两个半段上，每个半段由一台低压工作变压器供电，两台变压器电源分别取至 10kV 不同的工作段，互为备用；另全站设公用负荷供电用的动力中心（PC），采用单母线分段接线，每个半段由一台低压公用变压器供电，两台变压器电源分别取至 10kV 不同的工作段，互为备用。全站共设 10 台低压站用变压器，分布在 5 个动力中心，且按负荷性质分类供电，互不影响，变压器两两互为备用，可靠性高。

为了节省电缆，方便施工，在负荷相对集中的地方，设置就地电动机控制中心（MCC）（交流分屏）。电动机控制中心（MCC）采用单母线接线，阀组 MCC 成对设置，电源分别取自动力中心（PC）不同的半段上，每一 MCC 采用单电源供电，重要负荷的 2 回电源分别从不同 MCC 母线引接，部分就地 MCC（包括备班楼、GIS 室、继电器室）为双电源进线，两路电源分别取至动力中心（PC）不同的半段上，两路电源间自动切换。其他就地 MCC（包括 10kV 站用电室、备品备件库等）由于容量较小，无Ⅰ、Ⅱ类负荷，可采用单电源供电。

各就地建筑物及设备由就地设立的动力配电箱集中就近供电。

3　站用电设备选择及布置

3.1　站用变压器

本换流站高压站用变压器包括 2 台 500/10kV 站用变压器，1 台 35/10kV 站用变压器；低压站用变压器包括 10 台 10kV/400V 站用变压器。

单台高压站用变压器的容量按满足全站负荷的要求考虑，单台低压站用变压器的容量按满足动力中心（PC）全部负荷的要求选取。

（1）500/10kV 高压站用变压器。三相双绕组，油浸式，带有载调压开关，ONAN 冷却方式，考虑设备制造因素容量选择 40MVA，U_k（%）＝12；联结组别：YNd；电压比：（500±8×1.25）/10kV。

（2）35/10kV 高压站用变压器。三相双绕组，油浸式，带有载调压开关，ONAN 冷却方式，容量 10MVA，U_k（%）＝6.5；联结组别：Dyn11；电压比：35（±4×2.5%）/10kV。35kV 侧采用电缆进线连接到 35kV 配电设备，10kV 侧采用电缆引接至 10kV 开关柜。

（3）10kV/400V 低压站用变压器。10/0.4kV 站用变压器，三相双绕组，干式，容量 2000kVA，无励磁调压，阻抗值 U_k（%）＝6.5；联结组别：Dyn11；电压比：10±2×2.5%/0.4kV。

低压站用变压器的高压侧通过电缆与 10kV 高压开关柜相联，低压侧通过母线桥与 400V PC 段母线相联。

3.2　高低压配电盘选择

（1）高压开关柜。35、10kV 高压开关柜采用小车式，内装真空断路器。10kV 高压开关柜的母线短路水平为 25kA（有效值），额定电流为 630A。

（2）低压开关柜。400V 低压开关柜（PC，MCC 等）拟选用抽屉式开关柜。母线短路水平为 50kA（有效值），额定电流为 3150A。

3.3　站用高低压设备布置

500/10kV 高压站用工作变压器及其配电装置共 2 组，一组采用敞开式设备，布置于交流滤波器场地内，占用一个 ACF 小组位置；另一组采用 GIS 配电装置形式，从 500kV 交流母线引接，与 500kVGIS 配电装置共同布置于 GIS 室内。再通过 GIS 管道引接至 500kV 站用降压变压器，该站用变布置在 GIS 室外。备用电源回路 35kV 配电装置与 35kV/10kV 站用变压器共同布置在站前区。10kV 高压开关柜布置在 10kV 配电室内，与 35kV 配电室相邻布置。

4 台极 1、极 2 低端阀厅用低压站用变压器和 400V PC 盘布置在主控楼内，2 台极 1 高端阀厅用低压站用变压器和 400V PC 盘等布置在极 1 辅助设备楼内；2 台极 2 高端阀厅用低压站用变压器和 400V PC 盘等布置在极 2 辅助设备楼内。全站公用的 2 台低压站用变压器及其站用电盘布置在低压公用配电室，低压公用配电室相邻布置在 35kV 配电室附近。各就地 MCC（交流分屏），布置在相应建筑物（如备班楼、继电器室等）内。

4 站用电系统控制保护总体配置方案

4.1 站用电的控制保护总体方案配置

4.1.1 以往的工程经验

国网直流工程政平和江陵站的 35kV 站用电控制保护系统采用控制保护合一的配置方式。2005 年 11 月 20 日的 13 时 56 分，政平换流站 35kV 站用电控制保护系统 ACP71/ 72 自动切换失败，跳开所有进线开关，站用电全部丢失，造成双极直流系统闭锁，损失负荷 3000MW，引起三峡切机和华东电网低频减载。事故表明该站用电系统控制保护设计存在问题：虽然两套冗余系统可在发生故障时切换，但对于政平、江陵站却存在一套系统控制所有 3 回进线的问题，一旦系统出现问题后切换不成功就会跳开所有进线，导致双极闭锁；并且政平、江陵站一度频繁发生站用电主机故障的情况，且现象基本相同。

ABB 控制保护合一的设计可能是导致上述情况的主要原因：控制系统应采用分层分布式系统结构，双重化配置；而保护则按保护区域设计，双重化或多重化配置，如果两者共同组在同一主机中，而两者运行条件要求很不相同，将会导致控制保护系统的误动作。死机原因为：软件上版本不兼容、程序中存在 BUG 等；硬件上板卡故障、抗干扰能力不强等。

现在经改造后控制保护功能按站用电进线间隔配置，每回 35kV 站用电配置一主一备两台控制保护主机，互为冗余，确保单个主机故障不会跳开所有站用电进线，且有效降低主机负载。目前新建直流工程中已经将控制系统和保护系统分离，站用电和监控系统配置单独的主机。

4.1.2 站用电部分控制系统与保护装置的配置

本工程站用电部分控制系统与保护装置将分开配置，不共用 I/O 数据采集单元。站用电监控系统配置单独的主机，双重化配置。站用电保护按各保护区域单独组屏。500kV 站用变保护按元件单独配置，双重化配置；35kV 站用变保护按元件单独配置，单重化配置；10kV 系统按母线和出线单重化配置保护装置，与 10kV 开关柜共同组屏。

对于站用电监控系统硬件的问题，采取如下应对措施：控制、保护系统分离，防止单一元件故障造成保护误动；加强测量、数据传输通道、处理器死机的监视，监视测量信号的有效性。

4.2 500kV 站用变压器保护相关问题

500kV 站用变压器主保护针对不同的接线形式，均可以采用引线差动和变压器差动相结合的配置方式。高压侧电压等级较高，因此高压侧的短路电流水平非常高。为了确保电流互感器的可靠工作。为了保证在区内高压侧出口发生短路故障时不至于造成 TA 严重饱和，TA 的变比不能取得太小。但由于 500kV 站用变压器容量相对较小，高压侧额定电流较小。为了保证在区内出现轻微故障时，特别是出现匝间故障和经过渡电阻接地故障时差动保护能可靠动作。因而 TA 的变比又不能选得太大。因为太大了，会导致 TA 正常运行时的二次电流减小。从而直接影响交流的采样精度和差动两侧平衡系数的处理。这对于特高压直流工程的站用电保护配置可以作为借鉴。

课题二　复龙换流站水源设计

1　概述

空气绝缘水冷却阀是近代直流输电工程的主流。阀冷却水的冷却（即外冷系统）有水喷淋冷却（湿冷）、空气强迫冷却（干冷）或水/空气混合冷却 3 种方式。目前国内工程和国外工程大多采用第一种方式，国内个别位于缺水地区的工程采用了第二种方式，对于第三种方式，近年来也有国外工程采用。当采用湿冷时，对输送容量 5000～6400MW 的特高压换流站，全站耗水量约为 70m^3/h。该水量相对于火电厂耗水量而言很小，但由于换流阀水冷却系统是换流站重要的辅助系统之一，其可靠性要求非常高，相应地对水源的要求亦高，不亚于甚至高于火电厂对水源的要求。因此，在工程设计中，有必要对直流换流站的站用水源条件及补给水系统的安全可靠性及经济性等方面作深入细致的研究。对于同一地区内有多个换流站的情形，为有利于业主统筹管理，合理调配，使各站所需的水量及水质均能得到可靠保证，且减少各站的运行维护工作量及相关的运行人员，设计有必要对多站共用水源、采用联合供水的方式进行研究。

2　工程及工作概况

复龙和风仪换流站分别位于四川省宜宾县的复龙镇及风仪乡，两站址直线距离约 21.5km。

两换流站站址北面为金沙江，西面为金沙江右岸一级支流横江、东面为长江右岸一级支流南广河，均由南向北流经站区。站址位于两河流域分水岭区域，地势较高。

通过对复龙、风仪两个换流站的站址区域较大范围内可供选择的水源进行了多次现场踏勘、水文及水文地质调查分析，并与相关部门和单位多次联系协商以及繁杂的筛选后提出可比选水源，并根据各水源条件、取水方案、结合两站各自独立水源供水及两站共用水源联合供水的可行性、对各补给水系统进行优化组合研究，采用年费用最小法（动态）进行系统方案经济分析比较，结合各方案的技术特点拟定出两个站的站用水源方案。

3 站用水源方案的选择

3.1 设计需水量

单站设计需水量为 $55m^3/h$（$1320m^3$/天、$27.5\times10^4m^3$/年）；两站设计需水量为 $110m^3/h$（$2640m^3$/天、$55.0\times10^4m^3$/年）。

3.2 可供选择的站用水源

在站址区域较大范围内，可供选择的水源方案有地表水、自来水及地下水水源。

3.2.1 地表水水源

站址西面的金沙江右岸一级支流横江、站址东面的长江右岸一级支流南广河、站址北面的金沙江均可作为换流站的水源。

换流站以横江、南广河为水源的取水口均设于水电站水库库区，根据对横江及南广河天然径流量、水库蓄水量及电站水库运行调度方式的综合分析，换流站用水量占河道天然径流量或电站水库蓄水量的比例很小，且几乎不影响电站发电，故横江、南广河作为换流站用水水源，均能完全满足其 $55m^3/h$ 或 $110m^3/h$（复龙与凤仪换流站联合供水方案）的取用水要求。金沙江枯季径流丰沛，补给稳定，水源可靠，换流站用水量占河道天然径流的比例微乎其微，故金沙江作为换流站用水水源，也完全能够满足其取用水要求。

另据了解，横江水质枯期铅含量超标，其作为阀冷却系统补给水对该系统无明显影响，但对人体有害，不能作为生活水水源，且目前无十分有效的去除方法，故若在横江取水，站区生活用水拟考虑在站内或站址附近区域打井取地下水解决。

3.2.2 自来水水源

站址附近无城市自来水。在复龙站址以北约 10.0km 处的云南云天化股份有限公司自备有水厂。该厂从金沙江取水，并已承诺供给本工程符合生活饮用水水质标准的自来水，供给水量为 $100m^3/h$（连续 24 小时供水），故可满足两个换流站净水 $100m^3/h$ 的用水要求，可作为换流站水源。

3.2.3 地下水水源

在前期工作中，我院进行了现场踏勘及调研，并多次组织召开专题会议研究。预初设阶段又委托专业单位进行水文地质工作，对换流站工程水源地进行实地调查，对复龙换流站及凤仪换流站周边区域的地下水水源作出了评价。

对于地下水水源，站址区域较大范围内的风化裂隙含水层（J2sn）及距站址一定距离范围内的红层承压水（J2s、J3p）的分布均极不稳定，地下水资源贫乏，其供水保证率不高，均不宜作为换流站的水源。

在距站址一定距离范围内位于云南境内的滩头乡有（T_1j+T_2l）碳酸盐岩类裂隙溶洞水。根据现场初步调查并综合分析，滩头地区以岩溶泉为主要排泄方式的地下水水量不能满足单个换流站用水要求，故不宜作为换流站水源。

3.3　拟选站用水源的确定

按照 DL/T 5223—2005《高压直流换流站设计技术规定》中第 10.6.1 条，换流站宜优先选用自来水或地下水。据以上水源情况分析，因两个换流站所处地区的地下水资源贫乏，供水保证率不高，不能满足换流站用水要求，因此，不考虑采用地下水。而自来水水源又不具备明显优势，故以地表水水源及自来水水源作为换流站拟选水源进行系统设计并作技术经济比较。因三个地表水水源（横江、南广河、金沙江）无明显优劣之分，因此同时参与设计比较。

3.4　站用水源供水方案

设计拟有复龙、凤仪两站共用水源供水方案及两站各自独立水源供水方案。

3.4.1　两站共用水源方案

复龙、凤仪换流站拟选的共用水源方案有：横江张窝电站水库水＋地下水（生活用水）、南广河、金沙江及云天化自来水水源方案。

3.4.2　两站各自独立水源方案

复龙换流站拟选的独立水源方案有：横江张窝电站水库水＋地下水（生活用水）、南广河、金沙江及云天化自来水水源方案。

凤仪换流站独立水源方案有：横江杨柳滩电站水库水＋地下水（生活用水）、南广河水源方案。

3.4.3　供水设计原则

按规定，换流站宜有两路可靠水源。当仅有一路水源时，宜设置容积不小于三天用水量的生产用水储水池。

原采用的供水水源方案为两路独立的水源、各配一套独立的补给水系统。一路以地表水为水源，另一路以地下水为水源。该方案为双水源，无疑供水可靠性很高，但根据本阶段对地下水水源所作的水文地质工作，两个站址较大区域范围内的地下水均不宜作为换流站水源。鉴于此，考虑到单独的地表水水源及自来水水源均可满足换流站用水量要求，只要在取水、输水和储备设施上采取措施，换流站的用水是可以得到保证的，又因各水源点的输水扬程高、距离远且地形条件复杂，因此，本工程考虑在取水、输水和储备设施上采取措施，采用单水源加蓄水池的供水方案。为了有充足的时间用于补给水系统的检修，本工程蓄水池的容积按贮存七天的生产用水量考虑，拟在每站设两座 3500m^3 的水池。

4　补给水系统的设计

4.1　取水方案

对于横江水源，拟有泵船取水及由张窝电站供水方式，设计就这两种方式进行了比较。经综合比较，横江张窝电站取水推荐采用由张窝电站供水的方式。

对于南广河水源，拟在来复电站库内采用泵船取水方式。

对于金沙江水源，就泵船和固定式取水方式进行了比选，并结合本工程大件运输码头的设计方案，研究了取水设施与码头合建的可行性。经综合比较，本设计阶段金沙江取水推荐采用初期投资少、施工简便的泵船取水方式。

对于自来水水源，云天化股份有限公司拟向本工程专线连续供水。

4.2 补给水系统

本阶段按照系统组成简单、投资少、便于施工及运行维护管理，且安全可靠的原则拟定各水源的补给水系统并对其进行优化组合。以地表水为水源的净水站均设在换流站站区内，另外，充分利用地形条件并加大泵的提升高度，以便不设或尽量少设中继升压站。

5 补给水系统的经济比较

根据各水源的补给水系统配置对其进行经济比较，共拟有9个方案，主要从有关设施、补给水管道、检修道路等基建投资以及运行费用费等方面加以比较。经比较，对于两站共用水源的联合供水方案，以横江张窝电站供水方案的年费用为最低，其固定投资为3199万元，年费用为412万元；对于两站各自独立水源供水方案，以在南广河取水方案的年费用为最低，其固定投资为3719万元，年费用为538万元。综合比较，以二站共用水源、由横江张窝电站供水的联合供水方案最为经济。

6 结论

从安全、经济和便于运行维护管理等方面综合考虑，设计推荐采用以横江张窝电站水库作为复龙和凤仪两个换流站共用水源、由张窝电站供水的两站联合供水方案。

7 站用水源设计的主要工作

在进行换流站站用水源设计时，需注重开展以下方面的工作：

（1）落实水源条件并分析其供水可靠性：

1）根据站址所在地的情况，选择合适的供水水源。一般而言，由于换流站的运行维护人员较少，为方便管理，通常宜优先选用自来水或地下水作为其水源，当不具备条件或这两种水源不具明显优势时，应选择可用水源进行设计并经技术经济比较确定供水水源。

2）针对拟选水源，开展水文、水文地质等相关工作，落实设计基础资料。当由小型自来水厂供水时，尤其要注意落实其供水保证率并分析其供水可靠性。

3）取得相关部门和单位同意取（供）水的意向性函件。

4）配合业主开展水资源论证、办理相关批文等工作（自来水水源除外）。

（2）针对拟选水源开展必要的测量、地勘工作。

（3）针对拟选水源初拟补给水系统。

（4）对于水源条件及地形、地质情况复杂的工程应开展必要的现场踏勘工作。按初拟的补给水系统，对其取水位置、补给水管线路及系统其他设施的位置以及可利用的道路情况等进行现场踏勘，对初拟方案加以落实或修改。

（5）在上述工作的基础上，进行系统设计和技术经济比较工作，从而确定站用水源及补给水系统。

2006

特高压直流输电技术研究成果专辑

第4章 特高压直流示范工程关键技术及专题研究

第 1 节　构建"强直强交"电网的必要性

1　特高压交直流输电技术的特点和功能定位

20 世纪 80 年代初期以来，我国电力工作者在三峡电站及其输电系统规划、西电东送和全国联网研究中，对交、直流输电的特点和适用范围进行过大量全面深入的研究工作，为电网的规划、建设和运行提供了技术指导和依据。基本的共识可归纳为：交、直流输电方式各有所长，本身没有排它性，而是互相补充的；在电网规划和建设中要注意发挥各自的优势，使两种输电方式各尽所能，相得益彰。

1.1　交流输电的特点和适用范围

在电力系统中，交流输电线路占到绝大多数，是主要的输电方式，其特点是：兼有输电和网络功能，适用于构建电网的主网架和各级输电网络，充分发挥同步电网的功能；在输电线路的中间可以落点，满足向中间地区供电的需要，电力的传输、交换、疏散十分灵活；对电源和负荷变化的适应性较强。

因此，交流输电技术主要用于构建各级输电网络和电网互联的联络通道，形成以特高压为骨干网架、各级电压网络协调发展的坚强电网；同时，交流输电也是电源送出的主要输电方式之一。

1.2　直流输电的特点和适用范围

直流输电具有输送容量大、距离远、节省输电走廊和实现非同步联网等特点，随着远方水、火电基地的开发外送和全国电网互联的进展，直流输电已成为主要的输电方式之一。

目前，我国采用的直流输电技术主要是端对端直流输电和背靠背直流联网技术，其中端对端直流输电技术作为"直达快车"，适用于超过交、直流经济等价距离（目前对于 500kV 交流输电和±500kV 直流输电约为 700～1000km；对于 1000kV 交流输电和±800kV 直流输电约为 1100～1400km）的远距离、大容量输电；而背靠背直流技术适用于不同频率以及不易协调的系统间的联网。

对于多端直流输电技术，世界上只有意大利—撒丁岛（三端）和魁北克—新英格兰（五端，目前按三端运行）等少数几个工程，我国也开展过相关实验研究工作。多端直流工程用直流断路器设备和复杂的直流控制保护技术，还需要进一步研究。

新的基于全可控元件的直流输电技术，可以部分克服目前常规直流输电的一些问题，但还处于发展的初期，短期内难以满足远距离、大容量输电的需要。

1.3 特高压交直流输电的功能定位

如前所述，特高压交流与特高压直流在电网中的应用是相辅相成和互为补充的。特高压交流可以形成坚强的网架结构，因此，特高压交流输电的发展除了可应用于大电源基地的外送外，主要将定位于高一级电压电网的建设；而特高压直流输电将定位于我国西部大电源基地的远距离、大容量外送，并将依托于坚强的交流输电网发挥作用。

1.4 特高压直流系统安全稳定运行需要坚强的交流输电网的支持

特高压直流输送容量大，其安全稳定运行性能与送、受端交流电网电气强弱有密切关系，主要表现在以下几个方面：

（1）送、受端交流系统给直流输电系统的整流器和逆变器提供换相电压，创造实现换流的条件。

（2）送、受端交流系统是直流输电必不可少的组成部分，送端电力系统作为直流输电的电源，提供传输功率；而受端系统相当于负荷，接受和消纳直流输送功率。

（3）送端交流系统具有足够的强度，一方面可以为直流系统整流站提供足够的无功和电压支撑，另一方面承受由直流输电系统故障而带来的有功和无功功率冲击的能力强，可以减少由于直流输电系统故障而需要切除的送端发电机组台数。

（4）受端交流系统的强度，对于直流输电系统的安全稳定运行具有重要作用，特别是当多回直流输电线路集中落点于受端系统时更是如此。如果受端交流系统具有足够的强度，虽然在交流系统发生严重故障时存在多个逆变站发生换相失败的可能性，但故障清除后交流系统电压能迅速恢复，直流系统也能迅速恢复正常。因此逆变站发生换相失败后，不需要马上实行闭锁保护，如果采取适当的措施，还可以加速这一恢复过程，防止发生继发性换相失败。但对于比较弱的交流系统，在发生严重故障后，交流系统电压不能正常恢复，多个逆变站会发生连续换相失败，将进一步恶化交流系统的运行，发生系统稳定破坏。同时，如果直流输电系统故障导致直流单极或双极闭锁以后，坚强的受端交流系统能够承受由此而引起的功率突变的冲击，系统运行电压和频率能够保持在正常范围内，可以防止切负荷的发生，或尽量减少负荷损失。

作为一种初步评估的手段，通常采用有效短路比（*ESCR*）来评估交流系统的强弱程度，其定义如下：

$$ESCR=\frac{\text{交流系统短路容量（MVA）}-\text{容性无功补偿容量（Mvar）}}{\text{直流换流器额定功率（MW）}}$$

根据 *ESCR* 的大小，传统交流系统的强弱程度分类如下：

（1）高，如果 *ESCR* 大于 5；

（2）中，如果 *ESCR* 在 3～5 之间；

（3）低，如果 *ESCR* 小于 3。

随着交、直流输电系统控制的改进，也可以考虑采用如下的分类：

（1）高，如果 *ESCR* 大于 3；

（2）低，如果 *ESCR* 在 2～3 之间；

（3）极低，如果 *ESCR* 小于 2。

受端交流系统保持所要求的电压和频率的能力还与其转动惯量有关。受端交流系统必须有一个相对于直流系统规模的最小的转动惯量，来为交、直流输电系统的安全稳定运行提供必要条件。可以采用有效直流惯性常数来表示相对转动惯量，其定义如下

$$H_{\mathrm{dc}}=\frac{\text{交流系统的总转动惯量(MW}\cdot\text{s)}}{\text{直流联络线额定输送功率(MW)}}$$

为了交、直流输电系统的安全稳定运行，要求有效直流惯性常数至少为 2～3s。因此，对于很少或没有发电机的受端交流系统，必须采用同步调相机以增大系统的惯量。

综上所述，送、受两端交流系统的强弱，包括系统规模、系统结构和无功电压支持能力等性能直接关系到特高压直流输电系统能否安全稳定运行。因此，特高压直流输电系统的规划、设计和运行需要考虑两端交流系统的特点和要求。例如，换流站落点的选择、交流侧滤波和无功补偿配置方案、换流站的绝缘配合和主要设备的绝缘水平、直流输电控制保护系统的功能配置和动态相应特性等都与两端交流系统有着密切的关系。

在特高压交直流输电系统的规划、设计和运行研究中，除进行初步评估外，还必须按照《电力系统安全稳定导则》的要求，进行详细的特高压交直流输电系统的仿真计算分析和模拟试验研究，包括特高压交直流输电系统故障的相互影响、系统的功角稳定性、电压稳定性和频率稳定性，以及相应的安全稳定控制措施等，以确保特高压直流输电系统得到坚强交流电网的支持，实现特高压交直流电网的安全稳定运行。

2 规划“强直强交”特高压交直流输电系统的必要性

在西电东送战略工程规划研究中，对特高压交流输电、特高压直流输电和特高压交直流并列混合输电方案进行了研究，其中交直流并列混合输电方案的主要技术特点如下。

2.1 交直流输电线路在送端并联向受端输电，实现同步联网

其优点是既可发挥交流联网的优势，又可利用直流输电传输功率可快速调节的特点来改善系统的稳定，有利于综合发挥交流和直流输电的优势。例如，美国西部太平

洋交直流并列输电工程，我国南方电网天广和贵广交直流并列输电工程等，都已有多年的成功运行经验。

2.2 交直流系统的输送能力

在交直流并列混合输电系统中，交流和直流系统的输送能力要有一个恰当的比例，应掌握以下的原则：

（1）交流线路故障时，能借助于直流系统的功率调制和紧急功率支援等快速调节功能，保证系统稳定。

（2）直流输电系统故障时，其甩至与之并联的交流线路上的功率应该不超过系统稳定所能承受的程度。根据上述原则，显然如采用强直流、弱交流的输电方式，交流系统将无法承受由直流故障而转移过来的功率，系统容易发生稳定破坏事故。因此在交直流并列混合输电方案中，应避免“强直弱交”的方式。

（3）按照《电力系统安全稳定导则》的规定，对交直流并列混合输电系统安全稳定运行特性的要求如下：

1）除电源直接送出的直流线路外，直流单极闭锁故障引起的潮流转移对交流系统形成冲击，系统应保持稳定；对于电源直接送出的直流线路单极闭锁故障，可考虑采取切机措施。

2）除电源直接送出的交流线路外，交流系统侧输电线路发生三永短路故障，系统应保持稳定；对于电源直接送出的交流线路，发生三永短路故障，可考虑采取切机措施。

3）对于交流系统发生的 N–2 型严重故障，要通过采取安全稳定控制措施，保持系统的安全稳定运行；对于交流系统发生更为严重的连锁反应型故障，也要通过采取安全稳定控制措施，防止全系统的崩溃。

4）对于直流双极闭锁故障，双极功率全部转移至交流系统，会引起交流线路功率和电压的振荡。为防止直流双极闭锁故障引起系统稳定破坏，可考虑采取的措施有在送端切除一定容量发电机组、解列电网等，应结合具体情况进行研究后确定。

5）受端直流逆变站交流侧发生短路故障，虽然可能会出现换相失败，但故障切除后直流输电系统应能够尽快恢复正常运行。

显然，为满足上述安全稳定要求，对于特高压交直流并列混合输电方案采用“强直强交”的输电方式是必要的，有利于在直流输电系统发生故障时，其输送的功率安全地转移到特高压交流输电通道上，减少送端的切机台数；在交流输电系统发生故障时，可以利用特高压直流的功率调制和紧急功率支援等附加控制功能，快速增加直流输送功率，减轻对送、受端系统的冲击，从而系统抗故障扰动的能力显著增强，可以充分发挥特高压交直流输电系统的优势，提高系统的安全稳定性能。

3 “强直强交”特高压电网的构建分析

根据西部水电基地开发规划，四川锦屏一、二级水电总装机 8000MW，金沙江一期溪洛渡、向家坝规划装机 18600MW，二期乌东德、白鹤滩规划装机 13400MW。根据特高压输电发展战略，这些大型水电站的电力将主要通过±800kV 直流送至华中和华东负荷中心地区。

为了避免特高压直流故障引起的电能损失和提高系统的输电可靠性，这些大型水电站送端将与四川电网通过 500kV 线路实现互联，而四川西部水电又将通过交流 1000kV 级特高压线路送往华中及华东地区。按照这一构建方案，特高压交、直流间将通过 500kV 线路形成并列运行格局，这将是世界上最大规模的交直流并列运行系统。

由于±800kV 直流每回输送功率为 6300MW 左右，其故障将会造成大规模的潮流转移，这会给整个系统的安全稳定运行带来何种问题，以及特高压交、直流输电系统故障的相互影响等问题，都是在规划阶段必须着重研究的关键技术问题。

3.1 金沙江一期和锦屏外送特高压交直流并列输电方案的仿真试验及计算分析

通过对金沙江一期和锦屏外送特高压交直流并列输电方案的故障仿真试验及计算分析工作，得到以下的初步结论：

（1）在川渝电网和华中、华东电网采用特高压交、直流并列运行方式下，特高压交流电网可以承受特高压直流单极闭锁引起的功率转移，系统保持稳定运行，事故后电压可满足要求。可以避免频繁切机，减少窝电和弃水，提高水电运行的经济性。

（2）当特高压直流发生小概率的双极闭锁故障时，通过切除送端部分水电机组可以保持系统稳定运行，输电线路和变压器均不会过载，对送、受端系统的冲击较小。

（3）特高压直流双极闭锁后，由于大量功率转移使得交流系统无功损耗增加，引起受端电网电压较正常水平偏低，但仍然能够满足事故后紧急运行的要求。通过建设坚强的特高压受端电网可以为特高压直流提供可靠的电压支撑；此外，还可以通过装设无功补偿设备和建立电压无功自动控制系统等手段，改善故障后系统的电压水平。

（4）对于受端特高压交流线路和直流逆变站交流出线发生三相短路等严重故障时，会导致多条直流同时换相失败，个别故障会引起全部直流换相失败，但故障清除后直流输电系统能够恢复正常运行，整个系统也能保持稳定运行。

（5）按照直流输电系统的技术规范，直流输电系统具有 10%的长期过载能力。因此，一回特高压直流双极闭锁后，其他多回直流可以持续过载运行。利用特高压直流输电系统的这一能力，可以发挥多回特高压直流之间协调控制和紧急功率支援的作用，有助于在系统故障时减少送端切机数量，避免向交流通道大规模地转移功率，从而减轻交流输电通道的压力，提高系统的安全稳定水平。

仿真试验和计算分析的结果表明：西南水电采用特高压交直流并列运行的输电方

案在技术上是可行的，能够满足《电力系统安全稳定导则》的要求。

因此，在西部电源基地外送中采用特高压交流与±800kV 级直流相互配合，形成“强直强交”并列输电结构，可以减少对送端发电机组和电网的冲击，可为西电东送提供多样化的选择，将有助于改善我国的电网结构，提高输电系统的安全可靠性。

3.2 提高特高压交直流混合输电系统安全稳定性能的综合技术措施

为了构建坚强的特高压交直流混合输电系统，需要采取以下综合技术措施：

（1）加强主通道网架结构，避免弱交流强直流状况，同时加强具有中间支撑作用的电网的网架结构。

（2）规划设计中的主力电厂，特别是交流输电通道附近的电厂，应考虑接入交流主网架，以增强交流系统的动态无功支撑能力，从而增加承受直流功率转移的能力。

（3）研究整个电网的动态稳定特性，找出电网中存在的薄弱环节和振荡失稳模式，并考虑通过发电机组 PSS 的优化配置和利用直流调制等功能来抑制系统的低频振荡。

（4）预测系统负荷增长情况，确定正常和检修方式下合理的安全稳定域。对特殊运行方式，如交直流分列、直流孤岛及多元件停运方式的安全稳定域进行校核计算。

（5）对输电通道中间电网和受端电网的无功/电压问题进行研究，加强无功和电压支撑能力，提高系统的电压稳定性。

（6）根据特高压交直流输电系统的实际情况，配置合适的安全稳定控制系统，为及时采取安全稳定控制措施创造条件，其主要功能包括：直流功率调制和紧急功率提升或回降；根据故障形态切除不同容量送端发电机组；根据故障形态确定和执行不同的解列电网方案等。

第 2 节 特高压直流标准化研究

1 引言

中国已经投运了 6 条±500kV 高压直流输电线路，规划中还有宁东、呼辽、德宝等多项±500kV 高压直流工程。为了解决大规模水电送出，节约设备投资，并为金沙江未来发展预留输电走廊资源，我国已经确定了±800kV 及以上为特高压直流（UHVDC）工程的标准电压。目前，中国正在建设世界上电压等级最高的±800kV 云南—广东和向家坝—上海两条特高压直流输电线路，未来中国的特高压直流线路总长将超过 7000km，预计到 2020 年，中国高压直流输电容量将比 2005 年增长约 48GW。

目前±800kV 直流输电技术研究课题与设备的开发正在紧张进行中，国内直流输电发展步伐大大加快。但是，相对于交流来说，国内外直流工程设备和运行等方面的标准尚不完善，特别是特高压直流工程相关标准，远远不能满足我国电网发展的需要。因此，直流工程相关标准的制定和完善迫在眉睫。

鉴于国内高压直流输电的迅猛发展，尤其是±800kV 级直流输电项目的启动，中国电力科学研究院参照 IEC 标准、IEEE 标准和已有的电力行业标准，考虑到±800kV 特高压直流输电的需要，制定出了高压直流标准体系草案，这个草案已经比较广泛征求了各相关方面专家的意见，进行了三次修改。

2　建立特高压直流标准体系的必要性

尽管国际高压直流输电工程的发展历史超过 50 年，同交流输电系统相比，现有的与直流输电工程设计、系统稳定性、绝缘配合、电磁环境、设备技术规范、运行和维护等方面的标准很少。目前 IEC、IEEE 等国际组织只有个别工作组有少量的与直流输电相关的标准，IEC 现有的高压直流输电相关标准只有 15 项，±800kV 特高压直流输电的标准化更是无从谈起，远远不能满足我国直流工程建设的需要。

为了顺利地完成±800kV 直流输电工程项目，也为了从根本上带动我国发电、输变电设备的国产化，必须建立我国特高压直流输电相关的标准体系。从特高压直流输电标准体系的建立和特高压直流输电标准的制定来看，不能只局限在等同或修改采用国际标准的层面，况且现在也没有现成的特高压直流标准供参考。因此，必须以特高压直流工程建设为契机，把具有自主知识产权的研究成果尽快转化行业标准甚至 IEC 标准，尽快建立我国电力建设发展急需的、尚处于空白领域的特高压直流设备标准体系，加快研究制定标准是非常必要的。

与工程相结合，发展特高压直流输变电技术急需的高压直流输电标准体系、制定目前急需的高压直流设备试验标准对工程建设具有十分重要的意义。目前，国际上尚没有现成的可以引用的特高压直流设备试验标准，开展这方面的研究对我国直流设备国产化、改变我国标准制定的落后状况就显得十分重要。

3　建立特高压直流标准体系的基本原则

（1）特高压直流标准体系应满足特高压直流工程的发展需要，充分保障直流工程的可靠运行，标准体系内容应当涵盖全面，以满足工程建设和运行需要为第一原则。

（2）标准体系要综合考虑运行、研究和制造部门人员意见，兼顾设计、施工、维护和制造等方面的需要，充分体现科学性和合理性。

（3）特高压直流标准体系必须具有自主知识产权。

4　标准体系内容

标准系统涵盖内容应该全面，标准体系应当包括通用技术、设计、设备订货技术条件、施工及验收、运行维护、设备试验方法、系统控制与保护等七大类方面标准，以满足我国未来特高压直流工程建设和运行需要。

4.1　通用技术类标准

通用技术类标准是指在设计、订货、运行维护等多方面都有可能用到的标准，包括《高压直流输电术语》等 24 个标准，如表 1 所示。主要包括了高压直流输电的系统性能、电磁环境、绝缘配合、污秽划分、试验等方面的基础标准，考虑到±800kV 换流站电气设备交接试验等 9 个标准和电压等级密切相关，在标准体系里也进行了列示。

表 1　通用技术类标准

序号	标准名称
1	高压直流输电（HVDC）术语
2	高压直流输电系统性能第 1 部分：稳态条件
3	高压直流（HVDC）系统性能第 2 部分：故障和操作
4	高压直流电（HVDC）系统性能第 3 部分：动态条件
5	高压直流工程电磁环境规范
6	高压直流输电接地极技术导则
7	高压直流架空送电线路技术导则
8	高压直流换流站过电压和绝缘配合导则
9	直流输电线路对电信线路危险影响设计技术规定
10	高压直流输电线路工程施工质量检验及评定规程
11	高压直流换流站电气设备交接试验标准
12	高压直流换流站设备投运试验标准
13	直流污秽等级的划分
14	换流站噪声标准
15	高压直流输电换流站损耗的测定
16	±800kV 特高压直流输电系统性能第 1 部分：稳态条件
17	±800kV 特高压直流（HVDC）系统性能第 2 部分：故障和操作
18	±800kV 特高压直流电（HVDC）系统性能第 3 部分：动态条件
19	±800kV 换流站电气设备交接试验标准
20	±800kV 级直流工程电磁环境规范
21	±800kV 级直流系统绝缘配合导则
22	±800kV 级直流工程电气设备预防性试验
23	±800kV 直流架空输电线路电磁环境限值
24	±800kV 级直流系统接地极技术规范

4.2　设计类标准

设计类标准主要针对直流输电工程的设计单位和其他相关部门，包括线路、换流站、通信等几方面的内容，见表 2。

表 2　　设计类标准

序号	标准名称
1	高压直流工程线路设计规范
2	高压直流工程换流站设计规范
3	高压直流输电接地极设计规程
4	直流输电线路对电信线路危险影响设计技术规定
5	高压直流换流站站用辅助电源设计技术规定
6	直流输电系统对电信干扰
7	高压直流输电系统成套设计规程
8	±800kV 级直流工程线路设计规范
9	±800kV 级直流工程换流站设计规范
10	±800kV 特高压直流输电系统成套设计规程

4.3　设备订货技术条件

该类标准主要包括高压直流输电工程中的各个设备的技术规范、导则，对设备的性能和使用条件加以明确说明，见表 3。

表 3　　设备技术条件

序号	标准名称
1	高压直流输电系统用换流阀技术规范
2	高压直流输电系统用换流变压器技术规范
3	高压直流输电系统用干式平波电抗器技术规范
4	高压直流输电系统用油浸式平波电抗器技术规范
5	高压直流输电系统直流滤波器技术规范
6	高压直流输电系统用高压隔离开关技术规范
7	高压直流输电系统交流滤波器技术规范
8	高压直流系统输电测量设备技术规范
9	高压直流输电系统断路器技术规范
10	高压直流输电系统用金属氧化物避雷器技术规范
11	高压直流输电系统用支柱绝缘子技术规范
12	高压直流输电系统用套管技术规范
13	高压直流输电用晶闸管阀电气试验
14	高压直流输电系统控制和保护技术规范
15	高压直流输电系统计量规范
16	高压直流输电工程电气设备监造导则

续表

序号	标　准　名　称
17	高压直流换流站消防系统技术规范
18	高压直流换流站阀冷却系统技术规范
19	复合绝缘子、玻璃和瓷绝缘子技术导则
20	直流输电系统用交直流 PLC 滤波器设备技术规范
21	±500kV 棒形悬式直流绝缘子技术条件
22	±800kV 级直流系统用换流阀技术规范
23	±8000kV 级直流系统用换流变压器技术规范
24	±800kV 级直流系统用干式平波电抗器技术规范
25	±800kV 级直流系统用油浸式平波电抗器技术规范
26	±800kV 级直流系统直流滤波器技术规范
27	±800kV 级直流系统用高压隔离开关技术规范
28	±800kV 级直流系统交流滤波器技术规范
29	±800kV 级直流系统测量设备技术规范
30	±800kV 级直流系统断路器技术规范
31	±800kV 级直流系统用金属氧化物避雷器技术规范
32	±800kV 级直流系统用支柱绝缘子技术规范
33	±800kV 级直流系统用套管技术规范
34	±800kV 级直流系统控制和保护技术规范
35	±800kV 级直流系统计量规范
36	±800kV 级直流工程电气设备监造导则
37	±800kV 棒形悬式直流绝缘子技术条件
38	±800kV 直流输电系统用交直流 PLC 滤波器设备技术规范
39	±800kV 高压直流换流站消防系统技术规范
40	±800kV 高压直流换流站阀冷却系统技术规范

4.4 施工及验收

该类标准主要包括施工与设计方面的具体内容，如线路和换流站施工规程、设备验收试验、系统调试规程等，以满足工程施工和验收需要，见表 4。

表 4　　施工和验收标准

序号	标　准　名　称
1	高压直流输电线路施工及验收规范
2	高压直流换流站电气装置施工质量检验及评定规程
3	高压直流设备验收试验标准
4	高压直流输电工程启动及竣工验收规程
5	高压直流输电系统调试规程
6	高压直流换流站施工及验收规范
7	二次设备交接试验

续表

序号	标　准　名　称
8	高压直流换流站分系统试验标准
9	800kV 级换流站施工及验收规范
10	±800kV 换流站电气装置施工质量检验及评定规程
11	±800kV 级换流站设备验收试验标准
12	±800kV 换流站交流场电气设备施工及验收规范
13	±800kV 换流站直流场电气设备施工及验收规范
14	±800kV 高压直流输电线路施工及验收规范
15	±800kV 高压直流输电分系统试验标准
16	±800kV 高压直流输电工程启动及竣工验收规程
17	±800kV 高压直流输电系统调试规程

4.5 运行维护

该类标准主要包括运行维护方面的具体内容，如线路和换流站运行导则、设备可靠性评价、带电作业、保护和计量的定检等，以满足工程投运后在运行和维护时的需要，见表 5。

表 5　运行与维护标准

序号	标　准　名　称
1	高压直流换流站运行导则
2	高压直流架空输电线路运行导则
3	高压直流系统运行导则
4	高压直流工程电气设备预防性试验
5	高压直流线路带电作业技术规范
6	直流输电系统安全性评价
7	直流输电系统可靠性统计评价规程
8	高压直流输电控制、保护及计量定检规范
9	高压直流工程电磁环境规范
10	±800kV 级直流换流站运行导则
11	±800kV 级直流架空输电线路运行导则
12	±800kV 级高压直流系统运行导则
13	±800kV 级直流线路带电作业技术规范
14	±800kV 级直流工程电磁环境规范
15	±800kV 级直流输电控制、保护及计量定检规范
16	±800kV 级直流输电系统可靠性统计评价规程

4.6 设备试验方法

该类标准主要包括了与高压直流输电工程相关的试验方法，包括设备试验、研究试验、电磁环境测试等方面的内容，见表 6。

表 6 设备试验方法

序号	标准名称
1	直流叠加冲击试验技术
3	直流绝缘子串覆冰闪络试验方法
4	直流套管大雨闪络试验方法
5	直流复合绝缘子试验方法（动态机械特性、硅橡胶老化、在线及质量检测等）
6	换流站导体可见电晕与电晕噪声的测试技术
7	直流无线电干扰测试方法
8	直流线路带电作业方式
9	直流避雷器试验方法
10	直流换流站与线路合成场强、离子流密度自动测试方法
11	直流接地极接地电阻、地电位分布、跨步电压及散流测试技术
12	换流变压器现场局部放电测试技术

4.7 系统控制与保护

由于高压直流输电系统的控制与保护比较特殊和复杂，体系中单独列出，具体内容见表 7。

表 7 系统控制与保护

序号	标准名称
1	高压直流输电系统控制与保护设备 第 1 部分：运行人员控制系统
2	高压直流输电系统控制与保护设备 第 2 部分：交直流系统站控设备
3	高压直流输电系统控制与保护设备 第 3 部分：直流系统极控设备
4	高压直流输电系统控制与保护设备 第 4 部分：直流系统保护设备
5	高压直流输电系统控制与保护设备 第 5 部分：直流线路故障定位装置
6	高压直流输电系统控制与保护设备 第 6 部分：换流站暂态故障录波系统
7	高压直流输电系统控制与保护设备 第 7 部分：保护故障录波信息管理子站
8	高压直流输电系统控制与保护设备 第 8 部分：远动通信设备
9	高压直流输电系统控制与保护设备 第 9 部分：电能量计量系统

5 结论

（1）现有的国内外直流标准已不能满足我国±800kV 特高压直流输电工程的的需要，必须尽快建立适应我国电力发展的特高压直流输电标准体系。

（2）特高压直流标准体系的建立应以下列原则为基础：体系应满足我国特高压±800kV 直流工程的发展需要；标准体系要综合考虑研究、设计、施工、运行维护和制造等方面的需要，充分体现科学性和合理性；标准体系必须是我国具有自主知识产权的。

（3）标准体系分为通用技术标准、设计标准、设备技术条件、施工验收、运行维护、试验方法、控制保护七大类，内容涵盖全面，能满足我国未来特高压直流工程建设需要。

第 3 节　特高压直流试验基地规划及设计方案

1　特高压直流试验基地规划

1.1　建设试验基地的意义

中国是世界直流输电大国，世界上最高电压等级±800kV 的特高压直流输电工程即将在中国建设投运，中国将主导世界直流输电技术发展方向。实现这一世界性创举，面临着许多重大技术难关，一系列课题亟待研究解决。

针对我国气候和环境的特殊性，线路电晕特性和电磁环境影响，以及高海拔、覆冰、重污秽等恶劣自然条件下的外绝缘特性都等需要进行深入的试验研究。此外，设备带电考核及测试手段的建立、人员培训等，也都需要具备必要的设施和条件，首当其冲的就是±800kV 直流输电技术试验基地的建设。

第一条±500kV 直流工程已投运近 20 年，在设备运行可靠性方面，目前仍存在许多值得深入研究的问题。而±800kV 直流工程作为一项世界领先的新技术，不仅需要进行大量的前期研究，投入运行之后还将出现新的技术问题，需要进一步研究和总结。同时，随着±800kV 直流工程的投入，特高压直流输电技术的不断完善，国产化设备质量的提高，以及更经济合理的设计规范、技术标准的建立等，都需要进行大量的试验研究。

没有强有力的研究试验手段，上述目标均无法实现。因此，建设一个世界一流水平的特高压直流试验研究基地是势在必行且刻不容缓的。

特高压直流试验基地的建设是我国特高压试验技术达到国际一流水平的标志，是创建自主知识产权的重要体现。

1.2　建设试验基地的原则

围绕国家电网公司建设特高压电网的目标，充分利用现有的技术和设备条件，借鉴国外的先进技术和经验，建成国际一流的特高压直流试验基地，最大限度地实现基地建设的技术经济合理优化，这是特高压直流试验基地的建设原则。

西南水电送出的±800kV 输电线路途经高海拔、覆冰和严重污染等恶劣气候条件的地区，特高压直流试验基地的功能定位必须满足这些工程实际的需求。

特高压直流试验基地将紧密结合我国±800kV 直流工程的实际，力求功能全面完整、高效实用。

国际上有很多高参数、特大型试验基地，我国特高压直流试验基地将建设成综合试验能力世界第一的高水平试验基地。

1.3 试验基地的功能

中国电力科学研究院与国内各大试验室广泛交流，同时认真收集俄罗斯 NIIPT、美国 EPRI、加拿大 IREQ、日本 CRIEPI、荷兰 KEMA、瑞典 STRI 和意大利 CESI 等国际知名高压试验室的资料，并派出考察团去日本、美国、加拿大、瑞典、意大利和荷兰等国家进行技术交流和实地考察。总结国外经验的同时根据我国的实际情况，研究确定了特高压直流试验基地必须具备的功能。

在参照±800kV 输电工程技术规范、技术指标的前提下，依据目前可行性研究的结果，通过与国内外相关专家的反复、深入地探讨，来确定试验基地主设备的性能参数。

特高压直流试验基地针对±800kV 输变电技术和运行技术开展下述几方面的试验研究：

（1）线路电磁环境研究。

（2）交直流线路同走廊等多种工况下的电磁环境研究。

（3）各种空气间隙的雷电、操作冲击试验研究。

（4）带电作业技术研究。

（5）设备的雷电、操作、交直流耐压、局部放电、可见电晕和无线电干扰等试验研究。

（6）常压和低气压条件下的人工污秽、淋雨、覆冰和电晕等试验研究。

（7）导线电晕特性试验研究。

（8）氧化锌电阻片试验研究，交直流特高压避雷器试验研究。

（9）瓷、玻璃、复合材料绝缘子和套管的机电性能试验研究。

（10）特高压输变电设备国产化研究。

（11）运行维护人员培训。

（12）特高压直流标准研究。

1.4 试验基地建设进度计划

试验基地的建设进度计划为：

2005年1月～2005年10月，收集资料、调研、考察、分析国外特高压基地建设规模及设备配置情况，制定特高压直流试验基地的建设方案，试验基地选址。

2005年10月～2005年12月，组织特高压直流试验基地建设方案的专家论证及评审。

2006年1月～2006年3月，确定最终建设方案；考察、调研国内电气设备制造厂家及设计单位；制定主要设备参数及回路设计方案，完成各试验室的功能设计；着手试验基地征地工作。

2006年4月～2006年9月，编制试验设备的标书，完成特殊试验设备的招标；启动试验基地的初步设计。

2006年10月～2006年12月，初步设计的评审、收口及修改。

2007年1月～2007年3月，完成试验基地总平面图、户外场、试验线段及电晕笼设计；完成各试验基地场平工作。

2007年3月～2007年6月，完成户外场、试验线段的建设并投入运行；完成其余试验室的设计并依次着手施工。

2007年7月～2007年12月，全面施工建设，提交基地建设竣工验收总结报告。

2 特高压直流基地设计方案

特高压直流试验基地在选址过程中，主要有以下几方面的考虑：

（1）地势平坦，地理状况良好。距离居民区较远，基本无拆迁工作量，比较适合建设试验基地。

（2）基地距离电科院本部不到30km，交通便利，易于管理。

（3）基地距怀昌公路200m，大型设备的运输无障碍。

北京电力公司（昌平供电公司）与中国电力科学研究院多方协商，计划在基地内建设有三台50MVA主变压器的110kV变电站（用做地区站）。该站以10kV电压向试验基地供电。

经十多处选址比较，最终选择北京市中关村科技园区昌平园东区作为基地地址。

特高压直流试验基地建设方案经多次完善，于2005年11月25日，通过了由国家电网公司科技部组织的专家评审，专家一致认为，建设特高压直流试验基地，开展系统全面的试验研究是工程所必需的，是及时的、实用的，总体方案在技术上是先进的。在此基础上全面展开了试验基地的初步设计。

根据特高压直流试验基地的规划及功能设计要求，试验基地主要由以下几部分组成：

（1）特高压直流冲击试验场。

（2）特高压直流试验线段和电晕笼。

（3）特高压直流试验大厅。

（4）特高压直流污秽及环境试验室。

（5）特高压直流电磁环境试验室。

（6）特高压直流设备试验室。

（7）特高压直流设备长期带电试验场。

（8）特高压直流换流阀运行试验室。

2.1　特高压直流冲击试验场

由于直流特高压输电工程的特殊性，导线的布置方式有多种选择，绝缘子串型和塔头间隙种类较超高压直流线路多，如直流同杆并架，导线水平排列、垂直排列，绝缘子 I 串、V 串甚至 Y 串等，不同空气间隙的放电特性都需要进行试验研究。

主要的试验研究内容有：±800kV 级直流设备的雷电和操作冲击电压试验、直流耐压试验，直流杆塔各种空气间隙的冲击放电试验，直流叠加冲击试验，直流带电作业试验等。

特高压直流冲击试验场占地面积为 180m×90m，配备的主要设备有：±1500kV 直流电压发生器、7.2MV 冲击电压发生器和 60m×70m 门型塔及相应附属设施。

2.2　特高压直流试验线段和电晕笼

针对直流线路的电磁环境（如可听噪声、无线电干扰），国际上有不同的预测方法，需要利用电晕笼和试验线段对直流线路电磁环境的预测方法进一步研究；同时，需要利用试验线段对所设计的±800kV 级直流线路的电磁环境指标进行考核。随着我国电网的发展，直流输电线路数量的不断增多，输电线路走廊日益紧张，国家环保部门对直流输电的管理越来越严格，输电线路导线垂直排列、多回直流输电线路同杆架设的要求相继提出。这些都是随着直流特高压输电工程出现的新问题，为满足工程设计的需要，必须利用全尺寸试验线段对不同导线结构及各种导线布置方式下的电磁环境进行测试研究。

特高压直流试验线段和电晕笼的主要研究内容有：

（1）对所选择的±800kV 直流输电线路导线的电磁环境进行考核。

（2）与电晕笼试验相结合，确定适合我国国情的特高压直流输电线路电磁环境预测方法。

（3）与电磁环境模拟试验场试验相结合，对超/特高压直流输电线路不同布置方式时的电磁环境进行研究。

试验线段总长 1080m，主要试验段分为 3 档，档距 300m。中间档采用门型塔，两端用锚塔。门型塔有两层活动横担，可挂四根导线，导线上下、左右可调。电源为±1200kV/0.5A 直流电压发生器。

该试验线段将是世界上双回试验电压最高、长度最长的直流试验线段。

为尽量减小周围环境的影响，并确保测量准确，电磁环境测试场面积选定为100m×150m。

电晕笼设计为两厢式，整体尺寸为 70m×22m×13m（高），是世界上最大的电晕笼。电晕笼呈悬链线状，双极，亦可做直流也可做交流特高压试验，配备有模拟降雨和降雾系统。

直流试验电压等级能够达到±1200kV。为节省投资，电晕笼与直流试验线段共用试验电源。

通过进行多种±800kV 线路分裂导线形式的电晕特性试验，掌握各种分裂导线形式的电晕特性，并结合试验线段的研究结果，总结出适合我国国情的分裂导线电晕效应的公式，为工程设计服务。

2.3　特高压直流试验大厅

试验大厅的主要试验研究内容有：±800kV 级直流设备的电气性能试验，如雷电和操作冲击、直流耐压、局部放电等试验，导线、金具和绝缘子的起晕电压和无线电干扰试验，雷电机理及防雷新技术的研究试验。

前苏联 NIIPT 的高压试验室为：净空 115m×50m×60m，加拿大 IREQ 的试验室为：净空 82m×68m×50m，为满足特高压直流试验研究的需要，新建的试验大厅净空尺寸应不小于 86m×60m×56m。

高压试验大厅的主要设备有：① 1500kV 串级工频试验变压器；② ±1500kV 直流电压发生器；③ 6.0MV 冲击电压发生器（可移动到户外场进行多回同杆并架研究）。

2.4　特高压直流污秽及环境试验室

金沙江一期工程的直流输电线路途经高海拔、覆冰等气候恶劣地区，同时我国的大气污染程度较美国、苏联等国要严重得多，因此特高压直流设备的外绝缘特性及线路绝缘子的污闪特性需要进行细致的试验研究。通过试验研究，确定各种环境条件下±800kV 级输电线路合理的绝缘配置，总结出高海拔、覆冰、强辐射等严酷条件下复合绝缘子的绝缘老化特性，分析直流特高压线路使用复合绝缘子的可靠性。

将要进行的主要试验研究内容为：±800kV 级直流线路绝缘子串、支柱绝缘子及套管的人工污秽、淋雨、覆冰和低气压（高海拔）条件下的外绝缘试验。关键性的试验必须在全电压下进行，不同类型、不同串型的绝缘子污闪特性需要系统地进行试验研究。

污秽及环境试验室由净空ϕ20m×25m 的大型污秽—覆冰—低气压多功能试验室（金属罐体式）和净空 6m×6m×10m 的小雾室组成。主要电气设备有：① 800kV/6A

试验变压器；② ±1000kV/2A 直流电压发生器；③ ±200kV/4A 直流电源，相应辅助设备等。

多功能试验室建成后将是世界上最大的低气压室、最大的人工覆冰室及世界五大雾室之一。可进行±800kV 直流和交流 1000kV 级线路绝缘子串、支柱绝缘子及套管常压和低气压条件下的人工污秽、淋雨、覆冰试验。

2.5　特高压直流电磁环境试验室

输电线路走廊日益紧张，带来了交直流输电线路同走廊、直流输电线路导线多种排列方式、多回直流输电线路同杆架设等新问题。其中的电磁环境问题在世界范围都属于全新的研究课题，需要开展理论和试验研究，以满足工程设计需求。如果对所有结构形式的线路都架设 1:1 的试验线段，试验设施的投资及人员的工作量都将耗费巨大，且试验环境和条件也不易控制。因此，建设以缩尺模型为主的直流线路电磁环境试验室非常必要。

在该试验室内将架设直流线路和交流线路缩尺模型。利用直流线路缩尺模型，通过测试，研究极导线水平排列、垂直排列和同杆双回布置时的合成电场和离子流密度分布规律；利用直流线路和交流线路缩尺模型，通过测试，研究直流和交流线路同走廊或两条直流线路同走廊时的电场和离子流密度分布规律。同时，研究上述各种情况下的电场和离子流密度分布的计算方法，并利用缩尺模型试验予以检验。在此基础上，再与 1:1 的试验线段试验相结合，对研究的计算方法进行验证，得出必要的研究结果供工程设计使用。

电磁环境模拟试验场面积为 90m×60m，主要设备有：① ±300kV/0.1A 直流电压发生器；② 300kVA/330kV 三相交流变压器；③ 330kV 级的交流线段和直流线段各一条。

2.6　特高压直流设备试验室

主要建设特高压直流避雷器试验室和绝缘子试验室。

直流避雷器的运行条件与交流避雷器有很大不同，试验项目和试验方法也有明显差别。其中，动作负载试验（及加速老化试验）的手段目前国内基本不具备。因此，需要建立新的试验装置并对试验方法进行研究。

避雷器试验室净空为：29m×32m×10m+16m×32m×25m。主要设备有：①（1/10、8/20、4/10、30/60）μs 冲击电流发生器；② 2μs/8kA 方波电流发生器；③ 4800kVA/10kV 工频电压耐受特性试验装置；④ 16kV 背靠背直流电源；⑤ 15kV/100mA 加速老化试验装置 27 路；⑥ 20kA 整支残压及分流特性试验装置，最大残压 600kV。

特高压直流避雷器试验室的整支避雷器雷电冲击残压试验能力世界第一，交直流加速老化试验能力国际一流。

绝缘子试验室净空为：28m×32m×10m+28m×32m×25m；大吨位、大尺寸的特高压直流支柱绝缘子及复合绝缘子的机电性能测试，需要检测设备的体积及性能指标相应增大。±800kV 级直流特高压工程选用瓷绝缘子，Ⅱ级污区的绝缘配置对杆塔的经济性已造成很大压力，设计中大量选用合成绝缘子已不可避免，而目前有效的老化试验方法亟待进行深入、细致的研究。绝缘子试验室主要设备有：① 1200kV 陡冲击电压发生器；② 500kV 工频试验变压器；③ 600kN 热机试验装置；④ 2000kN/15m 卧式拉力机；⑤ 700kN·m/14m 弯扭试验机；⑥ 复合绝缘子综合机械、温度循环以及理化试验装置等。

绝缘子试验室定位于集电气、机械和理化试验一体的国际一流综合实验室，可进行瓷、玻璃和复合绝缘子、大吨位绝缘子的全部型式试验，具有世界第一的大型电液伺服弯扭机和热机试验装置及测控系统。

2.7 特高压直流设备长期带电试验场

自 1979 年第一条±500kV 工程问世之后，直流输电在全世界范围内得到迅猛发展。目前世界上投入商业运行的最高电压等级的直流输电工程是巴西的伊泰普±600kV 工程。

苏联曾计划建设 2400km 的埃基巴斯图兹—中央的±750kV 直流输电线路，1983 年研制并生产了±750kV 换流变压器和平波电抗器，并与换流阀连接在系统上做过调试性试验。但是，随着苏联的解体，这一工程也随之流产。

±800kV 级直流输变电设备的研发是全世界电工制造业所面临的新课题。在±500kV 及±600kV 直流输电系统投运初期曾发生过很多设备事故，我国的葛南直流工程也不例外。大部分事故发生在换流变压器绝缘、外绝缘闪络和平波电抗器上。据 CIGRE 统计，换流变压器的故障率大约是交流变压器的两倍；许多穿墙套管都在第一年或刚投入就发生闪络。为此，ABB、SIEMENS 等公司强烈呼吁：对换流变压器、穿墙套管、平波电抗器、避雷器、支柱绝缘子等设备在投运前必须进行长期带电（至少一年以上）试验，验证其内外绝缘的可靠性，以减少在运行中发生重大故障的风险。

设备长期带电试验场由试验用±900kV 直流电压发生器、模拟阀厅、绝缘子构架及母线组成，可同时进行两套设备的带电试验，包括：直流换流变压器（主要是 1:1 的阀侧主绝缘模型）、干式平波电抗器、穿墙套管、分压器、电流变换器、避雷器、PLC 电容器、支柱（瓷、复合）及悬式绝缘子等设备。

2.8 特高压直流换流阀运行试验室

参考 IEC 60700-1 直流输电换流阀试验标准，特高压直流换流阀运行试验室主要配置有换流阀运行复合全工况试验装置，试验回路参数设置可以满足 100kV 换流阀组件的运行试验、短路电流试验和恢复期暂态正向电压试验的要求。主要用于进行换流阀在各种正常和最大负荷工况运行特性以及故障工况下承受故障电流和电压应力的试验与研究，如换流阀最大运行负载试验、损耗试验、最小交流电压试验、暂时低电压试验、短路电流试验、晶闸管恢复期正向暂态电压试验等方面的研究。试验装置完全满足了特高压直流输电换流阀运行试验项目和参数的要求。

换流阀运行实验室将在二期建设。

第 4 节　换流站噪声控制研究

随着直流输电技术近年来在我国和世界其他地区的发展，其在长距离输电、跨区联网及调度灵活等方面的优势日趋显现。我国在三峡电力外送和西电东输中已有数个大容量的直流输电工程投入运行，随着电网建设的发展，对高压直流输电工程环保的要求也越来越高，输变电工程必须保证环境友好的目标。

一方面随着设备电压等级的提高，另一方面受设备制造水平的限制，±800kV 特高压直流设备产生的噪声比±500kV 电压等级的还要高，因此噪声的控制就显得越来越重要。对特高压直流输电工程的建设而言，可听噪声将成为特高压直流换流站设计和建设的重要控制条件之一。

1　高压换流站主要噪声源

高压直流换流站噪声源对站周围影响的主要是户外噪声源，这些噪声源分布在整个换流站，主要有换流变压器、平波电抗器和滤波器组的电抗器和电容器等。

1.1　换流变压器

换流变压器在换流站中是产生噪声最大的单个设备，产生噪声的主要因素有如下三大方面：

（1）磁芯的磁振动及磁芯节点处的振动。

（2）线圈绕组产生的电磁感应力对换流变压器壳体及磁性材料的作用产生的噪声。

（3）冷却装置的振动。

对于换流变压器而言，相同额定功率的高压直流换流变压器的声功率级比交流变压器高，主要有两个因素导致了噪声级的增加：① 换流变压器负荷电流含有更高的谐波含量；② 换流变压器在和换流阀电桥相连的线圈里会产生一个小的直流偏流。

这些因素导致换流变压器产生声音的声功率级比正常交流运行时要高出 20dB 左右。换流变压器噪声频谱特征如图 1 所示。从图中可以看出，换流变压器的噪声是以中低频为主的宽带噪声。

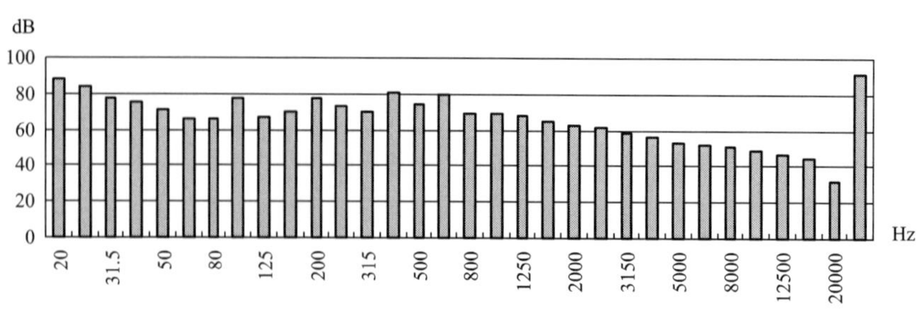

图 1　换流变压器噪声频谱

1.2　电抗器

换流站内产生较大噪声的电抗器主要是平波电抗器和滤波电抗器。交、直流滤波电抗器一般采用干式空芯电抗器，平波电抗器采用油浸式电抗器或者干式空芯电抗器。

对于油浸式平波电抗器，其噪声产生机理类似换流变压器，产生的噪声也是以中低频为主的宽带噪声；对于干式电抗器而言，经过线圈和线圈磁场的电流相互作用引起线圈振动是产生噪声的主要原因，产生的噪声具有明显的低频窄带特性。

1.3　电容器

在换流变压器和电抗器之后，电容器是高压直流换流站的第三大主要噪声源。这些电容器主要用于交、直流滤波器组中。

电容器单元是由两片线圈铝箔、塑料纸膜制成。带电电容器单元横截面表明大多数充电铝箔是处于力平衡状态，因为它们在每一边有一个受吸力的铝箔。只有处在电容器单元的边缘铝箔（力为 F_1）和中间铝箔（力为 F_2）是处于力不平衡状态，因为电容器单元中间的薄油层刚度很大，中间的力由于非常小的位移而彼此抵消了。电容器单元净作用力等于作用在电容器单元边缘的力。因此电容器产生可听噪声的主要部分是顶部和底部单元，整个电容器组的噪声也是产生于顶部和底部。

电容器的噪声频谱和通过电容器的电压频谱有关，一般来说噪声频率为电源频率的两倍。

2　换流站噪声控制原则

从换流站噪声源的分布和声功率的强弱来看，换流变压器是全站的一个十分重要的噪声源，其次是交流滤波器组的电抗器和电容器、平波电抗器，再次是直流滤波器组的电容器和电抗器、阀冷却风扇等。如果能将上述声源控制好，则换流站的噪声就能有效控制。当然室内噪声也需进一步的综合治理。噪声控制主要原则如下：

（1）噪声控制从声波特性上看，在声源处抑制噪声，这是最根本的、最有效、最直接的措施。

（2）在声传播途径中控制噪声，这是噪声控制中的普遍技术，包括隔声、吸声、消声、隔振、阻抗失配等措施。

（3）接受器上加载保护措施隔离噪声。

3　换流站噪声控制措施

换流站噪声控制措施是在噪声控制原则指导下展开，针对不同的噪声源对象采取不同的方法和措施。

3.1　声源本体降噪

3.1.1　换流变压器

对于换流变压器的降噪设计可以考虑：

（1）采用磁滞伸缩小的硅钢片，降低铁心的工作磁通密度。

（2）改进铁心结构，避免产生谐振。

（3）采用先进的加工工艺，改进铁心与油箱的连接方式。

（4）采用现代的磁芯材料。

（5）在外壳和安装上提供机械阻尼。

（6）利用先进的线圈设计来减小阻抗公差，更好地控制误差。

（7）使用低噪声的风扇。

3.1.2　干式电抗器

控制干式电抗器噪声的关键是限制线圈的振动。典型的限制线圈振动的技术有：

（1）调整结构尺寸、间隙和机械支撑使共振频率远离临界频率。

（2）用大导体（增加惯性，减小振幅），然而这种降低电抗器噪声方法不经济。双层横截面，使线圈的重量加倍，最大可降低电抗器噪声大约 6dB；

（3）采用特殊制造的低噪声电抗器。

3.1.3　电容器

（1）通过增加串联电容器元件的数目，减小电容器罐里的电介质应力和振动力。

（2）通过改进的机械阻尼使电容器元件布置更紧密，提高电容器元件组的刚度。

（3）设计电容器时考虑共振频率，以免发生共振。

（4）对电容器塔采用多塔布置方式。

（5）对电容器塔采用不完全的封闭结构。

3.1.4　冷却风扇

冷却风扇的噪声主要是由叶片附近产生的气流漩涡引起的。降低风扇转速、改良叶片形状、提高叶片的平衡度、增大直径、采用纤维塑料叶片等，都可有效地降低冷却风扇的噪声。

3.2　控制噪声的传播途径

3.2.1 合理选择站址和总平面的合理布置

在站址选择时，落点位置尽量远离居民区等噪声敏感区域，尽量远离0类和1类区域，以减少噪声处理费用。在站址确定后，优化设备的布置方案。如：把换流变压器布置在站址的中间区域；在主要噪声源和噪声敏感区域之间布置尽可能大的建筑物以阻碍声波向噪声敏感地区的传播。

3.2.2 对换流变压器采用声屏障和隔音室

对换流变压器通常的降噪方法有在换流变压器前设置声屏障和采取 BOX-IN 的方法。

（1）换流变压器前方设置声屏障。从以往换流站噪声治理的经验来看，换流变压器前方的声屏障高度取8m比较合适，其中0～6m声屏障设置隔声装置，6～8m高设置隔声和吸声装置。此外为便于换流变压器的更换和大修，利用现有的轨道，换流变压器前声屏障可采取整体移动式结构。实例见图2。

（2）换流变压器采用隔音室（BOX-IN）。采用 BOX-IN 的换流变压器就是采用可拆卸和带有通风散热消声器的隔音室把换流变压器本体封闭起来，把冷却风扇放在隔音室外面，这样其降噪量可以达到 20～25dB（A）。采用 BOX-IN 的换流变压器实例见图3。隔音室必须设计成可方便装卸的结构，是一个可快捷组装式的隔音室。

图2 采用隔声屏障的换流变压器

图3 采用 Box-in 的换流变压器

3.2.3 交流滤波器场周围加隔声屏障

交流滤波器场一般离围墙比较近，可以考虑在靠近滤波器组围栏处加声屏障来降低站外噪声。也可以把交流滤波器场附近的围墙加高，再在围墙上加装隔声屏障。交流滤波器组围栏附近设置声屏障的降噪方法见图 4，交流滤波器场围墙上设置声屏障实例见图5。

3.2.4 对滤波电抗器采取隔声罩

对于交流滤波器组中的电抗器，由于运行散热要求空气能够自由流通，很难完全

图 4　滤波器围栏处加屏障图

图 5　围墙加高并在围墙上加屏障

封闭。电抗器辐射的噪声主要是以中低频为主的噪声，频率范围为 600～1200Hz，所以可以采取在电抗器周围加共振腔式半封闭圆柱状隔声罩（见图 6），隔声罩上部和下部局部敞开，隔声罩可采用 50mm 厚多孔吸声材料，共振吸声结构的吸声腔体厚 100mm，可将噪声降低 5～10dB（A）。

图 6　滤波电抗器加带有通气孔的隔声罩

4　换流站噪声计算分析

特高压直流换流站中，可以认为换流变压器和常规高压换流站换流变压器磁芯方面所产生的噪声是差不多的，但是数量比常规高压换流站增加了一倍。同样，滤波器组的数量也相应增加，因此特高压换流站产生的噪声将大大增加，对换流变压器和滤波器噪声治理的程度将直接影响到整个换流站的噪声治理效果。另外，当特高压换流站采用户外直流场且平波电抗器采用干式电抗器时，由于其高度较高（16m），数量较多，且离围墙较近，因此对平抗的噪声治理也显得非常重要。

下面以奉贤特高压换流站为例，采用通用的噪声计算软件 SoundPlan6.3 进行噪声的预测计算。

4.1　方案一：全站不采取措施

奉贤换流站环评要求是厂界二类达标，敏感点一类达标。当不采取任何措施时，全站噪声分布见图 7，可见此时换流站对站外噪声污染严重，较多的厂界点和居民敏感点噪声测值不达标。

4.2　方案二：换流变压器采取 Box-in 措施

由于换流站内最大的噪声源是换流变压器，因此对换流变压器采取 box-in 全封闭措施后，与不采取措施相比，站外噪声水平大大降低，详见图 8。

4.3　方案三：换流变压器采取 Box-in 措施，交流滤波器周围加装 8m 高隔声屏障

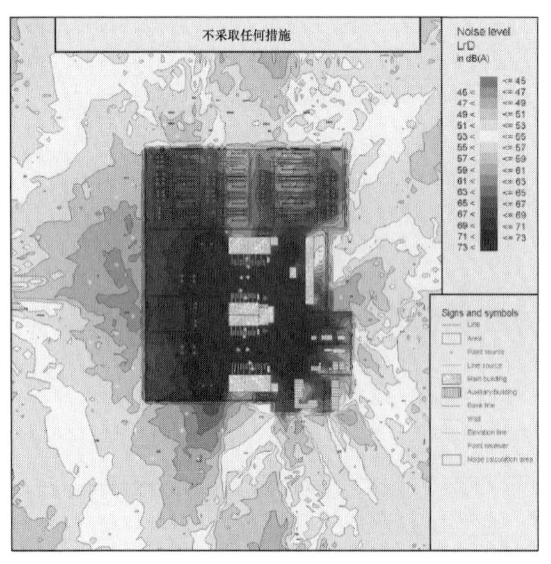

图7 方案一下奉贤换流站噪声分布

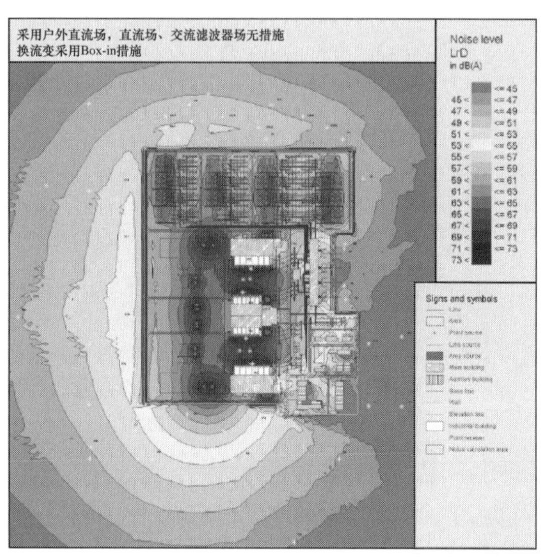

图8 方案二下奉贤换流站噪声分布

交流滤波器组布置在换流站的北侧，其发出的低频噪声对北侧居民影响很大，为了降低这种影响，考虑在滤波器组围栏周围加装 8m 高的隔声屏障，此时围墙北边噪声水平基本控制在 45dB（A），详见图 9。

4.4 方案四，换流变压器采取 Box-in 措施，交流滤波器周围加 8m 高隔声屏障，直流场围墙加 10m 高隔声屏障

采用户外直流场时，由于 4 台极母线平波电抗器高度达 16m，而换流站围墙仅 3m 高，因此平波电抗器产生的噪声传播很远的距离后才会有较大的衰减，对直流场厂界和附近的居民影响较大，必须采取相应措施。考虑在直流场 3m 围墙上加装 10m 高的隔声屏障，并且把极母线平波电抗器高度降低 5m，此时全站周围噪声分布良好，可满足环评要求，详见图 10。

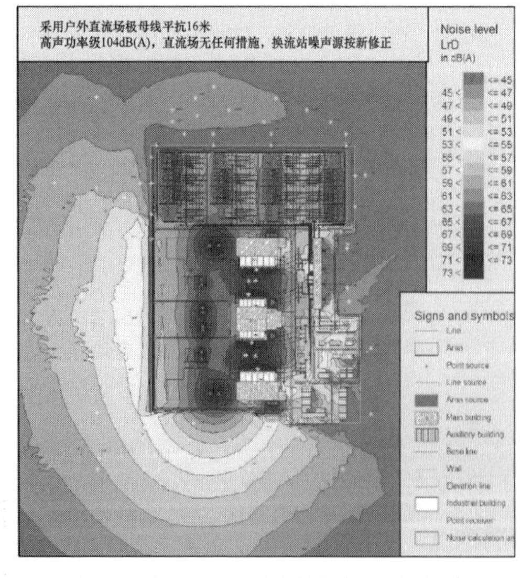

图9 方案三下奉贤换流站噪声分布

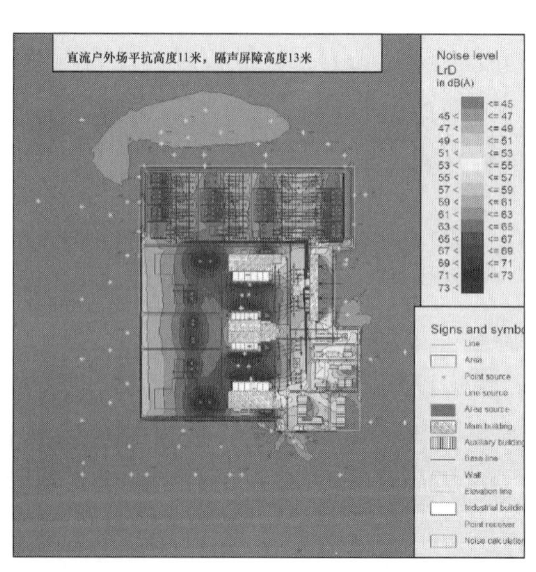

图10 方案四下奉贤换流站噪声分布

5 结论

高压换流站噪声控制原则，首先考虑噪声源的治理，比如采用低噪声设备等；其次在传播途经上控制噪声，如合理的站址选择和总平面布置、换流变压器采用隔声屏障或 Box-in 全封闭隔音室、滤波器周围或者围墙上加装隔声屏障等方法；最后在接受者上采取保护措施。

通过以上的分析比较，对奉贤换流站而言，换流变压器采取 Box-in 措施，滤波器周围加 8m 高隔声屏障，直流场周围 3m 高围墙上加装 10m 高隔声屏障并降低平抗高度 5m，采取这些措施后，换流站降噪效果最为明显，可满足环评要求。

需要注意的是，在评价噪声水平达标上有几个因素要予以考虑：

（1）由于软件计算本身存在有±1～3dB 的误差，且未考虑风速风向等影响。

（2）目前特高压换流站的设备尚在研制中，没有实际的声源资料，目前采用的资料都是依据常规高压直流工程中的资料经分析推测值，与将来的实际值有一定的出入，对计算结果会有一定的误差。因此，在工程建设过程中，还将跟踪进行噪声的计算分析。

由于噪声对环境的影响越来越引起社会各界的重视，噪声污染这一世界性四大环境公害之一，必须得到有效控制。措施可以降低高压直流换流站噪声的影响有多种：应先从产生噪声源设备的本身开始控制，设备以外的隔声、消声等措施予以配合控制，从声源控制，传声途径控制，合理建筑结构和隔声、吸声设计，人员防护等方面综合进行，以达到最佳的降噪效果和经济性，尽可能地减少对周围居民的影响，并改善运行人员的工作环境。

第 5 节 直流系统主回路参数

金沙江一期工程的溪洛渡、向家坝水电站送电至华中、华东共三回±800kV 直流输电工程，每回额定电压为±800kV，额定容量为单极 3200MW，双极 6400MW。三回特高压直流工程中，向家坝至上海±800kV 直流工程为首先建成项目，本文对该工程的主回路参数进行了计算分析。

直流工程主回路参数设计的主要目的是：

（1）确定稳态条件下的运行特性。

（2）计算晶闸管阀、换流变压器等的定值。

（3）确定无功功率补偿及控制研究的基本条件。

（4）确定交流滤波器研究的基本条件。

（5）确定过电压和绝缘配合研究的基本条件。

（6）制定控制策略，提供基本的稳态控制参数。

根据交流系统条件和直流系统的性能要求，进行主回路参数计算，主回路参数包括换流变压器、换流阀等关键主设备基本参数。

1　系统基础条件

向家坝—上海直流工程线路长度（1935±60）km，极导线采用 ASCR 6×LGJ720/50，整流站接地极线长度 60km，接地导线型号为 2×4×LGJ–400/50，逆变站接地极线长 90km，接地导线型号为 2×4×LGJ–500/35。

长期运行方式是复龙换流站作为整流站，奉贤换流站作为逆变站运行，称为功率正送运行方式，这是常规运行方式。当复龙换流站作为逆变站，奉贤换流站作为整流站运行时，称为功率反送运行方式。

复龙换流站的直流额定运行电压为±800kV，定义为平波电抗器出线侧直流极母线与直流中性母线之间的电压。在功率反送 5960MW 时，奉贤换流站的运行电压为±754.3kV。在功率正送方式下，降压方式除外，传输功率从最小功率至额定功率时，考虑所有可能误差在内的直流运行电压最高不应超过 813kV，最低不应小于 787kV。

直流系统输送的最小稳态运行功率为双极 640MW，单极 320MW。

在单极金属回线运行方式下，由于存在额外的金属返回导体压降，而整流器两端的电压没有升高，逆变侧的直流电压允许低于额定运行时逆变侧的额定电压。

完整单极金属回线运行时，降压运行电压参考点为极母线对大地，最低降压水平为额定电压的 70%；其他完整单极运行方式下降压运行电压参考点为极母线对中性母线，最低降压水平为 70%。不完整单极运行不考虑降压运行。

向家坝—上海±800kV 直流输电工程功率正送方式时，从复龙换流站向奉贤换流站传输功率能力如下：

双极运行输送 6400MW；

单极金属回线运行方式输送 3200MW；

单极大地回线运行方式输送 3200MW。

双极运行时，额定功率传输能力为 6400MW（P_N），单极运行方式时，额定功率传输能力为 3200MW。传输能力定义为在环境温度不大于 40℃，交流系统电压在规定的稳态运行范围内，复龙换流站直流平波电抗器线路侧额定电压下传输的功率。

功率反送方式下，奉贤换流站平波电抗器线路侧输出功率，在双极运行时不应小于 5960MW，在单极运行时，不应小于 2980MW。

1.1　环境条件

向家坝—上海特高压直流输电工程的环境条件如表 1 所示。

表 1　　　　环　境　条　件

周围空气温度	复　龙	奉　贤
最大值（℃）	+40.3	+38.7
最小值（℃）	−3.7	−10.1

1.2　交流系统电压

向家坝—上海特高压直流输电工程的交流系统电压情况如表 2 所示。

表 2　　　　交 流 系 统 电 压　　　　kV

换　流　站	复　龙	奉　贤
额定运行电压	525	515
最高稳态电压	550	525
最低稳态电压	500	490
最高极端电压	550	550
最低极端电压	475	475

1.3　短路容量

向家坝—上海特高压直流输电工程两端交流系统的短路容量如表 3 所示。

表 3　　　　短　路　容　量　　　　kA

换流站	复　龙	奉　贤
最大短路电流	63	63
最小短路电流	14.9	29

1.4　频率特性

向家坝—上海特高压直流输电工程的频率特性如表 4 所示。

表 4　　　　频　率　特　性　　　　Hz

换　流　站	复　龙	奉　贤
额定频率	50	50
稳态频率偏差	±0.2	±0.2
故障清除后 10min 频率偏差	±0.5	±0.5
事故情况下频率偏差	−1，+0.7	−1，+0.5

2　设计计算公式

6 脉动整流器两端的直流电压计算公式为

$$\frac{U_{dR}}{4}=U_{dioR}\left(\cos\alpha-(d_{xR}+d_{rR})\times\frac{I_d}{I_{dN}}\times\frac{U_{dioNR}}{U_{dioR}}\right)-U_T \tag{1}$$

从系统的角度看，单极大地回路运行方式下的U_{dR}可以计算如下

$$U_{dR}=U_{dLR}+(R_{eR}+R_{gR})\ I_d \tag{2}$$

6脉动逆变器两端的直流电压公式如下

$$\frac{U_{dI}}{4}=U_{dioI}\left(\cos\gamma-(d_{xI}-d_{rI})\times\frac{I_d}{I_{dN}}\times\frac{U_{dioNI}}{U_{dioI}}\right)+U_T \tag{3}$$

从系统的角度看，单极大地回路运行方式下的U_{dI}可以计算如下

$$U_{dI}=U_{dLI}-(R_{eI}+R_{gI})I_d \tag{4}$$

当双极运行时

$$U_{dR}=U_{dLR}$$
$$U_{dI}=U_{dLI}$$

其中，U_{dR}、U_{dI}是两个串联12脉动阀组两端的直流电压，U_{dLR}、U_{dLI}是平波电抗器线路侧极线对地电压。

整流器和逆变器的极线对地电压差定义如下

$$\Delta U=U_{dLR}-U_{dLI} \tag{5}$$

电压降也可以表示成

$$\Delta U=R_dI_d \tag{6}$$

式中 R_d——每极的线路总电阻。

单极大地回线运行方式下的U_{dR}和U_{dI}的关系如下

$$U_{dR}-U_{dI}=U_{dLR}-U_{dLI}+(R_{eR}+R_{gR}+R_{eI}+R_{gI})I_d \tag{7}$$

单极金属回线运行方式下的U_{dR}和U_{dI}的关系如下

$$U_{dR}-U_{dI}=2R_dI_d$$

在双极运行时

$$U_{dR}-U_{dI}=U_{dLR}-U_{dLI}$$

额定相对感性压降d_{xN}定义为

$$d_{xN}=\frac{3}{\pi}\cdot\frac{X_tI_{dN}}{U_{dioN}} \tag{8}$$

式中 X_t——换相电抗，包括换流变压器漏抗和其他在换相电路中可能影响换相过程的电抗。

额定相对阻性压降d_{rN}定义为

$$d_r=\frac{P_{cu}}{U_{dioN}I_{dN}}+\frac{2R_{th}I_{dN}}{U_{dioN}} \tag{9}$$

式中 P_{cu}——6 脉动换流器运行在额定容量下，换流变压器和平波电抗器的负载损耗；

R_{th}——晶闸管上与电流相关的电压降，即晶闸管的正向压降。

2——因子，是由于在 6 脉动换流器中，总是同时有两个换流阀导通。

换流变压器感性压降（短路阻抗）u_k 和额定相对感性直流压降 d_{xN} 之间的关系如下

$$u_k + \text{PLC 滤波电抗器的相对电压降} \approx 2d_{xN} \tag{10}$$

整流器叠弧角 μ 计算公式为

$$\cos(\alpha + u_R) = \cos\alpha - 2d_{xNR} \times \frac{I_d}{I_{dN}} \times \frac{U_{dioNR}}{U_{dioR}} \tag{11}$$

逆变器叠弧角 μ 计算公式为

$$\cos(\gamma + u_I) = \cos\gamma - 2d_{xNI} \times \frac{I_d}{I_{dN}} \times \frac{U_{dioNI}}{U_{dioI}} \tag{12}$$

12 脉动换流器消耗的无功功率计算如下

$$Q_d = 2\chi I_d U_{dio} \tag{13}$$

式（13）中，χ 定义为

$$\chi = \frac{1}{4} \times \frac{2u + \sin 2\alpha - \sin 2(\alpha + u)}{\cos\alpha - \cos(\alpha + u)} \tag{14}$$

对于逆变器，在式（14）中采用熄弧角 γ 代替 α。

空载阀侧线电压和理想空载直流电压之间的关系如下

$$U_{v0} = \frac{U_{dio}}{\sqrt{2}} \times \frac{\pi}{3} \tag{15}$$

阀侧交流电流有效值计算为

$$I_v = \sqrt{\frac{2}{3}} I_d \tag{16}$$

连接 6 脉动换流阀组的换流变压器三相容量额定值为

$$S_n = \sqrt{3} U_{vN} I_{vN} = \frac{\pi}{3} U_{dioN} I_{dN} \tag{17}$$

相应地，连接 12 脉动阀组的单相三绕组换流变压器额定容量为

$$S_{n3w} = \frac{2\sqrt{3}}{3} U_{vN} I_{vN} = \frac{2\pi}{9} U_{dioN} I_{dN} \tag{18}$$

连接 12 脉动阀组的单相两绕组换流变压器的额定容量是上述额定容量的一半

$$S_{n2w} = \frac{S_{n3w}}{2}$$

3 控制策略

整流侧触发角α控制直流电流。整流侧换流变压器调节抽头使触发角α维持在$\alpha_N \pm 2.5°$的范围内。只要触发角α在此范围内，换流变压器分接头就不会动作以使触发角更接近额定值。

通过逆变侧换流变压器分接头控制直流电压，在稳态工况下，熄弧角γ维持恒定。

每极串联的2个12脉动换流阀组中换流变压器分接头采用非同步控制。在从复龙换流站至奉贤换流站的常规功率传输方向下，极线对中性母线的电压U_{dRN}维持在U_{dRN}（1±1%+0.5×1.25%）的范围内，主要是考虑电压测量误差和逆变侧奉贤换流站单12脉动换流器两个分接头挡位之间的死区值。

在从奉贤换流站至复龙换流站的功率反送传输方向下，极线对中性点的电压U_{dRN}维持在U_{dRN}（1±1%+0.5×1.25%）的范围内，主要是考虑电压测量误差和逆变侧复龙换流站单12脉动换流器两个分接头挡位之间的死区值。

常规的控制模式是整流侧直流母线处的恒功率控制模式。直流电流按下式确定

$$I_d = P_{Rref} / U_{dmeasured} \tag{19}$$

式中 $U_{dmeasured}$——整流侧平波电抗器线路侧极线对中性母线电压的测量值。当直流电压U_d下降时，直流电流将升高以维持直流功率不变。

在降压运行方式下，当换流变压器分接头达到极限时，触发角度α将增加。

在最小稳态功率运行方式下，为了满足换流站与交流系统之间无功功率交换限制的要求，采用QPC（无功功率控制）功能，通过增加整流侧的α和逆变侧的γ增加换流器的无功功率消耗。

下面给出了例如误差、控制参数等重要的计算条件。参数值都假设为从复龙换流站至奉贤换流站的功率正送方式的条件下。

3.1 误差

用于设计计算的最大误差见表5

表5 误差

参数	描述	误差
d_x	正常直流电压运行范围内换流变压器相对感性压降的最大制造公差（Δd_x）	$\pm 5\% d_{xN}$
U_d	测量误差ΔU_{dmeas}	$\pm 1.0\% U_{dRN}$
I_d	测量误差ΔI_{dmeas}	$\pm 0.3\% I_{dN}$
γ	测量误差$\Delta\gamma$	±1.0°
α	测量误差$\Delta\alpha$	±0.5°
U_{dio}	电容分压式电压互感器的测量误差ΔU_{dio}	$\pm 1.0\% U_{dioN}$

3.2 控制参数

表 6 为特高压直流输电工程完整双极运行时的控制参数。

表 6　　控 制 参 数

参数	描 述		范围/值
α_N	额定触发角		15°
$\Delta\alpha$	α的稳态控制范围		±2.5°
α_{min}	控制系统的最小限制角		5°
γ_N	额定熄弧角		17°
$\Delta U_{d(R,I)}$	分接头变化一挡对应的整流侧直流电压变化范围	功率正送方式	$\pm 0.625\% U_{dRN}$
		功率反送方式	$\pm 0.625\% U_{dRN}$
ΔI_{dOLTC}	分接头变化一挡对应的直流电流变化范围	功率正送方式	$\pm 0.625\% I_{dN}$
		功率反送方式	$\pm 0.625\% I_{dN}$

4 直流系统参数计算

在确定直流参数的基础上，计算复龙换流站和奉贤换流站的空载直流电压、换流变压器分接头等参数。

4.1 直流电阻

直流电阻对换流器额定容量有直接的影响。在主电路参数计算中采用的最大、额定、最小直流电阻如表 7 所示。

表 7　　直 流 电 阻

本报告中采用		电 阻 （Ω）		
		最小值	额定值	最大值
直流线路电阻（$=R_b$）		11.0	12.45	17.0
接地电阻（R_e+R_g）	复龙	0.72	0.78	0.95
	奉贤	0.69	0.76	0.93

4.2 换流器直流电压降

复龙换流站和奉贤换流站的相对阻性压降 d_r 和换流阀前向压降 U_T 的取值如下：d_r=0.3%，U_T=0.3kV。

4.3 换流变压器短路阻抗

换流变压器的相对感性压降 d_x 与以下因素有关：

（1）最大阀短路电流。d_x 越大，换流阀短路电流越小。

（2）换流器吸收的无功功率。d_{xN} 越大，无功功率需求越大。

（3）换流变压器损耗。d_x 越大，换流变压器损耗越大。

（4）谐波电流。d_x 越大，谐波电流越小。

4.3.1 复龙换流站

当换流变压器短路阻抗为 18%时，复龙换流站中滤波器/电容器分组容量 220Mvar，共计 14 组；奉贤换流站中滤波器/电容器分组容量 260Mvar，共计 15 组。

整流侧复龙换流站选取 d_{xN}：考虑换流站进线处 PLC 电感，d_{xN} 为 9.2%，根据公式（8）得 $U_{dioNR}=229.99\text{kV}$。

考虑到直流电压、直流电流的测量误差、换流变压器阻抗的设备公差以及一个分接头调节补偿带来的电压偏差，在 α_{min}=5° 时计算出的空载直流电压为

$$U_{dio\alpha}=\frac{\dfrac{U_{dR}}{n_R}+(d_{xR}+d_{rR})\times\dfrac{U_{dioNR}}{I_{dN}}\times I_d+U_{TR}}{\cos\alpha} \tag{20}$$

$$U_{dR}=U_{dRmax}=U_{dNR}(1+\Delta U_{dOLTCI}+\Delta U_{dmeas})$$

$$I_d=I_{dmax}+\Delta I_{dmeas}I_{dN}$$

$$d_{xR}=d_{xRmin}=0.95d_{xNR}$$

$$\alpha=\alpha_{min}$$

则：

$$U_{dio\alpha}=\frac{\dfrac{800}{4}(1+0.00625+0.01)+(0.092\times0.95+0.003)\dfrac{229.99}{4}4.613+0.3}{\cos5^\circ}=228.40\ (\text{kV}) \tag{21}$$

考虑交流系统短路阻抗的影响

$$d_{xnetwR}=\frac{U_{dio\alpha}^2I_{dN}\pi}{6U_{dioNR}S_{SCRmax}}\times\sin\varphi_R=\frac{228.40^2\times4\times\pi}{229.99\times57287\times6}\times\sin86.63^\circ=0.008278 \tag{22}$$

其中，$S_{SCRmax}=57287\text{MVA}$，$\varphi_R=86.63^\circ$。

总的相对感性压降

$$d_{xtotR}=d_{xnetwR}+d_{xR}=0.008278+0.95\times0.092=0.095678 \tag{23}$$

单极甩负荷系数为

$$\begin{aligned}k_{1R}&=\sqrt{\left(1+\frac{Q/2}{S_{SCRmax}-Q_{fNR}}\right)^2+\left(\frac{P/2}{S_{SCRmax}-Q_{fNR}}\right)^2}\\&=\sqrt{\left(1+\frac{4149/2}{57287-3080}\right)^2+\left(\frac{7240/2}{57287-3080}\right)^2}=1.04\end{aligned} \tag{24}$$

其中，$S_{SCRmax}=57287\text{MVA}$，$Q$=4149Mvar，$P$=7240MW，$Q_{fNR}$=3080Mvar。

换流阀短路后，第一个峰值电流为

$$\hat{I}_{SC}=\frac{I_{dN}U_{dio\alpha}k_{1R}}{2d_{xtotR}U_{dioNR}}\times(1+\cos\alpha_{min})-\frac{I_{dmax}}{2}$$
$$=\frac{4\times228.40\times1.04}{2\times0.095678\times229.99}\times(1+\cos5°)-\frac{4.613}{2}\tag{25}$$
$$=40.81(kA)$$

换流阀需要承受至少 40.81kA 的阀短路电流。

向家坝侧交流系统较弱时，换流母线短路容量 16458MVA，短路电流 18.1kA，双极输送直流功率 6400MW 时，其换流阀短路电流计算结果为甩负荷系数为 1.186，对应的最大阀短路电流 38.2kA。

若取消 PLC 滤波器，则换流阀需承受的最大短路电流为 41.87kA。

4.3.2　奉贤换流站

向家坝—上海特高压直流输电工程在功率正送方式下，奉贤换流站换流变压器的短路阻抗为 16.7%，最大换流阀短路电流为 42.3kA。

通过以上计算，鉴于 6in 换流阀承受短路电流峰值能力不小于 46kA，因此，复龙换流站换流变压器的短路阻抗选择为 18.0%，对应的 d_x 为 9.0%。PLC 阻波器对应的 d_x 为 0.2%，计算中采用 d_x 值为 9.2%；奉贤换流站换流变压器的短路阻抗为 16.7%，PLC 阻波器对应的 d_x 为 0.2%，计算中采用的 d_x 最终值为 8.55%。

4.4　额定空载直流电压

4.4.1　复龙换流站

根据式（1），U_{dioNR}（复龙换流站的额定空载直流电压）的计算公式如下

$$\frac{U_{dNR}}{n}=U_{dioNR}[\cos\alpha_N-(d_{xNR}+d_{rNR})]-U_T\tag{26}$$

有

$$U_{dioNR}=\frac{\frac{U_{dNR}}{n}+U_T}{\cos\alpha_N-(d_{xNR}+d_{rNR})}=\frac{\frac{800}{4}+0.3}{\cos15°-(0.092+0.003)}=229.99\ (kV)$$

4.4.2　奉贤换流站

根据式（3），U_{dioNI}（奉贤换流站的额定空载直流电压）的计算公式如下

$$\frac{U_{dNI}}{n}=U_{dioNI}[\cos\gamma_N-(d_{xNI}-d_{rNR})]+U_T\tag{27}$$

有

$$U_{dioNI}=\frac{\frac{U_{dNR}-R_{dN}I_{dN}}{2}-U_T}{\cos\gamma_N-(d_{xNI}-d_{rNI})}=\frac{\frac{800-12\times45\times4}{2}-0.3}{\cos17°-(0.0855-0.003)}=214.29\ (kV)$$

4.5　空载直流电压限制值

U_{dio} 限制的目的是防止稳态运行时设备过电压。U_{dio} 限制器优先于正常的换流变压器分接头控制。通过调节换流变压器分接头控制换流变压器阀侧电压，以确保 U_{dio} 不会超过 U_{dioL}。对 U_{dio} 有两个限制：U_{dioL} 和 U_{dioG}。

当 U_{dio} 达到以下值时，U_{dio} 限制器将动作：

U_{dioG}～U_{dioL}：U_{dio} 大于 U_{dioG} 但小于 U_{dioL}，U_{dio} 限制器禁止提高换相电压 U_{dio} 的换流变压器分接头动作；

Above＞U_{dioL}：U_{dio} 大于 U_{dioL}，U_{dio} 限制器调节分接头以降低换相电压 U_{dio}。

U_{dioG} 是换流变压器分接头正常调节以增大 U_{dio} 的上限。

U_{dioL} 应足够大以防止换流变压器分接头频繁动作，即换流变压器分接头动作降低 U_{dio} 后不允许立即有增大 U_{dio} 的动作。

4.5.1　复龙换流站

选择 U_{dioG} 为最大 U_{dio}，$U_{dioGR}=U_{diomaxR}$，$U_{dioGR}=231.88\text{kV}$，$U_{dioLR}$（下标 R 表示整流侧，I 表示逆变侧）为

$$U_{dioLR}=U_{dioG}+\Delta\eta U_{dioN} \tag{28}$$

式中　$\Delta\eta$——换流变压器分接头档距，为 1.5×0.0125。

$$U_{dioLR}=231.88+1.5\times0.0125\times229.99=236.19\ (\text{kV})$$

最后，选择考虑测量误差的 U_{dioL} 作为设备设计电压 $U_{dioabsmaxR}$

$$U_{dioabsmaxR}=(1+\Delta U_{dio})\,U_{dioLR} \tag{29}$$

$$U_{dioabsmaxR}=(1+0.01)\times236.19=238.55\ (\text{kV})$$

设备设计选择 $U_{dioabsmaxR}=239.0\text{kV}$。

4.5.2　奉贤换流站

选择 U_{dioL} 作为最大 U_{dio}，$U_{dioLI}=U_{diomaxI}$，$U_{dioLI}=221.35\text{kV}$，$U_{dioGI}$ 为

$$U_{dioGI}=U_{dioLI}-1.5\times0.0125U_{dioN} \tag{30}$$

$$U_{dioGI}=221.35-1.5\times0.0125\times214.29=217.34\ (\text{kV})$$

同样，逆变器选择与整流器同样的方法计算设备设计电压 $U_{dioabsmaxI}$

$$U_{dioabsmaxI}=(1+\Delta U_{diomeas})\,U_{dioLI} \tag{31}$$

$$U_{dioabsmaxI}=(1+0.01)\times221.35=223.57\ (\text{kV})$$

设备设计选择 $U_{dioabsmaxI}=224.0\text{kV}$。

4.5.3　U_{dio} 总结

向家坝—上海特高压直流输电换流站工程中的 U_{dio} 如表 8 所示。

表8 U_{dio} 的 值 kV

换 流 站	复 龙	奉 贤
U_{dioN}（额定空载直流电压）	229.99	214.29
U_{diomin}（直流系统要求的最小空载直流电压）	208.86	191.17
U_{diomax}（直流系统要求的最大空载直流电压）	231.88	221.35
$U_{diomaxOLTC}$（分接头调节达到的最大空载直流电压）	231.88	216.72
U_{dioG}（禁止分接头提高空载直流电压的下限值）	231.88	217.34
U_{dioL}（分接头动作降低空载直流电压的下限值）	236.19	221.35
$U_{dioabsmax}$（绝对最大空载直流电压计算值）	238.55	223.57
$U_{dioabsmax}$（绝对最大空载直流电压设计值）	239	224

4.6 换流变压器参数

4.6.1 复龙换流站

采用单相两绕组的换流变压器，主要设计参数如表9所示。

表9 复龙换流站换流变压器设计参数

换流变压器绕组		线路侧	阀侧	
Yd			Y	D
额定相电压（分接头为0）（kV）		306.00	98.32	170.30
最大稳态相电压（kV）		317.54	102.18	176.97
额定功率 （S_{N2w}）（MVA）		321.12	321.12	321.12
双极运行时额定电流	无冷却设备投入，分接头在0时的电流（A）	1049	3266	1886
	备用冷却投入，1.125p.u.过负荷时的电流（A）	1291	3766	2175
线路侧分接头调节范围	分接头挡位数	+22/−6		
	分接头调节步长（%）	1.25		
	在额定分接头（0）时的阻抗（%）	18.0		
	误差	±0.9（5%×18.0）		

4.6.2 奉贤换流站

采用单相两绕组的换流变压器，主要设计参数如表10所示。

表10 奉贤换流站换流变压器参数

换流变压器绕组		线路侧绕组	阀侧绕组	
Yd			Y	D
额定相电压（分接头为0）（kV）		297.34	91.61	158.68
最大稳态相电压（kV）		317.54	95.76	165.87
额定功率（S_{N2w}）（MVA）		299.21	299.21	299.21
双极运行时额定电流	无冷却设备投入，分接头在0时的电流（A）	1006	3266	1886
	备用冷却投入，1.125p.u.过负荷时的电流（A）	1238	3766	2175

续表

换流变压器绕组		线路侧绕组	阀侧绕组	
Yd			Y	D
线路侧分接头调节范围	分接头挡位数	+23/−5		
	分接头调节步长（%）	1.25		
	在额定分接头（0）时的阻抗（%）	16.7		
	误差	±0.835（5%×16.7）		

5 运行特性

除非特别声明交流系统电压，在功率正送方式的计算中，复龙换流母线电压采用530kV，奉贤换流母线电压采用515kV。

在下列计算中不考虑换流站的无功功率平衡。

5.1 功率正送方式

5.1.1 功率正送完整双极运行方式

功率正送完整双极运行方式的运行参数如表 11 所示，其中考虑了直流系统 1.1 倍过负荷。

表 11　　完整双极运行方式的运行参数

参数	P_{dR}（MW）	I_d（kA）	U_{dR}（kV）	U_{dI}（kV）	U_{dioR}（kV）	U_{dioI}（kV）	α（°）	γ（°）	T_{apR}（挡）	T_{apI}（挡）	R_d（Ω）
值	640	0.4	800	795	209.6	209.4	15	17	7.8	1.9	12.45
	3200	2	800	775.1	218.7	211.6	15	17	4.1	1.0	12.45
	6400	4	800	749.6	230.0	214.3	15	17	0	0	12.45
	7040	4.455	790	734.6	230.0	212.5	15	17	0	0.7	12.45
	640	0.571	560	552.9	180.4	166.4	37.3	32.5	22	23	12.45
	4480	4	560	510.2	180.4	166.4	26.0	29.5	22	23	12.45

表中：

P_{dR}——为直流系统传输的有功功率；

I_d——为直流电流；

U_{dR}——为整流站平波电抗器出线侧对中性母线直流电压；

U_{dI}——为逆变站平波电抗器出线侧对中性母线直流电压；

U_{dioR}——为整流侧空载直流电压；

U_{dioI}——为整流侧空载直流电压；

α——为整流侧触发角；

γ——为逆变侧熄弧角；

T_{apR}——为整流侧换流变压器分接头挡位；

T_{apI}——为逆变侧换流变压器分接头挡位；

R_d——为直流回路的电阻。

以下各表中的符号含义同上。

5.1.2　功率正送完整单极大地回路运行方式

直流系统功率正送完整单极大地回路运行参数如表 12 所示。

表 12　　完整单极大地回路运行方式的运行参数

参数	P_{dR}（MW）	I_d（kA）	U_{dR}（kV）	U_{dI}（kV）	U_{dioR}（kV）	U_{dioI}（kV）	α（°）	γ（°）	T_{apR}（挡）	T_{apI}（挡）	R_d（Ω）
值	320	0.4	800	794.4	209.6	209.2	15	17	7.8	1.9	14
	1600	2	800	772	218.7	210.8	15	17	4.1	1.3	14
	3200	4	800	744	230.0	212.7	15	17	0	0.6	14
	3520	4.455	790	727.7	230.0	210.5	15	17	0	1.4	14
	320	0.571	560	552	180.4	166.4	37.3	32.6	22	23	14
	2240	4	560	504	180.4	166.4	26.0	30.5	22	23	14

5.1.3　功率正送完整单极金属回线运行方式

直流系统功率正送完整单极金属回线运行参数如表 13 所示。

表 13　　完整单极金属回线运行方式的运行参数

参数	P_{dR}（MW）	I_d（kA）	U_{dR}（kV）	U_{dI}（kV）	U_{dioR}（kV）	U_{dioI}（kV）	α（°）	γ（°）	T_{apR}（挡）	T_{apI}（挡）	R_d（Ω）
值	320	0.4	800	790	209.6	208.0	15	17	7.8	2.4	28
	1600	2	800	750.2	218.7	205.6	15	17	4.1	3.6	28
	3200	4	800	700.4	230.0	201.3	15	17	0	5.2	28
	3520	4.455	790	679.1	230.0	197.9	15	17	0	6.7	28
	320	0.564	567	552.9	180.4	166.4	36.4	32.5	22	23	28
	2240	4	606	514	180.4	166.4	17.5	29.7	22	23	28

5.1.4　功率正送 1/2 双极运行方式

直流系统功率正送 1/2 双极运行方式的运行参数如表 14 所示。

表 14　　1/2 双极运行方式的运行参数

参数	P_{dR}（MW）	I_d（kA）	U_{dR}（kV）	U_{dI}（kV）	U_{dioR}（kV）	U_{dioI}（kV）	α（°）	γ（°）	T_{apR}（挡）	T_{apI}（挡）	R_d（Ω）
值	320	0.4	400	395	209.7	208.1	15	17	7.8	2.4	12.45
	1600	2	400	375.1	218.7	205.1	15	17	4.1	3.6	12.45
	3200	4	400	350.2	230.0	201.3	15	17	0	5.2	12.45
	3520	4.456	395	339.5	230.0	197.8	15	17	0	6.7	12.45

5.1.5　1/2 单极大地回路运行方式

功率正送 1/2 单极大地回路运行方式的运行参数如表 15 所示。

表 15　　1/2 单极大地回路运行方式的运行参数

参数	P_{dR}（MW）	I_d（kA）	U_{dR}（kV）	U_{dI}（kV）	U_{dioR}（kV）	U_{dioI}（kV）	α（°）	γ（°）	T_{apR}（挡）	T_{apI}（挡）	R_d（Ω）
值	320	0.8	400	390	211.9	207.3	15	17	6.8	2.7	14
	1600	4	400	350.2	230.0	201.3	15	17	0	5.2	14
	1760	4.456	395	339.5	230.0	197.9	15	17	0	6.7	14

5.1.6 功率正送 1/2 单极金属回线运行方式

功率正送 1/2 单极金属回线运行方式的运行参数如表 16 所示。

表 16　　1/2 单极金属回线运行方式的运行参数

参数	P_{dR}（MW）	I_d（kA）	U_{dR}（kV）	U_{dI}（kV）	U_{dioR}（kV）	U_{dioI}（kV）	α（°）	γ（°）	T_{apR}（挡）	T_{apI}（挡）	R_d（Ω）
值	320	0.8	400	380.1	211.9	202.1	15	17	6.8	4.8	24.9
	1600	4	400	300.4	230.0	175.2	15	17	0	17.8	24.9
	1760	4.456	395	284.1	230.0	168.8	15	17	0	21.6	24.9

5.2 功率反送方式

5.2.1 功率反送完整双极运行方式

功率反送完整双极运行方式的运行参数如表 17 所示。

表 17　　完整双极运行方式的运行参数

参数	P_{dR}（MW）	I_d（kA）	U_{dR}（kV）	U_{dI}（kV）	U_{dioR}（kV）	U_{dioI}（kV）	α（°）	γ（°）	T_{apR}（挡）	T_{apI}（挡）	R_d（Ω）
值	640	0.4	800	795	209.3	209.7	15	17	1.9	7.8	12.45
	5760	3.818	754.3	706.8	214.3	204.9	15	17	0	9.8	12.45
	640	0.571	560	552.9	166.4	180.4	30.8	38.7	23	22	12.45

5.2.2 功率反送完整单极大地回路运行方式

直流系统功率反送完整单极大地回路运行方式的运行参数如表 18 所示。

表 18　　完整单极大地回路运行方式的运行参数

参数	P_{dR}（MW）	I_d（kA）	U_{dR}（kV）	U_{dI}（kV）	U_{dioR}（kV）	U_{dioI}（kV）	α（°）	γ（°）	T_{apR}（挡）	T_{apI}（挡）	R_d（Ω）
值	320	0.4	800	794.4	209.3	209.6	15	17	1.9	7.8	14
	2880	3.818	754.3	700.8	214.3	203.3	15	17	0	10.5	14
	320	0.571	560	552	166.4	180.4	30.8	38.8	23	22	14

5.2.3 功率反送完整单极金属回线运行方式

直流系统功率反送完整单极金属回线运行方式的运行参数如表 19 所示。

表 19 功率反送完整单极金属回线运行方式的运行参数

参数	P_{dR}（MW）	I_d（kA）	U_{dR}（kV）	U_{dI}（kV）	U_{dioR}（kV）	U_{dioI}（kV）	α（°）	γ（°）	T_{apR}（挡）	T_{apI}（挡）	R_d（Ω）
值	320	0.4	800	790	209.3	208.4	15	17	1.9	8.3	24.9
	2880	3.818	754.3	659.2	214.3	192.5	15	17	0	15.6	24.9
	320	0.564	564	552.9	166.4	180.4	29.6	38.7	23	22	24.9

5.2.4 功率反送 1/2 双极运行方式

直流系统功率反送 1/2 双极运行方式的运行参数如表 20 所示。

表 20 1/2 双极运行方式的运行参数

参数	P_{dR}（MW）	I_d（kA）	U_{dR}（kV）	U_{dI}（kV）	U_{dioR}（kV）	U_{dioI}（kV）	α（°）	γ（°）	T_{apR}（挡）	T_{apI}（挡）	R_d（Ω）
值	320	0.4	400	395	209.3	208.4	15	17	1.9	8.3	12.45
	2880	3.818	377.2	329.7	214.3	192.5	15	17	0	15.6	12.45

5.2.5 功率反送 1/2 单极大地回路运行方式

功率反送 1/2 单极大地回路运行方式的运行参数如表 21 所示。

表 21 1/2 单极大地回路运行方式的运行参数

参数	P_{dR}（MW）	I_d（kA）	U_{dR}（kV）	U_{dI}（kV）	U_{dioR}（kV）	U_{dioI}（kV）	α（°）	γ（°）	T_{apR}（挡）	T_{apI}（挡）	R_d（Ω）
值	320	0.8	400	388.8	211.3	207.2	15	17	1.1	8.8	14
	1440	3.818	377.2	323.8	214.3	189.4	15	17	0	17.1	14

5.2.6 功率反送 1/2 单极金属回线运行方式

功率反送 1/2 单极金属回线运行方式的运行参数如表 22 所示。

表 22 1/2 单极金属回线运行方式的运行参数

参数	P_{dR}（MW）	I_d（kA）	U_{dR}（kV）	U_{dI}（kV）	U_{dioR}（kV）	U_{dioI}（kV）	α（°）	γ（°）	T_{apR}（挡）	T_{apI}（挡）	R_d（Ω）
值	320	0.8	400	380.1	211.3	200.6	15	17	1.1	11.7	24.9
	1440	3.818	377.2	282.1	214.3	180.4	15	27.3	0	22	24.9

直流系统主回路参数是开展直流系统研究的一个基本条件，它提供了直流工程中换

流变压器、换流阀和平波电抗器等关键主设备的参数，是直流输电工程研究的重要组成部分；是无功功率补偿及控制、交流滤波器、过电压和绝缘配合等研究的重要输入条件。

随着直流系统稳态、动态、暂态性能的进一步研究、设备设计的深化、控制策略的细化，直流系统主回路参数研究也将不断优化。

第 6 节 特高压直流孤岛运行方式研究

向家坝—上海（简称“向—上”）特高压直流输电工程计划于 2011 年单极投运、2012 年双极投入商业运行。根据金沙江一期工程的建设进度安排，第一台机组计划于 2012 年开始发电，其余机组陆续发电。根据送端电网的规划，金沙江电网与四川主网之间仅有 1 个通道联系，即复龙换流站至泸州变电站的 3 回 500kV 线路，线路长度 101km。一旦失去该通道，金沙江区域电网及向—上直流将进入孤岛运行。

1 前言

金沙江一期工程包括向家坝和溪洛渡两个梯级电站的建设，整个工程共装机 26 台，总的发电容量可达到 1860 万 kW。根据工程建设进度的计划，2012 年首台机组发电、2017 年整个工程全部建成。

为了实现金沙江电力直送华东和华中东四省负荷中心，经过对交流和直流输电形式、输电电压等级的反复论证和优化，最终决定建设三回±800kV、每回输送容量 6400MW 的特高压直流工程。向—上±800kV 特高压直流输电示范工程是首个投产的直流工程。该工程起点四川宜宾复龙换流站，落点上海奉贤区与南汇区交界的奉贤换流站，直流线路 1916km。工程单极 2011 年投运，2012 年双极投运。

送端金沙江区域电网没有地区负荷，通过复龙换流站至泸州变电站的 3 回 101km 交流 500kV 线路与四川主网单点相连。如果在某些运行方式下全部失去复龙至泸州的线路，送端金沙江电网将进入孤岛运行。

在孤岛运行的研究中，提出了针对两种紧急状况的控制策略：

（1）进入孤岛策略（IME）。即当向家坝—泸州线路失去时，直流应当如何准备及响应。

（2）孤岛运行控制策略。即当金沙江区域电网和向—上直流开始孤岛运行后，向—上直流应如何准备和响应可能发生的故障。

2 网络数据及假设

由于本研究仅关注送端金沙江地区在孤岛运行中的行为，因此研究采用等值网络进行。保留的网络详细模拟了金沙江的机组及其励磁系统、调速系统、PSS 的参数、金沙江区域电网以及与四川主网的 3 回联络线。四川电网用等值阻抗后的无穷大电源代表，其短路水平约为 18186MVA（20kA 的短路水平）。该短路水平的估计是相对比较保守的。受端华东系统也用无穷大电源代替，短路水平 32000MVA。考虑到受端电网短路容量很大，在孤岛研究中认为频率控制器对受端系统的影响可以忽略。

3 孤岛运行方式的考虑

表 1 和表 2 分别列出了进入孤岛和孤岛运行需要考虑的运行方式，包括故障前向—上直流的输送功率、向家坝及溪洛渡电站的出力等。此时复龙换流站至泸州 1 回线因检修退出运行，仅 2 回线相连。根据规划的导线选型，复龙至泸州线路的热稳定极限每回是 2500MW。考虑的故障为 3 相接地短路同时跳开 2 回线，然后金沙江区域电网和向—上直流进入孤岛运行。

表 1　　进入孤岛需要考虑的运行方式

方式	向—上直流运行方式	水平年	直流输送功率（MW）	向家坝左岸机组出力（MW）	向家坝右岸机组出力（MW）	溪洛渡机组出力	泸州线路潮流（MW）
S1M_IME	单极	2012	3200	1×750	0	0	2450
S2M_IME	单极	2012	3200	2×750	0	0	1700
S3M_IME	单极	2013	3200	3×750	0	0	950
S3B_IME	双极	2013	4750	3×750	0	0	2500
S4M_IME	单极	2013	3200	4×750	0	0	500
S4B_IME	双极	2013	5500	4×750	0	0	2500
S5M_IME	单极	2014	3200	4×750	1×750	0	–550
S5B_IME	双极	2014	6250	4×750	1×750	0	2500
S6B_IME	双极	2014	6400	4×750	3×750	4×700	–1650

表 2　　孤岛运行需要考虑的运行方式

运行方式	向—上直流运行方式	水平年	直流输送功率（MW）	向左机组出力（MW）	向家坝出力（MW）	溪洛渡机组出力（MW）
S1M_IMO	单极	2012	750	1×750	0	0
S2M_IMO	单极	2012	1500	2×750	0	0
S3M_IMO	单极	2013	2250	3×750	0	0
S3B_IMO	双极	2013	2250	3×750	0	0

续表

运行方式	向—上直流运行方式	水平年	直流输送功率（MW）	向左机组出力（MW）	向家坝出力（MW）	溪洛渡机组出力（MW）
S4M_IMO	单极	2013	3000	4×750	0	0
S4B_IMO	双极	2013	3000	4×750	0	0
S5M_IMO	单极	2014	3200	4×640	1×640	0
S5B_IMO	双极	2014	3750	4×750	1×750	0
S6B_IMO	双极	2014	6400	4×750	3×700	2×650

4 短路水平分析

衡量直流系统承受扰动的能力及运行稳定性的一个重要指标是直流系统容量与接入的交流系统的短路比，或有效短路比。短路比计算公式如下

$$SCR = \frac{S_c}{P_d} \tag{1}$$

式中 S_c——短路容量；

P_d——直流电流容量。

$$ESCR = \frac{S_c - Q_c}{P_d} \tag{2}$$

式中 Q_c——换流母线连接的无功补偿容量，假定无功补偿量取直流功率的 50%。

表 3 分别给出了以上定义的运行方式短路比及有效短路比的计算结果。可以看出，无论是正常接线还是孤岛运行，系统的短路比均接近或大于 3，而有效短路比也接近或大于 2.5。在这样的短路比下，不会因为暂态过电压对换流站一次设备以及低次谐波滤波器提出额外的要求。

当直流进入孤岛运行时，此时交流滤波器仍然连接在换流母线上，在过剩的滤波器切除前，换流母线可能承受过高的暂态过电压，甚至出现暂态不稳定。其中的极端方式为表中的 S1M。因此，某些方式下必须限制从泸州传输的功率以避免在进入孤岛运行时出现过电压和低短路比。

表 3　　短路水平分析结果一览

方式	孤岛进入研究，与四川主网相连			孤岛，功率紧急回降（滤波器切除前）			孤岛运行研究		
	短路容量（MVA）	*SCR*	*ESCR*	短路容量（MVA）	*SCR*	*ESCR*	短路容量（MVA）	*SCR*	*ESCR*
S1M	11740	3.67	3.17	2302	3.07	0.94	2302	3.07	2.57
S2M	13960	4.36	3.86	4526	3.02	1.95	4526	3.02	2.52

续表

方式	孤岛进入研究，与四川主网相连			孤岛，功率紧急回降（滤波器切除前）			孤岛运行研究		
	短路容量（MVA）	*SCR*	*ESCR*	短路容量（MVA）	*SCR*	*ESCR*	短路容量（MVA）	*SCR*	*ESCR*
S3M	16107	5.03	4.53	6676	2.97	2.26	6676	2.97	2.47
S3B	16107	3.39	2.89	6676	2.97	1.91	6676	2.97	2.47
S4M	18185	5.68	5.18	8755	2.92	2.39	8755	2.92	2.42
S4B	18185	3.30	2.81	8755	2.92	2.00	8755	2.92	2.42
S5M	20493	6.40	5.90	11065	3.46	2.96	11065	3.46	2.96
S5B	20493	3.28	2.78	11065	2.95	2.12	11065	2.95	2.45
S6B	32710	5.11	4.61	23285	3.64	3.14	19888	3.12	2.61

5　孤岛进入和孤岛运行的频率控制

5.1　频率控制器

一旦金沙江区域电网脱离四川主网进入孤岛运行，面临的首要问题就是如何保持频率稳定。这对于直流系统正常输送功率和保证交流滤波器的滤波性能具有重要的意义。研究中设计了孤岛运行的频率控制策略，提出了频率控制器的参数。在进行频率控制时，充分利用向—上直流的过负荷能力能够有效地降低孤岛系统的频率波动幅度，有利于保持频率稳定。研究中仅使用了保守的过负荷能力用于频率控制，如图 1 所示。

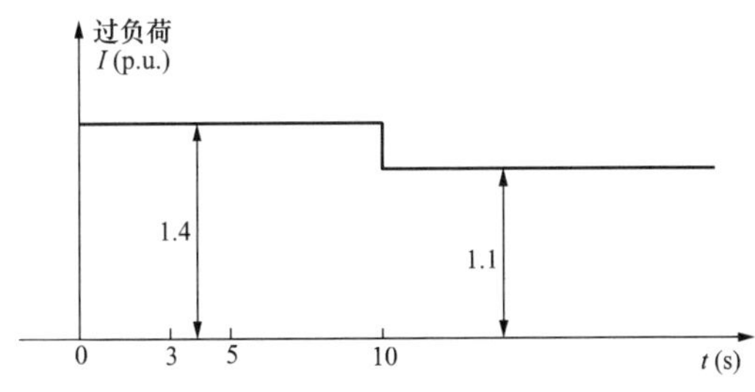

图 1　向—上直流过负荷能力

图 2 给出了孤岛方式的频率控制器框图。频率控制器包含以下 3 个部分：

（1）功率紧急提升和紧急回降。在 IME 模式下，功率调节的斜率取决于至泸州线路的潮流；在 IMO 模式下，该功能可用于应对发电机跳闸故障。

（2）微分部分。微分比分对功率不平衡引起的突然变化做出反应。研究中取微分环节增益为 1000MW/Hz，时间常数 0.4s。

（3）比例部分。比例部分对正常运行时的频率偏差做出反应，取 K_p=2400MW/Hz。

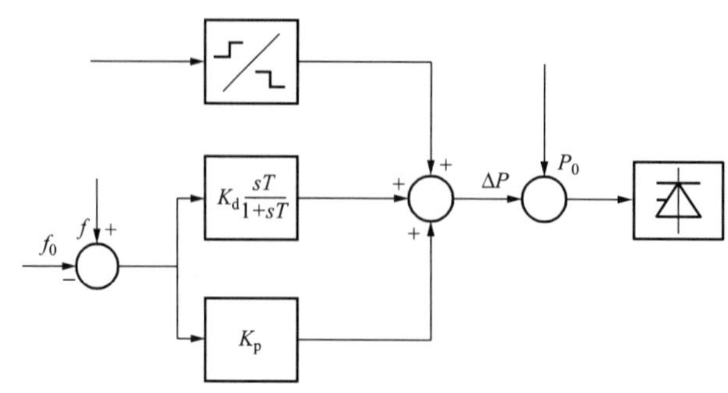

图 2 用于孤岛运行的频率控制器框图

5.2 通信系统要求

在进入孤岛时，直流需要得到孤岛信号以及至泸州线路上的潮流以便向频率控制器发出功率的紧急提升和回降指令。如果复龙—泸州线路的断路器状态和线路的功率测量位于换流站侧，建议将这些信号引入向—上直流，让直流做出孤岛运行的判断和发出功率紧急提升和回降指令。在孤岛运行时，金沙江机组跳闸的信号必须送到向—上直流以产生相应的功率回降指令。而且在某些严重故障方式下，直流还必须向发电机发出跳闸指令以保持频率稳定。考虑到送端系统将有 3 回特高压直流，有必要在几个直流间需要共享功率调节指令。综合以上考虑，提出了孤岛方式下的通信系统要求的示意图，如图 3 所示。

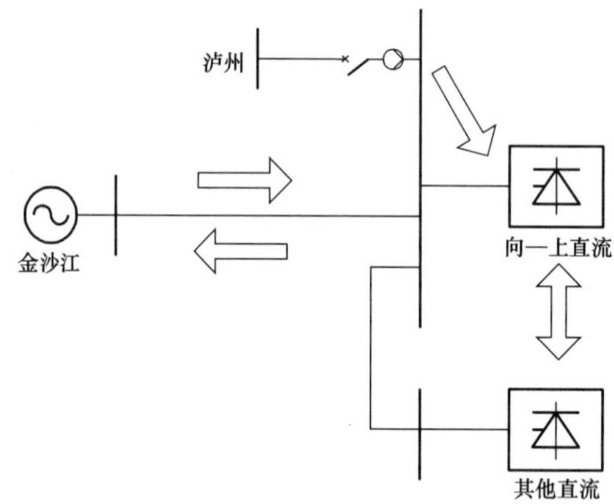

图 3 孤岛运行对通信系统的要求

6 进入孤岛控制策略研究

表 1 中列出的方式均假设在进入孤岛运行前，复龙换流站至泸州的联络线仅有 2 回。进入孤岛前，应监测并记录复龙至泸州线路的潮流。在发生三相金属接地短路导致两回线均跳开后金沙江区域进入孤岛运行。在向—上直流得到孤岛运行的信号后，频率控制器立刻起作用。根据事故前泸州线路潮流的测量结果，直流发出功率紧急提升和回降的指令，帮助直流功率直接恢复到正常的功率水平。

在进入孤岛时，最严重的问题莫过于由过剩的交流滤波器引起的暂时过电压。由于孤岛运行不作为向—上直流的正常运行方式考核，因此，必要时可以限制泸州联络线上的功率以避免在进入孤岛时暂态过电压超过阀和其余一次设备的承受能力。仿真计算中，根据多余滤波器切除前产生的暂时过电压不超过 1.4p.u.的条件确定功率限制值。

研究中对表 1 的所有方式均进行了仿真计算，但受篇幅限制只给出两个方式的计算结果。对方式 S1M_IME 和 S2M_IME，需要限制复龙换流站至泸州线路的功率水平以满足过电压限制，如表 4 所示。其中，S1M_IME 要求功率下降较多：线路有功从 2450MW 被限制到 500MW。这一限制同时也避免了进入孤岛时有效短路比太低而引起的不稳定。功率下降后，该方式下的有效短路比（多余滤波器分组跳开前）接近 2.2。由于 2.2 的短路比是出现在整流侧，因此对于直流系统的稳定运行是完全可以接受的。

表 4　　进入孤岛方式对功率交换的限制

方式	向—上直流运行方式	直流功率（MW）	向左出力（MW）	泸州线路潮流（限制前，MW）	泸州线路潮流（限制后，MW）
S1M_IME	单极	1250	1×750	2450	500
S2M_IME	单极	3000	2×750	1700	1500

S2M_IME 方式仅要求功率略微下降。这表明当第二台机组投入运行后，向—上直流进入孤岛的运行条件得到很大程度的改善。表 1 中其余方式的暂态过电压数值均低于 1.4。

在附录 1 中的计算结果图上，没有切除多余的交流滤波器分组。在实际控制系统中，无功功率控制器（RPC）将根据换流母线电压水平切除多余分组。而且，由于在仿真模型中未考虑避雷器和变压器饱和的影响，实际系统中的暂时过电压的数值要比计算的低。由仿真计算可见，功率紧急提升/回降的频率控制器对进入孤岛时频率控制的效果显著。

7　孤岛运行方式控制策略研究

在金沙江区域进入孤岛运行后，向—上及其他直流必须时刻保持频率控制器起作用以保持系统频率。如果需要，系统可以运行在更低的功率水平上。这样即使再发生故障，也不会导致严重的后果，如过高的暂时过电压或频率不稳定。

表 5 给出了孤岛运行时考核的故障类型。由于直流双极闭锁后，送端正在孤岛运行的系统将失去唯一的送出通道，系统也必须切除全部机组，对其进行分析已经没有

任何意义，在研究中没有考虑。孤岛运行考虑的故障为换流母线发生三相短路、同时切除复龙换流站至向家坝电站线路、发电机跳闸以及直流单极运行时的直流线路故障。直流线路故障为瞬时故障，直流线路经过 150ms 去游离时间后恢复。附录 2 给出了孤岛运行方式的仿真计算结果，同样只给出两个方式的计算结果。

表 5　孤岛运行的故障方式

方式	三相短路	三相短路、跳线	直流线路故障	单极闭锁	发电机跳闸
S1M	×	×	×		
S2M	×	×	×		×
S3M	×	×	×		
S3B	×	×		×	×
S4M	×	×	×		×
S4B	×	×		×	×
S5M	×	×	×		×
S5B	×	×		×	×
S6B	×	×		×	×

从通信系统的设计要求可以看出，在金沙江机组和直流之间拥有通信通道十分重要。这样当发生发电机跳闸故障后，直流可以通过功率回降避免暂态的频率偏差。

上述仿真计算的结果表明：

（1）孤岛运行的所有方式下发生三相短路继而失去线路的故障都不会引起暂态过电压或稳定方面的问题。从前文的短路水平计算，即使在孤岛运行条件下，系统的短路比和有效短路比都不是很低。

（2）单极运行时发生直流线路故障。此时，金沙江机组将承受短时的甩负荷，频率和电压都将升高。在 150ms 故障期间，频率维持在限值以下，暂时过电压也低于 1.4p.u.。故障清除后，只有 S1M_IMO 方式存在不稳定。因此，S1M_IMO 方式应限制功率水平至 500MW 以确保在直流线路故障期间不会发生稳定问题。

（3）双极运行时单极闭锁。对 S3B_IMO 和 S4B_IMO，单极闭锁不会引起任何大的电压和频率问题，因为健全极将完全承担故障极的功率。对 S5B_IMO，全部功率（3750MW）略高于单极的长期过负荷能力（3520MW）。由于直流将会在 10s 以后将功率限制到 1.1p.u.，在一个较短的时间内频率将会超过 51Hz。然后，金沙江机组的调速器动作使频率逐步下降。由于机组的高频保护的定值一般设置在 52Hz，这一短时的频率升高应该不会引起机组跳闸。对方式 S6B_IMO，即使考虑直流的长期过负荷能力，也需要切除 4 台机组以适应直流传输功率。

（4）发电机跳闸。一旦机组跳闸，将跳闸信号送到直流控制系统就显得非常重要。这样，直流才可以采取功率紧急回降以保持暂态频率稳定。这一点在向—上直流投产初期仅少量机组连接在网络上时显得尤为重要。

表 6　　孤岛运行时由暂态过电压要求确定的直流功率限制

方式	向—上直流运行方式	直流功率（MW）	向左出力（MW）	泸州线路潮流（限制前，MW）	泸州线路潮流（限制后，MW）
S1M_IMO	单极	1250	1x750	2450	500

8 结论

对进入孤岛和孤岛运行方式控制策略的研究表明不会因为孤岛运行对换流站一次设备提出额外的要求，即使在孤岛方式下大部分的运行方式系统短路比也高于 2.5，足以保证直流系统的稳定运行和承受一定扰动和故障的能力。在孤岛运行期间，向—上直流的频率控制器可以维持金沙江区域电网的暂态和稳态的频率波动。

为应对孤岛运行，保持良好的通信对于将暂态频率波动限制在限值以内具有重要意义。建议将泸州—向家坝换流站线路上的开关状态和功率测量量直接送入向—上直流，以方便在进入孤岛情况下由直流系统及时实现直流功率的快升和快降。在向—上直流和金沙江发电机之间的通信也非常重要。在孤岛运行时，直流需要“发电机跳闸”以及“跳闸前功率输出”的信号和功率测量值以指导直流采取相应的功率回降控制。在孤岛进入和孤岛运行的某些运行方式下则需要将发电机切除以保持频率稳定。

考虑到金沙江区域还要建设多个直流，IME 和 IMO 控制必须具有更多的灵活性。例如功率紧急提升/回降指令的分配、可以更加充分利用直流的过负荷能力。本研究中提出的通信系统的要求是针对送端多个直流的，建议在多回直流间考虑对通信系统要求。

从研究中可以看出，比较严重的控制方式集中在向—上直流的投产初期，此时金沙江地区仅有 1～2 台机组投产，在考虑孤岛运行的情况下，某些方式下从四川主网送入的功率水平应该降低。随着更多机组和直流的陆续投产，情况很快改善，不需要再限制直流与四川主网间的功率交换。

第 7 节 换流站无功配置优化和交流滤波器设计研究

课题一 换流站无功配置优化研究

1 金沙江区域换流站无功平衡

在特高压直流输电工程中，向家坝、溪洛渡区域（即金沙江区域）系统条件最为复杂，为考虑送端统一设计以及共用备品备件和统一维护的可能，现阶段推荐金沙江区域 3 个换流站和锦屏换流站可采用相同无功分组，考虑到向家坝相对较强的交流系统条件，分组容量可适当提高。

1.1 无功平衡方案

金沙江整体无功平衡情况复杂，受到 500kV 网络接线方式、电站升压变压器抽头位置、各换流站无功投入量、换流母线电压控制水平等因素的影响。

从交流系统对无功功率分层分区平衡的要求看，复龙换流站、溪洛渡左岸换流站、溪洛渡右岸换流站通过复龙换流站—溪洛渡左岸换流站 2 回线路和溪洛渡左岸换流站—溪洛渡右岸换流站 2 回线路形成区域性的无功供求平衡关系，3 个换流站距离较近，换流站之间相互交换无功较为容易，采用 3 个换流站作为一个整体的无功平衡方案较为合理；但考虑到在极端条件下复龙、溪洛渡换流站孤岛运行的可能性，则更适于采用三个换流站独立平衡方案。整体平衡和独立平衡的示意图如图 1 和图 2 所示。

整体平衡方案把 3 个换流站作为一个整体考虑进行无功平衡与配置，3 个换流站基本按等容量进行配置无功补偿，换流站间的联络线上有无功流动；独立平衡方案把三个换流站各自考虑进行无功平衡与配置，只是各个换流站之间容量配置比重不同，换流站间的联络线上基本没有无功流动。由于向家坝电站承担了整个区域无功平衡的大部分功能，具有较强的无功提供能力，所以在独立平衡的条件下，向家坝可以少装设 1～2 组滤波器。

金沙江区域换流站无功整体平衡和独立平衡都是可行的，两种方案的补偿总容量相同，只是各个换流站之间容量配置不同；独立平衡方案充分利用了向家坝的区域无功能力，提高了整个金沙江区域的无功平衡的灵活性。

本计算中，对换流站及周边的无功电源与无功负荷的主要考虑为：金沙江区域电站。

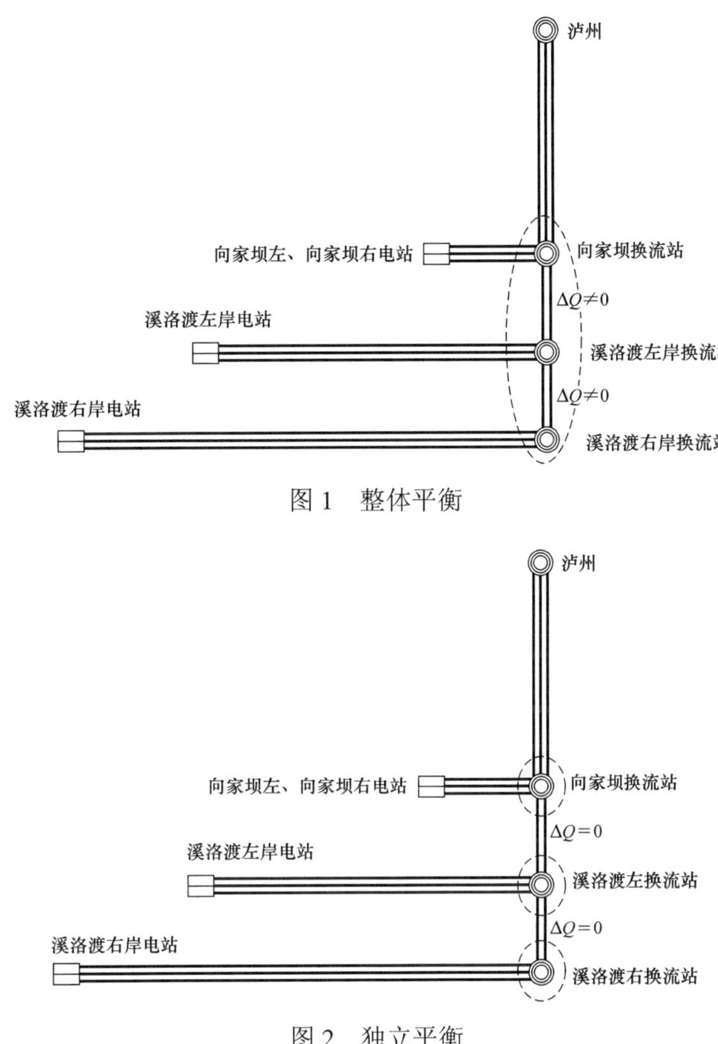

图 1　整体平衡

图 2　独立平衡

根据电力系统电压和无功电力技术导则中规定：

（1）直流输电系统的送端发电机额定功率因数，可选择为 0.85。

（2）交直流混送时，可在 0.85～0.9（迟相）中选择。

参考三峡经验，金沙江区域发电机组额定功率因数暂定 0.9。

发电机功率因数决定发电机发出无功的能力，向家坝左、右岸电站与换流站距离不到 20km，因此向家坝左、右岸电站功率因数的选取直接关系到复龙换流站无功补偿设备的容量。

交流系统无功平衡问题较为复杂，因系统运行与接线方式的多变，系统提供和吸收无功的能力相应变化，为计算出限定条件下交流系统能够提供和吸收的无功功率的大小，应对交流系统各种方式进行同等条件下的比较分析，最终选取一种具代表性的系统设计工况，以这为前提确定换流站无功补偿装置的容量。

1.2　系统无功能力分析

1.2.1　大方式无功能力分析

在交流系统为大方式，且直流负荷较重时，由于溪洛渡左岸和右岸电站距离换流站均比较远，且线路潮流很重，无功损耗较大，因此这两个电站的无功提供能力有限。主要表现在发电机的功率因数偏高，正常接线时均接近 0.95。在溪洛渡左岸和右岸电站至换流站部分线路退出运行时，导致对应换流站交流母线电压下降，发电机出力反而提高，功率因数达到 0.92 左右；但由于线路损耗更大，对应电站此时基本上不能提供无功，主要靠向家坝电站提供。

电厂功率满发时，电站发电机不同功率因数下提供给换流站的无功见下表，表 1 中数值由 BPA 计算得出，与前面的理论分析结果基本一致。

表 1 发电机无功提供能力 Mvar

发电机	台数	无功提供（功率因数 0.9）	无功提供（功率因数 0.92）	无功提供（功率因数 0.95）
向家坝左岸	750×4	487×2	411×2	268×2
向家坝右岸	750×4	504×2	416×2	271×2
溪洛渡左岸	700×9		354×3	180×3
溪洛渡右岸	700×9		236×3	118×3

注 无功提供为电站到达相应换流母线的无功。

1.2.2 小方式无功能力分析

在交流系统为小方式，且直流功率为 10%的小方式运行时，假设最小滤波器为 3 组，每组容量 220Mvar，计算结果见表 2。

表 2 调配方式向家坝、溪洛渡发电机无功提供能力 Mvar

序号	开机台数及进相功率因数安排	方式 1（2018）	方式 2（2018）	方式 3（2018）	方式 4（2015）	方式 5（2015）	方式 6（2012）
		4 机，0.95	4 机，0.98	3 机，0.95	4 机，0.98	2 机，0.95	2 机，0.98
一	无功发生源	1005	1005	1005	579	579	234
1	线路充电功率	1005	1005	1005	579	579	234
	向家坝电站—复龙换流站线路	64	64	64	64	64	64
	复龙换流站—风仪换流站线路	54	54	54	54	54	0
	复龙换流站—泸州变电站线路（计入一半）	170	170	170	170	170	170
	溪洛渡左电站—风仪换流站线路	291	291	291	291	291	0
	风仪换流站—罗场换流站线路	54	54	54	0	0	0

续表

序号	开机台数及进相功率因数安排	方式 1（2018）	方式 2（2018）	方式 3（2018）	方式 4（2015）	方式 5（2015）	方式 6（2012）
		4 机，0.95	4 机，0.98	3 机，0.95	4 机，0.98	2 机，0.95	2 机，0.98
	溪洛渡右电站—罗场换流站线路	372	372	372	0	0	0
二	系统无功消耗	−1375	−987	−1173	−913	−772	−559
1	电站升压变压器	−261	−237	−293	−180	−135	−123
	向家坝电站升压变压器	−135	−123	−200	−123	−135	−123
	溪洛渡左升压变压器	−63	−57	−93	−57	0	0
	溪洛渡右升压变压器	−63	−57	0	0	0	0
2	电站机组进相	−953	−589	−723	−589	−493	−305
	向家坝机电站机组进相 2 台	−493	−305	−493	−305	−493	−305
	溪洛渡左岸电站机组进相 1 台	−230	−142	−230	−284	0	0
	溪洛渡右岸电站机组进相 1 台	−230	−142	0	0	0	0
3	线路无功损耗	−38	−38	−34	−21	−21	−8
	向家坝电站—复龙换流站线路	−8	−8	−8	−8	−8	−8
	溪洛渡左电站—风仪换流站线路	−13	−13	−13	−13	−13	0
	溪洛渡右电站—罗场换流站线路	−17	−17	−13	0	0	0
4	线路高压电抗器	−123	−123	−123	−123	−123	−123
	复龙—泸州线路泸州侧高抗（计入一半）	−123	−123	−123	−123	−123	−123
三	系统剩余容性无功	−370	18	−168	−334	−193	−325

表 2 为各开机方式下换流站小方式无功平衡计算结果，表中未标注正负号表示容性无功，“−”表示感性无功。2018 年小方式下溪洛渡、向家坝各开 2 台机进相到 0.95 运行可吸收换流站 370Mvar 剩余无功。

为确定交流系统无功吸收能力的控制方式，2015 年小方式下向家坝开两台机进相到功率因数 0.95 运行，交流系统充电功率为 579Mvar，发电机进相运行可以消耗 772Mvar 无功，此方式下金沙江区域交流系统无功吸收总能力为 193Mvar。金沙江区域交流系统无功吸收能力可取 200Mvar。

金沙江区域交流输电线路总长度达到了 1005km，小方式下充电功率较大，为限制过电压并补偿线路充电功率，需要装设并联电抗器，由于水电站场地限制无法在站内装设，因此向家坝、溪左和溪右换流站各装设 180Mvar 的可投切高压电抗器。如果最小滤波器需要 3 组，换流器在特定的小方式运行工况下需要适当大角度吸收剩余无功，如电厂开机很少的主要送川电的运行方式。

1.2.3 2018 年正常方式下，复龙换流站电压控制在 530kV 左右。计算中换流变短路阻抗取 18%。各方式下向家坝、溪落渡电站的无功提供能力如表 3。

表 3 交流系统的无功提供 Mvar

电站	开机台数	功率因数 0.9	功率因数 0.92	功率因数 0.93	功率因数 0.95
向家坝电站	5	1260	1050		
	8	1960	1640		
溪洛渡左岸电站	9			800	570
溪洛渡右岸电站	9			550	390

注 表中数值均为到达相应换流站换流母线的无功。

对于向家坝、溪洛渡左、溪洛渡右换流站，交流系统的无功能力分别为 1050、800、550Mvar，金沙江交流系统的总无功提供能力为 2400Mvar。

1.3 系统提供和吸收无功能力总结

（1）溪洛渡左岸和右岸电站到对应换流站的距离都比较远，无功损耗较大，这两个电站的无功提供能力有限。

（2）复龙换流站距电站的距离比其余两个换流站距电站的距离近很多，向家坝水电站可为换流站提供更多的无功功率。

（3）3 个换流站间的电气距离很近，均为 22km 左右，它们之间可以进行无功功率交换。

（4）溪洛渡左岸换流站在吸收由向家坝电站提供的部分无功后，将剩余无功注入溪洛渡右岸换流站，这一现象随着复龙换流站母线电压升高或无功补偿投入量的增多而更加显著。

（5）金沙江区域换流站无功平衡，推荐采用独立平衡方案。

2 特高压直流示范工程无功补偿及控制研究的系统条件

以下以向家坝—上海±800kV 直流示范工程为例，对无功补偿及其控制研究的系统条件考虑如下：

2.1 系统接线

金沙江一期工程的溪落渡、向家坝水电站送电至华中、华东3回±800kV直流输电工程，每回额定电压为±800kV，额定容量为单极3200MW，双极6400MW。

2.2 输送能力

当复龙换流站作为整流站，奉贤换流站作为逆变站运行时，称为功率正送运行方式，这是常规运行方式；当复龙换流站作为逆变站，奉贤换流站作为整流站运行时，称为功率反送运行方式。

直流电压定义为平波电抗器出线侧直流极母线与直流中性点的电压。复龙换流站的直流额定运行电压为±800kV；在功率反送5960MW时，奉贤换流站的直流电压为±745.7kV。在功率正送方式下，降压方式除外，传输功率从最小功率至额定功率时，考虑所有可能误差在内的直流运行电压最高不应超过816kV，最低不应小于784kV。对于直流系统输送的最小稳态运行功率，无论在功率正送或功率反送工况下，都暂取640MW。

当功率正送、两端交流母线电压在连续稳态运行范围内，直流电压降压至额定电压的70%～100%时，每一极都应能够连续运行。

传输能力定义为在环境温度≤40.3℃，交流系统电压在规定的稳态运行范围内，复龙换流站直流平波电抗器线路侧额定电压下传输的功率。向家坝—上海±800kV直流输电工程功率正送方式时，从复龙换流站向奉贤换流站传输功率能力如下：

双极运行输送6400MW（P_N）；

单极金属回线运行方式输送3200MW；

单极大地回线运行方式输送3200MW。

在80%额定直流电压，即±640kV时，双极运行时最小的传输能力不低于$0.8P_N$，在70%额定直流电压，即±560kV时，双极运行时最小的传输能力不低于$0.7P_N$。

功率反送方式下，奉贤换流站平波电抗器线路侧输出功率，在双极运行时不应小于5760MW（最大可输送5960MW），在单极运行时，不应小于2880MW。

2.3 直流电压

向家坝的直流额定运行电压为±800kV，定义为平波电抗器出线侧直流极母线与直流中性点的电压。除降压运行方式外，其他所有运行方式下，考虑设备公差和控制误差，最高连续运行电压绝对值不得超过816kV，最低连续运行电压绝对值不得低于784kV。

在单极金属回线运行方式下，由于存在额外的金属返回导体压降，而整流器两端的电压没有升高，逆变侧的直流电压允许低于额定运行时逆变侧的额定电压。

2.4 控制参数

在设计中使用表4所列控制参数。

表 4 控 制 参 数

参数	描 述		值
α_N	额定触发角		15°
$\Delta\alpha$	α 的稳态控制范围		±2.5°
α_{min}	控制系统的最小限制角		5°
γ_N	额定熄弧角		17°
$\Delta U_{d（R，I）}$	分接头变化，档对应的整流侧直流电压变化范围	功率正送方式	$\pm 1.25\% U_{dRN}$
		功率反送方式	$\pm 1.25\% U_{dRN}$

2.5 运行接线方式

向家坝—上海±800kV 特高压直流输电系统的设计应满足下列运行接线方式的要求：

（1）完整双极运行方式：每站每极 2 组 12 脉动换流器均串联投入的运行方式。

（2）完整单极大地回路运行方式：一极停运，由 2 组 12 脉动换流器串联运行的另一极经由大地返回的运行方式。

（3）完整单极金属回路运行方式：一极停运，由 2 组 12 脉动换流器串联运行的另一极经由金属回路返回的运行方式。

（4）不完整单极大地回路运行方式：一极停运，有 1 组 12 脉动换流器运行的另一极经由大地返回的运行方式。

（5）不完整单极金属回路运行方式：一极停运，有 1 组 12 脉动换流器运行的另一极经由金属回路返回的运行方式。

（6）不完整双极运行方式：双极中有一个完整单极或 2 个均为不完整单极。

2.6 交流系统数据

下面是两端 500kV 交流系统数据。

（1）交流系统电压见表 5。

表 5 交 流 系 统 电 压 kV

换 流 站	复 龙	奉 贤
额定运行电压	530	515
最高稳态电压	550	525
最低稳态电压	500	490
最高极端电压	550	550
最低极端电压	475	475

（2）交流系统频率特性见表 6。

表 6 交流系统频率特性 Hz

换　流　站	复　龙	奉　贤
额定频率	50	50
稳态频率偏差	±0.2	±0.2
故障清除后 10min 频率偏差	±0.5	±0.5
事故情况下频率偏差	−1，＋0.7	−1，＋0.5

（3）短路容量见表 7。

表 7 短路容量 kA

换　流　站	复　龙	奉　贤
最大三相短路电流	63	63
最小三相短路电流	17.6，过渡年极端最小 14	21.7

2.7 直流系统数据

（1）换流器参数见表 8。

表 8 换流器设计参数

参　　数	物理量表示	复　龙	奉　贤
标称功率（整流器直流母线处）	P_N	6400MW	
最小功率	P_{min}	640MW	
标称直流电流	I_{dN}	4kA	
标称直流电压	U_{dN}	800kV	
标称空载直流电压	U_{dioN}	229.99kV	214.40kV
标称相对电感电压降	d_x	8.2%	
d_x 的变化范围	Δd_x	±5%	
标称相对电阻电压降	d_r	0.3%	
阀正向电压降	U_T	0.3kV	
标称整流器触发角	α	15°	
标称逆变器熄弧角	γ		17°
抽头转换开关步长	—	1.25%	

（2）直流回路电阻见表 9 和表 10。

表 9　　直流电阻

实际采用		电阻（Ω）		
		最小值	额定值	最大值
直流线路电阻（$=R_b$）		12.41	13.75	17.22
接地电阻（R_e+R_g）	向家坝	0.595	0.642	0.779
	上海	0.359	0.391	0.464

表 10　　接地极电阻

	复龙	奉贤
接地极线长度	60km	90km
接地极电阻	暂定 0.1Ω	暂定 0.1Ω
额定接地线和接地极电阻	暂定 0.45Ω	暂定 0.5Ω
最大接地线和接地极电阻	暂定 0.55Ω	暂定 0.6Ω
最小接地线和接地极电阻	暂定 0.35Ω	暂定 0.4Ω

（3）其他参数。为了计算最差工况下的无功功率平衡问题，除需要使用上述参数外，也将使用表 11 所示的变量/公差。

表 11　　设计考虑的变量/公差

全压运行方式下直流电压的范围	800kV×(1±1.25%)
整流器触发角公差	±0.5
触发角正常控制范围	12.5～17.5
熄弧角（γ）公差（°）	±1

3　金沙江区域换流站无功配置

3.1　无功配置设计原则

（1）平衡方式。金沙江区域 3 个换流站采用独立无功平衡方案。

（2）统一设计。综合考虑到滤波器设计、制造、维护和备品备件等因素，推荐金沙江区域 3 个换流站可采用相同的滤波器小组和大组容量，即 3 个换流站无功配置采用统一设计，但考虑到向家坝相对较强的交流系统能力，复龙换流站无功分组容量可适当提高。

（3）无功平衡装置。小方式下由系统吸收换流站多余无功，必要时可以采用换流器大角度运行。

（4）电压波动。根据 GB 12326—2000《电能质量　电压允许波动和闪变》规定，220kV 电压以上公共供电点电压暂态波动取值 1.6%，结合直流系统设计经验和

±800kV 特高压直流输电的特点，在换流站无功分组投切时，换流站交流母线电压变化率初步确定应满足如下标准：

1）暂态电压变化率不大于 2%。根据送端金沙江区域暂态电压计算结果，推荐暂态电压变化率限制取 2%。

2）稳态电压变化率不大于 1%。稳态波动过大将会导致交流系统设备动作频繁降低设备寿命，并还有可能引起换流变压器分接头频繁动作，所以推荐电压稳态波动限制取 1%。

（5）大组容量。因为大组断路器遮断容量的限制，滤波器大组容量不大于 1100Mvar。现阶段国外厂商生产的大组断路器开断容性电流最大能力为 1kA 左右，相当于大组容量为 720Mvar。根据特高压厂家会议上 ABB 提供的资料，经过设备研发，最大开断容量可提高到 1.6kA 左右，相当于滤波器大组容量为 1100Mvar。

（6）系统能力。向家坝电站的无功仅考虑全部供给复龙换流站进行无功平衡，选取向家坝开 5 台机作为计算交流系统无功能力的控制方式，即对于向家坝、溪洛渡左和溪洛渡右换流站，交流系统的无功能力分别为 1050、800、550Mvar，金沙江交流系统无功提供总能力为 2400Mvar；金沙江交流系统无功吸收总能力为 200Mvar。

3.2　换流站的无功消耗

换流站的无功消耗计算一般应计及多种不同的交直流运行方式，换流站的无功功率消耗与直流功率传输水平、直流电压、直流电流，换相角及换相电抗等因素有关。换流变压器短路阻抗在 16%～19%范围内变化时换流站的无功消耗见表 12。

表 12　换流变压器短路阻抗在 16%～19%范围内变化时换流站的无功消耗

运行方式	直流功率（MW）	换流变压器短路阻抗 U_k 取值（%）	整流站无功消耗（Mvar）	逆变站无功消耗（Mvar）
正常方式	6400	16	3660	3380
正常方式	6400	17	3740	3460
正常方式	6400	18	3855	3555
正常方式	6400	19	3910	3620

计算表明，换流变压器的短路阻抗取值越大，换流站消耗的无功功率占输送有功功率的比例越大，如 U_k(%)=16 时，输送 6400MW 功率时无功消耗占有功功率 57.1%；当 U_k=19%时，输送额定功率时无功消耗占有功功率的比例达到 61.1%，而且这种影响在直流过负荷的情况下更加明显。如果考虑换流变压器制造过程引起的短路阻抗误差，则更加剧了这一趋势。

在常规功率传输方向和全直流电压双极运行方式下，当高压直流系统输送额定功率（6400MW）时，换流器消耗的最大无功功率为：

（1）复龙换流站：3855Mvar。

（2）奉贤换流站：3555Mvar。

3.3 电压波动校核

3.3.1 电压波动的初步分析

换流站无功补偿装置需分组投切运行，以适应直流各种运行方式。换流站无功分组有两种方式：一种方式是将每个小组直接接在换流站交流母线上，另一种是将几小组组成一个大组再接在换流站交流母线上。无功分组容量必须满足系统暂态电压变化率及稳态电压调节的要求。这里所说的暂态电压变化是指直流控制装置响应后，换流变压器抽头控制响应前的电压变化；而稳态电压变化一般是指所有直流控制装置包括换流变压器调压抽头响应之后的电压变化。

换流站投切无功分组容量与换流站交流母线的暂态电压变化率之间存在如下关系

$$\Delta u = \frac{\Delta Q}{S_{\rm d} - \Sigma Q_{\rm filter}}$$

式中　Δu——换流站交流母线的暂态电压变化率；

ΔQ——换流站投切的无功分组容量；

$S_{\rm d}$——换流站交流母线的短路容量；

$\Sigma Q_{\rm filter}$——投切后换流站交流母线上总的无功补偿容量。

从上式可初步推算无功的最大分组容量，但具体的电压波动应以电力系统稳定计算程序为准。

一般情况下暂态电压变化率与投切的无功分组容量在同样的系统条件下成正比关系，而要求的暂态电压变化率一定时，系统短路容量越大则允许的分组投切容量越大。

3.3.2 无功分组容量电压波动校核

对于无功大组，一般只考虑切除问题。对于无功小组，既需要考虑投，也需要考虑切，但投入和切除电压波动值相差不大，只计算了投入波动作为考核。

（1）无功大组容量分析。在 2018 年丰大方式下，换流站切除最大为 1100Mvar 的无功大组容量时，引起的暂态电压变化率为 3%。2015 年枯小方式开 5 台机情况下，换流站切除最大为 1100Mvar 的无功大组容量时，引起的暂态电压变化率为 5.5%，开 4 台机时为 6%。无功大组容量不宜太小，以免增加对占地、投资的需求。因此，考虑将 2018 年切除无功大组时暂态电压波动控制在 5%左右，无功大组容量不大于 1100Mvar。

（2）无功小组容量分析。2018 年丰大正常方式投切不同容量小组滤波器下暂态电压波动计算结果显示，电压波动基本在 1%以内，稳态波动不超过 0.5%。

由于 2015 年枯小方式较极端，所以暂、稳态电压波动相应高很多。溪洛渡左岸换流站投入 250Mvar 滤波器下暂态电压波动达到了 2.24，稳态也到了 1.27。为满足滤波器投切电压波动的要求，滤波器小组容量可取 200Mvar；如果最小直流功率 20%，则滤波器小组容量可增大到 250Mvar，此时的暂态波动为 1.81%，稳态波动 0.924%，均未超过波动限值。

换无功小组容量需要与最小直流功率的选择配合考虑，为满足暂态波动 2%、稳态波动 1%的要求，小组容量可取 200～250Mvar 之间（分别对应最小直流功率 10%～20%）。

3.4　小方式下的无功配置研究

3.4.1　小方式下无功功率配置

一般情况下，直流换流站的无功配置在设计过程中尽量不考虑配置高压电抗器，小方式下换流站的剩余无功通常采用：① 交流系统适量吸收；② 换流器大角度运行；③ 采用 1 组滤波器滤波；④ 在附近变电站装设低压可投切电抗器等手段来解决，若要配置高压电抗器通常是有其特殊原因的。我国的多个直流工程以及世界上绝大多数直流工程均未配置高压电抗器。

（1）功率为 10%方式下无功功率配置。在最小功率不大角度的运行工况下计算出的换流器无功功率损耗整流站为 215Mvar，受端逆变站换流器无功功率损耗为 200Mvar。采用大角度运行，α 为 31.9°、熄弧角为 31.9°时，整流站换流器无功功率损耗为 492Mvar，逆变站换流器无功功率损耗为 408Mvar。最小功率为 10%方式下的直流运行参数见表 13。

表 13　　最小功率为 10%方式下的直流运行参数

参数	P_{dR}	*Current*	U_{dR}	U_{dI}	U_{dioR}	U_{dioI}	α	γ	T_{apR}	T_{apI}	U_{acR}	U_{acI}
值	640	0.394	813.0	807.6	214.8	211.3	17.0	16.0	4.7	0.24	530	515
	640	0.444	720.0	713.9	227.4	212.0	36.7	31.9	0	0	530	515

（2）功率为 20%方式下的直流运行参数见表 14。

表 14　　最小功率为 20%方式下的直流运行参数

参数	P_{dR}	*Current*	U_{dR}	U_{dI}	U_{dioR}	U_{dioI}	α	γ	T_{apR}	T_{apI}	U_{acR}	U_{acI}
值	1280	0.787	813.0	802.2	216.7	211.6	17.0	16.0	3.95	0.14	530	515
	1280	0.889	720.0	707.8	227.4	212.0	35.8	31.8	0	0	530	515

在 20%直流定功率不大角度的运行工况下计算出的换流器无功功率损耗整流站为 464Mvar，受端逆变站换流器无功功率损耗为 431Mvar。采用大角度运行，α 为 35.8°，熄弧角为 31.8°，整流站换流器无功功率损耗为 983Mvar，逆变站换流器无功功率损耗

为 834Mvar。

3.4.2 小方式下无功配置方案

根据无功平衡分析，考虑到金沙江区域总长度 1005km 的交流线路充电功率非常可观，且向家坝、溪洛渡左、溪洛渡右电站由于现场站址条件原因无法装设高压电抗器，为限制线路过电压，因此考虑在向家坝、溪洛渡左、溪洛渡右换流站各装设 180Mvar 可投切高压电抗器。在进行无功控制计算时可投切高压电抗器不参与换流站无功平衡，小方式下换流站需要大角度运行吸收剩余无功。

应该指出的是，虽然金沙江区域电站等能够为右换提供足够的进相能力，但若需要减少直流小方式时对系统吸收无功的能力的依赖，可采取以下措施：

（1）采用三调谐交流滤波器可减少直流小方式运行时投入滤波器的组数，从而减少了换流站向交流系统输送的容性无功，因此，只要其能满足滤波要求，采用三调谐滤波器是可行的。

（2）利用直流系统本身的控制方式（如直流降压运行等），以增加此时换流站的无功消耗量，也可作直流小方式运行的措施之一。

（3）从运行方式上，限制直流输送功率的下限，如确定最小直流功率为 20%。

向家坝、溪洛渡左、溪洛渡右电站属于梯级电站，3 个电站都没有强迫出力，2018 年完工后保证出力为向家坝电站 2 台机，溪洛渡左电站 5 台机，溪洛渡右电站 5 台机，3 个直流工程在任何条件下均至少可以保证 45%的直流功率，送端发电机出力不会对直流最小输送功率产生限制。为满足暂态波动 2%、稳态波动 1%的要求，小组容量可取 200～250Mvar 之间，滤波器分组取 250Mvar 与 200Mvar 比较，所需滤波器小组数量可减少 7 组，可以减少占地面积并减少断路器的数量，能够节省投资，对滤波器的设计和换流站交流场的布置也有好处。结合主回路的计算结果和系统条件，综合分析认为推荐将最小直流功率取 10%，即在任何运行方式下最小直流功率均为 640MW。

3.5 换流站无功配置方案

在常规直流设计中，交流滤波器的投资大约占换流站总投资的 10%左右。采用不同的大组方案，造成投资差别的是断路器数量和滤波器占地等因素。详细的技术经济比较将待断路器造价、补偿容量明确之后进行。

向家坝、溪洛渡左、溪洛渡右换流站无功补偿小组容量可考虑取 200～250Mvar；大组容量最大可达 800～1100Mvar。向家坝电站的无功提供能力为 1050Mvar，溪洛渡左电站的无功提供能力为 800Mvar，溪洛渡右电站的无功提供能力为 550Mvar；金沙江交流系统无功提供总能力为 2400Mvar。考虑最恶劣系统条件和偏差的最大无功消耗为 3855Mvar［U_k（%）取 18］，3 个换流站总的无功需求为 11565Mvar；向家坝、溪洛渡左、溪洛渡右换流站无功补偿分别需要 2805、3055、3305Mvar。

综合考虑 3 个换流站无功分组配置，分组容量可取 200Mvar，3 个换流站滤波器分组总共 46 组（不含备用），加上每个站 1 组共 3 组无功备用，3 个换流站无功分组总量共 49 组（含备用）；容性无功补偿总容量 9800Mvar。其中，复龙换流站 4 大组共 15 组，溪洛渡左换流站 4 大组共 16 组，溪洛渡右换流站 4 大组共 18 组。

由于复龙换流站与四川主网和电站电气距离最近，交流系统条件与溪洛渡左、溪洛渡右相比较强，对滤波器投切引起的电压波动抑制能力更强，为减少滤波器分组数量、节约占地、减少投资、方便布置，复龙换流站的无功分组容量可增加到 220Mvar，不含备用 13 组、总容量 2860Mvar；加上备用共 14 组，总补偿容量 3080Mvar。溪洛渡左、溪洛渡右换流站无功分组配置方案不变。

3 个换流站内分别装设 180Mvar 的可投切高压电抗器。

金沙江区域换流站无功分组配置见表 15。

表 15　　金沙江区域换流站滤波器配置

换流站	分组容量（Mvar）	分组数量	大组数量	补偿总容量（Mvar）
复龙换流站	220	14（含备用）	4	3080
溪洛渡左换流站	200	16（含备用）	4	3200
溪洛渡右换流站	200	18（含备用）	4	3600

4　受端换流站无功平衡

特高压直流工程受端换流站附近，2015 年无功电源仅有漕泾 4 台燃机（2018 年有漕泾 6 台燃机和临港 4 台燃机），但其无功主要用来平衡本地无功。因此，根据无功就地平衡的原则，可以认为受端换流站近区交流系统没有无功提供能力。

小方式下，受端换流站近区安装的低压电抗器可吸收 300～600Mvar 无功，交流系统的无功吸收能力可取 400Mvar。假设直流小方式下最小滤波器为 2 组，则在小方式下交流系统基本上可以吸收换流站的多余无功。

综合考虑，受端换流站的无功配置原则：

（1）考虑为无功全补偿。

（2）现阶段推荐不加装电抗器的小方式无功平衡方案，交流系统可吸收小方式下的多余无功。

5　受端换流站无功配置

5.1　电压波动校核

受端换流站大组投切波动限制取 5%，根据受端换流站滤波器大组投切电压波动结果，大组容量与送端相同，初步推荐大组容量不大于 1100Mvar。

根据电压波动计算结果、三沪工程经验和送端波动限制研究结论，现阶段推荐受端换流站小组投切电压暂态波动限制取 1.5%，稳态波动限制取 1%。受端换流站滤波器最大小组容量推荐 300Mvar。

2015 年丰大和枯小南汇—顾路 2 回线路停运的 *N*–2 方式下，投切 300Mvar 滤波器暂态电压波动值将分别达到 2.2%和 1.69%，稳态波动也分别达到 2.0%和 1.38%，将超过投切波动的限制，但此方式下网络结构较正常方式变化很大，上海地区的环网已经开环，故不将此方式作为考核方式，除此方式外，其余各方式下的暂、稳态波动均具有一定裕度。

5.2　受端换流站无功配置方案

综合分析，受端换流站无功补偿最大小组容量推荐取 300Mvar，大组容量最大可达 800～1100Mvar。

受端换流站在考虑最恶劣系统条件和偏差的最大无功消耗为 3555Mvar［U_k（%）取 18］，可以分为 14 组，每组容量 260Mvar，考虑 1 组备用，补偿总容量为 3900Mvar。

受端换流站无功分组配置为：补偿总容量 3900Mvar，共 4 大组，每大组 4 小组，共 15 小组，小组容量 260Mvar。全部采用滤波器及并联电容器补偿，暂不考虑感性无功补偿。在直流小方式下，若需减少换流站多余容性无功流向交流系统，可适当限制直流的运行方式，在必要时利用直流系统本身的控制方式（如直流降压运行），以增加此时换流站的无功消耗量。

6　无功功率控制策略

无功设备配置的具体方案确定后，应配以正确的控制策略，以保证在各种运行条件下维持换流站无功功率的平衡，实现特高压换流站无功功率补偿和平衡的要求。

6.1　投切无功补偿装置的控制策略（RPC）

RPC 主要通过投/切交流滤波器/并联电容组，以控制与交流系统的无功功率交换（Q_Control）或控制交流母线电压（U_Control）。

RPC 提供的谐波性能“MinFilter”控制，以投入交流滤波器满足系统谐波性能的要求。

为了交流系统避免过电压，在 RPC 中同时要求实现另外两个功能，即系统交换无功限制控制“Q_Maximum”功能和最大交流电压控制“U_Maximum”功能。这两个功能允许 RPC 切除滤波器和/或并联电容器组，来最大限度地减小过电压保护动作。

以上所有控制功能须确保所设计的交流滤波器/电容器不会过应力，因此 RPC 中环设计了任何直流运行工况中必须投入最少的交流滤波器/电容器组数的控制（AbsMinFilter）要求。

上述所有功能具有不同的优先级，如下：

（1）绝对最小滤波器控制（AbsMinFilter）。

（2）最大交流电压控制（U_Maximum）。

（3）系统交换无功限制控制（Q_Maximum）。

（4）谐波性能控制（MinFilter）。

（5）无功/交流电压控制（Q_Control/U_Control）。

在向—上特高压直流工程中，考虑到无功控制要求和偏差，对于向家坝侧的无功控制（Q_Control）设计如下

$$1.3\times Q_{\mathrm{filtermax}}/2=1.3\times 220/2\approx 143$$

因此有

$$\Delta Q > Q_{\mathrm{ref}}+143\mathrm{Mvar}$$
$$\Delta Q < Q_{\mathrm{ref}}-143\mathrm{Mvar}$$

其中，Q_{ref} 是运行人员设置的一个参考值。投切死区为 143Mvar。

对于上海侧，投切死区值设为 169Mvar，即

$$1.3\times Q_{\mathrm{filtermax}}/2=1.3\times 254/2\approx 169$$
$$\Delta Q > Q_{\mathrm{ref}}+169\mathrm{Mvar}$$
$$\Delta Q < Q_{\mathrm{ref}}-169\mathrm{Mvar}$$

6.2　换流器无功功率控制（QPC）

为了满足无功平衡的要求，换流器必须加大控制角运行以吸收直流小方式下的剩余无功，由于采用大角度的方式平衡直流剩余无功，因此两侧换流站在小方式下存在一定的运行角度耦合关系。

直流工程中一般均会利用换流器的固有无功功率消耗能力来限制在直流小方式下换流站送入系统的无功，即启用 QPC 功能，使用增大触发角的方法来提高换流器对无功功率的吸收，以避免在稳态交流系统电压范围内、在整流器/逆变器最不利的运行工况下向交流系统输出过多的无功功率。

特高压直流工程无功平衡优化研究的结果表明，在直流小方式运行工况下，需要采用 QPC 功能，换流阀设计需综合考虑这项要求。

6.3　无功交换与投切点

在功率提升过程中和功率下降的过程中，整流侧与逆变侧均根据既定的无功控制策略依次投入滤波器/并联电容器组，无功控制器按无功交换限制以及滤波性能要求控制交流滤波器、并联电容器以及低压电抗器的投切操作，向家坝侧如何利用系统提供的容性无功能力应结合电力系统运行方式条件、直流系统无功电压控制策略要求、控制系统设计等进行合理优化，在目前阶段仅就换流站无功自补偿的方式模拟计算交流

补偿装置的投切和平衡。同样，上海侧无功平衡及交流滤波器投切控制将结合交流系统发展再做进一步优化。

在特高压双极工程中，功率方向按正送方式，选择了完整双极、1/2 双极、3/4 双极、双极降压、完整单极大地、完整单极金属、1/2 单极大地、1/2 单极金属 8 种不同的运行接线方式进行计算。

图 3 给出典型运行方式（双极正送）下的典型投切曲线和投切点，并联电抗器不参与换流站无功投切平衡计算。

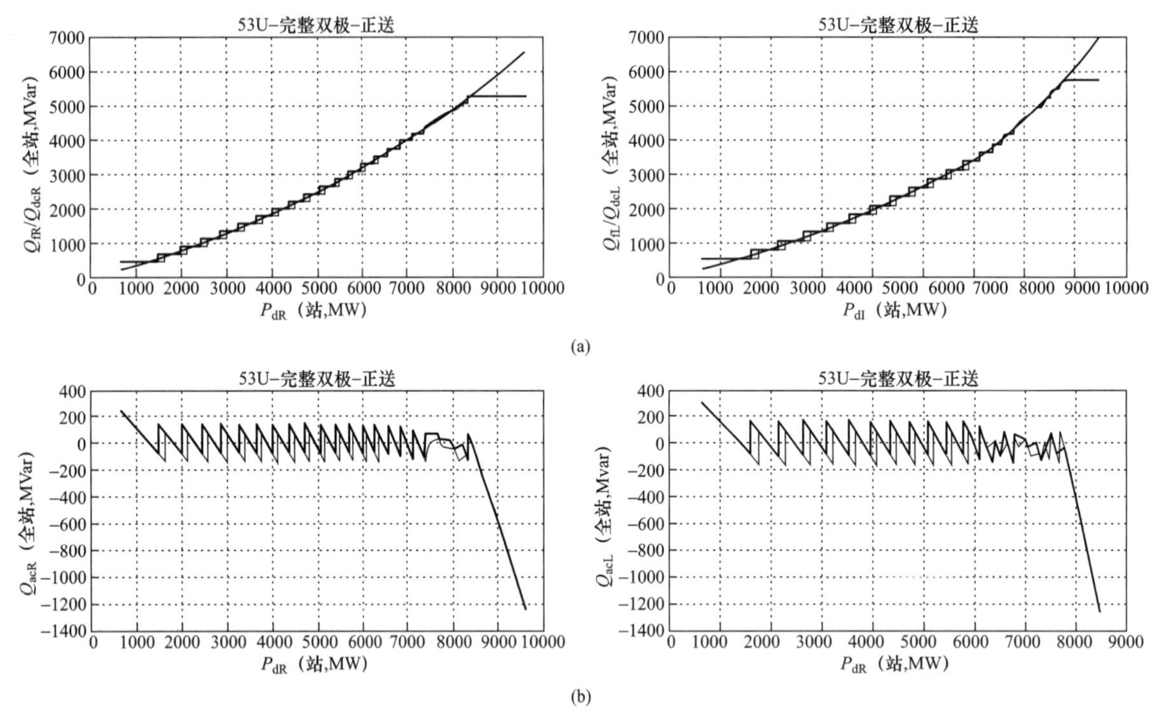

图 3　双极正送无功控制曲线

（a）整流站（左）、逆变站（右）无功功率吸收及滤波器无功功率补偿 Q_{dc}、Q_f；

（b）整流站（左）、逆变站（右）与交流系统无功功率交换 Q_{ac}

使用推荐的无功功率补偿方案和控制策略，可满足规范书规定的换流站无功补偿、以及换流站和交流系统之间无功功率交换的要求。

7　小结

换流站无功功率研究是一个涉及交直流系统性能、运行方式、设备要求、控制策略等各方面要求，并且必须给予综合考虑和全面优化的一项研究。

换流站与交流系统间的无功功率的交换与直流功率水平，以及由于交流电压的变化所致的无功功率吸收和提供能力的改变等因素密切相关。本研究对整流侧和逆变侧在全压和降压运行下各种工况的无功功率平衡进行了详尽的计算和分析，并考虑了无功功率提供和无功功率消耗的各种组合，提出了特高压直流工程换流站的无功平衡原则、无功补偿配置方案及其控制要求。

课题二 换流站交流滤波器设计研究

交流滤波器在系统中扮演重要的角色，它滤除换流器产生的各次谐波，控制系统谐波在可接受的范围，并提供换相所需的无功功率。它是交流、直流系统正常运行的保证。

交流滤波器设计和性能研究，主要是基于换流器产生的特征和非特征谐波、交流系统谐波阻抗和其它交流系统数据，在设计滤波器配置方案的基础上，满足系统谐波控制要求。所设计的滤波器配置方案还必须满足换流器和交流系统的无功平衡要求。

1 交流滤波器谐波性能设计要求

通常设计出的滤波器应满足以下要求：将产生的谐波控制在可接受的水平；与换流器和交流系统的无功需求匹配，包括投切适当的电容器组；允许事故情况冗余；在交流系统频率变化和系统网络不平衡时可正常运行；设计上考虑经济性，包括滤波器损耗。

1.1 谐波电流

从交流网络角度看 HVDC 换流器，是一个电流源（高内阻抗）。脉动数为 p 的换流器产生的谐波次数为：$n=pk\pm 1$，k=1，2，3，…。

这些谐波称为特征谐波，它们是主回路参数和交流电压的函数。除上述以外的其他次谐波称为非特征谐波。它们产生的主要原因是：换流器参数不对称、变压器电抗和换流器电源电压不平衡。与特征谐波相比，这种谐波一般幅值很小。

1.1.1 特征谐波

计算换流器的特征谐波，需做以下假设：电源电压波形完全对称；直流电流恒定无纹波，即假设直流电路中平波电抗无限大；阀触发在同等时间间隔，即恒定延迟角；三相中换向阻抗精确相等，即所有换向角是相同的。

以 Yy 联结换流器为例，若忽略换向电抗，换流器产生的电流波形经傅里叶（Fourier）分解可得

$$i=\frac{2\sqrt{3}}{\pi}I_{\mathrm{d}}\left(\cos\omega t-\frac{1}{5}\cos 5\omega t+\frac{1}{7}\cos 7\omega t-\frac{1}{11}\cos 11\omega t+\cdots\right)$$

式中　I_d——直流电流。

基波和 n 次谐波电流有效值为

$$I_1 = \frac{\sqrt{6}}{\pi} I_d \qquad I_n = \frac{I_1}{n}$$

如果考虑换向电抗，随阻抗的增大特征谐波将减小。

1.1.2　非特征谐波

上述的 4 种假设在实际中不可能完全实现，所以将出现其他次谐波，称为非特征谐波，引起非特征谐波的主要因素有：换流变压器各相阻抗不平衡，即各相 d_x 的偏差；△和Y桥接法之间 d_x 的偏差；△和Y桥接法之间 U_{dio} 的偏差；阀间触发角的偏差；交流系统不对称，可表示为相角随机分布的工频负序电压分量。

非特征谐波的幅值和相位都由上述不平衡发生的组合来决定，这些随机变化量的分布情况可由制造经验来假定。但是，非特征谐波结果不可能遵循任何已知的统计分布，谐波分布和非理想分布间的确切关系也不可能彻底分析出来。因此，使用统计方法处理以上变量。

1.2　谐波电流的计算

在滤波器设计中，谐波电流需在所有运行情况下计算，即应在整个电流变化范围内计算各次谐波电流，并取其中的最大者。谐波电流结果有一致性和不一致性两种。一致性指各次谐波电流是从某一种运行情况下计算出来，不一致性指对于每一次谐波电流，都选取在各个运行情况下的最大值（选取的谐波电流不在一种工况下出现）。因此不一致性谐波电流比一致性谐波电流更为严重。可计算出一致性和不一致性两种谐波电流，在性能和额定值计算时均选用不一致性谐波电流。

1.3　交流系统阻抗模型

交流滤波器性能计算，必须考虑从换流器端向外看过去的各频率范围内网络阻抗。这些交流系统资料通过测量或计算获得。在大型网络中，一个阻抗值可能只对应特定的系统配置，且随负荷情况不断改变。但对于滤波器性能必须考虑将来要发生的所有情况。因此，所使用的模型必须能表示系统阻抗特性。

交流系统阻抗作为频率的函数，各次谐波的交流系统的网络阻抗模型可能有两种型式：扇形阻抗模型，见图 1；圆形阻抗模型，见图 2。计算中采用的交流系统网络阻抗模型均为扇形阻抗模型。

1.4　滤波器性能计算电路模型

将网络阻抗模型与滤波器阻抗模型放在同一个电路中，如图 3 所示。

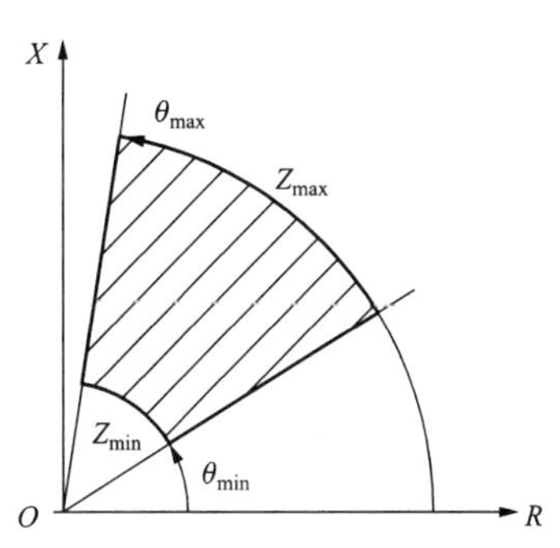

图 1　交流系统谐波扇形阻抗

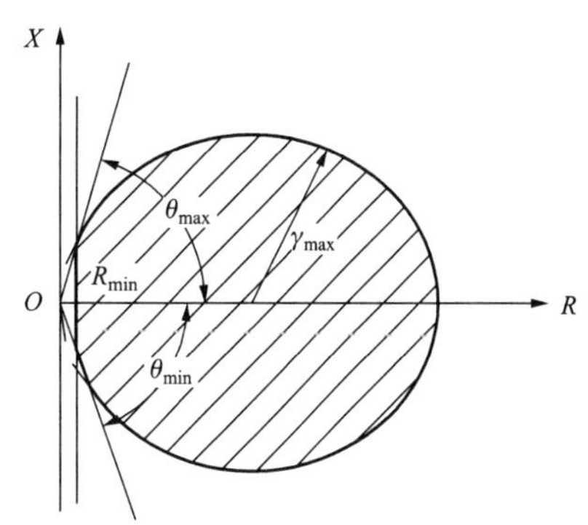

图 2　交流系统谐波圆形阻抗

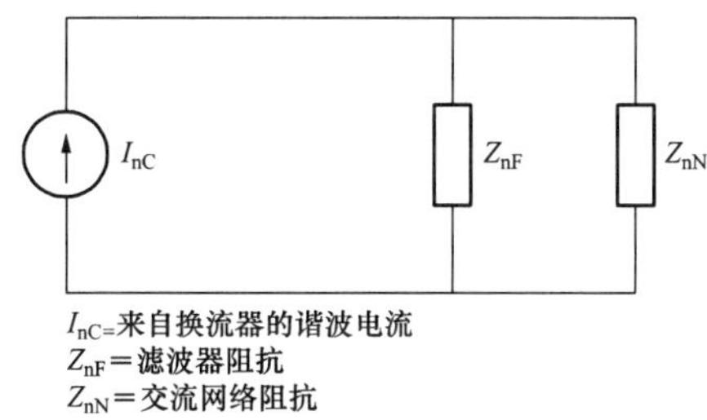

图 3　性能计算电路模型

由图 3 可知，网络电流为 $I_N = I\dfrac{Z_F}{Z_F + Z_N}$，滤波器阻抗 Z_F 已知，当选择 Z_N，使 Z_F 和 Z_N 的矢量相加后的幅值最小时，网络电流最大。同样，滤波器电流可写作 $I_F = I\dfrac{Z_N}{Z_F + Z_N} = I\dfrac{Y_F}{Y_F + Y_N}$，因此当 Y_F 和 Y_N 相加后最小时，滤波器电流最大。

2　交流滤波器性能

向家坝—上海±800kV 特高压直流输电工程功能规范书是交流滤波器设计的基础。有关交流滤波器性能定义和要求如下。

2.1　性能的定义

交流谐波滤波器将限制换流站交流母线上的电压畸变并限制流进交流系统的谐波电流。滤波性能用各次谐波电压畸变率（D_n），总的谐波电压畸变率（D_{eff}）和电话谐波波形系数（*T.H.F.F.*）等术语定义。有关术语定义如下：

各次谐波电压畸变率定义为

$$D_n = \frac{E_n}{E_{ph}} \times 100\%$$

总的谐波电压畸变率定义为

$$D_{\text{eff}}=\sqrt{\sum_{n=2}^{n=50}\left(\frac{E_n}{E_{\text{ph}}}\right)^2}\times 100\%$$

电话谐波波形系数定义为

$$T.H.F.F.=\sqrt{\sum_{n=1}^{n=50}\left(\frac{E_n}{E_{\text{ph}}}K_nP_n\right)^2}\times 100\%$$

式中　E_n——由直流换流器谐波电流产生的 n 次谐波相对地电压均方根值；

E_{ph}——相对地工频电压均方根值；

n——谐波次数。

$$K_n=\frac{n\times 50}{800}$$

$$P_n=\frac{n\text{次谐波噪声评价系数}}{1000}$$

2.2　性能要求

（1）单次谐波畸变率 D_{n}。当交流系统的谐波阻抗在所规定的谐波阻抗包络线内取使各次谐波畸变最大的阻抗点计算时，换流站交流母线各次谐波畸变率 D_{n} 奇次应不超过 1.25%，偶次应不超过 0.5%。

（2）总的谐波畸变率 D_{eff}。对于两个导致最高总畸变的谐波次数，交流系统谐波阻抗取规定的谐波阻抗包络线内的值，对于其他谐波分量，交流系统谐波阻抗考虑为开路，计算得到的总的谐波畸变率应不大于 1.75%。

（3）电话谐波波形系数 *T.H.F.F.*。对于两个导致电话谐波波形系数最高的谐波次数，交流系统谐波阻抗采用规定的谐波阻抗包络线内的值，而对其余各次谐波分量，系统谐波阻抗考虑为开路，计算得到的电话谐波波形系数 *T.H.F.F.*应不大于 1.0%。

3　交流滤波器性能计算条件

3.1　谐波电流

按照要求，谐波电流计算考虑特征与非特征谐波最大到 50 次。考虑换流器产生的工频负序电压的影响，系统的工频负序背景电压增加 10%。由于导致产生特征谐波与非特征谐波的因素互不相同，下面分别讨论特征谐波与非特征谐波计算。表 1 为谐波电流计算主要参数。

表1　　谐波电流计算用主参数

项　　目	参　　数	
	向家坝站	上海站
标称功率（MW）	6400	6400
标称直流电压（kV）	800	800
标称直流电流（A）	4000	4000
标称交流谐波频率（Hz）	50	50
负序电压幅值（%）	1.1	1.1
负序电压相位	均匀分布	均匀分布
12脉动换流器总数	4	4
最大谐波次数	50	50
标称理想空载电压 U_{dio}N（kV）	230	217.6
Yy-Yd组间 U_{dio} 差值（p.u.）	0.0008	0.0005
最小相对感性压降 d_{xmin}（%）	8.74	8.74
标称相对感性压降 d_{xN}（%）	9.2	9.2
最大相对感性压降 d_{xmin}（%）	9.66	9.66
d_x 标准偏差，Δ_{dx}（$d_{xN}\times0.7\%$）	0.0664	0.0664
稳态标准偏差 α/γ，$\Delta_{\alpha/\gamma}$，（°）	0.010	0.010
最小（绝对）触发角，α_{min}，（°）	5	5
最小（绝对）关断角，γ_{min}，（°）	16	16
标称相对阻性压降，d_{rN}（%）	0.3	0.3
可控硅　（两个导通的）压降，U_T（kV）	0.3	0.3
标称（正常）交流系统电压（kV）	530	515
标称 α/γ（°）	15/17	15/17

3.1.1　特征谐波

p 脉动换流器产生的特征谐波次数为 $n=pk\pm1$，k=1，2，3，…。实际计算中考虑最高谐波次数到49次。通过对 p 脉动换流器产生的电流波形进行傅里叶分解得到各次谐波分量。影响特征谐波的主要因素包括：交流系统电压 U_{ac}，直流电压 U_d，换流变压器阻抗 d_x，触发/熄弧角 α/γ，直流电流 I_d。

3.1.2　非特征谐波

非特征谐波电流计算使用同上特征谐波电流计算的一些参数和换流器的一些非理想参数。在非特征谐波计算中考虑的非理想情况包括：换流变压器各相阻抗 d_x 的偏差，△和Y桥接法之间 d_x 的偏差，△和Y桥接法之间 U_{dio} 的偏差，阀间触发角的偏差。

交流系统不对称，可表示为相角随机分布的工频负序电压分量，非特征谐波的幅值和相位都由上述不平衡发生的组合来决定，这些随机变化量的分布情况可由制造经验来假定。但是，非特征谐波结果不可能遵循任何已知的统计分布，谐波分布和非理想分布间的确切关系也不可能彻底分析出来。因此，使用统计方法处理以上变量。

相间 d_x 可认为正态分布标准偏差为 d_xN×0.7%，这一个标准偏差一般由变压器制造商根据经验给出。Y桥和△桥之间的 d_x 偏差同上述的单桥一样处理。△桥和Y桥间的 U_{dio} 偏差可认为是△桥绕组中一匝压降的一半。

换流器的阀间触发角不同，取决于交流系统不平衡和等间隔触发系统的理想触发时刻偏差。可用如下公式估计标准偏差。

$$\sigma_\alpha = \frac{360 f_0 \times 10^{-5}}{\sqrt{n}} \quad (°)$$

交流电压不平衡影响到各相触发角和重叠角，从而产生谐波。在交流侧引起 3k 次谐波，k=1，3，5，…。换流站的负序电压估计为 1.1%。负序电压相角可认为是均匀且随机分布在 0°～360°之间。

针对每一个直流电流水平，进行多个 Monte Carlo 模拟。每次模拟中随机选取不同换相电抗、d_x、触发角和负序电压相角。然后对换流器产生的电流进行傅里叶分解。最终从三相结果中选取最大的谐波分量幅值作为计算结果。

3.2 滤波器失谐

滤波器的实际谐振频率与标称值存在偏差，从而导致滤波器失谐，失谐的原因主要有：系统工频变化，导致谐波频率的变化；滤波器元件制造允许误差；由于温度变化导致滤波器元件参数变化；电容器元件损坏和老化；由于调谐步长的有限大小导致初始失调。

失谐用等值频率偏差可表示成

$$\delta_e = \frac{\Delta f}{f_N}\left(\frac{\Delta C}{C_N} + \frac{\Delta L}{L_N}\right)$$

式中 $\frac{\Delta f}{f_N}$——交流系统频率偏差；

$\frac{\Delta C}{C_N}$——由于温度变化、元件损坏和老化的电容值变化；

$\frac{\Delta L}{L_N}$——带抽头的滤波器电感初始失调。

3.2.1 交流系统频率偏差

复龙换流站、奉贤换流站交流系统频率偏差为±0.2Hz。

3.2.2 元件参数偏差

3.2.2.1 电容器

计算中考虑了温度变化、元件故障和老化所造成的电容器偏差。电容器的制造公差由于将采用可调电感补偿而忽略。

由于温度引起的电容值变化用下式表示

$$\left(\frac{\Delta C}{C_{\mathrm{N}}}\right)_{\mathrm{temp}}=-\left(\frac{t_{\mathrm{a}}-t_{\mathrm{N}}}{100}\right)\times\Delta C_{\mathrm{t}}$$

式中　t_a——环境温度；

t_N——参考温度；

C_t——由于温度变化的电容值变化百分比。

由于温度变化的电容值变化百分比每 100℃取 5%/4%，基准温度为 25℃。由于熔丝动作和老化的高压电容值改变取–0.4%，低压电容值改变取 0%。

因此电容值总的变化范围为：高压电容器，＋1.148%/–1.247%；低压电容器，＋2.148%/–1.847%。

3.2.2.2　电感

为了补偿电容和电感的制造误差，滤波器电抗器加装调谐抽头。滤波器 HP11/13 电抗器加装调谐抽头，调节误差为±0.3%，其他电抗器偏差为±2%。

3.3　交流系统谐波阻抗

复龙换流站、奉贤换流站交流系统 2～50 次谐波阻抗用扇形图表示，参数包括最大阻抗幅值、最小阻抗幅值、最大阻抗角和最小阻抗角，表 2 和表 3 为各次谐波阻抗数据。

表 2　　向家坝侧交流系统 2～50 次谐波阻抗

次数	分区	最小阻抗（Ω）	最大阻抗（Ω）	最小角度（°）	最大角度（°）
2	1	12.74	24.11	79.85	86.64
2	2	41.95	68.39	75.62	85.06
3	1	21.15	29.33	35.54	86.60
3	2	21.15	118.47	35.54	82.58
3	3	21.15	143.36	35.54	78.71
3	4	21.15	198.91	35.54	45.78
4	1	7.18	45.24	–83.63	84.49
4	2	45.24	149.10	–81.01	–32.78
4	3	45.24	307.32	–32.78	60.74
5	1	0.91	22.70	–86.43	86.17
5	2	20.80	282.02	–48.60	43.05
5	3	53.24	89.49	76.71	84.11
6	1	0.30	90.53	–85.38	87.90
6	2	90.53	467.63	–81.45	75.16
6	3	455.72	899.70	6.27	13.32

续表

次数	分区	最小阻抗（Ω）	最大阻抗（Ω）	最小角度（°）	最大角度（°）
7	1	2.64	61.44	−84.38	86.58
7	2	61.44	335.80	−73.68	0.44
7	3	85.04	204.41	78.26	88.15
8	1	8.24	37.95	−82.81	87.59
8	2	37.95	110.30	−75.70	76.20
8	3	110.30	444.80	−30.92	68.34
9	1	0.83	42.09	−85.98	88.59
9	2	42.09	59.25	−83.90	−71.43
9	3	42.09	160.23	−8.08	68.12
10	1	1.10	41.39	−87.47	87.81
10	2	41.39	138.22	63.04	85.47
10	3	138.22	450.23	5.47	70.75
11	1	2.11	37.87	−87.24	86.47
11	2	37.87	267.20	31.94	87.56
11	3	37.87	419.66	−10.60	34.74
12	1	0.48	57.55	−85.05	87.37
12	2	57.55	720.76	−39.77	87.64
13	1	1.12	1449.81	−82.90	88.35
13	2	1449.81	3557.68	−82.90	81.88
13	3	3557.68	9623.79	−38.27	60.64
14	1	8.34	122.77	65.42	88.21
14	2	179.16	889.57	−85.75	−83.53
14	3	122.77	564.21	−20.68	79.42
15	1	15.34	101.57	−83.41	87.00
15	2	101.57	299.53	−85.65	75.22
15	3	299.53	679.07	−55.67	−16.24
16	1	14.91	54.69	−55.58	84.86
16	2	54.69	346.68	−66.54	18.86
16	3	54.69	90.07	18.86	77.89
17	1	23.79	148.31	−88.08	85.33
17	2	148.31	544.44	−88.08	48.44
17	3	544.44	980.22	−62.56	−14.98
18	1	31.87	93.13	−87.08	85.33
18	2	93.13	252.07	−88.37	77.43
18	3	252.07	544.44	−80.64	55.84
19	1	29.86	112.17	−87.86	84.62
19	2	112.17	236.08	−87.86	75.44

续表

次数	分区	最小阻抗（Ω）	最大阻抗（Ω）	最小角度（°）	最大角度（°）
19	3	236.08	625.35	−81.54	71.24
20	1	10.56	182.65	−88.98	84.62
20	2	182.65	354.48	−74.47	76.22
20	3	354.48	759.90	−53.55	65.30
21	1	11.09	126.01	−86.64	77.28
21	2	126.01	300.00	−76.46	73.86
21	3	300.00	550.44	−35.79	60.66
22	1	4.18	72.36	−85.59	84.84
22	2	72.36	147.23	−77.33	66.88
22	3	147.23	312.02	−59.13	53.12
23	1	6.42	135.53	−77.39	87.34
23	2	135.53	312.12	−77.39	71.02
23	3	312.12	910.51	−67.17	58.87
24	1	5.70	238.23	−83.63	87.09
24	2	238.23	485.78	−77.39	75.52
24	3	485.78	910.51	−51.55	56.80
25	1	2.85	154.84	−84.99	85.22
25	2	154.84	357.43	−60.43	79.36
25	3	357.43	765.92	−42.27	62.89
26～30	1	2.21	184.83	−87.44	84.90
26～30	2	184.83	538.53	−79.66	80.62
26～30	3	538.53	1221.22	−53.50	55.15
31～35	1	1.83	216.88	−86.68	88.51
31～35	2	216.88	582.63	−71.84	83.57
31～35	3	582.63	1965.82	−57.20	66.32
36～40	1	8.65	646.34	−89.02	87.73
36～40	2	646.34	1419.79	−85.49	84.67
36～40	3	1419.79	4000.63	−73.14	70.35
41～45	1	4.53	298.44	−89.02	81.66
41～45	2	298.44	849.30	−84.64	76.36
41～45	3	849.30	1638.65	−53.78	49.22
46～50	1	14.31	189.42	−88.99	77.23
46～50	2	189.42	430.80	−86.01	66.60
46～50	3	430.80	995.02	−71.56	41.55

表3 上海侧交流系统2～50次谐波阻抗

次数	分区	最小阻抗（Ω）	最大阻抗（Ω）	最小角度（°）	最大角度（°）
2	1	10.90	20.62	44.76	70.30
3	1	9.36	14.15	23.25	71.24
3	2	14.15	23.89	23.25	64.39
4	1	10.65	20.71	33.66	85.51
5	1	13.31	35.31	23.20	87.15
6	1	13.94	40.35	39.01	86.58
7	1	15.08	44.00	35.10	83.98
8	1	24.26	65.33	57.65	84.01
9	1	33.54	58.98	62.91	83.81
9	2	58.98	74.73	62.91	76.62
10	1	42.20	80.68	57.44	83.55
10	2	80.68	94.96	57.44	63.76
11	1	55.01	78.85	20.38	82.25
11	2	78.85	119.45	20.38	77.32
12	1	68.51	101.22	–5.60	78.40
12	2	101.22	191.46	–5.60	71.32
13	1	61.25	139.57	–24.44	70.81
13	2	139.57	323.19	–15.39	56.02
14	1	31.84	270.26	–61.72	62.73
15	1	19.10	176.03	–70.33	64.73
16	1	8.35	121.09	–70.46	71.41
16	2	121.09	215.86	13.69	47.57
17	1	5.73	269.12	–43.05	71.98
18	1	15.35	166.45	–42.79	77.69
18	2	166.45	519.88	–42.79	65.67
19	1	32.93	188.00	–67.03	77.74
19	2	188.00	519.88	–63.89	50.20
20	1	20.28	136.71	–75.48	76.63
20	2	136.71	355.34	–71.74	60.62
21	1	14.36	126.30	–77.76	71.23
21	2	126.30	334.56	–62.47	51.89
22	1	7.77	71.93	–78.29	68.45
22	2	71.93	237.35	–71.16	60.63
23	1	8.42	55.18	–77.89	79.12
23	2	55.18	195.86	–51.29	44.58
24	1	9.74	38.69	–76.02	83.67
24	2	38.69	130.85	–50.34	66.95
25	1	3.41	52.59	–69.28	85.85
25	2	52.59	191.93	–9.52	67.44

续表

次数	分区	最小阻抗（Ω）	最大阻抗（Ω）	最小角度（°）	最大角度（°）
26～30	1	3.41	196.08	−66.38	87.60
26～30	2	196.08	451.57	−61.07	61.16
31～35	1	23.75	186.11	−79.25	87.42
31～35	2	186.11	424.95	−71.60	84.01
31～35	3	424.95	983.49	−51.21	66.31
36～40	1	14.88	277.85	−79.54	86.91
36～40	2	277.85	780.68	−70.92	82.54
36～40	3	780.68	1571.85	−42.96	70.92
41～45	1	7.52	505.14	−83.10	86.46
41～45	2	505.14	971.98	−77.55	78.77
41～45	3	971.98	2499.05	−66.76	65.39
46～50	1	3.67	647.48	−85.73	78.98
46～50	2	647.48	1003.42	−76.33	76.50
46～50	3	1003.42	2539.90	−68.88	65.39

4　交流滤波器配置

在滤波器设计阶段，首先需要确定滤波器配置的主要策略。无功补偿要求和投切时允许最大暂态电压共同决定滤波器组数和最大组容量。谐波电流、性能要求和典型滤波器阻抗，这些数据和适当的滤波器组容量一起构成滤波器的解决方案。每个滤波器的品质因数 Q 值的确定是根据滤波器最大失谐和性能要求决定的。由于滤波器最昂贵的部分是高压电容器，需慎重考虑电容器容量大小。最终设计阶段，进一步优化滤波器分组大小和品质因数以满足性能要求。

复龙换流站最大无功分组容量在电压为525kV时为220Mvar；奉贤换流站最大无功分组容量在电压为515kV时为260Mvar。一个滤波器分组的最小容量与交流系统电压和电容器优化有关。从经济角度看，最好所有滤波器都选用同一种电容器，这样可降低备用和型式试验要求。不同滤波器组之间的无功分配是根据对滤波器阻抗要求的优化。

性能计算中对于不同功率水平使用最严重的非一致的谐波电流向量。滤波器谐波阻抗 Z_{nF}，取决于投入的滤波器类型与数量。交流系统谐波阻抗 Z_{nN}，数据来源于交流系统谐波阻抗等值研究，计算中在各次谐波阻抗范围内取值，使得与滤波器产生并联谐振或接近并联谐振的最严重方式出现，因此得到各次谐波可能的最大谐波畸变率。

按照规范书要求，性能计算选择的直流运行方式包括：功率正送，双极全压运行；功率正送，单极全压运行；运行方式还包括直流功率过负荷130%。性能要求滤波器设计满足在直流系统正常负荷时性能达标。性能计算中直流电流取值从最小水平到最大过负荷水平，步长为 5%。

交流滤波器性能计算中还需考虑以下因素：换流变压器直流偏磁电流；换流器产生的负序工频谐波；背景谐波对换流器产生的谐波的影响。

以上因素有些部分已经直接在性能计算中予以考虑，另一些则采用留取一定裕度的方法：增加 10%负序背景谐波电压；在所有直流功率范围内，采用最严重的谐波组合计算性能指标 D_N，D_{eff} 和 $THFF$；复龙换流站与奉贤换流站交流系统电压取极端最低值。

4.1 滤波器系统谐振

对于低频，滤波器谐波阻抗几乎完全是容性的，而交流系统谐波阻抗经常是感性的。这种情况下，滤波器与交流网络之间可能有并联谐振的危险，因此需加装低频滤波器。谐振频率估算为

$$n=\sqrt{\frac{S_K}{Q}}$$

式中 S_K——交流系统短路容量；

Q ——滤波器和电容器发出总无功量。

4.2 滤波器型式

现在所用的滤波器有两个主要型式：调谐滤波器或带通滤波器，它可滤除一个或几个较低的谐波频率；阻尼滤波器或高通滤波器，对较广阔的频率范围提供低阻抗。本工程所用到的滤波器型式为双调谐带高通 DTHP 滤波器和高通 HP3 滤波器，电路图分别如图 4 和图 5 所示。

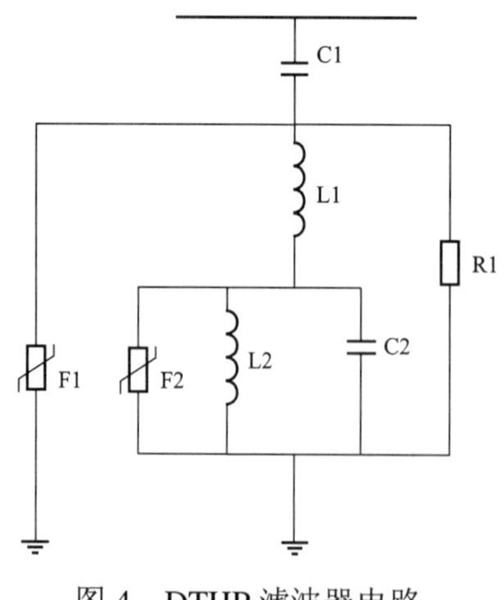

图 4 DTHP 滤波器电路

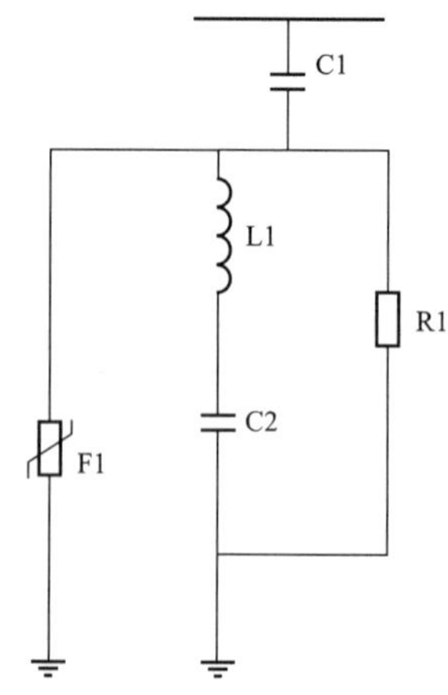

图 5 HP3 滤波器电路

4.3 滤波器配置的其他要求

4.3.1 冗余

有时换流器需要在一个滤波器分组退出的情况下运行。这种情况可能发生在一个滤波器元件检修或更换一个备用元件时。为适应这种运行情况，需要确定实际谐波畸变率和无功平衡。有些情况需通过降低负荷来满足谐波电压的要求。

4.3.2 损耗估计

影响滤波器配置的另一个因素是对滤波器元件损耗的评价。若估计损耗过高，滤波器带宽应该较窄（高 q-值）。相反，若损耗估计较低则可减小滤波器锐度。这样可简化滤波器配置，使设备备用减少。

4.4 滤波器配置

复龙换流站交流滤波器配置如下：

四组 HP11/13 滤波器，每组容量分别为 220Mvar；

四组 HP24/36 滤波器，每组容量分别为 220Mvar；

二组 HP3 滤波器，容量为 220Mvar；

四组 SC 并联电容器；容量为 220Mvar。

奉贤换流站交流滤波器配置如下：

三组 HP11/13 滤波器，每组容量分别为 260Mvar；

三组 HP24/36 滤波器，每组容量分别为 260Mvar；

二组 HP3 滤波器，容量为 220Mvar；

七组 SC 并联电容器；每组容量分别为 260Mvar。

按照要求，任意一组滤波器为备用，即当任意一组滤波器退出运行时，滤波性能指标在 100%直流传输功率时仍能满足性能要求。

两种类型滤波器分别是双调谐高通滤波器（DTHP）和高通 C-型滤波器（HP-C）。两侧换流站交流滤波器元件参数见表 4 和表 5。

表 4　　复龙换流站交流滤波器元件参数

项　目	参　数			
	HP11/13	HP24/36	HP3	SC
C1（μF）	2.4930	2.4930	2.4930	2.4930
L1（mH）	28.42	4.704	508.03	2.0
C2（μF）	89.129	14.958	19.944	
L2（mH）	0.795	0.784		
R1（Ω）	2000	500	1800	
特征频率（Hz）	550/650	1200/1800	150	—
$Q_{3p,\ at\ 525kV}$（Mvar）	220	220	220	220
支路数量	4	4	2	4

表5 奉贤换流站交流滤波器元件参数

项目	参数			
	HP11/13	HP24/36	HP5	SC
C1（μF）	3.1204	3.1204	3.1204	3.1204
L1（mH）	22.706	3.758	135.29	2.0
C2（μF）	111.559	18.722	74.889	
L2（mH）	0.635	0.6264		
R1（Ω）	2000	500	1800	
特征频率（Hz）	550/650	1200/1800	250	—
$Q_{3p,\ at\ 515kV}$（Mvar）	260	260	260	260
支路数量	3	3	2	7

第8节 复龙换流站无功补偿研究

1 容性无功补偿

1.1 无功消耗计算

换流站的无功消耗与直流输送功率、直流电压、直流电流、换相角及换相电抗等因素有关。考虑到向家坝—上海±800kV特高压直流工程在实际运行时，作为整流侧的复龙换流站的换流变压器的抽头一般控制在额定值附近，其典型数值为：额定触发角α_N为15°，稳态运行时保持在此值的±2.5°。因此，为了给实际运行留有一定裕度，必须按换流站额定功率（6400MW）时的最大可能的无功消耗来进行设计，也即要考虑交流母线电压和换流变压器抽头的位置，使得触发角α为稳态运行的最大值17.5°，同时还要考虑换流变压器阻抗U_k（%）的设备公差（按±5%考虑）、直流电压测量误差（按±0.75%考虑）、直流电流测量误差（按±0.3%考虑），以及触发角控制误差（按±0.2°考虑）等。考虑以上因素，计算出复龙换流站在直流额定功率运行时的最大无功消耗为3834Mvar（换流变压器U_k%按18%考虑），详细计算情况如表1所示。

表1 复龙换流站的最大无功消耗计算结果

项目	复龙换流站	项目	复龙换流站
P（MW）（复龙换流站侧）	6400	I_d（kA）	4.062
φ（°）	31.04	α（°）	17.7
μ（°）	23.78	X_c（Ω）	5.55
U_d（kV）	784.0	Q_{dcmax}（Mvar）	3833.7
U_{dio}（kV）	931.5		

1.2　交流系统提供容性无功能力

（1）金沙江一期送端交流系统正常接线方式、N–1 接线方式及调峰运行方式下，交流系统提供容性无功能力的分析计算结果表明，金沙江一期送端交流系统提供给向家坝、溪洛渡左岸和溪洛渡右岸 3 个换流站的总容性无功能力约 2300～2800Mvar（金沙江一期送端交流系统提供容性无功能力如表 2 所示）。考虑一定裕度，送端交流系统提供给 3 个换流站的总容性无功能力按 2300Mvar 考虑。

表 2　　金沙江一期送端交流系统提供容性无功能力分析

序号	项　目	方式 1	方式 2（调峰方式）	方式 3-1	方式 3-2
		向家坝 8 机 4 线 溪洛渡左 9 机 3 线 溪洛渡右 9 机 3 线 向家坝 $\cos\varphi=0.9$ 溪洛渡 $\cos\varphi=0.94$	向家坝 6 机 4 线 溪洛渡左 8 机 3 线 溪洛渡右 8 机 3 线 向家坝 $\cos\varphi=0.9$ 溪洛渡 $\cos\varphi=0.94$	向家坝 8 机 4 线 溪洛渡左 9 机 2 线 溪洛渡右 9 机 3 线 向家坝 $\cos\varphi=0.9$ 溪洛渡 $\cos\varphi=0.94$	向家坝 8 机 4 线 溪洛渡左 9 机 3 线 溪洛渡右 9 机 2 线 向家坝 $\cos\varphi=0.9$ 溪洛渡 $\cos\varphi=0.94$
一	电网可发无功	8378	7143	8280	8378
1	电站可发无功	7479	6245	7479	7479
	向家坝电站	2906	2179	2906	2906
	溪洛渡左岸电站	2287	2033	2287	2287
	溪洛渡右岸电站	2287	2033	2287	2287
2	线路充电功率	899	899	801	899
	向家坝电站—换流站	64	64	64	64
	复龙换流站—泸州变电站	167	167	167	167
	溪洛渡左—换流站	293	293	195	293
	溪洛渡右—换流站	375	375	375	375
二	系统损耗无功	5597	4796	5894	6000
1	电站升压变压器无功损耗	3045	2556	2954	2954
	向家坝升压变压器	1083	812	1083	1083
	溪洛渡左岸升压变压器	981	872	890	981
	溪洛渡右岸升压变压器	981	872	981	890
2	线路无功损耗	2429	2117	2817	2923
	向家坝电站—换流站	118	67	118	118
	复龙换流站—泸州	9	231	18	18
	溪洛渡左—换流站	1010	798	1388	1010
	溪洛渡右—换流站	1293	1021	1293	1778

续表

序号	项　目	方式 1	方式 2（调峰方式）	方式 3-1	方式 3-2
		向家坝 8 机 4 线 溪洛渡左 9 机 3 线 溪洛渡右 9 机 3 线 向家坝 $\cos\varphi=0.9$ 溪洛渡 $\cos\varphi=0.94$	向家坝 6 机 4 线 溪洛渡左 8 机 3 线 溪洛渡右 8 机 3 线 向家坝 $\cos\varphi=0.9$ 溪洛渡 $\cos\varphi=0.94$	向家坝 8 机 4 线 溪洛渡左 9 机 2 线 溪洛渡右 9 机 3 线 向家坝 $\cos\varphi=0.9$ 溪洛渡 $\cos\varphi=0.94$	向家坝 8 机 4 线 溪洛渡左 9 机 3 线 溪洛渡右 9 机 2 线 向家坝 $\cos\varphi=0.9$ 溪洛渡 $\cos\varphi=0.94$
3	复龙换流站—泸州高压电抗器	123	123	123	123
三	系统可提供无功	2780	2347	2386	2377

注 1. 溪洛渡左、右岸电站出线 N–1 时，受开关制造能力限制，为满足长时间送电要求，考虑相应电站分别降低有功出力 300MW 运行，不足容量由四川主网补充。

2. 向家坝、溪洛渡电站升压变的阻抗百分数分别按 17%、16%考虑，发电机纵轴次暂态电抗 X_d'' 分别按 0.20、0.23 考虑。

（2）考虑到复龙换流站距离金沙江一期电站最近（距向家坝左、右岸电站距离分别仅有约 12、15km），最有条件接受送端交流系统提供的容性无功，在不影响溪洛渡左、右岸 2 个换流站可研审查确定的容性无功配置总规模 3200Mvar 不变的前提下（交流系统提供给两换流站的容性无功能力均按 650Mvar 考虑），交流系统提供给复龙换流站的最大容性无功能力可按 1000Mvar 考虑。

1.3 换流站容性无功分组容量研究

结合常规±500kV 直流工程的设计经验，投切换流站容性无功小组引起的最大暂态、稳态电压变化率应分别小于 2%和 1.15%。因此，对于复龙换流站容性无功小组容量的分析研究仍采用常规±500kV 直流工程投切无功小组的最大暂态和稳态电压变化率进行分析。

根据金沙江一期水电站的建设投产进度，2012、2013 年丰水期向家坝水电站分别投产了 1、4 台机组；到 2017 年，金沙江一期溪洛渡、向家坝水电站全部投产。根据向家坝—上海±800kV 特高压直流工程的建设进度，该直流工程在 2011 年底和 2012 年分别投运单极和双极。为充分发挥向家坝—上海特高压直流工程的经济效益，同时也利用过渡时期直流空闲输电能力为四川大量富余的水电提供送出通道，建议 2012 年、2013 年丰水期向家坝直流分别按单极送电 3200MW、双极送电 6400MW 考虑，不足容量由四川主网补充。

因此，确定复龙换流站容性无功小组容量主要以向家坝—上海±800kV 特高压直流工程投产初期的 2012、2013 年两个水平年进行分析研究，同时用 2015 年和 2017 年作为过渡和远景水平年进行了分析校核。投切复龙换流站无功小组引起的暂态电压变化率情况如表 3 所示；投切复龙换流站无功小组引起的稳态电压变化率情况如表 4

所示；切复龙换流站无功大组引起的暂态电压变化率情况如表 5 所示。

表 3　　投切复龙换流站无功小组引起的暂态电压波动　　p.u.

运行方式	分组容量（Mvar）	暂态电压波动					
		切一组			投一组		
		U_0（−）	U_0（+）	ΔU	U_0（−）	U_0（+）	ΔU
2012 年丰大方式 向家坝左 1 机 正常接线 单极送电 3200MW	200	1.0069	0.9925	−1.44%	1.0069	1.0219	1.48%
	210	1.0069	0.9917	−1.51%	1.0069	1.0226	1.56%
	220	1.0069	0.991	−1.58%	1.0069	1.0234	1.64%
	230	1.0069	0.9903	−1.65%	1.0069	1.0241	1.71%
	240	1.0069	0.9896	−1.72%	1.0069	1.0249	1.79%
2013 年丰大方式 向家坝左、右各 2 机 正常接线 双极送电 6400MW	200	1.001	0.9905	−1.05%	1.001	1.0117	1.07%
	210	1.001	0.99	−1.10%	1.001	1.0123	1.12%
	220	1.001	0.9895	−1.15%	1.001	1.0128	1.18%
	230	1.001	0.9889	−1.21%	1.001	1.0134	1.23%
	240	1.001	0.9884	−1.26%	1.001	1.0139	1.29%
2013 年枯小方式 1 向家坝左、右各 1 机 正常接线	200	1.0167	1.0035	−1.30%	1.0167	1.0303	1.33%
	210	1.0167	1.0029	−1.36%	1.0167	1.0309	1.40%
	220	1.0167	1.0022	−1.43%	1.0167	1.0316	1.47%
	230	1.0167	1.0016	−1.49%	1.0167	1.0323	1.54%
	240	1.0167	1.0009	−1.55%	1.0167	1.033	1.60%
2013 年枯小方式 2 向家坝左、右各 1 机 复龙换流站—泸州 N−1	200	1.0239	1.0089	−1.46%	1.0239	1.0395	1.52%
	210	1.0239	1.0082	−1.54%	1.0239	1.0402	1.60%
	220	1.0239	1.0074	−1.61%	1.0239	1.041	1.67%
	230	1.0239	1.0067	−1.68%	1.0239	1.0418	1.75%
	240	1.0239	1.0059	−1.76%	1.0239	1.0426	1.83%
2013 年枯小方式 3 向家坝左、右各 1 机 向家坝左—复龙换流站 N−1	200	1.0241	1.0109	−1.29%	1.0241	1.0378	1.33%
	210	1.0241	1.0103	−1.35%	1.0241	1.0384	1.40%
	220	1.0241	1.0096	−1.42%	1.0241	1.0391	1.47%
	230	1.0241	1.009	−1.48%	1.0241	1.0398	1.53%
	240	1.0241	1.0083	−1.54%	1.0241	1.0405	1.60%
2013 年枯小方式 4 向家坝左 2 机、右 1 机 向家坝左—复龙换流站 N−1	200	1.0105	0.9987	−1.17%	1.0105	1.0227	1.21%
	210	1.0105	0.9977	−1.26%	1.0105	1.0237	1.31%
	220	1.0105	0.9968	−1.36%	1.0105	1.0248	1.41%
	230	1.0105	0.9958	−1.46%	1.0105	1.0258	1.51%
	240	1.0105	0.9948	−1.55%	1.0105	1.0268	1.61%
2015 年枯小方式 1 向家坝左、右各 1 机 溪洛渡左 1 机 正常接线	200	1.0353	1.0254	−0.96%	1.0353	1.0456	0.99%
	210	1.0353	1.0249	−1.01%	1.0353	1.0461	1.04%
	220	1.0353	1.0244	−1.06%	1.0353	1.0466	1.09%
	230	1.0353	1.0239	−1.10%	1.0353	1.0471	1.14%
	240	1.0353	1.0234	−1.15%	1.0353	1.0476	1.19%

续表

运行方式	分组容量（Mvar）	暂态电压波动					
		切一组			投一组		
		U_0（－）	U_0（＋）	ΔU	U_0（－）	U_0（＋）	ΔU
2015 年枯小方式 2 向家坝左、右各 1 机 溪洛渡左 1 机 复龙换流站—泸州 *N*–1	200	1.0347	1.023	–1.14%	1.0347	1.0467	1.15%
	210	1.0347	1.0224	–1.19%	1.0347	1.0473	1.21%
	220	1.0347	1.0218	–1.25%	1.0347	1.0479	1.27%
	230	1.0347	1.0212	–1.31%	1.0347	1.0485	1.33%
	240	1.0347	1.0206	–1.36%	1.0347	1.0491	1.39%
2015 年枯小方式 3 向家坝左、右各 1 机 溪洛渡左 1 机 复龙换流站—溪左换流站 *N*–1	200	1.0338	1.0239	–0.96%	1.0338	1.044	0.99%
	210	1.0338	1.0234	–1.01%	1.0338	1.0445	1.04%
	220	1.0338	1.0229	–1.06%	1.0338	1.0451	1.09%
	230	1.0338	1.0224	–1.10%	1.0338	1.0456	1.14%
	240	1.0338	1.0219	–1.15%	1.0338	1.0461	1.19%
2017 年枯小方式 1 向家坝左、右各 1 机 溪洛渡左、右各 1 机 正常接线	200	1.0272	1.0179	–0.91%	1.0272	1.0367	0.92%
	210	1.0272	1.0174	–0.96%	1.0272	1.0372	0.97%
	220	1.0272	1.0169	–1.00%	1.0272	1.0377	1.02%
	230	1.0272	1.0165	–1.05%	1.0272	1.0381	1.06%
	240	1.0272	1.016	–1.09%	1.0272	1.0386	1.11%
2017 年枯小方式 2 向家坝左、右各 1 机 溪洛渡左、右各 1 机 复龙换流站—泸州 *N*–1	200	1.0253	1.0146	–1.05%	1.0253	1.0367	1.11%
	210	1.0253	1.014	–1.10%	1.0253	1.0372	1.16%
	220	1.0253	1.0135	–1.15%	1.0253	1.0377	1.21%
	230	1.0253	1.0129	–1.21%	1.0253	1.0383	1.27%
	240	1.0253	1.0124	–1.26%	1.0253	1.0387	1.31%
2017 年枯小方式 3 向家坝左、右各 1 机 溪洛渡左 1 机 复龙换流站—泸州 *N*–1	200	1.0266	1.0147	–1.16%	1.0266	1.0389	1.20%
	210	1.0266	1.0141	–1.22%	1.0266	1.0395	1.26%
	220	1.0266	1.0135	–1.28%	1.0266	1.0402	1.32%
	230	1.0266	1.0129	–1.34%	1.0266	1.0408	1.38%
	240	1.0266	1.0123	–1.39%	1.0266	1.0414	1.44%
2017 年枯小方式 4 向家坝左、右各 1 机 溪洛渡左、右各 1 机 复龙换流站—溪左换流站 *N*–1	200	1.0258	1.0165	–0.91%	1.0258	1.0354	0.93%
	210	1.0258	1.016	–0.96%	1.0258	1.0358	0.98%
	220	1.0258	1.0155	–1.00%	1.0258	1.0363	1.03%
	230	1.0258	1.0151	–1.05%	1.0258	1.0368	1.07%
	240	1.0258	1.0146	–1.09%	1.0258	1.0373	1.12%

表 4　　投切复龙换流站无功小组引起的稳态电压波动　　p.u.

运行方式	分组容量（Mvar）	暂态电压波动					
		切一组			投一组		
		U_0（−）	U_0（+）	ΔU	U_0（−）	U_0（+）	ΔU
2012 年丰大方式 向家坝左 1 机 正常接线 单极送电 3200MW	200	1.0069	0.9975	−0.93%	1.0069	1.0163	0.93%
	210	1.0069	0.9970	−0.98%	1.0069	1.0168	0.98%
	220	1.0069	0.9965	−1.03%	1.0069	1.0173	1.03%
	230	1.0069	0.9960	−1.08%	1.0069	1.0178	1.08%
	240	1.0069	0.9955	−1.13%	1.0069	1.0183	1.13%
2013 年丰大方式 向家坝左、右各 2 机 正常接线	200	1.0010	0.9957	−0.53%	1.0010	1.0070	0.60%
	210	1.0010	0.9954	−0.56%	1.0010	1.0073	0.62%
	220	1.0010	0.9951	−0.59%	1.0010	1.0075	0.65%
	230	1.0010	0.9948	−0.62%	1.0010	1.0078	0.67%
	240	1.0010	0.9945	−0.65%	1.0010	1.0080	0.70%
2013 年枯小方式 1 向家坝左、右各 1 机 正常接线	200	1.0167	1.0077	−0.89%	1.0167	1.0263	0.94%
	210	1.0167	1.0072	−0.93%	1.0167	1.0268	0.99%
	220	1.0167	1.0068	−0.98%	1.0167	1.0273	1.04%
	230	1.0167	1.0063	−1.02%	1.0167	1.0277	1.08%
	240	1.0167	1.0059	−1.06%	1.0167	1.0282	1.13%
2013 年枯小方式 2 向家坝左、右各 1 机 复龙换流站—泸州 *N*−1	200	1.0239	1.0139	−0.98%	1.0239	1.0345	1.04%
	210	1.0239	1.0134	−1.03%	1.0239	1.0350	1.09%
	220	1.0239	1.0129	−1.07%	1.0239	1.0356	1.14%
	230	1.0239	1.0124	−1.12%	1.0239	1.0361	1.19%
	240	1.0239	1.0119	−1.17%	1.0239	1.0366	1.24%
2013 年枯小方式 3 向家坝左、右各 1 机 向家坝左—复龙换流站 *N*−1	200	1.0241	1.0150	−0.89%	1.0241	1.0337	0.94%
	210	1.0241	1.0146	−0.93%	1.0241	1.0342	0.98%
	220	1.0241	1.0141	−0.98%	1.0241	1.0347	1.03%
	230	1.0241	1.0137	−1.02%	1.0241	1.0351	1.08%
	240	1.0241	1.0132	−1.06%	1.0241	1.0356	1.12%
2013 年枯小方式 4 向家坝左 2 机、右 1 机 向家坝左—复龙换流站 *N*−1	200	1.0105	1.0027	−0.77%	1.0105	1.0188	0.82%
	210	1.0105	1.0021	−0.84%	1.0105	1.0194	0.88%
	220	1.0105	1.0014	−0.90%	1.0105	1.0201	0.95%
	230	1.0105	1.0008	−0.96%	1.0105	1.0208	1.02%
	240	1.0105	1.0001	−1.03%	1.0105	1.0215	1.09%
2015 年枯小方式 1 向家坝左、右各 1 机 溪洛渡左 1 机 正常接线	200	1.0353	1.0287	−0.64%	1.0353	1.0423	0.67%
	210	1.0353	1.0284	−0.67%	1.0353	1.0426	0.70%
	220	1.0353	1.0281	−0.70%	1.0353	1.0429	0.74%
	230	1.0353	1.0277	−0.73%	1.0353	1.0433	0.77%
	240	1.0353	1.0274	−0.76%	1.0353	1.0436	0.80%

续表

运行方式	分组容量（Mvar）	暂态电压波动					
		切一组			投一组		
		U_0（−）	U_0（+）	ΔU	U_0（−）	U_0（+）	ΔU
2015 年枯小方式 2 向家坝左、右各 1 机 溪洛渡左 1 机 复龙换流站—泸州 N–1	200	1.0347	1.0273	–0.72%	1.0347	1.0425	0.75%
	210	1.0347	1.0269	–0.76%	1.0347	1.0428	0.79%
	220	1.0347	1.0265	–0.79%	1.0347	1.0432	0.82%
	230	1.0347	1.0262	–0.83%	1.0347	1.0436	0.86%
	240	1.0347	1.0258	–0.86%	1.0347	1.0440	0.90%
2015 年枯小方式 3 向家坝左、右各 1 机 溪洛渡左 1 机 复龙换流站—溪洛渡左换流站 N–1	200	1.0338	1.0272	–0.64%	1.0338	1.0408	0.68%
	210	1.0338	1.0269	–0.67%	1.0338	1.0412	0.71%
	220	1.0338	1.0266	–0.70%	1.0338	1.0415	0.74%
	230	1.0338	1.0262	–0.73%	1.0338	1.0419	0.78%
	240	1.0338	1.0259	–0.76%	1.0338	1.0422	0.81%
2017 年枯小方式 1 向家坝左、右各 1 机 溪洛渡左、右各 1 机 正常接线	200	1.0272	1.0214	–0.56%	1.0272	1.0331	0.57%
	210	1.0272	1.0211	–0.59%	1.0272	1.0334	0.60%
	220	1.0272	1.0208	–0.62%	1.0272	1.0337	0.63%
	230	1.0272	1.0205	–0.65%	1.0272	1.0340	0.66%
	240	1.0272	1.0202	–0.68%	1.0272	1.0343	0.69%
2017 年枯小方式 2 向家坝左、右各 1 机 溪洛渡左、右各 1 机 复龙换流站—泸州 N–1	200	1.0253	1.0189	–0.62%	1.0253	1.0321	0.66%
	210	1.0253	1.0186	–0.66%	1.0253	1.0325	0.70%
	220	1.0253	1.0183	–0.69%	1.0253	1.0328	0.73%
	230	1.0253	1.0179	–0.72%	1.0253	1.0331	0.76%
	240	1.0253	1.0176	–0.75%	1.0253	1.0334	0.79%
2017 年枯小方式 3 向家坝左、右各 1 机 溪洛渡左 1 机 复龙换流站—泸州 N–1	200	1.0266	1.0196	–0.68%	1.0266	1.0340	0.72%
	210	1.0266	1.0193	–0.72%	1.0266	1.0344	0.76%
	220	1.0266	1.0189	–0.75%	1.0266	1.0348	0.79%
	230	1.0266	1.0186	–0.78%	1.0266	1.0351	0.83%
	240	1.0266	1.0182	–0.82%	1.0266	1.0355	0.87%
2017 年枯小方式 4 向家坝左、右各 1 机 溪洛渡左、右各 1 机 复龙换流站—溪左换流站 N–1	200	1.0258	1.0199	–0.58%	1.0258	1.0320	0.60%
	210	1.0258	1.0196	–0.61%	1.0258	1.0323	0.63%
	220	1.0258	1.0193	–0.64%	1.0258	1.0326	0.66%
	230	1.0258	1.0190	–0.66%	1.0258	1.0329	0.69%
	240	1.0258	1.0187	–0.69%	1.0258	1.0332	0.72%

表 5　切无功大组引起的复龙换流站暂态电压波动　p.u.

运　行　方　式	分组容量（Mvar）	暂态电压波动		
		切一组		
		U_0（−）	U_0（+）	ΔU
2012 年丰大方式 向家坝左 1 机 正常接线 直流单极送电 3200MW	800	1.0069	0.9515	−5.50%
	840	1.0069	0.9489	−5.76%
	880	1.0069	0.9463	−6.02%
	920	1.0069	0.9436	−6.28%
	960	1.0069	0.941	−6.54%
2013 年丰大方式 向家坝左 2 机、向家坝右 2 机 正常接线 直流单极送电 6400MW	800	1.001	0.9603	−4.06%
	840	1.001	0.9584	−4.26%
	880	1.001	0.9565	−4.45%
	920	1.001	0.9545	−4.64%
	960	1.001	0.9526	−4.84%
2013 年枯小方式 1 向家坝左 2 机、向家坝右 1 机 正常接线	800	1.0369	0.9894	−4.58%
	840	1.0369	0.9872	−4.80%
	880	1.0369	0.9849	−5.01%
	920	1.0369	0.9827	−5.23%
	960	1.0369	0.9804	−5.45%
2013 年枯小方式 2 向家坝左 2 机、向家坝右 1 机 复龙换流站—泸州 *N*−1	800	1.0349	0.9816	−5.15%
	840	1.0349	0.9791	−5.39%
	880	1.0349	0.9766	−5.63%
	920	1.0349	0.9742	−5.87%
	960	1.0349	0.9717	−6.11%
2013 年枯小方式 3 向家坝左 2 机、向家坝右 1 机 向家坝左—复龙换流站 *N*−1	800	1.0357	0.988	−4.61%
	840	1.0357	0.9857	−4.83%
	880	1.0357	0.9834	−5.05%
	920	1.0357	0.9812	−5.27%
	960	1.0357	0.9789	−5.48%
2015 年枯小方式 1 向家坝左、右各 1 机 溪洛渡左 2 机 正常接线	800	1.0392	1.0015	−3.63%
	840	1.0392	0.9997	−3.80%
	880	1.0392	0.9979	−3.98%
	920	1.0392	0.996	−4.15%
	960	1.0392	0.9942	−4.33%
2015 年枯小方式 2 向家坝左、右各 1 机 溪洛渡左 2 机 复龙换流站—泸州 *N*−1	800	1.0392	0.9953	−4.22%
	840	1.0392	0.9933	−4.42%
	880	1.0392	0.9912	−4.62%
	920	1.0392	0.9891	−4.82%
	960	1.0392	0.987	−5.02%

续表

运行方式	分组容量（Mvar）	暂态电压波动		
		切一组		
		U_0（-）	U_0（+）	ΔU
2015年枯小方式3 向家坝左、右各1机 溪洛度左2机 复龙换流站—溪左换流站 N-1	800	1.0376	0.9998	-3.65%
	840	1.0376	0.998	-3.82%
	880	1.0376	0.9962	-3.99%
	920	1.0376	0.9943	-4.17%
	960	1.0376	0.9925	-4.34%
2017年枯小方式1 向家坝左、右各1机 溪洛渡左1机、溪洛渡右2机 正常接线	800	1.0357	0.9998	-3.47%
	840	1.0357	0.998	-3.64%
	880	1.0357	0.9963	-3.80%
	920	1.0357	0.9946	-3.97%
	960	1.0357	0.9929	-4.14%
2017年枯小方式2 向家坝左、右各1机 溪洛渡左1机、溪洛渡右2机 复龙换流站—泸州 N-1	800	1.0369	0.9954	-4.00%
	840	1.0369	0.9935	-4.19%
	880	1.0369	0.9915	-4.37%
	920	1.0369	0.9896	-4.56%
	960	1.0369	0.9876	-4.75%
2017年枯小方式3 向家坝左、右各1机 溪洛渡左1机、溪洛渡右2机 复龙换流站—溪左换流站 N-1	800	1.0343	0.9981	-3.50%
	840	1.0343	0.9964	-3.67%
	880	1.0343	0.9946	-3.83%
	920	1.0343	0.9929	-4.00%
	960	1.0343	0.9912	-4.17%

计算结果表明：

（1）投切无功小组引起的暂态、稳态电压变化：

1）2012年丰大方式下，直流按单极输送功率3200MW运行，在正常接线方式下，复龙换流站投切220Mvar无功小组引起的最大暂态、稳态电压变化率分别为1.64%和1.03%。

2）2013年丰大方式下，直流按双极输送功率6400MW运行，在正常接线方式下，复龙换流站投切220Mvar无功小组引起的最大暂态、稳态电压变化率分别为1.18%、0.65%。

3）2013年枯小方式下，在正常接线方式下，投切220Mvar复龙换流站无功小组引起的最大暂态、稳态电压变化率分别为1.47%、1.04%。

4）2015年枯小方式下，在不同的 N-1 接线方式下，复龙换流站投切220Mvar无功小组引起的最大暂态、稳态电压变化率分别为1.27%、0.82%。

5）2017 年枯小方式下，在不同的 N–1 接线方式下，复龙换流站投切 220Mvar 无功小组引起的最大暂态、稳态电压变化率分别为 1.21%、0.73%。

（2）切无功大组引起的暂态电压变化：

1）2012 年丰大方式下，直流按单极输送功率 3200MW 运行，在正常接线方式下，复龙换流站切 880Mvar 无功大组引起的最大暂态电压变化率为 6.02%。

2）2013 年丰大方式下，直流按双极输送功率 6400MW 运行，在正常接线方式下，复龙换流站切 880Mvar 无功大组引起的最大暂态电压变化率为 4.45%。

3）2013 年枯小方式下，在正常接线方式下，复龙换流站切 880Mvar 无功大组引起的最大暂态电压变化率为 5.01%。

4）2015 年枯小方式下，在正常接线方式和不同的 N–1 接线方式下，复龙换流站切 880Mvar 无功大组引起的最大暂态电压变化率分别为 3.98%和 4.62%。

5）2017 年枯小方式下，在正常接线方式和不同的 N–1 接线方式下，复龙换流站切 880Mvar 无功大组引起的最大暂态电压变化率分别为 3.80%和 4.37%。

（3）小结：

1）枯小方式是投切无功分组的控制方式。

2）2012 年和 2013 年正常接线方式下，复龙换流站投切 220Mvar 无功小组引起的最大暂态电压、最大稳态电压变化率分别小于 2%和 1.15%；2015 年和 2017 年正常接线方式及 N–1 接线方式下，复龙换流站投切 220Mvar 无功小组引起的最大暂态电压、最大稳态电压变化率分别小于 1.5%和 1.0%。

3）复龙换流站切 880Mvar 无功大组引起的最大暂态电压变化率除 2012 年丰大正常方式和 2013 年枯小正常方式的最大电压变化率超过 5%（分别为 6.02%和 5.01%）外，2015 年和 2017 年 N–1 接线方式下，切 880Mvar 无功大组引起的最大电压变化率均远小于 5%。

4）切除无功大组是一种非正常方式，不应作为无功分组配置的控制方式，而只能作为一种保护功能，可适当放宽切除无功大组引起的最大暂态电压波动范围（按 5%～6%控制），因此，复龙换流站无功大组的容量可按 880Mvar 考虑。

1.4 复龙换流站容性无功补偿

参照以往±500kV 直流工程容性无功补偿总容量的配置原则，换流站站内容性无功补偿总容量应满足下式要求

$$Q_{\text{total}} \geqslant (Q_{\text{dc}} - Q_{\text{ac}}) / U_{\text{ac}}^2 + Q_{\text{sb}}$$

式中 Q_{total}——换流站需要的无功补偿容量；

Q_{dc}——换流站无功消耗容量；

Q_{ac}——交流系统提供的无功容量；

Q_{sb}——换流站备用无功容量（按 1 小组无功考虑）；

U_{ac}——换流站交流母线电压标幺值（按 1.0p.u.考虑）。

对于复龙换流站

$$Q_{total} \geqslant (Q_{ac}-Q_{dc})/1.0^2+Q_{sb}$$
$$=(3834-1000)/1.0^2+220$$
$$=3054\text{（Mvar）}$$

根据复龙换流站站内无功配置总规模的分析，同时结合投切复龙换流站无功分组引起的最大暂态和稳态电压变化率，为了保证向家坝—上海±800kV 特高压直流工程运行的灵活性和可靠性，并本着尽量减少无功分组数、节省投资和节省占地的原则，考虑复龙换流站容性无功补偿方案如下：

（1）系统提供容性无功能力：1000Mvar。

（2）总容性无功配置：复龙换流站的总容性无功按 3080Mvar 配置，分 4 个大组，共 14 小组，每小组无功补偿容量为 220Mvar。

2 感性无功补偿

2.1 送端交流系统吸收容性无功的能力

在枯水期，若金沙江一期特高压直流均在 $0.1P_N$（640MW）小负荷方式运行时，3 回特高压直流送电总功率仅为 1920MW（3×640）。考虑到金沙江一期溪洛渡、向家坝水电站的单机容量分别为 700MW 和 750MW，当 3 回直流均按 $0.1P_N$ 送电时，至少需要开 3 台机组；同时为避开机组的振动区，溪洛渡、向家坝水电站总开机台数不宜超过 4 台机组。因此，在每回直流均按 $0.1P_N$ 运行的小负荷方式下，按金沙江一期溪洛渡、向家坝水电站开 3 机和 4 机两种情况，分析了金沙江一期送端交流系统吸收容性无功的能力，如表 6 所示。

表 6 金沙江一期送端交流系统吸收容性无功能力分析 Mvar

序号	项目	方式 1	方式 2	方式 3	方式 4
		向家坝左、右各 1 机 溪洛渡左、右各 1 机 cos φ =–0.95	向家坝左、右各 1 机 溪洛渡左、右各 1 机 cos φ =–0.98	向家坝左、右各 1 机 溪洛渡左 1 机 cos φ =–0.95	向家坝左、右各 1 机 溪洛渡左 1 机 cos φ =–0.98
一	无功电源	926	926	926	926
1	线路充电功率	1172	1172	1172	1172
	向家坝—换流站 500kV 线路	64	64	64	64
	复龙换流站—溪洛渡左岸换流站线路	54	54	54	54

续表

序号	项　　目	方式 1	方式 2	方式 3	方式 4
		向家坝左、右各 1 机 溪洛渡左、右各 1 机 cos φ =−0.95	向家坝左、右各 1 机 溪洛渡左、右各 1 机 cos φ =−0.98	向家坝左、右各 1 机 溪洛渡左 1 机 cos φ =−0.95	向家坝左、右各 1 机 溪洛渡左 1 机 cos φ =−0.98
	复龙换流站—泸州线路	333	333	333	333
	溪洛渡左岸电站—换流站线路	293	293	293	293
	溪洛渡左换流站—溪洛渡右岸换流站线路	53	53	53	53
	溪洛渡右岸电站—换流站线路	375	375	375	375
2	线路高抗	−246	−246	−246	−246
	复龙换流站—泸州（3×90Mvar）	−246	−246	−246	−246
二	无功损耗	−1272	−893	−1096	−796
1	电站升压变压器	−292	−275	−350	−329
	向家坝电站升压变压器	−156	−146	−243	−228
	溪洛渡左升压变压器	−68	−64	−107	−100
	溪洛渡右升压变压器	−68	−64	0	0
2	电站机组进相	−953	−589	−723	−447
	向家坝机电站机组进相 2 台	−493	−305	−493	−305
	溪洛渡左岸电站机组进相 1 台	−230	−142	−230	−142
	溪洛渡右岸电站机组进相 1 台	−230	−142	0	0
3	线路无功损耗	−27	−29	−23	−21
	向家坝电站—换流站线路	−6	−5	−8	−8
	溪洛渡左岸电站—换流站线路	−9	−13	−15	−13
	溪洛渡右岸电站—换流站线路	−13	−11	0	0
三	系统剩余容性无功	−346	43	−170	129

计算结果表明：

（1）金沙江一期电站开 3 机（向家坝左、右岸电站各开 1 机，溪洛渡左岸电站开 1 机），且均满出力，电站按功率因数进相 0.95 运行，并考虑在复龙换流站—泸州线路的泸州侧加装 3×90Mvar 高压电抗器，金沙江一期送端交流系统吸收容性无功的能力约 170Mvar。

（2）金沙江一期电站开 4 机（向家坝左、右岸电站各开 1 台机，溪洛渡左、右岸各开 1 台机），且均按 80%的额定功率运行，电站按功率因数进相 0.95 运行，并考虑在复龙换流站—泸州线路的泸州侧加装 3×90Mvar 高压电抗器，金沙江一期送端交流系统吸收容性无功的能力约 346Mvar。

2.2　换流站感性无功补偿方案研究

直流工程在小负荷运行方式下换流站的无功消耗较小，同时为满足直流小方式下的滤波性能要求，换流站需要投入 2～3 组的滤波器。此外，由于金沙江一期送端 500kV 交流网架有 1008km，充电功率达到了 1174Mvar，再加上直流小方式下输送功率较小，送端系统 500kV 线路的充电功率将远大于线路的无功损耗，造成送端系统容性无功过剩，需通过无功调节手段加以限制。

溪洛渡、向家坝电站由于场地狭窄，布置线路高抗相当困难，因此为平衡直流小方式下金沙江一期送端电网富裕的容性无功，可以考虑采取如下措施：

（1）增加金沙江一期溪洛渡、向家坝水电站的开机，并进相运行。

（2）改变滤波器的配置方式，从而减少小方式下投入的滤波器组。

（3）在送端换流站加装可投切的感性无功补偿装置。

（4）利用直流的控制系统，以增加换流站的无功消耗（如加大触发角 α 运行等）。

基于以上措施，对金沙江一期送端系统在直流小负荷运行方式进行了无功平衡计算，如表 7 所示。计算结果表明，为平衡金沙江一期送端系统直流小方式下过剩的无功，具体方案如下：

（1）若金沙江一期送端 3 个换流站在直流小方式下均需投入 2 组滤波器即可满足滤波性能要求：在金沙江一期电站仅开 3 台机、进相 0.95 运行，同时考虑复龙换流站—泸州线路的泸州侧加装 3×90Mvar 高压电抗器，送端 3 个换流站的触发角均维持在正常范围（12.5°～17.5°）运行时，在送端 3 个换流站各配置 180Mvar 并联电抗器即可满足直流小方式下的无功平衡。

（2）若金沙江一期送端 3 个换流站在直流小方式下均需投入 3 组滤波器才能满足滤波性能要求：为平衡直流小方式下金沙江一期送端系统富裕的容性无功，金沙江一期电站的开机台数需增加至 4 台机组、进相 0.95 运行，复龙换流站—泸州线路的泸州侧加装 3×90Mvar 的高抗，送端 3 个换流站各配置 180Mvar 并联电抗器，同时需适当加大送端 3 个换流站的触发角至 27° 左右运行。

因此，为满足直流小方式下金沙江一期送端系统的无功平衡，保证金沙江一期直流工程具有更好的运行灵活性和系统性能，保证换流站站用电的供电质量，提高向家坝特高压直流工程的可靠性，建议在向家坝、溪洛渡左和溪洛渡右 3 个送端换流站 500kV 母线各加装一组 180Mvar 的高压并联电抗器。

表 7　　金沙江一期送端系统枯小方式无功平衡表（直流输送功率 $0.1P_N$）　　Mvar

序号	项　　目	方式一（换流站投 2 组滤波器）	方式二（换流站投 3 组滤波器）
		向家坝左、右各 1 机	向家坝左、右各 1 机
		溪洛渡左 1 机	溪洛渡左、右各 1 机
		功率因数均为–0.95	功率因数均为–0.95
		3 回直流均按双极 640MW 送电	3 回直流均按双极 640MW 送电
		直流触发角为 15°，抽头+8 挡	直流触发角为 27°，抽头+1 挡
一	金沙江一期送端交流系统剩余容性总无功	–170	–346
1	金沙江一期送端交流系统剩余容性无功	76	–100
2	复龙换流站—泸州（3×90Mvar）高压电抗器	–246	–246
二	换流站剩余容性无功	689	831
1	换流站投入滤波器容量	1240	1860
2	换流站无功消耗	–591	–1029
三	需投入的并联电抗器容量	–492	–492
1	复龙换流站	–164	–164
2	溪洛渡左换流站	–164	–164
3	溪洛渡右换流站	–164	–164
四	系统剩余容性无功	–13	–7

注　向家坝、溪洛渡左、右岸 3 个换流站的滤波器小组分别按 220、200、200Mvar 考虑。

3　复龙换流站交流系统无功补偿小结

通过前面的分析研究，为保证向家坝—上海±800kV 特高压直流工程在各种运行方式下均具有很好的运行灵活性和系统性能，建议该直流工程送端复龙换流站的无功补偿配置方案如下：

（1）系统提供无功能力：容性 1000Mvar，感性：0Mvar。

（2）容性无功配置：复龙换流站的总容性无功按 3080Mvar 配置，分 4 个大组，共 14 小组，每小组无功补偿容量为 220Mvar；

（3）感性无功配置：换流站交流母线装设 1 组 180Mvar 的可投切高压电抗器。

第 9 节　华东侧换流站无功补偿研究

课题一　奉贤换流站无功配置优化研究

1　换流站需要无功

参照龙政线、三广线的制造和控制水平，考虑换流变压器制造误差±5%、直流正常运行电压范围、触发角等因素。

为计算奉贤换流站最大无功消耗，计算边界条件如下：

（1）直流导线最小电阻 12.01Ω。

（2）奉贤换流变压器交流侧主抽头位置 $U_{\rm lNI}$=510kV。

（3）奉贤换流站交流侧额定运行电压 $U_{\rm lN}$=515kV。

（4）换流阀换相阻抗压降：0.4%；换流阀正向电压降：0.3kV。

（5）电压测量误差$\Delta U_{\rm dmeas}$：±1.0%$U_{\rm dn}$。

（6）电流测量误差$\Delta I_{\rm dmeas}$：±0.3%$I_{\rm dn}$。

（7）熄弧角测量误差$\Delta\gamma$：±1.0°。

（8）熄弧角额定值$\gamma_{\rm n}$：17°。

（9）两端换流站的换流变压器抽头每挡调压幅值 1.25%。

（10）换流变压器阻抗取值考虑为 16%或 18%。

换流系统需要无功计算见表 1。本工程直流输送额定功率时，奉贤换流站换流变压器阻抗为 16%～18%时，无功消耗最大为 3428.5～3588.5Mvar；如果要求过负荷达到 110%，则无功需求量为 3886.8～4065.4Mvar。

表 1　奉贤换流站系统无功需要量计算

$U_{\rm k}$=18%，双极额定功率				$U_{\rm k}$=16%，双极额定功率			
$P_{\rm dR}$	6400MW	$I_{\rm d}$	4.092kA	$P_{\rm dR}$	6400kA	$I_{\rm d}$	4.092kA
$U_{\rm dR}$	782kV	$U_{\rm dI}$	732.9kV	$U_{\rm dR}$	782kV	$U_{\rm dI}$	732.9kV
$U_{\rm dioR}$	230.1kV	$U_{\rm dioI}$	213.9kV	$U_{\rm dioR}$	227.3kV	$U_{\rm dioI}$	211.2kV
$U_{\rm vR}$	170.4kV	$U_{\rm vI}$	158.4kV	$U_{\rm vR}$	168.3kV	$U_{\rm vI}$	156.4kV
$P_{\rm convR}$	6440.7MW	$P_{\rm convI}$	5966.0MW	$P_{\rm convR}$	6440.3MW	$P_{\rm convI}$	5959.3MW
	17.5°		18.0°		17.5°		18.0°
$d_{\rm xR}$	9.66%	$d_{\rm xI}$	9.66%	$d_{\rm xR}$	8.61%	$d_{\rm xI}$	8.61%
$Q_{\rm convR}$	3810.0MVAr	$Q_{\rm convI}$	3588.5MVAr	$Q_{\rm convR}$	3640.9MVAr	$Q_{\rm convI}$	3428.5MVAr

续表

U_k=18%，双极 110%过负荷				U_k=16%，双极 110%过负荷			
P_{dR}	7040MW	I_d	4.501kA	P_{dR}	7040MW	I_d	4.501kA
U_{dR}	782kV	U_{dI}	727.9kV	U_{dR}	782kV	U_{dI}	727.9kV
U_{dioR}	232.6kV	U_{dioI}	214.7kV	U_{dioR}	229.5kV	U_{dioI}	211.8kV
U_{vR}	172.2kV	U_{vI}	159.0kV	U_{vR}	169.9kV	U_{vI}	156.9kV
P_{convR}	7088.1MW	P_{convI}	6507.5MW	P_{convR}	7087.7MW	P_{convI}	6507.9MW
	17.5°		18.0°		17.5°		18.0°
d_{xR}	9.66%	d_{xI}	9.66%	d_{xR}	8.61%	d_{xI}	8.61%
Q_{convR}	4300.1MVAr	Q_{convI}	4065.4MVAr	Q_{convR}	4147.5MVAr	Q_{convI}	3886.8MVAr

2　交流系统提供及吸收无功能力

由于奉贤换流站为逆变站，与系统的连接点位于华东电网末端的上海，上海电网需从省网外受入较多的有功电力，而无功电力基本需自行补充平衡，为保持正常的运行电压水平，上海地区 500kV 变电站需投入较多的低压电容器。同时电网无功电源均较为缺乏，华东电网内 500kV 变电站安装的无功容量原则上只补偿主变压器无功损耗，500kV 交流系统无功也不考虑远距离输送，因此，在正常方式下，华东 500kV 交流系统不具有向奉贤换流站提供无功的能力。

为满足直流小方式下的无功平衡，若仅考虑向家坝—上海直流双极运行小方式输送功率（10%）时，要求系统具有一定的无功吸收能力，约需 300Mvar 左右。据此在本工程可研阶段审查时确定，针对此直流运行方式需考虑在新建的漕泾、三林、南汇变电站另配置一定数量的低压电抗器（共 5 组 60Mvar），此时系统的无功吸收能力为 300Mvar。即奉贤换流站：系统提供的无功能力为容性 0Mvar，感性 300Mvar（考虑在系统变电站加装低压电抗器）。

3　系统电压波动对无功分组容量的要求计算

按照直流系统设计的经验，在换流站无功分组投切时，换流站交流母线电压变化率暂按如下标准考虑：

（1）大组投切所引起的换流站交流母线电压工频部分的动态变化最大值不大于 0.05p.u.。

（2）分组投切所引起的换流站交流母线电压工频部分的动态变化最大值不大于 0.015p.u.（控制装置作用后），稳定电压变化率不大于 1%。

根据华东电网最新规划，考虑了葛沪直流的综合改造之后，对受端奉贤换流站稳态和暂态电压波动进行了计算，结果见表 2 和表 3。电压波动计算取系统较弱的 N–1 方式，考虑南汇—顾路 1 回线退出运行，同时对于小组投切还考虑了系统较严重的 N–2

情况。对于 *N*–1 的运行方式下，投切分组容量在 280Mvar 以下，电压稳态波动都小于 1%，动态电压波动小于 1.5%。投切大组容量在 1080Mvar 以下时，动态电压波动都小于 5%。由于选取的 *N*–2 运行方式是最为严重方式，此时投切小组滤波器的电压稳态波动将略微超过 1%。

表 2　　奉贤换流站分组投切电压波动情况

系统工况	容量（Mvar）	260		270		280		300	
		投	切	投	切	投	切	投	切
N–1	动态波动	1.11%	–1.09%	1.15%	–1.13%	1.19%	–1.17%	1.27%	–1.26%
	稳态波动	0.88%	–0.88%	0.91%	–0.91%	0.94%	–0.95%	1.02%	–1.02%
N–2	动态波动	1.21%	–1.19%	1.25%	–1.23%	1.31%	–1.28%	1.40%	–1.38%
	稳态波动	1.03%	–1.02%	1.07%	–1.06%	1.11%	–1.09%	1.18%	–1.17%

表 3　　奉贤换流站大组投切动态电压波动情况

容量（Mvar）	750		1040		1080		1120	
	投	切	切	切	投	切	投	切
动态波动	3.39%	–3.23%	4.70%	–4.29%	4.89%	–4.44%	5.10%	–4.60%

4　无功补偿和交流滤波器配置原则

（1）无功功率分层分区就地平衡，不考虑远距离输送。

（2）奉贤换流站为逆变站，额定方式下所需容性无功原则上考虑全部在换流站内进行自补偿，并应满足在最大一组无功补偿设备退出时无功的平衡。

（3）换流站无功补偿容量按直流系统全压额定运行方式确定。过负荷所需额外增加的无功补偿容量一部分由换流站备用补偿分组容量来平衡，另一部分则可考虑由系统提供。在直流小方式时，换流站所装设的无功补偿装置一般与交流滤波器合并考虑，因此，还需要交流系统有吸收容性无功的能力，奉贤换流站内不考虑装设感性无功装置。

（4）换流站所装设的无功补偿装置全部采用与交流滤波器合并的滤波电容装置，其中交流滤波器由电容器、电抗器和电阻等无源元件构成。

（5）交流滤波器容量配置应有裕度，考虑一组退出运行仍能保证不超过谐波限制标准。

5　无功补偿和交流滤波器配置方案

根据本工程可研审查意见奉贤换流站需要配置的无功总量约 3900Mvar 考虑。按前述设计标准无功分组容量应小于 300Mvar，这样可采用的分组型式有：① 16×250Mvar，共 4000Mvar；② 15×260Mvar，共 3900Mvar；③ 14×280Mvar，共 3920Mvar。共需要 4～5 大组，对于③而言，如果采用 4 大组，则无功大组容量达为 1120Mvar。根据计算大组投切换流站交流母线电压工频部分的动态变化最大值超过 5%，且超过了大组开关投切的能力，因此不再考虑。在本阶段主要对①、②进行详细研究，此时奉贤换流站无功补偿和交流滤波器配置方案可考虑如下：

（1）方案一：5 大组，共 15 小组，每大组 3 小组，单组容量 260Mvar，共 3900Mvar。

（2）方案二：4 大组，共 15 小组，其中 3 大组中有 4 小组，1 大组中有 3 小组，单组容量 260Mvar，共 3900Mvar。大组最大容量 1040Mvar。

（3）方案三：4 大组，共 16 小组，每大组 4 小组，单组容量 250Mvar，共 4000Mvar。

方案三总的组数最多，在占地方面将略高于方案一、二。据此在本阶段重点对方案一、二进行研究。方案一和二总的组数没有差别，但大组最大容量有所区别，方案二大组投切时系统的动态电压波动略高。但四大组方案可以节省开关设备并减少 GIS 室占地面积，在经济上占优。因此本报告推荐奉贤换流站无功补偿和交流滤波器配置方案，按方案二采用 4 大组，共 15 小组。

按照前面对于奉贤换流站最大无功需求的分析，在换流变压器阻抗为 18%，直流输送额定功率时，最大无功需求为 3588.5Mvar，若按 15 小组设计（其中一组为备用）则单组容量约 257Mvar。但考虑到受端换流站无功需求与直流线路长度关系较大，而目前直流线路长度未最终确定，经过优化后的直流线路长度可能会有所减少，所需无功也会有所增加，因此本阶段为留有裕度，考虑换流站无功补偿和交流滤波器的单组容量仍按 260Mvar 设计，按 4 大组，共 15 小组布置，其中 3 大组中有 4 小组，1 大组中有 3 小组，共 3900Mvar。大组最大容量 1040Mvar。在下阶段确定直流线路长度后可再精确选取交流滤波器和无功补偿的单组容量。

课题二　苏南换流站无功配置优化研究

1　换流站需要无功

参照龙政线、三广线的制造和控制水平，考虑换流变压器制造误差±5%、直流正常运行电压范围、触发角等因素。

为计算苏南换流站最大无功消耗，计算边界条件如下：

（1）直流导线最小电阻 15.2Ω。

（2）苏南换流变压器交流侧主抽头位置 U_{1N1}=505kV。

（3）苏南换流站交流侧额定运行电压 U_{1N}=510kV。

（4）换流阀换相阻抗压降：0.4%；换流阀正向电压降：0.3kV。

（5）电压测量误差ΔU_{dmeas}：±1.0%U_{dn}。

（6）电流测量误差ΔI_{dmeas}：±0.3%I_{dn}。

（7）熄弧角测量误差$\Delta\gamma$：1.0°。

（8）熄弧角额定值γ_{n}：17°。

（9）两端换流站的换流变压器抽头每挡调压幅值 1.25%。

（10）换流变压器阻抗取值考虑为 16%或 18%。

换流系统需要无功计算见表 1。本工程直流输送额定功率时，受端苏南换流站换流变压器阻抗为 16%～18%时，无功消耗最大为 3296～3441Mvar；如果要求过负荷达到 110%，则无功需求量为 3718～3911Mvar。

表 1　　苏南换流站系统无功需要量计算

方式名称	直流输送功率	换流变压器短路阻抗	换流站消耗无功（Mvar）
额定运行方式双极	6400	16%	3296
		18%	3441
双极 110%过负荷方式	7040	16%	3718
		18%	3911
双极 10%小负荷	640	16%	213.4
		18%	215.6

2　交流系统提供及吸收无功能力

由于苏南换流站为逆变站，与系统的连接点位于华东电网负荷端的苏州，为保持正常的运行电压水平，苏州地区 500kV 变电站需投入较多的低压电容器。同时电网无功电源均较为缺乏，华东电网内 500kV 变电站安装的无功容量原则上只补偿主变压器无功损耗，500kV 交流系统无功也不考虑远距离输送，因此，在正常方式下，华东 500kV 交流系统不具有向苏南换流站提供无功的能力。

为满足直流小方式下的无功平衡，若仅考虑锦屏—苏南直流双极运行小方式输送功率（10%）时，要求系统具有一定的无功吸收能力，约需 300Mvar 左右。据此在本工程可研阶段审查时确定，针对此直流运行方式需考虑在苏南换流站附近的 500kV 变电站（如新建、扩建的苏州西变电站、车坊变电站、吴江变电站、吴江二变电站）另配置一定数量的低压电抗器（共 5 组 60Mvar）后，系统的无功吸收能力可有 300Mvar。即苏南换流站：系统提供的无功能力为容性 0Mvar，感性 300Mvar（考虑在 500kV 系统变电站加装低压电抗器）。

3　系统电压波动对无功分组容量的要求计算

按照直流系统设计的经验，在换流站无功分组投切时，换流站交流母线电压变化率暂按如下标准考虑：

（1）大组投切所引起的换流站交流母线电压工频部分的动态变化最大值不大于0.05p.u.。

（2）分组投切所引起的换流站交流母线电压工频部分的动态变化最大值不大于0.015p.u.（控制装置作用后），稳定电压变化率不大于1%。

根据华东电网最新规划，考虑了葛沪直流的综合改造之后，对受端苏南换流站稳态和暂态电压波动进行了计算，结果见表2、表3。电压波动计算取系统较弱的*N*–1方式，考虑苏南—苏州西1回线退出运行。对于*N*–1的运行方式下，投切分组容量在270Mvar及以下，电压稳态波动都小于1%，动态电压波动小于1.5%。投切大组容量在1100Mvar以下时，动态电压波动都小于5%。

表2　苏南换流站分小组投切电压波动情况

系统工况	容量（Mvar）	200		250		270		300	
		投	切	投	切	投	切	投	切
正常	动态波动	0.83%	–0.83%	1.04%	–1.03%	1.12%	–1.11%	1.25%	–1.23%
	稳态波动	0.71%	–0.71%	0.90%	–0.89%	0.98%	–0.96%	1.01%	–1.07%
N–1	动态波动					1.21%	–1.18%	1.34%	–1.31%
	稳态波动					1.11%	–1.09%	1.18%	–1.17%

表3　苏南换流站大组投切电压波动情况

系统工况	容量（Mvar）	750	850	950	1000	1100
		切	切	切	切	切
正常	动态波动	–3.02%	–3.41%	–3.79%	–3.99%	–4.37%
N–1	动态波动				–4.24%	–4.64%

4　无功补偿和交流滤波器配置原则

（1）无功功率分层分区就地平衡，不考虑远距离输送。

（2）苏南换流站为逆变站，额定方式下所需容性无功原则上考虑全部在换流站内进行自补偿，并应满足在最大一组无功补偿设备退出时无功的平衡。

（3）换流站无功补偿容量按直流系统全压额定运行方式确定。过负荷所需额外增加的无功补偿容量一部分由换流站备用补偿分组容量来平衡，另一部分则可考虑由系统提供。在直流小方式时，为满足滤波要求可能会有过补偿，因此，还需要交流系统有吸收容性无功的能力，苏南换流站内不考虑装设感性无功装置。

（4）无功补偿全部采用与交流滤波器合并的滤波电容装置，其中交流滤波器由电容器、电抗器和电阻等无源元件构成。

（5）交流滤波器容量配置应有裕度，考虑一组退出运行仍能保证不超过谐波限制标准。

5 无功补偿和交流滤波器配置方案

根据浙西换流站需要配置的无功总量以及分组、大组容量的要求，换流站交流滤波器和并联电容器配置方案初步考虑如下：容性无功补偿总容量暂选择 3900Mvar。单组容量不大于 260Mvar，共分成 15～16 小组，4～5 大组。在下阶段再根据直流线路长度和换流站场地布置等情况，精确选取交流滤波器和无功补偿的单组容量以及大组容量。

课题三 浙西换流站无功配置优化研究

1 换流站需要无功

参照龙政线、三广线的制造和控制水平，考虑换流变压器制造误差±5%、直流正常运行电压范围、触发角等因素。

为计算浙西换流站最大无功消耗，计算边界条件如下：

（1）直流导线最小电阻 10Ω。

（2）浙西换流变压器交流侧主抽头位置 $U_{\rm INI}$=510kV。

（3）换流阀换相阻抗压降：0.4%；换流阀正向电压降：0.3kV。

（4）电压测量误差$\Delta U_{\rm dmeas}$：±1.0%$U_{\rm dn}$。

（5）电流测量误差$\Delta I_{\rm dmeas}$：±0.3%$I_{\rm dn}$。

（6）熄弧角测量误差$\Delta\gamma$：±1.0°。

（7）熄弧角额定值$\gamma_{\rm N}$：17°。

（8）两端换流站的换流变压器抽头每挡调压幅值 1.25%。

（9）换流变压器阻抗取值考虑为 16%或 18%。

换流系统需要无功计算见表 1。本工程直流输送额定功率时，受端浙西换流站换流变压器阻抗为 16%～18%时，无功消耗最大为 3409～3571Mvar；如果要求过负荷达到 110%，则无功需求量为 3863～4054Mvar。

表 1 浙西换流站系统无功需要量计算

方式名称	直流输送功率	换流变压器短路阻抗	换流站消耗无功（Mvar）
额定运行方式双极	6400	16%	3409
		18%	3571
双极 110%过负荷方式	7040	16%	3863
		18%	4054
双极 10%小负荷	640	16%	213
		18%	215

2 交流系统提供及吸收无功能力

由于浙西换流站为逆变站，与系统的连接点双龙变电站及丽水变电站位于浙西南电网，该地区有功及无功电源均较为缺乏，华东电网内 500kV 变电站安装的无功容量原则上只补偿主变压器无功损耗，500kV 交流系统无功也不考虑远距离输送，因此，华东 500kV 交流系统不具有向浙西换流站提供无功的能力。

为满足直流小方式下的无功平衡，若仅考虑溪洛渡右—浙西直流双极运行小方式输送功率（10%）时，要求系统具有一定的无功吸收能力，约需 300Mvar。因此针对此直流运行方式需考虑在浙西换流站附近新的丽水变电站、义乌变电站等 500kV 变电站另外配置 4～5 组 60Mvar 低压电抗器。即浙西换流站：系统提供的无功能力为容性 0Mvar，感性 300Mvar（考虑在系统变电站加装低抗后）。

3 系统电压波动对无功分组容量的要求计算

按照直流系统设计的经验，在换流站无功分组投切时，换流站交流母线电压变化率暂按如下标准考虑：

（1）大组投切所引起的换流站交流母线电压工频部分的动态变化最大值不大于 0.05p.u.。

（2）分组投切所引起的换流站交流母线电压工频部分的动态变化最大值不大于 0.015p.u.（控制装置作用后），稳定电压变化率不大于 1%。

对 2015 年浙西换流站投切不同容量分组的暂态及稳态电压变化率进行了计算，计算结果见表 2～表 3。从计算结果来看，投切的小组容量达 300Mvar，稳态电压波动才略高于 1%，暂态电压波动略高于 1.5%。在丰大 *N*–1 方式及考虑华东水电停发的丰小方式下（浙西直流均考虑满送），切除的大组容量在 1000Mvar 及以下，电压波动均可小于 5%；因此按无功分组最大 270Mvar、大组容量不超过 1000Mvar 考虑是合适的。

表 2　　浙西换流站分小组投切电压波动情况

系统工况	容量（Mvar）	200		250		270		300	
		投	切	投	切	投	切	投	切
正常	动态波动	0.98%	−1.02%	1.22%	−1.27%	1.33%	−1.36%	1.47%	−1.49%
	稳态波动	0.42%	−0.79%	0.57%	−0.93%	0.63%	−0.99%	0.72%	−1.07%
N−1	动态波动					1.38%	−1.39%	1.53%	−1.54%
	稳态波动					0.71%	−1.00%	0.82%	−1.12%

表 3　　浙西换流站大组投切电压波动计算结果

系统工况	容量（Mvar）	750	850	950	1000
		切	切	切	切
正常	动态波动	−3.68%	−4.16%	−4.64%	−4.88%
N−1	动态波动				−4.98%

4　无功补偿和交流滤波器配置原则

（1）无功功率分层分区就地平衡，不考虑远距离输送。

（2）浙西换流站为逆变站，额定方式下所需容性无功原则上考虑全部在换流站内进行自补偿，并应满足在最大一组无功补偿设备退出时无功的平衡。

（3）换流站无功补偿容量按直流系统全压额定运行方式确定。过负荷所需额外增加的无功补偿容量一部分由换流站备用补偿分组容量来平衡，另一部分则可考虑由系统提供。在直流小方式时，为满足滤波要求可能会有过补偿，因此，还需要交流系统有吸收容性无功的能力，浙西换流站内不考虑装设感性无功装置。

（4）无功补偿全部采用与交流滤波器合并的滤波电容装置，其中交流滤波器由电容器、电抗器和电阻等无源元件构成。

（5）交流滤波器容量配置应有裕度，考虑一组退出运行仍能保证不超过谐波限制标准。

5　无功补偿和交流滤波器配置方案

根据浙西换流站需要配置的无功总量以及分组、大组容量的要求，换流站交流滤波器和并联电容器配置方案初步考虑如下：容性无功补偿总容量暂选择 3900Mvar。单组容量不大于 260Mvar，共分成 15～16 小组，4～5 大组。在下阶段再根据直流线路长度和换流站场地布置等情况，精确选取交流滤波器和无功补偿的单组容量以及大组容量。

第 10 节 过电压及绝缘配合研究

1 概述

绝缘配合的原则就是综合考虑电气设备在电网中可能承受的各种作用电压、保护装置的特性和设备绝缘对各种作用电压的耐受特性，合理地确定设备必要的绝缘水平，以使设备的造价、维护费用和设备绝缘故障引起的事故损失，达到在经济上和安全运行上总体效益最高。对±800kV 特高压工程换流站的绝缘配合进行研究是至关重要的。

本文通过对±800kV 特高压直流换流站绝缘配合的研究，并综合常规直流工程的建设经验，对特高压直流工程换流站避雷器保护配置方案、绝缘配合的原则和依据、绝缘裕度（包括换流变压器套管绝缘裕度的取舍）等关键问题进行相关详细分析；对避雷器的参数与特性、设备的保护水平和绝缘水平也进行了初步探讨，并提出了具体数据供后续研究工作参考。

2 避雷器的布置及作用

2.1 避雷器的布置

±800kV 特高压直流换流站采用每极两个 12 脉动换流阀，其避雷器保护配置原则应以常规±500kV 高压直流换流站避雷器布置为基础，主要配置方案及作用与高压直流换流站基本类似。但是，对于特高压直流，由于极线运行电压的升高，势必导致上 12 脉动单元的换流变压器，尤其是高端 Yy 变的绝缘水平升高，以致于局限了变压器的生产及运输。所以，为了更有效限制换流器各点的过电压，除了阀避雷器外，还分别配置了避雷器 T、CB1 以及 CB2（如图 1 所示）来保护直流侧的设备。在平波电抗器端子间可以加装避雷器以限制平波电抗器的绝缘水平。

图 1 中所示的±800kV 直流换流站直流避雷器主要包括直流线路部分和换流站直流部分的避雷器：

（1）接在阀两端的阀避雷器 V1（V2、V3）。

（2）在下 12 脉动单元 6 脉动桥与换流站接地网之间的 6 脉动桥避雷器 M1。

（3）无明显持续运行电压的中性母线避雷器 E（E11、E12、E2、EL、EM）。

（4）在直流极母线与换流站接地网之间连接的避雷器 DB1、DB2。

（5）接在下 12 脉动单元 12 脉动桥处到换流站接地网之间的中点直流母线避雷器 CB11、CB12 和上 12 脉动单元高压直流母线到换流站接地网之间的换流器直流母线避雷器 CB2。

（6）接在上 12 脉动单元 Y 换流变压器阀侧的避雷器 T。

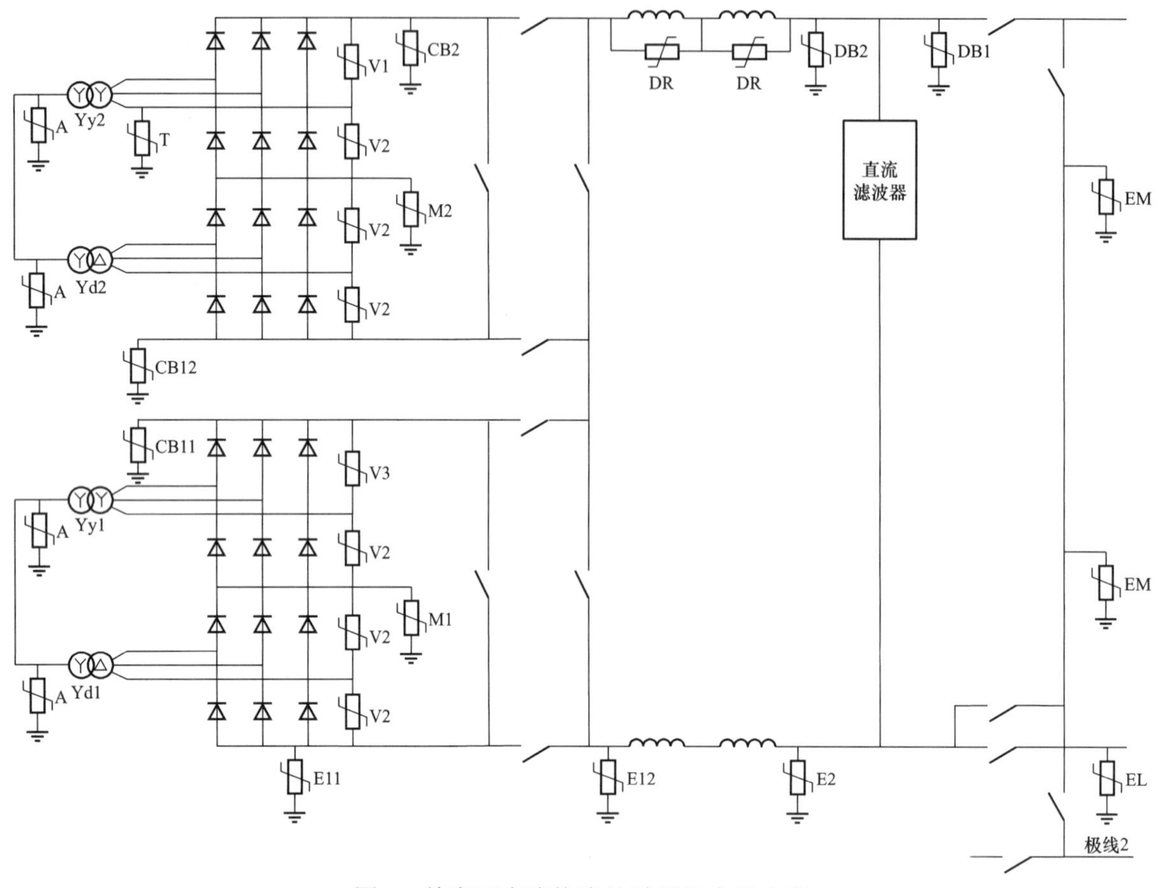

图 1　特高压直流换流站避雷器布置方案

2.2　避雷器的作用

各避雷器的作用分别如下：

阀避雷器 V1（V2、V3）用于保护阀免受过电压的损坏。该避雷器加上晶闸管的正向保护触发构成阀的过电压保护。阀避雷器还决定换流变压器阀侧所需的相间绝缘水平。换流变压器阀侧绕组及换流器内各点所需的对地绝缘水平取决于阀避雷器和其他串联避雷器的保护水平。

6 脉动桥避雷器 M1 用于保护下 12 脉动换流器中下部 6 脉动换流器免受过电压的损坏，阀避雷器和 6 脉动桥避雷器一起决定上部 6 脉动换流器对应换流变压器阀侧绕组所需的对地绝缘水平，该点的保护水平为这两个避雷器保护水平之和。

中性母线避雷器用于保护中性母线和与它连接的设备免受过电压的损坏。通常要安装不止一只避雷器。当双极对称运行时，中性母线的运行电压接近于零。但在单极或单极金属回线方式下，其运行电压就不可忽视。发生接地故障时，该避雷器会受到很大的能量冲击。

直流母线避雷器 DB1、DB2，用于保护与直流极线相连接的直流开关场上的设备免受过电压的损坏。由于距离效应，通常要安装不止一只避雷器。线路入口处那一只称为直流线路避雷器 DB2。

中点直流母线避雷器 CB11、CB12 用于保护下 12 脉动换流器免受过电压的损坏，并用于降低中点直流母线处的保护水平，阀避雷器和中点直流母线避雷器一起决定上 12 脉动换流器对应换流变压器阀侧绕组所需的对地绝缘水平，该点的保护水平为这两个避雷器保护水平之和。

换流变压器直流母线避雷器 CB2 用于保护平波电抗器换流器侧高压直流母线线上连接的设备免受过电压的损坏。同时用于有效降低高压直流母线上连接设备的保护水平。

换流阀侧避雷器 T 用于保护上 12 脉动单元 Y 换流变压器阀侧上连接的设备免受过电压的损坏，并用于降低该换流变压器阀侧的保护水平。

3　绝缘配合设计

3.1　绝缘配合设计原则

高压直流换流站的绝缘配合设计原则仍然适用特高压直流换流站的绝缘设计，总体原则如下：

交流侧的过电压应尽可能由装在交流侧的避雷器保护，直流侧的过电压应由装在换流变压器直流侧的避雷器组合加以限制。

换流设备的关键部件应由与该部件紧密相连的避雷器直接保护。

交流滤波器和直流滤波器中电感元件在快速暂态过程中有很高过电压，用并联避雷器保护。

母线或设备可直接由连接于被保护设备两端点之间或设备对地之间的避雷器保护。保护也可以由两支或多支避雷器串联来实现，例如，阀侧套管和阀对地的绝缘是由相同的多支避雷器串联保护的。

当母线由串联的避雷器保护时，通常的设计方法是串联避雷器使保护水平相加。每支避雷器都设计为能承受最严重故障或干扰条件下的电流和能量。这种最大电流和能量通常不会同时作用于每支避雷器上。因此，这样规定的保护水平是保守的，其绝缘设计留有很大的裕度。

避雷器的选择是基于其两端的运行电压，同时考虑暂时过电压、谐波以及换相过冲（如果有）。冲击负载和配合电流则由交/直流暂时过电压研究结果或经验确定。

选取设备的绝缘水平宜保持适当的基本绝缘裕度。

特高压直流换流站直流侧油浸式设备将不再使用 *SIWL*/*LIWL* 的比系数（0.83），也将不采用靠近高一级的标准绝缘水平等级。

3.2 绝缘裕度

影响绝缘裕度的主要因素如下：

（1）设备的实际耐受水平运行几年后发生变化，尤其是使用有机材料（如纤维素和油）的设备，因此即使在将来，考虑裕度都是重要的。

（2）由于环境条件（如雾、雨等）可能使设备的耐受水平发生变化。

（3）避雷器特性运行几年后发生变化。

（4）过电压模拟计算中存在不确定因素，主要为杂散电容、母线长度（在变电所、换流站终设和建成之前）等。

（5）绝缘闪络的随机性。因此，需要由绝缘裕度来保证故障或闪络的概率在希望值内。

因此，选择适当的绝缘裕度是非常重要的。根据以前常规直流及国际标准 IEC 60071—5《高压直流换流站绝缘配合》中所规定的绝缘裕度的要求，并且考虑良好的避雷器特性和不断改进的模拟分析手段，推荐采用的绝缘裕度见表 1。

表 1　特高压换流站设备采用的绝缘裕度

类型	油绝缘（线侧）	油绝缘（阀侧）	空气绝缘	单个阀
陡波	25%	25%	25%	15%
雷电	25%	20%	20%	10%
操作	20%	15%	15%	10%

3.3 换流变压器内绝缘与套管绝缘之间的裕度

以往故障统计表明，变压器故障经常是因变压器套管引起的。作为改善变压器整体可靠性的手段，提出了套管选取更高绝缘水平的做法。因此，在以往直流工程中规定，变压器套管的直流耐压和极性反转试验的电压水平比绕组的试验电压提高 15%，而其他试验提高 10%。

但是，近年的统计表明，套管的故障并不一定是因过电压引起的，变压器的故障也并不一定是由于套管故障的原因。因此，套管尺寸过大、变压器与套管两者间绝缘有差异的问题就凸现出来。

对于±800kV 直流特高压这一问题就更加突出，套管额外的绝缘使其尺寸增大，而引发其他的问题，同时这样的尺寸可能使改善可靠性的目的失去意义。

因此，建议直流 800kV 换流变压器套管的直流耐受试验（带局部放电测量）、极性翻转试验（带局部放电测量）的试验水平，仍取绕组相应耐受电压水平的 1.15 倍。而对雷电和操作冲击试验电压水平，由原按比绕组绝缘水平提高 10%降低到 5%执行。

4　过电压研究

4.1　需考虑的故障

换流站过电压由外部或内部的原因引起。引起过电压的外部因素有交流系统开关操作、故障清除、雷击和甩负荷，这些事件一般不会导致直流系统停运。引起过电压的内部因素有直流系统内（包括电源部分）的接地故障、短路以及控制故障，这些故障可能会导致直流系统停运。

避雷器可能经受持续、暂时、缓波前、快波前和陡波前过电压的作用。针对特高压换流站，表 2 给出了需重点研究的相关故障事件。

表 2　　研究的故障事件

编号	事　　件	V1	V2	V3	DB1	DB2	CB2	T	CB11	CB12	M1	E11	E12	E2	EL	EM	DR	A
缓波前（操作冲击）																		
S1	换流变压器与换流阀之间的接地故障	×		×					×	×	×		×	×				
S2	换流变压器阀侧中性点接地故障								×	×	×			×				
S3	整流运行，换流站近区交流故障清除	×	×	×	×	×	×	×	×	×	×		×	×				×
S4	逆变运行，换流站近区交流故障清除	×	×	×	×	×	×	×	×	×	×		×	×				×
S5	换相失败												×	×				
S6	直流线路上的接地故障												×	×				
S7	另一极直流线路上的接地故障				×	×												
S8	单极运行时，金属回路断线				×	×							×	×				
S9	一个 12 脉动单元短路									×			×					
S10	在逆变侧闭锁的情况下，整流侧解锁				×	×	×		×	×			×					
S11	逆变侧失去电源				×	×	×		×	×			×					
S12	逆变侧闭锁不投旁通对				×	×	×		×	×			×					
快波前（雷电冲击）																		
L1	来自交流侧的雷击	×	×	×			×	×	×	×	×	×	×					×
L2	交流场屏蔽失效	×	×	×			×	×		×	×	×	×					×

续表

编号	事件	V1	V2	V3	DB1	DB2	CB2	T	CB11	CB12	M1	E11	E12	E2	EL	EM	DR	A
L3	来自直流线路的雷击				×	×										×	×	
L4	直流场屏蔽失效				×	×	×	×	×	×	×	×	×	×	×	×	×	
L5	来自接地极线路的雷击													×	×	×	×	
L6	直流极线对地故障													×	×	×	×	
陡波前																		
SF1	换流变压器与换流阀之间的接地故障	×		×														

注 ×表示该项有效。

4.2 晶闸管阀（V1、V2、V3）

晶闸管阀由并联联接的阀避雷器（V1、V2、V3）保护。就晶闸管阀而言，应考虑以下故障情况。

4.2.1 操作冲击

3 脉动桥阀组与换流变压器之间连线的对地短路故障（S1）主要释放直流线路和直流滤波器上的能量，所以，V1 的负载比 V2 的高。其负载主要取决于故障时刻的直流电压、平波电抗器电感、换流变压器漏抗、交流系统的强弱以及直流线路参数。设备耐受负载的持续时间取决于检测故障和隔离 12 脉动换流单元的时间。V1 避雷器要求的能量比 V2 的大。

当只有低压 12 脉动单元运行时，避雷器 V3 遭受的负载与 V1 的类似。但是，在交流故障（S3 和 S4）时其负载比 V1 的低，因此其能量要求与 V2 的一样。

阀避雷器可能会受到来自交流系统通过变压器感应的操作冲击，其负载取决于运行条件、交流系统特性以及交流滤波器的配置。

当交流系统处于最小短路水平时，换流站近区交流故障清除（S3 和 S4）会在交流母线上产生暂态过电压，并通过换流变压器感应到阀侧，对阀的负载时间为几个周波。设备承受负载的持续时间由故障清除后换流器恢复输送负荷的时延决定。如果换流器被永久闭锁，感应到直流侧的相间过电压将由两个阀避雷器分担，这样，两个避雷器中任一避雷器的强度将显著降低。

4.2.2 雷电冲击

由于屏蔽失效或来自交流侧或直流侧的雷电冲击（L1～L5）可能会通过变压器或平波电抗器的杂散电容侵入到阀厅，以致在阀避雷器上产生雷电冲击类型的暂态负载，但是这种负载很低。

4.2.3 陡波前冲击

陡波前过电压可能来源于变压器阀侧套管和阀之间的对地闪络（SF1 和 S1）。承受这种负载的设备是阀和阀避雷器，特别是高压或低压 12 脉动单元的上 3 脉动桥中的阀和阀避雷器。其原因是，当高端 6 脉动阀桥和变压器之间的一点发生对地故障后，平波电抗器杂散电容和高压端对地杂散电容将通过高压端 3 脉动桥的阀避雷器放电。

4.2.4 保护触发

晶闸管设有保护触发功能。通过触发晶闸管，来保护晶闸管遭受的正向过电压。保护触发对输电系统可能产生的不利影响，只需在直流极逆变运行（S4）、产生外部故障时加以注意。

整流运行时，一个工频周期内阀承受正向闭锁电压较短，因此其承受正向过电压的概率比逆变运行时小。更重要的是，即使在交流暂态期间触发保护动作，对阀或直流系统也不会产生严重的负载。

交流系统中的故障清除会产生操作过电压，它会通过换流变压器的变比感应到阀侧。由于逆变运行的阀在一个工频周波内、较长的时间承受正向闭锁电压，因此，由正向过电压引起的保护触发的概率可能比较大。如果由于保护触发使阀提前触发，结果可能会导致换相失败，故障清除后的恢复输送功率的时间会延长。

选择触发保护水平的原则是，逆变运行时交流故障清除后的过电压不应导致阀的触发保护动作。因此，与交流故障清除（S4）时避雷器电流所对应的跨阀过电压是选择触发保护水平的基础。

对具有较高 dU/dt 的快速暂态过程而言，要降低触发保护水平，以改善晶闸管保护。阀厅内的接地故障短路会引起这种高 dU/dt 的快波前冲击。换流桥的差动保护会检测到阀厅内发生的接地故障，然后断开换流器。这种情况下保护触发不会对运行造成任何损害，因为换流器总是被断开、然后清除故障。

4.3 平波电抗器线侧的直流母线（DB1、DB2）

平波电抗器线路侧开关场设备由直流极线避雷器（DB1 和 DB2）保护。

预期因另一极接地故障（S7）产生的操作冲击不会高于 1.45p.u.（故障前直流电压）。另一小概率故障（S10 和 S12）可能会引起较高过电压，但不会高于 1.7p.u.。

直流极母线过电压最严重的工况是由直流线路（L3）侵入的雷电或因直流场屏蔽失效（L4）的雷击，后者的雷击电流由于在直流极线设备上空有适当的屏蔽系统而限制到非常小，对户内直流场则为零。

由直流线路侵入的雷电冲击最大幅值由直流线路最高耐受电压决定，雷电冲击受到直流极线避雷器 DB1、直流滤波器以至 DB2 的限制。

4.4 平波电抗器阀侧的直流母线（CB2）

该避雷器不会承受严重的操作负载，配合电流可以取得较小。

雷电负载由侵入阀厅（L1～L4）的雷电冲击引起，所以配合电流也很小。

4.5 换流变压器阀侧相对地绝缘

高端 Yy 变压器绕组的阀侧相对地绝缘由 T 或 CB12＋2V2 保护，两者都较低。避雷器 T 不承受严重的操作负载，配合电流可以取得较小。雷电负载由侵入阀厅（L1～L4）的雷电冲击引起，所以配合电流也很小，故是否使用 T 避雷器将通过详细模拟计算后决定。

高端 Yd 变压器阀侧相对地绝缘由避雷器 CB12＋V2 保护。

低端 Yy 变压器绕组的阀侧相对地绝缘由避雷器 M1＋V2 保护。

低端 Yd 变压器绕组的阀侧相对地绝缘由避雷器 E11＋V2 保护。

4.6 6 脉动组母线

高端 6 脉动组母线由避雷器 CB12＋V2 保护。

低端 6 脉动组母线由 M1 保护，该避雷器不会承受严重的操作负载，配合电流可以取得较小。雷电负载由侵入阀厅（L1～L4）的雷电冲击引起，所以配合电流也很小。

4.7 两 12 脉动单元间的母线（CB11、CB12）

该避雷器不会承受严重的操作负载，配合电流可以取得较小。

雷电负载由侵入阀厅（L1～L4）的雷电冲击引起，所以配合电流也很小。

4.8 6 脉动组和中性母线平波电抗器之间的中性母线部分（E11、E12）

决定该避雷器过电压的故障情况是换流变压器与高压端 3 脉动组换流阀之间的接地故障（S1），操作配合电流预计可以达到 10kA。但是这种情况不用于决定避雷器的能量要求，因为其出现的概率很低。

金属回线运行时，直流线路故障（S6）重启的情况用于确定避雷器的能量。

4.9 中性母线外的中性母线部分（E2）

避雷器 E2 用于吸收雷电和操作负载，且其伏安特性比用于雷电保护的避雷器 EL 和 EM 的低。在整流侧，EL 在双极运行或大地回路单极运行时接入回路运行，EM 仅在金属回路单极运行时被接入回路运行。

在逆变侧（假设永久接地），避雷器 EL 总是接入的。避雷器 EM 仅在金属回路运行时用于雷电保护。

换流变压器与阀之间的接地故障所引起的大能量负载在避雷器 E12 和 E2 之间分摊。

在整流站，金属回路运行方式是中性母线绝缘的决定性因素。由于金属回路运行方式下有较长的返回线路，所以整流站中性母线有较高的绝缘水平。绝缘水平的选择，应考虑优化绝缘水平和避雷器吸收能量之间的关系。

绝缘水平的重要参数是接地极线路或金属回线长度以及中性母线电容的大小，它们可能会在中性母线上产生并联谐振。当换流变压器与阀之间接地故障时，可能在中性母线上激发 50Hz 的振荡；当交流单相接地故障时，可能在中性母线上激发 100Hz 的振荡。

避雷器 E2 的决定性雷电故障是直流极线接地故障（L6），EL 的为来自接地极线路的雷击（L5），EM 的为来自直流线路的雷击（L3）。E2、EL、EM 的雷电配合电流分别为 5、10、20kA。

4.10　极线平波电抗器端子间

雷电冲击是决定因素。最严酷的情况是反极性雷击极母线（L3 或 L4）。串联连接的两平波电抗器的两端之间的绝缘由最高电压由直流电压加上直流母线避雷器的雷电保护水平（U_{max}＋DB2）确定，或者由与平波电抗器并联的避雷器（DR）确定。

4.11　中性母线平波电抗器端子间

中性母线平波电抗器端子间的雷电绝缘水平由避雷器 E12＋E2 保守地确定。中性母线的平波电抗器线圈与极线上的类似，雷电耐受水平与其相同，因此没有严重的雷电负载。

4.12　阀侧相间绝缘

当阀桥中的阀导通时，相间绝缘由一个阀避雷器（V）保护。当阀不导通时，相间绝缘通过感应至阀侧的交流母线避雷器保护。

阀侧相间绝缘操作过电压冲击仅由交流母线操作过电压感应至阀侧引起。对操作冲击和工频而言，Yy 变压器阀侧相间电压是交流母线相间电压在阀侧的反映；而 Yd 变压器阀侧相间电压则是交流母线相对地电压减去零序电压在阀侧的反映。选择相间操作冲击绝缘水平保守的设计策略是以 $\sqrt{3}$ 乘以交流母线相对地避雷器保护水平，然后以变压器高压端最小抽头时的变比换算至阀侧。

4.13　金属回路转换母线

避雷器 EM 保护金属回路转换母线，其绝缘配合是中性母线绝缘配合的一部分。

4.14　交流母线（A）

交流母线避雷器保护换流变压器交流侧和交流滤波器母线。避雷器的安装紧靠换流变压器和每大组交流滤波器。

A 型避雷器的能量要求和操作冲击保护水平（*SIPL*）由交流系统故障清除引起的操作冲击决定。

A 型避雷的雷电冲击保护水平（*LIPL*）由来自交流系统的雷电冲击决定，其配合电流选为 20kA，每一组避雷器都承担 20kA 的电流。

5 空气间隙

绝缘的空气间隙一般取决于操作冲击耐受电压。

直流开关场的空气间隙应按照 IEC 60071 的标准决定。对于站内设备，应采用合适的电极形状。

用于最小空气间隙计算的临界冲击闪络电压（50%闪络水平）为

$$U_{50}=\frac{U_{\mathrm{SIWL}}}{1-2\sigma}$$

式中 U_{50}——相应冲击电压波形下的50%的闪络电压，kV；

U_{SIWL}——设备相应的冲击波耐受水平；

σ——IEC 60071 规定的标准方差。

对非标准大气条件的大气修正系数，应按照 IEC 60060-1 的标准。

最小净空距离至少等于用下面的公式计算得到的值：

对于操作冲击 $U_{50}=k\times500\times d\times0.6$

对于雷电冲击 $U_{50}=k\times540\times d$

式中 d——净空距离，m；

k——表示电极形状特性的间隙系数。

为了在大雨中能够耐受运行电压，户外套管和支柱的闪距要满足一定条件的要求，其中闪距是指从金属套管帽到安装地点的接地底座之间测出的最短距离。

6 开关场屏蔽

开关场被有效屏蔽。屏蔽失效时交流母线、直流母线处的雷电冲击电流被限制在10kA，其他的屏蔽保护要求见表3。

表3 屏蔽保护要求

有关设备的区域	最大雷电电流（kA）
交流场	10
交流滤波器开关场	10
交流滤波器电容器构架	10
交流滤波器组低压设备（*LIPL*=450～550kV）	5
交流滤波器组低压设备（*LIPL*=125kV）	2
换流变压器（包括备用单元）	10
直流极母线（包括平波电抗器、直流滤波器电容器构架）	10
中性母线，包括平波电抗器、从平波电抗器到中性母线隔离开关，包括直流滤波器低压设备	5
从中性母线隔离开关到第一基接地极线路杆塔	5
金属回路转换母线，从中性母线隔离开关起	10

续表

有关设备的区域	最大雷电电流（kA）
换流器旁通开关和隔离开关	0.5
中性母线，从穿墙套管到平波电抗器	0.5
极母线，从穿墙套管到平波电抗器	0.5

保护交流开关场、直流开关场的避雷器按规定的雷电冲击保护水平（*LIPL*）。它是由假设一个配合电流而计算的，该电流是假定在遭受直击雷，或是由交流线路、直流线路或接地极线路侵入的雷电冲击时，母线处的最大雷电流。因此，相应区域的所有设备都受到保护，不会遭受来自屏蔽导线、杆塔等的更大电流的雷电冲击。

7 设备保护水平及绝缘水平

按照上述原则，目前推荐的设备保护水平和绝缘水平见表 4。

表 4　　整流站设备的过电压及绝缘水平

项　　目	由…保护	*LIPL*	*LIWL*	雷电冲击保护水平裕度（%）	*SIPL*	*SIWL*	操作冲击保护水平裕度（%）
阀桥两侧	V1/V2/V3	386	425	10	405	446	10
交流母线	A	949	1550	63	778	1175	51
直流线路（平抗侧）	DB1	1621	1946		1361	1566	
极母线	CB2	1369	1643		1339	1540	
高端换流变压器 Yy 阀侧相对地	T	1422	1707		1390	1599	
高端换流变压器 Yy 阀侧中性点	A′+CB12+V2	/	/		1341	1543	
高端 12 脉动桥中点母线	V2+CB12	1070	1284		1074	1236	
高端换流变压器 Yd 阀侧相对地	V2+CB12	1070	1284		1074	1236	
高低端两 12 脉动桥之间中点	CB11	753	904		721	830	
低端换流变压器 Yy 阀侧相对地	V2+M1	904	1085	20	910	1047	15
低端换流变压器 Yy 阀侧中性点	A′+M1	/	/		772	888	
低端 12 脉动桥中点母线	M1	518	622		505	581	
低端换流变压器 Yd 阀侧相对地	V2+E11 V2+E12	854	1025		843	970	
阀侧相间	A′	/	/		463	533	
阀侧中性母线	E11 E12	468	562		438	504	
线侧中性母线	E2	386	464		363	418	
接地极母线	EL E2	501	602		363	418	
金属回路母线	EM E2	530	636		363	418	

表 5　　逆变站设备的过电压及绝缘水平

	由…保护	*LIPL*	*LIWL*	雷电冲击保护水平裕度（%）	*SIPL*	*SIWL*	操作冲击保护水平裕度（%）
阀桥两侧	V1/V2/V3	364	401	10	382	421	10
交流母线	A	949	1550	63	778	1175	51
直流线路（平抗侧）	DB1	1621	1946	20	1361	1566	15
极母线	CB2	1316	1580		1287	1480	
高端换流变压器 Yy 阀侧相对地	T	1369	1643		1339	1540	
高端换流变压器 Yy 阀侧中性点	A′＋CB12＋V2	/	/		1302	1500	
高端 12 脉动桥中点母线	V2＋CB12	1048	1258		1051	1209	
高端换流变压器 Yd 阀侧相对地	V2＋CB12	1048	1258		1051	1209	
高低端两 12 脉动桥之间中点	CB11	699	839		670	771	
低端换流变压器 Yy 阀侧相对地	V2＋M1	854	1025		860	989	
低端换流变压器 Yy 阀侧中性点	A′＋M1	/	/		729	839	
低端 12 脉动桥中点母线	M1	490	588		478	550	
低端换流变压器 Yd 阀侧相对地	V2＋E11 V2＋E12	584	701		598	688	
阀侧相间	A′	/	/		435	500	
阀侧中性母线	E11 E12	220	264		216	249	
线侧中性母线	E2	75	90		72	83	
接地极母线	EL E2	100	120		72	83	
金属回路母线	EM E2	130	156		72	83	

第 11 节　换流站现场污秽测量及仿真预测研究

1　概述

特高压直流输电线路和换流站的外绝缘要求在大气过电压、内部过电压和长期运行电压下均能可靠运行。但沉积在绝缘子表面上的固体、液体和气体微粒与雾、露、毛毛雨、融冰、融雪等恶劣气象条件的同时作用，将使绝缘子的电气强度大大降低，从而使特高压直流输电线路和换流站的外绝缘不仅可能在过电压作用下发生闪络，更频繁的是在长期运行电压下发生污秽闪络。因此，工程现场准确的直流污秽数据对于确定将来特高压绝缘子等设备的外绝缘参数具有至关重要的作用。

2　国内外研究现状

2.1　国外发展概述

对于直流电压下的污秽数据测量，国外多采用实地建立自然积污试验站的方法，目前在国外多个直流工程中都有采用，如在美国 Sylmar 换流站建设时曾做过常规直流下的直流悬式绝缘子的污秽试验，其试验测量技术也较成熟，但是对特高压直流下的情况仍未作相关试验，处于初步探索阶段。随着国外特高压方面研究的推进，对于特高压直流工程污秽方面也倾向于在工程站址实地兴建自然积污试验站来进行监测试验的研究方法，但国外目前尚未有实建的特高压项目，故仍处于初步研究阶段，部分理论还需得到相关试验的验证。

2.2　国内研究现状

我国以交流绝缘子为基础制定了比较完善的污区分布图，现在广泛运用于各种常规交流工程的污秽绝缘设计中。但直流绝缘子的积污特性与交流不同，直流污秽绝缘的设计不宜采用目前已使用的污区分布图。

在常规直流工程污秽测量方面，国内曾有过工程实践，三沪工程时曾租用过国外公司的一套自然污秽测量设备，该套设备在三沪直流工程的直流外绝缘设计上发挥了重要作用。但三沪工程结束之后，该设备已被其他单位借走，同时，一直以来与此相关的试验测量技术都由发达国家的个别公司所垄断，若特高压直流工程中继续考虑租用国外同类设备，则价格会非常昂贵。

3　实施方案

参考国内外相关工程经验，建立直流自然积污试验站是保证直流换流站污秽外绝缘设计可靠安全的有效手段和方法。目前国家电网公司在复龙换流站站址、奉贤换流站站址附近建设了两座自然积污试验站，研究在试验交直流电压下各式绝缘子的积污状况，同时安装自动气象仪器，记录并分析不同气候条件对积污的影响，试验站内安装有远程监测装置实时监测积污站的运行情况。

试验站内搭配合适的各型号试验绝缘子，根据试验的需要加相应的直流电压（−100kV）或交流电压（63kV），在一定积污周期后，通过现场采取污秽进行试验得出站址污秽的盐密、交直比等关键参数，以提供给外绝缘设计使用。

试验设计思想为，实地测量特定直流电压下的实时绝缘子泄漏电流，以及定期采集绝缘子上的污秽测盐密和灰密等试验参数量，同时测出交流与直流电流电压下的数据以求出交直流比。考虑到工程上使用的“直交流积污比”与实际采用的绝缘子外型有关，因此在设计试验绝缘子的时候采用了各种特别设计的绝缘子以获得最多试验数据。

4　自然积污试验站

整个特高压工程直流自然积污试验站由两部分组成：一部分为提供交直流试验电源和收集处理数据的环境监测试验站；另一部分为户外交、直流构架，带有悬挂和支撑绝缘子，用于做积污试验。

4.1　环境监测试验站

目前测量绝缘子污秽的方法主要有测其等值盐密、灰密、泄漏电流、污层电导率等。在试验过程中需要外加一个专门的大容量的试验电源来提供试验电压，通常条件下限于现场条件无法提供这个电源，此次测量直流污秽数据除了交流电源外还需特别提供高压直流电源，环境监测站就专门来提供这个试验电源，模拟实际直流电压下的工作状态。

环境监测试验站用于提供试验所需要的交直流电源，要求能够输电交流 110kV（线电压）、直流 100kV 试验电压，并收集处理试验数据。

交流电源采用普通交流试验变压器提供，单相 380V 输入，63kV 输出，额定交流电流 0.3A。63kV 从顶穿墙套管直接引入被试品。并接 10000:1 的高压分压器监测显示电压，在底端套入电流传感器监测显示电流。

直流电源采用三相桥式整流，用两个整流桥相串联形成 100kV 的高压直流。整流元件选用 3A/150kV 的硅堆。整流后经 10H 电抗器串联，以满足直流试验纹波因数的要求。一次三相用晶闸管调压控制输出电压精度小于±2%，反馈信号从 10000/1 的高压分压器中取出。同时供仪表测量显示。在接地端套入直流电流传感器以监测显示电流。

4.2　数据采集及处理部分

户外交直流构架绝缘子的泄漏电流由专门线路采集到集装箱内，控制柜中 PLC 可完成从户外交直流构架上反馈回来的泄漏电流等数据的处理和分析，并将结果实时存储起来。

由于污秽测量工作是个长时间的过程，为了满足监测者随时了解污秽数据情况的需要，监测站设有专门的软件，安装在远程用户的计算机里，远方监测者可通过专门架设的通信线路（实际试验中采用通过普通长途电话线路的超级终端工具实现）来随时查控到监测站的污秽数据。

4.3　户外污秽测量方案设计

污秽测量主要为了确定在特高压直流电压下绝缘子的外绝缘参数。鉴于我国以交流绝缘子为基础已经制定了比较完善的污区分布图，且早已广泛应用于常规交流工程外绝缘设计中。这些以往的经验数据有很大的参考价值，为了能充分利用到这些数据，积污试验设计方案考虑测量出在同一环境下的交直流数据比，这样以后能够根据已有的交流线路的污秽情况来推测直流状况。因此，试验方案在设计测量直流电压下污秽时，同时设计了一交流构架，用于作对比试验。

交直流构架上安装交直流悬吊以及支撑绝缘子做试品，进行积污试验。

4.3.1　直流试验构架

直流构架图中的悬挂绝缘子选用直流线路用 XZP−160、XZP−300 和三伞型 XZSP−300 绝缘子为代表，加负极性 100kV 直流电压，在从下往上数第五片绝缘了处用引线测出泄漏电流，传回监测站中进行处理，构架下部安装直流深棱型和交流大小伞型支撑绝缘子各一，设定直流电压下爬电距离比为 50mm/kV，现场实地根据所加电压量出爬电距离，在相应距离处同样装设泄漏电流引线测量泄漏电流。

为了让支柱绝缘子的测量结果最具代表性和探索伞裙形状对污秽的影响，积污试验站直流构架上安装的直流深棱支柱绝缘子和交流大小伞支柱绝缘子都是特别定制的型号，深棱及棱型也均为特别设计。

4.3.2　交流试验构架

交流构架的设计思想与直流构架的基本类似，如上图所示，用于与直流构架做对比试验。为防止交流之间的相互干扰，影响试验结果，交流构架应安放在离直流构架 10m 以外处。监测站电源提供 110kV（线电压）分别加在 5 片直流线路用 XZP−300 绝缘子和普通交流用 XP−70 绝缘子上。交流构架下方放置一普通交流支撑绝缘子，设定交流电压下爬电距离比为 16mm/kV。

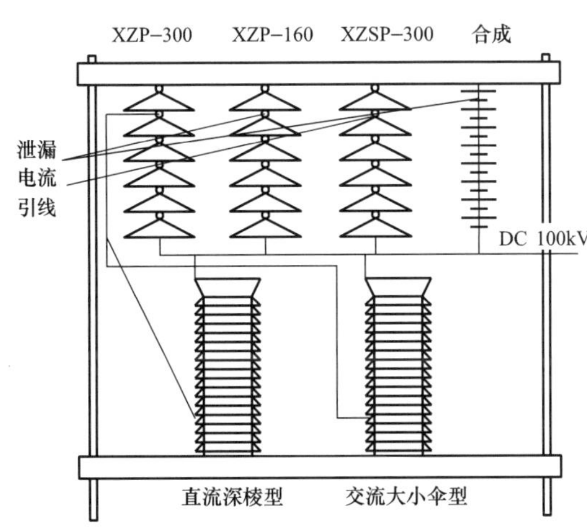

图 1　直流试验构架设计

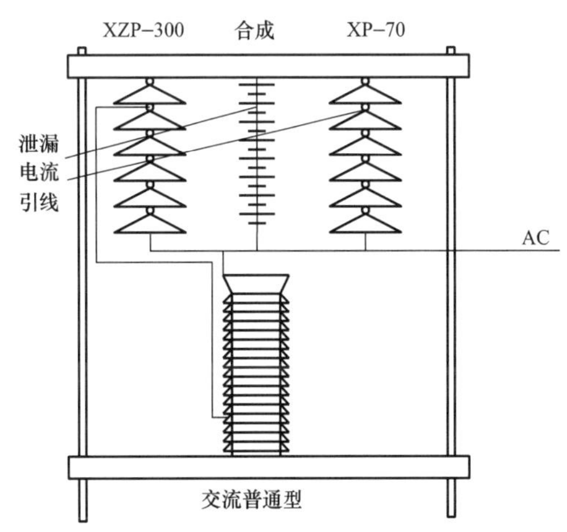

图 2　交流试验构架设计

4.3.3 无电试验构架

另外，考虑到试验站都是先期进行实地试验，而与实际建站的地址可能不在同一地点，有时甚至相距稍远，污秽情况可能也有稍微区别，因此，为了试验数据的后期修正，在工程站址选定后可以在实际站址处建一无电构架，如图 3 所示。

无电现场构架上悬挂一直流线路用 XZP–300 绝缘子和普通交流线路用 XP–70 绝缘子，同时开始积污，根据与试验站内绝缘子上的污秽情况对比，来对试验结果进行修正，可提高试验结果的精度。

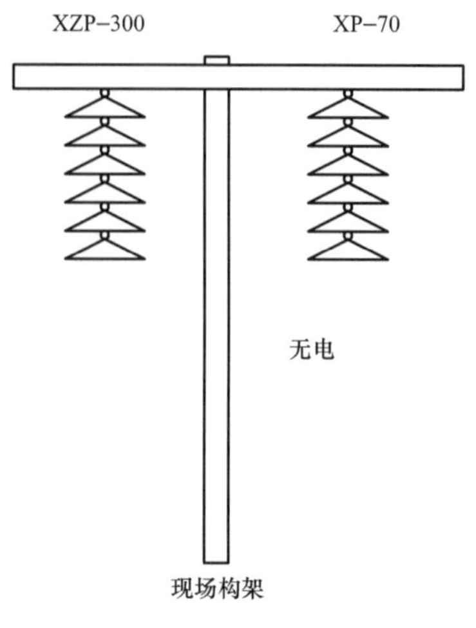

图 3 无电试验构架设计

5 数据仿真及预测研究

线路加直流电压时，由于直流中没有正负半波交变，绝缘子周围的带电微粒受到恒定电场的电场力被吸附于绝缘子表面，特别是在发生电晕时更为明显。因此，直流电压下绝缘子的积污情况比交流情况下严重得多。针对盘式绝缘子而言，盘式绝缘子的直流污秽耐压特性有极性效果，负极性耐压比正极性低 10%～20%，因此积污试验站的直流试验电压采用加–100kV 电压可以很好地反映出这个情况。

直流绝缘子在直流电场作用下上下表面污秽物的分布极不均匀，由于绝缘子下表面大气湍流和电场强度强，一般绝缘子下表面积积污要更严重，加之雨水难以清洗，更加剧了上下表面积污量的差别，上下表面等值盐密度之比可达 2～10 倍以上。为了更好掌握这个情况，积污试验站采用了两个特制的支柱绝缘子，一个深棱型、伞下带棱，一个是大小伞型，棱型和伞型都经过特别设计。这两个特制的支柱绝缘子具有很好的代表性，通过这两个绝缘子积污试验站可准确的得出在不同的形状系数下，绝缘子上下表面的污秽分布差异。

5.1 污秽的采集

积污试验站测量的量较多，如泄漏电流试验作为表示污秽度的参数较多：运行电压下泄漏电流的最大脉冲幅值；超过一定幅值的泄漏电流脉冲数；临闪前最大泄漏电流值等。除此之外，测量量中的污秽的盐密、灰密以及污秽成分的构成，这几个量的测量目前国内外比较通行的方案是从一定面积上的绝缘子上采取下一定量的污秽，溶解在一定量的蒸馏水中，再对溶解物和未溶物作定量的分析。但是一旦取下了绝缘子某部分的污秽，则该部分即应认为是清洁，而与此同时绝缘子的其他部分仍在积污，并且积污试验站为了数据的可靠性和代表性，在试验过程中肯定要多次采取污秽进行测量，这种情况下若采取方法不当则可能会影响到数据的准确性。

针对上述情况，实际试验中可采取固定周期采集特定绝缘子伞裙上的全部污秽来解决上述问题，如从某时间算起一年后将某一片选定的伞裙上的污秽物全部清洗掉用作试验测定，则再过一年后将与原清洗伞裙隔一个的伞裙上的污秽物全部清洗掉再作试验，在清洗新的指定伞裙时，原来被清洗的伞裙又可认为是已经积污一年了。

5.2 交直比仿真模型研究

国外与国内现有直流工程多依据交流系统的积污经验来推断直流积污水平，工程上使用的“直交流积污比”与实际采用的绝缘子型号有关。除绝缘子造型外，“直交流积污比”与污秽物性质及气象条件有关，如风速大时，电场力对污秽粒子的影响就小。

根据目前国内最新的选择交直比的方法，当风速小于 1.5m/s 时，支柱绝缘子和盘式绝缘子的交直等值盐密比决定于绝缘子表面的污秽粒径；风速在 1.5m/s 以上时，支柱绝缘子和盘式绝缘子的交直等值盐密比由风速和绝缘子表面污秽粒径决定。风速小于 1.5m/s 时，支柱绝缘子和盘式绝缘子的交直等值盐密比公式为

$$k_1 = 199d^{-2.06}$$

式中　d——累积概率为 50%的污秽微粒的粒径，μm。

风速大于 1.5m/s 时，支柱绝缘子的交直等值盐密比公式为

$$k_2 = 8.98(vd)^{-0.476}$$

式中　d——累积概率为 50%的污秽微粒的粒径，μm；

v——冬季地面平均风速，m/s。

风速大于 1.5m/s 时，盘式绝缘子的交直等值盐密比公式为

$$k_3 = 77.8(vd)^{-1.06}$$

式中　d——累积概率为 50%的污秽微粒的粒径，μm；

v——冬季地面平均风速，m/s。

由上所述，污秽微粒的粒径一旦由积污试验站实际工作中测量出来，就可得出特高压直流电压下的盘式和支柱绝缘子的交直比这一关键数据，便可由已建的交流线路污秽状况来推测出直流线路的状况。

5.3 污闪电压的线性折算方法

特高压工程上的实际直流电压为±800kV，因为试验条件所限，实际作试验中试验设备无法也不可能提供如此高的试验电压，只能采用较低的直流电压来代替。根据国内外最新研究的结果，在同等污秽条件下，悬式绝缘子的串长（或绝缘子片数）与直流污耐电压是呈线性关系，如图 4 所示，图中 *ESDD* 为盐密，仅画出了部分盐密线。

根据上述结论，积污试验站实际输出的试验电压是直流−100kV，在该电压下测出的污秽试验数据，最后可以通过线性折算为 800kV 下的数据。这样既降低了试验站的电源要求，又逼真地模拟了实际电压工作环境。

5.4 数据的修正

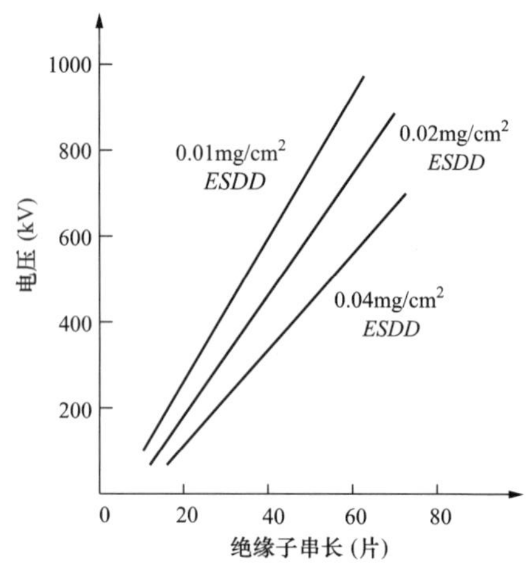

图 4　绝缘子串与直流污耐电压图

由于工程实际需要，试验站一般先于特高压直流工程建设，加上各种实地条件的限制及换流站站址选址可能存在的变更，积污试验站所选的地址可能和未来兴建的特高压直流换流站的实际工程地址还相距一段距离（如在上海的试验站离实际工程地址就相距 3km），因此积污站绝缘子上积下的污秽和实际工程地址的污秽情况会有一定的区别。针对这种情况，在实际工程地点安装一个不带电构架（如前文所述），上放置一交流悬挂绝缘子和直流绝缘子，和站里的交直流构架做同时开始积污。过一定积污周期后，在采集试验站内绝缘子上所积污秽时也同时采集现场不带电构架上的污秽，然后经过分析，看两者的污秽构成成分是否有明显差别，若现场不带电构架绝缘子上的污秽与积污站带电交直流构架绝缘子上的污秽成分大致相同，则可认为积污站测出的污秽数据可代表实际站址情况，若污秽成分有明显不同，则需要对积污站测出的数据进行修正。

具体的修正的方法与污秽的构成成分有关，目前国内在这方面尚未有一个系统的修正方案。具体的数据修正工作则需要等待积污试验站再运行一定周期后（如一个冬季），根据多次采集下的污秽数据分析提供合情合理的修正方案。

6　小结

参考国内外关于直流污秽测量的相关经验，国家电网公司在特高压直流输电工程送受两端建设了自然积污试验站，进行积污试验。在±800kV 直流输电工程建设前期进行自然积污试验站的有关研究，掌握拟建直流换流站环境的污秽度，以及不同绝缘子的积污特性，为工程设计、产品选型和人工污秽试验提供数据和依据，具有特别重要的价值和指导作用。

第 12 节　户外直流场和直流绝缘子选型研究

1　概述

国内外直流输电系统的运行经验表明，由于外绝缘的设计缺陷和环境污秽的加剧，多次发生运行故障，导致巨大的经济损失。所以确定直流场的型式以及相应的外绝缘方案对于特高压直流工程的建设具有重要的意义。根据以前的研究结论，特高压工程直流场决定采用户外直流场方案，因此如何选择合适的户外直流场绝缘子对推进特高压工程具有里程碑意义。目前待选的户外绝缘子型式有纯瓷绝缘子，RTV 涂层瓷绝缘子，复合绝缘子（包括中空复合绝缘子、实芯棒复合绝缘子和瓷芯复合绝缘子）。本部分对这几种绝缘子进行了技术经济对比分析，推荐涂 RTV 的瓷绝缘子作为特高压直流工程的首选户外场外绝缘方案。

2　特高压直流换流站设备爬距要求

根据污秽预测报告：目前情况下，复龙站址交流场标准盘型绝缘子的等值盐密年均值为 0.067mg/cm^2；未来电厂脱硫及新电厂投运后，计算的平均盐密值将变为 0.03mg/cm^2；预测使用的交直流积污比取为 2.4，预测直流场支柱绝缘子年度等值盐密约为 0.036mg/cm^2。

奉贤站址区域交流盘型绝缘子表面等值盐密为 0.04mg/cm^2；计及未来交通与新兴工业的污染及海洋可能的影响，交流盘型绝缘子表面等值盐密预测值可达到 0.06mg/cm^2，交流场支柱绝缘子表面等值盐密预测值可达到 0.03mg/cm^2，直流场支柱绝缘子表面等值盐密预测值可达到 0.064mg/cm^2。

设计时，两站的污秽水平均按表 1 考虑。特高压换流站瓷质设备的设计爬电比距如表 2 所示。

表 1　　特高压换流站污秽水平

绝缘子类型	污秽水平（mg/cm^2）	
	复龙	奉贤
交流悬式	0.06	0.06
交流支柱	0.03	0.03
直流支柱	0.064	0.064

表 2　　瓷质直流设备的最小爬电比距

设备	规定的爬电比距（mm/kV）	
	复龙	奉贤
支柱绝缘子	54	54
垂直套管 *d*=400mm	57	57
垂直套管 *d*=500mm	59	59
垂直套管 *d*=600mm	61	61
穿墙套管	60	60

注　1. 套管的平均直径 *d* 见 IEC60815 中 5.3 节的规定。

2. 垂直套管的平均直径 *d*≤400mm 时，采用表中 400mm 的爬电比距。

3. 对平均直径 *d*>400mm 的垂直套管，采用表中爬电比距的线性插值。

4. 阀厅，包括阀的外绝缘和套管：14mm/kV。

5. 户内直流开关场设备所有绝缘：25mm/kV。

根据要求，800kV 非瓷外绝缘（包括涂覆 RTV 和复合外绝缘）设备的爬电比距应不小于 45mm/kV（约为纯瓷支柱绝缘子爬电比距的 83.3%），高度不低于 10m。

3 直流绝缘子选型研究

直流场外绝缘主要包括直流场支柱绝缘子、垂直套管和穿墙套管的外绝缘。根据目前的研究结果，有三种可选的外绝缘解决方案：一是选择纯瓷外绝缘方案；二是选择户外纯瓷绝缘子涂覆 RTV 涂料或者硅脂；三是采用户外复合外绝缘方案（包括中空玻璃钢筒复合外套、实芯玻璃钢棒复合外套和瓷芯复合外套方案）。下面通过详细的技术比较，对此三种方案的优缺点进行详细的分析对比。

3.1 纯瓷外绝缘方案

在瑞典 STRI 的试验中，11m 的瓷支柱绝缘子在盐密 $ESDD$=0.02mg/cm^2，灰密 $NSDD$=0.05mg/cm^2 的污秽配置下的 U_{50}（50%U）只有 826kV，单位高度的闪络梯度为 75.1kV/m。图 1 为 STRI 的污闪试验结果曲线，从图中可以看出支柱绝缘子的 U_{50} 与结构高度呈现一定的非线性关系。而 SDD=0.02mg/cm^2 是属于 I 级污区的污秽状态，而特高压换流站的污秽程度远高于 0.02mg/cm^2，因此根据 STRI 的试验结果，特高压换流站污秽状态下支柱绝缘子的长度将大于 11m。

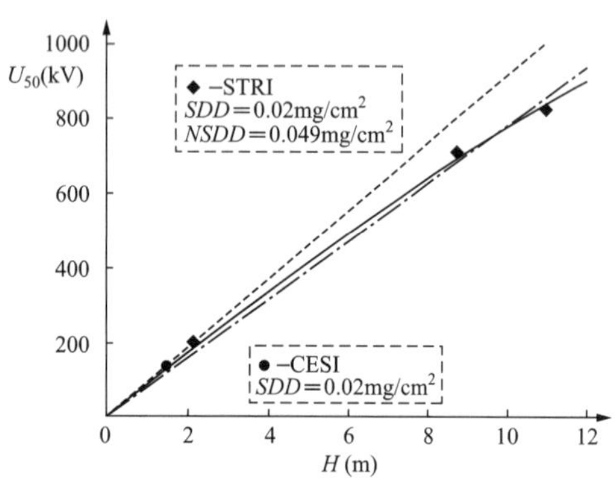

图 1 SRTI 的支柱绝缘子污秽试验结果

另外，STRI 试验绝缘子的 11m 总高度减去金具高度（600mm）后的实际绝缘距离约为 10400mm，取较大的 CF 系数为 3.8，则爬电距离为 39520mm，爬电比距为 48.4mm/kV。这个爬电比距远低于预测的 54mm/kV，所以 11m 的绝缘子高度肯定是不能满足特高压的运行要求。

根据中国电科院预测的纯瓷外绝缘的爬电比距要求，纯瓷绝缘子的爬电距离将达到 816×54=44（m），绝缘子的总高度估计将达到 12m 以上（STRI 预测 0.05mg/cm^2 盐密下纯瓷绝缘子的高度最少为 13.8m）。

根据 ABB 的预测，爬距为 54×816=44064（mm），选用 95/95 的深棱型伞裙结构，C.F 系数取 3.1，则总高度为 44064/3.1=14214（mm）。

直流支柱绝缘子不仅要承受高压带电部分的压力，还要承受很大的机械弯距或扭距，尤其对于隔离开关的支柱绝缘子，必须要有很高的机械抗弯及抗扭要求。根据目前国内厂家的生产水平，总高度 12m 以上，具有 10kN 以上的承载负荷水平，纯瓷支柱绝缘子的机械强度很难满足要求。

综上所述，按照目前的生产能力，生产出既满足外绝缘要求，又满足机械强度要求的 800kV 纯瓷支柱绝缘子是非常困难的。所以，特高压直流场必须采用非瓷外绝缘型式。

3.2　复合外绝缘方案

复合外绝缘方案包括两种：一种是玻璃钢内筒外装复合伞裙（内部填充泡沫或者气体），另外一种是实芯瓷柱或玻璃钢棒外装复合伞裙。空芯绝缘子的弯曲刚度和扭转刚度很低，在弯曲负荷和扭转负荷下的弯曲变形量或扭转变形量很大，不能保证隔离开关类设备的正常动作和准确闭合，而且玻璃钢芯和有机外绝缘护套之间的黏结强度和绝缘强度也是薄弱部位，需要通过长期带电试验验证其运行可靠性。

为保证内绝缘强度，玻璃钢筒内一般填充有泡沫或者气体，如果密封不好的话，将导致内绝缘击穿。

ABB 和 SIEMENS 都提出可以采用玻璃钢棒外装复合伞裙的绝缘子。由于这种复合绝缘子的机械强度较低，采用多柱并联的方法来提高机械强度。

实芯瓷柱复合外套绝缘子集成了瓷绝缘子的机械性能好和有机外绝缘防污性能好的优点，工艺较简单。但这种绝缘子的缺点是瓷芯和有机外护套之间的连接部位是薄弱点，如果界面出现剥离，沿着圆柱形的表面很容易击穿。西安电瓷研究所为特高压直流工程开发的瓷芯复合外套绝缘子如图 2 所示，产品总高度 10500mm。

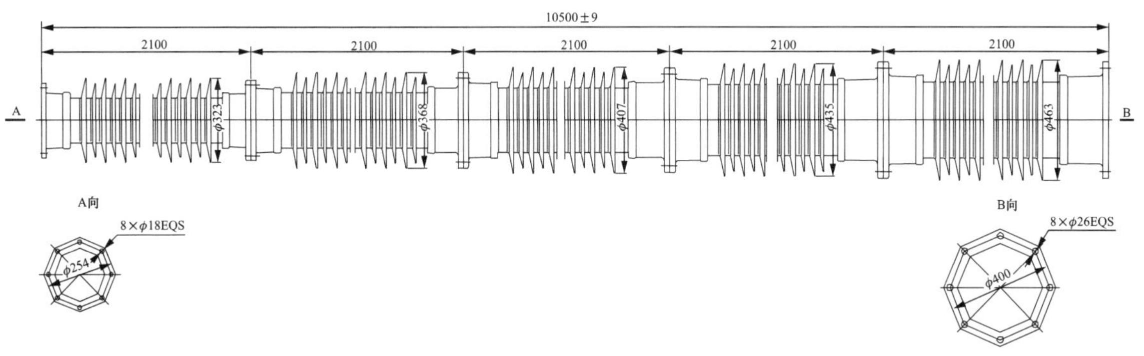

图 2　瓷芯复合外套绝缘子示意图

国内的南通神马公司还开发了玻璃钢芯填充氮气的绝缘子样品。但是目前这几种合成绝缘子都没有工程应用的先例。

3.3　纯瓷外涂 RTV 或硅脂方案

在污染环境下（近海，重工业，交通拥挤的城区）的瓷或者玻璃绝缘子在潮湿或阴雨条件下易导致放电和闪络。在潮湿的绝缘子表面容易形成一个连续的水膜，污染物中的导电盐溶于水中使得水膜导电，泄漏电流增加，产生表面放电和闪络。

如果绝缘子表面能使水相互排斥，不能形成连续水膜，则表面无导电通道形成，那么闪络的概率就会大大降低。当玻璃或者陶瓷的表面涂覆了室温固化硅橡胶（RTV）之后，就具有了这种憎水性。在憎水性的表面，各个孤立的水珠形成一个高电阻表面，从而减少引发闪络的泄漏电流，降低闪络概率。

同时，RTV 材料含有可以转移至污染层表面的硅树脂油脂，甚至在表面被污染物覆盖时也能保持其憎水性。憎水性迁移的主要机理是低分子量（LMW）硅树脂大批向表面迁移，这种低分子具有将污染物粒子压缩成胶囊状的能力。

为了改善其抗爬电侵蚀能力，RTV 中也添加一些无机水合填料［如水合三氧化二铝（ATH）等］。为更长时间保持其功能，RTV 涂料与陶瓷表面有良好的黏附性，能够抵抗紫外线辐射、雨和污染物等的环境影响。现在的涂料一般都含有黏结促进剂，具有很好的黏附性，可抵抗 10MPa 的高压水清洗。

美国道康宁公司的统计结果表明，其生产的 RTV 涂料（SYLGARD HVIC）自从 1984 年投入商业运行以来，全球应用范围包括美国、欧洲和亚洲等，电压范围为 11～500kV（DC）。许多涂料的使用时间也已经超过了 15 年，但仍然性能良好，在污秽环境中保证外绝缘的正常运行。

3.4 国内直流 RTV 运行经验

国内外直流工程换流站及我国葛上直流换流站，设计时都是采用纯瓷外绝缘方案，随着换流站环境的恶化，外绝缘事故不断，其中换流站的瓷穿墙套管的非均匀雨闪最为严重，垂直套管雨闪和雾闪次之，支柱闪烙较少。但对于工业污染较严重的换流站，支柱绝缘子都发生了污闪。根据运行经验，对于已投运的换流站，外绝缘设计出现缺陷，涂刷 RTV 或者硅脂涂料是重要的补救措施。这种方法比较简单，将瓷绝缘外表面清洁后，将 RTV 用喷枪喷涂固化后，绝缘表面就出现憎水性和憎水迁移性，达到防污闪的目的。

由于葛上直流是我国投运最早的 500kV 直流线路，而且由于外绝缘设计不足，喷涂 RTV 后成功解决污闪问题，具有 RTV 涂料的成功运行经验。

葛洲坝站直流场极线设备设计时采用纯瓷外绝缘，直流场主设备的爬电比距在 40～50mm/kV（当年规范仅要求不小于 32mm/kV）之间（不包括穿墙套管），而交流支柱绝缘子的爬电比距仅为 20mm/kV 左右。

葛洲坝站从 1989 年单极投运（包括试运行）至今，大概可以分为两个阶段。第一阶段是 1998 年大负荷试验前，包括冬季时系统长期在降压运行。由于外绝缘设计不足，设备频繁发生闪络。到 1997 年 8 月，葛洲坝站直流场共发生外绝缘闪络事故（含充油套管损坏）19 台次，其中 5 台瓷套管爆裂。除降雨导致的穿墙套管非均匀雨闪和垂直套管的雨闪时的运行电压较高外，有 11 台次发生在大雾、雾雨和毛毛雨中闪络的运行电压不超过 407kV。其中以分节式的耦合电容器套管为最多，并有 4 节发生爆裂。除

1996 年和 1997 年发生两次喷涂 RTV（使用近 6 年憎水性失效）的套管闪络外，其他闪络均发生在瓷套管表面。

第二阶段是 1998 年大负荷试验后，特别是从 1999 年起冬季实现了系统全电压运行；同时葛洲坝站整个直流场设备都采用了 RTV 涂覆，使外绝缘水平得到很大提升。污闪和雨闪的发生都得到有效的控制，尽管遇到恶劣气象条件时在部分设备（如平波电抗器支柱、极线隔离开关支柱和耦合电容器套管等）的 RTV 表面仍会出现程度不同的放电现象（1998～2001 年发生 15 次），但严重的拉弧与巨大声响已被遏制。

南桥站直流场极线设备设计时也采用纯瓷外绝缘，直流场主设备的爬电比距在 39.9～50mm/kV（当年规范书要求不低于 38mm/kV 即可）之间（不包括穿墙套管），而交流支柱绝缘子的爬电比距为 20mm/kV 左右。

南桥站从 1989 年单极投运（包括试运行）至今，也可以分为两个阶段：

第一阶段是 1998 年大负荷试验前，包括冬季系统长期在降压运行。由于外绝缘设计不足，设备多次发生闪络。到 1997 年 8 月，南桥站直流场共发生外绝缘闪络事故 7 台次。除降雨导致的穿墙套管非均匀雨闪和垂直套管的雨闪运行电压较高外，有 3 台次的闪络发生在大雾、雾雨和小雨中，运行电压不超过 407kV。与葛洲坝站有所不同的是，南桥站直流设备在大雨中闪络的比率更高一些，尤其是 PLC 耦合电容器套管的闪络。

在冬季降压运行情况下，直流场经常在雾雨中发现绝缘子表面的放电现象，但记录中的严重放电较葛洲坝直流场少很多。大负荷试验前放电严重的记录有 3 次，主要集中在每年的积污季节，其中 11 月至第二年 2 月就占了 2/3。

第二阶段是 1998 年大负荷试验后，特别是从 1999 年起冬季实现了系统全电压下运行，同时南桥站整个直流场设备都采用了 RTV，平波电抗器支柱等还加装了增爬裙。采取这些措施后，外绝缘水平得到很大提升，尽管雨季遭遇大雨暴雨时部分直流套管的 RTV 表面也出现了较严重的放电现象而导致系统降压运行（1998 年 7 月和 1999 年 8 月各发生 1 次），但有效地遏制了污闪和雨闪的发生。

葛洲坝和南桥站的事实表明，40～51mm/kV 的爬电比距加涂 RTV 后，最小爬电比距仅为正常值的 74%，就可以保证直流设备的安全运行（即使盐密值高达 0.082mg/cm^2），并有效地减弱了恶劣天气时的放电声。

由以上分析可以看出，采用喷涂 RTV 的方法是解决直流场污闪问题的有效途径，即使重污秽（0.082mg/cm^2）小爬距（40mm/kV）时，也非常有效。

4　户外直流场绝缘子方案

根据上述分析，几种绝缘子的经济技术比较如表 3 所示。

表3　　特高压换流站绝缘子选型比较

特　点	800kV 户外直流场绝缘子型式				
	纯瓷外绝缘	玻璃钢筒复合外套	玻璃钢实芯复合外套	瓷芯复合外套	瓷涂 RTV
憎水和憎水迁移性	无	很好	很好	很好	很好
抗污闪能力	一般	较好	较好	较好	较好
抗污闪能力的持续性和稳定性	一般	很好	很好	很好	较好
机械能力	很好	一般	一般	较好	很好
抗地震能力	很好	一般	一般	较好	很好
运行和维护费用	很少	很高（需要充气）	较少	较少	较高
直流工程运行经验	很多	无	无	无	很多
后备加强绝缘手段	有（涂 RTV 或硅脂或调爬）	无	无	有（调爬）	有（调爬或复涂）
价格	无法制造	很高（需并联多柱）	很高（需并联多柱）	较高	很低

从表3可以看出，瓷涂 RTV 的技术成熟，机械性能好，有较多的成功运行经验，制造和运行维护简单，费用低，在特高压直流户外场使用没有技术风险。对于向家坝—上海±800kV 特高压直流输电工程，预测最高盐密仅为 0.064mg/cm^2，低于葛洲坝站的实测盐密，如果采取 45mm/kV 的爬电比距（葛洲坝和南桥的最小爬电比距仅为 40mm/kV），则完全可以采取涂 RTV 解决污闪问题。如果在新绝缘子上喷涂，效果将更好，喷涂表面的性能与有机绝缘子表面几乎相同。绝缘子的总爬距为 816×45=36720（mm），选取适当的伞型系数，总高度可以控制在 11.5m 以下，完全可以国内制造。所以，该方案技术经济性都比较好。

在以前的使用中，通常将 RTV 作为后备使用手段来弥补环境污秽加剧时纯瓷外绝缘的不足，所以用户要求在设计这种绝缘方式时，将爬电比距按不涂的方案设计（至少要求 54mm/kV）。实际上，目前没有直流外绝缘污秽等级的定义和相应爬电比距选择的标准，只是根据经验在重污秽区选用 54mm/kV，对于涂 RTV 后的爬电比距选择更没有标准可循。所以，根据经验，当涂刷 RTV 后，外绝缘的表面状态具有了憎水性和憎水迁徙性，和复合绝缘子几乎一模一样，所以完全可以根据经验参考复合绝缘子的爬电比距来选择。另外，对于具有憎水性和憎水迁移性的绝缘表面来说，其污闪电压与盐密没有明显的对应关系，它不是通过降低盐密来降低污闪电压，而是通过表面憎水性来阻断表面导电水膜的形成，保持表面的高阻性来抑制泄漏电流，从而减小闪络概率。在直流工程中，这样将具有憎水性表面绝缘的爬电比距的选择和污秽等级完全对应是没有充分根据的，只要试验表明其绝缘表面性能达到复合绝缘子的标准，就可以按照 75%的爬电比距来选择，如果条件允许，可取大一些作为安全裕度。葛南直流工程中，目前 40mm/kV 的爬电比距涂 RTV 后在非常严重的污秽条件下仍能安全运行就是有力的证据。

STRI、ABB 和中国电力科学研究院的研究报告表明，RTV 涂层的绝缘子并没有必要每年都进行清洁维护，除非经过试验表明其憎水性低于规定的要求。清洁时，用高压水清洗即可，如果用布擦拭，有可能破坏掉憎水性涂层，起到反作用。相关的试验结果和 STRI 的试验结果都表明，RTV 涂层甚至在重污秽地区，完全不清洗也可以保证安全运行。经过试验发现憎水性降低到一定程度需要复涂时，也没有必要完全铲除旧的 RTV 涂层，只需将松散的涂层和附着不好的涂层清除即可。因为每年换流站都需要停电检修，所以在这段时间内，完全可以完成复涂（如果需要）工作。

另外，目前的看法普遍认为 RTV 涂层绝缘子和复合外绝缘一样，当污秽加剧或者表面状态变差时，没有补救备用手段，所以要求 RTV 瓷绝缘子也要按照纯瓷绝缘子的要求来设计和配置。如果这样的话，即使符合要求的纯瓷绝缘子可以制造，相当于只利用了 RTV 涂层的 75%爬距，经济性很差，没有充分利用 RTV 涂层优异的增水性和憎水迁移性。而且，即使污秽加剧，采取复涂等方法只要保证 RTV 涂层表面具有良好的憎水和憎水迁移性（恢复到工程建设时的设计状态，达到修旧如新的目的），就可以有效地防止污闪的发生，没有必要准备后备手段不断加强外绝缘配置。所以“复涂 RTV”可以看作这种外绝缘的“后备加强”手段。

但对于玻璃钢筒/实芯复合外套绝缘子来说，当外绝缘表面状态变差时，确实没有补救手段来修复，只能更换。

RTV 已经在世界多个直流工程中成功应用，经验表明，多次复涂，可以保证其使用时间与复合绝缘子相当，甚至超过复合绝缘子的寿命。

5　小结

受生产能力限制，800kV 直流场采用纯瓷外绝缘的方案几乎是不可能的。所以，必须考虑非纯瓷外绝缘或者户内场方案。

复合外绝缘没有 500kV 以上的直流运行经验，维护困难，机械强度较差，尚处于试验研究阶段，研发费用和运行费用都很高，而且没有后备的加强绝缘手段，其运行可靠性仍需要大量的试验和运行经验验证，不适合在特高压直流中使用。

RTV 或者硅脂涂层瓷绝缘子在国内外多个直流工程中已经具备了成功的运行经验，抗污闪能力强，机械强度高，维护简单，正常情况下用高压水冲洗即可。国内外的研究都表明，当憎水性 $HC\geq6$ 时，采用复涂即可恢复到设计状态，无须准备后备手段不断加强涂层的绝缘性能。理论上 RTV 或者硅脂涂层的性能和复合外绝缘几乎相同，而且当爬电比距选择为 45mm/kV（大于复合绝缘要求的 41mm/kV 的爬电比距，留有一定的安全裕度）肯定可以安全运行，并有效消弱放电现象。所以该方案种技术经济都优于其他方案，推荐作为特高压直流工程的首选方案。

第13节　直流滤波器研究

1　概述

高压直流输电换流器在运行时，会在直流输电系统的直流侧产生谐波电压和谐波电流，从而在直流线路邻近的电话线上产生噪声。在直流输电系统的直流侧安装谐波滤波器，可以将这种噪声限制在可接受的水平。

该报告为向家坝—上海±800kV 直流输电工程的直流滤波器的设计方案研究。此直流工程两端换流站分别为复龙换流站和奉贤换流站。正常情况下，直流功率传输方向为复龙换流站到奉贤换流站。

本研究报告包括以下内容：

（1）规范书中直流滤波器性能要求。

（2）高压直流输电系统建模。

（3）直流侧谐波电压的计算。

（4）直流滤波器失谐。

（5）性能计算及对性能指标的分析。

2　性能要求

向家坝—上海±800kV 直流输电工程功能规范书是直流滤波器设计的基础。直流滤波器设计应满足功能规范书的相关要求。其有关内容列举如下：

2.1　输入数据

包括电力系统、直流极线、接地极线路和直流沿线的土壤电阻率。

2.2　性能的定义

直流滤波器、中性点电容器或滤波器设计中对滤波性能的考核应以等效干扰电流的计算值为基础。

等效干扰电流的定义如下：线路上所有频率的谐波电流对邻近平行或交叉的通信线路所产生的综合干扰作用与某单个频率的谐波电流所产生的干扰作用相同，这个单频率谐波电流就称作等效干扰电流。

计算等效干扰电流时不仅应考虑直接流过直流极导线和接地极线路的谐波电流，而且还应考虑感应到直流线路和接地极线路地线中的谐波电流。

互阻抗算法中，可以采用删除地线后的线路结构进行计算；但在等效干扰电流的计算中，必须以某种方法考虑地线中的谐波电流。

等效干扰电流是所有谐波频率，从 1～50 次（即：50～2500Hz）的噪声加权残余电流，按照下面的公式进行计算

$$I_{eq}(x)=\sqrt{I_{eJ}(x)^2+I_{eH}(x)^2}\quad (mA)$$

式中　$I_{eq}(x)$——沿输电线走廊的任何点，噪声加权至 800Hz 时的等效干扰电流，mA；

$I_{eJ}(x)$——复龙站换流器谐波电压源产生的 RSS 等效干扰电流分量幅值，mA；

$I_{eH}(x)$——奉贤站换流器谐波电压源产生的 RSS 等效干扰电流分量幅值，mA；

x——沿线路走廊的相对位置。

由复龙站换流器或奉贤站换流器的谐波电压所产生的沿线各点的等效干扰电流可按下式计算

$$I_e(x)=\sqrt{\sum_{n=1}^{n=50}[I_r(n,\ x)\,P(n)\,H_f]^2}$$

式中　$I_r(n，x)$——在沿线路走廊位置“x”的 n 次谐波残余电流的均方根值，mA；

$P(n)$——n 次谐波的噪声加权系数；

n——谐波次数；

H_f——耦合系数，表示典型明线耦合阻抗对频率的标幺化关系，见表 1。

表 1　　典型明线网络的耦合系数

频率（Hz）	耦合系数（H_f）	频率（Hz）	耦合系数（H_f）
40～500	0.70	3000	2.55
600	0.80	3600	2.88
800	1.00	4200	2.95
1200	1.30	4800	2.98
1800	1.75	5000	3.00
2400	2.15		

注　对于其他频率，H_f 的值将采取线性插值方法求取，并由业主提供给成套设计方。

由于受直流线路干扰影响的主要是通信明线，因而采用 H_f 来代表耦合阻抗与频率的关系。

由复龙站换流器或奉贤站换流器的谐波电压所产生的沿线任意点的残余电流定义为下列矢量和

$$I_r(n, x) = \sum_{i=1}^{n_c} I_p(n, i, x)$$

式中 $I_p(n, i, x)$——在位置 x 流过导体 i 的 n 次谐波电流均方根矢量值，mA；

i——导体编号；

n_c——线路走廊中导体总数量，包括所采用的地线、接地极线路和接地极线路的地线。

2.3 性能要求

对于直流滤波器的计算，应采用功能规范书所提供的直流线路和接地极线路的结构、尺寸和导线参数。计算中采用的土壤电阻率是频率的函数，应根据所提供的数据，进行线性插值求得。

从换流器直流侧朝网侧看的内阻抗，包括杂散电容，应包括在谐波电流的计算中。

应考虑影响直流平波电抗器电感值的所有因素，包括电流幅值和频率，并且在整个电感变化范围内取产生最大等效干扰电流的参数。

有关换流器谐波电动势和直流滤波器失谐量的计算如下所述。一般原则是采用连续稳态运行期间较特殊的，但实际可能发生的最严重的组合情况，以计算等效干扰电流的最大值。

2.3.1 谐波电压

在等效干扰电流的计算中，应考虑所有 1～50 次的谐波电流，等效干扰电流的计算应以每端换流器谐波电压源的“最严重组”为基础。

这一“最严重组”定义为，在任意特定的运行方式下产生的一组谐波电动势，其引起持续时间大于 10min 的最大的等效干扰电流。

需要考虑的特定运行方式为：

（1）运行接线方式，即双极、单极大地回路、单极金属回线。

（2）运行方式，即正常电压运行、降压运行。

（3）对应运行方式的运行范围内的任意直流电压水平。

（4）换相电抗在保证范围内取任意值。

（5）触发角为上述运行方式下可能范围内的任意值，包括与无功功率控制以及按照要求在交流滤波器分组和无功补偿分组的投切相对应的触发角。

（6）换流站交流母线电压处于正常范围内的任意水平。

（7）直流电流处于对应运行方式的正常范围内的任意水平。

必须注意到，在线路沿线某一点产生最严重等效干扰电流的一组谐波电动势，不一定在线路沿线所有其他点同样产生最严重的等效干扰电流。

特别地，对于双极运行，当考虑等效干扰电流时，由两个极产生的谐波电压之间的相角差比幅值差更为重要，至少重要性相等。

除上述影响特征谐波电动势的因素外，在非特征谐波电压的计算中，要考虑换相电抗的相间不平衡和触发角的不对称。

在计算直流侧谐波电压时，应计及交流母线电压的工频负序分量，并假定交流系统原有的负序分量和直流系统产生的负序分量算术相加。对于直流滤波性能和定值的计算，应假定交流系统原有的负序工频电压分别为正序电压的 1%和 2%。直流系统产生的负序电压分量，应以给定的交流系统最小短路水平为条件计算。

在计算直流侧谐波电压时，要计及交流母线电压原有畸变和直流系统产生的畸变的加权和。交流系统的原有畸变应假定为表 11（背景谐波电压）所给定的值；直流系统所产生的畸变应假定为所规定的单次谐波电压的最大容许畸变；换流站交流母线电压中总的谐波畸变，应为上述两个分量以规定的公式的加权和。

可采用统计方法计算换流器非特征谐波电动势。应论证任意单个谐波电压超出用于等效干扰电流计算值的概率不超过 1%；但是，能够等同地影响所有阀组的因素不采取统计分布方法，例如负序电压和交流系统谐波畸变，另外，形成 12 脉动阀组的 6 脉动桥之间的换相电抗和触发角差值，在所有换流器中有等同的影响。

在特征谐波的计算中，不允许采用统计方法，必须计算可持续 10min 以上的最严重运行方式的特征谐波电压。

在所有谐波电压的计算中，必须考虑阀中直流电流的纹波和从交流系统感应到直流极线中的 50Hz 电流。

计算谐波电压和所产生的谐波电流，尤其是 3 的倍数次谐波，如 3 次、6 次和 9 次等谐波时，应考虑换流设备的杂散电容。

考虑到对以每一主回路条件及对应的各相、各桥的换相电抗差值和触发角误差的所有可能组合进行校验，在实际上是很困难的。因此对于某一特定的运行方式，可以选出单个谐波频率下的最大谐波电压值，用由多个运行方式下选出的最大单个谐波所组成的谐波电压最大值组，来计算等效干扰电流。这种方法既可以用于特征谐波，也可以用于非特征谐波或用于任意谐波的组合，但是，所采用的谐波电压应是在那个特定的谐波频率下能使等效干扰电流最大的值。

2.3.2 直流滤波器的失谐

直流滤波器的滤波性能在滤波器臂失谐的情况下仍应满足规范要求。失谐程度由下列条件的极限值所决定，并假定这些因素同时作用：

（1）规定的正常交流系统频率变化范围。

（2）规定的环境温度变化以及在各种负荷条件下的元件温升变化。

（3）电容器和电抗器可能的最大初始失谐。

（4）在电容器单元或元件损坏程度达到需要在 2h 内将滤波器臂退出运行的水平时，电容器单元或元件损坏达到可能的最大程度，或者在计划检修开始时，电容器单元或元件损坏程度达到最大预期值的 95%。

（5）由于老化引起的元件参数变化。

应考虑平波电抗器电感和双极线路阻抗的变化，并且假设导致最大等效干扰电流且包括失谐的参数变化的最严重组合。

2.3.3 直流滤波器性能要求

对于任意输送方向，从最小功率到额定直流功率的任意直流输送功率，所设计的直流滤波器应满足下述性能要求。

对于任意输送方向，从最小功率到额定直流功率的任意直流输送功率，所设计的直流滤波器应满足所给定的直流线路走廊的任意位置和两端接地极引线走廊的任意点，在所有直流滤波器投运情况下，等效干扰电流值不得超过 3000mA 的性能要求。

3 系统建模

直流回路的谐波分析是采用 ABB 的用于直流滤波器设计的数字计算程序 HAP 进行的。

在谐波分析中，正确地表示直流回路的不同元件非常重要。其主要系统元件的表示方法如下：

3.1 系统参数

主接线按 400kV＋400kV 方案，额定功率 6400MW，电流 4000A，每极两个 12 脉动换流器，平波电抗器 2×150mH，中性母线对地冲击电容器 16μF。

性能计算时考虑了下列直流电压运行方式：

直流全压，U_d=800kV，α=15°±2.5°，γ=17°±1°，正常功率方向，从复龙换流站至奉贤换流站。

直流降压，U_d =560kV，正常功率方向。

潮流反送时，由于直流电路对称，换流站功率额定值较低，因而此方式不是严重方式。

3.2 谐波的产生

从直流侧看过去，直流输电换流器可以看成一个谐波电压源，两个 12 脉动换流器可看作为一个 12 脉动换流器产生的谐波叠加，换流器可用 3 脉动模型表示。例如，用如图 1 所示的四个相串联的 3 脉动谐波电压源表示的 12 脉动换流器。在理想条件下，每一个 3 脉动发生器将会产生频率为 $3nf_1$ 的特征谐波电压，其中 n=1，2，3，…等，f_1 是交流系统的基波频率。所有四个谐波电源幅值相等，相角位移使得电压的矢量和为一组 12 脉动的特征谐波，如频率为 $12nf_1$ 的谐波。

谐波电压由下述两个单独的计算结果共同决定，如 3 脉动谐波和 12 脉动非特征谐波。

3.2.1　最严重的不一致的谐波电压组

因为换流器有不同的运行方式和不同的控制策略，谐波电压组应该由不同的运行模式决定。本研究使用的是最恶劣方式下感兴趣的频率范围内的不一致的谐波电压组，例如，该计算是在某一特定运行模式下，包括直流电流水平、U_{dio}、点火角、重叠角等在内的参数的不同组合的各种可能的运行状态下得到的。

用于本报告计算的谐波电压采用所有运行中出现的单个最大值。实际上，在换流器的某一种运行状态下，谐波不可能同时达到最大值。因而，从这方面可以说导致了严重的结果。

3.2.2　3 脉动谐波

3，6，9 次等 3 脉动谐波是在理想对称的交流系统和换流桥运行条件下对每一个 3 脉动电源计算得到的。计算的目的是使得谐波电压的接地状态分量最大，因为这样将使得直流线路沿线的等效干扰电流最大。对于单极运行方式，因为极对中性线变为了大地回线方式下的电压，这与决定绝对最大谐波电压是相同的。

对于双极运行方式，这相当于使极间的谐波电压的矢量差最大，在理想平衡条件下，双极的直流电流、电压和点火角等应当一样。事实上，由于测量误差等原因导致的小的不平衡，两极谐波间将有矢量差。

考虑到相关的运行参数，每次谐波电压的幅值用三角傅里叶级数表达式计算。

程序 HARMAX 可以用来选择在整个运行范围内各次谐波的最大值。对于单极运行方式，研究了以下变量变化下的各种可能的运行条件：① 直流电压；② 直流电流；③ d_x；④ 点火角α或熄弧角γ。

对于双极运行方式，对极 1，所有可能的运行条件都进行了计算，在每种极 1 条件下，极 2 的所有可能的一致运行条件也都进行了计算。极 2 的一致运行条件考虑到了以下参数的最大可能值：① 逆变器极间ΔU_d；② 极间ΔI_d；③ 极间Δd_x；④ 根据上面数据计算出来的$\Delta\alpha$和$\Delta\gamma$。

对于各次谐波，根据极 1 和极 2 运行条件的不同组合的比较可得到极 1 和极 2 间谐波电压的最大矢量差，保存对应这种运行条件下的极 1 和极 2 的谐波电压。对于偶次谐波，使用极间产生最大矢量差的组合。然而，对于奇次谐波，最大干扰电流出现在电路极其平衡时。

3.2.3　12 脉动谐波

12 脉动谐波是通过模拟 1，2，3，…，12，…，50 次的所有次数的谐波源，包括特征谐波和非特征谐波的整个 12 脉动换流器得到的。注意此处的术语“12 脉动谐波”仅用来区别两种谐波计算的结果，不应与 12 脉动特征谐波组相混淆。

12 脉动换流器的非特征谐波不是 12 次谐波的倍数。这些谐波的值通常都很小，是由于阀点火角的不对称，联结在各自 6 脉动换流器组上的两个绕组的变压器电感不平衡和交流系统电压不对称等非理想条件导致的。

由于这些不对称将出现在不同的参数组合和交流系统配置中。考虑了偏差的组合决定了非特征谐波的幅值和相位。变量的统计分布取决于制造的经验。然而，所得到的非特征谐波不能被作为已知的统计分布，来确立谐波统计分布与非理想条件之间的确切关系。

因此，各次非特征谐波的最大幅值的计算要用统计分析方法来考虑这些不平衡因素的各种可能出现的不同模式。程序 HARMON 可用于这类计算。对于每种非对称的组合，HARMON 可在时域分段地构造直流电压波形，然后用三角傅里叶级数计算谐波。用于计算非特征谐波电压的主电路参数与计算 3 脉冲谐波电压的一样，考虑到以下不对称方面：

（1）相间阻抗偏差按 d_{xN} 的 0.7%标准偏差加以考虑。

（2）D–和 Y–桥之间的相间阻抗偏差按上述方法处理。

（3）D–和 Y–桥之间 U_{dio} 的差距按 D–绕组中的 0.5 匝来考虑。

（4）12 脉动换流器中，阀间的点火角的差别取决于交流系统电压和点火系统点火时刻的偏差。触发角的不平衡按 0.0184° 的标准偏差来考虑。

（5）每个 6 脉动桥的触发时间的标准偏差可以根据以上每个阀的标准偏差得到。由于 12 脉动换流器只有一个共同的控制系统，则在两个 6 脉动桥间点火时刻不存在系统误差。

（6）两个换流站都考虑了 1.1%的负序电压分量（基于复龙换流站为 530kV，奉贤换流站为 515kV）。负序电压的相角按在 0 到 360 度内随机矩形分布考虑。

计算 12 脉动谐波时，直流电流水平是按很小的步长从最小到最大变化。对于每个水平的直流电流，要做 500 个 Monte Carlo 仿真。对于每次仿真，直流电压的波形包括 12 段，谐波电压用三角傅里叶级数从这个波形中计算得来。计算了 1 次和 50 次之间的非特征谐波电压，选择了每个谐波电压的最大值。

3.2.4　3 脉动和 12 脉动谐波的和

对每一运行模式，在应用到直流电路模型前，3 脉动和 12 脉动谐波需要合并成为同一组谐波。

将 12 脉动谐波的幅值除以 4，等值为 3 脉动电压源。3 脉动谐波和相应的 12 脉动谐波矢量相加。

3.3　直流纹波

直流侧谐波电流对由换流变压器产生的谐波源电压的主要影响，如直流纹波的考虑，在等效内电抗的直流侧电路模型中包括了进去。换流器采用戴维南等效模型，用假设无穷大的平波电抗器计算模型中的谐波电压源。戴维南等效阻抗用换流变压器电抗和重叠角计算。

内阻抗和谐波电压串联，因此在换流器模型端口产生的谐波电压受流过换流器的谐波电流（纹波）的影响。经验表明这个模型能够正确表示换流器，包括直流纹波的影响。

3.4　负序电压

根据要求，在直流侧谐波电压的计算中考虑了负序基频交流母线电压。在性能计算中，采用 1.1%的负序电压值。其中，1%是由交流系统来的，0.1%是对直流系统的保守估计值。

3.5　交流母线电压畸变

交流谐波（背景谐波电压）会在直流侧产生谐波电压，这在性能计算中进行了考虑。

将交流侧的谐波电压简单等效为直流侧谐波，同时考虑到交流侧谐波的相序和控制角的影响。

指定的谐波电压加入了最大值的计算，将谐波电压和直流侧谐波电压组合起来计算出组合谐波电压。

3.6　直流电路

直流电路模型包括三部分：换流器、直流输电线路和滤波器。前两个部分在下面将要作讨论，滤波器部分将在下一条款单独作讨论。

在计算中考虑了下列直流电路方案：① 双极；② 单极大地回路；③ 单极金属回路，在上海（逆变）站接地。

3.6.1　换流器模型

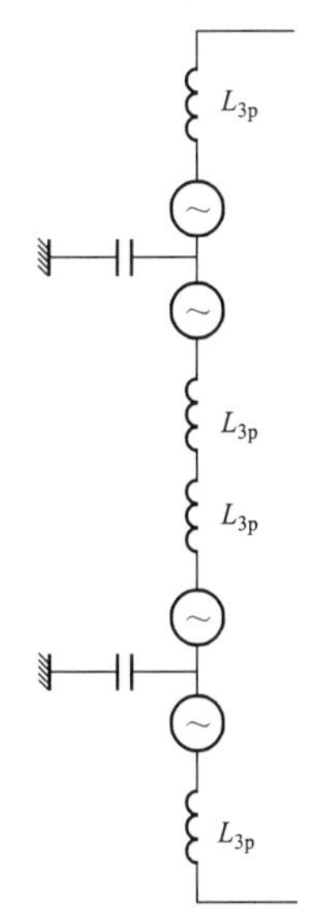

图 1　谐波研究中采用 4 个 3 脉动组模拟 12 脉动换流器桥

每一个 12 脉动换流器由如图 1 所示的串联的 3 脉动谐波电压源表示。每个 3 脉动发电机的内阻抗模型是以变压器相电抗和换流变压器的对地杂散电容为基础的。

图 1 中电感 L_{3p} 定义为实际换相电抗的时间平均值，即

$$L_{3p}=\frac{1}{2}\left(1.5\frac{\mu}{60}+2\left[1-\frac{\mu}{60}\right]\right)L_c$$

其中 μ 是对应最严重负荷情况下的重叠角，L_c 是一个 6 脉动换流器的换相电抗。

换流器的杂散电容是一个假想值，每个 6 脉动换流器的杂散电容用一个集总的电容值表示，这个值包括变压器不同绕组与地之间的杂散电容，和套管的杂散电容。值得注意的是这些电容提供了 3 脉动谐波的对地通路，从而对直流输电线路中的接地模式电流有重要的影响。

3.6.2　传输线路

考虑了线路的配置、导线几何尺寸和物理特性，集肤效应、线路间的相互耦合和大地电阻率。

4　滤波系统

滤波系统包括平波电抗器、直流滤波器和中性母线线冲击电容器等元件。

4.1　平波电抗器

平波电抗器位于换流器和直流滤波器间的直流极线和中性母线上。除了参与抑制谐波电流外，平波电抗器还是过电压保护的一部分，可以阻止陡峭的闪电涌流进入换流器。它还可以限制由于换流器短路或直流线路电路故障导致的放电电流。而且，从控制的角度看，它也是直流系统的重要部分。

平波电抗器的电感值为 300mH，直流极线和中性母线上分别为 150mH。

在研究中假设品质因数为 100。在性能计算中，电感值变化范围在±5%以内，保守地包含了直流电流水平到达 1.0p.u.。

4.2　直流滤波器

每极的直流滤波器由以下部分组成：

（1）每站每极一个双调谐 12/24 滤波器，接在直流极和中性母线之间。

（2）每站每极一个双调谐 12/36 滤波器，接在直流极和中性母线之间。

或每站每极一个三调谐 12/24/36 滤波器，接在直流极和中性母线之间。

两个换流站的滤波器设计是相同的。图 2 给出了滤波器方案示意图，表 2～表 5 给出了直流滤波器设计方案的每种滤波器的元件值。

向家坝站
上海站
Ldc
PT
L3p
C6p
2L3p
C6p
L3p
直流滤波器
直流滤波器
PT：极线
ETY：接地极线（向家坝侧）
ETM：接地极线（上海侧）
Cnb
ETY
ETM
Rc
直流滤波器
直流滤波器

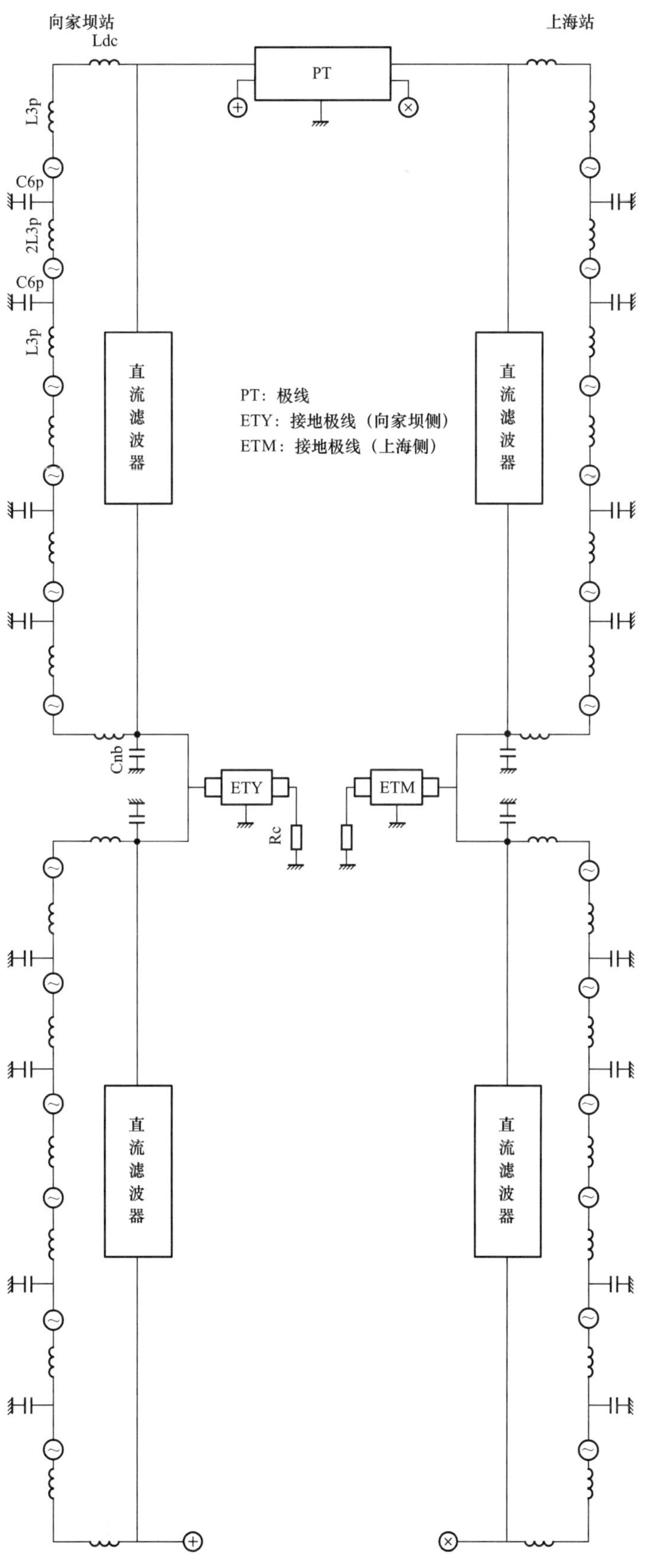

图 2　双极直流电路方案

表2 直流滤波器元件参数（方案1）

参数	滤波器分组类型	
	12/24	12/36
总滤波器组数	4	4
调谐频率（Hz）	600/1200	600/1800
C1（μF）	3.0	3.0
L1（mH）	7.806	4.308
C2（μF）	13.571	5.628
L2（mH）	3.894	7.563
品质因数（电感）	100	100
电容的 tanδ（50Hz 下）	0.0002	0.0002

表3 直流滤波器元件参数（方案2）

参数	滤波器分组类型/极	
	12/24	12/36
总滤波器组数	4	4
调谐频率（Hz）	600/1200	600/1800
C1（μF）	1.0	1.0
L1（mH）	23.419	12.923
C2（μF）	4.524	1.876
L2（mH）	11.683	22.69
品质因数（电感）	100	100
电容的 tanδ（50Hz 下）	0.0002	0.0002

表4 直流滤波器元件参数（方案3）

参数	滤波器分组类型/极	参数	滤波器分组类型/极
	12/24		12/24
总滤波器组数	4	C2（μF）	9.047
调谐频率（Hz）	600/1200	L2（mH）	5.84
C1（μF）	2.0	品质因数（电感）	100
L1（mH）	11.71	电容的 tanδ（50Hz 下）	0.0002

表5 直流滤波器元件参数（方案4）

参数	滤波器分组类型/极	参数	滤波器分组类型/极
	12/24/36		12/24/36
总滤波器组数	4	L2（mH）	11.866
调谐频率（Hz）	600/1200/1800	C3（μF）	5.082
C1（μF）	1.4	L3（mH）	2.354
L1（mH）	12.421	品质因数（电感）	100
C2（μF）	3.919	电容的 tanδ（50Hz 下）	0.0002

4.2.1　滤波器失谐

滤波器的失谐是通过分别考虑元件变化和频率变化的影响来处理的。这时应该考虑频率和元件偏差的极端情况的组合，使得其作用产生最严重的可能的失谐。

4.2.2　频率变化

在本研究中频率偏差取为±0.2Hz。

4.2.3　元件偏差

在计算中考虑了由于温度、元件故障和老化原因引起的电容值变化。

由于温度引起的电容值变化用下式表示

$$\left(\frac{\Delta C}{C_{\mathrm{N}}}\right)_{\mathrm{temp}} = -\left(\frac{t_{\mathrm{a}} - t_{\mathrm{N}}}{100}\right) \times \Delta C_{\mathrm{t}}$$

式中　t_{a}——环境温度；

t_{N}——参考温度；

ΔC_{t}——由于温度变化的电容值变化百分比。

由于温度变化的电容值变化百分比每 100℃取 5%/4%，基准温度为 25℃。

对复龙换流站的电容器，采用了对应于环境温度–3.7° 到 40.3° 的偏差。对奉贤换流站的电容器，采用了对应于环境温度–10.1° 到 38.7° 的偏差。

报警水平前的电容元件失效和其他老化效应对电容量变化的影响可以忽略不计。

直流滤波器使用电抗器分接头来调谐。可能的初始失谐量为半级，例如 0.25%，分接头加上调谐测量误差的公差，对电抗器来说，电感的偏差对应半级 0.25%分接头加上 0.05%的调谐测量误差的公差。在本研究中电感的偏差取为±0.35%。

4.3　中性母线电容

中性母线电容器组用来提供给通过变压器杂散电容驱动的主要为 3 倍次数谐波电流的一个低阻抗的站内回路，从而将进入接地极线的这些次数的谐波降至最低。中性母线电容器电容值的选择，除了要避免与接地极线路在关键频率上发生谐振，还要为三倍次数谐波电流提供足够低的阻抗回路。每站两个 16μF 的电容器，连接在中性母线和地之间。因而，在双极运行时，每站的中性母线电容器总的电容值为 32μF，单极运行时为 16μF。

5　直流滤波器性能

研究得到的结果如图 3～图 7 所示。

5.1 结果说明

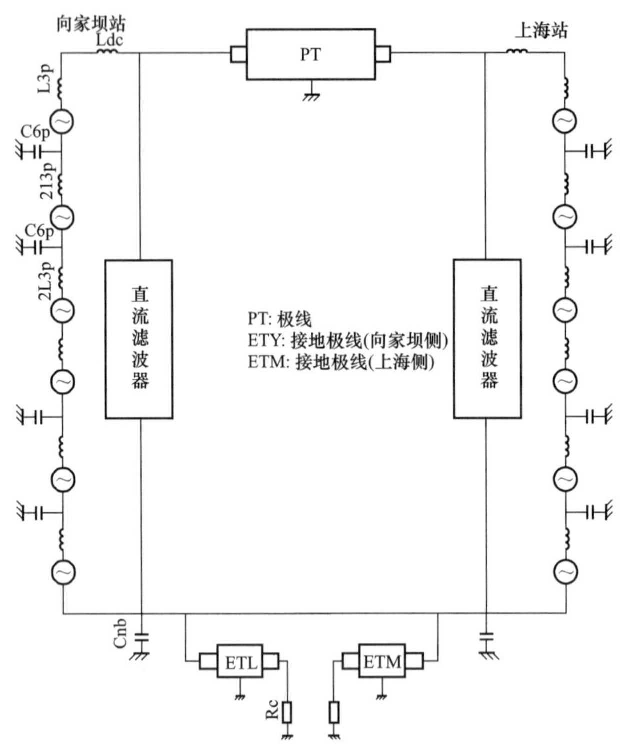

图 3　单极直流电路方案

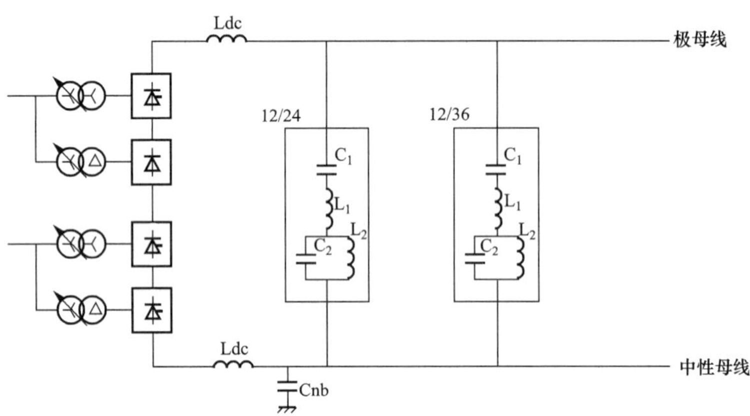

图 4　直流滤波器方案

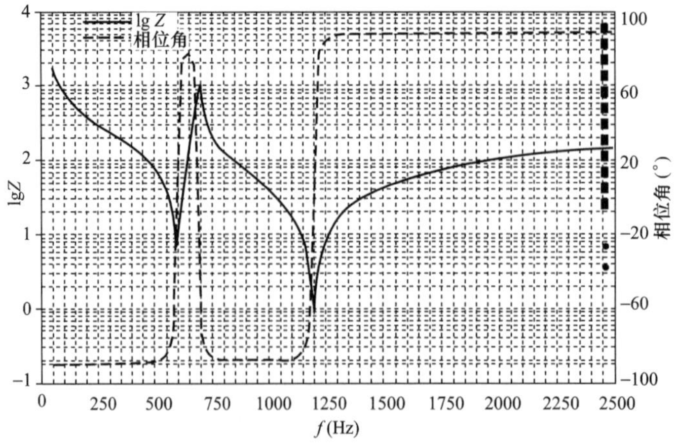

图 5　12/24 直流滤波器阻抗

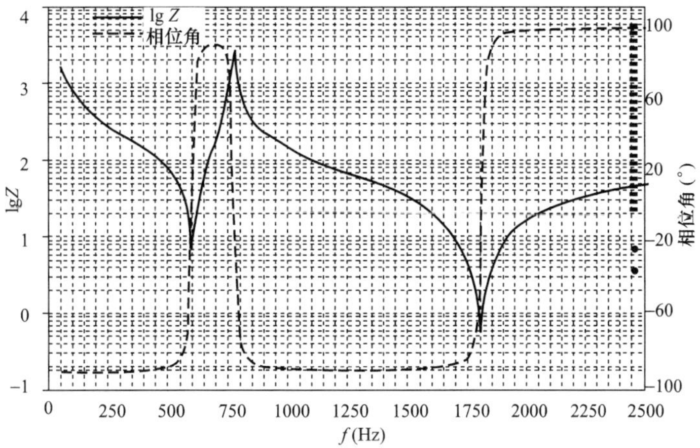

图 6　12/36 直流滤波器阻抗

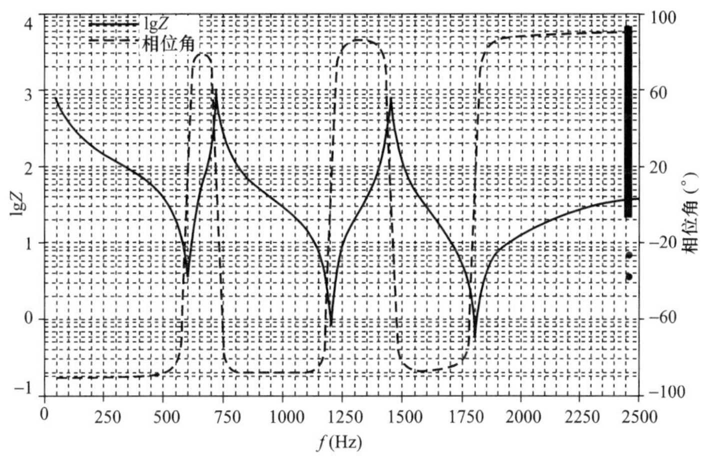

图 7　12/24/36 直流滤波器阻抗

性能结果是用以干扰电流对直流沿线的距离形式的曲线和表示不同运行方式下最大计算等效干扰电流 I_{eq} 的表格来表示的。

表 2～表 5 给出了对应于不同直流滤波器设计方案时，直流滤波器元件参数；表 6～表 9 对应不同的基本运行方式下的最大计算 I_{eq} 值。

5.2　研究中采用接线方式

性能计算研究中采用的系统接线有双极平衡接线和单极大地回线和金属回线。

对正常和降压运行方式都研究了以上的系统接线。在正常和降压运行方式下分别考虑直流电流水平为 1.0p.u.。

5.3　结果分析

表 6 中双极运行方式下，I_{eq} 值不在设定的限制值之内；此时每极两组双调谐滤波器，C1 电容值为 3.0μF，对单极运行方式下，I_{eq} 值不在设定的限制值之内。如果在双极运行方式下满足限制值 500mA，则直流滤波器 C1 电容值还要增加。

表 6　最大计算 I_{eq} 值（方案 1）

运行方式	直流电压	I_{eq}（mA）			直流电流的限定值（A）
		极　线	向家坝接地极线	上海接地极线	
双　　极	正常电压	840	719	588	500
单极大地回线	正常电压	1680	876	883	1000
单极金属回线	正常电压	1512	—	908	1000

表 7 中对于所有的 3 种基本运行方式，I_{eq} 值在设定的限制值之内。此时每极两组双调谐滤波器，C1 电容值为 1.0μF。同时，表 8 也给出此种设计方案退出所有 12/36 滤波器等效干扰电流值，可以看出此时等效干扰电流值超出限制值很多。

表 7　最大计算 I_{eq} 值（方案 2）

运行方式	直流电压	I_{eq}（mA）			直流电流的限定值（A）
		极　线	向家坝接地极线	上海接地极线	
双　　极	正常电压	2051	939	898	3000
单极大地回线	正常电压	4100	1322	1115	6000
单极金属回线	正常电压	3692	—	1150	6000

表 8　最大计算 I_{eq} 值（方案 2）退出所有 12/36 滤波器

运行方式	直流电压	I_{eq}（mA）			直流电流限定值（A）
		极　线	向家坝接地极线	上海接地极线	
双　　极	正常电压	4889	1532	1119	3000
单极大地回线	正常电压	9776	1757	1418	6000
单极金属回线	正常电压	8800	—	1544	6000

表 9 中对于所有的 3 种基本运行方式，I_{eq} 值接近设定的限制值之内。此时每极一组双调谐滤波器，C1 电容值为 2.0μF，如果在双极运行方式下满足限制值 3000mA，则直流滤波器 C1 电容值还要增加。

表 9　最大计算 I_{eq} 值（方案 3）

运行方式	直流电压	I_{eq}（mA）			直流电流的限定值（A）
		极　线	向家坝接地极线	上海接地极线	
双　　极	正常电压	3045	1143	858	3000
单极大地回线	正常电压	6000	1387	1193	6000
单极金属回线	正常电压	5481	—	1234	6000

表 10 对于所有的三种基本运行方式，I_{eq} 值在设定的限制值之内。此时每极一组

三调谐滤波器，C1 电容值为 1.4μF。

表 10　　最大计算 I_{eq} 值（方案 4）

运行方式	直流电压	I_{eq}（mA）			直流电流的限定值（A）
		极　线	向家坝接地极线	上海接地极线	
双　　极	正常电压	2501	1188	874	3000
单极大地回线	正常电压	5000	1489	1265	6000
单极金属回线	正常电压	4500	—	1428	6000

交流母线谐波畸变在直流侧产生的谐波电压见表 11。

表 11　　交流母线谐波畸变在直流侧产生的谐波电压

谐波次数	背景谐波电压（%）		计算最大谐波电压（%）		总的畸变（%）		传递的谐波电压（kV，每 12 脉动）	
	向家坝	上海	向家坝	上海	向家坝	上海	向家坝	上海
1	0.0000	0.0000	0.0000	0.0000	0.0000	0.0000	0.0000	0.0000
2	0.4000	0.4000	0.5183	0.0189	0.6547	0.4004	1.3945	1.0455
3	1.2000	1.0000	0.5915	0.3568	1.3379	1.0617	1.6766	0.8947
4	0.2000	0.1000	0.0575	0.0505	0.2081	0.1120	0.0000	0.0000
5	1.5000	1.5000	0.5384	0.6983	1.5937	1.6546	0.0000	0.0000
6	0.1000	0.1000	0.0378	0.1009	0.1069	0.1421	4.8835	4.9304
7	0.8000	0.9000	0.5995	0.6505	0.9997	1.1105	0.0000	0.0000
8	0.1000	0.1000	0.0568	0.0357	0.1150	0.1062	0.0000	0.0000
9	0.3000	0.3000	0.4433	0.2006	0.5353	0.3609	0.6044	0.4758
10	0.1000	0.1000	0.0105	0.0057	0.1005	0.1002	0.3018	0.2046
11	0.7000	0.7000	0.5687	0.4486	0.9019	0.8314	0.0000	0.0000
12	0.1000	0.1000	0.0216	0.0215	0.1023	0.1023	0.0000	0.0000
13	0.5000	0.5000	0.2822	0.2272	0.5741	0.5492	0.0000	0.0000
14	0.1000	0.1000	0.0039	0.0041	0.1001	0.1001	0.2821	0.2108
15	0.3000	0.3000	0.1075	0.1076	0.3187	0.3187	0.2214	0.2427
16	0.0000	0.0000	0.0111	0.0106	0.0111	0.0106	0.0000	0.0000
17	0.0000	0.0000	0.0831	0.0869	0.0831	0.0869	0.0000	0.0000
18	0.0000	0.0000	0.0102	0.0102	0.0102	0.0102	0.3419	0.2808
19	0.0000	0.0000	0.0598	0.0433	0.0598	0.0433	0.0000	0.0000
20	0.0000	0.0000	0.0043	0.0033	0.0043	0.0033	0.0000	0.0000
21	0.0000	0.0000	0.0349	0.0209	0.0349	0.0209	0.0604	0.0281
22	0.0000	0.0000	0.0016	0.0014	0.0016	0.0014	0.1009	0.0923
23	0.1000	0.2000	0.1313	0.0964	0.1650	0.2220	0.0000	0.0000
24	0.0000	0.0000	0.0007	0.0006	0.0007	0.0006	0.0000	0.0000
25	0.1000	0.2000	0.1014	0.0801	0.1424	0.2154	0.0000	0.0000
26	0.0000	0.0000	0.0012	0.0009	0.0012	0.0009	0.1411	0.1004

续表

谐波次数	背景谐波电压（%）		计算最大谐波电压（%）		总的畸变（%）		传递的谐波电压（kV，每 12 脉动）	
	向家坝	上海	向家坝	上海	向家坝	上海	向家坝	上海
27	0.0000	0.0000	0.0277	0.0185	0.0277	0.0185	0.0202	0.0181
28	0.0000	0.0000	0.0034	0.0029	0.0034	0.0029	0.0000	0.0000
29	0.0000	0.0000	0.0372	0.0395	0.0372	0.0395	0.0000	0.0000
30	0.0000	0.0000	0.0081	0.0112	0.0081	0.0112	0.3223	0.2569
31	0.0000	0.0000	0.0664	0.0696	0.0664	0.0696	0.0000	0.0000
32	0.0000	0.0000	0.0065	0.0049	0.0065	0.0049	0.0000	0.0000
33	0.0000	0.0000	0.0441	0.0223	0.0441	0.0223	0.0604	0.0281
34	0.0000	0.0000	0.0014	0.0007	0.0014	0.0007	0.0907	0.0742
35	0.0000	0.0000	0.0460	0.0304	0.0460	0.0304	0.0000	0.0000
36	0.0000	0.0000	0.0002	0.0002	0.0002	0.0002	0.0000	0.0000
37	0.0000	0.0000	0.0245	0.0187	0.0245	0.0187	0.0000	0.0000
38	0.0000	0.0000	0.0004	0.0003	0.0004	0.0003	0.1107	0.0742
39	0.0000	0.0000	0.0083	0.0047	0.0083	0.0047	0.0202	0.0181
40	0.0000	0.0000	0.0011	0.0006	0.0011	0.0006	0.0000	0.0000
41	0.0000	0.0000	0.0085	0.0055	0.0085	0.0055	0.0000	0.0000
42	0.0000	0.0000	0.0016	0.0012	0.0016	0.0012	0.1207	0.1123
43	0.0000	0.0000	0.0135	0.0072	0.0135	0.0072	0.0000	0.0000
44	0.0000	0.0000	0.0017	0.0011	0.0017	0.0011	0.0000	0.0000
45	0.0000	0.0000	0.0213	0.0129	0.0213	0.0129	0.0202	0.0181
46	0.0000	0.0000	0.0014	0.0013	0.0014	0.0013	0.0705	0.0562
47	0.0000	0.0000	0.1623	0.1124	0.1623	0.1124	0.0000	0.0000
48	0.0000	0.0000	0.0023	0.0020	0.0023	0.0020	0.0000	0.0000
49	0.0000	0.0000	0.1495	0.1191	0.1495	0.1191	0.0000	0.0000
50	0.0000	0.0000	0.0017	0.0018	0.0017	0.0018	0.0605	0.0362

6 结论

本报告描述了直流滤波器设计过程中使用的计算过程和假设。所提出的直流滤波器设计方案 2 和方案 4 能满足技术规范中的直流滤波器性能限制，即双极运行时等效干扰电流 I_{eq} 值不大于 3000mA。在这种设计中，极线中的最大计算等效干扰电流 I_{eq} 值如下：双极运行 2051mA，单极大地回线 4100，单极金属回线 3692mA。但考虑在退出一组直流滤波器时，等效干扰电流超出限制值较大，采用方案 2。

直流滤波器性能限制要求改为双极运行等效干扰电流 I_{eq} 值不大于 3000mA，单极运行等效干扰电流 I_{eq} 值不大于 6000mA，可以大大降低直流滤波器设备费用，具有极大的直接和间接效益，对所有直流工程都具有借鉴作用。

第 14 节　PLC/RI 滤波器方案的优化

1　概述

在高压直流系统中，电力线路载波（PLC）和无线电（RI）通信主要的干扰源是换流器产生的干扰噪声。换流器产生的干扰主要是阀在触发期间，阀的电压突变所导致的。产生的干扰电流通过两种模式进行传播：一是通过换流变压器传至开关场和输电线；另一是偶极辐射。

通过换流变压器以及平波电抗器在交、直流侧传播的干扰电流将使开关场和输电线路导线携带干扰电流。高频电流还将在开关场和线路上产生辐射干扰。携带干扰电流的引出线通过磁和电耦合对交叉或邻近的电力和通信线路产生干扰。

PLC 和 RI 滤波器的设计目的是使 10kHz～20MHz 范围内载波线路和通信明线的干扰水平限制在一个可接受的水平。

本文针对±800kV 向家坝—上海特高压直流工程，对换流站 PLC/RI 滤波器配置进行了优化研究。

2　现有规范要求

在目前的直流输电工程换流站通信系统干扰规范中，关于无线电干扰的要求是：当直流系统以最小功率到 2h 过负荷额定值之间的任意功率运行时，由换流站产生的电磁辐射所引起的无线电干扰水平（RIL）在规定的位置和轮廓线处不超过 100μV/m。在阀厅外面不另设屏蔽的条件下，在 0.5～20MHz 以内的所有频率上 RIL 应满足这一指标。

规定的测量位置为：距离换流站或临近的向换流变压器供电的交流开关场内的任何带电元件 450m 周边；从 450m 周边距交直流线路最近一相导线 150m 开始至换流站 5km 处距同一导线 40m 的直线段，如图 1 所示。

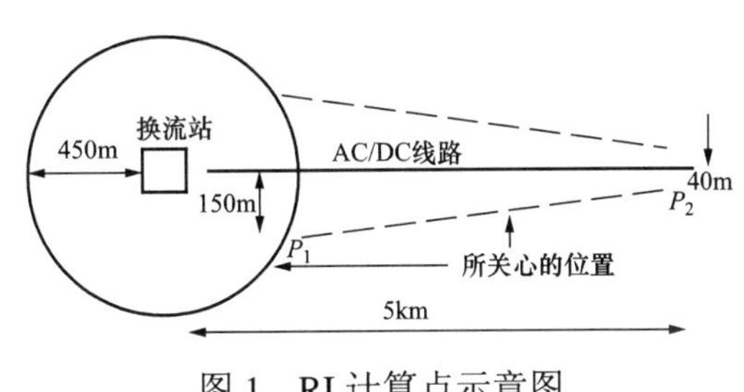

图 1　RI 计算点示意图

换流站设计对于电力载波通信干扰的干扰限值见表 1。

表1 换流站设计对于电力载波通信干扰的干扰限值

地点	限值
换流站站两端交流母线	30kHz为0dBm，线性减小到50kHz时的–10dBm和100kHz时的–20dBm，并且保持在–20dBm直到500kHz
直流双极线路端部	30kHz为10dBm，线性减小到50kHz时的5dBm和100kHz时的0dBm，并且保持在0dBm直到500kHz
接地极线路端点	30kHz为10dBm，线性减小到50kHz时的5dBm和100kHz时的0dBm，并且保持在0dBm直到500kHz

3 对现有标准的研究

（1）换流站无线电干扰来自于两个方面：一方面电晕和火花放电产生无线电噪声；另一方面，换流站中整流阀的周期性导通和阻断过程中，由于阀体中电流的急剧变化而产生高频电磁干扰。换流站无线电干扰的频谱特性呈现出类似于换流站典型辐射场强频谱分布规律的特性，换流阀在工作过程中的周期性通断产生的偶极辐射是产生换流站无线电干扰的主要原因，在换流站及其周围一定区域内直流电晕引起的无线电干扰水平低于换流阀引起的无线电干扰水平。因此在标准制定中主要考虑由换流阀引起的无线电干扰。

（2）当测点离换流阀距离γ较小时，辐射场强与距离的三次方成反比地迅速下降，距离γ的较小误差将带来辐射场强较大的误差，因此在阀附近测量干扰虽易于实施，但在其附近设定干扰限值是不现实的。而当距离γ大于$\lambda/6$（λ干扰辐射的波长）时，辐射场强几乎与距离γ成反比，在此距离下设定干扰限值具有良好的可比性，因此在换流站带电元件450m周线处设定干扰限值是合理的。

（3）换流站无线电干扰的模拟研究及现场实测显示其干扰场强有其特有的频谱分布，干扰水平随着频率的增加而近似单调地减小，到了视频范围（大于30MHz），干扰场强已很微弱。这表明换流站的干扰不会影响电视机的工作，主要是对中波、短波频段的接收机产生干扰。因此，在研究换流站无线电干扰的限值时视频及以上频段的无线电干扰可不考虑。

（4）在0.5～30MHz频率范围内，在换流站带电元件周围450m周线处，换流站的无线电干扰场强不大于100μV/m（40dB），此限值是指采用6dB带宽9kHz准峰值（QP）检波器的无线电干扰测量仪所测的值（GB 6113—1995《电磁干扰测量仪》）。这一量值经过多年的运行表明该值是可以接受的，对周围无线电接收和广播信号的接收不产生明显影响（实测表明站内广播信号信噪比大于或等于26dB，满足我国对广播信号的接收要求），可以作为制定国家标准的参考值。

因此，在特高压工程的设计研究中，仍可采用目前的标准进行规范制定。

4 干扰水平计算

4.1 计算条件

在计算中假定换流站每极采用 2 组 12 脉动换流阀串联，电压为（400＋400）kV 方式，每组 12 脉动换流阀理想空载电压均为 U_{dio}=227.37kV，点火角 α =15°，熄弧角 γ=17°。换流站布置采用现有 500kV 工程换流站布置基础进行适当调整。

计算中比较了考虑 RI 滤波器配置以及取消直流侧 PLC 和 RI 滤波器两种情况下的干扰水平。

4.2 不考虑高频 PLC/RI 滤波器时的干扰水平

计算中按照无线电干扰和电力载波通信干扰的标准测量要求对 PLC 的交流母线、直流极线、接地极线路以及无线电干扰（RI）的交流母线、直流极线、接地极线路以及整个换流站的无线电干扰水平进行模拟计算，不考虑 PLC/RI 滤波器时候的接线图如图 2 所示。

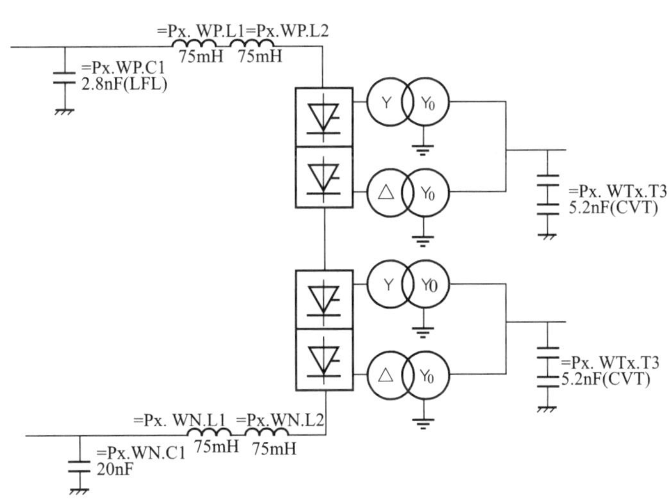

图 2 不考虑 PLC/RI 滤波器时的接线图

在此条件下，换流站交、直流母线的 PLC 干扰水平均超过了限制值水平，具体计算结果如图 3～图 5 所示：

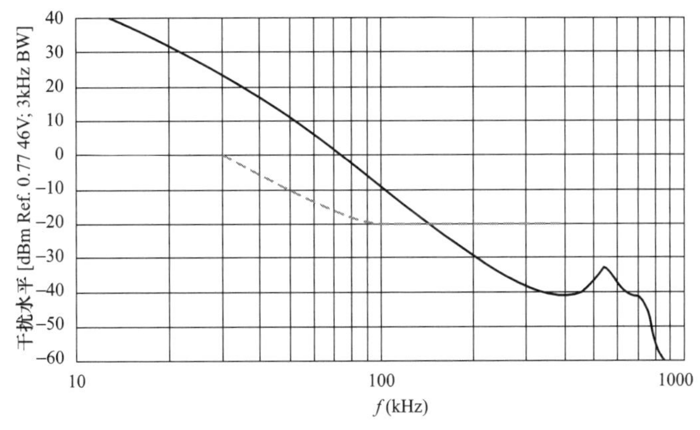

图 3 交流母线的 PLC 干扰水平

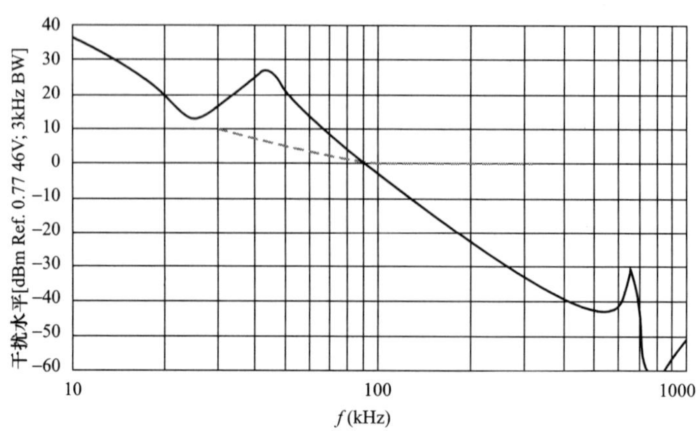

图 4 直流极线的 PLC 干扰水平

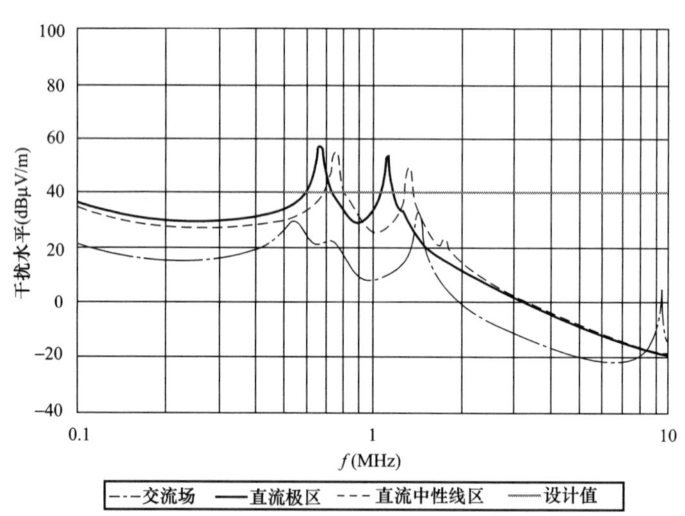

图 5 换流站 450m 范围的 RI 干扰水平

4.3 考虑安装 RI 滤波器时的干扰水平

考虑 RI 滤波器时候的接线图如图 6 所示。

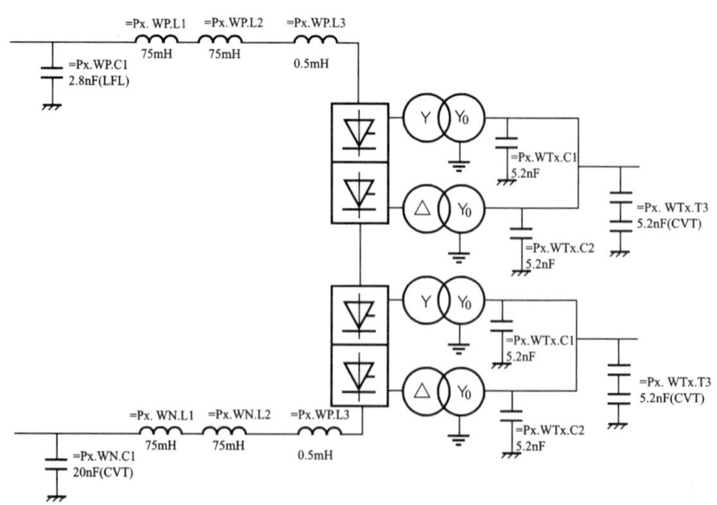

图 6 考虑 RI 滤波器时的接线示意图

在此条件下，换流站交、直流母线的 RI 干扰水平，具体计算结果如图 7～图 10 所示。

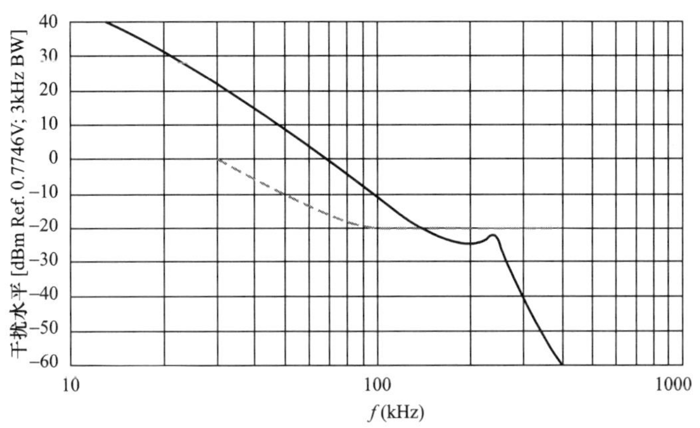

图 7　交流母线的 PLC 干扰水平

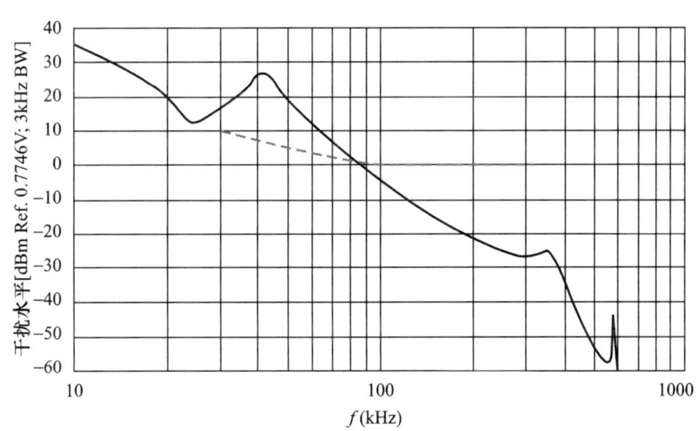

图 8　直流极线的 PLC 干扰水平

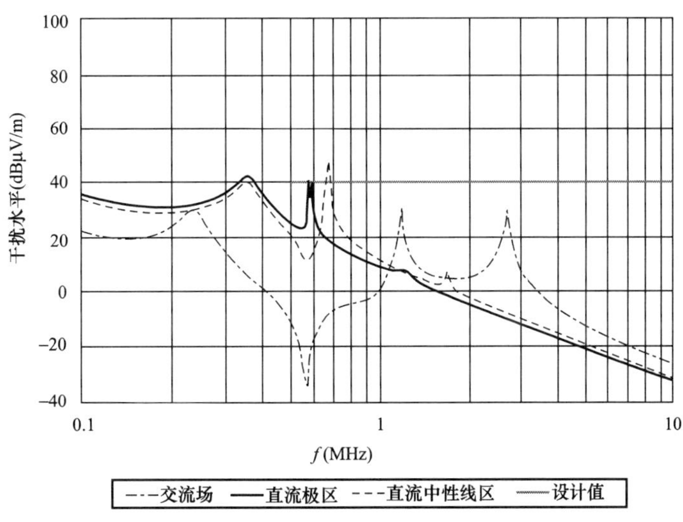

图 9　换流站 450m 米范围内的 RI 干扰水平

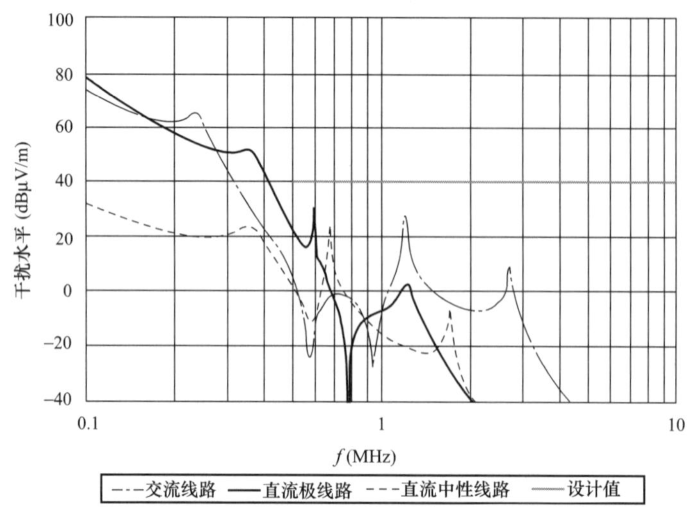

图 10 换流站交、直流出线的 RI 干扰水平

5 结论

由上述各位置电力线载波和无线电干扰水平比较可以看出，按照现有滤波器配置设计，在直流侧极线及中性线线路上的无线电干扰水平已经基本可以满足标准要求，但PLC干扰水平仍然超过了规定值,但是目前换流站通信主要采用光纤及微波等方式，对于明线通信和电力线载波已经很少使用，并且换流站交流侧线路进出线几十千米范围内并没有其他采用载波通信的变电站及其他线路，因此在这方面影响并不严重。最终设计时可考虑进行 PLC 滤波器设计，但暂不进行设备采购，并且在换流站布置中预留 PLC 滤波器设备安装位置。

第 15 节 直流控制保护系统研究

课题一 特高压直流输电工程控制保护系统的初步方案

1 引言

特高压输电具有远距离、大容量、低损耗的优势，是实现我国能源资源优化配置的有效途径，能够取得良好的社会经济综合效益。发展特高压电网可推动我国电力技术创新和电工制造业的技术升级。在我国电网的“十一五”规划中，直流特高压将与交流特高压共同发展，最终成为全国骨干网架的重要组成部分。

金沙江一期向家坝、溪洛渡大型水电站的电力外送将采用±800kV 直流输电技术，具有比三峡工程更高的直流电压、电流、更远的送电距离和更大的输送容量，其建设将对我国电网的跨越式发展和全国联网格局的形成产生巨大的影响。

对于±800kV 直流输电，由于目前世界上还没有成熟技术，在中国乃至世界上仍是一个具有相当多技术难点的工程实践课题。特高压（±800kV）直流输电工程对控制保护系统的设计也提出了更高的要求，总体看来，特高压直流输电工程的控制保护系统在原理及实现上与以往常规的±500kV 直流输电工程并无大的不同；但特高压直流工程的接线方式与常规直流不同，每极采用两个 12 脉动换流器串联而成，对于特高压直流的这种接线方式，为提高直流系统的可靠性和可用率，对特高压直流控制保护系统提出了新的要求，需要对控制保护系统的整体结构、控制策略、分层及冗余、控制功能的分配及保护配置等进行全面的分析和研究。本文提出了可能的特高压直流控制保护系统的初步方案。

2　特高压直流输电工程对控制保护的新要求

±800kV 特高压直流典型的主回路接线如图 1 所示。对于该种接线方式，±800kV 直流系统在以下方面与常规的±500kV 直流输电系统有所不同：

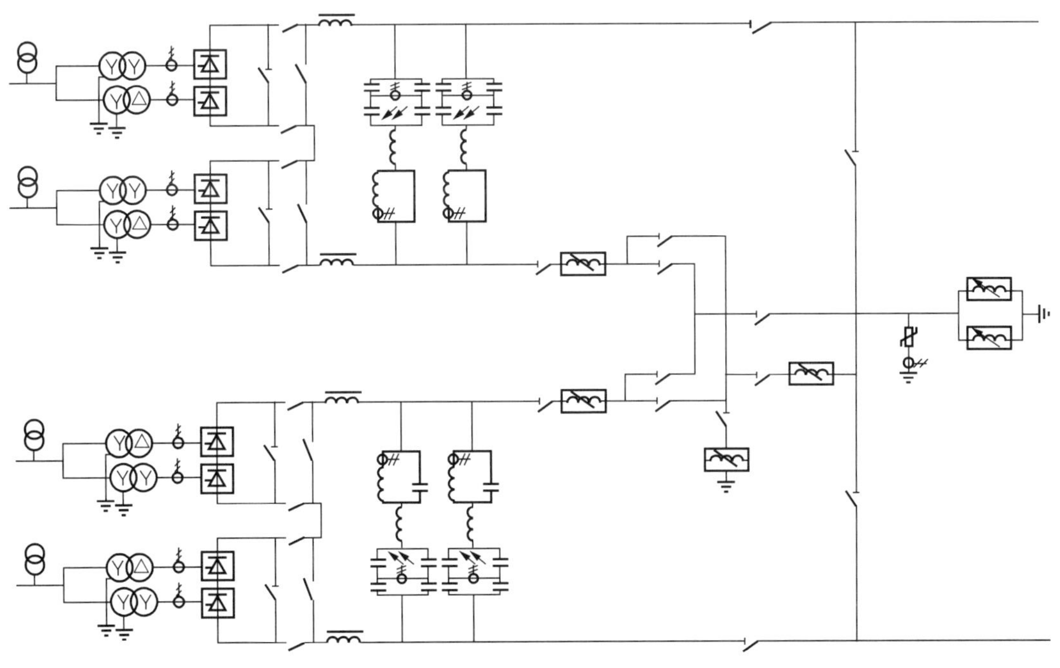

图 1　特高压直流主回路接线

每一个 12 脉动换流器均可独立运行。正常运行时，如果有一个 12 脉动换流器发生故障，由控制系统的相关顺序控制来操作两侧的直流旁路开关，完成故障换流单元的隔离；同时，在发生故障的 12 脉动换流器故障清除后，控制系统的顺序控制还应在另一个未发生故障的 12 脉动换流器不停运的情况下，将清除故障后的 12 脉动换流器投入运行。在上述所有的操作过程中，控制系统通过适当的控制流程，确保对交直流系统不应产生过大的扰动。这就要求特高压直流工程必须在顺序控制方面提供远比常规直流复杂、且功能更加完善的直流顺序控制。

稳态运行时，控制系统应确保串联的两个换流器对称运行。如果不采用专门的控制措施，由于测量误差和控制的非同步性，最坏的情况可能是同极的一个换流器运行在最小触发角、另一个换流器运行在定电流控制的稳态运行工况，实时仿真试验表明，2换流器的端电压之差将达到50kV以上。

考虑到特高压直流承担着远距离、超大容量跨区送电的重任，任何单极的损失意味着常规直流的双极故障，对送受端将产生很大的冲击，因此，应确保直流控制系统任一层的设备故障不会造成直流系统的单极停运。

3 特高压直流控制系统

3.1 特高压直流的基本控制策略

与常规直流相比，特高压直流在基本控制策略上没有大的区别，通常整流侧的快速闭环控制用来控制直流系统的电流，换流变压器抽头控制用来维持触发角在一定范围内；逆变侧快速闭环控制用来控制熄弧角为给定值，换流变压器抽头控制用来控制直流电压。由于抽头控制的非连续性，逆变侧采用这种控制策略时，直流电压的控制偏差将由测量误差和抽头的步长共同构成，采用高压端换流变压器和低压端换流变压器的非同步抽头控制，可将抽头引起的电压偏差减小一半。

逆变侧还可采用快速闭环控制来控制直流电压，换流变压器抽头控制用来维持熄弧角在一定范围内。此时直流电压的偏差仅由测量误差引起，但这种控制策略将造成换流站无功消耗有所增加，将使交流滤波器和无功补偿设备的总容量有所增加，经济性略差。

上述两种控制策略在我国的常规直流工程中均有采用，特高压直流的控制策略也可采用其中的一种。

3.2 控制系统结构及功能划分

3.2.1 特高压直流控制系统的配置及分层原则

（1）直流系统的保护应与控制系统相对独立；如果直流极控制与极保护统一设计实现时，极保护与极控制系统应采用不同的主机，换流变压器、交流滤波器和直流滤波器的保护独立配置。

（2）直流控制保护系统的分层结构应保证控制、保护以每个12脉动换流单元为基本单元进行配置，各12脉动换流单元的控制功能的实现和保护配置要保持最大程度地独立，以利于单独退出单12脉动换流单元而不影响其他设备的正常运行；同时各12

脉动控制和保护系统间的物理连接不要过于复杂。

（3）控制保护系统单一元件的故障不能导致直流系统中任何 12 脉动单元退出运行。

（4）在高层控制单元故障时，12 脉动控制单元应能仍然维持直流系统的当前运行状态继续运行或根据运行人员的指令退出运行。

（5）特高压直流输电的控制应完全双重化。双重化的范围应从测量二次绕组开始包括完整的测量回路：信号输入、输出回路，通信回路，主机，以及所有相关的直流控制装置。双极、极和换流单元层以及阀冷却系统都要按双重化的原则配置控制装置。

直流控制系统在控制功能上分为双极控制层、极控制层、换流器控制层，各层次的功能结构划分如图 2 所示。从物理层次的划分来看，12 脉动阀组控制层应单独配置主机，而双极控制层与极控层可合并在 1 台控制主机里，也可独立配置主机。

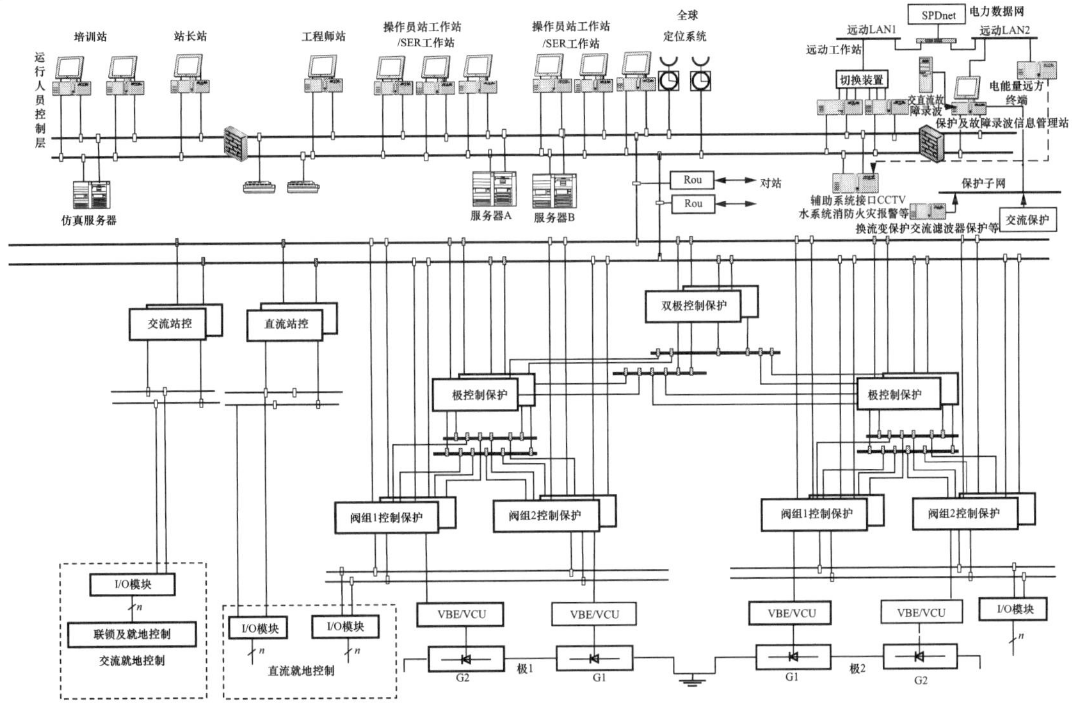

图 2　特高压直流控制保护系统的整体结构

SER—事件顺序记录；VBE/VCU—阀基电子设备；G1—换流单元 1；G2—换流单元 2

3.2.2 特高压直流控制各层次的功能划分

（1）双极控制层。全站无功功率控制功能；极功率/电流指令计算（含过负荷限制）；极间功率转移控制功能；接地极电流平衡控制功能等。

（2）极控制层。低压限流控制功能；电流裕度补偿功能；极电流限制功能；极电压、电流协调控制功能；阀组电压平衡控制功能；直流开路试验功能；直流滤波器投切顺序控制功能；极层的直流启停顺序控制功能和联锁功能；极层的开关联锁功能；极层的换流变压器分接头控制功能；直流线路故障重启动控制功能等。

（3）换流器控制层。点火角脉冲控制功能（包括角度限制和点火脉冲发生器等）；换流器闭环触发控制（包括电流、电压和熄弧角控制）；换流器层的分接头控制功能；换流器层的起停控制功能；换流器层的解锁/闭锁和紧急闭锁顺序控制功能；换流器层的开关控制和阀厅联锁功能等。

3.3　换流器投退的控制策略

3.3.1　概述

对于换流器的投退，有两种不同的控制策略：① 基于换流器的端电压控制策略；② 采用固定触发角的控制策略。策略①类似于零功率试验，在换流器投入过程中触发角接近 90°（考虑系统和换流变压器的换相电抗的影响，通常为 84° 左右），对系统的无功冲击大；策略②采用触发角为 70° 来控制换流器的投退，较策略①对系统的无功冲击小，但旁路开关在断开的初始阶段要承受额定直流电流。

3.3.2　基于端电压为零的换流器投退控制策略

（1）投入串联阀组的控制策略。初始状态：单极接线如图 3 所示，单极中换流单元 V2 运行，换流单元 V1 准备投入。投入换流单元 V1 的顺序控制步骤如下：

1）投入阀组前先进行开关操作。合隔离开关 C2、C3；合高速旁路开关 C4；断开隔离开关 C1。

2）阀组 V1 解锁，零功率方式控制电流升至定值 I_d，旁路开关 C4 的电流向阀组 V1 转移，最终 C4 中只有纹波电流。

3）断开旁路开关 C4。

4）整流侧保持定电流控制，逆变侧升直流电压，使整流侧的极电压达到额定值，极进入双 12 脉动换流单元串联运行状态。

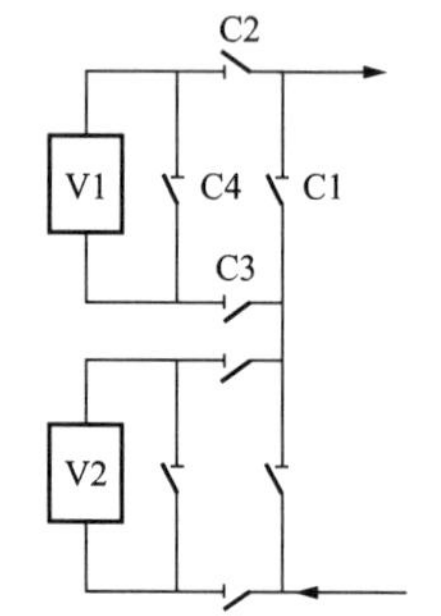

图 3　单极采用双 12 脉动串连的接线示意图

（2）退出串联阀组的控制策略。初始状态：如图 3 所示，单极中换流单元 V1 和 V2 串联运行，换流单元 V1 准备退出运行。退出换流单元 V1 的顺序控制步骤如下：

1）控制换流单元 V1 的直流端电压为零。

2）合高速旁路开关 C4。

3）控制换流单元 V1 的直流电流降低至零，换流单元电流转移至旁路开关 C4。

4）换流单元 V1 闭锁。

5）退出阀组 V1 并进行开关操作。合隔离开关 C1；断开高速旁路开关 C4；断开隔离开关 C2、C3；该单极进入单换流单元 V2 运行状态。

3.3.3　固定触发角为 70° 的换流器投退控制策略

（1）投入串联阀组的控制策略。初始状态：如图 3 所示，单极中换流单元 V2 运行，换流单元 V1 准备投入。投入换流单元 V1 的顺序控制步骤如下（整流侧、逆变侧开关的操作过程和步骤相同）：

1）合隔离开关 C2、C3。

2）合高速旁路开关 C4。

3）断开隔离开关 C1。

4）逆变侧。发断开高速旁路开关 C4 的指令，指令发出 30ms 后以触发角 70° 解锁换流阀 V1。

5）整流侧。在逆变侧解锁后 20ms 时（假定直流站间的通道时延为 20ms）立即发断开高速旁路开关 C4 的指令，指令发出 30ms 后以触发角 70° 解锁换流阀 V1。

6）整流侧保持定电流控制，逆变侧升直流电压，使整流侧的极电压达到额定值，极进入双 12 脉动换流单元串联运行状态。

（2）退出串联阀组的控制策略。初始状态：如图 3 所示，单极中换流单元 V_1和 V2 串联运行，换流单元 V1 准备退出运行。退出换流单元 V1 的顺序控制步骤如下：

1）按以下方法闭锁整流和逆变侧将要退出的阀组。控制触发角为 70°，假定此时 t=0ms、t=10ms 时投旁通对，合高速旁路开关 C4；t=60ms 时闭锁换流阀。

2）合上隔离开关 C1。

3）断开旁路高速开关 C4。

4）断开隔离开关 C2、C3。

该单极进入单换流单元 V2 运行状态。

4 特高压直流保护系统

4.1 特高压直流保护的特点

特高压直流输电工程换流器接线将从传统的单 12 脉动换流器改为双 12 脉动换流器结构，同时每个 12 脉动换流器直流侧并联安装高速旁路断路器和旁路隔离开关，如图 1 所示，采用这种结构后，主回路会有更多运行方式可以选择，提高了整个系统运行的灵活性和可用率。同时保护的配置将更为复杂并且考虑的因素也更多，例如保护测点的配置、双 12 脉动阀组连接母线区域的保护、运行方式改变时保护判据中保护信号的更改及保护的适应性问题等。

特高压直流系统保护的配置从硬件配置到软件配置都要着重考虑，直流保护要独立于其他的设备，并在物理上和电气上独立于控制系统；直流保护装置的输入回路、测量回路要相应分开；与换流器相关的保护要按单 12 脉动阀组独立配置，增加单 12 脉动阀组运行的独立性，便于单 12 脉动阀组的投入、退出或检修与运行维护；涉及影响双极正常运行的双极区域的保护应适应双极区域主接线布置方式，尽最大可能减小双极区域故障后双极停运的可能性；保护设备的冗余配置要做到每一套保护都独立，单套保护有能力保证单一元件损坏本套保护不误动，每套保护防误动与拒动不依赖于其他套保护，保证设备之间关系简单，易于维护。

4.2　特高压直流保护分区

特高压直流保护所覆盖的区域包括换流阀、直流场（包括直流极和双极设备、直流滤波器、直流极线、直流地极线、高速旁路开关）、换流变压器、换流母线及与换流变压器相连的交流断路器之间的区域，交流滤波器组及与交流滤波器组相连的交流断路器之间的区域，区内所有设备均应得到保护。

考虑到特高压直流输电采用每极双 12 脉动换流器串联构成，每个 12 脉动换流器有旁路开关，为减小单极停运的次数，双 12 脉动换流器允许单 12 脉动换流器退出运行后另一个 12 脉动换流器继续运行，为减小双极停运的次数，双极区域的故障应通过优化双极区接线方式或考虑全面的保护动作策略来最大可能地减少双极停运，因此保护分区的原则如下：

（1）影响单 12 脉动换流器正常运行的故障退出故障换流器。

（2）影响单极正常运行的故障退出故障极。

（3）双极保护区的故障退出双极，但要采取措施尽量避免双极故障退出运行，保证运行的可靠性。

基于以上保护分区的原则，特高压直流输电的保护分区包括：12 脉动换流阀保护区；极保护区（包括极母线区、中性母线区、直流滤波器区、直流线路区）；12 脉动联母保护区（包括 12 脉动换流器旁路开关、12 脉动换流器连接母线）；双极保护区（包括双极连接区、接地极线区、金属回线区）；换流变压器保护区；交流滤波器保护区。

12 脉动换流阀保护区配置的保护有阀短路保护、12 脉动换流器差动保护、换相失败保护等常规直流应配置的保护，对于高速旁路开关位于阀厅内或阀厅外时，对应的保护配置及分区也会有所区别。阀短路保护动作后，一种选择是停运极，另一种选择是本级暂时降功率（order down），待故障的换流阀隔离后，另一个健全的 12 脉动换流阀再升功率至故障前的值；其余 12 脉动换流器保护只停运对应的换流器。

极保护区包括极母线、中性母线、直流滤波器、直流线路，该保护区的故障会引起单极的停运。该保护区配置的保护有极母线差动保护、极差动保护、中性母线差动保护、线路保护等，该保护区所配置保护的保护判据也与运行方式有关，对于极母线差动保护，当高压 12 脉动换流器运行时，其判据所取的值为高压 12 脉动换流器出口电流互感器电流与线路出口电流的差，但当高压 12 脉动换流器退出运行时，其判据所取的值就需要发生改变，其值变为低压 12 脉动换流器出口电流互感器电流与线路出口电流的差。

12 脉动连接母线保护区包括 12 脉动换流器旁路开关、12 脉动换流器连接母线，该保护区配置的保护有联母差动保护、换流器旁路开关保护等，该区域的设备是特高压直流比常规直流新增加的部分设备。该保护区域的故障可能引起单 12 脉动换流器退出运行也可能引起单极的故障停运。

双极保护区的接线方式与常规直流相比没有多少区别，双极保护区配置的保护有双极中性线差动保护、站内接地开关保护、转换开关保护等。对于特高压直流而言，由于双极保护区域故障引起双极停运后对系统的冲击较大，对双极区域可靠性的要求就更高，因此常规直流双极区域的接线方式对于特高压直流而言就显得有些简单，因此需要考虑特高压直流双极区域可能的其他接线方式，以便双极区域出现故障时，能够通过开关的操作隔离故障而不引起双极停运。

换流变压器保护区配置的保护有变压器差动保护、换流变压器过流保护等，该保护区域的保护只影响 12 脉动换流器的运行而不会引起单极的停运。对于换流变压器非电量保护应主要考虑其动作的可靠性，初步考虑所有引起换流器闭锁的非电量保护均配备 3 副触点，在保护中采用由硬件实现的 3 取 2 逻辑，以保证其动作的可靠性。

交流滤波器保护区配置的保护与常规直流没有太大区别，其中需要考虑的问题是当双极故障停运后交流滤波器的切除方式，以免引起交流系统的过电压和交流滤波器大组开关的损坏。

5　结论

与常规高压直流输电控制保护系统相比，特高压直流输电控制保护有以下方面的差异和新要求：

（1）需要专门和完善的顺序控制来实现 12 脉动换流器的正常投退和故障退出。

（2）在稳态情况下，需要专门的控制措施来保证串联的两个 12 脉动换流器的对称运行。

（3）12 脉动换流器应配置独立的控制设备。

从技术和设备制造来看，特高压直流控制保护不存在难以逾越的技术障碍。本文提出的特高压直流二次系统的初步方案，为技术规范书的编制和设备研制提供了有益的参考。

课题二　±800kV 直流输电系统双 12 脉动阀组平衡稳定运行及投退策略的仿真研究

1　引言

±800kV 直流特高压输电工程与常规±500kV 直流工程的最大不同是：±800kV 采用了双 12 脉动阀组串联的一次主回路，并辅以旁通断路器、旁通隔离开关等一次设备，以便尽最大可能提高系统运行的灵活性，尽量减少任何设备出现问题所带来的功率损失。

针对这一接线方案的特点，特高压直流工程的控制保护系统应在常规±500kV 直流工程控制保护系统所积累的经验基础上，通过革命性的改进来适应更加复杂的特高压直流系统，它有以下几点新要求：① 每个 12 脉动阀组均可独立运行；② 稳态运行时串联的两个阀组应对称运行；③ 当一个 12 脉动阀组发生故障时，由控制系统的相关顺序控制来操作两侧的直流旁路开关，完成故障阀组的隔离，交/直流系统不应产生过大的扰动；④ 在单 12 脉动阀组不停运的情况下，由控制系统的相关顺序控制来操作两侧的直流旁路开关，将另一 12 脉动阀组投入运行，交/直流系统不应产生过大的扰动；⑤ 直流控制系统任一阀组层的设备故障不会造成直流系统的单极停运。

基于以上 5 点新要求，本文提出了特高压直流控制系统的稳态运行控制策略和功能分配策略；并以此为基础，详细分析了一套单一阀组平稳投入和退出的顺序控制策略。

2　稳态平衡运行控制策略的选择

2.1　串联阀组点火角控制策略

特高压直流系统送、受端单极直流回路的接线如图 1 所示。特高压直流系统的运行及可靠性要求直流控制应以每个 12 脉动阀组为基本单元进行配置，各 12 脉动阀组控制功能的实现保持最大程度的独立。这意味着各阀组配置各自完全独立的换流点火角控制系统是一种比较合理的方案。

对于特高压直流工程中的单极，采用 400kV 单 12 脉动阀组运行方式或者 800kV 双 12 脉动阀组串联运行方式，各阀组仍可沿用与常规直流系统类似的 2 种基本控制策略，分别如表 1 和表 2 所示。

表 1　基本控制策略一

策略一	点火角控制	换流变压器分接头控制
整流侧（稳态）	定电流控制	维持触发角在一定范围
逆变侧（稳态）	定熄弧角控制	维持直流电压在一定范围

表 2　基本控制策略二

策略二	点火角控制	换流变压器分接头控制
整流侧（稳态）	定电流控制	维持触发角在一定范围
逆变侧（稳态）	定电压控制	维持熄弧角在一定范围

由表 1、表 2 可见，两种基本控制策略均为逆变侧维持直流电压，整流侧维持直流电流。逆变侧在维持直流电压的同时也考虑了线路上的压降，从而有效地维持了整流侧出口处的直流电压。整流侧通过电流闭环控制维持直流线路上指定功率的传输。两种控制策略的关键不同之处是逆变侧维持电压的手段不同：策略一中逆变侧快速闭环控制采用定熄弧角控制，换流变压器分接头负责控制直流电压，由于抽头控制的非连续性，逆变侧采用这种控制策略时，直流电压的控制偏差将由测量误差和抽头的步长共同构成；策略二中逆变侧快速闭环控制采用定直流电压控制，换流变压器分接头负责维持熄弧角在一定范围内，此时直流电压的偏差仅由测量误差引起。

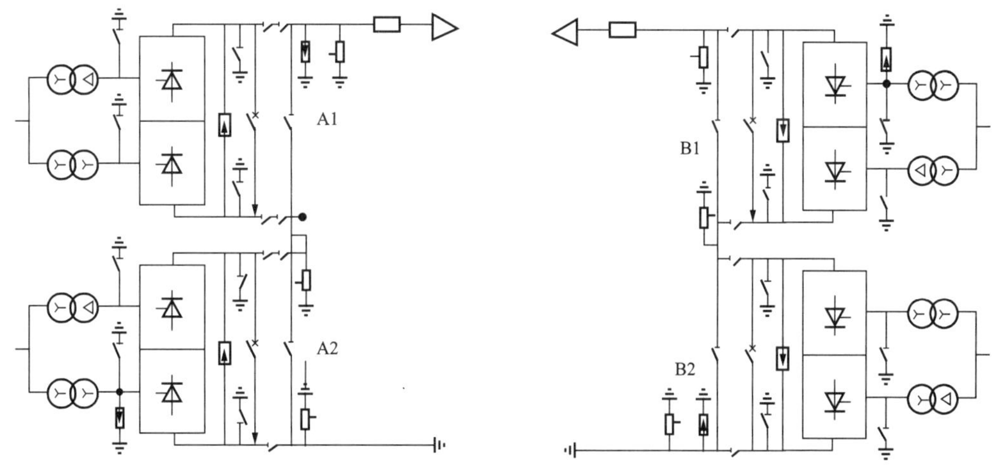

图 1　特高压直流主回路接线

仿真计算结果表明，这两种控制策略均能很好地实现特高压直流系统稳定运行，且各有优点。本文后述的电压平衡控制、阀组投退控制是基于逆变侧点火角稳态定电压控制提出的。

与点火角各自独立运行相对应，每极串联的两个 12 脉动阀组的换流变压器分接头也应独立控制。正常运行工况下，通过协调控制逻辑保证高端阀组分接头和低端阀组分接头只允许 1 挡的差距。分接头协调控制通过极层的换流变压器分接头协调控制实现。

2.2　串联阀组平衡协调控制策略

各阀组配置各自完全独立的换流点火控制系统的实施方案虽然可确保各换流器灵活独立运行，但必须解决串联阀组竞争控制电流、测量误差和计算指令周期不同步等因素造成的高、低压串联阀组点火角偏离电压分配不平衡的问题。本文基于阀组之间完全独立换流点火控制的实施方案，引入了如图 2 所示的慢调节特性的阀组电压平衡控制模块实现阀组的电压平衡控制。其控制策略为通过滤波后的串联高、低压端阀组的电压差值影响换流点火控制的电流调节器的输入，实现阀组平衡电压的功能。该调节功能只要施加到一个阀组的电流控制器的输入端即可达到电压平衡调节的功能。

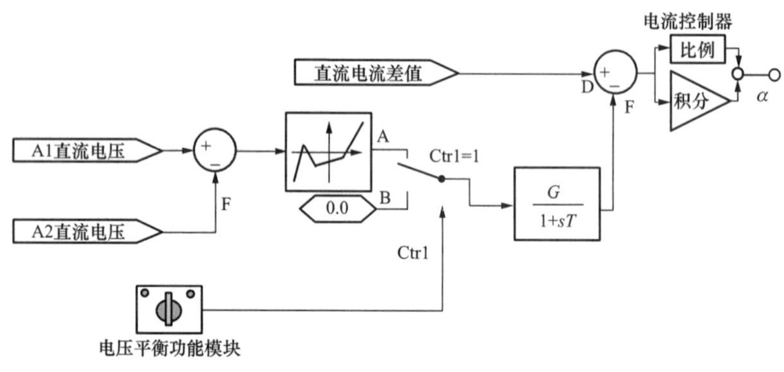

图 2　EMTDC 中的电压平衡功能模块的工作原理

图 3 为整流侧 A1、A2 串联阀组稳态运行时在阀组 A1 上投入电压平衡控制功能的仿真结果。可以看出，该电压平衡控制模块能确保高压端和低压端阀组的电压差值被控制在死区范围内；受电压平衡控制模块作用的阀组 A1 的直流电压值有轻微波动。

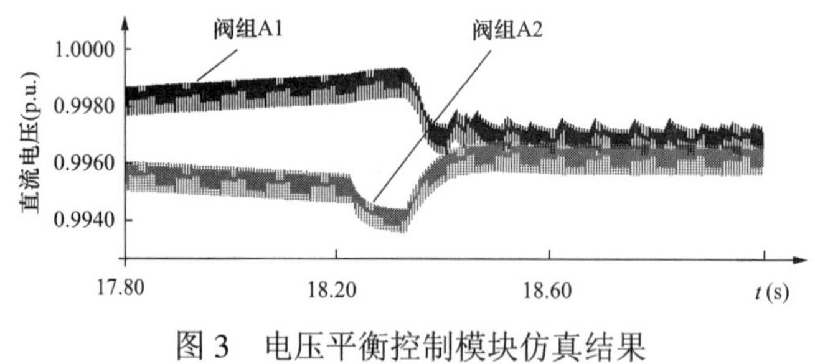

图 3　电压平衡控制模块仿真结果

3　特高压直流控制系统分层结构和功能分配

特高压直流控制系统模型分层结构如图 4 所示，结合引言中提出的几点原则，本文将直流控制系统分为双极控制层、极控制层、阀组控制层，并对功能进行了分配。双极层/极层间的信号主要是极功率指令，极层/阀组层间的信号主要是电流指令和控制信号。阀组控制层间的信号交换尽可能简化，甚至应取消以保证各阀组的控制在设计上保持最大程度的独立性。直流控制系统的站间通信应集中在极控层中完成。

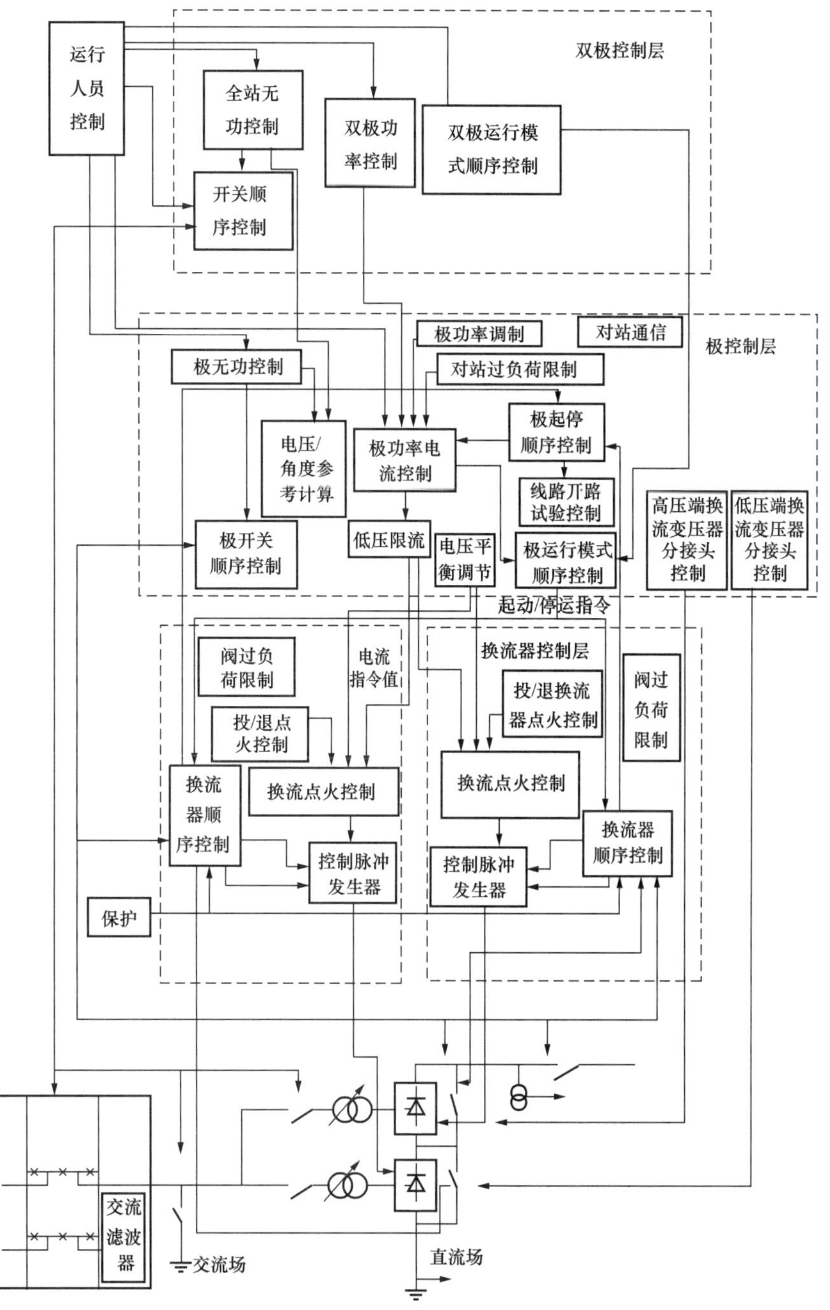

图 4　特高压直流控制系统模型分层结构

4　阀组投退控制策略

4.1　概述

阀组的投退控制时序需要满足主设备的要求，考虑旁路开关是否具备直流断流能力及阀组的投入、退出过程中交流系统无功承受能力等要求，控制系统可实现不同的控制时序。本文提出了一种考虑旁路开关设备过零切断直流电流为目标的投退控制策略。在控制器的设计层面上，阀组投退顺序控制需要的点火角产生优先级高于正常运行时换流点火控制产生的点火角。这一优先级关系可通过比较大小或限制最大、最小值等手段实现，图 5 为投退点火控制器通过限制换流点火控制器的最大值和最小值实现更高点火角优先级的过程。

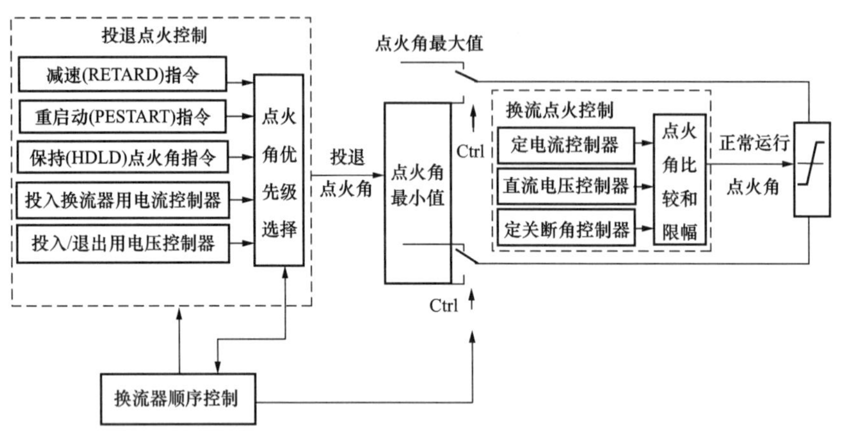

图 5　投退点火控制和换流点火控制之间的逻辑关系

4.2　阀组投入控制策略

阀组投入控制策略基于控制旁路开关电流产生多个过零点断开旁路开关的一次设备要求投入阀组。图 6 为阀组正常投入顺序控制的原理图，整流侧和逆变侧投入阀组的解锁过程基本一致。考虑到线路通信延时约 20ms，在投入过程中的每一环节，整流侧基本先于逆变侧 20ms 执行。整流侧先于逆变侧动作的原因是逆变侧阀组零电压投入后立刻升高阀组的直流电压，间接导致直流电流 I_{dv} 的波动，整流侧只有先于逆变侧阀组零电压投入才能保证整流侧投入阀组的电压跟随逆变侧电压的升高而升高。整流侧和逆变侧阀组零电压投入直流回路后，整流侧另一已运行阀组 A2“保持”当前运行的稳态点火角，此时，A1 阀组已进入正常的定电流控制，逆变侧 B1 阀组按一定速率升高电压，整流侧 A1 阀组的电压也跟随升高。逆变侧升高电压的速率可以设置到合理的值，并配合滤波器组的投切。逆变侧电压升到设定值后，解除整流侧 A2 阀组的点火角“保持”指令，同时投入电压平衡功能。

为确保不同功能的闭环控制器退出和投入不产生系统扰动，各控制器的初始值应跟随当前工作点火角的最终指令值，并合理设置比例系数和时间常数。投入阀组的仿真结果及其说明如下：

4.2.1　投入阀组前后的交、直流系统变化。

投入阀组 A1、B1 时直流系统的直流电压和电流如图 7 所示，在阀组 A1 和 B1 投入到直流回路的过程中，随着直流电压 U_{dc} 从 1p.u.升至 2p.u.（以 400kV 为标幺基值），直流电流 I_{dc} 基本未产生大的波动，整个投入过程约 2s，其中投入阀组在爬升电压前串入直流回路的时间不超过 100ms。

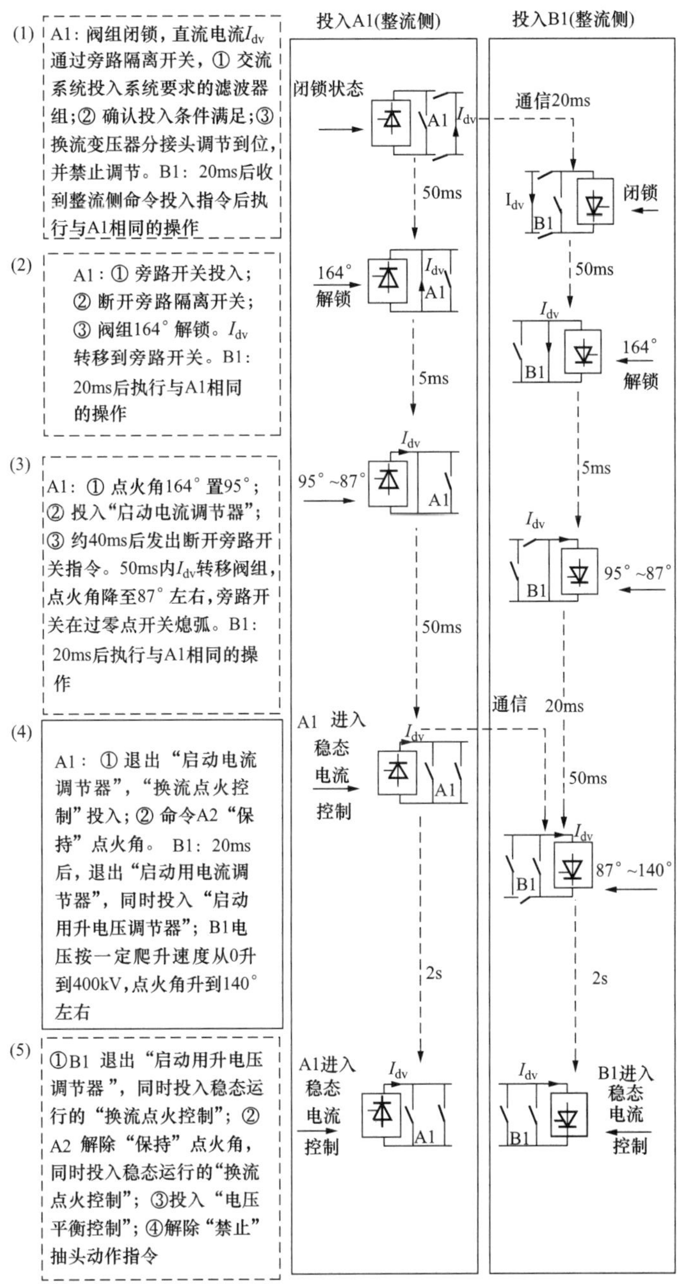

图 6 阀组正常投入顺序控制

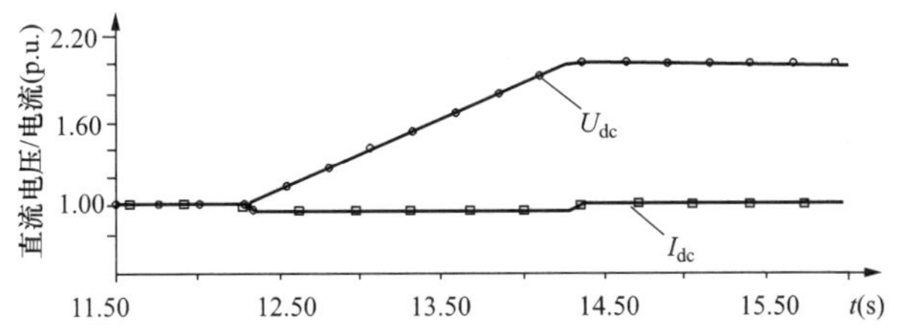

图 7 投入阀组 A1、B1 时直流系统直流电压和电流变化

投入阀组 A1、B1 时，其直流电压、电流，点火角及熄弧角的变化分别如图 8 和图 9 所示。可以看出，在整流侧电压从 0 爬升至 1p.u.过程中，整流侧点火角从 164°

迅速调整到87°附近后缓慢再调整到20°，由于该过程中禁止换流变压器分接头动作，整流侧达到稳态的点火角较设计值稍高，解除分接头禁止动作指令后，整流侧点火角可回复到设计参考值范围内。逆变侧在该过程中点火角从164°迅速调整到87°附近后缓慢调整到140°左右。

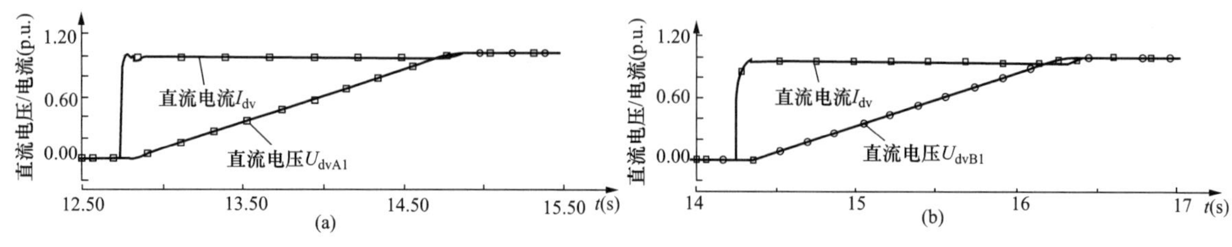

图8　投入阀组A1、B1时阀组直流电压、电流变化

（a）整流侧阀组A1；（b）逆变侧阀组B1

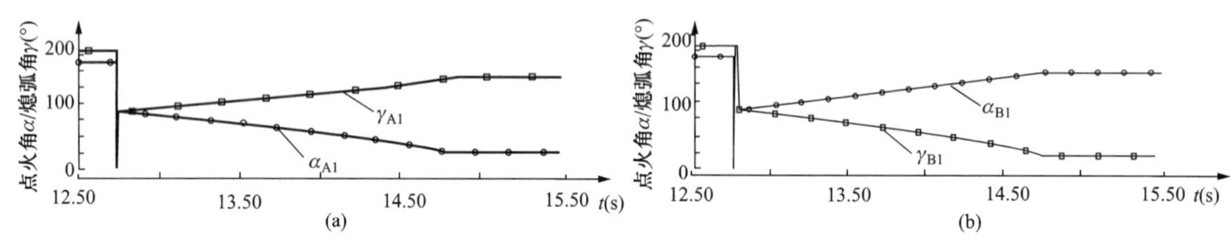

图9　投入阀组A1、B1时点火角和熄弧角的变化

（a）整流侧阀组A1；（b）V逆变侧阀组B1

受投入阀组大角度的影响，整流侧和逆变侧直流系统的无功消耗在阀组投入过程中最大为1/2稳态运行的3倍，如图10所示，整流侧和逆变侧直流系统的无功消耗为完整运行方式的2倍。受无功增加的影响，两侧交流系统电压会不同程度地降低，受影响程度取决于交流系统的强弱。如交流系统较弱，电压波动会造成直流系统电流值扰动，从而会增加旁路开关找到过零点的时间。

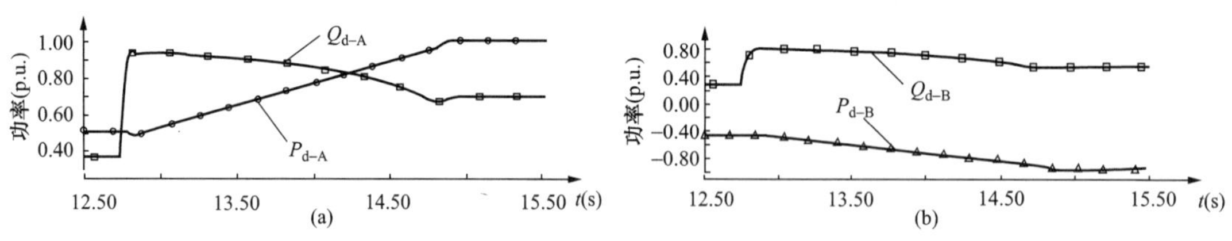

图10　投入阀组A1、B1时交流系统有功和无功变化

（a）整流侧有功和无功；（b）逆变侧有功和无功

4.2.2　启动用电流控制器投入前后的过程

投入启动用电流控制器的作用是通过闭环控制快速使旁路开关上流过的电流由直流电流值变化为直流旁路开关切除需要的纹波电流。纹波电流产生的多个过零点确保旁路开关在断开时有多个时间点实施灭弧。图11为直流电流从旁路开关向阀组转移直

到旁路开关灭弧切除的全过程，图 12 为该过程中启动用电流控制器产生的点火角变化。从 164° 迅速设置到 95° 是为了使启动用电流控制器的初始值接近目标值，从而使启动用电流控制器迅速调节到 87° 而不至于产生严重的点火角过调。启动用电流控制器的比例系数和时间常数应确保旁路开关快速形成过零点。

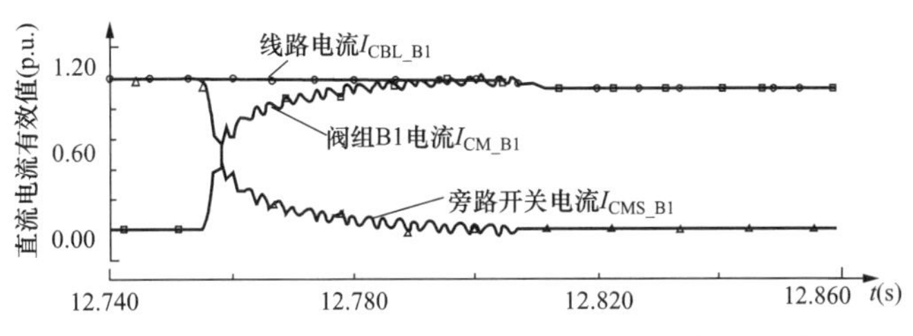

图 11　投入阀组 B1 时电流从旁路开关转移的过程

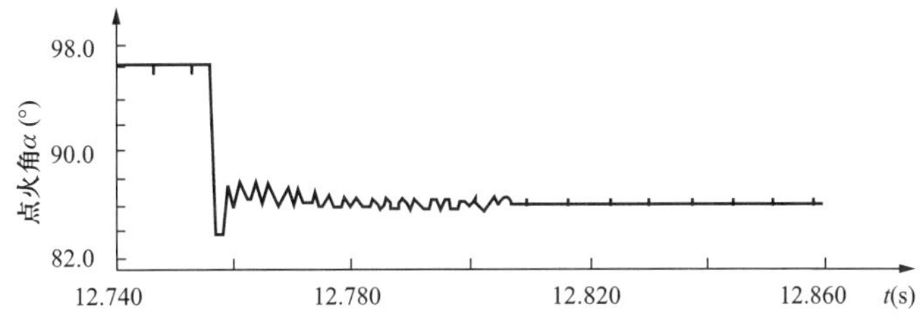

图 12　投入阀组 B1 时启动用电流控制器产生的点火角

4.3 阀组退出控制策略

阀组的退出基于旁路开关两端的电压接近为零且直流电流仍从阀组分流时合旁路开关的原理。如图 13 中阀组正常退出顺序控制原理所示，整流侧和逆变侧退出阀组的过程从逆变侧按一定速率降电压开始；而在逆变侧降压以前应通知阀组 A2“保持”当前点火角，阀组 B1 按一定速率降电压导致阀组 A1 的电压也跟随降低，由于阀组 A1 维持直流电流，在阀组 A2“保持”点火角时，阀组 A1 为维持直流电流必然降低电压。当阀组 B1 直流电压降低至 0 时，阀组 B1 发出合旁路开关指令，由于旁路开关附近的阀组仍处于电流导通状态，旁路开关闭合不会对设备产生任何影响。整流侧在 20ms 通信延时后，发出合旁路开关指令，并在旁路开关闭合前解除阀组 A2 点火角“保持”状态，确保整流侧由阀组 A2 继续维持电流为设定参考值。退出阀组的仿真结果及其说明如下：

（1）退出阀组前后的直流系统变化。

1）图 14 为退出阀组 A1、B1 前后直流系统电压、电流的变化，可以看出，阀组 A1 和阀组 B1 的退出过程对直流系统只产生轻微的扰动，退出后直流系统运行稳定。整个投入过程约 4s，其退出时间可通过设置电压下降速率参考值使该过程缩短或延长。

2）图 15 和图 16 分别为退出阀组 A1、B1 的过程中其直流电压、电流和点火角、熄弧角的变化情况。可以看出，在整流侧电压从 1p.u.降至 0 的过程中，整流侧点火角

α由 140° 缓慢调整到 90° 附近后再缓慢调整到 164° 移相闭锁。

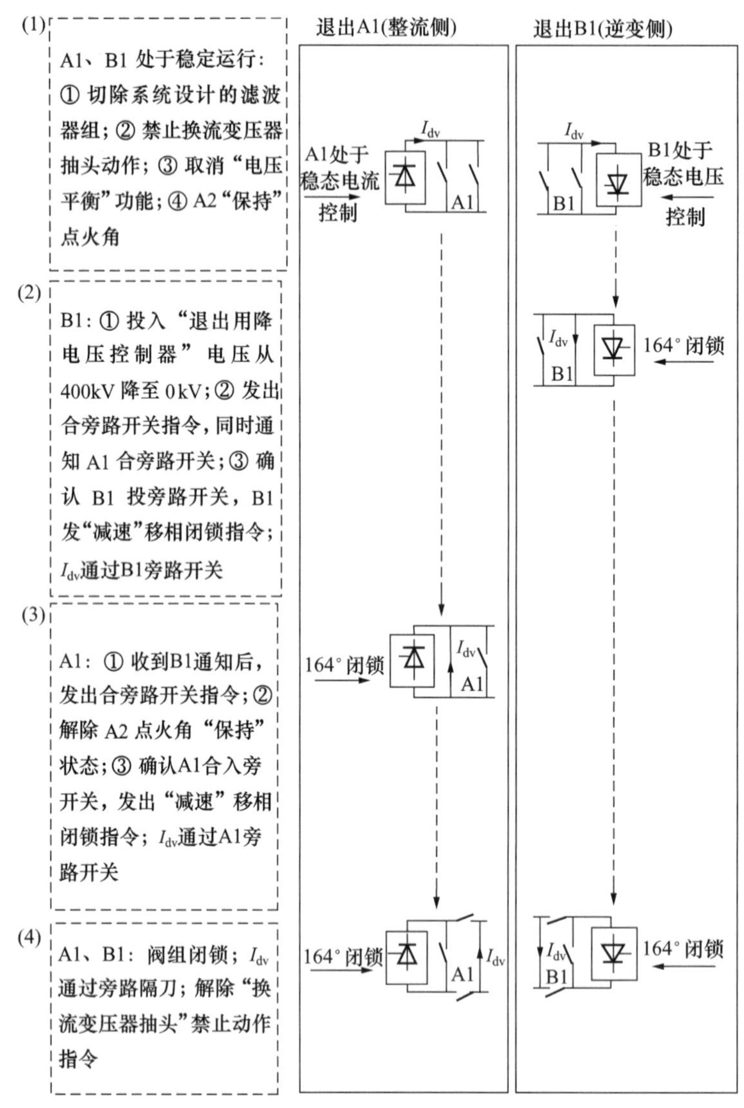

图 13 阀组正常退出顺序控制

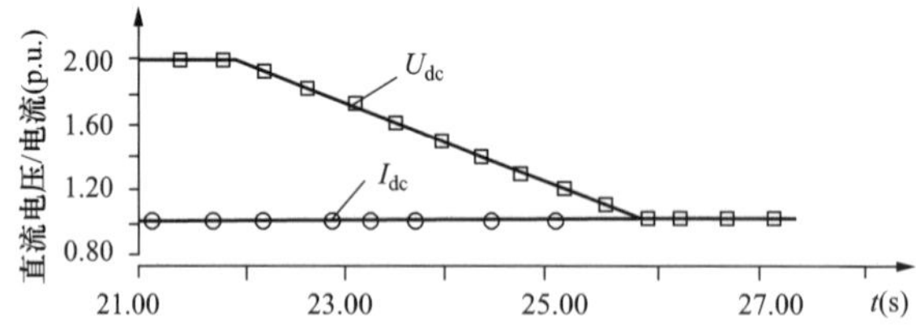

图 14 阀组 A1、B1 退出前后直流系统电压和电流变化

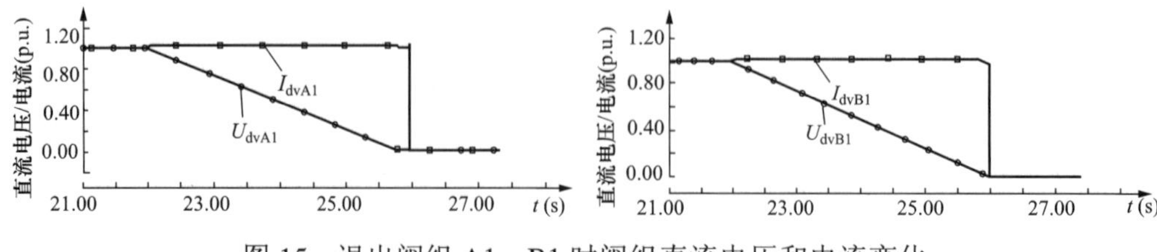

图 15 退出阀组 A1、B1 时阀组直流电压和电流变化

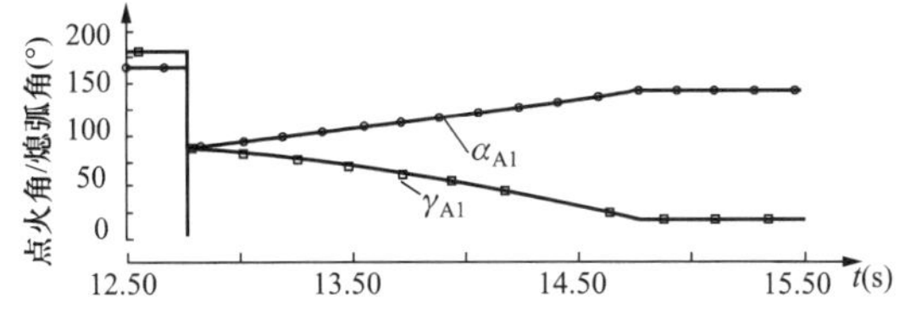

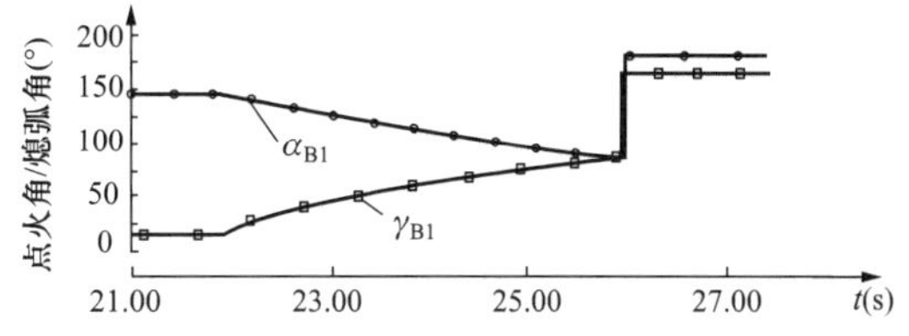

图 16 退出阀组 A1、B1 时点火角和熄弧角变化

（2）退出阀组过程中的交流系统变化。逆变侧在退出阀组的过程中点火角从 140° 缓慢调整到 90° 附近后又迅速设置到 164° 移相闭锁，其间有功和无功的变化如图 17 所示，整流侧和逆变侧交流系统的变化基本是投入阀组 A1、B1 时交流系统变化的反过程，受无功冲击的影响，交流稳态电压会因为无功消耗的减少略为升高。

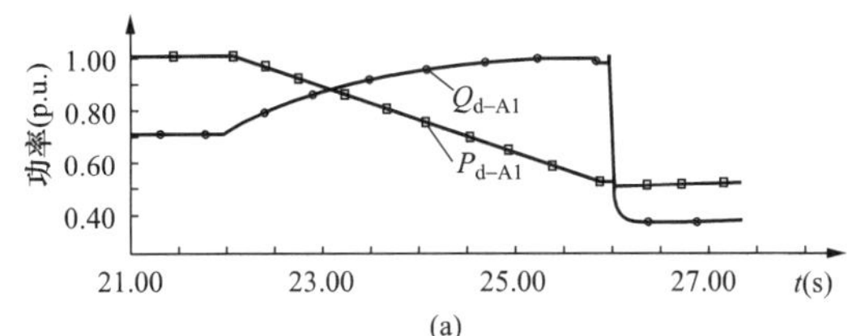

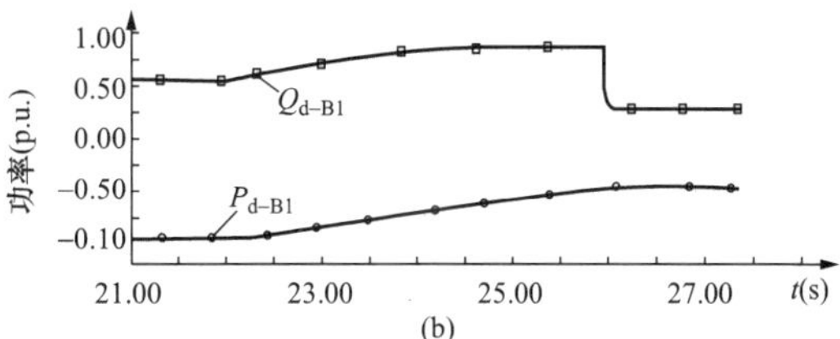

图 17 退出阀组 A1、B1 时有功和无功的变化

（a）整流侧功率；（b）逆变器功率

（3）退出阀组过程中旁路开关的投入过程。退出阀组 A1、B1 的过程中逆变侧和整流侧电流从旁路开关转移的过程如图 18 和图 19 所示。可以看出，阀组 A1、B1 退出时，在整流侧或逆变侧闭合直流旁路开关能基本平稳地将电流从阀组转移到旁路开关，由于旁路开关闭合时两端电压控制得较低且有阀组导通作为旁路，因此，旁路开关可以平稳地闭合，且不会对直流系统造成大扰动。

5 结论

（1）特高压直流系统可采用的基本运行控制策略仍然是整流器控制直流电流，逆变侧控制直流电压。

（2）关于逆变侧控制电压的手段，点火角稳态定电压控制和稳态定熄弧角 2 种控制策略都是可行的。

（3）串联阀组采用点火角各自独立控制是可行的，对于整流侧串联阀组采用完全独立的换流点火控制可能导致的电压分配不平衡问题，采用慢调节电压平衡控制可以得到有效的解决。

（4）在整流侧和逆变侧采用启动用电流控制器将旁路开关电流置零并结合相关的启动顺序控制策略可实现阀组的平稳投入。

（5）采用将退出阀组电压置零合旁路开关的控制策略及相关的顺序控制策略可实

现阀组的平稳退出。

课题三 特高压直流保护动作策略的研究

1 引言

随着电力输送距离的逐渐加大，现有的±500kV 直流输电将无法满足要求，客观上需要采用更高一级的直流输电电压等级。根据西南水电外送输电方案规划的研究成果并结合国外的相关研究结论，±800kV 直流输电在技术上是可行的，比较适合中国的实际情况。

金沙江一期溪洛渡、向家坝梯级水电站总装机容量 18600MW，是规划的“西电东送”主要水电电源之一，送电容量大，输电距离远，其电能的合理消纳及输电系统的形成，将对我国能源资源优化配置、大容量远距离输电技术的发展和全国联网的格局产生重大而深远的影响。

特高压直流输电保护系统是整个工程中的一个重要系统，与常规±500kV 高压直流相比，由于特高压直流系统的主接线与常规直流有区别，以及考虑特高压直流的可靠性及停运率的要求，对特高压直流保护的设计提出了更高的要求。

本课题根据特高压直流主接线的特点论述了特高压直流保护系统需要具备的新功能及在保护策略方面与常规直流的区别；介绍了特高压直流保护系统的保护分区方案及保护测点配置；详细研究了特高压直流整流侧或逆变侧换流变压器故障、阀短路故障的保护动作策略，并通过仿真验证了该动作策略的正确性。

2 特高压直流保护的特点

由于直流系统电压从±500kV 提高到了±800kV，特高压直流输电工程换流器接线将从传统的单 12 脉动换流器改为双 12 脉动换流器结构，同时每个 12 脉动换流器直流侧并联安装高速旁路开关 BPK10 和旁路隔离开关 BK10、BK11、BK12，如图 1 所示，采用这种结构后，主回路会有更多运行方式可供选择，提高了整个系统运行的灵活性和可用率。然而保护的配置将更为复杂且考虑的因素也更多，如保护测点的配置、双 12 脉动阀组联接母线区域的保护、运行方式改变时，

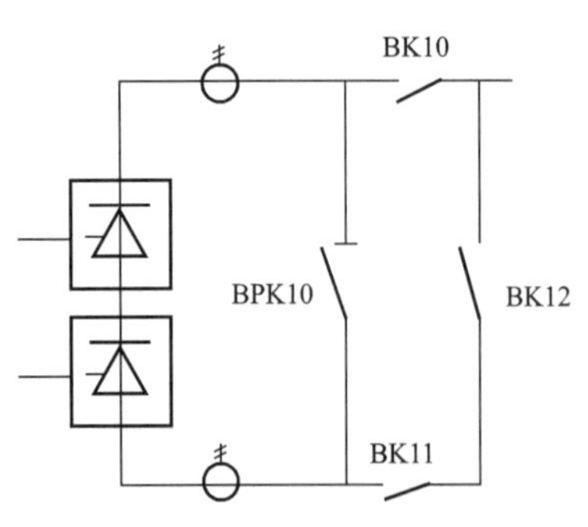

图 1 旁路开关与隔离开关

保护判据中保护信号的更改（即保护的适应性）问题等。

考虑到特高压直流输电采用每极双 12 脉动换流器串联构成，每个 12 脉动换流器有旁路开关，为减小单极停运的次数，双 12 脉动换流器允许单 12 脉动换流器退出运行后另外一个 12 脉动换流器继续运行，因此，特高压直流保护的设计要比常规直流复杂得多。对于只与单 12 脉动换流器相关的故障，如与换流变压器、阀组相关的故障等，需要设计合理的动作策略并结合高速旁路开关来隔离故障且维持直流系统的继续运行。

3　保护分区及测点配置

3.1　保护分区

特高压直流保护所覆盖的区域包括 12 脉动换流器保护区、极保护区、双极保护区、各直流滤波器保护区、各换流变压器保护区、交流滤波器保护区，区内所有设备均应得到保护。保护分区的原则是：① 影响单 12 脉动换流器正常运行的故障退出故障换流器；② 影响单极正常运行的故障退出故障极；③ 双极保护区的故障退出双极，但要采取措施尽量避免双极故障退出运行，保证运行的可靠性。基于这些原则，特高压直流输电系统的保护分区如图 2 所示。

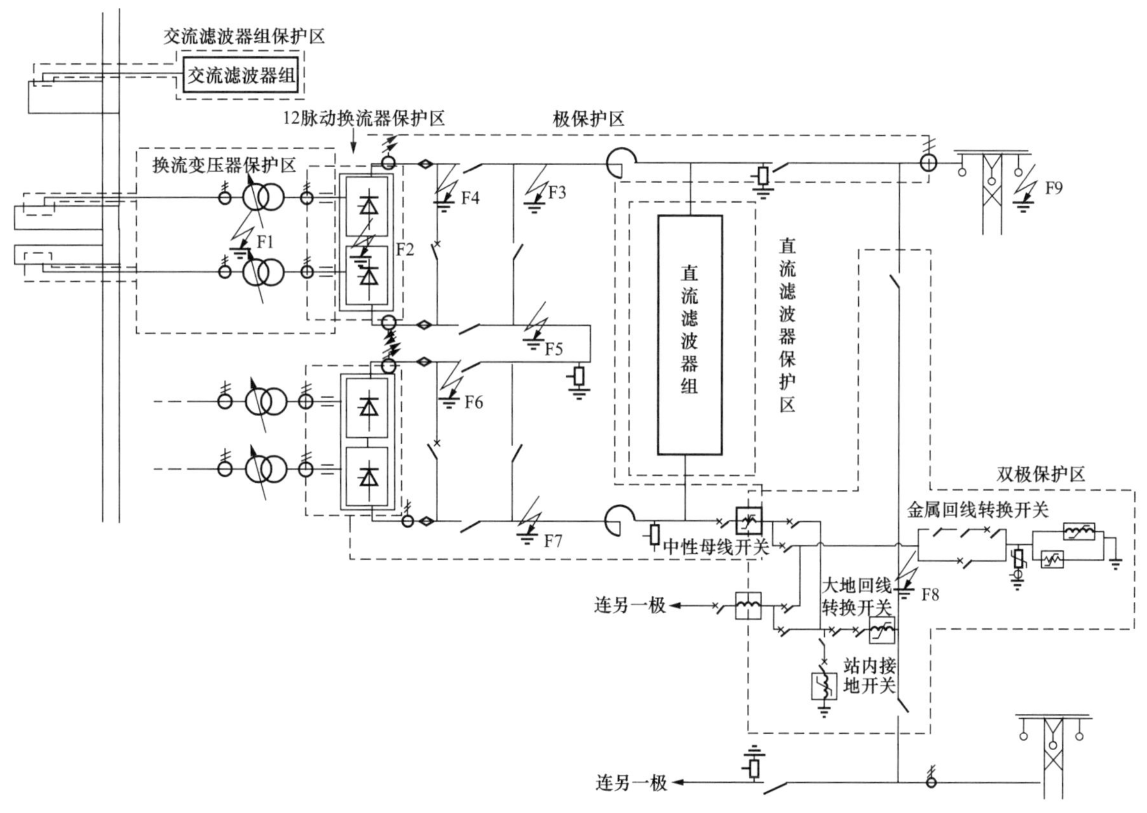

图 2　特高压直流保护分区

由于存在每极单 12 脉动换流器独立运行的情况，该分区方案中每个极的两个 12 脉动换流器的保护在各自的单 12 脉动换流器保护分区内，双 12 脉动换流器的保护分区各自独立。

对于换流变压器保护区内的故障，如 F1，包括换流变压器重瓦斯保护、差动保护、过流保护等，保护动作的策略是通过换流器投旁通对隔离交直流区域，然后退出与该换流变压器相关的 12 脉动换流器。

对于高压端 12 脉动换流器或低压端 12 脉动换流器的故障，如 F2，包括阀短路保护、换相失败保护、晶闸管元件异常、晶闸管结温监测、阀直流差动保护等，保护动作的策略是执行功率回降，同时闭合与故障 12 脉动换流器相并联的高速旁路开关，闭锁故障换流器，并重新恢复功率输送。应视故障类型来确定是否投旁通对，一般情况下本站故障的 12 脉动换流器动作后需要移相时，对端站相应的极需要投旁通对来释放线路上的残余电荷，以避免重新恢复功率时出现过电压。

对于直流极保护区域内的故障，如 F3～F7，包括极母线差动保护、12 脉动联母差动保护、旁路开关差动保护、中性母线差动、交流系统故障引起的 50Hz/100Hz 保护等，保护的动作策略是闭锁故障极。然而对于 F6 相似位置的故障，如果在故障前是双极±800kV 运行，通过退出低压端 12 脉动换流器，同时闭合中性母线接地开关，使故障点与中性母线接地开关接地点同电位，然后闭合旁路隔离开关，依次断开故障点旁的隔离开关、断开高速旁路开关，利用旁路开关切断故障电流的能力来隔离故障点，也可避免 F6 相似位置接地故障发生时引起极的停运。

对于双极保护区域内的故障，如 F8，包括双极中性线差动保护、站接地过流保护等，保护的动作策略是首先进行极功率平衡，如果故障持续存在，就闭锁双极或在站内接地电流允许的范围及持续时间内考虑单极大地回线转单极金属回线运行，在一定程度上避免双极停运。

3.2　测点配置

12 脉动换流器保护区、极保护区的测点配置见图 2 中电流互感器（TA）和电压互感器（TV）的标示。针对该测点配置，当 F6 处发生接地故障时，只能根据高压端 12 脉动换流器低压出口 TA 与低压端 12 脉动换流器高压出口 TA 的差流来判断是否发生了接地故障，但不能区分 F6 处故障与 F5 处故障的位置不同。有文献提出如图 3 所示的 TA 配置策略，每极增加 TA5～TA8 4 个电流互感器来准确判断出图 3 中 F 点的故障，该配置的确可准确定位故障点位置并能更好地配合直流控制系统以退出某个 12 脉动换流器而不至于直接引起单极停运。但考虑到：① 联络母线区域均为管母线，发生接地故障的几率较低；② 两个换流站共需要增加 16 个 TA，经济性可能较差。因此在 12 脉动换流器连接母线发生故障时，可考虑首先退出低压端 12 脉动换流器，并尝试隔离故障点，如故障仍然存在，则可断定故障点位置在 F5，而不是 F6，这时就必须停运故障极。

双极保护区、换流变压器保护区、直流滤波器组保护区、交流滤波器组保护区的测点配置在图 2 中也有标示，与常规直流没有太大区别。

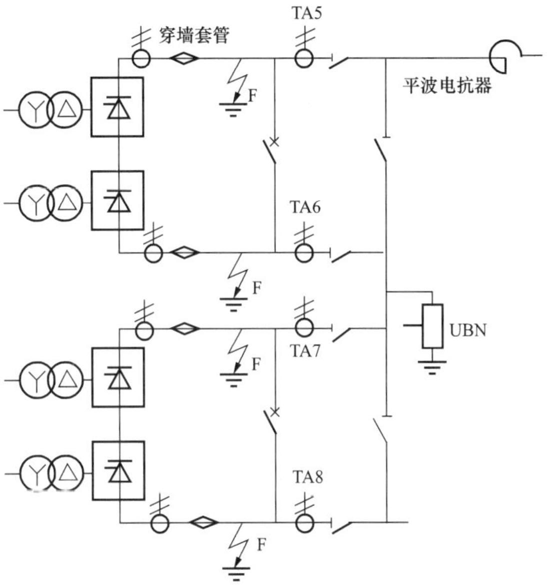

图 3 电流互感器配置图

4 换流变压器故障和阀短路故障的保护动作策略及仿真研究

4.1 换流变压器故障保护动作策略及仿真研究

换流变压器配置的保护有换流母线差动保护、换流母线和换流变压器差动保护、换流变压器差动保护、换流母线和换流变压器过流保护、换流变压器过流保护、换流变压器绕组差动保护、换流母线过压保护、换流变压器中性点偏移保护、换流变压器零序电流保护、换流变压器过励保护、换流变压器饱和保护、重瓦斯保护等。

特高压直流系统全电压运行时，如换流变压器发生故障时，保护动作后与该换流变压器相连的换流器需要立即投旁通对，既可以隔离交直流系统，从而隔离故障点，又可维系另一个 12 脉动换流器的继续运行。

本站换流变压器故障时，本站的动作策略基本相同，首先要投旁通对，然后依次闭合旁路开关 BPK10，闭合旁路隔离开关 BK12，打开隔离开关 BK10，将流过旁通对、旁路开关 BPK10 上的电流全部通过 BK12 流过，然后闭锁换流器。

本站换流变压器故障时，对站的处理策略略有不同。整流侧换流变压器故障时，由于整流侧相应换流器投旁通对，造成单极电压损失 50%，逆变侧需要立即投旁通对，并闭合高速旁路开关，然后通过与前文相似的隔离开关操作来退出相应 12 脉动换流器。逆变侧换流变压器故障时，逆变侧相应换流器投旁通对，逆变侧电压下降近 50%，电流上升。对于整流侧可采取两种策略：① 直接投旁通对，然后依次闭合旁路开关 BPK10，闭合旁路隔离开关 BK12，打开隔离开关 BK10，然后闭锁换流器；② 通过控制系统控制该换流器端电压接近零，闭合高速旁路开关，移相闭锁该换流器，然后采取类似的旁路隔离开关操作顺序将电流转移到 BK12 支路上，该策略与策略①相比，前者换流器失去对电流的控制能力，且流过换流器的电流需要打开隔离开关 BK10 后才能消失；后者换流器具有对电流的控制能力，但由于换流器的端电压并不真正为零，在闭合高速旁路开关 BPK10 的过程中，BPK10 的间隙会被击穿并伴随暂态过流，对开关的要求较高。

整流侧换流变压器故障时，整流侧的动作顺序为：① 投旁通对；② 通知逆变侧；③ 依次闭合高速旁路开关，闭合旁路隔离开关，打开母线隔离开关；④ 闭锁故障换流器。逆变侧的动作顺序为：① 逆变侧收到对站信号后，投旁通对；② 依次闭合高速旁路开关，闭合旁路隔离开关，打开母线隔离开关；③ 闭锁对应换流器。

整流侧的仿真波形如图 4 所示，各换流阀组电流波形如图 5 所示，整流侧长期波形（4～35s）如图 6 所示。逆变侧仿真波形如图 7 所示，逆变侧长期波形（4～35s）如图 8 所示。

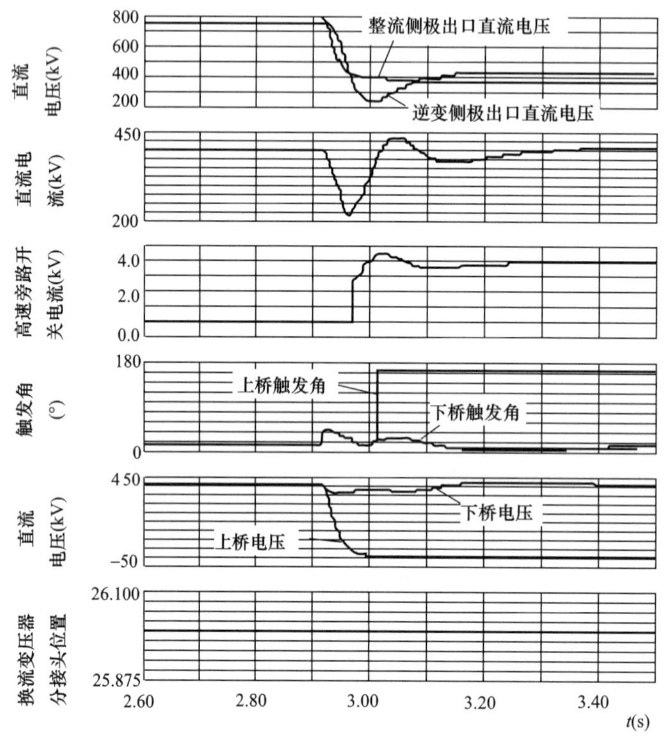

图 4　整流侧换流变压器保护动作时仿真波形

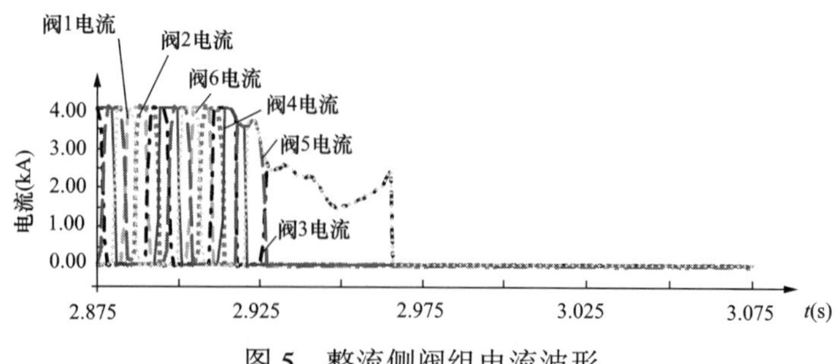

图 5　整流侧阀组电流波形

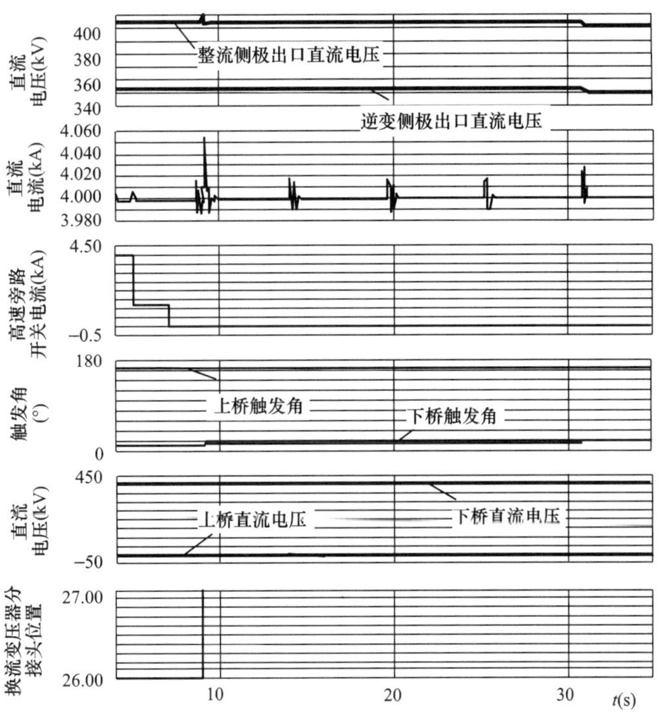

图 6　整流侧换流变压器保护动作时长期波形（4～35s）

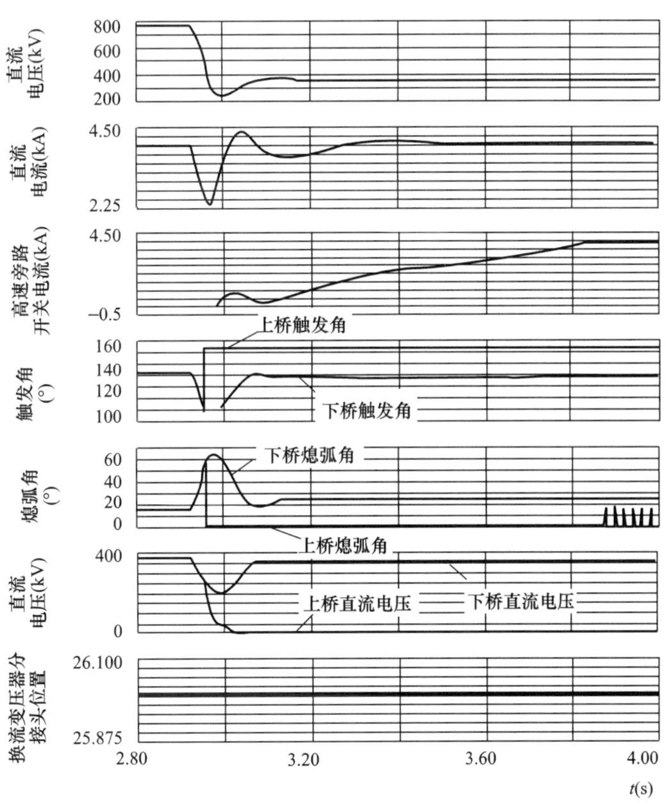

图 7　整流侧换流变压器保护动作时逆变侧仿真波形

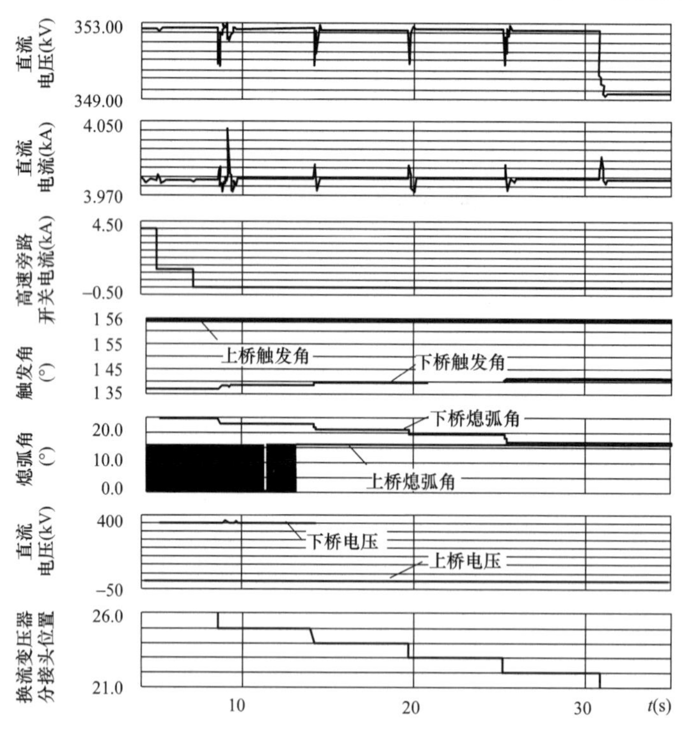

图 8 整流侧换流变压器保护动作时逆变侧长期波形（4～35s）

由图 4～图 8 可见，整流侧换流变压器故障后，采用该保护策略顺利退出相应换流器，退出单 12 脉动换流器后 100ms 左右恢复正常。由图 8 可见，逆变侧退出相应换流器后，健全换流器的熄弧角在分接头的调节作用下从 25°左右恢复到 17°。

逆变侧换流变压器故障时，逆变侧动作顺序为：① 故障发生后投旁通对，隔离交直流系统；② 将本站动作信号通知对端站；③ 依次闭合旁路开关，闭合旁路隔离开关，打开母线隔离开关；④ 闭锁相应 12 脉动换流器。整流侧第 1 种动作策略动作顺序为：① 整流侧收到对站信号后立即投旁通对；② 依次闭合旁路开关，闭合旁路隔离开关，打开母线隔离开关；③ 闭锁上桥。

采用该策略时，逆变侧仿真波形如图 9 所示。整流侧仿真波形如图 10 所示。

由图 9～图 10 可见，逆变侧换流变压器保护投旁通对后，直流电流上升到 5.7kA，整流侧在逆变侧退出一个 12 脉动换流器后，高、低端 12 脉动换流器的电压都持续下降，在整流侧退出相应 12 脉动换流器投旁通对后，系统恢复正常。逆变侧健全换流器熄弧角随着分接头的调节恢复到 17°，与图 8 类似。

整流侧第 2 种动作策略的顺序为：① 整流侧收到对端站信号后，直接闭合高速旁路开关，相应阀控在开关燃弧时控制角度，熄灭开关电弧；② 移相闭锁上桥；③ 闭合旁路开关，2s 后闭合旁路隔离开关，2s 后打开母线隔离开关。

采用该策略时，整流侧仿真波形如图 11 所示。

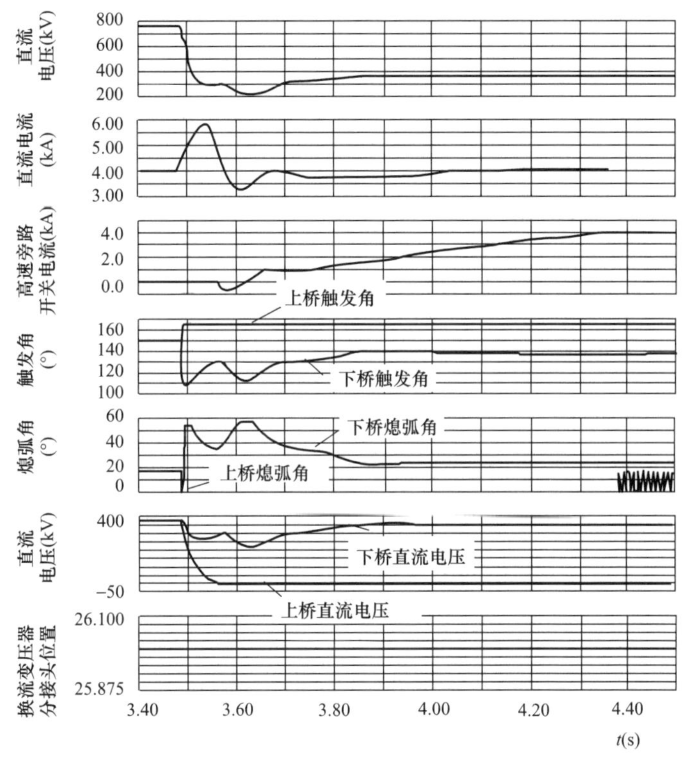

图 9 逆变侧换流变压器保护动作时逆变侧仿真波形（策略 1）

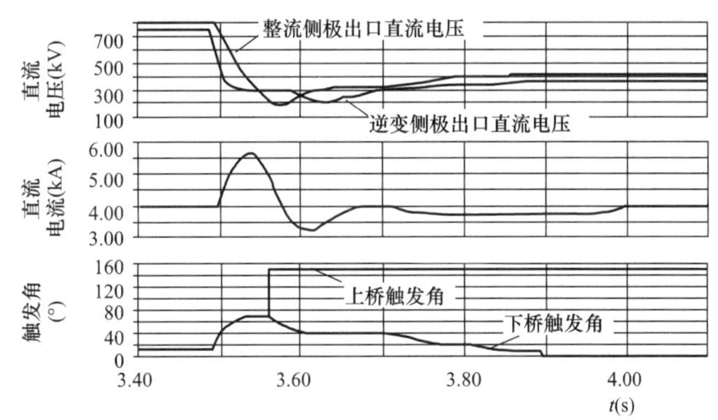

图 10 逆变侧换流变压器保护动作时整流侧仿真波形（策略 1）

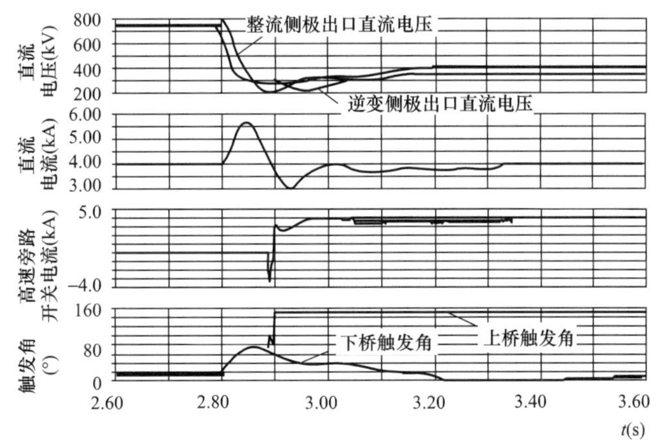

图 11 逆变侧换流变压器保护动作时整流侧的仿真波形（策略 2）

由图 11 可见，在闭合快速旁路开关时，对应 12 脉动换流器有短时的换流器出口短路过程，然后触发角上升到约 85°，旁路开关电流只有纹波电流，换流器移相闭锁后，直流电流转移到旁路开关上。此外，该换流器在闭锁以前，本极的 2 个换流器的触发角都很大，直流电流基本不变，此时对无功的需求会增加，虽然该过程的时间并不长，但仍会对系统有一定的冲击。

4.2 阀短路故障保护动作策略及仿真研究

阀短路保护用于保护高、低端 12 脉动桥换流器。用于阀短路故障和换流变压器阀侧相间故障，避免短路时换流阀遭受过应力。保护功能检测换流变压器阀侧 Y 绕组和 D 绕组的电流，以及高压极母线和 12 脉动桥连接母线上（12 脉动桥连接母线和中性母线上）的电流。在正常运行工况下，差动电流很小。如果交流侧电流明显高于直流电流，则表明发生了故障，保护立即动作。

发生阀短路故障时，与故障阀处于同一半桥的健全阀在换相导通后会流过很高的短路电流。应在同一半桥的第 2 个健全阀导通之前迅速检出故障，并不带旁通对闭锁阀，同时投高速旁路开关，保证非故障桥的正常运行。保护判据为

$$I_{acY}-\min(I_{dH},\ I_{dN})>\Delta \text{ 或 } I_{acD}-\min(I_{dH},\ I_{dN})>\Delta$$

式中 I_{acY}，I_{acD}——分别为变压器 Y 绕组和 D 绕组三相电流的整流值；

I_{dH}——12 脉动换流器高压出口电流；

I_{dN}——12 脉动换流器低压出口电流；

Δ——保护定值。

整流侧发生阀短路故障时，由于故障电流对阀的应力增大，需要快速检测出故障并闭锁故障换流器，打开相应换流变压器交流进线开关。为了不影响直流系统的继续运行，减小单极停运率，需要故障极快速闭合高速旁路开关，为避免转移到高速旁路开关的电流过大损坏高速旁路开关，可采取降低功率或重启动的方法。保护的动作策略是：退出与故障阀相关的 12 脉动换流器，逆变侧也要退出相应的 12 脉动换流器。

整流侧动作顺序为：① 阀短路检测出阀短路后马上执行 ORDER_DOWN 指令（移相，紧急功率回降），同时闭锁故障换流器，打开交流进线开关，闭合高速旁路开关；② 通知逆变侧；③ 重启动。

逆变侧的动作顺序为：① 逆变侧收到信号后，投旁通对便于线路的去游离；② 闭合高速旁路开关；③ 闭锁对应换流器。

整流侧阀短路故障时，整流侧仿真波形如图 12 所示，逆变侧仿真波形如图 13 所示。

由图 12～图 13 可见，整流侧阀短路故障时，换流变压器阀侧电流达到 8.3kA，整流侧执行重启动并闭锁故障换流器，同时闭合高速旁路开关后，200ms 完成重启动，恢复功率输送。逆变侧重启动以后，分接头的调节过程与图 8 类似。

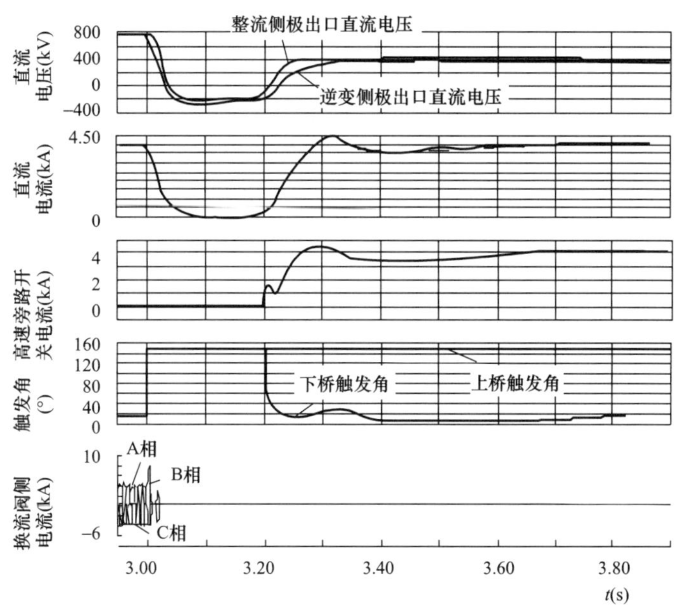

图 12 整流侧阀短路保护动作时整流侧仿真波形

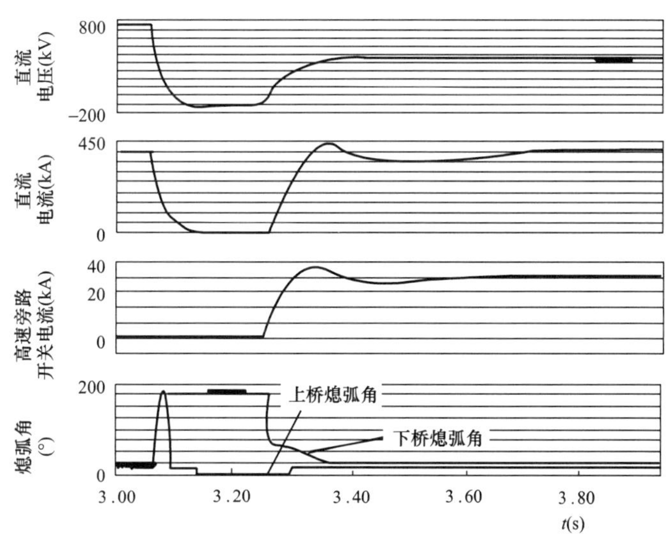

图 13 整流侧阀短路保护动作时逆变侧仿真波形

逆变侧发生阀短路故障时，直流电压会下降，逆变侧发生换相失败。逆变侧换相失败保护会动作，并通知整流侧，由于发生换相失败时不能确定是由于控制系统引起的还是交流系统波动或阀短路引起的故障，因此逆变侧换相保护动作后由整流侧执行 ORDER_DOWN 指令（移相，紧急功率回降），整流侧和逆变侧退出相应的换流器。

逆变侧动作顺序为：① 换相失败保护动作后提前通知整流侧执行 ORDER_DOWN 指令；② 闭合高速旁路开关；③ 闭锁故障换流器。

整流侧的动作顺序为：① 收到对端站信号后执行 ORDER_DOWN 指令；② 移相并闭合高速旁路开关；③ 闭锁对应换流器；④ 重启动。

逆变侧桥臂 V4（A 相）发生阀短路故障时，B 相阀侧电流逐渐周期性增大，逆变侧阀短路保护和换相失败保护都有可能动作。换相失败保护的动作时间约 600ms，换相失败保护动作后由整流侧执行重启动的过程如图 14 所示，逆变侧波形如图 15 所示。

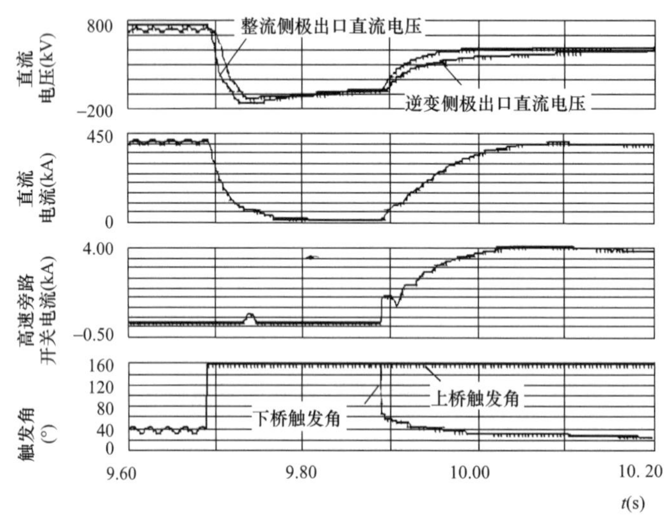

图 14 逆变侧换相失败保护动作时整流侧仿真波形

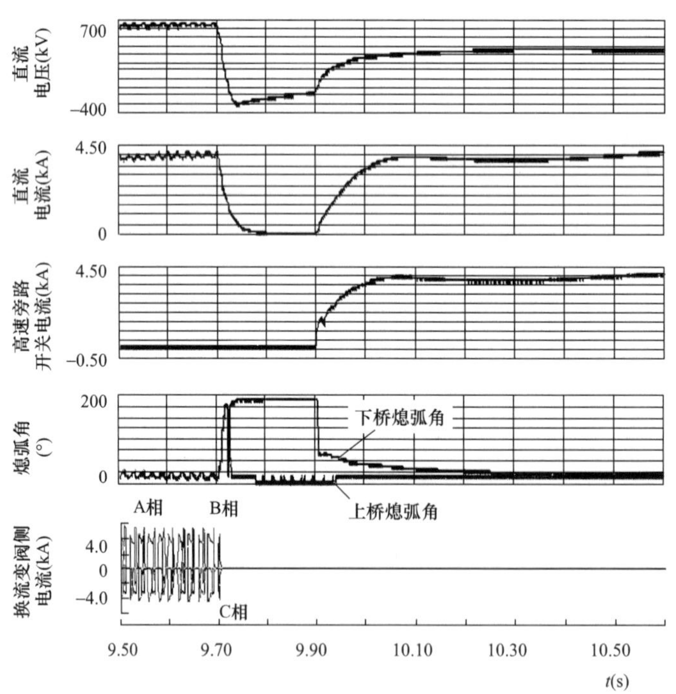

图 15 逆变侧换相失败保护动作时逆变侧仿真波形

由图 14～图 15 可见，逆变侧换相失败保护动作后，在整流侧重启动的过程中，整流侧和逆变侧相应换流器正常退出，在 200ms 后恢复功率输送。

5 结论

本课题结合典型±800kV 特高压直流的主接线，划分了特高压直流的保护分区，研究了各保护分区的保护动作策略，配置了保护测点，对于测点配置，如果考虑退出单 12 脉动阀组后再次投入该阀组时必须要进行开路试验，那么需要对 12 脉动连接母线处及极母线电压互感器的位置进行调整或在不进行调整的情况下根据空载直流电压及角度计算电压值来进行开路试验。本文着重对特高压直流整流侧或逆变侧换流变压器故障、阀短路故障的保护动作策略详细研究，研究结果表明特高压直流换流变压器故障时通过投入旁通对，可以不闭锁直流系统完成故障的隔离；阀短路故障时，由于故障阀失去对电流或电压的控制能力，需要通过快速降低功率或重启动的方式隔离故障阀组，并经过 200ms 左右的线路去游离时间后恢复功率的输送。仿真验证了该策略可行。在仿真过程中，本文没有考虑高速旁路开关开合过程中的弧过程。

课题四 特高压直流单 12 脉动阀组的投退策略及其对交流系统的无功冲击

1 引言

随着电力输送规模的加大以及输送距离的逐渐加长，现有的±500kV 级直流输电将无法满足要求，客观上需要采用更高一级的直流输电电压等级。根据对西南水电外送输电规划方案的研究成果并结合国外的相关研究结论，±800kV 直流输电在技术上是可行的，比较适合中国的实际情况。

在常规高压直流输电系统的正常控制方式中，整流侧根据直流功率的要求计算出直流电流指令，根据电流测量值与电流定值的偏差通过比例积分环节得到触发角来控制直流电流，同时换流变压器分接头作为慢速调节控制触发角在其参考值±2.5°的范围内。逆变侧采用定熄弧角控制、定直流电压控制等相结合的方法与整流侧控制共同组成高压直流输电系统的基本闭环控制。

±800kV 直流输电采用两个 12 脉动换流器相串联的接线方式，这种接线方式使其运行方式更加多样化。对于单极而言，既可单个 12 脉动换流器独立运行，也可以两个 12 脉动换流器串联运行，单个 12 脉动换流器独立运行时，与常规直流没有区别；两个 12 脉动换流器串联运行时，对应每个 12 脉动换流器都有与其对应的 12 脉动换流器控制单元，可对每个 12 脉动换流单元进行独立的控制。在这种控制方式下，整流侧采用定功率/定电流控制时，高、低端两个 12 脉动换流器的控制器在不进行通信或相互协调的情况下，由于测量偏差、设备制造偏差等因素的影响，两个控制器会形成竞争，并最终导致两个 12 脉动换流器的触发角相互偏离。因此，在双 12 脉动换流器串联运行时需采取措施来避免整流侧高、低端 12 脉动换流器触发角的偏离。

本文根据特高压直流系统的主回路结构，针对单个 12 脉动换流器投退时的控制策略进行了详细的研究，并分析投退过程中直流系统对交流系统的无功冲击情况。

2 单 12 脉动换流器投入策略

投入单 12 脉动换流器的关键问题是将与其并联的高速旁路开关的电流转移到该 12 脉动换流器中并在高速旁路开关安全断开后能协调控制高、低端 12 脉动换流器，同时还要尽量减小投入过程中对交流系统的无功冲击。

以单极为例，高、低端 12 脉动换流器 C1 和 C2 有各自的换流器控制单元，极控制将电流指令或触发角送给换流器控制。如图 1 所示，图中 IDNC 为极中性母线电流，IDNCLV 为低压 12 脉动桥低压 TA 电流，IDPLV 为低压 12 脉动桥高压 TA 电流，IDNCHV 为高压 12 脉动桥低压 TA 电流，IDPHV 为高压 12 脉动桥高压 TA 电流。假设低压 12 脉动换流器 C2 已在稳态运行，即将投入高压 12 脉动换流器 C1，在这种情况下，BK21、BK20、BK12 处于闭合状态，其余开关处于打开状态，在投入 C1 以前，需要闭合 BK10、BK11、BPK10，打开 BK12。

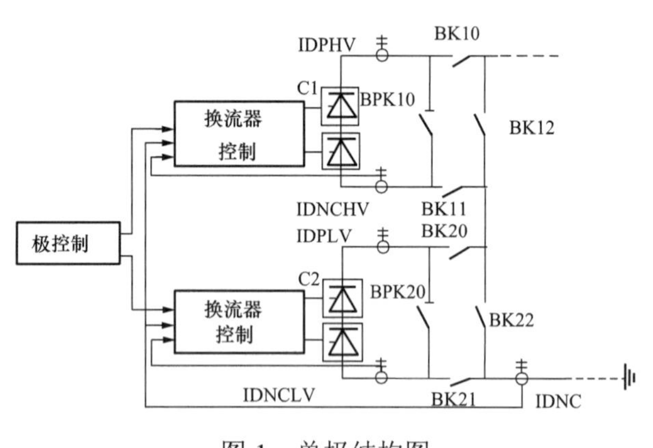

图 1 单极结构图

在解锁 C1 时，先将 IDNC 与 IDNCHV 的电流差值作为 C1 换流器电流控制器的输入量，C1 电流控制器将 BPK10 开关上的电流转移到 C1 换流器中，流过 BPK10 中的电流仅为纹波电流，此时可拉开高速旁路开关 BPK10，旁路开关打开后，将电流测量值和电流参考值的差作为 C1 换流器电流控制器的输入量。逆变侧采用同样的方法拉开高速旁路开关。整流侧和逆变侧相应的阀组投入后，逆变侧控制电压，电压上升的速率可以预先设定，由整流侧控制电流或功率。

C1 投入以后，由于整流侧 C1 和 C2 都控制电流，随着电压的升高，整流侧 C1 和 C2 的触发角都将降低来控制直流电流，由于在同一个串联回路中不可能有两个电流控制器同时起作用，如果不对 C1 和 C2 的触发角角度进行协调，极端情况下会导致其中一个换流器的触发角运行在 5°，另一个换流器的触发角运行在较大的角度，因此必须对 C1 和 C2 的触发角进行平衡，平衡的方法是采取两者角度跟随或电压平衡的方法，本文采取电压平衡的方法，其原理如图 2 所示。图 2 中，$I_{D-RESP1}$ 和 $I_{D-RESP2}$ 分别为上、下桥的电流测量值，$I_{ORD\ LIM}$ 为电流指令，U_{DELTA} 为上、下桥的电压差，T_1 为比例积分调节器的积分时间常数，α_1 为高压 12 脉动换流器的触发角，α_2 低压 12 脉动换流器的触发角，I_{DIFF1} 为上桥的电流测量值与电流指令的差值，I_{DIFF2} 下桥的电流测量值与电流指令的差值。

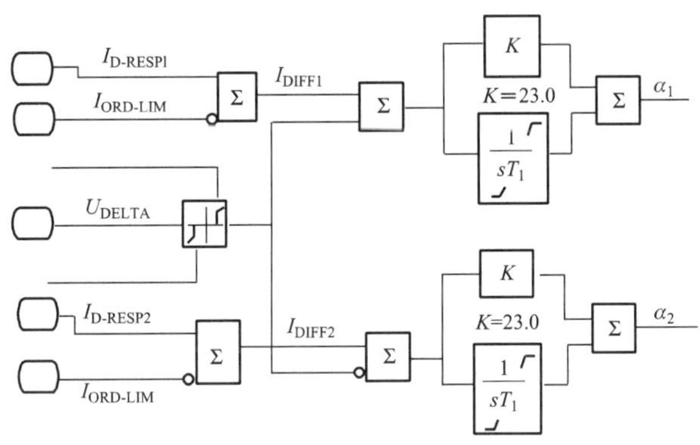

图 2　电压平衡原理

在稳态过程中，电压平衡的主要功能是补偿上下桥电流测量值的误差，因此加入电压平衡环节后依然能够保证直流电流控制的精度。在 C1 刚刚解锁时，C1 和 C2 的电压偏差最大，随着直流电压的逐渐升高，电压差逐渐减小。为在投入 C1 后避免上、下桥角度差别过大，也为了使刚投入的换流器角度与另一个换流器角度快速达到一致，同时在稳态过程中补偿电流测量值的偏差，电压平衡环节的调节幅度是电压差的函数，可以动态调节，偏差大时调节增益大，偏差小时调节增益小。

通常情况下，直流换流器的控制首先考虑有功功率控制，在特高压直流中，由于换流站无功功率消耗也很大，因此需要考虑投入单 12 脉动换流器时的无功消耗。整流侧单 12 脉动换流器的无功需求按式（1）计算，逆变侧的无功需求计算只需将式（1）中的α用γ代替即可

$$Q_{conv}=2I_dU_{di0}\frac{2\mu+\sin 2\alpha-\sin 2(\alpha+\gamma)}{4[\cos\alpha-\cos(\alpha+\gamma)]} \tag{1}$$

式中　Q_{conv} ——换流器无功需求；

I_d ——直流电流；

U_{dio} ——6 脉动桥空载直流电压；

μ,α,γ ——分别为换相叠弧角、触发角和熄弧角。

具有不同控制策略的特高压直流换流器的 P–Q 曲线如图 3 所示，其中假设换流变

压器抽头和交流系统电压恒定，通过该图可以理解换流器可能控制的有功和无功功率的区域。图 3 中曲线（a）表示恒直流电压控制和最小触发角控制，曲线（b）表示最小熄弧角控制，曲线（c）表示恒直流电流控制，曲线（d）表示恒无功功率控制，曲线（e）表示恒有功功率控制，曲线（f）表示最小直流电流，曲线（g）表示最大触发角控制，曲线（h）表示 0.5p.u.有功功率时触发角暂态变化曲线。

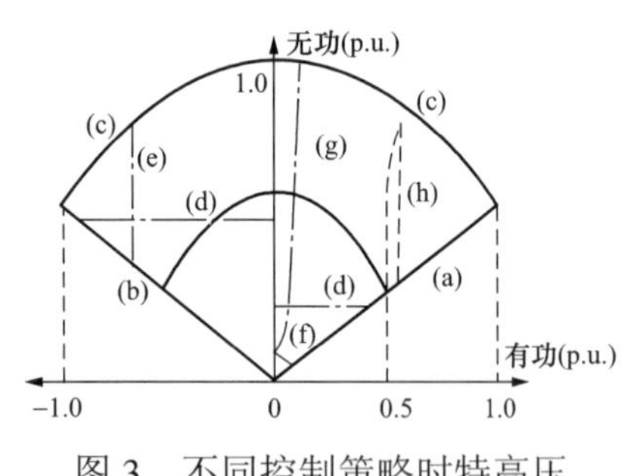

图 3　不同控制策略时特高压直流换流器的 P-Q 曲线

在投入另一个换流器的过程中，运行人员分别选择极功率控制或定电流控制时会有不同的策略，既可以在定电流控制时保持直流电流不变，功率的上升通过直流电压的调节来实现；也可以在极功率控制时结合直流电压和直流电流的共同调节来实现。这两种策略都可用于单 12 脉动换流器投入过程中的直流系统控制。

（1）策略一。投入另一个换流器时，保持直流电流 4000A 不变，直流功率的上升通过投入另一个 12 脉动换流器后逐渐升高直流电压来实现，采用该策略时整流侧和逆变侧的直流电压–直流电流 U_d–I_d 曲线和 P–Q 曲线如图 4 和图 5 所示。在投入另一个单 12 脉动换流器前直流系统的运行工况为：整流侧直流电压 400kV，直流电流 4000A，整流侧触发角 15°，逆变侧熄弧角 17°。

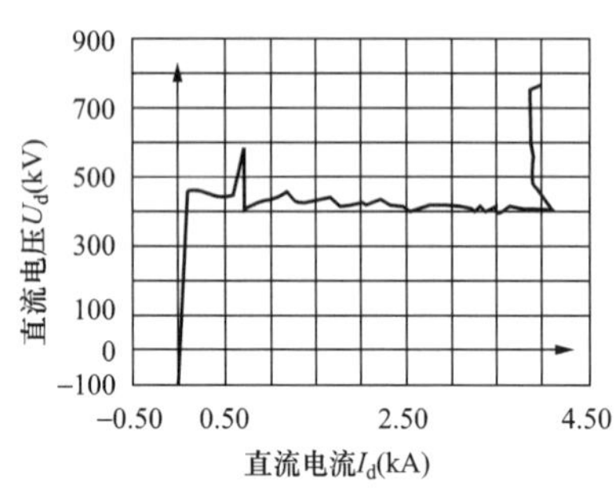

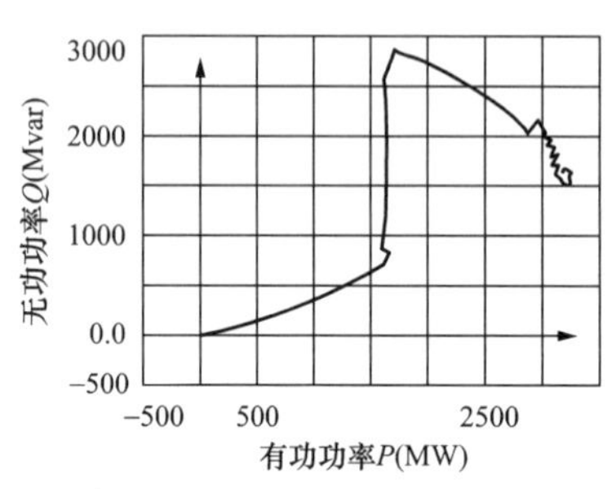

图 4　整流侧投入单 12 脉动换流器时 U_d–I_d 和 P–Q 曲线（策略一）

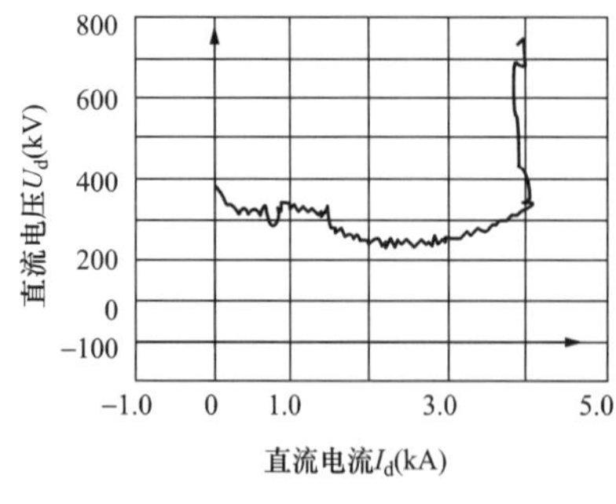

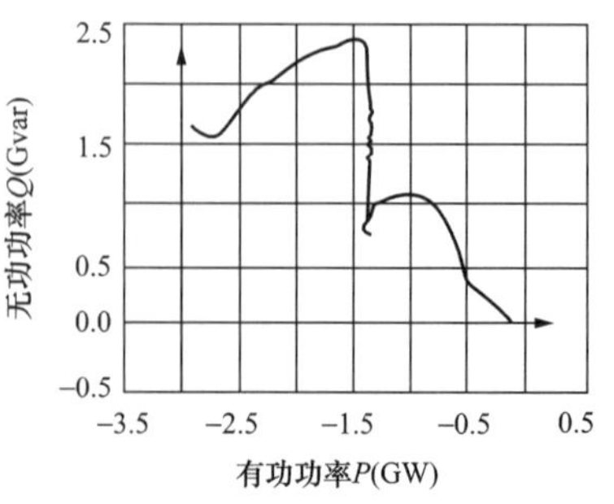

图 5　逆变侧投入单 12 脉动换流器时 U_d–I_d 和 P–Q 曲线（策略一）

对于整流侧而言，投入另一个 12 脉动换流器 C1 后，C1 换流单元控制器控制高速旁路开关的电流平稳转移到该换流器中，随着逆变侧控制的直流电压的升高，直流功率逐渐升高，在该过程中，直流电流基本保持不变。整流侧高、低端 12 脉动换流器的触发角在整流侧和逆变侧分接头的调节作用下逐渐调节到15°±25°的范围内。

对于逆变侧而言，新投入的换流器控制单元的电流控制器控制高速旁路开关的电流平稳转移到换流器中后，逆变侧电压调节器按设定的电压上升速率升高直流电压，直到逆变侧熄弧角调节到 17°左右。由于新投入 12 脉动换流器后，逆变侧换向压降较未投入该 12 脉动换流器时有所增加，不调节分接头时，整流侧直流电压不能达到 800kV，随着两侧分接头的逐渐调节，整流侧直流电压调节到 800kV。从图 4 和图 5 的 U_d–I_d 曲线可以看出：这种在投入另一个换流器的过程中保持直流电流不变的策略可以保证电压、电流及功率均保持平稳变化，没有大的扰动。从图 4 和图 5 的 P–Q 曲线还可以看出，在投入另一换流器后，由于直流电压上升速率的要求，换流器持续大角度运行，换流器消耗大量的无功功率，这必然会造成系统电压的降低，需要快速投入交流滤波器，单极情况下单 12 脉动换流器额定运行状态时大约需要 800Mvar 无功功率，投入另一 12 脉动换流器时需要 2300Mvar 的无功功率，送端和受端滤波器分组容量分别按 220Mvar 和 260Mvar 考虑，需要连续投入 4～5 组交流滤波器，随着触发角的降低以及换流变压器分接头的调节，换流器需要的无功逐渐降低，最终达到 1700Mvar，这时又需要切除 2～3 组交流滤波器，这样在整个过程中就会出现交流滤波器先投后切的情况。此外，由于交流滤波器的投入也需要一定的时间间隔，在滤波器不能及时投入的时段，就需要交流系统长时间提供大量的无功功率，可能会超过送端和受端交流系统可以允许提供的无功功率容量，对交流系统会有较大影响。采用该策略时，有功功率和无功功率沿着图 3 中（h）～（c）的路径变化。从图 4 和图 5 中 P–Q 变化曲线也可以看出，投入单 12 脉动换流器时有功和无功功率的变化趋势与图 3 的理论分析相一致。因此，在投入另一个 12 脉动换流器的过程中保持直流电流不变的策略需要着重考虑交流系统的无功支撑能力。

（2）策略二。投入另一个换流器时，保持直流功率按设定速率上升，随着直流电压的快速上升，直流电流下降，随后直流电流按设定的直流功率上升速率换算成直流电流上升速率后逐渐升高。该策略下整流侧和逆变侧的仿真结果如图 6～图 9 所示。在投入另一个单 12 脉动换流器前直流系统运行工况为：整流侧直流电压 400kV，直流电流 4000A，整流侧触发角 15°，逆变侧熄弧角 17°。

采用该策略时，直流电压的上升时间为 200～300ms。策略二对交流系统的无功冲击持续时间比策略一小，从图 6 和图 8 可以看出，除在电压升高约 200ms 的时间里对系统无功需求较大，200ms 以后无功需求约 1250Mvar，在投入另一 12 脉动换流器前预先投入 1～2 组交流滤波器便可满足要求。然后随着直流电流的上升，无功需求随直流功率的升高逐渐增加，交流滤波器也可以根据需要陆续投入，最终总无功需求约 1685Mvar。该策略中的有功和无功沿着图 3 中（h）～（a）的路径变化，从图 7 和图 9 中 P–Q 曲线也可以看出，投入单 12 脉动换流器时有功、无功的变化趋势与图 3 的理论分析相一致。

从直流功率的调节方式来看，策略一的直流功率增加通过直流电压的单一调节实现，策略二的直流功率增加通过直流电压、直流电流的共同调节实现；从对系统的无功冲击来看，与策略一相比，策略二缩短了换流器大角度运行的持续时间，从而有效缩短了对交流系统无功冲击的持续时间。

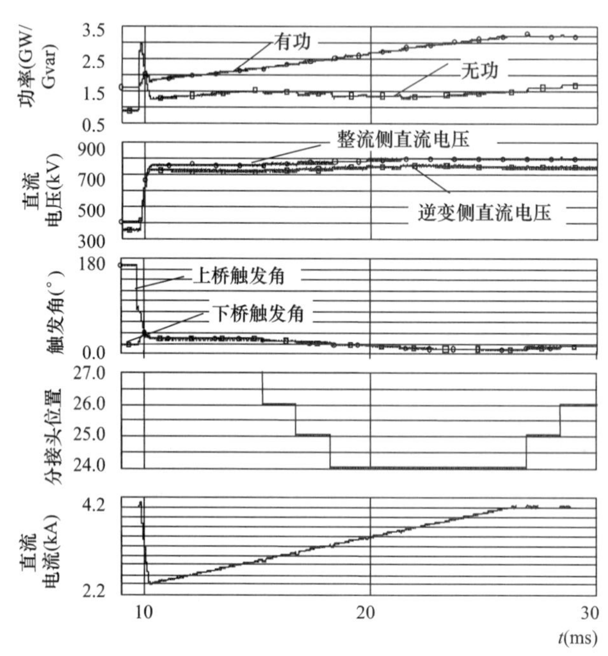

图 6 整流侧投入单 12 脉动换流器时波形

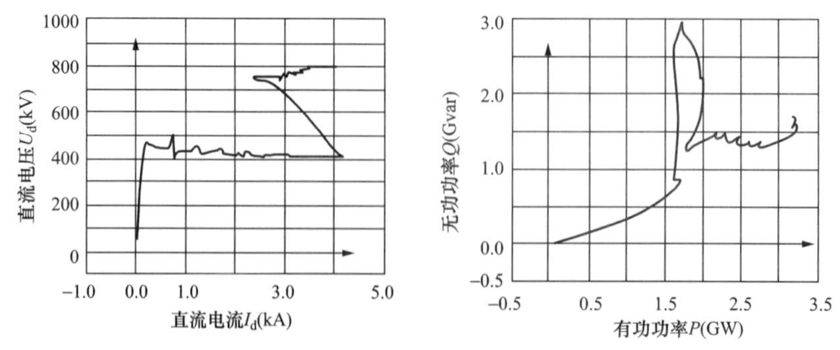

图 7 整流侧投入单 12 脉动换流器时 U_d–I_d 和 P–Q 曲线（策略二）

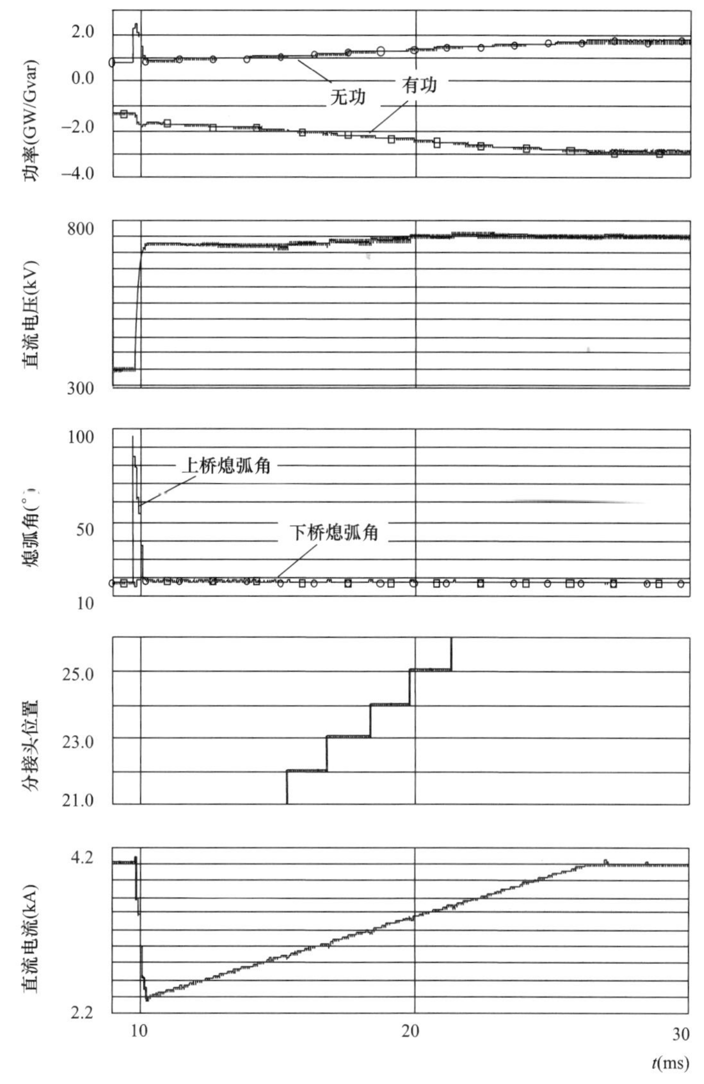

图 8　逆变侧投入单 12 脉动换流器时波形

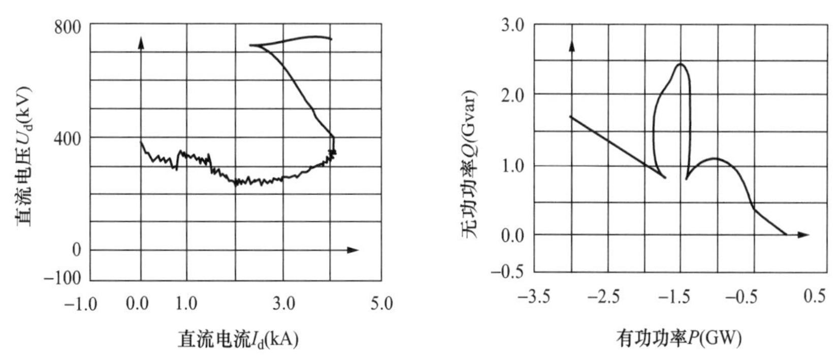

图 9　逆变侧投入单 12 脉动换流器时 U_d–I_d，P–Q 曲线（策略二）

3　单 12 脉动阀组正常退出策略

单 12 脉动阀组正常退出的总体策略是控制待退出阀组的电压降低到高速旁路开关允许的带电压差闭合高速旁路开关的范围后，闭合高速旁路开关，同时控制闭合高速旁路开关时流过它的电流，避免开关闭合瞬间的大电流对开关触头造成的损害。阀组移相后电流自然转移到旁路开关通路上，随即允许闭锁该换流器。整流侧与逆变侧单 12 脉动阀组的退出策略略有不同。

如图 1 所示，单 12 脉动阀组退出前，整流侧和逆变侧 C1 和 C2 运行，BK10、BK11、BK20、BK21 闭合，其余旁路断路器/隔离开关都处于打开状态。假设将要退出阀组 C1，退出 C1 前，逆变侧为定熄弧角控制或定电压控制，将 C1 电压调节器的电压参考值重新设定后，该阀组电压调节器就会按照该参考值调节本阀组的熄弧角，不会影响另一个阀组 C2 的定熄弧角控制。在阀组 C1 出口的端电压值接近为零时，就可闭合高速旁路开关，同时通过电流调节器控制高速旁路开关闭合时的电流大小，移相后直流电流自然转移到高速旁路开关上。退出 C1 前，整流侧为定电流控制，如果在逆变侧阀组 C1 退出过程中，整流侧的高低压阀组不采取任何措施，必然造成整流侧高低压阀组同时降低电压，角度同时增大，在这种情况下不能将整流侧待退出阀组的出口端电压降到零附近并安全闭合高速旁路开关。因此，在整流侧可以保持不需要退出运行的阀组 C2 的角度不变，仅由另一个阀组 C1 控制电流；或者控制不需要退出的阀组 C2 的电压基本不变，由另一个阀组 C1 控制电流。在闭合高速旁路开关时，也要控制高速旁路开关的电流，高速旁路开关可靠闭合后，阀组 C1 移相将直流电流转移到高速旁路开关上，阀组 C1 就可以闭锁，仍运行的阀组 C2 回到电流控制。整流侧和逆变侧都退出单阀组后，该极的控制方式与常规直流系统就没有区别了。本文中整流侧阀组 C1 退出过程中，阀组 C1 的电流调节器在极的电流控制中起主要作用，阀组 C2 的电流调节器中引入电压补偿环节来保持本阀组的端电压基本不变的同时对电流的变化仍然有调节作用。

由于在退出阀组的过程中，运行人员可能选择功率控制或电流控制。如果采用功率控制，在退出单阀组的过程中只需要保持功率平稳下降即可，这时可采取降电流与降电压相配合的方式，即先降低电流，然后降低电压同时升高电流；如果采取电流控制，退出单阀组时只能通过降低电压来完成。在退出单阀组的过程中，由于需要退出的阀组端电压要降低到允许高速旁路开关闭合的范围内，其触发角/熄弧角会比较大，因而需要的无功比较多，需要投交流滤波器或由系统提供无功，在退出的时刻，由于阀组闭锁，又会产生大量的剩余无功并导致换流母线电压暂态升高以及滤波器的快速切除。因此本文对这 2 种情况都进行了研究，以便比较出哪一种策略可以尽量减小对系统的冲击。

（1）策略一。退出单阀组时保持直流电流不变，待退出阀组 C1 的电压下降速率可以设定。换流器所需要的无功功率超出交流滤波器最大提供能力的部分由系统提供。该策略下整流侧和逆变侧的仿真波形如图 10～图 13 所示。

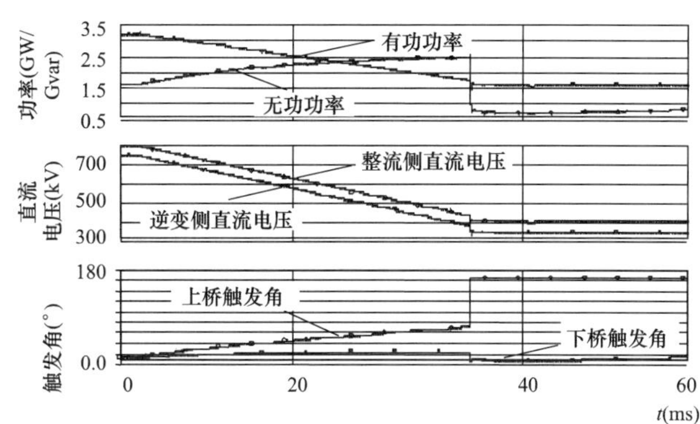

图 10　整流侧退出单 12 脉动换流器时波形（策略一）

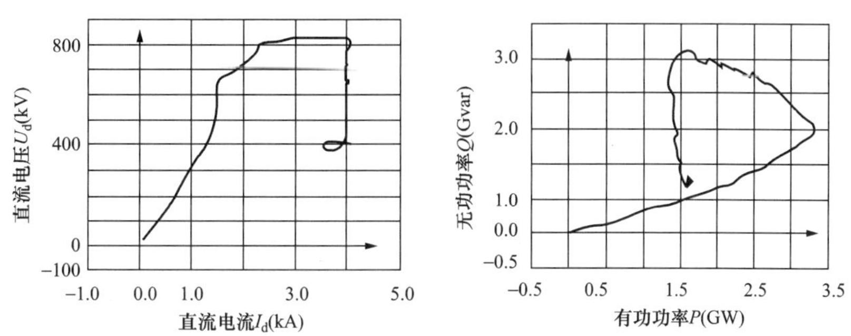

图 11　整流侧退出单 12 脉动换流器时 U_d–I_d，P–Q 曲线（策略一）

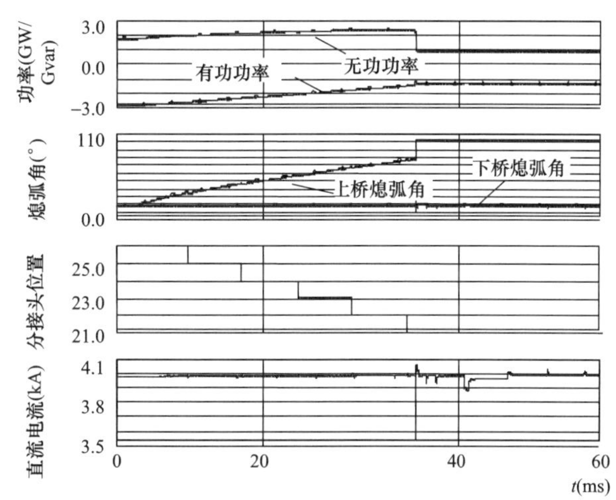

图 12　逆变侧退出单 12 脉动换流器时波形（策略一）

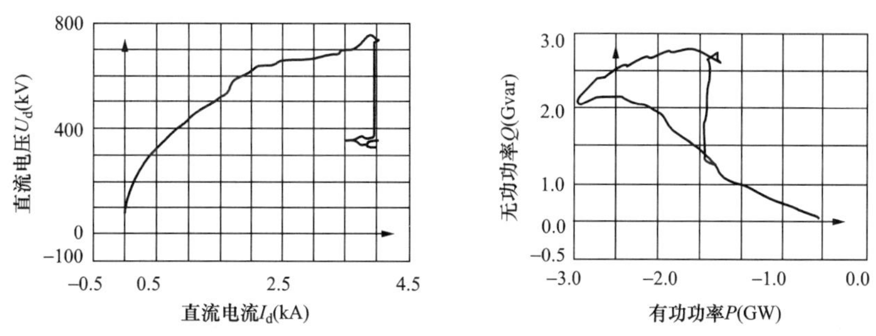

图 13　逆变侧退出单 12 脉动换流器时 U_d–I_d，P–Q 曲线（策略一）

由图 10～图 13 可以看出，采用该策略时电压平稳下降，整个过程中电流保持不变，在该过程中，随着整流侧和逆变侧退出阀组的电压降低，角度逐渐增大，换流器需要的无功功率增加。考虑到此时如果双极运行，则整流侧和逆变侧所有滤波器均应已投入运行（仿真中整流侧交流滤波器小组容量取 220Mvar，双极共 14 组，逆变侧交流滤波器小组容量取 260Mvar，双极共 15 组），换流器额外需要的无功功率需要完全由系统提供，导致受端换流母线电压从 515kV 下降，低于 500kV 以下持续时间 12s，换流母线最低电压 493kV。送端换流母线电压从 530kV 下降到 504kV，换流母线电压降低使交流滤波器提供的无功相应减小。在换流器退出后，由于站内无功功率的大量结余，送端换流母线电压暂态升高至 565kV，逆变侧换流母线电压升高至 525kV，交流滤波器可采用快速切除的方法，每秒切除 1 组。从高速旁路开关的电流波形可以看出，在闭合高速旁路开关时，流过开关的电流得到控制，阀组移相后，电流转移到旁路开关上。该策略中的有功和无功沿着图 3 中（c）～（h）的路径变化，从图 11 和图 13 的 P–Q 曲线可以看出，退出单 12 脉动换流器时的有功和无功的变化趋势与图 3 的理论分析相一致。

（2）策略二。退出单阀组 C1 时采取功率控制，先按设定的功率下降速率降低电流，然后快速降低电压同时升高电流，功率下降速率不变，在完成降压的同时，电流恢复到额定值。该策略的主要目的是在退出过程中避免策略一中出现的阀组 C1 大角度运行的持续时间过长，从而可有效减少系统提供大量无功功率的时间，同时避免了送受端换流母线电压降低的持续时间。为与策略一的仿真结果进行比较，采用策略二退出单阀组 C1 的仿真持续时间为 30s，采用该策略时整流侧和逆变侧的仿真波形如图 14～图 17 所示。

由图 14～图 17 可以看出，采用策略二退出单 12 脉动阀组时功率下降平稳，换流器无功需求随电流降低而降低。在电流降低的过程中，送受端陆续切除两组交流滤波器，在退出 C1 时，随着直流电压的快速降低，直流电流快速上升，在 C1 退出时无功需求最大，系统将短时提供一部分无功功率，系统承受无功冲击的时间约 200～300ms，在此期间，送端换流母线电压从 550kV 短时下降到 484kV，然后恢复到 535kV，低于 500kV 的持续时间约 160ms；受端换流母线电压从 530kV 短时下降到 485kV，然后恢复到 518kV，低于 490kV 的持续时间约 150ms，远小于策略一的低压持续时间。退出单 12 脉动换流器 C1 瞬间切除一小组交流滤波器，暂态过电压在要求范围之内。高速旁路开关闭合时，流过开关的电流得到控制，直流电流平稳转移到旁路开关中。采用该策略时理论分析其有功和无功曲线沿着图 3 中（a）～（h）的路径变化，从图 15 和图 17 的 P–Q 曲线可以看出，退出单 12 脉动换流器时的有功和无功的变化趋势与图 3 的理论分析相一致。

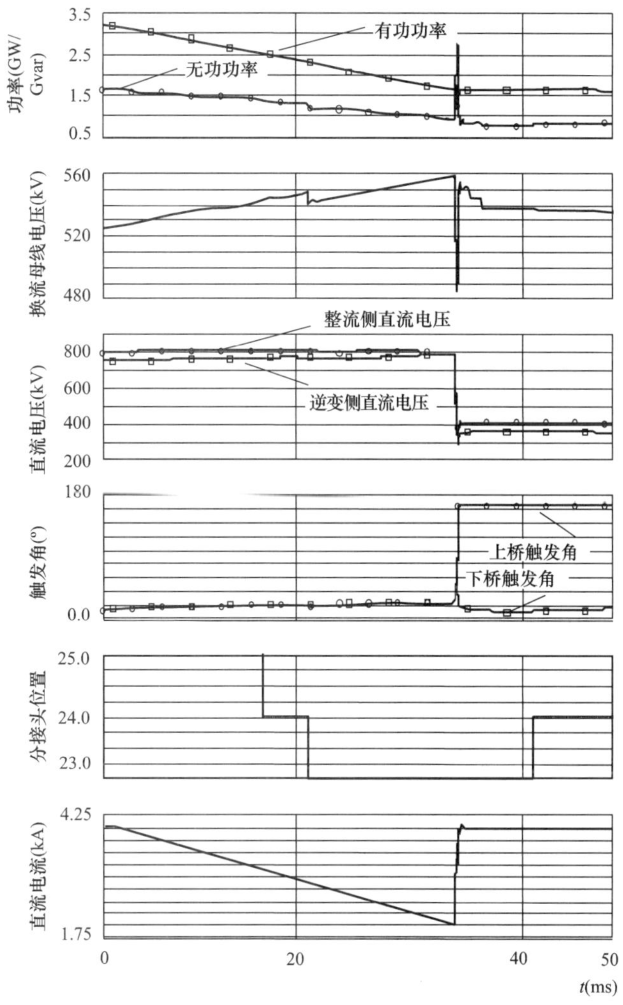

图 14　整流侧退出单 12 脉动换流器时波形图（策略二）

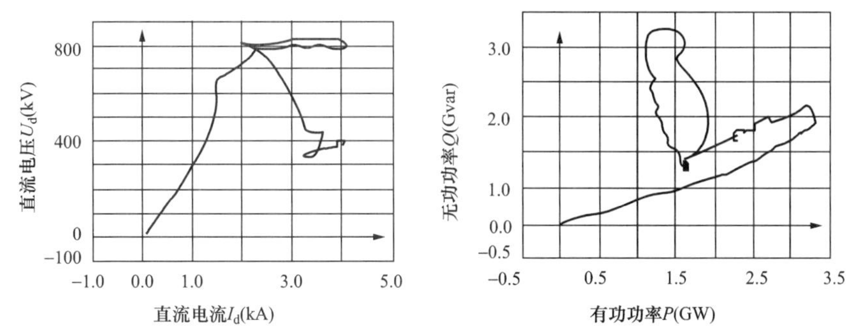

图 15　整流侧退出单 12 脉动换流器时 U_d–I_d，P–Q 曲线（策略二）

在双极额定功率 6400MW 运行的前提下，需要退出单极的单 12 脉动换流器时，除采用策略二提出的方法以外，也可采取快速退出单 12 脉动换流器的同时，双极短时过负荷运行的方法，同样可减小对系统无功冲击的持续时间，缺点是该方法的功率调节速率受直流系统过负荷能力及过负荷持续时间的限制。

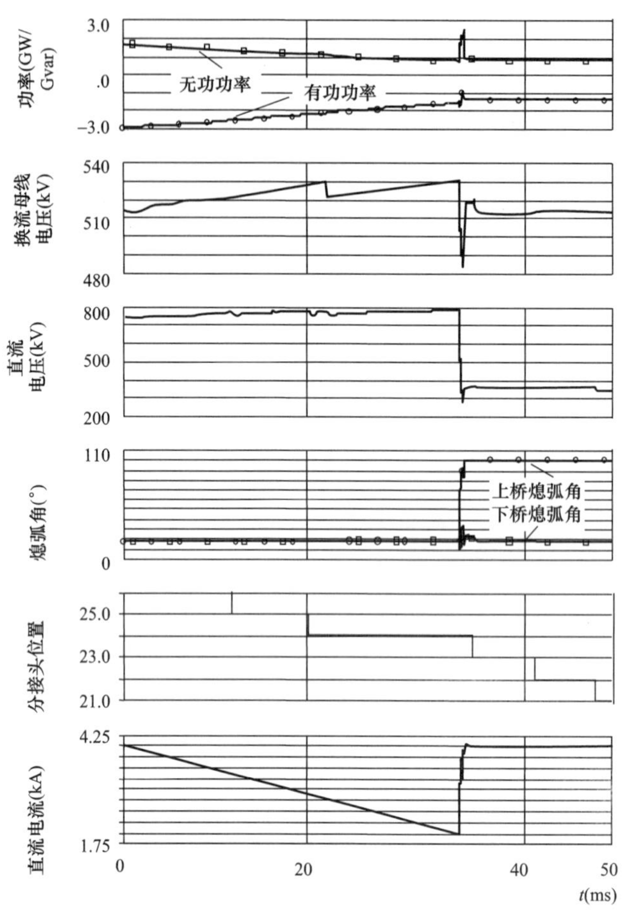

图16 逆变侧退出单12脉动换流器时波形（策略二）

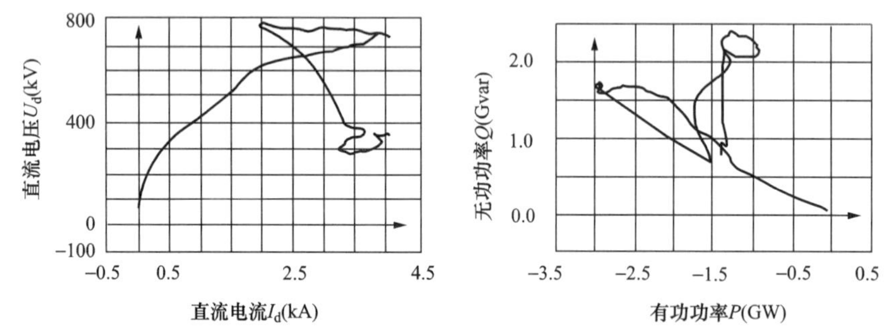

图17 逆变侧退出单12脉动换流器时 U_d–I_d，P–Q 曲线（策略二）

4 结论

本文结合特高压主接线结构，针对单12脉动阀组的投入和退出分别提出了两种策略，仿真分析表明，本文所提出的策略都可平稳地完成单12脉动换流器的投入和退出；对单12脉动换流器在投退过程中对系统的无功冲击情况也进行了分析，结果表明无论采用哪一种策略，在投退过程中交流系统都会受到无功冲击，区别在于不同的策略对交流系统无功冲击的持续时间不同。越快速地完成单12脉动换流器的投退，即换流器大角度运行的持续时间越短，对系统的无功冲击持续时间越短。考虑到在正常投入或退出单 12 脉动换流器的过程中，直流功率必须按照一定的速率平缓上升或下降，而不是阶跃式的变化，因此建议在设计单 12 脉动阀组的投入或退出策略时需要结合对电流和电压的共同调节来满足功率的平稳调节以便尽可能减小该过程中对送、受端交流系统的无功冲击。

第 16 节　特高压直流控制策略实时数字仿真（RTDS）研究

实时数字仿真器（RTDS）对于研究高压直流输电及特高压直流输电的相关问题具有重要的作用。由 RTDS 与外部控制保护系统构成的 HVDC 及 UHVDC 闭环系统，用于相关问题研究时可以更加真实、形象地反应直流输电系统的动态过程。

本节内容主要包括在 RTDS 仿真平台上，通过理论分析及实验研究，所取得的两项重要研究成果：特高压直流系统的稳态控制特性与特高压换流单元的投退策略。

1　特高压直流系统的稳态控制特性

在常规高压直流输电系统的正常控制方式中，整流侧用来控制直流功率的大小，即根据直流功率的要求计算出直流电流指令 I_o，进而确定其点火角α的大小；在逆变侧，通常可有几种控制模式与整流侧的电流控制相配合，以达到稳定的直流功率控制性能，这些控制模式包括定熄弧角γ控制、定直流电压 U_d 控制以及点火角或熄弧角的限制等。整流侧和逆变侧的控制模式共同组成高压直流输电系统基本的闭环控制特性。

与常规高压直流输电换流器结构不同的是，特高压直流工程采用多个基本 12 脉动换流器的串、并联以达到增大直流输送功率的目的。特高压直流工程的这个特点使得其运行方式更加多样化，但无论如何，其基本控制策略仍可归结为定直流电流控制、定熄弧角控制、定直流电压控制以及点火角或熄弧角的限制等。

本研究对比分析了高压直流输电控制系统宏观表现形式的伏安（U_d–I_d）特性对系统稳定性的影响，继而针对特高压直流工程控制系统存在的部分问题进行了论述，并提出特高压直流输电控制系统的若干解决方案。本研究方案已经 RTDS 和外部控制保护柜组成的闭环控制系统验证。

1.1　高压直流输电系统的伏安特性

直流系统的整流侧、逆变侧的伏安特性曲线有以下几种，不同的特性曲线对系统的稳定性有很大影响：

（1）整流侧定电流控制和最小点火角限制、逆变侧定熄弧角控制。当整流侧或逆变侧任意一侧的交流系统电压扰动时，会瞬间导致直流电压变动，进而引起直流电流变动，此时逆变侧的定γ控制会起到负阻尼作用，对系统稳定不利。

（2）整流侧定电流控制和最小点火角限制、逆变侧定电压控制。在直流电压、直流电流扰动期间，逆变侧力图保持直流电压不变，而整流侧电流调节器只需克服直流电流的扰动，与第一种特性相比要相对稳定。

（3）整流侧定电流控制和最小点火角限制、逆变侧实施动态定触发跃前角β控制，如图 1 和图 2 所示，图中，γ_0为稳态工作点的熄弧角设计值，γ_{min}为最小熄弧角。

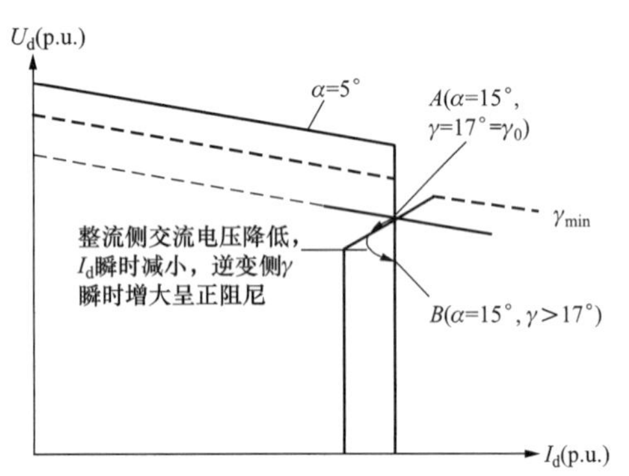

图 1　当整流侧电压降低、稳态工作点由点 A 移至点 B 时的伏安特性曲线

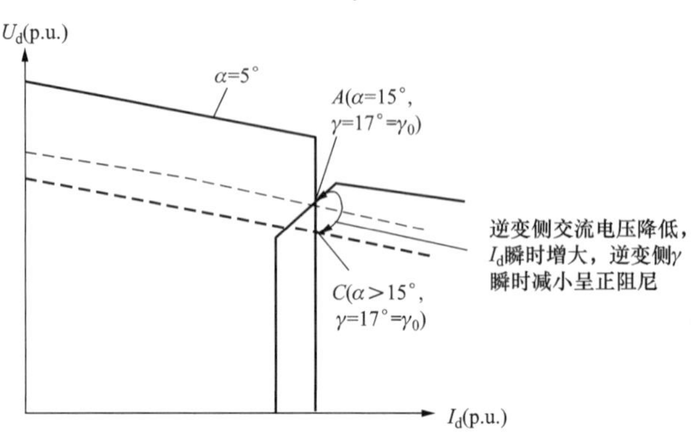

图 2　当逆变侧电压降低、稳态工作点由点 A 移至点 C 时的伏安特性曲线

在直流电流扰动期间，叠弧角μ随之变化。如逆变侧采用动态定β角控制，则γ角随直流电流增大而减小，致使逆变侧直流电压增大，对扰动中直流电流的增大起到正阻尼的作用；反之亦然。

在常规直流输电工程中，上述 3 种特性均有应用实例。在实际运行中，逆变侧的任何调节结果均影响逆变侧的直流电压值，整流侧的调节主要针对直流电流，并与逆变侧的直流电压变化协调，以保持直流电流恒定或将其变化减至最小、恢复最快。出于稳定性能的优化，通常采用上述第三种特性作为整流、逆变调节器的调节配合特性。

1.2　特高压直流系统的控制特性

按照直流输电相关国际标准对控制系统结构分层的观点，上述闭环控制的功能基本归属于极控制，而换流器控制主要包含向换流器发出点火脉冲的开环控制环节。一个以 30° 间距发出等距点火脉冲的换流器控制可直接用于一个 12 脉动换流器的 12 个换流桥臂。因此，对于以一个 12 脉动换流器为一极换流器的常规直流系统，换流器控制通常并入极控制系统中。在这种系统中，整流、逆变两端的调节特性极易配合。在主回路参数设计中，已确定了两端直流系统的各相关参数的匹配，达到稳态工作点即工作在额定直流电流、且整流侧直流电压为额定直流电压。在任何暂态或动态过程中，整流侧每极的直流电流调节器将根据直接感受的对侧直流电压的变化进行定电流控制。

在目前研究的由双 12 脉动换流器串连组成一个极的特高压直流结构（如图 3 所示）中，如果依旧使用以 30°间距发出等距点火脉冲的换流器控制，其直流控制必须在常规直流控制的分层结构的基础上增加一个最底层的换流器控制层，它包括分别对应每一 12 脉动换流器的两个换流器控制，每个换流器控制必须基于本 12 脉动换流器的换流母线电压作为点火脉冲的同步电压。此时，整流侧每一 12 脉动换流器并不能感应到对侧任何一个 12 脉动换流器的工作电压。

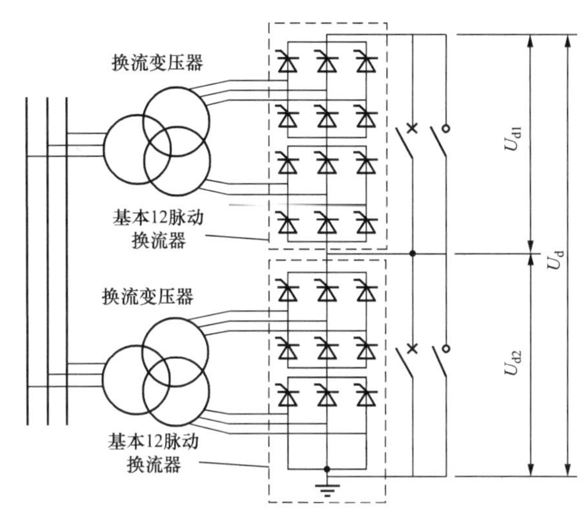

图 3　特高压换流器基本结构

仿真试验表明，基于这种系统结构，有必要重新考虑控制系统的分层结构及其控制功能分布，并对控制策略进行修改和优化。以整流侧定电流控制为例，如果在上下两个 12 脉动换流器（简称高压换流器单元和低压换流器单元）之间，定电流控制指令值或电流测量值发生极小的偏差，均会造成两个换流单元工作的发散工况。试验中，当高压换流器单元测量的直流电流值高于实际电流值约 0.001p.u.时，两个 12 脉动换流器形成发散的工况如表 1 所示。由于高压换流器单元力图将直流电流降低，造成其点火角增大；而低压换流器单元虽然能正确测量直流电流，但由于直流电流一直在减小，会力图增加直流电流直至工作到最小点火角 5°。如果换流变压器分接头参与点火角的控制，则两个分接头的位置将分别增大和减小至非正常的极限位置，进一步恶化了两换流器所承受电压的不对称性。如果不改变原有的控制策略，虽然直流极的电压（即两个 12 脉动换流器直流电压之和）工作于额定值，但高、低压换流器单元将工作于严重不对称的异常工况。

表 1　　　　不同试验条件下的稳态工况

项　　目	理想情况	高压换流器测量电流存在 0.001p.u.的误差	本部分控制策略
极线电压（p.u.）	1.000	1.000	1.005
高压换流器电压（p.u.）	1.000	0.959	1.006
低压换流器电压（p.u.）	1.000	1.041	1.004
直流电流（p.u.）	1.000	1.000	1.000
高压换流器α（°）	14.2	20.1	13.6
低压换流器α（°）	14.2	5.0	13.1

为克服这种现象，可采用多种策略：

（1）一种理论上的措施是使高、低压两个换流器单元所需的直流电流指令值和实际直流电流测量值均完全一致。直流电流指令值只要统一由极控系统发出即可保证完全一致，不存在实现的难度；而对于直流电流测量值是否可以完全一致的问题，一个方法是直流电流的测量值也统一由极控系统发出，这样可避免直流电流测量装置及其传输路径、模/数转换等环节带来的误差，并可防止上述的发散至极限的异常工况。但实际工程中，由于控制系统必须避免换流器在稳态、动态和暂态下的过应力状态，因此在直流电流控制和直流保护中，通常对换流变压器阀侧电流、换流器高压侧直流电流、中性母线电流、直流极线电流等进行比较，选取系统最安全的一个作为控制判据。例如，三常直流工程的直流电流控制环节中，比较 Yy 和 Yd 接线换流变压器阀侧电流和中性母线直流电流，选取其中较大值作为控制的依据以确保安全。因此，将直流电流的测量值也统一由极控系统发出是不现实的。

（2）可采用的另一种方案是在采取补偿环节消除直流电流测量误差的基础上实施进一步的控制。采取补偿环节要注意的是，既要考虑控制的精度，又确实能对误差覆盖和补偿。试验表明，要使直流电流达到满意的稳态运行，补偿环节还必须要防止误差的累积变动。对于不同的特高压直流工程，还必须根据实际情况对补偿环节的参数进行仔细调试。

如果高、低压换流器单元的直流电流指令值和测量值完全一致，对于采用相同形式和参数的电流控制环节，可认为其控制系统将发出相同的点火角指令。但每一组 12 脉动换流器回路的各种参数，如无控整流电压 U_{dio}、相对感性压降 d_x、α 等，均会存在着固有的差别，这些差别即使在设计允许的范围之内，也将造成两个 12 脉动换流器两端直流电压的不等。以三常直流工程为例，换流回路 d_x 的设计允许制造公差可达设计值的±5%；α 角的测量误差可达±0.5°；U_{dio} 的计算控制误差可达额定值的 1%。试验表明，如果考虑 d_x、U_{dio} 存在最严重的误差时，高、低压两换流器承受的直流电压可分别为 1.017p.u.和 0.983p.u.。如果再进一步考虑α 角的最大固有误差，高、低压两换流器承受的直流电压可分别为 1.020p.u.和 0.980p.u.。按照工程功能规范的一般要求，直流电流的控制精度为±0.5%、直流功率的控制精度为±1%，这意味着直流电压的实际运行精度误差不能大于 1.5%，并希望这个精度误差应均匀分布在两个换流器单元。仿真试验结果也表明，消除两个换流器单元控制层直流电流指令或测量值的差别，可避免两个换流器单元工作出现发散至异常极限的工况，但仍然不能解决可能出现的两个换流器单元承受电压不平衡且超出要求精度的现象。

为此，在整流侧各换流器控制层的上述控制环节基础上增加一个直流电压调节环节。该控制策略，既要限制稳态时两个换流器单元的直流电压不平衡允许范围，保证直流电压的精度以满足直流功率的控制精度要求，又要准确区分是稳态工况的小扰动，还是交流系统扰动引起的直流系统参数的变化，以使该环节不影响动态时两个换流器单元正确进入低压限流工况，或正确进入逆变侧实施电流控制并进行电流裕度补偿等。试验表明，在两个换流器控制使用有差异的直流电流指令或测量值时，该控制策略仍能使直流系统达到稳态工况，试验结果见表 1。图 4～图 6 为该控制策略下的典型动态和暂态响应特性，图中 U_{d1}、U_{d2} 分别为高、低压换流器承受的直流电压，U_a 为交流系统电压。由图可见，该控制策略具有良好的动态和暂态响应特性。

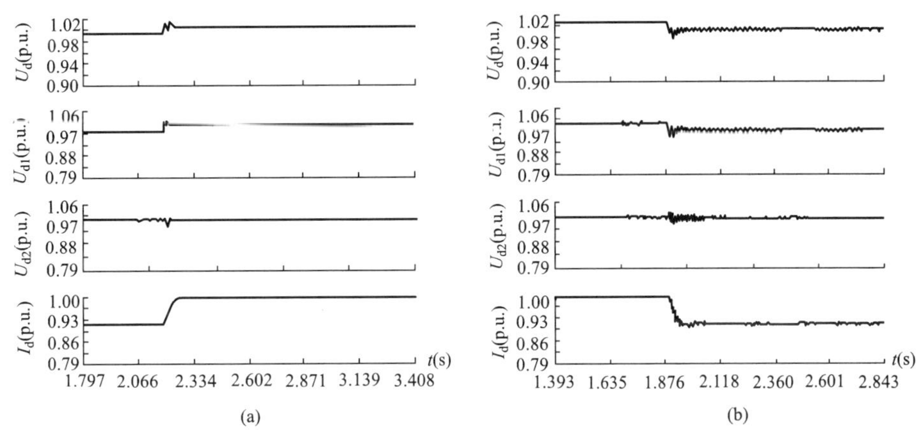

图 4　整流侧直流电流指令有±0.08p.u.阶跃时的响应特性

（a）+0.08p.u.阶跃；（b）−0.08p.u.阶跃

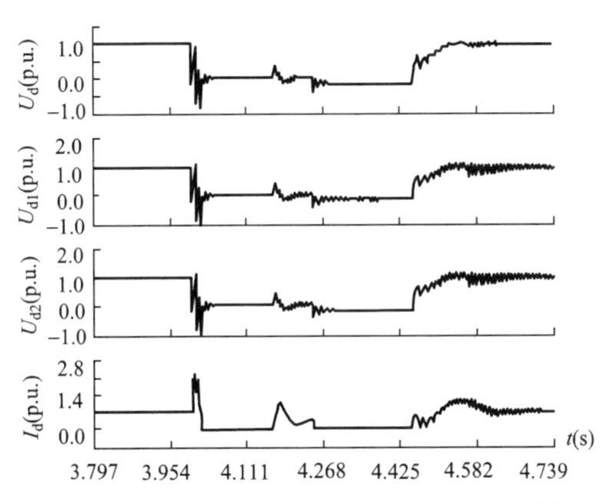

图 5　直流线路中点接地 250ms 时的响应特性

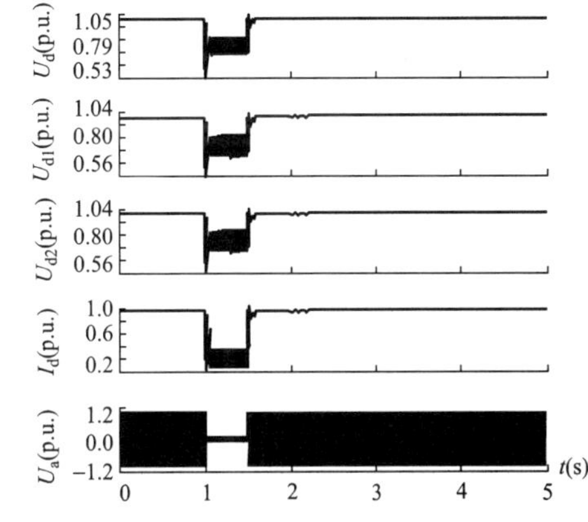

图 6　整流侧单相接地故障 500ms 时的响应特性

在所研究的特高压直流工程主回路结构中，由于每个 12 脉动换流器对应于各自的 Yy、Yd 换流变压器，因此，换流变压器分接头的控制应位于换流器控制层。点火角在影响直流电流的同时也与分接头位置共同决定换流器的电压，为避免分接头动作过于频繁，在换流设备成套设计允许的情况下，还通常采用分接头与点火角配合的控制策略。因此，点火角指令的产生以及点火脉冲的产生，也应相应置于换流器控制层中。即对于基本控制环节而言，换流器控制层既应包括经锁相处理的点火脉冲发生器的开环控制部分，还应包括产生点火脉冲指令值的各个环节，如定电流调节器里的快速放大、线性放大、触发脉冲不等距补偿以及相应的积分环节等。但必须要求发至高、低压换流器单元的直流电流指令一致，包括稳态调节以及低压限流等动态控制环节。

1.3 结论

基于 30° 等间距点火脉冲换流器的特高压直流输电工程，其控制分层和功能分布以及控制策略等必须在常规直流控制的基础上修改、优化，以确保系统的正常稳定运行。

特高压直流输电工程的控制仍应采取尽量下放的原则，并应尽量保证换流器控制层的独立性，减少每极中两个换流器控制层之间的相互联系。

两个换流单元的一次、二次回路参数必然存在差异，应根据各自回路的参数状况，加入适当的直流电流误差补偿环节和电压调节环节以得到符合精度要求的点火角，并能将两个 12 脉动换流器两端的电压限制在要求的平衡范围内。特高压直流极的稳态、动态定电流控制指令应设置在极控制中。分接头控制和点火角指令及点火角脉冲的产生应位于换流器控制层。

2 特高压换流单元的投退策略

在特高压直流输电工程中，一般采用两个 12 脉动换流单元串联的方式组成一个极的换流器，这种结构形式同时使得整个换流系统具有很大的灵活性，两端换流站既可以按照每极双换流单元接线方式运行，又可以形成两端每极单换流单元不同组合的运行方式。因此，在 UHVDC 工程中，单换流单元的自动投、退控制成为重要的控制环节之一。

换流单元的投退控制策略不仅取决于一次设备性能的限制，也取决于整个直流控制保护功能的分层结构，以及人们不同的设计理念，但其目标均是在投退过程中安全、扰动小、响应特性良好。

本节内容主要研究下述动态过程中的控制策略，即当 UHVDC 换流站一极中单换流单元运行时在线投入另一个换流单元，或当一极中双换流单元运行时在线退出其中一个单换流单元。

2.1 UHVDC 换流单元的解锁方式

在直流回路中串入换流单元时，在不停止与其串联的另一换流单元运行的情况下，必须对换流单元解锁和与换流单元并联的旁路开关间的协调控制完成。以图 7 所示的 UHVDC 换流系统为例，其状态为仅有低压换流单元处于运行时的直流电流回路示意。当高压换流单元要串入电流回路时，其控制的关键是高压换流单元解锁命令与断开旁路开关 Q1 分闸指令互相配合，以使旁路开关具备最小扰动下的断开条件，使高压换流单元成为直流电流的唯一通路。

旁路开关采用常规交流开关型式，因此它必须借助电流过零点才能够断开。图 8 所示为高压换流单元已解锁，旁路开关闭合时的阀组电流 I_{d1}、旁路开关电流 I_{d2}、直流极线电流 I_d 的示意图。从节点 A 处看，其电流关系为

$$I_d = I_{d1} + I_{d2} \tag{1}$$

因此，换流单元解锁后，只要 I_{d1} 与 I_d 相等，则旁路开关电流必为零，旁路开关可以完成分闸操作。

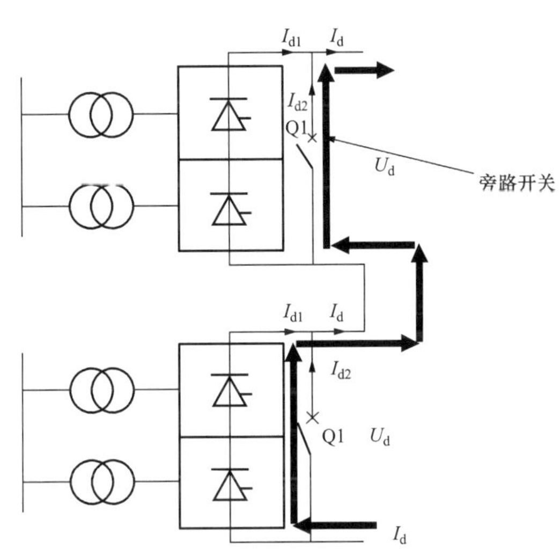

图 7　低压换流单元运行，高压换流单元解锁前的直流电流回路示意

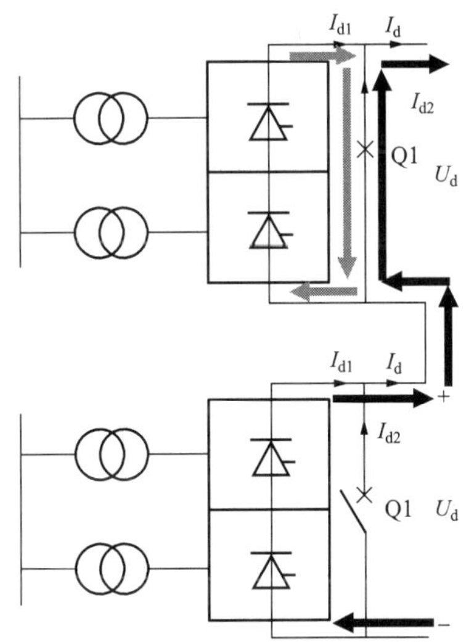

图 8　高压换流单元已解锁、旁路开关尚未断开的直流电流回路示意

换流单元的解锁方式一般有两种，即零功率解锁，以及暂称的小角度解锁。

2.1.1　零功率解锁

换流单元以 90° 触发角解锁，此时由于其并联开关处于闭合状态，换流单元的出口为短路，微小地、逐渐地减小触发角，可使换流器的电流逐渐增大，形成该换流单元的零功率运行状态。这种状态下，从低压换流单元正常工作的直流电流 I_{d2}，从高压换流单元零功率运行的直流电流 I_{d1} 均流过并联旁路开关，但方向相反。当 $I_{d2}=I_{d1}$ 时，流过旁路开关电流为 0，这时就执行旁路开关分闸操作。

使旁路开关电流为 0 的换流单元触发角推导如下：

换流单元两端的直流电压

$$U_d = U_{dio}\cos\alpha - d_x \frac{U_{dioN}}{I_{dN}} I_d \tag{2}$$

$$d_x = \frac{3}{\pi}\frac{I_{dN}}{U_{dioN}} X$$

式中　I_{dN}——额定直流电流；

U_{dioN}——额定空载直流电压；

X——换相电抗。

零功率运行状态下，$U_d=0$，当 $U_{dio}=U_{dioN}$，$I_d=I_{dN}$ 时

$$\cos\alpha = d_x$$

按通常取值，d_x 约为 0.06～0.08，则得

$$\alpha = 85.4^\circ \sim 86.6^\circ$$

仿真实验发现，当 $d_x=0.08$ 时使得旁路开关电流为零的触发角实测值为 84.2°。实测值比理论计算值略小，这是因为理论计算值忽略了换相压降中的阻性部分 d_r 以及换流阀的正向导通压降。

其操作过程分为：换流单元 90°解锁；减小触发角直至 $I_{d2}=I_{d1}$ 或两者接近；旁路开关分闸操作；旁路开关分闸后高、低压换流单元的控制。在本节选取的控制系统参数下的实验结果为：从解锁至旁路开关断开约需 300ms 左右；新投入的换流器工作在大角度（约 85°）的时间约为 400ms，此期间换流器所需无功增加至约 0.9p.u.；在高压换流单元解锁过程中，直流极电流以及原已投入换流单元的直流电压和触发角未见扰动；当旁路开关断开后，新投入的换流器视对站投入新换流单元已结束后，逐渐升高直流电压，直至达到稳定状态。

2.1.2 小触发角解锁方式

在这种解锁方式下，旁路开关的操动机构预先执行分闸操作，然后换流单元以某一固定的、小于 90°的触发角解锁，解锁的角度应使该换流器瞬时产生很大的电流，即与已运行的另一换流单元的直流电流基本相等，以使其旁路开关中的电流在瞬间由原值变为零。如果旁路开关的分闸指令和换流单元的解锁指令时序配合得当，则旁路开关可在其电流过零点时被断弧。常规交流开关一旦起动分闸指令，其分闸时间（机械操作时间）约 60ms 左右、熄弧时间约 40ms 左右，因此，换流单元应在开关分闸操作结束的前后解锁，并保持小角度直至开关的开断完成时结束；过早解锁，或保持小角度时间过长，均会引起直流电流的很大扰动。这是小角度解锁中控制的关键点之一。如果配合不当，旁路开关将重合，此时该换流单元将在出口短路的状态下一直流过大电流。

此种解锁方式下，触发角的确定原则是，首先它要比旁路开关电流为 0 的理论计算值（约 85°）略小，否则旁路开关电流不能迅速出现过零点。由式（1）知，在阀组电流由 0 瞬时上升至达到甚至超过极线电流的过程中，旁路开关电流将减小至过零甚至反向；触发角也不能过小，因为它会使阀组及旁路开关遭受很大冲击，尤其是旁路开关在电流过零点未断开时后果将更为严重。其次，一旦旁路开关断开后，直流回路串入了新的换流单元，这相当于串入了一个电动势。以整流侧为例，在原有一组换流单元正常运行的条件下，为了保持直流电流的稳定，此电动势的串入必然使得原有换流单元损失相应大小的直流电压。目前，允许的换流单元最小直流电压约为 0.7p.u.，

因此所串入的换流单元解锁后其直流电压的上限值为 0.3p.u.，可据此计算允许的最小触发角：

由式（2）得

$$0.3U_{\mathrm{dN}} = 0.3\left(U_{\mathrm{dioN}}\cos\alpha_{\mathrm{N}} - d_x \frac{U_{\mathrm{dioN}}}{I_{\mathrm{dN}}} I_{\mathrm{d}}\right) \tag{3}$$

联立式（2）、式（3），并取 $I_{\mathrm{d}} = I_{\mathrm{dN}}$，得

$$\cos\alpha = 0.3\cos\alpha_{\mathrm{N}} + 0.7d_{\mathrm{x}}$$

取　$\alpha_{\mathrm{N}} = 15°$，$d_{\mathrm{x}} = 0.08$，得

$$\alpha = 69.8°$$

因此，特高压直流中，极中一个换流单元正常运行时，如果另一个换流单元采用小角度解锁方式投入，则其解锁的触发角度α值不应小于 70°。

其操作过程分为：先发出旁路开关分闸指令；约 60ms 左右解锁换流单元，解锁的触发角 70°<α<85°；一旦解锁且旁路开关断开（实验中时间相隔 15ms）后，新投入换流器立即在直流回路中串入一直流电压，致使极的直流电压升高，直流电流也随之伴有相应的扰动，此期间，原已投入的换流单元则力图保持直流系统的稳定，如在整流侧，则要增加其触发角以降低整流侧直流电压，如在逆变侧则要加大熄弧角以降低逆变侧直流电压，这个扰动过程中，换流站的无功需求也达到约 0.9p.u.，这个扰动过程的长短需取决于后续的控制调节策略的配合。

综上所述，比较两种解锁方式的实验结果可以看出，零功率解锁方式更趋于安全可靠，但由于要通过控制使旁路开关电流保持为 0 一段时间，解锁所需的时间较长，且触发角一直维持于接近 90°，因此换流单元的工作条件较为恶劣。与零功率解锁方式不同，小触发角解锁方式的解锁过程较短，换流单元的工作条件相对较好，但这种方式对直流系统，包括原已运行的换流单元扰动较大；同时，它要求旁路开关在动作过程中要能准确捕捉电流过零点，对旁路开关的动作时刻与换流单元解锁的配合时序要求苛刻，且一旦旁路开关分闸失败，则阀组很高的直流电压将被旁路开关短路，必然引起换流单元与旁路开关回路中电流的急剧增高，对换流单元形成很大的冲击，且只能依赖保护动作闭锁。无论理论计算还是实验结果，都证明解锁角度为 90°，或者为 70°～85°之间，对无功的影响没有大的区别。

图 9 为两种解锁方式的实验波形比较。

2.2　整流侧与逆变侧的解锁顺序

在极为单换流单元运行的情况下，欲投入整流侧和逆变侧的另一对换流单元，则整流侧与逆变侧换流单元不同的投入顺序将对系统有不同的影响。分析中仍假设直流系统的总体控制策略为整流侧采用定电流、逆变侧采用定电压或定熄弧角的控制方式。

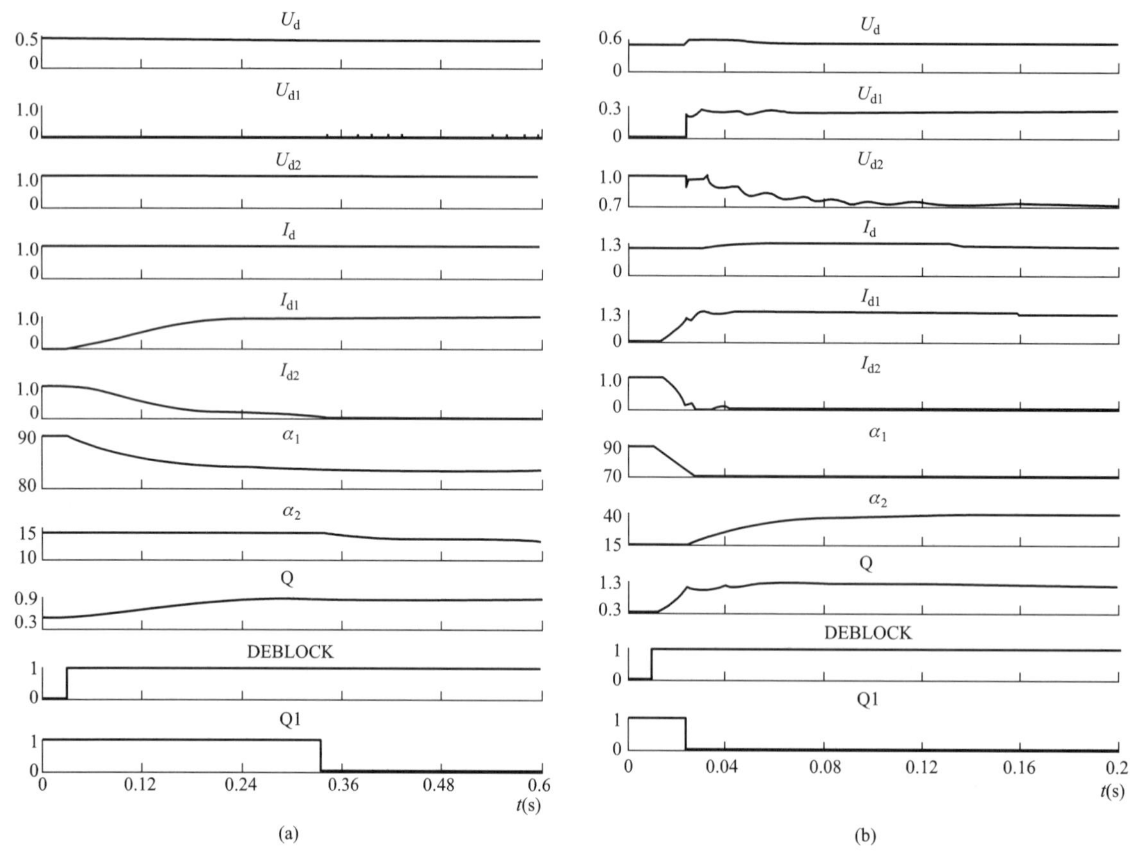

图 9 为零功率解锁方式与小触发角解锁方式的波形比较

（a）零功率解锁方式；（b）小触发角解锁方式

如果逆变侧新投入的换流单元先解锁，投入后该换流单元将串入直流系统中。为了减少对全系统的影响，应选择适当的解锁角度不使串入的电动势过大（否则将致使极的直流电流产生大的下降扰动，甚至使直流系统失去稳定工作点），并且保持这个电压直至整流侧解锁；串入后引起的直流系统扰动将由已运行换流单元的电流调节器作用使之趋于稳定。然后解锁整流侧的换流单元，使之串入直流回路中。此后，随着逆变侧电压指令的升高，整流侧电流调节器跟踪逆变侧电压，直流系统逐步进入新的稳定工作状态。

如果整流侧 12 脉动换流单元先解锁，投入后该换流单元将串入直流系统中。为了减少对全系统的影响，应选择适当的解锁角度不使串入的电动势过大（否则将致使极的直流电流产生大的上升扰动，90° 解锁基本可避免这个扰动），并且保持这个电压直至逆变侧解锁；换流单元串入后如果引起直流系统扰动，将在已运行换流单元的电流调节器作用下趋于稳定。然后解锁逆变侧的换流单元，使之串入直流回路中。此后，随着逆变侧电压指令的升高，整流侧电流调节器跟踪逆变侧电压，直流系统逐步进入新的稳定的工作状态。

从实验结果和以上分析可以认为，特高压直流工程中，极为单换流单元稳态运行中要在线投入另一对换流单元，无论是整流侧先解锁还是逆变侧先解锁，都可以使系统平稳地达到稳态工作点。

设相串联的 12 脉动换流单元采用独立的电流调节器（或电压调节器、熄弧角调节器）及分接头控制，并综合前述分析，本部分认为如下的 UHVDC 换流单元的投入策略更为安全：

（1）采用零功率解锁方式。

（2）整流侧先解锁，逆变侧后解锁。

（3）逆变侧解锁完成后进入电压控制。

（4）为了避免对交流系统大的功率冲击，直流系统实行定功率控制，且功率指令值为解锁前的极功率整定值。这样，随着逆变侧解锁单元电压指令的逐步升高，整流侧新投入换流电压逐步升高的同时，电流指令值将减小。

图 10 为高压换流单元投入的波形图，由图可以看出，整个投入过程在 2s 内完成，这样暂态冲击不会导致换流变压器分接头动作及无功补偿设备的投切。整个过程中，相串联换流单元的总无功消耗最大值约 0.8p.u.，持续时间小于 1s。解锁结束后系统的无功消耗与解锁前相当，但整流侧两个换流单元处于不平衡运行状态，这可通过文献的方法进行补偿。

2.3　UHVDC 换流单元的退出策略

极为双换流单元运行时，要在线退出一个单换流单元，需要使该换流单元的端电压接近零，以使其并联的旁路开关具备合闸的条件，一旦合闸后，即可闭锁该换流单元。换流单元本身的控制不难，只要增大触发角α或熄弧角γ，就可降低其端电压。关键在于两端换流站间的换流单元退出过程的配合。

实验表明，比较理想的方案是，首先在逆变侧将要退出的换流单元进入退出控制程序，并降低其端电压，而另一换流单元仍处于正常运行控制，即保持端电压不变。在整流侧，两换流单元的电流调节器均有效，在其作用下直流电流保持不变，即整流侧也要相应降低极的直流电压。整流侧另一可选的方案是要退出的换流单元也同时进入退出控制，并跟随逆变侧电压增大触发角，但这一方案的缺点是整流侧只有一个换流单元为电流控制，而另一换流单元实质性的电压控制也要斟酌考虑，以确保安全。为避免退出一组换流单元引起的交流系统大的功率冲击，在换流单元退出过程中保持功率不变。图 11 为该过程的实验波形，由图可以看出整个过程不超过 1.5s，不致引起换流变压器分接头动作及无功补偿设备的投切。

在上述换流单元投入、退出的策略中，整流侧的两换流单元尽可能处于电流控制，这样可以使系统具有最大程度的可控性与安全性。定功率的控制方式使对交流系统的功率冲击最小，但也可视交流系统的强弱能力，适当增加投入换流单元或减小退出换流单元时的功率定值。另外，根据实际系统的不同，只要保证换流单元投入、退出所需时间小于分接头动作时间及无功补偿设备投切时间，可以进一步优化控制系统参数，以得到更好的系统响应特性。

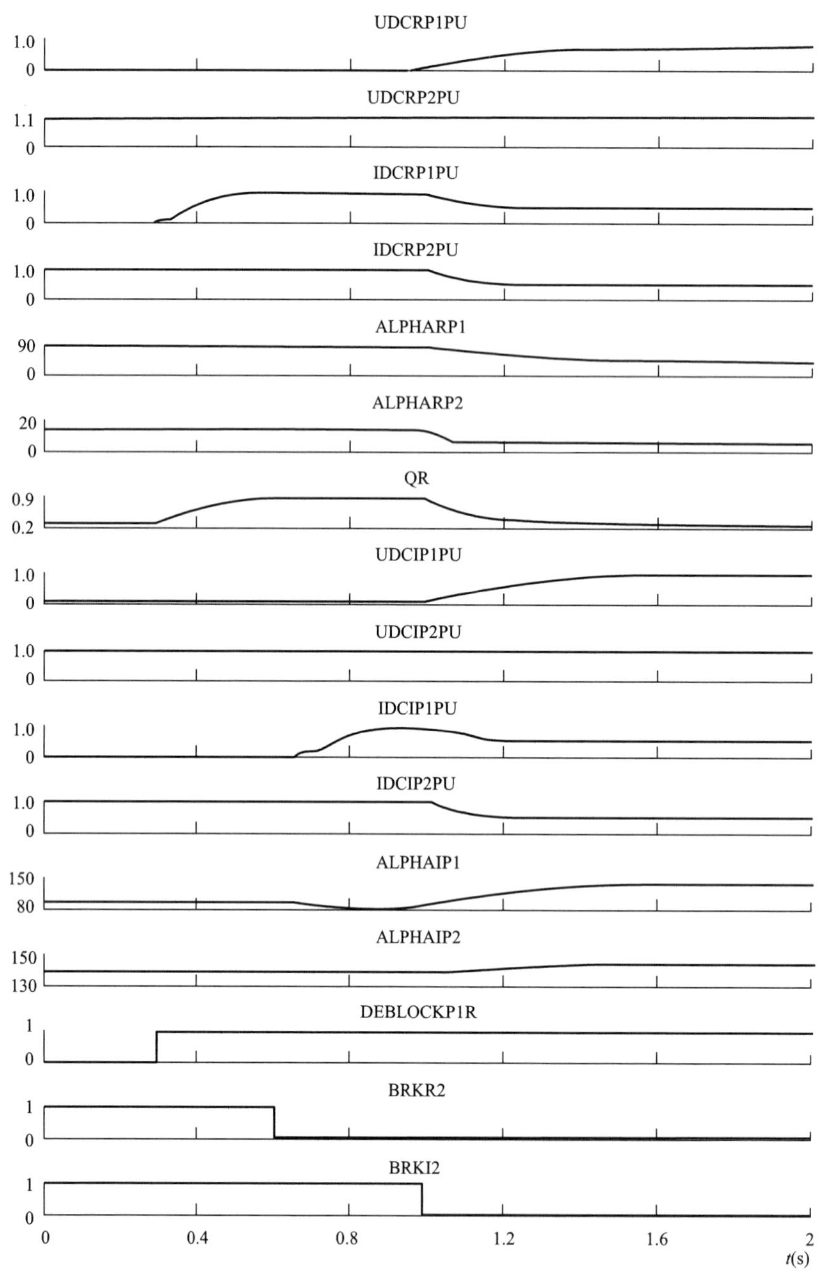

图 10 高压换流单元的投入

UDCRP1PU、IDCRP1PU、ALPHARP1—整流侧高压换流单元直流电压、直流电流与触发角；UDCRP2PU、IDCRP2PU、ALPHARP2—整流侧低压换流单元直流电压、直流电流与触发角；QR、QR—整流侧、逆变侧换流单元消耗的无功；UDCIP1PU、IDCIP1PU、ALPHAIP1—逆变侧高压换流单元直流电压、直流电流与触发角；UDCIP2PU、IDCIP2PU、ALPHAIP2—逆变侧低压换流单元直流电压、直流电流与触发角；DEBLOCKP1R—整流侧高压换流单元解锁指令；BRKR2、BRKI2—整流侧、逆变侧高压换流单元旁路开关状态

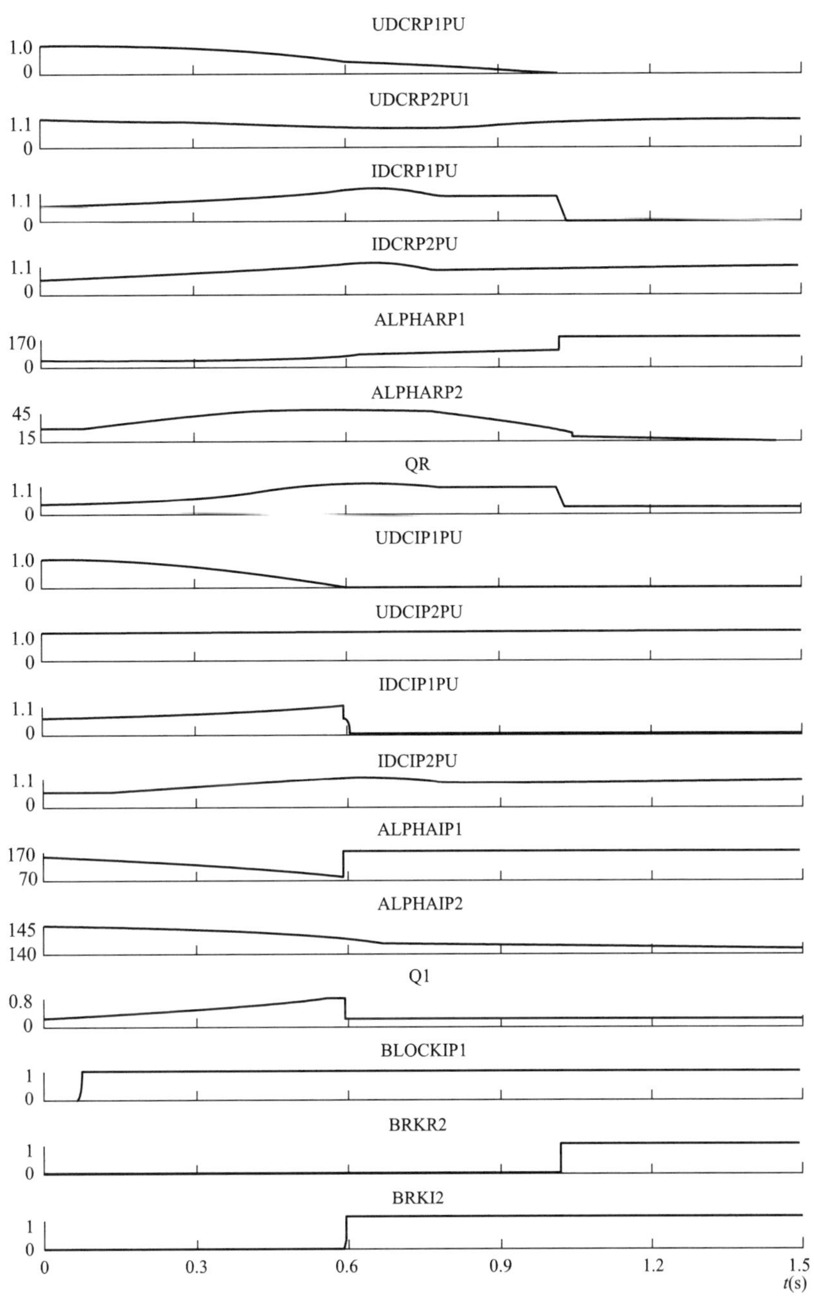

图 11　高压换流单元退出的波形图

BLOCKIP1—逆变侧高压换流单元解锁指令；其他符号意义同图 10

3　结论

在线投入一组换流单元，无论零功率解锁方式，或小触发角解锁方式均是可行的。

研究同时确认了零功率解锁方式与小触发角解锁方式下触发角的理论值，即零功率解锁方式下，触发角约为 85°；小角度触发角解锁时，触发角的下限极限值为 70°。

当需在线投入一组换流单元时，只要配合得当，整流侧先解锁、逆变侧后解锁和逆变侧先解锁、整流侧后解锁两种方式均可实现目标。

从更为安全可靠、并且不会给交直流系统带来严重扰动等综合因素考虑，特高压直流工程中，在线投入一组换流单元时可采用零功率解锁方式、整流侧先解锁。在线退出一组换流单元时，逆变侧先进行退出控制，使该换流单元形成零功率闭锁过程。

基于 30° 等间距点火脉冲换流器的特高压直流输电工程，其控制分层和功能分布以及控制策略等必须在常规直流控制的基础上修改、优化，以确保系统的正常稳定运行；每极中单换流单元在线投、退的过程不同于特高压直流系统正常稳态运行过程，需特殊设计完善的投、退控制策略和保护功能，这也是特高压直流控制保护的重要特点之一。

本研究基于 RTDS 对特高压直流稳态运行、单换流器在线投/退两个重要的控制特点进行了实时数字仿真试验研究和基本理论分析。在此基础上，我们将对特高压直流系统的故障特性及其对保护配置的要求进行深入的研究。

第 17 节　直流系统可靠性指标和提高可靠性措施的研究

向家坝—上海±800kV 直流输电系统是目前世界上电压等级最高的直流输电系统，直流输电容量 6400MW，接线型式为每极两个 12 脉动换流器串联，此直流输电系统将西南地区的电送往电力紧缺的华东地区，为缓解华东地区用电紧张局面起到关键作用，其直流输电工程的安全可靠运行，是直接关系到西南地区水电效益能否得到充分发挥的大事。其可靠性指标直接反映直流系统的系统设计、设备制造、工程建设以及运行等各个环节的水平，制定合理的可靠性指标，减小直流系统停运造成对整个电网的冲击，防止严重事故的发生是工程前期首先考虑的问题。本节通过对常规直流系统可靠性数据的分析以及基于马尔可夫原理通过可靠性软件的计算，提出了特高压直流工程的可靠性指标和改善特高压直流工程可靠性的具体措施。

1　常规直流系统的可靠性指标

对常规直流系统的可靠性指标和运行指标做了如下统计：

1.1　三常直流工程

三常直流输电工程可靠性指标：强迫能量不可用率（*FEU*）不大于 0.5%；计划能量不可用率（*SEU*）不大于 1%；单极强迫停运率不大于 6 次/年；双极强迫停运率不大于 0.1 次/年。三常直流工程运行指标如表 1 所示。2003、2004 年三常直流工程停运次数的统计分别如表 2、表 3 所示。

表 1　三常直流运行指标

序号	指 标 名 称	2003 年	2004 年
1	强迫能量不可用率（%）	3.53	0.92
2	计划能量不可用率（%）	0.89	6.224
3	双极非计划停运次数	0	0
4	单极非计划停运次数	10	7

表 2　2003 年三常直流工程停运次数的统计

<table>
<tr><td colspan="2">引起停运的部件分类</td><td>单极停运次数（次）</td><td>双极停运次数（次）</td></tr>
<tr><td></td><td>交流及其辅助设备</td><td>5</td><td>1</td></tr>
<tr><td rowspan="5">换流站</td><td>换流器</td><td></td><td></td></tr>
<tr><td>控制及保护设备</td><td>7</td><td>1</td></tr>
<tr><td>直流一次设备</td><td></td><td></td></tr>
<tr><td>其他</td><td>6</td><td></td></tr>
<tr><td>小计</td><td>18</td><td>2</td></tr>
<tr><td colspan="2">直流线路</td><td>2</td><td></td></tr>
</table>

表 3　2004 年三常直流工程停运次数的统计

<table>
<tr><td colspan="2">引起停运的部件分类</td><td>单极停运次数（次）</td><td>双极停运次数（次）</td></tr>
<tr><td rowspan="6">换流站</td><td>交流及其辅助设备</td><td>4</td><td>1</td></tr>
<tr><td>换流器</td><td>1</td><td></td></tr>
<tr><td>控制及保护设备</td><td>5</td><td>1</td></tr>
<tr><td>直流一次设备</td><td></td><td></td></tr>
<tr><td>其他</td><td>3</td><td></td></tr>
<tr><td>小计</td><td>13</td><td>2</td></tr>
<tr><td colspan="2">直流线路</td><td>6</td><td></td></tr>
</table>

1.2　三广直流工程

三广直流输电工程可靠性指标：强迫能量不可用率（*FEU*）不大于 0.5%；计划能量不可用率（*SEU*）不大于 1%；单极强迫停运率不大于 5 次/年；双极强迫停运率不大于 0.1 次/年。三广直流工程运行指标如表 4 所示。2004 年三广直流工程停运次数的统计如表 5 所示。

表 4　三广直流运行指标

序号	指 标 名 称	2003 年
1	强迫能量不可用率（%）	2
2	计划能量不可用率（%）	1.396
3	双极非计划停运次数	1
4	单极非计划停运次数	6

表 5　　2004 年三广直流工程停运次数的统计

引起停运的部件分类		单极停运次数（次）	双极停运次数（次）
换流站	交流及其辅助设备	2	
	换流器		
	控制及保护设备	1	1
	直流一次设备	4	
	其他	5	
	小计	12	
直流线路		2	

1.3 三沪直流工程

三沪直流输电工程可靠性指标：强迫能量不可用率（*FEU*）不大于 0.5%；计划能量不可用率（*SEU*）不大于 1%；单极强迫停运率不大于 5 次/年；双极强迫停运率不大于 0.1 次/年。

系统实际运行中，由于各种因素的影响，致使系统实际运行的可靠性指标与预期指标有一定差距，随着技术的发展以及新产品的应用，这种差距越来越小，同时系统的可靠性也会随着运行实践经验的增长而得到提高。

从上面直流工程的可靠性指标中可以得出，由控制保护系统造成的系统停运几率较高，约 30%左右，由直流设备故障引起的故障也占了相当的比例，因此应该从降低直流设备和控制保护系统故障率方面来提高直流系统的可靠性。

2 特高压直流系统的可靠性

2.1 特高压可靠性模型

特高压直流输电系统与常规直流输电系统相比，单极部分含有 2 个串联的换流器，但是特高压的运行方式灵活，串联中的一个换流器停运不会导致同极中的另一个换流器的停运，因此这两个换流器在可靠性模型中相当于并联的关系，其可靠性模型如图 1 所示。

也可以用专门的可靠性软件 risk spectrum 来计算特高压直流输电系统的可靠性。特高压输电系统在软件中的模型如图 2 所示。

利用可靠性模型计算直流输电系统的可靠性指标，计算出的可靠性指标值与系统的设备故障率有关，设备不同的故障率计算得出的可靠性指标值是不相同的，较低的设备故障率计算得出较高的系统可靠性。因此从提高系统可靠性措施方面考虑，应尽量降低设备的故障率，在设备设计时，应该从提高系统可靠性方面优化设备的整体设计。

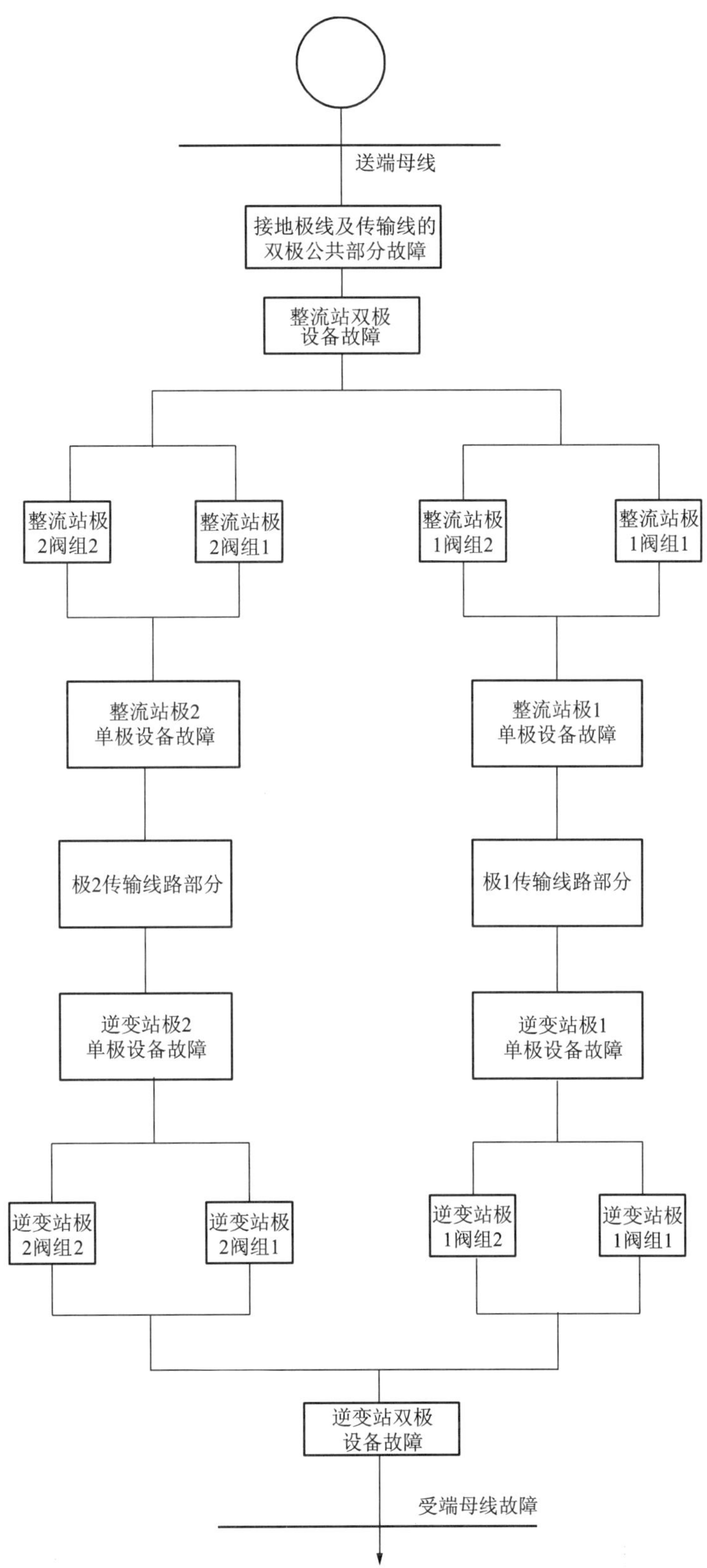

图 1　每极两个 12 脉动换流器串联的特高压输电系统的故障树模型

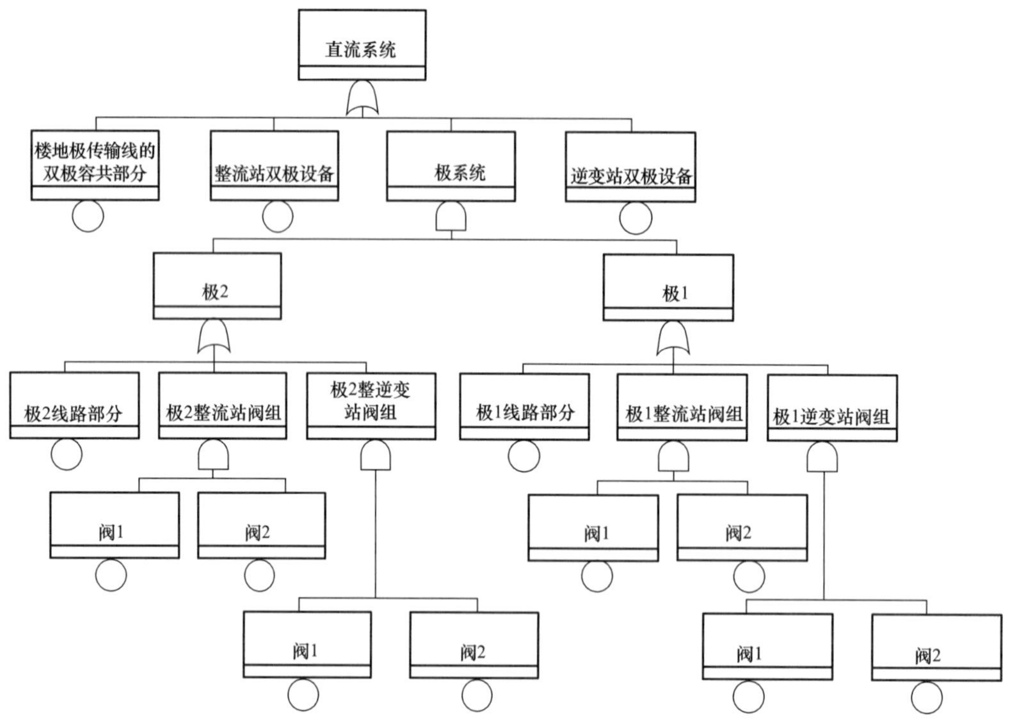

图2 特高压输电系统的可靠性模型

2.2 特高压直流输电系统的可靠性指标

±800kV 特高压直流系统与常规直流系统相比，其采取每极两个12脉动换流器串联的主回路接线方式，即使有一个换流器故障，也不会导致整个单极停运，因此特高压直流工程的单极停运率要比常规直流输电系统的单极停运率要低，同时双极故障停运率也会相对的少。同时由于单极和双极停运次数的减少，系统的强迫能量不可用率也会相应的减少，但是此特高压工程是大容量输电工程，相对常规直流工程来讲，系统的强迫能量不可用率应该和常规直流系统的强迫能量不可率相当，因此推荐特高压工程的可靠性与可用率值如下：强迫能量不可用率（*FEU*）不大于0.5%；计划能量不可用率（*SEU*）不大于1%；换流器强迫停运率不大于3次/年；单极强迫停运率不大于2次/年；双极强迫停运率不大于0.05次/年。

2.2.1 提高直流输电系统可靠性的措施

根据国家电网公司提出的建设坚强电网的要求，即使按设计故障率指标计算，单极故障每年每极为5次，全国在运高压直流输电工程一年就将有70～80次单极故障，甚至更多，这将给电网带来太频繁的冲击，因此必须采取措施提高直流输电的可靠性和可用率。具体方法有以下几种：

（1）降低元部件故障率。

1）合理的结构设计和深入的系统研究。特高压输电系统经过多方论证，采用两个12脉动串联的形式，这种接线方式较其他的接线方式具有较高的可靠性，对于一次设备，应优化其结构设计参数，同时要考验有关设备的设计风速和抗震性，对于二次系统采用模块化，分层分布式、开放式结构，对控制保护的拓扑结构进行优化以及对阀组控制层和站控层信息流进行优化、是保证元部件降低故障率的前提。同时二次系统的平台可采用实时操作系统，配置防火墙等有效的网络隔离装置，采取有效的防病毒侵入和扩散措施，硬件上采用高性能和低损耗的双核 CPU 和 DSP，软件上优化其时序。采用合理、安全的设备设计，进行带电试验，对于阀、变压器等主要设备，要充分考虑电压和电流两方面的要求，对模型产品进行带电试验，以进行考核和改进。做好监造和试验工作，并密切注意现场安装和试验工作。对系统条件、现场条件、功能要求、性能要求等方面进行深入研究，提出合理、安全的规范要求。在系统，主接线、主参数、设备额定值、无功补偿和平衡、交直流滤波、过电压和绝缘配合等方面进行深入研究，合理设计。

2）合理的维修周期。常规的直流输电系统由于一次设备和二次设备故障的原因，导致单极停运或双极跳闸，这是影响能量可用率提高的重要原因，与±500kV 高压直流输电系统相比，±800kV 特高压直流系统增加了较多的一次设备和二次设备，并且对于设备的绝缘水平也提出了更高的要求，因此制定合理的维修周期和故障维修不仅可以使故障率降低，而且可以延长元件正常工作的时间。

（2）二次系统整体结构的改进和措施。在运直流工程中由控制保护导致的系统强迫停运的几率高，三常、三广自投运以来，主机死机频繁，据统计 2005 年 1～11 月控制保护主机共发生死机 28 起，导致系统停运 2 起，最严重的是 2005 年 11 月 20 日，由于站用电控制保护主机死机，导致政平换流站双极闭锁，造成严重后果。此外板卡故障也是频繁发生，存在安全隐患。控制保护系统主要由以下几方面的原因导致单极跳闸或双极跳闸：① 保护的误动和拒动；② 通信故障或中断；③ 控制系统扰动和控制系统板卡故障；④ 控制参数设置的不合适；⑤ 站用电故障导致系统强迫停运；⑥ 主机异常故障、死机频繁导致的系统强迫停运。

因此从二次系统整体结构、硬件、极控制保护系统、运行人员控制系统等方面对防止死机和保护误动及拒动问题采取措施和改进。从控制和保护两方面考虑提高系统可靠性的措施如下：

1）控制。

（a）控制系统的双重化。控制系统的两套装置都处在运行状态，互为备用，其中一套装置为 ACTIVE 状态，另一套装置为 TEST 状态，当一套装置出现故障时（为 TEST 状态），应立即切换到另一装置（为 ACTIVE 状态），两套装置之间不仅可以自动切换，而且还能手动切换。

（b）控制参数的优化。控制系统大多采用的都是 PI 调节器，比例和积分系数直接影响到系统的响应性能，选择最优的比例和积分系数有利于系统的稳定性。

（c）控制系统的分层结构。如果单纯的从分层结构计算系统的可靠性，控制系统的分层越少，结构越简单，则系统的可靠性就越高。

整个直流系统站控和极控的配置方案的选择，保证降低单极停运率和双极停运率。

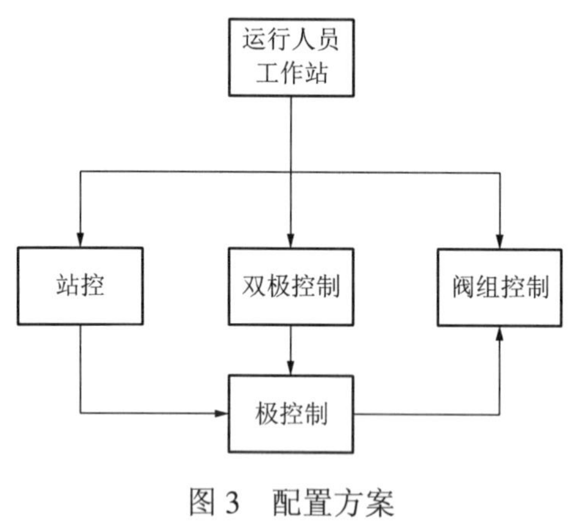

图 3 配置方案

因为±800kV 特高压直流输电系统每极为两个 12 脉动换流器串联，从提高系统的能量可用率方面考虑，希望在一极的一个 12 脉动换流器出现故障时，不影响另外一个 12 脉动换流器的正常运行，因此若采用图 3 所示的配置方案则有利于系统可靠性的提高。

（d）同一极的两个换流变压器的分接头控制应统一控制。如果两个换流变压器的分接头分别控制，有可能导致两个 12 脉动换流器的触发角不一致，这样就带来多次谐波问题，同时两个换流器所需要或产生的无功也不同，因此交流滤波器的投切比较复杂。

2）保护。

（a）保护系统的双重化或三重化。保护装置的双重化和多重化能够减少保护误动和拒动的概率。所有的保护应该满足继电保护的四项基本原则；

在满足继电保护四项基本原则的基础上，直流系统保护的配置增加了以下原则：

a）可控性：通过控制的方法减轻对设备的危害程度，以及切除故障的设备。

b）集中性：每个独立运行的换流系统的所有保护集中放置在一套保护装置中。双极部分的保护也应配置在每个极保护中，并有自己的测量回路。采用集中完全冗余配置。

c）独立性：每套冗余保护装置的功能应相同，硬件和电源应该是完全分开的、独立的。保护尽量不依赖于两端换流站之间的通信；必须采取措施以避免一端换流器故障时引起另一端换流器的保护动作。

d）全面性：所有可能的故障必须有两套以上的冗余保护装置可以保护。保护的区域要重叠，对于每种故障，要有一个范围确定的快速保护作为主保护，一个范围扩大的慢速保护，或是降低灵敏度的保护作为后备保护。如果可能，主后备保护最好采用不同的原理。

e）唯一性：双极部分的故障引起保护动作，不应造成双极停运。双极站内直接接地运行方式时，某一极的故障必须停运双极，以避免较大的电流流过站接地网。本极的关于极或双极部分的保护无权停运另外的极。

f）可维修性：保护的配置应该考虑到装置试验和维护时不会影响到系统的运行，

便于保护退出和投入。为了便于检修，避免相互影响，保护装置与主设备分离，尽可能靠近主设备就地安置；随着微机化，逐渐演变成一定区域的集中安置。

（b）保护定值的精确性。RTDS 是电力系统实时数字仿真系统，它利用多个高速数字处理器并行计算从而达到实时仿真的目的，能为电力系统提供实时的、安全的环境仿真现实中可能的故障，而不损坏设备，是测试控制保护方案的理想工具。利用 RTDS 对外部控制保护设备功能、性能进行测试，可以进一步确定保护整定值，并对实际控制保护系统的测量、数据处理环节进行测试。

（c）保护区的细化。保护分区必须涵盖每一个地方，避免因遗漏造成的系统停运。

（d）防止误动和误跳。在保护出口的前方加一防误动的措施。直流系统保护策略设计应结合直流控制。直流控制对直流系统暂态性能的影响具有决定作用，保护定值的确定应考虑控制的影响，与直流控制参数协调配合。在此基础上，各自优化程序资源配置，降低主机负载率，提高可靠性。

3）直流控制保护对通信通道的要求。直流控制保护通信系统包括换流站与远方各调度中心的通信及换流站间的通信，换流站间的通信包括站控间的信息交换、极控间的信息交换、直流保护间的信息交换、HMI 间信息交换，站间通信要保证通信线路通畅，不要出现信息堵塞现象，通信速率要快，防止因通信速度而导致控制系统的频繁调节。

4）对站用电配置及其控制保护装置的要求。将站用电的控制和保护系统分离，相互独立，控制系统双重化，以保证工作主机故障时可切换至备用主机，不失控制功能，同时将控制保护功能按站用电进行间隔配置，每回进线间隔配置 1 套双重化的控制系统和 1 套独立的保护装置，以保证单个主机故障不会跳开所有站用电进线。控制系统执行正常的监视控制功能，不应该具备保护跳闸功能，这样即使控制设备故障也不会导致跳闸。因此控制系统则不需要严格按一次设备间隔分，若每个间隔都配置控制主机，反而也将导致设备复杂化。保护设备则应该按对应一次设备间隔分别配置，这样即使某套保护装置误动，也只影响对应间隔的一次设备，而不影响所有的一次设备。

对±800kV 特高压直流系统换流站站用电的设计，要考虑到站用电的备用，建议采用三回电源供电，其中两回为工作电源，另一回为备用电源，即要有备自投，以防主供母线故障时，可以切换到备用电源。站用电系统采用与每个换流器相对应的接线方式，以保证每个换流器站用负荷供电的相对独立性和可靠性，避免任一 12 脉动换流器站用电装置退出运行影响另一 12 脉动换流器的安全运行。同时对于每个换流器的重要负荷应带有备用电源。建议将控制保护功能按站用电进行间隔配置，每回进线间隔配置一套双重化冗余的控制系统和一套独立的保护装置，避免单个主机故障时不会跳开所有站用电。防止因站用电问题导致的双极停运等严重故障，对站用电容量、备用、负荷分配等方面的考虑也可以提高整个特高压直流输电系统的可靠性。

5）I/O 位置的合理布置。用于交流滤波器保护的模拟量采集放置在 AFP 屏柜中，避免检修或人工操作不当引起的保护误动。

6）采用高可靠的远动系统。远动系统为一套冗余系统，与所有调度中心的通信、所有的通信规约都集中在一套系统中，同时采用可靠性、灵活性、方便性和可维护性都较高的高性能远动软件。

7）状态监视。应加大对设备（换流阀、换流变压器及其他变压器、平波电抗器、交流场设备、辅助系统等）状态、系统运行值、运行控制命令信号、事件顺序和中央报警记录、趋势记录、暂态故障录波信号和在线谐波的监视力度。对不同的故障类型迅速作出相应的响应，避免严重故障的发生。

8）设备自检。整个系统应具有完善的设备自检功能，自诊断功能应能覆盖从测量二次绕组开始包括完整的测量回路，信号输入/输出回路，总线，主机，微处理器板，和所有相关设备，应能检测出上述设备内发生的所有故障，对各种故障应定位到最小可更换单元，并根据不同的故障等级作出相应的响应。足够的冗余度和 100%的系统自检能力和维修时的自检都可以相应的提高系统的可靠性。

9）功能下放，保证换流器的独立。将双极功能尽量下放到每个极，对于±800kV 特高压直流输电系统，即使本站有一个换流器停运，也不影响另外一个换流器和对站换流器组成回路继续运行，因此功能下放可以提高直流输电系统的可靠性。

每一换流器采用独立的交流馈电间隔、独立阀厅、独立供电的交直流电源系统、独立的冷却空调系统、不依赖上层网络的高度独立的控制系统。

采用换流器旁通开关可以使每一换流器单独起动、停运、当该换流区检修时而不影响其他 3 个换流器的运行，极大地降低了单极停运的概率。

10）防火考虑。若因阀厅内设备故障引起火灾，将需要延长直流系统的停运时间，这个时间的长短将严重影响高压直流输电系统工程的能量可用率。